# Gesamtverzeichnis des deutschsprachigen Schrifttums (GV) 1700 – 1910

Bearbeitet unter der Leitung von
Hilmar Schmuck und Willi Gorzny

Bibliographische und redaktionelle Beratung:
Hans Popst und Rainer Schöller

## 114

## Raz - Reh

K · G · Saur München · New York · London · Paris 1984

CIP-Kurztitelaufnahme der Deutschen Bibliothek

**Gesamtverzeichnis des deutschsprachigen Schrifttums** :
(GV). – München, New York, London, Paris : Saur.
Bd. 1 – 6 bearb. unter d. Leitung von Peter Geils
u. Willi Gorzny.
ISBN 3-598-30000-X

1700 – 1910 / bearb. unter d. Leitung von Hilmar
Schmuck u. Willi Gorzny. Bibliograph. u. red.
Beratung: Hans Popst u. Rainer Schöller

NE: Schmuck, Hilmar [Bearb.]

114. Raz - Reh. - 1984.


Techn. Realisierung und Druck: Norbert Gärtner, Mainz-Kastel
Binden: Karl Schaumann, Darmstadt
Printed in the Federal Republic of Germany
ISBN 3-598-30000-X (Gesamtwerk)

Razal, Schild wider Hieb und Stich rc. s. a. Schild.

Razal, (psdn.) Schild gegen Hieb u. Stich, od. Lazarus v. Bethania, Protestanten gegen d. Geschichte d. Lazarismus sammt deren Wiederlegung. In Briefen aus d. Elysium. 8. Bethania 793. (Leipz., Weygand). 8 gl

Razcek: Lobspruch der Stadt Gr.-Glogau, zum ersten Male nach einer Handschrift aus dem 16. Jhrh. vollständig herausgegeben. 18 S. – Gr.-Glogau, kath., Progr. 1865.

Razo, de, de Lachaud et Flandrin, Concordantiarum SS. scripturae manuale; editio in commodissimum ordinem disposita et cum ipso textu sacro de verbo ad verbum sexies collata. 12maj. (VIII und 751 S.) Paderborn 853, Schöningh. *

Razen, Franz Jos.

Aufmunterung und Lebensgenuss des Maurers. Blümchen in den Kranz der Tafelfreuden am Joh.·. Feste 5839 in der ger.·. und vollk.·. St.·. Joh.·. Loge zur Freymüthigkeit am Rhein im Or.·. von Frankenthal. Allen seinen gel.·. BBr.·. gewidmet von Franz Jos. Razen. [Frankenthal 1839.] 4 Bl. 8° [Umschlagtit.]
2 Lieder ohne Noten. 462.

Des Maurers Bau. Ein Blatt zum Festkranze im Jahre 5834, in der g.·. u.·. v.·. St.·. Joh.·. □.·. zur Freimüthigkeit am Rhein im Or.·. von Frankenthal. Seinen gel.·. Br.·. Br.·. gewidmet von F[ranz] J[os.] Razen. [Frankental 1834.] 3 Bl. 8° [Umschlagtit.]
Gedicht: „Brüder lasst uns mit Vertrauen...“ In Stein gestochen.

Die Blume der Eintracht im Kranze des Sommer Joh.·. Festes in der g.·. u.·. v.·. □.·. zur Freymüthigkeit am Rhein im Or.·. v.·. Frankenthal. 5835. Seinen geliebten Brüdern gewidmet von Franz Jos. Razen. [Frankenthal 1835.] 4 Bl. 8° [Umschlagtit.]
Kl. 1256b. Gedicht. „Von des Himmels Zinne nieder . . .“ In Stein gestochen. 193.

Razen, F. J., s.a.: Blüthenkranz, maurerischer.

Maurerischer Blüthenkranz aus den Archiven teutscher [2. Aufl.:] deutscher Logen. Gesamm. von Franz Jos. Razen. Bd. 1—3. Mannheim: Selbstverl. 1822 bis 1830. 8°
1. X, 259 S. 8 S. Musikbeil. 1822; 2. X, 260 S. 1 Bl. Musikbeil. 1823; 3. VIII, 324 S. 1 Bl. Musikbeil. 1830.

[Dasselbe.] Als Ms. f. Br. Br.·. 2. unveraend. Aufl. Ebendas. 1841. 8°
cf. LCBl. 1824 Nr. 268.
Kl. 618, Tt. 112. Samml. von Abhandl., Reden, Gedichten, Liedern.

Razen, Frz. Jos., maurerischer Blüthenkranz, aus den Archiven deutscher Logen gesammelt. 2 Bde. gr. 8. Manh. 824. (Karlsr., Marx). 3 ℔ 3r Bd. gr. 8. Dresd. 5830. (1830.) Hilscher. 1 ℔ 8 gl Alle 3 Thle bei Hilscher in Dresd. 4 ℔

Razen, Frz. J., maurerischer Bluethenkranz aus d. Archiven deutscher Logen. 3. Bd. gr. 8. (20½ B.) Dresden 5830 (830), (Grimmer.)
1. u. 2. Bd. Ebendas. 1824. 8 Thlr.

Die Brüder des grossen Bundes. [Von Franz Jos. Razen.] Nach d. Italien. Th. 1. Heidelberg 1812: Engelmann. VI, 234 S. 8°

[Dasselbe.] [Ohne die Angabe: Nach dem Italien. Th. 1.] Persepolis 5814. [Aarau: 1814.] 8°

°[Dasselbe.] Persepolis [Mannheim: Löffler] 1819. 8°
Kl. 3991, TB. 206, 209.

Du und Du. Gedicht von F[ranz] J[os.] Razen. o. O. u. J. 1 Bl. 8° [Kopftit.]
Lied mit Chor ohne Noten: „Schnell entfliehn des Lebens Stunden . . .“
[Umarb. u. d. Tit.:]
Auf Du und Du. [Von Franz Jos. Razen.] [Altenburg] o. J. 1 Bl. 8° [Kopftit.]

Razen, Franz Jos., Entwurf einer allgemeinen Arzneymittel-Taxe, nach Grundsätzen, durch welche ein zu allen Zeiten und unter allen Verhältnissen immer gleichbleibender Gewinn für alle Arzneymittel bestimmt wird. gr. 8. Heidelberg, Groos. 821.

. *Maximilian I. Joseph, König von Bayern:* [Lied.] Zur Feier des Namensfestes Seiner Majestät Maximilian König von Baiern in der ger.·. u.·. vollk.·. St.·. Joh.·. □.·. zur Freymüthigkeit am Rhein im Or. von Frankenthal am 19. Tag des 10. Monats 5821. [Unterz.:] [Franz Jos.] R[azen?]. [Frankenthal 1821.] 4 Bl. 8° [Umschlagtit.]
Ohne Noten: „Heil! Baierns König Heil!“ u. Gebet in Versen: „Allmächtigster! der ist und ewig war . . .“ Üb. Maximilian I. s. Allgem. Deutsche Biographie Bd 21 1885

[Gedicht.] Zur Jubelfeyer des fünfundzwanzigsten Stiftungsfestes der sehr ehrw.·. ger.·. u.·. vollk.·. Loge Johannes der Evangelist zur Eintracht im Or.·. von Darmstadt, sowie des fünfzigjährigen Maurerjubiläums des geliebten Br.·. [Valentin] Schnauber am 24. Oct. 5841 von [Franz Jos.] Razen. [Darmstadt 1841]: Venator. 3 Bl. 4° [Umschlagtit.]
„Ein Tag der Wonne und der Freude . . .“

[Gedicht.] Bei der Trauerarbeit für den Br. Nebel am 9ten April im Jahr d. w. L. 5843 als ein Zeichen innigster Theilnahme auf den Sarkophag niedergelegt von Franz Jos. **Razen.** [Darmstadt] 1843: Venator. 2 Bl. 8⁰ [Umschlagtit.]
Todtenopfer. „Mit Zipressenlaub umwunden . . .“ 100.

*Kolb, Sophian:* [Gedichte u. Lied.] Beim Empfange des B.·. Sophian Kolb in der ger.·. und vollk.·. St.·. Johannis-Loge zur Freimüthigkeit am Rhein im Or.·. von Frankenthal, am 5. Mai 5842. Dargebracht von Franz Jos. **Razen.** o. O. [1842]. 4 Bl. 8⁰ [Umschlagtit.]
2 Gedichte u. 1 Lied ohne Noten.

Gesang bey der Tafelarbeit [zur Feier des Namenstages des Königs Maximilian I. von Bayern am 19. Okt. 1821]. [Von Franz Jos. **Razen.**] o. O. [1821]. 1 Bl. 8⁰. [Kopftit.]
„Heil! Baierns König Heil!“ . . . 358a.

Gesetzbuch der ger. u. vollk. Loge St. Johannis gen. Zur Freymüthigkeit am Rhein am Morgen von Frankenthal. [Entworfen von Franz Jos. **Razen.**] [Frankenthal] 1822: Enderes. VI, 128 S. 1 Taf. 8⁰
Tt. 1116. 216.

[Lithogr.] Johannes der Täufer am Jordan. Zum Sommer Joh.·. Fest in der g. u. v. St. Joh.·. ▭ .·. zur Freimüthigkeit am Rhein am M.·. v. Frankenthal. Seinen Br.·. B.·. in Lieb' und Treue gewidmet von Franz Jos. **Razen.** [Frankenthal] 1833. 3 Bl. 8⁰ [Umschlagtit.]
Gedicht: „Johannes an dem Jordan sprach: . . .“ 429.

[Lithogr.] Lied beim maur.·. Jahreswechsel des Sommer Joh.·. Festes in der g.·. u.·. v.·. ▭.·. zur Freymüthigkeit am Rhein im Or.·. v.·. Frankenthal 5836. Seinen geliebten Brüdern gewidmet von Franz Jos. **Razen.** [Frankenthal 1836.] 3 Bl. 8⁰ [Umschlagtit.]
Ohne Noten: „Im trauten Bruderkreise . . .“ 138.

. Die Suchenden. Ein Geschenk für echte BBr.·. Freymr.·., am Jahresfeste der My.·. 5830, in der ehrw.·. g.·. u.·. v.·. St.·. Joh.·. ▭.·. zur Freymüthigkeit am Rhein, im Or.·. von Frankenthal, dargebracht in Wahrheit und Bruderliebe v.·. Franz Jos. **Razen.** [Frankenthal: 1830.] 7 S. 8⁰ [Lithogr.] [Umschlagtit.]
Gedicht: „Seht, wie dort Menschen ohne Zahl . . .“ 430.

Vortrag bei dem Silicernium am 23. November 5843 in der St. Joh.-Loge zur Freimüthigkeit am Rheine im Or. von Frankenthal. Von Franz Jos. **Razen.** Frankenthal [1843]: Enderes. 4 Bl. 8⁰. [Umschlagtit.]
Gedicht: „So wie der Mensch die Welt erblicket“ . . . 21.

Vorträge bei der Trauer-Loge in der s.·. ehrw. g.·. u. v.·. St.·. Joh.·. ▭.·. zur Freimüthigkeit am Rhein im Or.·. Frankenthal. Am 27. Nov. 5839. Von Franz Jos. **Razen.** [Frankenthal 1839.] 6 Bl. 8⁰ [Umschlagtit.]
Kl. 1490. 3 Gedichte. 65.

**Razenberger**, s. Ratzenberger.

**Razès**, s.: Abu Bekr **Muḥammed** Ibn Zakarıya al-Rāzi.

**Razoux**, Tables nosologiques et météorologiques très-étendues, dressées à l'hôtel-dieu de Nimes dep. le 1. Juin 1757-1. Janv. 762. 4. Basle, Imhof. 767.

Rázga, Paul, Gedächtnißpredigt auf Friedrich Wilhelm III., geh. am 19. Juli 1840. gr. 8. (2 B.) Prag, Borrosch u. André.

**Rázga, Paul,** Rede bei der feierlichen Einweihung des neuen Schulhauses nebst Pastorswohnung der deutschen evangel. Gemeinde A. C. in Prag am 9. Okt. 1843. gr. 8. Prag 843. (Kretzschmar.) n. 1/12 ₰

**Rázi** u. **Tusi** (1209 † u. 1273 †), philosophische Ansichten, m. e. Anh.: Die griech. Philosophen in der Vorstellungswelt v. Rázi u. Tusi. Aus Orig.-Quellen übers. u. erläutert v. Max Horten. (XVIII, 240 S.) gr. 8. Bonn 910. P. Hanstein. 6. —

Razine, Louis: Die Gnade. Ein Gedicht aus dem Französischen des Herrn Racine ... übersetzt, und mit einigen Anmerkungen versehen. Franckfurt am Mayn, bei Johann Friedrich Fleischer, 1747.

**Razinger**, Anton

**Razinger, A. und Žumer, A.,** Prvo berilo in prva slovnica za drugi razred 4- in 5 razrednih ljudskih šol. Dritte verbesserte Auflage. Laibach 1890. Ignaz von Kleinmayr und Fed. Bamberg. (Min.-Erl. 21. Juli 1891 Z. 13826) —.24

**Razinger**, Anton und **Žumer**, Andr., Slovenische Wandfibel, bestehend in 25 Tafeln. Laibach. Preis einer Tafel 10 kr., Preis des Ganzen 2 fl. 50 kr.

Rāz-i-nihān ile Māh-i-feróze Sultān, s. Māh-i-feróz Sultān ve-Rāz-i-nihān.

**Razlag, Radoslav,** Zvézdice. 16. (108 S.) Gratz 851. (Klagenfurt, Leon'sche Buchh.)

***Razlaganje** sv. rožnega venca za vse dni meseca maja. Poslovenil P. Hrisogon M(ajar). V Ljubljani, St. Hermagoras-Druck. in Klrft., 1881. 232 S.

Razoumovsky, G. Comte de

— Abhandl. v. d. Uebergängen d. Natur im Mineralreiche; aus d. Französ. v. J. M. Tzschoppe. gr. 8. Dresd. 787. Walther. 6 gr

**Razoumovsky, G. de,** Coup d'oeil géognostique sur le nord de l'Europe en général et particulièrement de la Russie. 2de édit. gr. in 8. Berlin. Christiani. 820.

Razoumovsky, Greg. Comte de: Distribution technique des Pierres précieuses avec leurs caracteres distinctifs, par le C. G. R. Vienne. 1825. 8°

Razoumovsky, Greg. Comte de: Esquisse géognostique du territoire appartenant à mes possessions, et à quelques portions des pays adjacens en Moravie. (Aus Oken's Isis.) Leipzig. 1831. 4°

— essai d'un système des transitions de la nature dans le règne minéral. gr. 12. Basel 786. Flick. (Neukirch). 8 gr

**Razoumowsky, Comte G. de,** hist. naturelle du Jorat et de ses environs et celle de trois lacs de Neuchat. etc. II Vol. 8. Berne, Haller. 789.

— observations minéralogiques sur les environs de Vienne. Mit 10 ill. Kpf. 4. Wien 822. Grund. (Fr. Fleischer in Leipz.) 2 rℓ 12 gr

— observations et Recherches sur la nature de quelq. montagnes du Canton de Berne. 4. Basel, Schweighäuser. 788.

— oeuvres d'histoire naturelle. II Vols. gr. 8. Bern 784. Haller. 1 rℓ 6 gr

— mineral. u. physikal. Reisen von Brüssel nach Lausanne in d. Gegend von Bevay; aus d. Französ. mit Anmerkk. v. J. M. Tzschoppe. gr. 8. Dresd. 788. Walther. 16 gr

Razoumowsky, Graf v.: Versuch eines Systems der Uebergänge der Natur in dem Mineralreich. Aus dem Franz. Greiz. 1786. 8°

— Versuch e. Systems d. Uebergänge der Natur ins Mineralreich; a. d. Französ. gr. 8. Basel 787. (Henning in Greiz.) 6 gr

— voyage minéralogique et physique de Bruxelles à Lausanne etc. 8. Bern 784. Haller. 18 gr

— voyage minéralogique en Suisse. 8. Bern, Typ. Soc. 10 gr

Razoumovsky, Greg. Comte de: Quelques vues nouvelles sur les Alpes de l'Autriche. (Aus Oken's Isis.) Leipzig. 1829? 4°

**Razoux, Jo.,** Tables nosologiques et meteorologiques etc. Bas. 8°. 1767

**Разсказъ очевидца д 14. декабрѣ 1825,** s. Библіотека, русская.

[Russ.] **Razskazy,** anekdoty, skazki iz russkago dvora. Berlin: Štejnic (Stuhr) [1904]. 63 S. 8°
[Auf d. Umschl.:] Erzählungen vom russ. Hofe. (09. 8734

[Russ.] **Razsuždenija** južnoslavjanskoj i russkoj stariny o cerkovnoslavjanskom jazykě. Sobral i objasnil ord. akad. I[gnatij] V[ikentievič] Jagić. *S.-Peterburg 1895.* [Urtheile des südslavischen u. russischen Alterthums über die kirchen-slavische Sprache . . .] [A. T.:] [Ant.] Codex slovenicus rerum grammaticarum. Ed. [Ign.] V. Jagić, Imper. academ. Petropolit. soc. *Petropoli [§] Berolini: Apud Weidmannos 1896.* (XXIII, 782 S.) 1 Bd 4.(8.) (96. 4980

**Ražun, Matej.** V boj za slovensko šolo! V Celovcu, St. Hermagoras-Druck., 1904. 67 S.

**del Rè, Carlo,** Emil Bergwald. Roman in Lebensbildern aus der Gegenwart. 2 Bde. 8. Leipzig 846, Kollmann. 2 rℓ 18 ngr

— Nemesis, oder Wege des Schicksals. Ein Roman nach einer Begebenheit aus dem bürgerl. Leben der neueren Zeit. 2 Thle. 8. Leipzig 845, Kollmann. 1 rℓ 24 ngr

— einige Oden des Horaz, im humorist. Gewande, grammatisch, critisch, historisch u. philosophisch erläutert. Kein Beitrag zu einer Textesrevision. 1. Hft. 8. Berlin 843, Springer. 1/4 rℓ

**Rea, Miß Mack,** ein historischer Roman, aus dem Franz. 8. Leipzig, 785. Müllers. 10 sgl.

**Rea,** John. s.: Anweis. z. wohleingerichteten Baumschule.

**Reach, Agnus B., Clement Lorimer,** siehe: Bibliothek, Europäische, 846 u. 847, Bd.

**Reach** Felix, Dr.: Studien über die Nebenwirkungen der Nahrungsstoffe. (Fleischnahrung und Brotnahrung als das Nervensystem verschieden beeinflussende Faktoren.) S. 122. III. [illegible] . . . . . —.25
Seperatabdruck

*Reach, J.* Der Realkredit und die Hypothekenversicherung. Prospekt der bei der I. Hypothekar- und Elementar-Versicherungsbank einzuführenden Hypothekenversicherung. Wien 1871.

**Reach,** Julius [aus Prag]: Die Sebirin der Massoreten von Tiberias ... Breslau, Druck d. Schles. Buchdr., Kunst- u. Verl.-Anst. v. S. Schottlaender, 1895; 2 Bl., 62 S. 8.
Erlangen, Phil. Fak., Inaug.-Diss. v. 1895

**Reaction und Adel.** Eine Mahnung. Nebst einem Anhange aus dem Tagebuche eines Royalisten. Vom Verf. des fliegenden Blattes ꝛc. 8. Berlin 843, Berliner Verlagsbuchh. 1/3 rℓ

**Reaction,** üb. die kirchliche, der Gegenwart. Von F. K. gr. 8. (37 S.) Bremen 852, Geisler. 6 ngr

**Reaction, Die,** in der inneren Verwaltung Preußens von Bürgermeister XYZ. Berlin 1908. V: *Schücking, Lothar.* (Hinrichs)

**Ein Reactionär.** Von C. v. L. M. Berlin, A. Schultze 1848. 16 S. 8.

**Reactionär,** der kleine. 1862. Octbr.—Dezbr. 13 Nrn. (à 1 Bgn. m. Holzschn.) Berlin, Berendt. gr. 4. n. 1 rℓ 2½ ngr

— — 2. u. 3. Jahrg. 1863 u. 64. à 52 Nrn. (à 1 Bgn. m. Holzschn.) Ebend. gr. 4. Jeder Jahrg. n. 4 rℓ 10 ngr.

**Reactionsjahre, Hannovers.** 1859. V: *Lammers, A.* (PROVBHANN 271)

**Reactions-Schema** für die qualitative Analyse zum Gebrauche im chemischen Laboratorium zu Berlin. In Tondr. lithogr. und color. qu. Fol. Berlin 870, Hirschwald. In Umschlag. *

**Reactions - Schema** für die qualitative Analyse . . . Wien und Leipzig [1894]. V: *Exler, Carl.* (EB)

Read, John. Untersuchungen in der Cumar- und Cumarinsäurereihe. Diss. Phil. [II.] Univ. Zürich. VIII+57 S. 8. Borna-Leipzig, Robert Noske, 1907.

**Read, Opie. die Familie des Colonel Osbury, ſa Weichert's Wochen-Bibliothek.**

READ, Opie
(F) Die Familie des Colonel Osbury. Erzählung von Opie Read. (Autorisirte Übersetzung) Mit 3 Vollbildern. [Weichert's Illustrirter Familienschatz. Bd. 69.] Wien. [1899.] In Comm. Derflinger & Fischer. 8°. 95 S. fl. —.15

Read, Opie: Die Familie des Colonel Osbury. Erzählung von Opie Read (auf d. Umschl.: Raed). (Autor. Uebers.) Mit 3 Vollbild. Berlin: A. Weichert [1899]. (95 S.) 8°
Wochen-Bibliothek, Weichert's. Bd 69.

**Read, Opin, Len Gansett, ſa Kürſchner's Bücherſchatz.**

[F.] Len Gansett. Roman v. Opin Read. Autoris. Uebs. a. d. Amerikan. v. A[nna] Gröning. M. Ill. v. W. Roegge. *Berlin, Eisenach. Leipzig: H. Hillger [1898].* (128 S.) 1 Bd 8.
= Bücherschatz, Kürschners. No 103.

**Read, Opie, ein Yankee des Weſtens. Roman. Aus dem Amerikan. Autoriſ. Ueberſetzg. v. A. Gröning. (217 S.) 8. Stuttgart 904. Strecker & Schröder. n. 3.—**

**Read,** W*illiam* A.: Keats and Spenser ... Heidelberg, print. by E. Geisendörfer, 1897; 2 Bl., 59 S. 8.
Heidelberg, Phil. Fak., Inaug.-Diss. v. [13. Juli] 1897

Reade, Charles

—— hard cash, s. Collection of British authors.

Reade, Ch., the cloister and the hearth, s. Collection of British authors.

**Reade, Ch., Griffith Gaunt, ſ. Romane, moderne, des Auslandes.**

**Reade, Ch., e. gefährliches Geheimnis, ſ.: Engelhorn's allgemeine Romanbibliothek.**

Reade, Ch., Hart Geld. Roman. Aus dem Engl. von Marie Scott. Autoriſ. Ausg. 6 Bde. 8. (1150 S.) Leipzig 864, Günther. à Bd. * 20 Ngr. *

—— the wandering Heir, s. Collection of British Authors.

**Reade, Ch., e. einfach Herz, ſ.: Engelhorn's allgemeine Roman-Bibliothek.**

Reade, Charles, Christie Johnstone, s. Collection of British Authors.

Reade, Ch., „It is never too late to mend," s. im 12. Bd.: Collection of british authors.

—— der Kampf um's Daſein. Roman. Aus dem Engl. von Emil Lehmann. Autoriſ. Ausg. 5 Bde. 8. (292; 244; 257; 213; 235 S.) Leipzig 874, E. J. Günther. *

**Reade, Charles, Kloſter u. Herd. Eine Geſchichte aus dem Mittelalter. Autoriſ. deutſche Bearbeitg. v. Margarete Jacobi. 2 Bde. 8. (339 u. 361 S.) Stuttgart 901. R. Lutz. n. 5.—; geb. n. 6.50**

—— love me little, love me long, s. Collection of british authors.

**Reade, Charles, nur ein Gänschen. Roman. Aus dem Engl. von Alma v. Metzſch. Autoriſ. Ausg. 3 Bde. 8. (240; 240; 267 S.) [Leipzig 876, E. J. Günther.] Berlin, Nicolai'ſche Buchh.** *

– Put yourself in his place,
s. Collection of British authors.

Reade, Charles, Readiana. Comments of current Events, s. Collection of British Authors.

– A simpleton, s. Collection of British authors.

– Singleheart and Doubleface,
s. Collection of British authors.

**—— falſches Spiel. Roman. Nach dem Engl. 4 Bde. 8. (208; 208; 192; 187 S.) Berlin 868, Janke.**

– A terrible temptation, s. Collection of British authors.

– Verirrungen aus Leidenschaft,
s.a. Lese - Cabinet, Neuestes belletristisches.

**Reade, Charles. Verirrungen aus Leidenschaft, Besserung durch Willenskraft. Ein Roman aus dem wirklichen Leben. Deutsch v. *A. Kretzschmar. Pest, Wien* u. *Leipzig* 1858. *C. A. Hartleben's* Verl.-Exped. 1.– 5. Band. 186, 175, 190, 210 S. und 1 Bl., 234 S. 8°. 3 fl. CM.**
Auch unt. d. Tit.: Neuestes belletrist. Lesecabinet der besten und interessantesten Romane aller Nationen etc. Lief. 126—140.

– Wer lieben will, muß leiden, s.a. Lese - Cabinet, Neuestes belletristisches.

**Reade, Charles. Wer lieben will muss leiden. Ein Roman. Deutsch von A. Kretzschmar. I.–IV. Theil. *Pest, Wien u. Leipzig* 1858. *Hartleben's* Verl.-Exped. 200, 188, 183 u. 199 S., 8°.**
Auch unt. d. Tit.: Neuestes belletristisches Lese-Cabinet der besten und interessantesten Romane aller Nationen in sorgfältiger Uebersetzung. Lief. 27—38.

– Peg Woffington, s. Collection of British authors.

**Reade,** Ch., **a woman-hater,** s.: Collection of british authors.

***Reader*, the english. II Voll. 12. Kopenh. 814—18. Bonnier. 1 ℔ 8 ℊ (Leipz., Wienbrack). Hbg. Pr. 22 ℊ**

**Reader,** English. I. Mit Anmerkgn. f. den Schulgebrauch hrsg. v. Ed. Armack. 8. Flensburg, A. Wesphalen. — 50
Warren, Eleanor M., A seaside story. — Nursey rhymes and poetry. (11, 64 u. 11 S.) 905.

Reader, a new English, s. Leſebuch, neues engliſches.

**Reader**, the English-German. Englisch-deutsches Lesebuch. Hrsg. v. A. Green u. Fr. Pscherer. Febr. u. März 1910. 2 Nrn. (63 u. 59 S.) kl. 8. Reichenberg, (P. Sollors Nachf.). à Nr. — 50
Mehr nicht erschienen.

**Reaedificatio** templi et civitatis Hierosolymitani . . . [Salisb. 1778.] V: *Reichssiegel, Florian von.* (IIr)

**Reading Abend Presse**: Feb. 21, 1874 - ? Reading, PA
Weekly. Edited & published by Emil Wiester.

**Reading Adler**: Jahrgang 1 - ?, no. 1 - ? 29. Nov. 1796 - Mar. 22, 1913.
Weekly. Title varies: 1) Der Unpartheyische Reading Adler, Jan. 3 - 10, 1797; 2) Der Unpartheyische Readinger Adler, Jan. 17, 1797 - Dec. 1800; 3) Der Readinger Adler, Jan. 6, 1801 - Sept. 4, 1810; 4) Readinger Adler, Sept. 11, 1810 - Dec. 26, 1854; 5) Reading Adler, Jan. 2, 1855 - Mar. 22, 1913. Established by Jacob Schneider & Georg Gerrisch. Edited & published by Jacob Schneider und Comp. [Georg Gerrisch], Jan. 3 - 10, 1797; by Jacob Schneider und Comp., Jan. 17, 1797 - June 22, 1802; by Schneider und Ritter [Johann Ritter], June 29, 1802 - Mar. 20, 1804; by Johann Ritter und Comp. [Carl A. Kessler], Mar. 27, 1804 - 1851; by Ritter und Comp. [Charles Kessler & Louis Ritter], Dec. 1851 - 1853; by Charles Kessler, 1853 - Mar. 1864; by Ritter und Comp. [William S. Ritter, Jesse G. Hawley & William Rosenthal] Rosenthal dropped out Apr. 5, 1864], Mar. 29, 1864 - Nov. 13, 1874; by Ritter und Comp. [William S. Ritter], Nov. 24, 1874 - Feb. 17, 1891; by Ritter und Comp. [Milford N. Ritter], Feb. 17, 1891 - 1909; by John Weiler, June 26, 1909 - Mar. 22, 1913. Editors: Friedrich List, Aug. 1826 - 1830; Charles Fr. Eychmann; Wilhelm Rosenthal, 1864 - ?; Jacob M. Beck, ? - 1881; Henry Seibert, 1881 - 1909; John Weiler, June 26, 1909 - Mar. 22, 1913. One of the most distinguished and influential of all German American newspapers.
Reading, PA

**Der Neue Reading Adler Calender.** Reading, PA
Published by William S. Ritter.
Int. ed.: 1879 PHi: 1882.

**Reading** Book in the Gâ or Akra language, for the vernacular schools in the Akra and Adangme countries, Gold Coast. 8. (VIII, 148 S. mit eingedr. Holzschn. und 2 Holzschntaf.) Basel 883, Missionsbuchhandlung. cart. *

**Reading book** in the Gâ or Akra language, for the vernacular schools in the Akra and Adangme countries, Gold Coast. II., 2. ed., and III. 12. (à 96 S. m. Bild.) Basel 895. Missionsbuchh. Geb. à n. 1.—

**Reading book in the Tshi (Chwee) language for the second and third year in the vernacular schools in the Gold Coast and Inland countries. 12. (64 u. 138 S.) Basel 891. Missionsbuchh. Geb. n. 1. 40**

**Reading Book** in the **Tshi** ⟨Chwee⟩ **Language** for the higher classes of the vernacular schools in the Gold Coast and Inland Countries. *Basel: Evang. Mission. Soc. 1892.* (200 S.) 8°
— Twi Kenkan Nhõma. 4.

**Reading book** in the Tshi (Chweo) language for the 2. and 3. year in the vernacular schools in the Gold Coast and inland countries. (3. ed.) 12. (64 u. 138 S.) Basel 901. Missionsbuchh. In 1 Bd. geb. n. 1. 40

**Readinger Mag für Freunde d dten Lit in Amerika.** Ed: J. C. Gossler. 12 nos. in 1v. Reading and Phila, 1824.

**Das Neue Monatliche Readinger Magazin, für den Bürger und Land-Mann**: Feb. 1799 - ?
Monthly. Edited & published by Jacob Schneider und Comp.
Reading, PA

**Reading exercises for students of shorthand after the system Gabelsberger-Geiger, s.: Lesebuch zur Übung in englischer u. französischer Stenographie.**

**Die Reading Post**: Jg. 1 - 46, no. 49, Jan. ? 1867 - Mar. 22, 1913.
Daily, morning except Sunday, 1867 - 71, evening except Sunday, 1875 - 1913. Democratic; supported Tilden. Merged, in a sense, with the Philadelphia Morgen-Gazette, which printed a "Spezial-Ausgabe" for Reading and Berks County, beginning with the issue for Mar. 24, 1913. For weekly edition, see Das Banner von Berks. For Sunday edition, see Die Biene. Circulation: 1870, 800 (est.), 1880, 1000; 1895, 2250, 1912, 1750. Edited & published by Wilhelm Rosenthal, 1867 - 1904; edited by John Weiler, & published by Wilhelm Rosenthal, 1905 - 08; edited & published by John Weiler, 1909 - 13.
Reading, PA

**Readings**, easy English. Part 1—10. 16. Gotha, Schloessmann. [Altenburg, Pierer.] à Part *
Inhalt:
Part 1. Niebuhr's Tales of Greek Heroes. Aus dem Deutschen übers. mit Anmerkungen. (VIII, 78 S.) 871.
» 2. Edgeworth, Maria, Early Lessons: The white Pigeon. Lazy Lawrence. Mit erläut. Anmerkungen. 2. Aufl. (76 S.) 872.
» 3. — Early Lessons: The Knapsack. Old-Poz. Mit erläut. Anmerkungen. 2. Aufl. (73 S.) 872.
» 4. — Early Lessons: Simple Susan. Mit erläut. Anmerkungen. 2. Aufl. (112 S.) 872.
» 5. — Rosamund. Mit erläut. Anmerkungen. 4. Aufl. (102 S.) 873.
» 6. — Frank. Mit erläut. Anmerkungen. 4. Aufl. (87 S.) 873.
» 7. 8. — The little Dog Trusty. The Cherry Orchard. Frank. The Orange Man. Mit erläut. Anmerkungen. 5. Aufl. (205 S.) 873.
» 9. 10. Yonge, Miss, Golden Deeds. Mit erläut. Anmerkungen. (169 S.) 873.

**Readings, easy English. Part 7 and 8: Edgeworth, Maria, the little Dog Trusty. The Cherry Orchard. Frank. The Orange Man. Mit erläut. Anmerkungen. 6. Aufl. 16. (208 S.) Altenburg 878, Pierer. cart. à Part * 75 Pf. ***

**Readings**, easy English. 9th and 10th part. 16. Altenburg 881, Pierer. cart. *
Inhalt:
Part 9. 10. Yonge, Miss, golden Deeds. Mit erläut. Anmerkungen. 2. Aufl. (IV, 168 S.)

— **English.** Part 11 and 12. 16. Altenburg 874, Pierer. à Part *
Inhalt:
Part 11. Dickens, Charles, Five Sketches. Für den Schulgebrauch hrsg. und mit Anmerkungen versehen von A. Pacius. (VI, 80 S.)
» 12. — Four Tales. Für den Schulgebrauch hrsg. und mit Anmerkungen versehen von A. Pacius. (80 S.)

— **English.** Part 13 and 14. gr. 16. Ebendas. à Part * 60 Pf. *
Inhalt:
Part 13. The school edition of Shakespeare, in which all those words and expressions are omitted, that cannot with propriety be read. A Midsummer Night's Dream. With memoirs and German notes edited by C. Fr. de Wickede. (82 S.) 875.
» 14. English poets. A selection of poems. With explanatory Notes edited by A. Ey. (VIII, 78 S.) 877.

**Readings, easy English. Part. V, XIV. 16. Altenburg, H. A. Pierer. Kart. à n. — 60**
**V. Maria Edgeworth, Rosamond. Mit erläut. Anmerkgn. 5. Aufl. (102 S.) 890.**
**XIV. English poets. Eine Gedichtsammlg. Mit Anmerkgn. zum Schulgebrauch hrsg. v. A. Ey. 2. Aufl. (VIII, 91 S.) 892.**

— der gesammten **Heilkunde**. Medicinisch-chirurg. Handwörterbuch f. prakt. Aerzte. Hrsg. v. Alb. Eulenburg. Mit zahlreichen (eingedr.) Illustr. in Holzschn. 2. umgearb. u. verm. Aufl. 161.—220. (Schluss-)Lfg. od. 17.—22. Bd. Lex.-8. (719; 706; 712; 688; 679; 714 S.) Wien 889,90, Urban u. Schwarzenberg.
à Lfg. * 1 50; à Bd. (je 10 Lfgn.) * 15 —; * 90 —
geb. à Bd. ** 17 50; ** 105 —
1.–16. Bd. Ebd. 1885—88. * 240 —; geb. ** 280 —.

— dass. — 221.—240. Lfg. od. 1. u. 2. Ergänzungsbd., s. **Jahrbücher**, encyclopädische, der gesammten Heilkunde.

— der gesammten **Pharmacie**. Handwörterbuch f. Apotheker, Aerzte u. Medicinalbeamte. Unter Mitwirkg. v. Ascherson, v. Basch, Becker etc. Hrsg. v. Ewald Geissler u. Jos. Moeller. Mit zahlreichen Illustr. in Holzschn. 91.—160. (Schluss-) Lfg. od. 7.—10. Bd. gr. 8. (716; 716; 716; 1223 S.) Ebd. 889—91
à Lfg. * 1 —; * 70 —
1.—90. Lfg. Ebd. 1886—88. à Lfg. * 1 —. Preis für das compl. Werk * 160 —; geb. ** 185 —.

**Readings** for the young, from Sir Walter Scott. Mit erklär. und sprachwissenschaftl. Noten und einem Wörterbuche. 8. (304 S. mit Titkpfr.) Leipzig 849, Baumgärtners Buchh.

**Ready**, Sidney, s. a.: Czeipek, Filipp.

— Die **Notwehr** bei e. Angriff auf die Ehre u. der zulässige Waffengebrauch. 4. Aufl. (30 S.) 8. Graz 907. (Leykam. — Wien, L. W. Seidel & Sohn.) 1. 20

**Ready,** Sidney, der Schwimmsport u. die neueste Methode des Schwimm-Unterrichtes nebst Wasserspielen, Wettkämpfen u. Gymkhana im Wasser. Zum Gebrauche f. Lehrer, Sportvereiniggn. u. Schüler. (48 S.) 8. Graz (906). Leykam. n. 1. —

– Wasserspiele, Wettkämpfe u. Gymkhana im Wasser. Zum Gebrauche f. Lehrer, Sportvereiniggn. u. Schüler. (20 S.) 8. Graz (909). Leykam — 50

**Reagentien,** die chemischen, u. deren Anwendung zu chemischen Prüfungen. 8. Berl. N. Soc. Buchh. 815.

**Reaktion,** die, u. die moderne Finanzweisheit. 8. (16 S.) Leipzig 849, Weller. n. 1/12 ₰

**Reaktion** (Die freche). Eine kurze Besprechung des Ketzergerichtes über Dr. Eugen Karl Dühring, nebst Aufruf der Berliner Studenten. 8°. Dresden 1877.

Die **Reaktion** in d. evang. Kirche unserer Zeit. Bonn 1881.

**Reaktion,** die, in der inneren Verwaltung Preußens, von Bürgermeister X. Y) in Z. (Loth. Schücking.) 1.—3. Tauſ. (138 S.) 8. Berlin-Schöneberg 908. Buchverlag der „Hilfe". Geb. in Leinw. 1. 80

**Reaktion,** die, in der preußischen Verwaltungs-Reform. Von einem ehemal. Abgeordneten. gr. 8. (46 S.) Barmen 882. Wiemann. n. 1. —

**Reaktionär,** der kleine. 3. Jahrg. 1864. 52 Nrn. (Bog. mit eingedr. Holzschn.) Berlin, Expedition. gr. 4. n. 4 ₰ 10 *ngr.*

**Real,** Graf, ſ. Barrère, das Benehmen der Prinzen des Hauſes Bourbon.

**Real,** Eduard, a. Erkelenz: Das Bandenspektrum des Schwefels. Bonn 1906: C. Georgi. (29 S.) 8°
Bonn, Phil. Fak., Ref. Kayser, Diss. v. 14. Jan. 1907
[Geb. 26. Febr. 78 Erkelenz; Wohnort: Erkelenz; Staatsangeh.: Preußen; Vorbildung: Städt. Gymn. Düsseldorf Reife O. 02; Studium: Bonn 9 S.; Rig. 11. Juli 06.]

**Real,** J., Chronik der Stadt u. Umgegend v. Geldern. (1812 — 1863.) gr. 8. (42 S.) Geldern 897. L. N. Schaffrath. — 60

Darstellungen Wachtendonks aus der Festungszeit. (Vortrag, geh. in d. Sitzung d. hist. Vereins zu Geldern von J. **Real.**) *Geldern [1899]: C. E. Müller* (11 S.) 8° [F.]
= **Veröffentlichung** d. Histor **Vereins** f. Geldern. [2] [00. 11357 5

J REAL, Der Einzug Kaiser Carl V als Herzog von Geldern in Nymegen, am 9. Februar 1546. Vortrag, gehalten in der Sitzung des historischen Vereins für Geldern und Umgegend am 11 März 1894. (Geldern 1894. Druck von L. N Schaffrath. — Ohne bes. Titelbl.) 8°

(JOH. REAL,) Die Fossa Eugeniana, der unvollendet gebliebene Rhein-Maas-Kanal aus dem 17. Jahrhundert. Vortrag, gehalten in der Sitzung des historischen Vereins für Geldern und Umgegend am 24. April 1892. (Geldern 1892. Druck von L. N Schaffrath. — Ohne bes. Titelbl.) 4°

Aus Straelen's Festungszeit. (Vortrag, geh. in d. Sitzung d. hist. Vereins f. Geldern u. Umgegend zu Straelen 1900 von J. **Real**-Geldern.) *Geldern (1900): C. E. Müller.* (14 S.) 8° [F.]
= **Veröffentlichung** d. histor **Vereins** f. Geldern u. Umg. No 4. [00. 11477 5

J. REAL, Geldern als Festung. Vortrag, gehalten in der Sitzung des historischen Vereins für Geldern und Umgegend am 5. November 1893. Geldern (1893). Druck von L. N Schaffrath. 8°

Das ehemalige Herzogthum Geldern, seine Entstehung und seine Grenzen. (Vortrag, geh. in d. Sitzung d. hist. Vereins zu Aldekerk von J **Real.**) *Geldern [1900]: C. E Müller.* (15 S.) 8° [F.]
= **Veröffentlichung** d. Histor **Vereins** f. Geldern. No 3. [00. 11358 5

J REAL, Die Grafen und Herzoge von Geldern Vortrag, gehalten in der Sitzung des historischen Vereins für Geldern und Umgegend am 18. Juni 1893. Geldern (1893). Druck von L. N Schaffrath 8°

Pläne und Ansichten der ehemaligen Festung Geldern. (Vortrag, geh. in d. Sitzung d. hist Vereins zu Geldern von J. **Real.**) *Geldern [1899] C E. Müller* (8 S.) 8° [F.]
= **Veröffentlichung** d. Histor **Vereins** f Geldern. [1] [00. 11356 5

Die Ruhestätten der Grafen und Herzoge von Geldern (Vortrag geh. in d Sitzung d. histor Ver am 15. Dez. 1901 von J **Real** Geldern.) *Geldern (1901) C E. Müller.* (20 S.) 8° [F.]
= **Veröffentlichung** d. Histor **Vereins** f Geldern 6. [02. 3033 5

Die Wappen der Grafen und Herzoge von Geldern und die daraus entstandenen Wappen geldernscher Städte (Vortrag von J **Real**-Geldern.) *Geldern (1902) C E Müller* (8 S.) 8° [F.]
= **Veröffentlichung** d. Histor **Vereins** f Geldern u. Umgegend. No 8 [02. 9859 5

**Real,** Carl. Beitrag zur chirurgischen Behandlung des Empyems im Kindesalter. Diss. Med. Univ. Zürich. [Mit 2 Tafeln.] *Kopftitel* Aus dem Kinderspital in Zürich. 124 S. 8. Zürich, Arnold Bopp, 1906.

**Real,** Robert, pract Arzt in St Gallen Ein Beitrag zur Kenntniss der Gelenkkorper Mit 1 Tafel. (S. A aus Deutsche Zeitschrift f. Chirurgie Bd 38 [S 1—74].) Leipz. J B. Hirschfeld Dr 1893. 2 Bl., 74 S. 1 [Doppel-]Taf 1 Bl. 8°
Zürich, Med Diss. [v 10 Jan. 1894].

**Real** de Courbain, Gaspard de

— ſ. auch Saint-Real.

**Real,** St., Abhandlungen über alte und neuere Geschichte. Aus dem Französ. Riga 767. 2 Bde. 8.

**Real,** St., Conjurations des Espagnols contre Venise, et des Gracques; précédées de sept disc. sur l'usage de l'Histoire. 1 vol in-18. (Didot) (Leipz. Fr. Fleischer.)
(papier fin, 12 Gr. papier vélin, 1 Thlr. format in 12, pap. velin, 1 Thlr. 8 Gr.)

**Real's,** S., Geſchichte des Dom Carlos, ſ. Universal-Bibliothek Nr. 2013.

**Real,** St., Don Karlos, ſ. Schmidt, S. L.

**Real,** St., Leben Don Carlos, ſ. Gesch. Carlos.

— Leben Octavia, Schweſter Auguſtus, a. d. Franz. 8. Lpz. Gollner. 761. Rthlr.

**Real,** ... von: „Die Staatskunst; aus dem Französischen von J. Phil. Schulin", 6 Teile, Frankfurt a. M. und Leipzig 1762 ff.

v. **Real,** Groß-Seneſchall v. Forcalquier, Staatskunſt, oder Anleit. zur Bildung kluger Regenten, Staatsmänner u. Bürger; aus d. Franzöſ. v. J. W. Schulin. 7 Bde. gr. 8. (Bamb.) 763—91. (Weſché in Frkf. a. M.) 14 ₰ 8 gl 7r Bd. A. u. d. T.: d. allgem. kathol. Staatsrecht u. d. beſond. d. vornehmſten europ. Staaten; aus d. Franzöſ. (v. ... Sensburg). 791. 2 ₰ 8 gl

— Staatskunſt, od. Anleit. z. Bild. klug. Regent. Staatsmänn. und Bürger, a. d. Franz. v. Schulin. 7 Bde. gr. 8. Bamberg, Göbhard. 768—91.

**Real de Courbain, Gaspard de.** Das allgemeine katholische Staatsrecht ... a. d. Franz. Bamberg u. Würzburg 1791. Ü: *Sensburg, Ernst Phil.* (KY) (MGT)

— d. allgemeine kathol. Staatsrecht u. d. besond. d. vorn. europ. Staat., a. d. Franz. gr. 8. Ebend. 791. (ist d. 7te Bd. v. dessen Staatskunst.)

— Werke, a. d. Franz. enth. Abhandl. über alte und neue Gesch. 3 Thle. gr. 8. Riga, Hartknoch. 767—69.

— Zusammenverschwör. wid. Venedig. 8. Wien. 755.

Real, Theodor [Assistenzarzt a. d. Irrenanst. Stephansfeld-Hördt]: Ueber die Wirkung des Cytisins bei Psychosen. . . . Strassburg, Univ.-Buchdr. v. J. H. Ed. Heitz (Heitz & Mündel), 1889; 23 S. 8°
Strassburg, Med. Fak., Inaug.-Diss. v. 1889

Realanstalt, Kgl., zu Heilbronn. Bericht für 1898-1900. 4° Heilbronn 1899-1900

Realbesitz, der. gr. 8. (12 S.) Prag 861, Mercy.

Real-Bibel-Lexikon, s. a. Wörterbuch der heil. Schrift.

**Real-Bibel-Lexikon.** Ein Supplement-Bd. zu allen Bibelausg. nach der Vulgata. — Allgemeines Wörterbuch der heil. Schrift. Hrsg. von einem Verein kathol. Geistlichen. 2 Bde. 2. verb. u. verm. Aufl. Mit chronolog. u. histor. Tabellen. Lex. 8. (584 u. 592 S.) Regensburg 847, Manz. — Quartausg. 2 Bde. 2. verb. u. verm. Aufl. Roy. 4. (308 u. 312 S.) Ebd. 847. 4 ℛ

**Realbibliothek** der Heilkunst, od. Darstell. d. Fortschritte d. prakt. Arznei- u. Wundarzneikunst im 19. Jahrh., hrsgg. v. Leune u. K. F. Burdach. 1r Jahrg. 1r Bd. gr. 8. Leipz. 803, (Aue in Altona). 2 ℛ

Realbibliothek der Heilkunst, od. Darstell. d. Fortschr. d. prakt. Arzney- und Wundarzneyk. im 19ten Jahrh., herausgegeb. v. Leune und Burdach. gr. 8. Leipz. Jacobäer. 803.

Real-Blat. – P r i v i l e g i r t e s Real-, Frag- und Anzeige-Blat. –
Offenbach. – 15.I.1773 – 1799(?).
Fortges. u.d.T.: Privilegirtes Offenbacher Frag- und Anzeige-Blatt.

**Realbuch** für die Zürcherischen allgemeinen Volksschulen. Zürich 1836—39. V: *Scherr, Ignaz Thomas.* (BSchwLk V, 10c)

Realbuch für die Zürcherischen allgemeinen Volksschulen. No. 1. Geschichtl. Abtheilung. 8. Zürich 836. Orell, Füßli u. C. 1/6 ℛ

— dass. No. 2. Naturgeschichtl. Abtheilung. 8. Ebd. 836. 5 gl

— dass. No. 3. Geographische Abtheilung. 8. Ebd. 839. 1/3 ℛ

— dass. No. 4. Mittheill. aus d. Naturlehre. 8. Ebd. 836. 1/6 ℛ

**Realbuch** für die zürcherischen allgemeinen Volksschulen. (Nr. 1.) Geschichtliche Abtheilung. 8. Zürich 844, Orell, Füßli u. Co. 9 ngl

**Real-Conversations-Intelligenzblatt, Neuverbessertes Prager,** aus dem k. k. pr v. Frag- und Kundschaftsamte. 1778—1785. V: *Pruscha, Vincenz Victorin.* (A. G. Przedak, Geschichte des deutschen Zeitungswesens in Böhmen, S. 52) (BiblPort)

Realcredit, der, auch ohne Aufhebung des Wucherpatents bis zu seiner äußersten Grenze befördert und sichergestellt durch Vereine mit Sparcassen für Immobilien-Geschäfte. Von einem Freunde der Landwirthschaft. 12. (40 S.) Gratz 860, Kienreich's Verlag.

Real-Encyclopädie, allgemeine, od. Conversations-Lexicon f. das kathol. Deutschland. Bearb. von e. Vereine kathol. Gelehrten. 1—56. Hft. od. 1—5. Bd. (A—Italienische Sprache.) gr. 8. Regensburg 846, 47, Manz. [1. (73 B.) 2. (72 B.) 3. (72 B.) 4. (73 B.) 5. (48 B.)] à Hft. * 4½ Ngr. *

**Realencyclopaedie, Allgemeine,** oder Conservations-Lexikon für das katholische Deutschland ... Regensburg 1847—49. Red: *Binder, Wilh.* (Th)

Real-Encyclopädie, allgemeine, oder: Conversations-Lexicon für das kathol. Deutschland. 57—120. (letztes) Heft oder 6—10. Bd. gr. 8. Regensburg, Manz. [à Bd. 72 Bog. 847—49. à Heft * 4½ Ngr.] *
1—5. Bd. Ebendas. 1846—47. * 8 Thlr. 12 Ngr.

—— dass. — (1. Aufl.) Ergänzungsbände. Hrsg. von Wilh. Binder. 2 Bde. Mit Universalregister. gr. 8. Ebds. 849—50. [1. (72 Bog.) 2. (94 Bog.)] *
Titelstahlstiche zu vorstehendem Werke, s. Titelstahlstiche.

Realencyklopädie, allgemeine, oder Conversationslexikon für alle Stände. 3., gänzlich umgearb. und sehr verm. Aufl. (In 144 Heften.) 1.—66. Heft. Lex.-8. [1. Bd. (VII und 1144 S.) 2. Bd. (1044 S.) 3. Bd. (1136 S.) 4. Bd. (IV und 1152 S.) 5. Bd. (1174 S.) 6. Bd. (S. 1—576.)] Regensburg 865—68, Manz. à Heft 5 Ngr.

Realencyklopädie, allgemeine, oder Conversationslexikon für alle Stände. 3., gänzlich umgearb. und sehr verm. Aufl. 67.—144. Heft. Lex.-8. (6. Bd. S. 577—1150; 7. Bd. 1124 S.; 8. Bd. 1150 S.; 9. Bd. 1150 S.; 10. Bd. 1138 S.; 11. Bd. 1150 S.; 12. Bd. 1164 S.) Regensburg 868—73, Manz. à Lfg. 50 Pf.
1.—66. Heft. Ebendas. 1865—68. ℳ 33.

Realencyklopädie, allgemeine, oder Conversationslexikon für alle Stände. 4. verb. und sehr verm. Aufl. (In 13 Bdn. oder 156 Heften.) 1.—96. Heft. Lex.-8. Regensburg 880—84, Manz. [1. Bd. (IV, 1144 S.); 2. Bd. (1144 S.); 3. Bd. (1142 S.); 4. Bd. (1152 S.); 5. Bd. (1185 S.); 6. Bd. (1152 S.); 7. Bd. (1124 S.); 8. Bd. (1150 S.)] à Heft 50 Pf.

Realencyklopädie, allgemeine, oder Conversationslexikon für alle Stände. 4. verb. und sehr verm. Aufl. 97.—144. Heft. gr. 8. Regensburg 885—88, [Manz.] Verlags-Anstalt. [9. Bd. Lopez—Nyyrikki. (1150 S.) 885; 10. Bd. O—Rolshausen. (1114 S.) 886; 11. Bd. Rom—Staatsgarantie. (1142 S.) 887; 12. Bd. Staatsgebiet—Werg. (1126 S.) 887.] à Heft * à Bd. (12 Hefte.) * ℳ 6.—. *

—— dass. — 145.—147. Heft. gr. 8. (13. Bd. S. 1—284.) Ebendas. 888. à Heft * 50 Pf. *

—— dass. — 148. Heft. gr. 8. (Suppl. S. 1—96.) Ebendas. 888. *
1.—8. Bd. Ebendas. 1880—84. à Bd. * ℳ 6.—.; 1.—12. Bd. auch in Halbbdn. à * ℳ 3.—.

Realencyklopädie, allgemeine, oder Conversationslexikon f. alle Stände. 4. verb. u. sehr verm. Aufl. 149.—158. (Schluß-) Heft. gr. 8. (13. Bd. Suppl. IV, S. 97—1039.) Regensb. 889,90, Verlags-Anstalt. à Heft * — 50; * 6 —
Vollständig in 13 Bdn., 1880—90. à Bd. * 6 —; geb. in Hlbfrz. * 7 30.

„Allgemeine deutsche Real-Encyclopädie für die gebildeten Stände", Konversations-Lexikon, 1. Auflage Leipzig 1796. — 5. Originalausgabe, 10 Bände, Leipzig 1819, 1820, vorh.: Bücherei der Industrie- und Handelskammer Leipzig. — 10. verbesserte und verm. Auflage, 15 Bände, Leipzig 1851—1855, vorh.: Com. Bibl. Hamburg.

Real-Encyklopädie, Allgemeine deutsche, für die gebildeten Stände (Conversations-Lexikon). 5. Aufl. (10 Bde.) 8. Leipzig 1822.
— — Neue Folge. (4 Bde.) 8. Leipzig 1822—1826.

Real-Encyklopädie, allgem. deutsche, ic. — Supplementbd. f. die Besitzer der 6. u. früh. Aufln. u. d. Neuen Folge. — Enthalt. d. neuen u. umgearbeit. Artikel u. die Zusätze d. 7. Aufl. 8. (77 B.) Leipzig 829, Brockhaus. 2 Thlr. 12 Gr., Schrbp. 3 Thlr. 18 Gr., in gr. 8. auf Drckp. Thlr.

Real-Encyklopädie, allgem. deutsche, f. d. gebild. Stände. (Conversations-Lexikon.) 12 Bde. A — Z. 7. Orig.-Aufl. (2., durchgeseh. Abdr.) gr. 8. (658¾ B.) Leipzig 830, Brockhaus. 15 Thlr., Schrbp. 20 Thlr., Vlnp.

—— dass. — 12 Bde. (od. 24 Lfgn.) A — Z. 8. Orig.-Aufl. gr. 8. Ebds. [1. (61 B.), 2. (62 B.), 3. (48¼ B.) 833., 4. (65⅞ B.), 5. (53¾ B.) 834., 6. (50¼ B.), 7. (59¾ B.), 8. (62¾ B.) 835., 9. (57¾ B.), 10. (54½ B.) 11. (54 B.) 836., 12. (44 B.) 837. à Bd. 1 Thlr. 8 Gr., Schrbp. 2 Thlr., Vlnp. 3 Thlr.] 16 Thlr., Schrbp. 24 Thlr., Vlnp.

—— allgem. deutsche, f. d. gebild. Stände. (Conversations-Lexikon.) 8. Aufl. — Universal-Register. Enth. in alphabet. Folge e. vollständ. Nachweis. d. selbstständ. Artikel dies. Werkes, sowie auch aller in and. Artikeln behandelten Personen u. Gegenstände. gr. 8. (18¼ B.) Leipzig 839, Brockhaus. * ⅔ Thlr., Schrbp. * 1 Thlr., Vlnp. *
Hauptwerk. Ebendas. 1833—37. * 16 Thlr., Schrbpap. * 24 Thlr., Vlnp. * 36 Thlr.

—— allgemeine deutsche, f. die gebildeten Stände. — Conversations-Lexikon. 9., verb. u. verm. Originalaufl. (120 Hfte. od.) 15 Bde. Mit Universalregister. Lex.-8. (720¾ B.) Leipzig 842—47, Brockhaus. (à Hft. 5 Ngr.)

**Real-Encyclopädie, Allgemeine Deutsche,** für die gebildeten Stände. Achte Originalauflage. Leipzig 1833—37. 9. Aufl. Leipzig 1843—48. H: *Espe, Carl August.* (BrMm)

—— dass. Neue Ausg. der 9., verb. u. verm. Originalaufl. In 240 Lfgn. od. 15 Bdn. 1—136. Lfg. (od. 1—8. Bd. u. 9. Bd. Bog. 1—24.) gr. 8. (à Lfg. 3 B.) Ebds. 845—47. à Lfg.

Real-Encyclopädie, allgemeine deutsche, für die gebildeten Stände. Conversations-Lexikon. Neue Ausg. der 9., verb. und verm. Orig.-Aufl. 137—240. (letzte) Lfg. (oder 9—15. Bd.) gr. 8. Leipzig, Brockhaus. [Bd. 9. (Bog. 25—48.) 10—14. Bd. (à 48 Bog.) 15. (47 Bog.) 848—50. à Lfg. 2½ Ngr.] Thlr.

—— dass. — 10. umgearb., verb. und verm. Aufl. (In 15 Bdn. oder 120 Heften.) 1—49. Heft. (A — Grävell.) Lex.-8. Ebds. [Bd. 1—6. (à 796 S.) und 7. Bd. (S. 1—96.) 850—52. à Heft 5 Ngr.]
Vgl.: Bilder-Atlas. — Gegenwart.

**Realencyclopädie, Allgemeine deutsche,** für die gebildeten Stände. 10. Aufl. Leipzig 1851—55. Red: *Kurtzel, Aug.* & *Anton Ernst Oscar Piltz.* (BrVV)

Real-Encyklopädie, allgemeine deutsche, für die gebildeten Stände. Conversations-Lexikon. 10., umgearb., verb. und verm. Aufl. 50—120. Heft. (Graves — Zwolle.) Lex.-8. Leipzig, Brockhaus. [Bd. 7. (S. 97—796.) 8. (796 S.) 9. und 10. (1604 S.) 11. (796 S.) 12. und 13. (à 796 S.) 14. (804 S.) 15. Abthl. 1. (644 S.) Abthl. 2. (S. 1—608.) 853—55. à Heft 5 Ngr.] Thlr.

Real-Encyklopädie, allgemeine deutsche, für die gebildeten Stände. Conversations-Lexikon. 10., umgearb., verm. und verb. Aufl. Schlußheft. Lex.-8. (15. Bd. 2. Abthl. (XXVIII und S. 609—611 und Universal-Reg. 120 S.) Leipzig 855, Brockhaus. Als Rest.
1—19. Heft. Ebendas. 1850—52. 8 Thlr. 5 Ngr.
Vgl.: Bilder-Atlas. — Gegenwart, die.

—— allgemeine deutsche, für die gebildeten Stände. Conversations-Lexikon. 11., umgearb., verb. und verm. Aufl. 15 Bde. in 150 Heften. Lex.-8. (1.—13. Bd. à 956 S., 14. Bd. 864 S., 15. Bd. 828 S. und Register XXXII und 136 S.) Leipzig 864—68, Brockhaus. à Heft 5 Ngr.
geb. in Leinen 29 Thlr.; geb. in Halbfrz.
Velinp. 37 Thlr. 15 Ngr.; geb. in Halbfrz.
Vgl.: Zeit, unsere.

— allgemeine deutsche, f. die gebildeten Stände. Conversations-Lexikon. 11. umgearb., verb. u. verm. Aufl. Supplement. 22 Hfte. Lex.-8. (1. Bd. 950 u. 2. Bd. VIII, 804 S.) Leipzig 871—73. Brockhaus. à — 50

—— der christlichen Alterthümer. Unter Mitwirkung mehrerer Fachgenossen bearb. und hrsg. von F. X. Kraus. Mit zahlreichen, zum grössten Theil Martigny's Dictionnaire des antiquités chrétiennes entnommenen Holzschn. 1.—10. Lfg. Lex.-8. Freiburg i. Br. 880—84, Herder'sche Verlagsh. [1. Bd. (674 S.); 2. Bd. (S. 1—288.)] à Lfg. * ℳ 1,80. *

—— der christlichen Alterthümer. Unter Mitwirkung mehrerer Fachgenossen bearb. und hrsg. von F. X. Kraus. 11.—18. (Schluss-)Lfg. Lex.-8. (2. Bd. S. 289—1019 mit zahlreichen, zum grössten Theil Martigny's Dictionnaire des antiquités chrétiennes entnommenen Holzschn.) Freiburg i. Br. 885,86, Herder'sche Verlagsh. à Lfg. * ℳ 1.80. *
1.—10. Lfg. Ebendas. 1880—84. à * ℳ 1.80. — Compl. * ℳ 32.40.; geb. * ℳ 38.—.

Real-Encyclopädie d. classischen Alterthumskunde in alphabetischer Ordnung. In Verbindung mit vielen Gelehrten herausgeg. von Aug. Pauly. Nach dessen Tode fortges. von Chr. Walz u. W. S. Teuffel. 25.—52. Liefg. (Schluß des 3. Bdes.) u. 53.—76. Liefg. (Schluß des 4. Bdes.) gr. 8. Stuttgart 840—46, Metzler'sche Buchh. à ⅓ ℳ

Real-Encyclopädie der class. Altertumswissenschaft, neue Bearbeitg., sa Pauly.

Real-Encyclopädie d. class. Alterthumswissenschaft in alphabet. Ordn. In Verbind. mit vielen Gelehrten hrsg. v. Aug. Pauly. 1—38. Lfg. od. 1—3. Bd. 1—4. Lfg. A — Flaminia gens. gr. 8. Stuttgart, Metzler'sche Buchh. [1. od. 15 Lfgn. (79½ B.) 837—39., 2. od. 17 Lfgn. (82½ B. u. 1 Tab.) 839—42., 3. 1—4. Lfg. (20 B.) 842. à ⅓ Thlr.]

—— der classischen Alterthumswissenschaft in alphabet. Ordnung. Hrsg. v. Aug. Pauly. 39—90. Lfg. od. 3. Bd. 5—18. Lfg., 4. Bd. (24 Lfg.) u. 5. Bd. 1—14. Lfg. (Flaminia gens — Pannonia.) gr. 8. Stuttgart 843—47, Metzler'sche Bh. [Bd. 3. 5—18. Lfg. (68¼ B.) 4. (112½ B. u. 1 Tab.) 5. 1—14. Lfg. (70 B.) à Lfg. 10 Ngr.
Bd. 1., 2. u. 3. Bd. 1—4. Lfg. Ebendas. 1837—42. 12 Thlr. 20 Ngr.

—— 10 Titelstahlst. hierzu. Zugleich eine selbstständ. Sammlung v. Bildnissen ausgezeichn. Katholiken. 1 Lfg. gr. 8. (2 Stahlst.) Ebds. 847. *

—— der classischen Alterthumswissenschaft. Hrsg. von Aug. Pauly, fortgesetzt von Chr. Walz und W. S. Teuffel. 91—137. (letzte) Lfg. (oder 5. und 6. Bd.) gr. 8. Stuttgart, Metzler'sche Buchh. [Bd. 5. (S. 1761—1950.) 6. (VIII und 2927 S.) 848—51. à Lfg. 10 Ngr.]
1—90. Lfg. Ebendas. 1837—47. 30 Thlr.

Real-Encyclopädie, s. Conversations-Lexicon.

—— Commentar zur Real-Encyklopädie, s. Kulenkamp, B. J. E.
Vgl. Conversations-Lexikon d. neuesten Zeit etc.

Real-Encyklopädie. –

— des Erziehungs- und Unterrichtswesens nach katholischen Principien. Unter Mitwirkung von geistlichen u. weltlichen Schulmännern für Geistliche, Volksschullehrer, Eltern u. Erzieher bearb. u. herausg. von Herm. Rolfus u. Adph. Pfister. 1. Bd. (4 Liefn.) — 2. Bd. (4 Liefgn.) — 3. Bd. 1. Liefg. Mainz 863, 64. Kupferberg. gr. 8. (1. Bd.: 638 S.; 2. Bd.: 640 S.; 3. Bd.: S. 1—160.) Jede Liefg. 15 ngr.

des Erziehungs- u. Unterrichtswesens nach katholischen Principien. Unter Mitwirkung von geistl. u. weltl. Schulmännern für Geistliche, Volksschullehrer, Eltern u. Erzieher bearb. u. herausg. von Herm. Rolfus u. Adph. Pfister. 3. Bd. 2—4. Liefg. u. 4. Bd. 4 Liefgn. Mainz 865—66. Kupferberg. gr. 8. [3. Bd. (S. 161—638 S.), 4. Bd. (VII, 710 S.), 10—15. Liefg. à 15 ngr., 16. Liefg. 22½ ngr.] 3 ₰ 22½ ngr.

Realencyklopädie des Erziehungs- und Unterrichtswesens nach katholischen Principien. Unter Mitwirkg. v. geistl. u. weltl. Schulmännern f. Geistliche, Volksschullehrer, Eltern u. Erzieher bearb. u. hrsg. v. Herm. Rolfus u. Adph. Pfister. 2. Aufl. 4 Bde. gr. 8. (IV, 700; 704; 704 u. 968 S.) Mainz 871—74. Kupferberg. 28. 5

— des Erziehungs- u. Unterrichtswesens nach katholischen Prinzipien. Unter Mitwirkg. v. geistl. u. weltl. Schulmännern f. Geistliche, Volksschullehrer, Eltern u. Erzieher bearb. u. hrsg. v. Herm. Rolfus u. Adph. Pfister. 5. Bd. Ergänzungsbd., bearb. v. Herm. Rolfus. gr, 8. (III, 404 S.) Mainz 884. Kupferberg. 5. 20 (cplt : 33. 25)

— der gesammten Heilkunde. Medicinisch-chirurg. Handwörterbuch für prakt. Aerzte. Unter Mitwirkung von Adamkiewicz, Albert Albrecht etc. hrsg. v. Alb. Eulenburg. Mit zahlreichen (eingedr.) Illustr. in Holzschn. (In ca. 14 Bdn. à 10 Hfte.) 1—120. Hft. Lex.-8. (1. Bd. 739, 2. Bd. 725, 3. Bd. 723, 4. Bd. 781, 5. Bd. 715, 6. Bd. 711, 7. Bd. 703, 8. Bd. 711, 9. Bd. 719, 10. Bd. 716, 11. Bd. 708 u. 12. Bd. 731 S.) Wien 880—82. Urban & Schwarzenberg. à n. 1. 50

— der gesammten Heilkunde. Medicinisch-chirurg. Handwörterbuch f. prakt. Aerzte. Hrsg. v. Alb. Eulenburg. Mit zahlreichen (eingedr.) Illustr. in Holzschn. 121—150. (Schluss-)Hft. Lex.-8. (13. Bd. 690, 14. Bd. 708 u. 15. Bd. 676 S.) Wien 883. Urban & Schwarzenberg. à n. 1. 50

— dasselbe. 2. Aufl. 1—70. Lfg. Lex.-8. (1. Bd. 726, 2. Bd. 715, 3. Bd. 711, 4. Bd. 707, 5. Bd. 723, 6. Bd. 707 u. 7. Bd. 706 S.) Ebend. 885. 86. à n. 1. 50

— der gesammten Heilkunde. Medicinisch-chirurg. Handwörterbuch f. prakt. Aerzte. Hrsg. v. Alb. Eulenburg. Mit zahlr. Illustr. in Holzschn. 2., umgearb. u. verm. Aufl. 71.—220. (Schluss-)Lfg. Lex.-8. (8. Bd. 700, 9. Bd. 712, 10. Bd. 715, 11. Bd. 707, 12. Bd. 715, 13. Bd. 700, 14. Bd. 712, 15. Bd. 704, 16. Bd. 680, 17. Bd. 719, 18. Bd. 706, 19. Bd. 712, 20. Bd. 688, 21. Bd. 679, 22. Bd. 714 S.) Wien 887—890. Urban & Schwarzenberg. à n. 1. 50 (in Bdn.: à n. 15. —; geb. à n. 17. 50)

— der gesammten Heilkunde. Medicinisch-chirurg. Handwörterbuch f. prakt. Ärzte. Unter Mitwirkg. v. Albert, B. Baginsky, A. v. Bardeleben u. A., hrsg. v. Alb. Eulenburg. 2., umgearb. u. verm. Aufl. 221.—260. Lfg. Lex.-8. (Mit Holzschn.) Wien, Urban & Schwarzenberg. à n. 1. 50 (à Bd. kplt.: n. 15. —; geb. n.n. 17. 50)
23. Bd. [1. Ergänzungsbd.] (630 S.) 891. — 24. Bd. [2. Ergänzungsbd.] (730 S.) 892. — 25. Bd. [3. Ergänzungsbd.] (824 S.) 893. — 26. Bd. [4. Ergänzungsbd.] (620 S.) 894.

— dasselbe. 3. umgearb. Aufl. 1.—50. Lfg. Lex.-8. (Mit Holzschn. u. Taf.) Ebd. à n. 1. 50; in Bdn. à n. 15. —; geb. à n.n. 17. 50
1. Bd. (724 S.) 893. – 2. Bd. (V, 706 S.) 894. — 3. Bd. (708 S.) 894. — 4. Bd. (680 S.) 894. — 5. Bd. (608 S.) 894.

— der ges. Heilkunde. Medicinisch-chirurg. Handwörterbuch f. prakt. Ärzte. Unt. Mitwirkg. v. Albert, H. Albrecht, Ascher u. A. Hrsg. v. Alb. Eulenburg. 2., umgearb. u. verm. Aufl. 261.—295. Lfg. gr. 8. (27.—29. Bd. [Encyclopäd. Jahrbücher. 5.—7. Jahrg.] à 2 Hälften. 668, 688 u. 652 S. m. Holzschn. u. 30. Bd. 1. Hälfte, 320 S. m. Holzschn.) Wien 895—898. Urban & Schwarzenberg. à Lfg. n. 1. 50 (à Bd. geb. n.n. 17. 50)

— dasselbe. 3., gänzlich umgearb. Aufl. 51.—190. Lfg. Lex.-8. (6.—19. Bd. 663, 667, 728, 667, 667, 684, 715, 675, 667, 667, 676, 668, 668 u. 684 S. m. Holzschn. u. Farbendr.-Taf.) Ebd. 895—898. à Lfg. n. 1. 50; in Bdn. à n. 15. —; geb. à n.n. 17. 50

— der gesammten Heilkunde. Medicinisch-chirurg. Handwörterbuch f. prakt. Ärzte. Unter Mitwirkg. v. Albert, H. Albrecht, Ascher u. A. hrsg. v. Alb. Eulenburg. 2., umgearb. u. verm. Aufl. 296.—320. Lfg. gr. 8. (30. Bd. [Encyclopäd. Jahrbücher. 8. Jahrg.] 2. Hälfte. S. 321—671 m. Holzschn. 31. Bd. [Encyclopäd. Jahrbücher. 9. Jahrg.] 644 S. m. Holzschn. u. 32. Bd. [Encyclopäd. Jahrbücher. N. F. 1. Jahrg.] 676 S. m. Abbildgn.) Wien 899—903. Urban & Schwarzenberg. à Lfg. n. 1.50 (à Bd. n. 15. —; geb. n.n. 17.50)

— dasselbe. 3., gänzlich umgearb. Aufl. Mit zahlreichen Illustr. in Holzschn. u. Farbendr.-Taf. 191.—274. Lfg. gr. 8. (20. Bd. 684 S., 21. Bd. 667 S., 22. Bd. 668 S., 23. Bd. 696 S., 24. Bd. 668 S., 25. Bd. 728 S., 26. Bd. 992 S. u. 27. Bd. [Encyclopäd. Jahrbücher N. F. 1. Jahrg.] 676 S.) Wien 899—903. Urban & Schwarzenberg. à Lfg. n. 1.50; (à Bd. n. 15. —; geb. n.n. 17.50)

— der gesamten Heilkunde. Medicinisch-chirurg. Handwörterbuch f. praktische Aerzte. Hrsg. v. Alb. Eulenburg. 2., umgearb. u. verm. Aufl. 321—340 Lfg. 33. u. 34. Bd. Encyclopäd. Jahrbücher. 11. u. 12. Bd. Neue Folge. 2. u. 3. Jahrg.) (700 u. 598 S. m. Abbildgn.) gr. 8. Wien 904. 905. Urban & Schwarzenberg. à Bd. n. 15. —; geb. in Halbfrz. n.n. 17. 50

— dasselbe. (Unter Mitwirkg. v. W. Abel, Albert, H. Albrecht u. a.) Hrsg. v. Alb. Eulenburg. 3., umgearb. u. verm. Aufl. 275.—314. Lfg. (28.—31. Bd. Encyclopäd. Jahrbücher. 11.—14. Bd. Neue Folge: 2.—5. Jahrg.) (700, 598, 639 u. 630 S. m. Abbildgn.) gr. 8. Ebd. 904—907. à Bd. n. 15. —; geb. in Halbfrz. n. 17. 50

**Real-Encyklopädie** der gesammten Heilkunde. Medicinisch-chirurgisches Handwörterbuch f. prakt. Ärzte. (Unt. Mitwirkg. v. W. Abel, Albert, H. Albrecht u. a.] Hrsg. v. Alb. Eulenburg. 2., umgearb. u. verm. Aufl. 341.—390. Lfg. (35.—39. Bd. Encyklopädische Jahrbücher. 13.—17. Bd. Neue Folge: 4.—8. Jahrg.) (639 S. m. Abb.; 630 S. m. 79 Abb.; 616 S. m. 86 Abb.; 646 S. m. 66 Abb. u. 1 Taf. resp. 586 S. m. 131 Abb. u. 9 Taf.) Lex. 8. Wien 906—10. Urban & Schwarzenberg. à Bd. 15.—; geb. in Halbfrz. n 17. 50

— dasselbe. 3., umgearb. u. verm. Aufl. 315.—344. Lfg. (32.—34. Bd. Encyclopäd. Jahrbücher 15.—17. Bd. Neue Folge: 6.—8. Jahrg.) (616 S. m. 86 Abb.; 646 S. m. 66 Abb. u. 1 Taf. u. 586 S. m. 131 Abb. u. 9 Taf.) Lex. 8. Ebd. 908—10. à Bd. 15.—; geb. in Halbfrz. n 17. 50

— dasselbe. Unter Mitred. v. Thdr. Brugsch hrsg. v. Alb. Eulenburg. 4., gänzl. umgearb. Aufl. 1.—9. Bd. Lex. 8. Ebd.

Geb. in Halbfrz. à 28. —

1. Mit 144 Abb. im Texte, 2 schwarzen u. 7 farb. Taf. (XII, 900 S.) 907. — 2. Mit 166 Abb. im Texte u. 8 farb. Taf. (VIII, 900 S.) 907. — 3. Mit 89 Abb. im Texte, 2 schwarzen u. 5 farb. Taf. (XI, 892 S.) (908.) — 4. Mit 163 Abb. im Texte, 2 schwarzen u. 6 farb. Taf. (X, 872 S.) 908. — 5. Mit 168 Abb. im Texte, 8 schwarz. u. 6 farb. Taf. (X, 937 S.) 908. — 6. Mit 262 Abb. im Texte, 4 schwarzen u. 3 farb. Taf. (XI, 890 S.) 909. — 7. Mit 110 Abb. im Texte, 2 schwarzen u. 5 farb. Taf. (XI, 896 S.) 909. — 8. Mit 159 Abb. im Texte u. 9 farb. Taf. (XI, 916 S.) 910. — 9. (XI, 926 S. m. 197 Abb. u. 8 farb. Taf.) 910.

—— pädagogische, od. encyclopäd. Wörterbuch des Erziehungs- u. Unterrichtswesens u. seiner Geschichte. Redig. v. Carl Glob. Hergang. 2. Bd. 1—19. Hft. H—Waisenhäuser. hoch-4. (à Hft. 6 B.) Grimma 843—47, Verlags-Comptoir. à Hft. 7½ Ngr. 4

1. Bd. Ebendas. 1840—42. 4 Thlr.

—— pädagogische, oder: Encyclopädisches Wörterbuch des Erziehungs- und Unterrichtswesens und seiner Geschichte, für Lehrer an Volksschulen und andern Lehranstalten, für Eltern und Erzieher, für Geistliche Schulvorsteher rc. bearb. von einem Vereine von Predigern und Lehrern und redig. von Carl Glob. Hergang. 2., durchgesehene Aufl. 1. Bd. 1—13. Heft. (A — Erziehung.) hoch 4. (S. 1—624.) Grimma 851. [Wurzen,] Verlags-Comptoir. à Heft 6 Ngr.

Vgl. 10. Bd. 2. Abthl. S. 143.

— der gesammten Pharmacie. Handwörterbuch f. Apotheker, Aerzte u. Medicinalbeamte. Unter Mitwirkg. v. Ascherson, v. Basch, Becker etc. Hrsg. v. Ewald Geissler u. Jos. Moeller. Mit zahlreichen Illustr. in Holzschn. 1—23. Lfg. gr. 8. (1. Bd. VI 718 S. u. 2. Bd. S. 1—384.) Ebend. 886. à n. 1. —

— der gesammten Pharmacie. Handwörterbuch für Apotheker, Aerzte u. Medicinalbeamte. Unter Mitwirkg. v. Ascherson, v. Basch, Becker etc. hrsg. v. E. Geissler u. J. Moeller. Mit zahlreichen Illustr. in Holzschn. 24.—139. Lfg. gr. 8. (2. Bd. S. 385—699, 3. Bd. 712, 4. Bd. 716, 5. Bd. 718, 6. Bd. 716, 7. Bd. 716, 8. Bd. 716, 9. Bd. 712 S., 10. Bd. S. 1—192.) Ebd. 887—890. à n. 1. — (in Bdn.: à n. 15. —; geb. à n. 17. 50)

— der gesammten Pharmacie. Handwörterbuch f. Apotheker, Aerzte u. Medicinalbeamte. Unter Mitwirkg. v. Ascherson, v. Basch, Becker etc. v. Ewald Geissler u. Jos. Moeller. Mit zahlreichen Illustr. in Holzschn. 140.—160. Lfg. gr. 8. (10. Bd. S. 193—1228.) Ebd. 891. à n. 1. — (kplt.: n. 160. —; geb. n.n. 185. —)

**Real-Enzyklopädie** der gesamten Pharmazie. Handwörterbuch f. Apotheker, Ärzte u. Medizinalbeamte. Begründet von Dr. Ewald Geißler u. Dr. Josef Moeller. 2., gänzl. umgearb. Aufl. hrsg. von Prof. Dr. Josef Moeller, Graz, u. Prof. Dr. Hermann Thoms, Berlin. Mit zahlr. Ill. Bd 1—13. Berlin & Wien: Urban & Schwarzenberg 1904—12. 8°

1. A—Antidyspeptikum. 1904 2. Antielektron—Bitnol. 1904. 3. Birotation—Cinchonamin. 1904. 4. Cinchonicin—Ergotinum. 1905 5. Ergotismus—Gnomonia 1905 6. Gnoskopin Indium. 1905. 7. Indiumhydroxyd-Kristalle 1906. 8. Kristalle Mikrozymen 1907 9. Milben-Panicum 1907. 10. Panikol-Rutin. 1908. 11. S-Szutor. 1908. 12. T-Wood-oil 1909. 13. Woodfordia-Zytologie. Biographien d Mitarb. Gen-Reg 1912.

A 12 1210

— der gesamten Pharmazie. Handwörterbuch f. Apotheker, Aerzte u. Medizinalbeamte. Begründet von Ewald Geissler u. Jos Moeller. 2., gänzlich umgearb. Aufl. Hrsg. v. Jos. Moeller u. Herm. Thoms. (In etwa 10 Bdn.) 1.—7. Bd. (VII, 720; VII, 720; VII, 728; VII, 720; VII, 724; VII, 712 u. VII, 720 S. m. Abbildgn.) Lex.-8. Ebd. 904—906. à n. 18. —; geb. in Halbfrz. n.n. 20. 50

— der gesamten Pharmazie. Handwörterbuch f. Apotheker, Ärzte u. Medizinalbeamte. Begründet v. v. Ewald Geissler u. Jos. Moeller. 2., gänzlich umgearb. Aufl. Hrsg. v. Jos. Moeller u. Herm. Thoms. 8.—12. Bd. (VII, 708; VII, 720; VIII, 732; VIII, 720 u. VIII, 696 S. m. Abb.) Lex. 8. Wien 907—09. Urban & Schwarzenberg. à 18.—; geb. in Halbfrz. à n 20.50

—— für protestantische Theologie und Kirche. In Verbindung mit vielen protestant. Theologen und Gelehrten hrsg. von (J. J.) Herzog. 1—60. Heft. (A — Jonas.) Lex.-8. Stuttgart, Besser's Verlag. [Bd. 1. (VIII und 792 S.) 2. (798 S.) 3. (794 S.) 4. (798 S.) 5. (818 S.) 6. (S. 1—798.) 853—56. à Heft * 8 Ngr.] *

Real-Encyklopädie für protestantische Theologie und Kirche. In Verbindung mit vielen protestant. Theologen und Gelehrten hrsg. von (J. J.) Herzog. 61—157. Heft. Lex.-8. Gotha 857—62, Besser. [7. Bd. (792 S.) 8. (805 S.) 9. (798 S.) 10. (782 S.) 11. (798 S.) 12. (798 S.) 13. (786 S.) 14. (802 S.) 15. (810 S.) 16. (S. 1 — 560.)] à Lfg. * 8 Ngr. Thlr. *

1—60. Heft. Ebendas. 1853—56. * 16 Thlr.

—— für protestantische Theologie und Kirche. In Verbindung mit vielen protestant. Theologen und Gelehrten hrsg. von (J. J.) Herzog. 158.—218. (Schluß-)Heft. Lex.-8. [16. Bd. (S. 561—797.) 17. Bd. (825 S.) 18. Bd. (823 S.) Suppl. 1. Bd. (796 S.) 2. Bd. (796 S.) 3. Bd. (642 S.) Registerband. (IV und 540 S.)] Gotha 863—68, Besser. à Heft * 8 Ngr. *

1.—157. Heft. Ebendas. 1853—62. * 41 Thlr. 26 Ngr.

—— für protestantische Theologie und Kirche. Unter Mitwirkung vieler protestant. Theologen und Gelehrten in 2. durchgängig verb. und verm. Aufl. hrsg. von J. J. Herzog und G. L. Plitt. (In ca. 15. Bdn.) 1.—54. Heft. gr. 8. (VII, 798; 802; 806; 806; 880 S.; S. 1—320.) Leipzig 876—79, Hinrichs'sche Buchh. à Heft *

—— für protestantische Theologie und Kirche. Unter Mitwirkung vieler protestant. Theologen und Gelehrten in 2. durchgängig verb. und verm. Aufl. hrsg. von J. J. Herzog und G. L. Plitt. 55.—144. Heft. Lex.-8. Leipzig 880—84, Hinrichs'sche Buchh. [6. Bd. (S. 321—798.); 7. Bd. (802 S.); 8. Bd. (798 S.); 9. Bd. (804 S.); 10. Bd. (824 S.); 11. Bd. (806 S.); 12. Bd. (804 S.); 13. Bd. (806 S.); 14. Bd. (806 S.); 15. Bd. (S. 1—320.)] à Heft * ℳ 1. *

1.—54. Heft. Ebendas. 1876—79. à * ℳ 1.

—— für protestantische Theologie und Kirche. Unter Mitwirkung vieler protestant. Theologen und Gelehrten in 2. durchgängig verb. und verm. Aufl. begonnen von J. J. Herzog und G. L. Plitt, fortgeführt von Alb. Hauck. 145.—183. (Schluß-) Heft. Lex.-8. Leipzig 885—88, Hinrichs'sche Buchh., Verlag. [15. Bd. (S. 321—850.); 16. Bd. (864 S.); 17. Bd. (789 S.); 18. Bd. (1034 S.)] à Heft * ℳ 1.—. *

1.—144. Heft. Ebendas. 1876—84. à * ℳ 1.—; compl. geb. * ℳ 219.—.

Realencyklopädie für protestantische Theologie und Kirche. Begründet v. J. J. Herzog. In 3. verb. u. verm. Aufl. unter Mitwirkung vieler Theologen und anderer Gelehrten hrgg. v. Albert Hauck. Bd. 1—24. Leipzig. 1896—1913. 8°

— f. protestant. Theologie u. Kirche. Begründ. v. J. J. Herzog. In 3., verb. u. verm. Aufl. unt. Mitwirkg. vieler Theologen u. and. Gelehrten hrsg. v. Alb. Hauck. 1.—52. Hft. gr. 8. (Bd. 1—5. IV, 801; 780; IV, 832; III, 812 u. III, 800 S. u. 6. Bd. S. 1—160.) Leipzig 896—898. J. C. Hinrichs' Verl.
Subskr.-Pr. à Hft. n. 1. —; Einzelpr. à n. 2. — (à Bd. n. 10. —; geb. in Halbfrz. n.n. 12. —)

Real-Encyclopädie f. protestant. Theologie u. Kirche. Begründet v. J. J. Herzog. In 3. verb. u verm. Aufl. unter Mitwirkg. vieler Theologen u. anderer Gelehrten hrsg. von Alb. Hauck. 53.—120. Hft. gr. 8. (6. Bd. III u. S 161—808; 7. Bd 804 S.; 8. Bd IV, 788 S; 9. Bd. IV, 812 S.; 10. Bd. V u. S. 1—882, 865 b—876 b u. 877 b—h; 11. Bd. III, 762 S. u. 12 Bd. IV, 820 S.) Leipzig 899—903. J. C Hinrichs' Verl. Subskr.-Pr. à Hft. n. 1. —; Einzelpr. à n. 2. —; (à Bd. n. 10. —; geb. in Halbfrz. à n.n. 12. —)

— für protestantische Theologie u. Kirche. Begründet v. J. J. Herzog. In 3. verb. u. verm. Aufl. unter Mitwirkg. vieler Theologen u. anderer Gelehrten hrsg. von Alb. Hauck. 121.—182. Heft. (13. Bd. III, 804 S.; 14. Bd. III, 808 S.; 15. Bd. IV, 820 S.; 16. Bd. III, 812 S.; 17. Bd. IV, 816 S.; 18. Bd. IV, 812 S. u. 19. Bd. S. 1—160.) gr. 8. Leipzig 903—906. J. C. Hinrichs' Verl. Subskr.-Pr. à n. 1. —; Einzelpr. à n. 2. — (à Bd. n. 10. —; geb. in Halbfrz. n.n 12. —)

Real-Encyklopädie f. protestantische Theologie u. Kirche. Begründet v. J. J. Herzog. In 3. verb. u. verm. Aufl. unter Mitwirkg. vieler Theologen u. and. Gelehrten hrsg. v. Alb. Hauck. 183.—210. Heft. (19. Bd. IV u. S. 161—844; 20. Bd. IV, 860 S. u. 21. Bd. IV, 928 S.) gr. 8. Leipzig 907. 08. J. C. Hinrichs' Verl.
Subskr.-Pr. à 1. —; Einzelpr. à 2. —; (à Bd. 10. —; geb. in Halbfrz. n 12. —)

— dasselbe. 22. Bd. Register, bearb. v. Herm. Caselmann u. Verzeichnis der Mitarbeiter u. ihrer Artikel. (XXXVI, 482 S.) Lex. 8. Ebd. 909. 6. —; geb. in Halbfrz. n 8. —

— dies. od. encyclopädisches Wörterbuch des Erziehungs- u. Unterrichtswesens u. seiner Geschichte, für Lehrer an Volksschulen u. andern Lehranstalten, für Eltern u. Erzieher, für Geistliche, Schulvorsteher etc. bearb. von einem Vereine von Predigern u. Lehrern u. red. von Karl Glob. Hergang. 2. durchgeseh. Aufl. 1. Bd. 1—13. Hft. hoch 4. (S. 1—624.) Ebd. 851. Subscr.-Pr. (à 3 ngl) 1 ₰ 9 ngl Ladenpr. (à 6 ngl) 2 ₰ 18 ngl

Real-Gymnasium, das, erörtert vom Standpunkte einer Reform des österreichischen Mittelschulwesens vom Director eines Real-Gymnasiums. gr. 8. (32 S. mit 1 ill. Stat. in gr. 4.) Prag 864, Calve'sche Universitäts-Buchh. *

Realgymnasium, das, zu Aschersleben unter dem Direktorate d. Hrn. Dr. Ludw. Hüser. Ein Erinnerungsblatt. 4. (109 S.) Aschersleben 885. (Schnock.) n. 1. 50

**Realgymnasium, Das,** und die Lehrerbildung im neuen Schulgesetz. Zürich 1871. V: *Biedermann, Alois Emanuel.* (HSchwLk V, 10c)

Das neue Realgymnasium auf dem alten Ratsweinberge zu Meißen. I. Beschreibung des neuen Schulgebäudes von [Franz] Kaiser (Stadtbaumstr.). II. Bericht über die Einweihungsfeierlichkeiten von [Ernst Emil] Schirlitz. 20 S., 3 Taf. 4.
Progr. Realgymn. mit Realschule *Meißen* 1908 (730).

*Realgymnasium und Realschule zu Lippstadt. Fünfzigjährige Jubelfeier der Anstalt am 22. und 23. Mai 1901. Erinnerungsblätter. I. Vor dem Fest. II. Nach dem Fest. 92 S., 70 S. 8. Progr. Realgymn. u. Realschule *Lippstadt* 1901.

I. 1. Titelbild. 2. Persönliche Erinnerungen an Ostendorf und sein Werk. Von [Gustav] Born. 3. Zeittafeln. 4. Statistisches. 5. Lehrer und Schüler der Anstalt. II. 1. Der Verlauf der Jubelfeier. 2. Die Ausstellungen im Schulgebäude. 3. Ansprachen und Festrede. [Festrede von [Gustav] Boelsche]. 4. Das Festspiel [von Hermann Hesselbarth: Des Großen Kurfürsten Traum]. 5. Festteilnehmer. Briefe und Depeschen-Festausschuß.

Realhandwörterbuch, allgem., d. gemeinnütz. Sachkenntnisse, od. Encyklopädie d. wissenswürdigsten Begriffe u. Kenntnisse aus ökonom., technolog., kaufmänn., medicin., chem., pharmaceut. etc. Wissenschaften u. schönen Künsten etc. Der Buchstabe A complet. Mit 1 Kpf. gr. 4. Halle 793. Gebauer. 2 ₰

Reali, Giovanni, aus Lugano [Kt. Tessin]: Ueber die Behandlung der angeborenen Schädel- und Rückgratsbrüche und ihren Ausgang. Zür. J. Herzog Dr. 1874. 205 S., 1 Bl., 4 Taf., 1 Bl. Thesen. 8°.
Zürich, Med. Diss. [v. 7. Juni 1874].

Realien, die, in der ein- u. zweiklassigen Volksschule. Ein Handbuch für den Lehrer zur Erleichterung der Vorbereitung auf den Unterricht. Hrsg. von einem Vereine prakt. Schulmänner. gr. 8. (VIII, 227 S.) Köln 877. Du Mont-Schauberg. n. 2. 40; Aufgabenbüchlein für die Hand der Kinder. (36 S.) n. — 40

Realien, die, in der ein- und zweiklassigen Volksschule. Ein Handbuch für den Lehrer zur Erleichterung der Vorbereitung auf den Unterricht. Hrsg. von einem Vereine prakt. Schulmänner. gr. 8. (VIII, 227 S.) Köln 878, DuMont-Schauberg'sche Buchh. *
Aufgabenbüchlein für die Hand der Kinder. (36 S.) *

Realienbibliothek, homilet. 8. Leipz. 725.

Realienbuch. Leitfaden f. den Unterricht in der Naturgeschichte, Naturlehre, Geographie u. Geschichte an allgemeinen Volksschulen. gr. 8. Wien, A. Pichler's Wwe. & Sohn. Geb. in Leinw. n. 3. —
Grundriß der Naturgeschichte f. allgemeine Volksschulen. Von Karl Rothe. Mit 203 in den Text gedr. Abbildgn. 3. Aufl. Bearb. v. Karl Rothe, Ferd. Frank, Jos. Steigl. Unveränd. Abdr. der 2. Aufl. (160 S.) 900. — Grundriß der Naturlehre f. allgem. Volksschulen. Von J. Steigl, Emil Kohl u. Karl Bichler. Mit 81 Fig. (71 S.) 898. — Grundriß der Geographie. Nach Maßgabe d. Lehrpläne f. allgem. Volksschulen bearb. Von Gust. Rusch. Mit 75 in den Text gedr. Abbildgn. 2. Aufl. Unveränd. Abdr. der 1. Aufl. (128 S.) 900. — Grundriß der Geschichte. Mit Benützg. bewährter Erzähler f. österreich. allgem. Volksschulen bearb. Von Gust. Rusch. Mit 43 Illustr. (106 S.) 899.

Realienbuch. Leitfaden f. den Unterricht in der Naturgeschichte, Naturlehre, Geographie u. Geschichte an allgemeinen Volksschulen. gr. 8. Wien, A. Pichler's Wwe. & Sohn. Geb. in Leinw. n. 3. —
Rothe, Karl, Grundriß der Naturgeschichte f. allgem. Volksschulen. Mit 203 in den Text gedr. Abbildgn. 5. Aufl. Bearb. v. Karl Rothe, Ferd. Frank, Jos. Steigl. Nach der neuen Rechtschreibg. bericht., sonst unveränd. Abdr. der 4. Aufl. (160 S.) 904. — Steigl, Jos., Emil Kohl u. Karl Bichler, Grundriß der Naturlehre f. allgem. Volksschulen. Mit 81 Fig. 2. Aufl. Nach der neuen Rechtschreibg. bericht., sonst unveränd. Abdr. der 1. Aufl. (71 S.) 903. — Rusch, Gust., Grundriß der Geographie. Nach Maßgabe der Lehrpläne f. allgem. Volksschulen bearb. Mit 75 in den Text gedr. Abbildgn. 3. Aufl. Nach der neuen Rechtschreibg. u. in den Zahlenangaben bericht., sonst unveränd. Abdr. der 1. Aufl. (128 S.) 903. — Rusch, Gust., Grundriß der Geschichte. Mit Benützung bewährter Erzähler f. österreich. allgem. Volksschulen bearb. Mit 43 Abbildgn. 3. Aufl. Nach der neuen Rechtschreibg. bericht., sonst unveränd. Abdr. der 1. Aufl. (106 S.) 904.

Realienbuch. Leitfaden f. den Unterricht in der Naturgeschichte, Naturlehre, Geographie u. Geschichte an allgemeinen Volksschulen. gr. 8. Wien, A. Pichler's Wwe. & Sohn. Geb. 3. —
Rothe, Karl, Grundriß der Naturgeschichte f. allgem. Volksschulen. Mit 203 in den Text gedr. Abb. 7. Aufl. Bearb. v. Karl Rothe, Ferd. Frank, Jos. Steigl. Unveränd. Abdr. der 4. Aufl. (160 S.) 909.
Rusch, Gust., Grundriß der Geographie. Nach Maßgabe der Lehrpläne f. allgemeine Volksschulen bearb. Mit 63 in den Text gedr. Abb. u. e. Anh. v. 24 farb. u. 3 schwarz. Kartenskizzen. 6. Aufl. Unveränd. Abdr. der 5. Aufl. (120 u. XVI S.) 908.

— Grundriß der Geschichte. Mit Benützg. bewährter Erzähler f. österreich. allgemeine Volksschulen bearb. Mit 43 Abb. 7. Aufl. Unveränd. Abdr. der 3. Aufl. (106 S.) 910.
Steigl, Jos., Emil Kohl u. Karl Bichler, Grundriß der Naturlehre f. allgemeine Volksschulen. Mit 81 Fig. 5. Aufl. Unveränd. Abdr. der 2. Aufl. (71 S.) 909.

**Realienbuch,** Berliner. Hrsg. vom Berliner Lehrerverein. 2 Tle. gr. 8. Berlin 903. Schnetter & Dr. Lindemeyer. Geb. in Halbleinw. n.n. 2. 60
1. (VIII, 131 S.) n.n. 1.—. — 2. (VIII, 464 S.) n.n. 1. 60.

— deutsches. Nach den neuesten Lehrplänen bearb. v. J. Baß, W. Seytter, O. Manzek, R. Fischer. Ausg. A: Für württemberg. Volks- u. Mittelschulen. (VIII, 501 S. m. Abb.) gr. 8. Stuttgart (910). Franckh. Geb. in Leinw. nn 2. —

— dasselbe. Ausg. B. (VIII, 501 S. m. Abb.) gr. 8. Ebd. (910). Geb. in Leinw. nn 2. —

**Realienbuch, illustriertes. Leitfaden f. Geschichte, Geographie, Naturgeschichte u. Naturlehre. Bearb. für kathol. Volks- u. Bürgerschulen. Mit 169 in den Text gedr. Abbildungen u. 3 Karten in Farbendruck. gr. 8. (80, 64 u. 96 S.) Berlin 882. Th. Hofmann. n. — 75**

**Realienbuch,** illustriertes. Leitfaden f. Geschichte, Geographie, Naturgeschichte u. Naturlehre. Bearb. f. kathol. Volks- u. Bürgerschulen. Mit 182 in den Text gedr. Abbildgn. u. 3 Karten in Farbendr. 3 Tle. in 1 Bd. 3., resp. 28. u. 30. Aufl. gr. 8. (80, 64 u. 112 S.) Gera 886. Th. Hofmann. n. — 75; Einbd. n.n. — 25

**Realienbuch, illustriertes. Leitfaden f. Geschichte, Geographie, Naturgeschichte u. Naturlehre. Bearb. f. kathol. Volks- u. Bürgerschulen. Mit 201 in den Text gedr. Abbildgn. u. 3 Karten in Farbendr. 5. Aufl. gr. 8. (88, 64 u. 120 S.) Gera 889. Th. Hofmann. n. — 75; geb. n.n. 1. —**

Realienbuch, illustriertes. Leitfaden f. Geschichte, Geographie, Naturgeschichte u. Naturlehre. Bearb. f. kathol. Volks- u. Bürgerschulen. 7. Aufl. gr. 8. (96; 72; 128 S. m. 233 Abbildgn. u. Karten im Text u. 3 Karten in Farbendr.) Gera 892, Hofmann. * — 75; geb. ** 1 —

Vgl.: Kellner, H. — Polack, Fr.

**Realienbuch,** illustriertes. Leitfaden f. Geschichte, Geographie, Naturgeschichte u. Naturlehre. Bearb. f. kathol. Volks- u. Bürgerschulen. M. 220 Abb. u. Karten im Text u. 3 Karten in Farbendr. (Kellner, H.: Bilder aus der alten u. vaterländ. Geschichte. 9. Aufl. — Polack, F.: Bilder aus d. Heimat- u. Erdkunde. 86. Aufl. — Polack, F.: Bilder aus d. Naturbeschreibg. u. Naturlehre. 89. Aufl.) gr. 8. (100, 72 u. 136 S.) Gera 897. Th. Hofmann n. — 75; geb. n.n. 1. —

**— dasselbe. Ausg. f. evang. Schulen, s.: Polack, F.**

— illustriertes. Leitfaden f. Geschichte, Geographie, Naturgeschichte u. Naturlehre. Bearb. f. kathol. Volks- u. Bürgerschulen. Mit 220 Abbildgn. u. Karten im Text u. 3 Karten in Farbendr. (Kellner, H., Bilder aus der alten u. vaterländ. Geschichte. 10. Aufl. — Polack, F., Bilder aus der Heimat- u. Erdkunde. 96. Aufl. — Polack, F., Bilder aus der Naturbeschreibg. u. Naturlehre. 99. Aufl.) gr. 8. (100, 72 u. 136 S.) Gera (899). Leipzig. Th. Hofmann. n. — 75; geb. n.n. 1. —

— für Mittelschulen und günstig gestellte Volksschulen Württembergs von L. Frohnmeyer, Gölz, Himmelein, Kälberer, Krieg, Nagel. 1. und 2. Aufl. gr. 8. (IV, 56, 64, 92, 48 S.) Stuttgart 888, Paulus. * 85 Pf.; geb. *

— dass. — Katholische Ausg. unter Mitwirkung von Ludw. Baur. gr. 8. (63, 64, 92, 48 S.) Ebendas. 888. geb. *

**Realienbuch** für Mittelschulen u. günstig gestellte Volksschulen Württembergs v. L. Frohnmeyer, Gölz, Himmelein, Kälberer, Krieg, Nagel. 2. Aufl. gr. 8. (IV, 56; 64; 92 u. 48 S.) Stuttgart 888. [Paulus.] Bonz & Co. n. — 85; geb. n. 1. —

— dasselbe. Katholische Ausg. unter Mitwirkg. v. Ludw. Baur. gr. 8. (63, 64, 92 u. 48 S.) Ebd. 888. geb. n. 1. —

**Realienbuch** für Mittel- und günstig gestellte Volksschulen Württembergs von Frohnmeyer, Gölz u A. 2. Auflage. Stuttgart 1889

**— f. Mittelschulen u. günstig gestellte Volksschulen Württembergs v. Frohnmeyer, Himmelein, Kälberer, Gölz, Krieg u. Nagel. 3. Aufl. gr. 8. (IV, 266 S.) Stuttgart 893. A. Bonz & Co. Geb. n. 1. —**

— für Mittelschulen u. günstig gestellte Volksschulen Württembergs v. Frohnmeyer, Himmelein u. Kälberer u. Gölz, Krieg u. Nagel. 4. Aufl. gr. 8. (IV, 267 S.) Stuttgart 899. A. Bonz & Co. Geb. n. 1. —

Realienbuch, neues, für alle Volksschulen des deutschen Reiches. 66.—70. nach den neuesten Ministerial-Bestimmungen über Rechtschreibung verb. und bedeutend verm. Aufl. 8. (64 S.) Potsdam 882,83, E. Stechert. *
Die 1. Aufl. erschien 1872.

Realienbuch, neues, für alle Volksschulen des Deutschen Reiches. 70. Aufl. 8. Potsdam 883. Berlin, Gerstmann's Verlag. * — 30

— neues, f. alle Volksschulen d. deutschen Reiches. 71.—79., nach d. neuesten Ministerial-Bestimmgn. üb. Rechtschreibg. verb. u. bedeutend verm. Aufl. 8. (64 S.) Berl. 883—92, Gerstmann. * — 30

— neues, für alle Volksschulen d. Deutschen Reiches. 77. u. 78., nach den neuesten Ministerial-Bestimmgn. üb. Rechtschreibg. verb. u. verm. Aufl. 8. (64 S.) Berlin 890. Gerstmann. n. — 30

**— neues, f. alle Volksschulen d. Deutschen Reiches. 79., nach den neuesten Ministerialbestimmgn. üb. Rechtschreibg. verb. u. bedeutend verm. Aufl. 8. (64 S.) Berlin 892. S. Gerstmann's Verl. n. — 30**

Nicolaisches Realienbuch für die Oberstufe der Gemeindeschulen. Hrsg. von Dr. [Friedrich] **Hausen**, Stadtschulinsp., [Oswald] Thiel, Rektor, [Gustav] Dahms, Rektor, [Adolf] Zissel, Lehrer, [Paul] Ruthe, Lehrer. [Ausg. A.] Berlin: Nicolai [1906]. (VI, 317, 21 S.) 8° [F.] 07. 73

— dasselbe. Ausg. B. f. kathol. Schulen. (VI, 317 u. 21 S. m. 1 farb. Taf. u. 1 farb. Karte.) gr. 8. Ebd. (906). Geb. n. 1. —

— Nicolaisches. Hrsg. v. Thiel, Hausen, Dahms, Perl, Zissel, Ruthe. (VIII, 460 S. m. Abb., 4 [3 farb.] Taf., 2 farb. Karten u. Bilderanh. II, 17, II, 29 u. II, 19 S.) gr. 8. Berlin 910. Nicolai's Verl. Geb. in Leinw. 2.—; Ausg. f. kathol. Schulen (VIII, 460 S. m. Abb., 4 [3 farb.] Taf., 2 farb. Karten u. Bilderanh. II, 17, II, 29 u. II, 19 S.) Geb. in Leinw. 2.—; Bilderanh. allein (II, 17, II, 29 u. II, 19 S. m. 3 [2 farb.] Taf.) nn — 50

— für einfache u. erweiterte Schulen, enthaltend Geographie, Geschichte, Gesundheitslehre, Naturgeschichte u. Naturlehre. Nach den Bestimmungen d. bad. Lehrplanes bearb. v. Karlsruher Lehrern. gr. 8. (IV, 376 S.) Bühl 888. Konkordia, Aktiengesellschaft f. Druck u. Verlag. geb. n. 1. 10

**— f. einfache Schulverhältnisse. Hrsg. v. G. Debus, O. Kruse, K. Finckh u. J. Warnecke. Mit 126 Abb. I. Naturgeschichte. II. Naturlehre. III. Geographie. IV. Geschichte. 2. verm. u. verb. Aufl. gr. 8. (IV, 70; II, 45; II, 73; I, 64 u. 4 S.) Schleswig 899. J. Bergas Verl. Geb. n. 1. 60**

— dasselbe. 2., verm. u. verb. Aufl. Ausg. B f. kathol. Schulen. Red. v. H. Schuir. Mit 124 Abbildgn. I. Naturgeschichte. II. Naturlehre. III. Geographie. IV. Geschichte. gr. 8. (IV, 70; II, 45; II, 73; I, 61 u. 3 S.) Ebd. 901. Geb. n. 1. 60; Geschichte allein (61 u. 3 S. m. 26 Abbildgn.) n. — 50
A. u. d. T.: Realienbuch f. Taubstummen-Anstalten.

— f. Stadt- u. Landschulen. Hrsg. v. der Schürenstiftg. 3. Aufl. (IX, 308 u. 140 S. m. Abbildgn.) 8. Osnabrück 906. Rackhorst. Geb. n.n. 2. 20

— für Taubstummen-Anstalten, *s.a.* Realienbuch f. einfache Schulverhältnisse.

— f. Taubstummen-Anstalten. Hrsg. v. G. Debus, O. Kruse, K. Finckh u. J. Warnecke. I. Naturgeschichte. II. Naturlehre. III. Geographie. IV. Geschichte. 4 Hfte. in 1 Bd. gr. 8. (IV, 72; 42; II, 72, 59 u. 3 S. m. 124 Abb.) Schleswig 896. J. Bergas. Kart. n. 1. 60
Hieraus einzeln:
I. Naturgeschichte. (IV, 72 S.) n. — 50
II. Naturlehre. (42 S.) n. — 40
III. Geographie. (II, 72 S.) n. — 50
IV. Geschichte. (59 u. 3 S.) n. — 50
Erschien auch u. d. T.: Realienbuch f. einfache Schulverhältnisse.

— f. Volksschulen. Ausg. f. Baden. Bearb. v. Herrigel, Tr. Fr. Streich, J. Baß, M. Kohler u. J. Wolf. gr. 8. (213 S. m. farb. Karte.) Eßlingen 893. A. Lung. Kart. n.n. — 65; Lehrer-Ausg., m. Schreibpap. durchsch. n. 1. —

Realienbuch f. Volksschulen. Ausg. f. Baden. Bearb. v. Herrigel, Tr. Fr. Streich, J. Baß, M. Kohler u. J. Wolf. 2., verb. Aufl. gr. 8. (221 S. m. farb. Karte.) Eßlingen 895. Stuttgart, A. Lung. Kart. n.n. — 70; Lehrer-Ausg. m. Schreibpapier durchsch. n. 1. —

— f. Volks-, Bürger- u. Töchterschulen, enth. Geographie, Geschichte, Gesundheitslehre, Naturgeschichte u. Naturlehre. Nach den Bestimmgn. d. bad. Lehrplanes bearb. v. Karlsruher Lehrern. 4., verb. Aufl. gr. 8. (IV, 364 S. m. Abbildgn.) Bühl 894. Konkordia. Geb. n.n. 1. 10

— f. Volks-, Bürger- u. Töchterschulen, enth. Geographie, Geschichte, Gesundheitslehre, Naturgeschichte u. Naturlehre. Nach den Bestimmungen des bad. Lehrplanes bearb. von Karlsruher Lehrern. 8. verb. Aufl. gr. 8. (IV, 364 S.) Bühl 902. Konkordia. Geb. n.n. 1. 25

— f. Volks-, Bürger- u. Töchterschulen, enth. Geographie, Geschichte, Gesundheitslehre, Naturgeschichte u. Naturlehre. Nach den Bestimmgn. des bad. Lehrplanes bearb. v. Karlsruher Lehrern. 9. verb. Aufl. (IV, 364 S. m. 165 Abbildgn.) 8. Bühl 904. Konkordia. n.n. 1. 05; geb. in Leinw. n.n. 1. 30

Realienbuch f. die ev. Volks- u. Mittelschulen Würtembergs. Bearb. v. Tr. Fr. Streich, J. Baß, M. Kohler u. J. Wolf. Schülerausg. 2. Aufl. gr. 8. (202 S. m. farb. Karte.) Eßlingen 894. A. Lung. Kart. n.n. — 70; Lehrer-Ausg., 2. Aufl., m. Schreibpap. durchsch. n. 1. —

Realienbuch für katholische Volksschulen. In anschaulich ausführl. Darstellung. Hrsg. von mehreren Schulmännern. 4 Tle. gr. 8. Breslau 885, Goerlich. *
In 1 Bd. * ℳ 1.—.; geb. **
Inhalt:
Tl. 1. Geographische Bilder. (88 S.) * 30 Pf.
" 2. Geschichtsbilder. (80 S.) * 30 Pf.
" 3. Naturgeschichtliche Bilder. (104 S.) * 40 Pf.
" 4. Naturlehre. (30 S.) * 20 Pf.

— für die katholischen Volksschulen Württembergs. Bearb. auf Grund des Lehrplans f. d. württemberg. Volksschulen. (352 S. m. Abb.) gr. 8. Leutkirch 910. J. Bernklau. Geb. in Leinw. nn 1. —

— f. österreichische allgemeine Volksschulen, unter Mitwirkg. v. Ludw. Arnhart, Emil Brandeis, Ferd. Frank, Frz. Kopetzky u. Vinc. May hrsg. v. Joh. Max Hinterwaldner. 2 Thle. gr. 8. Wien 898. F. Tempsky. Geb. in Leinw. n. 4. 40
1. (V, 155 S. m. Abbildgn.) n. 1. 40
2. (VIII u. S. 119—560 m. 414 Abbildgn.) n. 3. —

— dasselbe. 4 Thle. gr. 8. Ebd. 899. Geb. in Leinw. n. 5. 40
1. Geographie. Von Vinz. May. (68 S. m. 16 Abb.) n. — 80
2. Geschichte m. e. Anh. Gemeinnütziges. Von Emil Brandeis u. Frz. Kopetzky. (VI, 155 S. m. 16 Abb.) n. 1. —
3. Physik, Chemie u. Mineralogie. Von Ludw. Arnhart. (VIII u. S. 120—252 m. 98 Abb.) n. 1. 20
4. Naturgeschichte (Thiere und Pflanzen). Von Joh. Max Hinterwaldner u. Ferd. Frank. (VII u. S. 255—560 m. 318 Abb.) n. 2. 40

— württembergisches. Große Ausg. Bearb. auf Grund d. Lehrplans f. d. württemberg. Volksschulen, hrsg. vom württ. evang. Lehrer-Unterstützungsverein. 31.—60. Taus. (VI, 458 S. m. Abb.) gr. 8. Stuttgart 910. A. Bonz & Co. Geb. in Leinw. nn 1. 60.

— dasselbe. Kleine Ausg. 21.—40. Taus. (IV, 236 S. m. Abb.) gr. 8. Ebd. 910. Geb. nn 1. —

Realienbücher f. österreich. allgem. Volksschulen, unter Mitwirkg. v. Ludw. Arnhart, Wilh. Baihofer, Emil Brandeis u. a. hrsg. v. Joh. Max Hinterwaldner. I.—IV. 8. Wien 903. F. Tempsky. Geb. n.n. 5. 70
I. May, Vinzenz, Alfr. Seipel u. Joh. Max Hinterwaldner, Geographie. Mit 18 Abb. (V, 55 S.) n.n. 1. —
II. Brandeis, Emil, u. Joh. Max Hinterwaldner, Geschichte m. e. Anh. „Gemeinnütziges". Mit 16 Abbildgn. (85 S.) n.n. 1. —
III. Arnhart, Ludw., Wilh. Bauhofer u. J. M. Hinterwaldner, Physik, Chemie u. Mineralogie. Mit 93 Abb. (VI, 140 S.) n. 1. 40
IV. Frank, Ferd., Wilh. Bauhofer u. Jos. Max Hinterwaldner, Tier- u. Pflanzenkunde nebst e. Anh.: „Der menschl. Körper u. dessen Pflege". Mit 246 Abbildgn. (VII, 256 S.) n.n. 2. 30

Realienbüchlein f. d. Mittelklassen der kathol. Volksschulen. (Geographie v. Bayern. Bilder aus d. bayer. Geschichte, Naturgeschichte u. Naturlehre. F. d. Hand d. Schüler bearb. v. mehr. Volksschullehrern. 12. (II, 78 S.) Regensburg 896. A. Coppenrath's Verl. n. — 40

**Real-Index** oder Extract derer Hochfürstlich Brandenburg-Onolzbachischen Landes-Constitutionen, Ordnungen und Ausschreiben, in specie das Cameral- und Landes-Oeconomie-Wesen betreffend. Anspach 1779. V: *Heuber, Johann Philipp.* (KG II, 2044)

Realindex, od. Extract d. Brandenburg.-Onolzbach. Landesconstitution. 4. Ansb. Haueisen. 779.

**Real-Index** oder Extract der Brandenburgisch-Onolzbachschen Landesconstitution. Schwabach 1785. V: *Heuber, Johann Philipp.* (Ky)

— od. Extract der Brandenburg.-Onolzbach. Landesconstitution, (v. Jh. Ph. Heuber), 4. Schwabach 785. Haueisen in Ansb. 1785

Real-Index und Auszug der Hochfürstlich-Würtembergischen Forst-Ordnung und verschiedentlich in das Jagd-, Holz-, Wald-, Wayd-, Fischwasser-, Floz-, Wildfuhr- und ganzes Forst-Wesen, auch sonsten in der Forst-Bedienten Amt und ihnen theils privativè theils mit denen Civil-Beamten gemeinschaftlich zukommende Verrichtungen einschlagender Rescripten. - Stuttgart 1748. VII, 508 S., 26 S. Reg.

**Real-Index** üb. die in den königl. Baierschen Regierungsblättern von den J. 1802—1817 einschlüssig, dann in den Geret: schen Verordnungssamml. vom 1n bis 7n Bd. vorkomm. Gesetze u. Verordnn. ꝛc.; hrsgg. v. J. G. Dörrer. gr. 4. Ansb. 818. (Gassert). 3 ℛ 8 gℊ (bei Riegel u. W. in Nürnb.) 2 ℛ Schrbp. 2 ℛ 16 gℊ

— Dies. vom J. 1818—22; hrsgg. von J. G. Dörrer. gr. 4. Ansb. 823. Riegel u. W. in Nürnb. 1 ℛ 8 gℊ Schrbp. 2 ℛ

Christlieb, F.: Real-Index der Würtemberg. Gesetze, Ordnn. u. Generalrescripte bis 1814. *Gmünden*, Ritter. 814—16. 8.

— der Würtemberg. Gesetze, Ordnn. u. Generalrescripte bis 1821. 5 Bde. 8. Gmünd 815—21. Ritter. 10 ℛ (5r Bd. A. u. d. T.: Real-Index der neuesten Würtemberg. Gesetzgebung vom J. 1815—21. 2 ℛ)

Realis [Pseud.], s.a. Coeckelberghe-Duetzele, Gerhard Robert Walter von

**Realis**, das edle Billard-Spiel. Mit besond. Rücksicht auf die Billardhalle des Hrn. Leander Prasch. 32. (16 S.) Wien 852. (Wenedikt.) n. 4 ngℊ

Realis, heraldische Blumen. Gesch. u. Sage. gr. 12. (8 B.) Wien 840, Rohrmann.

Realis, die k. k. Burg in Wien. Ein Wegweiser f. Fremde u. Einheimische. 8. (12½ B., 1 Kpfr. u. 2 Pläne.) Wien 846, Pichler's sel. Wwe.

**Realis**, die kaiserliche Burg in Wien: Ein Wegweiser für Fremde u. Einheimische. 3., verm. Ausg. Wien 867. Wenedikt. 16. (VIII, 207 S. mit 6 lithogr. Ansichten in 16. u. 4.) 12 ngr.

— die Juden u. die Judenstadt in Wien. Fragmente. 12. (Mit 1 Lithogr.) Wien 846, Lechner's Universitäts-Buchh. ¾ ℛ

— Ränke u. Schwänke der heimathl. Vorzeit. Histor. Novellen, Chronikblätter ꝛc. 8. (Mit 1 Lithogr. u. 1 Abbild. auf dem Umschlag.) Wien 846, Pfautsch u. Comp. 1 ℛ

— das k. k. Lustschloß Schönbrunn. Ein Wegweiser für Fremde u. Einheimische. 2., verm. Ausg. Ebend. 867. 16. (70 S. mit 1 lithogr. Plane des Parks in 4. und 1 Ansicht des Schlosses von Maxing.) 6 ngr.

— Wanderungen durch Wien u. seine Umgebung. 4 Hfte. 16. Wien 846, [Pfautsch u. Voß.] à Hft.

A. u. d. Titln.:

Hft. 1. Das kaiserliche Lustschloß Belvedere u. seine Kunstschätze. (4¼ B.)
" 2. Der Prater. (3½ B. u. 1. Stnt.)
" 3. Mödling, Liechtenstein, die Brühl' u. deren Umgebung; nebst e. Anh.: Die Gnomen-Schmiede in Liechtenstein. Romant. Erzählung. (6½ B.)
" 4. Baden in Nieder-Oesterreich u. seine vorzügl. Umgebungen. (6¼ B.)

**Realis de Vienna**, Prüfung des Versuchs vom Wesen des Geistes. Dem Chr. *Thomas* in Halle 1699 an den Tag gegeben. 8 O S. 1707. (Streitschrift gegen *Thomasius*.)

**Realismus**, der, vor Gericht. Nach dem stenograph. Bericht üb. die Verhandlg. am 23., 26. u. 27. Juni 1890 vor der Strafkammer I des königl. Landgerichts zu Leipzig gegen Conr. Alberti, Herm. Conradi †, Wilh. Walloth u. deren Verleger (§§ 184 u. 166 d. Reichsstrafgesetzbuches). gr. 8. (96 S.) Leipzig 890. Friedrich. n. 1.—

**Realismus**, „consequenter", Bühne u. Publicum, s. Gegen den Strom.

## Realismus, Consequenter,

Bühne und Publicum. Wien 1892. V: *Schwarzkopf, Gustav.* (Berl)

Realitäten, v. Verf. der Lieblingsstunden. 8. Wien, Hartmann. 785.

— nach den Bedürfnissen d. Jahrhunderts, f. Denkende u. weltkundige Leser. 8. Berl. 782. Stuhr. 6 gℊ

Réalité et l'éternité des Peines de l'Enfer etc. 8. Amst. (C. F. Günther, Glogau.) 761.

**Reallehrbuch** oder Wegweiser beim Gebrauche des Merkbüchleins und Leitfadens für den Realunterricht in Stadt- und Landschulen. Zwickau 862. Buchhdlg. des Volksschriften-Vereins. gr. 8. (VII, 272 S.) 1 ℛ 6 ngr.

Reallehrbuch oder Wegweiser beim Gebrauche des Merkbüchleins und Leitfadens für den Realunterricht in Stadt- und Landschulen. Mit Nachtrag. 2. vielfach verb. und verm. Aufl. gr. 8. (VII, 269 S.) Zwickau 870, Döhner. Nachtrag apart. (28 S.) **

**Reallehrbuch** od. Wegweiser beim Gebrauche d. Merkbüchleins u. Leitfadens f. den Realunterricht in Stadt- u. Landschulen. 2. vielfach verb. u. verm. Aufl. Nachtrag. gr. 8. (28 S.) Zwickau 873. Döhner. n.n. — 50 (Hauptwerk u. Nachtrag: n. 3. 60)

Reallesebuch für Deutsche von Moralität und Geschmack. 8. Altenburg, Richter. (Akadem. Handl. in Jena.) 794.

Real-Lesebuch für Deutsche von Moralität u. Geschmack. 8. Altenb. 794. Richter. (Hennings in Neisse). 1 ℛ 8 gℊ

**Reallexikon** des classischen Alterthums für Gymnasien. Im Vereine mit mehreren Schulmännern herausg. von Friedr. Lübker. 4 Abthlgn. Leipzig 853—55. Teubner. Lex.-8. (X, 1038 S.) n. 3 ℛ 12 ngr.

Reallexikon des classischen Alterthums für Gymnasien. Im Vereine mit mehreren Schulmännern hrsg. von Friedr. Lübker. 2., durchgängig verb. Aufl. Lex.-8. (XII und 1084 S. mit zahlreichen Abbild. in eingedr. Holzschn.) Leipzig 860, Teubner. *

**Reallexikon** des classischen Alterthums für Gymnasien. Im Vereine mit mehreren Schulmännern herSg. von Friedr. Lübker. 3., verb. Aufl. Leipzig 867. Teubner. Lex.-8. (XIV, 1090 S. mit 5 Steintaff., 1 Tab. in qu. 4. u. zahlreichen Abbild. in eingedr. Holzschn.) n. 3 ℛ 10 ngr.

## Real-Lexicon, Biblisches,

zum Druck befördert von J. H. Chemnitz 1733. V: *Hunger, Johann.* (Bibliotheca Rinckiana. Lipsiae 1747.)

Reallexikon, biblisches. 4 Thle. 4. Chemnitz, Stößel. 733.

## Reallexikon, Biblisches,

über biblische und die Bibel erläuternde alte Geschichte, Erdbeschreibung ... Leipzig 1783—85. V: *Hezel, Johann Wilhelm Friedrich.* (Ky) (MGT)

**Real-Lexicon**, biblisches, üb. biblische u. die Bibel erläuternde alte Geschichte, Erdbeschreibung, Zeitrechnung, Alterthümer u. morgenländ. Gebräuche, Naturlehre, Naturgeschichte, Isagogik, Onomatologie rc. 3 Thle. A—Z. gr. 4. Leipz. 783—85. Weygand. 7 ₰ 12 ℊℊ

**Real-Lexikon**, englisches. (Mit Ausschluß Amerikas.) Unt. Mitwirkung v. Karl Becker, Karl Böddecker, Gust. Krüger, Johs. Leitritz, Frz. Jos. Wershoven. Hrsg. v. Clem. Klöpper. 1.—36. Lfg. gr. 8. (IV u. S. 1—2304.) Leipzig 896—898. Renger. à Lfg. n. 1.50 (auch in 4 Halbbdn. à n. 15.—; 1. Bd. geb. in Halbfrz. n. 32.—)

**Real-Lexikon**, englisches. (Mit Ausschluß Amerikas). Unter Mitwirkg. v. Becker, Böddeker, Krüger, Leitritz, Wershoven hrsg. v. Clem. Klöpper. 37.—40. Lfg. (S. 2305—2545.) gr. 8. Leipzig 898. 899. Renger. à n. 1.50; auch in 4 Halbbdn. à n. 15.—; in 2 Halbfrzbdn. Berichtigung aus Bd. 32 des Bücherlexikons. à n. 32.—

— französisches. Unt. Mitwirkg. v. Aymeric, Becker, Böddecker rc. hrsg. v. Clem. Klöpper. 1.—10. Lfg. gr. 8. (1. Bd. VIII u. S. 1—960.) Ebd. 897. 98. à Lfg. n. 2.— (1. Bd. kplt.: n. 20.—; geb. in Halbldr. n. 22.—)

**Real-Lexikon**, französisches. Unter Mitwirkg. v. Becker, Böddeker, Boerner u. a. hrsg. v. Clem. Klöpper. 11.—30. (Schluß-)Lfg. gr. 8. (2. Bd. 960 S. u. 3. Bd. 929 S.) Leipzig 899—902. Renger. à Lfg. n. 2.—; (à Bd. n. 20.—; geb. in Halbfrz. à n. 22.—)

Real-Lexicon der Naturgeschichte in getreuen Abbildungen u. mit ausführl. Beschreibung derselben v. Jos. Honor. Schneider, hrsg. v. Fr. Ed. Sandtner. I. Bd. II Lfgn. u. 2. Bd. 1—9. Lfg. (Aal—Blattkäfer.) gr. 8. (80 Stnt. u. 40 B. Text.) Prag 844, 45, Sandtner. à Hft. 6 Ngr., ill. à Thlr.

**Real-Lexikon der medicinischen Propädeutik.** Anatomie, Physiologie, Histologie, patholog. Anatomie, allgem. Pathologie, Bakteriologie, physiolog. Psychologie, medizin. Chemie, Physik u. Zoologie. Repetitorium f. Studirende u. prakt. Ärzte. Unter Mitwirkg. v. C. Benda, Cl. Du Bois-Reymond, R. Du Bois-Reymond etc. hrsg. v. Johs. Gad. 1.—32. Lfg. gr. 8. (1. Bd. 1902 Sp. u. 2. Bd. Sp. 1—1152 m. Holzschn.) Wien 893. 894. Urban & Schwarzenberg. à n. 1.20 (1. Bd. kplt.: n. 24.—; geb. n.n. 27.—)

— der medicinischen Propädeutik. Anatomie, Physiologie, Histologie, patholog. Anatomie, allgemeine Pathologie, Bakteriologie, physiologie, Psychologie, medicin. Chemie, Physik u. Zoologie. Repetitorium f. Studirende u. prakt. Ärzte. Unter Mitwirkung v. C. Benda, Cl. Du Bois-Reymond, R. Du Bois-Reymond etc. hrsg. v. Johs. Gad. 33.—56. Lfg. gr. 8. (II. Bd. Sp. 1153—1906 u. III. Bd. Sp. 1—1536 m. Holzschn.) Wien 895—898. Urban & Schwarzenberg. à Lfg. n. 1.20 (à Bd. n. 24.—; geb. n.n. 27.—)

— der medicinischen Propädeutik. Anatomie, Physiologie, Histologie, patholog. Anatomie, allgemeine Pathologie, Bakteriologie, physiolog. Psychologie, medicin. Chemie, Physik u. Zoologie. Repetitorium f. Studirende u. prakt. Ärzte. Unter Mitwirkg. v. C. Benda, Cl. Du Bois-Reymond, R. Du Bois-Reymond etc. hrsg. v. Johs. Gad. Mit 470 Illustr. in Holzschn. 57.—60. (Schluss-) Lfg. gr. 8. (III. Bd. Sp. 1537—1762.) Wien 899. Urban & Schwarzenberg. à n. 1.20; (à Bd. n. 24.—; geb. n.n. 27.—)

Real- und Verbal-Lexicon der Forst- u. Jagdkunde, s. Behlen, St.

Real- u. Verbal-Lieder-Concordanz üb. das Schleswig-Holstein Gesangbuch. 2e Ausg. Mit e. Nachtr. 8. Altona 815. Hammerich. 8 ℊℊ. Der Nachtrag apart. 1 ℊℊ

Realpolitik der politischen Partei. Von e. alten Liberalen. Leipzig 1908. 8°. [Umschlagtit.]

**Realprogymnasium**, das. Vorbereitung zur Aufnahme in die Obersekunda e. Realgymnasiums oder zur Ablegg. der Abschlußprüfg. an e. Realprogymnasium. Methode Rustin. Selbst-Unterrichts-Briefe, hrsg. v. Rustinschen Lehrinstitut. Red. v. C. Jlzig. Bearb. v. Gust. Behrendt, Max Baumann, Frz. Bußler u. v. a. 1.—104. Lfg. Lex.-8. (3498 S. m. Abb., 2 Tab., 9 farb. Karten u. 38 farb. Kartens. in gr. 4.) Potsdam (900—902). Bonneß & Hachfeld. Subskr.-Pr. à n. — 90; Einzelpr. à n. 1.25

**Realprogymnasium**, das. Vorbereitung zur Aufnahme in die Obersekunda e. Realgymnasiums od. zur Ablegg. der Abschlußprüfg. an e. Realprogymnasium. Methode Rustin. Selbst-Unterrichts-Briefe in Verbindg. m. eingeh. Fernunterricht. Hrsg. vom Rustinschen Lehrinstitut f. briefl. Unterricht. Red. v. C. Jlzig. Bearb v. Gust. Behrendt, Max Baumann, Frz. Bußler u. v. a. 105.—256. Lfg. (4842 S. m. Abb., 1 Tabelle, 2 [1 farb.] Taf. u. 9 farb. Karten.) Lex.-8. Potsdam (903—906). Bonneß & Hachfeld. Subskr.-Pr. à n. — 90; Einzelpr. à n. 1.25

Realprogymnasium, das. Vorbereitung zur Aufnahme in die Obersekunda e. Realgymnasiums od. zur Ablegg. der Abschlußprüfung an e. Realprogymnasium. Methode Rustin. Selbst-Unterrichtsbriefe in Verbindg. m. eingeh. Fernunterricht. Hrsg. v. Rustinschen Lehrinstitut f. briefl. Unterricht. Red. v. C. Jlzig. Bearb. v. Gust. Behrendt, Max Baumann, Frz. Bußler u. v. a. 257.—279. Lfg. (774 S. m. Abb., 4 Karten u. 5 Tab.) Lex. 8. Potsdam (907—09). Bonneß & Hachfeld. Subskr.-Pr. à — 90; Einzelpr. à 1.25

Real-Register, alphabetisches, zum Criminal-Gesetzbuche für d. Königreich Hannover, ingleichen zu den Verordnungen vom 8. Sept. 1840 über Bestrafung des Wild-, Fisch- u. Krebsdiebstahls u. über d. gerichtl. Verfahren in Criminalsachen. Lex.-8. Celle 840. Schulze. n. $^{1}/_{6}$ ₰

Realregister aus Geschichte und Geographie, sowie aus andern verwandten Gebieten. Chronologisch geordnet, von den ältesten Zeiten bis auf unsere Tage. Ein populäres Hand- und Nachschlagebuch. Von einem Freunde und Kenner der Realwissenschaften. 8. Herisau 1880.

**Realregister** über die Verordnungen und Proclame des Senats der freyen Hansestadt Bremen von 1600—1830. Bremen 1832. V: *Ölrichs, Carl Theod.* (Kat. d. Bibl. d. dtsch. Reichstages. Berl. 1882.)

Real-Repertorium des Archivs d. Pastoralkonferenzen, s. Mayie, P.

— — der herzogl. Sachsen-Coburg-Saalfeld. Landes-Gesetze von 1801—1818 in alphabet. Ordnung. 1ste u. 2te Hälfte. A bis Z. 4. Coburg, Ahl. 820.

Real-Repertorium oder vollständ. Sach-Register zu den Großherz. Bad. Staats- u. Regierungs-Blättern von 1803 bis mit 1837. 4. Freyburg 838. Herder. $1^{5}/_{12}$ ₰

— — über die Badische Zoll- u. Accise-Ordnung rc. s. Reinbold, E.,

**Real-Schematismus** des Bistums Fulda. Fulda 1910: Aktiendr. IV, 301 S. 8° [10. 10938 4

GV114
2

**Real-Schematismus** des Bist. Fulda. (IV, 301 S.) Fulda 910. (A. Maier.) Geb. in Leinw. nn 5. —

**Realschematismus** der Diöcese Würzburg. Hrsg. im Auftr. d. bischöfl. Ordinariates. gr. 8. (VIII, 596 S. m. 1 farb. Karte.) Würzburg 897. (A. Göbel.) n.n. 12. —

**Realschule**, die, e. Unterredung. 8. Leipz. 752. Weygand. 2 gr.

**Realschule**, die. Ein Organ für technische Lehranstalten und Fachschulen. Redig. von E. Hornig. 1. Jahrg. 1857. 24 Nrn. (Bog.) gr. 8. Wien, Seidel und Sohn. * *

—— die. Ein Organ für österreichische Real-, Handels- und Gewerbeschulen, land- und forstwirthschaftliche Lehranstalten und technische Institute. Redig. von E. Hornig und W. F. Warhanek. 2. Jahrg. 1858. 12 Hefte. (à 2—3 Bog.) gr. 8. Wien, Seidel und Sohn. * *
Die Fortsetzung erschien unter dem Titel: Zeitschrift für die österreichischen Realschulen rc., vgl. dieses.

**Realschule**, die. Zeitschrift für Realschulen, Bürgerschulen und verwandte Anstalten. Unter Mitwirkung von Fachmännern redig. und hrsg. von Ed. Döll und Mor. Kuhn. 1.—3. Jahrg. à 12 Hefte. gr. 8. (à Heft ca. 50—60 S.) Wien 871—73, (Mayer und Comp.) à Jahrg. *
—— dass. — redig. und hrsg. von Ed. Döll. 4. Jahrg. 1874. 12 Hefte. gr. 8. (à Heft ca. 50—60 S.) Ebendas. *

**Realschule**, die. Vorbereitg. zur Ablegg. der Reifeprüfg. an e. lateinlosen Realschule. Methode Rustin. Selbst-Unterrichts-Briefe, hrsg. vom Rustinschen Lehrinstitut. Red. v. C. Ilzig. Bearb. v. Gust. Behrendt, Max Baumann, Frz. Bußler u. v. a. 1.—109. Lfg. Lex.-8. (3755 S. m. Abb., 2 Tab., 9 farb. Karten u. 38 farb. Kartens. in gr. 4.) Ebd. (900—902). Subskr.-Pr. à n. — 90; Einzelpr. à n. 1.25

**Realschule**, die. Vorbereitg. zur Ablegg. der Reifeprüfg. an e. lateinlosen Realschule. Methode Rustin. Selbst-Unterrichts-Briefe in Verbindg. m. eingeh. Fernunterricht. Hrsg. vom Rustinschen Lehrinstitut f. briefl. Unterricht. Red. v. C. Ilzig. Bearb. v. Gust. Behrendt, Max Baumann, Frz. Bußler u. v. a. 110.—233. Lfg. (3992 S. m. Abb., 1 Tabelle, 2 [1 farb.] Taf. u. 8 farb. Karten.) Lex.-8. Ebd. (903—906). Subskr.-Pr. à n. — 90; Einzelpr. à n. 1.25

**Realschule**, die. Vorbereitung zur Ablegg. der Reifeprüfg. an e. lateinlosen Realschule. Methode Rustin. Selbst-Unterrichts-Briefe in Verbindg. m. eingeh. Fernunterricht. Hrsg. v. Rustinschen Lehrinstitut f. briefl. Unterricht. Red. v. C. Ilzig. Bearb. v. Gust. Behrendt, Max Baumann, Frz. Bußler u. v. a. 234.—251. Lfg. (611 S. m. Abb., 4 Kart. u. 5 Tab.) Lex. 8. Potsdam (907—09). Bonneß & Hachfeld. Subskr.-Pr. à — 90; Einzelpr. à 1.25

**Real- und Bürgerschule**, die. Organ zur Besprechung der Interessen der deutschen Real-, Bürger- und Töchter-Schulen. Unter besonderer Mitwirkung von Alberti, Bach, Bahrt, Becher rc. Herausg. von den Red. Karl Vogel, Frdr. Körner, K. Klaunig. Neue Folge. 1. Jahrg. [Der ganzen Reihe 8. Jahrg.] 1859. 12 Hefte (à 3 Bgn.). Leipzig, Spamer. Lex.-8. n. 2 Thlr 20 ngr.
Fortsetzung von: Bürgerschule, die höhere.

**Realschule**, die, in Michelstadt, deren Einweihung u. Eröffnung. gr. 8. Darmstadt 834. Jonghaus. 5 gr.

Die neue Städtische **Realschule** ⟨Oberrealschule in Entwicklung⟩ zu Braunschweig. ⟨Mit 13 Abb.⟩ Braunschweig 1909: Meyer. 62 S. 4°
Braunschweig, st. R, OR i. E. OP 1909 (932) [S 09. 375

Die Neue **Realschule** zu Strassburg. (Umschl.-Tit.: 1. Beschreibung des neuen Schulgebäudes. 2. Die Einweihungsfeier.) Strassburg, Druck v. M. DuMont-Schauberg, 1890; S. 3—19; 4°
Strassburg, neue R, MP 1890

**Realschule, Die,** II. Ordnung. Großenhain 1880. V: *Kober, Jul.* (Kat. d. stat. Bureaus. Dresden 1890.)

**Realschule**, die schweizerische. 1. Jahrg. 1883. 24 Nrn. (à Nr. ½ Bog.) 4. Cernier, Expedition. * *

**Realschule, Die,** als Vorbildungsanstalt für die bürgerlichen Berufsarten. Rheydt 1887. V: *Wittenhaus, C. A.* (Cat. d. stat. Bureaus. Dresden 1890.)

**Jahresbericht**, Erster — der öffentlichen Unter-Realschule in Werschetz für das Schuljahr 1853. 4. (12 S.) Temesvár. Buchdruckerei von Beichel's Erben.
Inhalt: Ueber Realschulen.

**Realschulen**, die, in Bayern u. ihre Gegner. Ein Versuch zur Verständigg. üb. die Realschulfrage. gr. 8. (VII, 127 S. m. 1 Tab.) München 883. Kaiser. n. 1. 80

— die, in Bayern u. ihre Gegner. Ein Wort zum Schutze der Volksschulen. Hrsg. vom bayr. Volksschullehrer-Verein. 2. Aufl. gr. 8. (70 S.) Nürnberg 884. (Leipzig, Böhme.) n. — 50

**Realschulgebäude**. – Das neue Realschulgebäude. (Mit 4 Tafeln). Siehe in: Jahresbericht über die Realschule in Kiel etc. 1877/78. Kiel 1878. 4°

... Das neue Realschulgebäude geweiht. [Aus: Mittweidaer Tageblatt.] S. 17—27. 4. **Progr.** Realschule *Mittweida* 1909 (781).

**Real-Schul-Lexicon** für die studirende Jugend, von Fr. Karl Kraft u. Conr. Müller. Eine gänzliche Umarbeitung von C. Ph. Funke kl. Real-Schullexicon. Vollständ. in 2 Bden. oder 20—24 Liefgen. 1.—6. Liefg. Lex.-8. Altona 846, Hammerich. à ¼ Thlr

**Real-Schul-Lexikon** für die studirende Jugend von Friedr. Karl Kraft u. Corn. Müller. 7—12. Lfg. Lex. 8. (1. Bd. VIII S. u. S. 481—936.) Altona 847, Hammerich. à ¼ Thlr (1. Bd. 3 Thlr)

**Real-Schullexicon, Neues,** enthaltend die zur Erklärung der alten Klassiker nothwendigen Hülfswissenschaften . . . Braunschweig 1800—5. H: *Richter, Joh. Andreas Leberecht.* (MGT)

**Realschulwesen**, das, in Charakteristiken. Von dem Vorstande einer Realschule. — Norddeutsche Realschulen. 8. Darmstadt 843, Leske. ⅓ Thlr

**Realsteuerstatistik** f. die J. 1901 u. 1902. (147 S.) Lex.-8. Wien (904). (Hof- u. Staatsdruckerei.) n. 1. 40

**Realunterricht**, der, in Preussen u. Bayern. Ein Beitrag zur Lösg. der bayer. Gewerbschulfrage. gr. 8. (III, 76 S.) München 875. Kaiser. n. 1. 50

**Real- und Sprachunterricht.** Gütersloh 1896. V: *Dörpfeld, Friedr. Wilh.* (EB)

**Real Wochenblatt** aus Schwaben. Quartal 1-4. o. O.
Ulm: Christian Ulrich Wagner 1774. 8°
Hrsgeg.: Jak. Joseph Meergraf.

Realwörterbuch, biblisches, v. d. Gottesgel. in Zürich verfert. 8. Frankf. Eichenberg. 774.

**Realwörterbuch.** – Wiener bibl. Realwörterbuch. 3e vermehrte Aufl. 1. Bd. 1-3. H. 8°. Leipzig 1846, Reclam.

**Real-Zeitung.** –
Erlangen. – 5.I.1763 – 2.I.1804.
Vorh. u.d.T.: Auszug der neuesten Weltgeschichte.
Fortges. u.d.T.: Erlanger Real-Zeitung.

**Realzeitung, Erlanger.** Erlangen. H (1772 ff): *Wels, Johann Adam.* (Fiker) »Realzeitung, Erlangische« (1794): *Fabri, Joh. Ernst Ehregott.* (MGT)

**Real-Zeitung.** – Erlanger Real-Zeitung. –
3.I.1804 – 24.XII.1821.
Vorh. u.d.T.: Real-Zeitung.
Fortges. u.d.T.: Erlanger Zeitung.

**Realzeitung.** – Kais. königl. allergnädigst privilegierte Realzeitung der Wissenschaften, Künste und der Commerzien. Wien: Kurzböck (1772-74: Schulz) 1770-88. 8°
Hrsgeg.: Joh. Aloys Blumauer; ab 1784: Joh. Chr. Herchenhahn. Titeländerungen: ab 1780: Realzeitung oder Beyträge und Anzeigen von gelehrten und Kunstsachen; ab 1783: Realzeitung (ohne Zusatz).

**Realzeitung,** Musikalische- für das Jahr 1788. 1789. 1790 (Jan.—Juni). [Fortgesetzt unter dem Titel:] Musikalische Korrespondenz der teutschen Filarmonischen Gesellschaft. Julius bis Dezember 1790. 1791. 1792. [Mehr nicht erschienen.] Speier.

„Physikalisch-oeconomische Real-Zeitung, aus denen von der Natur- und Haushaltungs-Wissenschaft, Feld-Bau, Heilungs-Kunst, Cameralwesen, Policey, Künsten, Manufakturen und Handlung handelnden Schrifften zusammen gelesen und mit neuen Stücken, Versuchen und Anmerckungen versehen nebst einer allgemeinen Anzeige alles dessen, was bisshero in diesen Sachen geschrieben worden", Stuttgart 1754. — Fortgesetzt u. d. T.: „Physikalisch-ökonomische Wochenschrift", 2 Bände, Stuttgart 1755—1758. — Fortsetzung u. d. T.: „Etwas für alle, oder neue Stuttgarter Realzeitung . . ." vom Jahre 1765—1766. Dann wieder u. d. T.: „Allgemeines Stuttgarter Magazin ökonomischen und physikalischen Inhalts, aus den grössten und kostbarsten Werken gesammelt", auf das Jahr 1767, 1768.

**Realzeitung** von Strassburg. O. O. 1769. H: *Rautenstrauch, Johann.* (Adel) (MGT) (Fiker)

Realzeitung, wienerische. 8. Wien, Camesina. jed. Jahrg.

**Realzeitung, Wienerische,** oder Beiträge und Anzeigen von gelehrten und Kunstsachen. Wien 1771—85. H: *Rautenstrauch, Johann.* (Ky)

Realzeitung, Wienerische, od. Beitr. u. Anzeigen von gelehrten u. Kunstsachen. In Verbind. mit Andern hrsgg. (v. Jh Rautenstrauch). 8. Wien 771—85. Heubner. à Jahrg. 3 ℳ

Realzeitungen, Stuttgarter, sa Magazin.

**Realzeitungen.** Stuttgart 1756—57. H: *Bernhard, Joh. Ernst Friedrich & Joh. Chph Erhard.* (ML) (MGT) (Ky)

Realzeitungen, Stuttgarter. 2 Jahrgg. 1756, 57, (v. J. E. F. Bernhard u. J. C. Erhard). 8. Stuttg., Erhard.

Reassumirung der Erläuterungen, Vereinfachungen und anderen nachträglichen Bestimmungen zur Instruktion vom 30. Juni 1830 für die Forstwirthschafts-Einrichtung in Bayern. - Freiburg i. Br. 1844. 28 S., m. Beilag.

**Reassumtionsschrift** in der Rechtsache des Herrn Fürsten Carl Ludwig Konstantin Joseph zu Löwenstein-Wertheim-Rosenberg ..., s. Bauer, Anton

**Reatz,** Ferdinand, s. Reatz, Karl Ferdinand

**Reatz,** Karl Ferdinand

Reatz, Carl Ferdinand (Darmstadt)
Die Condictio indebiti bei alternativen Obligationen, und die Folgen der Nichterklärung des Delaten auf die Beweisantretung. Habilschr.
Giessen: Keller 1855. 51 S. (in Δ mit „Thesen")
Habil. jur. 1856. vorh. 21.11.Δ.

**Reatz,** Carl Ferd., der Gerichtsstand der freiwilligen Unterwerfung. Eine civilprocessual. Abhandlung. gr. 8. (VIII und 244 S.) Giessen 859, Ricker. *

**Reatz,** Carl Ferd., Geschichte des europäischen Seeversicherungsrechts. 1. Thl. Leipzig 870. Findel. gr. 8. (X, 296 S.) n. 2 ℳ

**Reatz,** Ferd., das bürgerl. Gesetzbuch, sa Wilke, Rich.

**Reatz,** Ferd., das bürgerliche Gesetzbuch f. d. deutsche Volk erläut. M. Einführungsgesetz u. ausführl. Sachregister. gr. 8. (VIII, VIII u. 552 S.) Gießen 897. E. Roth. n. 6. – ; geb. in Leinw. n. 7. 50
Erschien auch in 12 Hftn. à n. — 50.

— **dasselbe,** sa Archiv f. bürgerliches Recht.

Reatz, Carl Ferd., die Lehre vom Erfüllungsort. Eine civilist. Abhandlung. gr. 8. (VIII und 175 S.) Gießen 862, Ricker. *

[F.] Die zweite Lesung des Entwurfs eines Bürgerlichen Gesetzbuchs für das Deutsche Reich unter Gegenüberstellg d. ersten Lesg. Im Auftr. d. Vorstandes des Deutschen Anwaltver. dargest. u. aus d. Protokollen d. zweiten Lesg erläut. v. Justizr. Dr. [Carl Ferd.] **Reatz,** Rechtsanw. zu Giessen ... Bd 1—[3]. *Berlin: C. Heymanns 18(92)—96.* 3 Bde 8.
1. Buch I—III. Allgem. Th. — Recht d. Schuldverhältnisse. — Sachenrecht. 18(92—)94. (XVII, 614 S.)
2. (Buch IV—VI.) 18(95.)96. (VIII S., 1 Bl., 536 S.)
[3.] [u. d. T.:] Die zweite Lesung d. Entwurfs e. Einführungsgesetzes z. Bürgerl. Gesetzb. ... 1896. (VI S., 1 Bl., 177 S.) [96. 3434

— **dasselbe,** sa Zeitschrift f. deutschen Civilprozeß.

— d. Litteratur üb. d. Entwurf e. bürgerl. Gesetzbuches f. das Deutsche Reich, sa Litteraturbericht, juristischer, Hft. 8.

Die Litteratur über den Entwurf eines Bürgerlichen Gesetzbuches für das Deutsche Reich v. C[arl] F[erdinand] **Reatz,** Justizr. ... in Giessen. *Leipzig: J. C. Hinrichs 1893.* (2 Bl., 59 S.) 8.
= Litteraturbericht, Juristischer, 1884—1894. H. 3.
= Centralblatt f. Rechtswissenschaft. Ergänzgsbd. [96. 8405

**Reatz,** Carl Ferd., das Seerecht, s.: Lewis.

*Reatz, C. F. Seeversicherungsrecht in Endemans Handbuch des deutschen Handels-, See- und Wechselrechts. 1884.

Reatz, Carl Ferd., das gemeine deutsche Civilrecht auf römisch-rechtlicher Grundlage in Form eines Gesetzbuchs. 2. Bd. 4. Buch: Das Obligationenrecht. gr. 8. (XV, 302 S.) Darmstadt 886, Bergsträßer. *
Der 1. Bd. und 2. Bd. 1.—3. Buch sind noch nicht erschienen.

Réau, A., die lustige Ecke od. 100 kurze Geschichten, die etwas zum Lachen bieten. 8. (252 S.) Brixen 902. (Innsbruck, H. Schwick.) n. 2. 10

Reaube, N. N., s. Jahrbücher der Preuß. Provinzialstände.

Réaume, Pfarr. Abbé, der Wegweiser f. den jungen Priester. In einem Theile seines Privatlebens, sowie in seinen verschiedenen Beziehungen zur Welt. Für den deutschen Clerus bearb. 8. Schaffhausen 846, Hurter'sche Buchh. 3/4 ß

v. Réaumür, das Ankerschmieden; aus d. Französ. Mit Kpf. gr. 4. Berl. 762. (Chr. Fr. Günther in Glogau). 1 ß

— Anw., wie man zu jed. Jahrsz. Geflügel ausbrüt. und erziehen' soll. 2 Thle. m. K. 8. Augsb. Klett. 767.

1764. * Fabrique des ancres, lûe à l'Académie en Juillet 1723. Par Mr. de *Réaumur*. Avec des notes et des additions de Mr. *Duhamel*. à Paris. fol. 54 S. 6 Kupfert.
Auch deutsch durch Herrn *Justi*. Berlin, Stettin und Leipzig bei J. H. Rüdiger. 4. 84 S. 6 Kupfert.

— Geschichte d. haaricht. Hummeln, deren Nester v. Moose sind; aus d. Französ. v. J. Riem. Mit Kpf. 8. Dresd. 798. Walther. 10 gr.

**Reaumur.** Physicalisch-öconomische Geschichte der Bienen . . . Frankfurt u. Leipzig [Nürnberg] 1759. V: *Oelhafen von und zu Schöllenbach auf Eismannsberg, Ruprechtstein und Neukirchen, Carl Christoph.* (ML) (ADB) (Will)

— physikal.-ökonom. Geschichte der Bienen; aus d. Französ. mit Anmerkk. v. K. Ch. v. Oelhafen. Mit Kpf. 4. Frkf. u. Leipz. (Nürnb.) 759. Felssecker. 1 ß 8 gr.

— Kunst, alles Federvieh, in jed. Jahrsz. häufig zu ziehen. 8. Leipzig. Hechtel. 750.

— d. Nadler, a. d. Franz. m. K. gr. 4. Berlin, Rüdiger. 762.

**Réaumur,** René Antoine Ferchault de, Abhandlung üb. Thermometrie, s.: **Fahrenheit**, Dan. Gabr.

Reatz, J., naturhistor. Fragmente, s. Greß, A. J., der Kahlenberg ꝛc.

Reb Henoch, s. Gedichte und Scherze in jüdischer Mundart.

Der Autodidakt. Selbstunterrichts-Methode in fremden Sprachen f. Gebildete. Dr. Gino **Rebajoli**. [1.] Italienisch. [1. 2.] [Mehr nicht erschienen.] Berlin: G. Rebajoli 1906–07. 2 Bde 4° [F.] [os. 892]

Rebajoli, Gino, der Autodidakt. Selbstunterrichts-Methode in fremden Sprachen f. Gebildete. Französisch. (In 33 Lfgn.) 1. Lfg. (8 S.) Lex. 8. Berlin (910). F. Harnisch & Co. nn — 50

— dasselbe. Italienisch. In 2 Tln. (1. Tl. IV, 176 S.) Lex. 8. Ebd. 906. Für vollständig 15. —

Rebajoli, Gino, Grammatik der italienischen Sprache. qu. gr. 8. (66 S.) München 896. Th. Ackermann. n. 1. —

Dr. Gino **Rebajoli**. Italienisch. [1. 2.] [Mehr nicht erschienen.] Berlin: G. Rebajoli 1906–07. 2 Bde 4° [F.]
= **Rebajoli**: Der Autodidakt. [1.] [os. 893]

Rebajoli, Gino, Lehrbuch der italienischen Sprache. 2. Stufe. 33 Lektionen. qu. gr. 8. (XVI, 66 u. 198 S.) München 899—901. Th. Ackermann. n. 5. —

Rebajoli, Gino, Lehrbuch der italien. Sprache. 1. Stufe. 2. verb. Aufl. der „Grammatik". (VIII, 67 S.) qu. gr. 8. München 904. Th. Ackermann. n. 1. 50; geb. n. 2. —
2. Stufe. Ebd. 899—901. Erm. Pr. 3. 40; geb. 4. —.

— Lehrbuch der italienischen Sprache. 2. verb. [Titel-] Aufl. der „Grammatik". 2 Stufen. 16,5×24 cm. Ebd. [904] (909). nn 4.50; geb. in Leinw. 6. —
1. (VIII, 67 S.) 1.50; geb. 2. —
2. (XVI, 198 S.) nn 3.—; geb. 4. —

Rebattu, A., Abschied u. Gruß. Vier zu Quakenbrück in der St. Sylvesterkirche u. zu Gotha in der herzogl. Schloßkirche gehaltene Predigten. 8. (42 S.) Quakenbrück 889. Rackhorst. n. — 80; geb. m. Goldschn. n. 2. —

Rebattu, A., Abschiedspredigt, geh. am 13. Septbr. 1891 in der St. Sylvesterkirche u. seiner treuen Gemeinde in Quakenbrück gewidmet. gr. 8. (8 S.) Quakenbrück 891. Rackhorst. — 15

— Antrittspredigt, bei seiner Einführung in das Pastorat zu St. Gertrud in Hamburg am Dienstag, den 22. Septbr. 1891 geh. gr. 8. (13 S.) Hamb. 891, Seippel. * — 40

Rebattu, A., Materialien für liturgische Gottesdienste, s. Haupt, E.

— Predigt üb. Lukas 10, 25—37, in der Kirche zu St. Gertrud in Hamburg am 27. Aug. 1893 geh. gr. 8. (11 S.) Ebd. 893. — 30

Rebattu, A., „die Religion wird erhalten bleiben". Vortrag, geh. in e. Volksversammlg. im Victoria-Garten zu Barmbeck am 23. Aug. 1894, nebst e. Antwort auf d. Notschrei d. Hrn. M.-Glage. (2. Aufl.) gr. 8. (32 S.) Hamburg 894. H. Seippel. n. — 50

— Wahlpredigt über Apostelgeschichte 5, 34—42, am 7. Sonntag nach Trinitatis, den 24. Juli 1887 in der Christuskirche zu Eimsbüttel gehalten. gr. 8. (13 S.) Hamburg 887, Jenichen. *

Rebau, Heinrich [Pseud.], s.a. Gebauer, Aug. [Wirkl. Name]

Rebau, Hnr., auserlesene Beispiele des Guten, zur Bildung des Geistes u. Herzens. 3e Aufl. Mit 1 Stahlstich. 8. Augsburg 840. v. Jenisch u. Stage. 3/8 ß

— und H. Berghaus, Bibliothek der Länder- und Völkerkunde, s. Berghaus.

Rebau, Hnr., erzählende Dichtungen. 3e Aufl. Mit 1 Stahlstich. 8. Augsburg 840. v. Jenisch u. Stage. 3/8 ß

Rebau, (Heinr.,) Erzählungen u. belehr. Aufs. z. Bildg. u. Unterhaltg. d. leselust. Jugend. 8. Heilbr. 826, Drechsler.

† Rebau, Heinr., (Chrstn. Aug. Gebauer,) Erzählungen u. belehr. Aufsätze z. Bildung u. Unterhalt. d. leselustigen Jugend. 2., unveränd. Aufl. 8. (13½ B. u. 6 ill. Bild.) Heilbronn 836, [Drechsler, Vrlsbuchh.]

— ausgewählte Erzählungen. 3e verb. u. verm. Aufl. 2 Bdchn. Mit 2 Stahlst. 8. Augsburg 840. v. Jenisch u. Stage. ¾ ℛ

† Rebau, Heinr. (Chrstn. Aug. Gebauer), ausgewählte Erzählungen, zur Bildung des Geistes u. Herzens. 3., verb. u. verm. Aufl. 2 Bdchn. 8. (16¼ B. u. 2 Stahlst.) Augsburg 841, v. Jenisch u. Stage'sche Buchh. -

— ausgewählte Fabeln. 3e verb. u. verm. Aufl. Mit 1 Stahlst. 8. Augsburg 840. v. Jenisch u. Stage. ⅜ ℛ

— Frühlingsbilder, (od. Schilderung der schönsten Zeit des Jahres). Festgeschenk für das blühende Alter. 16. Stuttg. 828. Hoffmann. 6 gr.

Rebau, Heinr., Frühlingsbilder, od. Schilderung d. schönsten Zeit d. Jahres. Festgeschenk f. d. blühende Alter. 16. (7 B.) Stuttgart 828. [Reutlingen, Mäcken jun.]

—— Gemälde v. Deutschland. Nach d. neuesten Ansichten u. eigener Anschauung f. d. Jugend u. ihre Freunde entworfen. Mit Abbild. v. Städten, Kirchen, Schlössern, Ruinen, Volkstrachten ꝛc. 1—11. Hft. 8. (à 5 B. u. 1 Stndr.) Stuttgart 834, 35, Brodhag. à H.

† Rebau, Heinr. (Chrstn. Aug. Gebauer), allgemeine Geographie, s.a. Volks- und Jugendbibliothek.

Rebau, Heinr., allgemeine Geographie. Mit besonderer Rücksicht auf Deutschland für die Jugend und Leser aus allen Ständen bearbeitet. 2. (Titel-)Ausg. Stuttgart (847.) 856. Hallberger'sche Verlhdlg. 8. (VIII, 454 S.) 21 ngr.

— kleine Geographie. Nach d. neuesten Bestimmungen f. Schulen u. zum Selbstunterricht. 2e Aufl. gr. 8. Manh. 821. 3e A. 823. 8e Aufl. Mit 6 geograph.-statist. Taf. 832. Schwan u. G. 6 gr.

— kleine Geographie. 4e Aufl. gr. 8. Manh. 826, Schwan u. G.

—— kleine Geographie. Nach d. neuesten Bestimmungen f. Schulen u. zum Selbstunterr. ausgearb. 5—7., verb. Aufl. (à 10 B. u. 4 geograph.-statist. Taf. u. Register.) 828—30. à 5 Gr., 8., stark verm. u. verb. A. 8. (11¼ B., 6 geograph.-statist. Taf. u. Register.) Mannheim 832, Schwan u. Götz.

—— kleine Geographie. Nach d. neuesten Bestimmn. f. Schulen, so wie z. Selbstunterr. Mit tabellar. Anh. 9. u. 10., verm. Aufl. (à 12 B. u. 8 Tab.) 836, 37. à ⅓ Thlr., 11., durchgängig verb. u. verm. Aufl. 8. (16 B.) Mannheim 840, Schwan u. Götz'sche Hofbuchh.

— kleine Geographie. Nach den neuesten Bestimmungen für Schulen, so wie zum Selbstunterricht ausgearbeitet. Mit tabellar. Anhang. 12. Aufl. 8. Mannheim 842, Götz. Schwan- u. Götz'sche Hofbuchh. ⅓ ℛ — 13. Aufl. 8. Ebend. 843. ⅓ ℛ

— das Gesammtgebiet d. Naturgeschichte in lithograph. Abbildd. Nach d. Natur u. den besten Hülfsmitteln entworfen, u. mit e. kurzen erklär. Texte, so wie einem systemat. geordneten Namensverzeichnisse in latein. u. deutscher Sprache versehen. 1e Abtheil. Das Thierreich in 6 Lieferr. à 8 Blätter in gr. qu. Fol. gr. 8. Stuttg. 828. Hoffmann. 5 ℛ

—— das Gesammtgebiet d. Naturgeschichte in lithograph. Abbildungen. Nach d. Natur u. d. besten Hülfsmitteln entworfen, u. mit e. kurzen erklär. Texte, so wie ein. systematisch geord. Namensverzeichnisse in latein. u. deutscher Sprache versch. Für Haus u. Schule etc. 1. Abthl. Das Thierreich in 6 Lfgn. à 8 Bl. gr. qu. Fol. (1. u. 2. Lfg. 16 Bl. u. 1 Hft. Text, gr. 8. 4 B.) Stuttgart 828. [Reutlingen, Mäcken jun.]

— die deutsche Geschichte f. Stadt- u. Landschulen bearb. gr. 8. Carlsr. 824, Marx.

— kurzgefaßte Geschichte u. Beschreibung des Großherzogthums Baden, f. Schulen. 8. Freiburg 825, Fr. Wagner.

Rebau, Heinr., (Aug. Gebauer), Geschichten aus der Thierwelt. Erzählungen von großen u. kleinen Thieren, belehrend u. unterhaltend für Knaben u. Mädchen. Mit 9 Stahltaf. 8. (VIII u. 397 S.) Stuttgart 850, Hoffmann. ¾ ℛ

— s.a. Jugendbibliothek z. Bildung d. Herzens ꝛc.

—— Jugend-Bibliothek. Zur Bildung d. Geistes u. d. Herzens. 12 Bdchn. 2. Aufl. 8. (45½ B. u. 5 Stndr.) Augsburg 833, v. Jenisch u. Stage'sche Buchh. à 12 Gr., zusammen genommen

A. u. d. Ttln.:

Bdchn. 1. Parabeln. (9⅛ B.)
" 2. Fabeln. (8⅛ B.)
" 3. Auserles. Sagen, Mährchen u. Legenden. (10½ B.)
" 4., 5. Auserles. Erzählungen. Zur Bildung d. Geistes u. Herzens. 2 Bdchn. (18 B.)
" 6. Auserles. Schauspiele. (9½ B.)
" 7. Auserles. Dichtungen. Zur Bildung d. Geistes u. Herzens. (9 B.)
" 8. Auserles. Lieder. Zur Bildung d. Geistes u. Herzens. (9 B.)
" 9. Auserles. Sinngedichte, Sprüche, Räthsel, Charaden u. Witzgeschichten. (9 B.)
" 10. Auserles. Beispiele des Guten. (9 B.)
" 11. Lebensbeschreibungen u. Charakterzüge. (9 B.)
" 12. Schilderungen merkwürd. Gegenden u. Naturgegenstände. (9 B.)

— s.a. Jugendbibliothek, neueste.

—— neueste Jugendbibliothek, z. Bildung d. Geistes u. Herzens. 3., verb. u. verm. Aufl. 12 Bdchn. Jed. m. 1 Stahlst. 8. Augsburg 840, v. Jenisch u. Stage'sche Buchh. à Zusamm. genomm. nur

A. u. d. Ttln.:

Bd. 1. Ausgewählte Parabeln, z. Bildung d. Geistes u. Herzens. (8 B.)
" 2. Ausgewählte Fabeln ꝛc. (8 B.)
" 3., 4. Ausgewählte Erzählungen ꝛc. (16¼ B.)
" 5. Heilige Sagen, Mährchen u. Legenden. (8¼ B.)
" 6. Auserlesene Schauspiele. ꝛc. (8 B.)
" 7. Erzählende Dichtungen. (8 B.)
" 8. Auserlesene Lieder. (8¼ B.)
" 9. Auserlesene Sinngedichte, Sprüche, Räthsel, Charaden u. Witzgeschichtchen ꝛc. (8½ B.)
" 10. Auserlesene Beispiele d. Guten ꝛc. (8¼ B.)
" 11. Lebensbeschreibungen u. Charakterzüge ꝛc. (8 B.)
" 12. Schilderungen merkwürd. Gegenden u. Naturgegenstände. (8¼ B.)

— s.a. Jugendbibliothek, wissenschaftl., 4r Thl.

—— der teutsche Jugendfreund ꝛc., s.a. Jugendfreund.

— der deutsche Jugendfreund. Jahrg. 1823 u. 24. à 12 Hefte. gr. 8. Manh. (Carlsr., Braun.) à

— der kleine deutsche Jugendfreund. Lesebuch für Haus und Schule. gr. 12. Reutlingen 839. C. F. Fischer jun. ¾ ℛ Mit schwarzen Kpfrn. geh. 11/12 ℛ Mit color. Kpfrn. geb. 1 1/6 ℛ

— s.a. Käferbüchlein.

REBAU, Heinrich: Käfer-Büchlein oder Beschreibung der schönsten, nützlichsten und schädlichsten in- und ausländischen Käfer. Nebst einer kurzen Anweisung, Käfer zu fangen und sie nebst ihren Eiern, Larven und Puppen für Sammlungen herzurichten. Für Knaben, die sich in ihren Freistunden gern angenehm und nützlich beschäftigen wollen, sowie für Landwirthe, Forstmänner und Gartenbesitzer. - Reutlingen o. J. XVI, 62 S., 5 Taf.

— Käfer=Büchlein, oder: Beschreibung der schönsten, nützlichsten und schädlichsten in= und ausländ. Käfer. Nebst einer kurzen Anweisung, Käfer zu fangen und sie, nebst ihren Eiern, Larven und Puppen für Sammlungen herzurichten. Für Knaben, die sich in ihren Freistunden gern angenehm und nützlich beschäftigen wollen ꝛc. Mit Abbildungen. 4. (XVI und 61 S. mit 5 ill. Stnt.) Reutlingen 849, Fleischhauer und Spohn.

(—) Käfer=Büchlein oder Beschreibung der schönsten, nützlichsten und schädlichsten in= und ausländischen Käfer. Nebst einer kurzen Anweisung, Käfer zu fangen ꝛc. Mit 5 (lith. u. color.) Taf. Abbildgn. (Neue Ausg.) Reutlingen (857.) Fleischhauer u. Spohn. gr. 4. (XVI, 61 S.) 1 ℛ.

Nebau, Heinr., Käfer=Büchlein oder Beschreibung der schönsten, nützlichsten u. schädlichsten in= u. ausländischen Käfer. Nebst einer kurzen Anweisung, Käfer zu fangen u. sie, nebst ihren Eiern, Larven u. Puppen für Sammlungen herzurichten. Für Knaben, die sich in ihren Freistunden gern angenehm u. nützlich beschäftigen wollen, sowie für Landwirthe, Forstmänner u. Gartenbesitzer. 3. Aufl. Reutlingen 867. Fleischhauer & Spohn. 4. (XVI, 61 S. mit 5 lithogr. u. illustr. Taff. Abbildgn.) cart. 1 ℛ

Nebau, Heinr., Käfer=Büchlein oder Beschreibung der schönsten, nützlichsten u. schädlichsten in= u. ausländischen Käfer. Nebst einer kurzen Anweisung Käfer zu fangen u. sie, nebst ihren Eiern, Larven u. Puppen f. Sammlungen herzurichten. Für Knaben, die sich in ihren Freistunden gern angenehm u. nützlich beschäftigen wollen, so wie für Landwirthe, Forstmänner u. Gartenbesitzer. Mit 5 (lith. u. color.) Taf. Abbildungen. 4. Aufl. 4. (XVI, 60 S.) Reutlingen 877. Fleischhauer & Spohn. cart. 3. —

— der Rheinländ. Kinderfreund. 8. Manh. 824. 2e Aufl. 825. Löffler. 8 g̃

— der rheinländische Kinderfreund. Ein Festgeschenk für fleißige Kinder. 2. verb. Ausg. 8. Mannheim 844, Loeffler. 1/4 ℛ

— der schwäb. Kinderfreund. Ein Leseb. z. Bild. u. Veredl. d. Jugend. Unter Mitwirk. mehr. Jugendfreunde hrsg. 8. (19½ B.) Schwäb. Hall 840, Haspel'sche Buchh.

— Lebensbeschreibungen u. Charakterzüge zur Bildung des Geistes u. Herzens. 3. Aufl. Mit 1 Stahlst. 8. Augsburg 841, v. Jenisch u. Stage. 3/8 ℛ

— neues Lesebuch f. Schule u. Haus, z. Bild. u. Veredl. d. Jugend. Unter Mitwirk. mehr. Jugendfreunde hrsg. 8. (16¾ B.) Bern 838, Jenni Sohn.

— auserlesene Lieder. 3e Aufl. Mit 1 Stahlst. 8. Augsburg 840. v. Jenisch u. Stage. 3/8 ℛ

— die schönsten und lehrreichsten Mährchen und Erzählungen aus Tausend und eine Nacht. Für die Jugend beiderlei Geschlechts ausgewählt. Mit 6 (color.) Kupf. 8. Reutlingen 843, Fleischhauer u. Spohn. 3/4 ℛ

— Naturgeschichte f. d. Jugend, s. a. Jugendbibliothek, wissensch., 2. Thl.

— Naturgesch. f. die deutsche Jugend. 2 Thle. Mit 406 Abbildd. auf 43 Steintaf. gr. 8. Ludwigsb. 825. Rast. 3 ℛ 4 g̃ ill. 4 ℛ 8 g̃ 2e Ausg. durchgesehen u. umgearb., mit Einverständniß des Verf., von Ch. F. Hochstetter. 2 Thle. Mit 543 lithogr. Abbild. auf 55 Taf. gr. 8. Stuttg. 829. (Löflund). 2 ℛ 20 g̃ Ausg. No. 2. Mit 4 ill. Giftpflanzentaf. 3 ℛ 4 g̃ Ausg. No. 3. Mit 15 ill. Pflanzentaf. 4 ℛ Ausg. No. 4. Mit 52 ill. Taf. 7 ℛ 12 g̃

— Naturgeschichte f. d. deutsche Jugend. 3. Ausg., nochmals durchges. u. verbess. v. dem Bearbeiter d. 2. Ausg. Ch. F. Hochstetter. 2 Thle. M. 284 Abbild. auf 30 Stntaf., u. 2 Ttlbild. gr. 8. (62¼ B.) Reutlingen 833, Mäcken jun. Mit schw. Abbild. 2 Thlr. 12 Gr., f. col. 3 Thlr. 21 Gr., f. gem.

— Naturgeschichte f. d. deutsche Jugend. 4. Ausg., aufs neue durchges., verbess. u. auch f. d. Gebr. d. Erwachsenen eingerichtet v. Ch. F. Hochstetter. 2 Thle. gr. 8. (65½ B., 30 col. Stnt. u. 2 Ttlbild.) Reutlingen 840, [Mäcken Sohn.]

— Naturgeschichte f. d. Jugend beiderlei Geschlechts. 3. unveränd., aber durch neu gest. Abbildn. verb. Ausg. gr. 12. (36¼ B. u. 24 Stnt.) Stuttgart 840, Hoffmann'sche Vrlsbuchh.

— Naturgeschichte für die deutsche Jugend. 5. Ausg., aufs neue durchgeseh., verb. u. auch für den Gebrauch der Erwachsenen eingerichtet von dem Bearbeiter der beiden vorhergeh. Ausg. Ch. F. Hochstetter. 2 Thle. (in 1 Bd.) gr. 8. (979 S. m. 30 lith. u. color. Taf. u. 2 Kpfrtaf.) Reutlingen 849, Mäcken Sohn. In Engl. Einb. 3½ ℛ

— kl. Naturgesch., nebst e. gedrängten Uebersicht d. Naturlehre. 8. Manh. 822, Schwan u. G.

— kleine Naturgeschichte. Nebst e. gedrängten Uebersicht d. Naturlehre. Für Schulen, so wie z. Selbstunterr. ausgearb. 2., u. 3., umgearb. Aufl. (à 14 B.) 836, 37., 4. Aufl. 8. (13¾ B.) Mannheim 838, Schwan u. Götz'sche Hofbuchh. à

Nebau's, H., Naturgeschichte der Säugethiere. [Aus: „Naturgeschichte der 3 Reiche, 8. Aufl."] Bearb. v. G. Jäger u. Weinland. Mit 8 fein col. Taf. Lex.-8. (308 S.) Stuttgart 884. Thienemann. geb. n. 5. —

— Naturgeschichte, s. Volks= u. Jugendbibliothek.

Nebau's, Heinr., Naturgeschichte für Schule und Haus. Eine gemeinfaßl. und ausführl. Beschreibung aller drei Reiche der Natur. 5. Aufl. Neu bearb. von Traug. Bromme. 20 Lfgn. gr. 8. (IV und 901 S. mit 600 Abbild. auf 48 ill. Taf.) Stuttgart 864—66, Thienemann. à Lfg. 6 Ngr.
Erschien a. u. d. T.: Volks=Naturgeschichte.

Nebau's, Heinr., Naturgeschichte für Schule und Haus. Eine gemeinfaßl. und ausführl. Beschreibung aller drei Reiche der Natur. 6. Aufl. 20 Lfgn. gr. 8. (IV, 892 S. mit eingedr. Holzschn. und 46 color. Stnt.) Stuttgart 869,70, Thienemann. à Lfg. 60 Pf.; cart. geb.

— dass. — 7. Aufl. Bearb. von Gust. Jäger, Herm. Wagner und O. Fraas. gr. 8. (IV, 892 S. mit 600 Abbild. auf 48 color. lithogr. Taf. und zahlreichen eingedr. Holzschn.) Ebendas. 875. cart. *ℳ 14.; geb. *

Nebau's, Heinr., Naturgeschichte für Schule und Haus. Ein gemeinfaßl. und ausführl. Beschreibung aller drei Reiche der Natur. 8. Aufl., mit 639 Abbild. auf 51 color. (lithogr.) Taf. und zahlreichen (eingedr.) Holzschn. Bearb. von Gust. Jäger, D. F. Weinland [Zoologie], Herm. Wagner, M. Willkomm [Botanik] und O. Fraas [Mineralogie]. gr. 8. (IV, 833 S.) Stuttgart 880, [Thienemann's Verlag.] J. Hoffmann. cart. *ℳ 15.; geb. *

— vollständige Naturgeschichte des Thierreichs nach den neuesten und klarsten Eintheilungen. 2. Aufl. 1854. und 3. Aufl., gänzlich umgearb. und verm. von Ed. Brandt. gr. 8. (XV und 224 S. mit 106 ill. Abbild. auf 8 Stnt. und 92 eingedr. Holzschn.) Stuttgart 856, Chelius.

Nebau's, Heinr., vollständige Naturgeschichte des Thierreichs nach den neuesten und klarsten Eintheilungen. Gänzlich umgearb. u. stark verm. von Ed. Brandt. 4. Aufl. Mit 106 color. Abbildgn. (auf 8 lith. Taf.) u. 92 Holzschn. (im Text.) Stuttgart 860. Chelius. gr. 8. (XVI, 210 S.) 1 ℛ

— vollständige Naturgeschichte des Thierreichs nach den neuesten u. klarsten Eintheilungen. Gänzlich umgearb. u. stark verm. von Ed. Brandt. 5. Aufl. Stuttgart 866. Chelius. gr. 8. (XVI, 216 S. mit 106 Abbild. auf 8 Steintaff. u. 92 eingedr. Holzschn.) cart. 1 ℛ

—— kleiner Orbis pictus, oder: Bilder der Natur, des Lebens und des Verkehrs für schaulustige und wißbegierige Kinder. (Neue Ausg.) qu. 4. (64 S. mit 16 ill. Stnt.) Reutlingen 856, Fleischhauer und Spohn.

— kleiner Orbis pictus, oder: Bilder der Natur, des Lebens und des Verkehrs für schaulustige u. wißbegierige Kinder. (Neue Ausg.) Reutlingen (857.) Fleischhauer u. Spohn. qu. 4. (64 S. u. 16 lith. u. color. Taf.) 1 ℛ. 15 ngr

— ausgewählte Parabeln. 3e verb. u. verm. Aufl. Mit 1 Stahlstich. 8. Augsburg 840. v. Jenisch u. Stage. 3/8 ℛ

— ausgewählte Parabeln, zur Bildung des Geistes und Herzens. 3. verb. u. verm. Aufl. Mit 1 Stahlst. 8. Augsburg 844, v. Jenisch u. Stage. 3/8 ℛ

—— Parabeln od. Gleichnisse. Zur Bildung d. jugendl. Geistes u. Herzens f. d. Höhere in d. Natur u. im Leben. 8. (18 B.) Kempten 828, Kösel.

— Raff im Gewande unserer Zeit. Naturgeschichte für Kinder. Mit 26 Steintaf. gr. 8. Stuttgart 839. Hallberger'sche Verlagsh. 3 ℛ ill. 4 ℛ — Ohne Steintaff. 2 ℛ

— Raff im Gewande unserer Zeit. Naturgeschichte für Kinder. 2. (Titel-)Aufl. gr. 8. (VI u. 832 S. m. 26 col. Lith.) Stuttgart 850, Hallberger'sche Verlagshandlung. 2 ℛ 24 ngr Velinpap. 3½ ℛ

**Rebau, Hnr.**, die drei Reiche der Natur, s. Volks- und Jugendbibliothek, allgem. deutsche. 2. Sect. 2. Thl.

—— die drei Reiche der Natur. Eine gemeinverständliche übersichtliche Darstellung der Naturgeschichte für die Jugend, Schulen und Leser aus allen Ständen. 2. (Titel-)Ausg. 8. (XXVII und 476 S.) Stuttgart 850, Hallberger'sche Vrlgsb.

—— Rosen und Lilien in Legenden und legendenart. Erzählungen. Zur Weckung und Belebung des religiösen Sinnes in jugendl. Gemüthern ausgewählt und hrsg. 12. (VIII und 160 S.) Villingen 850, Förderer.

— auserlesene Sagen, Mährchen u. Legenden. 3e Aufl. Mit 1 Stahlstich. 840. Augsburg 840. v. Jenisch u. Stage. 3/8 ℛ

Rebau. *Die merkwürdigsten Säugthiere* nach ihren Ordnungen, ihrem Naturell, ihrer Lebensweise, ihrem Nutzen und Schaden, nebst ausgewählten Erzählungen ... Mit acht [handkolorierten schönen] Kupfertafeln [nach Dertinger = Federlithographien]. Zweite verb. u. verm. Aufl., Stuttgart, J. F. Cast, [ca. 1835]. 7 (statt 8) Bll. 423 S. 8°. Orig.-Pappbd., Rücken erneuert. — Etwas fleckig. Der Schmutztitel fehlt. 35.—

—— die merkwürdigsten Säugthiere nach ihren Stämmen, ihrem Naturell, ihrer Lebensweise, ihrem Nutzen u. Schaden, nebst ausgewählten Erzähln. z. Erläuter. ihres Charakters u. ihrer geistigen Fähigkeiten. Belehr. u. unterhalt. Leseb. f. d. Jugend beiderlei Geschlechts. 8. (29 B. u. Stntafn.) Stuttgart 841, Cast'sche Buchh. 1 Thlr., ill.

—— die merkwürdigsten Säugethiere nach ihren Ordnungen, ihrem Naturell, ihrer Lebensweise, ihrem Nutzen u. Schaden, nebst ausgewählten Erzählungen zur Erläuterung ihres Charakters u. ihrer geistigen Fähigkeiten. Lesebuch f. d. Jugend beiderlei Geschlechts. 2., verb. u. verm. Aufl. 8. (27 B. u. 8 Kpfrt.) Stuttgart 846, Cast'sche Buchh. * 22½ Ngr. Ill. *

—— die merkwürdigsten Säugethiere nach ihren Ordnungen rc. Belehrendes und unterhaltendes Lesebuch für die Jugend. 3., verb. Aufl. 8. (VIII und 423 S. mit 8 Kpfrt.) Stuttgart 847, Cast'sche Buchh. *– ill. *

— auserlesene Schauspiele. 3e Aufl. Mit 1 Stahlstich. 8. Augsburg 840. v. Jenisch u. Stage. 3/8 ℛ

— Schilderungen merkwürdiger Gegenden u. Naturgegenstände. 3e Aufl. Mit 1 Stahlstich. 8. Ebd. 840. 3/8 ℛ

— Schmetterlings-Büchlein, oder Beschreibung der schönsten u. schädlichsten, bei uns am häufigsten vorkommenden Tag-, Dämmerungs- u. Nacht-Falter. Nebst einer kurzen Anweisung, Schmetterlinge zu fangen, und sie, nebst ihren Eiern, Raupen u. Puppen für Sammlungen herzurichten u. abzudrucken. Mit 6 Tafeln (color.) Abbild. 4. Reutlingen 844, Fleischhauer u. Spohn. 7/8 ℛ

— Schmetterlingsbüchlein oder Beschreibung der schönsten und schädlichsten bei uns am häufigsten vorkommenden Tag-, Dämmerungs- u. Nachtfalter. Nebst einer kurzen Anweisung, Schmetterlinge zu fangen rc. Mit 6 (lith. u. color.) Taf. Abbildgn. (Neue Ausg.) Reutlingen (857.) Fleischhauer u. Spohn. gr. 4. (VIII, 56 S.) 26 ngr

— Schmetterlingsbüchlein oder Beschreibung der schönsten u. schädlichsten bei uns am häufigsten vorkomm. Tag-, Dämmerungs- u. Nachtfalter. Nebst einer kurzen Anweisung Schmetterlinge zu fangen u. sie, nebst ihren Eiern, Raupen u. Puppen für Sammlungen herzurichten u. abzudrucken. Für Knaben, die sich in ihren Freistunden gern angenehm u. nützlich beschäftigen wollen. 3. Aufl. Reutlingen 867. Fleischhauer & Spohn. 4. (VIII, 56 S. mit 6 color. u. lith. Taff. Abbild.) cart. 1 ℛ

**Rebau, Heinr.**, Schmetterlingsbüchlein oder Beschreibung der schönsten und schädlichsten, bei uns am häufigsten vorkommenden Tag-, Dämmerungs- und Nachtfalter. Nebst einer kurzen Anweisung, Schmetterlinge zu fangen und sie, nebst ihren Eiern, Raupen und Puppen für Sammlungen herzurichten und abzudrucken. Für Knaben, die sich in ihren Freistunden gern angenehm und nützlich beschäftigen wollen. 4. Aufl. 4. (VIII, 56 S. mit 6 lithogr. und color. Taf. Abbild.) Reutlingen 877, Fleischhauer und Spohn. cart.

— auserlesene Sinngedichte, Sprüche, Räthsel, Charaden, u. Witzgeschichtchen. 3e Aufl. Mit 1 Stahlst. 8. Ebd. 840. 3/8 ℛ

— s.a. Volksbuch, allgem. deutsches.

—— allgem. deutsches Volksbuch. In Verbind. mit mehr. Volksfreunden ausgewählt u. hrsg. 2., verb. u. vielfach verm. Aufl. 2 Hälften (Hfte.) gr. 8. (36 B.) Stuttgart 841, [Rommelsbacher.] *

— Volksnaturgeschichte, oder gemeinfaßl. Beschreibung d. merkwürdigsten, nützlichsten u. schädlichsten Thiere, Pflanzen u. Mineralien. Nebst einer ausführl. Anweisung, Säugethiere, Vögel und deren Eier und Nester, Amphibien, Fische, Käfer, Schmetterlinge, Würmer, Pflanzen, Mineralien rc. zu sammeln u. aufzubewahren. Mit 40 Steintaf. Lex.-8. Stuttgart 837, 38. Weise u. Stoppani. 3 ℛ ill. 4¼ ℛ — 2e verb. u. mit e. Register verm. Aufl. Mit 40 ill. Steintaf. Lex.-8. Ebd. 841. 4¼ ℛ Ohne Steintaff. 2 ℛ

— Volksnaturgeschichte, oder gemeinfaßl. Beschreibung der merkwürdigsten, nützlichsten u. schädlichsten Thiere, Pflanzen u. Mineralien. Nebst einer ausführl. Anweisung, Säugthiere, Vögel u. deren Eier u. Nester, Amphibien rc. zu sammeln u. aufzubewahren. 3. Aufl. Mit 180 color. Abbild. 6 Liefg. Lex.-8. (Mit 28 color. Taf.) Stuttgart 844, Stoppani. Subscr.-Pr. à 2/3 ℛ

**Rebau's, Heinr.**, Volks-Naturgeschichte. Eine gemeinfaßliche und ausführliche Beschreibung aller drei Reiche der Natur. 4. Aufl. Neu bearb. von Traug. Bromme. gr. 8. (XVI und 944 S. mit 523 Abbild. auf 48 ill. Stnt.) Stuttgart 857, Hoffmann'sche Verlagsbuchh.

— Volks-Naturgeschichte. Eine gemeinfaßliche u. ausführliche Beschreibung aller drei Reiche der Natur. Mit 523 Abbildungen auf 48 (lith. u.) color. Taf. 5. gänzlich umgearb. Aufl. Von Traug. Bromme. (In 20 Liefgn.) 1. Liefg. Stuttgart 864. Thienemann. gr. 8. (S. 1–48 u. 3 Taf.) 6 ngr

– s. Wanderer, der, am Rhein.

—— das Wissenswürdigste aus d. Naturgeschichte, od. naturgeschichtl. Lehr- u. Lesebuch f. Volksschulen. Nach sein. „Naturgeschichte f. d. deutsche Jugend" bearb. 8. (11 B.) Stuttgart 829, Metzler.

—— das Wissenswürdigste aus d. Naturlehre, od. physikal. Lehr- u. Lesebuch f. deutsche Volksschulen u. z. Handgebr. 8. (8½ B.) Stuttgart 835, Erhard.

Rebay, Ferd. u. Otto Keller, Josef Lanner, s a Bilder aus dem Leben österreich. Tonkünstler. II.

(F) Rebay, F., und Keller O. Josef Lanner. [Bilder aus dem Leben österr. Tonkünstler. II.] Gr.-8°. (ill. 15 S.)
Wien: Wiener Musik-Verlhs. Rörich 1902.

**Rebbaukurs** Bremgarten-Lunkhofen vom 22.—24. Februar 1886. Rebbaukurs in Villingen. Aarau 1886. V: *Keller, J.* ... (BSchwLk V, 9ab)

Rebbe, A., d. Kampf gegen Ungezogenheit u. Rohheit d. Jugend durch d. Schule. E. Wort an alle Guten im Lande, bes. an diejenigen, d. es näher angeht. Nach e. Vortrage in d. Versammlg. d. lipp. Lehrervereins vom 8. Apr. 1896. 8. (24 S.) Detmold 896, Hinrichs. n.n. — 25

Rebbe, Adolf: Ein ländliches Schützenfest vor 50 Jahren. Erinnerungen eines alten Schützenbruders. Lippische Landes-Zeitung 133/1900, Nr. 157a, 160, 163 vom 7. bis 14. Juli 1900. 1795

**Rebbeling,** Adolf, approb. Arzt aus Braunschweig: Ueber idiopathische Osteopsathyrosis. *Leipzig 1902: B. Georgi.* (32 S.) 8°
Leipzig, Med. Diss. v. (10. Juli) 1902

Rebbeling, Louis, 26 dreistimmige Choräle für den Gesang in Schulen nach den Melodieen des „Neuen Choralbuches" von Selmar Müller harmonisch bearb. und hrsg. 8. (IV, 20 S.) Braunschweig 869, Leibrock. [Wreden.] *

—— theoretisch-praktisches Hülfsbuch für einen method. Gesangunterricht in untern Gymnasial-Klassen und Bürgerschulen, oder 100 nach den Takt- und Tonarten geordn. Lieder verbunden mit ihrer musikal. Grundlage bearb. und zusammengestellt. 2.—14. Aufl. 8. (VIII, 79 S.) Braunschweig 870—74, Bruhn. *

Rebbeling, Louis, theoretisch-praktisches Hülfsbuch für einen methodischen Gesangunterricht in untern Gymnasial-Klassen und Bürgerschulen, oder 100 nach den Takt- und Tonarten geordnete Lieder verbunden mit ihrer musikal. Grundlage bearb. und zusammengestellt. 6. Aufl. 8. (VIII, 79 S.) Braunschweig 877, Bruhn. *

Rebbeling, Louis, theoretisch-praktisches Hülfsbuch für einen methodischen Gesangunterricht in unteren Gymnasial-Klassen und Bürgerschulen, oder 100 nach den Takt- und Tonarten geordnete Lieder, verbunden mit ihrer musikal. Grundlage, bearb. und zusammengestellt. 7. Aufl. 8. (86 S.) Braunschweig 885, Bruhn's Verlag. *

— ausgewählte Sammlung dreistimmiger Gesänge f. mittlere Gymnasial-Klassen u. Realschulen, sowie f. obere Klassen der Bürgerschulen. 2. Thl. d. „Hülfsbuch f. den Gesangunterricht." 8. (IV, 92 S.) Ebend. 875. n. — 90

**Rebber,** Heinrich, Gerichtsreferendar in Hamm: Die Herabsetzung des Grundkapitals bei Aktiengesellschaften. Nach dem Handelsgesetzbuch vom 10. Mai 1897. Wattenscheid 1908: C. Busch. (46 S.) 8° [J.]
Leipzig, Jur. Fak., Diss. v. 21. Juli 1908
[Geb. 30. März 81 Westtunnen; Wohnort: Hamm (Westfalen); Staatsangeh.: Preußen; Vorbildung: Gymn. Vechta (Oldenburg) Reife O. 01; Studium: Marburg 1, München 2, Münster 3 S.; Rig. 14. Juli 04.]

Rebber, Wilh., Anlage und Einrichtung von Fabriken. Grundzüge für die zweckmäßige Einrichtung maschineller und baul. Anlagen in Fabriken, sowie für die richtige Wahl des Anlageortes und der Betriebskraft. Für Techniker und Fabrikbesitzer hrsg. gr. 8. (V, 88 S.) Weimar 888, B. F. Voigt.

– und A. Pohlhausen

— — Berechnung u. Konstruktion der Maschinen-Elemente. 2., verm. Aufl. gr. 4. (VII, 71 z. Th. color. Bl. Text u. Zeichngn.) Ebd. 890. n. 13. —

— u. A. Pohlhausen, Berechnung u. Konstruction der Maschinen-Elemente. 3., verm. u. verb. Aufl., bearb. v. A. P. gr. 4. (IV, 109 z. Thl. kolor. Bl. Text u. Zeichngn.) Ebd. 892. n. 16. —

— u. A. Pohlhausen, Berechng. u. Konstruktion der Maschinen-Elemente. 4., verm. u. verb. Aufl. Bearb. v. A. Pohlhausen. Imp.-4. (VIII S. u. 122 z. Tl. kolor. Bl. Text u. Zeichngn.) Ebd. 895. n. 16. 50

— u. A. Pohlhausen, Berechnung u. Konstruktion der Maschinenelemente. 5., erweiterte Aufl. Bearb. v. A. Pohlhausen. Imp.-4. (145 z. Tl. farb. Bl. m. VII S. Text.) Ebd. 900. Geb. in Leinw. n. 16. —

**Rebber,** W., u. A. Pohlhausen, Berechnung u. Konstruktion der Maschinenelemente. 6. Aufl., bearb. v. A. Pohlhausen. (148 Bl. u. S. m. z. Tl. farb. Abbildgn. u. VII S. Text.) 4. Mittweida 905. Polytechn. Buchh. Geb. in Leinw. n. 16. —

Rebber, Wilh., Fabrikanlagen. Ein Handbuch f. Techniker u. Fabrikbesitzer zur zweckmäß. Einrichtg. maschineller, baul., gesundheitstechn. u. unfallverhüt. Anlagen in Fabriken, sowie die richt. Wahl des Anlageortes u. der Betriebskraft. Neu bearb. von C. G. O. Deckert. 2. verm. Aufl. gr. 8. (VI, 122 S.) Leipzig 901. B. F. Voigt. 3. 75

— die Festigkeitslehre u. ihre Anwendung auf den Maschinenbau. Elementar behandelt zum Gebrauch f. Studierende u. in der Praxis. Mit 22 autogr. Taf. gr. 8. (VIII, 360 S.) Mittweida 889. Polytechn. Buchhandlg. n. 10. 50

**Rebber, Wilh.,** die Festigkeitslehre u. ihre Anwendung auf den Maschinenbau. Elementar behandelt zum Gebrauche f. Studierende u. in der Praxis. 2., verm. u. verb. Aufl. Hrsg. v. L. Hummel. gr. 8. (X, 402 S. m. 22 autogr. Taf.) Mittweida 893. Polytechn. Buchh. (R. Schulze). n. 10. 50

**Rebber,** Wilh., die Festigkeitslehre u. ihre Anwendg. auf d. Maschinenbau. Elementar behandelt z. Gebrauche f. Studierende u. in d. Praxis. 3., verm. u. verb. Aufl. Hrsg. v. L. Hummel. gr. 8. (XVI, 475 S. m. 261 Abb.) Mittweida 898. Polytechn. Buchh. n. 10. 50; geb. n. 12. —

— die Festigkeitslehre u. ihre Anwendung auf den Maschinenbau. Elementar behandelt zum Gebrauche f. Studierende u. in der Praxis. 4. verm. u. verb. Aufl. (5.—7. Taus.) Hrsg. von L. Hummel. gr. 8. (VIII, 584 S. m. 326 Abbildgn.) Mittweida 900. Polytechn. Buchh. Geb. in Leinw. n. 12. —

Rebbér, Wilh., die Festigkeitslehre u. ihre Anwendg. auf den Maschinenbau. Elementar behandelt zum Gebrauche f. Studierende u. in der Praxis. 5., nach den neuesten Erfahrgn. neu bearb. u. verm. Aufl. Hrsg. v. L. Hummel. (VII, 623 S. m. 309 Abbild.) 8. Mittweida 909. Polytechn. Buchh. Geb. in Leinw. 12. —

Rebber, Wilh., allgemeine Gesichtspunkte f. das Entwerfen v. Maschinen u. Maschinenelementen, nebst e. Anh.: Das Maschinen-Zeichnen. Mit 14 lith. Taf. gr. 4. (IV, 28 S.) Ludwigslust 886. Hinstorff's Sort. n. 2. 80

—— Traurige Gestalten auf christlichen Kanzeln. Dem gläubigen protestantischen Volke vorgeführt. kl. 8. (32 S.) Ebd. 888. * — 10

—— Konstruktion u. Berechnung d. Wasserräder. Fol. (V S. u. 68 Sp. m. 35 lithogr. Taf.) Ebd. 891. * 14 —

— u. A. Pohlhausen, Konstruktion der Maschinen-Elemente. I. u. II. Tl. Fol. Ebd. 889. n. 10. —
I. (25 autogr. Taf.) n. 5. 50
II. (16 autogr. Taf.) n. 4. 50

Rebbert, Jos., Das Bibellesen auf eigene Hand. Allen Protestanten zur Beherzigung vorgelegt. Paderborn, Bonifatius-Druckerei, 1887, 8°, 32 S., 10 Pf. (Separatabdruck der 3. Bonifatius-Broschüre für 1887.)

Rebbert, Jos., Blicke in's Talmudische Judenthum. Nach den Forschgn. v. Bischof Dr. Konr. Martin dem christl. Volke enthüllt. Nebst e. Beleuchtg. der neuesten Judenvertheidigg. gr. 8. (96 S.) Paderborn 876. Bonifacius-Druckerei. — 60

Rebbert, Jos., drei wahrhaftige Bundes-Prediger samt e. Konsistorialrat, abgefaßt u. vorgeführt. [Aus: „Bonifacius-Broschüren".] 12. (58 S.) Paderborn 890. Bonifacius-Druckerei. — 15

— Christenschutz — nicht Judenhatz. Ein Volksbüchlein gr. 16. (32 S.) Ebend. 876. — 15

Rebbert, Jos., Christenschutz — nicht Judenhatz! Ein Volksbüchlein. Ebendas., 1889, 4. Aufl., 32 S., 15 Pf.

Rebbert, Jos., Clemens August, Erzbischof von Köln. Ein Büchlein für Jedermann. 1. Aufl. 1873, und 2. Aufl. gr. 16. (64 S.) Paderborn 873, Bonifacius-Druckerei.

Rebbert, Jos., die gemischten Ehen. Ein Wort der Belehrung und Warnung. 16. (32 S.) Paderborn 888, Bonifacius-Druckerei.
Aus: Bonifacius-Broschüren 1888, besonders abgedruckt.

Rebbert, Jos., Anna Katherina Emmerich u. Louise Lateau. Ein doppeltes Zeugniß für die Wahrheit der katholischen Kirche. Ein Trostbüchlein für das katholische Volk. 16. (99 S.) Paderborn 878. Bonifacius-Druckerei. — 45

Rebbert, Jos., Kardinal Johannes Fisher u. Großkanzler Thomas Morus, zwei Charakterbilder aus der englischen Reformationszeit. Ein Vortrag. 2. Aufl. Mit e. Nachtrage üb. Lutherfeier, St. Josephspfennig u. Gebetsverein f. Deutschland. 12. (56 S.) Paderborn 883. Bonifacius-Druckerei. — 25

Rebbert, traurige Gestalten auf christlichen Kanzeln. Dem gläub. protestant. Volke vorgeführt. 12. (58 S.) Paderborn. 888. Bonifacius-Druckerei. n. — 10
Vergriffen.

— Ignatius v. Loyola u. Mart. Luther. [Aus: „Bonifacius-Broschüren".] 12. (64 S.) Ebd. 890. n. — 20

Rebbert, Jos., Sanct Ignatius u. sein Orden. Paderborn 869. Junfermann. 8. (69 S.) n. 4 ngr.

—— aus Italien. Reise- und Erinnerungsblätter zur Unterhaltung und Belehrung für kathol. Familien. Mit besonderer Rücksicht auf Padua, Assisi, Loreto, Rom und Neapel. gr. 8. (464 S.) Ebendas. 877.

Rebbert, J., Die Kommunion unter einer Gestalt. Paderborn, Bonif.-Druckerei, 1887, kl. 8°, 10 Pf. (Bonif.-Brosch. Jahrg. 18, Nr. 4.)

Rebbert, Jos., Das unfehlbare Lehramt des Papstes. Dem kath. Volke faßlich dargelegt u. aus Schrift u. Tradition nachgewiesen. (Separatabdr. der 6. u. 7. Bonifat.-Brosch.) Paderborn, Bonifat.-Druckerei, 1870, kl. 8°, 66 S., 30 Pf.

— das unfehlbare Lehramt d. Papstes. Dem katohl. Volke faßlich dargelegt u. aus Schrift u. Tradition nachgewiesen. [Aus „Bonifacius-Broschüren."] 8. (64 S.) Paderborn 870. Junfermann. n. — 30

—— Papst Leo XIII., unser heil. Vater. Nach directen röm. und anderen Nachrichten dargestellt und geschildert. gr. 8. (16 S.) Ebendas. 878. *

Rebbert, Jos., Luther gegen Luther. Ein Beitrag zur Beleuchtung der „Reformation" von Wittenberg. Paderborn, Bonif.-Druckerei, 1883, kl. 8°, 40 S., 6. Aufl., 15 Pf. (Separatabdr. des 4. Heftes der Bonif.-Brosch. für 1882.)

Rebbert, Jos., Ein Lutherfest. Mit einer Abwehr gegen die Angriffe dieser Broschüre als Anhang: „Ein Sturm im Glase Wasser." Paderborn, Bonif.-Druckerei, 1883, 8°, 72 S., 2. Aufl., 25 Pf. (Separatabdr. des 12. Heftes der Bonif.-Brosch. pro 1883.)

—— Papst u. Papsttum. Festgabe zum 50jährigen Priesterjubiläum Leos XIII. Ein Büchlein für Katholiken und christgläubige Protestanten. (Separatabdr. der 3. u. 4. Bonif.-Broschüre für 1888.) kl. 8°, 64 S., 20 Pf.

—— der Bekenner-Bischof Dr. Konrad Martin, † 16. Juli 1879. Nach seinem Leben und Wirken dem kathol. Volke dargestellt. gr. 8. (16 S.) Ebendas. 879.

— Neuregelung d. Dritten Ordens vom hl. Franciscus durch Papst Leo XIII. Wortlaut der päpstl. Konstitution vom 30. Mai 1883. Mit e. Schlußwort u. der neuen Formel f. die Generalabsolution. Ein Zusatzbüchlein zu allen seither erschienenen Regelbüchern. 16. (32 S.) Ebend. 883. — 15

— Rückkehr zur Mutter. Kleine Konvertitenbilder. I—XXIII. [Aus: „Bonifacius-Broschüren".] 12. (à ca. 82 S.) Ebd. à — 15
I. Vier konvertierte Prediger. 891.
II. Stolberg, Lemcke, Deckedorff, Herbst. 891.
III. L. D. Witt, Edmund v. Braunschweig, Lämmer, Bickell. 891.
IV. Liborius Wagner, Heinr. Schacht, Nigrinus, Ludwig v. Sachsen. 891.
V. Vier Konversionen aus dem fürstlichen Hause Braunschweig. Elisabeth Christina, Anton Ulrich, Henriette Christine, Augusta Dorothea. 891.
VI. Niels Stensen: Gelehrter, Priester u. Bischof. Anh.: Das kathol. Priestertum. 891.
VII. Martin Eisengrein u. Karl Weidum. Anh.: Das heil. Meßopfer. 891.
VIII. Kardinal Manning, P. Augustin, Cordula Peregrina u. andere Konvertiten d. allerh. Sakramentes. 891.
IX. Konvertiten aus dem Volke. 891.
X. Dr. Arthur Hager u. Georg Gotthilf Evers, vormals luther. Prediger. 891.

XI. Drei fürstliche Konvertiten: Johann Ludwig, Fürst zu Nassau-Hadamar, Christina, Königin v. Schweden, Fürstin Sophie v. Nassau-Saarbrücken. 891.
XII. Zwei hervorragende Gelehrte: Kaspar Ulenberg u. Kaspar Christian Voigt v. Elpe. 891.
XIII. Balthasar v. Castelberg, Moritz Frhr. v. Hohberg, Georg u. Laura Meinhold, Frhr. Bruno v. Schrötter.' 891.
XIV. Amerikanische Konvertiten. 891.
XV. Englische Konvertiten. 891.
XVI. „Der Glaube unserer Väter": Faber, Dalgairns, Oakeley, Marshall. 4 anglikan. Prediger. 892.
XVII. „Welches ist die Kirche Christi?" Robert Seonce u. William Wilberforce, vordem anglikan. Prediger. 892.
XVIII. „Fraget nach den alten Wegen". Fanny Maria Pittar. 892.
XIX. „Ein Wunder der Gnade". John Thayer, vordem protest. Prediger. 892.
XX. Baronin v. Wedel-Jarlsberg, e. dänische Konvertitin. 892.
XXI. Fürstliche Konvertiten d. 19. Jahrh. 892.
XXII. „Alle Wege führen nach Rom". Konvertiten aus verschiedenen Ständen. 892.
XXIII. „Kommet her zu mir alle". Konvertiten verschiedener Lebensstellungen. 892.

—— Schild des Glaubens oder kathol. Hauspostille für alle Sonn- und Festtage des Kirchenjahres. Mit besonderer Rücksicht auf die Hauptgefahren der Gegenwart. 8. (VI, 403 S.) Ebendas. 878.

— die bedingte Taufe der Convertiten. Ein Wort zur Aufklärg. u. Belehrg. [Aus: „Bonifacius-Broschüren 1888".] 16. (32 S.) Ebd. 888. — 15

—— in Sachen Thümmel. Ein aufklärendes Wort für Christgläubige. kl. 8. (32 S.) Ebendas. 888.

(Rebbert, Jos.,) „Unwissenheit oder Bosheit?" oder die Frage über die Unfehlbarkeit des Papstes verzerrt u. verspottet im „Zweiten Sendschreiben an Pius IX. von L. Diestelkamp". Jedem Nachdenkenden dargelegt von einem „Römischen". Paderborn, Junfermann, 1869. 8°, 1. u. 2. Aufl., 53 S., 30 Pf.

Rebbert, Jos., Warum wir so an dem Papste hangen? Paderborn, Bonif.-Druckerei, 1871, kl. 8°, 64 S., 30 Pf.

—— „das Wort sie sollen lassen stahn". Lebende Bilder für protestant. Christgläubige. kl. 8. (32 S.) Ebendas. 888.
Vgl.: Antwort auf die von Prof. Dr. Rebbert an Christgläubige gerichteten Broschüren ꝛc. — Thümmel, W.

Rebe und Wein. Mitteilungen des Weinbauvereins (später:) Weinbauverbands Württemberg-Baden. Monatsschrift für Weinbau und Weinbehandlung. 1 ff. Weinsberg Württemberg Weinbauverein 194- ff.
(Ist teilweise inhaltlich identisch mit 'Rebe und Wein', Stuttgart. -- s. Nr 447.

Rebe, Ant. Ludw., die sichersten, untrüglichsten Mittel u. das vielfach bewährt gefund. Verfahren, die durch Onanie od. Unmäßigkeit im Genusse d. and. Geschlechts herbeigeführte Impotenz, Pollutionen ꝛc. gründl. zu beseitigen, u. die durch jene Uebel geschwächte Gesundheit auf d. einfachste Weise wieder herzustellen. Zum Heil u. Nutzen d. Leidenden hrsg. gr. 16. (3 B.) Nordhausen 838, Förstemann. *

Rebe, Ant. Ldw., die untrüglichsten Mittel, die Impotenz u. Pollutionen gründlich zu beseitigen. 2. mit einem Anhang verm. Aufl. kl. 8. Nordhausen 842, Förstemann. verklebt n. 12 ngl — 3. verb. u. verm. Aufl. 8. Ebd. 844. n. 5/12 ℛ︀

Rebe, Ant. Ludw., die sichersten, untrüglichsten Mittel u. das vielfach bewährt gefundene Verfahren, die durch Onanie oder Unmäßigkeit im Genusse des andern Geschlechts herbeigeführte Impotenz, Pollutionen ꝛc. gründlich zu beseitigen, u. die durch jene Uebel geschwächte Gesundheit auf die einfachste Weise wieder herzustellen. Zum Heil u. Nutzen der Leidenden hrsg. 4. mit einem Nachtrage verm. Aufl. 8. (VI u. 69 S.) Nordhausen 850, Förstemann. 5/12 ℛ︀

Rebe, E., neuer Frühling. Roman. 8. (77 S.) Dresden 894. E. Pierson. n. 1. —; geb. n. 2. —

Rebe, Maria, Aschenbrödel. Kurze Anleitg. zum Kochen f. einzelne in der Zeit beschränkte Leute. gr. 8. (24 S.) Karlsruhe 884. Reiff. n. — 30

Rebe, Maria, Berg auf und ab, s.: Volksschriften, elsässische.

— unter e. Dach, s.a Jugend- u. Volksbibliothek, deutsche.

—— Unter einem Dach. 8. (245 S.) Karlsruhe 883, Reiff. *
geb. *

— der Dreistein. 8. (IV, 208 S.) Straßburg 888. Heitz. cart. n. 2. 50

Rebe, Maria (Marie Michel), am Eichstein, s.: Jugend- u. Volksbibliothek, deutsche.

Rebe, Maria, Erzählungen für das Volk. Zwickau 868. (Döhner.) 8. (143 S.) n. 5 ngr

— goldene Hauben. Federzeichnungen aus dem Elsaß. gr. 8. (134 S.) Gotha 884. F. A. Perthes. n. 1. 60

Rebe, Maria [Frau Pfr. Michel], die Haushaltungskunde in der Dorfschule u. ihre Stellung zu dem Unterricht in den weiblichen Handarbeiten. gr. 8. (XXI, 169 S.) Gotha 882. F. A. Perthes. n. 2. —

—— die Haushaltungskunde und ihre Stellung zu dem Unterricht in den weiblichen Handarbeiten, nebst einem Anhang speziell für die Küche der Lehrerin. (Aschenbrödel.) 2. Aufl. gr. 8. (XXVI, 184 S.) Gotha 885, F. A. Perthes. *

Rebe, Maria, am richtigen Heilquell, s.: Volksschriften, elsäss. 71. Heft.

—— am Herd. Mit einer Einschaltung: „Über Kinderpflege" von Biedert. 8. (109 S.) Ebendas. 886. *

**Rebe, M., Herrschen und Dienen. Eine alte Lösung einer immer neuen Frage. 8°. Strassburg 1879.**

— im Wein ertrinken mehr als im Wasser. 5 Erzählungen. Straßburg 867. Berger-Levrault & Sohn. 8. (40 S.) 4 ngr

—— im Wein ertrinken mehr als im Wasser. Erzählungen. Eine von der Straßburger Pastoral-Conferenz gekrönte Preisschrift. 2. verm. Aufl. 8. (86 S.) Straßburg 880, Schmidt's Universitäts-Buchh. *

— ist's wahr? Märchen. Mit 11 (chromolith.) Bildern. 8. (VII, 175 S.) Gotha 888. F. A. Perthes. cart. n. 3. —

—— in dritter Classe, s. Jugend- und Volksbibliothek, deutsche.

Rebe, Maria: Andreas König, s.: Jugend- u. Volksbibliotek, deutsche.

Rebe, Maria (Frau Maria Michel), fallend' Laub, s.: Volksschriften, elsässische. Nr. 46.

Rebe, Maria, Johann Friedrich Oberlin, s.: Jugend- u. Volksbibliothek, deutsche.

Rebe, Maria, guter Rat f. Hausfrauen. Unter Mitwirkg. v. Biedert, Hennig, v. Hoffmann, Kleber hrsg. gr. 8. (VII, 182 S.) Gotha 889. F. A. Perthes. n. 2. —

— die Schule kann helfen, die Schule muß helfen. 8. (54 S.) Straßburg 875. (Treuttel & Würtz.) n. — 60

—— die Schule kann helfen! Die Schule muß helfen! 2. Aufl. 8. (IV, 62 S.) Karlsruhe 883, Reiff. *

—— Schwarzbrot. Elsässer Erzählungen für Kinder. 8. (VII, 152 S. mit 4 Illustr.) Ebendas. 886. cart. *

—— Schwarzbrot. Elsässer Erzählgn. f. Kinder. 2. Bd. 8. (III, 167 S. m. 5 Illustr.) Ebd. 890. cart. * 2 —
[1. Bd.] Ebd. 1886. * 2 —.

— Silber-Adel; in dritter Classe, s.: Jugend- u. Volksbibliothek, deutsche.

—— am Strengbach. 8. (VII, 205 S.) Karlsruhe 886, Reiff. *ℳ 2.—.; geb.

— Vogesengrün, s.: Volksschriften, elsässische. Nr. 63.

— wem der liebe Gott nicht bei der Erziehung hilft, dem hilft e. Anderer, s.: Volksschriften, elsässische.

— wer den lieben Gott nicht zur Hochzeit ladet, bekommt e. bösen Gast, s.: Volksschriften, elsässische.

— wer der Sünde den Sonntag giebt, dem nimmt sie die Woche, s.: Volksschriften, elsässische.

Rebe, Maria (Frau Marie Michel), wie Pastor v. Bodelschwingh den Peter aus dem Elsaß unter seinen Schirm nahm. Eine Erzählg. 1.—5. Taus. (24 S. m. 1 Abbildg.) 8. Bethel bei Bielefeld 906. Verlagshandl. der Anstalt Bethel. n. — 20

†Rebe, Maria [Frau Pfr. Michel], Elsässer Zuckerdings für kleine Schnäbelchen. 8. (VII, 112 S. mit 11 Illustr. von H. Schmidt.) Gotha 886, F. A. Perthes. cart. *

Richtiges Deutsch. Anleitung, um richtig deutsch sprechen zu lernen u. zum Beispiel stets mir oder mich richtig zu setzen. Von W. Rebe, Sprachlehrer. *Berlin: Tessaro-Verl. [1902].* (95 S.) 8° [F. u. Ant.]
— Volksbücher. 11. [03. [illegible]

64 gediegene und wirksame Gedichte, Vorträge u. Aufführungen für Polterabende ... Sorgfält. ausgelesen u. gesammelt von W. Rebe. *Berlin: Tessaro-Verl. [1902].* (79 S.) 8° [F.]
— Polterabend-Scherze. 2.
— Volksbücher. 12. [03. [illegible]

Der kleine Gratulant. Eine Samml. von Glückwünschen zu Geburtstags-, Weihnachts- u. Neujahrsfesten sowie Familienfesten aller Art. Zsgest. von W. Rebe. *Berlin: Tessaro-Verl. [1902].* (79 S.) 8° [F. u. Ant.]
— Volksbücher. 4. [03. 13090

Zur grünen Hochzeit. 54 ausgew. Gedichte u. Aufführungen nebst e. Lustspiel in 1 Akt. Zsgest. von W. Rebe. *Berlin: Tessaro-Verl. [1902].* (80 S.) 8° [F.]
— Volksbücher. 13. [03. [illegible]

Zur silbernen u. goldenen Hochzeit. Gediegene u. wirksame Gedichte, Vorträge u. Aufführungen. Zsgest. von W. Rebe. *Berlin: Tessaro-Verl. [1902].* (80 S.) 8° [F.]
— Volksbücher. 14. [03. [illegible]

125 gereimte Postkartengrüße passend f. alle mögl. Gelegenheiten. Zsgest. von W. Rebe. *Charlottenburg & Leipzig: A. Michow; (Berlin: Tessaro-Verl. [1902].)* (32 S.) 8° [F. u. Ant.]
— Volksbücher. 2. [03. 13087

Das praktische Rechnen. Leichtfaßl., gemeinverständl. Anleitung f. d. Selbst-Unterricht im Rechnen, mit besond. Berücks. d. Geschäftslebens, bearb. von W. Rebe. *Berlin: Tessaro-Verl. [1902].* (64 S.) 8° [F. u. Ant]
— Volksbücher. 10. [03. 13097

Die Rechtschreiblehre (Orthographie). Eine kurze Anleitung, um richtig deutsch schreiben zu lernen. Von W. Rebe. *Berlin: Tessaro-Verl. [1902].* (39 S.) 8° [F.]
— Volksbücher. 15. [03. [illegible]

Rebe, W., die Schwestern, s. Meinhold's Volks- und Jugend-Bibliothek.

Stammbuch-Dichtungen. 286 Sprüche, Verse u. Gedichte nebst e. Anleitung z. Abfassung von Akrostichen. Von W. Rebe. *Berlin: Tessaro-Verl. [1902].* (77 S.) 8° [F.]
— Volksbücher. 20. [03. 13109

Der gute Ton oder die unentbehrlichsten Regeln u. Anstandslehren über d. Benehmen im gesellschaftl. u. Familien-Leben. Verf. von W. Rebe. *Berlin: Tessaro-Verl. [1902].* (72 S.) 8° [F. u. Ant.]
— Volksbücher. 1. [03. 13086

Orthographisches Wörterverzeichnis der deutschen Sprache in der amtlichen (neuen) Rechtschreibung mit Sacherklärungen u. Verdeutschungen d. weniger gebräuchl. Fremdwörter. Von W. Rebe. *Charlottenburg: A. Michow; (Berlin: Tessaro-Verl. [1902].)* (74 S.) 8° [F.]
— Volksbücher. 16. [03. [illegible]

**Rebec, Th., Katechismus der registrierten Hilfscassen in Oesterreich. Ein Nachschlagebüchlein für Jedermann. 8. (XV, 128 S.) Brünn 901. Karafiat & Sohn. n. 1. 50**

**— Meister-Unterstützungscassen. Katechismus der registrierten Hilfscassen in Österreich. 8. (XIV, 128 S.) Ebd. 901. n. 1. 50**

Rebecka: Nov. 9—Dec. 20, 1864.
Weekly. No more published. Irregular. Jahrgang 1, no. 1, Nov. 9, 1864. Sub-title: Ein unpartheiisches Organ des deutsch-amerikanischen Judenthums. Herausgegeben & red. von Dr. Sarner & J. Levi.
Syracuse, NY

**Rebecka** die Braut Isaaks. Singspiel in 3 Aufz. O. O. 1765. V: *Reisner, Ferdinand.* (GGr)

**Rebecka,** die Braut Isaaks. Ein Singspiel . . . Wien 1770. V: *Schuster, Beda.* (Scriptores ord. s. Benedicti. Vindob. 1881.)

's Rebeck'che. Lied für solche, die es gerne singen nach der Melodie: „Denke Dir mein Liebchen". 16. (3 S.) Kaiserslautern 887, A. Gotthold's Verlag.

Rebecque, Benj. de Constant., s. Constant.

†Rebeg, S. [Hans Merian], der Nilbräutigam. Roman. 8. (V, 84 S.) Leipzig 887, Werther. *
2. Aufl., s. Merian, Hans.

Rebeiren. — Leipziger Rebeiren! Lauter Eingesandtes. Jg. 1. 2. Leipzig 1848-50. 8⁰ u. 4⁰
Red.: Rob. Binder; Jg. 2: E. Kauffer.

Rebel, Fel., Hilfsbuch zum „System des österreichischen allgemeinen Privatrechtes" v. Krainz-Pfaff-Ehrenzweig. Spezieller Tl. 2.—4. Buch. kl. 8. Wien 905. Manz. n. 2. 40
2. Das Obligationenrecht. (92 S.) n. 1. —
3, 4. Das Familien- u. Erbrecht. (132 S.) n. 1. 40
Das 1. Buch ist noch nicht erschienen.

Rebek Marius: Über die Kondensation von *p*-Toluylaldehyd mit 2,3-Oxynaphtoesäure methylester (mit 1 Textfigur). S. 122. IIb. 77 . . . . . . . . . . . . . . . . . . . . vgr.
Separatabdruck

Rebekka u. Amalia. Briefwechsel zwischen einer Israelitin u. einer Adeligen über Zeit- u. Lebensfragen. gr. 12. (X u. 312 S.) Leipzig 847, Brockhaus. 1 ℛ 6 ℊℊ

Rebekka, die Braut Isaaks. Singsp. 8. Wien, Trattner. 770.

— Schausp. v. Reißner. gr. 8. Insbruck, Wagner. 796.

Rebekka: Nov. 18, 1874. San Francisco, CA
German supplement to *Voice of Israel*. Weekly literary journal.

**Rebekka** und Amalia. Briefwechsel . . . Leipz. 1847. V: *Sande, Alex. Wilhelm Rudolph.* (BrVV)

**Rebekka**, e. treues Hereromädchen. s. Missions-Traktate. kleine.

**Rebekka**, ein treues Hereromädchen. *Barmen: Missionshaus [1904].* (16 S.) 8° [F.]
= Missions-Traktate. Kleine. No 41. [04. 14814

**Rebekke u. ihr Vater Moses; e. Geschichte unserer Zeiten.** 2 Thle. 8. Leipz. 782. (Brockhaus). 18 gl

**Rebekke und ihr Vater Moses, eine Geschichte für unsere Zeiten, nur Fantom,** 2 Theile, 8. Daselbst, 782. Feind. .23 fgl.

**Rebekke**, u. ihr Vater Moses; e. Gesch. f. unsere Zeiten, nur Fantom. 2 Thle. 8. Leipz. Junius. (Gleditsch.) 782

**Rebel, B., Familie Wickelwackel.** Heiteres Tagebuch einer Münchnerin in der Sommerfrische. kl. 4. (80 S. m. 16 Abbildgn.) München 902. C. Haushalter. Kart. n. 1.20

Rebel, Carl, s. Rebel, Karl

Rebel, H. A.

— — Vergewaltigt. Großstadt-Skizzen. Berlin, o. J. (190*). 8°. (Mk. 2—.) (1 Mk. 20 Pfg. H. Hugendubel, München, 1908.)

Rebel, Hans

**Rebel, H.,** Auchmophila Kordofensis, e. neue Psychidengattung u. Art, s.: Ergebnisse e. zoolog. Forschungsreise v. Dr. Franz Werner nach Aegypten u. dem ägyt. Sudan.

**Rebel, Dr. H.,** Beitrag zur microlepidopteren Fauna des canarischen Archipels (Separat-Abdruck aus Band VII, Heft 3, der Annalen des k. k. naturhistorischen Hofmuseums.) Mit einer lith. Tafel. Lex.-8. (44 S.) In Comm. Wien: Hölder 1892. 1.50

**Rebel, H., 3. Beitrag** zur Lepidopterenfauna der Canaren. [Aus: „Annalen d. k. k. naturhistor. Hofmuseums".] gr. 8. (48 S. m. 1 farb. Taf.) Wien 896. A. Hölder. n. 3. 40 (1.—3.: n. 12. 40)

**Rebel, H., 4. Beitrag zur Lepidopterenfauna der Canaren.** Lex.-8. (21 S. m. 1 Abbildg.) Wien 899. A. Hölder. n. 1. —; (1.—4. n. 13. 40)
Sonderabdruck aus: „Annalen d. k. k. naturh. Hofmuseums".

**Rebel, H.,** Beitrag zur Microlepidopterenfauna d. canarischen Archipels. [Aus: „Annalen d. k. k. naturhistor. Hofmuseums".] Lex.-8. (44 S. m. 1 Taf.) Wien 892. A. Hölder. n. 3. —

— zur Biologie der Blüten, s.: **Vorträge** des Vereins zur Verbreitung naturwiss. Kenntnisse in Wien. 41. Jahrg. 5. Hft.

**Rebel, H.,** Ergebnisse einer zoologischen Forschungsreise von Dr. Franz Werner nach Ägypten und dem ägyptischen Sudan. III. Auchmophila kordofensis, eine neue Psychidengattung und Art, nebst Verzeichnis der übrigen gesammelten Lepidopteren. Gr.-8°. (10 S. mit 1 Tafel.) † Wien: Hölder 1906. K —.55

— Zoologische Ergebnisse der Expedition der Kaiserlichen Akademie der Wissenschaften nach Südarabien und Sokotra im Jahre 1898/99. Lepidopteren aus Südarabien und von der Insel Sokotra (mit 1 Farbendrucktaf. und 41 Textfiguren). D 71. 3 . . . . . . . . . . . . . . . . . . . . . . . . . . . 9.50
Separatabdruck

**Rebel,** (Hans), Lepidoptera, s.: **Velitchkovsky**, Vladimir, Faune du district de Walouyki.

— **Fossile Lepidopteren aus der Miocänformation v. Gabbro.** [Aus: „Sitzungsber. d. k. Akad. d. Wiss."] gr. 8. (15 S. m. 1 Taf.) Wien 898. (C. Gerold's Sohn.) n. — 80

— Catalog der Lepidopteren des palaearctischen Faunengebietes, s.: **Staudinger, O.**

— Lepidopteren aus Südarabien u. v. der Insel Sokótra. (100 S. m. 41 Fig. u. 1 farb. Taf.) 31,5×24,5 cm. Wien 907. A. Hölder. 9. 50
Sonderabdr. aus: „Denkschr. d. k. Akad. d. Wiss."

— u. **A. Rogenhofer**, zur Lepidopterenfauna der Canaren. [Aus: „Annalen des k. k. naturhistor. Hofmuseums".] Lex.-8. (96 S. m. 1 farb. Taf.) Ebd. 894. n. 6. —

— über einige neue von Hrn. Max Korb in Westasien gesammelte **Lepidopterenformen.** Lex.-8. (S. 165—169.) Wien 901. A. Hölder. n. — 40
Sonderabdruck aus: „Annalen d. k. k. naturh. Hofmuseums".

— zwei neue **Saturniiden** aus Deutsch-Ostafrika. (S. 64—79 m. 3 Abbildgn. u. 2 Taf.) Lex.-8. Wien 904. (A. Hölder.) n. — 40

— Schmetterlingsbuch, s.: **Berge**, Fr.

— **Studien** üb. die Lepidopterenfauna der Balkanländer. I. Tl. Bulgarien u. Ostrumelien. (S. 123—347 m. 1 farb. Taf.) Lex.-8. Ebd. 903. n. 12. —

— dasselbe. II. Tl. Bosnien u. Herzegowina. (S. 97—377 m. 2 farb. Taf.) Lex.-8. Ebd. 904. n. 16. —
S Sonderabdr. a.: „Annalen des naturhist. Hofmuseums".

— Eine zoologische Studienreise nach Ostkreta, s.: **Vorträge** des Vereines zur Verbreitg. naturwissenschaftl. Kenntnisse in Wien. 47. Jahrg. 6. Heft.

Rebel, Karl

**Rebel, Carl:** Qualitative Untersuchungen im Fichten-Buchen-Mischwald. . . . (Aus: „Centralblatt f. d. ges. Forstwesen", Wien 1891.) Wien, im Selbstverl. d. Verf., 1891; 32 S. 8°
München, Staatswirtsch. Fak., Inaug.-Diss. v. 1891

**Rebele, C., Kaiserbüchlein.** Gedenkblätter aus dem Leben Kaiser Wilhelm d. Siegreichen. Unter Mitwirkung v. L. **Bauer** f. die reifere Jugend bearb. 8. (56 S.) Augsburg 887. Gebr. Reichel. n. — 30

Rebele, Kasimir

— u. Otto Langer, Aufsätze f. d. Unterklassen d. Volksschule. 2., verm. Aufl. gr. 8. (III, 44 S.) Ebd. 888. n. — 40

— u. Otto Langer, Aufsätze f. die Unterklassen der Volksschule. 3., umgearb. u. verm. Aufl. (62 S.) 8. Ebd. 902. Geb. n. — 70

Rebele, Kasimir, u. Otto Langer, Aufsätze f. die Unterklassen der Volksschulen. 4., umgearb. u. verm. Aufl. (VIII, 63 S.) gr. 8. Augsburg 907. Bayer. Schulmuseum. Geb. — 80

Rebele, Casimir, Kaiserbüchlein. Gedenkblätter aus dem Leben Kaiser Wilhelm des Siegreichen. Unter Mitwirkung von Ludw. Bauer für die reifere Jugend bearb. 8. (56 S.) Augsburg 887, Gebr. Reichel.

Rebele, Kasimir, s.: Kinderfreund, der. (Kalender.)

— Lehrstoff f. Anschauungsunterricht u. Heimatkunde in d. ersten drei Schuljahren. Nach d. Lektionsplänen f. die deutschen Schulen in Schwaben u. Neuburg zusammengest. gr. 8. (VIII, 112 S.) Augsburg 890. (B. Schmid's Sort.) n. 1. 20

— Lehrstoff für Anschauungsunterricht u. Heimatkunde. 2. Aufl. Mit 25 Bildern, 2 Grundrissen, 3 Plänen, 1 Karte, 6 schemat. Darstellgn., 40 Zeichngn. u. 1 farb. Taf. zur Darstellg. der geograph. Grundbegriffe. Neubearb. v. mehreren Lehrern. (XV, 239 S.) gr. 8. Augsburg 904. Schwäb. perman. Schulausstellung. Geb. in Leinw. n.n. 3. 25

Rebele, Mich., siehe: Feier, die, der Charwoche.

Rebele, Mich., christkatholischer Religions-Unterricht. Erotematisch-analytisch dargestellt, mit beigefügten beweisenden u. erläut. Stellen aus der heil. Schrift, u. mit Hinweisung auf die Lehrsätze u. Beschlüsse der heiligen, allgemeinen Kirche vorzüglich im Tridentinischen Kirchenrathe. gr. 8. Wien 842, Beck's Universitäts-Buchh. 1¼ ₰

Rebele, Wilh., die Feier der heil. Charwoche, s. Feier.

Logenlieder, comp. von G. Rebeling. Magdeburg: Sulzer 1878.
2 Lieder für Bariton, 4 für Tenor, 5 für Bass.
*[HL. 11 (1878) S. 864.]*

Rebell: Der Rebell
④ Der Rebell (London) ⑤ 1881 (1 Nummer) ⑧ Genf ⑫ anarchistisch ⑬ Drahn: Die Presse der Anarchisten deutscher Zunge. »Zeitungswissenschaft« 1929.

Rebell. – Der Rebell. London: Expedition 1881-1886. 8° (ab Nr. 2-7 u. d. Untert.: Organ der Anarchisten der deutschen Sprache.)

Rebell, Hugo, in den Bädern v. Bajae. Illustr. v. A. Calbet. Autoris. Uebersetzg. v. P. Langenscheidt. (Bibliothek Mignon.) (148 S.) schmal kl. 8. Berlin (904). Gr. Lichterfelde, Dr. P. Langenscheidt. n. 1. —; geb. in Leinw. n. 2. —

Rebell, Hugues, die Richma. Ungedruckte Memoiren des Lorenzo Vendramin. Aus dem Franz. v. Morizeau. Illustriert v. Auguste Lay. (519 S.) schmal 8. Prag (905). A. Hynek. n. 5. —

Rebellino oder die furchtbaren Räuberbanden in den Apeninnen . . . Quedlinb. 1827. V: *Aniello, Seb.* (GGr)

Rebellino, od. die furchtbaren Räuberbanden in d. Apenninen u. Calabriens Gebirgen; eine romant. u. abentheuerl. Geschichte. Vom Verfass. der „Ritter von d. goldnen Binde." 3 Thle. 8. Quedlinb. 827. Basse. 3 ₰ 8 gr

Rebellion, die,. Schausp. 8. Germanien, Hauth. (Gräff in Leipz.) 791.

Rebellion, die; Schspl. in 4 Akt. 8. Germanien 791. (Leipz., Wienbrack). 8 gr

Reben, die blühenden, am Weinstocke Christi, od. e. Reihe v. Erzähln. aus d. Vor- u. Mitwelt, gesammelt u. mit e. Meßandacht verm. hrsg. von e. kathol. Geistlichen. 8. (14½ B.) Landshut 839, Thomann'sche Buchh.

Reben am Weinstock. Lebensbilder aus allen Zeiten der christlichen Kirche. Hrg. von Gustav Peyer..., Ernst Mieschcr..., Carl Pestalozzi..., Johannes Schnyder.... 8 (Bändchen). 8. Basel 1885–1898.

(Bändchen) 1 *s.* Miescher, Ernst. Anna Schlatter.
(Bändchen) 2 *s.* Peyer, Gustav, u(nd) Pestalozzi, Carl *III.* Stephan Serres und Johanna Terrasson.
(Bändchen) 3 *s.* Eppler, Christoph Friedrich. Der Basler Rathsherr Adolf Christ.
(Bändchen) 4 *s.* Schnyder, Johannes. Johann Hinrich Wichern....
(Bändchen) 5 *s.* Oettli, Samuel. Oberst Otto von Büren.
(Bdchn.) 6 *s.* Staehelin. Rudolf. Amos Comenius.
(Bdchn.) 7 *s.* Schlatter, Wilhelm. Die Märtyrer Gemeinde von Sevilla.
(Bdchn.) 8 *s.* Sutermeister, P[aul]. Meta Heusser-Schweizer.

Reben am Weinstock. Lebensbilder aus allen Zeiten der christl. Kirche. Hrsg. v. Gust. Peyer, Ernst Miescher, Carl Pestalozzi, Johs. Schnyder. 1. u. 2. Bdchn. 8. Basel 885. Detloff. à n. — 90
1. Die St. Gallische Kaufmannsfrau Anna Schlatter. Ein christl. Lebensbild v. Ernst Miescher. (VIII, 110 S. m. Lichtdr.-Portr.)
2. Stephan Serres u. Johanna Terrasson. Zwei Glaubenszeugen aus der Zeit der Hugenottenverfolgg. Von Gust. Peyer u. Carl Pestalozzi. (X, 120 S.)

Reben am Weinstock. Lebensbilder aus allen Zeiten der christl. Kirche. Hrsg. v. G. Peyer, E. Miescher, C. Pestalozzi, Johs. Schnyder. 3.—5. Bdchn. 8. Basel 887—890. [Detloff.] Reich. à n. 1. 30; geb. à n. 2. 10 (1—5.: n. 5. 70)
3. Der Basler Rathsherr Adolf Christ. Nach seinem innern u. äußern Leben gezeichnet v. Chr. F. Eppler. (IV, 156 S.)
4. Johann Hinrich Wichern und das Rauhe Haus. Leben und Wirken e. Vaters u. Förderers christl. Liebesthätigkeit v. J. Schnyder. (VIII, 152 S.)
5. Oberst Otto v. Büren. Nach seinen Tagebüchern u. anderen Aufzeichngn. v. S. Oettli. (143 S. m. Bild.)

Reben am Weinstock. Lebensbilder aus allen Zeiten der christl. Kirche. Hrsg. v. Gust. Peyer, V. D. M., Ernst Miescher, Carl Pestalozzi, Johs. Schnyder. VI.—VIII. 8. Basel, R. Reich. n. 3. 20 (I.—VII.: n. 8. 90)
VI. Amos Comenius. Von Rud. Staehelin. (65 S.) 893. n. — 80
VII. D. Märtyrer-Gemeinde v. Sevilla. E. Bild aus der span. Reformations-Geschichte v. Wilh. Schlatter. (103 S.) 897. n. 1. 40
VIII. Meta Heußer-Schweizer. Lebensbild e. christl. Dichterin. Von P. Sutermeister. (VIII, 73 S. m. 1 Bildn.) 898. n. 1. —

Reben, Dr. E.: Die Ehrenbeleidigung und das gerichtliche Verfahren in Ehrenbeleidigungssachen. Leichtverständlich nach dem österr. Strafgesetz besprochen u. erläutert. Wien: Perles 1886. (80 S.) 8°

Reben, E., das Summarverfahren, für Nichtjuristen kurzgefaßt und leichtverständlich besprochen. gr. 16. (40 S.) Wien 885, Künast. *

Reben, Dr. E.: Das Summar - Verfahren f. Nichtjuristen. 8. (40 S.) Wien: Wallishausser'sche Hofbuchh. 1885. (A. W. Künast).

**Reben,** Ernst, e. Hochstapler. Ein Bild der Gegenwart. 16. (III, 115 S.) Berlin 871. Deutsches Verl.-Inst. n. 1. —

Reben, Ernst, ein Hochstapler. Ein Bild der Gegenwart. 16. (III, 115 S.) Berlin 871, Langmann und Comp. [Posen, Jolowicz.] (*M 1.)

**REBEN**, E., Ein Hochstapler. Berlin (c. 1876). 8⁰. (1 Mk. Ed. Fischhaber, vor 1885.)

Georg **Reben**. Die halben Christen und der ganze Teufel. Höllenfahrten d. Aberglaubens. Gr.-Lichterfelde: E. Eißelt 1905. (310 S.) 8° [F.] [06. 7/6n 11

**Reben,** M. (geb. Lemberg 21. 9. 1851): Zur Therapie der Uterusruptur während der Geburt. Berlin (1879). (34 S.) 8°
Berlin, Med. Diss. v. 19. Juli 1879

**Rebender,** Carolus (geb. am 17 Juli 1837 in Köln): De olei resinaeque proferendorum organis, quoad quidem quum in ceterarum herbarum familiis, tum in labiatarum, compositarum, umbelliferarum aparcant [!] ... Bonnae, form. Carthausianis (1865). 26 S., 1 Bl. 8.
Bonn, Phil. Fak., Diss. v. 24 Juli 1865

Rebendüngungsversuche in Liebfrauenthal bei Mettenheim (Rheinhessen). Autotyp. Abb. von Rebstöcken. Hrsg. vom Kaliwerk Leopoldshall, Staßfurt 1895. Berlin 1895: Hermann. -- LKRhld. *

**Rebenmesser.** – Critisches Rebenmesser. Probe 1-5. (Halberstadt) 1737-38. 8⁰
Hrsg.: Georg Vensky.

**Rebennack, R. A.,** der Radtourist. Radfahrerführer f. Elsass-Lothringen u. angrenz. Landesteile. Mit 1 (farb.) Spezialradfahrerkarte. gr. 8. (XIV, 128 S.) Strassburg 898. F. Bull. Geb. in Leinw. n. 3. —

**Rebennack, R. A.,** der Radtourist f. Südwestdeutschland. Führer f. Rad- u. Automobilfahrer von Bingen bis Basel u. von Nancy bis Stuttgart, Odenwald, Schwarzwald, Hunsrück, Elsass-Lothringen, Pfalz, franz. Vogesen. Mit 7 Spezialradfahrerkarten (in Etui). schmal gr. 8. (X, 212 S.) Strassburg 901. F. Bull. Geb. in Leinw. n. 6. —

Rebensburg, August Hermann

**Rebensburg,** A. H., Bethesda. Homiletische Reden üb. Evang. Johannis 5. 8. (72 S.) Gütersloh 891. C. Bertelsmann. n. — 80; geb. n. 1. 20

**Rebensburg,** A. H., der Blindgeborene. Joh. 9. Sechs kurze homilet. Reden. gr. 8. (57 S.) Köln 882, Roemke und Comp. *

**Rebensburg,** A. H., Festklänge. Eine Adventsgabe. Vier Liturgieen. 2. Aufl. 8. (71 S.) Berlin 898. Schriftenvertriebsanstalt. Kart. 1. —

Hundert Jahre der Evangelischen Gemeinde Cöln am Rhein. ⟨1802 1902.⟩ Festschrift, verf. von A(ugust) H(ermann) Rebensburg, Pfarrer. *Cöln: Presbyterium d. Ev. Gemeinde (1902).* (337 S.) 8° [F.] [03 0/11 6

— am Jakobsbrunnen. Kurze Betrachtgn. üb. Evang. Johannis 4, 5—42. 8. (62 S.) Ebd. 892. n. — 80; geb. n. 1. 20

Aus stillen Stunden. Biblisches u. Geistliches in Gedichten von A. H[ermann] Rebensburg, Pfarrer. *Köln: Selbstverl. 1900.* (VIII, 172 S.) 8° [F.] [01. 31/1 5

— über Unionsgesinnung u. Missionssinn als unerläßliche Bedingungen einer erfolgreichen Mitwirkung an den großen Aufgaben der evangelischen Kirche in der Gegenwart. Vortrag, geh. auf der Pastoral-Conferenz zu Neuwied am 13. April 1882. gr. 8. (24 S.) Ebend. 882. n. — 40

**Rebensburg,** H., Confirmationsrede geh. am Sonntag Lätare den 10. März 1872 in Schwelm. 8. (10 S.) Schwelm, 872. (Barmen, Klein.) n. — 25

**Rebensburg,** *Gustav* Hermann [aus Köln]: Aus d. chirurg. Klinik zu Bonn. Casuistische Beiträge zur chirurgischen Behandlung von Gehirntumoren ... Bonn, Buch- u. Steindr. J. Bach Wwe, 1897; 41 S. 8.
Bonn, Med. Fak., Inaug.-Diss. v. [6. März] 1897

**Rebenstein,** A. [Pseud.], s.a. Bernstein, Aaron

Rebenstein, A., (Blumen-Sprache, od.) das Buch d. Blumen. gr. 12. (3¼ B. u. 1 ill. Stndr.) Berlin 834, Krause.

— das 19te Jahrhundert. Ein Volksbuch zur Unterhaltung u. Belehrung über alle Ereignisse, Begebenheiten u. Interessen des gegenwärt. Jahrh. Taschenform. Berlin 840, Lewent. 1 ₰

—— das Lied der Lieder, od. das hohe Lied Salomo's; bearb. u. erläut. Bevorw. v. Zunz. 12. (2 B.) Berlin 834, (Veit u. Comp.)

—— Lieder, s. Nachklänge.

† Rebenstein, A., (Aron Bernstein,) Novellen u. Lebens-Bilder. 8. (20 B.) Berlin 840, Vereins-Buchh.

**Rebenstein,** A., einige Worte üb. das Circular an die Königl. Ober-Präsidien, die Handhabung der Censur betreffend. Nebst einem Abdruck dieses Circulars. gr. 8. Berlin 842, Liebmann u. Comp. n. ⅛ ₰

**Rebenstein,** C. A. (Hrsg.), s. Gewerbblatt für das Königreich Sachsen.

Rebenstein, G., Fortschritte uns. Zeit! Wärme-Erregung ohne Brennmaterial, od. auf phys. u. mathemat. Beweise gestützte Darstell. e. Verfahrens, durch welches mit Hülfe d. Mechanik aus d. atmosphär. Luft Wärmestoff in d. größten Menge geschieden u. zu bedeut. Graden concentrirt werden kann. gr. 8. (3⅛ B. u. 2 Stnt.) Nürnberg 835, Recknagel.

—— Stephenson's Locomotive auf d. Ludwigs-Eisenbahn v. Nürnberg nach Fürth in ihrer Ruhe u. Thätigkeit dargest. gr. 8. (2¾ B. u. 2 Taf. Abbild.) Nürnberg 836, Riegel u. Wießner.

—— Luftschiffkunst mit u. ohne Beihülfe d. Aërostatik. Eine Abhandl. gr. 8. (2¼ B. incl. 2 Holzschn.) Nürnberg 835, (Leuchs u. Comp.)

**Rebenstein,** Otto (Wolfgang) (geb. Berlin 10. 1. 1828): De febri puerperali. Berolini (1852). (30 S.) 8°
Berlin, Med. Diss. v. 9. Aug. 1852

**Rebenstichern,** v. d., Preisschriften. (Von Phil. Jac. Breuchel, Jsr. Walther u. Andr. Brauer). 4. Mannheim, 1764. Götz. — 5

Von den Rebenstichern. Vier Preisschriften (von Philipp Jacob Breuchel, Israel Walther, Andreas Brauer, anonym), welche bei der den 27. April 1767 gehaltenen öffentlichen Versammlung der Churpfälzischen Akademie der Wissenschaften vor die besten unter den eingelaufenen erkläret worden. Mannheim 1767. 82 S. -- 7.12*.16.31.36.100.107*

BJ: Breuchel, Ph.J., Walther, J., Brauer, A. und ein Anonymus: Von den Rebenstichern. -- Bibliotheca oeconomica 17.. -- Bibliotheca oenologica 1761. -- Dochnahl 1764. -- Thienemann: Brauer, Andr.: Von den Rebenstichern ... und unter Von dem Rebenstecher ....

Von den Rebenstichern. Drey Schriften (von Carl Frhr von Vorster, Israel Walther), von welchen Die erste den Preiß, die zweyte das Accessit bey der den 24. May 1769 gehaltenen öffentlichen Versammlung der Churpfälzischen Academie der Wissenschaften erhalten haben. Eine Forts. von den am 27. April 1767 öffentlich gekrönten Preißschriften. Mannheim: Schwan 1771. 168 S. -- 7.12*.21*

v. Rebenstock, H., s. Nibelungen Lied, der.

**v. Rebenstock, H.**, Walhalla der Menschheit. (Gedichte.) 2 Thle. 8. (352 u. 398 S.) Crefeld 847. 48, Funcke & Müller. (à n. 1 1/2 ℛ) n. 3 ℛ Herabges. Pr. 1 ℛ

Rebenstock, Johann Ad.

Rebenstock, J. A., s. Aeakus.

**Rebenstorff,** Hermann: Über Farbenthermoskope und ihre Verwendung im Unterricht. Dresden, Rammingsche Buchdr., *1896;* 41 S. 4.

Dresden-Friedrichstadt, R m. PG (Lehr- u. Erzich.-A f. Knaben), OP 1896 (573)

**Rebentisch,** *Erich:* Der Weiberschädel ... Jena, G. Fischer, *1892;* 1 Bl., 68 S. 8.

Strassburg, Med. Fak., Inaug.-Diss. v. 1892

**Rebentisch,** Franz, approb. Arzt aus Darmstadt: **Neubildungen** am mißbildeten Uterus. *Straßburg 1903: C. Müh & Co.* 132 S.) 8°

Straßburg, Med. Diss. v. 1902

Rebentisch, Johann Fr.

— Index plantarum circum Berolin. sponte nascent. etc. 8maj. Berl. 805. Schüppel. 6 gℓ

*Rebentisch*, Jh. Fr., († d. 1. Mai 1810.) prodromus florae Neomarchicae, secund. systema proprium conscriptus atque figuris XX color. adornatus. Cum praef. C. L. Willdenow. 8maj. Berl. 804. Schüppel. 2 ℛ 12 gℓ

**Rebenwein, (A. Fr.)** Melchior von Zobel; Fürst-Bischoff zu Würzburg. Origin.-Trauerspiel aus den letzten Zeiten des Faustrechts in Franken; in 5 Aufz. Revid. durch Hrn. v. Reck. 8. Eichstädt 824, Beyer.

Reber [Pseud.], s.a. B a s s, Eugen [wirkl. Name]

**Reber**, v., Beiträge z. Kenntn. d. Baustiles d. heroischen Epoche. S.-A. 1888. 44 S.

**Reber, der bewährte Haustierarzt.** Ein erprobter Ratgeber bei allerhand Krankheiten der Pferde, des Rindviehs, der Schafe, Schweine, Ziegen u. Hunde, nebst e. Anh. üb. die gesetzl. Hauptmängel u. kurze Darstellg. der wichtigsten Haustierrassen. Neue Ster.-Ausg. (127 S. m. Abbildgn.) 8. Reutlingen (904). Enßlin & Laiblin. — 75

— Ueber das Verhältnis des mycenischen zum dorischen Baustil. Ak. 1896. 55 S. m. Fig. u. 2 Taf. 4°. 2.—

**Reber, Ad.**, die Kunst des Vergoldens bei der Buchbinderei, Etuis- u. Portfeuille-Fabrikation, mit besond. Rücksicht auf den in neuester Zeit so sehr in Schwung gekommenen Plattendruck auf Leder, Leinwand, Papier, Pergament, Sammet u. Seide. 8. Heilbronn 844, Landherr. versiegelt 1/2 ℛ — 2. Aufl. Ebend. 845. verklebt 1/2 ℛ

[R e b e r, Adolf.] Hôtel-Pension Reber au Lac, Locarno, Lago Maggiore ‹Schweiz›.... ([Illustrierter] Prospectus.) quer-8. (Zürich [1896].)

[R e b e r, Adolf.] Locarno. Lago Maggiore. Kt. Tessin ‹Schweiz›. Hotel-Pension Reber au Lac.... ([Illustrierter] Prospectus.) 8. Zürich [1892].

R e b e r. B[althasar]. Der Aufstandsversuch des Major (Johann Daniel Abraham) Davel in der Waadt im Jahre 1723. Progr. 4. Basel 1875.

**R e b e r, Balth., Bilder aus den Burgunderkriegen (in Gedichten.) gr. 16. (119 S.) Basel 855, Schweighauser'sche Vrlgsb.**

R e b e r, Balth., Erasmus. Platter. Holbein. Nachklänge zur 400jähr. Säcularfeier der Universität Basel Septbr. 1860. 8. (III und 120 S.) Basel 862, Georg. *

**Reber**, Balthas., Felix Hemmerlin v. Zürich. Neu nach den Quellen bearb. gr. 8. (Mit Holzschn.) Zürich 846, Meyer u. Zeller. 2 ℛ 6 ngℓ

**Reber, B.** Georg Jenatsch, Graubündtens Pfarrer und Held während des 30jährigen Krieges. 8. Basel 1860.

[R e b e r, Balthasar.] Die Schlacht von St. Jakob an der Birs. [Mit 1 Vignette und 1 Tafel.] (Njbl. Basel 1844.) 4. [Basel.]

*Reber, B.*, Der Staat Ludwigs XIV. Basel, Gewerbeschule 1868. Progr.

— Zeitgedichte, s. W a c k e r n a g e l, Wlh.

Reber, Burkhard

**Reber, B.** Vorhistorische Anzeichen im Turtmannthal und Nachträge aus dem Wallis. — Verschwundene Schalensteine auf dem Alvier. Separatabzug aus dem Anz. für schweizer. Alterthumskunde. 1895. N° 1.

**Reber, B., Balneologie u. Climatotherapie,** sa **Bibliographie der schweizer. Landeskunde. IV. 3.**

Balneologie und Climatotherapie. Versuch e. schweizer. Bibliographie d. Litteratur auf d. Gebieten d. Badewesens, d. Heilquellen, d. climaterischen Kurorte u.s.w. Von B[urkhard] Reber in Genf. *Bern: K. J. Wyss 1900.* (XIX, 111 S.) 8°
= Bibliographie d. schweizerischen Landeskunde. Fasc. IV 3. (...)

R e b e r, B[urkhard]. Ein Beitrag zur Kenntnis der freundschaftlichen Beziehungen (Justus von) Liebigs. Sonderabdruck aus «Mitteilungen zur Geschichte der Medizin u. der Naturwissenschaften», Nr. 24. Bd. 6. Nr. 5. 1907. S. 497—502. 8. Hamburg, Leopold Voss.

R e b e r, B[urkhard]. Ein Beitrag zur Kenntnis des Schiesspulvers und der Geschütze. ([Von] B. R', Genf.) Separatabdruck aus «Mitteilungen zur Geschichte der Medizin u. der Naturwissenschaften», Nr. 28. Bd. 7. Nr. 4. 1908. Verlag von Leopold Voss in Hamburg. S. 427—429. 8. (Leipzig, Druck Metzger & Wittig.)

R e b e r, B[urkhard]. Beiträge (* *Serie II:* Beitræge) zur Geschichte der Medicin und der Pharmacie. Serien I *u.* II.

Serie I. Sonder-Abdruck der «Pharmaceutischen Post». [Illustriert.] IV + 72 S. 8. Wien, Ferdinand Brück & Söhne, 1900[—1901].

Serie II. IV (+ *zus.* 26) + 4 + 14 S. gr.-8. Genf, Ch. Eggimann & Cie, 1901. — *Inhalt:* Nummern 1—5, *sämmtlich* Separatabdruck aus dem Correspondenzblatt für Schweizer Aerzte. 1900—1901. [Basel, Benno Schwabe]; 6. Postverordnungen ... (*Neudruck von* N 701*, s. Bulletin S. 282*) *u.* 7. Die Zürcher Apotheker-Taxe vom Jahr 1577..., *gedr. in Genf a. a. O.*

— Beiträge zur Geschichte der Pharmacie. gr. 8. (54 S.) Wien (899). (Genf, Avenue du Mail 22, B. Reber.) 1. 50
Sonderabdruck aus: „Pharmaceut. Post".

— schweizerische Beiträge zur Geschichte der Pharmacie. gr. 8. (50 S.) Zürich 898. Ebd. 2. 40
Sonderabdruck aus: „Schweizer. Wochenschr. f. Chemie u. Pharmacie".

Reber, B[urkhard]. Einige weitere Beiträge zur Geschichtsforschung über die Pest. Separatabdruck aus «Mitteilungen zur Geschichte der Medizin u. der Naturwissenschaften», No. 38. Bd. 4. No. 4. 1910. S. 343—359. 8. Hamburg. Leopold Voss.

(Reber, B[urkhard].) Ein Brief Karl Friedrich Mohr's (Coblenz ... 1861. [Von] B. R' [Genf]). 4.
*In:* Pharmazeutische Post. Wochenschrift.... Jahrg. 40. Nr. 22. Wien ... 2. Juni 1907. (Wien, Druck Ferdinand Brück & Söhne.) S. 409—410.

— Bronzefund im Rhonebett in Genf. Anzeiger für schweizer. Alterthumskunde, 1894, N⁰ 3. (Als Separatabzug mit dem vorigen vereinigt. 8 S. m. 1 Tafel.)

**Reber, B.** Vorhistorische Denkmäler im Bagne-Thal (Wallis). Anzeiger f. schweiz. Alterthumskunde, 1894, N⁰ 3. (Auch als Separatabzug.)

**Reber, B., d. vorhistorischen Denkmäler** im Einfischthal (Wallis). [Aus: „Archiv f. Anthropol."] gr. 4. (16 S. m. 6 Abb. u. 5 Taf.) Braunschweig 892. (Genf, Avenue du mail 21.) Selbstverl. n. 5. 50

**Reber, B.** Die vorhistorischen Denkmäler im Einfischthal (Wallis). Mit sechs Abbildungen und fünf Tafeln. Braunschweig, Friedr. Vieweg und Sohn. 1892. In-4⁰. 16 S. Genf, B. Reber.
*** Sonder-Abzug aus „Archiv für Anthropologie." XXI Band. 3. Heft.

Reber, B[urkhard]. Zwei neue Dokumente über Leonhard Thurneysser zum Thurn. Separatabdruck aus «Mitteilungen zur Geschichte der Medizin u. Naturwissenschaften» No. 19. Bd. V. No. 3, 1906. S. 431—439. 8. [Hamburg, Voss.]

**Reber, B.,**
Die vorgeblichen Dolmen auf dem Mont-Bavon. In-8⁰, 8 S. und 1 Tafel. Zürich. Druck von F. Lohbauer. 1888.

**Reber, B.** Die Einwohner der Schweiz in vorgeschichtlicher Zeit. In-8⁰. 22 S. Genf (H. Georg). 1890 — 50

Reber, B[urkhard]. Erinnerungen an Julius Trapp. Sonderabdruck aus der «Pharm[aceutischen] Post», Nr. 7, 1909. 14 S. 8. (Wien, Ferdinand Brück & Söhne.)

— Erlebnisse e. jungen Arztes. Schweiz. Sitten- u. Kulturbild aus dem Ende des 16. Jahrh. gr. 8. (48 S.) Bern 899. Ebd. 1. 50
Sonderabdruck aus: „Sonntagsbl. des Bund".

**Reber, B., u. T. F. Hanausek.** Fr. Aug. Flückiger. Sein Wirken u. seine Bedeutung für die Wissenschaft. Mit einem Nachrufe, biogr. Nachträgen u. Portr. Lex. in-8⁰. 10 S. Genf. Selbstverlag. 1896
*** Sonderabdruck aus *B. Reber's* „Gallerie hervorrag. Therapeutiker".

**Reber, B.** Siehe: *Der Fortschritt.*

Reber, B[urkhard]. Zur Frage des Aufenthaltes der Hunnen und Sarazenen in den Alpen. Separatabdruck aus Mitt[eilungen] d[er] K. K. Geogr[aphischen] Gesellschaft in Wien. [Band 50, Jahrg.] 1907. Heft 6 u. 7. S. 293—311. 8. [Wien, R. Lechner.]

**Reber, B.** Gallerie hervorragender Therapeutiker und Pharmakognosten. — Galerie d'éminents thérapeutistes et pharmacognostes. — Lief. 1—3. Mit 15 Portr. Lex. in-8⁰. S. 1—59. Genf, Selbstverlag des Verfassers. 1892 à 2 50
Lief. 1: D. Hanbury. — F. A. Flückiger. — Dr. H. H. J. Hager. — A. E. Vogl. — G. Dragendorff. — Lief. 2: Ed. Heckel. — F. Schlagdenhauffen. — J. Trapp. — C. Binz. — R. Bentley. — Lief. 3: Ed. Schaer. — W. O. A. Tschirch. — A. Meyer. — T. F. Hanausek. — J. Attfield.

— Gallerie hervorragender Therapeutiker u. Thermakognosten. — Galerie d'éminents thérapeutistes et pharmacognostes. Lief. 4. M. 5 Portr. Lex. in-8⁰. S. 61—84. Genf, Selbstverlag des Verfassers. 1892 2 50
Th. Husemann. — A. W. Gerrard. — J. M. Maisch. — F. Hoffmann. — J. Moeller.

**Reber, B. Gallerie hervorragender Therapeutiker und Pharmakognosten. — Gallerie d'éminents thérapeutistes et pharmacognostes. Lief. 5. Mit 5 Portr. Lex. in-8⁰. S. 85—113. Genf, Selbstverlag d. Verfassers.** 1893 **2 50**
**L. A. Buchner. — Th. Poluk. — J. Wiesner. — J. Godfrin. — E. Dietrich.**

**Reber, B.** Gallerie hervorragender Therapeutiker u. Pharmakognosten der Gegenwart. — Galérie des éminents thérapeutistes et pharmacognostes. — Liefg. 6. M. 5 Portr. Lex. in-8⁰. S. 114—152. Genf, Selbst-Verlag des Verfassers. 1893 2 50
F. C. Ritter von Schneider. — F. B. Power. — Th. Peckolt. — E. R. Kobert. — K. Th. Mohr.

**Reber, B.** Gallerie hervorragender Therapeutiker und Pharmakognosten. — Gallerie d'éminents thérapeutistes et pharmacognostes. Liefg. 7. Mit 5 Portr. Lex. in-8⁰. S. 153—176. Genf, Selbstverlag des Verfassers. 1893 2 50
Baron F. von Mueller. — E. Schmidt. — Corneille. — Antoine-Jean-Abraham Oudemans. Pierre Abbertoni. — Dr. Pietro Spira.

**Reber, B.** Gallerie hervorragender Therapeutiker und Pharmacognosten. — Gallerie d'éminents thérapeutistes et pharmacognostes. Lief. 8. M. 5 Portr. Lex. in-8⁰. S. 177—192. Genf, Selbstverlag des Verfassers. 1893 2 50
Oscar Liebreich. — Th. R. Fraser. — A. Garcke. — F. Ritter von Hoehnel. — D. Hooper.

Reber, B. Gallerie hervorragender Therapeutiker und Pharmakognosten. — Gallerie d'éminents thérapeutistes et pharmacognostes. Lief. 9 M. 5 Portr. Lex. in-8⁰. S. 193—227. Genf, Selbstverlag des Verfassers. 1893 2 50

Reber, B. Gallerie hervorragender Therapeutiker u. Pharmakognosten der Gegenwart. — Galerie d'éminents thérapeutistes et pharmacognostes contemporains. — Liefg. X mit 5 Portr. Lex. in-8⁰. S. 228—252. Genf, Selbstverlag des Verfassers. 1895

Inhalt: W. A. Tichomirow, Pieter Cornelis Plugge, R. Boehm, Carl Hartwich, John Uri Lloyd.

Reber, B. Gallerie hervorragender Therapeutiker und Pharmakognosten der Gegenwart. — Galerie d'éminents thérapeutistes et pharmacognostes contemporains. — Liefg. XI mit 5 Portr. Lex. in-8⁰. S. 253—272. Genf, Selbstverlag des Verfassers. 1895

Inhalt: E. M. Holmes, P. van Leersum, Hugo Lojander, Professor Dr. A. Falck, Doctor Piero Giacosa.

Reber, B. Gallerie hervorragender Therapeutiker und Pharmakognosten der Gegenwart. — Galerie d'éminents thérapeutistes et pharmacognostes contemporains. — Lfg. XII. Mit 5 Portr. Lex. in-8⁰. S. 273—297 u. 1—8. Genf, Selbstverlag des Verfassers. 1895 2 50

Inhalt: G. Planchon. H. Beckurts. H. W. Bettink. M. v. Nencki. T. Gigli.

Reber, B. Gallerie hervorragender Therapeutiker u. Pharmakognosten der Gegenwart. — Galerie d'éminents thérapeutistes et pharmacognostes contemporains. — Lfg. XIII. Mit 5 Portr. Lex. in-8⁰. S. 299—319 u. 1—8. Genf, Selbstverlag des Verfassers. 1896 2 50

Inhalt: Ew. Geissler. Bruno Hirsch. Herm. Thoms. E. Drechsel. Bernh. Fischer.

Reber, B. Gallerie hervorragender Therapeutiker u. Pharmakognosten der Gegenwart. — Galerie d'éminents thérapeutistes et pharmacognostes contemporains. — Lfg. XIV. Mit 4 Portr. u. Nachträgen zu den früheren Biographien. Lex. in-8⁰. S. 321—350 u. S. 1—8. Genf, Selbstverlag des Verfassers. 1896 2 50

Inhalt: G. Vulpius. Pedro N. Arata. D. Vitali. Karl Schacht.

— Gallerie hervorragender Therapeutiker und Pharmakognosten der Gegenwart. — Galerie d'éminents thérapeutistes et pharmacognostes contemporains. — XV. Liefg. Nachträge (Suppléments). — 36 kleinere Biographien mit 3 Taf. Lex. in-8⁰. S. 367—408 u. S. 1—8. Genf, Selbstverlag des Verfassers. 1896 2 50

*** Mit dieser Lieferung wird der Text der „Gallerie" abgeschlossen. Titel, Einleit., Verzeichnis, Anhang etc. werden in einigen Wochen nachfolgen.

Reber, B. Ein Instrument aus Kupfer von Tourbillon bei Sitten. Mit Taf. Gr. in-8⁰. 3 S. 1896

*** Sonderabdruck aus dem „Anzeiger für schweiz. Altertumskunde" 1896. No 2.

— Die Leichenverbrennung. Mit 14 Abbild. In-8⁰. 32 S. Genf (H. Georg). 1890. — 50

Reber, B[urkhard]. [1.] Ein Lobgedicht des Fabricius Hildanus auf den «Wasserschatz» des Tabernaemontanus, sowie Anweisungen des Gebrauches der Bäder von Baden im Aargau und von Markgrafen-Baden. – [2.] Ueber die Notwendigkeit und den Wert vou (*d. i.* von) Sammlungen, die Geschichte der Medizin betreffend. Sonderabdruck aus der Medizinischen Klinik. Wochenschrift für praktische Aerzte.... Jahrg. 1907. Nr. 6 u. 9. II + 15 S. 8. Berlin, Urban & Schwarzenberg.

Reber, B[urkhard]. Deux Médailles du Général (Hans) Herzog. [Avec 1 planche.] E. 8. Bâle 1889.

(Reber, B[urkhard].) Pestverordnungen für die Schulen und den gemeinen Mann aus dem Ende des XVI. Jahrhunderts. ([Separatabdruck aus:] Schweiz. Archiv für Volkskunde, Bd. 5 (1901) [Heft 1].) 5 S. 8. [Zürich, Emil Cotti's Wwe.]

Reber, B[urkhard]. In der Schweiz aufgefundene Regenbogenschüsseln und verwandte Goldmünzen. [Mit] Tafel 5. SA. 4. ([Zürich] 1900.)

Reber, B.

— Sagen aus dem Saasthal im Wallis. In-8⁰. 5 S. (Aus „Schweiz. Archiv für Volkskunde".) Genf, Selbstverlag des Verfassers. 1900

Reber, B[urkhard]. Friedrich Schlagdenhauffen †. Ein kurzes Lebensbild. Sonder-Abdruck aus der «Pharm[aceutischen] Post», 1907. 7 S. 8. (Wien, Ferdinand Brück & Söhne.)

Reber, B.

Die vorhistorischen Sculpturen in Salvan, Kanton Wallon. Mit 2 Abbildgn. und 3 Tafeln. In-4⁰. 16 S Braunschweig, Vieweg u. Sohn (1891).

*** Sonderabdruck aus dem Archiv für Anthropologie. XX Bd. 1. Heft.

Reber, B. Vorhistorische Skulpturendenkmäler im Kanton Wallis. 3. Bericht. Mit 23 Abbild. In-4⁰. 25 S. (Braunschweig.) 1896.

*** Sonderabdr. aus „Archiv für Anthropologie" 1896.

Reber, B. Zwei neue vorhistorische Skulptursteine auf den Hubelwängen, oberhalb Zermatt. Mit 2 Abbild. Zürich. 1896

*** Separat-Abdruck aus d. Anzeiger für schweizer. Altertumskunde, 1896. No 3

Reber, Burkhard. Titel und Publikationen des Herrn Burkhard Reber in Genf, mit biographischen und bibliographischen Quellen-Angaben. 14 S. 8. ([Genève, Ch. Eggimann & Cie.,] 1901.)

Reber, Burkhard. Titel und Publikationen des Herrn B' R' in Genf, mit biographischen und bibliographischen Quellen-Angaben. 15 S. 8. Genf, H. Jarrys, 1906.

Reber, B. Weiteres aus dem Bagnes-Thal. Gr. in-8⁰. Zürich. 1895.

*** Sep.-Abdruck a. d. „Anzeiger f. schweiz. Alterthumskunde" 1895. Nr. 4.

Reber, B[urkhard]. Ein Wort über Paracelsus. Als Vorbemerkung für eine ausgedehntere Studie. Sonder-Abdruck aus der »Pharm[aceutischen] Post«, 1908. 12 S. 8. (Wien, Ferdinand Brück & Söhne.)

Reber, Carl, s. Reber, Karl

Reber, C., und D. Reber, s. Gebührenordnungen für das Deutsche Reich und das Königr. Bayern.

Reber, E., Schneewittchen. Weihnachts-Festspiel in 3 Aufzügen f. Kinder von 9 bis 15 Jahren. (27 S.) kl. 8. Leipzig (906). C. Rühle. n. — 40

Schneewittchen. Weihnachts-Festspiel in 3 Aufz. f. Kinder von 9 bis 15 Jahren von E. **Reber**. [Textbuch.] Leipzig: C. Rühle [1907]. (27 S.) 8° [F.]

**Reber**, **Emil** [aus St. Gallen]: Zur Kenntnis des 2,4 Dimethylchinols. Zürich 1903. 136 S. 8°. [12. VII. 04.]
Zürich. Phil. Diss. II. S. 1903/1904.

**Reber**, Ernst, vollständige Anstands-Lehre. Eine unentbehrl. Anleitg. in allen Regeln des Anstands, der Bildg. u. feinen Sitte. (96 S.) kl. 8. Reutlingen (906). R. Bardtenschlager. Geb. — 75

**Reber**, Frz. v., s.: Album der alten Pinakothek zu München.

**Reber**, F. v., s.: Album der Ruinen Roms.

**Reber**, F. v., über die Anfänge des ionischen Baustiles. gr. 4. (S. 91—133 m. Abbildgn.) München 900. (G. Franz' Verl.) n. 1. 80
Sonderabdruck aus: Abhandlgn. d. k. bayer. Akad. d. Wiss."

**Reber**, Frz. v., sa Bilderschatz, klassischer.

Reber, Franz v.: Klassischer Bilderschatz. Hrsg. von Franz v. Reber u. Ad. Bayersdorfer. Bd. 1-12. München: Verlaganst. f. Kunst u. Wiss. 1889-1900. 4°
1. 1889 u. s. f. bis 12. 1900.

— die phrygischen Felsendenkmäler. Untersuchgn. üb. Stil u. Entstehungszeit. [Aus: „Abhandlgn. d. k. bayer. Akad. d. Wiss."] gr. 4. (70 S. m. 20 Abb. u. 12 Lichtdr.-Taf.) München 897. (G. Franz' Verl.) n. 8. —

*Reber*, Franz, Festschrift zur Feier des 25jähr. Bestehens des Münchener Kunstgewerbe-Vereines. Mit Illustr. von *Ferd. Barth*. In Holz geschn. von *W. Hecht*. München 1876. Gr. 4°. Schöne Ausstattung. Farbiges Velinp. Druck von Dr. Wolf u. Sohn. Cart.
Frontisp. (roth u. schwarz) u. 46 S. — Voran ein autographirter Brief (2 Bll.) des Vereins-Ausschusses.

**Reber**, Frz. v., die byzantinische Frage in der Architekturgeschichte. (S. 463—503.) gr. 8. München 903. (G. Franz' Verl.) n. — 60
Sonderabdruck aus: „Sitzungsber. d. bayer. Akad. d. Wiss."

**Reber**, Frz., sa Führer, bautechnischer, durch München.

Reber, Frz., bautechnischer Führer durch München. Festschrift zur 2. General-Versammlung d. Verbandes deutscher Architekten- u. Ingenieur-Vereine. M. vielen Holzschnitt-Illustr. München 1876. 8°. Illustr. Orig.-Ppb.
VI S., 1 Bl., 286 S.

**Reber**, Frz., Geschichte der Baukunst im Alterthum. Nach den Ergebnissen der neueren wissenschaftlichen Expeditionen bearb. Mit zahlreichen Holzschn. (im Text). 1. Liefg. Leipzig 864. T. O. Weigel. Lex.-8 (S. 1—208.) n. 2 ₰ 20 ngr.

**Reber**, Dr. Frz., Geschichte der Baukunst im Alterthum. Nach den Ergebnissen der neueren wissenschaftl. Expeditionen bearbeitet. Leipzig 1866. 8°.

**Reber**, Frz., Geschichte der Baukunst im Alterthum. Nach den Ergebnissen der neueren wissenschaftlichen Expeditionen bearb. 2. Liefg. Leipzig 867. T. O. Weigel. Lex.-8. (XVI u. S. 209—473 mit 274 eingedr. Holzschn.) n. 2 ₰ 10 ngr.

Reber, Frz., Geschichte der Baukunst im Alterthum. Nach den Ergebnissen der neueren wissenschaftlichen Expeditionen. Neue Ausg. gr. 8. (XVI, 473 S. mit 274 Holzschn.) Leipzig 869, T. O. Weigel. *

— Geschichte der neuern deutschen Kunst vom Ende des vor. Jahrh. bis zur Wiener-Weltausstellung 1873 mit Berücksicht. der gleichzeit. Kunstentwicklung in Frankreich, Belgien, Holland, England, Italien und Russland. 1. Lfg. 1. und 2. unveränd. Abdr., und 2.—4. Lfg. gr. 8. (S. 1—512.) Stuttgart 874,75, Meyer und Zeller's Verlag. à Lfg. * M. 2,40. *

Reber, Frz., Geschichte der neueren deutschen Kunst vom Ende des vorigen Jahrhunderts bis zur Wiener Welt-Ausstellung 1873 mit Berücksichtigung der gleichzeitigen Kunstentwickelung in Frankreich, Belgien, Holland, England, Italien und Russland. 5. (Schluss-)Lfg. gr. 8. (XVI, S. 513—720.) [Stuttgart 876, Meyer und Zeller.] München, Bassermann'sche Verlagsh. *
1.—4. Lfg. Ebendas. 1874,75. à * M. 2,40.; compl. * M. 14,40.; geb. * M. 16.

— Geschichte der neueren deutschen Kunst. Nebst Excursen üb. die parallele Kunstentwicklg. der übrigen Länder german. u. roman. Stammes. Unter Mitwirkg. v. F. Pecht bearb. 2. Aufl. 3 Bde. gr. 8. (VI, 374; 382 u. 499 S.) Leipzig 884. Haessel. n. 20 —; geb. n. 26. —

**Reber**, Frz. v., Geschichte der Malerei vom Anfang des 14. bis zum Ende des 18. Jahrh. gr. 8. (VIII, 415 S.) München 894. Verlagsanstalt f. Kunst u. Wissenschaft. n. 6. —; geb. n. 7. —

— s.: Jahrbuch, Münchner, der bildenden Kunst.

— sa Katalog der Gemälde-Sammlung der königl. älteren Pinakothek in München.

*Reber*, Dr. Frz. v., Katalog der *Gemälde-Sammlung* d. kgl. älteren Pinakothek in München. Mit e. histor. Einleit. Illustr. Ausg. (schöne Lichtdrucke u. Abbild. von Monogrammen). München, Verlagsanst. f. Kunst u. Wiss., o. J. 8°. Eleg. Orig.-Srsb. m. Schwarzpress.
XXVIII—297 S.

(Dr. [Franz] v. Reber:) Katalog der Gemälde-Sammlung der Kgl. Älteren Pinakothek in München. 7. Aufl. München 1898: Knorr & Hirth. XXVII, 310 S. 8°

— die Korrespondenz zwischen dem Kronprinzen Ludwig v. Bayern u. dem Galeriebeamten G. Dillis. (S. 419—487 m. 1 Taf.) gr. 8. München 904. (G. Franz' Verl.) n. 1. 20
Sonderabdruck aus: „Sitzungsber. d. bayer. Akad. d. Wiss."

— Kunstgeschichte d. Alterthums. Mit 250 (eingedr.) Holzschn. gr. 8. (XXXIII, 460 S.) Leipzig 871. T. O. Weigel. n. 9. —

Reber, Frz. v., Kunstgeschichte des Mittelalters. 2 Halbbde. gr. 8. (1. Halbbd. S. 1—352 mit 244 Abbild.; 2. Halbbd. XXXIII, S. 353—652 mit 178 Abbild.) Leipzig 885,86, T. O. Weigel Nachf. *

Reber, Frz., die Lage der Curia Hostilia und der Curia Julia. Habilitationsschrift. gr. 8. (59 S. mit 1 Stnt. in qu. Fol.) München 858, (Rieger'sche Buchh.) *

— Kurfürst Maximilian I. v. Bayern als Gemäldesammler. Festrede, geh. in der öffentl. Sitzung der k. b. Akademie der Wissenschaften zu München am 15. Novbr. 1892. gr. 4. (46 S.) München 892. (G. Franz' Verl.) n.n. 1. 30

— Raphael Mengs, s. Kunst und Künstler des Mittelalters und der Neuzeit.

Reber, Fr. Anton Raphael Mengs. (Dohme, Kunst und Künstler. Abth. 1. Bd. II.)

— Hans Multscher v. Ulm, s.: Gesellschaft, kunsthistor., f. photograph. Publikationen.

— der karolingische Palastbau. I u. II. (Aus: „Abhandlgn. d. k. bayer. Akad. d. Wiss."] gr. 4. Ebd. n.n. 4.80
I. Die Vorbilder. (91 S. m. 1 Taf.) 891. n.n. 2.80
II. Der Palast zu Aachen. (63 S. m. 1 Taf.) 892. n.n. 2.—

Reber, Franc. (geb. Cham in Bayern 10.11.1834): De primordiis artis imprimendi ac praecipue de inventione typographiae Harlemensi. Berolini (1856). (37 S.) 8°
Berlin, Phil. Diss. v. 4. Aug. 1856

Reber, Frz., die Ruinen Roms. 2. verm. und verb. Ausg. 10 Lfgn. gr. 4. (XVI, 576 S. mit 36 Abbild. in Ton- und Farbendr., 6 Plänen, 1 Stadtplan und 72 Holzschn.) Leipzig 877—79, T. O. Weigel. à Lfg. ℳ 7. geb. *

— die Ruinen Roms und der Campagna. gr. 4. (XV und 634 S. mit 35 lithogr. Abbild. in Tondr., 4 lithogr. Plänen, 1 chromolithogr. Stadtplan in Imp.-Fol. und 72 eingedr. Holzschn.) Leipzig 863, T. O. Weigel. In Leder geb. *

Reber, F. von (Hrsg.), s. Skulpturenschatz, Klassischer.

Die Stellung der Hethiter in der Kunstgeschichte. Von F[ranz] v. **Reber**. München: Akad. 1910. 112 S. 8°
(Sitzungsberichte d. Kgl. Bayer. Akad. d. Wiss. Philos.-philol. u. hist. Kl. Jg. 1910, Abh. 13.) (1· 7743 3

— üb. d. Verhältniss d. mykenischen zum dorischen Baustil. [Aus: „Abhandlgn. d. k. bayer. Akad. d. Wiss."] gr. 4. (55 S. m. Fig. u. 2 Taf.) München 896. (G. Franz' Verl.) n. 2.20

Reber, Franz Xaver

* Reber, F. X., üb. d. Begriff von Verbrechen u. Vergehen. gr. 8. Landsh. Krüll. 810.

REBER, Franz Xaver (Forstinq): Ueber den Begriff von Verbrechen und Vergehen und deren rechtliche Folgen.- Landshut: Thomann 1810. 155 S.
1810 - Kal 1811
Diss. Ingolst.-Landsh.-Mchn.

Reber, F. X., über den Begriff von Verbrechen u. Vergehen, u. deren rechtl. Folgen; ein Versuch. gr. 8. Landsh. 811. Krüll. 12 ℳ

(Reber, Fr[itz].) Meine Erwiderung auf die Artikel «Bibel, Kunstdünger und Emmenthalerkäse» in Nr. 51 und «Wieder ein Exempel» in Nr. 70 des «Schweizer-Bauer». [Separatabdruck aus der Schweizerischen Milchzeitung, Jahrg. 29, 1903, Nr. 43—46.] 31 S. 8. [Schaffhausen, Kühn & Comp.]

Reber, Fritz. Eine grossmächtige Förderin unserer Käsequalität. Vortrag, gehalten im Schosse des Mittelländ. Käservereins ... 14. März 1905 in Bern. [Sep.-Abdr. aus: Schweizerische Milchzeitung, Jahrg. 31, Nr. 13—16.] 24 S. 8. [Schaffhausen, Kühn & Comp., 1905.] [fr. —. 30]

Reber, Fritz. Die in der Schweiz am meisten verbreiteten Käsefehler und ihre Verteilung auf die verschiedenen Gebiete und Perioden. Vortrag... gehalten an der ersten schweizerischen Milchwirtschaftskonferenz am 27. April 1903 in Rütti-Bern. Separatabdruck aus der «Schweizerischen Milchzeitung» [Jahrg. 29, 1903, Nr. 30 u. 31]. S. 25—37. 8. [Schaffhausen, Kühn & Comp.]

Reber, Fritz. Der allgemeine Stand der Kunstdünger- und Kraftfutterfrage, ihre Beziehung zu unserer Emmenthaler-Käserei und die hieraus sich ergebende Wegweisung für unsere Land- und Milchwirtschaft. Vortrag ..., gehalten an der zweiten schweizerischen Milchwirtschaftskonferenz in Gossau am 25. April 1905. S. 44—64. 8. [Schaffhausen, Kühn & Comp., 1905.]
[Ausschnitt aus: Sammlung von Vorträgen gehalten an der 2. sch' milchwirtschaftlichen Konferenz ... in Gossau ... ;] Separatabdruck aus der «Schweizerischen Milchzeitung» [Jahrg. 31, 1905, Nr. 39—47].

Reber, [Fritz]. Und noch einmal Kunstdünger und Käsefabrikation. II. Antwort von Käserei-Inspektor Reber auf etliche Artikel im «Schweizer-Bauer» und «Emmenthaler-Blatt». Separatabdruck aus der Schweiz. Milchzeitung [Jahrg. 29,] 1903 [Nr. 15—25]. 38 S. 8. [Schaffhausen, Kühn & Comp.]

Reber, Fritz. Und noch einmal Kunstdünger und Käse-Fabrikation. Zweite Antwort auf etliche Artikel im «Schweizer-Bauer und Emmenthaler-Blatt». Separatabdruck aus der «Schweiz. Milchzeitung» ([Jahrg. 29,] 1903 [Nr. 15—25]). 2. durchgesehene etwas ergänzte Aufl. II + 47 S. 8. Schaffhausen, Kühn & Comp., 1903.

Reber, Fritz. Ueber das Zusammentreffen von Tabes dorsalis mit Herzklappenfehlern. Aus der Zürcher medizinischen Universitäts-Klinik.... Diss. Med. Univ. Zürich. 32 S. 8. Zürich-Selnau, Gebr. Leemann & Co., 1910.

Reber, G., Grundsätze d. Waldtaxation rc. u. dessen Handbuch d. Waldbaues, s. a St. Behlen, Handbuch d. Forstwissensch.

Reber, G.: „Grundsötze der Waldtaxation, Wirthschafts-Einrichtung und Waldwerthsberechnung", Bamberg 1827 (Dresch); 2. vermehrte und verb. Auflage Kempten 1840 (Dannheimer).

Reber, G., Handbuch d. Waldbaues u. d. Waldbenutzung, s. Behlen, St.

Reber, H[ans]. Ueber Agglutination der Vaginalstreptokokken gravider Frauen und die durch dieselben hervorgerufene Hämolyse. Von H. R' in Bern. (Mit 20 in den Text gedruckten Kurven.) Sonderabdruck aus «Zeitschrift für Geburtshülfe und Gynäkologie». Bd. 54. Heft 2. II + 40 S. 8. [Stuttgart, Ferdinand Enke, 1905.]
Beiträge zur Kenntnis der Natur und der klinischen Bedeutung der Vaginalstreptokokken. Von Prof. M[ax] Walthard in Bern. Mitteilung 2.

Reber, Hans. Ueber Agglutination der Vaginalstreptokokken gravider Frauen und die durch dieselben hervorgerufene Hämolyse. Diss. Med. Bern. [Mit 20 Kurven im Text.] 40 S. 8. Stuttgart, Union Deutsche Verlagsgesellschaft, 1905.
Aus: Beiträge zur Kenntnis der Natur und der klinischen Bedeutung der Vaginalstreptokokken von Prof. M[ax] Walthard in Bern. Mitteilung 2.
*vgl. Bulletin 1905, S. 181.*

Reber, Hans. Zur Radikaloperation der Femoralhernie. Diss. Med. Basel. [Mit Figuren.] *Kopftitel:* Aus dem Basellandschaftlichen Kantonsspital zu Liestal. Chefarzt Dr L[udwig] Gelpke. 48 S. 8. Basel, Emil Birkhäuser, 1907.

Reber, Joh. Engelbert, Beleuchtung d. Schrift des Bischofs v. Linz, Dr. Gregorius Thomas, üb. d. kölner Thesen. 8. (5 B.) Köln 838, J. G. Schmitz.

Reber, Io. Engelbr., Dogma de Deo omnino incorporeo a crimine tam novitatis, quam repugnantiae cum rationis judiciis, defensum. Dissertat. histor.-dogmat. et philosoph. 8 maj. (7¼ B.) Coloniae 834, Pet. Schmitz. Thlr.

Reber, Joh. Heinrich: De contractu chirographario. 39 S.– Basel. Jur. Diss. v. 5. Juni 1726.

Reber, Joh. Heinrich: Positiones juridicae, s. Waldkirch, Joh. Rudolf von (Praes.)

Reber, J., Platon u. die Poesie. Diss. 1864. 75 S.

Reber, Jos., ein Blick auf Frankreichs Schulwesen. E. pädagog. Skizze. gr. 8. (20 S.) Aschaffenburg 897. (Leipzig, R. Voigtländer.) n. —60

— Johann Amos Comenius u. s. Beziehgn. zu den Sprachgesellschaften. Denkschrift zur Feier des vierteltausendjähr. Bestandes des Pegnes. Blumenordens zu Nürnberg. gr. 8. (61 S. m. 1 Taf.) Leipzig 895. Buchhdlg. G. Fock. n. 1. 50

— s.: Comenius, des Joh. Amos, Sittenvorschriften.

Reber, Jos., die ethischen Elemente im erziehenden Unterrichte. Pädagogische Skizze. gr. 8. (33 S.) Aschaffenburg 877, (Krebs'sche Buchh.) *

Reber, Jos., Festrede, geh. bei der Feier der Eröffnung d. k. höheren weiblichen Bildungsanstalt zu Aschaffenburg. gr. 8. (8 S.) Aschaffenburg 876. Wailandt. n. — 20

— Festrede, gehalten bei der Kaiser-Geburtstagsfeier. 8. (16 S.) Ebendas. 876. *

Reber, Jos., Festrede, geh. am 19. VI. 1909, am Vorabend der Feier der Grundsteinlegg. des König Ludwig-Denkmales, im Zentralsaale der Stadt Bamberg. (12 S.) 8. Bamberg (909). W. E. Hepple. nn — 30

Reber, Jos., ein Gang durch die Stiftskirche. Vortrag. Kleine Festgabe zum Jubiläum der Stiftskirche Aschaffenburgs. 8. (IV, 40 S.) Aschaffenburg 882, Krebs'sche Buchh. *

Reber, Jos., das Geschichtswerk des Florus. Abhandlung. gr. 8. (VI und 71 S.) Freising 865, Datterer.

Reber, Jos., der deutschen Ströme Huldigung. Ein Weihelied zu Deutschlands großem Jubeltag am 22. März 1887. 12. (31 S.) Aschaffenburg 887, Krebs. *

Reber, Jos., d. Joh. Amos Comenius Lebensregeln (Regulae vitae), m. e. einleit. Berichte über d. Comenius Aufenthalt u. Thätigkeit in Elbing vom J. 1642—1648 hrsg. gr. 8. (45 S.) Aschaffenburg 894. (Leipzig, G. Fock.) n. — 80

— s.: Milton's, John, Essay „On education".

Reber, Jos., der Erde Theile. Gedicht zu leb. Bildern. 8. (32 S.) Regensburg 868, Coppenrath.

— der Wettstreit der Jahreszeiten. Gedicht zu lebenden Bildern (zunächst für Mädcheninstitute geeignet.) 8. (19 S.) Regensburg 867, Coppenrath.

Reber, Karl

Reber, Carl, die Gebühren der Gerichtsvollzieher nach den Verordnungen vom 13. Mai 1870 mit Tabb. zur Berechnung derselben, dann der Stempelgebühren für die Gerichtsvollzieherakte. München 870. Lentner. gr. 8. (37 S.) 9 ngr.

Reber, Carl, die Gebühren der Gerichtsvollzieher nach den Verordnungen vom 13. Mai 1870 mit Tab. zur Berechnung derselben, dann der Stempelgebühren für die Gerichtsvollzieherakte. gr. 8. (37 S.) München 870, Stahl.

Reber, Carl, die Gebühren der Gerichtsvollzieher nach den allerhöchsten Verordngn. vom 13. Mai 1870 u. 26. Novbr. 1875, m. Tabellen zur Berechng. derselben dann der Stempelgebühren f. die Gerichtsvollzieherakte. 2. Aufl. gr. 8. (52 S.) München 875. Stahl. n. 2. —

Reber, Carl, die Notariats-Gebühren nach den allerhöchsten Verordnungen vom 19. Jänner 1862 und vom 7. Juni 1863 mit Tab. zur Berechnung derselben, dann der Procent-Taxe für das königl. Aerar, des Gradations-Stempels ꝛc. 1. Aufl. 1862. 15 Ngr. und 2. Aufl. Lex.-8. (144 S.) Landshut 863, Krüll'sche Universitäts-Buchh.

— die Notariats-Gebühren nach der allerhöchsten Verordng. vom 30. Novbr. 1875, m. Tabellen zur Berechng. derselben, dann der verhältnißmäß. Taxe, der Gradations-Stempel-Taxe f. das Aerar, der Reichs-Wechselstempelsteuer, der Erbschafts-Taxen u. der Tax-Tantieme. gr. 8. (169 S.) München 875. Stahl. n. 4. —

— das Strafgesetzbuch für das deutsche Reich vom 26. Febr. 1876, mit den Einführungsgesetzen vom 31. Mai 1870 und 26. Febr. 1876 und dem Reichspreßgesetze vom 7. Mai 1874. Textausg. mit Hinweisungen auf die Bezugsvorschriften und die in den Zeitschriften erschienenen Präjudizien und Abhandlungen. 16. (VIII, 276 S.) Ebendas. 876. cart. *

Reber, M., s.: Jahresbericht des Kinderspitals in Basel.

**Reber, Max**: Die Endausgänge des Hydrophthalmus congenitus ⟨Buphthalmus⟩ im Hinblick auf die Erfolge der medikamentösen und operativen Therapie nach den in der Zeit von 1880 bis 1905 in der Kgl. Univ.-Augenklinik zu Würzburg beobachteten Fällen. Würzburg 1908: Staudenraus. 34 S. 8°

Würzburg, Med. Diss. v. 10. Mai 1909, Ref. Heß

[Geb. 28. Aug. 78 Auerbach, Oberpfalz; Wohnort: Würzburg; Staatsangeh.: Bayern; Vorbildung: Gymn. Erlangen Reife Juli 04; Studium: Pharm. Erlangen 5. Med. Erlangen 4. Würzburg 4 S.; Coll. 29. Juli 08; Approb. 2. Juli 08.] [U 09. 4139

Reber, Max. Über eine bisher nicht beschriebene Form von Rectalstrikturen und eine neue Behandlung derselben. Diss. Med. Basel. ([Mit Figuren.] — Sonderabzug aus Beiträge zur klinischen Chirurgie. Band 31, Heft 1.) 24 S. 8. Tübingen, H. Laupp Jr, 1901.

Reber, Max. Über Tuberkulose der platten Schädelknochen mit besonderer Berücksichtigung der im Basler Kinderspitale vom Jahre 1869—1905 beobachteten Fälle. ⟨Aus der Kinderklinik in Basel ....⟩ Sonder-Abdruck aus Jahrbuch f. Kinderheilkunde. N. F. [Band] 65. H[eft] 2. ... II S. + S. 129—159. 8. Berlin, S. Karger, (1906).

Reber, Oskar, die Antragsdelikte des deutschen Strafrechts. Eine rechtswissenschaftl. Abhandlung. 1. und 2. Lfg. 8. München, Stahl. [1. Lfg. (VIII, S. 1—179.) 873. (ℳ 2,10.) ℳ 2,40.; 2. Lfg. (XX, S. 180—564.) 874. ℳ 5,60.]

Reber, Osk., Ausführungsverordnungen zum Gesetze vom 6. Febr. 1875 über die Beurkundung des Personenstandes und die Eheschließung. Anhang zur erläut. Ausg. dieses Gesetzes. 16. (110 S.) München 876, Stahl. cart. *

Reber, Osk., Erläuterungen zum Gesetze vom 25. Juli 1850 über die Unterstützung und Verpflegung hilfsbedürftiger und erkrankter Personen. gr. 8. (16 S.) Landshut 860, Thomann'sche Buchh.

— die Gebühren der Gerichtsvollzieher nach den allerhöchsten Verordnungen vom 13. Mai 1870 mit Tabellen zur Berechnung derselben, dann der Stempelgebühren für die Gerichtsvollzieherakte. gr. 8. Ebendas. 870.

— Gewerbe-Ordnung f. das deutsche Reich nach dem Einführungsgesetze f. Bayern vom 12. Juni 1872. Gesetzestext m. Anmerkgn. besonders f. Bayern. 16. (128 S.) Ebend. 872. n. — 70

— Gewerbeordnung für das Deutsche Reich nach dem Einführungsgesetze für Bayern vom 12. Juni 1872. Gesetzestext mit Anmerkungen besonders für Bayern. Mit der Vollzugsverordnung vom J. 1872 und den Abänderungsgesetzen von den J. 1876, 1878 und 1879, nebst Gesetz vom 10. März 1879 über die Besteuerung des Gewerbebetriebs im Umherziehen und mit einer Uebersicht sämmtl. Ergänzungsgesetze und Vollzugsvorschriften. 16. (222 S.) Ebendas. 879. cart. *

—— Konkursordnung für das Deutsche Reich vom 10. Febr. 1877. Mit Anmerkungen und Bezugstabellen. 16. (XVIII, 139 S.) Ebendas. 879. cart. *

— Nebengesetze, betr.: I. Den Uebergang von Geschäften auf das Reichsgericht. Vom 16. Juni 1879. II. Die Konsulargerichtsbarkeit. Vom 10. Juli 1879. III. Die Anfechtung von Rechtshandlungen außerhalb des Konkurses. Vom 21. Juli 1879. IV. Die Entscheidung der Kompetenzkonflikte zwischen den Gerichten u. den Verwaltungsbehörden rc. Vom 18. Aug. 1879. V. Die Pensionsanstalt für die Wittwen u. Waisen der Advokaten rc. Vom 18. Aug. 1879. VI. Die Errichtung eines Verwaltungsgerichtshofes rc. Vom 8. Aug. 1878. Mit Vollzugsverordnungen. VII. Das Disciplinargesetz für richterliche Beamte. Mit Anmerkungen, Bezugstabellen u. Registern. 16. (VIII, 258 S.) Ebend. 881. cart. n. 1. 80

—— das bayerische Pflegschaftsrecht. Eine Sammlung aller das Pflegschaftswesen im Königr. Bayern betr. Gesetze, Verordnungen, Ministerialanordnungen, Kreisausschreibungen, Erkenntnisse und Erörterungen, mit Geschäftsformularien und erläut. Noten nebst einer Anleitung zur Anfertigung und Revision von Vormundschaftsrechnungen, sammt systemat. chronolog. und alphabet. Registern bearb. 5 Hefte. gr. 8. Ebendas.

Inhalt:

Heft 1. Das Grundgesetz. Mit erläut. Noten und mit Auszügen aus den Anmerkungen des Frhrn. v. Kreittmayr. (IV, 82 S.) 869. (ℳ 1,60.)
„ 2. Die Bezugsgesetze. (136 S.) 872. (ℳ 1,60.)
„ 3. Die Vollzugsvorschriften. (148 S.) 872. (ℳ 1,80.)
„ 4. Gerichtliche Entscheidungen und wissenschaftliche Erörterungen. (182 S.) 872. (ℳ 1,80.)
„ 5. Tax-, Stempel-, Depositen- und Rechnungswesen. (124 S.) 871. (ℳ 1,80.)

—— das Polizeistrafgesetzbuch für Bayern vom J. 1871. Textausg. mit Bemerkungen und mit Anführung der noch gelt. Polizeivorschriften, nebst Uebersicht und Register. 1. Aufl. (104 S.) 1872, und 2. neubearb. Aufl. 16. (VIII, 112 S.) Ebendas. 875. cart. *

**Reber,** O., Rangordnung f. die königl. bayerischen Hof- u. Staatsbeamten, sowie f. das Militär. gr. 16. (VIII, 108 S.) München 893. Münchner Handelsdruckerei u. Verlagsanstalt M. Poessl. n. 1. —

—— Rechtsanwaltsordnung und Gebührenordnung für Rechtsanwälte. Mit Anmerkungen und Tabellen. 16. (XIV, 152 S.) Ebendas. 879. cart. *

—— Reichs-Einführungsgesetz und bayerisches Ausführungsgesetz zum Gerichtsverfassungsgesetze. Mit Anmerkungen. 16. (XXX, 88 S.) Ebendas. 879. cart. *

—— Reichs-Einführungsgesetz zur Konkursordnung und bayerische Subhastationsordnung [Gesetz, die Zwangsvollstreckung in das unbewegl. Vermögen wegen Geldforderungen betr.] Nebst Anhang. Mit Anmerkungen. 16. (XXXVI, 134 S.) Ebendas. 879. cart. *

—— Reichs-Einführungsgesetz zur Civilprozeßordnung und bayerisches Ausführungsgesetz zur Civilprozeßordnung und Konkursordnung. Nebst Anhang. Mit Anmerkungen. 16. (XXXVI, 167 S.) Ebendas. 879. cart. *

—— Reichs-Gerichtsverfassungsgesetz, nebst Auszügen aus der Reichsverfassung und Reichsgewerbeordnung, sowie Bezugs-, Gerichts- und Zuständigkeits-Tabellen. Mit Anmerkungen. 16. (XXXI, 224 S.) Ebendas. 879. *

**Reber,** O., s.: Schweitzer's Terminkalender für die bayer. Juristen.

— s.: Stahl's Terminkalender f. bayer. Juristen.

— das Strafgesetzbuch f. das deutsche Reich vom 26. Febr. 1876, m. den Einführungsgesetzen vom 31. Mai 1870 u. 26. Febr. 1876 u. dem Reichspreßgesetze vom 7. Mai 1874. Textausgabe m. Hinweisgn. auf die Bezugsvorschriften u. die in den Zeitschriften erschienenen Präjudizien u. Abhandlgn. 16. (VIII, 276 S.) Ebend. 876. n. 1. —

—— Strafprozeßordnung für das Deutsche Reich vom 1. Febr. 1877. Mit Anmerkungen. 16. (XL, 258 S.) Ebendas. 879. cart. *

**Reber,** Osk., bayerische Subhastationsordnung vom 23. Febr. 1879 mit der Novelle hiezu vom 29. Mai 1886, nebst Ergänzungsgesetzen, Erläuterungen und Formularien und Reichseinführungsgesetz zur Konkursordnung. Neue Ausg. 12. (XXVI, 134; VII, 155 S.) München 887, Stahl sen. cart. *

**Reber,** Oskar, Tabellen sämmtlicher Collegial- und Einzelngerichte des Königreiches Bayern nebst deren Bevölkerungszahl und der dort angestellten Gerichtsvollzieher. 8. Ebendas. 870.

—— Taschenbuch des bayerischen Fischereirechts. [1. Thl.] 16. (X, 186 S. mit 1 Tab.) Ebendas. 885. cart. *

— Taschenbuch d. bayer. Fischereirechts. Ergänzungsbd. 16. (VI, 138 S.) Ebd. 889. n. 1.20 (1. u. 2.: n. 2.80)

—— bayerisches Vollzugs-Einführungs-Gesetz zum Strafgesetzbuche für das deutsche Reich. Textausg. mit Anmerkungen und 3 Anh. I. Zuständigkeitstabelle. II. Tabelle der behandelten Gesetze. III. Alphabetisches Repertorium zum Straf- und Polizeistrafgesetzbuche, Einführungs- und Vollzugseinführungsgesetze. 16. (172 S.) München 872, Stahl. cart. (75 Pf.)

**Reber,** Osk., Vollzugsvorschriften zu den Justiz-Gesetzen von 1877/79. Mit Bezugstabellen, systemat. u. alphabet. Registern. 2 Thle. 16. (XVIII, 747 S.) München 880. Stahl. cart. n. 4. —

— deutsches Civilehe-Gesetz. Reichsgesetz üb. die Beurkundg. d. Personenstandes u. die bürgerl. Eheschließg. Mit Erläutergn. 16. (100 S.) Ebend. 875. n. — 50

**Reber,** Osk., Civilprozeßordnung vom 30. Jan. 1877. Mit Anmerkungen. gr. 16. (XV, 879 S.) München 879. Stahl. cart. n. 2. 20

**Reber** P.: Geometrie, Trigonometrie u. Polygonometrie. Kempten 1843. 448 S. 9 Tvl.
(Handbuch d. Arithmetik, Geometrie ... Abth. 2).3.

**Reber,** Paul, hie Basel — hie Schweizerboden! Bilder aus dem Leben der Eidgenossen. Mit Federzeichngn. v. Karl Jauslin. gr. 8. (40 S.) Basel 901. B. Schwabe. n. — 80

**Reber,** Paul, Christnacht. Ein Gedicht. Aarau 859. Christen. 16. (42 S.) n. 10 ngr.

**Reber, Paul.** Apollo's Leier. Festspiel z. 25jährigen Stiftungsfeier der Basler Liedertafel. Basel, Schweighauser. 1880.

**Reber,** Paul. Musenkinder und Kinder der Musse. Gedichte aus alter und neuer Zeit. XII + 263 S. 8. Basel, Benno Schwabe, 1907. [fr. 3. —, geb. 4. —]

**Reber,** Paul, der Wunderbecher. Eine Zunftgeschichte in 1 Aufzug. 8. (35 S.) Basel 893. B. Schwabe. n. — 80

P[aula] M. **Reber.** Erinnerung in Wort und Bild an die Gesamtaufführung des Goethe'schen Faust auf d. kgl. Hofbühne zu München. *München: L. Finsterlin 1895.* (IV S., 1 Bl., 32 S., 2 Portr., 1 Portr.-Taf., 7 Taf., 2 Beil.) 1 Bd quer-8. [97. 267

REBER, Peter: Grundsätze der Wald-Taxation, Wirtschafts-Einrichtung und Waldwerths-Berechnung. - Bamberg 1827. - (=5. Tl. v. Handbch. d. Forstwissensch. u. ihrer Hilfswissenschaften. Hrsg. Stephan Behlen u. Peter Reber)- 2. Aufl. u. d. T.: Handbuch der Waldtaxation, Wirtschafts-Einrichtung und Waldwerths-Berechnung. - Kempten 1840. 468 S.

Reber, Pet., Handbuch d. Arithmetik, Geometrie, Streometrie, Trigonometrie u. deren prakt. Anwend. f. Forstmänner, Militärs, Beamte u. Alle, welche sich in dieser Wissenschaft selbst unterr. wollen. 2 Abthln. gr. 8. Kempten, Dannheimer.
Abthl. 1. Die reine u. angewandte Arithmetik. (19 B.) 841. 1 Thlr. 8 Gr.
" 2. Geometrie, Trigonometrie u. Polygonometrie. ($28\frac{3}{4}$ B. u. 9 Stnt.) 843. 2 Thlr. 12 Gr.

—— Handbuch d. prakt. Landwirthschaft f. Gutsbesitzer, Oekonomen u. Landwirthe, mit besond. Rücksicht auf d. landwirthschaftl. Betrieb in Bayern. gr. 8. ($37\frac{3}{4}$ B. incl. Tabn. u. 1 Kpfrt.) Nürnberg 839, Fr. Campe.

Reber, P., Handbuch der praktischen Landwirthschaft für Gutsbesitzer, Oekonomen u. Landwirthe mit besond. Rücksicht auf den landwirthschaftl. Betrieb in Bayern. Mit 1 Kpfrtaf. (in Fol.) u. 5 Tab. 2. (Titel-)Ausg. Nürnberg (839.) 857. Lotzbeck. 8. (XVI, 560 S.) 1 ℳ.

REBER, Peter: Handbuch des Waldbaues und der Waldbenutzung. - München 1831. 416 S., 4 Tab. - (=3. Tl. v. Handbch. d. Forstwissensch. u. ihrer Hilfswiss. hrsg. v. Stephan Behlen u. Peter Reber)

—— Handbuch d. Wald-Taxation, Wirthschafts-Einrichtung u. Waldwerths-Berechnung. 2., verb. u. verm. Aufl. gr. 8. ($48\frac{1}{2}$ B. u. 6 Tab.) Kempten 840, Dannheimer.

—— Tabellen über Längen-, Flächen- u. Körpermaaße, über den innern u. gangbaren Werth der Münzen, über Vergleichung verschied. Handelsgewichte, Ellen-, Getreid- u. Getränkmaaße aller Länder rc. gr. 8. (5 B. u. 1 lith. Tab.) Kempten 843, Dannheimer.

—— der Waldschutz u. die Forstdirection. Mit 2 ill. Taf. Abbildungen der Forstinsekten, 3 lith. Tab. (auf 2 B. in gr. Fol.) u. 4 gedruckten Tabellen. gr. 8. ($39\frac{1}{8}$ B.) Augsburg 842, Kollmann'sche Buchh.

Reber, Rob., Deutschland, wache auf! 18. Jan. 1871. 28. Septbr. 1883. Dichtung. V. e. sächs. Mitkämpfer aus Deutschlands großer Zeit. 1870/71—1895. gr. 4. (8 S. m. illustr. Titel u. 1 Bildnis.) Dresden (Cranachstr. 19) 895. Selbstverl. n. — 50; geb. in Leinw. 1. 50

Reber, R[obert]. Erläuterungen zur Beilage: Plan der Stadt Bern mit der III. und IV. Stadtbefestigung. 4. [Bern 1891.]
Festschrift zur VII. Säkularfeier der Gründung Berns. (Theil 7.)

Reber, Rob., die Truppen-Parade zu Ehren Sr. Maj. d. Königs Albert v. Sachsen aus Anlaß Allerhöchst Seines 70. Geburtstages u. des 25jähr. Reg.-Jubiläums am 23. IV. 1898 u. die Huldigungs-Parade des kgl. sächs. Militärvereins Bundes u. d. Freien Vereinigg. Kampfgenossen v. 1870/71 zu Dresden am 24. IV. 1898, geschild. im Glanze der Erinnerg. an Deutschlands große Zeit. [Aus: „R., König Albert v. Sachsen".] gr. 8. (51 S.) Dresden 898. (H. Morchel.) n.n. — 60

Reber-Alge, Hermann. Geschichte der Stenographie in der deutschen Schweiz, mit besonderer Berücksichtigung des Allgemeinen Schweizerischen Stenographenvereins. Nach S(ines) Alges Manuskript in 2. Aufl. ergänzt von H' R'-A'. [5 Lieferungen. Illustriert.] IV + 311 S. 8. Wetzikon-Zürich, Hermann Bebie, 1909(—1910). [geb. fr. 8.—]

Rebes, Geo., Penn und Schenu. Eine ägypt. Dorf-, Soldaten und Einsiedler-Geschichte aus dem 1. Jahrh. nach Christus. Nach einer aufgefundenen Papyrusrollen-Handschrift. 8. (72 S.) Großenhain 887, Baumert und Ronge.

Rebeur, C. A. E., s. Rebeur, Chr. Ludwig

v. Rebeur, Chr. Ldw., († d. 11. Jan. 1809.) über den ungünstigen Anfang der v. Carmerschen Justizverbesserung. 8. Berl. 794. Schöne. 4 gr.

[Rebeur, Chr. Ludw. v.]: Aufstellung zwölf falscher Behauptungen die das Büchelchen betitelt: „Ueber den ungenannten Tadler der neuen Prozeßordnung" enthält. Meinen Mitbürgern zugeeignet. Leipzig 1786.
[Nebentit.:] Énumération de douze fausses assertions, cont. dans le livret intitulé: „Sur le détracteur anonime de la nouvelle procédure".

*Rebeur, C. A. E.* Ueber die Betteley als eine Landplage. *Prenzlau.* (*Schöne in Berlin*). 1789

Rebeur, Chr. Ldw., Ueber die Bettlerlandplage auf dem Lande und in kleinen Städten. 8⁰. Berlin, Schöne, 1789.

Rebeur, C. L. von: „Ueber die Bettlerlandplage auf dem Lande und in kleinen Städten Eine ländliche Unterredung", Prenzlow 1789 (Ragozy).

— d. Einfluß d. allgem. Nationalgesetzbuchs in d. Wohl d. Menschh. 8. Lemgo. (Gräff, Leipzig.) 789.

— über den Einfluß d. allgem. Nationalgesetzbuchs auf d. Wohl der Menschheit. 8. Lemgo 795. (Wienbrack in Leipz.) 4 gr.

— fragment d'un dialogue entre le Président. Montesquieu et le Doct. Heinius, et quelques mots sur le patriotisme et l'éducation, 8. Berl. 794.

— über die neue Preuß. Justizform; aus d. Französ. gr. 8. Hannov. 789. Helwing. 4 gr.

— über die Seelen der Thiere, od. Darstell. e. jesuitischen Speculation. 8. Prenzlau 791. Berl. 794. Schöne. 3 gr.

von Rebeur-Paschwitz, Ernst [illegible]: Über die Bewegung der Kometen im widerstehenden Mittel, mit besonderer Berücksichtigung der [illegible] Kometen. Berlin 1883. 47 S. [illegible]
Berlin, Phil. Diss. v. [illegible] Juli 1883

Rebeur-Paschwitz, E. v., das Horizontalpendel u. seine Anwendung zur Beobachtung der absoluten u. relativen Richtungs-Aenderungen der Lothlinie. Ergebnisse einiger m. Unterstützg. der königl. preuss. Akademie der Wissenschaften in den J. 1889—1892 auf den Observatorien zu Wilhelmshaven u. Potsdam, sowie in Puerto Orotava auf Teneriffa ausgeführter Beobachtungsreihen. [Aus: „Nova Acta d. ksl. Leop.-Carol. deutschen Akad. d. Naturforscher".] gr. 4. (216 S. m. 5 Taf.) Halle a/S. 892. (Leipzig, W. Engelmann.) n. 15. —

Rebeur-Paschwitz, E. v., Hülfstafeln zur Berechnung der Parallaxe f. Cometen- u. Planetenbeobachtungen nach Hanson. [Aus: „Veröffentlichgn. der Grossherz. Sternwarte Karlsruhe".] gr. 4. (24 S.) Karlsruhe 889. (Braun.) n. 1. —

[von Rebeur-Paschwitz, E.]: Vorschläge zur Errichtung eines internationalen Systems von Erdbeben-Stationen. (Strassburg) 1896. 15 S. 8°.

**Rebhahn, Franz;** ein satyrisch-komischer Roman. Baireuth 1806. V: *Germann.* (Ky)

**Rebhahn, Franz; ein satyr.-kom. Roman (von Germann).** 2 Thle. Mit Vign. 8. Baireuth 806. Lübeck. (Grau in Hof). (Schnuphase in Altenb.) 1 ℛ 12 gℊ

Hugo **Rebhan**, das erste Kapitel des ersten Buches der Aristotelischen Metaphysik und seine Bedeutung für diese wie für jegliche Metaphysik. Lauenburg a. d. Elbe. 1883. 4°. Realprog.-Progr.

Rebhan, Hugo Das erste Kapitel des ersten Buches der aristotelischen Metaphysik u. seine Bedeutung für diese wie für jegliche Metaphysik. XVI S. **Progr.** *Lauenburg a. E.* 1884.

**Rebhan**, Johann [Praes.], s. Gambs, Paul: Hypotyposis, et summaria delineatio quaestionis, quae uxor mercatrix, Ein Kram oder Marck Frau/ sit & proprie dicatur.

**Rebhann** Andreas: Die Steuer- und Militärreformen Matthias Corvins. 35. Mähr. Schönberg 98. **Progr.**

**Rebhann**, Andreas: Verwaltungs- und Territorialgeschichte Krains vom 9. bis 12. Jahrhundert. Phil. Diss., Prag 1897/1898

*Rebhann Ant.*: Einfluss der französischen Literatur auf die große Revolution Frankreichs im 18. Jahrh. 51. Brüx 84. **Progr.**

**Rebhann, Ant.**, Lehrbuch der allgemeinen Geschichte f. die oberen Klassen der Realschulen u. anderer verwandter Lehranstalten. 3 Tle. Nach dem Lehrbuche A. Zeehes f. Gymnasien bearb. gr. 8. Laibach, I. v. Kleinmayr & F. Bamberg. Geb. in Leinw. n. 7. —
1. Geschichte des Alterthums. (VIII, 209 S.) 900. n. 2. 40
2. Geschichte des Mittelalters u. der Neuzeit bis zum Ende des 30jährigen Krieges. (VII, 224 S. m. 3 Stammtaf.) 901. n. 2. 60
3. Geschichte der Neuzeit seit dem westfäl. Frieden. (V, 151 S. m. 2 Tab.) 902. n. 2. —

**Rebhann Anton**, Lehrbuch der allgemeinen Geschichte für die oberen Klassen der Realschulen und anderer verwandter Lehranstalten. II. Teil: Geschichte des Mittelalters und der Neuzeit bis zum Ende des 30jährigen Krieges. Nach den Lehrbüchern A. Zeehes für Gymnasien bearbeitet. 2., im wesentlichen unveränderte Auflage. Laibach 1906. Kleinmayr und Bamberg. Geb. K 2.60.

**Rebhann Anton**, Lehrbuch der allgemeinen Geschichte für die oberen Klassen der Realschulen und anderer verwandter Lehranstalten. III. Teil: Geschichte der Neuzeit seit dem westfälischen Frieden. Nach dem Lehrbuche A. Zeehes für Gymnasien bearbeitet. 2., im wesentlichen unveränderte, somit gemäß Min.-Erl. vom 22. November 1901, Z. 3 864, allgemein zulässige Auflage. Laibach 1908. Kleinmayr und Bamberg. Geb. K 2.—.

— Lehrbuch der Geschichte des Altertums, s. a. Hannak, Eman.

**REBHANN, Anton**

Lehrbuch der Geschichte des Alterthums für die oberen Classen der Realschulen und anderer verwandter Lehranstalten. Nach dem Lehrbuche A. Zeehes für Gymnasien bearbeitet von Anton Rebhann. Mit Erlass des hohen k. k. Ministeriums für Cultus und Unterricht vom 24. Februar 1900, Z. 4127, zum Lehrgebrauche an Realschulen mit deutscher Unterrichtssprache als allgemein zulässig erklärt. Laibach. 1900. Kleinmayr & Bamberg. Gr.-8°. VIII, 209 S. K 2.—, geb. K 2.40

**Rebhann Anton**, Lehrbuch der Geschichte des Altertums für die oberen Klassen der Realschulen und anderer verwandter Lehranstalten. Nach dem Lehrbuche A. Zeehes für die Gymnasien bearbeitet. 2., im wesentlichen unveränderte Auflage. Laibach 1906. Kleinmayr und Bamberg. Geh. K 2.—, geb. K 2.40.

**Rebhann, Anton**, Lehrbuch der Geschichte des Altertums für die unteren Klassen der Mittelschulen. 4. (nach Hannak 15.), nach den neuen Lehrplänen bearbeitete Auflage. Wien 1910. A. Hölder. Geb. K 1.90.

**Rebhann**, Ant., Lehrbuch der Geschichte f. d. oberen Klassen der Realschulen, Realgymnasien u. Reformrealgymnasien. Nach dem Lehrbuche A. Zeehes f. Gymnasien bearb. 1. u. 2. Tl. gr. 8. Laibach, I. v. Kleinmayr & F. Bamberg. Geb. in Leinw. 4. 20
1. Das Altertum. 3., auf Grund der neuen Lehrpläne umgearb. Aufl. (VI, 211 S.) 910. Geb. 2. —
2. Geschichte des Mittelalters u. der Neuzeit bis zum westfäl. Frieden. 3., auf Grund der neuen Lehrpläne umgearb. Aufl. (VII, 219 S.) 910. Geb. 2. 20

**Rebhann**, Ant., Lehrbuch der Geschichte f. Mittelschulen, s.: Hannak, Eman.

— **Lehrbuch der Geschichte der Neuzeit für die unteren Klassen der Mittelschulen**, s.: Hannak, Eman.

**Rebhann**, Frz., am Strande v. Abbazia. Lieder an e. Verstorbene. 8. (VIII, 46 S.) Dresden 893. E. Pierson. n. 1. 20; geb. in Leinw. n. 2. —

**Rebhann**, Geo., höhere Ingenieur-Wissenschaften. Theorie der Holz- und Eisen-Constructionen, mit besond. Rücksicht auf das Bauwesen. gr. 8. (XIV und 604 S. mit eingedr. Holzschn.) Wien 853, Gerold's Sohn. *

**Rebhann**, Geo., höhere Ingenieur-Wissenschaften. 2. Bd.: Theorie des Erddruckes und der Futtermauern mit besond. Rücksicht auf das Bauwesen. 6 Hefte. gr. 8. (X, 544 S. mit in den Text eingedr. Holzschn.) Wien 869—71, Gerold's Sohn. à Heft *ℳ 2,70. *
1. Bd. Ebendas. 1853. *ℳ 14,40.

**Rebhann**, Geo., Theorie der Holz- und Eisen-Constructionen, mit besonderer Rücksicht auf das Bauwesen. Wien 856. Gerold. gr. 8. (XIV, 604 S. m. Holzschn. im Text.) n. 4 ℛ. 24 ngr.

**Rebholz**, Fr., Anleitung zur Anlage u. Unterhaltung v. Baumpflanzungen an d. Straßen. Im Auftrage des königl. bayer. Staatsministeriums des Innern, Abteilg. f. Landwirtschaft, Gewerbe u. Handel verf. 3. verb. u. verm. Aufl. (46 S.) kl. 8. Nürnberg 906. U. E. Sebald. —30

**Rebholz**, Fr., kurze Anleitung zur Ernte, Sortierung, Aufbewahrung u. Verpackung des Obstes. (Die wichtigsten Maßnahmen zur Förderg. der Obstverwertg., m. 31 Abb.) Im Auftrage des königl. bayer. Staatsministeriums des Innern, m. Unterstützg. des Landesverbandes bayer. Obstbau-Vereine verf. 2., verb. u. verm. Aufl. (32 S.) kl. 8. Nürnberg 906. U. E. Sebald. —30

**Rebholz**, F., Anleitung zum Obstbau. Der Obstbaum, seine Erziehg., Pflanzg. u. Pflege, seine Freunde u. Feinde, sowie die Verwertg. seiner Ernten. Ein Leitfaden f. den Unterricht im Obstbau an landwirtschaftl. Lehranstalten u. f. Fortbildungsschulen, sowie auch zum Selbstunterricht f. Gärtner, Obstzüchter, Landwirte u. Gartenbesitzer. 8. (VIII, 88 S. m. 93 Abbildgn.) Wiesbaden 894. R. Bechtold & Co. n. 1. 50

**Rebholz**, F., Anleitg. zum Obstbau m. spezieller Berücksicht. der Spalierzucht. Der Obstbaum, seine Erziehg., Pflanzg. u. Pflege, seine Freunde u. Feinde, sowie die Verwertg. seiner Ernten. Ein Leitfaden f. den Unterricht im Obstbau an Obstbauschulen, landwirtschaftl. Lehranstalten u. in Fortbildungsschulen, sowie auch zum Selbstunterricht f. Gärtner, Obstzüchter, Landwirte u. Gartenbesitzer. 2. wesentlich verm. u. verb. Aufl. Mit 132 Abbildgn. gr. 8. (XII, 183 S.) Wiesbaden 899. R. Bechtold & Co. n. 2. 50

— Anleitung zum Obstbau m. spezieller Berücksicht. der Spalierzucht. Der Obstbaum, seine Erziehg., Pflanzg. u. Pflege, seine Freunde u. Feinde, sowie die Verwertg. seiner Ernten. Ein Leitfaden f. den Unterricht im Obstbau an Obstbauschulen, landwirtschaftl. Lehranstalten u. in Fortbildungsschulen, sowie auch zum Selbstunterricht f. Gärtner, Obstzüchter, Landwirte u. Gartenbesitzer. 3., wesentlich verm. u. verb. Aufl. (XII, 206 S. m. 184 Abb.) 8. Wiesbaden (906). R. Bechtold & Co. 2. 60

— Obstbaum-Beobachtungs- u. Ertrags-Buch, unter Mitwirkg. des Landes-Verbandes bayer. Obstbau-Vereine. (95 S.) Lex. 8. Ebd. (908). nn — 80

— Die Obstbaumpflege, s.: Merkblätter, landwirtschaftliche.

— Die empfehlenswertesten Obstsorten f. das Königr. Bayern. Bayer. Landesobst-Sortiment nach seiner Revision im J. 1907. Nebst e. Anleitg. zur Pflanzung u. Pflege der Obstbäume in den ersten Jahren nach der Pflanzg. Im Auftrage des kgl. bayer. Staatsministeriums u. des Landesverbandes bayer. Obstbauvereine bearb. (78 S. m. 22 Fig. u. 30 farb. Taf.) 8. Nürnberg 908. W. Tümmel. Kart. 2. 50

Rebholz, Jos., Unsere liebe Frau zu Einsiedeln. Ein Lehr- u. Trostbuch f. Einsiedlerpilger. Mit Abb. der Altäre u. Stationen. (384 S. m. Titelbild.) 16. Einsiedeln (908). Eberle, Kälin & Co. Geb. in Leinw. 1. 10

Rebhu, Jan [Pseud.], s. Beer, Johann

Rebhu, Jan [Pseud.], s. Huber, Joh.

**Rebhuhn, A., u. E. Wilke,** Gedenkblatt zum 100. Geburtstage Adolf Diesterweg's. [Aus: „Neue Bahnen".] gr. 8. (40 S.) Gotha 890. Behrend. n. — 60

**Rebhuhn,** Adf., s.: Diesterweg, Adf., Briefe.

Rebhun's, Paul, Dramen. Hrsg. von Herm. Palm, s. Bibliothek des litterarischen Vereins in Stuttgart, Bd. 49.

**Rebhun,** Paul, Susanna, s. National-Litteratur, deutsche, Bd. 213.

Beilage zur Morgenzeitung. No. 26—28. Hannover, 1845. 4°.
Abdruck der ersten Ausgabe von Rebhun's Susanna (1536) mit einer Einleitung von K. Goedeke.

„Zum Johannisfest". Festcantate, gedichtet von Wissmann, comp. von **Rebicek.** o. O. u. J. 12 Bl. 8° [Umschlagtit.]
Mit Noten: „Hoch ist's am Tag!" Partitur u. 4 Stimmen. 143.

**Rebíček, Heinr.,** neue abgekürzte rationelle Güterbuchführung in Doppelposten m. besond. Berücksicht. der Personaleinkommensteuervorschriften. (264 S.) Lex.-8. Prag 903. J. G. Calve. n. 8. —

**Rebischke, R.,** De Silii Italici orationibus. Diss. 1913. 141 S. 3.—

REBITZER, Berthold (Ottensoos): Zur Kenntnis des Krebses der Speiseröhre.- Nürnberg: Stich 1889.
52 S.
24.7.1889 - Chr 1889/90,26; Jv 1889/90,228
**Diss.** Ingolst.-Landsh.-Münn.

**Reblaus, Die.** Chur 1886. V: *Frey, J....* (BSchwLk V, 9 ab)

**Reblaus,** die. Plakat in Farbendr. m. erklär. Text. 38×46 cm. Berlin 890. P. Parey. n.n. — 50

**Reblaus,** die, in der Schweiz während d. J. 1878–80. Bericht der eidg. Commission. Genf 1879 — Bern 1881.

**Reblaus-Gesetze.** Sammlung der im Königr. Preußen gelt. Reichs- u. landesgesetzl. Vorschriften u. sonst. Anordngn. zur Verhütung der Einschleppg. u. Weiterverbreitg. der Reblaus, sowie zur Bekämpfg. derselben. Im amtl. Auftrage zusammengestellt. Abgeschlossen im Oktbr. 1889. 8. (117 S.) Berlin 890. Parey. In Leinw. cart. n. 1. —

**Reblin, C.** [Dr.]: Zur Basler und Strassburger Recension von Lamprechts Alexander. *Neubrandenburg* (1889); 42 S. 4°
Neubrandenburg, G, OP 1889 (623)

Reblin, Karl

Reblin, Carolus, de Nonii Marcelli locis Plautinis. Part. I. Diss. Geifswald 1886, Jul. Bindewald. 8°. 63 S.

Reblin, M. J., Fürstenrechnung z. Unterhalt. und z. Nutz. d. Regenten. gr. 8. Wien. Hertel. 772.

Rebling, Lateinisches und Romanisches. gr. 8. (5 S.) Wesel 882, (Kühler.) *

—— Versuch einer Charakteristik der römischen Umgangssprache. 2. mit einigen Veränderungen vers. Abdr. gr. 8. (48 S.) Kiel 883, Lipsius und Tischer. *
1. Aufl. erschien als Schulprogramm.

Rebling, E., Spruchpraxis des Appellationsgerichts zu Eisenach, s. Blätter für Rechtspflege in Thüringen.

**Rebling,** E., Spruchpraxis des Apellationsgerichtes zu Eisenach. 1. Bd. 1. Heft. Weimar 867. Böhlau. gr. 8. (IV, 132 S.) n. 25 ngr.

— — 1. B. 2. Heft, s. Blätter für Rechtspflege in Thüringen.

Rebling, G., und A. G. Ritter, Choral-Melodien für Kirche, Schule und Haus mit untergelegtem Texte. 2 Hefte. gr. 16. (86 S.) Magdeburg 855, Heinrichshofen'sche Buchh.

**Rebling,** O., Lateinisches u. Romanisches. gr. 8. (5 S.) Wesel 882. (Kühler.) n. — 40

**Rebling, O.,** Observat. crit. in L. Annaeum Senecam patrem. Diss. 1868. 44 S.

Rebling, O. Versuch einer Charakteristik der römischen Umgangssprache auf syntaktischem und lexikalischem Gebiete. Kiel. G., 1873. 27 S. 4. Progr.

**Rebling,** O., Versuch einer Charakteristik der römischen Umgangssprache. 2., mit einigen Veränderungen versehener Abdr. gr. 8. (48S.) Kiel 883. Lipsius & Tischer. n. 1. 20

**Rebling,** [Oskar], Dir. Dr.: Bericht über die Feier zur Einweihung des neuen Schulgebäudes. Altena 1904: Roland Kord-Ruwisch. (S. 21—26.) 4° [F.]
Altena, RPG (RG i. E.)OP 1904 (401)

Rebling, [Oskar]: Die Einweihung des neuen Schulgebäudes. S. 21--25. 4.
Progr.

Niebling, Wilh., Handbuch f. den Militäranwärter-Unterricht im Französischen. (31 S.) 8. Oppeln 910. H. Muschner. n —50

Der Rebmann. Praktischer Kalender für das Jahr ..., enthaltend ... allerlei Aufsätze über Rebbau, .... 1886.1887. Colmar 1886-87. -- Bibliothèque Nationale et Universitaire de Strasbourg*

Rebmann, Andreas Georg Friedrich

– s.a. Rabiosus d. Jüng., Anselm.

– s.a. Apologie e. geh. Gesellschaft.

**Apologie einer geheimen Gesellschaft edlerer Art gegen die Angriffe eines Ungenannten. Nebst einigen Bemerk. über geheime Verbindungen überhaupt, und die sogenannten Schwarzen Brüder insbesondere von J. Z. S. M. [d. i.: Georg Friedr. Rebmann]. Frankfurt u. Leipzig [Erlangen: Walther] 1792. 38 S. 8°**
Kl. 2790, Tt. 803. Bestreitet, dass der Orden der Schwarzen Brüder (Harmonieorden) eine Studentenverbindung sei. 23.

Rebmann, Andr. Geo. Fr., († d. 16. Sept. 1824.) vorläuf. Aufschluß über mein Staatsverbrechen rc., s. a. Ungeheuer, graues. Anhang.

— vorläuf. Aufschl. üb. m. sogen. Staatsverbrechen rc. 8. Altona, Bechtold. 796.

— Beantwortung u. Prüfung der von den Kur-Mainzisch. Criminal-Gerichten zu Erfurt gegen mich erlass. Edittal-Citation. 8. Amsterd. (Hamb.) 796. Villaume. 3 gr

Rebmann, Andr. Geo. Fr.: Beleuchtung der Kernerisch. Schrift: Ueb. reichsständ. Abzugsrecht u. s. w. *Regensb.*, (Manz.) 791. 8. (8 Gr.)

— Beleuchtung d. Kernerisch. Schrift: Ueber reichsständ. Abzugsrecht rc. 8. Regensb. 791. Montag u W. 8 gr

— Blick auf die vier neuen Departements d. linken Rheinufers, in Hinsicht auf Kunstfleiß, Sitten rc. 8. Cobl. 802. Lassaulx. 10 gr — Dass. französ. Ebd. 12 gr

– s.a. Briefe über Erlangen.

Briefe (15+9) über Erlangen 2 Thle. (Vf.: *Andreas Geo. Friedr. Rebmann*). Frankfurt u. Leipzig 1792. 8°. (15 Mk., unbeschn. Expl., Adolf Weigel, 1906.)
Rar! I: 171 S., 1 S. Nachschrift, 1 weißes Bl. Ohne alle Vorrede. II: VI, Nebentit., 128 S. (incl. S. 1—18 „Apologie des Verfassers des ersten Theils", dat. 1. Febr. 1792). — Vf. genannt im Anon.-Lex. I. p. 269.

— Bruchstücke aus meinem polit. Glaubensbekenntnisse. 8. Hamb. 796. Vollmer. (Herold jun.) 4 gr

Gallerie der Orden. Ein Gegenstück zu den schwarzen Brüdern von Ign[az] Rebmann. Bd 1. Einleitung und der Amicisten Orden. Göttingen, Jena, Leipzig: Akademische Buchh. 1811. XII, 212, XVI, 407 S. 8°
Kl. 2800. Nicht mehr erschienen. Nach Kl. 2800 wörtlicher Abdr. von: Turin, B.: Üb. das Verbrechen geheim zu sein, u. die Strafbarkeit desselben. 1801, und von: Rechtscritik des Amicisten-Ordens. 1800. 23.

— s. Geiszel, die. 1797.

– Geschichte

* — — Elias Drehkopfs, eines Kraftgenies, Soldaten, Schauspielers, Mitglieds geheimer Gesellschaften, Züchtlings u. Wunderthäters, neu bearb. vom Verf. der „Empfindsamen Reise nach Schilda" *(A. G. F. Rebmann)*. 2 Thle. Halle, bey Joh. Gottfr. Ruff, 1795. 8°. 256 + 256 S. (4 Mk. Max Harrwitz, 1903.)
Zum Theil derb u. frei. — Hat auch d. Titel: Geschichte eines Kraft-, Licht- u. Dranggenies etc. Ib. eod. anno.
„Fehlt unter Rebmann's Schriften bei Meusel u. Goedeke; er ist wol Verf. der auf dem Tit. gen.: Empfindsamen Reise nach Schilda. Leipzig 1793. 8°. M. Kpf., aber es ist möglich, dass ein Anonymus absichtlich diese Bezeichnung machte, um unentdeckt zu bleiben; ausserdem wird das Buch dem damals allerdings erst 22jähr. Karl Heun, später unt. d. Nam. *Heinr. Clauren* bekannt, zugeschrieben." (Carl Wallstein.)

— Geschichte der Revolution v. 18. Fructidor, oder der Sturz Carnots u. A. m. 8. Hamb. 798. (Herold jun.) 8 gr

— vollst. Gesch. m. Verfolg. u. m. Leiden. 8. Hamb. Villeaume. 796.

Rebmann, G. F. Haydeblümchen, 8. Hamburg, 796. Mutzenbecher. 20 sgl.

— Haideblümchen. 8. Hamb. 796. Villaume. 16 gr (Aus denselben ist abgedruckt d. Wächter der Burg Zion, s. unten: Wächter.)

– s.a. Hessel, Damian.

(Rebmann, And. G. F.): Damian Hessel u. seine Raubgenossen; actenmäss. Nachr. üb. d. Gegenden, wo sich gegenwärtig d. Ueberbleibsel d. zerstreuten Niederländer, Crevelder u. Mörsischen Räuberbanden aufhalten; üb. d. neueste Art ihrer Diebstähle u. d. Kunstgriffe, die sie anwenden, um sie zu begehen u. zu verhehlen; nebst Anzeige d. Mittel, die man anzuwenden hat, um diese Banden zu zerstören, u. sein Eigenth. gegen sie zu sichern, u. ein. Winken f. Polizeybehörden; zunächst f. Beamte an den Gränzen Frankreichs u. Deutschl. bearb. v. e. gerichtl. Beamten. *Mainz*, Kupferberg. 810. 8. (3 Gr.) (N. A. 811.)

**(REBMANN,** A. G. F. v.) Damian Heffel und feine Raubgenoffen. Aktenmäßige Nachrichten über einige gefährliche Räuberbanden, ihre Taktik und ihre Schlupfwinkel usw. Bearbeitet von einem gerichtlichen Beamten. 3. Auflage. Mit 1 Titelkupfer (Portrait). Mainz 1811. 158 S. und 1 Bl.
Nicht bei Goedeke V, 547, 6. Selten.

Rebmann, Andr. Geo. Fr., Holland u. Frankreich in Briefen, geschrieben auf e. Reise v. der Niederelbe nach Paris 1796. 2 Thle. 8. Paris u. Cöln. (Hamb.) 797. Villaume. 1 Thlr. 16 gr

Rebmann, Andr. Geo. Fr., Kleinigkeiten aus d. Brieftasche Peter Roberts; herausgg. v. Germann. 8. Hamb. 796. (Herold jun.) 18 ℊ

– s. Laterne bei Tag.

— Leben u. Thaten d. jüng. Hrn. v. Münchhausen, wohlweisen Bürgermeister in Schilda. 8. Hamb. 795. (Herold jun.) 8 ℊ

— Magazin f. deutsche gerichtl. u. Polizeibeamte. 2 Bde à 3 Hefte. 8. Mainz 811—813. Kupferberg. 3 ℛ 8 ℊ Daraus apart: Uebersicht aller Vergehen u. Verbrechen, die in Hinsicht auf Conscription vorkommen. gr. 8. Ebd. 812. 8 ℊ

— die 5 Männer, Leben der 5 jetzt in Frankreich regier. Direktoren. 8. Hamb. 797. (Herold jun.) 12 ℊ

— d. 5 Männer, Leben d. in Frankr. regier. Directoren. 8. Hamburg, Vollmer. 797.

– s. Ministerium der Hölle.

– s. Miscellen, histor.-polit.

**HEINRICH** von Neideck, Ein romantisches Gemälde aus dem Mittelalter (von *Andreas Georg Friedr. Rebmann*). Erlangen in der Walther'schen Buchhandlung. 1791.
Anon.-Lex. II. p. 274 (nach Kayser u. Meusel).

* **NEIDECK**, Heinrich von, ein romantisches Gemälde aus dem Mittelalter (von *Andreas Georg Friedr. Rebmann*). Erlangen 1792. 8⁰.
Anon.-Lex. II. p. 274 (nach Kayser u. Meusel) hat „1791".
— — Dasselbe. Ebd. 1793. 8⁰.
Goedeke V, 547, 6, 1 citirt „1791", „1793".

(—) Heinrich v. Neideck; ein romant. Gemälde d. Mittelalters. 8. Erlang. 791. 2e A. 793. (Heyder). 16 ℊ

— Nelkenblätter. 4 Bde. Mit Kpf. 8. Gera 792—794. Heinsius. 2 ℛ 18 ℊ (3r u. 4r Thl. A. u. d. T.: kosmopolit. Wanderungen durch einen Theil Deutschlands. 8. Leipz. 793, 95. 1 ℛ 6 ℊ)

**REBMANN**, A. G. F. (1768—1824), Nelkenblätter. Th. 3. Leipzig, bey Wilhelm Heinsius dem Jüngern, 1793. 8⁰. (In München, Universitäts-Bibl.)
Enth. in 14 Briefen (S. 1—216) eine scharfe und eingehende Kritik der damaligen Berliner (und Potsdamer) Verhältnisse (auch in polit. Hinsicht) und Sittenzustände. Vgl. Geiger, Berlin 1688—1840, 2 Bde., 1893—95, Bd. II, S. 53, wo R. ein „verständiger Beobachter" genannt wird.

– s.a. Obscuranten-Almanach.

**OBSCURANTEN**-Almanach auf das Jahr 1798 (von *Andreas Georg Friedr. Rebmann*). Mit Titelkpfr. (Reichardt u. Grolmann, von Schlangen umgeben), Titelvignette (der Altonaer pausbäckigter Pauckenschläger) und 2 Kupfern (Portraits). Paris, bey Gerard Fuchs, Nationalbuchhändler (Altona, Verlagsgesellschaft). 8⁰. (In Heidelberg, Univ.-Bibl.; auch in Warmbrunn.) (15 Mk., schönes Expl. im Orig.-Umschl., Oskar Rauthe, Berlin, 1908; 10 Mk., fehlte 1 Kpfr., Ludw. Rosenthal, 1908; 30 Mk., mit d. folg. Jahrg., Orig.-Umschläge eingebd., Rudolf Hönisch, Lpz., 1912.)
XVI S., 2 Bll., 352 S., 2 Bll. Druckf.

— — Derselbe auf d. J. 1799 (v. *A. G. F. Rebmann*). Paris, bey Gerard Fuchs (Hamburg, Vollmer). Mit satir. Titelkpfr., gestoch. Titel, Titel- u. Schlussvignette. 8⁰. (In Heidelberg, Univ.-Bibl.) (9 Mk., unbeschn. im illustr. Orig.-Umschl., Leo Liepmannssohn, Berlin, 1907.)
7 Bll., 360 S. u. 4 S.

§ — — Derselbe auf d. J. 1800 (von *A. G. F. Rebmann*). Mit Kupfertitel, Titelkpfr. u. 1 gefalt. Kpfr. (interess. satyr. Radirungen). Paris, bey Gerard Fuchs (Hamburg, Vollmer). 8⁰. (5 Mk. Paul Graupe, Berlin, 1908.)
3 Bll., XVI, 355 + 1 S., 2 Bll. Vollmer'scher Verlag.

— — Derselbe auf d. J. 1801. 8⁰. (5 Mk. der Vorige, 1908:)
„Dieser Almanach stimmt inhaltlich vollständig mit der Ausgabe von 1800 überein. Es scheint sich also bei diesem Exemplar um einen Fehldruck zu handeln, da auch Goedeke (V, 547, 6, 13) nur die Ausgaben von 1798, 1799 und 1800 kennt."

**HANS** Kiek-in-die-Welts Reisen in alle vier Welttheile und den Mond. (Satyr. Roman von *Andreas Georg Friedr. Rebmann*, geb. 23. Novbr. 1768 zu Jugenheim in Franken, † 16. Septbr. 1824 in Wiesbaden). Leipzig und Gera 1794, bey Wilhelm Heinsius. 8⁰. (In Heidelberg, Univers.-Bibl.)
Vgl. Nadeschda v. Wrasky (N. S. Wraskaja), A. G. F. Rebmann. Heidelb. 1907. Gr. 8⁰. S. 163. — Die Fortsetzungen nicht von Rebmann. — Fehlt im Anon.-Lex.

— — Dasselbe. Mit gestoch. Titelbl. Hamburg 1795. 8⁰. (5 Mk. Frz. Teubner, c. 1898.)

— — Dasselbe. Mit Titelvignette. Hamburg 1795. 8⁰. 181 S. (4 Mk. 50 Pfg., schönes Expl. auf starkem Pap. in schönem Hldrbd. d. Zeit, Max Perl's Berliner Octob.-Auct., no. 700; 9 Mk. 50 Pfg. Edm. Meyer, Berlin, 1908.)
Auf dem Titelbl. sind die Buchstaben sehr originell u. kunstreich aus Menschen- und Thier-Figuren rebusartig zusammengesetzt.

— — Dasselbe. 2. durchgehends verbesserte Auflage. Mit Titelkpfr. Ebd. 1796. 8⁰. 342 S. (7 Mk. Hugo Streisand, Berlin, 1908.)
Anon.-Lex. IV. p. 367 (nach Goedeke).

– s. Robespierre, polit. Lage v. Frankreich.

## Rebmann, Andreas Georg Friedrich. Die Schildwache ... Paris [Altona] 1796. Fortsetzer: *Schütz, Frdr. Wilh. von.* (wr)

— d. Schildwache. 1s—4s Stck. 8. (Altona) 796, 97. Bechtold. 2 ℛ

— neue Schildwache. 3 Thle. 8. Hamb. 798. (Herold jun.) 1 ℛ 6 ℊ (2r Thl. A. u. d. T.: Geschichte d. Revolution vom 18. Fructidor.)

— neue Schildwache. 3 Thle. 8. Hamburg, Vollmer. 798. (2r ist d. Gesch. d. Revol. v. 18. Fructid.)

— Soll u. kann Hamburg den bevollmächt. Minister d. französ. Republik anerkennen? 8. Altona 797. Bechtold. 2 ℊ

– s. Thierkreis.

— Uebersicht aller Vergehen u. Verbrechen, die in Hinsicht auf Conscription vorkommen. gr. 8. Ebend. 812.

– s. Ungeheuer, das neue graue.

Rebmann, A. G. F., der Universalfreund; aus d. Engl. d. Goldsmith. 8. Gera 799. Heinsius. 12 ℊ

— literar. Verfolgungen auf Schleichwegen. 8. Halle 795. Ruff. (Reinicke u. C.) 4 ℊ

– s. Versuch über die Frage: Ob ein Herr &c.

— die Wächter der Burg Zion; Nachr. von e. geheimen Bunde gegen Regenten- u. Völkerglück. 8. Hamb. 796. (Herold jun.) 9 gr.

**Die Wächter der Burg Zion. Nachricht von einem geheimen Bunde gegen Regenten- und Völkerglück; und Enthüllung der einzigen wahren Propaganda in Deutschland von G[eorg] F[riedr.] Rebmann. Hamburg: Mutzenbecher 1796. 76 S. 8°**
**Kl. 3489, Tt. 880. Verteidigung der Illuminaten. 193.**

— d. Wächter d. Burg Zion, Nachricht von einem geheimen Bunde gegen Regenten- und Völkerglück. Hamb. Vollmer.

* **WAGEHALS**, Ludwig. Ein Gemählde menschlicher Sitten, Vorurtheile, Thorheiten, Laster etc. etc. in allen Himmelsstrichen. Seitenstück zu Hans Kiekindiewelts Reisen (von *Andreas Georg Friedr. Rebmann*). Leipzig und Gera 1795. Bey Wilhelm Heinsius. — Ulm in der Stettin'schen Buchhandlung. 8°. 400 S. (5 Mk., etw. stockfl., Alfr. Lorentz, Lpz., 1905, 6 Mk. 50 Pfg., schöner alter Hfrzbd., E. Frensdorff, Berlin, 1910.)

- s. a. **Wahrheiten ohne Schminke.**

— Wahrheiten o[hne Sc]hminke üb. das Hamburg. deutsche Theater. 8. Altona

— Wanderungen

— Kosmopolitische, durch einen Theil Teutschlands (von *Andreas Georg Friedr. Rebmann*). Leipzig 1793—95.
Anon.-Lex. IV. p. 372 (nach Meusel). — S. auch Leipzig.

* **RABIOSUS**, Anselmus, d. Jüng. (d. i. *Andreas Geo. Friedr. Rebmann*), Wanderungen und Kreuzzüge durch einen Theil Deutschlands. 2 Thle. Altona, in Commission bey der Verlagsgesellschaft. 1795. 8°. (2 Mk., Bd. 1 apart, J. Ricker, Giessen, 1893; jetzt theurer!)

N. v. Wrasky, A. G. F. Rebmann. Heidelb. 1907. Gr.-8°. S. 47—48: „Der erste Band ist in der Münchener Stadtbibliothek (so!) vorhanden und enthält eine Beschreibung Dresdens und der mitteldeutschen Staaten. Von dem zweiten Band sind mir nur zwei Fragmente bekannt. Das eine befindet sich im vierten Heft des „Neuen Grauen Ungeheuers" und schildert die Zustände in Hessen und Kassel. Das zweite Fragment — die Schilderung des Studentenlebens in Leipzig — ist mir nicht im Original, sondern nur aus den „Leipziger Neudrucken" von G. Wustmann bekannt, wo es unter dem Titel „Ein Leipziger Student vor 100 Jahren" erschienen ist (Leipzig 1897). Dieses Fragment bietet wenig Interesse, weil es nicht die persönlichen Beobachtungen Rebmanns, der die Leipziger Universität nie besucht hatte, bringt. Rebmanns Name war in den Leipziger Universitäts-Matrikeln nicht zu finden. — Es ist noch zu erwähnen, dass das Nachwort des Neudrucks einen Irrtum enthält. S. 108. Die „Wanderungen etc" werden als nach Rebmanns Flucht aus Erfurt im Frühjahr 1795 verfasst angegeben; Rebmanns Flucht aber fand im Dezember 1795 statt (Magdeburg, Archiv, Gebiet Erfurt, Polizei-Akten); also sind die „Wanderungen", die in der Tat im Frühling 1795 erschienen, vor der Flucht geschrieben und publiziert worden."

— — Dasselbe. Zweite, ganz verbesserte und umgearbeitete und vermehrte Auflage. 2 Thle. Ebd. 1796. 8°. 270+100 S. (In Leipzig, Stadtbibl.)

**ZAUBERLATERNE**, Die, oder der Wanderer aus der Hölle. Schlußstück zu Hans Kiekindiewelts Reisen und zu Ludwig Wagehals (von *Andreas Georg Friedr. Rebmann*). Mit gestoch. Titel (rebusartige Darstellung) u. 6 interess. Kpfrn. (wobei 4 Vignetten auf schwarzem Grunde). Leipzig und Gera 1799, bei Wilhelm Heinsius. 8°. 296 S. (7 Mk. 50 Pfg. Adolf Weigel. 1906; 12 Mk. 50 Pfg., schönes Expl., O. Rauthe, Friedenau-Berlin, 1908.)

§ * **REBMANN**, (A.). Geo. Friedr., Zeichnungen zu einem Gemälde des jetzigen Zustandes von Paris. 2 Bde. Altona, Verlagsgesellschaft, 1797—98. 8°. (1 in Berlin, 2 in München.)
Nadeschda v. Wrasky, A. G. F. Rebmann, S. 164.

§ — — Dasselbe (Nachdruck?). 2 Bdchn. Wien 1798. 8°. (In München: Gall. rev. 779 b, 1 vol.)

**— Zeichnungen zu e. Gemälde des jetzigen Zustandes von Paris. 2 Bdchen. 8. Altona 797. (Hamb., Herold jun.) 22 gr. (Auch in der „Geißel 1797".)**

— Zeichnung z. e. Gemälde des jetz. Zust. v. Paris. 2 Bdch. 8. Hamburg, Vollmer. 798. (ist od. Geisel 797. 8 gr. 2s 14 gr.)

Rebmann, E. Anthropologie, s. Sammlung Göschen.

**Rebmann**, E.: Anthropologie. Der menschliche Körper, sein Bau u. seine Thätigkeiten. Stuttgart 1891. 100 S. m. Abb. (Sammlung Göschen. 18.)

**Rebmann, E., der menschliche Körper, sein Bau u. seine Thätigkeiten, s.: Sammlung Göschen.**

**— illustr. Naturgeschichte, s.: Berge, Frdr.**

**Rebmann**, *Edmund* [Dir.]: *Reallehrer Leopold Baumgartner, gest. am 17. Apr. 1897.* Freiburg i. Br., Buchdr. v. H. Epstein, 1897; 3—4 S. 4.
Freiburg i. Br., OR '(Vorm. HB)', MP 1897 (644)

**Rebmann**, *Edmund* [Dir.]: Die Feier des 50jährigen Bestehens der Realschule in Freiburg. Freiburg i. B., Buchdr. v. H. Epstein, 1892; 6—13 S. 4.
Freiburg i. B., R '(vorm. HB)', MP 1892 (613)

**Rebmann**, (Edmund), Dir.: Professor Dr. Gustav Garlipp, † (21. März 1902). *Freiburg i. B. 1902: G. Mehlhase.* (S. 5.) 4°
Freiburg i. B., OR ⟨vorm. HB⟩, MP 1902 (678 [viellm. 693])

**Rebmann**, *Edmund* [Dir.]: Gedächtnisrede bei der Trauerfeier für den † Prof. *Emil* Reichert. Freiburg i. Br., Buchdr. v. H. Epstein, 1894; 6—12 S. 4.
Freiburg i. Br., R '(Vormalige HB)', MP 1894 (619)

**Rebmann**, *Edmund* [Dir.]: Gedächtnisrede bei der Trauerfeier für den † Prof. *Otto* Mühlhäusser. Freiburg i. Br., Buchdr. v. G. Mehlhase, 1895; 7—10 S. 4.
Freiburg i. Br., R '(Vorm. HB)', MP 1895 (633)

**Rebmann**, *Edmund* [Dir.]: Gedächtnisrede bei der Trauerfeier für den † Dr. *Joseph Viktor* Prof. Sarrazin. Freiburg i. Br., Buchdr. v. C. A. Wagner, 1896; 6—10 S. 4.
Freiburg i. Br., OR '(Vorm. HB)', P 1896 (632)

**Rebmann**, *Edmund* [Dir.]: Verzeichnis der Lehrer der höheren Bürgerschule und späteren Realschule während der ersten 50 Jahre ihres Bestehens. 1841—1891. Freiburg i. B., Buchdr. v. H. Epstein, 1892; 14—19 S. 4.
Freiburg i. B., R '(vorm. HB)', MP 1892 (613)

**Rebmann, Eduard. Experimentelle Untersuchungen über Magnetische Hysteresis bei einseitiger cyklischer Aenderung des Magnetismus. Diss. Phil. [II.] Univ. Zürich. [Mit 4 Tafeln.] 33 S. 8. Zürich, Müller, Werder & Cie., 1902.**

**Rebmann, Friedrich. Über einen Fall von Carcinoma Mammæ virilis mit Cystenbildung. Diss. Med. Univ. Zürich. *Kopftitel:* Aus dem pathologischen Institut der Universität in Zürich. 28 S. 8. Zürich-Selnau, Gebr. Leemann & Co., 1905.**

**Rebmann, G. F.**, Censur oder Preßfreiheit? Politisches Glaubensbekenntniß. Ein Spiegelbild für unsere Zeit. 8. (30 S.) Leipzig 847, Weller. n. 1/6 ℛ

**Rebmann,** Georg Friedrich, s.a Rebmann, Andreas Georg Friedrich

**Rebmann,** Georg Friedrich (mutmaßl Verf ), s. Abtretung, die, des linken Rheinufers

**Rebmann,** Geo. Frdr., s.: Student, der Leipziger, vor 100 Jahren.

**Rebmann,** J. J., s.: Alp- u. Weidewirtschaft, die, im Kanton Bern

**Rebmann, Ign.,** Gallerie d. Orden, e. Gegenstück zu d. schwarzen Brüdern. 8. Zeitz ... Webel. 1 ℛ 12 gr

Kleinigkeiten aus der Brieftasche Peter Roberts, Geistersehers und Ex-Oberen der schwarzen Brüder. [Von Ignaz **Rebmann.**] Hamburg: Vollmer. 1796. 8⁰
TB. 122.

Rebmann, (Joh ). Appellation an den hohen Landrath [des Kantons Baselland] und an die öffentliche Meinung 8. Basel 1834

**Rebmann, Jh. Chr.** († d. 3. Mai 1801.) über Abstellung des Bettelns, vorzügl. im Fränkischen Kreise. 4. Nürnb. 791. Raw. 4 gr

— Beantwortung und Prüfung d. v. d. mainzischen Provincial-Criminalgericht zu Erfurt gegen mich erlassenen Edictal-Citation. 8. Hamb. Villeaume. 796.

— von Einrichtung u. Führung des Kameralrechnungswesen u. richt. Aufstellung der Rechnungen od. 2r Thl. des gerichtl. u. außergerichtl. Verfahrens. 4. Erlang. 780. Palm. 2 ℛ 16 gr.

Rebmann, Joh. Christian: „Von Einrichtung und Führung des Kameralrechnungswesens und richtiger Aufstellung der Rechnungen" (oder „2. Theil des gerichtlichen und aussergerichtlichen Verfahrens ." s. Nr. 12410), Erlangen 1790 (Palm). — Vorh. StB Nürnberg.

— s. Etwas über d. röm. Recht.

— vom gerichtl. u. außergerichtl. Verfahren in Rechnungsangelegenheiten. 4. Erlang. 789. Palm. 1 ℛ 4 gr

*Rebmann, Joh. Christ.* Versuch einer allgemeinen reichsritterschaftlichen Brand-Versicherungsgesellschaft. Erlangen 1789.

— Vorschlag zu einer allgem. reichsritterschaftl. Brandversicherungsgesellschaft. 4. Erlang. 787. Palm. 6 gr

— Vorschl. z. einer allgem. reichsrittersch. Brandversicherungsgesellschaft. 4. Erlang. Palm. 789.

**Rebmann, O.,** Die sprachl. Neuerungen in d. Kynegetica Oppians v. Apamea. Diss. 1918. 166 S. 6.—

**Reböl** Franz: Bibliographisch-kritische Beiträge zur Geschichte der slovenischen Literatur von 1680—1830.
H. 1906 PN 2219 Diss. Wien, Univ. 2722

Eman. Rebold's Allgemeine Geschichte der Freimaurerei, deren alten Dokumenten und den durch sie errichteten Baudenkmälern entnommen. Von ihrer Stiftung in 715 vor Chr. bis in das Jahr 1883. Uebers. der 2. verb. holländ. Aufl. vom Jahre 1878 und weitere Bearb. bis 1883 von einem Meister Maurer. Basel: Krüsi 1884. VIII, 540 S. 8⁰

**Reboul, Ch. L.,** Paulula od. Einiges Wenige zur genaueren Erforschg. d. Markus-Evangeliums. 1. Fascikel. gr. 8. (XII, 284 S.) Gotha 876. F. A. Perthes. n. 5. 20

**Reboul,** Henri, Essai de Géologie descriptive et historique. Prolégomènes et période primaire. gr. in-8. Paris et Strasbourg 835. Levrault. 1 1/4 ℛ

— Géologie de la période quaternaire et introduction à l'histoire ancienne. gr in-8. Par. et Strasb. 833. Levrault. 1 1/6 ℛ

**Reboul,** Je(an) Anselme) (geb. Schweidt a. O. 9. 1855) Über Tubo-Ovarialcysten Berlin (1885). (42 S.) 8°
Berlin, Med Diss. v. 26 Febr 1885

Reboullet, Histoire du Regne de Louis XIV. 3 Tomes. 4. Avignon. (Class, Heilbr.) 744. 1

**Rebours,** A. le, Unterr. für Mütter, die ihre Kinder selbst tränken wollen, s. Unterricht.

— — dass. in e. and. Uebers. 8. Basel, Thurneisen. (a. Haas d. Sohn.) 779.

Traite de psaltique. Theorie et pratique du chant dans l'Eglise grecque Par le père J. B. **Rebours** des missionnaires d'Afrique (Pères Blancs). Paris A. Picard & fils, Leipzig O Harrassowitz 1906. (XV, 289 S.) 4°
— **Bibliothèque** musicologique 2 [07. 1706

Rebracha, Karl

**Rebracha,** Carl Edler v., s.: Erbfolge-Krieg, österr.

Rebracha, Karl v. Hauptmann Die Schlacht von Dettingen, 27 Juni 1743 Bruchstück der Geschichte des österreichischen Erbfolgekrieges, welche im kriegsgeschichtlichen Bureau des k und k Generalstabes in Vorbereitung sich befindet Mit 2 Taf (Aus: „Organ der milit wissenschaftl Vereine" 50 Bd
8 Wien 1895.

**Rebros,** Osk., Sagenklänge vom Oybin Gesammelte Sagen. 12. (32 S. m. 1 Bild.) Löbau 894. (E. Oliva.) n.n. — 40

— Sagenklänge aus dem Sachsenlande in Prosa u. Poesie, gesammelt u. hrsg. 1. Abth. 1. Bd. 12. Ebd. 894. n.n. 1. 20
1. Abth.: Die sächsische Oberlausitz. 1. Bd.: Zittau u. Umgegend. (VII, 146 S. m. 1 Bild.)

— Sagenklänge aus der sächsischen Schweiz in Prosa u. Poesie, gesammelt u. hrsg. [Aus: „Sagenklänge aus dem Sachsenlande".] 12. (VII, 158 S. m. 1 Bild.) Ebd. 894. n.n. 1. 20

**Rebs, Alex., Anleitung zum Lackiren von Streichinstrumenten, sowie zur Herstellung der dabei zu verwendenden Beizen, Firnisse und Lacke. gr. 8. (II, 41 S.) Leipzig 884, Expedition der Zeitschrift für Instrumentenbau.** *

Rebs, Alexander. Anleitung zum Lackiren von Streichinstrumenten. Leipzig (1889).

Rebs, Alex., Anleitung zum Lackiren v. Streichinstrumenten, sowie zur Herstellung der dabei zu verwendenden Beizen, Firnisse u. Lacke. 2. Aufl. gr. 8. (46 S.) Leipzig 902. P. de Wit. n. 1. —

Rebs, Christian Gottlob

Rebs, Chr. Glo., Andachtsbuch f. die Jugend. 8. Leipz. 821. Gnobloch. 18 gr

— unser Andenken auf Erden. Eine Predigt. 8. Leipz. 817. Hinrichs. 2 gr

— Anleit. zur Kenntniß u. Behandlung der deutschen Sprache, f. den öffentl. u. Privatunterr. 8. Leipz. 824. Wienbrack. 12 gr

— prakt. Anleit. zu Denk- u. Sprachübungen, od. Anleit. zur Kenntniß u. Behandl. der deutschen Sprache. 8. Leipz. 821. Kollmann. 10 gr

— prakt. Anleit. zum Rechnen nach Pestalozzi's Lehrart; f. Schullehrer, Seminaristen u. Alle, die diese Methode näher kennen lernen wollen, mit einer vollständ. Beispielsammlung. Mit 1 Kpf. 8. Zeiz 813. 2e A. 816. 3e verm. A. 819. Webel. 12 gr

Rebs, Chrstn. Gtlo., Anweisung z. Rechnen nach Pestalozzi's Grundlehre u. eigner Ansicht, so wie mit durchgängig erläut. Beispielen. Für d. Schul- u. Seminar-Unterr. 8. (15 B.) Zeiz 836, Webel.

Rebs, Chr. Glo., Anweis. zum Rechnen f. Lehrer u. Lernende. Mit besond. Hinsicht auf die Elementarmethode. 1r Cursus, das Kopfrechnen. 8. Leipz. 819. Gnobloch. 12 gr 2r Cursus, das Tafelrechnen. 8. Ebd. 820. 15 gr

— — Auszug aus der prakt. Anleit. zum Rechnen, als Leitfaden zum Gebr. für den Schul- u. Privatunterr. entworfen. 8. Ebend. 820.

— tägl. Betrachtt. u. Gebete am Morgen u. Abend, nach der Zeitfolge der Jahreszeiten, zur Erweckung u. Belebung des religiösen Sinnes u. der Empfindung f. das Schöne. Mit e. Vorrede v. J. Chr. Dolz. gr. 8. Leipz. 816. Hinrichs. 15 gr weiß Druckp. 20 gr Schrbp. 1 Thlr

—— der Reformatoren Bild, z. Betrachtung f. d. Schule u. d. Leben. Eine Rede bei d. Schulfeier d. 3. Jubelfestes der Uebergabe d. Augsburg. Glaubensbekenntnisses gehalt. gr. 8 (1½ B.) Zeiz 830, Webel.

— das Bild unsrer Zeit. Ein Wort zur Beherzigung, vornehml. f. die jüngere Mitwelt. 8. Zeiz 814.

—— Erinnerungen aus meinem Leben. Zur Förderung d. Bildung u. Lebensweisheit. 8. (10 B.) Zeiz, 839, Schieferdecker.

Rebs, Chrstn. Gtlo., über d. Erweckung u. Belebung d. Sinnes f. Vaterlandsliebe, insbesond. in d. aufwachs. Geschlechte u. mit Hinsicht auf d. gegenwärt. Zeit. Ein Wort f. Alle, die durch Einsicht u. Beruf z. Förderung dies. hochwicht. Angelegenheit beitragen können u. sollen. 8. (3½ B.) Zeiz 834, Webel.

— Gebete u. Betrachtt. f. das Haus u. die Schule. Zur Beförderung des religiösen Nachdenkens im Kreise des häusl. Lebens u. zur Erweckung u. Ermunterung f. das geistige Leben d. Jugend, in Gymnasien u. Bürgerschulen. Mit Titelkpf. gr. 8 Leipz. 833. (832.) Kayser'sche B. 1 Thlr 12 gr

Rebs, Ch. G. Ueber d. Grundlage u. d. Ziel der Schulbildung. 14 S. .
Progr. Zeitz 1828

— das Leben u. die Schule in ihrer Wechselwirkung betrachtet 8. Leipz. 827. Hinrichs. 16 gr

— Naturlehre f. die Jugend, nach der Elementarmethode. Für Freunde u. Lehrer dieser Wissenschaft, als ein neues Hülfsmittel zur Uebung d. Denkkraft ihrer Zöglinge. Mit Holzschn. 8. Leipz. 817. Hinrichs. 18 gr

—— Naturlehre f. d. Jugend. Für Volks- u. Bürgerschulen, so wie d. unt. Klassen d. Gymnasien. 2., verm. u. verb. Aufl. 8. (20 B. u. Holzschn.) Leipzig 836, Hinrichssche Buchh.

— die Schulandacht, od. Uebungen der Andacht in Gebeten, Betrachtt. u. Liedern; zur Beförder. des höhern Nachdenkens u. zur Erweckung eines religiösen Sinnes, f. die Jugend. gr. 12. Leipz. 830. W. Rauck. 1 Thlr Velinp. 1 Thlr 12 gr

—— die Stunden der Weihe im häusl. Leben. Ein Andachtsb. f. christl. Familien, z. Erweck. u. Belebung e. religiös. Sinnes u. wahrer Frömmigkeit; in Gebeten, Betrachtungen u. Liedern. gr. 12. (14½ B. u. 1 Vign.) Leipzig 828, Focke.

Rebs, Chr. Glo., die Stunden der Weihe im häusl. Leben. Ein Andachtsbuch für christliche Familien rc. Neue Ausg. gr. 12. Leipzig 842, Focke. ¾ Thlr

— die Thränen guter Menschen; Predigt am 10. Sonnt. nach Trinitat. 8. Altenb. 814.

Rebs, Heinrich [aus Ilmenau]: Untersuchungen über Schwefelverbindungen. Jena, Druck v. Julius Hossfeld, 1888; 36 S. 8°
Jena, Phil. Fak., Inaug.-Diss. v. 1888

Rebs, Heinrich, Untersuchungen über Schwefelverbindungen. Diss. Jena 1888, G. Neuenhahn. 8°. 36 S.

— Was fordert die Zeit von den Schulen? e. Versuch zur Beantwortung dieser Frage. 8. Leipz. 820. Kollmann. 8 gr

— wie durch die Betrachtung d. Natur Kinder zu Gott geführt werden können; e. Predigt. 8. Leipz. 798.

— drei Worte des Glaubens, der Liebe u. Hoffnung, oder letzte Ermahnung eines Lehrers an d. Jugend vor der Feier d. heil. Abendmahls. 8. Zeiz 815. 2e verm. A. 821. (Leipz., Lehnhold). 4 gr

Rebsamen, August. Kritischer Beitrag zur Behandlung der Tuberkulose mit Zimmtsäure ⟨Hetol⟩ nach Landerer. Diss. Med. Lausanne. *Kopftitel* Aus der medizinischen Klinik zu Lausanne. Prof. Dr. L[ouis] Bourget. 144 S. 8. Winterthur, Geschwister Ziegler, 1902.

Rebsamen, Carl August, s. Rebsamen, Karl August

(Rebsamen, Franz) Abgedrungene Vertheidigung gegen den Verfasser des Smio-Midas (von –). Mit akademischen Schriften. (Wien) 1787. 1 vol. 43 S.

Rebsamen, Johann Ulrich

Rebsamen, J. U., Leitfaden der Gesellschafts- und Verfassungskunde. Zum Gebrauch an Fortbildungsschulen und zur Selbstbelehrung für angehende Schweizerbürger. 1. und 2. etwas erweit. Aufl. (X, 204 S.) 1877,78; 3. Aufl. 8. (VIII, 204 S.) Frauenfeld 879, Huber. cart. *

Rebsamen, J. U., Leitfaden der Gesellschafts- und Verfassungskunde. Zum Gebrauch in Fortbildungsschulen und zur Selbstbelehrung für angehende Schweizerbürger. 4. Aufl. 8. (VIII, 203 S.) Frauenfeld 882, Huber. cart. *

**Rebsamen, J. U.,** Leitfaden d. Gesellschafts- u. Verfassungskunde. Zum Gebrauch in Fortbildungsschulen u. z. Selbstbelehrg. f. angeh. Schweizerbürger. 6. Aufl. 8. (VIII, 206 S.) Frauenfeld 894. J. Huber's Verl. Kart. n. 1. 50

**Rebsamen,** J[ohann] U[lrich]. [Johann] Heinrich Pestalozzi. Zwei Vorträge bei Anlass der Pestalozzifeier in Kreuzlingen den 11. und 12. Januar 1896. 8. Kreuzlingen 1896.

**Rebsamen,** Karl August

**Rebsamen,** Carl August, von Turbenthal [Kt. Zürich]: Die Melanose der menschlichen Bronchialdrüsen. Zür. Zürcher u. Furrer Dr. 1861. 28 S., 1 Taf. 4°.
Zürich. Med. Diss. v. 14. Aug. 1861.

**Rebsamen, S.,** zwei schweizerische Lehrertage oder die Vereinigung der Arbeiter im Felde der Schule u. Erziehung zum Austausche ihrer Erfahrungen u. zur Besprechung der wichtigsten Aufgabe ihres Berufes. Ein lehrreiches Buch für Lehrer, Eltern u. Schulfreunde. St. Gallen 868. Altwegg-Weber. 8. (378 S.) 27 ngr.

**Rebstein,** Arnold: Das Polizeiwesen der Stadt Zürich, s. Kundert, Rudolf

**Rebstein,** J. J., s. Rebstein, Jakob

(**Rebstein,** J[acob, und] **Schärtlin,** G[eorg Gottfried].) Befinden über die Pensions- und Hülfskasse der Schweizerischen Bundesbahnen, vom 30. November 1904. [Mit 3 graphischen Tabellen.] II + IV + 77 S. 8. Bern, Neukomm & Zimmermann, 1905.

— Ueber die Berechnung der Präzision einer Beobachtung nach den Grundsätzen der Wahrscheinlichkeitsrechnung. Frauenfeld 1873.
Progr.

**Rebstein, J.,** Bericht über das Katasterwesen der Schweiz, s. Amrein, K. C., Bericht über Gruppe 36 der schweizerischen Landesausstellung Zürich 1883: Kartographie.

**Rebstein,** Jac.: Bericht über die Vornahme einer allgemeinen Parzellar-Vermessung und über die Einführung der Grundbücher. Zürich 1885.

**Rebstein,** Jacob [aus Zürich]: Bestimmung aller reellen Minimalflächen, die eine Schaar ebener Curven enthalten, denen auf der Gauss'schen Kugel die Meridiane entsprechen ... Berlin, *Göttingen, Druck d. Dieterich'schen Univ.-Buchdr.,* 1895; 29 S., 1 Bl. 8.
Berlin, Phil. Fak., Inaug.-Diss. v. 6. Mai 1895

**Rebstein,** J[acob], et **Schaertlin,** G[eorg Gottfried]. Examen et critique du rapport de MM. les Prof. Drs J[ohann] H[einrich] Graf et V(ilfredo) Pareto sur la future caisse de secours et de pensions des Chemins de fer fédéraux. Février 1906. VIII + 139 p. 8. Berne, Neukomm & Zimmermann, 1906.

**Rebstein, J. J.,** Lehrbuch der praktischen Geometrie, mit besonderer Berücksichtigung der Theodolithmessungen, sowie der Instruktionen für das schweizer. Geometerkonkordat u. die Großherzogth. Hessen u. Baden. Mit 194 (eingedr.) Holzschn. u. 4 lith. Taff. (in qu. 4.) Frauenfeld 868. Huber. gr. 8. (X, 392 S.) n. 2 ℳ 20 ngr.

(**Rebstein,** J[acob, et] **Schärtlin,** G[eorg Gottfried].) Mémoire sur la caisse de pensions et de secours des Chemins de fer fédéraux du 30 novembre 1904. [Avec 3 tableaux graphiques.] II + IV + 77 p. 8. Berne, Neukomm & Zimmermann, 1905.

**Rebstein, J.,** Mittheilungen üb. die Neuvermessung der Stadt Zürich. gr. 8. (III, 58 S. m. 5 Taf.) Zürich 892. Hofer & Burger. n. 3. —

**Rebstein,** J[acob], und **Schaertlin,** G[eorg Gottfried]. Prüfung und Beurteilung des Gutachtens der Herren Prof. Dr. J[ohann] H[einrich] Graf und Prof. Dr. V(ilfredo) Pareto über die zukünftige Pensions- u. Hülfskasse der Schweiz. Bundesbahnen. Februar 1906. VIII + 139 S. 8. Bern, Neukomm & Zimmermann, 1906.

**Rebstein,** Jac.: Zur Theorie der complexen Grössen. Frauenfeld 1864. 4°

**Rebstock, D. Abr.,** Behandl. des edlen Rebensaftes vom Most bis zur Verwandlung in Wein. Eine gründl. Anleit., richtige Kenntniß dieses Geschäfts zu erlangen. 8. Frkf. a. M. 797. Jäger. 6 ℊℊ

**Rebtreu,** Weinhold [Pseudon.] s. **Schneider-Singeisen,** Eduard.

**Rebtreu,** Weinhold, s.: Tod dem falschen Mehltau u. dem Rotbrenner!

**Rebuffat, O.,** Studien über die Zusammensetzung der hydraulischen Cemente. Auszug aus der Gazz. Chim. Ital. (Aus dem Ital. übers.) (16 S.) hoch 4. Stuttgart 899. Freiburg i/B., J. Bielefeld. n. 2. 60
Sonderabdruck aus: „Baumaterialienkunde".

Anonymi de **rebus** bellicis liber. Text u. Erl. von Rudolf Schneider, [Heidelberg]. Mit 10 Abb. Berlin: Weidmann 1908. (40 S.) 8° 08. 16035

*Rebus,* de, gestis Friderici M., Borussor. regis, junctis cohaerentibus eis rerum in German. gestar. hist. IV Prtes. 8. Hildburgh. 788—791. (Fr. Fleischer in Leipz.; a. Taubert). 1 ℳ

**Rebus,** de, gestis Friderici M., junct. cohaerentib. eis rerum in germ. gestar. hist. IV Tmi. Hildburgh. Hanisch. 788—791.

De Friderici I, regis Borussiae, rebus ao 1702 pace belloque gestis. Francofurti ad Viadr. 1703.

**Rebus,** 100 deutsche. (10 lithogr. Taf.) gr. 4. Wien 845, Müller. ¾ ℳ

De rebus politicis et litterariis Commentarii Altonani. Libellus I—LII. 5. Non. Julii 1761 —5. Cal. Jan. 1761. — Libellus I—LXX. Cal. Jan. 1762—prid. Cal. Sept. 1762. [Udg. af P. C. HENRICI] u. St.

**Rébus,** 30 nouveaux, Amusement de Société. 32. (30 ill. Karten u. 1 Bl. Erklär. in 8.) Vienne 837, Müller. *

**Rebus, Th.,** der doppelte Fröhlich, siehe: Album für Liebhaber-Theater, hrsg. v. J. Koffka, Neue Folge, 2. Hft.

**Rebus-Almanach.** 1. Jahrg. 8. (50 Holzstichtaf. u. Text.) Leipzig 845, J. J. Weber. (Exped. d. illustr. Zeitung.) geb. mit Goldschn. n. 1 ℳ

**Rebus-Almanach** für 1859. Zur Unterhaltung für fröhliche Kreise und in einsamen Stunden. 34 Bilder-Räthsel (in Holzschn.) mit Auflösung. 1. Jahrg. 1. und 2. Aufl. gr. 16. (IV und 60 S.) Berlin 859, Schotte und Comp.

—— dass. — für 1860. 33 Bilder-Räthsel (in Holzschn.) mit Auflösung. 2. Jahrg. gr. 16. (IV und 60 S.) Ebendas. 859.
Ist nicht fortgesetzt worden.

—— neuester. Eine Sammlung von 41 Rebus, bestehend aus Liedern, Charaden, Sprüchwörtern etc. zur Unterhaltung besond. in heitern Gesellschaften. 32. (44 S.) Breslau 846, (Kern.) *

Rebus-Gallerie, e. Reihenfolge leb. Bilder f. Vereine, Tischgesellschaften, wie überhaupt f. gesell. Zwecke. 12. (6 S.) Berlin (895). M. Böhm. 1. —

Recanati, Bonavent., Tuba apostolica, sive Conciones habitae in Palatio apostolico. II Tmi. fol. Augsb. Wolf. 736.

**Recapitulatio** actorum und fernere Ausführung in Sachen Churf. Gn. zu Trier contra Churf. Durchl. zu Cöln . . . eine . . . fliegende Rheinbrücke betreffend. [Coblenz] 1740. V: *Moser*, *Johann Jacob.* (ML)

**Recapitulation** einiger Entdeckungen im Reiche der Wahrheit . . . [Altona 1793.] V: *Brakebusch*, *Joh. Georg Lorenz.* (MGT)

**Recapitulation und Instruction der ersten Haupt und Grund-Stuffe [des Hw. und Weisen Ordens der Ritter und Brr St. Johann des Evangelisten aus Asien in Europa. Dat.: ✝§. 1746 [1786]. 43 S. 2° [Umschlagtit.]**
cf. Die Brüder St. Joh. d. Evangelisten aus Asien. 1803 S. 208—229, 230—365.
Kl. 2700. 193.

**Recapitulationen** der sieben Kapitel von Klosterleuten. Regensburg 1782. V: *Schwarzhuber*, *Simpert.* (BB) (MGT)

Reccard, Gotthilf Christian. s. Abhandlung von der Entdeckung eines Trabanten.

Reccard, Gtthlf. Chr., († d. 3. Oct. 1798.) Abhandl. von d. großen Sonnenfinsterniß im J. 1764, nebst e. Anh. v. Mondfinsternissen. Mit Kpf. 4. Berl. 763. 2e Aufl. 764. (Reimer). 14 gr

— Abhdl. v. d. großen Sonnenfinsterniß 1764., nebst e. Anhang von Mondfinsternissen, m. K. 4. Berlin, Realschulbuchh. 764.

— Beobachtt. der Sonnen- u. der Mondfinsterniß im J. 1764. 4. Berl. 764. (Reimer). 4 gr

Reccard, Gthf. Chr., Lehrbuch, s. a. Lehrbuch darinnen e. Unterricht aus verschied. Wissenschaften.

* Lehrbuch, darin ein kurzgefaſster Unterricht aus verſchiedenen philoſophiſchen und mathematiſchen Wiſſenſchaften, der Hiſtorie und Geographie gegeben wird. Zum Gebrauche der Schulen. (von *Gotth. Chriſt. Reccard.*) Berl. im Verlage des Buchladens der Realſchule. 8. m. Kupf. 1765.
* — 2te verbeſſerte Aufl. Ebendaſ. 8. 605 S. 1766.

— Lehrbuch, darinnen ein Unterricht aus verschied. philosoph. u. mathemat. Wissenschaften, d. Historie u. Geographie gegeben wird. 2 Thle. Mit Kpf. 8. Berl. 765, 70, 74, 77, 78. 6e verb.-A. (v. P. J. Hecker) 782. Reimer. 1 rthl 12 gr Auszug daraus zum Gebr. der Landschulen. 8. Ebd. 765. 4e A. 785. 5e A. v. C. F. A. Graßhof. 795. 4 gr

[RECCARD, Gotthilf Christian] 1735 - 1798
Lehr-Buch darin ein kurzgefaßter Unterricht aus verschiedenen philosophischen und mathematischen Wissenschaften, der Historie und Geographie gegeben wird. Zum Gebrauch in Schulen. Mit Kupfern.
Fünfte vermehrte und verbesserte Auflage.
Berlin: Realschulbuchhandlung. 1777. 36, 634 S. 8°.
Staats- und Universitätsbibliothek Göttingen
1. Aufl. 1765. 6. Aufl. 1782-1783,

Die mindestens 5 Aufl. des Auszug aus dem Lehr-Buch zum Gebrauch der Landschulen, 3. Aufl. ebd. 1775 [Frankfurt-Leipziger Meßkatalog, Ostermesse 1775, S. 854], 4. Aufl. 1785, 5. Aufl. 1795 [beide Kayser, IV, 442] konnten nicht gefunden werden. 1. Aufl. 1765.
Kayser, IV, 442: mit Verfasser.

[RECCARD, Gotthilf Christian] 1735 - 1798
Lehr-Buch darin ein kurzgefaßter Unterricht aus verschiedenen philosophischen und mathematischen Wissenschaften, der Historie und Geographie gegeben wird. Zum Gebrauch in Schulen.
Erste [- Zweyte] Abtheilung.
Mit Kupfern.
Sechste vermehrte und verbesserte Auflage [von P. J. Hecker].
Berlin: Realschulbuchhandlung. 1782 [- 1783]. 8°.
Zentralbibliothek Zürich
1. Aufl. 1765.

— Nachricht vom Leben u. Tode seines Bruders Dr. Jh. Fr. Reccard. 4. Berl. 764.

Reccard, G. C., rationes et limites incertitudinis circa tempus nati Christi. Regiom. 1768. 4.

Reccard, G. C., de stella, quae Magis Christo nato apparuit. Regiom. 1766. 4.

Reccard, J. F., praes. A. El. **Buechner**, De praestantia camphorae in deliriis. Hal. 4°. (Gegen Congestion u. Stockung des Blutes im Gehirn; b. Delirium bewirkt Campher reizend u. auflösend.) 1763

Reccard (Resp.): De praestantia comphorae in deliriis, s.a. Buechner, Andr. El. (Praes.)

Reccum, Frh. von. s. Recum, Frh. von.

**Recensement fédéral du 1r décembre 1880. Premier volume: Population répartie selon le sexe, l'âge, l'état civile, l'origine, le séjour, la confession et la langue, et nombre des ménages, etc. Publié par le bureau de statistique du Département fédéral de l'Intérieur. (Allemand et français.) In-4°, 296 p. et 4 cartes. Zürich, Orell Füssli & Cie.** 1882.

Recensement fédéral des entreprises agricoles, industrielles et commerciales 9 août 1905. [Dirigé par le Bureau fédéral de Statistique.] 1. Arrêté fédéral. ⟨Du 24 juin 1905 (*i.e.* 1904).⟩ — 2. Règlement pour le rec' — — comm' en 1905. ⟨Du 4 avril 1905.⟩ 30 p. 8. [Berne, C.-J. Wyss,] 1905.

**Recensement fédéral de la population du 1er XII. 1900, s.: Volkszählung, eidgenössische.**

**Recensement** de la population du 1. Déc. 1870 dans le canton de Berne. XVI et 57 pp. in-gr.8. Berne, débit de Huber & Co. 1871 2. —

Recensent, der. Von Carl Toepfer. 1. Jahrg. Febr. — Decbr. 1852. 48 Nrn. gr. 8. (1/4 B.) Mit Beilagen. Hamburg, Jowien in Comm. (Vierteljährlich n. 1/2 ℔) n. 1 5/6 ℔

**Recensent, Der grosse,** und das kleine Stadttheater. Hamb. 1845. V: *Christern, Johann Wilhelm.* (schr) (A)

**Recensent, Der Würzburger,** oder: Luther verderbte vollends alles! ... Ulm 1787. V: *Bardili, Christoph Gottfried.* (MGT) (Ky)

Recensent, der Würzburgische, oder: Luther verderbte vollends alles! Ein Sendschreib. an Hrn. Prof. Andreä, (v. Cph. Gf. Bardili). 8. Ulm 787.

Recensenten-Hölle, die, oder oberflächliche Kritik und Heine'sche Tiefe. Einige Worte in Briefform an die deutsche Nation von X. Y. Z. 8. (42 S.) Rendsburg 856, (Matthiessen.)

**Recensenten-Widerspruch, Auffallender.** [Gotha 1799.] V: *Fikenscher, Georg Wolfgang Augustin.* (MGT)

**Recensenten-Wirtschaft** oder Bemerkungen eines Laien über den ... Artikel »Würdigung der Antrittsrede des Herrn Oberrabbiners Dr. W. A. Meisel in Pest« von Dr. M. Jost. Pest 1859. V: *Pollak, Leon* [?]. (Mitth. Dr. Imman. Löw in Szegedin.)

**Recensio** Codicis M. S. chart. Bibliothecae academiae Altorfinae Horatii carmina aliaque complectentis ... Particulae quinque. Altorfi 1769—80. V: *Nagel, Johann Andreas Michael.* (ML) (will)

**Recensio** Codicis MS. martyrologii Rom. Biblioth. acad. Altorfi 1763. V: *Nagel, Johann Andr. Mich.* (will) (ML)

*Recensio* manuscriptorum codicum qui ex universa bibliotheca Vaticana selecti jussu Domini Pii VI. Pont. M. prid. id. Febr. An. cIↃIↃCCLXXXVII. Procuratoribus Gallorum jure belli, seu pactarum induciarum ergo et initae pacis traditi fuere. Accedit index librorum tam impressorum quam manuscriptorum bibl. Vatic. ut et vasorum Etruscorum ac nummorum iisdem procuratoribus exhibitorum. 8maj. Leipz 803. Kummer. 16 gr

**Recensio, Scriptorum historiae litterariae,** tabularis. Halae 1724. V: *Callenberg, Johann Heinrich.* (Adel) (ML)

**Recensio** succincta eorum, quae Patres Concilii Tridentini pro ueritate euangelica dixerunt. Lipsiae 1730. V: *Wächtler, Christfried.* (Myl)

Recension, s.a. Rezension.

Recension d. Schrift A. F. Büschings, Charakter Friedrichs II., (v. H. G. v. Bretschneider). 8. Wien 789. Wucherer. 6 gr

**Recension** der Schrift: Charakter Friedrichs II., Königs von Preussen. Wien u. Leipzig 1789. V: *Bretschneider, Heinrich Gottfried von.* (Ky) (MGT) (WBL)

Recension des Buches „Aeschylos Eumeniden, Griechisch und Deutsch, mit erläut. Abhandlungen über d. äußere Darstellung, u. über den Inhalt u. die Composition dieser Tragödie v. K. O. Müller. Göttingen, Dieterich 1833." von einem Philologen. Der Recension Erster Artikel. gr. 8. Leipzig 834. Lehnhold. 1/2 ℔ jetzt 1/4 ℔ (Vgl. Jh. Gfr. J. Herrmann)

Recension der Gegenbemerkungen, die neuesten Vorfälle zwischen den Höfen zu *Wien* u. *München* betreffend. O. O. 1805. 4°. 15 S. Cart.

Recension der Geschichte des letzten Krieges in Deutschland (1756). Aus dem Englischen des Herrn Lloyd. (Aus der allgemeinen deutschen Bibliothek.)

**Recension** ... über die sittliche Güte aus uninteressirten Wohlwollen ... Gotha 1792. V: *Dolz, Joh. Chn.* (MGT)

**Recension** der Critik der reinen Vernunft. O. O. 1781. V: *Hamann, Joh. Georg.* (Hamann, Schriften hsg. Roth VI.)

— über Koch's Lehre von dem Uebergange der Forderungsrechte durch Universal- u. Singular-Succession rc. 8. Berlin 837. Hirschwald. n. 1/6 ℔

— die Leipziger, der Lutherischen u. Harmsischen Thesen; aus d. Leipz. Lit.-Zeitung. 8. Kiel 818. Acad. B. 3 gr

Die Leipziger Recension der Lutherischen und der Harmsschen Thesen. ⟨Aus der Leipziger Literaturzeitung 1818 Januar.⟩ (Leipzig. 1818.) 8°.

— über Recension, oder endlicher Machtspruch üb. d. Streitigkeiten in d. Pfalz zwisch. Trunk, Sambuga rc. 8. 781.

— über die Recension, die gegen die Schrift: Was waren die Bischöfe in den alten Zeiten, u. was sind sie nun? erschienen ist, (v. K. v. Eckartshausen). 8. Münch. 790. (Vergl. Meusels gel. Lexicon.)

**Recension** über die Recension, die gegen die Schrift: Was waren die Bischöfe in den ältern Zeiten ... erschienen ist ... München 1790. V: *Eckartshausen, Carl von.* (Ky) (MGT)

Recension einer Recension des Dobreeischen Photius. gr. 8. Leipz 825, Hartmann.

— einer Recension des Dobreeischen Photius. gr. 8. Leipz. 825. (Lehnhold). 2 gr

— üb. die Recension, welche gegen die Schrift: Was waren die Bischöfe in den alten Zeiten, u. was sind sie nun? vom Hrn. Free erschienen ist, (v. A. U. Mayer). 8. 790. (23 S.) (Vergl. F. A. Baaders Lexicon.)

**Recension** über die Recension, welche Herr Free über die Piece: Was waren die Bischöffe in den älteren Zeiten ... verfasst ... hat. Sulzbach 1790. V: *Mayer, Andreas.* (KY) (MGT)

**Recension** über Rühle von Lilienstern's Bericht über die Vorgänge bei der Hohenlohe'schen Armee im Jahre 1806. O. O. [ca. 1810]. V: *Müffling, Friedrich Carl Ferdinand Freih. von genannt Weiss.* (ADB)

Recension d. beiden jüngst. Streitschr. v. J. 1785 für d. dän. Wundärzte. A. d. Dän. Hadersleben 1786.

**Recension** der beyden Theile von Olafsen's Isländischen Reise. [Halle 1775.] V: *Fulda, Frdr. Carl.* (ML)

**Recension** über Sulzer's Theorie der schönen Künste. [Leipz. ca. 1780.] V: *Engel, Johann Jacob.* (MGT)

— der ältesten Urkunde d. Slavischen Kirchengeschichte, Litt. u. Sprache; eines Pergament. Codex aus d. 8. Jahrh., (v. J. A. Hanke v. Hankenstein). gr. 4. Ofen 804.

**Recension** der ältesten Urkunde der Slavischen Kirchengeschichte, Litteratur und Sprache ... Ofen 1804. V: *Hanke von Hankenstein, Joh. Alois.* (MGT) (KY)

**Recension** des Versuchs einer Einleitung in das Mecklenburgische Staatsrecht von Herrn Dr. E. F. Hagemeister ... Schwerin 1794. V: *Rudloff, Frdr. Aug.* (MGT)

Recensionen und allgemeine Bemerkungen über Theater und Musik. I. Das Burgtheater. — Die Vorstadttheater. 8. (290 S.) Wien, J. F. Greß, J. P. Sollinger's Witwe Druck, 1853.

Recensionen und allgemeine Bemerkungen über Theater und Musik. II. Kärnthnerthortheater. — Musikzustände. kl. 8 (260 S.) Wien, J. F. Greß, J. P. Sollinger's Witwe Dr. 1853.

Recensionen und allgemeine Bemerkungen über Theater und Musik. III. Holbein's deutsches Bühnenwesen. — An die Musikzeitung. — Theaterbericht. — Unverbürgte Nachrichten. — Verwandte Stimmen. kl. 8. (220 S.) Wien. Bei J. F. Greß. Druck von Sollinger. 1854.

Recensionen und allgemeine Bemerkungen über Theater und Musik. Band IV. Das Kärnthnerthortheater. 1853—1854. 8. (212 S.) Wien. Druck von J. P. Sollinger's Witwe. Bei J. F. Greß. 1854.

Recensionen und allgemeine Bemerkungen über Theater und Musik. 5. Band. Konzertsaison 1853 bis 1854. — Verwandte Stimmen. — Italienische Opernsaison 1854. 8. (160 S.) Wien. J. F. Greß. Druck von J. P. Sollinger's Witwe. 1854.

Recensionen und allgemeine Bemerkungen über Theater und Musik. VI. Band. Vorrede. — Das Burgtheater 1852—1853 und 1853—1854. Reklamation und Erklärung. kl. 8. (220 S.) Wien, bei J. F. Greß. Druck von J. P. Sollinger's Wwe. 1854.

Recensionen und allgemeine Bemerkungen über Theater und Musik. VII. Band. Die Vorstadttheater 1852—1853 und 1853—1854. — Opernpersonal und Repertoir. — Cornet'sche Aeußerungen. — Verwandte Stimmen. kl. 8. (130 S.) Wien. Bei J. F. Greß. Druck von L. C. Zamarski (vormals Sollinger.) 1855.

Recensionen, Berliner, auf dem Gesammtgebiete der Literatur und Kunst, der Musik und des Theaters. Herausg. u. red. von Fr. Ad. Meyer. 1. Jahrg. 1863. Juli—Decbr. 26 Nrn. (à ½—¾ Bgn.) Berlin, Expedition. Fol. n. 2 ℛ
Fortsetzung von: „Neue Zeitschrift für Theater, Musik ꝛc."

— — 2. Jahrg. 1864. 52 Nrn. (à 1 Bgn.) Berlin, Mendel. Fol. n. 4 ℛ

Recensionen, Berliner, auf dem Gesammt-Gebiete der Literatur u. Kunst, der Musik u. des Theaters. Hrsg. u. redig. von Fr. Ad. Meyer. 3. u. 4. Jahrg. 1865 u. 66. à 21 Nrn. (Bgn.) Berlin, Mendel. (Trautwein'sche Buchh.) Fol. Jeder Jahrg. 2 ℛ 20 ngr.
Bildet die Fortsetzung von „Neue Zeitschrift für Theater, Musik ꝛc."

Aus Recensionen über die ditmarscher (plattdeutschen) Gedichte (von Johann Meyer). o. O. u. J. 8°. [Kopft.]

Recensionen und Mittheilungen über Theater und Musik. Hrsg. von Jos. Klemm. Jahrg. 1859. (Der „Monatschrift für Theater und Musik" 5. Jahrg.) 52 Nrn. (à 2 Bog.) gr. 4. Wien, Wallishausser'sche Buchh. **

— dass. — 6. und 7. Jahrg. 1860 und 1861. à Jahrg. 52 Nrn. (à 2 Bog.) 4. Ebendas. à Jahrg. *
Erschien früher unter dem Titel: Monatschrift für Theater und Musik.

— — über Theater, Musik und bildende Kunst. Red.: Jul. Schwenda. 8. u. 9. Jahrg. 1862 u. 63. à 52 Nrn. (à 2 Bgn.) Wien, Expedition. 4. Jeder Jahrg. n. 8 ℛ
Separatausgabe hieraus:

— — über bildende Kunst. Unter besonderer Mitwirkung von R. v. Eitelberger, Jak. Falke, W. Lübke, C. v. Lützow und F. Pecht. 1. u. 2. Jahrg. 1862 u. 63. à 12 Nrn. (à 2 Bgn.) Ebend. 4. Jeder Jahrg. n. 2 ℛ 20 ngr.

Recensionen und Mittheilungen über Theater und Musik. Redact.: Jul. Schwenda. 8. Jahrg. 1862. 52 Nrn. (à 1 Bog.) Mit Monatbeilage für bildende Kunst. 1. Jahrg. 12 Nrn. (à 1 Bog.) 4. Wien, Expedition. *

—— —— dass. — Redact.: J. Löwenthal. 9. Jahrg. 1863. 52 Nrn. 4. (à 1 Bog.) Mit Beilage: Recensionen und Mittheilungen über bildende Kunst. Unter besond. Mitwirkung von R. v. Eitelberger, Jak. Falke, W. Lübke, C. v. Lützow und F. Pecht. 2. Jahrg. 1863. Jan. bis Septbr. 9 Nrn. (à 1 Bog.) Octbr. bis Decbr. Nr. 10—22. 4. (à 1/2 Bog.) Wien, Jägermayer und Comp. *

Die Beilage apart. *

—— —— dass. — Unter Mitwirkung von F. Bodenstedt, K. v. Bruyk, A. Dulk, R. Gottschall, K. Grädener, Grandaur, M. Hartmann, K. v. Holtei, S. H. Mosenthal, O. Paul, H. Th. Rötscher, L. v. Sonnleithner, A. v. Wolzogen rc. 10. Jahrg. 1864. 52 Nrn. 4. (à 1 Bog.) Mit Beilage: Recensionen und Mittheilungen über bildende Kunst, unter Mitwirkung von R. v. Eitelberger, Jak. Falke, W. Lübke, C. v. Lützow, O. Mündler, F. Pecht, C. Schnaase, A. H. Springer, A. Teichlein, G. F. Waagen rc. 3. Jahrg. 1864. 12 Nrn. 4. (à 1 Bog.) Wien, Czermak. *

Die Beilage apart. *

... u. **Mittheilungen** über Theater u. Musik. Redact.: J. Löwenthal. 11. Jahrg. 1865. 52 Nrn. (à 1 Bgn.) Mit Beilage: Recensionen u. Mittheilungen über bildende Kunst. Unter besonderer Mitwirkung von R. v. Eitelberger, Jak. Falke, W. Lübke, C. v. Lützow u. F. Pecht. 4. Jahrg. 1865. 52 Nrn. (à 1 Bgn.) Wien, Czermak. 4. n. 8 ℛ

Die Beilage apart. n. 2 ℛ 20 ngr.

**Recensionen u. Mittheilungen** über bildende Kunst. Wien bei Löwenthal 1863—65. 3 Bde. 4°.
(Fortsetzung hievon: Zeitschrift für bildende Kunst.)

Recensionen, Zwey, über Piringer's Banderien und eine zu Raab erschienene Hyperantiepiskepsis. Aus der „Wiener allgemeinen Literaturzeitung“ Nr. 103 – 106 besonders abgedruckt.
8. Wien 1816.

**Recensionen, 2, über Piringers Banderien und eine zu Raab erschienene** Hyperantiepiskepsis. **gr. 8. Wien, Heubner. 816.**

## Recensionen, Zwey, . . . in Sachen der Herren Lessing, M. Mendelssohn und Jacobi. Hamb. 1786. V: *Claudius*, *Matthias*. (schr) (Ky) (GGr) (MGT) (Collin, Anonymer. Kiobenh. 1869.)

**—zwei, in Sachen Lessings, Mendelssohns u. Jacobi, (v. Matth. Claudius). gr. 8. Hamb. 786. Bohn. 3 ℊ**

## Recensionen, Zwo, nebst einer Beylage, betreffend den Ursprung der Sprache . . . O. O. 1772. V: *Hamann*, *Joh. Gg.* (Hamann, Schriften hsg. Roth IV.) »Königsberg« (R-N) (ML) (Ky)

**Recensionen-Verzeichniß**, allgemeines, wissenschaftl. geordnete Uebersicht sämmtl. im Jahre 1838 in deutschen u. ausländ. Zeitschriften recensirten in Deutschland erschienenen Bücher. 1r u. 2r Jahrg. 1838 u. 1839 à 12 Numm. Roy.-4. Leipzig, Weber. (à n. 1 1/2 ℛ) 3 ℛ — Supplement u. Doppelregister. gr. 4. Ebd. 840. n. 1/3 ℛ — Jahrgang 1840, s. Blätter, bibliographische.

Recensionen-Verzeichniß, allgemein., rc. Supplement u. Doppelregister z. Jahrg. 1839. Roy.-4. (5 1/4 B.) Leipzig, [Lorck.] Thlr. *
Fortsetz., vgl. Blätter, bibliograph.

Recensus locorum quibus editio codicis vaticani Romana ab Angelo Majo praeparata et Hamburgensis annorum 1847 et 1848 inter sese differunt adjuncta in locis dubiis varietate Bartolocciana, Birchiana, Bentlejana nec non lectione ab Ed. de Muralto Romae in ipso codice hic illic observata. 16. (80 S.) Hamburg 860, J. A. Meissner. Thlr.
Bildet auch den Anhang zum „Novum testamentum graece ed. Ed. de Muralto. Edit. major et minor.“

## Recensus, Regularum quarundam, a probo litterarum studioso . . . observandarum. Baruthi 1756. V: *Stöhr*, *Nicolaus Friedrich*. (ML)

Recentiorum, poetarum selecta carmina. Ed. C. P. Fröbel, s. a. Poetarum.

Recentiorum Poëtarum selecta carmina, edit. Froebel. Vol. I. Io. Sec. Basia. Oweni Epigrammata Vol. II. Vidae Schacchia. Barlaei Virgo androphoros. 8. (Rudolstadt, Hofbuchhdl. in Comm.) 821. auf Postpap. à 12 Gr.
– Velinpap. à 18 Gr.

## Recepisse an den Vertheidiger der Hochstift Hildesheimischen Landesverfassung, Herrn Dr. J. F. Runde. O. O. 1794. V: *Goffaux*, *Frz Leop.* (Rotermund, Gel. Hannover. Bremen 1823.) (MGT)

**Recept** . . . . ., s. a. Rezept . . . . .

Recept weissen oder rothen Champagner aus jeder Weinsorte zu bereiten, binnen 5 Minuten, mit einem Kostenaufwand von nur 3 Ngr. für jede Flasche Wein. Auch Anweisung Cardinal und Stahlwein herzustellen. 1. und 2. Aufl. 1 Blatt in hoch 4. Leipzig 858, Wengler. * *

**— Weinessig aus Gerste zu bereiten. 8. Leipz., Rein. 16 ℊ**

## Recept, Das bewaehrte. [Berl. 1831.] V: *Bernstein*, *Caroline*. (GGr)

Recept, ein, gegen die Brandweinpest. Von F. L. H. I. Betrachtet die Folgen. II. Lernet aus Unglücksfällen. III. Helfet vereint. 8. (7 3/4 B.) Klagenfurt 813, Leon's Buchh.

**Recept, das ächte, z. Verfertigung d. Eau de Cologne, wie solches nach den besten u. erprobten Vortheilen, ohne große Mühe u. Kosten zu machen rc. Elberfeld 811. Mannes. (Leipz. Centr.-Compt.) 3 ℊ**

**Recept**, höchst einfaches und sicheres, gegen das Anwachsen und Festsitzen der Nachgeburt, sowie die lebensgefährlichen Folgen desselben. Zum Troste und zur Belehrung aller Schwangern herausg. von einem prakt. Arzte. Ulm 855. Höchel in Comm. qu. 8. verklebt 18 ngr.

Recept d. Kittelschen Gährungsmittels z. Branntweinstellen. Breslau, Kayser. (Meyer.)

**— d. Kittelschen Gährungsmittels z. Branntweinstellen, (1 Quart-Blatt). (Berl.) (Kayser in Leipz.) 9 ℊ**

Recept, gründl., die künstliche trockene Hefe zu verfertigen. Briefformat u. Stärke. Annaberg 828, Hasper. Versiegelt.

**— zu weichen u. harten wohlriechenden Haarpomaden u. Haarpuder. 8. Ulm, Ebner. 818.**

**Recept** zu der Kunst einen Verstorbenen erscheinen zu lassen. [Leipzig 1805.] V: *Spieker, Johann.* (MGT)

—— zu einem gesunden u. langen Leben, oder kurze u. deutliche Anweisung, seine Gesundheit zu erhalten u. geringe Störungen derselben durch einfache Hausmittel zu beseitigen. Mit e. Unterricht f. Lebensrettung Verunglückter u. e. Anh. über Gymnastik. 8. (18 B. u. 8 Holzschn.) Leipzig 843, Teubner.

**Recept** für pädagogische Schriftsteller. [Nürnb. 1797.] V: *Siebenkees, Joh. Christian.* (MGT) (will)

Recept gegen Schwiegermütter, s. Both's, L. W., Bühnen-Repertoir des Auslandes.

**Recept** zu einer guten schwarzen Dinte. 18. Schwiebus 848, Wagner. (Grünberg, Weiß.) Verklebt. n. 1/6 ß

—— zur Verarbeitung sauer und schal gewordenen Bieres, in kleinen wie in großen Quantitäten, zu gutem höchst, angenehmen Bier-Essige. Von einem prakt. Technologen. 8. (Altona 853, Verlags-Bureau.)

– zur Verarbeitung sauer und schal gewordenen Bieres, in kleinen wie in großen Quantitäten, zu gutem, höchst angenehmen Bier-Essige. Von einem praktischen Technologen. Groß-Glogau 854. (Altona, Verlags-Bureau.) verklebt 15 ngr.

Recept-Almanach, kleiner, enth. ein Verzeichniss der neuesten Heilmittel und ihrer Anwendungsweise für prakt. Aerzte. 8. (51 S.) Bern 872, Dalp'sche Buchh.

**Recept-Almanach**, kleiner, enth. e. Verzeichniss der neuesten Heilmittel u. Heilmethoden f. pract. Aerzte. Jahrg. 1873. gr. 16. (62 S.) Bern 873. Dalp. n. — 80

**Receptblätter** für Lungenleidende. Wien 1897. V: *Schröfl, Albin.* (EB)

**Receptblätter** für Lungenleidende, zur Selbsthilfe für solche zusammengestellt auf Grundlage von physiologischen Theorien, Praxis und Selbsterfahrungen. 8. (32 S.) —.50
Wien: Huber & Lahme 1897.

**Receptblätter** für Lungenleidende. Zur Selbsthilfe für solche zusammengestellt auf Grundlage von physiologischen Theorien, Praxis und Selbst-Erfahrungen. 8. (32 S.) In Comm. —.50
Wien: Szelinski 1897.

**Receptbuch**, od. das Buch zum Todtlachen ꝛc. 8. Halle 806. Dietlein. 6 gr

Receptbuch f. das häusliche u. bürgerl. Leben. Ein unentbehrl. Hausrath f. jeden Menschen. 2 Thle. 16. Aachen 825—26, La Ruelle. à 12 gr.

Receptbuch zu den neuesten Leder-Beizen, -Lacken und -Wichsen. Enthaltend die bewährtesten Vorschriften zur Bereitung aller Arten von Lederbeizen, Lederlacken ꝛc. Nebst Anleitung, wie man Sohlenleder auf seine Güte prüft, dasselbe conservirt und gegen das Eindringen der Nässe schützt; ferner: wie man alle Arten von Leder-Handschuhen färbt, wäscht und wieder vorrichtet. Für Schuhmacher, Gerber, Riemer ꝛc. 16. (IV und 99 S.) Weimar 858. [Leipzig, Deckmann.]

**Receptbuch** zu den neuesten Leder-Beizen, -Lacken u. -Wichsen. Enthltd. die bewährtesten Vorschriften zur Bereitung aller Arten von Lederbeizen, Lederlacken, Glanzwichsen ꝛc. Nebst Anleitung, wie man Sohlenleder auf seine Güte prüft, dasselbe conservirt u. gegen das Eindringen der Nässe schützt; ferner: wie man alle Arten von Leder-Handschuhen färbt, wäscht u. wieder vorrichtet. Für Schuhmacher, Gerber, Riemer ꝛc. Weimar 858. Jansen u. Co. 16. (2 Bl., 99 S.) 12 ngr.

Receptbuch zu den neuesten Leder-Beizen, Lacken und Wichsen. Enthaltend die bewährtesten Vorschriften zur Bereitung aller Arten von Lederbeizen, Lederlacken, engl., französ. und deutschen Glanzwichsen ꝛc. für Schuhmacher, Gerber, Riemer ꝛc. 2. (Titel-) Ausg. 16. (99 S.) Berlin (858)68, Mode's Verlag.

Receptbuch, vollständ., f. Thierärzte, Landwirthe, so wie überh. f. Eigenthümer v. Hausthieren jeder Art. Od. Auswahl v. mehr als 2000 d. bewährt. u. wirksamsten Arzneiformeln aus d. Praxis d. besten u. erfahrensten Thierärzte f. alle innere u. äußere Krankheiten d. Pferde, Rinder ꝛc., so wie auch d. Federviehes. Hrsg. v. A. P. Wilhelmi. 2 Bde. gr. 12. (56¼ B.) Leipzig 832, Köhler.

**Der Recept-Calender und Familienweg-Weiser.**

Sub-title: Ein unentbehrliche Rathgeber für Stadt und Land. Title varies slightly: Der Recept-Calender und Familien-Wegweiser [1858]. Place of publication varies: Wheeling, W.Va. Published by King & Baird.
PHi: 1858, 1859, 1862, 1863.
Philadelphia, PA

**Recepte,**

— acht gemeinnütz., von e. Gutsbesitzer durch vieljähr. Erfahrung erprobte, alles Ungeziefer aus Häusern u. vom Felde zu vertreiben. 8. Berl. 805. Schöne. 4 gr 6e Aufl.: 18 gemeinnütz. Recepte ꝛc. gr. 8. Ebd. 8 gr 10e Aufl. 27 gemeinnütz. Recepte ꝛc. (823.) 8 gr

— 28, zur künstl. Zubereitung des Rauch- u. Schnupftabaks, v. e. alten Tabaksfabrikanten. 8. Helmst. 813. Fleckeisen. 3 gr

— achtzig bewährte, für Tischler, Drechsler u. Holzarbeiter, oder Anweisung zum Lackiren, Poliren u. Beitzen. Ein Ergebniß erprobter Erfahrungen. Mit 1 Abbild. (Neue Ausg.) 8. Berlin 841, Heymann. 1/3 ß

**Recepte** zu einem gesunden Alter. Dazu homöopathische Reimlein. 12. (31 S.) München 882. (Franz.) n.n. — 50

**Recepte** der klinischen Anstalten in Jena. Jena 1895. V: *Krehl, Ludolph.* (Ky)

ATLAS CHEMICAL COMPANY.
Chemische Recepte. 1000 neue Recepte zur Herstellung von Farben und anderen chemischen Produkten mit Erklärungen und vollständiger Anleitung zur Fabrikation. Sunderland, 1897. 8vo.
There are also English and French editions.

CHEMISCHE RECEPTE. Deutsche Ausgabe der von der Atlas Chemical Company in Sunderland, England, herausgegebenen Englischen Ausgabe "Chemical Recipes." Leipzig, 1901.

Recepte, drei gemeinnützige, von einem prakt. Arzte erfundene u. erprobte: 1. Gesundheits-Bischof-Extrakt zu machen; 2. Franzbrandwein zu machen; 3. Aus Land-Taback einen guten Rauchtaback zu machen. In Couvert. ... Berlin ... Cranz. 1/2 ß

— 344, zu Breslauer u. Danziger Liqueuren. Leipz., (W. Nauck). 2 ß

**Recepte**, 30 gemeinnützige, von einem Gutsbesitzer durch vieljährige Erfahrung erprobte. 12. verm. Aufl. Ein verklebtes Couvert. (Berlin 842, Hold.) $^1/_3$ ß

— 30 gemeinnützige, von einem Gutsbesitzer durch vieljährige Erfahrung erprobte, u. 70 nützliche Mittheilungen f. Haus- u. Landwirthschaft, für Gartenbau u. Viehzucht. Ein sehr nützliches Buch. 8. Quedlinburg 845, Ernst. $^1/_3$ ß

**Recepte**, 33 durch vieljährige Erfahrungen in Deutschland, Frankreich u. England allgemein geachtete, gegen Krankheiten bei Pferden. Nebst Gebrauchsanweisung. 12. Berlin 43. Bade. M. 2.—

— noch nie entdeckte, f. Tabakshändler, Tabaksschnupfer ꝛc. 8. Leipz. Rein. 810.

— fünf gemeinnütz. u. durch vieljähr. Erfahrung erprobte, Ameisen, Fliegen, Mäuse, Schaben, Schwaben, Wanzen ꝛc. zu vertreiben. Landsh., Storno. 3 gl

**Recepte**, fünf, für Hutmacher. 1. Feinstes Kastorschwarz ohne Eisen in 2 Stunden, mit viel Glanz. 2. Pariser Schwarz in $3^1/_2$ Stunden. 3. Feinstes Kastorschwarz in 8 Stunden. 4. Hutbeize ohne Quecksilber. 5. Weisse Hutbeize ohne Quecksilber. 12. Nürnberg 847, Leuchs & Co. Versiegelt. n. 4 ß

## Recepte, 5000 neue englische, für alle Vorfälle des Lebens . . . A. d. Engl. . . . Stuttg. 1825. V: *Mackenzie, Colin.* (EngOec)

— funfzehn, in der Haus-Landwirthschaft sehr nützliche u. bewährte, von einem Oekonom seit mehreren Jahren erprobte. In Couvert. ... Berlin ... Crantz. $^1/_3$ ß

**Recepte und Mittel**, geprüfte und bewährte, für's Haus. Leipzig (858.) Wengler. (1 Bgn. in Fol.) verklebt 1 ß.

— u. Hausmittel f. Thierärzte, Oekonomen u. Landleute, bei d. Krankheiten u. Seuchen des Hornviehes, d. Schafe, Pferde, Schweine ꝛc. 8. Brem. 808. Müller. 1 ß

— 100 geprüfte, und von Kennern und Praktikanten als anwendbar anerkannte für Wald- u. Schönfärber. 8. Joachim, Leipzig. 804.

— hundert u. zwei gemeinnützige durch vieljährige Erfahrung erprobte, f. Landleute. 2te Aufl. 12. Leipz. Bruder. 811.

— 102, f. Landleute. 12. Berl. 811. Pauli. 12 gl

— gegen Hypochondrie u. Melancholie. 8. Frankf. a. M. 829. Guilhaumann. 12 gl

**Recepte** für liebende und verliebte Jünglinge und Männer. Ein prakt. Rathgeber für liebe- und heirathslustige Herren; ein Schatzkästlein für Väter heirathsfähiger Söhne. 8. Berlin 859, Streerath. * —

## Recepte für Kinderkrankheiten und venerische Krankheiten. Leipz. 1791. V: *Becker, Gottfried Wilhelm.* (EngM)

— f. Kinderkrankheiten u. venerische Krankheiten. 8. Leipz. 791. Köhler. 6 gl

**Recepte und Curarten** d. besten Aerzte aller Zeiten, v. einem prakt. Arzte. 4 Thle. gr. 8. Leipzig, Barth. 808—810. (I. Fieber, Entzündungen 1 Rthlr. 8 gr. II. Lokalentzündungen, Ausschläge 1 Rthlr. 8 gr. III. Schwindsuchten, Nervenkrankheiten, Gicht, Ruhr, Krankheiten d. Blutgefäßsystems 1 Rthlr. 18 gr. IV. Syphilit. Krankh. und die d. Lymphensystems überhaupt, d. Verdauung d. Harn- u. Zeugungsorgane 1 Rthlr. 10 gr.)

## Recepte und Kurarten der besten Ärzte aller Zeiten . . . Leipzig 1808—10. 2. . . . Aufl. 1813—18. H: *Becker, Gottfried Wilhelm.* (MGT) (Ky)

**Recepte u. Curarten** d. besten Aerzte aller Zeiten, v. einem prakt. Arzte. Ir Bd. 2te verm. Aufl. (Fieber, Entzündungen.) gr. 8. Leipz. Barth. 813.

— — dass. IIr Bd. 2te verm. Aufl. (enth. Lokalentzündungen, Ausschläge.) gr. 8. Ebend. 813.

— — dass. IIIr Bd. 2te verm. Aufl. (enth. Schwindsuchten, Nervenkrankheiten, Gicht, Ruhr ꝛc. Krankh. d. Blutgefäß-Systems.) gr. 8. Ebend. 814.

— — dass. IVr Bd. 2te Aufl. (enth. syphilitische Krankheiten, die des lymphatischen Systems, der Verdauung, der Harn- u. Zeugungs-Organe.) gr. 8. Ebend. 815.

**Recepte und Kurarten** der besten Aerzte aller Zeiten. Von einem praktischen Arzte. 4 Theile. 3te Aufl. gr. 8. Leipzig, Barth. 817—19. Rthlr. (Ir Thl. 1 Thlr. 8 Gr. 2r Thl. 1 Thlr. 12 Gr. 3r Thl. 1 Thlr. 18 Gr. 4r Thl. 1 Thlr. 10 Gr.)

— f. Lehrlinge der Kochkunst, Hausfrauen u. Köchinnen. 8. Eisenach 803. (Bärecke). 16 gl

— für Lehrlinge der Kochkunst, Hausfrauen und Köchinnen. 8. Eisenach, Wittekind. 803.

— für liebende und verliebte Mädchen und Frauen. Ein prakt. Rathgeber für liebe- und heirathslustige Damen; ein Schatzkästlein für Mütter heirathsfähiger Töchter. Ebend. (858.) 8. verklebt n. 5 ngr.

—— für liebende und verliebte Mädchen und Frauen. Ein prakt. Rathgeber für liebe- und heirathslustige Damen; ein Schatzkästlein für Mütter heirathsfähiger Töchter. 8. Berlin 859, Streerath. *

— moralische, für d. Landvolk z. fernern Bildung desselben. 8. Leipzig, Joachim.

— 6 gemeinnützige erprobte, 8. Oeringen, Schmeiser. 807.

**Recepte**, 6 gemeinnütz., von einem Gutsbesitzer durch vieljähr. Erfahrung erprobte ꝛc. Nürnb. 820. Stein. 4 gl N. verm. Aufl. 825. (Hergt in Coblenz). 9 gl

— sechzehn gemeinnützige von e. Gutsbesitzer durch vieljähr. Erfahrung erprobte. 8. Coblenz, Huber. (Hadam. N. Gel. Buchh.) versiegelt.

— sieben gemeinnützige, von e. Apotheker durch vieljährige Erfahrung erprobte. Celle 836. Schulze. In Couvert $^1/_4$ ß

— 27 gemeinnützige, von e. Gutsbesitzer durch vieljährige Erfahrung erprobte, alles Ungeziefer aus Häusern, Feldern u. Gärten zu vertreiben. 10e Aufl. 8. (Berlin 823, Schöne.) — 8

**Recepte** zu den Dr. Lux'schen Viehpulvern nebst Gebrauchsanweisung. Ueber Viehpulver im Allgemeinen, insbesondere über die Viehpulver des vor einigen Jahren in Leipzig verstorbenen berühmten Thierarztes Dr. Lux sowie deren Zusammensetzung. Leipzig 859. Neumeister. (Hamm, Grote.) 16. (80 S.) n. 20 ngr.

— zu den Dr. Luxschen Viehpulvern nebst Gebrauchsanweisung. Über Viehpulver im allgemeinen, insbesondere über die Viehpulver des vor einigen Jahren in Leipzig verstorbenen berühmten Tierarztes Dr. Lux, sowie deren Zusammensetzung. 16°. (80 S.) Leipzig. 59. (Cohen, Hann.) M. 2.—

— 24 untrügl., d. jugendl. Schönheit der Damen u. Herren ꝛc., s. Remedies for beauty.

—40 gemeinnützige, durch langjährige Erfahrung erprobte, 1 versieg. Couvert in qu. gr. 8. Berlin 833. (Schumann.) ⅓ ℛ

Recepte, vollständ., zur Vertreibung d. Ratten u. Mäuse. Leipz. 822, Andrä.

—zehn brauchbare, f. Stadträthe, Prediger, Schriftsteller u. mehrere Personen. 8. Neust. a. d. O. 803. Wagner. 12 gr
A. u. d. T.: G. Seidemann, Panaceen f. allerlei Wunden d. gebrechl. Menschheit. Ein satyr. Versuch.

Receptformeln der medicinischen Klinik zu Leipzig nebst Maximaldosen, Curort- und Heilquellen-Verzeichniss. gr. 16. (IV, 25 S. mit 1 Tab. in qu. 4.) Leipzig 876, Lorenz.
geb. und durchschossen *

Receptformeln der medicinischen Klinik zu Leipzig, nebst Maximaldosen, Curort- und Heilquellen-Verzeichniss. 2. und 3. Aufl. 12. (XI, 26 S. mit 1 Tab.) Leipzig 877,83, Lorentz. geb. *

Receptformeln der medicinischen Klinik zu Leipzig, 4. Aufl., s. Arzneimittel und Verordnungen.

Von der so genannten Adelichen Reception in Hollstein und was dem anhängig ist. o. O. Mon. Dec. 1776. 8°

Recept-Taschenbuch, s. Weinberger.

**Recept-Taschenbuch** für angehende Ärzte und Wundärzte, und für solche, die sich mit Heilung der Kranken beschäftigen . . . Leipzig 1794—95. V: *Niceus, Christian Frdr.* (MGT) (EDGM) (KY)

**Recepttaschenbuch** f. angeh. Aerzte, Wundärzte u. für solche, die sich mit Heilung der Krankheiten beschäftigen ꝛc., (v. C. F. Niceus). 3 Thle. 8. Leipz. 794, 95. 2e A. 796, 97. (Aue in Altona). 4 ℛ 8 gr 3r Thl. Auch u. d. T.: Anweis. zur Ausübung d. Wundarzneikunst f. angeh. Aerzte u. Wundärzte. 8. 796. 1 ℛ 12 gr

Receptaschenbuch für angeh. Aerzte, Wundärzte, und für solche, die sich mit Heilung der Krankheiten beschäftigen ꝛc. 3 Thle. 8. Leipzig, Jacobäer. 796—97.
Vgl. Recepttaschenbuch, Neues med.

Recept-Taschenbuch f. Drechsler, Tischler, Kammmacher, Holzarbeiter u. Dilletanten dieser Künste, um ihren Arbeiten durch Beizen, Lack u. Politur die gehörige Farbe, Schönheit u. Dauer zu geben. gr. 16. Nordhausen 840, Fischer.

**Recept-Taschenbuch** für Drechsler, Tischler, Kammmacher, Holzarbeiter ꝛc. 12. Nordhausen 847, Fischer. ⅙ ℛ

— des Julius-Hospitals zu Würzburg, s.: Reuss u. Carl.

—— und Kalender der Wiener medizinischen Presse. 1878—1880. (1.—3. Jahrg.) 16. (160, 224; 280, 212; VIII, 252, 224 S.) Ebendas. à Jahrg. *

—— und Kalender der Wiener medizinischen Presse. 1881—1885. 16. (VIII, 195; VIII, 274; VIII, 308; VIII, 340; X, 354 S.) Ebendas. à Jahrg. *

— u. Kalender der Wiener medizinischen Presse. 1881. 16. (VIII, 175 u. 224 S.) Ebend. geb. n. 3.20

Recept-Taschenbuch, klinisches, für praktische Aerzte. Sammlung der gebräuchl. und bewährtesten Heilformeln an den Wiener Kliniken. 16. (V, 159 S.) Wien 878, Urban und Schwarzenberg. geb. *

—— dass. — Sammlung der an den Wiener Kliniken gebräuchl. und bewährtesten Heilformeln. 2. verm. und verb. Aufl. 16. (XII, 160 S.) Ebendas. 879. geb. *

Recept-Taschenbuch, klinisches, für praktische Aerzte. Sammlung der an den Wiener Kliniken gebräuchl. und bewährtesten Heilformeln. 3. verm. und verb. Aufl. (XII, 81 S.) 1881; 4. verm. und verb. Aufl. (XII, 195 S.) 1883; 5. verm. und verb. Aufl. 16. (XII, 225 S.) Wien 883, Urban und Schwarzenberg. geb. *

Recept-Taschenbuch, klinisches, für praktische Aerzte. Sammlung der an den Wiener Kliniken gebräuchl. und bewährtesten Heilformeln. 6. verm. und verb. Aufl. (XIV, 233 S.) 885; 7. verm. und verb. Aufl. (XIV, 220 S.) 885; 8. verm. und verb. Aufl. (XIV, 230 S.) 886; 9. verm. und verb. Aufl. (XIV, 223 S.) 887; 10. vollständig umgearb. Aufl. 16. (XIV, 225 S.) Wien 889, Urban und Schwarzenberg. geb. * 2 —

Recept-Taschenbuch, klinisches, f. praktische Aerzte. Sammlung der an den Wiener Kliniken gebräuchl. u. bewährtesten Heilformeln. 11. Aufl. (XII, 267 S.) 889; 12. Aufl. (XII, 282 S.) 891; 13. Aufl. 16. (XII, 284 S.) Wien 892, Urban u. Schwarzenberg. geb. * 2 —

**Recept-Taschenbuch,** Klinisches, für praktische Aerzte. Sammlung der an den Wiener Kliniken gebräuchlichen und bewährtesten Hilfsformeln. 14., vollständig umgearbeitete Auflage. 16. (XII, 292 S.) Geb. 1.21
Wien: Urban & Schwarzenberg 1893.

**Recept-Taschenbuch,** Klinisches, f. praktische Aerzte. Sammlung der an den Wiener Kliniken gebräuchlichen und bewährtesten Heilformeln. 18. vollständig umgearbeitete Auflage. 16. (XIV, 282 S.) In Lnwd. geb. 1.20
Wien: Urban & Schwarzenberg 1897.

**Recept-Taschenbuch,** Klinisches, für praktische Aerzte. Sammlung der an den Wiener Kliniken gebräuchlichen und bewährtesten Heilformeln. XIX. vollständig umgearbeitete Aufl. 24. (XIV, 290 S.) In Lnwd. geb. 1.20
Wien: Urban & Schwarzenberg 1898.

Klinisches Recept-Taschenbuch für praktische Aerzte. 23. Aufl. 16°. (XII, 276 S.) Ebda. 1902. geb. K 2.40

**Recept-Taschenbuch,** Neues allgem. Herausgegeben vom „Aerztlichen Central-Anzeiger". 16. (237 S.) In Lwd. geb. —.75
Wien: Breitenstein 1893.

— neues medicinisches, ein praktisches Handbuch für Aerzte und Wundärzte und für solche, die sich mit Heilung der Krankheiten beschäftigen, ein gedrängter aber doch vollständiger Auszug a. d. unter gleichem Titel bekannten größern Werke eben dieses Verfassers. 8. Hamburg, Vollmer. 798.
Vgl. Recepttaschenbuch f. angeh. Ärzte, ...

—zur Philosophie des Lebens, des Umgangs u. des Lebensgenusses ꝛc. 8. Leipz. 803. Joachim. 1 ℛ 6 gr 1806 mit d. n. Titel: Philosophie d. Lebens u. d. Umganges. 8. Ebd. 1 ℛ 12 gr

TECHNISCH-CHEMISCHES RECEPT-TASCHENBUCH. Redigiert von E. Winckler. 9 vols. Leipzig, 1875–'83.

Technisch-chemisches Recept-Taschenbuch, enthaltend in circa 10,000 Recepten und Mittheilungen die nützlichsten Entdeckungen aus dem Gebiete der technischen Chemie und der Gewerbskunde. 8vo. Halle, 1884.

—f. Thierärzte u. Landwirthe, von L***; enthalt. bewährte Heilmittel gegen innerliche u. äußerl. Krankheiten. 2 Thle. 8. Wittenb. 802. Kühn. 8 gr

**Recepttaschenbuch, Vollständiges,** zur zweckmässigen Behandlung aller syphilitischen Krankheiten . . . Leipzig 1832. V: *Hacker, Heinrich August.* (EngM)

**Recept-Taschenbuch,** vollständ., zur zweckmäss. Behandlung aller syphilit. Krankheiten. — Eine gedrängte Auswahl d. besten u. neuest. Recepte u. Heilmethoden geg. die s. g. syphilit. u. mercuriellen Leiden. (Von H. A. Hacker.) 16. (13½ B.) Leipzig 832, Engelmann.

—— Wiener, Receptformeln und therapeut. Winke der Proff. Albert, Bamberger, Benedikt etc., hrsg. von Thdr. Wiethe. 16. (IV, 524 S.) Wien 887, Fromme. geb. * 4 80

— **Wiener.** Sammlung der an den Kliniken u. Ambulatorien d. Herren Albert, v. Bamberger, Benedict etc. übl. Recepte, nebst Winken über die Therapie u. e. Anh. üb. Zahnheilkunde u. Bäderlehre. 8. Aufl. Hrsg. von Th. Wiethe. gr. 16. (III, 704 S.) Wien 889. Fromme. geb. n. 5. 60

—— Wiener. Sammlung der an den Kliniken u. Ambulatorien der Herren k. k. Universitätsproff. DD. Albert, Benedikt, Billroth etc., sowie an den medicin. Kliniken u. deren Ambulatorien im k. k. allgemeinen Krankenhause in Wien übl. Recepte, nebst Winken üb. d. Therapie u. e. Anh. üb. Zahnheilkunde u. Bäderlehre. Hrsg. v. Thdr. Wiethe. 9. Aufl. gr. 16. (III, 773 S.) Wien 892, Fromme. geb. * 6 —

**Receptur-Taxe** der in den Apotheken Oesterreich-Ungarns gangbaren, nicht officinellen Arznei-Mittel und Artikel. Herausgegeben vom Directorium des allgemeinen österr. Apotheker-Vereines. Lex.-8. (199 S.) Geb. Wien: Frick 1898. * 1.65

**Recés du convent général** tenu a Wilhelmsbad en juillet et août 1782. [Dat.:] Wilhelmsbad le 1er sept. 1782. [Braunschweig 1782: Kolb.] 12 S. 2° [Kopftit.]
Kl. 2316 c. 65.

**Recess** vor dem königl. Amte zu Budissin 1548 über ein Kompromiss zwischen Gotzschen von Gersdorf und Ge. von Gersdorf. [Laub. u. Leipz. 1748.] V: *Meisner, Christian Gottfried.* (ML) (OL)

**Receßbuch,** Saalfeldisches, die Verfassung des herzogl. Sachsen-Gothaischen Gesammthauses, die in demselben vorgenommene Erbtheilung, vornehml. aber die herzogl. Sachsen-Coburg-Saalfeldischen Gerechtsame betreffend. Fol. Cob. 783. (Riemann). 1 ₰ 16 𝔤𝔯

**Recesse,** die, und andere Akten der Hansatage 1256—1430. Auf Veranlassung und mit Unterstützung Sr. Majestät des Königs von Bayern Maximilian II. herausgegeben durch die historische Commission bei der kgl. Akademie der Wissenschaften. Leipzig 1870—80 — Band 1—5 — gr. 4°.

**Recesse, Die,** und andere Akten der Hansetage . . . Leipzig 1870 ff. H (Bd. 1—6): *Koppmann, Carl.* (Dn)

**Recessus** additionalis s. addenda zu der Quintuplicarum loco gründlichen Bevestigung in Sachen des . . . Frhn von Hammerstein zu Gessmold . . . O. O. 1747. V: *Gerding.* (Holz)

**Recessus** ad Duplicas additionalis mit wiederholter unterthänigst rechtlicher Bitte, in Sachen des Hn v. Hammerstein zu Gessmold . . . Ossnabr. 1739. V: *Hesselmeir.* (Holz)

**Recessus** imperii de anno 1654. cum notis Gamsii. 4. Frcf. (Renger, Halle.) 701.

Duplicae loco oralis **recessus** . . . in Sachen des Königl. Justiz-Raths . . . Johann Friderich Wilhelm Böckmann zu Glückstadt als Mandatarii des Herrn Licentiaten Schwartz zu Hamburg in Ehevoigtschaft seiner Frauen Margaretha Elisabeth geb. Trogillius . . . wider die Herren Rathsverwandte Christian Schwenck u. Nicolaus Piening zu Crempe . . . in puncto streitiger Erbtheilung der von der verstorbenen Frau Bürgermeisterin Trogillius besessenen Güther. o. O. u. J. 8°

**Recette,** la, du médecin Nicoclès; anecdote orientale du règne de Cyrus. 8. Bern, Haller. 795.

***Recettes*** **orientales et secrets pour la toilette des dames.** Leipz., Magaz. f. Ind. 20 𝔤𝔯

**Receveur,** Abhandlungen über Kirchengeschichte oder Erörterungen über die Disciplin, die Sitten und die Anschauungen der verschiedenen christl. Jahrhunderte. Aus dem Französ. übers. und für den deutschen Leser mit zahlreichen Noten versehen von J. G. S. gr. 8. (XIV und 618 S.) Schaffhausen 856, Hurter'sche Buchh.

**Rech, Ferd.,** observationes grammaticae. De in praepositionis cum accusativo iunctae apud Senecam usu. Diss. gr. 8. (79 S.) Friburgi Brisgav 895. (Leipzig, Buchhdlg. G. Fock.) n. 1. 20

Rech, Jacob [aus Köln]: Aus d. med. Klinik zu Bonn. Graphische Untersuchungen über normale und pathologische Herzstossformen. . . . Bonn, Hauptmann'sche Buchdr. (1890); 28 S. + 2 Bl. 8°
Bonn, Med. Fak., Inaug.-Diss. v. [5. Jul. 1890]

Rech, Joseph

**Rech, J.** Die Sentenzen und lehrhaften Stellen in den Tragödien des Robert Garnier. Diss. Strassburg 1891. 62 S.

**Rech,** Julius [Assistenzarzt an d. med. Poliklinik]: Ueber Hirn- und Rückenmarkshernien . . . Heidelberg, Univ.-Buchdr. v. J. Hörning, 1896; 53 S. 8.
Heidelberg, Med. Fak., Inaug.-Diss. v. [22. Mai] 1896

**Rech, Karl,** Gerichtsrefer. a. D. stud. med.: Das Sanitätsrecht für den Seekrieg nach den Ergebnissen der zweiten Haager Konferenz Bonn 1908: Trapp. 110 S. 8°
Heidelberg, Jur. Diss. v. 17. Nov. 1908, Ref. Jellinek
[Geb. 14 März 75 Cöln; Wohnort: Bonn; Staatsangeh.: Preußen; Vorbildung: Gymn. Brilon Reife O. 95; Studium: Jura Innsbruck 1, Breslau 1, Heidelberg 1, Bonn 7, Med. Bonn 4 S.; Rig. 4. Aug. 08.] [U 09. 1882

**Rech,** Matthias K(onrad) H(ubert), Gerichtsref. in Bonn: Das Rechtsverhältnis. Ein Beitrag zur Lehre von d. Konnexität u. d. Zurückbehaltungsrecht. *Bonn 1904: E. Eisele.* (IV, 79 S.) 8°
Bonn, Jur. Diss. v. 22. Juni 1904

**Rech, Matthias K. H., das Rechtsverhältnis. Ein Beitrag zur Lehre v. der Konnexität u. d. Zurückbehaltungsrecht. Diss. (VIII, 79 S.) 8. Bonn 904. H. Behrendt. n. 1. 20**

**Rech,** Max(imilian), Referendar: Der Begriff der Einrede im bürgerlichen Recht und im Zivilprozess. Borna-Leipzig 1907: R. Noske. (VIII, 47 S.) 8°
Heidelberg, Jur. Fak., Ref. Bekker, Diss. v. 1907
[Geb. 29. Mai 80 Sablon b. Metz; Wohnort: Sablon; Staatsangeh.: Elsaß-Lothringen; Vorbildung: Gymn. Montigny Reife Juli 03; Studium: Straßburg 5, Bonn 1, Berlin 1 S.; Rig. 18. Juli 07.]

**Rech, Paul**: Aus d. chir. Klinik d. Kinderkrankenh. zu Leipzig. Oberarzt: H. Tillmanns. Über Perityphlitis im Bruchsack. Leipzig (1909): Regel. 23 S. 8°
Leipzig, Med. Diss. v. Juli 1909, Ref. Trendelenburg
[Geb. 1. Okt. 83 Leipzig; Wohnort: Leipzig; Staatsangeh.: Sachsen; Vorbildung: Nicolai-Gymn. Leipzig Reife O. 04; Studium: Leipzig 10 S.; Coll. 24. Juli 09.] [U 09. 2849

**Rech,** Wilhelm, a. Bad Neuenahr: Die Absorptionsspektra von Neodym- und Praseodymchlorid. M. 2 Taf. Leipzig: J. A. Barth 1906. (22 S.) 8°
Bonn, Phil. Fak., Ref. Kayser, Diss. v. 29. Jan. 1906
[Geb. 6. Juli 79 Brohl a. Rh.: Wohnort: Neuenahr; Staatsangeh.: Preußen; Vorbildung: Friedr.-Wilh.-Gymn. Trier Reife O. 01; Studium: Bonn 2, München 1, Berlin 2, Bonn 4 S.; Rig. 29. Nov. 05.]

**Recha,** Carl, zur Frage üb. den Ursprung der perfectivierenden Function der Verbalpräfixe. Nebst Einleitg. üb. das Zusammenwirken des syntakt. u. phonet. Factors. Diss. gr. 8. (123 S.) Jurjew (Dorpat) 893. (E. J. Karow.) n. 2. 80

Rechard, K.G. (Hrsg.), s. Aufklärungen, umständliche, der denkwürdigsten Ereignisse, Empörungen, Feldzüge, Schlachten...

**Recharhor, Jos. A., Lienz in Tirol und seine Gegend.** Handbüchlein für Touristen. Mit besond. Berücksicht. der Gebirgstouren und Darstellung der Glockner- und Venediger-Fahrten. 8. (73 S.) Brixen 876, Theologische Verlags-Anstalt. *

**Rechberg, Der,** im Oberamt Gmünnd. Geschichte, Volkssagen und Legenden . . . Gmünd 1827. V: *Epple.* (Heyd)

**Rechberg,** v., s.: Schulthess-Rechberg, v.

**Rechberg,** Arnold, Plastiken u. Kartons. (14 Taf.) Mit erläut. Text. (Von Paul Kühn.) (VIII S. m. 1 Bildnis.) gr. 4. Leipzig 903. (J. J. Weber.) In Mappe n 6. —

Rechberg, Ferdinand. Ueber Diamidohydrochinonäther und Dioxychinonäther. (Basel) Marburg, 1890.

**v. Rechberg und Rothenlöwen,** Karl Graf, allgemein-medizinisch- u. hydriatisch-kritische Beleuchtung des Auszuges aus dem Commissions-Berichte des Prof. honor. Dr. Horner üb. die Gräfenberger Kurmethode. 8. München 841, Franz. 1/6 ß

—— der Honorar-Prof. Dr. Horner in München üb. Prießnitz's Heilmethode. Neue krit. Beleucht. 8. (2 B.) München 841, Franz.

**v. Rechberg,** Graf Karl, s. S. Mutschelle, guter Rath.

Tagebuch des Königlich Bayerischen Gouverneurs der Bundesfestung Mainz (Ludwig Graf v. **Rechberg** u. Rothenlöwen) vom 18. Juni bis 26. Aug. 1866. *München: J. Lindauer 1903.* (S. 39–105.) 8° [F.]
— Darstellungen aus d. Bayerischen Kriegs- u. Heeresgeschichte. H. 12, [2.] [03. 13008

Rechberger, Anton (Hrsg.):

s.: Rechberger, Anton Johann: Vollständige Geschichte der Einimpfung der Blattern in Wien... Wien: 1788

Rechberger, Anton Johann

**Rechberger,** Ant. Joh., Bekanntmach. einer besond. Art v. Hebel in der Geburtshülfe. gr. 8. Wien, Trattner. (Tendler.) 769. Rthlr.

— — dasselb. lateinisch. gr. 8. Ebend. 769.

Rechberger, Anton Johann: Bekanntmachung einer besonderen Art von Hebel, und dessen Anwendung und Nutzen in der Geburtshilfe. 57 S., gbd., 1 Taf.

Wien: typ.von Trattnern 1779

**Rechberger,** Ant. Jh., († 5. 10. Febr. 1792.) 20jähr. Gesch. der Einimpfung d. Blattern in Wien; hrsgg. v. seinem Sohne Ant. Rechberger. gr. 8. Wien 788. Blumauer. 12 gr.

Rechberger, Anton Johann: Vollständige Geschichte der Einimpfung der Blattern in Wien nebst der besten Art selbe vorzunehmen zur gänzlichen Widerlegung der Vorurtheile und Aufklärung der wahren Ursache, warum die gesündesten und stärksten Kinder bei der sogenannten natürlichen Ansteckung der Gefahr des Todes ausgesetzt werden. Hrsg.von Anton Rechberger. 184 S., gbd.

Wien: Gräffer 1788

JB 5.063

**Rechberger, Anton Johann.** Dissertatio de vecte emendato ejusque usu . . . in arte obstetricia . . . Viennae 1779. H: *Schmid, Martin.* (BrMm)

Rechberger, Augustin (Hrsg.), s. Monatsschrift, Theologisch-praktische.

Rechberger, Georg

**Rechberger,** Anleitung zum geistl. Geschäftsstyl in den östreich. Staaten. 3te mit Rücksicht auf das neue bürgerl. Gesetzbuch bearbeit. u. verm. Aufl. 8. Linz, Haslinger. 815.

**Rechberger,** G., Anleitung zum geistl. Geschäftsstyl in den österreich. Staaten, mit vielen Beyspielen, vorzüglich für Seelsorger. 4te verm. Aufl. 8. Linz, Haslinger. 819.

— Anleit. zum geistl. Geschäftsstyl in den östreich. Staaten. 8. Linz ... 3e mit Rücksicht auf d. neue bürgerl. Gesetzbuch bearb. Aufl. 819. 4e Aufl. 826. Haslinger. 1 ß

**Rechberger,** Geo., († d. 18. Dec. 1808.) Buch zur Andacht u. Erbauung f. kathol. Christen. Mit e. kurzen Unterricht üb. den Zweck u. die Entstehung der vornehmsten Kirchenfeste. 8. Linz 824. Fink. 4 gr.

*Ej.*: Enchir. jur. eccles. austr. latin. don. multisque additt. locupl. Linz 809. 2 T. gr. 8. Ed. 2da. novo Cod. civ. adaptata et locuplet. *Ib.* 818—19. 2 T. gr. 8. (2 Thl. 16 Gr.)

— Enchiridion juris ecclesiastici austriaci. Editio secunda novo codici adaptata, et locupletata. 2 Tomi. 8. ibid. 819.

Rechberger, (G.,) enchiridion jur. ecclesiast. austriaci. Ed. 4ta. 2 Tomi 8. Linz 824, Haslinger.

— vollständ. Erziehungslehre in e. gedrängt. Uebersicht. 8. Linz 809. Haslinger. 12 gr. Hbg. Pr. 6 gr.

Rechberger, G.: Handb. des österr. Kirchenr. *Linz*, Hasslinger. 807. 2 Bde. gr. 8. N. A. v. . . Gapp. *Eb.* 816. gr. 8. (2 Thl. 12 Gr.)

— Handbuch d. östreich. Kirchenrechts. 2 Bde. 8. Linz 807. 2e A. ... 3e mit Rücksicht auf d. neue bürgerl. Gesetzbuch bearb. u. verm. Aufl. 2 Bde. 8. Ebd. 816. (Liebeskind in Lpz.) 2 ß

— Handbuch des östreichischen Kirchenrechts. 3te m. Rücksicht auf d. neue bürgerl. Gesetzbuch bearbeitete und verm. Aufl. 2 Bde. 8. Ebend. 815.

—Schule der Andacht u. Frömmigkeit. Ein Erbauungsbuch f. Jedermann. 8. Linz 824. Haslinger. 8 ℊ

**Rechberger Heinrich,** Fibel für Taubstumme Wien 1906. Schulbücherverlag. Geb. K —.60.

**Rechberger Heinrich,** Erstes Rechenheft für österreichische Hilfs- und Taubstummenschulen. Linz 1907. Verlag des Taubstummeninstituts in Linz. K —15.

**Rechberger, Heinr.,** erstes Religionsbüchlein f. Taubstumme. (59 S. m. Abb.) 8. Linz 905. (Preßverein.) Kart. nn. —50

**Rechberger Heinrich,** Zweites Religionsbüchlein für Hilfs- und Taubstummenschulen. Linz 1907. Katholischer Preßverein. Geb. K 1.50. Der Gebrauch dieses Religionsbuches an Hilfs- und Taubstummenschulen mit deutscher Unterrichtssprache in anderen Diözesen wird gestattet, wenn es von den betreffenden Ordinariaten für zulässig erklärt worden ist.

Rechberger von Rechkron, Josef Ritter

**Rechberger v. Rechkron,** J., Wien's militärische Bedeutung. Eine historische Studie. Im Auftrage u. unter Leitung der k. k. Direction des Kriegs-Archivs verf. [Aus: „Mittheilungen d. k. k. Kriegs-Archivs".] gr. 8. (34 S.) Wien 882. (Seidel & Sohn.) n. —80

**Rechberger** v. Rechkron, Josef Ritter, Major im k. k. Kriegs-Archiv Das Bildungswesen im österreichischen Heere vom 30jährigen Kriege bis zur Gegenwart. Beitrag zur Culturgeschichte Oesterreichs mit einer den Entwicklungsgang des Bildungswesens versinnlichender Tafel. Nach Originalquellen. (Aus den „Mittheilungen des k. k. Kriegs-Archivs. 1878".) 8. Wien 1878.

**Rechberger von Rechkron,** J. Ritt. Das Bildungswesen im österr. Heere vom dreißigjährigen Kriege bis zur Gegenwart. Mit 1 Taf. Wien 1878. 218 S.

**Rechberger v. Rechkron, Jos. R., die Erdoberfläche in ihrem Einflusse auf den Krieg. [Terrainlehre und Terrainwürdigung.] Für Officiere aller Waffen der mitteleurop. Heere. gr. 8. (XX, 285 S. mit 4 lithogr. Taf. in gr. und qu. Fol.) Wien 872, (Seidel und Sohn.)**

**Rechberger R. v. Rechkron, J., der Gebirgskrieg. gr. 8. (VIII und 309 S. mit 15 lithogr. Plänen in gr. 8. und gr. 4.) Wien 865, Seidel und Sohn.** *

— **Geographie für Offiziere, s. a. Geographie.**

(**Rechberger** R. v. Rechkron, k. k. Hauptm.) Geographie für Officiere und Officiers-Aspiranten. Vom Verfasser der milit. Studie „Der Gebirgskrieg". Mit in den Text gedruckten Holzschn., 2 Figurentafeln, 6 geographischen und 1 Eisenbahn Karte. kl. 8. Brünn 1867.

**Rechberger v. Rechkron, J. Ritter, Oesterreichs Seewesen in dem Zeitraume von 1500—1797, s. Geschichte der k. k. Kriegs-Marine.**

—— **spanischer Successions-Krieg, Feldzug 1705, s. a. Feldzüge des Prinzen Eugen von Savoyen.**

**Rechberger v. Rechkron, J. Ritter.** Spanischer Successionskrieg. Feldzug 1705. (Mit) Atl. Wien 1881. 8° u. 2°.

Rechberger v. Rechkron, J. Ritter, **spanischer Successions-Krieg, Feldzug 1709, s. a. Feldzüge des Prinzen Eugen** von Savoyen.

**Rechberger v. Recheron, J. Ritter.** Span. Successionskrieg. Feldzug 1709. (Mit) Atl. Wien 1886. 8° u. 2°

**Reche, B.,** wie soll man Krebse kochen? Wie soll man Krebse essen? E. Anzahl ausgew. u. ausprob. Koch-Recepte, gesammelt u. bearb. 8. (15 S.) Kattowitz 896. G. Siwinna. —75

Wie soll man Krebse kochen? Wie soll man Krebse essen? Eine Anzahl ausgewählter u. ausprob. Koch-Recepte, gesammelt u. bearb. von B. **Reche.** [Neue Aufl.] Kattowitz G. Siwinna [1904]. (15 S.) 8° (16. 6o.)

**Reche, E.,** wie führe ich mein Schiff üb. See? Einführg. in die prakt. Navigation. gr. 8. (IV, 148 S. m. Fig.) Kattowitz (899). G. Siwinna. Kart. n. 4.50

**Reche, E., die modernen Wohngelegenheiten f. alleinstehende Personen der Arbeiter-Bevölkerung. (Hrsg. v. der Gesellschaft f. Wohlfahrtseinrichtgn.) (39 S. m. eingedr. Plänen.) gr. 8. Frankfurt a/M. 906. (Mahlau & Waldschmidt.) n. 1.50**

**Reche,** Emil, cand. cam.: Das wirtschaftliche Vordringen der Vereinigten Staaten von Nordamerika in der Südsee. Weimar 1908 R. Wagner Sohn. (75 S.) 8°

Heidelberg, Phil. Fak., Ref. Gothein, Diss. v. 22. Juni 1908

[Geb. 29. März 65 Cosel, Wohnort: Homburg v. d. H., Staatsangeh.: Preußen; Vorbildung: Gymn. Ratibor, Marinesch. Kiel, Offiziersprüfung 85; Studium; Heidelberg 4, Akad. f. Sozial- u. Handelswissenschaften Frankfurt a. M. 2 S. Rig. 7 Mai 08.]

**Reche,** Fritz, Assistenz-Arzt a. d. med. Abt. d. Allerheiligen-Hosp. Über antiseptische **Beeinflussung** des Harns durch innerlich dargereichte Antiseptika. *Breslau 1902: Grass, Barth & Co.* (28 S.) 8°

Breslau, Med. Diss. v. 17. März 1902

Reche, Johann Wilhelm, s. Antonin Unterhaltungen

— **Beyträge z. Beförd. edler und beruhigender Grundsätze in e. Samml. v. Predigten (a. unt. d. Tit. Erinnerungen an wicht. Wahrheiten und Lebensregeln in e. Samml. von Religionsvorträgen.) gr. 8. Duisburg, Bädecker. 805.**

**Reche, Joh. Wilh., Belehrungen aus d. bibl. Geschichte Josephs, Reichsverwesers v. Aegypten, in e. Reihe öffentl. Religionsvorträge. Hrsg. v. Corn. Joh. Jak. Besserer. 2 Thle. 2., verm. Aufl. gr. 8. (38½ B.) Aachen 834, Roschütz u. Comp.**

**Reche, Jh. Wlh., einige Beruhigungsgründe, zur Zeit d. Theuerung. 8. Düsseld. 790. Dänzer. (Barth in Leipz.) 3 ℊ**

—— Erinnerungen an wichtige Wahrheiten u. Lebensregeln, in e. Auswahl christl. Religionsvorträge. 2. u. 3. Thl. — A. u. d. T.: Volksweisheit. Eine Reihe v. christl. Religionsvorträgen, oder vollständ. Predigtauszügen üb. sinnreiche Denksprüche u. volksthüml. Redensarten. 2 Bde. gr. 8. (25 u. 33½ B.) Essen 829, 31, Bädeker. à 1 Thlr. 12 Gr.

1. Thl. Beyträge zur Beförd. edler u. beruh. Grundsätze rc. Ebendas. 1805. 1 Thlr. 12 Gr.

*Reche, J. W.* Evergesia, oder Staat und Kirche, in Bezug auf die Armenpflege. 1. Th. 8. *Essen, Bädecker.* **1821**

– s. Gesangbuch f. d. evangel.-luther. Gemeinde in Berg.

**Reche, Joh. Wilh., goldener Hausschatz f. christl. Erbau., in e. Reihe öffentl. Religions-Vorträge, zunächst Belehrn. aus d. bibl. Gesch. Josephs. Hrsg. v. C. J. J. Besserer. 2 Bde. gr. 8. (38½ B.) Aachen 840, [Cöln,] Roschütz u. Comp.**

**—vermischte Papiere, z. Beförder. wahrer Aufklärung u. Menschlichkeit. 1r Thl. 8. Düsseld. 790. Dänzer. (Barth in Lpz.) 14 ℊ**

– s. a. Philalethia

— **Philalethia, eine Zeitschr. für Lehrer und nachdenkende Freunde d. Religion. (ist d. Forts. v. Natorp's Quartalschr. f. Religionslehrer.) 1r Bd. 5 Hefte. 8. Duisb. Bädecker. 810.**

**—neuer Versuch über die Gränzen der Aufklärung. 8. Düsseld. 789. Dänzer. (Barth in Leipz.) 12 ℊ**

**—Versuch über humane Sympathie. 8. Düsseld. 794. Dänzer. (Barth in Leipz.) 1 ℛ Schrbp. 1 ℛ 6 ℊ**

—— Volksherrlichkeit in ihrer Verbindung mit d. heil. Schrift. Dargest. in e. Predigt. gr. 8. (2½ B. u. 1 Vign.) Essen 829, Bädeker.

**Reche,** Otto: Aus d. Zoolog. Institute d. Universität Breslau. Über Form und Funktion der Halswirbelsäule der Wale. Breslau (1904): O Gutsmann. (42 S.) 8° ¶(Ersch. vollst. in: Jen. Zeitschrift f. Medizin u. Naturwissenschaft.)
Breslau, Phil. Fak., Ref. Kükenthal, Diss. v. 15. Dez. 1904
[Geb. 24 Mai 79 Glatz, Heimatsort Glatz, Staatsangeh.. Preußen; Vorbildung König Wilhelms-Gymn. Breslau Reife O. 01; Studium: Jena 2, Breslau 2 S., Rig.. 23. Nov 04 ]

**Reche, R.,** die Kennzeichen des erkrankten Schlachtviehs nebst gesetzl. Verordnungen, betreff. das Schlächter-Gewerbe. 8. Gleiwitz 846, Landsberger. n. ⅓ ℳ

**Reche, R.,** Die Kennzeichen des erkrankten Schlachtviehs nebst gesetzlichen Verordnungen betreffend das Schlächtergewerbe. (64 S.) Gleiwitz 46. (Schletter, Breslau.) M 1 –

**Reche, Reinhold (Gustav Reinhold)** (Cosel/Schlesien), De delirio tremente. Diss. med. Berlin (Nietack) 16. III. 1837. 27 S. u. Biogr. (M.: J. Schlegel.) (3.25) 27792
Oppon.: A. Mueller, W. Gross, F. Quiring. — Gew.: Friedrich Reche.

**Reche, W.,** die Standentwicklung e. sehr empfehlenswerte Entwicklungs-Methode. Auf Grund langjähr. Erfahrg. verf. (15 S.) 8. Bunzlau 910. (L. Fernbach.) 1 —

Recheis, Georg

**Recheis, G.,** Bäderfahrten. Lustiges u. Lehrreiches aus berühmten Bädern u. Sommerfrischen. 8. (VIII, 140 S. m. Illustr.) Berlin 889. Eckstein Nachf. n. 2.—

**Recheis,** Geo., Bremen. Krit Reisebrief. (D. Bremer Gesellschaft krit. beleuchtet v. e. Fremden.) 2. Aufl. 8. (15 S.) Bremen (892). E. Hampe. n. — 50

— Breslau. Krit. Reisebrief (Die Breslauer Gesellschaft, kritisch beleuchtet v. e Fremden) 1. u. 2. Aufl. 8. (19 S) Ebd. (892). n. — 50

**RECHEIS,** Georg, Breslau. Kritischer Reisebrief (Umschlagtitel Die Breslauer Gesellschaft, kritisch beleuchtet von einem Fremden). Bremen, Ed. Hampel, o. J. (1893). 8°. 19 S.
Partsch, Heft 5, S. 349.

— Düsseldorf. Krit. Reisebrief. (D. Düsseldorfer Gesellschaft, krit. beleuchtet v. e. Fremden.) 8. (15 S.) Ebd. (892). n. — 40

— Hamburg. Krit. Reisebrief. (D. Hamburger Gesellschaft, krit. beleuchtet v. e. Fremden.) 1. u. 2. Aufl. 8. (23 S.) Ebd. (892). n. — 50

**Recheis,** Geo., kritische Reisebriefe. Deutsche Städtebilder. 8. (IV, 240 S.) Berlin 892. A. H. Fried & Co. n. 2. —

Die kirchliche Reform des Kommunionempfanges durch d. Dekret d. Konzilskongregation v 20. Dez. 1905 u dessen Ergänzungen von P Cornelius M. **Rechenauer**, S. D S. Regensburg F Pustet 1908. (102 S.) 8° [15.] [ob. 18673]

Seelenleitung, Beichte u. Kommunionempfang in Frauenklöstern u. den übrigen religiös. Genossenschaften m. Laienoberen. Nach der 2. Aufl. v.: Franco-Huber, Dekret „Quemadmodum", sowie gemäß den einschläg. Entscheidungen des Hl. Stuhles u. dem Dekrete „Sacra Tridentina Synodus". Mit e. Anh.: Fragenverzeichnis f. den vorgeschriebenen Triennalbericht an die hl. Kongregation der Ordensleute. (212 S.) 8. Ebd. 909. 1.20; geb. in Leinw n 1 70

Rechenaufgaben zum Gebrauche in Bäckerfachklassen. (Rechenanh. 8.) 2. verb. u. verm. Aufl. (56 S.) 8. Leipzig 909. A. Hahn. — 55

- zum Gebrauche in Fleischerklassen. 2., verb. Aufl. (48 S.) 8. Ebd. 909. — 60

Rechenaufgaben, 150, zum 1ten Theile von Diesterweg's und Heuser's Rechenbuch, so wie zum Gebrauche jedes ähnlichen Rechenbuchs. 12. Crefeld 835. Funcke. $^1/_{12}$ ℳ — Auflösungen ꝛc. 12. Ebd. 835. $^1/_{12}$ ℳ

**Rechenaufgaben,** 1000, zur Einübung des neuen Maß- u. Gewichtssystems nebst vielen Erläuterungen u. Winken, sowie einer Anweisung zur Decimalbruchrechnung. 1—3. Aufl. Meißen 869. Schlimpert. 8. (24 S.) 1½ ngr.

Rechenaufgaben, 1000, zur Einübung des neuen Maß- und Gewichtssystems nebst vielen Erläuterungen und Winken sowie einer vollständ. Anweisung zur Decimalbruchrechnung. 1.—3. Aufl. 8. (24 S.) Meißen 869,70, Schlimpert.

Rechenaufgaben für Volksschulen. Hrsg. von einem Vereine von Lehrern. 3 Hefte. 8. Potsdam 883, Rentel's Verlag. [1. Heft. 10. Aufl. (16 S.) 882. * 10 Pf.; 2. Heft. 6. Aufl. (17 S.) * 10 Pf.; 3. Heft. (33 S.) * 20 Pf.] *

Rechen-Aufgaben für Volksschulen. Hrsg. von einem Vereine von Lehrern. 3 Hefte. 8. Potsdam 885, Rentel's Verlag. [1. Heft. 15. Aufl. (16 S.) * 10 Pf.; 2. Heft. 10. Aufl. (16 S.) * 10 Pf.; 3. Heft. 8. Aufl. (33 S.) * 20 Pf.] *

Rechen-Aufgaben f. Volksschulen. Hrsg. v. e. Vereine von Lehrern. 3 Hefte. 8. Potsdam, Rentel's Verlag. [1. Heft. 19. Aufl. (16 S.) 890. * — 10; 2. Heft 13. Aufl. (16 S.) 890. * — 10; 3. Heft. 11. Aufl. (39 S.) 892. * — 20.] * — 40

**Rechen-Aufgaben** f. Volksschulen. Hrsg. v. e. Vereine v. Lehrern. 1.—3. Hft. 8. Potsdam. Berlin, J. Rentel. n. — 40
1. 22. Aufl. (16 S.) 894. n. — 10. — 2. 14. Aufl. (16 S.) 892. n. — 10. — 3. 11. Aufl. (39 S.) 892. n. — 20.

**Rechenbach,** v., s.: Bemerkungen üb. d. Gärten.

**Rechenbach,** Karte des Regierungsbez. Erfurt insbesond. mit Rücksicht auf die Höhenlage dargestellt. Unter Zugrundelegung der Karten des k. preuss. Generalstabes nach den Angaben Wissmann's entworfen und gezeichnet. 2 Bl. Fol. Erfurt 868, Neumann. ** 5 —
aufgez. ** 7 —

Rechenbach, Eduard

**Rechenbach,** Ed., Discussion der durch die Gleichung $ay^3 + bx^3 = abxy + c^3 (x + y)$ dargestellten krummen Linie. Inaugural-Dissertation. gr. 8. (58 S. m. 11 Holzschntaf.) Münster 872. Brunn. n. 1. 50

Rechenbach, Eduard Die Kreiskonchoide. 24 S. u. Taf. G. *Bochum* 1876 Progr.

**Rechenbach,** Carl, approb. Arzt aus Heiligenstadt: **Ein Fall von** sog. 'Lupus vulvae'. *Halle a. S. 1901: C. A. Kaemmerer & Co.* (26 S.) 8°
Halle, Med. Diss. v 23. März 1901

**Rechenbach,** Paul, s.: Captain.
s.. Pilot-Reise-Führer.

**Rechenberg.** Dissertatio de locatione conductione, quae fit a principe. 1728.

**Rechenberg,** Polizeyordnung Gottes. 8. Stuttgart. 793.

Rechenberg, Adam

— appendix isagog. ad libros eccles. luther. symbolicos. 8. Lips. Gross. 730.

Rechenberg, Adam [Praes.], s. Beyer, Abraham:
De clypeo et magna valde mercede Abrami ex Genes. XV, 1.

Rechenberg, A., de cultu Dei externo. Lips. 1702. 4.

**Rechenberg,** Adam [Praes.], s. Engel, Paul Matthias: De gratiae revocatricis termino.

— exercitat. in Nov. Testam. hist. eccles. et liter. 8. Lips. Gleditsch. 714.

Rechenberg, A., de formula vet. eccl. excitatoria ad devotionem: Sursum corda. Lips. 1704. 4.

— fundam. verae religionis prudent. advers. atheos etc. 12. ibid. 712.

**Rechenberg, Adam,** Hiero-lexicon reale, h. e., bibl.-theol. et hist.-ecclesiasticum. 4. Lips. (Varrentrapp, Frcf. 714.

— institutiones historicae. 12. Lips. Gross. 707.

— liber memor. praelection. historicar. 8. Lips. Gleditsch. 721.

**Rechenberg, A.,** Lineamenta philosophiae civilis, cum Dissertatione de S. R. Imperii Regimento. Editio septima. 12. Lips. Weidmann. 729.

— de novitate circa sacra. Lips. 1708. 4.

Rechenberg, A., de origine vocis orthodoxia et heterodoxia earumque usu et abusu in ecclesia. Lips. 1708. 4.

Rechenberg, A., de iterata regeneratione lapsorum. Lips. 1717. 4.

— Schediasma de prudentia et decoro. 8. Lips. Gross. 715.

**Rechenberg, Adam,** Procancellarius, solennem panegyrin indicit, qua publica auctoritate, Septem candidatos, S. theol. licent. instituit. (Leipzig (A. M. Schede)) 4. u. 5. VII. 1714. 28 S. (4.50) 27793
Mit Namen d. Candidaten: Ludwig Christian Crell (Neustadt ad Ericas / Franken), Roman Teller (Leipzig), Johann Gottlob Carpzov (Dresden), Friedrich Wilhelm Schüz (Leipzig), Georg Philipp Olearius (Leipzig), Urban Gottfried Siber (Schandau/Meißen), Gottlob Friedrich Jenichen (Leipzig).

**Rechenberg,** Adam [Präs.]: De stylo S. Pauli epistolico, s. Baudewin, Christian [Resp.]

— de studiis acad. 12. Lips. Gleditsch. 714.

*Rechenberg*, Adm., († ...) summarium historiae ecclesiasticae, c. praef. J. S. Weickhmann. 8. Wittenb. 789. Kühne. 14 gr.

**Rechenberg,** Adam [Praes.], s. Zurner, Adam Friedrich: De formula veteris ecclesiae excitatoria, ad devotionem, sursum corda.

**— Adam Heinrich** (Augustusburg/Meißen), Institutionum jurisprudentiae naturalis Lib. II. Tit. 5. 6. 7. Präs. Carl Otto Rechenberg. Leipzig (Brandenburger) 26. XI. 1712. S. 87—106. (4.25) 27798
Gew.: Johann Heinrich Grosmann (Oheim).

**Rechenberg,** B. F. v., Predigt zur Feier des 50jährigen Regierungs-Jubiläums Sr. Hoheit des Herzogs Leopold Friedrich von Anhalt gehalten in der Schloß- u. Stadtkirche zu St. Marien in Dessau am 10. Aug. 1867. Dessau 867. Baumgarten & Co. (Barth.) gr. 8. (12 S.) n. 2 ngr.

— Rede bei der feierlichen Enthüllung des zur Erinnerung an die Vereinigung Anhalts in Dessau errichteten Denkmals am 10. Aug. 1867 gehalten. gr. 8. (11 S.) Dessau 867, Baumgarten und Comp. [Barth.] *

**v. Rechenberg,** B. F., Rede gehalten am Geburtstage Sr. Majestät des Königs den 15. Okt. 1846 im K. Pädagog. in Putbus. gr. 8. (15 S.) Berlin 847, Oehmigke. n. 4 ngr.

**Rechenberg,** C. v., Theorie d. Gewinnung u. Trennung der äther. Öle durch Destillation. (Grundzüge e. allgemein. Destillation.) Bearb. im Auftrage der Firma Schimmel & Co. in Miltitz bei Leipzig. (XII u. S. 259—751 m. Abb. u. Tab.) gr. 8. Miltitz b. Leipzig 909. Schimmel & Co. 12.50; geb. in Halbfrz. 15.

**Rechenberg,** C. v: Theorie der Gewinnung und Trennung der ätherischen Öle durch Destillation. Miltitz 1910

Rechenberg, C. von. Ueber die Verbrennungswärme organischer Verbindungen. Ein Beitrag für die Thermochemie und für die physiologische Chemie. Leipzig, 1880.

**Rechenberg,** C. M., Entwickelung d. Gottesbegriffes in der griechischen Philosophie. Inaugural-Dissertation. gr. 8. (82 S.) Leipzig 872. Rossberg. n. 1. —

**Rechenberg,** C. M., ausführliches Lehr- und Lesebuch zum fertigen Sprechen und Schreiben der italien. Sprache, s. Booch-Arkossy, F.

**Rechenberg,** C. M., der Spiritismus. Vortrag, gehalten im akademisch-philosophischen Verein zu Leipzig. Leipzig 870. Roßberg. 8. (IV, 40 S.) 3 ngr.

**Rechenberg,** C. Frhr. v., preußisches Schleswig-Holstein-ABC. Dichtung. Oranienburg 865. (Berlin, H. Müller.) 16. (24 S.) n. 6 ngr.; geb. n. 12½ ngr.

**Rechenberg,** E(rnst) v., aus Dresden: Über **Einschränkung** des Getreidebaues zu Gunsten der Viehhaltung. *Neisse 1902: A. Letzel.* (79 S.) 8°
Jena, Phil. Diss. v. (30. Nov.) 1901

**Rechenberg,** E. v., über Einschränkung des Getreidebaues zu Gunsten der Viehhaltung. Diss. gr. 8. (III, 77 S.) Neisse 902. (Dresden, v. Zahn & Jaensch.) n. 3. —

**Rechenberg,** F. W., die Geheimnisse der Tages-Geschichte und Wesen der klopfenden Geister und tanzenden Tische von der ersten Wahrnehmung ihrer Existenz an bis auf die neueste Zeit. Ein Blick in das Dunkel der Geisterwelt und das verborgene Walten ungeahnter Naturkräfte. Nach Henry Spicer's „Sights and Sounds" und auf Grund anderer engl., amerikan. und deutscher Autoritäten, so wie unter Hinweisung auf einschlagende Stellen der heil. Schrift. Bearb. und mit vielen Ergänzungen und Zusätzen bereichert. br. 8. (VIII und 250 S.) Leipzig 853, Spamer.

**Rechenberg,** Frdr., Otfrids Evangelienbuch und die übrige althochdeutsche Poesie karolingischer Zeit mit Bezug auf die christliche Entwicklung der Deutschen bearb. und durch einen Beitrag zur Geschichte der Bekehrung eingeleitet. Chemnitz 862. Focke. gr. 8. (VII, 185 S.) n. 22½ ngr.

**Rechenberg,** Georg *Max Felix Eugen* [1. Assist. d. kgl. Sternwarte]: Definitive Bahnbestimmung des Cometen 1835 I ... Breslau, Druck v. Grass, Barth & C., *1896;* 25 S., 1 Bl. 4.
Breslau, Phil. Fak., Inaug.-Diss. v. 8. Mai 1896

**Rechenberg,** Geo., definitive Bahnbestimmg. des Cometen 1835 I. Diss. 4. (25 S.) Breslau 896. (Schletter.) n. 1. —

Beiträge zu einer Geschichte der Familie Rechenberg, unter Mitbenutzung einiger die keltische Sprache behandelnder Schriften sowie vieler, aus früheren Jahrhunderten, im Kön. Sächs. Hauptstaats-Archiv aufbewahrter Akten von H(ans) Heinrich B(enno) Frh. v. **Rechenberg**. Dresden: Verf. 1903. (XI, 88 S.) 8° [F.] 1908. 294

**Rechenberg,** J., Scherflein geistl. Gedichte. 8. Danz. 732.

**Rechenberg,** Johannes, aus Leipzig: Über **Kondensationsprodukte aus Amylennitrosat und Acetessigester.** *Hildesheim 1902: A. Lax.* (61 S.) 8°
Göttingen, Phil. Diss. v. [10. Jan.] 1903

**Rechenberg,** Johs., üb. Kondensationsprodukte a. Amylonnitrosat u. Acetessigester. Diss. (62 S.) gr. 8. Hildesheim 902. (Göttingen, Vandenhoeck & Ruprecht.) n. 1. 40

— **Johann** (Thorn / Preußen), Prognostica politicorum, generatim descripta ac distributa. Präs. Heinrich Klausing. Wittenberg (Chr. Gerdes) 16. IV. 1710. 20 S. (4.50) 27834

— **Johann Samuel** (Halle), Ad audiendas orationes ultimas duorum selecti ordinis juvenum paedagogio regio valedicentium et reliquam juventutis lustrationem solemnem. Praemissa brevi consideratione vulgaris sententiae quae praecipit non scholae sed vitae discendum esse omni qua par est observantia invitat. Halle (Orphanotroph.) 1. u. 2. X. 1767. 12 S. mit Namen. (3.75) 27835

**Rechenberg,** K., Denkrede auf Kaiser Friedrich III., geh. den 24. Juni im deutschen Consulato zu Bari in Apulien. 12. (16 S.) Leipzig 888. Rossberg. n. — 20

**Rechenberg,** Carl v., die Ernährung der Handweber in d. Amtshauptmannsch. Zittau. Gedruckt m. Unterstützg. der kgl. Sächs. Gesellsch. d. Wissenschaften. gr. 8. (V, 80 S.) Leipzig 890. Hirzel. n. 1. 40

**Rechenberg,** Carl Frhr. v., Hausherr und Hausfrau. Die Praxis des Hauswesens nach innen und außen. Ein Lehr- und Nachschlagebuch für große und kleine Haushalte. (In 10—12 Lfgn.) 1.—8. Lfg. Lex.-8. (S. 1—608.) Kassel 887,88, Fischer. à Lfg. * 60 Pf. *

**Rechenberg,** Carl Frhr. v. Hausherr u. Hausfrau. Wissenschaft u. Praxis d. häusl. Lebens. Unter Mitwirkg. v. M. Dyrenfurth u. anderen namhaften Fachmännern. 9.—11. (Schluß-)Lfg. Lex.-8. (XX, S. 609—811.) Kassel 889, Fischer. à Lfg. * — 60; * 1 80
1.—8. Lfg. Ebd. 1887,88. à Lfg. * — 60. — Preis für das compl. Werk * 7 ; geb. * 9 —.

**Rechenberg,** C. v., Katechismus der menschlichen Ernährung, s. Hesse's, Max, illustr. Katechismen. 40.

**Rechenberg, Karl Friedrich,** bacc. jur., Referendar: Das Nachvermächtnis nach deutschem Bürgerlichen Gesetzbuch. Leipzig 1908: Sturm & Koppe. VI, 50 S. 8°
Leipzig, Jur. Diss. v. 10. Nov. 1908
[Geb. 11. Aug. 83 Bari, Apulien; Wohnort: Leipzig; Staatsangeh.: Sachsen; Vorbildung: Nikolai-Gymn. Leipzig Reife O. 03; Studium: Leipzig 6 S.; Rig. 29. Juni 06.] [U 09. 2633]

Ordinarius senior et ceteri doctores facult. jur. Lipsiensis memoriam **Carl Otto Rechenberg** indicunt. (Leipzig (Langenheim)) 7. IV. (1752.) 8 S (3.75) 27812

Rechenberg, Karl Otto

— Ad orationem novae professionis juris naturae et gentium inaug., magnif. acad. rectorem, in auditorio ictorum invitat. (Leipzig (Brandenburger) 31. V. 1711.) 18 S. (4.—) 27801

— Ad orationem novae professionis juris naturae et gentium inaug. rectorem invitat. (Leipzig (Brandenburger)) 3. VI. 1711. 18 S. (4.—) 27802

**Rechenberg,** Karl Otto., praes., Joh. Gf. **Lange,** resp., De advocatis et advocatiis Germanicis. Lipsiae 1743. 4. . . . . . . . . . . . . . . . . . . . . (BKG.; D.)

— Auspiciis professionis primariae juris inaug. oratione rite capiendis ut rector academiae interesse velint qua par est observantia rogat. (Leipzig (J. Chr. Langenheim)) 24. XI. (1734.) (4.—) 27809

**Rechenberg,** Karl Otto [Praes.], s. B a r t s c h, Joh. Thom.: De eo, quod legitima sit juris civilis et statuto plane tolli possit.

**Rechenberg,** Karl Otto [Praes.], s. B a u e r, Joh. Gottfried: Institutionum jurisprudentiae naturalis.

**Rechenberg,** Karl Otto [Praes.], s. B e y e r, Justus Israel: Regularum juris privati, quo utimur, naturalis, Romani, canonici, patrii.

**Rechenberg,** Karl Otto [Praes.], s. B r a u n, Friedrich Karl Wilhelm: Institutionum jurisprudentiae publicae S. R. G. Imperii lib. I tit. I-IV.

**Rechenberg,** Karl Otto [Praes.], s. B r ü c k n e r, Christoph: De autoritate historiae in probandis quaestionibus juris et facti.

— Commendationis publicae duorum juris candidatorum dicit. (Leipzig (Langenheim)) Mai 1737. 16 S. mit Namen. (3.75) 27810

Procancellarius **Carl Otto Rechenberg** (Leipzig) domino Martin Gottlieb Pauli (Lauban/Lausitz) indicit. (Leipzig (J. G. I. Breitkopf)) 31. VIII. 1747. 8 S. mit Biogr. v. Pauli (M.: A. R. Hilscher.) (3.75) 27825

**Rechenberg,** Karl Otto [Praes.], s. D e y l i n g, Christian Erdmann: Ad L. Fabiam de plagiariis diss.

**Rechenberg,** Karl Otto [Praes.], s. D o e r i n g, Christoph August: Crimen haeretificii.

**Rechenberg,** Karl Otto [Praes.], s. D o r n f e l d t, Johann Jakob: Jura personarum ex statu quem natura, libertas, civitas dedit, seu regularum juris privati quo utimur naturalis, Romani, canonici, patrii.

**Rechenberg,** Karl Otto [Praes.], s. E g e r l a n d, Erasmus Bartholomäus: Institutionum jurisprudentiae naturalis.

**Rechenberg,** Karl Otto [Praes.], s. E h r e n b e r g, Gottfried Franz: De locatione-conductione quae fit a principe.

— (Wittenberg), De eo, quod in piis causis impium est. Disput. jur. Moder. Jo. Balthas. Wernher. Wittenberg (Chr. Gerdes) 30. IX. 1710. 87 S. (5.50) 27828

— — Dasselbe. Wittenberg (J. Chr. Gerdes) 30. IX. 1710. Rec. 1732. 87 S. (5.50) 27830

— — Dasselbe. Wittenberg (Scheffler) 30. IX. 1710. Rec. 1714. 87 S. (5.50) 27831

— — Dasselbe. Wittenberg (Scheffler) 30. IX. 1710. Iterum rec. 1750. 88 S. (5.50) 27832

**Rechenberg,** Karl Otto [Praes.], s. F r i k, Johann: Institutionum jurisprudentiae publicae S. R. G. Imperii lib. I. tit. V.–IX.

**Rechenberg,** Karl Otto [Praes.], s. G e y e r, Christian Heinrich: Regularum juris privati, quo utimur naturalis, Romani, canonici, patrii, lib. II. iti. 22–24.

**Rechenberg,** Karl Otto [Praes.], s. G r o h m a n n, Christian Wilhelm Ludwig: Principium cognoscendi justi et aequi verum, evidens, adaequatum ex utilitate.

**Rechenberg,** Karl Otto [Praes.], s. G r o h m a n n, Johann Christoph Daniel: Bellum legum contra leges retorsione ementita metuendum.

**Rechenberg,** Karl Otto [Praes.], s. H e u n i s c h, Johann Friedrich: Irenicum Pauli et Ulpiani L. XXV. D. liberat. leg. et L. LXXV. D. de legat. I.

Rechenberg, Karl Otto [Praes.], s. Hilliger, Johann Zacharias: Institutionum jurisprudentiae naturalis lib. III. tit. 3. 4. 5.

Rechenberg, Karl Otto [Praes.], s. Höfichen, Georg Friedrich: Creditoris hypothecarii aequale jus in bonis debitoris generaliter et specialiter obligatis ex L. 2. c. de pignor.

Rechenberg, Karl Otto [Praes.], s. Hoheisel, Daniel Friedrich: Institutionum jurisprudentiae publicae S. R. G. Imperii lib. II.

Rechenberg, Karl Otto [Praes.], s. Hohmann, Theodor August: Incorporationem allodii in feudum regale.

Rechenberg, Karl Otto [Praes.], s. Holtz, Johann Christian: De vetustatis auxilio reipublicae quoad immunitates a collectis non opponendo. Problema juris publici.

**Procancellarius Carl Otto Rechenberg honores in jure summos Friedrich Heinrich Graff indicit. (Leipzig (Breitkopf)) 9. XII. 1734. Mit Biogr. v. Graff (Leipzig) (M.: J. D. Rivinus.) (3.75) 27815**

**Procancellarius Carl Otto Rechenberg honores in jure summos Johann Friedrich Hoffmann indicit. (Leipzig (Langenheim)) 21. VI. 1735. Mit Biogr. v. Hoffmann (Sangerhausen) (M.: S. E. Ammann.) (3.75) 27816**

**— Institutiones jurisprudentiae naturalis opera. Leipzig (A. M. Schede) (5. I.) 1714. 352 S. mit Namen. (7.50) 27806**

Rechenberg, Karl Otto [Praes.], s. Kirsten, Johann David: De remissione obligationis et officii. Von Erlassung der Pflicht.

Rechenberg, Karl Otto [Praes.], s. Kregel, Johann Benjamin: Compendia principis ex jure Romano ad habitum territoriorum Germanicorum relata.

Rechenberg, Karl Otto [Praes.], s. Küstner, Chr. W.: (Diss. secund.) ritum pignorum capiendorum in republica Romana.

Rechenberg, Karl Otto [Praes.], s. Lange, Joh. Gottfr.: De advocatis et advocatiis Germanicis.

**— Merita Saxonum sub auspiciis marchionum Misniae in S. R. imperium et domum Austriacam ex historiarum monumentis breviter delineavit. Leipzig (Th. Fritsch) (Juni) 1713. 82 S. (6.—) 27805**
Gew.: Adolph Magnus von Hoyms.

— Merita Saxonum in S. R. imper. et dom. Austriacam. 4. Lips. Gleditsch. 713.

Rechenberg, Karl Otto [Praes.], s. Münchhausen, Christoph Jo. von: Successiones in serenissima Guelfica domo usitatas.

Rechenberg, Karl Otto [Praes.], s. Nahmmacher, Konrad: Commentatio de Augusto ter censum agente ad locum Luc. II.2.

**— Vicariatus Saxonici illustres natales ex archimareschallatu publico programmate sistit et aestivas insimul lectiones intimat. O. O. (Mai 1712.) (3.75) 27803**

**— — Dasselbe. O. O. (Mai 1712.) 14 S. (3.75) 27804**

**— (Präs.) u. (Respond.) Gottlob Rivinus, De norma legum justarum ab injustis discernendarum. Leipzig (Brandenburger) 15. I. 1711. 40 S. (4.50) 27827a**
Gew.: Alexander von Miltiz.

**— Carl Otto, De origine juris Saxonici. Präs. Christoph Schreiter. Leipzig (Brandenburger) April 1710. 36 S. (4.50) 27799**
Vorwort v.. Christoph Schreiter.

Rechenberg, Karl Otto [Praes.], s. Orlich, Lebrecht Jakob Gottlieb: Vindicias jurium reipublicae et fisci in doctrina retorsionum.

**— Praelectiones suas publicas et privatas per annum 1714. instituendas intimat. (Leipzig (A. M. Schede) 24. V.) 1714. (3.75) 27807**

**— Quum ad munus docendae jurisprudentiae naturalis professio de verborum significatione et regulis juris regio mandato accederet. (Leipzig (A. M. Schede)) 6. V. 1715. 12 S. (3.75) 27808**

Rechenberg, Karl Otto [Praes.], s. Rechenberg, Adam Heinr.: Institutionum jurisprudentiae naturalis lib. II. tit. 5. 6. 7.

Rechenberg, C. Otto, regulae iuris priv., natur., rom., canon., patrii. 4. Lips. Fritsch. 726.

Rechenberg, Karl Otto [Praes.], s. Reichenbach, Benjamin Friederich: Regularum juris privati quo utimur naturalis, Romani, canonici, patrii lib. I. tit. I. II.

Rechenberg, Karl Otto [Praes.], s. Schneider, Friedrich August: Jura subordinationis.

Rechenberg, Karl Otto [Praes.], s. Seelen, Johann Heinrich von: Specimen jurisprudentiae consultatoriae de subhastationibus.

Rechenberg, Karl Otto [Praes.], s. Simon, Andreas Karl: Pacis Osnabrugensis obligatio universalis.

**Procancellarius Carl Otto Rechenberg solemnia inaug. candidati Gottfried Leonhard Jöcher (Leipzig) indicit. (Leipzig (G. Saalbach)) 12. IV. 1731. Mit Biogr. v. Jöcher (M.: M. Ettmuller.) (3.75) 27813**

**Procancellarius Carl Otto Rechenberg solemnia inaug. candidati Jo. Wendelin Neuhaus indicit. (Leipzig (Langenheim)) 24. IX. (1739.) 16 S. mit Biogr. v. Neuhaus (Leipzig (M.: J. E. Voelcker.) (—.—) 27819**

**Pro-cancellarius Carl Otto Rechenberg solemnia inaug. candidati Christian Gottfried Reinhardt (Merseburg) indicit. O. O. 27. II. (1738.) 16 S. mit Biogr. v. Reinhardt (M.: E. D. Glass.) (3.75) 27817**

**Procancellarius Carl Otto Rechenberg solemnia inaug. candidati Johann Gottfried Sammet (Leipzig) indicit. (Leipzig (Langenheim)) 10. XI. 1746. 12 S. mit Biogr. v. Sammet. (3.75) 27824**

Procancellarius **Carl Otto Rechenberg** solemnia inaug. candidati Johann Friedrich Schreiter (Leipzig) indicit. (Leipzig (B. Chr. Breitkopf)) 12. V. 1740. Mit Biogr. v. Schreiter (M.: S. Chr. Moebior.) (3.75) 27820

Procancellarius **Carl Otto Rechenberg** solemnia inaug. candidati Johann Gottfried Sieber indicit. [Leipzig] 12. III. (1739.) 8 S. mit Biogr. v. Sieber (Leipzig) (M.: J. M. Hein) (3.75) 27818

Procancellarius **Carl Otto Rechenberg** solemnia inaug. candidati Samuel Rudolph Stahn (Goldberg/Schlesien) indicit. (Leipzig) 13. XII. 1742. 12 S. mit Biogr. v. Stahn (M.: A. E. Menzel.) (3.75) 27822

Pro-cancellarius **Carl Otto Rechenberg** solemnia inaug. candidati Carl Gottlieb Weidlich (Rochlitz / Meißen) indicit. (Leipzig) 30. X. 1732. Mit Biogr. v. Weidlich (M.: R. Chr. Knauer.) (3.75) 27814

Procancellarius **Carl Otto Rechenberg** solemnia inaug. candidati Gotthelff Ehrenfried Wend (Grimma) indicit. (Leipzig (Langenheim)) 8. VI. 1741. 8 S. mit Biogr. v. Wend (M.: Ch. Dumeniel.) (3.75) 27821

Rechenberg, Karl Otto [Praes.], s. Steger, Adrian Deodat: Vindiciae manibus consertis sumendae ex lege XII tabularum.

**Rechenberg, Carl Otto** u. **Christoph Johann von Munchhausen** (Thüring. Adel), Successiones in Serenissima Guelfica domo usitatas. Leipzig (I. Titius) Mai 1716. 64 S. und Tabula genealogica, qua uno intuitu omnes GuelficaeDomus ab Ottone Puero imperantes, observatis insimul succedendi et regiminis modis, sistuntur. (5.—) 27827
Widm. v.: Carl Otto Rechenberg.

— Idemque procancellarius summos in jure honores duobus candidatis solemni ritu in templo academico tribuendos intimat. (Leipzig (Langenheim)) 9. V. 1737. 40 S. mit Biogr. v. Quirin Gottfried Schacher (Leipzig) (M.: Chr. S. Kober) u. Gottfried Leonhard Baudis (Leipzig) (M.: M. S. Winckler.) (3.75) 27811

Procancellarius **Carl Otto Rechenberg** summos in utroque jure honores candidato Paul Jakob Marperger (Nürnberg) indicit. (Leipzig (Langenheim)) 2. V. 1743. 22 S. mit Biogr. v. Marperger (M.: A. Graef.) (3.75) 27823

**Pro-Cancellarius Carl Otto Rechenberg** (summos in utroque jure honores candidato Ludwig Salomo (Bautzen/Lausitz) indicit. (Leipzig (Langenheim)) 3. VII. 1750. 8 S. mit Biogr. v. Salomo (M.: J. K. Lehmann.) (3.75) 27826

**Rechenberg, C. O.** De vetustate auxilio reipublicae quoad immunitates a collectis non opponendo. 8°. Lipsiae 1726.

**Rechenberg,** Louise Baronne v. —. Sendschreiben einer Wienerin an die Tyroler bei Gelegenheit der Geburt der kais. Prinzessin Sophie Friederike Dorothea Marie Josepha am 5. März 1855. (Wiener Dialekt) Wien. 1855. Druck von A. Pichler's Witwe und Sohn. (8 S. 8.)

**Rechenberg,** Oskar Ernst, appr. Arzt a. Schönlinde: (Aus der chirurgischen Klinik zu Kiel.) Ein Fall von luxatio femoris centralis. Berlin 1904: L. Schumacher. (24 S.) 8°
Kiel, Med. Fak., Ref. Helferich, Diss. v. 4. Okt. 1904
[Geb. 25. Mar. 71 Schönlinde (Böhmen); Wohnort: Schönlinde; Staatsangeh.: Oesterreich; Vorbildung: Gymn. Dresden Reife O. 91; Studium: Marburg 5. Würzburg 7 S.; Coll. 26. Aug. 04; Approb. 4. Apr. 02.]

von **Rechenberg,** Otto [aus Halberstadt]: Über das Verhalten des Anilins zur salzsauren Amidosalicylsäure. . . . Greifswald, Druck v. Julius Abel, 1890; 36 S. 8°
Greifswald, Phil. Fak., Inaug.-Diss. v. 19. Apr. 1890

**Rechenberg-Linten,** Ernst v., Westeuropa und Rußland in Beziehung auf die Verschiedenheit ihrer Verhältnisse und die gegenwärt. Zeitereignisse. gr. 8. (IV und 75 S.) Mitau 849, Reyher'sche Vrlgsh.

**Rechenberg-Linten,** Paul v., die Trinksitten in ihrem Zusammenhang m. dem privaten u. öffentl. Leben. Anh.: Offener Brief an die Präsidentin des deutschen Frauenbundes in Kurland. (26 S.) kl. 8. Mitau 908. (Riga, Jonck & Poliewsky.) — 15

**Rechenberger,** Otto, wie fasst man Bewerbungsbriefe ab? Praktische Anleitg. zur Abfassg. kaufmänn. Bewerbungsschreiben, nebst Musterbriefen. Auf Grund eigener prakt. Erfahrgn. bearb. 4. verb. Aufl. gr. 8. (29 S.) Wismar 902. (Berlin, Berolina-Versand-Buchh.) n. 1. —

Erstes Rechenbuch. Lemberg 1888. Verlag des Stauropigianischen Institutes. Geheftet —.12

Zweites Rechenbuch. Lemberg 1888. Verlag des Stauropigianischen Institutes. Geheftet —.20
(Min.-Erl. 22. Mai 1890, Z. 4820.)

IV. Rechenbuch. Revidirter Abdruck des Textes vom Jahre 1886. K. k. Schulbücher-Verlag. (Min.-Erl. 13. Mai 1890, Z. 8899.)

**Rechenbuch.** Aufgaben f. mündl. u. schriftl. Rechnen, bearb. v. Schweriner Lehrern u. e. Landlehrer. Ausg. A. In 3 Hftn. gr. 8. Schwerin 893. (L. Davids.) n. — 95
1. (48 S.) n. — 25. — 2. (64 S.) n. — 30. — 3. (52 S. m. Fig.) n. — 40.

— dasselbe. Ausg. B. In 4 Hftn. gr. 8. Ebd. 893. n. 1. 5
1. (24 S.) n. — 15. — 2. (S. 25—48.) n. — 20. — 3. (III, 64 S.) Geb. n. — 30. — 4. (52 S. m. Fig.) n. — 40.

— dasselbe. Ausg. C. In 4 Hftn. gr. 8. Ebd. 893. n. 1. 5
1. (48 S.) n. — 25. — 2. (64 S.) n. — 30. — 3. (40 S.) n. — 25. — 4. (52 S. m. Fig.) n. — 25.

— dasselbe. Ausg. D. In 5 Hftn. gr. 8. Ebd. 893. n. 1. 15
1. (24 S.) n. — 15. — 2. (S. 25—48.) n. — 20. — 3. (64 S.) n. — 30. — 4. (40 S.) n. — 25. — 5. (52 S. m. Fig.) n. — 25.

**Rechenbuch.** Bearb. v. Rocke, Roeger, Wolf u. den Rechenbuchausschuß des Leipziger Lehrervereins. I. u. II. Vorstufe u. I.—IV. Heft. 8. Leipzig, Dürr'sche Buchh. nn 1.60
1. Vorstufe. Zahlenraum 1 bis 20. 7. Aufl. (36 S. m. Abbildgn.) 909. nn — 20
2. Vorstufe. Zahlenraum bis 100. 13. Aufl. (36 S. m. 1 Abb.) 910. nn — 20
I. (3. Schulj.) Schwierigere Aufgaben in Zahlen bis 100. Leichtere Aufgaben in Zahlen bis 1000. 20. Aufl. (40 S.) 910. nn — 20
II. Schwierigere Aufgaben in Zahlen bis 1000. Der Zahlenraum 1 bis 10000. (4. Schulj.) 20. Aufl. (48 S.) 910. nn — 25
III. Der Zahlenraum bis Million. Der unbegrenzte Zahlenraum. Gemeine u. Dezimalbrüche. Einfache Schlußrechnung. (5. u. 6. Schulj.) 20. Aufl. (80 S.) 910. nn — 35
IV. Die bürgerlichen Rechnungsarten. Sachgebiete u. Aufgaben aus der Raumlehre. (7. u. 8. Schulj.) 20. Aufl. (96 S. m. Fig.) 910. nn — 40

— dasselbe. Lösungen zu Heft II—IV. 3. Aufl. (76 S.) 8. Ebd. 908. 1.20

Anonym: „Allgemeines ökonomisches Rechenbuch, nebst Formularen zu allen bey einer großen Wirthschaft vorkommenden Rechnungen", Penig 1803 (Dienemann).

*J. M. K. S. V. R.* Allgemeines selbstlehrendes Rechenbuch etc. Altdorff. 8. II Theile, 26 Bog. 1745.

— u. **Anleitung** zur einfachen Buchführung f. das Metzgergewerbe m. besond. Berücksicht. der Münchener Verhältnisse. (80 S.) gr. 8. München 902. (M. Kellerer.) n.n. 1.—

— nach Anleit. der allgem. Reesisch.= od. Kettenregel f. angeh. Kaufleute ꝛc., (v. A. F. A. Bluhm). Mit 2 Kpf. 8. Quedlinb. 802. Ernst. 10 𝒳

**Rechenbuch** f. die Bäckerfachkurse, nebst e. kurzen Lehrgang f. Buchführung. Hrsg. im Auftrage der Stadtschulkommission. (57 S.) gr. 8. Augsburg (906). Schwäb. perman. Schulausstellung. Kart. n. — 40

**Rechenbuch,** badisches, hrsg. v. Karlsruher Lehrern. Ausg. f. d. Lehrer. 1. u. 3. Tl. Ausg. f. Knaben= u. Ausg. f. Mädchenklassen. gr. 8. Bühl, Konkordia. Kart. n. 4.90
1. Der Rechenunterricht in den 4 ersten Schuljahren. Hiezu 1. Schülerheft. (Für d. IV. Schulj.) 2., verb. Aufl. (VI, 200 S.) 898. n. 2.50
3. D. Rechenunterricht im 7. u. 8. Schulj. Hiezu 4. Schülerheft (f. das VII. u. VIII. Schulj.). Ausg. f. Knabenklassen. (VIII, 132 S.) 898. n. 1.20
Dasselbe. Ausg. f. Mädchenklassen. (VIII, 130 S.) 890. n. 1.20

**Rechenbuch,** badisches, hrsg. von Karlsruher Lehrern. Ausg. f. den Lehrer. II. Tl. Der Rechenunterricht im 5. u. 6. Schulj. gr. 8. (VIII, 133 S.) Bühl 897. Konkordia. Kart. n. 1.80

— dasselbe. Ausg. f. d. Schüler. 1.—3. u. 4. Hft. Ausg. f. Knaben= u. Ausg. f. Mädchenklassen. 8. Ebd. n. 1.65
1. F. d. 4. Schulj. 2. Aufl. (31 S.) 898. n. — 25
2. F. d. 5. Schulj. (40 S.) 897. n. — 30
3. F. d. 6. Schulj. (30 S.) 897. n. — 30
4. F. Knaben d. VII. u. VIII. Schulj. (71 S.) 896. n. — 40
Dasselbe f. Mädchen (74 S.) 896. n. — 40

**Rechenbuch,** d. Bamberger deutsche, in 2 Thle. 8. Bamberg, Göbhard. 772.

**Rechenbuch,** d. Bamberger deutsche. 2 Thle. 8. Bamb. 772. (Wesché in Frkf. a. M.) 20 𝒳

Anonym: „Rechenbuch von Berliner Banco gegen auswärtige Course", Potsdam 1765 (Horvath).

**Rechenbuch,** Barmer, enth. Kopf= u. Tafelrechnen=Aufgaben. 1. Hft. 20. Aufl. Nach den neuen Maßen u. Gewichten. Bearb. v. Barmer Hauptlehrern. 8. (96 S.) Barmen 873. (Wiemann.) — 60

**Rechenbuch, Bergmännisches.** Freyberg 1787. V: *Lempe, Joh. Friedrich.* (MGT) »1788« (Ky) »1786« (Adel)

— **bergmännisches,** (v. J. F. Lempe). 1r Thl. ; nebst e. Anweis. zum Gebrauche desselben. 8. Freiberg 788. 2e A. 790. Craz u. G. 12 𝒳

— Bochumer. Ausg. A (in 4 Hftn. nebst e. Rechenfibel u. e. Antwortenhfte.). Fibel u. 1., 3. u. 4. Hft. 12. Bochum (F. Endemann). Geb. n.n. 2.—
Rechenfibel. (1. Schulj.; Zahlenkreis 1—20.) (100.—150. Taus.) (32 S.) 896. n.n. — 25
1. (2. Schulj.) (120.—130. Taus.) (40 S.) 896. n.n. — 25
2. (3. u. 4. Schulj.) 15. Aufl. (130.—140. Taus.) (79 S.) 896. n.n. — 50
3. (5. u. 6. Schulj.) 110.—120. Taus. (80 S. m. Fig.) 895. n.n. — 50
4. (7. u. 8. Schulj.) 10. Aufl. (104 S. m. Fig.) 896. n.n. — 50

— **Bochumer.** Ausg. A (in 4 Hftn. nebst e. Rechenfibel, e. Antwortenhefte u. Anh. zum 4. Hft.) 8. Bochum (F. Endemann). n.n. 2.65
Rechenfibel. (1. Schulj.: Zahlenkreis. 1—20.) (110—115 Taus.) (32 S.) 900. n.n. — 25
1. (2. Schulj.) (140000—150000.) (40 S.) 900. n.n. — 25
2. (3. u. 4. Schulj.) 18. Aufl. (160—170. Taus.) (79 S.) 901. n.n. — 50
3. (5. u. 6. Schulj.) (130000—140000.) (IV, 104 S. m. Fig.) 900. Geb. n.n. — 60
4. (7. u. 8. Schulj.) 11. Aufl. (104 S.) 899. n.n. — 50
Anh. Die Invaliditäts=, Alters=, Kranken= u. Unfall=Versicherung. (Früher § 7 des Rechenbuches.) (XV S.) 901. n.n. — 05
Antwortenheft. (27 S.) (900.) Kart. n.n. — 50

— Bochumer. (In 4 Heften nebst e. Rechenfibel u. e. Antwortenheft.) Rechenfibel u. I.—IV. Heft. kl. 8. Bochum (F. Endemann). n.n. 1.75
Rechenfibel. (120.—125. Taus.) (32 S.) 904. — 15
I. (2. Schulj.) (160000—170000.) (40 S.) 903. — 20
II. (3. u. 4. Schulj.) 19. Aufl. (79 S.) 903. — 40
III. (5. u. 6. Schulj.) (150000—160000.) (104 S. m. Fig.) 903. — 50
IV. (7. u. 8. Schulj.) 18. Aufl. (II, 107 S. m. Fig.) 904. — 50

— Bochumer. Ausg. in 4 Lehrer= u. 4 Schülerheften, sowie e. Lehrer= u. Schülerhefte f. Raumlehre. Lehrerheft. 4 Hefte. 8. Bochum 907 (F. Endemann.) 1.80
I. (1. u. 2. Schulj.) (43 S. m. 1 Fig.) — 30
II. (3. u. 4. Schulj.) (69 S.) — 50
III. (5. u. 6. Schulj.) (80 S.) — 50
IV. (7. u. 8. Schulj.) (78 S.) — 50

— dasselbe. Schülerheft. 4 Hefte. 8. Ebd. 907. 1.40
I. (1. u. 2. Schulj.) (180000—190000.) (43 S. m. 1 Fig.) — 20
II. (3. u. 4. Schulj.) (180000—190000.) (69 S.) — 40
III. (5. u. 6. Schulj.) (165000—175000.) (80 S.) — 40
IV. (7. u. 8. Schulj.) 11. Aufl. (78 S.) — 40

— dasselbe. Aufgaben f. d. Raumlehre. Lehrerheft. (35 S. m. Fig.) 8. Ebd. 907. — 30

— dasselbe. Schülerheft. (35 S. m. Fig.) 8. Ebd. 907. — 20

**Rechenbuch** (Rechnenbuch), das Calwer. 1. Bdchn. 1. u. 2. Abthl. gr. 12. Calw 840. (Stuttgart, J. F. Steinkopf.) *
Abthl. 1. Handbuch f. d. Lehrer d. kleineren Rechenschüler. (9½ B.) * 6 Gr.
» 2. Lesebuch f. d. kleineren Rechenschüler. (6 B.) * 3 Gr.

Deutliches Rechenbuch für Kinder, auch für diejenigen faslich, welche für sich, ohne alle andre persönliche Unterweisung rechnen lernen wollen, besonders aber für die Jugend auf dem Lande. Lübeck, Donatius, 182 S. 8. 1787.

— **deutl.,** für **Kinder.** 8. Lübeck, Donatius. (Niemann und M.) 787.

**Rechenbuch,** Duisburger. 1. Thl. (Rechenfibel.) Ruhrort 868. (Andreae & Co.) 8. (32 S.) n. 2 ngr.

—— dass. — 2. Thl. 1.—3. umgearb. Aufl. 8. (48 S.) Ebendas. 868—75. *

— Duisburger. 1. u. 2. Thl. 8. Ruhrort 875. Andreae & Co. in Comm. n. — 55
1. [Rechenfibel.] 5. Aufl. (32 S.) n. — 20
2. 3. umgearb. Aufl. (48 S.) geb. n. — 35

Rechenbuch, Duisburger. 1. Thl. [Rechenfibel.] 6. Aufl. 8. (32 S.) Ruhrort 877. (Andreae und Comp.) *

—— dass. — 2. Thl. 4. umgearb. Aufl. 8. (48 S.) (Ebendas.) 878. geb. *

Rechenbuch, Duisburger. 1. Thl. [Rechenfibel.] 7. Aufl. 8. (32 S.) Ruhrort 880. Andreae & Co. in Comm. n.—20

Rechenbuch für Elementarschulen. 1. u. 2. Uebungsbuch. Herausg. von der Solinger Lehrer-Conferenz. Elberfeld 855. Friderichs. 8. (72; 100 S.) 1.: n. 4 ngr; 2.: n. 6¼ ngr

Rechenbuch für Elementarschulen. Antworten dazu. 2. Uebungsbuch. Herausg. von der Solinger Lehrer-Conferenz. Elberfeld 855. Friderichs. 8. (36 S.) n. 5 ngr

Rechenbuch für Elementarschulen. Zusammengestellt von Lehrern des Kreises Crefeld. 1. Thl.: Für die Unterklasse. 8. (48 S.) M.-Gladbach 859. (Riffarth.) geb. *

—— für Elementar-Schulen, enth. Kopf- und Tafelrechen-Uebungen. 4 Thle. 8. Münster 870—74. Aschendorff'sche Buchh. **

Inhalt:

Thl. 1. Rechenfibel oder Uebungsbüchlein zum schriftlichen Rechnen für Kinder der zwei bez. drei ersten Schuljahre. Zahlenkreis von 1—10. 1—100. 3.—7. Aufl. (52 S.) ** 25 Pf.

„ 2. Zahlenkreis von 1—1000. Höherer Zahlenkreis. Die vier Species mit zwei- und mehrsortigen Größen, Resolviren und Reduciren, Regel detri in ganzen Zahlen und die gewöhnlichen Brüche. 2.—7. Aufl. (88 S.) ** 37 Pf.

„ 3. Die Zeitrechnung, die leichtern Rechnungen mit gemeinen und Decimalbrüchen, die gewöhnlichen bürgerlichen Rechnungsarten. Raumrechnungen. 2.—5. Aufl. (64 S.) ** 30 Pf.

Thl. 4. Die schwierigern Rechnungen mit gemeinen und Decimalbrüchen, einfacher und zusammengesetzter Regel detri, Zins- und Rabatt-Rechnung, Ketten-, Gesellschafts-, Mischungs-Rechnung, Ausziehen der Quadratwurzeln, Berechnung von Flächen und Körpern. 1.—4. Aufl. (64 S.) ** 40 Pf.

—— für Elementar-Schulen, enth. Kopf- und Tafelrechen-Uebungen. Auflösungen der im 2. Thl. des Rechenbuches enthaltenen Kopf- und Tafelrechen-Uebungen. 1. und 2. Aufl. 8. (50 S.) Münster 870,73. Aschendorff'sche Buchh. ** — 50

—— dass. — Auflösungen der im 3. Thl. des Rechenbuches enthaltenen Kopf- und Tafelrechen-Uebungen. 1. und 2. Aufl. 8. (28 S.) Ebendas. 870,74. ** — 30

—— dass. — Auflösungen der im 4. Thl. des Rechenbuches enthaltenen Kopf- und Tafelrechen-Uebungen. 1. und 2. Aufl. 8. (28 S.) Ebendas. 870,74. ** — 30

— dasselbe. Auflösungen der im 3. u. 4. Thl. enthaltenen Kopf- u. Tafelrechnen-Uebungen. 8. (56 S.) Ebend. 871. n.n. — 50

—— für Elementar-Schulen, enth. Kopf- und Tafelrechen-Uebungen. 4 Thle. 8. Münster 875—79. Aschendorff'sche Buchh. **

Inhalt:

Thl. 1. Rechenfibel oder Uebungsbüchlein zum schriftlichen Rechnen für Kinder der zwei bez. drei ersten Schuljahre. Zahlenkreis von 1—10. 1—100. 8.—14. Aufl. (52 S.) ** 25 Pf.

„ 2. Zahlenkreis von 1—1000. Höherer Zahlenkreis. Die vier Species mit zwei- und mehrsortigen Größen, Resolviren und Reduciren, Regel detri in ganzen Zahlen und die gewöhnlichen Brüche. 8.—13. Aufl. (88 S.) ** 37 Pf.

„ 3. Die Zeitrechnung, die leichtern Rechnungen mit gemeinen und Decimalbrüchen, die gewöhnlichen bürgerlichen Rechnungsarten. Raumrechnungen. 6.—9. Aufl. (72 S.) ** 35 Pf.

„ 4. Die schwierigern Rechnungen mit gemeinen und Decimalbrüchen, einfacher und zusammengesetzter Regel detri, Zins- und Rabatt-Rechnung, Ketten-, Gesellschafts-, Mischungs-Rechnung, Ausziehen der Quadratwurzeln, Berechnung von Flächen und Körpern. 5. und 6. Aufl. (80 S.) ** 40 Pf.

—— dass. — Auflösungen. 2.—4. Thl. 3. Aufl. 8. Ebendas. 878. [2. Thl. (56 S.) ** 50 Pf.; 3. und 4. Thl. (42; 40 S.) à ** 30 Pf.] **
Auflösungen zum 1. Thl. sind nicht erschienen.

—— für Elementar-Schulen, enthaltend Kopf- und Tafelrechen-Uebungen. 4 Thle. 8. Münster 880—84, Aschendorff'sche Buchh. **

Inhalt:

Thl. 1. Rechenfibel oder Uebungsbüchlein zum schriftlichen Rechnen für Kinder der zwei bez. drei ersten Schuljahre. Zahlenkreis von 1—10. 1—100. 15.—27. Aufl. (52 S.) ** 25 Pf.

„ 2. Zahlenkreis von 1—1000. Höherer Zahlenkreis. Die vier Species mit zwei- und mehrsortigen Größen, Resolviren und Reduciren, Regel detri in ganzen Zahlen und die gewöhnlichen Brüche. 14.—24. Aufl. (88 S.) ** 37 Pf.

Thl. 3. Die Zeitrechnung, die leichtern Rechnungen mit gemeinen und Decimalbrüchen, die gewöhnlichen bürgerlichen Rechnungsarten. Raumrechnungen. 10.—16. Aufl. (72 S.) ** 35 Pf.

„ 4. Die schwierigern Rechnungen mit gemeinen und Decimalbrüchen, einfacher und zusammengesetzter Regel de tri, Zins- und Rabatt-Rechnung, Ketten-, Gesellschafts-, Mischungs-Rechnung, Ausziehen der Quadratwurzeln, Berechnung von Flächen und Körpern. 7.—10. Aufl. (80 S.) ** 40 Pf.

—— dass. — Auflösungen. 2.—4. Thl. 4. Aufl. 8. Münster 880, Aschendorff'sche Buchh. [2. Thl. (56 S.) ** 50 Pf.; 3. und 4. Thl. (42; 40 S.) à ** 30 Pf.] ** 1 10
Auflösungen zum 1. Thl. sind nicht erschienen.

Rechenbuch für Elementar-Schulen, enthaltend Kopf u. Tafelrechen-Uebungen. 4 Thle. 8. Münster 890, Aschendorff'sche Buchh. ** 1 37

1. Rechenfibel oder Uebungsbüchlein zum schriftlichen Rechnen für Kinder d. Unterstufe der Elementarschulen. Zahlenkreis von 1—10. 1—100. 38. Aufl. (40 S.) ** — 20.
2. Zahlenkreis von 1—1000. Höherer Zahlenkreis. Die vier Rechnungsarten mit decimal- u. nicht decimal geteilten Größen, Resolutionen und Reductionen, einfache Regel de tri. 34. Aufl. (68 S.) ** — 30.
3. Die Zeitrechnung, die Rechnungen mit gemeinen und Decimalbrüchen, der Dreisatz, die gewöhnlichen bürgerlichen Rechnungsarten. Raumrechnungen. 22. Aufl. (72 S.) ** — 35.
4. Die schwierigern Rechnungen mit gemeinen und Decimalbrüchen, einfache und zusammengesetzte Regel de tri, Zins und Rabatt Rechnung, Termin-, Gesellschafts-, Mischungs-Rechnung, Ausziehen der Quadratwurzeln, Berechnung von Flächen und Körpern. 14. Aufl. (72 S.) ** — 40.

—— dass. — Auflösungen nebst methodischen Winken. 2.—4. Thl. 6. Aufl. 8. Ebd. 892. [2. Thl. (88 S.) * — 85; 3. Thl. (112 S.) * 1 —; 4. Thl. (68 S.) * — 65.] * 2 50
Auflösungen zum 1. Thl. sind nicht erschienen.
Vgl.: Anleitung zum Unterricht im Rechnen auf der Unterstufe der Elementarschulen. Mit besond. Rücksicht auf die Rechenfibel.

Rechenbuch f. Elementarschulen, enth. Kopf- u. Tafelrechen-Übungen. 4 Tle. 8. Münster 893. Aschendorff. n.n. 1. 25
1. Rechenfibel od. Übungsbüchlein zum schriftl. Rechnen f. Kinder der Unterstufe der Elementarschulen. 46., umgearb. Aufl. (40 S.) n.n. — 20. — 2. 41., umgearb. Aufl. (68 S.) n.n. — 30. — 3. 27., umgearb. Aufl. (78 S.) n.n. — 35. — 4. 18., umgearb. Aufl. (72 S.) n.n. — 40.

— dasselbe. Auflösungen nebst method. Winken zum 2.—4. Tl. 8. Ebd. n. 2. 45
2. 6. Aufl. (88 S.) 892. n. — 80. — 3. 7. Aufl. (110 S.) 892. n. 1. —. — 4. 6. Aufl. (68 S.) 894. n. — 65.

— für Elementar-Schulen vom Lehrer-Verein zu Düsseldorf. 1. Thl. 4. Aufl. Umgearb. nach der neuen Maß- u. Gewichtsordnung. 8. (112 S.) Düsseldorf 871. Mischel. geb. n.n. — 55

Rechenbuch für Elementarschulen bearb. nach Braun'scher Methode und mit Rücksicht auf gegenseit. Einübung. 1. Thl. 2. Rechenstufe. Die 4 Spezies (Grundrechnungsarten) in ganzen Zahlen. 8. (96 S.) Elberfeld 867, Bädeker'sche Buchh. *
Die 1. Rechenstufe erscheint später.

—— das erste. Die vier Rechnungsarten enth. 8. (16 S.) Dresden 872, Schulbuchh. [Leipzig, Jenne.] — 15

— erstes, zur Erlernung u. Uebung des schriftl. Rechnens. Zu den Eckernförder Rechentabellen. Von dem Verfasser dieser Tabellen. 8. Altona 838. Hammerich. 1/6 ₰

Erstes Rechenbuch zur Erlernung und Uebung des schriftlichen Rechens. Zu den Eckernförder Rechentabellen von den Verfassern dieser Tabellen. Altona. 1838. — Resultate. Sm. St. 1839.

— erstes, zur Erlernung u. Uebung des schriftl. Rechnens. Zu den Eckernförder Rechentabellen von den Verfassern dieser Tabellen. 2. Aufl. 841. — 3. verb. Aufl. 8. Altona 845, Hammerich. 1/6 ℔

— Essener, f. Volksschulen. Hrsg. vom Essen-Werden-Mülheimer Lehrer-Verein. Bearb. nach dem neuesten Maß-, Gewichts- u. Münzsystem u. m. Rücksicht auf die ministeriellen Bestimmgn. vom 15. Octbr. 1872. 1—4. Hft. 8. Essen 875. Bädeker in Comm. n.n. — 90

1. [Für Unterklassen.] 10. Aufl. (24 S.) n.n. — 15
2. [Für Unterklassen.] 10. Aufl. (34 S.) n.n. — 20
3. [Für Mittelklassen 1. Hft.] 7. Aufl. (72 S.) n.n. — 30
4. [Für Mittelklassen 2. Hft.] 6. Aufl. (S. 73—128.) n.n. — 25

—— Essener, für Volksschulen. Hrsg. vom Essen-Werden-Mülheimer Lehrer-Verein. Bearb. nach dem neuesten Maß-, Gewichts- und Münzsystem und mit Rücksicht auf die ministeriellen Bestimmungen vom 15. Oktbr. 1872. 6 Hefte. 8. Essen, Bädeker. *

Inhalt:
Heft 1. [Für Unterklassen.] 10.—12. Aufl. (24 S.) 876—78. * 15 Pf.
" 2. [Für Unterklassen.] 10.—14. Aufl. (34 S.) 876,77. * 25 Pf.
" 3. [Für Mittelklassen. 1. Heft.] 7.—12. Aufl. (S. 1—72.) 876,77. * 35 Pf.
" 4. [Für Mittelklassen. 2. Heft.] 6.—9. Aufl. (S. 73—128.) 876,77. * 30 Pf.
" 5. [Für Oberklassen. 1. Heft.] 8.—10. Aufl. (S. 1—80.) 876—78. * 45 Pf.
" 6. [Für Oberklassen. 2. Heft.] 8. Aufl. (S. 81—176.) 876. * 50 Pf.

—— dass. — Antworten. 3. und 4., und 5. und 6. Heft. 8. (77; 66 S.) à Heft * 60 Pf. *
Antworten zum 1. und 2. Heft sind nicht erschienen.

—— Essener, für Volksschulen. Hrsg. vom Essen-Werden-Mülheimer Lehrer-Verein. Bearb. nach dem neuesten Maß-, Gewichts- und Münzsystem und mit Berücksicht. der vorgeschriebenen Abkürzungen der Maß- und Gewichtsbezeichnungen, sowie der Stellung des Divisors hinter dem Dividend. 6 Hefte. 8. Essen 880—84, (Bädeker.) geb. ** 2 10

Inhalt:
Heft 1. Für Unterklassen. 1. Heft. 13.—16. Aufl. (24 S.) ** 20 Pf.
" 2. Für Unterklassen. 2. Heft. 15.—20. Aufl. (34 S.) ** 25 Pf.
" 3. Für Mittelklassen. 1. Heft. 13.—18. Aufl. (64 S.) ** 35 Pf.
" 4. Für Mittelklassen. 2. Heft. 10.—14. Aufl. (S. 65—104.) ** 30 Pf.
" 5. Für Oberklassen. 1. Heft. 11.—14. Aufl. (60 S.) ** 45 Pf.
" 6. Für Oberklassen. 2. Heft. 9.—11. Aufl. (96 S.) ** 55 Pf.

—— dass. — Antworten. 3. und 4. [für Mittelklassen 1. und 2.] Heft. 2. Aufl. 8. (66 S.) Ebendas. 880. geb. ** — 65

— Essener, für Volksschulen. Hrsg. vom Essen-Werden-Mülheimer Lehrer-Verein. Bearb. nach dem neuesten Maß-, Gewichts- u. Münzsystem u. mit Berücksichtigung der vorgeschriebenen Abkürzungen der Maß- u. Gewichtsbezeichnungen, sowie der Stellung des Divisors hinter dem Dividend. 6 Hfte. 8. Essen 882. (Bädeker.) geb. n.n. 2. 5
1. Für Unterklassen. 14. Aufl. (24 S.) n.n. — 20. — 2. Für Unterklassen. 17. Aufl. (34 S.) n.n. — 25. — 3. Für Mittelklassen. 1. Hft. 14. Aufl. (64 S.) n.n. — 35. — 4. Für Mittelklassen. 2. Hft. 11. Aufl. (S. 65—104.) n.n. — 30. — 5. Für Oberklassen. 1. Hft. 12. Aufl. (60 S.) n.n. — 45. — 6. Für Oberklassen. 2. Hft. 8. Aufl. (S. 81—176.) n. — 50

Rechenbuch, Essener, für Volksschulen. Hrsg. vom Essen-Werden-Mülheimer Lehrer-Verein. Bearb. nach dem neuesten Maß-, Gewichts- und Münzsystem und mit Berücksicht. der vorgeschriebenen Abkürzungen der Maß- und Gewichtsbezeichnungen, sowie der Stellung des Divisors hinter dem Dividend. 6 Hefte. 8. Essen 885—88, (Baedeker.) geb. **

Inhalt:
Heft 1. Für Unterklassen. 1. Heft. 17. und 18. Aufl. (24 S.) ** 20 Pf.
" 2. Für Unterklassen. 2. Heft. 21.—25. Aufl. (34 S.) ** 25 Pf.
" 3. Für Mittelklassen. 1. Heft. 19.—22. Aufl. (S. 1—64.) ** 35 Pf.
" 4. Für Mittelklassen. 2. Heft. 15.—17. Aufl. (S. 65—104.) ** 30 Pf.
" 5. Für Oberklassen. 1. Heft. 15. und 16. Aufl. (60 S.) ** 45 Pf.
" 6. Für Oberklassen. 2. Heft. 12. und 13. Aufl. (96 S.) ** 55 Pf.

—— dass. — 1.—5. Heft. [In umgearb. Auflagen.] 8. (Ebendas.) 887,88. geb. **

Inhalt:
Heft 1. Für Unterklassen. 19. und 20. Aufl. (32 S.) ** 25 Pf.
" 2. Für Unterklassen. 26. Aufl. (52 S.) ** 30 Pf.
" 3. Für Mittelklassen. 1. Heft. 23. Aufl. (43 S.) ** 30 Pf.
" 4. Für Mittelklassen. 2. Heft. 18. Aufl. (40 S. und Anhang 4 S.) ** 30 Pf.
" 5. Für Oberklassen. 1. Heft. 17. Aufl. (72 S.) ** 40 Pf.

— dasselbe. Für die Hand des Lehrers. 1. Hft. 20. [umgearb.] Aufl. 8. (32 S.) Ebd. 888. geb. n.n. — 25

— Essener, f. Volksschulen. Hrsg. v. Essen-Werden-Mülheimer Lehrer-Verein. 2. Hft. (F. Unterklassen.) 31. Aufl. 8. (52 S.) Essen 897. (G. D. Baedeker.) Geb. n.n. — 30

— Essener, f. Volksschulen. Hrsg. vom Essen-Werden-Mülheimer Lehrer-Verein. II.—VI. Heft. 8. Essen, G. D. Baedeker. Kart. n.n. 1. 80

II. 36. Aufl. (52 S.) 906. n.n. — 30
III. 31. Aufl. (43 S.) 905. n.n. — 30
IV. 26. Aufl. (47 u. 4 S.) 906. n.n. — 30
V. 24. Aufl. (72 S.) 906. n.n. — 40
VI. 19. Aufl. (98 S.) 906. n.n. — 50

— Essener, f. Volksschulen. Hrsg. vom Essen-Werden-Mülheimer Lehrer-Verein. 6 Hefte. 8. Essen, G. D. Baedeker. Kart. nn 2. 05
Umfang u. Preis der einz. Hefte s. umseitig.

I. 25. Aufl. (44 S.) 907. nn — 25
II. 38. Aufl. (52 S. m. Abbildgn.) (907.) nn — 30
III. 34. Aufl. (48 S. m. Abbildgn.) (909.) nn — 30
IV. 28. Aufl. (48 S.) (909.) nn — 30
V. 27. Aufl. (72 S. m. Fig.) (910.) nn — 40
VI. 21. Aufl. (98 S.) 909. nn — 50

Rechenbuch, Essener, f. Volksschulen. 4. Tl. Lehrerheft. Hrsg. von H. Minkenberg u. E. Schwieren. (48 S.) 8. Essen 910. B. G. Baedeker. Geb. 1. —

— f. Fach-, Fortbildungs- u. gewerbliche Schulen. Hrsg. v. den Direktoren der Fach- u. Fortbildungsschulen zu Dresden. C. Für Kaufmannsklassen. Bearb. v. Fritz Knauthe. Nr. 5. (64 S. m. Abbildgn.) 8. Dresden 910. O. & R. Becker. — 60

— f. Fortbildungsschulen. Hrsg. vom pädagog. Vereine zu Chemnitz. 3. Aufl. gr. 8. (64 S.) Chemnitz 894. J. C. F. Pickenhahn & Sohn. — 30

— dasselbe. Lösungen. gr. 8. (15 S.) Ebd. 886. n. — 40

Rechenbuch f. Fortbildungsschulen. Hrsg. v. pädagog. Vereine zu Chemnitz. Lösungen. 3. Aufl. gr. 8. (16 S.) Chemnitz 894. J. C. F. Pickenhahn & Sohn. n. — 40

— für Fortbildungsschulen. Hrsg. vom pädagog. Vereine zu Chemnitz. 4. Aufl. gr. 8. (64 S.) Chemnitz 898. J. C. F. Pickenhahn & Sohn. — 30

— für Fortbildungsschulen. Hrsg. vom pädagog. Vereine zu Chemnitz. 5., umgearb. Aufl. (64 S.) 8. Chemnitz 906. (J. C. F. Pickenhahn & Sohn). n. — 35; Lösgn. (19 S.) n. — 30

— für Fortbildungsschulen, bearb. von der Lehrerschaft der Fortbildungsschule in Meißen. Große Ausg. (IV, 91 S.) 8. Meißen 910. H. W. Schlimpert. nn — 65

— dasselbe. Kleine Ausg. (68 S.) 8. Ebd. 910. — 50

— dasselbe. Lehrerheft. (40 S.) 8. Ebd. 910. 1. —

f. Fortbildungs-, Fach- u. gewerbliche Schulen. Ein Beitrag zur Durchführg. d. Konzentrationsprinzips im Fortbildungsschulunterrichte. Hrsg. von A. Baldauf u. R. Morgenstern. I.—IV. Tl. 8. Dresden, C. & R. Becker. nn 1. 80

I. Allgem. Tl. (zugleich zum Gebrauche in Klassen mit ungelernten Berufen.) (64 S.) 908. nn —50
II. Beruflicher Tl. zum Gebrauche in Metallarbeiter-, besond. Schlosserklassen. (48 S. m. Abbildgn.) 909. nn — 40
III. Beruflicher Tl. zum Gebrauche in Gold- u. Silberschmiedeklassen, bearb. v. Geo. Holland. (16 S. m. Abb.) 909. — 40
IV. Beruflicher Tl. zum Gebrauche in Maschinenbauer- u. Mechanikerklassen. Bearb. v. Otto Lippmann. (18 S. m. Fig.) 909. — 50

— dasselbe. C., f.: Rechenbuch f. Fach-, Fortbildungs- u. gewerbliche Schulen.

Rechenbuch für ein junges Frauenzimmer dem Unterricht derselben gewidmet. Danzig, Brückner. 8. (8 gr.) 1791.

— f. junge Frauenzimmer ꝛc. 8. Danzig 796. Brückmann. 8 gr

— für ein junges Frauenzimmer ꝛc. 8. Danzig, Brückner. 796.

— zum Gebr. für Anfänger in Stadt- u. Landschulen. 5e A. 8. Schwedt 828. (E. Oehmigke in Berl.) 2 gr

**Rechenbuch, Gemeinnütziges,** zur Selbstübung . . . Lippstadt 1788—89. V: *Roscher, Joh. Peter.* (Schedel, Handb. d. Litt. f. Kaufleute. Leipz. 1796. S. 105.)

**Rechenbuch, Gemeinnütziges,** zum Unterricht in Stadt- und Landschulen. Altdorf 1793. V: *Siebenkees, Johann Christian.* (Ky)

— gemeinnütz., für Schul. und Privatgebr. 8. Altdorf. (Monath und K. in Nürnberg.) 793.

— — Ausrechn. der in dems. enth. Aufgab. 8. Ebend. 809.

Rechenbuch, gemeinnütziges, z. Unterricht in Stadt- u. Landschulen. 1r Thl. 4te Aufl. 8. Altdorf. (Nürnberg, Riegel u. W. 816.

— gemeinnütziges, zum Unterricht in Stadt- u. Landschulen. 1r Thl. 5e Aufl. 8. Nürnb. 826. (Riegel u. W.) 14 gr — 2r Thl. 8. Ebd. 817. (Ebd.) 18 gr (Vergl. Ausrechnung ꝛc.)

Rechenbuch, gemeinnütz., z. Unterr. in Stadt- u. Landschulen u. z. Privatgebrauch. 5e verb. Aufl. 8. Nürnb. 826, Riegel u. W.

— gemein. verständl., n. d. Münzf. so in d. Fürstenth. Ansbach, Bayr. und benachb. Ländern gangbar sind. 8. Berlin, Pauli. 797.

**Rechenbuch, Handschriftliches,** für Schulkinder, so wie für solche Schüler, welche . . . sich im Rechnen fortüben wollen. Grimma 1839. V: *Gruhl, K.* (Ky) *Gruhle.* (BiblMath)

—— handschriftliches, f. Schulkinder, so wie f. solche Schüler, welche auch, nachdem sie d. Schule verlassen haben, sich im Rechnen fortüben wollen. (Von Gruhl.) 1. Hft., enth.: Aufgaben in d. vier Species ungleichben. Zahlen u. in d. Regel de Tri, nebst Anweis. zu deren Berechn. 4. (9¾ B.) Grimma 839, Verlags-Comptoir. *

Facit-Buch hierzu. 8. (½ B.) 839. 1½ Gr.

— handschriftliches, für Schulkinder, sowie für solche Schüler, welche auch, nachdem sie die Schule verlassen haben, sich im Rechnen fortüben wollen. 2. Heft. Aufgaben in den allgemeinen u. Decimal-Brüchen, nebst Anweisung zu deren Berechnung. 4. Grimma 843, Verlags-Compt. Schreibp. (à) n. 1/6 Thlr

—— Facitbuch dazu. 8. (½ B.) Ebds. 843.

1. Hft. Ebendas. 1839. * 5 Ngr., Facitbuch dazu. * 2 Ngr.

f. Haushaltungs-Schulen, hrsg. v. e. Ursulinerin. Ausg. A: Für die Hand der Schülerin. (IV, 68 S.) 8. Münster 908. H. Schöningh. — 50

dasselbe. Ausg. B: Für die Hand der Lehrerin. (VII, 118 S.) 8. Ebd. 908. Geb. 1. 20

— f. die Schweizer Jugend. 8. Winterth. 796. Steiner. 12 gr

— für Jüngl., besond. die sich der Handl. widm. wollen. 8. Augsb. Späth. (Bauer in Leipz.) 796.

— für die Kapitulantenschulen. Zum Dienstgebrauch ausgegeben vom königl. preuß. Kriegsministerium. gr. 8. (IV, 276 S.) Berlin 878. Mittler & Sohn. n. 1. —

Rechenbuch für die Kapitulantenschulen. Zum Dienstgebr. ausgegeben v. Kgl. Preuß. Kriegsminist. Berlin: E. S. Mittler & Sohn 1903. (V, 314 S.) 8° [F.]

— für die unteren u. mittleren Klassen der Elementarschulen. Von Lehrern des Schulinspections-Bezirks Linz. 12. Linz am Rhein 845. (Bonn, Habicht.) n. 6¼ ngr

— kleines, enth. eine gründl. und faßl. Anw. z. Rechenk. 8. Berlin. (Wilke in Warschau.) 793.

— für die 8. Knabenklassen u. gewerblichen Fortbildungsschulen Münchens. Hrsg. im Auftrag der kgl. Lokal-Schul-Kommission München. Das Rechnen des Geschäftsmannes. (80 S.) 8. Ebd. 901. n.n. — 25

—— Kölner. Hrsg. vom Lehrervereine zu Köln. 3 Thle. und Antworten. Nach dem neuen Münz-, Maß- und Gewichtssystem. 8. Köln 875—79, DuMont-Schauberg'sche Buchh. *
geb. **

Inhalt:

Thl. 1. Rechenfibel. 12.—15 Aufl. (82 S.) * 45 Pf.; geb. ** 55 Pf.
Thl. 2. Das Rechnen mit reinen und gleich benannten Zahlen. Das Rechnen mit ungleich benannten Zahlen. Das Rechnen mit Brüchen. 16.—18. Aufl. (168 S.) * 70 Pf.; geb. ** 85 Pf.
" 3. Der Dreisatz. Procent-, Mischungs- und Gesellschafts-Rechnung. Raumrechnung. 10. und 11. Aufl. (143 S.) * 70 Pf.; geb. ** 85 Pf.
Antworten. (IX, 74 S.) * M 1,10.; geb. ** M 1,20.

—— Kölner. Hrsg. vom Lehrervereine zu Köln. 4 Thle. 8. Köln 880—81, DuMont-Schauberg'sche Buchh. * 2 35
geb. ** 2 85

Inhalt:

Thl. 1. 1. Heft: Das Rechnen im Zahlenkreise von 1—1000. 16.—19. verm. und verb. Aufl. (83 S.) * 45 Pf.; geb. ** 55 Pf.
" 2. 2. Heft: Das Rechnen mit reinen und gleich benannten Zahlen. 3. Heft: Das Rechnen mit ungleich benannten Zahlen. 4. Heft: Das Rechnen mit Brüchen. 19.—22. nach den vom Bundesrate angeordneten abgekürzten Maß- und Gewichtsbezeichnungen umgeänderte Aufl. (152 S.) * 70 Pf.; geb. ** 85 Pf.
" 3. 5. Heft: Die Zeitrechnung. Der Dreisatz. 6. Heft: Procent-, Gesellschafts- und Mischungs-Rechnung. 13. und 14. nach den vom Bundesrate angeordneten abgekürzten Maß- und Gewichtsbezeichnungen bearb. Aufl. (131 S.) * 70 Pf.; geb. ** 85 Pf.
" 4. 7. Heft: Das Rechnen mit Raumgrößen. 12. und 13. nach den vom Bundesrate angeordneten abgekürzten Maß- und Gewichtsbezeichnungen bearb. Aufl. (83 S.) * 50 Pf.; geb. ** 60 Pf.
Antworten. 2. und 3. Aufl. (VIII, 91 S.) * M 1,30

— Kölner. Hrsg. vom Lehrervereine zu Köln. 1–4. Tl. 8. Köln, Du Mont-Schauberg. n. 2. 35; geb. n. 2. 85
1. 21. Aufl. (82 S.) 885. n. — 45; geb. n. — 55
2. 23. Aufl. (152 S.) 885. n. — 70; geb. n. — 85
3. 15. Aufl. (131 S.) 886. n. — 70; geb. n. — 85
4. 13. Aufl. (83 S.) 883. n. — 50; geb. n. — 60

—— Kölner. Hrsg. vom Lehrervereine zu Köln. 4 Thle. 8. Köln 885—88, DuMont-Schauberg'sche Buchh. *
geb. **

Inhalt:
Thl. 1. 1. Heft: Das Rechnen im Zahlenkreise von 1–1000. 20.—22. verm. und verb. Aufl. (89 S.) ** 45 Pf.; geb. ** 55 Pf.
" 2. 2. Heft: Das Rechnen mit reinen und gleich benannten Zahlen. 3. Heft: Das Rechnen mit ungleich benannten Zahlen. 4. Heft: Das Rechnen mit Brüchen. 23. nach den vom Bundesrate angeordneten abgekürzten Maß- und Gewichtsbezeichnungen umgeänderte Aufl. (152 S.) ** 70 Pf.; geb. ** 85 Pf.
" 3. 5. Heft: Die Zeitrechnung. Der Dreisatz. 6. Heft: Procent-, Gesellschafts- und Mischungs-Rechnung. 15. nach den vom Bundesrate angeordneten abgekürzten Maß- und Gewichtsbezeichnungen bearb. Aufl. (131 S.) ** 70 Pf.; geb. ** 85 Pf.
" 4. 7. Heft: Das Rechnen mit Raumgrößen. 14. nach den vom Bundesrate angeordneten abgekürzten Maß- und Gewichtsbezeichnungen bearb. Aufl. (53 S.) ** 50 Pf.; geb. ** 60 Pf.

—— dass. — 1. und 2. Tl. 8. Ebendas. ** ℳ 1.15.; geb. **

Inhalt:
Tl. 1. 1. Heft: Das Rechnen im Zahlenkreise von 1–1000. 23. nach dem Lehrplane von Schoenen umgeänd. Aufl. (73 S.) 888. ** 45 Pf. geb. ** 55 Pf.
" 2. 24. und 25. nach dem Lehrplane von Schoenen umgeänd. Aufl. (151 S.) 887,88. ** 70 Pf.; geb. ** 85 Pf.

— Kölner. Hrsg. vom Lehrervereine zu Köln. 4 Tle. 8. Köln 887—890. Du Mont-Schauberg. n. 2. 35;
geb. n. 2. 85
I. 1. Hft.: Das Rechnen im Zahlenkreise von 1—1000. 24., nach dem Lehrplane v. Schoenen umgeänd. Aufl. (73 S.) n. —45; geb. n. —55
II. 2. Hft.: Das Rechnen mit reinen u. gleichbenannten Zahlen. — 3. Hft.: Das Rechnen mit ungleich benannten Zahlen. — 4. Hft.: Das Rechnen mit Brüchen. 26., nach dem Lehrplane v. Schoenen umgeänd. Aufl. (151 S.) n. — 70; geb. n. — 85
III. 5. Hft.: Die Zeitrechnung. Der Dreisatz. — 6. Hft.: Procent-, Gesellschafts- u. Mischungs-Rechnung. 16., nach d. Lehrplane v. Schoenen umgeänd. Aufl. n. — 70; geb. n. — 85
IV. 7. Hft.: Das Rechnen mit Raumgrößen. 15., nach den vom Bundesrath angeordn. abgekürzten Maß- u. Gewichtsbezeichnungen bearb. Aufl. n. — 50; geb. n. — 60

Rechenbuch, Kölner. Hrsg. vom Lehrer-Verein zu Köln. Antworten. 3. Aufl. Neue Ausg. Vermehrt durch e. Anh., enth. die neuen Antworten zum Kölner Rechenbuch III. Tl., 16. u. ff. Aufl. 8. (VIII, 95 S.) Köln 891, DuMont-Schauberg. geb. ** 1 40

—— Kölner. Hrsg. vom Lehrer Verein zu Köln. Nach dem Lehrplane von Schönen umgeänderte Aufl. 8. Köln, DuMont-Schauberg. [1. Tl. 26. Aufl. (73 S.) 892. geb. ** — 55; 2. Tl. 27. Aufl. (151 S.) 892. geb. ** — 85; 3. Tl. 17. Aufl. (124 S.) 891. geb. ** — 85; 4. Tl. 15. Aufl. (83 S.) 890. geb. ** — 60.] geb. ** 2 85

— Kölner. Hrsg. vom Lehrer-Verein zu Köln. 1.—4. Tl. 8. Köln, M. Du Mont-Schauberg. Geb. n.n. 2. 85
1. 27., nach dem Lehrplane v. Schoenen umgeänd. Aufl. (73 S.) 894. n.n. — 55
2. 27., nach dem Lehrplane v. Schoenen umgeänd. Aufl. (151 S.) 892. n.n. — 85
3. 18., nach dem Lehrplane v. Schoenen umgearb. Aufl. (131 S.) 893. n.n. — 85
4. Das Rechnen m. Raumgrößen. 16. Aufl. (83 S. m. 29 Fig.) Ebd. n.n. — 60

[F.] Kölner Rechenbuch. Hrsg. v. Lehrer-Ver. zu Köln. (T. I.—IV.) *Köln: M. Du Mont-Schauberg 1897.* 4 Bde 8.
I. Hft 1. 29. Aufl. (84 S.) II. Hft 2—4. 30. Aufl. (152 S.)
III. Hft 5. 6. 20. Aufl. (126 S.) IV. Hft 7. 17 Aufl. (90 S.) [97. 8367 B.

— Kölner. Hrsg. vom Lehrerverein zu Köln. 4 Tle. 8. Köln, M. Du Mont-Schauberg. n.n. 2. 35;
geb. in Halbldr. n.n. 2. 85
I. 1. Hft. Das Rechnen im Zahlenkreise v. 1—1000. 30. Aufl. (81 S.) 898. n.n. — 45; geb. n.n. — 55
II. 2. Hft. Das Rechnen m. reinen u. einf. benannten Zahlen. 3. Hft. Das Rechnen m. mehrf. benannten Zahlen. 4. Hft. D. Rechnen m. Brüchen. 31. Aufl. (152 S.) 898. n.n. — 70; geb. n.n. — 85
III. 5. u. 6. Hft. 20. Aufl. (126 S.) 897. n.n. — 70; geb. n.n. — 85
IV. 7. Hft. 17., umgeänd. Aufl. (90 S. m. Fig.) 897. n.n. — 50; geb. n.n. — 60

— dasselbe. Antworten (zu den 4 Tln.). 4. Aufl. 8. (70 S.) Ebd. 898. n.n. 1. 10; geb. in Halbldr. n.n. 1. 20

Kölner Rechenbuch. Hrsg. vom Lehrer-Verein zu Köln. T. 1–4 [&] Antworten. *Köln: M. DuMont-Schauberg 1898–1900.* 5 Bde 8° [F.]
1. 32. Aufl. 1900. 2. 32. Aufl. 1899. 3. 21. Aufl. 1899.
4. 18. umgeänd. Aufl. 1899. Antworten. 4. Aufl. 1898. [00. 5130 B

— Kölner. Hrsg. vom Lehrer-Verein zu Köln. 4 Tle. 8. Köln, M. Du Mont-Schauberg. n.n. 2. 35;
geb. in Halbldr. n.n. 2. 85
I. 1. Hft.: Das Rechnen im Zahlenkreise von 1—1000. 34. Aufl. (84 S.) 901. n.n. — 45; geb. n.n. — 55
II. 2. Hft.: Das Rechnen m. reinen u. einfach benannten Zahlen. — 3. Hft.: Das Rechnen m. mehrfach benannten Zahlen. — 4. Hft.: Das Rechnen m. Brüchen. 35. Aufl. (152 S.) 902. n.n. — 70; geb. n.n. — 85
III. 5. Hft.: Zeitrechnung. Preisberechnungen. Dreisatz. — 6. Hft.: Prozent-, Gesellschafts- u. Mischungs-Rechng. Arbeiterversicherung. 24. Aufl. (127 S.) 902. n.n. — 70; geb. n.n. — 85
IV. 7. Hft.: Das Rechnen m. Raumgrößen. 19. Aufl. (90 S. m. Fig.) 901. n.n. — 50; geb. n.n. — 60

— Kölner. Hrsg. vom Kölner Lehrer-Verein. 4 Tle. 8. Cöln 906. M. Du Mont-Schauberg. Geb. n.n. 2. 85
I. 1. Heft: Das Rechnen im Zahlenkreise von 1—1000. 41. Aufl. (84 S.) n.n. — 55
II. 2. Heft: Das Rechnen m. reinen u. einfach benannten Zahlen. 3. Heft: Das Rechnen m. mehrfach benannten Zahlen. 4. Heft: Das Rechnen m. Brüchen. 39. Aufl. (152 S.) n.n. — 85
III. 5. Heft: Zeitrechnung. Preisberechnungen. Dreisatz. 6. Heft: Prozent-, Gesellschafts- u. Mischungs-Rechnung. Arbeiterversicherung. 28. Aufl. (127 S.) n.n. — 85
IV. 7. Heft: Das Rechnen m. Raumgrößen. 22. Aufl. (90 S. m. Fig.) n.n. — 60

— Kölner. Hrsg. vom Kölner Lehrer-Verein. 1.—III. Tl. n. 8. Cöln, M. Du Mont-Schauberg. Geb. nn 2. 25
I. 1. Heft: Das Rechnen im Zahlenkreise von 1—1000. 46. Aufl. (84 S.) 909. Geb. — 55
II. 2. Heft: Das Rechnen m. reinen u. einfach benannten Zahlen. 3. Heft: Das Rechnen m. mehrfach benannten Zahlen. 4. Heft: Das Rechnen m. Brüchen. 43. Aufl. (152 S.) 910. Geb. nn — 85
III. 5. Heft: Zeitrechnung. Preisberechnungen. Dreisatz. 6. Heft: Prozent-, Gesellschafts- u. Mischungs Rechnung. Arbeiterversicherung. 31. Aufl. (127 S.) 910. nn — 85

—— kölner, für Kopf- und Schriftrechnen. Hrsg. vom Lehrervereine zu Köln. 1. und 2. Thl. 12. (168; 142 S.) Köln 858, Du Mont-Schauberg'sche Buchh. à Thl. * 6 Ngr. *

— Kölner, für Kopf- u. Schriftrechnen. Hersg. vom Lehrervereine zu Köln. 1. Thl. 7—10. Aufl. Köln 865—69. Du Mont-Schauberg'sche Buchh. 12. (166 S.) n. 6 *ngr.*

—— Kölner, für Kopf- und Schriftrechnen. Hrsg. vom Lehrerverein zu Köln. 3 Thle. 8. Köln 869—74, DuMont-Schauberg'sche Buchh. * 1 85

Inhalt:
Thl. 1. Rechenfibel. 8.—10., und 11. nach dem neuen Münz-, Maß- und Gewichtssystem umgeänd. Aufl. (32 S.) * 45 Pf.; geb. * 60 Pf.
" 2. Das Rechnen mit reinen und gleich benannten Zahlen. Das Rechnen mit ungleich benannten Zahlen. Das Rechnen mit Brüchen. 6.—14. Aufl. * 60 Pf., und 15. umgeänd. Aufl. (168 S.) * 70 Pf.
" 3. Der Dreisatz. Procent-, Mischungs- und Gesellschafts-Rechnung. Raumrechnung. 9. umgearb. Aufl. (143 S.) * 70 Pf.

— Kölner, für Kopf- u. Schriftrechnen. Hrsg. vom Lehrervereine zu Köln. 1—4. Tl. 8. Köln 880. 82. Du Mont-Schauberg. n.n. 2. 35; geb. n.n. 2. 85
1. 17., verm. u. verb. Aufl. (82 S.) n.n. — 45; geb. n.n. — 55. — 2. 20. Aufl. (152 S.) n.n. — 70; geb. n.n. — 85. — 3. 13. Aufl. (132 S.) n.n. — 70; geb. n.n. — 85. — 4. 12. Aufl. (83 S.) n.n. — 50; geb. n.n. — 60

— kurzes u. leichtfaßl., für Rechner, welche üb. die 4 Species in ganzen Zahlen hinaus sind. 8. Stendal 825, Franzen u. Gr.

— kurzgefaßtes, f. Schulen, mit Rücksicht auf das neue französ. Maaß-, Münz- u. Gewichtssystem. 8. Frkf. a. M. 811. Andreä. 4 gr

**Rechenbuch** für niedere, besonders Landschulen. Magdeburg 1800. V: *Riess, Andreas Heinrich.* (MGT)

Anonym: „Rechenbuch fürs gemeine Leben, besonders für die, so sich auf die Haushaltung und das Rechnungswesen legen wollen", Göttingen 1776 (Dieterich).

Rechenbuch f. das gemeine Leben, besond. für die Landjugend. 8. Götting. 776. Dieterich. 3 gr

—— Lübeckisches. 4 Hefte. 8. Lübeck, (Dittmer'sche Buchh.) [1. Heft. 5. Aufl. (24 S.) 863. * 5 Ngr., 2. Heft. 4. Aufl. (32 S.) 861. * 5 Ngr., 3. Heft. 4. Aufl. (96 S.) 863. * 15 Ngr., 4. Heft. 2. Aufl. (119 S.) 862. * 20 Ngr.] geb. *

— für Mädchen-Fortbildungsschulen, höhere Mädchenschulen, Töchterpensionate, Haushaltungsschulen 2c. Hrsg. von e. Schulinspektor u. einigen Lehrern. gr. 8. (79 S.) Stuttgart 902. Muth. Kart. n.n. — 45; Lehrerausg. (90 S.) Kart. n.n. 1. 30

— für die 8. Mädchenklassen u. weibl. Fortbildungsschulen Münchens. Hrsg. im Auftrag der kgl. Lokal-Schul-Kommission München. (75 S.) 8. Ebd. (901). n n. — 25

— f. Mädchenschulen. 5 Stufen. gr. 8. Hildburghausen 890. Gadow & Sohn. n. 1. 40
1—3. (48, 40 u. 52 S.) à n. — 25. — 4. (72 S.) n. — 30. — 5. (88 S. m. Fig.) n. — 35.

—— dass. — Resultate zur 2.—5. Stufe. gr. 8. (12; 18; 20; 22 S.) Ebd. 890. à Stufe * — 25; * 1 —

— dasselbe. Resultate zur 2.—5. Stufe. gr. 8. (12, 18, 20 u. 24 S.) Ebd. 890—894. à n. — 25

— für Mädchenschulen. 1. Stufe. 3. Aufl. gr. 8. (57 S.) Hildburghausen 894. F. W. Gadow & Sohn. n. — 25

— f. Mädchenschulen. 3.—5. Stufe. gr. 8. Hildburghausen 898. F. W. Gadow & Sohn. n. — 90
3. Zahlenraum von 1—1000000. Rechnen m. Decimalzahlen. Rechnen m. mehrfach benannten Zahlen. Fortsetzg. in d. Anfängen d. Bruchrechnens. 6. Aufl. (52 S.) n. — 25
4. A. Rechnen m. gewöhnl. Brüchen. B. Das Rechnen m. Decimalbrüchen. 8. Aufl. (72 S.) n. — 30
5. I. Tl. 1. Wiederholungsaufgaben. 2. D. bürgerl. Rechnungsarten. II. Tl. 1. Aus d. Schulleben. 2. Hauswirtschaft u. Garten. 3. Handel u. Wandel. 4. Aus verschied. Lebensverhältnissen. 8. Aufl. (88 S.) n. — 35

Rechenbuch für Mädchenschulen. 5. Stufe. gr. 8. Hildburghausen 901. F. G. Gadow & Sohn. n. — 35
5. I. Tl. 1. Wiederholungsaufgaben. 2. Die bürgerlichen Rechnungsarten. II. Tl. 1. Aus dem Schulleben. 2. Hauswirtschaft u. Garten. 3. Handel u. Wandel. 4. Aus verschiedenen Lebensverhältnissen. 9. Aufl. (88 S.)

— f. Mädchenschulen. 2. u. 3. Stufe. Ausg. in neuester Rechtschreibg. 8. Hildburghausen 905. F. W. Gadow & Sohn. à n. — 25
2. Zahlenraum von 1—1000. Anfänge der Bruchrechng. Leichte Aufgaben m. mehrfach benannten Zahlen. 7. Aufl. (948 S.)
3. Zahlenraum von 1—1,000,000. Rechnen m. Dezimalzahlen. Rechnen m. mehrfach benannten Zahlen. Fortsetzung in den Anfängen des Bruchrechnens. 8. Aufl. (52 S.)

— nach (J. Bapt.) Lechner's Methode. 8. Bregenz ... Brentano. 12 gr

— neues, f. Stadt- u. Landschulen; ein Lehr- u. Handbuch für Jedermann. 1r Thl. 8. Hildesh. 815. Gerstenberg. 12 gr

— neuestes für diejen., welche sich dem Handelsstande widmen wollen. 8. Augsb. 799. N. Aufl. 802. (Kranzfelder). 8 gr (André in Leipz.) 10 gr

—— niederrheinisches, für Volksschulen. Genehmigt von der königl. Regierung zu Düsseldorf. Hrsg. von den vereinigten Lehrer-Witwen-, Waisen- und Unterstützungskassen zu Barmen, Duisburg-Ruhrort, Elberfeld, Gladbach-Grevenbroich, Mettmann, Moers, Müllheim-Kettwig, Remscheid, Solingen, Düsseldorf und Duisburg. 1.—4. Heft. 8. Ruhrort 885, (Andreae und Comp.) [1. Heft. (40 S.) ** 30 Pf.; 2. Heft. (64 S.) ** 40 Pf.; 3. und 4. Heft. (à Heft 96 S.) à Heft ** 60 Pf.] geb. **

—— dass. — Antworten zum 2.—4. Heft. 8. (Ebendas.) 886. [2. Heft. (8 S.) * 50 Pf.; 3. Heft. (32 S.) * 75 Pf.; 4. Heft. (24 S.) * 75 Pf.] geb. *

—— praktisches, enth. 20,000 Aufg. in geord. u. method. Stufenfolge f. Volks- u. Bürgerschulen, entworfen nach d. neuen Münz-, Maaß- u. Gewichtssystem im Königr. Sachsen. — 1. od. elementar. Curs. gr. 12. (4 B.) Meißen 841, Klinkicht u. Sohn.
88 Rechentafeln hierzu. gr. 12. (8 B. nur auf einer Seite bedruckt.) 841. 8 Gr.
Auflösungen z. 1. Curs. gr. 12. (3 B.) 841. 6 Gr.

—— dass. — 2. Curs. gr. 12. (4 B.) Ebds. 841.
88 Rechentafeln hierzu. gr. 12. (8 B. nur auf einer Seite bedruckt.) 841. 8 Gr.

—— praktisches, für Elementarschulen. Von einem Lehrerverein. 1. Thl. 8. (IV und 100 S.) Duisburg 858, Ewich. * geb. *

—— praktisches, für deutsche Elementarschulen in den Vereinigten Staaten. Sorgfältig zusammengetragen aus prakt. engl. Rechenbüchern. Uebers. von C. L. Walz. 12. (252 S.) New-York 851. (Philadelphia, Schäfer und Koradi.) *

— praktisches, zum gründlichen Unterricht im kaufmänn. Rechnen für die obere Klasse der Volksschulen, für Real- u. Bürgerschulen, so wie für den Selbstunterricht derer, die sich dem kaufmännischen Fache widmen. Hersg. von Elberfelder Lehrern. (4. Thl. 1. Abthl.) Elberfeld 866. Wilberg-Stiftung. 8. (120 S.) geb. n. 10 ngr

—— praktisches, für Volksschulen, mit Berücksicht. der neuen Gewichts- und Münzbestimmungen bearb. von mehreren Lehrern. 1. Heft: Die vier Species in unbenannten und benannten Zahlen, die Bruchrechnung und Regel de tri. 8. (68 S.) Schwelm 858, Scherz. geb. *
Mit Auflösungen. (27 S.) *
Auflösungen apart.

Rechenbuch für die Primarschulen des Kantons Graubünden. 8 Schuljahre. Hrg. vom Kleinen Rat. [2 Teile.] 8. Chur 1899—1902.
[Teil I:] Rechenbuch... (Ausgearbeitet von Professor A[ndreas] Florin — *Schulj. 1-5:* und Stadtschullehrer J[ohann] Jäger —.) Schuljahr:
1 *u.* 2. 40 *u.* IV + 48 S. Chur, Sprecher & Valer, 1899. [*je* fr. —.20]
3 *u.* 4 *u.* 5. II + 60 *u.* II + 52 *u.* II + 60 S. Chur, Manatschal Ebner & Cie. (*Schulj. 4:* Dr. A.-G. Bündner Tagblatt), 1900. [*je* fr. —.30]
6 *u.* 7 *u.* 8. II + 68 *u.* II + 92 *u.* II + 104 S. Chur, Sprecher & Valer, 1901 *u.* 1901 *u.* 1902. [fr. —.30 *u.* fr. —.40 *u.* fr. —.40]
[Teil II:] Ergebnisse und methodische Bemerkungen zum Rechenbuch... (Zusammengestellt von Professor A[ndreas] Florin.) Schuljahr:
1 bis 3 *u.* 4 *u.* 5. II + 43 *u.* II + 19 *u.* II + 22 S. Chur, Hermann Fiebig, 1900. [*je* fr. —.40]
6 *u.* 7 *u.* 8. II + 48 *u.* II + 39 *u.* II + 56 S. Chur, Sprecher & Valer, 1901 *u.* 1901 *u.* 1902. [*je* fr. —.40]

Rechenbuch für die Primarschulen des Kantons Graubünden. 1. Schuljahr (ausgearbeitet von Professor A[ndreas] Florin und Stadtschullehrer J[ohann] Jäger). Hrg. vom Kleinen Rat. 2. Aufl. 32 S. 8. Chur, Th. Utinger-Braun, 1910. [fr. —.20]

—— für Regiments- und Compagnieschulen und für den Selbstunterricht. 8. (23 S.) Wien 859, Sommer. (F. Klemm.) *

— rubricirtes, f. d. nöth. tägl. Summirgn. zum Eintrag in d. Cassa-Tagebuch resp. Umsatz-Tagebuch d. Apotheke. 780 rubric. Tages-Tabellen (zwei Jahre ausreichend). gr. 4. Frankfurt a/M. (894). Gebr. Knauer. Geb. in Leinw. n.n. 5. —

**Rechenbuch** für die Schüler der deutschen Schulen in den k. k. Staaten. Klgft., v. Kleinmayr, 1790. 2. Tl. (107 S.)

— Schweizer., f. den gemeinen Mann, mit Aufgaben u. Exempeln erläutert (v. Jak. Tobler). gr. 8. o. O. 791.

— selbstlehrendes. 2 Thle. 8. Nürnb. Endter.

**Serbisches Rechenbuch.** Dreitheilig. Zweiter Theil, auf die Kronenwährung umgestellt. (Mittelstufe.) Wien 1895. K. k. Schulbücher-Verlag. (Min.-Erl. vom 6. Juni 1895, Z. 12820.) Steif geb. —.20

— — Dreitheilig. Dritter Theil, auf die Kronenwährung umgestellt. (Oberstufe.) Wien 1895. K. k. Schulbücher-Verlag. (Min.-Erl. vom 12. Juni 1895, Z. 13563.) Geb. —.25

— Siegener. Nr. 1—3 und 4a. 8. Siegen 881—84, Montanus. * — 85

Inhalt:

Nr. 1. Rechenfibel. 1. Abtl. 5.—7. Aufl. (16. S.) * 15 Pf.
» 2. — dass. — 2. Abtl. 4.—6. Aufl. (32 S.) * 25 Pf.
» 3. Aufgaben für das praktische Rechnen. 1. Heft. 6. Aufl. (28 S.) * 20 Pf.
» 4a. — dass. — 2. Heft. 6. Aufl. (28 S.) * 25 Pf.

Früher Selbstverlag der Lehrerwittwenkasse.

— f. meinen 6jähr. Sohn, der bereits in den Anfangsgr. d. Rechenkunst unterrichtet worden. 8. Lüneb. 797. Herold u. W. 6 gr

— f. Stadt- u. Landschulen. Hrsg. v. dem Vorstande der Schürenstiftung. 1.—4. Hft. gr. 8. Osnabrück 890. Rackhorst. cart. u. geb. n.n. 1. 80
1. 2. (à 64 S.) cart. à n.n. — 35. — 3. (96 S.) geb. n.n. — 55. — 4. (IV, 88 S.) geb. n.n. — 55.

— dasselbe. Auflösungen. 1.—3. Hft. gr. 8. Ebd. 890. n.n. 1. 30; geb. n.n. 2. 5
1. Zum 1. u. 2. Hft. (VI, 64 S.) n.n. — 55; geb. n.n. — 80. — 2. Zum 3. Hft. (IV u. S. 65—108.) n.n. — 35.; geb. n.n. — 60. — 3. Zum 4. Hft. (IV, 48 S.) n.n. — 40; geb. n.n. — 65.

— theor. prakt., für Lernende. 2 Thle. 8. Cassel, Griesbach. 800.

— theoret.-prakt., f. Lehrer u. Lernende. In 2 Haupt- u. 45 Unter-Abtheill., v. L. Gbr. 8. Cassel 800. 2e Aufl. 821. Luckhard. 6 gr

**Rechenbuch** mit Uebungsaufgaben für die Hand der Kinder in Volksschulen. (Von F. G. L. Greßler.) 3. verb. Aufl. 8. (Mit mehreren Holzschn.) Sondershausen 841. (Langensalza, Schulbuchh. d. Thüringer Lehrervereins.) 1/2 ℛ — 4. Aufl. Ebend. 842. 1/2 ℛ

— dass. mit den Uebungsaufgaben auf Pappe. 8. Ebend. 841. 1 ℛ

— dass. Lösungen. 8. (63 S.) Ebd. 849. 4 1/2 ngr (Siehe: Greßler, F. G.)

— mit Uebungsaufgaben für die Hand der Kinder in Volksschulen (von F. G. L. Greßler.) 1—5. Cursus. 8. Langensalza 850—52, Schulbuchhandlung des thüringer Lehrer-Vereins. à Cursus 1 1/2 Ngr.

Inhalt:

Cursus 1. Die 4 Grundrechnungsarten. 11. Aufl. 1850. und 12. Aufl. 1855. (36 S.)
» 2. Die 4 Grundrechnungsarten mit benannten Zahlen. 11. Aufl. (28 S.)
» 3. Brüche. 11. Aufl. (26 S.)
» 4. Verhältnißrechnung. 11. Aufl. (20 S.)
» 5. Raumberechnung. 11. Aufl. (24 S.)

— mit Uebungsaufgaben für die Hand der Kinder in Volksschulen. (Von F. G. L. Greßler.) Langensalza Schulbuchhandlung. 8. Jedes Heft 1 1/2 ngr.
1. Cursus: Die vier Grundrechnungsarten. 12. Aufl. 854. — 13. Aufl. 856. (36 S.)
6. » Dezimalbruch-Rechnung. (853.) (16 S.)
7. » Das Neu- oder Zollgewicht. (853.) (15, 8 S.)

— mit Uebungsaufgaben für die Hand der Kinder in Volksschulen. 1. Cursus: Die vier Grundrechnungsarten. 13. Aufl. 8. (36 S.) Langensalza 857, Schulbuchh. von Greßler.

— dass. — 6. und 7. Cursus. 8. Ebendas. 858. à Cursus 1 1/2 Ngr.

Inhalt:

Curs. 6. Dezimalbruch-Rechnung. (16 S.)
» 7. Das Neu- oder Zollgewicht. (24 S.)

— mit Uebungsaufgaben f. Volksschulen, s. Greßler, F. G. L.

**Rechenbuch** zum Unterrichts-Gebrauche an Volksschulen mit serbischer Unterrichtssprache. Dreitheilig, auf die Kronenwährung gestellt. Erster Theil. Wien 1895. K. k. Schulbücher-Verlag. (Min.-Erl. v. 28. Mai 1895, Z. 12400.) Steif gebunden —.15

**Rechenbuch** für die Münchener Volksschule. Hrsg. im Auftrag der kgl. Lokal-Schul-Kommission. I—VII. Schülerheft. 8. München, Buchdruckerei u. Verlagsanstalt C. Gerber. à n.n. — 15
I. Der Zahlenraum von 1—20. (32 S.) (905.)
II. Der Zahlenraum 1—100. (40 S. m. 1 Fig.) 905.
III. Der Zahlenraum 1—1000. (48 S. m. 2 Fig.) (902.)
IV. (Aufgaben f. das schriftliche Rechnen.) Der unbegrenzte Zahlenraum. (48 S.) 905.
V. (Dasselbe.) Die Dezimalbrüche u. deren Anwendg. auf Münzen, Maße u. Gewichte. 2. Aufl. (48 S.) 905.
VI. (Dasselbe.) Der Bruch überhaupt u. seine Anwendg. im Zweisatz. 2. Aufl. (48 S. m. Fig.) 905.
VII. (Dasselbe.) Die bürgerl. Rechnungsarten (nach Sachgebieten geordnet.) (64 S. m. Fig.) 902.

Das VIII. Heft erschien u. d. T.:

— für Volksschulen hrsg. von Lehrern Crefeld's. 1. und 2. Heft. 8. Crefeld 878, Klein'sche Buchh. [1. Heft. 4. Aufl. (56 S.) ** 30 Pf.; 2. Heft. 3. Aufl. (95 S.) ** 50 Pf.] **

— für Volksschulen hrsg. von Lehrern Crefeld's. 1. u. 2. Hft. 8. Crefeld 878. 81. Klein. geb. n.n. — 80
1. 4. Aufl. (56 S.) n.n. — 30. — 2. 4. Aufl. (95 S.) n.n. — 50

— für Volksschulen hrsg. von Lehrern Krefeld's. 2 Hefte. 8. Krefeld 880—84, Klein'sche Buchh. [1. Heft. 5. und 6. Aufl. (56 S.) ** 30 Pf.; 2. Heft. 4. und 5. Aufl. (95 S.) ** 50 Pf.] ** — 80

— für Volksschulen. 1. Heft. Hrsg. von Lehrern Crefelds. 7. Aufl. 8. (56 S.) Crefeld 886, (Klein.) geb. **
2. Heft. Ebendas. geb. ** 50 Pf.

— für Volksschulen. Hrsg. vom pädagog. Vereine zu Chemnitz. 9 Hfte. 8. Chemnitz, J. C. F. Pickenhahn & Sohn. n.n. 1. 38
1. 4. unveränd. Aufl. (24 S.) 892. n.n. — 15. — 2. 4. unveränd. Aufl. (40 S.) 89.. n.n. — 16. — 3. 4. Aufl. (32 S.) 891. n.n. — 15. — 4. 4. unveränd. Aufl. (32 S.) 890. n.n. — 15. — 5. 4. unveränd. Aufl. (32 S.) 892. n.n. — 15. — 6. 4. unveränd. Aufl. (32 S.) 892. n.n. — 15. — 7. 4. unveränd. Aufl. (32 S.) 891. n.n. — 15. — 8. 3. unveränd. Aufl. (32 S.) 890. n.n. — 15. — 9. 3. Aufl. (32 S. m. Fig.) 889. n.n. — 18.

— dasselbe. Lösungen zum 3.—9. Hft. 8. Ebd. à — 30
3. (15 S.) 886. — 4. (12 S.) 886. — 5. (12 S.) 891. — 6. (16 S.) 890. — 7. (10 S.) 889. — 8. (10 S.) 891. — 9. (12 S.) 886.

— f. Volksschulen. Hrsg. v. pädag. Vereine zu Chemnitz. Ausg. A. 9 Hfte. 8. Chemnitz 894. J. C. F. Pickenhahn & Sohn. à — 15
1. 5., veränd. Aufl. (24 S.)
2.—7. 5., veränd. Aufl. (à 32 S.)
8. 4., veränd. Aufl. (32 S.)
9. 4., unveränd. Aufl. (32 S.)

— dasselbe. Lösungen z. 3.—8. Hft. (Neue Ausg.) 8. (11, 11, 12, 15, 12 u. 9 S.) Ebd. 894. à — 30

— dasselbe. Ausg. B. 4 Hfte. 8. Ebd. 894. n. — 79
1. (24 S.) — 15. — 2. (56 S.) n. — 22. — 3. (48 S.) n. — 20. — 4. (56 S.) n. — 22.

— dasselbe. Lösungen z. 2.—4. Hft. 8. Ebd. 894. n. 1. 15
2. (15 S.) — 25. — 3. (24 S.) — 40. — 4. (36 S.) n. — 50.

— dasselbe. Ausg. B. 2. u. 3. Hft. 2., unveränd. Aufl. 8. Ebd. 897. n. — 42
2. (56 S.) n. — 22. — 3. (48 S.) n. — 20.

— dasselbe. Ausg. B. 4. Hft. Bruchrechnung. Bürgerliches Rechnen. Flächen- u. Körperberechnung. 2., unveränd. Aufl. 8. (56 S.) Ebd. 898. — 22

— für Volksschulen. Ausg. A. Hrsg. vom pädagog. Vereine zu Chemnitz. 6 Hfte. 7., umgearb. Aufl. gr. 8. Chemnitz 903. (J. C. F. Pickenhahn & Sohn.) 1. 55
1. Der Zahlenraum von 1 bis 10 u. von 1 bis 20. (40 S.) — 20
2. Der Zahlenraum von 1 bis 100. (56 S.) — 25
3. Der Zahlenraum von 1 bis 1000. (56 S.) — 25
4. Der unbegrenzte Zahlenraum. (56 S.) — 25
5. Dezimalzahlen u. Brüche. Aufgaben f. die Formenlehre. (64 S.) — 30
6. Die bürgerlichen Rechnungsarten. (64 S.) — 30

— dasselbe. Ausg. B. 4 Hefte. 8. Ebd. n. 1. 10
1. Der Zahlenraum von 1—10. Addition u. Subtraktion von 1—20 u. von 1—100. 3., umgearb. Aufl. (48 S.) 905. — 25
2. Multiplikation u. Division von 1—100. Der Zahlenraum von 1—1000. 4., umgearb. Aufl. (64 S.) 905. — 30
3. Der unbegrenzte Zahlenraum. Die Dezimalzahlen. 3., umgearb. Aufl. (56 S.) 904. — 25; Lösungen. (32 S.) 904. — 50
4. Bruchrechnung. Die bürgerl. Rechnungsarten. Aufgaben f. die Formenlehre. 3., umgearb. Aufl. (64 S.) 904. — 30; Lösungen. (31 S.) 904. — 50

— für Volksschulen. Ausg. A. Hrsg. vom pädagog. Vereine zu Chemnitz. 6 Hefte. 8., unveränd. Aufl. 8. Chemnitz 906. (J. C. F. Pickenhahn & Sohn.) n. 1. 45
1. Der Zahlenraum von 1—10. Addition u. Subtraktion von 1—20. (40 S.) — 20
2. Der Zahlenraum von 1—100. (56 S.) — 25
3. Der Zahlenraum von 1—1000. (56 S.) — 25
4. Der unbegrenzte Zahlenraum. (56 S.) — 25
5. Dezimalzahlen u. Brüche. (40 S.) — 20
6. Die bürgerlichen Rechnungsarten. (64 S.) — 30; Lösungen (27 S.) n. — 50

— für Volksschulen. In 5 Hftn. Bearb. v. Dresdner Schulmännern. gr. 8. Dresden, Bleyl & Kaemmerer. n.n. 1. 40
1. Die Zahlenreihen 1 bis 10 u. 1 bis 100. 1. bis 45. Taus. (48 S.) 900—902. n.n. — 25
2. Zahlenreihe 1 bis 1000. 1. bis 13. Taus. (48 S.) 900. n.n. — 25
3. Die Zahlenreihe 1 bis 100 000. Die unendl. Zahlenreihe. Die mehrfach benannten Zahlen. 1. bis 14. Taus. (64 S.) 900. n.n. — 30
4. Dezimalzahlen. Brüche. 1. bis 12. Taus. (40 S.) 900. n.n. — 25
5. Die bürgerl. Rechnungsarten. Aufgaben aus verschiedenen Unterrichtsgebieten, dem Verkehrsleben, dem Haushalte u. der Arbeiterversicherung. Anh.: Aufgaben aus der Formenlehre. 1. bis 12. Taus. (80 S.) 901. n.n. — 35

— dasselbe. Lehrerheft u. Lösgn. 1. u. 2. Tl. gr. 8. Ebd. à n.n. 1. 20
1. Hft. 1 bis 3. (79 S.) 900. — 2. Hft. 4 u. 5. (79 S.) 901.

f. Volksschulen. In 5 Heften. Bearb. v. Dresdner Schulmännern. 8. Dresden-Blasewitz (910). Bleyl & Kaemmerer. nn 1. 50
I. Die Zahlenreihe 1—10 u. 1—100. 141.—151. Taus. (48 S.) nn — 25
II. Die Zahlenreihe 1—1000. 104.—117. Taus. (48 S.) nn — 25
III. Die Zahlenreihe 1—100000. Die unendl. Zahlenreihe. Die mehrfach benannt. Zahlen. 104.—115. Taus. (64 S.) nn — 35
IV. Dezimalzahlen. Brüche. 75.—86. Taus. (40 S.) nn — 25
V. Die bürgerlichen Rechnungsarten. Aufgaben aus verschied. Unterrichtsgebieten, dem Verkehrsleben, dem Haushalte u. der Arbeiterversicherg. Anh.: Aufgaben aus der Formenlehre. 75.—86. Taus. (80 S.) nn — 40

— für Volksschulen. Hrsg. v. Schulmännern des Vogtlandes. 1.—4. Heft. 8. Plauen, A. Kell. n.n. — 95
1. Zahlenreihe 20—100. (36 S.) 905. n.n. — 20
2. Zahlenreihe 1—1000. (48 S.) 905. n.n. — 25
3. Die unendl. Zahlenreihe. (48 S.) 906. n.n. — 25
4. Dezimalzahlen u. Brüche. (36 S.) 906. n.n. — 25

für Volksschulen. Hrsg. v. Schulmännern d. Vogtlandes. (In 5 Heften.) I., II. u. V. Heft. 8. Plauen, A. Kell. nn — 80
I. Zahlenreihe 20—100. 2. Aufl. (35 S.) 910. nn — 20
II. Zahlenreihe 1—1000. 2. Aufl. (46 S.) 910. nn — 25
V. Bürgerliche Rechnungsarten. (64 S.) 908. nn — 35

f. Volksschulen. Aufgaben f. mündl. u. schriftliches Rechnen. Neu bearb. Ausg. f. Lehrer. III. Tl. 8. Münster 907. Aschendorff. Kart. 2. —
Die Rechnungsarten mit gemeinen und Dezimalbrüchen. Die bürgerl. Rechnungsarten. Raumberechnungen. 3. Aufl. (238 S. m. Fig.)

— f. Volks- u. Bürgerschulen. Nach den Grundsätzen d. Seminarunterrichtes bearb. v. Seminarschullehrern zu Neukloster (Meckl.). Nr. I—VIII, Vb—VIIIb, IX—XXI. gr. 8. Wismar 893. Hinstorff's Verl. n. 6. 60
I. Rechenbuch f. 1- u. 2klassige Schulen. 1. Hft. (1. u. 2. Schulj.) (30 S.) n. — 20
II. — dasselbe. 2. Hft. (3. u. 4. Schulj.) (64 u. 4 S.) n. — 30
III. — dasselbe. 3. Hft. (5. u. 6. Schulj.) (64 u. 20 S.) n. — 35
IV. — dasselbe. 4. Hft. (7. u. 8. Schulj.) (24, 16, 16 u. 20 S.) n. — 35
V. Für 3- u. 4klassige Schulen. 1. Hft. (1. u. 2. Schulj.) (26 u. 18 S.) n. — 20
VI. — dasselbe. 2. Hft. (3. u. 4. Schulj.) (8, 4 u. 64 S.) n. — 25
VII. — dasselbe. 3. Hft. (5. u. 6. Schulj.) (20, 24 u. 16 S.) n. — 25
VIII. — dasselbe. 4. Hft. (7. u. 8. Schulj.) (16, 24, 24 u. 12 S.) n. — 40
Vb. Für Mädchen-Volksschulen. 1. Hft. (1. u. 2. Schulj.) 26 u. 18 S.) n. — 20
VIb. — dasselbe. 2. Hft. (3. u. 4. Schulj.) (8, 4 u. 64 S.) n. — 25
VIIb. — dasselbe. 3. Hft. (5. u. 6. Schulj.) (20, 24 u. 16 S.) n. — 25
VIIIb. — dasselbe. 4. Hft. (7. u. 8. Schulj.) (16, 24, 24 u. 12 S.) n. — 40
IX. Rechenbuch f. 6klassige Schulen. 1. Hft. (1. Schulj.) (26 S.) n. — 10
X. — dasselbe. 2. Hft. (2. Schulj.) (24 S.) n. — 15
XI. — dasselbe. 3. Hft. (3. Schulj.) (48 S.) n. — 20
XII. — dasselbe. 4. Hft. (4. Schulj.) (20 u. 24 S.) n. — 25
XIII. — dasselbe. 5. Hft. (5. u. 6. Schulj.) (16, 16, 24 u. 24 S.) n. — 25
XIV. — dasselbe. 6. Hft. (7. u. 8. Schulj.) (48 u. 44 S.) n. — 40
XV. Für 8 klass. u. höhere Schulen. 1. Hft. (1. Schulj.) (26 S.) n. — 10
XVI. — dasselbe. 2. Hft. (2. Schulj.) (26 S.) n. — 15
XVII. — dasselbe. 3. Hft. (3. Schulj.) (4 u. 52 S.) n. — 20
XVIII. — dasselbe. 4. Hft. (4. Schulj.) (20, 24 u. 16 S.) n. — 25
XIX. — dasselbe. 5. Hft. (5. Schulj.) (16, 24 u. 24 S.) n. — 35
XX. — dasselbe. 6. Hft. (6. Schulj.) (48 S.) n. — 40
XXI. — dasselbe. 7. Hft. (7. u. 8. Schulj.) (117 S.) n. — 40

— dasselbe. Antwortheft zu Nr. III, IV, VI—VIII, VIb, VIIb, VIIIb, XI—XIV, XVII—XXI. 8. Ebd. n. 4. 35
III, IV. (40 S.) n. — 40. — VI. (15 S.) n. — 25. — VII. (20 S.) n. — 30. — VIII. (16 S.) n. — 25. — VIb. (15 S.) n. — 25. — VIIb. (20 S.) n. — 30. — VIIIb. (15 S.) n. — 25. — XI. XII. (9 u. 16 S.) à n. — 25. — XIII. (18 S.) n. — 30. — XIV. (13 S.) n. — 25. — XVII. (11 S.) n. — 25. — XVIII. (20 S.) n. — 30. — XIX. (14 S.) n. — 25. — XX. (9 S.) n. — 25. — XXI. (13 S.) n. — 25.

— für ein- u. zweiklassige Volksschulen. Nach d. neuen „Lehrplan f. die württ. Volksschulen". Hrsg. v. württ. evang. Lehrer-Unterstützungsverein. II. Tl.: Mittelstufe (4. u. 5. Schulj.) Schülerausg. 1.—20. Taus. (47 S.) 8. Stuttgart 907. A. Bonz & Co. — 30; Lehrerausg. II. Tl. (VI, 131 S.) 908. Kart. nn 2. —

— dasselbe. Lehrerheft. Bearb. v. Karl Emil Fährmann. (96 S.) 8. Ebd. 909. nn 3. —

— für Volks-, Mittel- u. höhere Mädchenschulen. Hrsg. vom württ. evang. Lehrer-Unterstützungsverein. II. u. III. Tl.: Lehrerausg. gr. 8. Stuttgart, A. Bonz & Co. Kart. u. geb. n.n. 6. 70
II. Mittelstufe. (VIII, 212 S.) 902. Kart. n.n. 2. 70
III. Oberstufe. (IV, 320 S.) 900. Geb. n.n. 4. —

— für Volks-, Mittel u. höhere Mädchenschulen. Hrsg. vom württ. evang. Lehrer-Unterstützungsverein. 3 Tle. Lehrerausg. gr. 8. Stuttgart, A. Bonz & Co. Kart. n. 6. 70
1. Unterstufe. (VIII, 112 S.) 903. n. 1. 50
2. Mittelstufe. 2. verb. Aufl. (VIII, 168 S.) 905. n.n. 2. 50
3. Oberstufe. 2. verb. Aufl. (VII, 200 S.) 903. n.n. 2. 70

— dasselbe. Lehrerausg. 3 Tle. 8. Kart. 6. 80
1. Unterstufe. (1.—3. Schulj.) 2. umgearb. Aufl. (VIII, 119 S.) 908. Kart. 1. 60
2. Mittelstufe. 3. verb. Aufl. (VI, 162 S.) 907. Kart. nn 2. 50
3. Oberstufe. 3. verb. Aufl. (VII, 184 S. m. Abb.) Kart. nn 2. 70

— dasselbe. Schülerausg. II. u. III. Tl. gr. 8. Ebd. n.n. — 85
II. Mittelstufe. 2. Aufl. 13.—22. Taus. (80 S.) 902. n.n. — 35
III. Oberstufe. 4. Aufl. 22.—24. Taus. (III, 136 S. m. Fig.) 902. Kart. n.n. — 50

— dasselbe. Schülerausg. 3 Tle. 8. Ebd. n.n. 1. 10
1. Unterstufe. 2. Aufl. (48 S.) 906. n.n. — 25
2. Mittelstufe. 4. verb. Aufl. 38.—52. Taus. (72 S.) 905. n.n. — 35
3. Oberstufe. 7. verb. Aufl. 55.—60. Taus. (IV, 127 S. m. Fig.) 906. Kart. n.n. — 50

Rechenbuch f. Volks-, Mittel- u. höhere Mädchenschulen. Hrsg. vom württ. evang. Lehrer-Unterstützungsverein. Schülerausg. für mehrklass. Schulen. 3 Tle. Nach dem neuen „Lehrplan für die württ. Volksschulen" umgearb. Ausg. 8. Stuttgart, A. Bonz & Co. nn 1.20
1. Unterstufe. (1.—3. Schulj.) 4., umgearb. Aufl. (31.—40. Taus.) (54 S.) 910. — 30
2. Mittelstufe. (4. u. 5. Schulj.) 8., unveränd. Ausg. 113. bis 137. Taus. (64 S.) (910.) nn — 40
3. Oberstufe. 9. Aufl. 90.—109. Taus. (IV, 128 S. m. Abbild.) 909. nn — 50

— dasselbe. Schülerausgabe f. einfache Schulverhältnisse. III. Tl.: Oberstufe. 2. Aufl. 7.—9. Taus. gr. 8. (II, 62 S.) Ebd. 902. n.n. — 30

— dasselbe. Schülerausgabe f. einfache Schulverhältnisse. III. Tl.: Oberstufe. 4. verb. Aufl. 20.—29. Taus. (IV, 63 S. m. Abbildgn.) 8. Ebd. 906. n.n. — 30

— dasselbe. Schülerausg. für einfache Schulverhältnisse. III. Tl.: Oberstufe. 5. verb. Aufl. 30.—39. Taus. (64 S. m. Abbildgn.) 8. Ebd. 909. — 40

— dasselbe. Lehrerausg. zu der kleinen Schülerausg. 2. verb. Aufl. (IV, 112 S.) Ebd. 903. Kart. n.n. 1.40

— dasselbe. III. Tl.: Oberstufe. Lehrerausg. zu der kleinen Schülerausg. 3. verb. Aufl., den Fordergn. des neuen württ. Lehrplans angepaßt. (IV, 124 S.) 8. Ebd. 909. Kart. nn 1.40

—— vollständiges, für Mittel- und Oberklassen in Elementarschulen. Hrsg. von den Lehrern des Schulpflege-Bezirks M.-Gladbach. 8. (200 S. mit eingedr. Holzschn.) M.-Gladbach 859, Riffarth. geb. *

— für landwirtschaftliche Winterschulen, sowie f. ländl. Fortbildungsschulen u. ähnl. Lehranstalten. Hrsg. auf Veranlassg. des landwirtschaftl. Vereins f. Rheinpreußen. gr. 8. (VIII, 108 S. m. Fig.) Bonn 894. F. Cohen. Geb. n. 1.60

— f. landwirtschaftliche Winterschulen, sow. f. ländl. Fortbildungsschulen u. ähnl. Lehranst. Hrsg. auf Veranlassg. d. landwirtschaftl. Vereins f. Rheinpreußen. Auflösgn. gr. 8. (32 S.) Bonn 895. F. Cohen. n. — 50

— f. landwirtschaftliche Winterschulen sowie f. ländliche Fortbildungsschulen u. ähnliche Lehranstalten. Hrsg. auf Veranlassg. des landwirtschaftl. Vereins f. Rheinpreußen. 2., verb. Aufl. (VI, 99 S.) 8. Bonn 900. F. Cohen. Geb. n. 1.60

Rechenbuch für landwirtschaftliche Winterschulen, sowie f. ländl. Fortbildungsschulen u. ähnl. Lehranst. Hrsg. auf Veranl. d. landw. Ver. f. Rheinpreussen u. d. Landwirtschaftskammer f. d. Rheinprov. 3. verb. Aufl. Bonn: F. Cohen 1907. (VI, 96 S.) 8° [J.] [07. 290 B]

Rechenbüchlein für die unteren Abtheilungen der Elementarschulen. Kopf- und Tafelrechnen. 7. Aufl. Schwelm 854. Scherz. 8. (16 S.) 1½ ngr.

Rechenbüchlein, neu durchgesehenes auf die Stück-, Getreid- und Zinsrechnung eingerichtetes, nebst einer vierfachen Zahlungstabelle, in 1/12, 1/6, 1/3 und ganzen preuß. Thlrn. oder Vereinsthlrn. zu 1 fl. 45 Xr., in Kronenthlrn. zu 2 fl. 42 Xr. rc. von 1 Stück bis auf 10,000 Stücke, nebst angehängter Münz-, Maaß- u. Gewichts-Taf., einer Tabelle zur Berechnung von Terminen u. des cubischen Inhalts. 6. Aufl. Regensburg 859. Manz. 8. (398 S.) 10 ngr.

Rechenbüchlein, neu eingerichtetes, od. sogen. Faullenzer üb. alle Rechnungsarten. 16. Ulm, Ebner. 10 Xr.

**Rechenbüchlein, Neu eingerichtetes.** Jena 1769. V: *Hähn, Joh. Friedrich.* (Ky)

— neu eingerichtetes, (v. J. F. Hähn). 8. Jena 769. N. Aufl. Ebd. 770.

— das kl. Preußische, ein nothwend. Hausbedarf f. den Bürger u. Landmann, od. zum Gebr. in kleinen Schulen. Nebst e. gemeinnütz. Anhange. 8. Berl. 826. Gädicke. 4 Xr.

Anonym: „Reformirtes auf das neue übersehenes neu corigirtes Ingolstätter Rechen-Büchlein auf die weisse und schwarze Münz gerichtet, Allen, so mit Kaufen und Verkaufen, Vormundschaften und allerley Zinsrechnungen umgehen, zu sonderem Gefallen in Druck verfertiget", Ingolstadt 17 . . . . — Vorh.: Bücherei der Ind.- und Handelskammer Leipzig.

„Rechenbüchlein, Neu übersehenes auf die weisse und schwarze Münz eingerichtetes Ingolstädter, nebst einer zweifachen Zahlungstabelle in Konventions-Thalern . . . . und Kronenthalern . . . nebst angehängter erneuerter: Siegel- oder Stempel-Ordnung in Baiern", Ingolstadt 1815 (Attenkover). — Vorh.: StB Nürnberg.

Rechen-Büchlein, neu übersehenes auf die Stück-, Getreid- u. Zinsrechnung eingerichtetes Ingolstädter, nebst einer vierfachen Zahlungstabelle, der verbess. Siegel- oder Stempelordnung in Bayern rc. hoch 16. (396 S.) Regensburg 847, Manz. 1/3 Thlr.

Neu mit allem Fleiß verfertigtes Rechen-Büchlein, worinnen erstlich die Wein-Rechnung begriffen . . . . Mannheim 1745. -- [Zit. nach BJ]

Rechenexempel zu den vier Grundrechnungsarten mit unbenannten Zahlen. Vorzüglich zum Gebrauche in Elementarschulen. (Addiren, Subtrahiren, Multipliciren, Dividiren.) kl. 16. Darmstadt 834. Diehl. In Etuis 7 Xr. — 2e Aufl. Rechnungsexempel, 1147, zu den vier Grundrechnungsarten. Nebst Resultaten. 12. Ebd. 835. 1/3 Thlr.

Rechenexempel, 1147, zu den 4 Grundrechnungsarten mit unbenannt. Zahlen. Vorzügl. zum Gebr. in Elementarschulen. (Von G. Lauteschläger.) 1. u. 2. Aufl. 16. (72 Bl. auf Kartenpap. u. 3 B. Resultate.) Darmstadt 834, 35, Diehl. à Thlr.

**Rechenexempel, 1147,** zu den vier Grundrechnungsarten mit unbekannten Zahlen . . . Darmstadt 1834. 2. Aufl. 1835. V: *Lauteschläger, Georg.* (BiblMath)

**Rechenexempel, Politisches.** Probe der Englischen Justitz. [Nürnberg 1798.] V: *Siebenkees, Johann Christian.* (will) (MGT)

Rechenfibel. Nach A. W. Grube's Leitfaden für das Rechnen in der Elementarschule entworfen. 8. (38 S.) Görlitz 859, Remer. 2 Ngr.; geb. * *

Rechenfibel. Aufgaben für das schriftl. Rechnen mit den Zahlen von 1 bis 100. Hrsg. von dem Lehrervereine des Landes Kehdingen. Stade 865. (Steudel.) 8. (40 S.) geb. n.n. 2½ ngr.

Rechenfibel. Aufgaben f. das schriftliche Rechnen mit den Zahlen v. 1—100. Hrsg. vom Lehrer-Verein d. Landes Kehdingen. kl. 8. (40 S.) Stade 888. Steudel sen. n. — 20; geb. n. — 30

Rechenfibel. Bearb. u. hrsg. v. dem hess. Landeslehrerverein. 8. (24 S.) Darmstadt 872. (Leipzig, Siegismund & Volkening.) n. — 25

Rechenfibel. Zahlenkreis 1—5, 1—10, 1—20 und 1—100. Hrsg. von einem Vereine von Lehrern. 8. (24 S.) Potsdam 877, Rentel's Buchh.

— enthaltend Aufgaben des Zahlenkreises 1—100. Für die Unterklassen der Elementarschulen bearb. u. herausg. von der evangelischen Lehrer-Conferenz in Crefeld. Crefeld 859. Schüller. 12. (24 S.) n. 2 ngr.

— für die unteren Klassen der Volksschulen zu Dr. Féaux' Rechenbuch für die mittlern u. oberen Klassen der Volksschulen bearb. Mit Zugrundelegung des metrischen Maßes u. Gewichtes. Paderborn 869. Schöningh. 8. (47 S.) n. 2 ngr.

—— kleine, 1500 Aufgaben f. d. vier Species in ganzen (reinen u. benannten) Zahlen. gr. 16. Wesel 840, Bagel.

**Rechen-Fibel**, kleine. 2. Heftchen: 2000 Aufgaben für die Bruchrechnung. Ein Uebungsbüchlein für Landschulen. kl. 8. Wesel 844, Bagel. (à) 1 ngr — 12 Exempl. n. $^1/_3$ ß

**Rechenfibel**, Kölner. Herausg. vom Lehrervereine zu Köln. Köln 858. DuMont-Schauberg. 12. (94 S.) nn. 5 ngr.

— Kölner. Hersg. vom Lehrervereine zu Köln. 8. Aufl. Köln 869. Du Mont-Schauberg'sche Buchh. 8. (96 S.) n. 4 ngr.

— der Moerser Lehrer-Conferenz. (Zahlenkreis von 1—100.) Moers 866. (Spaarmann.) 8. (24 S.) n. 2 ngr.

Rechenfibel, enth. d. Vorübungen im Rechnen mit Hilfe d. Einheitstabelle. 6 kl. Taf. auf Pappe. (...) Langensalze ..., Schulbuchh. d. Thür. Lehrervereins.

Einheitstabelle. (2 Bog. gr. Fol., welche zu ein. Taf. vereinigt werden.) $2^1/_2$ Gr.

Rechenheft. Bearb. nach den Unterrichtsplänen der königl. Regierung vom Lehrervereine zu Düsseldorf. 1.—4. Heft. gr. 16. Düsseldorf, Mischel. [1. Heft. (46 S.) 874. ** 20 Pf.; 2. Heft. (40 S.) 874. ** 20 Pf.; 3. Heft. (63 S.) 875. ** 30 Pf.; 4. Heft. (54 S.) 875. ** 30 Pf.] ** 1 —

Rechenheft. Bearb. nach den Unterrichtsplänen der königl. Regierung vom Lehrervereine zu Düsseldorf. 5. Heft. gr. 16. (48 S.) Düsseldorf 875, Mischel. *

1.—4. Heft. Ebendas. 1874,75. **M 1.

Rechenheft zum Gebrauch in psychiatrischen Kliniken. (Von Kraepelin.) 4. (20 S.) Heidelberg (901). J. Hörning. n.n. — 50

—— für die Unterklasse der Volksschule. Der Zahlenraum von 1—100 in drei Stufen. Bearb. von den Lehrern Ph. Dönges, K. Haußen, E. Junior und Chr. Keller. 1. Heft. 8. (78 S.) Wiesbaden 873, Limbarth. * — 40

Vgl.: Rechenschüler, der.

Rechenhefte. Stufenweis geordnete Aufgaben zum schriftl. Rechnen für Schulen entworfen und hrsg. 2 Hefte. 8. (à 32 S.) Nordhausen 864, Haacke. à Heft geb. * 2 Ngr. *

**Rechenhelfer**, der einfachste u. verständlichste, zur augenblicklichen Preisbestimmung. f. $^1/_4$ bis 200 Stück, Pfunde, Neulothe, Liter 2c. wenn 1 Pfund, 1 Liter 2c. 2 Pfennige bis 6 Mark kostet. Unentbehrlich f. alle Hausfrauen, Kleinhändler u. Landleute. Anh. zur 5. Aufl. der Gräf-Montag'schen Rechenschule. 8. (8 S.) Rudolstadt 875. Fröbel. — 15

**Rechenhelfer**, der, von 1 Pfennig bis zu 3 Mark u. zwar von $^1/_{10}$ bis zu 3000 Stück, Meter, Kilogramm, Schicht, Tag od. sonst etwas, worin man sogleich finden kann, wie viel mehrere Stücke 2c. betragen, wenn der Preis e. Stückes 2c. so u. so viel ist. 12. (300 S.) Kattowitz 883. Siwinna. geb. 1. 50

Großer **Rechenhelfer** bei Ein- und Verkauf von 1 Pfennig bis zu 3 Mark u. zwar von $^1/_{10}$ bis zu 3000 Stück, Meter, Kilogramm, Schicht, Tag oder sonst etwas, worin man sogleich finden kann, wie viel mehrere Stücke etc. betragen, wenn der Preis eines Stückes etc. so u. so viel ist. *Kattowitz: G. Siwinna [1902].* (300 S.) 8° [F.] Lw. geb. 2

**Rechenhelfer**, zuverlässiger, oder Ausrechner für den Ein- u. Verkauf, nach dem Münzfuße: 1 ß = 30 ngr. à 12 Pf. von 1 Pf. bis zu 100 ß, nach Stücken, Pfunden, Ellen 2c. genau u. fehlerfrei berechnet. Nebst Tabb. zur Berechnung des wöchentl., monatl. u. jährl. Betrags der tägl. Ausgaben u. Einnahmen 2c. Weimar 867. B. F. Voigt. 16. (XVI, 447 S.) geb. 15 ngr.

— zuverlässiger, od. Ausrechner f. den Ein- u. Verkauf, nach dem Münzfuße: Thaler = 30 gr. à 12 Pfge. v. 1 Pfg. bis zu 100 Thlr., nach Stücken, Centnern, Kilogrammen, 2c. von $^1/_{10}$ bis 1000 genau u. fehlerfrei berechnet. Nebst Zinsen-Tabellen f. 1—1000 Thlr. Kapital, zu $1^1/_2$—6 Procent, auf e. Tag, e. Monat u. e. Jahr; sowie Tabellen zur Berechng. d. Preises der Dukaten, Friedrichs- u. Luis'dore, wie auch zur Umrechng. der hauptsächlichsten in Deutschland vorkomm. in- u. ausländ. Geldsorten. 2., aufs Neue rev. u. verm. Aufl. 16. (XVI, 451 S.) Weimar 871 B. F. Voigt. geb. 1. 50

—— dass. — oder Ausrechner für den Ein- und Verkauf nach Mark und Pfennigen deutscher Reichsmünze von 1 Pfennig bis zu 300 Mark, nach Stücken, Centnern, Kilogrammen, Hektolitern, Litern, Metern und sonst im Handel vorkomm. Gegenständen von $^1/_{10}$ bis 1000 genau und fehlerfrei berechnet. Nebst Tabellen zur Interessen-Berechnung, wie auch zur Umrechnung der norddeutschen, süddeutschen, österreichischen, französ. und engl. Währung in deutsche Reichsmünze 2c. 3. Aufl. 16. (XVIII, 429 S.) Weimar 874, B. F. Voigt. geb. 2 25

**Rechenhelfer, Zuverlässiger,** oder Ausrechner für den Ein- und Verkauf nach Mark und Pfennigen deutscher Reichsmünze ... nach Stücken, Centnern ... und sonst im Handel vorkommenden Gegenständen. 4. Aufl. Weimar o. J. V: *Horn, Ernst.* (KGBerlin II, 2399)

**Rechenhelfer**, zuverlässiger, oder Ausrechner für den Ein- und Verkauf, nach Mark und Pfennigen deutscher Reichsmünze von 1 Pfennig bis zu 300 Mark, nach Stücken, Centnern, Kilogrammen 2c. von $^1/_{10}$ bis 1000 genau und fehlerfrei berechnet. Nebst Tabellen zur Interessen-Berechnung 2c. 2c. 4. Aufl. gr. 16. (XVIII, 443 S.) Weimar 877, B. F. Voigt. cart.

—— zuverlässiger, oder Ausrechner für den Ein- und Verkauf nach Mark und Pfennigen deutscher Reichsmünze von 1 Pfennig bis zu 300 Mark, nach Stücken, Centnern, Kilogrammen, Hektolitern, Litern, Metern und sonst im Handel vorkommenden Gegenständen von $^1/_{10}$ bis 1000 genau und fehlerfrei berechnet. Nebst Tabellen zur Interessen-Berechnung, wie auch zur Umrechnung 2c. 5. Aufl. 12. (XVIII, 444 S.) Weimar 880, B. F. Voigt. geb. 2 —

**Rechenhelfer**, zuverlässiger, od. Ausrechner f. den Ein- u. Verkauf nach Mark u. Pfennig deutscher Reichsmünze v. 1 Pfennig bis 300 Mark, nach Stücken, Centnern, Kilogrammen, Hektolitern, Litern, Metern u. sonst im Handel vorkomm. Gegenständen von $^1/_{10}$ bis zu 1000 genau u. fehlerfrei berechnet. Nebst Tabellen zur Interessen-Berechng., wie auch zur Umrechnung der österreichischen, französischen u. englischen Währung in deutsche Reichsmünze 2c.; dem Gesetz u. Tarif üb. den Stempel-Betrag bei Wechseln; den Grundbestimmgn. f. das deutsche Maß- u. Gewichtssystem; den Portosätzen u. sonst. Bestimmgn. bei Postsendgn. im Deutschen Reiche u. bei Beförderg. v. Gütern auf deutschen Eisenbahnen, wie auch bei Telegrammen 2c. 6. Aufl. gr. 16. (XVI, 433 S.) Weimar 888. B. F. Voigt. cart. 2. —

**Rechenhelfer**, zuverläss., od. Ausrechner f. d. Ein- u. Verkauf nach Mark u. Pfennig deutscher Reichsmünze von 1 Pfennig bis 300 Mark, nach Stücken, Centnern, Kilogrammen, Hektolitern, Litern, Metern u. sonst im Handel vorkomm. Gegenständen von $^1/_{10}$ bis zu 1000 genau u. fehlerfrei berechnet. Nebst Tabellen z. Interessen-Berechng., wie auch zur Umrechng. d. österreich., französ. u. engl. Währg. in deutsche Reichsmünze 2c.; d. Gesetz u. Tarif üb. d. Stempel-Betrag bei Wechseln; d. Grundbestimmgn. f. d. deutsche Maß- u. Gewichtssystem; d. Portosätzen u. sonst. Bestimmgn. bei Postsendgn. im deutschen Reiche u. d. Beförderg. v. Gütern auf deutschen Eisenbahnen, wie auch bei Telegrammen 2c. (Von Ernst Horn.) 7. Aufl. gr. 16. (XVI, 433 S.) Weimar 895. Leipzig, B. F. Voigt. Kart. 2. —

Rechenhelfer, zuverlässiger. Tabellen zur genauen Ermittelg. des Kostenbetrages von 1 bis 1000 Stück, deren Einzelpreis 1 Pfennig bis 300 Mark beträgt. Nebst e. Anh., enth. die Zinsenberechng., die Umrechng. fremder Münzen in deutsche Währg., den Wechselstempelsteuer-Tarif, das metr. Maß- u. Gewichtssystem, die Bestimmgn. des Post- u. Güterverkehrs, sowie die telegraph. u. Fernsprech-Ordng. im deutschen Reiche. 8. verb. Aufl. (XII, 432 S.) 12. Leipzig 904. B. F. Voigt. Kart. 2. —

Rechenknecht, der, e. unentbehrliches Handbuch f. Jedermann, zur Berechng. des Preises von 0,1—500 Stück, Gramm, Liter, Meter u. s. w. 12. (29 S.) Simmern 882. F. Böhmer. — 50

Rechenknecht für Branntweinbrenner in den Ostsee-Provinzen. Enthaltend: Berechnungen über den Branntweins-Ertrag aus den verschiedenen Ackerfrüchten; den gegenseitigen Werth des Branntweins u. Korns zu einander; den Geldwerth der Branntweins-Brage; eine Vergleichung der verschiedenen Branntweins-Proben u. Tabellen zum Dämpfen des Spiritus. gr. 4. Reval 840. Eggers. 2/3 ℛ

Einfältiger doch geschwinder und accurater Rechenknecht, welcher mit seinen von 1-1000 zu Groschen, Schocken, Gulden, Thaler richtig ausgerechneten XXVII Münzsorten, darauf sich kühnlich zu verlassen etc. Rudolst. J. M. Gollner. 1714.

Rechenknecht zur Erleichterung des Taxirens der Recepte nach der königl. preuss. Arzneitaxe. 1. u. 2. Aufl. Berlin 868. Gaertner. gr. 8. (16 S.) n. 8 ngr.

Rechenknecht, fehlerfreier, in Reichsmünze von 1 ℔. bis zu 10 ℛ. R.-M. bei allen im Handel vorkommenden Gegenständen, als: Pfunden, Stücken, Maaßen, Ellen 2c. zu gebrauchen, von 1 bis zu 10,000. Ein sicherer und bequemer Rathgeber für Käufer und Verkäufer. Neustadt 854. (Altona, Lehmkuhl u. Co.) 12. (104 S.) n. 12 ngr.

Rechenknecht zur Fleischbanck und Haußhaltung nüzlich zu gebrauchen. Leipzig Joh. Fr. Braun. 12. 1717.

Rechenknecht, der getreue. 12. Halle, Dreyßig. 796.

— — verbessert v. Meyer. Halle, Dietlein.

Rechenknecht zum Handgebrauch für Tuchfabrikanten, Wollhändler und Oekonomen. 12. (57 S.) Meißen 853, Klinkicht und Sohn.

—— humoristisch-poetischer, z. Kurzweil f. Mathematiker u. Nichtmathematiker verfasset v. D....e. (Verf.: Jak. Götz u.... Ahlfeld.) 8. (1½ B.) Zerbst 835. [Berlin, Trautwein u. Comp.]

— der kleine, zum Gebrauche im Hause, in der Küche u. auf dem Markte. Ein unentbehrl. Helfer f. Jeden, der bei Einführg. u. beim Gebrauche der neuen Maße u. Gewichte sich schnell auskennen will. Mit 57 Umrechnungs- u. Preis-Berechnungs-Tabellen. 32. (48 S.) Wien 875. v. Waldheim. n. — 20; cart. n. — 30

Rechenknecht, der kleine, nach Reichs-Mark u. Pfennigen von Pfennig zu Pfennig bis zu e. Mark steigend. Ein unentbehrl. Hilfsbuch beim Ein- u. Verkauf. Nebst Münztabelle u. Uebersicht über Münzsystem 2c. gr. 16. (IV, 100 S.) Mühlheim a/Rh. 899. A. Bagel. Kart. n. — 50

Rechen- u. Marktknecht, der, beim Ein- u. Verkauf, worin der Preis von 1—1000 Pf., Ellen, Maaß 2c. zu finden, nebst Nachr. von Gewicht-, Maaß- u. Münzsorten, wie auch Zins-, Centner-, Papier-, Einnahme- u. Ausgabe-Rechnungen. Halle, Dreißig. 4 ℛ

—— nach neuen Maßen und Gewichten. 2 Thle. 8. Bielefeld 870, Thiele und Comp. Einzeln à Thl. 60 Pf. * 1 —

Inhalt:
Thl. 1. Reductionstabellen der alten und neuen Maße und Gewichte und deren Preisverwandlungen. Ein Handbüchlein für Jedermann, besonders wichtig für den Handelsverkehr. 2. Aufl. (48 S.)
„ 2. Tabellen für den Ein- und Verkauf von Garn, Flachs, Flüssigkeiten, Materialien 2c., berechnet auf 1 Thlr. Als Anhang: Zins-, Stempel-, Wechseltabellen 2c. (111 S.)

Vgl. Rechnenknecht...

— enthaltend: Multiplications- u. Divisionstafeln, nach d. neuen preuß. Scheidemünze, den Thaler zu 30 Silbergr. gerechnet 2c. 8. Halberstadt 827, Brüggemann.

— der neue, f. Jedermann. Ein tabellar. Hülfsbüchlein, das schnell u. sicher angiebt, wie viel f. e. Waare, werde sie gemessen, gezählt od. gewogen, in belieb. Menge u. im Preise von 2 Pf. bis 100 Mark zu zahlen ist. Mit e. Geld-, Maß- u. Gewichts-Verzeichniß. Von den Lehrern J. Lange, W. Walter, J. Maaßen u. D. Möller. gr. 16. (IV, 108 S.) Meldorf. Leipzig 875. Schneider in Comm. 1. —; cart 1. 20

Rechenknecht, der neue sächsische, oder Anleitung zum schnellen u. sichern Ausrechnen beim Ein- u. Verkauf von 1 bis 1000 Stück für den Preis von 1 Pfennig bis 1000 Thaler des neuen sächs. Münzfußes. Nebst einer Reductionstabelle u. Zinsenberechnung, sowie der Angabe der neuen Maaße, Gewichte u. der im Königreiche Sachsen als verboten u. erlaubt anzusehenden ausländ. Münzen. Ein nothwendiges Hülfsbuch für Jedermann. gr. 12. Meißen 841, Klinkicht u. Sohn. 9 ngl — 2. verm. Aufl. 12. Ebend. 842. 9 ngl

—— der neue sächsische, oder: Der schnellste und sicherste Ausrechner beim Ein- und Verkauf von 1 bis 1000 Stück für den Preis von 1 Pfg. bis 1 Thlr. nach Decimalcourant. Nebst Zinsenberechnungen von 1 bis 5 Proc. von 1 Thlr. bis 1000 Thlr. Capital; sowie Angabe der neuen Maaße, Gewichte 2c. Ein nothwend. Hilfsbuch für Jedermann im bürgerl. Leben, Geschäfts- und Bauwesen wie beim Bergbau. 3., unveränd. Aufl. 12. (IV und 188 S.) Meißen 850, Klinkicht und Sohn.

— der neue sächsische, oder der schnellste und sicherste Ausrechner beim Ein- und Verkauf von 1—1000 Stück für den Preis von 1 Pfennig bis 1 Thaler nach sächsischem Gelde. Mit einem Anhang, enth. Tabellen über den Werth ausländischer Münzen, Berechnung des Louisd'or u. der Krone nach verschiedenen Coursen 2c. Ein bequemes Hilfsbuch für Geschäftsleute, Kaufleute, Fabrikherren 2c. 5., mit einem starken Anhang verm. Aufl. Meißen 860. Klinkicht & Sohn. 8. (VIII, 200 S.) 12 ngr.

—— der neue sächsische, oder der schnellste und sicherste Ausrechner beim Ein- und Verkauf von 1—1000 Stück für den Preis von 1 Pfennig bis 1 Thlr. nach sächs. Gelde 2c. 7., unveränd. Aufl. 8. (IV und 204 S.) Meißen 866, Klinkicht und Sohn.

—— der neue sächsische, oder der schnellste und sicherste Ausrechner beim Ein- und Verkauf von 1 bis 1000 Stück für den Preis von 1 Pfennig bis 1 Thaler nach sächs. Gelde, nebst Tabellen über den Werth ausländ. Münzen, Berechnungen des Louisd'or und der Krone nach verschied. Coursen, des sächs. Geldes mit österreich. und süddeutschen Münzen 2c. Ein bequemes Hilfsbuch für Geschäftsleute, Kaufleute, Fabrikherren 2c. 7. und 8. mit einem starken Anhang verm. Aufl. 8. (IV, 204 S.) Meißen 868,72. Klinkicht und Sohn. 1 20

Rechenknecht, Der neue sächsische, 9. Aufl., s. Rechenknecht. – Der für alle Deutsche unentbehrliche Rechenknecht.

Rechenknecht, neuer. Schnelle Berechnung der verschiedensten Preise von 1 bis 100 Stück, Elle, Pfund, Loth 2c., so wie der gebräuchlichsten Zinsfüße von 1 Tage bis 20 Jahren, nebst Reductionstabellen der verschiedenen deutschen u. franz. Münzen gegeneinander. Als Anh. die Stempelberechnung u. das große Einmaleins. 8. (56 S.) Crefeld 848, Klein. ⅙ ℛ

—— neuer. Tabellen zur Vergleichung des preuß. [alten] Maßes und Gewichts mit dem metr. [neuen] Maße und Gewicht und umgekehrt; nebst Preisberechnung und Geldreductionen, Zinsenberechnung auf Tag, Monat und Jahr, Kubikinhalt runder Hölzer ꝛc. für Geschäftsleute, Handwerker und Landwirthe. 16. (V, 112 S.) Trier 873, Lintz'sche Buchh. * — 75

—— neuer, beim Ein- u. Verkauf. 16. (2 B.) Bautzen 839, Weller.

—— neuer, nach Silbergroschen von 1 Pfg. bis 1 Thlr. bei allen im Handel vorkommenden Gegenständen, als: Pfunden, Stücken, Maaßen, Ellen ꝛc. zu gebrauchen. Nebst einer Interessen-Berechnung von 1 bis 6 pCt. Für handeltreibende Geschäftsmänner ꝛc. 16. (94 S.) Bielefeld 853, Helmich. *

— neuer, nach Preußischen Silbergroschen und Courant von 1 Pf. bis 1 Thlr. Nebst Vergleichungs-Tabellen des Silbergeldes gegen Pr. Cour. Für Handeltreibende Geschäftsmänner wie für Wirthschafterinnen u. Hausfrauen. 12. Nordhausen 838. Müller. 1/6 ₰

— neuer, nach Preuß. Silbergroschen u. Courant von 1 Pf. bis 1 Thlr. bei allen im Handel vorkommenden Gegenständen, als: Pfunden, Stücken, Maaßen, Ellen ꝛc. zu gebrauchen. Nebst Vergleichungs-Tabellen des Silbergeldes gegen Pr. Cour. Für handeltreibende Geschäftsmänner wie f. Wirthschafterinnen u. Hausfrauen ein schneller Rathgeber. 2. Aufl. 12. (160 S.) Nordhausen 852. (Büchting.) 1/6 ₰

Rechenknecht, neuer, nach Thalern, Silbergroschen u. Pfennigen, von Pfennig zu Pfennig bis zum vollen Thaler steigend. Ein unentbehrl. Handbuch beim Ein- u. Verkauf für jeden Geschäftsmann. Nebst Zins- u. verschied. Geld-Reductions-Tabellen. 8. Wesel 842, Bagel. n. 2/3 ₰

Rechenknecht, neuester, großer und vollständiger. Ein unentbehrl. Handbuch für Jedermann, besonders für Käufer und Verkäufer. br. 8. (IV und 284 S.) Nördlingen (861)62, (Beck'sche Buchh.) *

—— neuester, enth. Multiplikations- u. Divisions-Tafeln nach d. neuen preuß. Scheidemünze, d. Thaler zu 30 Silbergr., berechnet. 2. Aufl. 8. (9 B.) Leipzig 835, Schreck.

**Rechenknecht** »Adam Rise«, Multiplikations- und Divisionstafel. Breslau 1903. V: *Weidner, Adolph.* (Doubl.-Anzeiger 1903. Nr. 6.)

— Saalfelder. Ein Rathgeber bei Einkäufen u. Berechng. nach dem neuen Maaß u. Gewicht, enth.: Hülfs-Tabellen zur Umrechng. aller im hies. Bezirk übl., sowohl der preuß. Maaße in das Metermaaß u. umgekehrt, nebst Gewichtsreductions-, sowie Preis-Tabellen. 16. (15 S.) Saalfeld 874. Riese. n. — 30

Rechenknecht, der schnelle u. zuverlässige, e. Helfer in allen Nöthen. Berechnungstabellen f. den Ein- u. Verkauf beliеb. Stückzahl von 1—3000 Stück. (186 S.) kl. 8. Neuweißensee (905). E. Bartels. 1. —

—— für die Schranne. Tabellen zur Berechnung des Getreides nach dem Gewicht bei Preisen von 1—10 fl per Centner für 1—1000 Pfund, nebst einer Anweisung zum Verständniß der Decimalwage, zum Gebrauch der Tabellen, wie zum Selbstrechnen und zum Vergleich fremder Schrannenpreise. 8. (24 S.) Nördlingen 872, Beck'sche Buchh. — 40

— für die Schranne beim Verkauf auf's Gewicht u. in's Maß nach der neuen Reichsmünze. Enth. die Preisberechng. von 1—100 Ctr. od. Hektoliter bei 1—30 Mark u. dazu die Berechng. der Preise von 1—99 Pfund od. Liter, nebst Gebrauchsanweisg. u. Umwandlung-Tabellen. 8. (VIII, 104 S.) Nördlingen 875. Beck. n. 1. —; geb. n. 1. 40

Rechenknecht, Trierscher. Tabellen zur Vergleichung des preuß. [alten] Maßes und Gewichts mit dem metr. [neuen] Maße und Gewicht und umgekehrt, nebst Preisberechnungen, Geldreductionen, Zinsenberechnung auf Tag, Monat und Jahr, Kubikinhalt runder Hölzer ꝛc. für Geschäftsleute, Handwerker und Landwirthe. 16. (VII, 112 S.) Trier 872, Lintz'sche Buchh. *

Rechenknecht, der für alle Deutsche unentbehrliche, oder der schnellste und sicherste Ausrechner beim Ein- und Verkauf von 1 bis 1000 Stück für den Preis von 1 Pfennig bis 3 Mark neuer deutscher Reichsmünze. Als Anhang: Die Decimalbrüche, das neue deutsche Münz-, Maß- und Gewichtssystem, Tabellen über Größe und gegenseit. Berechnungen der früheren und neuen Münzen, Maße und Gewichte aller deutschen und außerdeutschen Länder, nebst vielen anderen prakt. Tabellen. 9., durchgängig neu bearb. Aufl. [des bisher. sächs. Rechenknechts]. 8. (IV, 230 S.) Meißen 875, Klinkicht und Sohn. 1 20

Der Vierfache hurtige Rechen-Knecht. ... . III. Ein Weinhändler. ... Oder Ein Wercklein / so männiglichen / so wohl denen / welche der Rechen-Kunst ohnerfahren als die deren kündig sind zu sonderbahrer Zeit-Gewinnung also verfasset von ... . Regensburg 1710. 240 S. -- 66*
.--- Dass. Ebd. 1718. -- [Zit. nach BJ]

Rechenknecht, vollständiger, nach neuer Preuß. Scheidemünze u. Courant von 1 Pfennig bis zu 1 Thaler, nach Stücken, Pfunden, Ellen ꝛc. berechnet. 12. Nordhaus. 824, Landgraf.

Rechenknecht, vollständ., nach neuer Preuß. Scheidemünze u. Courant, von 1 Pf. bis zu 1 Thlr., nach Stücken, Pfunden, Ellen, Maaßen, u. sonst im Handel vorkomm. Gegenständen v. 1 bis 1000 genau berechnet. 2. Aufl. 12. (6½ B. u. 1 Bign.) Nordhausen 830. [Leipzig, Dörffling.]

Rechenknecht, vollständigster, zuverlässigster Schnell-Rechner und Zinsen-Tabelle von 1—5000 Mark zu ½—7 pro Cent für Jahr, Monat und Tag. Ein unentbehrl. Hülfsbuch für alle Geschäfte und Haushaltungen. gr. 16. (III, 111 S.) Breslau 885, Aderholz' Buchh. *

Allerleichteste Rechenkunst nach den Reesischen Regeln eingerichtet. Tübingen, Cotta. 8. (12 gr.) 1758.

Rechenkunst, zum Gebrauch der Gymnasien ꝛc. 3 Thle. 8. Ofen 788. Typ. Soc. 3 fl

Rechenkunst, kurzgefaßte, für Töchter aller Stände. 8. Kaschau 837. (Heckenast in Pesth.) 1/8 ₰
Dass.s.a.:Rechnenkunst,...

**Rechenmacher**, Ant., eine wiederaufgefundene Urkunde Herzog Friedrich II. des Streitbaren von Oesterreich. [Aus: Archiv für Kunde österreich. Geschichtsquellen.] Wien 866. (Gerold's Sohn.) Lex.-8. (6 S.) n. 2 ngr

Rechenmacher, Fr. Xav., s. 1) Cl. Fleury, histor. Katechismus. 2) Katechismus d. Erdbeschreibung. 3) Katechismus, Röm.

**Rechenmacher**, Jos., neuer Universal-Kubikpreisrechner f. die gesammte Holz, Stein u. Metall verarbeitende Industrie m. zahlreichen Abbildgn., um f. alle vorkomm. Fälle des geschäftl. Lebens sich jederzeit selbst schnell u. zuverlässig den Quadrat- sowie Kubikinhalt v. aus Holz, Stein od. Metall gearbeiteten Gegenständen u. den betr. Preis berechnen zu können, nebst e. Anh. v. Berechnungsweisen der mannigfachsten Art, wie sie bei jedem Industriellen jeden Tag vorkommen können. gr. 8. (46 S.) Zwickau 894. C. R. Moeckel. 1. 50

**Rechenmacher, Ludwig**: Der Episkopalismus des 18. Jahrhunderts in Deutschland und seine Lehren über das Verhältnis zwischen Kirche und Staat. Regensburg 1908; Manz. 68 S. 8°
Würzburg, Jur. Diss. v. 4. Nov. 1908, Ref. Meurer
[Geb. 17. Aug. 83 Niederwinzer; Wohnort: Regensburg; Staatsangeh.: Bayern; Vorbildung: Gymn. Regensburg Reife Juli 02; Studium: Regensburg Lyz. 2, München 6 S.; Rig. 12 Febr. 08.] [U 09. 4080

**Rechenmaschine,** erfunden von J. P. Gr. Magdeburg 1790. V: *Gruson (Grüson), Johann Philipp.* (MGT)

**Rechenmaschine,** erfunden von J. P. Gr. (Grüson). Magdeb. 790. N. Aufl. 795.

**Rechenmaschine** wie sie in dem Einrichtungs- u. Lehrplan für Dorfschulen von E. Th. Goltzsch als dritter Rechenapparat bezeichnet, beschrieben u. empfohlen worden ist. 10 Bog. in Fol. Sommerfeld 852. Berlin, Springer in Comm. n 12 ngr

**Rechenmeister,** der allezeit fertige, od. der sogen. Faullenzer. 8. Prag 813. Enders. 4 gr

**Rechenmeister,** der allzeit fertige, oder: sichere Anleitung beim Ein- und Verkauf, mittelst welcher man im Augenblick wissen kann, wieviel 1, 2, 3 bis 40000 Stück, Pfund, Ellen, Schipp rc. von 1/8 fl. bis 5 mk. 15 fl. und von 1 Thlr. bis 50 Thlr. kosten. Nebst einer Anleitung zum Gebrauch des Buches und Tabellen über Münzen, Maaß und Gewicht. Nach dem Dän. 24. (IV und 234 S.) Tondern 854. (Altona, Lehmkuhl und Comp.) *

**Rechenmeister,** der jederzeit fertige, f. Seefahrer. Ein Faulenzer, welcher besonders bei der Zu- u. Abmusterg. zur schnellen u. genauen Berechng. der Gage zu gebrauchen ist. 8. (61 S.) Hamburg 873. Herold. n. — 60

Allzeit fertiger Rechenmeister. Leipz. Müller. 12. 3 Theile. (6 gr.) 1742.

— d. kleine, Rechnungsspiel f. Kinder, m. Fig. französisch u. deutsch. Leipz. Gerh. Fleischer. illumin.

**Rechenmeister,** der kleine. Sammlung scherzhafter Rechen-Exempel u. Zahlen-Curiositäten. Zusammengestellt in diesem Jahr von einem Freunde der Geselligkeit. 16. (38 S.) Gera-Untermhaus 882. Leipzig, L. Naumann in Comm. — 50

**Rechenmeister,** der kleine, in Bildern. Zur Unterhaltung u. Beschäftigung der Kinder. Stuttgart 865. Nitzschke. 8. (16 color. Steintaff. mit Text.) cart. 12 ngr

Der curieuse und selbst-lehrende Rechenmeister d. i. theoretisch-practische Rechenkunst etc. Ulm. 19 B. mit Kupf. (5 gr.) 1704.

— der neuen Maaße u. Gewichte f. das Königreich Sachsen. Eine leichtfaßl. Anleitg. zur schnellen u. sichern Vergleichg. der bisher im Königreich Sachsen geltenden u. der neuen deutschen Maaße u. Gewichte sowie der Preise derselben. (Nebst e. vollst. Erklärg. der Decimalbruchrechng. u. 16 Vergleichungstabellen.) gr. 8. (32 S.) Leipzig 871. R. D. Schulze. n. — 75

**Rechenmeister,** Neuer, für die Kronenwährung, Taschenformat. (110 S.) Geb. —.25
Třebič: Lorenz 1893.

**Rechenmeister,** der, unter sein. Schülern, od. systematisch bearb. Leitfaden zum Unterr. im Rechnen. Ein geprüft. Handb., vorzügl. zum bequem. Gebr. f. angeh. Schulgehülfen u. Lehrer, ihr Geschäft zu erleichtern, wie auch f. Schüler u. Jedermann z. Selbstunterr.; in 2630 erschöpfend. Beyspielen klar u. faßl. dargest. v. e. Schulmanne. 8. (31½ B.) Linz 832, Eurich u. Sohn.

**Rechenmeister,** der zuverlässige, od. wenn 25 Stück 20,25 Mark kosten, was kosten 15 Stück? Tabellen f. den Ein- u. Verkauf jeder beliebigen Stückzahl von 1 bis 3000 Stück. Nebst e. Anh. enth.: a. Zinstabellen, f. Tag, Monat, Jahr. b. Discontotabelle. c. Münztabellen zur Umrechng. der Münzen verschiedener Länder in deutsche Reichswährg. d. Die neuen Maße u. Gewichte. 8. (128 S.) Berlin (898). A. Weichert. Kart. 1. 50

— der zuverlässige, bei Ein- u. Verkäufen, oder: Tabellen darüber, was 1 Pfund, 1 Elle oder 1 Stück bis 10,000 zu 1 bis 12 Pf. u. zu 1 bis 29 Sgr. gerechnet, betragen; nebst Reductionstab. von Schlesw.-Holst.-Cour. in Preuß. Cour., von Dän. Reichsmünze in Preuß. Cour. rc. Flensburg 867. Herzbruch. 16. (88 S.) geb. n. 9 ngr
Die Reductionstab. apart. (8 S.) 1½ ngr

**Rechenmeisterin,** die. 8. Leipz. 794. Schwickert. 10 gr

61. Rechenschaft über die zürcherische Anstalt für Blinde und Taubstumme. 1869–70, abgelegt von D. S. Hofmeister. Zurich. Druck v. Fr. Schulthess. 35 Stn. 8.

**Zürcher. Anstalt für Blinde u. Taubstumme.** 63. Rechenschaft üb. d. J. 1871/72, abgelegt v. D. S. Hofmeister. 29 Stn. 8. Zürich, Druck von F. Schulthess.

**Zürcher. Anstalt für Blinde u. Taubstumme.** 64. Rechenschaft über d. J. 1872–73, abgelegt v. D. S. Hofmeister. 32 Stn. 8. Zürich, Druck v. Fr. Schulthess.

**Zürcher. Anstalt für Blinde und Taubstumme.** 65. Rechenschaftsbericht pro 1873–74. Zürich, Druck v. Fr. Schulthess. 28 Stn. 8.

**Rechenschaft,** 66., über d. zürcher. Anstalt für Blinde und Taubstumme 1874–75. Abgelegt vor der zürcher. Hülfsgesellschaft von D. S. Hofmeister. 26 Stn. 8. Zürich, Druck v. Schulthess.

69. **Rechenschaft** über die Zürcher. Anstalt für Blinde und Taubstumme, 1877–78. Abgelegt vor der Zürcher. Hülfsgesellschaft von D. S. Hofmeister. In-8°, 26 S. Zürich, Schulthess. 1878.

— (70.) über die Zürcher Anstalt f. Blinde und Taubstumme. In-16°, 29 S. Zürich, Fr. Schulthess. 1880.

— 75., über die zürcherische Anstalt für Blinde und Taubstumme, 1883–84. Abgelegt vor der zürcherischen Hülfsgesellschaft von D. S. Hofmeister, Präsident der Anstalt. In-8°, 23 S. Zürich, Druck der Schulthess'schen Offizin.

76. Rechenschaft über die zürch. Anstalt für Blinde u. Taubstumme. Abgelegt vor der zürch. Hülfsgesellschaft von Dr. S. Hofmeister, Präsident der Anstalt. Zürich, Druck der Schulthess'schen Offizin. 1886.

Rechenschaft über die Anstalt für Blinde und Taubstumme in Zürich. 1880-95.

Rechenschaft: Eidgenössische Rechenschaft und Verpflichtung v. Neue Zürcher-Zeitung.

Rechenschaft über Einnahme und Ausgabe des Schleswig-Holstein. Bank-Instituts (in Altona) für das Jahr vom 1. August ... bis 31. July (Juli) ... mit hinzugefügtem Status. o. O. Fol. 1835/36—1838/39. 1842/43.

Rechenschaft an meinen Freund üb. meinen Uebertritt z. wahren Kirche unsers Herrn. 8. Ebnat 826. Keller; (a. Kayser in Leipz.) 4 gl.

Hülfsgesellschaft in Schaffhausen. 54—56ste Rechenschaft pr. 1. Sept. 1869 bis 31. Aug. 1872. 30 Stn. 8. Schaffhausen, Brodtmann'sche Buchdr.
Vgl.Rechenschaftsbericht...

**Rechenschaft** Josephs des Zweyten an seine hinterlassenen Staaten. Wien 1790. V: *Paulsen, Joseph.* (Kat. der Hs. der Fidei-Commiss-Bibliothek Wien, S. 31, S. 31, Nr. 19559) (wieser I/1289) (BiblPort)

Oeffentliche Rechenschaft der Gesellschaft freiwilliger Armenfreunde in Kiel von dem Zustande ihrer Armenpflege am Schlusse des zweiten Jahres dargestellt in den Berichten ihrer Kommissionen. (Aus dem Wochenblatte zum Besten der Armen in Kiel besonders abgedruckt.) Kiel 1795. 8°

Taubstummen-Anstalt in Aarau. 26. öffentl. Rechenschaft pr. 1. Dez. 1870 bis Ende März 1874. 19 Stn. 8. Aarau, Druck v. H. R. Sauerländer.

Taubstummen-Anstalt in Aarau vom 1. Apr. 1874 bis Mitte März 1876. 27. öffentl. Rechenschaft. 9 S. 8. Aarau, Druck von Sauerländer.

**Rechenschaft, Der Pflegekommission zu St. Petri oeffentliche,** wie sie sich bisher bemühet hat, die königl. Verordnung ... über die Einrichtung ... des Armenwesens in Kopenhagen in Ausübung zu bringen. Kopenhagen 1793. V: *Münter, Balthasar.* (ML) »1792—96« (Bruun, Bibl. Danica II, 645ff.)

**Rechenschaft** dem Wiener Publikum abgelegt über die Direkzion des k. k. Nazional-Hoftheaters im verflossenen Theater-Jahre 1789. Wien 1790. V: *Brockmann, Joh. Frz. Hieronymus.* (wrztg 1790, S. 1356) (Theater-Kalender 1791. Gotha. S. 267) (Paul Hofmann-Wellenhof: Alois Blumauer. Wien 1885. S. 28. (BiblPort)

Rechenschaft über die Verrichtungen der Hülfsgesellschaft in Zürich, 51-96. 1850-95.

71. Rechenschaft über die Verrichtungen der Hülfsgesellschaft in Zürich. vom 1. Nov. 1869 bis 31. Okt. 1870. Zürich. Druck von Dav. Bürkli. 49 Stn. 8.
Vgl.Rechenschaftsbericht der Hülfsgesellschaft in Zürich.

Hülfsgesellschaft in Zürich. 72. Rechenschaft v. 1. Nov. 1870 bis 31. Oct. 1871. 63 Stn. 8. Zürich, Druck v. D. Bürkli.

Hülfsgesellschaft in Zürich. 73. Rechenschaft über die Verrichtungen vom 1. Nov. 1871 bis 31. Okt. 1872. 54 Stn. 8. Zürich, Druck v. D. Bürkli.

Hülfsgesellschaft in Zürich. 74. Rechenschaft pr. 1872/73. 63 Stn. 8. Zürich, D. Bürkli.

79. Rechenschaft über d. Verrichtungen der Hülfsgesellschaft in Zürich. Vom 1. Nov. 1877 bis 31. Okt. 1878. In-8°, 56 S. Zürich, D. Bürkli, 1878.

Rechenschaft (80.) über die Verrichtungen d. Hülfsgesellschaften in Zürich. In-8°, 61 S. Zürich, D. Bürkli. 1879

Rechenschaft, 85., über die Verrichtungen der im Oktober 1799 gestifteten Hülfsgesellschaft in Zürich. Vom 1. November 1883 bis 31. October 1884. In-8°, 55 S. Zürich, Bürkli.

86. Rechenschaft über die Verrichtungen der Hülfsgesellschaft in Zürich. Vom 1. Nov. 1884 bis 31. Oct. 1885. In-8°, 59 S. Druck von David Bürkli.

Hülfsgesellschaft in Zürich. 102. Rechenschaft über die Verrichtungen. Vom 1. November 1900 bis 31. Oktober 1901. 37 S. 8. Zürich, Fritz Amberger, 1901.

Rechenschaft über die Verteidigung u. Übergabe von Mainz. Mit Beil. A. d. Franz. d. Generals d'Oyré. Frankfurt 1793. 48 S.

Rechenschaft der Zentralleitung des Wohlthätigkeitsvereins im Königreich Württemberg. 1817-47 in 3 Heften. 4° Stuttgart 1842, 45. 48
Vgl.Rechenschaftsberichte d.Zentralleitung...

Rechenschaft der Central-Leitung des Wohlthätigkeits-Vereins im Königr. Württemberg über ihre Leistungen in den 3 Jahren 1845, 1846 u. 1847. 4. (80 S.) Stuttgart 848. (Weise.) gratis.

**Rechenschaft** über den Zweck und die Bearbeitung der Zeitschrift: Berlinisches Archiv der Zeit ... [Berlin 1795.] V: *Meyer, Frdr. Ludw. Wilh.* (MGT)

Rechenschafts-Bericht, v. auch: „Bericht" u. „Jahresbericht".

**Rechenschaftsbericht** der Abteilung der Gesellschaft f. Gesch. u. Alterthumskde f. d. Rigaschen Dombau (9—11: Rechenschaftsber. d. Dombauabt.; 12 ff.: Rechenschaftsber. d. Ges. f. Gesch. u. Altertumskde d. Ostseeprovinzen Russlands. Abt. f. d. Dombau zu Riga). 1—20. f. 1885—1904. Riga.

**RECHENSCHAFTSBERICHT DES WÜRTTEMBERGISCHEN ALTERTHUMS-VEREINS 1—8. Für das Jahr 1844—1858. s. l. & a. 4°.**
**vom 26. März 1864 bis 31. December 1865.** Stuttgart. 1866. Druck von Jul. Kleeblatt.

Württembergischer Altertumsverein. — RECHENSCHAFTS-BERICHT
für das Jahr 1888. Beigabe: Paulus-Jubiläum 16. Februar 1889. Stuttgart 1889. W. Kohlhammer. 8°.
für die Jahre 1889 und 1890. Mit einer Beigabe: Archäologische Rückblicke von E. PAULUS. ib. 1891. —
für die Jahre 1891 bis 1893, insbesondere Beschreibung der Jubiläumsfeier vom 22.—25. September 1893. ib. 1894. —
für die Jahre 1894 und 1895. Mit einem Vortrag: Der Hoppenlau-Friedhof in Stuttgart. Eine Studie von BERTOLD PFEIFFER. (Mit Tafeln.) ib. 1895. — Darin mit bes. Titelbl.: Der Hoppenlau-Friedhof in Stuttgart. Eine Studie von BERTOLD PFEIFFER. Mit einem Verzeichnis bemerkenswerter Grabstätten samt Namenregister, einem Plan des Friedhofs und drei Abbildungen. ib. 1895. —
für die Zeit 1895 bis Herbst 1898. Mit 2 Bildern in Lichtdruck. ib. 1898. —

**Rechenschaftsbericht** über die züricher. A n s t a l t f. Blinde und Taubstumme, s. R e c h e n s c h a f t ...

Rechenschaftsbericht und Anträge des Komités zur Beförderung des Baues einer Eisenbahn Rorschach-St. Gallen und St. Gallen-Wil. St. Gallen 1850.

**Rechenschaftsbericht** üb. die Arbeit des volkswirtschaftlichen Vereins zur Förderg. der Obst- u. Gemüseverwertung in Deutschland, s.: Schriften des volkswirtschaftlichen Vereins zur Förderung der Obst- u. Gemüseverwertung in Deutschland. 8. Heft.

**Rechenschaftsbericht** über die A r b e i t des (Volkswirtschaftlichen) Vereins (für Obst- u. Gemüseverwertung in Deutschland). 1. Geschäftsjahr ‹Okt. 1904 bis Sept. 1905› ... erstattet v. Vorstande. Berlin: Deutsche Landbuchh. 1906. 8°
(Schriften d. Volkswirtschaftl. Vereins f. Obst- u. Gemüseverwertung in Deutschland. H. 1.)

**Rechenschaftsbericht über die im Jahre 1821 gegründete Armenanstalt der israelitischen Kultus-Gemeinde Wiens. 1856. Wien, 1857. Druck von L. C. Zamarski. (19 S. 8.)**

**Rechenschaftsbericht** der Armenkommission von Altishofen an die löbliche Bürgerversammlung. Ein Beitrag zur Lösung der Armen- u. Sittlichkeitsfrage. Luzern 862. (Gebr. Räber.) gr. 8. (20 S.) 3 ngr.

Rechenschaftsbericht der Artillerieofficiers-Witwen- und Waisen-Confraternität für das Jahr 1897—1903 als dem 133—139. Jahre nach der Gründung des Vereines. (7 Bde.) 8. Wien 1898—1904.

**Rechenschaftsbericht des Aufsichtsraths der Actien-Gesellschaft Loge zur edlen Aussicht Freiburg i. B. über das erste Verwaltungsjahr vom 1. Juli 1878 bis 30. Juni 1879. Freiburg i. B. 1879: Lehmann. 8 S. 8°. [Umschlagtit.]** 21.

**Rechenschaftsbericht** des Ausschusses zur Ehrung Heinrich Brunners an dessen siebzigstem Geburtstag am 21. Juni 1910. (Weimar 1910: Hof-Buchdr.) 8 S. 8° [Umschlagt.] (11. 5677

Rechenschaftsbericht des Ausschusses der Landschaft der Provinz Sachsen.

— 12., d. Ausschusses d. Vorarlberger Museums-Vereins in Bregrenz üb. den 12. Vereins-Jahrg. 1870 enth.: Die Römer in Vorarlberg v. John Sholto Douglaß. hoch 4. (39 S. m. 3 Steintaf., wovon 2 in Farbendr. in 4. u. gr. Fol.) Bregenz 872. (St. Gallen, Huber & Co.) n. 2. 60

**Rechenschaftsbericht** des A u s s t e l l u n g s - K o m i t e e s für die Allgäuer Kollektiv-Ausstellung bei der 7. D. L. G. – Ausstellung München 1893. Memmingen 1893.

**Toggenburger Bahn.** 2. Rechenschaftsbericht des Verwaltungsrathes für 1871. 10 Stn. 4. mit 12 Tabellen. St. Gallen, Zollikofer'sche Buchdr.

**Toggenburger Bahn.** 3. Rechenschaftsbericht pr. 1872. 11 Stn. in 4. m. 12 Tabellen. St. Gallen, Zollikofer'sche Buchdr.

**Toggenburger Bahn.** Rechenschaftsbericht pr. 1873. 11 Stn. 4 mit 12 Tabellen. St. Gallen, Zollikofer'sche Buchdr.

Toggenburger Bahn. 31. Rechenschafts-Bericht betreffend das Jahr 1900. II + 48 S. 4. Wattwil, J. Rutz, 1901.

Toggenburger Bahn. 32. Rechenschafts-Bericht umfassend das Jahr 1901. 58 S. 4. Wattwil, J. Rutz, 1902.

Bank in Menziken. (27.) Rechenschafts-Bericht pro 1900. II + 20 S. 4. (Reinach, S. Tenger, 1901.)

**Rechenschaftsbericht** über den B a u des Lutherhauses zu Kiel. Am 21. Oktober 1884. Kiel. 1884. 8°

[Rechenschaftsbericht.] Nordöstliche Baugewerks-Berufsgenossenschaft. Rechenschaftsbericht f. d. J. 1897 ff. (Berlin 1898 ff.) 4°. 1897—1902. 1908—1910.

**Rechenschaftsbericht des Südruss. Deutschen Bildungsvereins für 1908.** Odessa: Nitzsche 1909

**[Rechenschaftsbericht des] Freimaurer-Verein „Bruderbund". 4°.**
**1908. 2 Bl.; 1912. 2 Bl.; 1913. 2 Bl.** 358.

Rechenschaftsbericht für 1888/89 des bienenwirtschaftlichen Vereines „Bukowina". Czernowitz: Selbstverl. d. Vereines 1889.

Zürcherische kantonale Irrenheilanstalt Burghölzli[-Zürich]. Rechenschaftsbericht für das Jahr 1900. 41 S. 8. Zürich, Berichthaus, 1901.

Zürcherische kantonale Irrenheilanstalt Burghölzli[-Zürich]. Rechenschaftsbericht für das Jahr 1901. 43 S. 8. Zürich, Berichthaus, 1902.

Zürcherische Kantonale Irrenheilanstalt Burghölzli[-Zürich]. Rechenschaftsbericht für das Jahr 1902. 42 S. 8. Winterthur, Geschwister Ziegler, 1903.

**Schweiz. Dampfboot-Gesellschaft f. d. Untersee u. Rhein.** 6. Rechenschaftsbericht pr. 1. April 1870 bis 1. Mai 1871. Schaffh., Druck v. A. Gelzer. 19 S. 8. mit 6 Tabellen.

**Schweiz. Dampfboot-Gesellschaft für den Untersee u. den Rhein.** 7. Rechenschaftsbericht vom 1. April 1871 bis dahin 1872. 19 Stn. 8. u. 6 Tabellen. Schaffhausen, Druck v. A. Gelzer.

**Schweizer. Dampfboot-Gesellschaft** für den Untersee u. Rhein. 9. Rechenschaftsbericht pr. 1. April 1873 bis 31. März 1874. 17 Stn. 8. mit 8 Tabb. Schaffhausen, Druck v. A. Gelzer.

**Rechenschaftsbericht,** XIX., d. schweiz. Dampfboot-Gesellschaft für den Untersee und Rhein, vom 1. April 1883 bis 31. März 1884. Generalversammlung den 26. Juni in Rorschach. In-8°, 19 S. Schaffhausen, Brodtmann.

**Dampfschiff-Gesellschaft für den Zürichsee.** 2. Rechenschaftsbericht f. d. Betriebsjahr 1870. Zürich, Druck v. Orell, Füssli & Co. 28 Stn. 4.

**Dampfschiff-Gesellschaft für den Zürichsee.** 3. Rechenschaftsbericht f. 1871. 28 Stn. 4. Zürich, Druck von Orell, Füssli & Co.

**Rechenschaftsbericht** der Direktion des Landschaftlichen Kreditverbandes für die Provinz Schleswig-Holstein über das . . . Geschäftsjahr . . . Kiel. 4°
24 ff., 1910 ff.

**Rechenschafts-Bericht** der Direktion der Spar- u. Leihkasse für die Hohenzollernschen Lande üb. d. Verwalt. d. Instituts.

Direktion des Öffentlichen Unterrichts des Kantons Freiburg. Rechenschafts-Bericht für das Jahr 1900. II + 171 S. 8. Freiburg, Buchdr. und Buchh. des Werkes vom hl. Paulus, 1901.

**Rechenschaftsbericht der Direktion des Centralvereines für Errichtung und Erhaltung von Krippen in Prag für das zweite Vereinsjahr, vorgetragen in der dritten Hauptversammlung am 30. März 1856. Prag, 1856. Druck des artistisch-typogr. Instituts von Karl Bellmann. (4 Bl. 4.)**

Rechenschafts-Bericht d. Directoriums d. Vereines f. Güterbeamte [Verein zur Förderung der Interessen der land- u. forstwirthschaftlichen Beamten] f. das 12. Vereinsj. 1891. Erstattet in der XIII. ordentl. Generalversammlg. am 26. März 1892. gr. 8. (73 S.) Wien 892, (Frick). * 1 —
Berichte über die XI. u. XII. Generalversammlung, s. Bohmerle, Emil. Beiträge zur Pensions- u. Mortalitätsstatistik etc.

**Rechenschaftsbericht** der Abteilung der Gesellschaft f. Gesch. u. Alterthumskde f. d. Rigaschen Dombau (9—11: Rechenschaftsber. d. Dombauabt.; 12 ff.: Rechenschaftsber. d. Ges. f. Gesch. u. Altertumskde d. Ostseeprovinzen Russlands. Abt. f. d. Dombau zu Riga). 1—20. f. 1885—1904. Riga.

Schweizerische Eisenbahnbank (in Basel). 10. Rechenschaftsbericht für das Jahr 1900. [12 S.] 4. Basel, H. Brutschin, 1901.

Schweizerische Eisenbahnbank (in Basel). 11. Rechenschaftsbericht für das Jahr 1901. [11 S.] 4. Basel, H. Brutschin, 1902.

Rechenschaftsbericht der Kirchheimer Eisenbahn-Gesellschaft. 1882. 91.
Kirchheim 1882. 91

**Allgemeine Aargauische Ersparniss-Casse.** Rechenschaftsbericht umfassend den Zeitraum v. 30. Juni 1873 bis 30. Juni 1874. 20 Stn. 4. Aarau, Druck v. H. R. Sauerländer.
Vgl. Rechenschaftsbericht des Vorstandes...

**Rechenschaftsbericht** der Allg. aarg. Ersparnisskasse an den Verwaltungsrath vom 30. Juni 1874 bis 30. Juni 1875. 20 Stn. 4. Aarau, Druck von H. R. Sauerländer.

**Rechenschaftsbericht** der allgemeinen aargauischen Ersparnisskasse, umfassend den Zeitraum vom 1. Juli 1882 bis 30. Juni 1883, mit Tabellen. In-4°, 28 S. Aarau, Sauerländer.

Allgemeine Aargauische Ersparniskasse in Aarau. Rechenschaftsbericht vom 1. Juli 1900 bis 30. Juni 1901. [Mit 1 Tabelle.] 26 S. 4. Aarau, H. R. Sauerländer & Comp., 1901.

Allgemeine Aargauische Ersparniskasse in Aarau. Rechenschaftsbericht vom 1. Juli 1901 bis 30. Juni 1902. [Mit 1 Tabelle.] 28 S. 4. Aarau, H. R. Sauerländer & Co., 1902.

Allgemeine Aargauische Ersparniskasse in Aarau. Rechenschaftsbericht vom 1. Juli 1902 bis 30. Juni 1903. [Mit 1 Tabelle.] II + 27 S. 4. Aarau, H. R. Sauerländer & Co., 1903.

**Rechenschafts-Bericht** des kärntnerischen Forstvereines. Klgft., Bertschinger & Heyn, Leon, 1874—. Quart u. Oktav. (Später auch: „Mitteilungen...“ und „Rechenschafts-Bericht und Mittheilungen . . .“.)

Rechenschaftsbericht der Forstverwaltung des Fürstenthums Schwarzburg-Rudolstadt pro 1893. o. O. 1893. 62 S. (Mskr.)

**Rechenschafts-Bericht** des Frauen-Hilfs-Vereines vom Rothen Kreuze für Kärnten. Klgft., v. Kleinmayr, 1880—98. 19 Jgg.

**Rechenschaftsbericht** des Frauenverein[s] „Zur Edlen Aussicht“ in Freiburg i. B.
Für 1902—1907 jährlich. 3.

**Badischer Frauenverein unter d. Protektorate Ihrer Kgl. Hoheit d. Grossherzogin Luise. — Rechenschaftsbericht. (Später: Jahresbericht des Vorstandes d. Badischen Frauenvereins.) 1.1859/60ff. — Karlsruhe 1860: C. F. Müller (später: Braun). 8°**

**Rechenschaftsbericht** über die Gebahrung der Pribramer Werke in den Jahren 1876—1884. Wien. 1879—1885.
dgl. 1885—1887. Ebend.. 1888.
dgl. 1888—1890. 1891—1897 (erscheint weiter).

**Rechenschaftsbericht** des Gemeinderathes über die Gemeindeverwaltung der Stadt Aarau für 1875-85. Aarau.

**Rechenschaftsbericht** des Gemeinde-Rathes über die Gemeinde-Verwaltung der Stadt Aarau für 1881. In-8°, 63 S. Aarau, Buchdruckerei von G. Keller.

**Rechenschaftsbericht** des Gemeinderathes über die Gemeindeverwaltung der Stadt Aarau für 1882. In-8°. Aarau, Druck von Christen, 1883.

**Rechenschaftsbericht des Gemeinderathes über die Gemeindeverwaltung der Stadt Aarau für 1883. In-8°, 151 u. 67 S. Aarau, Sauerländer.**

Rechenschaftsbericht des Gemeinderathes über die Gemeindeverwaltung der Stadt Aarau für 1884. In-8°. Aarau, Buchdr. J. Christen.

**Rechenschaftsbericht** des Gemeinderathes über die Gemeindeverwaltung der Stadt Aarau für das Jahr 1885. Gr. in-8°, 214 S. Aarau, H. R. Sauerländer.

Rechenschaftsbericht des Gemeinderathes über die Gemeinde-Verwaltung der Stadt Aarau pro 1886. Kl. in-4°, 214 S. Aarau, H. R. Sauerländer.

**Rechenschaftsbericht des Gemeinderathes über die Gemeindeverwaltung der Stadt Aarau für 1887. Gr. in-8°, 141 S. u. Beilagen 81 S. Aarau, Buchdruckerei von Ph. Wirz-Christen.**

**Rechenschafts-Bericht** des Gemeinderates üb. die Gemeindeverwaltung der Stadt Aarau f. 1892 gr. 8. (VII, 117 u. 62 S.) Aarau 893. (H. R. Sauerländer & Co.) n 2. —

**Rechenschaftsbericht** des Gemeinderates über die Gemeindeverwaltung der Stadt Aarau für 1893. Gr. in-8°. 121 S. u. Beilagen 60 S. Aarau, E. Wirz.

**Rechenschaftsbericht** des Gemeinderates über die Gemeindeverwaltung der Stadt Aarau für 1894. Gr. in-8°. Aarau, Emil Wirz.

**Rechenschaftsbericht** des Gemeinderates über die Gemeinde-Verwaltung der Stadt Aarau für 1895. Gr. in-8°. VII, 103 u. 67 S. Aarau, Emil Wirz.

**Rechenschaftsbericht** des Gemeinderats über die Gemeinde-Verwaltung der Stadt Aarau für 1896. Mit Beilagen. Gr. in-8°. 142 u. 76 S. Aarau, Druck von H. R. Sauerländer & Co.

**Rechenschaftsbericht** des Gemeinderats über die Gemeinde-Verwaltung der Stadt Aarau für 1898. Gr. 8°. VII, 128 S. u. Beilagen 70 S. Aarau. Buchdruckerei der Aargauer Nachrichten.

Gemeinde Aarau. Rechenschaftsbericht des Gemeinderates über die Gemeinde-Verwaltung der Stadt Aarau für 1900. (1901 Juni 14. — [Mit] Beilagen: [Rechnungen].) VIII + 138 + 74 S. 8. Aarau, H. S. Sauerländer & Co., 1901.

Gemeinde Aarau. Rechenschaftsbericht des Gemeinderates über die Gemeinde-Verwaltung der Stadt Aarau für 1901. ([Mit] Beilagen: [Rechnungen].) VIII + 115 + 72 S. 8. Aarau, H. R. Sauerländer & Co., 1902.

Gemeinde der Stadt Aarau. Rechenschafts-Bericht des Gemeinderates über die Gemeinde-Verwaltung der Stadt Aarau für 1902. ([Mit 1 graphischen Tabelle und] Beilagen: [Rechnungen].) VIII + 120 + 70 S. 8. Aarau, H. R. Sauerländer & Co., 1903.

**Rechenschaftsbericht** über die Gemeindeverwaltung der Stadt Zürich im Jahre 1878. In-4°. XIV und 217 S.

**Rechenschaftsbericht** über die Gemeindeverwaltung der Stadt Zürich im Jahr 1883. In-4°, 226 S., mit Tabellen. Beigebunden: 1) Geschäftsbericht der Stadtschulpflege von Zürich über das Schulwesen der Stadt Zürich im Schuljahr 1883/84. **In-4°, 43 S. 2) Statistischer Bericht über das Realgymnasium der Stadt Zürich. Auszug aus dem Bericht an die Stadtschulpflege 1874—84, erstattet von Stefan Wanner. In-4°, 48 S. Zürich, Druck von Ulrich & Cie. im Berichtshaus.**

Rechenschaftsbericht über die Gemeindeverwaltung der Stadt Zürich im J. 1884. In-4°, 206 S. — Beigeg.: Geschäftsbericht der Stadtschulpflege von Zürich über das Schulwesen der Stadt Zürich im Schuljahr 1884/85. In-4°, 34 S. Zürich, Druck v. Ulrich & Cie. im Berichthaus.

Rechenschaftsbericht der Gesellschaft für Beförderung der Gewerbe in Württemberg. I-XVIII. (1831-48) 4° Stuttgart 1831-48

**Rechenschaftsbericht** der Abteilung der Gesellschaft f. Gesch. u. Alterthumskde f. d. Rigaschen Dombau (9—11: Rechenschaftsber. d. Dombauabt.; 12 ff.: Rechenschaftsber. d. Ges. f. Gesch. u. Altertumskde d. Ostseeprovinzen Russlands. Abt. f. d. Dombau zu Riga). 1—20. f. 1885—1904. Riga.

Rechenschaftsbericht des Breslauer Gewerbevereins für 1843-50. 54-62. In 4 Heften. 4° Breslau 1854-62

Rechenschaftsbericht üb. d. Cannstatt. Gewerbeverein f. d. Vereinsj. 1863-65. 67-70. Cannstatt 1864-71

Rechenschaftsbericht des Gewerbe- und Handelsvereins in Ludwigsburg für 1869. 79. 81. 83-85. 89. 90. Ludwigsburg 1869-90

Rechenschaftsbericht d. Karlsruher Gewerbevereins f. 1859-61. Karlsruhe 1860.61

(F) **Rechenschaftsbericht der Gewerkschafts-Commission Oesterreichs über ihre Thätigkeit vom 1. Jänner 1897 bis zum 31. December 1899 an den III. Congress der Gewerkschafts-, Arbeiter-Bildungs- und Unterstützungsvereine Oesterreichs in Wien vom 11. bis 15. Juni 1900, im Hôtel Savoy (Engl. Hof). Wien. 1900. [In Comm. Volksbuchhandlung Brand.] Gr.-8°. 266 S.** K 2.—

(F) **Rechenschaftsbericht** der Gewerkschaftskommission Österreichs über ihre Tätigkeit vom 1. Jänner 1903 bis 31. Dezember 1906. Gr.-8°. (260 S.) * K 2.40
Wien: Wiener Volksbuchh.1908.

Rechenschaftsbericht der Gustav Werner-Stiftung zum Bruderhaus in Reutlingen. 1883-1913. Reutlingen 1884-1913

**Hülfsgesellschaft** der Stadt Schaffhausen. 59. Rechenschaftsbericht, vom 1. Sept. 1874 bis 31. Aug. 1875. 16 Stn. 8. Schaffhausen, Druck von Brodtmann.
Vgl.Rechenschaft...

Rechenschaftsbericht der Hülfsgesellschaft von Ury über die zu Handen der Wasserbeschädigten von 1839 eingegangenen Liebesgaben. 4. Altdorf 1841.

**Hülfs-Gesellschaft in Zürich.** 75. Rechenschaftsbericht pr. 1. Nov. 1873 bis 31. Oct. 1874. Zürich, Druck v. D. Bürkli. 60 Stn. 8.
Vgl.Rechenschaft über die Verrichtungen der Hülfsges.in Zürich.

**Rechenschaftsbericht,** 76., d. Hülfsgesellschaft in Zürich. 1. Nov. 1874 - 31. Okt. 1875.

Rechenschaftsbericht des eidgenössischen Hülfscomité für die im Jahr 1839 durch Ueberschwemmung heimgesuchten Kantone Uri, Graubündten, Tessin und Wallis. (– Haupt-Rechnung... umfassend den Zeitraum vom Februar 1840 bis Ende September 1856. Abgelegt von [Hans Jacob] Ammann....) 4. Zürich 1857.

Rechenschaftsbericht. R'-B' des Hülfskomite in Heiden zur Unterstützung der durch den Brand vom 7. September 1838 daselbst Verunglückten über den Betrag und die Verwendung der empfangenen Gaben. 8. Trogen 1839.

**Rechenschaftsber.** d. Hilfsvereins i. Gr.-Herzogt. Hessen 1872—74 (397,42). Darmstadt 1874. 4.

**Rechenschaftsbericht** des Deutschen Hopfenbauvereins in Nürnberg. Nürnberg 1882 ff.

**Rechenschaftsbericht** des Ersten österreichischen Kinder-Asyls „Humanitas" in Kahlenbergerdorf bei Wien für die Zeit vom 1. April bis 1. November 1876. Wien. Druck von Spies & Co. 1877. 8. 20 S.

**Rechenschafts-Bericht des Intendanten der neuen Theater-Actien-Gesellschaft zu Frankfurt a. M. für die General-versammlung der Actionäre am 13. Febr. 1879. Mit nachträglichen Erläuterungen und Ergänzungen als Antwort auf die Anklagen des Aufsichtsrathes. [2. Aufl.] gr. 8. (63 S.) Frankfurt a. M. 879, (Keller.)** *

Rechenschafts-Bericht des unter dem höchsten Protectorate Sr. kaiserl. und königl. Hoheit des durchlauchtigsten Herrn Erzherzogs Rainer stehenden Vereines „Kaiser-Jubiläums-Stiftung für Militär-Waisen" für das Jahr 1898. 1900. 1901. 1902. 1903. (5 Bde.) 8. Wien 1899—1904.

**Basler [C]Kantonalbank (in Basel). 1. Rechenschaftsbericht vom 1. Oktober 1899 bis 31. Dezember 1900. 27 S. 4. Basel, Schweighauser, 1901.**

Basler Kantonalbank (in Basel). 2. Rechenschaftsbericht 1901. 30 S. 4. Basel, Wackernagel, 1902.

Basler Kantonalbank (in Basel). 3. Rechenschaftsbericht 1902. 30 S. 4. Basel, Schweizerische Verlags-Druckerei, 1903.

**Zürcher Kantonalbank.** 2. Rechenschaftsbericht für 1871. 26 Stn. 4. Zürich, Druck v. Orell, Füssli und Comp.

**Zürcher Kantonalbank.** 3. Rechenschaftsbericht pr. 1872. 30 Stn. 4. Zürich, Druck v. Orell, Füssli & Co.

**Zürcher Kantonalbank.** 4. Rechenschaftsbericht pr. 1873. 47 Stn. 4. Zürich, Druck v. Orell, Füssli & Co.

**Rechenschaftsbericht (IX), über die Verwaltung d. Zürcher Kantonalbank umfassend d. Jahr 1878, dem Kantonsrath erstattet vom Bankrathe. In-4°, 53 S. Zürich, Orell F. & Cie.**

15. Rechenschaftsbericht über die Verwaltung der Zürcher Kantonalbank, umfassend das Jahr 1884. In-4°, 72 S. Zürich, Druck von Orell Füssli & Cie.

**Zürcher [C]Kantonalbank (in Zürich). 31. Rechenschaftsbericht umfassend das Jahr 1900. II + 72 S. 4. Zürich, Art. Institut Orell Füssli, 1901.**

**Zürcher Kantonalbank (in Zürich). 32. Rechenschaftsbericht umfassend das Jahr 1901. II + 73 S. 4. Zürich, Art. Institut Orell Füssli, 1902.**

**Zürcher Kantonalbank (in Zürich). 33. Rechenschaftsbericht umfassend das Jahr 1902. 87 S. 4. Zürich, Art. Institut Orell Füssli, 1903.**

25. Rechenschaftsbericht des Kantonsgerichtes. 21 Stn. 8. Schwyz 1873.

**Rechenschafts-Bericht** des Comité's der vereinigten Frankfurter Freimaurerlogen vom 1. Aug. bis 10. Dec. 1870. [Dat.:] Frankfurt a. M. 1870. 2 Bl. 4° [Kopftit.]
**Tt. 1242. Betr. Geldunterstützungen während des Kriegs 1870—1871. 439.**

**Rechenschaftsbericht** des Comites der vereinigten Frankfurter Freimaurerlogen vom 1. August bis 10. December 1870. 4. 2 Bl. — Schlussbericht, Frankfurt a M., den 10. Juni 1871. 4. 2 Bl.

**Rechenschafts-Bericht** des in Betreff der Gesell'schen Schul- und Beschäftigungs-Anstalt gebildeten Comité. Dresden [1843]. V: *Unruh, v., Hermann Eberh. Richter* & *Andere*. (Kat. d. stat. Bureaus. Dresden 1890.)

Rechenschafts-Bericht d. vereinigt. Comités f. d. Verwundeten zu Hamburg. 8. Hamburg 1871.

**Rechenschafts-Bericht** des Kaufmännischen Kranken- u. Unterstützungsvereines für Kärnten in Klgft. Klgft., Leon, Bertschinger, Röschnar, 1870—.

**Aargauische Creditanstalt.** 1. Rechenschaftsbericht pr. 1873. 12 Stn. 4. Aarau, Druck v. J. J. Christen.

**Aargauische Credit-Anstalt.** 2. Rechenschaftsbericht 1874. Aarau, Druck v. J. J. Christen. (12 Stn. in-4.)

**Aargauische Kreditansalt.** 3. Rechenschaftsbericht. 1875. 13 S. 4. Aarau, Druck von Christen.

**Aargauische Creditanstalt** (in Aarau). 28. Rechenschaftsbericht 1900. 19 S. 4. Aarau, Emil Wirz, (1901).

**Aargauische Creditanstalt** (in Aarau). 29. Rechenschaftsbericht 1901. 17 S. 4. Aarau, Emil Wirz, (1902).

**Aargauische Creditanstalt** (in Aarau). 30. Rechenschaftsbericht 1902. 17 S. 4. Aarau, Emil Wirz, (1903).

**Schweizerischer Creditoren-Verband** (Zürich) — Union Suisse des Créanciers — Unione Svizzera dei Creditori. 3. Rechenschaftsbericht nebst Rechnung, erstattet... 7. Juni 1901 über das Geschäftsjahr 1900. Im Anhang: Vortrag des Herrn Dr. J[oseph] Goldstein... über Die Gewerbefreiheit und ihre Licht- und Schattenseiten. 38 S. 8. [Zürich,] Jean Frey.
Anhang s. Goldstein, J[oseph].

**Schweizerischer Creditoren-Verband** = Union Suisse des Créanciers = Unione Svizzera dei Creditori,... Genossenschaft. Bureaux: ... Zürich. 4. Rechenschaftsbericht über die Geschäftsjahre 1901 und 1902. 38 S. 8. [Zürich,] Jean Frey, (1903).

KRÜPPEL-,HEIL- UND FÜRSORGE-VEREIN FÜR BERLIN-BRANDENBURG.E.V.
RECHENSCHAFTS-BERICHT über die Berlin-Brandenburgische Krüppel-, Heil- und Erziehungsanstalt. Am Urban, Berlin.
Erster ... für 1906—1907. Berlin. Gedruckt bei Wangerin & Co. 8°.
Zweiter ... für die Zeit von November 1907 bis Ende 1908. (ib. —.)
Dritter ... für die Zeit von Januar 1909 bis September 1910. (ib. —.)
Vierter ... für die Zeit von Oktober 1910 bis September 1912. (ib. Buchdruckerei und Druckschreibbücher-Fabrik G. F. Kath.)

Rechenschaftsbericht d. Steiermärkisch. Kunstgewerbevereins in Graz 1906. 4°
Graz 1907

Rechenschafts-Bericht des Verwaltungs-Ausschusses des Kunstvereins in München für d. Jahr 1877, 1879, 1881. 4°. Cart.
1877: 2 Bll., 84 S.; 1879: 2 Bll., 78 S.; 1881: 2 Bll., 74 S.

Rechenschaftsbericht des Kunstvereines München (anerkannter Verein) f. d. J. 1883, 1884. 4°. Cart.
1883: 2 Bll., 88 S.; 1884: 2 Bll., 87 S.

Rechenschaftsbericht des Kuratoriums des Bukowiner Gewerbemuseums. Czernowitz: Selbstverl. d. Kuratoriums 1889.

Lagerhäuser der Centralschweiz in Aarau und Olten.
1. **Rechenschaftsbericht** pr. 1. April 1873 bis 31. März 1874.
10 Stn. 8. Aarau, Druck v. Christen. 1874.

**Lagerhäuser der Centralschweiz in Aarau und Olten.** 28. u. 29. u. 30. Rechenschafts-Bericht vom 1. Juli 1900 bis 30. Juni 1901 u. vom 1. Juli 1901 bis 30. Juni 1902 u. vom 1. Juli 1902 *bis* 30. Juni 1903. *je* 19 S. 8. [Aarau,] Typ. Aarg. Tagblatt.

**Rechenschafts-Bericht** des Kärntner Landes-Feuerwehr-Verbandes. Klgft., v. Kleinmayr, Leon, 1878—. Quart.

Bad. Landeshilfsverein. 7. Rechenschaftsbericht pro 1882-86. Karlsruhe 1887.

**Rechenschafts-Bericht** des bayerischen Landeshilfsvereins über seine Thätigkeit in den Jahren 1872 und 1873. München 1874. 4°

Rechenschaftsbericht d. bayer. Landeshilfsvereins üb. s. Tätigk. i. d. J. 1874—87. München. 4.

**Rechenschafts-Bericht des bayerischen Landeshilfsvereines über seine Thätigkeit in den J. 1877, 1878 und 1879.** gr. 4. (87 S.) München 880, (Franz'sche Buchh.) * 2 —

**Rechenschafts-Bericht des ob der ennsischen vereinigten Landes-Kollegiums als Vereins-Direktion der wechselseitigen Feuerschaden-Versicherungs-Anstalt im Erzherzogthume Oesterreich ob der Enns für das Assekuranz-Jahr 1854. Linz. Feichtinger'sche Buchdruckerei. (4 Bl. Fol.)** 1855.

**Rechenschaftsbericht des ob der ennsischen vereinigten Landes-Kollegiums als Vereins-Direktion der wechselseitigen Feuerschaden-Versicherungs-Anstalt im Erzherzogthume Oesterreich ob der Enns für das Assekuranzjahr 1855. Feichtinger'sche Buchdruckerei in Linz. (4 Bl. 4.)**

**Rechenschaftsbericht des ob der ennsischen Landes-Kollegiums als Vereins-Direktion der wechselseitigen Feuerschaden-Versicherungs-Anstalt im Erzherzogthume Oesterreich ob der Enns für das Assekuranzjahr 1856. Feichtinger'sche Buchdruckerei in Linz. (5 Bl. 4.)**

Rechenschafts-Bericht der Lebensversicherungs-Anstalt für die Armee und Marine. Nr 2. 3. 5—20. Berlin 1874—92. 8°. (1. Nr 1873.)

**Schweizerische Lebensversicherungs- und Rentenanstalt** (in Zürich). 43. Rechenschaftsbericht für das Jahr 1900. 43 S. 4. Zürich, Zürcher & Furrer, 1901.

**Schweizerische Lebensversicherungs- und Rentenanstalt** (in Zürich). 44. Rechenschaftsbericht für das Jahr 1901. 42 S. 4. Zürich, Zürcher & Furrer, 1902.

**Schweizerische Lebensversicherungs- und Rentenanstalt** (in Zürich). 45. Rechenschaftsbericht für das Jahr 1902. 51 S. 4. Zürich, Zürcher & Furrer, 1903.

**Rechenschafts-Bericht**, 1.—52., der Lebensversicherungsbank für Deutschland. Gotha 1829—80. 4.

Rechenschaftsbericht der Lebensversicherungsbank für Deutschland zu Gotha für 1871-82. 84 und 92. 4°
Gotha 1872-93

— der Lebensversicherungs- und Ersparnisbank in Stuttgart für 1870. 75-77. 79 bis 81. 83. 85. 87. 89-91. 4°
Stuttgart 1871-92

Rechenschaftsbericht der Lebensversicherungs- und Ersparnisbank in Stuttgart 1900-02. 4°
Stuttgart 1901-02

49. Rechenschafts-Bericht der Stuttgarter Lebensversicherungsbank a. G. <Alte Stuttgarter; früher Lebensversicherungs- u. Ersparnis-Bank in Stuttgart> für das Verwaltungsjahr 1903. (1854—1904.) — (Stuttgart 1904: Stuttgarter Vereins-Buchdr.) 70 S. 4° 38 A.

**Leih- und Sparkasse des Bezirks Bischofszell.** Rechenschaftsbericht pr. 1870. 20 S. 4.

**Leih- und Sparkasse des Bezirks Bischofszell.** Rechenschaftsbericht pro 1871. 17 Stn. 4. Bischofszell, C. Schenk.

**Leih- und Sparkasse des Bezirks Bischofszell.** Rechenschaftsbericht pr. 1872. 17 Stn. 4. Bischofszell, Druck v. C. Schenk.

**RECHENSCHAFTSBERICHT** über die Leistungen der Pollichia in den Jahren 1848/49 u. 1849/50 von C. H. SCHULTZ BIPONTINUS. (Ohne bes. Titelblatt. 8°. Aus Walz Jahrbuch für Pharmacie besonders abgedruckt.) 8°.

**Rechenschafts-Bericht** der Mädchen-Tagesheimstätte u. Patronage Klgft., St. Josefs-Druck., 1901—

*Z. d. 3 Verbündeten:* **Rechenschafts-Bericht** des verflossenen Maurerjahres von der Loge zu den 3 Verbündeten in Düsseldorf 1844. 30 S. 8°. 21.

**Rechenschaftsbericht** der sozialdemokratischen Mitglieder des deutschen Reichstages. 8° Zürich, Verlag von A. Herter, Industrie-Halle Riesbach, 1879

Rechenschafts Bericht und Mittheilungen des Kärntnerischen Forstvereins zur Hauptversammlung · 1880-1888
Früher s Mitt d Kärntn. Forstver
Forts s · Mitt d Forstver f Niederösterr Steiermark Krain Küstenland, Kärnten

—— und Mittheilungen des kärntnerischen Forstvereines zur achten Hauptversammlung am 18. Octbr. 1880 in Feldkirchen. gr. 8. (56 S. mit 1 Stnt.) Klagenfurt 880, (Heyn's Buchh.) * 1 60
—— —— dass. — zur neunten Hauptversammlung am 25. Septbr. 1881 in Klagenfurt. gr. 8. (48 S.) (Ebendas.) 881. * — 60

Rechenschaftsbericht des Obergerichtes und des Kassationsgerichtes an den Kantonsrat Zürich 1832 ff 4° u 8°

Rechenschaftsbericht, 40ster, des Obergerichts an den h. Kantonsrath über das Jahr 1870. 97 Stn. 8. Zürich 1871.

41. Rechenschaftsbericht des Obergerichts üb. d. J. 1871. 96 Stn. 8. Zürich 1872.

Rechenschaftsbericht, 42ster, des Obergerichtes an den Zürch. Kantonsrath. 1872. 109 Stn. gr. 8.

43. Rechenschaftsbericht des Obergerichts über d. J. 1873. 101 Stn. 8. Zürich 1874.

Rechenschaftsbericht, 45. des Obergerichtes und des Kassationsgerichtes an den h. Kantonsrath des Kantons Zürich über d. J. 1875. 157 S. 8. Zürich, Genossenschafts-Buchdruckerei.

— — des Obergerichtes und des Kassationsgerichtes pro 1876. 140 S. 8. Zürich, ibidem.

**Rechenschaftsbericht** (49.) des Obergerichtes u. des Kassationsgerichtes an den hohen Kantonsrath des Kantons Zürich über das Jahr 1879. In-8°, 88 und 58 S. Winterthur, Druck von Bleuler, Hausheer & Cie.

Obergericht und Kassationsgericht des Kantons Zürich. 70. Rechenschafts-Bericht über das Jahr 1900. [Mit Beilage.] 189 + *Anhang* 97 S. 8. Winterthur, Geschwister Ziegler, 1901.
*Beilage* s. Auszüge aus Entscheiden.

Obergericht und Kassationsgericht des Kantons Zürich. 71. Rechenschafts-Bericht über das Jahr 1901. [Mit Beilage.] 184 + *Beilage* 82 S. 8 Winterthur, Geschwister Ziegler, 1902
*Beilage* s. Auszüge aus Entscheiden.

**Rechenschaftsbericht des Obergerichtes f. d. Amtsjahre 1870—71. 100 Stn.** Luzern 1875.

Obergericht, Rekurskommission und Kriminalkammer des Kantons Thurgau Rechenschaftsbericht über das Jahr 1900. 28 S. kl.-4 Diessenhofen, C. Forrer, 1901.

Rechenschaftsbericht des Obergerichts des Standes Thurgau 1840-64 4°

Obergericht des Kantons Zug. Rechenschaftsbericht an den h. Kantonsrat... über die Rechtspflege vom Jahre 1900. 34 S. 8. Zug, Zürcher, (1901).

Obergericht des Kts. Zug. Rechenschaftsbericht an den h. Kantonsrat ... über die Rechtspflege vom Jahre 1901. II + 38 S. 8. Zug, W. Zürcher, (1902).

Obergericht des Kantons Zug. Rechenschaftsbericht an den h. Kantonsrat... über die Rechtspflege vom Jahre 1902. [Mit 1 Tabelle.] 33 S. 8. Zug, W. Zürcher, 1903.

**Konsumverein Oberwinterthur.** Rechenschaftsbericht pr. 2. Semester 1872. 8 Stn. 8.

Rechenschafts-Bericht der Konservativen Partei betreffend das Projekt des Rhein-Elbe-Kanals. Berlin Wahlver d Deutschen Konservativen 1899 (24 S ) 8°

XXI Rechenschafts-Bericht des Privat-Sterb-Cassa-Vereins der Beamten der k bayer Verkehrs-Anstalten für das Jahr 1880 München 1881 8° 30 S Cart

**Rechenschafts-Bericht** über das Provisorium der deutschkatholischen Gemeinde zu Dresden. O. O. 1845. V: *Wigard, Frz.* (Kat. d. stat. Bureaus. Dresden 1890.)

**Rechenschafts-Bericht** und Rechnungsabschluss der kärntnerischen Landes-Viehversicherungsanstalt Klgft., v Kleinmayr, 1903-- Quart.

Rechenschaftsbericht der Regierung an die gesetzgebende Behörde des Kts. Solothurn 1847-95

XIX. Rechenschaftsbericht des Regierungsrathes d. Kantons Appenzell-Ausserrhoden, vom Amtsjahr 1877/78. In-8°, 229 S. Mit Tabellen. 1878

**Rechenschaftsbericht**, zwanzigster, des Regierungsrathes des Kantons Appenzell-Ausserrhoden an den Kantonsrath, vom Amtsjahre 1878/79. In-8°, 195 S. mit Tabellen.

**Rechenschaftsbericht** (XXI.) des Regierungsrathes des Kantons Appenzell A.-Rh. an den Kantonsrath vom Amtsjahre 1879/80. In-8°, 176 S., mit 33 Tabellen. Herisau, Kantonskanzlei. 1. —

**Rechenschaftsbericht**, Dreiundzwanzigster, des Regierungsrathes des Kantons Appenzell A. Rh. an den Tit. Kantonsrath, vom Amtsjahre 1881—82. In-8°, 157 S. und 35 Tabellen.

Neunundzwanzigster Rechenschaftsbericht des Regierungsrates an den Kantonsrat von Appenzell A.-Rh. vom Amtsjahre 1887—88. In-8°, 179 S. mit 25 Tabellen. Herisau, M. Schläpfers Buchdruckerei.

Rechenschaftsbericht, 34., des Regierungsrates an den Kantonsrat von Appenzell vom Amtsjahre 1892—93. In-8°. Herisau, Druck von Schläpfer & Cie.

Rechenschaftsbericht, fünfunddreissigster, des Regierungsrates an den h. Kantonsrat v. Appenzell A. Rh. vom Amtsjahre 1893—94. In-8°. 243 S. Herisau, Schläpfer & Cie.

Rechenschaftsbericht, 36., des Regierungsrates an den h. Kantonsrat von Appenzell A. Rh. vom Amtsjahre 1894/95. In-8°. 243 S. Herisau, Schläpfer & Co.

Rechenschaftsbericht, 37., des Regierungsrates an den h. Kantonsrat von Appenzell A. Rh. vom Amtsjahr 1895—96. In-8°. 259 S. Herisau, Druck von Schläpfer & Co.

— 38., des Regierungsrates a. d. h. Kantonsrat v. Appenzell A. Rh. vom Amtsjahre 1896/97. In-8°. 254 S. Herisau.

[C]Kanton Appenzell A. Rh. 42. Rechenschaftsbericht des Regierungsrates vom Amtsjahre 1900/1901. 320 S. 8. Herisau, Schläpfer & Cie., 1901.

Kanton Appenzell A. Rh. 43. Rechenschaftsbericht des Regierungsrates vom Amtsjahre 1901/1902. 307 S. 8. Herisau, Schläpfer & Cie., 1902.

Rechenschaftsbericht des Regierungrates und Kantonsgerichts an den h. Kantonsrat d. eidg. Standes Schwyz. 1 ff. 1848 ff. Schwyz.

22ster Rechenschaftsbericht des Regierungsrathes und Kantonsgerichts des eidgen. Standes Schwyz über das Jahr 1869. 98 und XXII Stn. und 8 Tabellen.

23. Rechenschaftsbericht des Regierungsrathes und Kantonsgerichtes des eidg. Standes Schwyz über das Jahr 1870. 77 u. XXIV Stn. 8. mit Tabellen.

24. Rechenschaftsbericht des Regierungsrathes und Kantonsgerichtes des eidg. Standes Schwyz über d. J. 1871. 87 und XXXV Stn. 8. mit vielen Tabellen.

25. Rechenschaftsbericht des Reg.-Rathes u. Kantonsgerichtes des eidg. Standes Schwyz üb. d. J. 1872. 110 u. XXV Stn. 8. nebst Tabellen.

26. Rechenschaftsbericht d. Regierungsrathes und Kantonsgerichtes des eidgen. Standes Schwyz üb. d. J. 1873. XV, 145 Stn. 8. Schwyz, Druck v. J. Bürgler-Römer.

Rechenschaftsbericht, 27., des Regierungsrathes und Kantonsgerichts vom Jahr 1874. 8. Beigefügt: Staatsrechnung des Kantons Schwyz für das Jahr 1874. 4. Schwyz, Druk von J. Bürgler-Römer.

([C]Kanton) Schwyz. 53. Rechenschaftsbericht des Regierungsrates und Kantonsgerichts des eidgenössischen Standes Schwyz über das Amtsjahr 1900. ([Mit 4 Tabellen und] Anhang.) 216 + 31 + 37 + *Anhang* LVI S. 8. Schwyz, Caspar Triner & Co., 1901.

(Kanton) Schwyz. 54. Rechenschaftsbericht des Regierungsrates und Kantonsgerichts des eidgenössischen Standes Schwyz über das Amtsjahr 1901. ([Mit 4 Tabellen und] Anhang.) 219 + 34 + 48 + *Anhang* LVI S.
*Anhang* s. Schwyz, Kanton. Staatsrechnung.

(Kanton) Schwyz. 55. Rechenschaftsbericht des Regierungsrates & Kantonsgerichts des eidgenössischen Standes Schwyz über das Amtsjahr 1902. [Mit 4 Tabellen und Anhang.] 225 + 36 + 40 + *Anhang* LX S. 8. Schwyz, Caspar Triner & Cie., 1903.

Rechenschaftsbericht des Regierungsrates an den Zürcherischen Kantonsrat über 1831, 35-39, 41-42, 44-45, 47-95. Zürich und Winterthur.

Rechenschaftsbericht des Regierungsrathes an den zürcher. Kantonsrath 1870. 336 Stn. gr. 8.

Rechenschaftsbericht des Regierungsrathes an den Zürcher Kantonsrath, 1871. 383 Stn. 8.

Rechenschaftsbericht des Regierungsrathes an den Zürch. Kantonsrath. 1872. 393 Stn. gr. 8.

Rechenschaftsbericht des Regierungsrathes an den Kantonsrath. 390 Stn. gr. 8. Zürich 1873.

Rechenschaftsbericht des Regierungsrathes an den zürcher. Kantonsrath 1874. 412 Stn. 8. Zürich, Druck der Genossenschaftsbuchdruckerei

Rechenschaftsbericht d. Regierungsrathes an den Zürcherischen Kantonsrath. 1875. gr. 8. Zürich, Genossenschafts-Buchdruckerei.

Rechenschaftsbericht des Regierungsrathes pro 1876. S. 1—348. 8. Zürich, Genossenschafts-Buchdruckerei.

Rechenschaftsbericht des Regierungsrathes pro 1876. S. 343—492. 8. Zürich, Druck der Genossenschaftsdruckerei.

Rechenschaftsbericht des Regierungsrathes an den zürch. Kantonsrath, 1884. In-8°, 520 S. Winterthur, Buchdr. Bleuler-Hausheer & Cie.

([C]Kanton Zürich.) Rechenschafts-Bericht des Regierungsrates 1900. IV + 640 S. 8. Winterthur, Geschwister Ziegler, 1901.

(Kanton Zürich.) Rechenschafts-Bericht des Regierungsrates 1901. IV + 552 S. 8. Winterthur, Geschwister Ziegler, 1902.

(Kanton Zürich.) Rechenschafts-Bericht des Regierungsrates 1902. IV + 564 S. 8. Winterthur, Geschwister Ziegler, 1903.

Rechenschaftsbericht des Regierungsrathes und Obergerichtes an den Grossen Rath üb. d. J. 1872. 119 u. 24 Stn. gr. 8. mit Tabellen. Zug 1873.

Rechenschaftsbericht des Regier.-Rathes u. Obergerichts üb. d. J. 1873. 94, XVII u. 23 Stn. 8. nebst Tabellen. Zug 1874.

Rechenschaftsbericht des Regierungsrathes und Obergerichtes des eidgen. Standes Zug an den Kantonsrath desselben über das Amtsjahr 1874.

Rechenschaftsbericht d. Regierungsr. und Obergerichtes d. eidgen. Standes Zug 1875. 129 Stn. — Staatsrechnung des eidgen. Standes Zug f. 1875. XVI Stn., Rechenschaftsbericht des Obergerichtes 1875. 31 Stn. Zus. 1 Bd. 8.

Rechenschaftsbericht des Regierungsrathes und Obergerichtes des eidg. Standes Zug an den Kantonsrath desselben über das Amtsjahr 1876. 126, XVI und 42 S. 8. Zug, Staatskanzlei.

Rechenschaftsbericht d. Regierungsrathes u. Obergerichts des eidgen. Standes Zug, über d. Amtsjahr 1877. In-8°, 136, XX. u. 58 S.

Rechenschaftsbericht d. Regierungsrathes u. Obergerichts des eidg. Standes Zug an den Kantonsrath desselben über d. Amtsjahr 1882. In-8°, 147 u. XXXI u. 24 u. 19 S.

[C]Kanton Solothurn. 65. Rechenschafts-Bericht des Regierungsrates. Für das Jahr 1900. [Mit 16 Tabellen.] 450 S. 8. Solothurn, Buch- und Kunstdruckerei Union, 1901.

Kanton Solothurn. 66. Rechenschafts-Bericht des Regierungsrates. Für das Jahr 1901. [Mit 16 Tabellen.] 352 S. 8. Solothurn, Gassmann, Sohn, 1902.

Kanton Solothurn. 67. Rechenschafts-Bericht des Regierungsrates. Für das Jahr 1902. [Mit 14 Tabellen.] 350 S. 8. Solothurn, Zepfel, 1903.

Rechenschaftsbericht des Regierungsrates über die Staatsverwaltung des Kantons Aargau. 1841 ff. 4°

Rechenschaftsbericht des Regierungsrathes über die Staatsverwaltung i. J. 1873. 172 Stn. 4. u. 38 Beilagen. Aargau 1874.

— des Regierungsrates der Staats-Verwaltung des Kantons Aargau im Jahr 1883. In-4°, 146 S., mit 32 Beilagen. Muri, Buchdruckerei von J. B. Keller.

[C]Kanton Aargau. Rechenschaftsbericht des Regierungsrates über die Staats-Verwaltung pro 1900. VI + 379 S. 8. Brugg, «Effingerhof», 1901.

Kanton Aargau. Rechenschaftsbericht des Regierungsrates über die Staats-Verwaltung pro 1901. VI + 362 S. 8. Brugg, «Effingerhof», 1902.

Kanton Aargau. Rechenschaftsbericht des Regierungsrates über die Staats-Verwaltung pro 1902. VI + 397 S. 8. Brugg, «Effingerhof A.-G.», 1903.

Rechenschaftsbericht des Regierungsrates des Kantons Thurgau an den Grossen Rat über 1837 ff. Frauenfeld. 8° u. 4°

Rechenschaftsbericht des Regierungsrathes des Kantons Thurgau an den Grossen Rath desselben über d. J. 1869—70. 231 Stn. 8. mit Tabellen.

Rechenschaftsbericht des Regierungsrathes des Kts. Thurgau üb. d. J. 1871. 202 Stn. 8. u. Tabellen.

Rechenschaftsbericht des Reg.-Rathes an den h. Grossen Rath üb. d. J. 1872. 224 Stn. gr. 8. mit vielen Tabellen. Thurgau 1873.

Rechenschaftsbericht des Regierungsrathes des Kantons Thurgau an den grossen Rath desselben über das Jahr 1874. 204 Stn. 8. Frauenfeld, Druck von J. Huber.

Rechenschaftsbericht des Regierungsrathes des Kantons Thurgau an den Grossen Rath desselben über das Jahr 1875. 232 S. gr. 8. Frauenfeld, Druck von J. Huber.

Rechenschaftsbericht des Regierungsrathes des Kantons Thurgau an den Gr. Rath desselben über d. J. 1876. 260 S. 8. Frauenfeld, Druck von J. Huber.

Rechenschaftsbericht des Regierungsrathes des Kantons Thurgau üb. das Jahr 1878. In-8°. Frauenfeld, J. Huber.

— des Regierungsrates des Kantons Thurgau an den Grossen Rat desselben über das Jahr 1883. In-8°, 222 S. Frauenfeld, J. Huber.

[C]Kanton Thurgau. Rechenschaftsbericht des Regierungsrates über das Jahr 1900. 296 S. 8. Frauenfeld, Huber & Co., 1901.

Kanton Thurgau. Rechenschaftsbericht des Regierungsrates über das Jahr 1901. 279 S. 8. Frauenfeld, Huber & Co., 1902.

Rechenschaftsbericht des Regierungsrates des Kantons Zug an den Kantonsrat. 1848 bis 1895. 4° und 8°

Rechenschaftsberichts des eidg. Standes Zug üb. d. J. 1871. 119 u. 23 Stn. 8. Zug 1872.

(Kanton) Zug. Rechenschaftsbericht des Regierungs-Rates des eidg. Standes Zug über das Amtsjahr 1900. [12 Teile. — Mit 21 Tabellen.] (zus. 213 S.) 8. (1901.)

[Teil 1:] Bericht der Direktion des Innern für das Jahr 1900. Zug, Zürcher. — [Teil 8:] Bericht über das Militärwesen ... für das Jahr 1900. Zug, J. Kündig. — [Teil 10:] Bericht über das Sanitätswesen ... für das Jahr 1900. Zug, Zürcher. — [Teil 12:] Staats-Rechnung ... für 1900.

(Kanton) Zug. Rechenschaftsbericht des Regierungs-Rates des eidg. Standes Zug über das Amtsjahr 1901. ([Mit 14 Tabellen und 2 Anhängen:] Staats-Rechnung für 1901 [und] Bericht über das Finanzwesen pro 1901.) II + 143 + *Anhänge* LI + 19 S. 8. (*S. 61 u. 101:* Baar, Hotz & Huwiler), (1902).

—— der Allgemeinen Renten- und Lebensversicherungsanstalt zu Darmstadt für die J. 1885—87. 8. (à Jahrg. 32 S.) Hannover u. Celle: Schulbuchhandl. à Jahrg. *

Rechenschaftsbericht des Verwaltungsrathes der allgemeinen Rentenanstalt zu Stuttgart für 1876, 77, 81–88.

—— der Allgemeinen Renten-Anstalt zu Stuttgart für die J. 1885—87. 8. (à Jahrg. 32 S.) (Ebendas.) à Jahrg. *

**Rechenschaftsbericht** der schweizerischen Rentenanstalt. 1-38. 1858-95. Zürich 4°

13. Rechenschaftsbericht der schweiz. Rentenanstalt f. 1870. Zür.. Bürkli. 27 S. 4.

**Rechenschaftsbericht**, 26., der schweizerischen Rentenanstalt für das Jahr 1883. In-4°, 20 S., mit Beilagen. Zürich, Bürkli.

**Rechenschaftsbericht**, 27., der schweiz. Rentenanstalt für das Jahr 1884. In-4°, 17 S., mit Beilagen. Zürich, Bürkli.

**Rechenschaftsbericht der Preußischen Renten-Versicherungs-Anstalt zu Berlin für die J. 1885—87. 8. (à Jahrg. 32 S.) Hannover und Celle, (Schulbuchhandlung.) à Jahrg. ***

—— der Sächsischen Rentenversicherungsanstalt zu Dresden für die J. 1885—87. 8. (à Jahrg. 32 S.) (Ebendas.) à Jahrg. *

**Rechenschaftsbericht über die Rettungsarbeit der Jahre 1878 u. 1879 an entlassenen und prostituirten Mädchen sowie 1. Bericht über das Haus Bethabara zu Weissensee bei Berlin, der Durchgangsstätte zu einem geordneten Arbeitsleben. — Berlin 1880: Kath. 8°**
**1880, 1881, 1884, 1888, 1889, 1891, 1893-95, 1899, 1902, 1904, 1906, 1907, 1909-11, 1913-28**

**Ersparniskasse Rheinfelden. Rechenschaftsbericht vom 1. Juli 1900 bis 30. Juni 1901. 59. Geschäftsjahr. 24 S. 4. Rheinfelden, U. Herzog, 1901.**

Ersparniskasse Rheinfelden. Rechenschaftsbericht vom 1. Juli 1901 bis 30. Juni 1902. 60. Geschäftsjahr. 24 S. 4. Rheinfelden, G. Zimmermann, 1902.

**Ersparniskasse Rheinfelden. Rechenschaftsbericht vom 1. Juli 1902 bis 30. Juni 1903. 61. Geschäftsjahr. 24 S. 4. Rheinfelden, U. Herzog, 1903.**

Rechenschaftsbericht d. württemberg. Sanitäts-Vereins üb. s. Tätigk. während d. Krieges 1870/71. Stuttgart 1872. 4.

. Schwäbischer Schillerverein Marbach-Stuttgart. 1.—7. 9.—16. **Rechenschaftsbericht.** Marbach: Remppis 1897–1912.

**Rechenschaftsbericht des Schutzvereines für entlassene Sträflinge in Deutsch-Tirol und Vorarlberg. Innsbruck, 1856. Vereins-Buchdruckerei des Johann Aufschlager. (2 Bl. 4.)**

**Lebensversicherungsgesellschaft „die Schweiz“ in Lausanne.** 12. Rechenschaftsbericht über die vierjährige Geschäftsperiode 1867—70. Berlin, Druck v. G. Bernstein. 12 Stn. 4. 1871.

**Vereinigte Schweizerbahnen. Union Suisse. 15.** Rechenschaftsbericht f. 1871. 58 Stn. 4 mit 7 Tabellen. St. Gallen, Zollikofer'sche Buchdr.

**Vereinigte Schweizerbahnen — Union Suisse. 16.** Rechenschaftsbericht pr. 1872. 54 Stn. 4. St. Gallen, Zollikofer'sche Buchdr.

**Vereinigte Schweizerbahnen — Union Suisse.** 17. Rechenschaftsbericht pr. 1873. 70 Stn. 4. mit 8 Tabellen. St. Gallen, Zollikofer'sche Buchdr.

**Vereinigte Schweizerbahnen. (Union Suisse.) 44. Rechenschaftsbericht umfassend das Jahr 1900. II + 93 S. 4. St. Gallen, Zollikofer, 1901.**

Seemannshaus für Unteroffiziere und Mannschaften der Kaiserl. Marine. E. G. m. b. H. **Rechenschaftsbericht** für das 6. Geschäftsjahr ff. 1901 ff. Berlin. 1902 ff. 8°

**Rechenschaftsbericht, 28ster — der steiermärkischen Sparkasse, über die Ergebnisse ihres Verkehrs in dem Rechnungsjahre vom 15. Mai 1852 bis 15. Mai 1853, Vorgetragen in der Vereins-Versammlung am 10. Juni 1853 von Ignaz Dissauer, Obervorsteher. 4. Gratz. Druck von A. Leykam's Erben. 1853.**

Rechenschafts-Bericht der steiermärkischen Sparkasse in Gratz mit Ende des 30. Gesellschaftsjahres vom 15. Mai 1854 bis 14. Mai 1855. Vorgetragen in der Versammlung am 2. Juli 1855. Gratz, 1855. Druck und Papier von A. Leykams Erben. (12 Bl. 4.)

**Rechenschaftsbericht** über die Staatsverwaltung und Rechtspflege des Standes Uri. 1878-85.

Kanton Uri. Rechenschaftsbericht über die Staatsverwaltung und Rechtspflege in den Jahren 1900 und 1901. [Mit 24 Tabellen.] 179 S. 8. Altdorf, Gisler & Cie., 1902.

**Leihkasse Stäfa. 28. u. 29. u. 30. Rechenschaftsbericht umfassend das Jahr 1900 u. 1901 u. 1902. *je* 15 S. 8. Stäfa, E. Gull, (1901) u. Buchdr. Stäfa A.-G., (1902 u. 1903).**

Eilfter Rechenschaftsbericht der Standeskommission des Kantons Appenzell-Ausserrhoden an den Tit. Grossen Rath vom Amtsjahre 1869/70. 108 Seiten und 25 Tabellen. 8.

12. Rechenschaftsbericht der Standeskommission des Kt. Appenzell-Ausserrhoden an den Grossen Rath v. J. 1870—71. 173 Stn. 8. u. 25 Tabellen.

13. Rechenschaftsbericht der Standeskommission des Kts Appenzell-Ausserrhoden an den tit. Gr. Rath v. J. 1871/72. 139 Stn. 8. und Tabellen.

**Rechenschaftsbericht, 14., der Standeskommission des Kts. Appenzell-Ausserrhoden an den Gr. Rath v. Amtsjahre 1872—73. 150 Stn. 8. und 24 Tabellen.**

Rechenschaftsbericht der Standeskommission von Appenzell-Ausser-Rhoden. pr. 1873/74. 161 Stn. u. 19 Tabellen.

**Rechenschaftsbericht, 16. der Standeskommission von Appenzell-Ausserrhoden an den Tit. Grossen Rath, vom Amtsjahr 1874—75. 169 Stn. 8.**

**Appenzell A. Rh. 18. Rechenschaftsbericht** der Standeskommission an den Tit. Kantonsrath vom Amtsjahre 1876/77. 271 S. 8. Herisau, Druck von Schläpfer. 1877

[**Rechenschafts-Bericht der Sterbekasse für Brr. Freimaurer in Hamburg.**] Juni 1897; Juni 1898. 21.

Rechenschaftsbericht des Kaufmännischen Vereins Stuttgart für 1876. 83 bis 1900. Stuttgart 1876-1900

Rechenschaftsbericht d. Kaufm. Vereins Stuttgart. 1900-13. Stuttgart 1901-13

Die Reichtstags-Session(en) 1906/1907 ff. **Rechenschaftsbericht** (über die Tagung des Reichstages) hrsg. vom Bureau der Reichspartei. Berlin 1907 ff. 8°
1906/1907, 1907. 1907-08, 1908. 1908/09 Tl 1. 2. 1909.

**Rechenschaftsbericht** üb. die Tagung des Reichstages 1908—09. Hrag. vom Bureau der Reichspartei. 2 Tle. 8. Berlin, H. Bahr Verl. 1909 1. —
1. (V, 64 S.) — 2. Finanzreform. (IV, 84 S.)

[Rechenschaftsbericht] über die Thätigkeit der Westsibirischen Abtheilung der Kaiserlichen Russischen Geographischen Gesellschaft in den Jahren —. 1898 —1901. Omsk 1902 ff. 8°.

Rechenschaftsbericht üb. d. 18jähr. Thätigkeit d. Gewerbevereins in Kirchheim u. T. Kirchheim 1870

**Rechenschaftsbericht** üb. d. Tätigkeit der von d. Landwirtschaftskammer f. d. Reg.-Bez. Cassel ernannten Ackerbaukommission zur Ausführung von Düngungs- u. Anbauversuchen 1905 ff. Marburg 1906 ff. 8°

**Rechenschafts-Bericht** über die Thätigkeit der Aerztekammer für Kärnten vom 22. Juli 1893 bis 30. Juni 1896. Klgft., Röschnar, 1896. 49 S.

**Rechenschafts-Bericht** über die Thätigkeit der Aerztekammer für Kärnten. 1896—99. Klgft., Röschnar, 1899. 95 S. (Verf.: Alois Smoley.)

**Rechenschafts-Bericht** erstattet v. d. Vorstande (1896 ff.: Rechenschafts-Bericht über d. Tätigkeit) der Gesellschaft zur Förderung deutscher Wissenschaft, Kunst u. Literatur in Böhmen. 1891 ff. Prag.

**Rechenschafts-Bericht** über die Thätigkeit des Kärntner Industrie- u. Gewerbevereines. Klgft., Leon, (1850)—.

**Rechenschaftsbericht** über die Tätigkeit der von der Landwirtschaftskammer ernannten Kommission zur Ausführung von Düngungs- u. Anbauversuchen. [1.] Im J. 1902. *Cassel 1903: Weber & Weidemeyer.* (40 S.) 8° [F.] [03. 1009, 4

**Rechenschafts-Bericht** über die Thätigkeit des Central-Comité für die land- u. forstwirthschaftliche Statistik des Königr. Böhmen im Jahre 1868. Prag 870. (Calve.) 4. (76 S. mit 6 chromolith. Karten in qu. Fol.) n.n. 20 *ngr.*

— — 1869. Ebend. 870. hoch 4. (XLIII, 41 S. mit 7 chromolith. Karten in Fol.) n. 1 *ß*
Erschien auch in böhm. Sprache zu demselben Preise.

Rechenschaftsbericht über die Thätigkeit des Central-Comite für die land- und forstwirthschaftliche Statistik des Königreichs Böhmen im Jahr ... - Prag. 1869-1870.
Forts. s.: Mitt. d. Comité f. d. land- u. forstwirtsch. Statistik

Rechenschaftsbericht über die Thätigkeit des Zentralvorstandes des Gewerbevereins für Nassau für 1872-73. Nassau 1872-73

**Rechenschaftsbericht** über die Tieferlegung des Lungernsees, 1834-36.

**Rechenschaftsbericht** über die Verdienste der Luzerner Radikalen um die katholische Kirche. Luzern 1871. V: *Meyer, Jac.* (Cat. der Stadtbibl. Zürich. Zürich 1864—97.)

**Rechenschaftsbericht** des unter dem Protektorat Ihrer Kgl. Hoheit der Frau Kronprinzessin (später: Ihrer Majestät d. Kaiserin u. Königin) stehenden Berliner Vereins (3-39: — Lette-Vereins) zur Förderung der Erwerbsfähigkeit (3-37: — zur Förderung höherer Bildung u. Erwerbsfähigkeit) d. weibl. Geschlechts (38. 39: des ... Lette-Vereins). 2. 1867-39. 1911. — Berlin 1868-1911. 8°

Rechenschaftsbericht des Vereins zur Fürsorge für Fabrikarbeiterinnen für 1867-68. Stuttgart 1868

**Rechenschafts-Bericht** des Vereines zur Gründung u. Erhaltung der kärntner. Idioten-Anstalt zu Klgft. Klgft., St. Josefs-Druck., 1899—.

XVIII. Rechenschaftsbericht des Vereines für homöopathische Heilzwecke in München über das 26. u. 27. Vereinsjahr 1881—1882, nebst einer geschichtl. Skizze. München 1883. 8°. 18 S. Cart.

**RECHENSCHAFTSBERICHT DES HISTORISCHEN VEREINS VON OBERPFALZ UND REGENSBURG**
für die Jahre 1878. 1879. 1880. 1881. 1882. 1883. (Mit 5 Beilagen.) ib. 1884. Druck von J. & K. Mayr.

**RECHENSCHAFTSBERICHT DES HISTORISCHEN VEREINES VON OBERPFALZ UND REGENSBURG**
für das Jahr 1884 — für das Jahr 1885. (Mit Beilagen.) Stadtamhof. 1885—1886. Druck von J. & K. Mayr. 8°.

— des Vereins zur Pflege verwundeter u. erkrankter Soldaten im Königr. Sachsen auf das Vereinsjahr 1866—1867. Dresden 867. am Ende. gr. 8. (III, 95 S.) n. 10 *ngr.*

Rechenschaftsber. d. Vereins z. Pflege verwund. u. erkr. Soldaten i. Königr. Sachsen 1886—87. Dresden.

Rechenschafts-Bericht über den Verein des heiligen Vincenz von Paul in Linz für das Solarjahr 1854. Linz. Feichtinger'sche Buchdr. (2 Bl. 4) 1855.

**Rechenschaftsbericht** des Vereinsausschusses und Protokoll der ordentlichen Generalversammlung des Vereins der Montan-, Eisen- und Maschinen-Industriellen in Österreich. Jg. 1890—1903. Wien, 1891—1904.

**Rechenschaftsbericht** [der] Württembergischen Vereinsbank über die ersten 25 Geschäftsjahre 1869—93. [Stuttgart, März 1894.] V: *Steiner, Kilian.* (Kat. der ständ. Bibl. Stuttg. 1907. S. 349.)

**Rechenschafts-Bericht** der Vereinsleitung des Landes- u. Frauen-Hilfs-Vereines vom Roten Kreuze für Kärnten. Klgft., v. Kleinmayr, Bertschinger, Gutenberghaus, 1880—.

Gewerbe-Verein, mährischer, in Brünn. Rechenschaftsbericht über die Vereinsthätigkeit im Jahr 1885 und 1893-94. Brünn 1886-94

Rechenschafts-Bericht über die Vereinstätigkeit in der abgelaufenen zehnjährigen Verwaltungsperiode (1867 – 1877) . . . des Kronprinz-Rudolf-Vereines Czernowitz Verl. d. Vereins 1877.

**Rechenschaftsbericht über den Vermögensstand, die Gebahrung und den Betrieb der Privat-Eisengewerkschaft Achthal und Hammerau, so wie über den Vermögensstand ihrer Stiftungen in den Triennium 1853, 54, 55./54, 55, 56. Für die Plenarversammlung im Mai 1857. Zaunrithscher Dr. in Salzburg. (18 S. 7 Bl. Halbfol.)**

— der allgemeinen Versorgungsanstalt im Grossherzogtum Baden zu Karlsruhe für 1882-91. 4° Karlsruhe 1883-92

Rechenschaftsbericht über die Verwaltung des Munizipiums Blumenau:
no. 1, 1904? - ?
Annual report of the municipal government. Octavo, each 32, pages
Blumenau

**Rechenschaftsbericht** über die Verwaltung des Munizipiums Blumenau i. J. 1905. Vom Superintendenten d. Kammer erstattet in d. Sitzg v. 6. Febr. 1906. Blumenau ⟨Brazil⟩ ('06).

— 45a, 46a. 48. Rechenschaftsbericht der Verwaltung der Bayerischen Hypotheken- u. Wechselbank für d. J. 1880, 81, 83. München 1881, 1882, 1884. 4°. Cart.
1880 45 S., 4 Bll. 1881 41 S., Bll. 1883 41 S., 4 Bll.

Rechenschafts-Bericht der Verwaltung der Bayer[ischen] Hypotheken- und Wechsel-Bank München für das Geschäftsjahr 1905. — München (1906): Wild. 92 S. 4° [Umschlagt.:] 1835—1905. 70 (Jahre) Bayer. Hypotheken- u. Wechsel-Bank.

**Rechenschaftsbericht** über die Verwaltung der Zürcher Kantonalbank, s. Rechenschaftsbericht der Zürcher Kantonalbank.

**Pensions-Verein f. Wittwen u. Waisen bayer. Aerzte.** — Rechenschafts-Bericht über die Verwaltung des Pensionsvereins etc. im 25. Verwaltungs-Jahre 1877. München 1878. 8°. 13 S. Cart.

**Rechenschaftsbericht** über die Verwaltung des Staatsrathes des Kantons Freiburg, 1848-88.

*Rechenschafts - Bericht* über die Verwaltung des Staatsrathes des Kantons Freiburg im Jahre 1877. In-8°, 404 S. mit vielen Tabellen. Freiburg (Schweizer.-katholische Buchdruckerei) 1878.

**Rechenschafts-Bericht über die Verwaltung des Staatsrathes des Kantons Freiburg im Jahre 1878. In-8°, 380 S. mit vielen Beilagen. Freiburg, Schweizer. kathol. Buchdruckerei.**

**Rechenschafts - Bericht** über die Verwaltung des Staatsrathes des Kantons Freiburg im Jahre 1879. In-8°. XVII und 387 S. mit 35 Tabellen. Freiburg, Schweiz. katholische Buchdruckerei.

**Rechenschafts - Bericht über die Verwaltung des Staatsrathes des Kantons Freiburg im Jahre 1881. In-8°, XXIX u. 307 S. 1882. Freiburg, Buchdruckerei des heiligen Paulus.**

**Rechenschafts-Bericht** über die Verwaltung d. Staatsrathes des Kant. Freiburg im Jahr 1882. In-8°, 362 S. Freiburg, Buchdruckerei des heil. Paulus, 1883.

**Rechenschaftsbericht** über die Verwaltung d. Staatsrathes des Kantons Freiburg im J. 1884. In-8°, 23 u. 372 S., mit vielen Tabellen. Freiburg, Buchdr. des Werkes vom hl. Paulus.

Rechenschaftsbericht über die Verwaltung des Staatsrathes des Kantons Freiburg im Jahr 1885. In-8°, XXX u. 403 S., mit 29 Tabellen. Freiburg, Buchdruckerei des Werkes vom hl. Paulus.

— Rechenschaftsbericht über die Verwaltung des Staatsrathes des Kantons Freiburg im Jahre 1886. In-8°, XI u. 426 S., nebst 31 Tabellen. Freiburg, Buchdruckerei des Werkes vom hl. Paulus.

[*Kopft.*] [*f.*] **Rechenschafts-Bericht** über die Verwaltung des Stipendienfonds auf der Königl. Rheinischen Friedrich-Wilhelms-Universität zu Bonn während der Jahre 1866, 1867 und 1868. (*Am Ende:* Bonn, d. 29 Juni 1869. Der Königl. Curator *etc.*) (Bonn, Druck v. C. Georgi 1869.) 2 Bl. 2.

Vorh.unt.d.T.:Rechenschaftsbericht über den Zustand des Stipendienwesens...

**Rechenschaftsbericht** des Verwaltungsausschusses des Kunstvereins in München, s. Rechenschaftsbericht des Kunstvereines [in] München.

... **Rechenschafts-Bericht** des Verwaltungs - Ausschusses für das Mutterhaus zur Ausbildung von Krankenpflegerinnen in Kiel 1. -18. Kiel. 1874-91.
Fortges. u. d. T.: ... Rechenschafts-Bericht des Vorstandes des Anschar-Schwestern- und Krankenhauses in Kiel. 19. ff. für das Jahr 1891 ff. Kiel. 1892 ff.

Rechenschafts-Bericht des Verwaltungs-Kommitees des I. Czernowitzer Volksküchenvereines. Czernowitz: Selbstverl. 1877/1879.

**Rechenschaftsbericht** des Verwaltungsrathes der Toggenburger Bahn, s. Rechenschaftsbericht d. Toggenburger Bahn.

**Rechenschaftsbericht** des Verwaltungsrathes der Allgem. Renten-Anstalt zu Stuttgart, s. Rechenschaftsbericht der Allgem. Renten-Anstalt zu Stuttgart.

Rechenschaftsbericht über die Verwendung der Liebesgaben, gesammelt vom Hülfsausschusse zur Unterstützung der Opfer des Sonderbundskrieges im Aargau. (Aarau, den 18. Oktober 1850.) 8. *o. O.*

**Rechenschaftsbericht des Vorstandes der allg. aarg. Ersparnisscasse, umfassend den Zeitraum Juni 1879 bis Juni 1880. In-4°. Aarau, Sauerländer.**
Vgl.Rechenschaftsbericht d.Allg.Aarg. Ersparniss-Casse.

**Rechenschaftsbericht des Vorstandes der Allgem. Aarguauischen Ersparnisscasse. Ueber den Zeitraum 1. Juli 1880 — 30. Juni 1881. 4°. 24 S. Aarau, H. R. Sauerländer.**

**Rechenschaftsbericht** des Vorstandes der allgemeinen aargauischen Ersparniss-Kasse. 1. Juli 1881 bis 30. Juni 1882. In-4°, 22 S. Mit Tabellen. Aarau, H. R. Sauerländer.

**Rechenschaftsbericht** des Vorstandes d. aargauischen Ersparniss-Casse an den Verwaltungsrath umfassend den Zeitraum vom 1. Juli 1883 bis 30. Juni 1884. In-4°, 26 S. Aarau, Sauerländer.

Rechenschaftsbericht des Vorstandes der allgem. aargauischen Ersparnisscasse pro 1884—1885. In-4°, 30 S. Aarau, Sauerländer.

-- des Vorstandes der allgemeinen aargauischen Ersparniss-Kasse an den Verwaltungsrath pro 1885/86. In-fol., 28 S. Aarau, H. R. Sauerländer.

Rechenschaftsbericht des Vorstandes der Allgemeinen Aargauischen Ersparniss-Casse pro 1886/87. Gr. in-4°, 30 S. Aarau. H.R Sauerländer.

Rechenschaftsbericht des Vorstandes der allgemeinen aarg. Ersparnisskasse in Aarau an den Verwaltungsrath, pro 1887/88. Hoch-4°, 28 S. mit Tabellen. Aarau, ebendas.

**Rechenschafts-Bericht** erstattet v. d. Vorstande (1896ff.: Rechenschafts-Bericht über d. Tätigkeit) der Gesellschaft zur Förderung deutscher Wissenschaft, Kunst u. Literatur in Böhmen. 1891ff. Prag.

RECHENSCHAFTS-BERICHT DES VORSTANDES DER JURISTISCHEN GESELLSCHAFT ZU BERLIN für das Vereins-Jahr 1862/63. (Ohne bes. Titelblatt. Druck von G. Jansen in Berlin.) 4°.

... Rechenschafts-Bericht des Vorstandes der Herberge zur Heimath in Kiel
4. v. 1. Jan. bis 31. Dec. 1875. Kiel. 1876;
5. v. 1. Jan. 1876 bis 31. Dec. 1877. Ebd. 1878;
6. v. 1. Jan. 1878 bis 31. Dec. 1880. Ebd. 1881;
7. v. 1. Jan. bis 31. Dec. 1881. Ebd. 1882;
9. v. 1. Jan. bis 31. Dec. 1883. Ebd. 1884;
11. - 17., 1885-91. Ebd. 1886-92;
18. v. 1. Jan. 1892 bis 31. Dec. 1893. Ebd. 1894. 8°

**Gasbeleuchtung Wädensweil. 2. Rechenschaftsbericht, umfassend den Zeitraum vom 2. Januar 1875 — 3. Januar 1876. 4 S. 4.**

**Rechenschaftsbericht** der Wiesen- und Wein bauschule für Unterfranken und Aschaffenburg zu Würzburg. Würzburg 1863.

Rechenschaftsbericht üb. d. Wirksamk. d. niederösterr. Gewerbevereins. Wien 1860

**Rechenschafts-Bericht** über die Wirksamkeit des hamburgischen Hauptvereins der Gustav-Adolf-Stiftung im Jahre 1864. — Predigt gehalten am Jahresfeste den 22. Novbr. 1864 in der St. Petri-Kirche von Neelsen. Hamburg 865. Nolte. gr. 8. (28 S.) n. 3 ngr.

—— über die Wirksamkeit des hamburgischen Hauptvereins der Gustav-Adolf-Stiftung im J. 1871. Abgestattet von Ludw. Dilthey. — Festpredigt gehalten von Osc. Pauli bei der Jahresfeier in der St. Petrikirche am 5. Novbr. 1871. gr. 8. (33 S.) Hamburg 872, Nolte. *

RECHENSCHAFTSBERICHT des römisch-kath. Wohlthätigkeits-Vereines. Kronstadt 1877: Römer & Kraft.

-- an den Zaren üb. den russisch-japanischen Krieg bis zu den Mukdener Kämpfen einschliesslich. Unter Red. v. A. Kuropatkin. Deutsche, autoris. Übersetzg. v. Navi. (XXIV, 371 S.) gr. 8. Berlin 909. Risel's deutsche Centrale f. Militärwissenschaft. 8.—; geb. in Leinw. 10.—

— dasselbe. 4. Bd. 1.—5. Lfg. gr. 8. Ebd. à 2.—
Die Ergebnisse des russisch-japanischen Krieges. Von A. Kuropatkin. (In 20 Lfgn.) 1.—5. Lfg. (1. Tl. XIII, 400 S.) 909. à 2.— (1. Tl. kplt. 8.—; geb. 10.—)

**Rechenschaftsbericht** des Zentralausschusses des bayer. Vereins zur Pflege u. Unterstützung im Felde verwundeter u. erkrankter Krieger über die Vereinstätigkeit i. d. J. 1866/67 u. 1868. München 1869. 88 S.

**Rechenschaftsbericht** des Zentralausschusses des Vereins für Landeskultur im Herzogtum Bukowina für das Jahr 1877. Czernowitz: Selbstverl. d. Ver. f. Landeskultur 1878.

Rechenschafts-Bericht des Central-Comité des Preuss. Vereins zur Pflege im Felde verwundeter u. erkrankter Krieger 1866. (59.) 8. Berlin 1866.

Rechenschaftsbericht des Central-Comités der Deutschen Vereine vom Rothen Kreuz . . . 1880. Berlin 1880. 4°.

[*Kopft.*] [*f.*] **Rechenschafts-Bericht** über den Zustand des Stipendienwesens auf der rheinischen Friedrich-Wilhelms-Universität und die dafür bestimmten Kirchen-Collecten während der Jahre 1834—1841. (*Am Ende:* Bonn, d. 10 Juni 1842. Der Königl. ausserord. Regierungs-Bevollmächtigte *etc.*) [Bonn, gedr. bei P. Neusser 1842.] 1 Bl. 4.

[*Kopft.*] [*f.*] **Rechenschafts-Bericht** über den Zustand des Stipendien-Wesens auf der rheinischen Friedrich-Wilhelms-Universität und die dafür bestimmten Kirchen-Collecten während der Jahre 1842, 1843 und 1844. (*Am Ende:* Bonn, d. 20 Aug. 1845. Der Königl. Curator *etc.*) [Bonn, gedr. bei P. Neusser 1845.] 2 Bl. 2.

[*Kopft.*] [*f.*] **Rechenschafts-Bericht** über den Zustand des Stipendien-Wesens auf der rheinischen Friedrich-Wilhelms-Universität und die dafür bestimmten Kirchen-Collecten während der Jahre 1845, 1846 und 1847. (*Am Ende:* Bonn, d. 17 Juli 1848. Der Königl. Curator *etc.*) [Bonn, gedr. bei P. Neusser 1848.] 2 Bl. 2.

[*Kopft.*] [*f.*] **Rechenschafts-Bericht** über den Zustand des Stipendien-Wesens auf der rheinischen Friedrich-Wilhelms-Universität und der dafür bestimmten Kirchen-Collecten während der Jahre 1848, 1849 und 1850. (*Am Ende:* Bonn, d. 6 Oct. 1851. Königl. Curatorium *etc.*) [Bonn, gedr. bei P. Neusser 1851.] 2 Bl. 2.

[*Kopft.*] [*f.*] **Rechenschafts-Bericht** über den Zustand des Stipendien-Wesens auf der rheinischen Friedrich-Wilhelms-Universität und der dafür bestimmten Kirchen-Collecten während der Jahre 1851, 1852 und 1853. (*Am Ende:* Bonn, d. 14 Oct. 1854. Königl. Curatorium *etc.*) [Bonn, gedr. bei P. Neusser 1854.] 2 Bl. 2.

[*Kopft.*] [*F.*] **Rechenschafts-Bericht** über den Zustand des Stipendien-Wesens auf der rheinischen Friedrich-Wilhelms-Universität und der dafür bestimmten Kirchen-Collecten während der Jahre 1854, 1855 und 1856. (*Am Ende:* Bonn, d. 18 Apr. 1857. Königl. Curatorium *etc.*) [Bonn, gedr. bei P. Neusser 1857.] 2 Bl. 2.

[*Kopft.*] [*F.*] **Rechenschafts-Bericht** über den Zustand des Stipendien-Wesens auf der rheinischen Friedrich-Wilhelms-Universität und der dafür bestimmten Kirchen-Collecten während der Jahre 1857, 1858 und 1859. (*Am Ende:* Bonn, d. 13 Oct. 1860. Königl. Curatorium *etc.*) (Bonn, Druck v. P. Neusser 1860.) 2 Bl. 2.

[*Kopft.*] [*F.*] **Rechenschafts-Bericht** über den Zustand des Stipendien-Fonds auf der Rheinischen Friedrich-Wilhelms-Universität und der dafür bestimmten Kirchen-Collecten während der Jahre 1860, 1861 und 1862. (*Am Ende:* Bonn, 16 Sept. 1863. Der Königl. Curator *etc.*) (Bonn, Druck v. P. Neusser 1863.) 2 Bl. 2.

[*Kopft.*] [*F.*] **Rechenschafts-Bericht** über den Zustand des Stipendien-Wesens auf der Königl. Rheinischen Friedrich-Wilhelms-Universität während der Jahre 1863. 1864 und 1865. (*Am Ende:* Bonn, 29 Juni 1866. Der Königl. Curator *etc.*) (Bonn, Druck v. P. Neusser 1866.) 2 Bl. 2.

Forts.s.:Rechenschaftsbericht über die Verwaltung des Stipendienfonds...

Allgemeiner Deutscher Sprachverein. — RECHENSCHAFTSBERICHT über den Berliner Zweigverein von ADOLF REINECKE.
Im Jahre 1890. Berlin 1891. Verlag und Eigentum des Berliner Zweigvereins des A. D. S.-V. 8°.

Rechenschaftsberichte des Haupthilfs-Comité für die kriegsbedrängten Orte Unterfrankens. Im Namen des Comité hrsg. von dessen Vorstand Prof. Dr. *Gerstner*. Würzburg 1866. 8°. XVI—75 u. 43 S. Cart.

Verband schweizer. Konsumvereine. ⟨Gegründet 1890.⟩ Rechenschaftsberichte über die Thätigkeit der Verbandsorgane, nebst Rechnung und einer Statistik betreffend die Bezüge der Verbandsvereine von der Centralstelle, vom Jahre 1900. II + 51 S. 4. Basel, Buchdr. des Schweiz. Typographenbundes, 1901.

Verband schweizer. Konsumvereine ... = Union suisse des sociétés de consommation.... Rechenschaftsberichte über die Tätigkeit der Verbandsorgane nebst Rechnung pro 1901 u. pro 1902 = Rapports annuels et compte-rendu financier pour 1901 et pour 1902. IV + 36 u. IV + 40 S. 4. Basel = Bâle, G. Krebs, 1902 u. 1903.

**Rechenschafts-Berichte üb. d. Verwaltung Schwedens.** Von d. Regierung vorgelegt auf d. Reichstagen v. 1809—1840. A. d. Schwed. gr. 8. (19⅛ B.) Leipzig 841, Otto Wigand.

Rechenschafts-Berichte der Centralleitung des Wohlthätigkeits-Vereins und der Königl. Armen-Commission in Würtemberg. 1821 — 1822. *Würtemberg.* 1821

Vgl.Rechenschaft der Zentralleitung...

**Rechenschule.** Methodisch-geordnete Aufgaben zum Kopfrechnen. Von A. Berthelt, J. Jäkel, K. Petermann, L. Thomas. 1. Thl.: Die Anfangsgründe bis zur Regel de tri ohne Brüche. 8. (190 S.) Leipzig 851, Klinkhardt. *

—— dass. — 2. Thl.: Die vier Grundrechnungsarten mit Brüchen. Die Regel de tri mit Brüchen. Die Zins-, Gesellschafts- und Mischungsrechnung. 8. (142 S.) Ebds. 852.

**Rechenschule.** Methodisch-geordnete Aufgaben zum Kopfrechnen. Von A. Berthelt, J. Jäkel, C. Petermann, L. Thomas. 1. Thl.: Die Anfangsgründe bis zur Regel de tri ohne Brüche. 2., durchges. Aufl. 8. (190 S.) Leipzig 854, Klinkhardt.

— — 2. Thl.: Die vier Grundrechnungsarten mit Brüchen. Die Regel de tri mit Brüchen. Die Zins-, Gesellschafts- u. Mischungsrechnung. 853. (142 S.) 2. Aufl. 857. — 3. verb. Aufl. Ebend. 858. 8. (142 S.) 12 ngr.

**Rechenschule.** Methodisch-geordnete Aufgaben zum Kopfrechnen. Von A. Berthelt, J. Jäkel, K. Petermann, L. Thomas. 1. Thl. Die Anfangsgründe bis zur Regel de tri ohne Brüche. 3. verb. Aufl. Leipzig 858. Klinkhardt. 8. (194 S.) 15 ngr.

——— Methodisch-geordnete Aufgaben zum Tafelrechnen. Von A. Berthelt, J. Jäkel, K. Petermann, L. Thomas. 1—8. Heft. 8. Leipzig 851—52, Klinkhardt. à Heft 1½ Ngr.

Inhalt:

Heft 1. Der Zahlenraum von 1 bis 100. (Die 4 Rechnungsarten mit gleichbenannten Zahlen.) (30 S.)
" 2. Unbegrenzter Zahlenraum. (Die 4 Rechnungsarten mit gleichbenannten Zahlen.) (36 S.)
" 3. Die ungleichbenannten Zahlen. Resolution, Reduktion, Addition, Subtraktion und Zeitrechnung. (33 S.)
" 4. Die ungleichbenannten Zahlen. Multiplikation, Division, Regel de tri. (33 S.)
" 5. Die vier Grundrechnungsarten mit Brüchen. (36 S.)
" 6. Die einfache und zusammengesetzte Regel de tri und die Kettenrechnung. (28 S.)
" 7. Zinsrechnung. (36 S.)
" 8. Gesellschaftsrechnung. Mischungsrechnung. Allgemeine Wiederholung. (28 S.)

— **Methodischgeordnete Aufgaben zum Tafelrechnen.** Von A. Berthelt, J. Jäkel, K. Petermann, L. Thomas. Ebend. 853—58. 8. 1—7.: à 1½ ngr; 9.: 3 ngr.
1. Heft: Der Zahlenraum von 1 bis 100. (Die 4 Rechnungsarten mit gleichbenannten Zahlen.) 2—7. Aufl. (32 S.)
2. Heft: Unbegrenzter Zahlenraum. (Die 4 Rechnungsarten mit gleichbenannten Zahlen.) 2—7. Aufl. (36 S.)
3. Heft: Die ungleichbenannten Zahlen. Resolution, Reduction, Addition, Subtraktion und Zeitrechnung. 2—6. Aufl. (32 S.)
4. Heft: Die ungleichbenannten Zahlen. Multiplikation, Division, Regel de tri. 2—5. Aufl. (32 S.)
5. Heft: Die vier Grundrechnungsarten mit Brüchen. 4. Aufl. (36 S.)
6. Heft: Die einfache und zusammengesetzte Regel de tri und die Kettenrechnung. 2. u. 3. Aufl. (28 S.)
7. Heft: Zinsrechnung. 2. u. 3. durchgeſ. Aufl. (36 S.)

—— dass. — 9. Heft.: Decimalbruchrechnung. Wurzelausziehung. Flächen- und Körperberechnung. 8. (48 S.) Ebds. 853.

—— dass. — 3. und 4. Heft. 3., durchges. Aufl. 8. (à 32 S.) Ebds. 855. à Heft 1½ Ngr.

Inhalt:

Heft 3. Die ungleichbenannten Zahlen. Resolution, Reduction, Addition, Subtraktion und Zeitrechnung.
" 4. Die ungleichbenannten Zahlen. Multiplikation, Division, Regel de tri.

—— dass. — 6. Heft.: Die einfache und zusammengesetzte Regel de tri und die Kettenrechnung. 2., durchges. Aufl. 8. (32 S.) Ebds. 854.

—— Methodisch-geordnete Aufgaben zum Tafelrechnen. Von A. Berthelt, J. Jäkel, C. Petermann, L. Thomas. 1. und 2. Heft. 5. Aufl., 3. Heft. 4., unveränd. Aufl. und 7. Heft. 2., durchges. Aufl. 8. Leipzig 856(57,) Klinkhardt. à Heft 1½ Ngr.

Inhalt:

Heft 1. Der Zahlenraum von 1 bis 100. (Die 4 Rechnungsarten mit gleichbenannten Zahlen.) (32 S.)
" 2. Unbegrenzter Zahlenraum. (Die 4 Rechnungsarten mit gleichbenannten Zahlen.) (36 S.)
" 3. Die ungleichbenannten Zahlen. Resolution, Reduction, Addition, Subtraktion und Zeitrechnung. (32 S.)
" 7. Zinsrechnung. (37 S.)

Rechenschule. Methodisch-geordnete Aufgaben zum Tafelrechnen. Von A. Berthelt, J. Jäkel, C. Petermann, L. Thomas. 4. Heft. (Die ungleichbenannten Zahlen. Multiplikation, Division, Regel de tri.) 4., unveränd. Aufl. 8. (33 S.) Leipzig 857, Klinkhardt.

—— Facitbuch zu den ersten 8 Heften der Aufgaben zum Tafelrechnen. (Heft 1—4. 3., durchges. Aufl.) 8. (70 S.) Ebds. 852—56.

**Rechenschule.** Methodisch geordnete Aufgaben zum Tafelrechnen u. s. w. Facitbuch zu den 4 ersten Heften. 2—4. durchges. Aufl. Leipzig 853—58. Klinkhardt. 8. (48 S.) 4 ngr.

— — zum 5—8. Hefte der Rechenschule. 2—4. mit einem Anhange versehene Aufl. Ebend. 853—58. 8. (50 S.) 3 ngr

—— dass. — zu dem 9. Hefte. 1. Aufl. 1853. und 2., durchges. Aufl. 8. (16 S.) Ebds. 856.
Vgl.: Aufgaben zum Tafelrechnen

Rechenschule. Hrsg. vom Hessischen Volksschullehrer-Verein. H. 1-5 [nebst] Auflösungen. Neue Ausg. Cassel: Baier & Co. 1898. 8° [Umschlagt.]

Rechenschule. Hrsg. vom Hessischen Volksschullehrer-Verein. 2. Ausg. H. 1. *Cassel: Baier & Cie 1902.* 8° [F.] (09. 4880 4

Rechenschule. Hrsg. v. hess. Volksschullehrer-Verein. Ausg. A in 4 Heften. 8. Cassel 909. Hess. Schulbuchh. R. Röttger. nn 1.45
I. 1. Schulj. Der Zahlenraum von 1—20. (40 S. m. Abbildgn.) nn — 25
II. Der Zahlenraum von 1—100 u. von 1—1000. Anfänge des Bruchrechnens. (80 S. m. Abbildgn.) nn — 35
III. Der unbegrenzte Zahlenraum. Weitere Übgn. im Rechnen m. gemeinen Brüchen. Erster Kursus m. Dezimalbrüchen. Die vier Grundrechnungsarten m. mehrfach benannten Zahlen. Resolution u. Reduktion. Zeitrechnung. (88 S. m. Abbildgn.) nn — 40
IV. Die gemeinen Brüche. Zweiter Kursus m. Dezimalbrüchen. Regeldetri. Prozentrechnung: allgemeine Prozentrechnung, Gewinn- u. Verlustrechng., Tararechng., Zinsrechng., Rabatt u. Diskontrechng. Verteilungsrechnung. Mischungsrechnung. Aus dem Verkehrsleben u. der Arbeiterfürsorge. Aufgaben aus der Raumlehre. (96 S. m. Abbildgn.) nn — 45

Rechenschule. Hrsg. v. Hess. Volksschullehrer-Ver. B. 3. Ausg. H. 1. Cassel: R. Röttger in Komm. 1908. 8° [F.] (08. 1343 4

— Dasselbe. Ausg. B in 7 Heften. 8. Ebd. 909. nn 2.80
I. 1. Schulj. Der Zahlenraum von 1 bis 20. (40 S. m. Abb.) nn — 25
II. 2. Schulj. Der Zahlenraum von 1 bis 100. (64 S. m. Abb.) nn — 35
III. 3. Schulj. Der Zahlenraum von 1 bis 1000. (56 S. m. Abb.) nn — 35
IV. 4. Schulj. Der unbegrenzte Zahlenraum. (52 S. m. Abb.) nn — 35
V. 5. Schulj. Das Rechnen m. mehrfach benannten Zahlen dezimaler Währung. (Sortenverwandlung. Die 4 Grundrechnungsarten m. 1- bis 3stell. Dezimalbrüchen.) Schlußrechnen (Regeldetri). Das Rechnen m. mehrfach benannten Zahlen nichtdezimaler Währg. Zeitrechnung. (72 S. m. Abb.) nn — 45
VI. 6. Schulj. Das Rechnen m. gemeinen u. Dezimalbrüchen. Regeldetrie. Leichte Aufgaben aus der Flächen- u. Körperberechnung. (72 S. m. Abbildgn.) nn — 45
VII. Doppelheft f. 7. u. 8. Schulj. 1. Tl. (7. Schulj.): Einfache u. zusammengesetzte Regeldetri. Prozentrechnung: allgemeine Prozentrechng., Gewinn u. Verlustrechng., Tararechng., Zinsrechng., Rabatt- u. Diskontrechng. Verteilungsrechnung. Mischungsrechnung. Aus dem Verkehrsleben u. der Arbeiterfürsorge. Aufgaben aus der Raumlehre. 2. Tl. (8. Schulj.): Erweiterung der Zinsrechnung. Zinseszinsen. Kursrechnen. Mischungsrechnung. Größere Aufgabengruppen aus Erd- u. Naturkunde u. aus dem Wirtschaftsleben. Quadrat- u. Kubikwurzelausziehen. Aufgaben aus der Raumlehre. (112 S. m. 1 Fig.) nn — 60

— für die geübtere Jugend in d. Herzogthümern Schleswig u. Holstein von Abrahams u. Schlüter. 8. Schleswig, Koch. 818.

— für die geübtere Jugend in d. Herzogthümern Schleswig u. Holstein von P. H. Abraham u. Schlüter. 8. Schlesw. 819, Koch. 18 gr

Rechenschule, neue Dithmersche rc., s. A. D. Meyer.

Rechenschule für einfache Schulverhältnisse. Hrsg. vom Hessischen Volksschullehrer-Verein. H. 1-3. [nebst] Auflösungen. Neue Ausg. Cassel: Baier & Co. 1899. 8°

Rechenschule für einfachere Schulverhältnisse. Hrsg. vom Hessischen Volksschullehrer-Verein. 2. Aufl. H. 1. *Cassel: Baier & Cie 1900.* 8° [Umschlagt. F.]

Rechenschule f. einfachere Schulverhältnisse. Hrsg. vom hess. Volksschullehrer-Verein. Ausg. A in 3 Hftn. 8. Cassel, Hess. Schulbuchh. R. Röttger. n.n. — 80
1. Die vier Grundrechnungsarten im Zahlenraum von 1—100 u. von 1—1000. 3. Aufl. (32 S.) 902. n.n. — 20
2. Der Zahlenraum üb. 1000 hinaus. Decimalzahlen. Sortenverwandlung. Die vier Grundrechnungsarten m. mehrfach benannten Zahlen 3. Aufl. (48 S.) 902. n.n. — 30
3. Die gemeinen Brüche. Die Decimalbrüche. Die bürgerl. Rechnungsarten. (56 S.) 899. n.n. — 30

Rechenschule f. einfachere Schulverhältnisse. Hrsg. vom hess. Volksschullehrer-Verein. Ausg. A in 3 Heften. 1. u. 3. Heft. 8. Cassel, Hess. Schulbuchh. R. Röttger. n.n. — 50
1. Die vier Grundrechnungsarten im Zahlenraum von 1—100 u. von 1—1000. 4. Aufl. (32 S.) 905. n.n. — 20
3. Die gemeinen Brüche. Die Decimalbrüche. Die bürgerl. Rechnungsarten. 2. Aufl. (56 S.) 902. n.n. — 30

— Hrsg. vom hessischen Volksschullehrer-Verein. Ausg. B in 5 Hftn. I., II. u. V. Hft. 8. Ebd. n.n. — 60
I. Die vier Grundrechnungsarten im Zahlenraum von 1—1000. 2. Aufl. (20 S.) n.n. — 15
II. Die vier Grundrechnungsarten im Zahlenraum üb. 1000 hinaus. 2. Aufl. (24 S.) 902. n.n. — 15
V. 1. Tl.: Die bürgerlichen Rechnungsarten. I. Regeldetri (Schlußrechng.) II. Allgemeine Prozentrechnung. III. Zinsrechnung. IV. Rabatt- u. Diskonto-Rechng. V. Tara-, Gewinn- u. Verlust-Rechng. VI. Gesellschaftsrechnung. VII. Mischungsrechnung. — 2. Tl.: Wiederholung u. Erweiterung des gesamten Rechenstoffes in besonderen Aufgabengruppen. I. Aufgaben aus verschiedenen Wissensfächern. II. Aufgabengruppen aus wicht. Gebieten des prakt. Lebens. 2., verb. u. verm. Aufl. (64 u. 4 S.) 902. n.n. — 30

— Hrsg. vom hess. Volksschullerer-Verein. Ausg. B in 5 Heften. III. u. IV. Heft. gr. 8. Ebd. 903. à n.n. — 20
III. Decimalzahlen. Sortenverwandlung. Die vier Grundrechnungsarten m. mehrfach benannten Zahlen. 2. Aufl. (32 S.)
IV. Die gemeinen Brüche. Die Dezimalbrüche. Regeldetri. Einige Aufgaben aus d. Flächen- u. Körperberechng. 2. Aufl. (32 S.)

Rechenschüler, der. Methodisch geordnete Aufgaben f. das mündl. u. schriftl. Rechnen. Bearbeitet v. Ph. Dönges, K. Haußen, E. Junior u. Ch. Keller. 2—4. Hft. [Fortsetzg. d. Rechenheftes f. d. Unterklassen v. denselben Verf.] 8. (76, 80 u. 80 S.) Wiesbaden 874. 75. Limbarth. à n. — 40
cf.: Rechenheft f. die Unterklasse der Volksschule.

Rechenschüler, der zweckmäßig beschäftigte, od.: naturgemäß geord. Uebungsstoff z. verbund. mündl. u. schriftl. Rechnen f. Elementarschulen, von ein. Lehrer. 1. Bdchn. Aufgaben zu d. Grund-Rechnungsarten. 8. (11 B.) Köln 837, Lumschers Bh. (?) Mit den Antworten. (16 1/8 B.)

Rechenschüler, der gelehr. u. getreue. 8. Ebersd. 754. (Brockhaus in Leipz.) 8 gr

Rechenschüler, d. gel. u. getreue. 8. Ebersd. (Gleditsch in Leipz.) 754.

Rechenschüler, der kleine, wie er schnell u. gründlich einen guten Anfang macht. Ein Uebungsbüchlein für den ersten Unterricht in Rechnen, v. Verf. des „Schreib- u. Leseschülers in der untern Klasse der Elementarschule." 8. (16 S.) Elberfeld 847, Schmachtenberg. n. 1 ngr

Rechenschüler, der kleine, wie er schnell und gründlich einen guten Anfang macht. Ein Uebungsbüchlein für den ersten Unterricht im Rechnen, vom Verf. des „Schreib- und Leseschülers in der untern Klasse der Elementarschule." 8. (16 S.) Elberfeld 852, Schmachtenberg.

Rechenschüler, Der neueste kleine. Enthaltend alle Vorkenntnisse welche beym Rechnen zu wissen nöthig sind. Berlin 1815. V: *Gädicke, Joh. Chn.* (MGT) (Hitzig) (Ky) (NN)

—— praktischer, f. Elementarklassen in Volksschulen. IV Hfte.: Addiren. — Subtrahiren. — Multipliciren. — Dividiren. gr. 12. (2⅔ B.) Grimma 839, Verlags-Comptoir. à * 1 Gr. *

**Rechenstunden**, die ersten, od. Vorkenntnisse d. Rechenkunst nebst einigen Rechenkunststücken. 8. Leipz., Centr.-Cpt. 4 gl

**Rechentabelle.** Freiburg, Wagner. 1 gl

**Rechentabelle** zu den 4 Species in unbenannten Zahlen. 4. (1 Bl.) Westhofen 847. Hagen, Butz in Comm. n. 1 ngr

—— Auflösung hierzu. 8. (14 S.) Westhofen 847. Hagen, (Butz.)

**Rechentabellen** zur schleunigen u. bequemen Ausmittelung dei nach dem Verbrauchsteuertarif f. die Kön. Preuß. westl. Provinzen zu entrichtend. Abgaben 2c. Kobl. 819. (Hölscher). 10 gl

**Rechentafel** 1 – 8. (Von Ullrich.) Je 68 × 100,5 cm. Bunzlau (903). G. Kreuschmer. à n. 1. —

**Rechentafel** f. die Hand der Kinder. (2 S. auf Karton.) 8. Dresden (907). O. & R. Becker. — 10

**Rechentafel** zur Lohnberechnung von 1—70 Stunden zu 5—70 Pf. nebst Zinstabelle. qu. gr. 4. (8 S. auf Pappe.) Halle (901). L. Hofstetter, Vorl. In Leinw.-Mappe n. 3.—

**Rechentafel** f. d. Zahlenraum 1 : 100. 12. (1 Bl.) Nebst Gebrauchsanweisg. 8. (1 S.) Bielefeld 895. C. Weber. 10 Stück n. — 40

**Rechentafel** zum Zusammenzählen, Abziehen, Vervielfältigen u. Theilen. 8. Elbing, Neumann-Hartmann. ½ gl

**Rechentafeln.** 40 Blatt à 100 × 77 cm. Donauwörth (901). L. Auer. Mit Hängevorrichtung n.n. 36.—

**Rechentafeln**, neue, z. Beförd. d. Unterr. im Rechnen, v. Oelsner u. Reiche. 1ste Liefer. gr. 8. Bresl. Meyer. 800.

**Rechentafeln**, neue, f. Stadt- u. Landschulen. Nebst Erläut. u. Anleit. z. leichten u. schnellen Erfinden einer unerschöpflichen Menge zweckmäßiger Aufgaben. gr. 8. Leipzig 824, Hartmann.

Nivellitische **Rechentafeln.** Bureau f. d. Hauptnivellements u. Wasserstandsbeobachtungen im Minist. d. öffentl. Arbeiten. *Berlin: P. Stankiewicz 1901.* (VII, 51 S.) 4° [ol. 5751]

**Rechentafeln**, 24, zum elementaren Unterricht. gr. Fol. Nebst Anleitg. gr. 8. (4 S.) Stuttgart 890. Kohlhammer. In Mappe. n. 3. 60

**Rechenübungen** f. Anfänger. Mit den Zahlen v. 1 — 100. 3. Aufl. 12. (24 S.) Crefeld 850, Brocker. n. ¼ ngr

**Rechenunterricht**, der, auf der Unterstufe. Anleitung zum prakt. Gebrauch der vom Kehdinger Lehrervereine herög. Rechenfibel. Stade 866. Steudel. gr. 8. (80 S.) n. 6 ngr

**Rechenwerk** f. die Fachklassen der gewerblichen Fortbildungsschulen des Ostens. Hrsg. v. J. Freter, G. Grunwald, W. Ortlieb, J. Heimann u. G. Mantel. I. Für Bäcker, Konditoren u. Pfefferküchler. Verf.: J. Heimann u. G. Mantel. Unter-, Mittel- u. Oberstufe. 8. Breslau 910. Priebatsch. 1. 90
Unterstufe. (II, 64 S.) — 60. — Mittelstufe. (70 S.) — 60. — Oberstufe. (72 S.) — 70.

— dasselbe. II. Für Metallarbeiter (Schlosser, Maschinenbauer, Dreher, Former, Schmiede, Klempner, Installateure, Kupferschmiede). Verff.: G. Mantel u. W. Ortlieb. Unterstufe. (84 S.) 8. Ebd. 910. — 75

Rechenwerk für die Fachklassen der gewerblichen Fortbildungsschulen des Ostens. Herausg. v. J Freter, G Grunwald u W Ortlieb, J Heimann u G Mantel. Breslau I. *Bäcker*, Konditoren und Pfefferküchler. 3 Stufen. 1910. — II. *Metallarbeiter.* Unterstufe — Mittelstufe — Oberstufe. 1910. — III. *Bauhandwerker.* Unterstufe — Mittelstufe — Oberstufe. 1910. — IV. *Fleischer und Wurstmacher.* 3 Stufen. 1911. — V. *Holzarbeiter.* Unterstufe. 1912. — X. *Nahrungsmittelgewerbe.* 3 Stufen. 1911.

**Recherches** sur les carroussels anciens et modernes . . . [Cassel] 1784. V: *Verdi du Vernois, Adrien Marie François Chevalier.* (BrMm) »Dessau 1785« (Ky)

*Recherches* sur les carrousels anciens et modernes etc., (p. de Verdi). 8. Dessau 785. (W. Nauck in Leipz.) 10 gl

Recherches sur les Carrousels anciens et modernes etc. 8. Dess. (Sommer, Leips.) 785.

**Recherches** sur l'ancienne constitution de l'ordre Teutonique sur ses usages . . . Mergentheim 1807. V: *Wal, Wilhelm Eugen Joseph Baron von.* (R-N) & *Polzer.* (BrMm)

— sur l'ancienne constitution de l'ordre Teutonique et sur les usages comparés avec ceux des Templiers par l'auteur de l'histoire de l'ordre Teutonique. II Vols. av. une table de sceaux. gr. 8. Königsb. 808. (Nicolovius). 3 ⅟ 12 gl

**Recherches** sur les elemens de la matière. [Berlin] 1747. V: *Formey, Joh. Heinrich Samuel.* (EB)

— sur la faculté de sentir et de celle de connoître. 8. Berl. 776. Rottmann. 12 gl

**Recherches** sur la faune de Madagascar et de ses dépendances, d'après les découvertes de F. P. L. Pollen et D. C. Van Dam. 4. Partie. gr. 4. Leiden 874. Brill. n.n. 31. 70
Poissons et pêches par P. Bleeker et F. P. L. Pollen. (26 Bog. m. 21 Chromol.)

— le même. 5me partie. 2me livr. gr. 4. Ebend. 874. n.n. 8. 20
Crustacés et echinodermes par C. K. Hoffmann. (58 S m. 10 Steintaf.)

**Recherches** historiques sur les anciennes Assemblées des États du Pays-de-Vaud. Berne 1797. V: *Mülinen, Nic. Friedrich von.* (AarK)

— historiques, sur la connoissance que les anciens avoient de l'Inde, trad. de l'anglois. 12. Berne, Typ.

**Recherches** historiques concernant les droits du Pape sur la Ville et l'Etat d'Avignon . . . S. l. 1768. V: *Pfeffel von Kriegelstein, Christian Friedrich.* (MGT) (Adel) (BB)

— historiq. sur les principales nations établies en Sibérie et dans les pays adjacens, trad. du russe p. Stollenweck. 8. Strasb. Treuttel et W. 1804

Recherches historiques sur l'origine des Sarmates, des Esclavons et des Slaves etc. IV Vol. avec Chartes. 8. Petersb. (Brunsv. Pluchart.) 814.

**Recherches** sur l'incertitude arithmetique et geometrique des nombres et de leur potences. S. l. 18?? V: *Dalberg, Carl Theodor Anton Maria Reichsfreiherr von.* (HS) (MGT)

**Recherches** sur les Initiations anciennes et modernes . . . Dresde 1781. V: *Robin, Claude.* (BrMm) (SJL)

**Recherches** métaphysiques sur les loix du mouvement . . . Berlin 1764. V: *Reinhold, A. F. von.* (BrMm)

**Recherches** sur divers objets de l'Economie politique. Par M. le C. de B. Dresden 1781. V: *Brühl, Hans Moritz Graf von.* (MGT) (Ky) (BrMm) *Brühl, Fr. L. Comte de.* (CBH)

— sur divers objets de l'Economie politique, (par H. Mor. Comte de Brühl). gr. 8. Dresd. 781. Walther. 12 gr

— sur l'Origine du despotisme oriental. 8. Frft. Eslinger. 762.

— sur l'origine du despotisme oriental. 8. Frkf. a. M. 762. Nouv. Ed. 790. (Mainz, Kupferberg). 16 gr

— sur l'Origine de l'Esclavage relig. et polit. du peuple en France. 8. Berne, Haller. 783.

— de l'origine et des fondem. du Droit de la nature. 8. Hannov. Helwing. 732.

Recherches sur l'origine de plusieurs maisons souveraines d'Europe. Lex.-8. (VI und 77 S.) Berlin 863, F. Schneider. [Weber.] *

— sur l'origine de la piété et divers autres sujets de morale. 12. Strassb. 787. König. 16 gr

— sur l'origine de la règle contumière: Répresentation à lieu de l'infini en collatérale. 8. Strassb. 768. König. 8 gr

**Recherches** philosophiques sur les Américains . . . Berlin 1768—69. V: *Pauw, Cornelius von.* (MGT) (Ky) (BrMm) (EBHN) »1770« (AarK)

*Recherches* philosophiques sur les Americains etc., par Mr. de P. (Pauw). II Vols. 8. Berl. 768, 69. Ed. II. III Vols. 8. du même 773. Rottmann. ... Vol. III. Auch u. d. T.: Défense des Recherches sur les Americains. 8. ibid. 770, 780. 20 gr

**Recherches** philosophiques sur les Egyptiens et les Chinois . . . Berlin 1773. V: *Pauw, Cornelius v.* (MGT) (BrMm) (Cat. d. Stadtbibl. Zürich. Zürich 1864—97.) »1774« (Ky)

— philosophiques sur les Egyptiens et Chinois, par Mr. de P. (Pauw). II Vols. gr. 8. Berl. 774. Rottmann. 3 ß 8 gr

— philosophiques sur les Egyptiens et Chinois. II Vol. 12. Berl. (Kupferberg à Mayence.) 774.

— philosophiques sur l'origine de la pitié et divers autres sujets de morale. gr. 12. Leipz. 787. (W. Vogel.) 12 gr

**Recherches** philosophiques sur le sens moral de la fable de Psyché et de Cupidon . . . Hamb. 1798. V: *Romance-Mesmont, Germain Hyacinthe.* (schr)

**Rechert,** Emil, Charles Baudelaire u. d. Modernen, s.: Publikationen d. literar. Vereinigg. in Wien, I.

**Rechert,** Emil, das Leben ohne Schicksal, s.: Universal-Bibliothek.

— Rauchringe. Gedichte. 8. (VI, 87 S.) Wien 897. L. Weiß. n. 2.—

**Rechfeld,** Ph. J., s. M. C. Sarbievius, auserles. Oden.

**Rechfeld,** Ph.: Welches ist die Kraft des griechischen Aoristes? 11 S.– Laibach, Progr. 1850.

**Rechholtz,** einige wichtige Fragen aus dem Gebiete der Schulgesundheitspflege. Vortrag, geh. in der amtl. Hauptkonferenz der Lehrer u. Lehrerinnen des Schulinspektionsbezirkes Flöha am 25. X. 1902. 8. (16 S.) Flöha 903. A. Peitz & Sohn. —25

**Rechholtz,** einige wichtige Fragen aus dem Gebiete der Schulgesundheitspflege. Vortrag, geh. in der amtl. Hauptkonferenz der Lehrer u. Lehrerinnen des Schulinspektionsbez. Flöha am 25. X. 1902. 2. durchgeseh. u. verm. Aufl. (21 S.) kl. 8. Flöha 904. A. Peitz & Sohn. —25

**Rechholtz,** Ferdinand [app. Arzt aus Dobberphul in Pomm.]: Zur Histologie der Arthritis deformans ... Würzburg, P. Scheiner's Buchdr., 1892; 28 S. 8.
Würzburg, Med. Fak., Inaug.-Diss. v. 1892

**Rechinger,** Karl, botanische u. zoologische Ergebnisse e. wissenschaftl. Forschungsreise nach den Samoainseln, dem Neuguinea-Archipel u. den Salomonsinseln von März bis Dezbr. 1905. (1.—3. Mitteilg.) 31,5×24,5 cm. Wien, A. Hölder. 58. 10
1. (121 S. m. 3 [2 farb.] Taf. u. 3 Bl. Erklärgn.) 907. 6. 60
2. (178 S. m. 14 Fig., 6 Taf. u. 6 Bl. Erklärgn.) 908. 17. 50
3. (258 S. m. 34 Fig., 18 Taf. u. 18 Bl. Erklärgn.) 910. 34. —
Sonderabdrucke aus: „Denkschr. d. k. Akad. d. Wiss."

**Rechinger** Karl, Dr. Botanische und zoologische Ergebnisse einer wissenschaftlichen Forschungsreise nach den Samoa-Inseln, dem Neuguinea-Archipel und den Salomons-Inseln von März bis Dezember 1905. I. Teil: Bearbeitung eines Teiles der botanischen Ausbeute von den Samoa-Inseln und der Hymenopteren und Formiciden sämtlicher bereister Inseln mit 3 Taf. . . . . . . . . 6.60
Separatabdruck

**Rechinger Karl**, Dr.: Botanische und zoologische Ergebnisse einer wissenschaftlichen Forschungsreise nach den Samoa-Inseln, dem Neuguinea-Archipel und den Salomons-Inseln von März bis Dezember 1905. 2. Teil: Bearbeitung eines Teiles der botanischen Ausbeute, der Orthopteren und Eriophyiden von den Samoa-Inseln sowie der Mollusken samtlicher bereister Inseln (mit 6 Taf. und 14 Textfiguren). D 84. 98 . . . . . . . . . . K 17.50

— — 3 Teil: Bearbeitung der Siphonogamen und Lepidopteren von den Samoa-Inseln, der Fungi und Hepaticae vom Neuguinea-Archipel und der Arachniden sämtlicher bereister Inseln nebst Nachträgen zu den Hepaticae und Mikromycetes der Samoa-Inseln (mit 18 Taf. und 31 Textfiguren). D 85. 175 . . . . . . . . . „ 34.—

— — 4. Teil: Bearbeitung der Ausbeute an marinen Diatomaceen samtlicher bereister Gebiete, der Lichenen (Flechten) des Neuguinea-Archipels, der Hawaiischen Inseln und der Insel Ceylon, des 1. Teiles der Crustaceen (*Decapoda Brachyura*), von Samoa nebst einem 2. Nachtrag zu den Hepaticae der Samoainseln (mit 3 Taf. und 5 Textfiguren). D 88. 1 . . . . . . . . . „ 7.20

— — 5. Teil: Bearbeitung der Musci, Pteridophytae und Siphonogamae des Neuguinea-Archipels, der Pteridophytae und Siphonogamae von Ceylon, Hawai und Hongkong, ferner des 2. Teiles der Crustaceen und Myriopoda samtlicher bereister Inseln, der Colloptera der Samoainseln, endlich Nachträge und Berichtigungen zu den vorhergehenden Teilen (mit 7 Doppeltaf., 2 einfachen Taf. und 32 Textfiguren). D 89. 443 . . . . . . . . . „ 30.—

**Separatabdruck**

· Samoa, s.: Vegetationsbilder. VI. 1.

**Rechinger, Karl**: Streifzüge ..., s. Rechinger, Lily.

Vegetationsbilder aus dem Neu-Guinea-Archipel, s.: Vegetationsbilder. VI, 2.

**Rechinger, Karl, die Vegetationsverhältnisse v. Aussee in Obersteiermark, s.: Favarger, L.**

**— Verzeichnis der gelegentlich e. Reise im J. 1897 in den rumänischen Karpathen v. Prof. K. Loitlesberger gesammelten Phanerogamen. (S. 9—20.) Lex.-8. Wien 904. (A. Hölder) n. — 20**
**Sonderabdr. aus: „Annalen d. k. k. naturhist. Hofmuseums".**

**Rechinger, Lily, u. Karl Rechinger, Streifzüge in Deutsch-Neu-Guinea u. auf den Salomons-Inseln. Eine botan. Forschungsreise. Mit 45 Lichtdr. auf 27 Taf. u. 3 Abbild. im Text. (XII, 108 S.) gr. 8. Berlin 908. D. Reimer. Geb. in Leinw. 8. —**

**Rechler, C., Licht im Dunkel. Ein Trostbüchlein f. Kranke. Mit e. poet. Nachklang u. e. Sammlg. v. Bibelsprüchen. (93 S.) 8. Berlin (907). Schriftenvertriebsanstalt. Kart. 1. 25**

**Rechlin, C. (Ill.)**, s. Elzholz, L.: Das preussische Heer.

**Rechlin, C.**, s. a. Heer, Das preußische.

**Rechlin, Karl, († d. 17. Dec. 1796.) popul. Darstell. d. Einflusses d. krit. Philosophie in die Hauptideen d. bisher. Theologie. 8. Lübeck 795. Bohn. (Niemann u. Co.)**

**— Phantasiengemälde. 8. Lübeck 795. Bohn. 20 gr Velinp. 1 rthlr 8 gr**

**RECHLIN**, Karl, Der Wunderbare. (Zahmer Roman.) Lübeck u. Leipzig, bei Joh. Friedr. Bohn. 1797. — *A. E.:* Hamburg, gedr. von Conr. Müller. 8°.
TKpf., Tit. gestoch., 1 Bl. Vorb. u. 275 S. —

**—— der Wunderbare. 8. Lübeck 797. Niemann. 1 rthlr**

**Rechnen, das, in der Elementarklasse. Die Zahlen von 1—20, im Anschluß an Lieb-Seyfferth-Tillmanns Rechenschule für die Hand des Lehrers bearb. 8. (IV, 86 S.) Nürnberg 886, Korn'sche Buchh.** *

**Rechnen, kaufmännisches, s. a. Hilf dir selbst.**

[3.] **Kaufmännisches Rechnen.** Z. Selbstunterr. f. Lernende u. z. Benutzg f. Lehrende in populärer Weise ausführl. dargest. v. e. alten Praktiker, dem d. Rechenwiss. z. Kunst geworden ist ... *Aachen: C. H. Georgi [1898].* (47 S.) 1 Bd 8.
(Hilf dir selbst! Dein eigener Lehrer. [No 14.]) [98. 11094

**— kaufmännisches. Bearb. nach d. 5. Tl. d. Hamburger Schulrechenbuchs. Hrsg. v. d. Gesellschaft d. Freunde d. vaterländ. Schul- u. Erziehungswesens. 8. (112 S.) Hamburg 898. (C. Boysen.) Geb. n. 1. 20**

**Rechnen, kaufmännisches. Bearb. nach dem 5. Tl. des Hamburger Schulrechenbuchs. Hrsg. v. der Gesellschaft der Freunde d. vaterländ. Schul- u. Erziehungswesens. 2. Aufl. (112 S.) 8. Hamburg 904. (C. Boysen.) Geb. n. 1. 20**

Rechnen, das, im Zahlenraume von 1—1000. Anleitung zum Gebrauch der Rochlitzer'schen Rechenmaschine. gr. 8. (8 S.) Meißen 877, Schlimpert.

**Rechnenaufgaben aus dem Bereich der kaufmännischen Praxis f. angehende Comptoiristen. Zunächst zum Gebrauch in B. Brecht's Real- u. Handels-Institut. gr. 8. (24 S.) Bremen 849, Heyse. n. 8 ngr**

Rechnenbuch, s. a. Rechenbuch.

**Rechnenbuch**, das allererste, für kleine Kinder mit 11 (lith. u. color.) Bildern. Berlin 862. Kühn & Söhne. 4. (26 S.) 15 ngr

**Rechnenknecht** nach den neuen Maßen u. Gewichten. 2 Thle. Bielefeld 870. Thiele & Co. 8. n. 10 ngr
1. Reductionstabellen der alten u. neuen Maße u. Gewichte u. deren Preisverwandlungen. Ein Handbüchlein für Jedermann, besonders wichtig für den Handelsverkehr. 2. Aufl. (48 S.) Einzeln 6 ngr
2. Tabellen für den Ein- u. Verkauf von Garn, Flachs, Flüssigkeiten, Materialien rc., berechnet auf 1 rthlr. Als Anhang: Zins-, Stempel-, Wechseltabellen rc. (111 S.) Einzeln 6 ngr
Vgl. Rechenknecht...

Rechnenkunst, kurzgefaßte, f. Töchter aller Stände. 8. (...) Kaschau 837. [Pesth, Heckenast.]
Dass. s. a.: Rechenkunst, ...

**Rechnenmeister**, der bequeme, im Walde. Tafeln zur Berechnung des Cubikinhalts runder Hölzer von 1—48 Zoll Durchmesser und ½—60 Fuß Länge. Marburg 855. Koch. 16. (15 S.) n. 2⅔ ngr

Rechnenmeister, der bequeme, im Walde. Tafeln zur Berechnung des Cubikinhalts runder Hölzer von 1 bis 48 Zoll Durchmesser und ½ bis 60 Fuß Länge. Ein unentbehrl. Hilfsbüchlein für Forstbeamte, Holzhändler und Bauhandwerker. 2., neu durchgeseh. Aufl. 16. (15 S.) Marburg 860, [Sipmann.] *

Fertige Rechner, Der; oder, des Geschäftmanns Gehülfe im Kauf und Verkauf. Phila, 1817.

**Rechner**, der allezeit fertige; oder des Geschäftsmanns Gehülfe im Kauf u. Verkauf. Nach Dollars u. Cents berechnet. Nebst einigen Tabb. Neue Ausg. Philadelphia 863. Schäfer & Korabi. 16. (144 S.) geb. 12 ngr

Rechner, der fertige, oder des Geschäftsmannes Gehülfe im Kauf und Verkauf. Nach Dollars und Cents berechnet. Nebst mehreren Tab. Vergrößert und verb. von J. C. Oehlschläger. Neue Ausg. 16. (179 S.) Philadelphia 868, Schäfer und Korabi. geb.

Geschwinde Rechner, Der, oder: Des Händlers nützlicher Gehülfe ... Erste Auflage. Chestnuthill [Phila], Samuel Saur, 1793. (Title page dep in Copyright Office, Mar 16, 1793. No copy located.)

**Rechner, der geschwinde, od. des Geschäftsmannes Gehülfe beim Kauf u. Verkauf. In Thalern u. Cents. Mit vielen nützlichen Tabellen. 12. (144 S.) Harrisburg 849. (Philadelphia, Schäfer & Korabi.) n. 12 ngr**

Rechner, der geschwinde, in bayerischen Getreidemaaßen, Münzen und Gewichten nebst andern nützlichen Resolvirungs-Tabellen für Handelsleute, Oekonomen, Wirthe rc. gr. 8. (54 S. mit 1 Tab. in qu. Fol.) Dillingen 855, Aulinger'sche Brlgsh.

Rechner, der geschwinde u. sichere, od. nützliches u. gemächlich eingerichtetes Hülfsbuch f. Jedermann. 8. Aschaffenb. Ettinger. 812.

— der geschwinde u. sichere ꝛc., ein Hülfsbuch f. Jedermann, besond. f. Fruchthändler, Müller, Becker ꝛc. Nebst e. Anh. 8. Aschaffenb. 812. (Knobé). 8 gr

Rechner, der geübte, od. prakt. Rechnungsvortheile f. Kaufleute, Kapitalisten u. Alle, die sich mit Rechnen abgeben. 8. Frankf. a. M. 806. Hermann. 12 gr

Rechner, Der kleine, zum Nutzen und Vergnügen für Kinder. Berlin 1809. V: *Henrici, Joh. Carl Frdr.* (Ky)

— der kleine, zum Nutzen u. Vergnügen f. Kinder, (v. J. K. F. Henrici). 8. Berl. 809. Dieterici. (Mittler). 14 gr

Rechner, der kleine, für Schule u. Haus. 12. Kitzingen 826, Gundelach.

Rechner, der kleine, für Schule u. Haus. 12. Kitzingen 826. jetzt Köpplinger. 1/12 ₰

Rechner, der praktische. Eine leichtfaßl. Anleitg. zur Umrechng. v. Gulden in Mark u. umgekehrt ohne Anwendg. e. Umwandlungstabelle. Nebst e. Anh. m. e. übersichtl. Reductionstabelle zum Gebrauch f. Jedermann. 8. (34 S.) Stuttgart 875. Levy & Müller. n. — 40

Rechner, der praktische. Ein Rechenbuch für Lehrlings- und Gesellen-Vereine und handwerkl. Fortbildungsschulen. Nebst einem Anhang: Von der einfachen Buchführung. Hrsg. von einem rhein. Schulmanne. 8. (III, 84 S.) Aachen 888, A. Jacobi und Comp. *

— der unentbehrliche, od. Zusammenstellung v. Geld-Reductionen, den Franken in Preuß. Geld, sowie Preuß. Geld in Gulden u. Kreuzer, Zinsen-Berechnungen ꝛc. Ein nützl. Handbuch f. Geschäftsleute u. Handwerker aller Art, hrsg. von einem Techniker. 3. Aufl. 16. (IV u. 114 S.) Trier 851, Gall. n. 8 ngr

Rechner, der unentbehrliche, oder Zusammenstellung von Geld-Reductionen, den Franken in preuß. Geld, sowie preuß. Geld in Gulden und Kreuzer, Zinsen-Berechnungen von 1—1000 Thlr. auf Tage und Monate ꝛc. Ein nützl. Handbuch für Geschäftsleute und Handwerker aller Art, hrsg. von einem Techniker. 4., verb. Aufl. gr. 16. (IV und 114 S.) Trier 861, Gall's Verlag. *

Rechner, der unentbehrliche, oder Zusammenstellung von Geld-Reductionen, den Franken in Preußisches Geld, sowie Preußisches Geld in Gulden u. Kreuzer, Zinsenberechnungen von 1—1000 Thaler auf Monate u. Tage ꝛc. Ein nützliches Handbuch für Geschäftsleute u. Handwerker aller Art, herausg. von einem Techniker. 4. Aufl. 861. — 5. verb. Aufl. Trier 863. Gall. 16. (2 Bl., 114 S.) n. 8 ngr

Rechner, der unfehlbare, oder genaueste fortlaufende Reductions-Tabelle von Gulden und Kreuzer zu Reichsmünze von 1 Kreuzer bis zu 1 Million Gulden und höher. Prakt. und unentbehrl. Hülfsbuch für alle Private, Geschäftsleute, Bankhäuser etc. zur Umrechnung der Bücher etc. aus der alten Guldenwährung in die neue Reichswährung. Ferner enth. Reductions-Tabellen der Reichsmünze in Gulden und Kreuzer, Thaler und Silbergroschen, Francs und Centimes und umgekehrt. 1.—5. Aufl. Schmal Fol. (IV, 56 S.) Frankfurt a. M. 875, Diesterweg.

— der unfehlbare, od. genaueste fortlauf. Reductionstabelle v. Gulden u. Kreuzer zu Reichsmünze von 1 Kreuzer bis zu 1 Million Gulden u. höher. Praktisches u. unentbehrl. Hülfsbuch f. alle Private, Geschäftsleute, Bankhäuser etc. zur Umrechng. der Bücher etc. aus der alten Guldenwährg. in die neue Reichswährg Ferner enth. Reductions-Tabellen der Reichsmünze in Gulden u. Kreuzer, Thaler u. Silbergroschen, Francs u. Centimes u. umgekehrt. 5. Aufl. 16—19. Tausend. Schmal Fol. (IV, 56 S.) Frankfurt a/M. 875. Diesterweg. 1. 50

Rechner, A. Frdr., f.: Zum Gedächtnis usw. des Pfarrers Gustav Julius Rechner.

Die Macht der Liebe. Mimisch-dramat. Studie von Alex. **Rechnitz**. Die Handlung ist in 1 Aufz. Dresden: H. Flossel [1902]. (19 S.) 8° [J.] 07. 8066

**Rechnitz,** Ernst, Referendar am Kgl. Landgericht zu Ratibor: Anweisung und Inhaberpapier in ihren Wirkungen. Borna-Leipzig 1906: R. Noske. (XIII, 87 S.) 8° [J.]
Breslau, Jur. Fak., Ref. Leonhard-Fischer, Diss. v. 29. Sept. 1906
[Geb. 15. Nov. 81 Ratibor; Wohnort: Ratibor; Staatsangeh.: Preußen; Vorbildung: Gymn. Ratibor Reife O. 02; Studium: München 1, Berlin 3, Breslau 2 S.; Rig. 30. Juni 05.]

**Rechnitz, Franz**: Prolegomena und erster Teil einer kritischen Ausgabe der chançon de Guillelme. Bonn 1909: Eisele. VIII, 105 S. 8°
Bonn, Phil. Diss. v. 10. März 1909, Ref. Foerster
[Geb. 10. Sept. 85 Ratibor; Wohnort: Bonn; Staatsangeh.: Preußen; Vorbildung: Gymn. Ratibor Reife O. 04; Studium: Straßburg 2, Bonn 6 S.; Rig. 29. Juli 08.] [U 09. 423

Rechnitz, Fritz [app. Arzt aus Ratibor]: Beitrag zur Casuistik der Kieferklemme . . . Berlin, F. Cynamon's Buchdr., 1891; 32 S. 8°
Würzburg, Med. Fak., Inaug.-Diss. v. 1891

**Rechnitz,** Heinrich, aus Wien: Ueberführung von Aethylmalonsäurehydrazid in Propylaldehyd und die Umwandlung des Propylidenazins in (4) Methyl- (5) Aethylpyrazolin. *Heidelberg 1901: K. Rössler.* (40 S.) 8°
Heidelberg, Naturw.-math. Diss. v. 1901

Rechnung, allgem., über den Haushalt des Deutschen Reichs für 1873. Berlin

Rechnung. Allgemeine. (über den Reichshaushalt) nebst Nachweisung der Etatsüberschreitungen und außeretatsmäßigen Ausgaben f. d. Rechnungsj. 1909. [Berlin] o. J. 4°
*(1910 ff. fortges. u. d. Tit.:)*
Reichshaushaltsrechnung 1910 ff. [Berlin] o. J.
1910—1914.

Anstalt zur Hoffnung für schwachsinnige Kinder (Basel). Rechnung vom 1. Oktober 1900 bis 30. September 1901. 1 S. 4.

Anstalt zur Hoffnung für schwachsinnige Kinder (Basel). Rechnung vom 1. Oktober 1901 bis 30. September 1902. 1 S. 4.

Bürgerliches Armen-Amt der Stadt Basel. Rechnung vom Jahr 1900. [4 S.] 4. ([Basel,] Buchdr. des Basler Anzeiger, 1901.)

Bürgerliches Armen-Amt der Stadt Basel. Rechnung vom Jahr 1901. [4 S.] 4. (1902.)

Bürgerliches Armen-Amt der Stadt Basel. Rechnung vom Jahr 1902. [4 S.] 4. (1903.)

Allgemeiner Consumverein in Basel. Rechnung und Bericht über das 35ste Geschäftsjahr 1900. IV + 59 S. 4. Basel, Buchdr. des Schweizerischen Typographenbundes, 1901.

Allgemeiner Consumverein in Basel. Rechnung und Bericht über das 36ste Geschäftsjahr 1901. IV + 63 S. 4. Basel, Walz & Miéville, 1902.

Länggass-Krippe [Bern]. Rechnung und Bericht umfassend das ... Jahr ihres Bestehens.... 8.
... 22. Jahr ... vom 1. Juli 1900 bis zum 30. Juni 1901. 8 S.
... 23. u. 24. Jahr ... vom 1. Juli 1901 bis zum 30. Juni 1902 u. vom 1. Juli 1902 bis zum 30. Juni 1903. [beide Illustriert.] je 4 S.

Rechnung und Bericht des Regierungsstatthalters des Amtsbezirks Signau über den Bezug und die Verwendung der ihm in Folge der Gewitter im August 1837 zu Handen der Wasserbeschädigten seines Amtsbezirks eingegangenen Liebessteuern .... 4. o. O. (1838).

Stiftung zur Unterstützung der Familie Dr. Jakob Honeggers (in Zürich). Rechnung und Bericht 1900. 1901 März 25. 3 S. 4. (Zürich, Schulthess & Co.)

Bezirks-Krankenhaus in Heiden. Rechnung 1900 u. 1901 u. 1902, nebst einem kurzen Jahresbericht. 23 u. 23 u. 22 S. 8. [Heiden,] R. Weber, (1901 u. 1902 u. 1903).

Schaffhauser Strassenbahn. [1.] Rechnung und Bilanz per (11. Mai bis) 31. Dezember 1901. 12 S. 4. Schaffhausen, H. Meier & Cie., 1902.

Rechnung der Brand-Assekuranz-Anstalt des Kts. Luzern pro 1871. 2 Stn. gr. fol.

Rechnung der Brandassekuranz-Anstalt des Kts. Luzern. pr. 1872. 9 Stn. fol.
Forts.s.:Rechnung d.Brandversicherungs-Anstalt d. Kts.Luzern.

Brandassekuranz-Anstalt des Kantons Thurgau (in Frauenfeld). Rechnung № 76. Rechnungstermin: 1. September 1900 bis 30. April 1902. 20 S. 4. Diessenhofen, C. Forrer, 1902.

Brandassekuranzanstalt des Kts. Zürich. Rechnung Nr. 63 üb. d. J. 1871. in-fol.

Brandassekuranzanstalt des Kantons Zürich. Rechnung Nr. 65 pr. 1873. 20 Stn. fol. Zürich, Druck v. Schiller & Co.

Brandassekuranz-Anstalt des Kantons Zürich (in Zürich). Rechnung № 92. 1900. 32 S. 4. Pfäffikon, J. Peter (1901).

Brandassekuranz-Anstalt des Kantons Zürich (in Zürich). Rechnung № 93. 1901. 35 S. 4. Pfäffikon, J. Peter, (1902).

Brandassekuranz-Anstalt des Kantons Zürich (in Zürich). Rechnung № 94. 1902. 36 S. 4. Pfäffikon, J. Peter, (1903).

Brandassekuranzkasse des Kantons Schaffhausen (in Schaffhausen). Rechnung. 8.
1900. II + 8 S. Schaffhausen, Kühn & Cie., 1901.
1901. II + 12 S. Schaffhausen, Kühn & Comp., 1902.

Brandassekuranzkasse des Kantons Schaffhausen (in Schaffhausen). Rechnung 1902. II + 10 S. 8. Schaffhausen, Kühn & Comp., 1903.

Rechnung der Brandversicherungs-Anstalt des Kantons Basel-Landschaft v. J. 1869. 10 St. 4.

Rechnung der Brandversicherungs-Anstalt des Kts. Basel-Landschaft v. J. 1871. 10 Stn. 4.

Brandversicherungs-Anstalt des Kts. Basel-Landschaft. Rechnung pr. 1872. 10 Stn. 4. Liestal, Druck v. A. Brodbeck.

Rechnung der Brandversicherungs-Anstalt des Kant. Basel-Landschaft v. J. 1873. 10 Stn. 4.

Rechnung der Brandversicherungs-Anstalt des Kantons Basel-Landschaft vom Jahre 1875. 14 S. 8. Liestal, Druck von Lüdin & Walser.

Brandversicherungs-Anstalt des Kantons Basel-Landschaft [in Liestal]. Rechnung vom Jahre 1900. [Mit 1 Tabelle.] 17 S. 8. Sissach, J. Schaub-Buser, 1901.

Brandversicherungs-Anstalt des Kantons Basel-Landschaft [in Liestal]. Rechnung.... [je Mit 1 Tabelle.] 8.
... vom Jahre 1901. 17 S. Sissach, J. Schaub-Buser, 1902.
... vom Jahre 1902. 17 S. Liestal, Gebrüder Lüdin, 1903.

Rechnung der Brandversicherungs-Anstalt des Kts. Luzern pro 1873. 9 Stn. fol.
Vorh.unt.d.T.:Rechnung d.Brandassekuranz-Anstalt d.Kts.Luzern.

Rechnung d. Brandversicherungs-Anstalt des Kantons Luzern, gestellt vom 1. Jan. bis 31. Dez. 1874. 11 pp. Fol.

Brandversicherungs-Anstalt des Kantons Luzern (in Luzern). Rechnung 1900. (1901 Mai 22.) 26 S. 4.

Brandversicherungs-Anstalt des Kantons Luzern (in Luzern). Rechnung 1901. (1902 Mai 3.) 26 S. 4.

Brandversicherungs-Anstalt des Kantons Luzern (in Luzern). Rechnung 1902. (1903 Mai 6.) 23 S. 4.

Rechnung der Gemeinde Bühler. Vom 11. Nov. 1870 bis 11. Nov. 1871. 26 Stn. 8.
Appenzell 1872.

Gemeinde Bühler. Rechnung 1900. ([Mit] Budget für 1901. — 1901 Februar 3.) II + 43 S. 8. Trogen, U. Kübler, 1901.

Gemeinde Bühler. Rechnung 1901 u. 1902. ([Mit] Budget für 1902 u. 1903.) II + 44 u. II + 38 S. 8. Trogen, U. Kübler, 1902 u. 1903.

Rechnung über den Eingang und die Verwendung der Liebessteuern für die durch das traurige Ereigniss beym Kirchenbau in der Gemeinde Gossau am 22. Brachmonat 1820 verunglückten Personen. Auf Verordnung der Hohen Regierung bekannt gemacht. 8. o. O. 1821.

Rechnung über Einnahme und Ausgabe der Gelder, welche zur Bezahlung der Arzneyen für Arme bey dem Kranken-Institut zu Erlangen ... 1789 bis ... 1793 verwendet worden sind. Erlangen [1793]. V: *Wendt, Friedrich.* (Call) (MGT)

Rechnung üb. Einnahme u. Ausgabe d. Gelder z. Bezahlg d. Arzneien f. Arme b. d. Krankeninstitut z. Erlangen, v. 1. 4. 1795 bis 31. 3. 1797. Erlangen.

Rechnung üb. Einnahme u. Ausgabe der Nationalbank, f. das Bankjahr v. 1. Aug. bis 31. Juli 1819, mit hinzugefügt. Erklärung, welche den Status der Bank am gedachten 31. Juli zeigt; aus d. Dän. übers. gr. 4. Altona 820. (Aue). 4 ß

Rechnung über Einnahme und Ausgabe der Nationalbank für das Bankjahr v. 1. Aug. bis 31. July 1819 mit hinzugefügter Erklär., welche den Status der Bank am gedachten 31. July zeigt. Aus d. Dänischen übers. gr. 4. Altona, Busch. 820.

Erziehungsanstalt für arme und verwahrloste Mädchen in Frenkendorf. Rechnung über das Jahr 1901. 2 S. 4. (Basel, Fr. Reinhardt, 1902.)

.. Bezirk March. Rechnung und Finanzzustand auf den 31. Dezember 1900, nebst Voranschlag für das Jahr 1901. (1901 April 1.) 14 S. 4. Lachen, J. Mettler, 1901.

Einwohnergemeinde Solothurn. Rechnung der sämtlichen Fonds 1900. (1901 Juli 5.) 14 S. fol. Solothurn, Gassmann, Sohn.

Einwohnergemeinde Solothurn. Rechnung der sämtlichen Fonds 1901. 15 S. fol. Solothurn, Brugger & Gigandet, (1902).

Einwohnergemeinde Solothurn. Rechnung der sämtlichen Fonds 1902. 15 S. fol. Solothurn, Buch- und Kunstdr. Union, (1903).

Evang. Kirchgemeinde Frauenfeld. Rechnung über das Vermögen des Kirchen- und Pfrundfonds ([sowie] des Armenfonds [und] des Separat-Kirchenfonds St. Johann-Kurzdorf) für das Jahr 1900. 7 S. 4. (1901.)

Evang. Kirchgemeinde Frauenfeld. Rechnung über das Vermögen des Kirchen- und Pfrundfonds ([sowie] des Armenfonds [und] des Separat-Kirchenfonds St. Johann-Kurzdorf) für das Jahr 1901. 8 S. 4. (1902.)

Evang. Kirchgemeinde Frauenfeld. Rechnung über das Vermögen des Kirchen- und Pfrundfonds ([sowie] des Armenfonds [und] des Separat-Kirchenfonds St. Johann-Kurzdorf) für das Jahr 1902. 8 S. 4. (1903.)

Munizipalgemeinde Frauenfeld. Rechnung pro 1900. 4 [+2] S. 4. (1901.)

Munizipalgemeinde Frauenfeld. Rechnung pro 1901. 4 [+2] S. 4. (1902.)

Munizipalgemeinde Frauenfeld. Rechnung pro 1902. 4 [+2] S. 4. (1903.)

Consumverein Gebenstorf. 8.
(Rechnung über das 2. Geschäftsjahr vom 1. Mai 1900 — 31. März 1901.) [4 S.] (1901 Juni.)
(Rechnung [über] das 3. Geschäftsjahr vom 1. April 1901 bis 6. April 1902.) [4 S.] (1902 September.)
Rechnungsbericht über das 4. Geschäftsjahr ⟨7. April 1902 bis 31. März 1903⟩. [7 S.] (1903.)

(Gemeinde-Rechnung.) Rechnung der Gemeindekasse zu Schiffbek für das Rechnungsjahr 1903/04 ff. Schiffbek. (1904 ff.) 4°

Soloth. (kantonale Kommission [einer]) Heilstätte für Lungenkranke. 3. Rechnung 1900. II + 9 S. 8. Schönenwerd, Gebrüder Widmer, 1901.

Soloth. ([kantonale] Kommission [einer]) Heilstätte für Lungenkranke. 4. Rechnung 1901. 9 S. 8. Schönenwerd, Gebrüder Widmer, 1902.

(Kantonale Kommission der) Soloth. Heilstätte für Lungenkranke. 5. Rechnung für das Jahr 1902. 14 S. 8. Olten, Buchdr. des Oltner Tagblatt, 1903.

Rechnung der Hilfsgesellschaft von Uri über die für die durch die Ueberschwemmung des 27 Augusts 1834 beschädigten Einwohner von Uri empfangenen Liebessteuren. 4. Altdorf 1836.

Protestantisch-kirchlicher Hülfs-Verein des Emmenthals. (Rechnung pro 1900.) [3 S.] 4. (1901.)

Protestantisch-kirchlicher Hülfs-Verein des Emmenthals. (Rechnung pro 1901.) [3 S.] 4. (1902.)

Protestantisch-kirchlicher Hülfs-Verein des Emmentals. (Rechnung pro 1902.) [3 S.] 4. (1903.)

Thurgauischer [kantonaler] Hülfsverein für Gemütskranke. Rechnung über das Vermögen pro 1900 und 1901. 7 S. 8. Frauenfeld, Huber & Co., (1902).

Kollekten-Verein (*1901/2 u. 1902/3: Appenz. [A.-Rh.] Verein) zur Hebung der Sittlichkeit. 8.
Rechnung pro 1. Juli 1900 bis 30. Juni 1901. [3 S.]
Rechnungsjahr vom 1. Juli 1901 bis 30. Juni 1902. 3 S. Herisau, W. Schiess & Zwicki, 1902.
Jahresrechnung pro 1. Juli 1902 bis 30. Juni 1903. [3 S.] Herisau, Schläpfer & Cie.

**Rechnung** dem Könige von Frankreich abgelegt im J. 1781. A. d. Franz. ... Berlin 1781. Ü: *Mylius, Wilibald Christhelf Sigmund.* (Rass)

Kranken-Verein der polit. Gemeinde Uster. 8.
19. Rechnung pro 1900. 21 S. Uster, Gschwend & Didierjean, 1901.
20. Rechnung pro 1901. 18 S. Uster, E. Weilenmann, 1902.
21. Rechnung pro 1902. [Mit 1 Ansichts-Tafel.] II + 16 S. Uster, Gschwend & Didierjean, 1903.

Rechnung der Süderdithmarscher Kreis-Kommunalkasse für das Rechnungsjahr 1889/90–1915/16. Meldorf. 1890–1917. 4°

Freies kath(olisches) Lehrerseminar (*Jahresb.:* bei St. Michael) in Zug. 8.
Rechnung für das Schuljahr 1900/1901. 8 S. (1901.) — (Jahresbericht 1894/95—1900/1901 s. Knaben-Pensionat....)
22. u. 23. Jahresbericht. Schuljahr 1901/1902 u. 1902/1903. [*je* Mit 1 Ansicht.] II + 28 u. II + 24 S. Zug, Blunschi, 1902 u. 1903.

Lehrer-Witwen- und Waisen-Kasse der Stadt Basel. 64. Rechnung. Vom 1. März 1900 bis 28. Februar 1901. [2 S.] fol.

Lehrer-Witwen- und Waisen-Kasse der Stadt Basel. 65. Rechnung. Vom 1. März 1901 bis 28. Februar 1902. [2 S.] fol.

Lehrer-Witwen- und Waisen-Kasse der Stadt Basel. 66. Rechnung. Vom 1. März 1902 bis 28. Februar 1903. [2 S.] fol.

Leihkasse in Liestal. An die tit. Aktionäre. (Rechnung d. a. 1871). 2 Stn. 4.

Eidgenössischer Linthfond. Rechnung über... und die Betriebs-Rechnung vom Jahre 1900. [4 S.] 4. Glarus, J. Spälti, 1901.

Vierte öffentliche Rechnung über Einnahme und Ausgabe für die Rettungsanstalt armer und verwahrloseter Kinder zu Stuttgart. 1827

Rechnung, öffentliche — über die Einnahmen und Ausgaben bei der Kleinkinder-Bewahr-Anstalt zu Braunau, verbunden mit dem Berichte über den Stand dieses Institutes seit der Eröffnung desselben am 3 Februar 1855. Druck von J. Kränzl in Ried. (2 Bl. 4.)

Rechnung, öffentliche — über die Einnahmen und Ausgaben der Kleinkinderbewahranstalt zu Braunau verbunden mit dem Berichte über den Stand des Institutes im Jahre 1856. Gedruckt bei Josef Kränzl in Ried. (2 Bl. 4.)

Rechnung des Prager Privat-Waisenhauses zum heil. Johann dem Täufer für die Zeit vom 1sten Jänner bis Ende Dezember 1853. 8. (46 S.) Prag. Druck von Friedrich Rohlicek. 1854.

Rechnung des Prager Privat-Waisenhauses zum heiligen Johann dem Täufer für die Zeit vom 1. Jänner bis Ende Dezember 1854. Prag, 1855. Druck von Friedrich Rohlicek im erzbischöflichen Seminär. (44 S. 8.)

Rechnung des Prager Privat-Waisenhauses zum heil. Johann dem Täufer für die Zeit vom 1ten Jänner bis Ende Dezember 1855. Prag, 1856. Druck der fürsterzbischöflichen Buchdruckerei von Friedrich Rohlicek. (48 S. 8.)

Dorfgenossenschaft Schwyz. Rechnung 1900. 4 S. 4. Schwyz, Caspar Triner & Co., [1901].

Rechnung der Spar- und Leihkasse der Stadt Flensburg für das Geschäftsjahr 1905 ff. (Flensburg. 1906 ff.)

Sparkasse des Wahlkreises Thalweil (in Thalweil). 60. u. 61. Rechnung. Vom 30. Juni 1900 bis 30. Juni 1901 u. Vom 30. Juni 1901 bis 30. Juni 1902. je 11 S. 8. Thalweil, Otto Kracht, 1901 u. 1902.

Sparkasse der Stadt Zürich. 96. Rechnung über die Verwaltung umfassend das Jahr 1900. Von der Sparkasse-Genossenschaft abgenommen den 4. Juni 1901. 12 S. 8. Zürich, Berichthaus, 1901.

Sparkasse der Stadt Zürich. 97. Rechnung über die Verwaltung umfassend das Jahr 1901. Von der Sparkasse-Genossenschaft abgenommen den 20. Mai 1902. 12 S. 8. Zürich, Berichthaus, 1902.

Sparkasse der Stadt Zürich. 98. Rechnung über die Verwaltung umfassend das Jahr 1902. Von der Sparkasse-Genossenschaft abgenommen den 26. Mai 1903. 12 S. 8. Zürich, Berichthaus, 1903.

Einwohnergemeinde Solothurn. Rechnung der Stadtkasse pro.... Zusammenstellung der Differenzen mit dem Büdget gleichen Jahres. 4.
...pro 1901. (1902 Juni 20.) 3 S. — ... pro 1902. (1903 Juni 10.) 4 S.

Rechnung über die zu Gunsten der Wasserbeschädigten von 1839 gesammelten... Steuern. 8. Sitten 1841.

Ersparniss-Casse Trogen. Rechnung 1901. 1 S. 8. [1902.]

Ersparnis-Casse Trogen. Rechnung 1902. 1 S. 8. [1903.]

Christliches Vereinshaus für Baselland in Liestal. [je 2 S.] 4.

Rechnung über das Jahr 1900. Beilage zum «Christlichen Volksboten» [1901] Nr. 9. (1901.)
Rechnung über das Jahr 1901. (1902.)

Christliches Vereinshaus für Baselland in Liestal. Rechnung über das Jahr 1902. [2 S.] 4. (Basel, Fr. Reinhardt, 1903.)

Rechnung über das Vermögen der Universität und des Gymnasiums, sowie Rechnungsablage der öffentlichen Sammlungen und acad. Unterrichtsanstalten v. J. 1869. Basel, Schweighauser'sche Buchdr. 13 S. 4.

Universität (Basel). Rechnung über das Vermögen der Universität und Rechnungsablage der öffentlichen Sammlungen und akademischen Unterrichtsanstalten vom Jahr 1900. Genehmigt durch Beschluss des Regierungsrates vom 8. Mai 1901. 20 S. 4. Basel, M. Werner-Riehm, 1901.

Universität (Basel). Rechnung über das Vermögen der Universität und Rechnungsablage der öffentlichen Sammlungen und akademischen Unterrichtsanstalten vom Jahr 1902. Genehmigt durch Beschluss des Regierungsrates vom 2. Mai 1903. 20 S. 4. Basel, M. Werner-Riehm, 1903.

Gemeinsame Realschule Rapperswil. Rechnung und Vermögensausweis, abgeschlossen auf 30. Juni 1901 u. auf 30. Juni 1902 u. auf 30. Juni 1903, und Voranschlag pro 1901/1902 u. pro 1902/1903 u. pro 1903/1904. je 4 S. 8. Rapperswil, A. Bauer (*1902: H. Gasser-Akeret), 1901 u. 1902 u. 1903.

Rechnung der Verwaltung der Kleinkinder-Bewahranstalt in Ried für das Verwaltungsjahr 1855—1856. Gedr. bei Josef Kränzl in Ried. (2 Bl. 4.)

Sparkassagesellschaft Wädensweil. 85. Rechnung vom 1. Mai 1900 bis 30. April 1901. [4 S.] kl.-4. (Wädensweil, A. Stutz.)

Sparkassagesellschaft Wädensweil. 86. Rechnung vom 1. Mai 1901 bis 30. April 1902. [4 S.] kl.-4. (Wädensweil, A. Stutz.)

Sparkassagesellschaft Wädensweil. 87. Rechnung vom 1. Mai 1902 bis 30. April 1903. [4 S.] kl.-4.

**Rechnung des Waisenhauses zum heiligen Johann dem Täufer vom 1ten Januar 1803 bis Ende Dezember 1804. Prag [1805]: Geržabek. 8 Bl. 4⁰.**
**Selten. 20.**

Gemeinde-Krankenverein Wald. 17. u. 18. u. 19. Rechnung pro 1900 u. pro 1901 u. pro 1902. je 10 S. 8. Wald, H. Hess, 1901 u. 1902 u. 1903.

Dorfgenossenschaft Schwyz. Rechnung der Wasserversorgung 1900. 7 S. 4. Schwyz, Caspar Triner & Co., [1901].

. Bürgergemeinde Weinfelden (Bezirk Weinfelden). Rechnung pro 1900. 12 S. 8. Weinfelden, Neuenschwander, 1901.

Evang. Kirchgemeinde Wigoltingen. Rechnung[en] für das Jahr 1900: über den Armenfonds der evang. Kirchgemeinde Wigoltingen-Rapersweilen, (den Pfarrpfrundenfonds, den Pfarrhausbaufonds, den Kirchenfonds [und] den Kirchhoffonds der Kirchgemeinde Wigoltingen). 26 S. 8. ([Frauenfeld, Huber & Co.,] 1901.)

. Evang. Kirchgemeinde Wigoltingen. Rechnung[en] für das Jahr 1901: über den Armenfonds der evang. Kirchgemeinde Wigoltingen-Rapersweilen, (den Pfarrpfrundenfonds, den Pfarrhausbaufonds, den Kirchenfonds [und] den Kirchhoffonds der Kirchgemeinde Wigoltingen). 26 S. 8. ([Frauenfeld, Huber & Co.,] 1902.)

Die Rechnung ohne Wirth, oder das eroberte Sachsen. Ein Lustspiel in drei Aufzügen. Wobey der blinckende Bothe od. die aufgehobene Belagerung von Neiß ein Nachspiel. Im November 1758. 8o.

**RECHNUNG**, Die, ohne Wirth, oder Begebenheiten u. Schicksale, die man nicht vorher sehen kann. (Stellenw. freier Roman.) Aufrichtig beschrieben von *W. C. H.* Leipzig, bey Joh. Gfr. Müller. 1764. 8⁰. (In Marburg, Univ.-Bibl.: XVI. C. 623.)
302 S. (incl. Titel). Selten!

**Rechnung, Die,** ohne den Wirth oder: In der Liebe giebts Narren die Menge. Ein Lustspiel in einem Aufzuge. Wien 1780. V: *Schletter, Salomo Friedrich.* (GGr V/322, Nr. 54/7) (BiblPort)

Ärztliche Wittwen-, Waisen- und Invalidenkasse (in Basel). Rechnung Nr. 45 vom 1. Juni 1901 bis 31. Mai 1902 u. Nr. 46 vom 1. Juni 1902 bis 31. Mai 1903. [je 2 S.] 4. Basel, K. J. Wyss.

Witwen- und Waisenkasse der Ortsbürger von Brugg. 83. Jahresversammlung. (Rechnung vom 30. Nov. 1899 bis 30. Nov. 1900 *etc.* — [Und:] Alterskasse unverheirateter Ortsbürgerinnen von Brugg. 29. Jahresrechnung auf 1. Dezember 1900.) 10 S. 8. (Brugg, Effingerhof, 1900.)

Wasserwerke Zug. ⟨Wasserversorgung, Gas- und Elektricitätswerke.⟩ Rechnung über das 9. Betriebsjahr 1900. 27 S. 4. Zug, Rey & Kalt, 1901.

Wasserwerke Zug. ⟨Wasserversorgung, Gas- und Elektricitätswerke.⟩ Rechnung über das 10. Betriebsjahr 1901. 29 S. 4. Zug, Rey & Kalt, 1902.

Wasserwerke Zug ⟨Wasserversorgung, Gas- und Elektricitätswerke⟩. Rechnung über das 11. Betriebsjahr 1902. [Mit 3 graphischen Tabellen.] 29 S. 4. Zug, Rey & Kalt, 1903.

**Rechnungen** aus dem Archiv der Stadt Kronstadt. Bd 1–3. *Kronstadt: H. Zeidner* (Bd 2: *Albrecht & Zillich*) *in Comm. 1886–96.* 3 Bde 4°
1. Rechnungen aus 1503–1526. 1886.
2. … aus 1526–1540. (1. u. 2.: Vorr.: Franz Herfurth.) 1889
3. … aus ⟨1475⟩ 1541–1550 ⟨1571⟩. (Vorr.: Fr[iedr.] Wilh. Seraphin.) 1896.

— **Quellen** z. Geschichte d. Stadt Kronstadt i. Siebenb. Bd 1–3.

Bezirk Einsiedeln. Rechnungen der Bezirks-, Schul- und Armenkasse und Fondsverwaltung für das Jahr 1900. 16 S. 4. Einsiedeln, Benziger & Co. A. G., 1901.

**Rechnungen, einleitende, zum kaufmännischen Rechenbuche von Prof. Frz. Hantschl. gr. 8. (Mit 1 Tab.) Wien 846, Lechner's Universitäts-Buchh. n. 1 1/6 ℳ**

Bezirk Gersau. 1900er Rechnungen der Gemeinde-, Armen-, Kirchen-, Schul-, Stifts- und Pfrund-Verwaltungen 1900 ([und] Voranschlag pro 1901. — 1901 April 9.) 34 S. 4. Gersau, Gebr. Josef und Karl Müller, 1901.

Gemeinde Lutzenberg. Rechnungen über die Gemeinde-Verwaltungen in Lutzenberg 1900, nebst Voranschlag für 1901 und Rechnung des freiwilligen Armenvereins. (1901 Januar 28.) 30 S. 8. Heiden, R. Weber, 1901.

Gemeinde Lutzenberg. Rechnungen über die Gemeinde-Verwaltungen in Lutzenberg 1901, nebst Voranschlag für 1902 und Rechnungen des freiwilligen Armenvereins. (1902 Januar 20.) 30 S. 8. Heiden, R. Weber, 1902.

Gemeinde Lutzenberg. Rechnungen über die Gemeinde-Verwaltungen in Lutzenberg 1902, nebst Voranschlag für 1903 und Rechnung des freiwilligen Armenvereins. (1903 Januar 20.) 30 S. 8. Heiden, R. Weber, 1903.

**Rechnungen, die, des Kirchenmeisteramtes von St. Stephan zu Wien.** Im Auftrage des Stadtrathes der k. k. Reichshaupt- u. Residenzstadt hrsg. v. Karl Uhlirz, 2 Abthlgn. gr. 8. Wien (W. Braumüller). n.n. 27.
I. Ausgaben auf die Steinhütte während der J. 1404, 1407, 1415—1417, 1420, 1422, 1426, 1427, 1429, 1430, 1535 (238 S. m. 1 Lichtdr.-Taf.) 901. n.n. 10. —
II. Einnahmen u. Ausgaben während der J. 1404, 1407, 1408, 1415—1417, 1420, 1422, 1426, 1427, 1429, 1430, 1476, 1535. Einleitung, Beilagen, Sach- u. Ortsverzeichnis. (XLVIII u. S. 211—570.) 902. n.n. 17. —

— **politische.** Versuch e. Warschauer Publicisten. (Aus dem Poln. übers.) Russische Politik u. Polen. (In russ. Sprache.) gr. 8. (48 S.) Leipzig 896. E. L. Kasprowicz. n. 2. —

**Rechnungen** über Heinrich von Derby's Preußenfahrten 1390—91 und 1392 … Leipz. 1893. V: *Kyngeston, Rich.* (Berl)

**Rechnungen** üb. Heinrich v. Derby's Preussenfahrten 1390—91 u. 1392. Hrsg. v. Hans Prutz. (Publication des Vereins f. die Geschichte der Provinzen Ost- u. Westpreussen.) gr. 8. (VII, CIV, 226 S.) Leipzig 893. Duncker & Humblot. n. 6. —

**Rechnungen** aus der Zeit Setis I. '(circa 1350 v. Chr.)' m. anderen Rechngn d. neuen Reiches hrsg. u. erkl. v. Wilhelm Spiegelberg, Privatdoz. … an der Univ. Strassburg. Text. Taf. *Strassburg: K. J. Trübner 1896.* 2 Bde 2.
Text. (VI S., 1 Bl., 99 S.) 43 Taf. (2 Bl., 43 Taf.) [96. 760

Toggenburgische Zwangsarbeitsanstalt in der Bitzi bei Mosnang. Rechnungen: 29. Jahresrechnung 1900, Jahresbericht… . II + 8 S. 8. Lichtensteig, Mäder, 1901.

**St. Joseph-Missions-Verein, Aachen, zur Unterhaltung der Seelsorge f. d. Deutschen im Auslande. Rechnungsablage f. d. J. 1893, 1895, 1902, 1903, 1908—13. (Aachen 1894—1914.)**

Sparkassa Berneck. 32. Rechnungsabschluss auf 31. Dezember 1901 (*d. i.* 1900). 1 S. quer-fol. 1901.

Sparkassa Berneck. 33. *u.* 34. Rechnungsabschluss auf 31. Dezember 1901 *u.* auf 31. Dezember 1902. *je* 1 S. quer-fol. 1902 *u.* 1903.

Ersparnis-Anstalt Degersheim. 34. Rechnungsabschluss pro 31. Dezember 1900. 7 S. 8. Lichtensteig, Mäder, 1901.

Ersparnis-Anstalt Degersheim. 35. *u.* 36. Rechnungsabschluss pro 31. Dezember 1901 *u.* pro 31. Dezember 1902. 7 *u.* 8 S. 8. Lichtensteig, A. Mäder, 1902 (*u.* 1903).

**Rechnungs-Abschluß über sämmtliche Einnahmen und Ausgaben des Josefstädter Kirchenmusik-Vereines für das Militärjahr 1854. 4. (4 Blätt.) Wien. Aus J. B. Wallishausser's k. k. Hoftheater-Buchdruckerei. 1854.**

Ersparniskasse in Speicher. 82. Rechnungsabschluss vom 31. Dezember 1900. 1 S. fol. Trogen, U. Kübler, [1901].

Ersparniskasse in Speicher. 83. Rechnungsabschluss vom 31. Dezember 1901. 1 S. fol. Trogen, U. Kübler, [1902].

Ersparniskassa in Speicher. 84. Rechnungsabschluss vom 31. Dezember 1902. 1 S. fol. Trogen, U. Kübler, [1903].

**Rechnungs-Abschluss** des Anhaltischen Freimaurer-Sterbekassen-Vereins zu Cöthen pro 1874/75. [Köthen 1875: Schettler.] 2 Bl. 4° [Kopftit.]
Mit Begleitschreiben. Erscheinen jährlich seit 1871—1872. 3.

Gesellschaft für chemische Industrie in Basel. 17. Rechnungs-Abschluss umfassend die Geschäftsperiode vom 1. Juli 1900 bis 30. Juni 1901. II + 20 S. 4. Basel, Fr. Bürgin, 1901.

Gesellschaft für chemische Industrie in Basel. 18. Rechnungs-Abschluss umfassend die Geschäftsperiode vom 1. Juli 1901 bis 30. Juni 1902. II + 19 S. 4. Basel, Fr. Bürgin, 1902.

Gesellschaft für chemische Industrie in Basel. 19. Rechnungs-Abschluss umfassend die Geschäftsperiode vom 1. Juli 1902 bis 30. Juni 1903. II + 20 S. 4. Basel, Fr. Bürgin, 1903.

**Rechnungsabschluß** der Landeshauptstadt Klgft. Klgft., Leon, 1908—. Quart.

Krankenkasse der Maschinenfabrik & Eisengiesserei Schaffhausen vormals J. Rauschenbach. Rechnungsabschluss pro 30. September 1901. 1 S. 4. [Schaffhausen, H. Meier & Cie.]

Krankenkasse [und] Vorsichts- und Erholungskasse für das Personal der Firma Ryff & C°, Strickwarenfabrik, Bern. Rechnungs-Abschluss pro 30. September 1901. [2 S.] 4.

Krankenkasse [und] Vorsichts- und Erholungskasse für das Personal der Firma Ryff & C°, Strickwarenfabrik, Bern. Rechnungs-Abschluss pro 30. September 1902. [2 S.] 4.

**Rechnungsabschluß** der kärntnerischen Landes-Brandschaden-Versicherungsanstalt. Klgft., v. Kleinmayr, 1903—. Quart.

**Rechnungsabschluß** der kärntnerischen Landes-Hypothekenanstalt. Klgft., v. Kleinmayr, 1897—. Quart.

Leihbank Rapperswil. 36. Rechnungsabschluss auf 31. Dezember 1900. [4 S.] 4. (1901.)

Leihbank Rapperswil. 37. Rechnungsabschluss auf 31. Dezember 1901. [4 S.] 4. Rapperswil, F. Steiner-Nater, 1902.
*Letzter gedr. Rechnungsabschluss; die L. R. trat im April 1902 in Liquidation.*

Rechnungs=Abschluß des St. Josefs= unentgeldlichen Kinderspitals auf der Wieden für das Verwaltungsjahr 1854. Wien. Gedruckt bei A. Pichler's Witwe und Sohn. (8 S. 4) 1855.

Actiengesellschaft Schappe- & Cordonnet-Spinnerei Ryhiner in Basel. 11. Rechnungs-Abschluss für das Jahr 1900. 15 S. 4. (1901.)

Actiengesellschaft Schappe- & Cordonnet-Spinnerei Ryhiner in Basel. 12. u. (13.) Rechnungs-Abschluss für das Jahr 1901 u. 1902. *je* 11 S. 4. (1902 u. 1903.)

Konsumgenossenschaft Schöftland. 8.
2. Rechnungsabschluss über das Geschäftsjahr 1900—1901 (Juni 30). 8 S. Aarau, Buchdr. des Aargauer Tagblatt, 1901.
3. Rechnungs-Abschluss über das Geschäftsjahr 1901—1902 (Juni 30). 10 S. Seon, Sl. Gloor, (1902).
4. Rechnungs-Abschluss über das Geschäftsjahr 1902—1903 (Juni 30). 8 S. Kulm, A. Humbert, (1903).

Chemische Fabrik Schweizerhall in Basel. 12. Rechnungsabschluss vom 1. Juli 1900 bis 30. Juni 1901. 11 S. 4. Basel, M. Werner-Riehm, 1901.

Chemische Fabrik Schweizerhall in Basel. 13. Rechnungsabschluss vom 1. Juli 1901 bis 30. Juni 1902. 11 S. 4. Basel, M. Werner-Riehm, 1902.

Rechnungs=Abschluß der allgemeinen Sparkasse und Leih=Anstalt auf Handpfänder in Linz für das Jahr 1854, sammt einem Vorworte des Vereins=Ausschusses. Linz. Aus der Eurich'schen Buchdruckerei. (6 Bl. 4.)

Rechnungs=Abschluß der ersten mährischen Sparkasse in Brünn. Für die Zeit vom 1. Jänner bis Ende December 1854. Brünn. 1855. Druck von Fr. Gastl (8 Bl. 4.)

Rechnungs=Abschluß der ersten mährischen Sparkasse in Brünn. Für die Zeit vom 1. Jänner bis Ende Dezember 1855. Brünn, 1856. Aus Fr. Gastl's typogr. Anstalt. (8 Bl. 4.)

Rechnungsabschuß der ersten mährischen Sparkasse in Brünn v. 1. Jän. bis 31. Dez. 1856. Brünn, 1857, bei Franz Gastl. (7 Bl. 4.)

Rechnungs=Abschluß der galizischen Sparkasse nach dem eilften Jahre ihres Bestehens 1854, nebst einem Auszuge des dem Vereine der galizischen Sparkasse in der Jahresversammlung am 23. Februar 1855 unter dem Vorsitze Sr. fürstlichen Gnaden des Hochgebornen Herrn Leo Fürsten Sapieha, Obristlandmundschenk der Königreiche Galizien und Lodomerien ꝛc. als ältesten Kurators erstatteten Berichtes der Direktion dieser Anstalt. Lemberg, 1855. Gedr. bei Peter Piller und Sohn. (20 S. 4.)

Rechnungs=Abschluß der galizischen Sparkasse nach dem zwölften Jahre ihres Bestehens 1855, nebst einem Auszuge des dem Vereine der galizischen Sparkasse in der Jahresversammlung am 16. Februar 1856, unter dem Vorsitze des Hochgebornen Herrn Oberkurator = Stellvertreters Kasimir Grafen Krasicki, Direktors des galizischen ständischen Kreditvereines ꝛc. erstatteten Berichtes der Direktion dieser Anstalt. Lemberg, 1856. Gedruckt bei Kornel Piller. (29 S. 4.)

Rechnunsabschluß der Sparkasse in Innsbruck für das Solarjahr 1856. Innsbruck bei Wagner. 1857. (3 Bl. 4.)

**Rechnungs-Abschluß** der kärntnerischen Sparkasse in Klgft. Klgft., v. Kleinmayr, (1835)—.

Rechnungsabschluß der kärntnerischen Sparkasse in Klagenfurt zu Ende des Jahres 1855. Gedruckt bei Johann Leon. (40 S. 4.)

Rechnungs=Abschluß der krainischen Sparkasse in Laibach zu Ende des Jahres 1852. 4. (18 Bl.) Laibach, Druck von Joseph Rud. Millitz, 1853.

Rechnungs=Abschluß der krainischen Sparkasse in Laibach zu Ende des Jahres 1853. 8. (20 Blätter.) Laibach. Gedruckt bei Jos. Rudolph Millitz, vormals Sassenberg.

Rechnungs=Abschluß der krainischen Sparkasse in Laibach zu Ende des Jahres 1854. Laibach. 1855. Gedruckt bei Jos. Rudolf Millitz. (20 Bl. 4.) geh.

Rechnungs=Abschluß der Reichenberger Spar=Kassa vom Jahre 1855. Reichenberg, 1855. Druck von Rudolph Gerzabek. (6 Bl. 4.)

Rechnungs=Abschluß der steiermärkischen Sparkasse in Gratz mit Ende des 31. Gesellschaftsjahres vom 15. Mai 1855 bis 31. Dezember 1855. Gratz, 1856. Druck und Papier von A. Leykams Erben. (10 Bl. 4.)

Rechnungsabschluß der steiermärk. Sparkasse in Gratz mit Ende des 32. Gesellschaftsjahres vom 1. Jänner bis 31. Dez. 1856, sammt der in der allgemeinen Versammlung des Vereines und Ausschusses am 2. Mai 1857 gehaltenen Eröffnungs=Rede des Obervorstehers Ignaz Dissauer. Gratz, 1857. Druck und Papier von A. Leykams Erben. (3½ Bog. 4.)

Rechnungsabschluß des Lemberger Stadtfondes für das Verwaltungsjahr 1856. Lemberg. Gedr. bei Kornel Piller. 1856. (2 Bl. 4.)

Ortskrankenkasse VI. **Rechnungs-Abschluss** und Uebersicht über die Mitglieder, Krankheits- und Sterbefälle etc. [1. 2.] Stettin (1903–04): M. Bauchwitz. 2 Bde 8° [F.]
[1.] Für d. J. 1902. (1903.) [2.] Für d. J. 1903. (1904.)
Forts. s. u. d. T.: Geschäftsbericht d. Ortskrankenkasse VI. 1904ff. 07. 5326 O

Rechnungs-Abschluß, dreißigster — der k. k. priv ersten österr. Versicherungs-Gesellschaft in Wien vom 1. Jänner bis 31. December 1854. Wien. 1855. Gedr. bei den Edlen v. Ghelen'schen Erben. (18 S 4)

Rechnungs-Abschluß, ein und dreißigster — der k. k. privil. ersten österreichischen Versicherungs-Gesellschaft in Wien, vom 1. Jänner bis 31. Dezember 1855. Gedr. bei den Edlen v. Ghelen'schen Erben. (13 S. 4.)

Rechnungsabschluß, — 32. der k. k. privil. ersten Versicherungs-Gesellschaft in Wien 1856. Druck von den Edlen v. Ghelen'schen Erben. (16 S. 4.)

Rechnungs-Abschlüsse der ersten österreichischen Sparkasse und der allgemeinen Versorgungs-Anstalt mit 31. Dezember 1852 sammt der in der Versammlung des Vereines und des großen Ausschusses am 13. April 1853 abgehaltenen Eröffnungsrede des Herrn Ober-Kurators Anton Ritter von Schmerling. 4. (15. Blatt.) Wien. Gedruckt bei den Edlen von Ghelen'schen Erben.

Rechnungs-Abschlüsse der ersten österreichischen Sparkasse und der allgemeinen Versorgungs-Anstalt mit 31 Dezember 1853 sammt der in der Versammlung des Vereines und des großen Ausschusses am 8. April 1854 abgehaltenen Eröffnungs-Rede des Herrn Ober-Kurators Anton Ritter von Schmerling. 4. (17 Blätt.) Wien. Gedruckt bei den Edlen v. Ghelen'schen Erben. 1854

Rechnungsabschlüsse der ersten österreichischen Sparkasse und der allgemeinen Versorgungs-Anstalt mit 31. Dez. 1855, sammt in der Versammlung des Vereines und des großen Ausschusses am 4. April 1856 abgehaltenen Eröffnungsrede des Hochwohlgebornen Herrn Oberkurators-Stellvertreters Johann Langer in Erkrankung Sr. Excellenz Oberkurators Anton Ritter v. Schmerling. Wien, gedruckt bei den Edlen von Ghelen'schen Erben. ($4^1/_4$ Bog. 4.) (Ohne A. d. J.)

Rechnungsabschlüsse der ersten österreichischen Sparkasse und der allgemeinen Versorgungsanstalt mit 31. Dez. 1856, sammt der in der Versammlung des Vereines und des großen Ausschusses am 3. April 1857 abgehaltenen Eröffnungsrede Se. Excellenz des Herrn Ober-Kurators Ant Ritter v. Schmerling. Wien, bei den Edlen v. Ghelen'schen Erben. (16 Bl. 4.)

**Rechnungs-Aufgaben.** Neustadt a. d. Orla 1805. V: *Dinter, Gustav Friedrich.* (MGT)

Rechnungs-Aufgaben. Ein Erleichterungsmittel f. Hauslehrer u. Schulmänner des östreich. Kaiserstaates. Auf Pappe gezogen in Futteral. Prag 812. Enders. 1 ƒ

**Rechnungs- und andere Aufgaben.** Zur Bildung des Verstandes und Herzens. Als Hilfsbuch für Lehrer in Landschulen. Innsbruck 1821. V: *Pöder, Franz.* (MARGR)

— u. andere Aufgaben zur Bildung des Verstandes. 8. Insbr. 821. Wagner. 8 ℊ

Rechnungsaufgaben für Bürger- u. Landschulen. Neustadt, Wagner. 806.

Rechnungsaufgaben für preuß. Bürger- u. Landschulen. s. Dinter, G. F.,

**Rechnungsaufgaben** für Sächsische Bürger- und Landschulen. Neustadt 1817. V: *Dinter, Gust. Frdr.* (MGT)

— zum Gebrauche f. Lehrer u. Schüler, vorzügl. in Volksschulen. 1s Bdchen. 8. Darmst. 827. (Heyer). 8 ℊ

Rechnungsaufgaben. Zum Gebr. f. Lehrer u. Schüler ꝛc., s. Lauteschläger, G.

Rechnungs-Aufgaben zundchst f. Würtemberg. Schulen. 1s Heft. 8. Tübingen 825, Laupp.

Rechnungs-Aufgaben für Schüler der Volks- und Bürgerschulen. Mit Durchführung des neuen (metr.) Maßes und Gewichts verfaßt von G. Ernst, A. Fellner, A. Frühwirth und Fr. Rucker. 1.—5. Heft. 8. Wien, Pichler's Witwe und Sohn. *

Inhalt:
Heft 1. 2. Schuljahr. (49 S.) 873. * 30 Pf.
" 2. 3. Schuljahr. (40 S.) 873. * 25 Pf.
" 3. 4. Schuljahr. (63 S.) 874. 40 Pf.
" 4. 5. Schuljahr. (91 S.) 874. 60 Pf.
" 5. 6. Schuljahr. (65 S. mit 1 Tab. in qu. 4.) 875. 60 Pf.

Rechnungs-Aufgaben f. Schüler der Volks- u. Bürgerschulen. Mit Durchführg. d. neuen (metr.) Maßes u. Gewichtes verfaßt v. G. Ernst, A. Fellner, A. Frühwirth u. Fr. Rucker. 5 Hfte. 8. Wien 874. 75. Pichler's Wtwe. & Sohn. n. 2. 15
1. 2. Schuljahr. (40 S.) n. — 30
2. 3. Schuljahr. (40 S.) n. — 25
3. 4. Schuljahr. (63 S.) — 40
4. (91 S.) — 60
5. (65 S. m. 1 Tab.) — 60

—— für Stadt- u. Landschulen, od.: Beschäftigungen f. Schüler u. Schülerinnen in Rechenstunden. Von d. Hrsgeb. der „Lese- u. Denkübungen." 8. ($11^1/_2$ B.) Braunschweig 830, G. C. E. Meyer.

—— dass. — Antworten hierzu. 8. ($4^1/_4$ B.) Ebds. 830.

Rechnungs-Ausweis des Stadt Reichenberger Armeninstitutes für das Jahr 1853. 4. (Falz. 10 Blätter.) Reichenberg. Buchdruckerei von Philipp Gerzabek. 1853.

Rechnungs-Ausweis des Stadt Reichenberger Armeninstitutes für das Jahr 1854. Buchdruckerei von Rudolf Gerzabek. (9 Blätt. 4.) geh. 1855.

Rechnungs-Ausweis des Stadt Reichenberger Armeninstitutes für das Jahr 1855. Reichenberg, 1856. Buchdruckerei von Rudolph Gerzabek. (9 Bl. 4.)

Rechnungsausweis der Armen-Versorgungsanstalt zu Warnsdorf mit Ausschluß der Rechnung über die Josef Liebischsche Almosenstiftung in Neuwarnsdorf und des Rechnungs-Extraktes über die Gelder des Warnsdorfer Orts-Spitales im Jahre 1856. Rumburg, bei H T. Sipel. 1857. (9 Bl. 4.)

Rechnungs-Ausweis über die vom 24. März bis letzten Mai 1855 für den Bau des Mariä-Empfängniß-Domes zu Linz eingegangenen freiwilligen Beiträge. Linz. Druck von Joh. Huemers Witwe. (9 S 4.)

Rechnungs-Ausweis über die im Monate Juli 1855 für den Bau des Mariä-Empfängniß-Domes zu Linz eingegangenen freiwilligen Beiträge. Beilage zu den katholischen Blättern Nr. 64. Linz, 1855. Druck von J. Huemers Witwe. (13 S. 4.)

Rechnungsausweis über die im Monate März 1856 für den Bau des Mariä-Empfängniß-Domes zu Linz eingegangenen freiwilligen Beiträge. Linz. Druck von Joh. Huemers Witwe. (8 S. 4.)

Rechnungsausweis über Einnahmen u. Ausgaben bei der Conferenz des hell. Vincenz v. Paul in Linz vom 1. Jänner bis Ende Dez. 1856. Linz, 1857. Feichtinger'sche Buchdr. (1 Bl. Halbf.)

Rechnungs-Ausweis über Empfänge und Ausgaben sammt Namen-Verzeichniß sämmtlicher Mitglieder des wohlthätigen Kranken-Unterstützungs-Vereines am Schottenfeld Nr. 277. Vom 1. Jänner bis inclusive 31. Dezember 1856. Wien, 1856. Mechitharisten-Kongregations-Buchdruckerei. (4 Bl.)

Rechnungs-Ausweis über die Empfänge und Ausgaben bei der unter dem allerhöchsten Schutze Ihrer Majestät der Kaiserin Carolina Augusta stehenden Kinder-Bewahranstalt Roßau im Jahre 1854. Wien. 1854. Gedruckt bei Karl Ueberreuter. (5 Bl. 4.)

Rechnungsausweis über die Empfänge und Ausgaben bei der unter dem Allerhöchsten Schutze I. M. der Kaiserin Karolina Augusta stehenden Kinderbewahranstalt Roßau im Jahre 1856. Wien, bei Karl Ueberreuter. 1857. (4 Bl. 4.)

Rechnungsausweis der Gesellenkassa der Seidenzeug-, Sammt- und Dünntuchmacher in Wien pro 1856. Druck von A. Pichlers Witwe & Sohn. (1/2 Bog. 4.)

**Brandversicherungs-Anstalt des Kantons Aargau.** Rechnungs-Auszug pr. 1873. 4 Stn. fol.

**Rechnungs-Beobachtungen** nach Anleitung der vorliegenden Rechnungs-Instructionen und Verordnungen. Bair. 1796. V: *Lumscher, Georg Christoph Hnr.* (Fiker)

Schweizer Alpenclub, Sektion Bern. (Rechnungsbericht pro 1900 [und] Budget pro 1901.) 1901 Januar. 4 S. 4. Berne, J. Martin & Cie.)

Pro Italia. [Evangelischer Pastoral-Verein.] 4.
([1.] Rechnungsbericht der Vereinigung von 1901—1902.) Luino, im September 1902. [4 S.] (Luino, Bolognini-Pusterla.)
(Bericht des Comité.) N. 2. Luino, im Mai 1903. [7 S.]

Kulturgesellschaft des Bez. Zofingen und deren Zweiganstalten. Rechnungs-Bericht für das Jahr 1900. 27 S. 8. Zofingen, Ringier, [1901].

Kulturgesellschaft des Bez. Zofingen und deren Zweiganstalten. Rechnungs-Bericht für das Jahr 1901. 39 S. 8. Zofingen, Francke & Cie., 1902.

Kulturgesellschaft des Bez. Zofingen und deren Zweiganstalten. Rechnungs-Bericht für das Jahr 1902. 29 S. 8. Zofingen, Joh. Fehlmann, 1903.

Rechnungsbericht des Privat-Vereines zur Unterstützung der Hausarmen in Prag für das Verwaltungsjahr vom 1. Mai 1852 bis Ende April 1853. 4. (8 Blätter.) Prag. 1853. Druck und Papier der k. k. Hofbuchdruckerei von Gottlieb Haase Söhne.

Rechnungsbericht des Privat-Vereines zur Unterstützung der Hausarmen in Prag für das Verwaltungsjahr vom 1. Mai 1854 bis Ende April 1855. Prag, 1855. Druck und Papier der k. k. Hofbuchdruckerei von Gottlieb Haase Söhne. (15 S. 4.)

Rechnungsbericht des Privat-Vereines zur Unterstützung der Hausarmen in Prag, für das Verwaltungsjahr vom 1. Mai 1855 bis Ende April 1856. Prag, 1856. Druck und Papier der k. k. Hofbuchdruckerei von Gottlieb Haase Söhne. (15 S. 4.)

Rechnungsbericht des Privatvereines zur Unterstützung der Hausarmen in Prag für das Verwaltungsjahr vom 1. Mai 1856 bis Ende April 1857. Prag, 1857. Druck der k. k. Hofbuchdr. von Gottl. Haase Söhne. (15 S. 4.)

**Rechnungs-Bericht** der Kieler Spar- und Leih-Casse für das Jahr vom 1. April . . . bis 31. März . . . (Kiel.) Fol. 1871/72—1894/95.

Fortges. u. d. T.:
**Schluß-Rechnung** der Kieler Spar- und Leih-Kasse für das Rechnungsjahr vom 1. April . . . bis 31. März . . . (Kiel.) Fol. 1895/96—1904/05.
Fortges. u. d. T.:
**Geschäftsbericht** der Kieler Spar- und Leihkasse über das Rechnungsjahr 1905 ff. Kiel. 1906 ff. 4°

Rechnungsbericht der Reichenberger Sparkasse für die Zeit vom 24. April bis 31. Dezember 1854 Reichenberg. Druck von Rudolf Gerzabek. (6 Bl. 4) 1855.

**Consum-Verein Turgi u. Umgebung.** Rechnungsbericht. (4 Stn. in-8.) 1875.

Consumverein Turgi & Umgebung (in Turgi). 27. Rechnungsbericht pro 1900. 8 S. 8. Baden, Jäger, 1901.

Consumverein Turgi & Umgebung (in Turgi). 28. u. 29. Rechnungsbericht pro 1901 u. pro 1902. je 8 S. 8. Brugg, Emprecht, 1902 u. (1903).

Rechnungsbuch der Froben und Episcopius, Buchdrucker und Buchhändler zu Basel, 1557—1564. Hrsg. durch Rud. Wackernagel. Lex.-8. (VII, 150 S. mit eingedr. Holzschn.) Basel 881, Schwabe. * 10 —

**Rechnungs- u. Notiz-Buch**, jährliches, für deutsche Hausfrauen. — A. u. d. T.: Haushaltungs-Buch. Fol. (18 Taf.) Cassel 843, Hotop. Schreibp. 2/3 ß

Rechnungsbuch, landwirthschaftliches, für Feiertagsschüler. gr. 4. (40 S.) Bamberg 858, Buchner'sche Buchh. *

Rechnungsbuch, ökonom., nebst Formularen. 4. Penig, Dienemann. 804.

**Rechnungsbuch**, ökonom., nebst Formularen zum Gebr. für Landwirthe; hrsga. v. e. Oekonomen: C. D. T**. 4. Penig 804. (Leipz., Leich); (a. Schnuphase in Altenb.) 2 ß 12 gr

Die **Rechnungsbücher** der hamburgischen Gesandten in Avignon 1338 bis 1355. Bearb. von Dr. Th[eodor] Schrader. Hrsg. v. Ver. f. Hamburg. Gesch. Hamburg & Leipzig: L. Voß 1907. (111*, 150 S.) 8° (07. 2606

**Rechnungsbücher**, zwei, der Bischöfe v. Pola aus dem XIV. u. XV. Jahrh., v. Anton Gnirs, s.: Quellen zur Sozial- u. Wirtschaftsgeschichte der Polesana. I.

Rechnungscuriositäten, befriedigte, od. gründl. Anw. zur Verfert. d. Zaubertabell. Entw. v. G. 8. Torg. Dvis. 805.

Rechnungsentwurf z. einer Weinhandlung, Gesellschaftshandlung, Verlassenschafthandlung 2c. 7 Thle. Fol. Wien, Tendler. 774.

**Rechnungsentwurf** zu e. Weinhandlung, Gesellschaftshandlung, Verlassenschaftshandlung 2c. 7 Thle. Fol. Wien 774. Trattner. 2 ß

Rechnungs-Ergebnisse der Schweizerischen Emissionsbanken in den achtzehn Jahren 1883/1900. Nach den jährlichen Veröffentlichungen zusammengestellt vom Inspektorat der Emissionsbanken. Tabelle 1. Gesamtergebnis der achtzehn Jahre. — Tabelle 2. Ergebnisse der einzelnen Jahre. — Rendement des Banques d'émission Suisses dans les dix-huit années 1883 à 1900. Établi par l'Inspectorat des Banques d'émission suivant les publications annuelles. 1. Tableau récapitulatif des dix-huit ans. — 2. Rendement de chaque année. — April 1901. [31 S.] fol. Bern, Jent & Co., 1901.

Rechnungsergebnisse d. i. Stuttg. vorhand. Ortskrankenkassen. f. 1887. Stuttgart 1888

Rechnungsergebnisse der hohenheimer Wirthschaft, s. Mittheilungen aus Hohenheim.

Rechnungs-Extract Summarischer — über den Stand des unter dem allerh. Schutze Seiner k. k. Apost. Majestät stehenden Privat-Pensions-Institutes in Mähren und Schlesien für Witwen und Waisen der Schullehrer am Ende des Jahres 1853. 4 (4 Blätt.) Brünn. Gedruckt bei Franz Gastl. 1854.

Rechnungs-Extrakt, Summarischer — über den Stand des unter dem Allerhöchsten Schutze Seiner k. k. apostol. Majestät stehenden Privat-Pensions-Institutes für Witwen und Waisen der Schullehrer in Mähren und Schlesien mit Ende des Jahres 1854. Brünn, 1855. Gedruckt bei Wilhelm Burkart. (30 S. 4.)

**Rechnungs-Faulenzer.** Genaue übersichtl. Umrechng. v. Gulden u. Kreuzer in die neue Goldwährg. v. Kronen u. Heller. Lohn-Berechng. f. Landwirtschafts-Besitzer des an die Dienstboten f. landwirtschaftl. Arbeiten 1/4 jährlich zu entricht. Lohnes. Nach § 18 des Dienstboten-Gesetzes. 16. (216 S.) Wien 894. C. Daberkow. Kart. — 70

Rechnungs-Faulenzer, neuester, für das alte und neue Geld. Unentbehrliches Handbuch beim Kaufe und Verkaufe für Jedermann, namentlich für Kaufleute, Fleischhauer und Fleischselcher, Wirthe 2c. zur alsogleichen Auffindung jedes zahlbaren Betrages von 1 Kreuzer bis 50 Gulden in altem und neuem Gelde. 24. (227 S.) Wien 858, Mayer und Comp. geb.

Rechnungs-Faulenzer, neuester, mit Rücksicht auf die neue österreichische Währung. Ein unentbehrliches Handbuch für Jedermann. 3. Auflage. 8. (311 S.) Laibach: Giontini 1868.

**Rechnungsfaulenzer**, untrügl., unentbehrl. Hilfsbuch f. Käufer u. Verkäufer. 16. Neusatz, Brüder M. Popovits. Cart. 40 kr. 1885.

Rechnungshauptbuch für das chirurgischen (!) Gremiums des Klosterneuburger Physicats vom Jahre 1840. Ohne Seitenzählung, gbd. (Handschrift.)

Klosterneuburg: 1840 - 1865
(Chyrurgisches Gremium Klosterneuburg. Bd 4)

JB 5.850/4

**Rechnungsheft** für die Volksschulen Nidwaldens. V. Heft. In-8°, 36 S. Stans, C. von Matt. 1881.

Rechnungshelfer, der, od. Hülfsbüchlein f. Stadt- u. Landbeamte, Verwalter, Kauf- u. Handelsleute, u. überhaupt f. jeden Bürger u. Hausvater brauchbar. 8. Leipz. Gerh. Fleischer. (in Comm.) 807. Rthlr.

**Rechnungshelfer**, der, od. Hülfsbüchlein f. Stadt- u. Landbeamte, Verwalter, Kauf- u. Handelsleute, u. überhaupt f. jeden Bürger u. Hausvater brauchbar. 8. Würzb. 807. (Leipz., Gr. Fleischer). 8 gr 2r Thl. (v. F. J. Sickenberg). 8. Ebd. 807.

**Rechnungshelfer, Der,** oder **Hülfsbüchlein für Stadt- und Landbeamte . . . 2. Theil. Würzburg 1807.** V: *Sickenberg, Frdr. Jos.* (Engoec) (Ky)

**Rechnungsinstruction**

— für die Großherzogl. Badischen Hauptzollämter. A—S. 2e Ausg. 4. Ebd. 2/3 ß

Rechnungs-Instruktion f. d. unmittelbar unt. großhrzgl. Ministerium d. Innern, kathol. Kirchen-Sektion, steh. Stiftungsverwalter, mit d. Formulare e. vollständ. u. abgeschloss. Geld- u. Naturalien-Hauptbuches (Rechnung), nebst weit. Formularen f. Tagbücher, Inventar u. period. Vorlagen 2c. 2c. gr. 4. (58½ B.) Karlsruhe 836, Artistisches Institut.

**Rechnungsinstruction** für alle geistl. u. weltl. Verrechner. gr. 8. Karlsr. 808, Macklot. 9 gr

Rechnungs-Kalender, s. Kassen- und Rechnungs-Kalender.

Rechnungslegung über das Vermögen der minderjährigen Kinder des verstorbenen .... (Vormundschafts-Formular.) Nr. 1. Fol. (16 S.) Berlin 877, Guttentag.

—— dass. — Nr. 2. Fol. (12 S.) Ebendas. 877. *

Halbjährige **Rechnungs-Liquidation.** [Liste der Geschäfts- und Gewerbetreibenden Kiels, die der Aufforderung des Handels- und Industrie-Vereins zu einer halbjährigen Rechnungsliquidation nachgekommen sind.] (Kiel. 1860.) 8° 2. Beilage zu Nr. 148 des Correspondenz- und Kieler Wochenblatts.

Grossherzogtum Baden. Rechnungs-Nachweisungen für die Jahre 1901 und 1902 ff. samt den Berichten des landständischen Ausschusses über die Prüfung der Rechnungen der Amortisationskasse, des Domänengrundstocks und der Eisenbahnschuldentilgungskasse. Karlsruhe 1903 ff. 2°.
1901 u. 1902. 1903: 1903 u. 1904. 1905: 1905 u. 1906. 1907.

Rechnungsordnung für die Preußischen Justizbehörden. Vom 16. Juni 1908. Amtl. Ausg. Berlin: R. Kühn 1908. XVI, 512 S. 8° [09.12637] 11

**Rechnungsordnung** f. die preußischen Justizbehörden. Vom 16. VI. 1908. Amtliche Ausg. 2., teilweise anastat. Abdr. (XVI, 512 S.) gr. 8. Berlin 908. R. Kühn.
Geb. in Halbfrz. 8. --

**Rechnungsrath**, der, für Jedermann. 1. Aufl. 1863. ** $2\frac{1}{2}$ Ngr. und 2. Aufl. gr. 8. (14 S.) Borna 864, (Gensel.) *

**Rechnungsspecimina**, s. K. E. Illing.

**Rechnungs-Tabelle** über Ziegel von 1000 Stück bis zu 1. qu. $\frac{1}{2}$ gr. Fol. Altenburg 841, Helbig. n. $\frac{1}{6}$ ℛ

**Rechnungs-Tabellen** üb. Ausgleichungs-Abgaben, welche bei dem Uebergange aus ein. d. Vereins-Gebiete in das and., um darin zu verbleiben, erhoben werden. Nach offic. Quellen bearb. qu. 4. ($10\frac{1}{2}$ lith. B.) Erlangen 837, Palm'sche Vrlsbuchh.

**Rechnungs-Tabellen** f. alle Fälle des gewöhnl. Lebens. Mit Einleitung u. Vorr. hrsg. v. Chr. Nagel. 16. 1. Abth.: Zinstabellen. ($11\frac{1}{2}$ B.) Ulm 842, Wohler'sche Buchh.
Die Zinstabellen apart u. in Leinwand geb.

—— dass. 2. Abth. Mit erklär. Einleitungen. Herausg. v. Chr. Nagel. 8. (15 B.) Ebds. 843.

**Rechnungs-Tabellen** zum Gebrauch bei Berechnung und Erhebung der Wechsel-Stempel-Gefälle, gegründet auf die Bestimmungen des § 4. des Stempel-Gesetzes vom 7. März 1822 etc. Nebst einem Anhang, enthaltend: Erfordernisse bei Ausstellung von Wechseln und Bestimmungen über die Stempelpflichtigkeit der Wechsel. Hrsg. von einem Steuerbeamten. 8. (31 S.) Berlin 861, C. Heymann's Verlag. *

Anonym: „Landwirthschaftliche Rechnungstabellen, zum Gebrauch der Amtleute und Verwalter", Halle 1765 (Curt).

„Rechnungstafeln der Bodenarten und des Bodenwerthes für alle Grundstücke von 1 Quadratruthe bis 100 Morgen oder von 1/100 der Quadratruthe bis 50 Morgen und für alle Preissätze von 1 Sgr. bis zu 500 Rthlr. der Morgen, nach Preussischem Flächenmaass und Gelde", Münster 1839 (Regensberg).

**Rechnungs-Tafeln** der Boden-Rente u. des Boden-Werthes, f. alle Grundstücke v. 1 Quadrat-Ruthe bis 100 Morgen, od. von 1 Hunderttheil d. Quadrat-Ruthe bis 50 Morgen, u. f. alle Preis-Sätze von 1 Silbergr. bis 500 Reichsthaler d. Morgen. Zur schnellen u. sichern Berechn. v. Grund-Katastern etc. nach preuß. Flächen-Maaß u. Gelde. gr. 4. ($8\frac{3}{4}$ B.) Münster 839, Regensberg. *

**Rechnungstafeln** zur Ermittelung des Nettogewichts u. des Abgaben-Betrags nach dem Zoll-Tarif f. d. J. 1843—1845. Zusammengestellt von einem Preuß. Steuerbeamten. hoch 4. Minden 843, Eßmann. n. $\frac{1}{2}$ ℛ

— zu dem Vereins-Zolltarif. Herausgeg. unter amtlicher Anerkennung der Großherz.-Hess. Zolldirection zu Darmstadt. gr. 8. Darmstadt 846, Leske. Schreibp. n. $\frac{5}{6}$ ℛ

**Rechnungstafeln** zum Vereins-Zolltarif u. zwar zur Reduction des Brutto-Gewichts auf Netto-Gewicht, sowie zur Berechnung der Abgaben. Aufgestellt im königl. preuß. Finanz-Ministerium. Berlin 868. (Jonas' Verl.) 4. (IV, 81 S.) n.n. 15 ngr.

— — 1. u. 2. Nachtrag. Ebend. 870. 4. 4 ngr.
1. In Folge des Bundesgesetzes vom 26. Juni 1869, die Besteuerung des Zuckers betr. — Bundes-G.-Bl. 282 — u. der Ausführungsbestimmungen zu dem Tabaksteuer-Gesetz vom 26. Mai 1868 — Bundes-G.-Bl. 319. (7 S.) $2\frac{1}{2}$ ngr.
2. In Folge des Bundesgesetzes vom 17. Mai 1870 betr. die Abänderung des Vereins-Zolltarifs vom 1. Juli 1865. — Bundes-G.-Bl. S. 123. (3 S.) $1\frac{1}{2}$ ngr.

**Rechnungs-Tafeln**, zuverlässige, zu schneller u. richtiger Berechnung von Pfunden, Ellen od. Stücken, in Hamburg. u. Lübeckischen, od. Holsteinisch. u. Mecklenburg. Courant-Gelde. Hamb. 816. (Aue in Altona). 6 ß

**Rechnungs-Tafeln**, zuverlässige, zu schneller u. richtiger Berechnung von Pfunden, Ellen od. Stücken, in Hamburg.- u. Lübeckischen, oder Holstein.- u. Mecklenburg. Courant-Gelde. Hamburg. (Leipzig, Cnobloch in Comm.) 816.

**Rechnungs-Uebersicht** für das Jahr 1841 über sämmtliche Staats-Einnahmen und Ausgaben des Königreichs Dänemark u. der Herzogthümer Schleswig, Holstein u. Lauenburg, mit den dazu gehörigen Nebenländern. Publicirt von der Finanz-Deputation zufolge Sr. Majestät allerhöchsten Rescripts vom 15. April 1843. gr. 4. Kopenhagen 843. (Reitzel.) baar $\frac{3}{4}$ ℛ

—— dass. f. d. J. 1842. Publicirt von der Finanz-Deputation zufolge Rescripts v. 22. Dec. 1843. gr. 4. (52 B.) Ebds. 844. **

—— dass. f. d. Jahr 1843 u. 1844. Publicirt zufolge Rescripts v. 28. Decbr. 1844 u. v. 19. Decbr. 1845. gr. 4. Ebds. [1843. (49 B.) 845. ** 1 Thlr. 5 Ngr., 1844. ($49\frac{1}{2}$ B.) 46. ** 25 Ngr.] **

**Rechnungs-Uebersicht** für das Jahr 1845 über sämmtliche Staats-Einnahmen u. Ausgaben des Königr. Dänemark u. der Herzogth. Schleswig, Holstein u. Lauenburg, mit den dazu gehörigen Nebenländern. Public. v. der Finanz-Deputation. gr. 4. (XLVIII u. 382 S.) Kopenhagen 847. (Reitzel.) n. $\frac{5}{6}$ ℛ

— für das Jahr 1848 über sämmtliche Staats-Einnahmen u. Ausgaben der Herzogth. Schleswig-Holstein. gr. 4. (XXVIII u. 330 S.) Altona 850. (Kiel, Schwers.) n. $1\frac{1}{6}$ ℛ

**Rechnungs-** und Vermögens- Übersicht der Haupt-Knappschaftsvereins-Kasse zu Clausthal f. d. J. 1904 ff. Clausthal 1905 ff. 2°
1905-1907.

Rechnungs- und Vermögens-Übersicht der Kasse des Allgemeinen Knappschafts-Vereins zu Bochum.

Stadt Zürich. Rechnungsübersicht über das Gemeindegut, sowie über die Separatgüter und Stiftungen, vom Jahre 1900. 402 S. 8. Zürich, Müller, Werder & Cie., 1901.

Stadt Zürich. Rechnungsübersicht über das Gemeindegut, sowie über die Separatgüter und Stiftungen, vom Jahre 1901. 408 S. 8. Zürich, Müller, Werder & Cie., 1902.

Stadt Zürich. Rechnungsübersicht über das Gemeindegut, sowie über die Separatgüter und Stiftungen, vom Jahre 1902. 412 S. 8. Zürich, Müller, Werder & Cie., 1903.

**Rechnungs-Uebungen** in angenehmen Abend-Unterhaltungen. Ein lehrreiches Geschenk f. wißbegierige Jünglinge. 8. Berl. 824. Gädicke. 14 ggr.

**Rechnungsübungen** für die dritte Classe der Hauptschulen. 8. Wien 860, Schulbücher-Verlag.

—— dass. — für die vierte Classe der Hauptschulen. 8. Ebendas. 860.

Rechnungsübungen für die Wiederholungs- und Fortbildungsschulen im Kaisertum Österreich. Wien 1863

Rechnungsvorschriften für die trigonometrische Abteilung der Landesaufnahme. Formen und Tafeln zur Berechnung der geographischen Coordinaten aus den Richtungen und Längen der Dreiecksseiten. 1—3. Ordnung. Berlin 1878. 8°.

**Rechnungsvorschriften** f. die trigonometrische Abtheilung der Landesaufnahme. Formeln u. Tafeln zur Berechng. der geograph. Koordinaten aus den Richtgn. u. Längen der Dreiecksseiten. 1. Ordng. Neudr. gr. 8. (26 S.) Berlin 878. (E. S. Mittler & Sohn.) Kart. n.n. 1. —

Rechnungsvorschriften f. die trigonometrische Abtheilung der Landesaufnahme. Formeln u. Tafeln zur Berechng. der geograph. Koordinaten aus d. Richtgn. u. Längen d. Dreiecksseiten. 2. Ordng. Neudr. schmal gr. 8. (21 S.) Berl. 892. (Mittler u. Sohn). cart. — 80

**Rechnungsvorschriften** für die trigonometrische Abtheilung der Landesaufnahme. Formeln und Tafeln zur Berechnung der geographischen Koordinaten ... 3. Aufl. Berlin 1896. V: *Schreiber*, *Oscar*. (Berl)

Rechnungsvorschriften für die trigonometrische Abtheilung der Landesaufnahme. Formeln u. Tafeln z. Berechn. d. geogr. Koordinaten aus d. Richtungen u. Längen d. Dreiecksseiten 2. Ordn. 3. unveränd. Aufl. *Berlin: Selbstverl. (E. S. Mittler & Sohn in Komm.) 1896.* (24 S.) 8°

— f. die trigonometrische Aufnahme der Reichsschutzgebiete. Formeln u. Tafeln zur Berechng. der geograph. Koordinaten aus den Richtgn. u. Längen der Dreiecksseiten. Lex.-8. (40 S.) Ebd. 891. n. 2. —

**Rechnungswesen, das gesammte, zum Gebr. f. würtemberg. Provatoren, Substituten u. Schreiber, v. A. 8. Stuttg. 815. Eicheler. 18 ℋ**

Rechnungs- und Kontrolswesen, das, in dem österreichischen Staatshaushalte wie es ist und wie es besser werden könnte. gr. 8. (32 S.) Agram 861, Suppan. Thlr. *

**Rechowot**. Berlin 1781. V: *Wessely*, *Hartwich*. (MGT)

**Rechsir, ..., (Jh. Fr. Wlh. Fischer,) Sinngedichte. 8. Leipz. 806. Er. Fleischer. 1 ℳ**

(Rechsteiner, Joh[ann] Barthol[ome].) Ein Justiz-Mord, begangen von dem königlich sächsischen Gerichtsamt II unter Mitwirkung des schweizerischen General-Konsulates zu Leipzig, an dem Mechaniker J. B. R', Gründer der mechanischen Schraubenfabrik in Connewitz bei Leipzig. 8. Herisau 1863.

Rechsteiner. J(ohann) B(artholome) R'. Ein Wort der Bitte für einen grossen Mechaniker. 8. Glarus 1863.

**Rechsteiner, Jh. Konr., Handwörterbuch zur Erklärung der in Büchern u. Schriften, so wie im gemeinen Leben am meisten vorkomm. fremden Wörter u. Redensarten, f. Geschäfts- u. Gewerbsleute, Beamte, Zeitungsleser, od. überhaupt für Nichtgelehrte. gr. 8. Ebnat 824. Keller; (a. Kaysers B. in Leipz.) 1 ℳ**

Recht [Sachliches OW]

Der KATHOLIK. Gegründet vom Grafen Georg Apponyi. Preßburg 1871-1874. Fortsetzung: Das Recht. Schriftleiter: Karl Olocska. Pressburg 1874-1879

**Recht, das. Rundschau f. d. deutschen Juristenstand.** Hrsg. v. Hs. Th. Soergel. 1. u. 2. Jahrg. 1897—1898. à 12 Nrn. (à ca. 2 Bog.) gr. 4. München, Seitz & Schauer. à Jahrg. n. 4. —
Kann auch halbjährlich bezogen werden.

**Recht, das.** Rundschau f. den deutschen Juristenstand. Hrsg. von Hs. Th. Soergel. 3. Jahrg. 1899. 12 Nrn. gr. 4. (VII, 184 S.) München. [Seitz & Schauer.] Hannover, Helwing. n. 4. —

— dasselbe. 4. u. 5. Jahrg. 1900 u. 1901. à 24 Nrn. gr. 4. (XIV, 552 u. XX, 628 S.) Hannover, Helwing. à Jahrg. n. 12. —; geb. n. 14.50

— dasselbe. 6. Jahrg. 1902. 24 Nrn. gr. 4. (XX, 624 S.) Ebd. n. 14. —; geb. n. 16. 50

— dasselbe. Gesamtregister zu den Jahrgängen 1900, 1901, 1902. Bearb. v. P. Winter. (63 S.) gr. 4. Ebd. 903. n. 3. —

Recht, Das. Hrsg. von H. Th. Soergel. Jg. 6. 1902ff. Hannover
Beilage: Jahrbuch des Strafrechts u. Strafprozesses. Jg. 1—14. 1907—20

**Recht, das.** Rundschau f. den deutschen Juristenstand. Hrsg.: Hs. Th. Soergel. 7.—10. Jahrg. 1903—1906. à 24 Nrn. (XXXIX, 612; XXXIX, 644 u. XLIV, 658 S. u. CXVIII, 1456 Sp.) gr. 4. Hannover, Helwing. à Jhrg. n. 14. —

Recht, das. Rundschau f. den deutschen Juristenstand. Hrsg.: Hs. Th. Soergel. 11. Jahrg. 1907. 24 Nrn. (CXXXII u. 1560 Sp.) 31×23,5 cm. Hannover, Helwing. 14. —; geb. 16. 50

— dasselbe. 12.—14. Jahrg. 1908—1910. à 24 Nrn. (CIV u. 888 u. XXIV, 724 Sp.; CX u. 848 u. XXIV, 752 Sp. u. C u. 856 u. XXIV, 720 Sp.) 30,5×23 cm. Ebd. à Jahrg. 16. —; geb. 18.50; in 2 Bdn. 20. —

— das. Volkstümliche Zeitschrift f. österreich. Rechtsleben. Hrsg.: J. Ingwer u. J. Rosner. 1. Jahr. Juli 1902—Juni 1903. 12 Nrn. gr. 8. (à ca. 16 S.) Wien. (Wiener Volksbuchh.) n.n. 4. —

— das. Volkstümliche Zeitschrift f. österreich. Rechtsleben. Hrsg.: J. Ingwer u. J. Rosner. 2. Jahr. Juli 1903—Juni 1904. 12 Nrn. (VI, 296 S.) gr. 8. Wien (Wiener Volksbuchh.) n.n. 4. —

— dasselbe. 3.—5. Jahr. Juli 1904—Juni 1907. à 24 Nrn. (à Jhrg. VI, 382 S.) Ebd. à Jhrg. n. 4. 80

— das. Volkstümliche Zeitschrift f. österreich. Rechtsleben. Hrsg.: J. Ingwer u. J. Rosner. 6.—9. Jahr. Juli 1907—Juni 1911. à 24 Nrn. (à Jahrg. VI, 380 S.) gr. 8. Wien (Wiener Volksbuchh.) à Jahrg. 6. —

— dasselbe. Separatausgbn. Nr. 1—3. gr. 8. Ebd. n. — 70
1. Der Kollektivvertrag. Eine sozialpolit. Studie. Von J. Rosner. (15 S.) 903. n. — 30
2. Der Fall Bartmann. Zur Geschichte der Unabhängigkeit der österreich. Rechtsprechg. Von J. Ingwer. (14 S.) 903. n. — 20
3. Parlaments- u. Wahlreform. Von J. Ingwer. (24 S.) 906. n. — 20

— das. Zeitschrift f. freiheitl. Interessen. Hrsg.: Rob. Heymann. 1908. Nr. 1. (16 S.) kl. 8. München, (C. Beck [L. Haile]). — 20
Fortsetzung u. d. T.: Recht, das, der Feder.

— das. Sammlung v. Abhandlgn. f. Juristen u. Laien, hrsg. v. Frz. Kobler. 1.—7. Bd. 8. Berlin, Puttkammer & Mühlbrecht. à 1.80; Subskr.-Pr. f. 10 Bde. 15. —
Borght, R. van der, das Recht der Handlungsgehilfen. (145 S.) 909. (Bd. 5. 6.)
Burckhard, Max, der Richter. (96 S.) 909. (Bd. 4.)
Ehrlich, Eug., die Rechtsfähigkeit. (XVI, 100 S.) 909. (Bd. 1.)
Liepmann, M., die Beleidigung. (132 S.) 909. (Bd. 2. 3.)
Osterrieth, A., Kunst u. Recht. (84 S.) 909. (Bd. 7.)

**— das Alte Lübische, f. Jh. Fr. Hach.**

Recht, altes und neues, in Preußen, in einem Specialfalle der kirchl. Gesetzgebung erläutert und zurechtgestellt. Ein Appell an die öffentl. Meinung von einem Veteranen. gr. 8. (31 S.) Königsberg 882, Hartung'sche Verlagsdruckerei. — 60

**Recht, das, in der Angelegenheit d. Erzbischofs v. Cöln, mit Bezug auf den dem Rhein. Landtage vorgelegten Antrag. gr. 8. (1½ B.) Barmen 841, (Langewiesche.)**

**Recht (Das)** auf Arbeit oder kritische Beleuchtung unserer kapitalistischen Produktionsweise. Von einem Sozialdemokraten. 8°. Hottingen-Zürich, Genoss.-Buchdr., 1884.

—— das, auf Arbeit. Eine Wahlflugschrift von H. R. v. N. 1.—5. Tausend. gr. 8. (40 S.) Leipzig 884, Renger'sche Buchh. * — 60

Recht (Das) auf Arbeit, das Eigenthumsrecht und die Lösung der socialen Frage. 8°. Leipzig 1849.

—— das, auf Arbeit und seine Verwirklichung. Von einem Parteilosen. gr. 8. (45 S.) Leipzig 884, G. Wolf. * 1 —

Recht, über das, homöopath. Aerzte ihre Arzneimittel selbst zu bereiten und den Kranken zu reichen; mit Rücksicht auf die Preuß. Gesetze erörtert von e. prakt. Juristen. gr. 8. Berlin 833. Logier. 1/4 ₰

Das Recht der Assecuranzen u. Bodmereyen, systemat. abgehandelt u. mit ein. Sammlung der neuest. zu diesen u. den Havereien gehörenden Verordnungen, nebst d. Reglements der Feuersocietäten im Königr. Preussen. *Königsberg*, Unzer. 771. 4. (10 Gr.)

— über das, Klosterstiftungen aufzuheben, in besond. Hinsicht d. gescheh. Suppression d. Klosters Bersenbrück im Hochstifte Osnabrück, (v. W. A. Hönig). 8. Münst. 793. Theißing. 8 gl.

**Recht, Das,** des Marggrafischen Gesammthauses Baden ... auf das Gotteshauss Frauenalb. O. O. 1764. V: *Preuschen, Georg Ernst Ludw. von.* (Holz)

**Recht, Das,** des Marggräfl. Gesamthauses Baden ... auf die Gravschaft Eberstein ... Carlsruhe 1762. V: *Reinhard, Maxim. Wilh.* (Holz)

Vgl. R e c h t e ...

**Recht, Das,** des Marggrafischen Hauses Baden auf das in der Gravschaft Eberstein belegene ... Gotteshauss Frauenalb ... Carlsruhe 1772. V: *Preuschen, Gg Ernst Ludwig von.* (Holz)

— das, der geistigen Bahnbrecher der Menschheit auf materielle Förderg. durch die Allgemeinheit. Ein bedeutsames Kapital der sozialen Frage. Mit besond. Berücksicht. der neuen Aera sittlich-geist. Lebens, herbeigeführt durch Grabowsky's Entdeckgn. u. deren Aufnahme von Seiten der Zeitgenossen. (Von Norb. Grabowsky.) gr. 8. (23 S.) Leipzig 900. M. Spohr. n. — 50

**Recht, Das,** des unveränderten Bekenntnisses in der vereinigten Kirche der Pfalz. Von einem pfälzischen Geistlichen. Frankfurt a. M. 1854. V: *Stempel.* (zu)

**Recht,** das, des unveränderten Bekenntnisses in der vereinigten Kirche der Pfalz. Von einem pfälzischen Geistlichen. Frankfurt a. M. 854. Brönner. 8. (VII, 95 S.) 7½ ngr.

Recht auf Benützung der Wasser nach bayerisch-pfälzischer Gesetzgebung. Von einem pfälz. Juristen. gr. 8. (24 S.) Mannheim 885, Bensheimer. *

Aus: Zeitschrift für französisches Civilrecht, Beilage-Heft zum 16. Bd., besonders abgedruckt.

— das, zur Besetzung der Staatsämter. Eine Studie zum kurhessischen und deutschen Staatsrecht. Cassel 863. Trömner & Dietrich. gr. 8. (39 S.) 5 ngr.

Ueber d. bischöfl. Recht in der evangel. Kirche in Deutschl. (Aus d. Jahrbüchern d. Preuss. Gesetzgebung 61s Heft abgedr.) *Berl.*, Dümmler. 828. gr. 8. (16 Gr.)

Das Bürgerliche Recht Englands. Herausgegeben von der Internationalen Vereinigung für vergleichende Rechtswissenschaft u. Volkswirtschaftslehre zu Berlin. Kodifikation von EDWARD JENKS, W. M. GELDART. R. W. LEE. W. S. HOLDSWORTH, J. C. MILES. Kommentar von GUSTAV SCHIRRMEISTER.

Bd. I: Buch 1. Allgemeiner Teil. Hälfte 1. (Verfasser des 1. Buches der englischen Kodifikation ist E. JENKS.) Berlin 1906. Carl Heymanns Verlag. 8°.

**Recht, Das bürgerliche,** des Kantons St. Gallen. Entwurf des Justizdepartements. St. Gallen 1865. H: *Seiler.* (schz)

**Recht, Das,** Dänemarks an den Herzogthümern Schleswig und Holstein. Oldenburg 1848. V: *Quist, Peter Diedrich Wilhelm.* (A)

Dänemarks Recht an die Herzogthümer Schleswig-Holstein. Für Bürger- und Volksvereine so wie für Stadt- und Landschulen bearb. Oldenburg. 1848. 8°

**Recht, Der Stadt Danzig von den gesammten Ordnungen behauptetes,** zur Bürgerzulage. Danzig 1771. 2. Aufl. 1791. V: *Lengnich, Gfr.* (Schletter, Handb. d. jurist. Litt. Grimma 1843. S. 219.)

Das deutsche **Recht** und die deutschen Frauen. Krit. Beleuchtung d. Entwurfes eines bürgerl. Gesetzbuches f. d. deutsche Reich. ⟨2. Lesung. Buch 4. Familienrecht.⟩ Hrsg. v. Rechtsschutzverein f. Frauen i. Dresden. — Frankenberg: Reisel 1895. VIII, 40 S. 8°

**Deutsches Recht.** Eine Samml. aller Reichsgesetze mit syst. Darstellungen u. e. Formularbuche unter Mitw. ... bearb. u. hrsg. von Dr. jur. K[onr.] Bornhak, Prof. zu Berlin, [u.] W[ilh.] Goetze, Geh. Justizr. zu Gr.-Lichterfelde. Bd 1. 2. *Leipzig: F. Reinboth 1900.* 2 Bde 8° [F.]
1. Materielles Recht. 2. Formelles Recht, Strafrecht. [00. 7977

**Deutsches Recht.** Sammlung d. wichtigsten Reichsgesetze mit Erläuterungen unter bes. Berücks. des f. Beamte d. staatl. u. städt. Behörden Wissenswerten, nebst e. Zusammenstellung d. brauchbarsten Formulare unter Mitw. ... bearb. u. hrsg. von Dr. jur. K[onrad] Bornhak, Prof., Berlin, W[ilhelm] Goetze, Geh. JustizR. zu Gross-Lichterfelde. [Neue Ausg.] Bd 1. 2. *Berlin, Leipzig, Stuttgart: Deutsches Verlagshaus Bong & Co. 1902.* 2 Bde 8° [F.]
1. (Materielles Recht.) 2. (Formelles Recht, Strafrecht.) [02. 8188

**Deutsches Recht.** Ein Hilfsbuch enth. eine Sammlung aller wichtigen Reichsgesetze mit Erl. u. e. erschöpfenden Formularbuche. 2., bedeut. verm. u. verb. Aufl. unter Mitw. ... bearb. u. hrsg. von W[ilhelm] Goetze, Geh. Justizr. zu Gross-Lichterfelde. Bd 1. 2. *Berlin, Leipzig, Stuttgart: Bong & Co. 1903.* 2 Bde 8° [F.]
1. (Materielles Recht.) 2. (Formelles Recht, Strafrecht. Formularbuch.) [03. 3105 11

**Recht,** Ehre, Vortheil in der deutschen Frage Berlin 1850. V: *Huber, Viktor Aimé.* (wen S. 273)

**Recht, Das,** des Eigenthums der sächsischen Nation in Siebenbürgen auf dem ihr . . . verliehenen Grund und Boden . . . Wien 1791. B: *Tartler, Joh.* (Trausch)

Das Recht des Eigenthums d. Sächsischen Nation in Siebenbürgen auf den ihnen verliehenen Grund u. Boden. *Wien,* (v. Mösle u. Braumüller) 791. 8. (8 Gr.)

**Recht, Besser erläutertes,** . . . Hn Dietr. Carls Frhn von Erthal . . . beyder Education und Vormundschaft seiner . . . Nepoten . . . O. O. ca. 1730. V: *Habermann, Franz Ludw.* (Holz)

—das, der Erstgeburt. Schausp. 8. Wien, Kaulfuß. (Liebeskind in Leipz.) 796.

Recht, das, der Erstgeburt. gr. 8. (2 B.) Glogau 834, [Berlin,] Heymann.

Das **Recht** der Feder. Halbmonatsschrift f. d. Berufsinteressen d. Deutschen Schriftsteller u. Journalisten (Jg. 7 ff.: ... Wochenschrift f. Urheberschutz u. literar. Erwerb). Jg. 1–10. [N. Folge], No 1–5. Berlin: Deutsche Schriftstellergenossenschaft 1891–1901. 6 Bde 8°, 5 Bde 4° [F.]
1. 1891–92. u. s. f. bis 5. 1895–96. 6–10. 1897–1901. 11. 1901.
Vereinigt mit: Literarische Praxis. [06. 13743]

**Recht,** das, der **Feder.** Halbmonatsschrift f. die Berufsinteressen der deutschen Schriftsteller u. Journalisten. Organ d Allgemeinen deutschen Journalisten- u. Schriftstellertages, der deutschen Schriftstellergenossenschaft u. d. Vereins Thüringer Presse. Red.: Mart. Hildebrandt. 1. u. 2. Jahrg. Novbr. 1891—Oktbr. 1893. à 24 Nrn. (à ca. 1 Bog.) gr. 8. Berlin, Deutsche Schriftstellergenossenschaft. à Jahrg. n. 4.—

— dasselbe. 3. u. 4. Jahrg. Novbr. 1893—Oktbr. 1895. à 24 Nrn. (à ca. 1 Bog.) gr. 8. Ebd. à Jahrg. n. 6.—

— das, d. Feder. Halbmonatsschrift f. d. Berufsinteressen der deutschen Schriftsteller u. Journalisten. Hrsg. v. d. deutschen Schriftstellergenossenschaft u. s. w. Red.: Mart. Hildebrandt. 5. Jahrg. Novbr. 1895—Oktbr. 1896. 24 Nrn. (Bog.) gr. 8. Berlin, Deutscher Autoren-Verl. n. 3. 50

— dasselbe. 6 Jahrg. Novbr. 1896—Juli 1897. 18 Nrn. (à ca. 24 S.) gr. 8. Ebd. n. 6.—
Von Juli 1897 bis Mai 1898 nicht erschienen.

— dasselbe. Wochenschrift f. Urheberschutz u. litterar. Erwerb. Red.: Mart. Hildebrandt. 7. Jahrg. Mai 1898—April 1899. 52 Nrn. (à ca. 8 S.) Lex.-8. Ebd. n. 8.—
Kann auch vierteljährlich bezogen werden.

Recht, das, d. Feder. Wochenschrift f. Urheberschutz u. litterar. Erwerb. Red.: Mart. Hildebrandt. 9. Jahrg. 1900. 52 Nrn. Lex.-8. (à ca. 8 S.) Berlin, Graph. Verl. n. 8.—
Fortsetzung s.: Praxis, die literarische.

Recht, das, der Feder. Zeitschrift f. freiheitl. Interessen Hrsg.: Rob. Heymann. 1908. Nr. 2. (16 S.) n. 8. München, (C. Beck. [L. Haile]). —20
Nr.1 s.:Recht, Das.

— das, Finlands u. das Manifest des Zaren vom 15. II. 1899. Einige Blätter aus dem Lebenskampfe e. kleinen Nation. gr. 8. (35 S.) Stockholm 899. (C. E. Fritze.) nn. —60

Das Recht Finnlands und seine Wehrpflichtfrage. Eine kurze aktenmässige Betrachtung von e. finnländ. Juristen. *Leipzig: Duncker & Humblot 1900.* (60 S.) 8° [00. 5151 7

Recht, Das, der Schleswiger Fischer . . ., s. Baumert, Georg

**Recht,** für das, der freien Forschung. Vorträge. 42 Stn. 8. St. Gallen, Scheitlin & Zollikofer. —. 60
1871.

— das, u. d. soziale Frage. D. soziale Frage v. Standpunkte d. deutschen Rechtspartei beleuchtet. gr. 8. (36 S.) Leipzig 897. Volksschriften-Verlag. n. —50

**Recht, Das,** der Frau. Das Vermächtnis einer Unglücklichen . . . Zürich 1885. V: *Borostyáni, Marie geb. v. Troll.* (EB)

Das Recht der Frau. Das Vermächtniss einer Unglücklichen an ihre Mitschwestern. Gedanken und Vorschläge aus dem Leben einer Verstorbenen. In-8°, 112 S. Zürich, Verlagsmagazin. 1885. 1 50

— das, d. Frau nach dem neuen bürgerl. Gesetzbuch, s.: Miniatur-Bibliothek.

Das **Recht** der Frauen auf bürgerliche Gleichstellung mit dem männlichen Geschlechte. — **Berlin:** Simion 1874. 23 S. 8°

— über das, des Freigesprochenen eine Ausfertigung des wider ihn ergangenen Erkenntnisses zu verlangen. (Von Dr. Jacoby.) 2. Aufl. gr. 8. Königsberg 844, Voigt. n. 1/4 ℛ

—von dem, der geistl. Fürsten, ihre Klöster ohne Domkapitular. Einwilligung zum Unterhalt d. Schule anzuhalten, (von Eph. Fr. Cotta). 8. Frankf. u. Leipz. 786.

**Recht, Das,** der Fürsten über die Religion ihrer Unterthanen, mit Anwendung auf das wegen der Religionsverfassung in den preuss. Landen unterm 9. Juli 1788 erlassene Edict. Halle 1789. V: *Römer, Karl Heinrich von.* (Kl 3277) (wolfstieg II, 30)

—das, der Fürsten üb. die Religion ihrer Unterthanen, aus verschied. Gesichtspunkten geprüft, mit Anwendung auf d. Preuß. Religionsedict v. 9. Juli 1788. 8. Halle 789. (Laue in Berl.); (u. Wienbrack in Leipz.) 6 gr

— d., d. Fürsten, über die Religion ihrer Unterthanen. 8. Halle, Curt. (u. Gräff in Leipz.) 789.

Recht. – Das Recht der Fürsten über die Religion ihrer Untertanen, s.a. Römer, Karl Heinrich von

**Recht, Das,** der Fürsten, die Religionslehrer auf ein feststehendes Symbol zu verpflichten. Leipzig 1789. V: *Köppen, Daniel Joachim.* (winer) (Ky) »die Lehrer« (MGT)

—das, der Fürsten, d. Religionslehrer auf e. feststeh. Symbol zu verpflichten, (v. D. J. Köppen). 8. Lpz. 789. Hilscher. 8 gr

das geltende badische. Hrsg. v. den Mitgliedern der Heidelberger jurist. Fakultät. 1. Bd. 8. Heidelberg 907. C. Winter, Verl. Geb. in Leinw. 4. 60
Badische Ausführungs- u. Spezialgesetze üb. bürgerliches Recht u. Verfahren. Von F. Endemann u. K. Heinsheimer. (LVIII, 754 S.)

**Recht,** Das geltende badische. Hrsg. von Mitgliedern d. Heidelberger Jur. Fakultät. Bd 1. [Nebst] Nachtr. [1.] 2. Heidelberg 1907. 1911. 8° *[Mit Sondertit.]*
1. 1907 [nebst] Nachtr. [1]. 2. 1911.

Recht und Gerechtigkeit, | oder ; merkwürdige Begebenheit | eines 50fachen Mordes, | wo die Vatergefühle auf die höchste Probe gestellt, | nämlich: wo der Vater des eigenen Sohnes Richter | ist und sein Todesurtheil spricht. | *(Text).*
Kol.: E. Tragmann's Druckerei in Torgau.
o. J., 4 Bl. n. n., 182 × 110.
LBO Bänkelsängerlit. I, 8.
Die Geschichte erschien auch als »Druck von Büttner & Winter in Oldenburg.« (ebenda Bänkelsängerlit. I, 9 und Jahrmarktslit. R. c. 3, 95).

Das gerettete Recht der Chursächs. Sache. Wien, Prag u. Triest (1757). 4. (71 S.)
— Dasselbe. (Cölln.) fol.

**Recht u. Gericht** in Elberfeld. Fest-Schrift zur Übergabe des neuen Amtsgerichts-Gebäudes auf dem Eiland am 3. X. 1908. Zusammengestellt v. Mitgliedern des Amtsgerichts u. der Bauleitg. (104 S. m. 3 Abbildgn. u. 11 Lichtdr.-Taf.) gr. 8. Elberfeld, A. Martini & Grüttefien. 1908. 2. —

— das gesamte deutsche, für das deutsche Volk in leicht faßlicher Darstellung, verbunden m. umfangreicher Anleitg. u. Mustern zur Erledigung des schriftl. Verkehrs. Ratgeber f. alle im bürgerl. u. prakt. Leben vorkomm. Rechtsfragen. Bearb. v. A. Leander, Heinr. Neumann, Konr. Naumann u. a. 1.—60. Lfg. (2851 S.) Lex.-8. Potsdam (905—906). Bonneß & Hachfeld.
Subskr.-Pr. à n. — 70; Einzelpr. à n. 1. —

— das gesamte deutsche, f. das deutsche Volk in leicht faßlicher Darstellung, verbunden m. umfangreicher Anleitg. u. Mustern zur Erledigg. des schriftl. Verkehrs. Ratgeber f. alle im bürgerl. u. prakt. Leben vorkomm. Rechtsfragen. Bearb. v. A. Leander, Heinr. Neumann, Konr. Naumann u. a. 61.—71. (Schluß-)Lfg. (491 S.) Lex. 8. Potsdam (907). Bonneß & Hachfeld.
Subskr.-Pr. à — 70; Einzelpr. à 1. —

**Recht.** Aus R' und Geschichte der kath. Kirche in der Innerschweiz. Heft 1. 8. Luzern, Räber & Cie., 1909.
s. Honggeler, Alois.

Recht des bürgerlichen Gesetzbuches von P Oertmann, H Titze, F Kretzschmar. 7 Tle (Sammlung Göschen 305. 323. 324. 417. 448. 450. 481) 16° Leipzig 1906-10

· des bürgerlichen Gesetzbuches, s. Sammlung Göschen.

**Das Recht des Bürgerlichen Gesetzbuchs in Einzeldarstellungen. Berlin.**
**13 Bde**

(1.) **Strohal,** Emil: Das Deutsche Erbrecht. 1896.
(2.) **Jacobi,** Leon.: Das persönliche Eherecht. 1896.
(3.) **Schröder,** R.: Das eheliche Güterrecht. 1896.
4. **Schollmeyer,** Friedr.: Das Recht der einz. Schuldverhältnisse. 1897.
5. **Stammler,** Rud.: Das Recht der Schuldverhältnisse in seinen allgem. Lehren. 1897.
(6.) **Siméon,** P.: Die Reichsgrundbuchordnung vom 24. März 1897. 1897.
7. **Strecker,** O.: Die allgem. Vorschriften des BGB. über Rechte an Grundstücken. 1898.
8. **Liszt,** Franz v.: Die Deliktsobligationen im System des BGB. 1898.
9. **Spahn,** P.: Verwandtschaft und Vormundschaft. 1901.
10. **Leonhard,** R.: Der Allgem. Theil des BGB. 1900.
11. **Niemeyer,** Th.: Das internationale Privatrecht des BGB. 1901.
12. **Buhl,** Heinr.: Das Recht der beweglichen Sachen nach dem BGB. 1901.
13. **Peiser,** Heinr.: Handbuch des Testamentsrechts. 1902.

— 2. Aufl. Berlin.

1. **Strohal,** Emil: Das Deutsche Erbrecht. 1901.
2. **Jacobi,** Leon.: Das persönliche Eherecht. 1899.
3. **Schröder,** R.: Das eheliche Güterrecht. 1899.
4. **Schollmeyer,** Friedr.: Das Recht der einz. Schuldverhältnisse. 1904.
6. **Siméon,** P.: Die Reichsgrundbuchordnung. 1901.
13. **Peiser,** Heinr.: Handbuch des Testamentsrechts. 1907.

— 3. Aufl. Berlin.

1. **Strohal,** Emil: Das Deutsche Erbrecht. Bd 1. 2. 1903. 04.
3. **Schröder,** R.: Das eheliche Güterrecht. 1900.

— das, des bürgerlichen Gesetzbuchs in Einzeldarstellungen. 4.—8. Hft. gr. 8. Berlin, J. Guttentag.
n. 14. 30 (1.—4. n. 20. 10)
4. D. Recht d. einz. Schuldverhältnisse im bürgerl. Gesetzbuche f. d. Deutsche Reich. E. Darstellg. u. Erläuterg. d. Hauptbestimmgn. Von Frdr. Schollmeyer. (VII, 122 S.) 897. n. 2. 50
5. D. Recht d. Schuldverhältnisse in s. allgem. Lehren. Studien zum bürgerl. Gesetzbuche für das Deutsche Reich. Von Rud. Stammler. (XIV, 262 S.) 898. n. 5. 50
6. D. Reichsgrundbuchordng. v. 24. III. 1897. Zur Einführg. in das Grundbuchwesen d. Deutschen Reichs in d. Grundzügen dargest. Von P. Siméon. (40 S.) 898. n. 1. —
7. Die allgem. Vorschriften d. bürgerl. Gesetzbuches üb. Rechte an Grundstücken. Von O. Strecker. (121 S.) 898 n. 2. 50
8. Die Deliktsobligationen im System d. bürgerl. Gesetzbuchs. Kritische u. dogmat. Randbemerkgn. Von Frz. v. Liszt. (VII, 114 S.) 898. n. 2. 80

Hft. 1—4 sind 1896 nur unter folgenden Einzeltiteln erschienen:
1. Das deutsche Erbrecht. Von Emil Strohal.
2. Das eheliche Güterrecht. Von Rich. Schröder.
3. Das persönliche Eherecht. Von L. Jacobi.

— das, des bürgerlichen Gesetzbuchs in Einzeldarstellungen. I.—III., VI. u. IX.—XIII. Bd. gr. 8. Berlin, J. Guttentag. n. 50. 50; geb. in Leinw. n. 58. —
I. Das deutsche Erbrecht auf Grundlage d. bürgerl. Gesetzbuchs. Von Emil Strohal. 2. umgearb. u. verm. Aufl. (XV, 578 S.) 901. n. 12. —; geb. n. 13. —
II. Das eheliche Güterrecht nach dem bürgerl. Gesetzbuche f. das Deutsche Reich in seinen Grundzügen. Von R. Schröder. 3. verm. u. verb. Aufl. (94 S.) 900. n. 2. —; geb. n. 2. 75
2. Aufl. (78 S.) 899. n. 1. 60.
III. Das persönliche Eherecht des bürgerl. Gesetzbuches f. das Deutsche Reich. Von Leonard Jacobi. 2. verb. u. verm. Aufl. (122 S.) 899. n. 2. —; geb. n. 2. 75
VI. Die Reichsgrundbuchordnung u. ihre landesrechtlichen Ergänzungen. III. Eine Einführung in das Grundbuchwesen des Deutschen Reichs m. besond. Berücksicht. Preußens. Von P. Siméon. 2. neubearb. Aufl. (VIII, 125 S.) 901. n. 3. —; geb. n. n. 3. 75
IX. Verwandtschaft u. Vormundschaft nach dem bürgerl. Gesetzbuche f. das Deutsche Reich. Von P. Spahn. (VII, 291 S.) 900. 901. n. 6. —; geb. in Leinw. n. n. 6. 75
X. Der allgemeine Theil des bürgerl. Gesetzbuchs in seinem Einflusse auf die Fortentwickelung der Rechtswissenschaft dargestellt. Von R. Leonhard. (XVI, 537 S.) 900. n. 10. —; geb. n. 11. —
XI. Das internationale Privatrecht des bürgerl. Gesetzbuchs. Von Th. Niemeyer. (VIII, 222 S.) 901. n. 4. 50; geb. 5. 25
XII. Das Recht der beweglichen Sachen nach dem bürgerl. Gesetzbuche. Von Heinr. Buhl. (130 S.) 901. n. 3. —; geb. in Leinw. n. n. 3. 75
XIII. Handbuch des Testamentsrechts m. zahlr. Beispielen u. Formularen. Von Heinr. Peiser. (XVI, 422 S.) 902. n. 8. —; geb. n. 9. —

— das, des bürgerlichen Gesetzbuchs in Einzeldarstellungen. I, 1 u. 2 u. IV. gr. 8. Berlin, J. Guttentag. n. 25. —; geb. in Leinw. n. 28. —
I. 1. Das deutsche Erbrecht auf Grundlage des bürgerlichen Gesetzbuchs. Von Emil Strohal. 1. Bd. 3. umgearb. u. verm. Aufl. (XVI, 551 S.) 903. n. 11. —; geb. n. 12. —
2. — dasselbe. 2. Bd. 3. umgearb. u. verm. Aufl. (VIII, 467 S.) 904. n. 9. —; geb. n. 10. — (vollst. n. 20. —; geb. n. 22. —
IV. Das Recht der einzelnen Schuldverhältnisse im bürgerlichen Gesetzbuche. Eine Darstellg. u. Erläuterg. der Hauptbestimmungen. Von Fdr. Schollmeyer. 2., völlig neu bearb. Aufl. (241 S.) 904. n. 5. —; geb. n. 6. —

Ueber das **Recht**, terminweise Abbüssung von Strafen zu gestatten. [Verf. wohl Hnr. Leop. v. Strampff u. Karl Alb. Alex. Uhden.] Berlin [usw.] 1831.

**Recht**, über das, terminweise Abbüßung von Strafen zu gestatten. gr. 8. Berl. 831. Nicolai. 10 gr

**Recht, Das göttliche,** der Könige und die Prärogative des Adels, behauptet gegen die modernen Staatsverbesserer; nebst Aufklärungen über die Entstehungsgeschichte der Formel »von Gottes Gnaden und den mystischen Sinn der Salbungsceremonien weltlicher und geistlicher Herrscher. Weimar 1849. V: *Voigt, Bernhard Friedrich.* (EB)

**Recht, Das göttliche,** der Könige und die Prärogative des Adels behauptet gegen die modernen Staatsverbesserer ... Weimar 1849. V: *Korn, Frdr.* (zu) (WFM) (Ky)

— das göttliche, der Könige u. die Prärogative des Adels, behauptet gegen die modernen Staatsverbesserer; nebst Aufklärungen über die Entstehungsgeschichte der Formel: „von Gottes Gnaden" u. den mystischen Sinn der Salbungsceremonie weltl. u. geistl. Herrscher (von Fr. Korn, pseud. F. Nork). gr. 8. (48 S.) Weimar 849, Voigt. 1/4 ℛ

**Recht, Göttliches,** und der Menschen Satzung ... Basel 1839. V: *Bernoulli, Nicolaus.* (zu) (EngJ)

— göttliches, u. d. Menschen Satzung. Durch e. Freund d. vaterländ. Rechts. gr. 8. (15 1/4 B.) Basel 839, [Bahnmaier's Buchh.]

— Göttliches, und der Menschen Satzung. Durch einen Freund des vaterländ. Rechts. gr. 8. Basel 839. Spittler u. Comp. 5/8 ℛ

— des Grundeigentums. 1.—3. Heft. 8. Darmstadt, G. Jonghaus. n. 1.—

1. Instruktion f. die Feldgeschworenen des Großherzogt. Hessen v. 23. II. 1833 unter Berücksicht. der inzwischen verordneten Aenderqn., nebst e. Anh., enth.: Die Gesetze, die Feststellg. u. Erhaltg. der inneren Grenzen betr., vom 23. X. 1830 u. 14. VIII. 1867. Amtliche Handausg. (19 S.) 905. n. — 20
2. Gesetz, die Familien-Fideikommisse betr., vom 13. IX. 1858, in der Fassg. der Bekanntmachg. v. 30. IX. 1899. (Reg.-Bl. S. 729). Amtliche Handausg. (8 S.) 905. n. — 20
3. Gesetz, die Feldbereinigung betr. in der Fassg. der Bekanntmachung vom 7. VI. 1906. Amtliche Handausg. m. Vorbemerkg., Motiven u. Sachregister. (Bearb. im Auftrag großh. Ministeriums des Innern v. G. Becker.) (48 S.) 906. n. — 60

**Recht, Das gute,** Aller. Beitrag zu der evangelisch-protestantischen Kirchenfrage unseres Landes von einem badischen Protestanten. Donaueschingen 1860. V: *Zandt, E.* (zu)

Recht, das gute, Aller. Beitrag zu der evangelisch-protestantischen Kirchenfrage unseres Landes von einem badischen Protestanten. Donaueschingen 860. Schmidt in Comm. gr. 8. (36 S.) 4 ngr.

— das gute deutsche, Schleswig-Holsteins. Ein Blick auf die Geschichte der Herzogthümer von der Entstehung derselben bis auf die Gegenwart. 1.—3. Aufl. 8. (13 S.) Stuttgart 864, Koch.
Aus: Süddeutsches Sonntagsblatt von Gihr, besonders abgedruckt.

— das gute, der reformirten Kirche in Kurhessen. Frankfurt a. M. 855. Auffarth. gr. 8. (72 S.) n. 7½ ngr.

— das gute, der Preußen jüdischen Bekenntnisses. Beleuchtung des Entwurfs einer Verordnung, die Verhältnisse der Juden betreffend. 1847. gr. 8. Leipzig 847, [Schlicke.]

Das gute Recht Schleswig-Holsteins. Zum Verständniß der dänisch-schleswig-holsteinischen Kriegsfrage. Augsburg, M. Rieger 1850. 64 S. 8.

— das gute, der Schweiz auf die nordsavoyischen Provinzen. gr. 8. (15 S.) Leipzig 886, Duncker und Humblot. *

**Recht**, das gute, der Schweiz auf die nordsavoyischen Provinzen. 2. Aufl. Gr. in-8°, 36 S. Leipzig, Duncker & Humblot. 1886. 1 10

Das **Recht** des Handlungsgehilfen. Eine kurze Erläuterung über d. 6. Abschn. d. Handelsgesetzbuches unter Berücks. d. BGB., d. Gewerbeordnung u. der übrigen einschl. Gesetze nebst Sachreg. 5. Aufl. *Hamburg: Deutschnat. Handlungsgehilfen-Verband 1902.* (95 S.) 8° [F.]
= **Schriften** hrsg. v. Deutschnat. Handlungsgehilfen-Verband. Bd 4. [02. 8.18] 10

**Recht, das,** der Handlungsgehilfen. Eine kurze Erläuterg. üb. den 6. Abschnitt des Handelsgesetzbuches unter Berücksicht. des bürgerl. Gesetzbuches, der Gewerbeordng. u. der übr. einschläg. Gesetze, nebst Sachregister. (Schriften, hrsg. v. der Berufsgenossenschaft Deutschnationaler Handlungsgehilfen-Verband. 4. Bd.) 5. Aufl. 11—20. Taus. (94 S.) gr. 8. Hamburg, Deutschnationaler Handlungsgehilfen-Verband. 1902. —. 50.

Das **Recht** des Handlungsgehilfen. Eine kurze Erläuterung z. 6. Abschn. d. Handelsgesetzbuches unter Berücks. d. BGB, d. Gewerbeordnung u. d. übrigen einschl. Gesetze nebst Sachreg. 6. Aufl. Hamburg: Deutschnat. Handlungsgehilfen-Verb. [1908]. (112 S.) 8° [F.]
— **Schriften** d. Deutschnat. Handlungsgehilfen-Verbandes. Bd 4. [08. 10. ...]

Das **Recht** des Handlungsgehilfen und der Rechtsweg nach d. Gesetz v. 16. Jänner 1910 üb. d. Dienstvertrag d. Handlungsgehilfen u. anderer Dienstnehmer in ähnl. Stell. (Handlungsgehilfengesetz) mit Berücks. d. HGB d. Gewerbeordn. u. d. bürgerl. Rechts, sowie von Entscheid. d. österr. u. reichsdeutsch. Rechtsprech. nebst Sachverz. Hamburg. Wien (1910). 8°

Das Recht der Handlungsgehilfen und Handlungslehrlinge nach dem H. G. B. V. 1898 1.

**Recht und Besitz, Aus ächten Urkunden, Reichsgesetzen ... hergeleitetes und besser gegründetes uraltes,** der allerhöchst-kaiserl. und Mittelrheinisch-Reichsritterschaftlichen Befugnissen in dem Gericht Staden ... O. O. 1776. V: *Tabor, Johann Heinrich.* (Holz)

— das historische, unserer evangelischen Kirche Augsb. Konfession gegenüber den Beeinträchtigungen dieses Rechts und den falschen Behauptungen der Liberalen. 1. und 2. verb. Aufl. gr. 8. (42 S.) Straßburg 883, (Bomhoff.) * — 40

— das höchste, d. Volkes. Darstellgn. d. verschied. Wahlsysteme nach d. Gesichtspunkten d. Vernunft, Gerechtigkeit u. Freiheit. Von P. Vitalis. 8. (68 S.) Berlin 891. Buchh. Vorwärts. n. — 20

— das, d. Hofes zu Loen, e. verbess. Abdruck aus e. authent. Abschrift, mit erklär. Anmerkn. u. e. Einleit. üb. d. hofhörig. Verhältnisse begl., dargest. v. J. Niesert. (Ein Beitr. z. Gesch. d. westfäl. Bauernhofes.) 8. (11 B.) Coesfeld 818, (Riese.)

— und Humanität im Kampfe wider Orthodoxie u. Materialismus. 2. Aufl. gr. 8. (52 S.) Leipzig 873. Mutze. n. 1. —

**Recht, Das,** der dritten Instanz gegen zwei gleichlautende Urtheile, bewiesen durch die deutsche Bundesacte . . . Münch. 1828. V: *Miller*, *J. v.* (Ky)

—— das, der dritten Instanz geg. zwey gleichlaut. Urtheile, bewiesen durch d. deutsche Bundes-Akte, das Volksleben, die hier widerlegten Motive d. revidirt. Entwurfs d. bayer. Prozeßordnung u. evident noch stärkere Gegengründe. gr. 8. (1½ B.) München 828, (Finsterlin.)

— u. Kaufmann. Monatsschrift f. die rechtl. Interessen des Handelsstandes. Hrsg. v. Rud. Fischer. 1. u. 2. Jahrg. 1909 u. 1910. à 12 Hefte. (IV, 148 u. VI, 144 S.) gr. 8. Leipzig, Dieterich. à Jahrg. 6. —
Erscheint nicht mehr.

Recht, das, der Kirche im badischen Kirchenstreit, insbesondere die Rechtmäßigkeit der von dem Erzbischof Hermann v. Freiburg ausgesprochenen Excommunicationen. (Mit dem zwischen Erzbischof und dem Oberkirchenrath in diesem Betreff geführten Schriftenwechsel.) gr. 8. (63 S.) Mainz 853, Kirchheim.

— das, der Pommerschen Kirche. Eine, durch den Allerhöchsten Erlaß vom 29. Juni 1850 u. durch die hohen Rescripte des Hochw. Ober-Kirchen-Rathes vom 14. Octbr. 1850 u. vom 21. Jan. 1851 veranlaßte Denkschrift des Pommerschen evangelisch-luther. Provinzialvereins (von Carl Wilh. Otto). gr. 8. (60 S.) Stettin 851, Weiß in Comm. n. 6 ngl

Recht, das der Kirche in der Speyerer Seminarfrage. Speyer 865. Bregenzer. gr. 8. (55 S.) 4 ngr.

**Recht, Das,** der Kirche und der Staatsgewalt in Bayern . . . Schaffhausen 1852. V: *Strodl*, *Michael Anton*. (EB)

— das, der Kirche u. die Staatsgewalt in Bayern seit dem Abschluß des Concordates. Eine kirchlich polit. Denkschrift. gr. 8. (XVI u. 482 S.) Schaffhausen 852, Hurter. 1⅓ ℛ

**Recht, Das,** der vereinigten englisch-protestantischen Kirche der Pfalz. Eine Beleuchtung der Schrift: »Kirchengesetz und Kirchengewalt in der bayerischen Pfalz«. Von einem pfälzischen Juristen. 2. Aufl. Kaiserslautern 1861. V: *Risch*, *Carl*. (zu)

—— das, der vereinigten evangelisch-protestantischen Kirche der Pfalz. Eine Beleuchtung der Schrift „Kirchengesetz und Kirchengewalt in der bayerischen Pfalz." Von einem pfälz. Juristen. 2. Aufl. gr. 8. (100 S.) Kaiserslautern 861, (Tascher.) *

—— das, und der Congreß. Eine Entgegnung auf die Schrift: „Der Papst und der Congreß." 1. und 2. Aufl. 8. (28 S.) Wien 860, Hügel.

**Recht** des Königs in Preussen an die Grafschaft Reinstein . . . Halberstadt 1716. V: *Cocceji*, *Samuel Freih. v.* (Ml.)

— d. landesherrliche, über Klöster. 8. München, Lentner.

— das, zu leben u. die Pflicht zu sterben. Socialphilosophische Betrachtungen, anknüpfend an die Bedeutung Voltaire's für die neuere Zeit. Zu seinem 100. Todestage [30. Mai 1878] v. J*. P*. gr. 8. (138 S.) Heidelberg 878. Weiss' Verl. n. 2. —

Recht, das, zu leben und die Pflicht zu sterben. Socialphilosophische Betrachtungen, anknüpfend an die Bedeutung Voltaire's für die neuere Zeit. Zu seinem 100. Todestage [30. Mai 1878] von J*. P*. gr. 8. (138 S.) Leipzig 878, Koschny. *

Recht, das legitime, der Arpaden oder die Anwartschaft der Prinzen Crouy-Chanel auf den ungarischen Königsthron. Nach authent. Notizen und Orig.-Urkunden aus dem 13. und 14. Jahrh., ergänzt mit neugeschichtl. Daten. Von einem Magyaren. gr. 8. (64 S.) Chur 863, Hitz. *

Recht, das, des Lehnsherrn. Singsp. nach dem Franz. 8. Oels. (Gehr in Bresl.) 796.

Recht, über das liturgische, evangel. Landesfürsten. Ein theolog. Bedenken von Pacificus Sincerus. gr. 8. Götting. 824, Vandenhöck u. R.

— u. Macht des Zeitgeistes, von Timotheus Aclines. gr. 8. Schleswig 825, Koch.

— das majestät., in Relig.- und Kirchens. 8. Frft. Eßlinger. 782.

Recht der Marken, Erfindungen, Muster u. Modelle in der Schweiz, s. Curti.

**Recht, Das,** der Minorität . . . Wien 1884. V: *Wolkenstein*, *Leopold Graf*. (EB)

—— das, der Minorität. Von Gf. L. W. gr. 8. (32 S.) Wien 881, Faesy. * — 80

— d. Monarchen in willkühr. Bestell. d. Reichsfolge, durch Peter I. festges. 4. Berl. Haude. 724.

— Mosaisch peinl., nebst e. Vergleich. d. heut. peinl. Rechts mit dems. 8. Braunschw. 778. N. A. 790. Schröder. (W. Nauck in Leipz.) 6 gl

— Mosaisch peinl., n. e. Vergl. d. heut. peinl. Rechts mit dems. 8. Braunschweig, Schröder. (a. Sommer in Leipzig.) 790.

— muß doch Recht bleiben! oder das gute Recht der Schleswig-Holsteiner bei ihrem gegenwärtigen Abfall. gr. 8. (12 S.) Kiel 848, Schröder & Co. n. $\frac{1}{12}$ ℛ

— muß doch Recht bleiben! (Ps. 94, 15.) Die Principien d. Protestantismus, die evangel. Bekenntnißschriften u. die pfälz. Union, m. e. Vor- u. Nachworte. Ostergabe d. evangel. Vereins f. die protestant. Pfalz. 12. (61 S.) Westheim 863. Kaiserslautern, Buchh. d. Evangel. Vereins f. die Pfalz. — 25

Recht muß doch Recht bleiben. Ein Vertheidigungswort für die hessische Renitenz. 8. (27 S.) Melsungen 876. (Hannover, Schulbuchh.) *

**Recht** muss doch Recht bleiben, und dem werden alle frommen Herzen zufallen. Psalm 94, 15. Zeit-Sonette z. hannover-braunschweig. Frage. Hannover: A. Brunotte 1906. (32 S.) 8° [F.]
— [**Gesetz**, Zum, u. Zeugnis! H. 1.] [08. 4973 7

**Recht** muß Recht werden! Eine Appellation an den deutschen Reichstag... Berlin 1899 [1900]. V: *Taeschner.* (Berl)

— das, der Frankfurter National-Versammlung einen deutschen Kaiser zu wählen. 8. (8 S.) Erfurt 849, Müller'sche Sortiments-Buchhandlung. 1/2 ngl

**Recht** (Das natürliche) als Grundlage zum Kampf gegen die Sozialdemokratie. 8°. Crimmitschau 1878.

Das neue Recht, oder „*Warum braucht der Papst ein Land?*“ Ein Wort an das kathol. Volk zur Zeit der Gefahr. München, Exped. d. „Bayer. Vaterland“. 1871. Gr. 8°. Cart.
16 S. Ultramontane Brandschrift, aus Anlass der durch die Italiener am 20. Sept. 1870 erfolgten Beseitigung der weltlichen Papst-Herrschaft.

— das neue, od. „warum braucht der Papst e. Land?“ Ein Wort an das katholische Volk zur Zeit der Gefahr. 2. Aufl. gr. 16. (23 S.) Deggendorf 872. Krüll. — 10

**Recht, Neues patriotisches,** für Deutschland. Mannheim u. Leipz. 1792—94. V: *Moser, Friedrich Carl Freih. v.* (CBII)

**Recht** der Neutralität oder von den gegenseitigen Pflichten neutraler und Kriegsführender Mächte, a. d. Ital. ... Leipz. 1790. V: *Galiani, Ferdinand.* (Oa)

**Recht oder gar Nicht.** Eine deutsche Stimme aus England (v. Frdr. Sang). gr. 8. (11 S.) Offenbach 848, Heinemann'sche Buchhandlung. (Steinmetz.) — 2. Aufl. gr. 8. (11 S.) Ebd. 848. 1/12 ℳ

— das öffentl., der Franzosen, übers. u. mit Anmerkk. begleitet von K. J. E. No. II: sämmtl. gegenwärtig geltende Preßgesetze enthaltend. gr. 12. Berl. 830. Laue. 6 gl (NB. No. I. ist die neue constitutionelle Karte d. Franzosen.)

— das öffentliche, der Gegenwart. In Verbindg. m. e. grossen Anzahl hervorrag. Schriftsteller des In- u. Auslandes hrsg. v. Geo. Jellinek, Paul Laband, Rob. Piloty. 1. Bd. Lex.-8. Tübingen 907. J. C. B. Mohr. n. 8.—; geb. in Leinw. n. 9.60
Deutsches Reichsstaatsrecht. Neubearbeitung auf der Grundlage der 3. Aufl. des kleinen Staatsrechts des Deutschen Reichs. Von Paul Laband. (VIII, 443 S.)

— dasselbe. I.—XI. Bd. Lex. 8. Ebd. 91.60; geb. 112.80
Errera, Paul, das Staatsrecht des Königr. Belgien. (XX, 460 S.) 909. (Bd. VII.) Subskr.-Pr. 12.60; geb. 14.60; Einzelpr. 14.—; geb. 16.—
Eyschen, das Staatsrecht des Grossherzogt. Luxemburg. (VII, 231 S.) 910. (Bd. XI.) Subskr.-Pr. 7.20; geb. 9.20; Einzelpr. 8.—; geb. 10.—
Göz, Karl, das Staatsrecht des Königr. Württemberg. (XI, 573 S.) 908. (Bd. II.) Subskr.-Pr. 10.80; geb. 12.80; Einzelpr. 12.—; geb. 14.—
Laband, Paul, deutsches Reichsstaatsrecht. 5. Aufl. (VIII, 461 S.) 909. (Bd. I.) 8.40; geb. 10.
Lebon, André, das Verfassungsrecht der französischen Republik. (VII, 205 S.) 909. (Bd. VI.) Subskr.-Pr. 5.95; geb. 7.95; Einzelpr. 6.60; geb. 8.60
Mayer, Otto, das Staatsrecht des Königr. Sachsen. (VI, 328 S.) 909. (Bd. IX.) Subskr.-Pr. 7.20; geb. 9.20; Einzelpr. 8.—; geb. 10.—
Rhamm, Alb., das Staatsrecht des Herzogt. Braunschweig. Bearb. zum Tl. nach Ottos braunschweig. Staatsrecht. (VIII, 184 S.) 908. (Bd. IV.) Subskr.-Pr. 4.50; geb. 6.10; Einzelpr. 5.—; geb. 6.50
Saripolos, Nikol. N., das Staatsrecht des Königr. Griechenland. (IV, 191 S.) 909. (Bd. VIII.) Subskr.-Pr. 5.95; geb. 7.95; Einzelpr. 6.60; geb. 8.60
Ulbrich, J., das österreichische Staatsrecht. Neubearbeitung auf der Grundlage der 3. Aufl. (1904) im „Handbuch des öffentl. Rechts“. (VIII, 378 S.) 909. (Bd. X.) Subskr.-Pr. 7.20; geb. 9.20; Einzelpr. 8.—; geb. 10.—
Ullmann, E. v., Völkerrecht. Neubearbeitung auf der Grundlage der 1. Aufl. (1898) im „Handbuch d. öffentl. Rechts“. (VIII, 555 S.) 908. (Bd. III.) Subskr.-Pr. 11.—; geb. 13.—; Einzelpr. 12.20; geb. 14.20
Walz, Ernst, das Staatsrecht des Großherzogt. Baden. (XII, 512 S.) 909. (Bd. V.) Subskr.-Pr. 10.80; geb. 12.80; Einzelpr. 12.—; geb. 14.—

— das öffentliche, der Gegenwart. In Verbindg. m. e. grossen Anzahl hervorrag. Schriftsteller d. In- u. Auslandes hrsg. v. Geo. Jellinek, Paul Laband, Rob. Piloty. Lex. 8. Tübingen, J. C. B. Mohr.
Jahrbuch des öffentlichen Rechts der Gegenwart. I. Bd. 1907. (VI, 429 S.) 907. Subskr.-Pr. 9.80; geb. 11.50; Einzelpr. 11.—; geb. 12.60
— dasselbe. II. Bd. 1908. (X, 669 S.) 908. Subskr.-Pr. 16.20; geb. 18.20; Einzelpr. 18.—; geb. 20.—
— dasselbe. III. Bd. 1909. (IV, 646 S.) 909. Subskr.-Pr. 18.—; geb. 20.—; Einzelpr. 20.—; geb. 22.—
— dasselbe. IV. Bd. 1910. (VI, 571 S.) 910. Subskr.-Pr. 18.—; geb. 20.—; Einzelpr. 20.—; geb. 22.—

**Oesterreichs** Recht auf Venedig. Dargethan aus den Verträgen von Leoben bis Zürich mit dem französischen Texte und gegenüberstehender deutscher Uebersetzung der betreffenden Verträge, nebst einer historisch-politischen Einleitung. gr. 8. (161 S.) Wien, Mechitharisten-C.-B 1866. 1 fl.

— das österreichische. Ein Hilfsbuch f. prakt. Juristen, Beamte, Gewerbetreibende, Kaufleute, Haus- u. Grundbesitzer usw., enth. e. Sammlg. aller die Verfassg., Verwaltg., das Finanzwesen, sowie die Justizgesetzgebg., die Industrie, den Handel u. das Gewerbe betr. Reichsgesetze u. Verordngn., m. Erläutergn. u. e. erschöpf. Formularbuche als Anleitg. zur selbständigen Verfassg. v. Klagen u. Eingaben, unter Mitwirkg. v. Ernst Bettelheim, Alfr. Bloch, Bernh. Brecher u. a. bearb. u. hrsg. v. E. Friedmann, Arth. Sandig u. Jos. Wach. 3 Bde. (X, 1488; VI, 1560 u. III, 1347 S., Formulare 168 S. u. Sachregister 76 S.) Lex.-8. Berlin 905. Deutsches Verlagshaus Bong & Co. Geb in Leinw. 42.50

— das österreichische. Ein Hilfsbuch f. prakt. Juristen, Beamte, Gewerbetreibende, Kaufleute, Haus- u. Grundbesitzer usw., enth. e. Sammlg. aller die Verfassg., Verwaltg., das Finanzwesen, sowie die Justizgesetzgebg., die Industrie, den Handel u. das Gewerbe betr. Reichsgesetze u. Verordngn., m. Erläutergn. u. e. erschöpf. Formularbuche als Anleitg. zur selbständ. Verfassg. v. Klagen u. Eingaben, unter Mitwirkg. v. Ernst Bettelheim, Alfr. Bloch, Bernh. Brecher u. a. bearb. u. hrsg. v. E. Friedmann, Arth. Sandig u. Jos. Wach. 3 Bde. 11.—20. Taus. (XVI, 1488; IX, 1560 u. XIII, 1347 S., Formulare 168 S. u. Sachregister 76 S.) Lex. 8. Berlin 906. Deutsches Verlagshaus Bong & Co. Geb. in Leinw. 42.50

**Recht**, das österreichische. Enth. e. Sammlg. aller die Verfassg., Verwaltg., das Finanzwesen, sowie die Justizgesetzgebg., die Industrie, den Handel u. das Gewerbe betr. Reichsgesetze u. Verordngn., m. Erläutergn. u. e. erschöpf. Formularbuche als Anleitg. zur selbständ. Verfassg. v. Klagen u. Eingaben bearb. u. hrsg. v. E. Friedmann, A. Sandig u. J. Wach. Suppl.-Bd. (XIV, 632, 14 u. 8 S.) gr. 8. Berlin, Deutsches Verlagshaus Bong & Co. 1907. Geb. in Leinw. 8.50.

**Recht, Das peinliche,** nach den neuesten Grundsätzen abgehandelt ... Offenbach 1783—85. V: *Reider, Martin v.* (EngJ) (Ky) (ML) (Schletter, Handb. d. jurist. Litt. Grimma 1843. S. 134.) (Kappler, Litt. d. Criminalrechts. Stuttg. 1838.)

— das peinl., nach d. neuesten Grundsätzen vollständig abgehandelt (von Mt. v. Reider). 4 Thle. 8. Offenbach 783—85. Wrede. 4 ℳ

— d. peinliche, n. d. neuest. Grunds. abgeh., u. m. Ged. über d. Entw. z. e. neuen peinl. Gesetzb. 4 Thle. 8. Offenb. Wrede. 783-85.

**Recht und Pflicht** der Bundes-Staaten zwischen Preußen und Oesterreich. Zur Bundesreform auf Grund des Bundesrechts. München 862. Fleischmann. 8. (VI, 244 S.) 20 *ngr.*

—— und Pflicht der Bundes-Staaten zwischen Preußen und Oestreich. Zur Bundesreform auf Grund des Bundesrechts. 8. (VI und 244 S.) München 862, [Merhoff's Verlag.]

**— u. Pflicht, des evangelischen Geistlichen, zur thätigen Theilnahme an der polit. Wohlfahrt seines Vaterlandes. Ein Wort an eine theils unklare, theils unwahre öffentl. Meinung. gr.8. (IV u. 80 S.) Zürich 850. (Meyer & Zeller.) n. 12 ngr**

**— das, u. die Pflicht, des landesherrlichen Kirchenregiments in Bezug auf den Artikel 12. der preuß. Verfassungsurkunde vom 5. Decbr. 1848. Denkschrift d. provisorischen Centralcomite's der Unionsvereine. gr. 4. (16 S.) Potsdam 849, Riegel'sche Buchhandlung. n. 4 ngr**

Das Recht und die Pflicht des teutschen Volks den souveränen teutschen Fürsten gegenüber. Leipzig, Fr. W. Grunow, 1848. 45 S. 8⁰.

**—— das, und die Pflicht des teutschen Volks den souverainen teutschen Fürsten gegenüber. 8. (45 S.) Leipzig 848, [Herbig.]**

Preußens altes **Recht** an Schleswig-Holstein. Berlin 1865.

Preußens **Recht** an Schleswig-Holstein. o. O. u. J.

— das, der Privatbeamten u. die Pensionsversicherung d. Privatbeamten. s. a. Schriften der Gesellschaft f. soziale Reform. III, 4. 5.

Das **Recht** der Privatbeamten und die Pensionsversicherung der Privatbeamten. Verhandlungen d. 4. Generalversammlung d. Gesellsch. f. Soziale Reform. Nach stenogr. Aufnahme. Mit d. Tätigkeitsbericht f. 1907/08, d. Satzungen… Jena: Fischer 1909. 354 S. 8⁰
(Schriften d. Gesellschaft f. Soziale Reform. H. 28/29.)

**—— das, und der Rechtsschutz der katholischen Kirche in Deutschland von Bischof Ketteler. Beleuchtet von einem kathol. Laien. Oder: Ein Wort zur Orientirung in den neuesten Lehren des deutschen Episcopats über Staatsrecht, Strafrecht und kirchl. Unfehlbarkeit. gr. 8. (11 S.) Karlsruhe 854, Braun'sche Hofbuchh.**

**Recht (Das) auf Revolution. Flugblatt.**
**s. l. s. a.**

**— das, zur Revolution im Lichte moderner Kultur. Historisch-krit. Gänge in's Reich der Socialisten von einem Nichtsozialisten. I. Thl.: Der Kampf um's Brod. Die Burgen des Adels. Die Heiligen der Inquisition. Die Mondscheinfresser. 8. (64 S.) Zürich 880. (Schröter.) n. 1. —**

—— das, zur Revolution im Lichte moderner Kultur. Historisch-krit. Gänge in's Reich der Sozialisten von einem Nichtsozialisten. 1. Thl.: Der Kampf um's Brod. Die Burgen des Adels. Die Heiligen der Inquisition. Die Mondscheinfresser. 8. (64 S.) Zürich 880, (Trüb'sche Buchh.) * 1 —

**— dat Rigische, s. a. Gerh. Oelrichs.**

**Dat Rigische Recht publicirt 1542 unde gemenen Stichtische Rechte ym Sticht van Ryga, herausgegen von G. Oelrichs. *Bremen.* 773. 4.**

[F.] Das Römische **Recht** am Niederrhein. Gutachten Kölner Rechtsgelehrter aus d. 14. u. 15. Jh. Zugl. e. Beitr. z. Gesch. d. Territorialstaatsrechts v. J[osef] Kohler, Prof. …, u. E[rich] Liesegang, Privatdoc. an d. Univ. Berlin. *Stuttgart: F. Enke 1896.* (VIII, 151 S.) 1 Bd 8.
= **Beiträge** z. Geschichte d. Röm. Rechts in Deutschland. H. 1. [96. 2383

[F.] Das Römische **Recht** am Niederrhein. N. Folge. Gutachten Kölner Rechtsgelehrter aus d. 15. Jh. m. urkundl. Beil. E. Beitr. z. Gesch. d. Territorialstaatsrechts v. J[osef] Kohler u. E[rich] Liesegang, Privatdoc. an d. Univ. Berlin. *Stuttgart: F. Enke 1898.* (2 Bl., 156 S.) 1 Bd 8.
= **Beiträge** z. Geschichte d. Röm. Rechts in Deutschland. H. 2. [98. 6923

Aus Römischem und Bürgerlichem **Recht**. Ernst Immanuel Bekker z. 16. Aug. 1907 überreicht von F[ranz] Bernhöft [u. a.]. (Weimar: H. Böhlaus Nachf. 1907.) (410 S.) 8° [07. 14102

Aus Römischem u. Bürgerlichem Recht. Ernst Immanuel **Bekker** zum 16. Aug. 1907 überreicht von J. Bernhöft [u. a.]. Weimar 1907.

**Krüger**, Paul: Justinianische Entscheidungen streitiger Rechtsfragen im Codex u. in den Digesta.
**Girard**, Paul Fréd.: Un document sur l'édit antérieur à Julien Valerius Probus, de litteris singularibus, 5, 1—24.
**Hölder**, Ed.: Zur Lehre von der Auslegung der Willenserklärungen u. der Bedeutung des Irrtums über ihren Inhalt.
**Wenger**, Leop.: Zum Wohn- und Wirtschaftsrecht in den Papyri.
**Leonhard**, Rud.: Der Verstoß gegen die guten Sitten.
**Mitteis**, Ludw.: Über die Herkunft der Stipulation. Eine Hypothese.
**Zitelmann**, Ernst: Zum Recht der Eheanfechtung.
**Rabel**, Ernst: Unmöglichkeit der Leistung. E. krit. Studie.
**Bernhöft**, Franz: Zur Lehre von den Fiktionen
**Tuhr**, Andr. v.: Zur Lehre von der ungerechtfertigten Bereicherung.
**Seckel**, Emil: Die Haftung de peculio u. de in rem verso aus der Litiskontestation u. dem Urteil nach klass. röm. Recht.
**Gradenwitz**, O.: Volksspruch u. Kunstregel bei der Consumption.

**—— das, Rußlands in der orientalischen Frage. gr. 8. (47 S.) Leipzig 854, D. Wigand.**

**Recht** des Chur-Hauses Sachsen auf die zwei Königreiche Neapolis und Sicilien. O. O. 1707. V: *Tenzel, Wilh. Ernst* oder *Zschackwitz, Joh. Ehrenfried* [?]. (Holz)

Schleswig-Holsteins Recht gegen Dänemark. Leipzig. 1851. 8⁰

**Recht, Das,** Schleswig-Holsteins dem Königreich Dänemark gegenüber. Altona 1849. V: *Thygesen, Thyge.* (A)

**Recht** der Schuldverhältnisse. 2. Aufl. Thl [1. 2.] München 1906. 8⁰
1. *Kuhlenbeck*, Ludw., Allg. Theil.
2. *Kober*, Karl u. Theod. *Engelmann*, Besond. Theil.
(*Staudinger*, J. v., Kommentar z. BGB u. d. Einführungsgesetze. Bd 2.)
[Dasselbe.] 3./4. Aufl. (Tl 1. 2.) München 1908. 8⁰.
1. *Kuhlenbeck*, Ludw., u. Karl *Kober*. (Allg. Tl.)
2. *Kober*, Karl. u. Theod. *Engelmann*. (Bes. Tl.)

Recht d. Schuldverhältnisse. 5/6. Aufl. Tl 1. 2. München u. Berlin 1910.

**Recht, Siebenbürgisches öffentliches.** [Hermannstadt 18??] V: *Albrich, Johann Carl.* (Trausch)

Deutschnat. Handlungsgehilfen-Verband. Das **Recht** auf den freien Sonntag im Handelsgewerbe. 1. bis 10. Taus. Hamburg: Buchh. des D. H. V. 1908. (48 S.) 8° [F.] 108. 16039

—über das, des Staats, milde Stiftungen abzuändern, (v. C. L. Brunner). 8. Nürnb. 799.

—, Staat u. Eid in den Strömungen unserer Tage u. Deutschlands sittliche Entwicklung bis zur Gegenwart, betrachtet von einem rhein. Juristen. Mit einem Anh. über Parcival. Coblenz 868. Hergt. gr. 8. (VII, 248 S.) n. 25 ngr.

— das, der Schleswig-Holsteinischen Staatsdiener im Herzogthum Schleswig. gr. 8. (48 S.) Berlin 851, G. Reimer. n. 1/6 ₰

— über das, der Staatsgewalt, Bisthümer einzurichten, u. über die Rechtswidrigkeit und Ungültigkeit der Concordate. Eine staatskirchenrechtliche Abhandlung. 8. St. Gallen 840. (Huber u. Comp.) n. 1/4 ₰

Recht, das, u. die Staatsraison im Prozeß Geffcken. Von e. deutschen Richter. 1. u. 2. Aufl. gr. 8. (27 S.) Hannover 888. Helwing's Verl. n. — 50

— über das, der Ständeversammlungen in Kirchensachen. Veranlaßt durch die der Ständeversammlung in Hannover vorgelegten Gesetzentwürfe über Kirchen- u. Schulvorstände, u. üb. die Besetzung der Prediger- u. Volksschullehrerstellen. gr. 8. (13 S.) Göttingen 848, Dieterich. n. 1/12 ₰

— das ständische, der Herzogthümer Schleswig u. Holstein. Abdruck der ständischen Gesetze. gr. 8. (IV u. 58 S.) Kiel 847, Schröder & Co. n. 6¼ ngr.

**Recht, Das,** der Steuerbewilligung im Königreich Sachsen. Leipz. 1849. V: *Schaffrath, Wilh. Michael.* (Wa) (Ky

— das, der Steuerbewilligung im Königr. Sachsen (v. W. M. Schaffrath). Lex. 8. (22 S.) Leipzig 849, Matthes. 3 ngr.

**Recht, Ungarns gutes,** eine historische Denkschrift . . . 2. Aufl. London 1850. V: *Somsich, Pál.* (EB)

**Recht** und Unrecht, eine mannigfaltige Unterschrift. Duisburg 1765. V: *Carrach, Joh. Philipp.* (Ch. Weidlich 1/111) (BiblPort)

— unser neues, in gemeinfaßlichen Einzeldarstellungen aus dem bürgerlichen Gesetzbuch, dem Handelsgesetzbuch, der Civilproceß- u. der Grundbuch-Ordnung f. das tägliche Leben. Bearb. u. hrsg. v. zahlr. hervorrag. Juristen. gr. 8. (V, 716 S.) Berlin 900. [Paß & Garleb.] Berliner Union. Geb. in Leinw. 10.—

— dasselbe. 19 Hfte. schmal gr. 8. Ebd.

1. Wie vertrete ich mich vor dem Amtsgericht? Ratschläge zur Führung der Prozesse nach der neuen Civil-Prozeß-Ordng. Nebst Formularen. Anh.: Text-Abdr. aus der neuen Civil-Prozeß-Ordng. (32 S.) (899.)
2. Verlöbnis u. Eheschließung nach dem bürgerl. Gesetzbuch. Text-Abdr. aus dem bürgerl. Gesetzbuch. (36 S.) (899.)
3. Mietsrecht, das, nach dem bürgerl. Gesetzbuch. Mit ausführl. Sachregister. Anh.: Text-Abdr. aus dem bürgerl. Gesetzbuch. (48 S.) (900.)
4. Ehescheidung u. Wiederverheiratung nach dem bürgerl. Gesetzbuch. Anh.: Text-Abdr. aus dem bürgerl. Gesetzbuch u. der neuen Civil-Prozeß-Ordng. (32 S.) (899.)
5. Handlungsgehilfen u. Lehrlinge nach dem neuen Handelsgesetzbuch. Ein Leitfaden f. alle männl. u. weibl. Angestellten des Handelsgewerbes. Anh.: Die neuen Reichstagsbeschlüsse über Ladenschluß u. Arbeitszeit. Text-Abdr. aus dem neuen Handelsgesetzbuch. (36 S.) (900.)
6. Rechte u. Pflichten der Ehefrau nach dem bürgerl. Gesetzbuch. Anh.: Text-Abdr. aus dem bürgerl. Gesetzbuch. (32 S.) (899.)
7. Erbfolge, die, ohne Testament (gesetzliches Erbrecht) nach dem bürgerl. Gesetzbuch. Anh.: Text-Abdr. aus dem bürgerl. Gesetzbuch. (32 S.) (899.)
8. Pflichtteil u. Enterbung nach dem bürgerl. Gesetzbuch. Anh.: Text-Abdr. aus dem bürgerl. Gesetzbuch. (32 S.) (899.)

9.10. Hypothekenrecht, das, nach dem bürgerl. Gesetzbuch. Anh.: Text-Abdr. aus dem bürgerl. Gesetzbuch. (64 S.) (900.)

11. Kinder, uneheliche, nach dem bürgerl. Gesetzbuch. Anh.: I. Tabelle zur Berechng. der Empfängniszeit. II. Klage- u. Antrags-Formulare. III. Text-Abdruck aus dem bürgerl. Gesetzbuch. (36 S.) (900.)

12.13. Vormundschaft, die, nach dem bürgerl. Gesetzbuch. Anh.: Text-Abdr. aus dem bürgerl. Gesetzbuch. (56 S.) (900.)

14. Eltern u. Kinder nach dem bürgerl. Gesetzbuch. Anh.: Text-Abdr. aus dem bürgerl. Gesetzbuch. (36 S.) (900.)
15. Testament, das, nach dem bürgerl. Gesetzbuch. Anh.: Text-Abdr. aus dem bürgerl. Gesetzbuch. (36 S.) (900.)
16. Vereinsrecht, das, nach dem bürgerl. Gesetzbuch. Anh.: Das öffentl. Vereinsrecht Preußens. Text-Abdr. aus dem bürgerl. Gesetzbuch. Text-Abdr. d. preuß. Verordng. üb. die Verhütg. e. die gesetzl. Freiheit u. Ordng. gefährd. Mißbrauchs des Versammlungs- u. Vereinigungsrechtes. Vom 11. III. 1850. (36 S.) 900.

17.18. Antritt u. Entsagung der Erbschaft, Inventar, Schuldhaftg., Verhältnis der Miterben nach dem bürgerl. Gesetzbuch. Anh.: Text-Abdr. aus dem bürgerl. Gesetzbuch. (58 S.) (900.)

19. Handlungen, unerlaubte, Schadenersatz nach dem bürgerl. Gesetzbuch. Anh.: Text-Abdr. aus dem bürgerl. Gesetzbuch. (36 S.) (900.)

— das unmittelbar Preuß., a. d. Limburg. Graf- u. Herrsch. Fol. Berl. 719.

— das, des heiligen Vaters u. der katholischen Welt. Stenographischer Bericht der am 21. Novbr. zu Mainz abgehaltenen Katholiken-Versammlung. Im Anh.: Trauerrede des P. v. Lamezan bei dem Requiem für die Gefallenen der päpstl. Armee. Mainz 867. Kirchheim. 8. (72 S.) n. 2½ ngr.

—— das verfassungsmässige, der Kirchen in Preussen und das Urtheil des königl. Obertribunals vom 19. Mai 1863. Von einem preuss. Juristen. gr. 8. (93 S.) Mainz 864, Kirchheim. *

Aus: Archiv für katholisches Kirchenrecht von Moy und Vering, besonders abgedruckt.

—— das verfassungsmäßige, der klösterlichen Vereine in Preußen und der Bericht der Petitions-Commission des preuß. Abgeordnetenhauses vom 17. Decbr. 1869, beleuchtet von einem preuß. Juristen. gr. 8. (132 S.) Frankfurt a. M. 870, Hamacher.

— verlangen wir, nichts als Recht! Ein Notschrei der deutschen Zivilmusiker. Hrsg. vom Präsidium des Allgemeinen deutschen Musiker-Verbandes. (159 S.) gr. 8. Berlin (N., Chausseestr. 123) 904. Allgemeiner deutscher Musiker-Verband. n. — 50

—— das, des katholischen Volkes auf ungestörte Seelsorge. 16. (16 S.) Bonn 874, Neusser.

— das, der Volksschullehrer auf Ruhegehalt. Beleuchtet von einem hess. Schulmanne. Darmstadt 864. Küchler. 8. (14 S.) 2½ ngr.

— Vorzüge u. Pflichten der Freikirche. Eine Lehrverhandlg. d. mittleren Districts der deutschen evangel.-luth. Synode v. Missouri, Ohio u. a. Staaten. A. D. 1874. [Aus: „18. Bericht dieser Synode."] gr. 8. (50 S.) Dresden 875. H. J. Naumann. n. — 60

**Recht** und Wahrheit. H. 1. *Hannover: W. Wisser 1903.* 8° [F.] 103. 8777

**Recht: Das Recht der Weiber**

① Zeitschrift für Frauen und Jungfrauen ⑤ Juli 1833 (1 Nummer) ⑥ 8° ⑦ als Monatsblatt vorgesehen ⑧ Stäfa: Johann Jacob Leuthy ⑩ Johann Jacob Leuthy; Verlagsort: Riesbach am Zürichsee ⑪ der Herausgeber ⑫ für die Rechte der Frau ⑬ BGSZ: 87, p. 1212; Neue Zürcher Zeitung 1933, Nr. 1779 (Das Jubeljahr einer schweiz. Frauenzeitschrift) ⑭ Zh: Z; Be: L; Aa: K.

—— das, der Wiedergewonnenen. gr. 8. Berlin 883, Walther und Apolant. * 2 —

Inhalt:

1. Kann einer im Deutschen Reiche erscheinenden Zeitung der Eintritt und die Verbreitung in Elsaß-Lothringen nach dort geltendem Rechte versagt werden? — 2. Der sogen. Dictaturparagraph. — 3. Die Immunität. — 4. Anomalien. — 5. Vorbedingungen der Gleichstellung. — 6. Das Recht des Reichslandes. (130 S.)

**Recht, das, der Wohnungsmiete nach dem bürgerl. Gesetzbuch u. die Einwirkung des neuen Gesetzes auf die in Baden bestehenden Verhältnisse, von e. prakt. Juristen. gr. 8. (IV, 38 S.) Mannheim 899. H. Stephan Nachf. n. 1. —**

— das, der Wohnungsmiete nach dem bürgerlichen Gesetzbuch u. die Einwirkung des neuen Gesetzes auf die in Baden bestehenden Verhältnisse, v. e. prakt. Juristen. gr. 8. (IV, 38 S.) Mannheim, R. Stephan. 1900. 1. —

[Umschlagt.:] [J.] Zweierlei **Recht.** Stenograph. Bericht d. Verhandlgn d. Deutschen Reichstags über d. Handhabg d. Vereins- u. Koalitionsrechts ... *Berlin: Exped. d. Buchh. Vorwärts 1896.* (16 S.) 1 Bd 8. [96. 318

**Recht [Verfasser]**

**Recht.** Plan von einem Theile des Oderstroms in Pommern. Nach der Kempen'schen Aufnahme im Jahre 1811—1812 reducirt. Im Jahre 1829 copiert von Holmgren. 1 Bl. c. Hz.

**Recht, F.,** die Erkenntnißlehre der Schöpfung nach Grundsätzen der freien Forschung und die Bedeutung dieser Lehre für die Ausbildung des Menschen. Der Auffassung jedes Gebildeten angemessen dargestellt. 6 Hefte. gr. 8. (549 S.) Znaim 869. (Berlin, Grieben.) à Heft *M 1,60. *

—— dass. — 2. Aufl. gr. 8. (III, 545 S.) Berlin 870, Grieben. *

**Recht, F.,** die Schöpfung. Erkenntniß-Lehre derselben nach Grundsätzen der freien Forschg. u. die Bedeutg. dieser Lehre f. die Ausbildg. d. Menschen. Der Auffassg. jedes Gebildeten angemessen dargestellt. 2 Thle. in 1 Bde. 3. Aufl. gr. 8. (III, 544 S.) Berlin 875. Grieben. n. 4. 50

**Recht,** Friedrich Georg, Referendar zu Cöln a. Rh.: Die Rechtsverhältnisse der „gemeinschaftlichen Mauer" nach dem B.G.B. für das Deutsche Reich ⟨§§ 921/922⟩ und dem Preußischen A.G. zum B.G.B. ⟨Art. 23/24⟩. Cöln 1908: Greven & Bechtold. (XII, 59 S.) 8° [J.]

Leipzig, Jur. Fak., Diss. v. 28. Jan. 1908

[Geb. 30. Juni 81 Cöln a. Rh.; Wohnort: Cöln a. Rh.; Staatsangeh.: Preußen; Vorbildung: Kaiser-Wilhelm-Gymn. Cöln Reife O. 02; Studium: Bonn 1, München 2, Berlin 1, Bonn 2 S.; Rig. 24. Juni 05.]

**Recht, Georg**

— s. Desberger, F. E., Lehrbuch der Arithmetik.

**Recht, Geo.,** die Elemente der höhern Analysis neu begründet durch die endliche Bedeutung des Differentials und angewendet auf das Princip der virtuellen Geschwindigkeit. gr. 8. (IV und 61 S.) München 855, Literarisch-artistische Anstalt. *

**Recht, G.,** die Elemente der niedern Analysis und der Gleichungen. gr. 8. (VIII und 194 S.) München 858, Literarisch-artistische Anstalt. *

**Recht, Geo.,** die Elemente der Geometrie. Mit 7 Steintaf. gr. 8. München 844, Fleischmann. $1^{1}/_{3}$ ß

—— die Elemente der Geometrie. 2., billige (Titel-)Schulausg. gr. 8. (VIII und 255 S. mit 7 Stnt. in qu. Fol.) München 853, Fleischmann.

—— die Elemente der Trigonometrie u. der Anwendung der Algebra auf Geometrie. gr. 8. (6 B. u. 1 Stnt.) München 844, Fleischmann.

—— die Elemente der Trigonometrie und der Anwendung der Algebra auf Geometrie. 2., billige (Titel-)Schulausg. gr. 8. (VI und 88 S. mit 1 Stnt. in qu. Fol.) München 853, Fleischmann.

Recht, Georg Dr. (Lehrer der Mathematik) „Ueber die Entwicklung der Bayer'schen Gewerbsschulen". pg. 3—12. 4°. Dr. Carl Wolf.
München, Progr. 1844/45

**Recht, Geo.,** die Entwicklung der Weltgesetze. München 869. (Berlin, Grieben.) Lex.-8. (76 S.) n. 20 *ngr.*

— das Entwicklungsgesetz der Natur. 2. Aufl. München 868. F. A. Finsterlin. Lex.-8. (46 S. mit eingedr. Holzschn.) n. 18 *ngr.*

— 34 Thesen aus dem Gebiete der Mechanik, der Physik u. der Astronomie für die Versammlung der Naturforscher in Innsbruck. Innsbruck 869. Wagner. gr. 8. (16 S.) n. 3 *ngr.*

[Kopft.:] **Recht,** Heinrich [Dr.]: Nachtrag zu Dr. *Wilhelm* Petzold's Verzeichnis der in der Umgegend von Weissenburg i. E. wildwachsenden und häufiger kultivierten Gefässpflanzen. [Nachtr. zur P-Beil. 1879.] *Weissenburg, C. Burckardt's Nflg., 1894;* 4 S. 4.
Weissenburg i. E., G, MP 1894 (524)

**Recht, J. F. H.,** s. Justinian's Institutionen.

**Recht,** Karl: Aus der geburtshülflich-gynäkologischen Klinik zu Bonn. Ueber das Mittelgewicht neugeborener Kinder. *Bonn (1897): J. Trapp.* (22 S.) 8°
Bonn, Med. Diss. v. [6. Okt.] 1897

**Recht, L.,** Hoppenstedt's Meisterstück. Turnerisches Lustspiel in 2 Akten. 8. (16 S.) Mühlhausen i/Th. 891. G. Danner. 1. —

— dasselbe, s.: Vereinstheater.

**Recht, L.** (Ludw. Just), u. Edm. **Braune,** Müller u. Schulze u. das Gauturnfest in Starkenheim, s. Vereinstheater.

— Müller u. Schulze u. das Gauturnfest in Starkenheim. Lustspiel in 3 Aufzügen. 8. (19 S.) Mühlhausen i/Th. 891. G. Danner. 1. —

— auf der Turnfahrt nach dem Kyffhäuser. Eine Turncapucinade. 8. (8 S.) Mühlhausen i/Th. 891. G. Danner. — 60

Recht, Peter „La Société Féodale telle qu'elle est représentée dans les Fabliaux du XIII. et du XIV. siècle". A. Chevaliers. Habitation, Coutumes de tous les jours. pg. 3—43 und 1 Bl. J. P. Himmer.
Augsburg, Progr. 1889/90

Das Lübecksee **Recht-Bock.** de 1254. continuiret 1370. Lübeck. 1586. (Neue Ausgabe. Altona. 1750.)
Siehe in: Corpus Constitutionum Regio-Holsaticarum. Nebenbd. 1. 4°

**Rechte und Verordnungen, Allerlei,** der Stadt Riga. [Riga 1807.]
V: *Brotze, Johann Christoph.* (R-N)

— v. d. anmaßl., e. Reichsverwesers, Reichsvicariatscommissarien zu den deutsch. Bischofswahlen zu schicken, (v. J. R. v. Roth). 8. Mainz 790. Univers. B. 3 (a. Andreä in Frkf. a. M.)

**Rechte, Die äusserste,** und Schleswig-Holstein. Ein Sendschreiben an den ächten Adel deutscher Nation. Leipzig 1850. V: *Steffensen, Karl.* (PROVBHANN 387)

Die äußerste Rechte und Schleswig-Holstein. Ein Sendschreiben an den ächten Adel deutscher Nation. Leipzig, Weidmann, 1850. 75 S. 8°.

Rechte des Gesammthauses Baden auf d. Grafschaft Eberstein u. Gernbach &c. Fol. Karlsr. 762. Macklot. 20 gr
Vgl. Recht, Das, ...

— die, der Bauern, ein kurzer Unterricht f. d. Landmann. 8. Zwickau 806. Schumann. 9 gr

Rechte, die, des Bischofs und der Geistlichkeit nach der Verfassung der katholischen Kirche. Denkschrift des hochw. Bischofs von St. Gallen an den großen Rath gegen das Gesetz vom 16. Juni 1855. 8. (39 S.) St. Gallen 855, Köppel.

**Rechte, Die bürgerlichen,** der Juden und Dissidenten vor dem Forum der Ersten Kammer. Nach den Druckschriften der Kammer und dem stenographischen Bericht. Berlin 1852. V: *Veit, Moritz.* (zu)

— die bürgerlichen, der Juden u. Dissidenten vor dem Forum der Ersten Kammer. Nach den Druckschriften der Kammer u. dem stenogr. Bericht. gr. 8. (61 S.) Berlin 852, Adolf & Co. 1/4 rf

— die, eines Christen-Menschen nach den Aussprüchen d. Schrift, des Rechtes, der Vernunft u. der Weisesten aller Zeiten. Beleuchtet gegenüber einigen polizeil. Verfügungen über Glaubensfreiheit im 19. Jahrhundert. 8. (48 S.) Leipzig 851, Kollmann. 1/4 rf

— d. St. Danzig &c. 4. Danz. 732.

Der See- und Handels-Stadt Dantzig **Rechte** oder Willkühr so in- und ausserhalb Gericht von allen und jeden zu beobachten. Langen-Fuhr bey Dantzig 1749.

**Rechte, Die,** des Erstgebohrnen in dem Fürstlichen Hause Salm-Salm . . . O. O. 1770. V: *Zwierlein, Chn Jacob von.* (Holz) (ML)

**Rechte und Forderungen, Die,** der freien Hamburger, wie sich die öffentliche Stimme . . . darüber ausgesprochen. Hamburg 1830. V: *Schöne, Carl Friedrich.* (schr)

**Rechte und Freiheiten, Die,** der Herren Genannten des Grössern Raths in Nürnberg, mit vorgesetzten Privilegien an E. E. Rath in Betreff der ganzen Löbl. Bürgerschaft von Maximilianus I. ertheilt . . . Wien u. Dresden 1786. V: *Brunner, Heinrich Marcus.* (will)

Rechte, die gegenwärtigen, der gewerblichen Arbeiter. [Gesellen, Gehilfen, Lehrlinge, Fabrik-Arbeiter.] Nebst einem Verzeichniß der Namen der deutschen Fabrik-Inspektoren und Bergrevier-Beamten und ihrer Aufsichts-Bezirke. 12. (40 S.) München 885, Ernst.

**Rechte, Gemeinsame,** Holsteins und Schleswigs. Nach den königlichen Erlassen vom 6. November 1858. Itzehoe 1859. V: *Reiche, H. J., Advokat.* (Russell VI, 172)

— gemeinsame, Holsteins und Schleswigs. Nach den königl. Erlassen vom 6. Novbr. 1858. Mit Beilagen A. B. C. D. gr. 8. (45 S.) Hamburg 859. (Itzehoe, Nusser.)

Nachtrag zu der Flugschrift Gemeinsame **Rechte** etc. Ebd. Dass. J. 8°

**Rechte, Die durch Reichs-Friedens-Schlüsse und öffentliche Verträge mit der Krone Frankreich gesicherten,** des Herzogl. Hauses Würtemberg in den Herrschaften Horburg, Reichenweiher, Blamont, Clemont, Chatelot, Hericourt, Granges, Clerval und Passavant, welche durch mehrere Decrete der französischen National-Versammlung gekränkt worden sind. Stuttgart 1891. V: *Seckendorff, Chph Albr. Frh. von.* (Heyd)

**Rechte** u. Gewohnheiten der beiden Marggrafthümer der Oberlausitz, s. Weinart, B. G.

**„Rechte", Der,** der Gräfin Hahn-Hahn. Berlin 1900. V: *Eckardt, Julius von.* (stadt BiblBerlin IX, S. 83)

Ueber die Rechte des Welfischen Hauses an das Herzogthum Bayern. 1779. 8.

Die **Rechte** des Kurhauses Hessen an der Verlassenschaft Sr. Hochfürstl. Durchl. des verewigten Landgrafen Victor Amadeus zu Hessen-Rotenburg. Mit Nachtr. Berlin 1835. fol.

**Rechte, Holsteins,** in Schleswig. Mit einem Vorwort von E. M. Arndt. Frankfurt a. M. 1858. V: *Reiche, Frdr. Heinr. Jens.* (GGr) (A)

Rechte Holsteins in Schleswig. Nach der königl. allerhöchsten Bekanntmachung vom 28. Jan. 1852. gr. 8. (20 S.) Hamburg 858. (Itzehoe, Nusser.) *

Die **Rechte** und Interessen Schleswig-Holsteins beim eintretenden Erbfall. Hamburg 1863. 8°

RECHTE. Die – des Kaisers in seinen Kriminalverfahren. Wucherer, Wien 1786.

—— die, des unehelichen Kindes und seiner Mutter gegen den außerehelichen Vater, namentlich des letzteren Alimentations-Pflicht. Eine Zusammenstellung des heut geltenden Rechts mit besond. Berücksichtigung des Gesetzes vom 24. April 1854, in leicht faßlicher Darstellung zu Jedermanns Verständniß. Von einem ehemaligen Richter. gr. 8. (16 S.) Breslau 856, Aland. *

Rechte, die, der kathol. Kirche in Beziehung auf d. Königr. Sachsen. An Eine Hohe Ständeversammlung beider Kammern v. d. kathol. Geistlichkeit Sachsens. gr. 8. (1¾ B.) Altenburg 833, [Pierer.]

— der Könige u. Völker, über die. 8. Leipz. 831. Wigand. 12 gr

— von dem, der Landesherrn, in Bestimmung, Verlegung u. Abschaffung d. Festtage, durch die Kirchengeschichte erläutert u. aufgeklärt. 8. Nürnb. 805. v. Ebner. 2 gr

**Rechte** der Landeshoheit teutscher Reichsstände auf die in ihren Landen gelegene Güter und Gefälle ... Darmstadt 1784. V: *Gatzert, Christian Hartmann Samuel Freih. von.* (MGT) V: *Koch, Joh. Chph.* (Adel)

**Rechte, Die legitimen und historischen,** Croatiens und der Ausgleich mit Ungarn. Wien 1871. V: *Kvaternik, Eugen.* (Mitth. d. Verlagsbuchh.)

**Rechte,** die legitimen u. historischen, Croatiens u. der Ausgleich m. Ungarn. gr. 8. (66 S.) Agram 872. Suppan. n.n. 1. 20

**Rechte, Die,** des Fürstl. Hauses Löwenstein auf die unmittelbare Reichsherrschaften Kerpen und Casselburg ... O. O. 1763. V: *Kissling, Joh. Sigm.* (Holz)

**Rechte, Die,** jedes Menschen. Bern 1844. V: *Arnim, Fr. von.* (Antiqu.-Kat. Ernst Frensdorff-Berlin. Nr. 50, S. 24.)

Die Rechte jedes Menschen. (Die Vorrede ist unterzeichnet: Fr. v. A.) Bern, Jenni Sohn 1844. VI 160 S. 8.

— die, d. Menschheit; e. Vers. f. niedere Schul. 8. Quedlinb. Ernst. 805.

Die Rechte fremder Nazionen bey d. neuen franz. Staatsumwälzung. *s. l.* 792. 4.

Die Rechte fremder Nationen bei d. neuen franz. Staatsveränderung. *Frankf.* u. *Leipz.* 792. gr. 8. Franz. u. deutsch. 798. 4.

**Rechte** der Natur und Menschheit, entweiht durch Menschen. Strassburg [Berlin] 1797. V: *Knüppeln, Jul. Frdr.* (wr)

— d. Natur u. Menschh., entweiht. durch Mensch. (M. Tit. v. Knüppeln Rechte d. Menschh. 2r.) 8. Strasb. (Linke, L.) 797.

— der Natur u. Menschheit, s. J. F. Knüppeln.

**Rechte, Die,** der Reichsstadt Nürnberg in Hinsicht auf den ... 1803 geschlossenen Tausch-Vertrag. Nürnb. 1804. V: *Popp, Friedrich von.* (MGT) (NN)

RECHTE. Österreichische – in Ansehung derjenigen Gegenstände, von welchen der I. Teil des allgemeinen bürgerlichen Gesetzbuches nicht handelte ... Taubstummeninstitut, Wien 1793. 3 Tle. in 1 vol.

**Rechte** und Pflichten gewerblicher Arbeiter. Nach der Gesetzgebung des deutschen Reiches und der Einzelstaaten ... Berlin 1873. V: *Jacobi, Ludwig.* (Kat. d. Bibl. d. dtsch. Reichstages. Berlin 1882.)

— u. Pflichten gewerblicher Arbeiter. Nach der Gesetzgebg. d. deutschen Reiches u. der Einzelnstaaten f. Arbeitgeber u. Arbeitnehmer dargestellt v. e. Mitgliede d. Reichstages. 8. (80 S.) Berlin 873. Kortkampf. n. — 60

Rechte u. Pflichten d. Gesammthauses Baden auf d. Grafschaft Eberstein u. Gernbach u. s. w. *Karlsruhe,* Maclot. 752. Fol. (20 Gr.)

**Rechte** und Pflichten der Ehefrau nach dem Bürgerl. Gesetzbuch. Anh.: Text-Abdr. aus d. BGB. — Berlin: Pass & Garleb [1900]. 32 S. 8° (Unser neues Recht. H. 6.)

— u. Pflichten der protestant. Geistlichkeit. Dargestellt in einem Auszuge aus d. allgem. Preuß. Gesetzbuche. 8. Zeitz 817. Webel. 6 gr

**Rechte** und Pflichten der gewerblichen Hilfsarbeiter. 8°. Wien, Ign. Brand u. Co., 1908.

Rechte u. Pflichten der gewerblichen Hilfsarbeiter nach den Bestimmungen des VI. Hauptstückes (§§ 72–105) der Gewerbeordnung. (42 S.) kl. 8. Wien (908). Wiener Volksbuchh. — 20

—— und Pflichten, die, der unehel. Kinder u. ihrer Aeltern. Von e. prakt. Juristen. 8. (2½ B.) Glogau 829, [Berlin,] Heymann

**Rechte** und **Pflichten** des **Kirchenvorstandes.** Abdr. d. wichtigsten die Wirksamkeit d. Kirchenvorst. betr. Bestimmungen z. Behändigung f. jeden Kirchenvorst. auf Beschluss d. 15. ordentl. Bezirkssynode Salzgitter von deren Ausschuss hergest. *Soolbad Salzgitter (Harz) 1898: C. Witt.* (20 S.) 8° [F.] [... 3649

**Rechte** u. **Pflichten** der Mieter u. Vermieter, der Pächter u. Verpächter nach dem bürgerl. Gesetzbuch. Ein Ratgeber beim Eingehen v. Mietsverträgen u. Pachtverträgen. In 40 volkstüml. Fragen u. Antworten. Mit Anmerkgn. u. e. alphabet. Sachregister. Gültig seit 1. I. 1900. 12. (31 S.) Berlin 900. [W. R. Berndt.] Erfurt, F. Bartholomäus. n.n. — 25

**Rechte** und Pflichten des Papstes . . . 1787. V: *Dereser, Thaddaeus a S. Adamo (Joh. Adam).* (MGT)

**Rechte u. Pflichten** der Uferbesitzer. Benutzung der Privatflüsse. Wasserstauf — Vorfluth. Hrsg. von der Red. d. Reichs-Gesetzbuches. gr. 8. (IV, 18 S.) Hamburg u. Berlin 886. Bruer & Co. geb. n. — 75

Preußens Rechte auf die vereinigten Herzogthümer Schleswig und Holstein für das deutsche Volk gemeinfaßl. dargelegt u. insbes. auch in Bez. auf den Gottorfer Antheil begründet durch e. preuß. Juristen. Berlin 1865.

— — Preußische. 1. Bd., enthaltend alle die Benutzung der Flüsse, Bäche, Teiche u. Gräben, von den Fabrik-, Mühlen-, Guts- u. den daran grenzenden Grundbesitzern, u. die Reinigung u. in Instandsetzung derselben betreff. in der Edicten- u. Gesetzsammlung noch in Kraft stehenden Gesetze. Chronologisch zusammengestellt u. herausgeg. von Richard Schildt. 8. Breslau 844. (Oppeln, Gogel.) n. 2/3 Rthlr.

Ueber d. Rechte d. Regierungen beim Conclave. Münch. 872. Vergriffen.

**Rechte, Schleswig-Holsteins vermeintliche,** Dänemark gegenüber. Hamburg 1851. V: *Werner, Georg Johann Peter.* (schr)

Schwäbische **Rechte**. H. 1. Heidelberg: C. Winter 1905. 8°
→ **Stadtrechte**, Oberrheinische. Abt. 2, 1. [05. 8635]

Rechte, die, der böhmisch-cechischen Sprache an den polit. u. Gerichtsämtern, sowie den höhern u. niedern Schulen Böhmens, Mährens u. Schlesiens. gr. 8. (½ B.) Leipzig 846, [Slawische Buchh.]

**Rechte**, die, der böhmisch-cechischen Sprache an den polit. u. Gerichtsämtern, sowie den höhern u. niedern Schulen Böhmens, Mährens u. Schlesiens. gr. 8. Leipzig 846, Exped. d. slaw. Jahrbücher. (Keil u. Comp.) 1/24 Rthlr.

**Rechte, Die,** des Staates in Eisenbahn-Angelegenheiten der Schweiz. Ein Beitrag zur Lösung bestehender und kommender Eisenbahnkonflikte . . . Zürich 1861. V: *Kaiser, Simon.* (BSchwLk V 9h)

—— die, des Staates in Eisenbahn-Angelegenheiten der Schweiz. Ein Beitrag zur Lösung bestehender und kommender Eisenbahnkonflikte. Für Staatsmänner, Eisenbahndirektionen, Verwaltungsräthe rc. Von einem Mitgliede der schweizer. Bundesversammlung. Lex.-8. (VIII und 159 S.) Zürich 861, Kiesling's Verlagsh. *

— über die, des Staats, den ehelosen Stand d. Weltgeistlichen betreffend, (v. J. F. Gaum). 8. (Ulm) 782. Stettin. 2 gr.

—— die, der Staaten in Bezug auf d. Kirchen. A. d. Geschichte erört. u. den Eidgenossen gewid. v. mehrern Katholiken. gr. 8. (3 B.) Burgdorf 832. (Aarau, Sauerländer's Vrlgh.)

— die, der Staaten in Bezug auf die Kirche. gr. 8. Burgdorf 832. ist Verlag von Langlois. 1/4 Rthlr.

— üb. die, der Staatsdiener u. Pensionisten bei Staatsveränderungen, mit besond. Rücksicht auf die bei d. Abtretung von Tyrol, Voralberg, Würzburg, Aschaffenburg u. Hanau geschloss. Staatsverträge. Von einem deutschen Staatsmanne. gr. 8. Frankf. Boselli. 814.

**Rechte** der Staatsgewalt über die Rheinschiffahrt . . . Mannheim 1809. V: *Gauhm, Friedrich Wilhelm.* (Oa)

Ueber die Rechte der baier. Ständeversamml. in Bezieh. auf Wünsche u. Anträge an d. Regierung. *München*, Fleischmann. 828. gr. 8. (2 Gr.)

**Rechte, Statuarische,** der Stadt Breslau, so durch Observanz oder Analogie vom Magistrat eingeführet worden, mit einigen Arläuterungen . . . Brieg 1793. V: *Uber, Christian Benjamin.* (KGBerlin I, 1962)

**Rechte, Statutarische,** der Stadt Breslau, so durch Observanz oder Analogie vom Magistrat eingeführet worden . . . Brieg 1793. V: *Uber, Johann Gottlieb.* (Kat. d. Druckschr. üb. Breslau. Breslau 1903. S. 126.)

Statutarische Rechte der Stadt Breslau, so durch Observanz od. Analogie v. Magistrat eingeführt worden, mit Erläut. u. Abweich. v. d. In Aufl. u. d. königl. neuen Gesetzbuche. *Brieg* u. *Breslau*, Trampe u. Gutsch. 794. 8.

**Rechte** (Ueber die) und Stellung der Frauen. Von einem Deutsch-Amerikaner. 8°. Neustadt, s. a.

**Rechte, Die,** der Todtheilung in ihrer Wirkung auf das jüngsthin erledigte Herzogthum Niederbaiern . . . 1778. Frankf. u. Leipz. 1778. V: *Balemann, Georg Gottlieb* [?]. (Pütter, Litt. d. Teutsch. Staatsr. Gött. 1773—91. II, 204.)

**Rechte, Die,** der Thodt-Theilung in ihrer Wirkung auf das jüngsthin erledigte Herzogthum Nieder-Bayern in einem Sendschreiben eines deutschen Rechtsgelehrten an seinen Freund entworfen. Frankfurt und Leipzig 1778—80. V: *Hinkeldey, Hieronymus Heinrich von.* (KGBerlin II, 2039)

Die Rechte der Todttheilung, in ihrer Wirkung auf d. jüngst hier erledigte Herzogth. Niederbaiern. 3 Sendschreiben. *Frankfurt*, Andreä. 778 — 98. 4. (1 Thl. 16 Gr.)

**Rechte**, unsere kirchlichen. Ein Wegweiser f. die erwachsenen Glieder der evangelisch-luther. Landeskirche Hannovers, besonders auch f. Kirchenvorsteher. (80 S.) 8. Hannover 904. H. Feesche. n. — 60

**Rechte, Die unumstösslichen landesherrlichen,** und die Gerichtsbarkeit des hohen Hauses Solms über das Kloster Arnsburg . . . O. O. 1785. V: *Fresenius, Johann Chn Ludw.* (MGT)

Rechte u. Verbindlichkeiten der Herrschaften u. Unterthanen, ein Handb. f. Güterbesitzer, ihre Beamten u. Unterthanen, zur Kenntniss ihrer Rechte u. Pflichten. 2 Thle. N. Ausg. *Wien*, (v. Mösle u. Braumüller.) (811.) 815. 8. (1 Thl.)

— u. Verbindlichkeiten d. Herrschaften u. Unterthanen, e. Handbuch f. Güterbesitzer, ihre Beamten u. Unterthanen. 2 Thle. 8. Wien N. A. 815. v. Mösle.

— und Verbindlichkeiten d. allgem. Landrechts in Bezug auf deren Erlöschen durch Nichtgebrauch u. Verjährung; alphabet. zum Besten e. Jeden geord., der von d. Dauer sein. Rechte sich unterrichten will. Ein unentbehrl. Taschenb. f. Jedermann. 8. (9½ B.) Berlin 829, Mittler.

Von d. Rechte d. Verleihg. d. Kirchenämter u. d. Patronats. Mannh. 857.

**RECHTE,** Die vorzüglichsten, der deutschen Weibsbilder. Als Jungfern, Bräute, Eheweiber, schwanger und gebährend betrachtet. Wien, o. J. (Ende 18. Jh.). 8°.
Haydinger's Bibl. I. 2. no. 843. — Sehr selten!

Rechte, die vorzügl. d. deutschen Weibsbilder, als: Jungfern, Bräute, Eheweiber, schwanger u. gebärend betrachtet. *Wien*, Mösle u. Braumüller. 8. (8 Gr.)

**Rechten, von den, der Nürnberg. Eigenherrschaften,** (v. J. C. Siebenkees). 8. Nürnb. 798. Grattenauer. (Eichhorn). 4 gr.

Rechten. Von den R' der Staatsbürger. ([Von einem] Freund der Ordnung und der Freyheit. Biel, den 26. Januar 1831.) 8. *o. O.*

Rechten, Geo., die deutschen Sieben. Dem sächsischen Volke geweiht. gr. Lex.-8. (1 B.) Frankfurt a. M. 843, (Körner.) *

Rechtenstamm, s.: Schrutka Edler v. Rechtenstamm.

**Rechtern, E., u. H. Arnold,** der Bau der zweiten Hafen-Einfahrt zu Wilhelmshaven. Mit 14 Zeichnungsblättern. [Aus: „Zeitschr. d. Architekten- u. Ingenieur-Vereins zu Hannover".] Fol. (IV, 68 Sp.) Hannover 891. Schmorl & v. Seefeld Nachf. Kart. n. 20.—

Zur Rechtfertigung. Mitbürger! Unter der obern Leitung — Plötzensee, die erwählte Deputation der Erdarbeiter-Verbrüderung im ersten Bauarbeiter-Verein. Druck von C. Litfaß. 1 Bl. Fol.
Flugblatt. Berlin, 3. Nov. 1848.

**Rechtfertigung,** die. Dem evangel. Volke zur Prüfung u. Erbauung dargeboten. [Aus: „Neues Zeitblatt".] 8. (32 S.) Stuttgart 882. Buchh. der Evangel. Gesellschaft. n. — 15

**Rechtfertigung, Abgenöthigte,** der unpartheyischen und umständlichen Prüfung des Rotfischerischen Siegs der Wahrheit . . . Stadt am Hof 1753. V: *Strähler, Chn Augustin Ernst* (?). (HThPP)

**[Rechtfertigung** der Grossloge Alpina ihres am 3. Sept. 1870 gegen den hdeutsch-franz. Krieg erlassenen Manifestes. Aarau 1871.] 4 Bl. 4°
Die Rechtfertigung ist an die Grloge von Hamburg gerichtet. 193.

**Zur Rechtfertigung** d. Ankaufs d. Grellinger Wasserversorgung durch d. Staat. Bemerkungen z. d. Projekt d. Herren Kiefer u. Genossen, &c. 8°, 54 S. Basel, Schneider. 1878.

**Rechtfertigung** der Ansprüche des schwäbischen Reichskreises auf die Reichsstadt Donauwörth. O. O. 1780. V: *Seckendorf, Johann Carl Christoph Freih. von.* (MGT)

**Rechtfertigung** der ergriffenen Appellation wider das in der Schwedter Successionsangelegenheit 1791 publicirte schiedsrichterliche Erkenntniss . . . Rostock 1792. V: *Mecklenburg, Hermann Ludwig.* (Adel) (MGT)

**Rechtfertigung** des Dr. Joseph von Bakody gegen die grundlosen Angriffe zweier Raaber Aerzte. Leipzig 1832. V: *Müller, Moritz Wilhelm.* (Call) (BilHomoeo) (Ky) (EngM)

Rechtfertigung des Joh. v. Bakody in Raab gegen die grundlosen Angriffe zweier dasigen Aerzte. gr. 8. Leipzig 832. (Künzel.) ⅓ ϸ

Rechtfertigung d. D. Jos. v. Bakody in Raab gegen d. grundlos. Angriffe zweier dasigen Aerzte, mit gerichtl. beglaubigt. Belegen. (Von Mor. Müller.) gr. 8. (3½ B.) Leipzig 832, Schumann.

Rechtfertigung der deutschen vereinsinländischen Baumwollspinnereien als Entgegnung der im Juni 1842 in Berlin erschien. anonymen Druckschrift, betitelt: der Schutzzoll auf fremde, in den deutschen Zollvereinsstaaten eingehende Baumwolltwiste. Geschrieben im Monat Juli 1842. Lex.-8. (1 B.) Stuttgart, Metzler'sche Buchh.

**Rechtfertigung** der Beantwortung acht wichtiger . . . Fragen über den Ursprung, die Geschichte des Fasten- und Abstinenzgebots. O. O. 1786. V: *Jung, Johann.* (Jes) (SO) (ML)

**Rechtfertigung** der Behauptung, die auf dem letzten Landtag ausgesprochen worden, daß die Lehrerbildung dem Zwecke nicht entspreche. Ulm 1836. V: *Hugger, Roman.* (Kat. d. ständ. Bibl. Stuttg. 1907.)

— oder geschichtl. Beleuchtung des im Bezirk Schwyz waltenden Rechtsstreites der sogeheißenen Klauenparthei gegen die Verwaltung des Oberallmeinde Korporationsgüter. gr. 8. St. Gallen 838. Huber u. Comp. ⅙ ϸ

Rechtfertigung oder geschichtliche Beleuchtung des im Bezirk Schwyz waltenden Rechtsstreites der sogeheissenen Klauen-Parthei, gegen die Verwaltung der Oberallmeind-Korporationsgüter. 8. Schwyz 1838.

**Rechtfertigung** der Betrachtungen über das Schreiben ... des Königs von Preussen an die ... Herzogin von Anhalt-Cöthen ... Würzb. 1827. V: *Wolf, Lorenz.* (Th) (Ky) (AarK)

— der Betrachtt. üb. d. Schreiben d. Königs v. Preußen an die Herzogin v. Anhalt-Cöthen, gegen die Krugsche Apologie, (v. L. Wolf). gr. 8. Würzb. 827. (Etlinger). 8 gr

**Rechtfertigung** des Betragens Sr. Konigl. Majest. in Preussen gegen die Ihro von dem Chur Sächsischen Hofe gemachten Beschuldigungen. O. O. 1756. V: *Fink von Finkenstein, Carl Wilhelm Graf.* (Preußische Staatsschriften. III. Berlin 1892. S. 394.)

**Rechtfertigung** des offenen Bittschreibens an die in Evangelicis beauftragten Herren Staatsminister: »es möge der Religionsunterricht in der Volksschule dahin geordnet werden, daß die für den systematischen Religionsunterricht bestimmten Spruchsammlungen aus Luthers Bibelübersetzung geschöpft werden. Leipzig 1853. V: *Hauschild, Ernst Innocenz.* (Zu) (Ky)

Rechtfertigung des offenen Bittschreibens an die in Evangelicis beauftragten Herren Staatsminister: „es möge der Religionsunterricht in der Volksschule dahin geordnet werden, daß die für den systemat. Religionsunterricht bestimmten Spruchsammlungen aus Luthers Bibelübersetzung geschöpft werden rc. (von E. J. Hauschild). gr. 8. (15 S.) Leipzig 853, (Serig'sche Buchh.)

— der Koburger Bürgerschaft gegen die Beschuldigung einer Revolution. 8. Bayr. 803. (Riemann). 15 gr

— der Koburger Bürgersch. geg. die Beschuld. einer Revolution. 8. Bayr. Lübeck. 804.

**Rechtfertigung** eines verleumdeten Burschenschafters. Friedland 1865. V: *Riemann, Heinrich Arminius.* (Erman u. Horn, Bibliogr. der dtsch. Univers. 1. Leipz. u. Berl. 1904.)

Rechtfertigung, des Hrn. v. Calonne, s. Calonne.

Rechtfertigung des Hrn. v. Calonne. gr. 8. Berlin. 788. Jetzt Sommerbrodt.

**Rechtfertigung** der gemischten Ehen zwischen Katholiken und Protestanten ... Köln 1821. V: *Müller, Joh. Chn.* (NN) (ADB) (Schmal) (Th) H: *Ess, Leander Joh. Hnr. van.* (HS) (MGT)

**Rechtfertigung** der gemischten Ehen zwischen Katholiken und Protestanten ... Köln 1821. V: *Multer, Johann Christian.* (Zeitschr. f. Büch. N. F. 15, 1923, S. 119) (Sleumer S. 112)

— der gemischten Ehen zwischen Katholiken u. Protestanten, in statist., kirchl. u. moral. Hinsicht, von e. kathol. Geistlichen; mit e. Vorr. v. L. van Eß. gr. 8. Cöln 821. Bachem. 1 rt 4 gr

— des aus d. Aufhebung d. Fideicommisse durch das französ. Civilgesetzb. hervorgegangenen freien Eigenthums d. Besitzers im ehemal. Großherzogth. Berg. gr. 8. Köln 827, Pet. Schmitz.

**Rechtfertigung** einer Schrift »Einheit und Föderationsbegierde«, dem Bürger Justizminister ... aus Gehorsam zugesandt. [Trogen 1801.] V: *Knuss, Johann Georg.* (BrMm)

Fernere Rechtfertigung der Ansprüche des Schwäbischen Kreises auf desselben ursprünglichen Kreis-Mitstand die Reichsstadt Donauwörth. 1780. Stuttgard. fol. 5 S.

**Rechtfertigung, Fernere und letzte,** meiner Gedanken über die Ungültigkeit der Aepinischen Kirchenordnung über das Nichtdaseyn eines geistlichen Aufseheramtes ... Hamburg 1781. V: *Misler, Johann Gottfried.* (Schr)

Rechtfertigung der hannöverschen Freikirche durch deren Synodal-Ausschuß gegenüber dem Bericht des Provinzial-Consistoriums zu Hannover an das bairische Ober-Consistorium. Im Auftrage des Synodal-Ausschusses hrsg. von Heicke und Dreves. 8. (64 S.) Hermannsburg 881. (Hannover, Schulbuchhandlung.) * — 40

**Rechtfertigung** des Glaubens, ein Versuch zur Ehre des Christenthums ... Essen 1820. V: *Nohl, Johann Frdr.* (Zu) (Winer)

— des Glaubens. Ein Versuch zur Ehre des Christenthums. Zugleich ein Wort f. die Jakobische Philosophie des Glaubens. 8. Essen 820. Bädecker. 1 rt

— des General Grouchy in Betreff der Schlacht von Waterloo. An die Herren Barthelemy u. Mery, Verfass. d. Gedichte Waterloo u. des Mannes Sohn. 12. Stuttg. 830. Hoffmann. 4 gr

—— des General Grouchy in Betreff d. Schlacht v. Waterloo. An d. Herren Barthelemy u. Mery, Verf. der Gedichte „Waterloo" u. „des Mannes Sohn." 12. (1 B.) Stuttgart 830, [Weise.]

— der Freiburger philosoph.-theolog. Gutachten wider die gemachten Einwürfe der Facultät in Heidelberg. 8. Freiburg, Wagner. 8 gr

RECHTFERTIGUNG. – des Kaisers in seinem Kriminalverfahren. Wucherer, Wien 1786. 1 vol. 48 S.

**Rechtfertigung** der katholischen Kirche gegen die Anfälle eines Schriftstellers, der sich orthodox nennt, oder Widerlegung eines Werkes betitelt: Betrachtungen über die Lehre und den Geist der orthodoxen Kirche von Alexander von Stourdza; aus d. Franz. übersetzt von C. Fleischer . . . Mainz 1824. V: *Rostoptschin, Katharina.* (CLZür Forts. III)

— d. kathol. Kirche gegen d. Anfälle eines Schriftstellers, der sich orthodox nennt; od. Widerlegung d. Werks v. Al. v. Stourdza: „Betrachtt. über die Lehre u. d. Geist d. orthodoxen Kirche;" aus d. Französ. v. C. Fleischer. Mit e. Vorrede v. Dr. Räß u. Dr. Weis. gr. 8. Mainz 824. Stenz. 1 ₰ 12 gl

**Rechtfertigung** der aargauischen Klöster über ihre frühere Verwaltung, und Verantwortung über die ihnen gemachten Anschuldigungen, an den Tit. Grossen Rath des hohen Standes Aargau. (Datum 14. Dez. 1836.) fol. (Schaffhausen.)
*s. auch:* Nachtrag zu der ehrerbiethigen Vorstellung .. der aargauischen Klöster ... (Den 1. May 1835) — Vorstellung. Ehrerbietige V der aargau'schen Klöster ... (Den 21. April 1836)

**Rechtfertigung** des Peterspfennigs. 8. (20 S.) Aachen 867, Jacobi und Comp.

**Rechtfertigung** der gekrönten Preisschrift über Güter-Arrondierung gegen die Bemerkungen des Georg von Grünberger. München 1817.

**RECHTFERTIGUNG** eines zur Christ-katholischen Kirche übertretenen Protestanten bey seinen vorigen Glaubensgenossen. Leutschau 1809: Druck. Podhoránszky. 15 S. - 200 mm

**Rechtfertigung** einer Protestation gegen die zu Koblenz statt gehabten Wahlen der Landtags-Abgeordneten des zweiten Standes. Köln (1825).

**Rechtfertigung** der vormaligen Reichskammergerichtsadvokaten und Procuratoren . . . gegen . . . Anschuldigungen, welche wider dieselben . . . vorgebracht . . . worden sind. [Wetzlar] 1808. V: *Abel, Jacob.* (Ky) (MGT)

— der vormal. Reichskammergerichtsadvocaten u. Procuratoren, u. ihres Ausschusses gegen rc. Angeschuldigten, (von J. Abel). 8. (Wetzlar) 808.

— der Schrift: „Die große ewige Reise aller Wesen zum Weltgeist, oder die Unsterblichkeit der ganzen Natur. Leipzig, 1844." gegen einige vornehmlich die gewählte Einkleidung betreff., Scheingründe, — als nothwend. Nachtrag zu dieser Schrift. gr. 8. (12 S.) Leipzig 850, Schmidt. n. 4 ngl

**Rechtfertigung** des an die hohe Reichsversammlung zu Regensburg ergriffenen Recurses . . . in Sachen des regierenden Herrn Herzogs zu Mecklenburg-Schwerin und Güstrow wider die Mecklenburgische Ritterschaft . . . Schwerin 1796. V: *Rudloff, Friedrich August.* (MGT)

Der Magistrat d. Stadt Kiel. J.-Nr. M. II. 91. Betrifft: **Rechtfertigung des Rekurses** in der Frage, betreffend den Bau eines Handelshafens in der Wiker Bucht bei Kiel. Kiel, d. 3. Aug. 1901. An d. Bundesrath d. Deutschen Reiches Berlin. *(Kiel 1901: Vollbehr & Riepen.)* (14 S.) 4°(2°) [ʒ.]
1901 4175 8

**Rechtfertigung** der jüdischen Religion. Leipzig [1840]. V: *Bodeck, Israel.* (Sulamith VIII. Jgg. S. 120.)

— der jüd. Religion u. des jüd. Charakters, von e. Juden. 1e Liefer. gr. 12. Leipz. 832. Wolbrecht. 6 gl

— der jüdischen Religion u. d. jüd. Charakters. Von e. Juden. 1. Lfg. gr. 12. (3 B.) Leipzig 832, (Kayser.)

— der jüdischen Religion und des jüdischen Charakters, von einem Juden. gr. 12. Leipzig 832. (Melzer.) 1/4 ₰

**Rechtfertigung** der Religiosität der freien christlichen Gemeinden [Deutschkatholiken] gegen die bekannte Flugschrift der Exprediger Dumhof u. Ruf. Ein Nachtrag zu der Erwiederungsschrift: „Untreue schlägt den eignen Herrn." Mit kritischen Rückblicken u. ausgewählten Karakterzügen der beiden Apostaten. [Aus der reformator. Zeitschrift „Aehrenlese" abgedr.] 8. (32 S.) Nürnberg 851, Zeh. 1/12 ₰

**Rechtfertigung** der Revision für den Königlich Preussischen Kammerherrn . . . Carl Asche Maximilian Grafen von der Asseburg Klägern und Revidenten wider den . . . Grafen Hermann Werner von Bocholtz-Asseburg Beklagten und Revisen, die Herausgabe des Lehn- und Stammgutes Hinnenburg mit allen Pertinenzen, nebst den seit dem Jahre 1790 gezogenen und zu ziehen gewesenen Früchten betreffend. Helmstädt 1821. V: *Holzapfel, Georg Christian Wilhelm.* (KGBerlin I, 604)

**Rechtfertigung** des Rücktritts des Hrn. Dr. Carl Haas zur kathol. Kirche. Eine Antwort auf die Erwiederung seiner früheren Gemeinde O.- u. U.-Gröningen in Betreff seines offenen Sendschreibens v. e. Katholiken. 8. (6 B.) Regensburg 841, Manz. Thlr.

**Rechtfertigung** des Schwaben über sein Neujahrsgeschenk an die Herren Wiener Autoren. Wien 1785. V: *Weimar, Joh. Martin.* (KY 4/445) (Briefe über den gegenw. Zustand der Literatur 1788, Nr. 96) (Wallishauser 1/109) (Wieser 1/2613) (BiblPort)

— eines Schwaben, üb. das Neujahrsgeschenk. 8. Wien, Wucherer. 3 gl

— des Sendschreibens üb. Schleiermacher. 8. (3 1/4 B.) Berlin 830, Oehmigke.

**Rechtfertigung** des Stadtoberrichters über die ertheilte Heurathslicenzen oder sogenannte Toleranz. [München] 1778. V: *Bergmann, Michael Adam von.* (ML)

**Rechtfertigung, Der Synglosse,** oder: ea doce quae didicisti. Zur Beleuchtung der in den Göttingischen gelehrten Anzeigen 1827 . . . **erschienenen sogenannten Recension. Karlsruhe 1828.** V: *Merian, Andreas Adolph Freih. v.* (EB)

—— der Synglosse, oder: ea doce quae didicisti. Zur Beleuchtung der in d. „Götting. gelehrt. Anzeigen 1827. No. 84" geg. die Synglosse erschien. sogen. Recension. 8. (4 B.) Carlsruhe 828, Braun.

— des Generals v. Thiele, über die demselben wegen der Vertheidigung von Breslau gemachten Beschuldigungen. 8. Bresl., Buchhäfter. 3' gr

RECHTFERTIGUNG. – der Tranksteuer gegen die Schrift ob der Soldat . . . zur Tranksteuer verpflichtet könne werden. O. V. 1781 82

Rechtfertigung des Unglaubens gegenüber manchen Erzählungen und Lehren der Bibel Alten und Neuen Testaments. Von einem Vernunftgläubigen. gr. 8. (VII, 221 S.) Bern 879, [Magron.] Haller. (* ℳ 4.) *

Rechtfertigung. Zu unserer R'. (Die Offiziere und Unteroffiziere der Kompagnie 1) An die Offiziere und Unteroffiziere der Feuerwehr der Stadt Zürich. 14 S. 8. [Zürich, Berichthaus, 1905.]
[Redigiert von einer Kommission nach einem Entwurfe von Feuerwehr-Unteroffizier Ernst Müller.]

**Rechtfertigung des, von der Bonner Juristenfacultät in der Sache des *Städel'schen* Kunstinstitutes zu Frankfurt gegen die Intestat-Erben des verstorbenen *J. F. Städel* erlassenen Urtheils zu Gunsten des angefochtenen Testaments, von d. Verf. d. Entscheidungsgründe. *Bonn*, (Weber.) 827. 8. (10 Gr.)**

— der Gräfin v. Valois de la Motte, a. d. Franz. m. K. 8. Lond. (Andreä, Frankf.) 789.

— zweyte, d. Gräfin v. Valois de la Motte, a. d. Franz. 8. Ebend. 790.

— — dasselbe. 8. Nürnb. Felsecker. 790.

**Rechtfertigung** des Landesfürstlichen Verfahrens beim Kirchheimer Tumulte . . . O. O. 1778. V: *Zwierlein, Chn Jac. v.* (Holz)

**Rechtfertigung des öffentlichen, mündlichen Verfahrens im Civilprozeße u. in peinlichen Sachen gegen seine Verfolger. Nebst einigen Betrachtungen über das öffentliche Ministerium. 2. Aufl. Düsseldorf (1817).**

— des öffentlichen, mündlichen Verfahrens im Civilprozesse und in peinlichen Sachen gegen seine Verfolger. gr. 8. Düsseldorf. (Joachim in Leipzig.) 818.

(Rechtfertigung des Verhaltens der Berliner.) Pommern! Landsleute. Brüder! Wir Unterzeichneten sind zu einem Vereine zusammengetreten — Das Comité des Pommern-Vereins für Wahrheit und Recht. Druck von E. Krause. 2 Bl. Fol.
Flugblatt. Berlin, 18. Juni 1848.

„Rechtfertigung gegen einige wider die Sachsen öffentlich ausgesprochene Verunglimpfungen, die Zerstörung des Kreuzes bei Probstheida betreffend", o. O. 1819.

**Rechtfertigung, Vorläufige,** wegen verschiedener Beschuldigungen in Ansehung der geendigten Gränzstrittigkeiten mit dem Hause Österreich. O. O. 1765. V: *Ickstatt, Joh. Adam Freih. v.* (Holz)

Vorläufige **Rechtfertigung** des an die hochf. Regierung zu Anspach von dem hochf. Hoh. Waldenburgisch-Gemeinschaftl. Consistorio zu Pfedelbach den 8. Junii 1750 erlassenen Schreibens. (Mit Beil.) [o. O. August 1750.

**Rechtfertigung der angegriffenen Vorlesung des Herrn Hofraths v. Sonnenfels zur Erbauung ihrer bisherigen Vertheidiger. Wien 1781. V: *Wersack, Wenzel Anton.*** (Franz Kopetzky: Josef und Franz Sonnenfels. Wien 1882. S. 322) (BiblPort)

Rechtfertigung und Zeugniß der aus der sächsischen Landeskirche ausgetretenen Lutheraner. gr. 8. (14 S.) Dresden 872, Naumann. — 15

(F) **Katholische und protestantische Rechtfertigungslehre** oder Wer hat recht? 2. Aufl. [Sammlung zeitgemässer Broschüren. Nr. 25.] 16°. (49 S.) K —.20
Graz: Styria 1902.

**Rechtfertigungslehre,** kathol. u. protestantische, s. a. Sammlung zeitgemäßer Broschüren.

**Rechtgläubige,** Mittelweg, Mystiker oder: Wo ist Licht und Wahrheit? Fragen in Veranlassung der Monologen des Herrn Pastors Valentiner von D. L. zum Besten des Magdalenenstiftes in Hamburg. Hamburg 1855. V: *Lütkens, Dorothea Elisabeth geb. von Cossel.* (A) (Zu)

Rechtgläubige, Mittelweg, Mystiker, oder: Wo ist Licht und Wahrheit? Fragen in Veranlassung der „Monologen" des Hrn. Pastor Valentiner, von D. L. 16. (IV und 116 S.) Hamburg 855, Nolte und Köhler. *

**Rechtgläubigkeit,** die russische, u. die Freiheit d. Gewissens. Aus dem Russ. übers. v. O. D. 8. (51 S.) Leipzig 891. C. G. Naumann. n. 1. —

**Rechting,** Fritz, systematische einfache Buchführung zum Selbstunterricht. gr. 8. (48 S. m. 1 Formular.) Unna (902). G. Hornung. 1. —

Über das **Rechtliche** und N ü t z l i c h e der Landeskultur. München 1795.

**Rechtlieb,** Karl, (psdn.) s. Kirche, die gedrückte, in Preußen.

**Rechtlieb,** Traugott, Der Cölner Cassetten-Diebstahl und die Criminal-Procedur gegen den Kammer-Assessor F. A. Oppenheim. 8°. Berlin, Adolf u. Co., 1847.

**Rechtlieb,** T., s. Cassetten-Diebstahl, der Cölner.

**Rechtlosigkeit, Die,** des Staatsbürgers in Preußen und ihre Bestätigung durch das Abgeordnetenhaus . . . Zürich 1876. V: *Lempens, Carl Frz.* (Ky)

Rechtlosigkeit, die, des Staatsbürgers in Preußen und ihre Bestätigung durch das Abgeordnetenhaus. Zugleich aktenmäßiger Bericht über die Behandlung der Schulangelegenheiten in der Rheinprovinz von C. L(empens). Verf. von: „Ein Opfer geistlicher Corruption" ꝛc. 8. (58 S.) Zürich 876, Verlags-Magazin.

Rechtmann, Jacob [pract. Arzt aus Köln am Rhein]: Aus d. pharmakolog. Institut zu Greifswald. Ueber Euphorbium und Euphorbia Cyparissias .... Greifswald, Druck v. Julius Abel, 1886; 55 S. 8°.
Greifswald, Med. Fak., Inaug.-Diss. v. 22. Sept. 1886.

Rechtmäßigkeit

— der Ehescheidung. Nach e. zum Theil neuen Ansicht. 8. Salzb. Mayr. 812.

Rechtmäßigkeit, über d., bey Ehescheidungen in Bayern. 8. München, Lentner. 809.

Ueber die Rechtmässigkeit der bürgerl. Ehescheidung in Baiern. 2. Aufl. mit einigen Bemerkk. üb. d. Schrift: Ueber die Unmöglichkeit der Ehescheidung. 8. *München*, (809.) 810. Lentner. (4 Gr.)

Rechtmäßigkeit, üb. die, der bürgerl. Ehescheidung in Baiern. 2te Aufl. 8. München, Lentner. 811.

**Rechtmässigkeit, Erwiesene und fernere erläuterte,** der itionis in partes auf den Teutschen Reichstägen ... Frankf. u. Leipz. 1762. V: *Justi, Joh. Heinr. Glieb. von* [?]. (Pütter, Litt. d. Teutschen Staatsr. Gött. 1773—91. III, 252.)

**Rechtmässigkeit, Die Gerettete,** der Todesstrafen ... Deutschland [Altenburg] 1797. V: *Heynig, Johann Gottlob.* (Wr) (MGT) (Ky) (Schletter, Handb. d. jurist. Litt. Grimma 1843. S. 324.) (Kappler, Lit. d. Criminalrechts. Stuttgart 1838.)

Rechtmäßigkeit, die gerettete d. Todesstrafen, (v. J. G. Heynig). 8. Jena 797. (Hennings in Neiße). 14 gr.

— die gerettete, der Todesstrafen. 8. Jena, Academ. Handl. 797.

— d. churbayersch. Landesverordn. Fol. Nrnb. Zeh. 771.

Rechtmässigkeit derjenigen *churbaierischen Landesverordnungen*, welche von einigen *Comitialgesandtschaften zu Regensburg* als reichssatzungswidrig, und ihren Freyheiten zuwider beurtheilt, und angefochten werden wollen: zur Beleuchtung der Landeshoheitsvorrechte des durchleuchtigsten Churhauses Baiern ans Licht gestellet. (Vign., *Jungwierth* sc.) München (o. A. d. V. u. D.) 1769. Fol. Unbeschn., sehr breitrand., aber wasserfl. Expl. Cart.
4 Bll. Vorst. u. 48 S. Betrifft die gesandtschaftl. Beschwerden wegen der kurfürstl. Mauth- u. Polizei-Verordnungen, u. die angeblich davon herrührende Theuerung in Regensburg. — Selten!

— über, d. Lotterie ꝛc. s. a. J. S. Pütter.

— über, d. Lotterie ꝛc. 8. Marb. Krieger. 784.

— Nothwendigk. u. Nutzbark., der Toleranz u. Gewissensfreyh. 8. Hamb. 728.

**Rechtmässigkeit, Die,** der Prokurationen der Kirchenvisitatoren, besonders im Mainzer Erzstifte. Mainz 1785. V: *Becker, Johann Leonhard.* (MGT) (ML)

Rechtmässigkeit (Die) der Steuerfreiheit bei Grundstücken, so wie sie einmal hergebracht ist; aus Vernunft und Rechtsgründen erwiesen. 8°. Gotha, Becker, 1814.

Rechtmäßigkeit, über die, kirchlicher Vereine. Mit besond. Beziehung auf d. neuesten Vorgänge in Würtemberg. Von einem kathol. Geistlichen. 8. Dillingen 832. Roßnagel. (Leipzig, Central-Comptoir.) 1/3 rf

Vertheidigte Rechtmässigkeit der von Frau Teclen, Gräfin von Flemming geschehenen Anmassung der Allodial-Verlassenschaft ihres unmündig verstorbenen Sohnes. Dressden 1768.

Rechts, nicht links. Eine Antwort auf die Flugschrift Rechts und links. gr. 8. (8 S.) (Passau 849, Elsässer und Waldbauer.)

Rechts u. links der Eisenbahn! Neue Führer auf den Hauptbahnen im Deutschen Reiche. Hrsg. von Paul Langhans. 1.—65. Heft. (Mit je 2 farb. Karten.) schm. 8. Gotha, J. Perthes. à Hft. n. —50
Aachen—Berlin über Holzminden u. Soest u. zurück. Von Wilh. Schjerning. (31 u. 32 S.) (904.) (Hft. 20. 19.)
Basel—Frankfurt a. M. (linksrheinisch) u. zurück. Von Rud. Langenbeck. (à 31 S.) (905.) (Hft. 50. 49.)
Basel—Frankfurt a. M. u. Mainz (rechtsrheinisch) u. zurück. Von Ludw. Neumann. (à 32 S.) (904.) (Hft. 48. 47.)
Berlin—Bremen—Ostfriesische Bäder (Borkum, Juist, Norderney u. a. m.) u. zurück. Von Ernst Oehlmann. (31 u. 32 S.) (905.) (Hft. 57. 58.)
Berlin—Breslau üb. Sagan od. Kohlfurt od. Glogau u. zurück. Von Jos. Partsch. (à 32 S.) (Hft. 55. 56.)
Berlin—Cöln über Hannover u. zurück. Von Fel. Lampe. (à 32 S.) (904.) (Hft. 11. 12.)
Berlin—Eydtkuhnen üb. Danzig—Königsberg—Memel u. zurück. Von Frdr. Hahn. (à 30 S.) (904.) (Hft. 15. 16.)
Berlin—Frankfurt a. M. üb. Eisenach u. zurück. Von Heinr. Fischer. (à 31 S.) (904.) (Hft. 1. 2.)
Berlin—Frankfurt a. M. üb. Güsten—Sangerhausen—Cassel u. zurück. Von Wilh. Sievers. (30 u. 29 S.) (904.) (Hft. 13. 14.)
Berlin—Görlitz[—Glatz]—Breslau u. zurück. Von Wilh. Schjerning. (à 32 S.) 905. (Hft. 51. 52.)
Berlin—Kopenhagen üb. Warnemünde u. zurück. Von Reimer Hansen. (30 u. 31 S.) (904.) (Hft. 9. 10.)
Berlin—Nordseebäder (Sylt, Föhr, Amrum, Röm) üb. Hamburg u. zurück. Von Reimer Hansen. (31 u. 30 S.) (904.) (Hft. 3. 4.)
Berlin-Prag üb. Zossen, Dresden u. Bodenbach u. zurück. Von Wilhelm Schjerning. (à 31 S.) (904.) (Hft. 17. 18.)
Berlin—Stettin—Ostseebäder (Heringsdorf, Misdroy, Kolberg, Sassnitz u. a.) u. zurück. Von Heinr. Fischer. (à 30 S.) (905.) (Hft. 35. 36.)
Berlin—Stralsund—Rügen [Nordbahn]—Trelleborg [Schweden] mit Anschluss v. Ducherow u. zurück. Von Eduard Lentz. (30 u. 29 S.) (905.) (Hft. 53. 54.)
Bodensee-Arlberg—Innsbruck—München u. zurück. Von Eduard Lentz. (31 u. 32 S.) (905.) (Hft. 32. 31.)
Breslau—Leipzig(—Halle) über Dresden—Riesa, Dresden—Meissen, Kohlfurt—Eilenburg, Cottbus—Eilenburg u. zurück. Von Jos. Partsch. (30 u. 32 S.) (905.) (Hft. 60. 59.)
Cöln a. Rh.—Bremen—Hamburg u. zurück. Von Fel. Lampe. (32 u. 30 S.) (905.) (Hft. 64. 63.)
Düsseldorf—Cöln—Frankfurt a. M. (rechtsrheinisch) u. zurück. Von Fel. Lampe. (à 32 S.) (905.) (Hft. 27. 28.)
Düsseldorf—Frankfurt a. M. (linksrheinisch) u. zurück. Von Fel. Lampe. (à 32 S.) (905.) (Hft. 30. 29.)
Elm—München üb. Würzburg—Ansbach u. zurück. Von Fritz Regel. (à 32 S.) (905.) (Hft. 43. 44.)
Frankfurt a. M.—Hamburg üb. Bebra u. zurück. Von Ernst Oehlmann. (à 31 S.) (904.) (Hft. 6. 5.)
Frankfurt a. M.—Hamburg üb. Cassel u. zurück. Von Ernst Oehlmann. (à 31 S.) (904.) (Hft. 8. 7.)
Frankfurt a. M.—Passau u. zurück. Von Wilh. Halbfass. (à 32 S.) (904.) (Hft. 23. 24.)
Giessen—Nancy über Coblenz-Trier—Metz u. zurück. Von Wilh. Sievers. (à 32 S.) (904.) (Hft. 25. 26.)
Halle—Saalfeld—Nürnberg—München u. zurück. Von Willi Ule. (30 u. 32 S.) (905.) (Hft. 61. 62.)

Hamburg—Kiel - Kopenhagen u. zurück. Von Reimer Hansen. (30 u. 32 S.) (905.) (Hft. 39. 40.)
Ischl—Salzburg—München m. Anschlüssen v. Aussee, Gmunden, Gastein u. Berchtesgaden u. zurück. Von Eduard Lentz. (31 u. 34 S.) (904.) (Hft. 34. 33.)
Leipzig—München üb. Hof u. Eger—Regensburg u. zurück. Von Jos. Zemmrich. (30 u. 29 S.) (905.) (Hft. 37. 38.)
Luzern—Zürich—Lindau—München u. zurück. Von Eduard Lentz. (30 u. 31 S.) (905.) (Hft. 46. 45.)
München—Strassburg üb. Stuttgart u. zurück. Von Wilh. Halbfass. (à 32 S.) (904.) (Hft. 22. 21.)
Neudietendorf—Würzburg—Stuttgart u. zurück. Von Fritz Regel. (à 32 S.) (905.) (Hft. 41. 42.)
Stockholm—Linköping—Nässjö—Malmö—Trelleborg. Von Arvid Kempe. (31 S.) 905. (Hft. 65.)

Rechts u. links der Eisenbahn! Neue Führer auf den Hauptbahnen im Deutschen Reiche u. in den Grenzländern. Hrsg. v. Paul Langhans. 67.—73. 75. u. 76. Heft. (Mit je 2 farb. Karten.) 19,5×10,5 cm. Gotha, J. Perthes.— Leipzig, Woerl's Reisebücher-Verl. à —50
Berlin-Lübeck-(Hamburg-)Ostseebäder (Travemünde, Heiligenhafen, Borby, Kieler u. Flensburger Föhrde, Alsen) u. zurück. Von Reimer Hansen. (30 u. 31 S.) [67. 68.] (907.)
Bodenbach—Stuttgart üb. Eger—Nürnberg u. zurück, v. Fritz Regel. (31 u. 32 S.) [72. 71.] (908.)
Gotthardbahn, die, v. Frid. Becker. (31 S.) [73.] (908.)
Köln—Strassburg üb. Trier—Saarbrücken u. zurück, v. Karl Knipschaar. (à 32 S.) [70. 69.] (908.)
Stuttgart—Schaffhausen—Zürich u. zurück, v. Kurt Lampert. (à 32 S.) [75. 76.] (909.)
Heft 66 u. 74 sind noch nicht erschienen.

**Rechtsabmarsch**, der, der 1. Armee unter General v. Goeben auf St. Quentin im Januar 1871, s. a. Einzelschriften, kriegsgeschichtliche.

Rechtsabmarsch, Der, der I. Armee unter General v. Goeben auf St. Quentin im Januar 1871. (Aus: „Kriegsgeschichtliche Einzelschriften" Bd. III, Heft 14.) — Berlin 1891.

**Rechtsalterthümer**, Hamburgische, herausgeg. von J. M. Lappenberg. 1. Bd. A. u. d. T.: Die ältesten Stadt-, Schiff- u. Landrechte Hamburgs. gr. 8. Hamburg 845, Meißner. n. 3 1/3 ℳ Schreibvelinp. n. 4 1/3 ℳ

**Rechtsansicht**, betreff. die Zulässigkeit der Einräumung von Kirchen z. Mitgebrauche f. den christkathol. (deutschkathol.) Gottesdienst. gr. 8. Breslau 845, Trewendt. 6 ngl

**Rechtsansicht** betreffend die Zulässigkeit der Einräumung von Kirchen zum Mitgebrauche für den christl.-katholischen Gottesdienst. Breslau 1846. V: *Dietrich.* (zu)

Rechtsansicht, betreff. d. Zulässigkeit der Einräumung v. Kirchen zum Mitgebrauche f. d. christkath. (deutschkathol.) Gottesdienst. gr. 8. (2 1/2 B.) Breslau 846, Trewendt.

**Rechts-Ansprüche**, die, d. Invaliden d. Reichsheeres u. d. kaiserl. Marine. Kritik auf Grund gerichtl. Entscheidgn. v. e. Offizier. gr. 8. (19 S.) Berlin 898, H. Walther. n. —50

Rechtsantwort der Direktion der Gotthardbahn gegen die Baugesellschaft Flüelen-Göschenen, an das schweiz. Bundesgericht. Luzern 1886. 4⁰

**Rechtsantwort** der Gotthardbahn ... gegen die Baugesellschaft Flüelen-Göschenen ... an das Bundesgericht. Luzern 1886. V: *Winkler, Johann.* (Cat. d. Stadtbibl. Zürich. Zürich 1864—97.)

**Rechtsantwort** der Gotthardbahn auf die Klage der Unternehmung des grossen Gotthardtunnels (Favre) ... Luzern 1880. V: *Winkler, Johann.* (Cat. d. Stadtbibl. Zürich. Zürich 1864—97.)

**Rechtsanwalt**, der. Für Nichtjuristen praktisch erläutert v. e. Juristen. (184 S.) kl. 8. Neuweißensee (905). E. Bartels. 1.50

**Rechtsanwalt**, der bewährte, oder das vom 1. Oktbr. 1879 an gültige Gerichtsverfahren im deutschen Reich. I. u. II. Zum bequemen u. prakt. Gebrauch allgemein verständlich bearb. von einem Rechtskundigen. Ster.-Ausg. 8. Reutlingen 879. Enßlin & Laiblin. à — 50
1. Das Gerichtsverfassungsgesetz, die Civilprozeßordnung m. dem Gerichtskostengesetz, der Gebührenordnung für Gerichtsvollzieher, Zeugen u. Sachverständige, nebst einem Anhang von Schriftsätzen u. Formularen für Schuldklagen, Vollmachten ꝛc. (112 S.)
2. Schiedsmannsordnung, Konkursordnung, Rechtsanwaltsordnung, Gebührenordnung für Rechtsanwälte, Strafprozeßordnung m. dem Gerichtskostengesetz, Forstdiebstahlsgesetz, Zwangsvollstreckung in das unbewegliche Vermögen, Uebergang von Geschäften auf das Reichsgericht, Konsulargerichtsbarkeit, Schriftsätze u. Formulare, Erklärung von Fremdwörtern der Gerichts- u. Handelssprache, Sachregister zum I. u. II. Thl., Dienstverhältnisse der Gerichtsschreiber, Ausführungsgesetz zur deutschen Civil- u. Strafprozeßordnung, Hinterlegungsordnung. (112 S.)

Der **Rechtsanwalt** im Dorfe. Ratgeber in allen Rechtsnöten d. Landbevölkerung von e. alten Juristen. Hrsg. von d. 'Deutschen Dorfzeitung' Berlin. Berlin: Deutsche Landbuchh. 1909. 208 S. 8⁰ [10. 1667]

— der, im Hause, s. a. Gretlein's praktische Hausbibliothek.

Rechtsanwalt, der, im Hause. Ein Hand- und Hülfsbuch für Gewerbetreibende, Kaufleute, Beamte ꝛc. Mit zahlreichen Formularen zu selbstständiger Anfertigung aller mögl. Eingaben, Klagen, Gesuche ꝛc., unter Berücksichtigung der Bestimmungen der neuen Justizgesetze. Hrsg. von einem prakt. Juristen. 21 Hefte. gr. 8. (713 S.) Berlin 878,79, Liebau. à Heft 50 Pf.; compl. 9 —

Rechtsanwalt, der, im Hause. Ein Hand- und Hülfsbuch für Gewerbetreibende, Kaufleute, Beamte ꝛc. Mit zahlreichen Formularen zur selbstständ. Anfertigung aller mögl. Eingaben, Klagen, Gesuche, Verträge, sowie mit Anleitungen zur selbstständ. Führung von Klagen jeder Art, nach der Reichs-Civil-Proceßordnung. Hrsg. von einem prakt. Juristen. 2. verm. und verb. Aufl. 21 Lfgn. gr. 8. (XIV, 807 S.) Berlin 880,81, Liebau. à Lfg. 50 Pf. 10 50

— der, als Hausfreund! oder ausführlich ergänzte und erläuterte Gesetzsammlung zum Gebrauch für jeden Privatmann. Ein Hülfs- und Nachschlagebuch für alle gerichtlich vorkommenden Fälle. Hrsg. von einem pract. Juristen. 1.—25. Heft. gr. 8. (à Heft 3 Bog.) Berlin 879, Hohorst. à Heft 30 Pf. 7 50

**Rechtsanwalt**, mein! I. Tl. Gemeinverständl. Darstellg. d. Verfahrens im Civilprozesse, nebst einschläg. Formularen. II. Tl. Formularbuch z. richt. Abfassg. v. Klagen, Eingaben u. Anträgen f. das Civilprozeßverfahren. 8. (96 S.) Berlin 898, A. Weichert. —50

**Rechts-Anwalt**, der neueste, für die Königl. Preuß. Lande, oder deutliche Anweisung, Schuldforderungen jeder Art ohne Beiziehung eines Rechtsgelehrten einzuklagen ꝛc. Nach den besten u. neuesten Quellen, namentlich den preuß. Rechtsbüchern bearb. u. mit d. nöthigen Formularen zu allen schriftl. Eingaben versehen. 2. (Titel-)Aufl. 8. (IV u. 58 S.) Quedlinburg 850, Ernst. 1/3 ℳ

— der Preußische, oder: praktisches Handbuch f. Geschäftsmänner u. Kapitalisten, namentlich Kaufleute, Fabrikanten, Apotheker rc. bei Einziehung ihrer Forderungen im gerichtl. Wege, mit Rücksicht auf die neuern gesetzl. Vorschriften; insbesondere auf das Gesetz vom 21. Juli 1846 u. die Einführung der Allgem. Wechselordnung f. Deutschland nebst Erläuterungen u. Formularen zu Klagen rc. 4. erweiterte Aufl. gr. 8. (VI u. 77 S.) Breslau 851, Trewendt & Granier. ¼ ₰

Rechts-Anwalt, der preußische, oder: praktisches Handbuch für Geschäftsmänner und Kapitalisten, namentlich Kaufleute, Fabrikanten, Apotheker rc., bei Einziehung ihrer Forderungen im gerichtlichen Wege, unter Berücksichtigung aller bis zum J. 1858 ergangenen Gesetze und Entscheidungen, insbesondere auch der neuen Concurs-Ordnung nebst mehr als 50 Formularen zu allerlei Klagen, Executions- und Arrestgesuchen, Schriften im Concurse u. s. w. 5., neu bearb. und erweiterte Aufl. gr. 8. (VIII und 69 S.) Breslau 858, E. Trewendt.

Rechts-Anwalt, der preußische, ein praktisches Handbuch für Geschäftsmänner u. Kapitalisten, namentlich Kaufleute, Fabrikanten, Apotheker rc. bei Einziehung ihrer Forderungen im gerichtlichen Wege, unter Berücksichtigung der bis zum Jahre 1864 ergangenen Gesetze u. Entscheidungen, insbesondere auch der Wechsel- u. der Concurs-Ordnung, sowie des neuen allgemeinen deutschen Handelsgesetzbuchs nebst mehr als 50 Formularen rc. 6. neu bearb. u. erweiterte Aufl. Breslau 864. Trewendt. gr. 8. (VIII, 71 S.) 7½ ngr

**Rechtsanwaltsgebührenordnung** v. 7./7. 79. Text. Berlin 879.

Mit Erläuterungen von:

| | | | |
|---|---|---|---|
| **Becker** u. **Groch**. Berl. 880. | 3 | — | **Schönfeld**. Trier 888. |
| **Böger** u. **Lange**. 2. Aufl. Kiel 880. | 1 | 50 | **Schultz**. Hmbg. 880. |
| **Delius**. Lpzg. 879. | — | 60 | **Sydow**. 3. Aufl. Berlin 888. |
| **Förster**, Tab. Düsseld. 879. | 1 | — | **Tessmar**. Berlin 880. |
| **Hacke**. Berlin 879. | 2 | — | **Walter**. 2. Aufl. Berlin 890. |
| **Meyer**. 2. Aufl. Berl. 884. | 4 | — | **Willenbücher**. 3. Aufl. Berl. 891. |
| **Pfafferoth**. Berlin 888. | 4 | — | **Wolters** u. **Peters**. Limbg. 879. |

**Rechtsanwaltsordnung**, dtsche., v. 1./7. 1878. Textausg. **Mit Parallelstellen** u. Reg. Berl. 878.

Mit Erläuterungen von:

| | | | |
|---|---|---|---|
| **Dämmig**. Dresden 879. | 1 | 50 | **Meyer**. 2. Aufl. Berlin 892. |
| **Grieser**, Formularmagazin. Berlin 879. | 3 | — | **Siegeth**. Pirna 879. |
| **Hegler**. Stgt. 879. | 1 | 50 | **Sydow** Berlin 879. |
| **Höinghaus**. Berlin 878. | 2 | 25 | **Völk**. Nördlgn. 878. |

**Rechtsanwaltsordnung** vom 1. Juli 1878. Mit Parallelstellen u. ausführl. Sachregister. 8. (39 S.) Berlin 878. v. Decker. cart. — 45

— dasselbe. 8. (30 S.) Berlin 878. C. Heymann's Verl. n. — 50

—— dass. — Mit Erläuterungen unter Berücksichtigung der Protokolle der Reichstagscommission sowie ausführl. Sachregister von J. Völk. 16. (IV, 164 S.) Nördlingen 878, Beck'sche Buchh. cart. *

Rechtsanwaltsordnung, die, für das deutsche Reich [vom 1. Juli 1878], mit dem Gerichtskostengesetze und den Gebührenordnungen für Gerichtsvollzieher, Zeugen und Sachverständige [Reichsgesetze vom 18., 24. und 30. Juni 1878] und als Anhang: Tabellarische Gebühren-Berechnungen zum Gerichtskostengesetz vom 18. Juni 1878. Mit vielen Anmerkungen, Verweisungen und systemat. Registern versehen. 8. (115 S.) Bamberg 879, Buchner'sche Buchh. * 2 60

Aus: Bayerns Gesetze und Gesetzbücher, besonders abgedruckt.

—— dass. — Mit einem Vorwort des Herausgebers. gr. 16. (IV, 47 S.) Leipzig 878, Friese. * — 50

— — dass. — Mit Inhaltsangaben über die einzelnen Paragraphen und einem vollständ. Sachregister bearb. von einem Justizbeamten. 8. (36 S.) Leipzig 878, Roßberg'sche Buchh. * — 40

Die deutsche **Rechtsanwaltsordnung**. Die deutsche Gebührenordnung f. Rechtsanwälte nebst landesgesetzl. Ausführungsbestimmungen. Textausg. mit kurzen Anm. u. Sachreg. Hrsg. von Landrichter Berg. Leipzig: Ph. Reclam jun. (1893). (162 S.) 8° [F.]
(Universal-Bibliothek. 3176. 3177). [o8. 10443]

**Rechtsanwaltsordnung**. Vom 1. Juli 1878. Textausg. mit Anm. u. Sachreg. von R[einhold] Sydow, Dir. im Reichs-Postamt. 4. Aufl. bearb. von Dr. E[duard] Mosler, Gerichtsass. *Berlin: J. Guttentag 1900.* (110 S.) 8° [F.]
= **Sammlung**, Guttentag'sche, Deutscher Reichsgesetze. No 16. [01. 4…]

**Rechtsanwaltsordnung**. Vom 1. Juli 1878. Text-Ausg. mit Anm. u. Sachreg. von R[einhold] Sydow, Unterstaatssekr. 5. Aufl. bearb. von Just.R. Max Jacobsohn. Berlin: J. Guttentag 1907. (116 S.) 8° [F.]
= **Sammlung**, Guttentag'sche, Deutscher Reichsgesetze. No 10. [07. 7493]

**Rechtsanwalts-Zeitung**, deutsche. Begründet v. Herm. Kolsen. Hrsg. v. Hans Soldan. 6. u. 7. Jahrg. 1909 u. 1910. à 12 Nrn. (180 u. 164 S.) 31×23 cm. Mainz (Stadionerhofstr. 2), Verlag der deutschen Rechtsanwalts-Zeitung. à Jahrg. nn 7. —

Nachträgliche Rechtsausführung des Braueignen Offenhammer, wider den Kaufmann **Marcuson**. Berlin 1831.

**Rechtsausführung** der Herrn Grafen von der Schulenburg wider Braunschweig-Wolfenbüttel ... O. O. 1778. V: *Hofmann, Caspar Friedrich*. (KGBerlin I, 604)

**Rechtsausführung** für den Königlich Würtembergischen Staatsminister Grafen von Wintzingeroda auf Bodenstein Beklagten modo Revidenten wider die verwitwete Hauptmännin von Wintzingeroda und den Schullehrer Henne zu Wehnde als Vormünder der minorennen Söhne des von Wintzingeroda und den Freiherrn Lev. Georg Ludwig von Wintzingeroda zu Kirchohnfeld, Kläger, jetzt Revision. Berlin 1823. V: *Reinhardt*. (KGBerlin I, 810)

Rechtsauskunft, gemeinnützige. Sonderdruck aus der „Sozialen Praxis". 1909-13. Berlin 1909-13

Rechtsauskunft, gemeinnützige. Organ des Verbandes der deutschen gemeinnütz. u. parteiischen Rechtsauskunftsstellen. 1. Jahrg. (88 u. 16 S.) gr. 8. Leipzig 910. Duncker & Humblot. 2. —
Sonderabdruck aus: „Soziale Praxis".

**Rechtsbefinden** betreffend den von luzernischen Behörden ... auf das Eigenthum der Gebr. Cellard gelegten Arrest ... [Zürich 1838.] V: *Keller, Frdr. Ldw.* (Cat. d. Stadtbibl. Zürich. Zürich 1864—97.)

Rechtsbeistand, der. Sammlung populärer Rechtsbücher. 1. Bd. 1. und 2. Lfg.: Das kaufmännische Recht des Deutschen Reiches. Ein Hand- und Lehrbuch für Laien. Mit Beispielen, Mustern, Formularen, Registern rc. Von C. Heuser. gr. 8. (S. 1—96.) Hannover 881, Norddeutsche Verlagsanstalt. à Lfg. * 50 Pf. * 1 —

**Rechtsbeistand**, der. Sammlung populärer Rechtsbücher. 1. Bd.: Das kaufmännische Recht des Deutschen Reiches. Ein Hand- und Lehrbuch für Laien. Mit Beispielen, Mustern, Formularen, Registern ꝛc. Von C. Heuser. 3.—8. Lfg. gr. 8. (X, S. 97—361.) Hannover 885,86, Norddeutsche Verlagsanstalt. 3.—7. Lfg. à * 50 Pf.; 8. Lfg. * 40 Pf. * 2 90
compl. * ℳ 4.—.; geb. * 5 —
Nicht weiter erschienen.
1. und 2. Lfg. Ebendas. 1884. à * 50 Pf.

—— der, im Geschäft und Haus. Ein prakt. Rathgeber für die deutsche Geschäftswelt in allen Angelegenheiten des geschäftl. Verkehrs und bei Prozessen ꝛc., insbesondere betr. Handelsrecht; Wechselrecht; Gewerberecht; Forderungen im Handels- und gewerbl. Verkehr; Konkurs; Zwangsvergleich; Anfechtung; Proteste; Arrest; Kranken- und Unfallversicherung der Arbeiter; Steuersachen; Zolltarif; Reichsstempelabgaben; Patentrecht; Urheberrecht an Mustern und Modellen; Markenschutz; Verfälschung der Nahrungs- und Genußmittel; Verkehr mit Arzneimitteln; Feingehalt der Gold- und Silberwaaren; Aichung der Maße und Gewichte; Strafgesetzbuch; Wucher; Gebrauch von Sprengstoffen; Staatsanwaltschaft; Straf- und Civil-Prozeßverfahren; Zuständigkeit der Gerichte; Anstellung und Begründung der Klagen mit allen zur Anwendung kommenden Formularen ꝛc. nach amtl. Quellen. gr. 8. (XXV, 1063 S. mit 199 S. Formularen.) [Berlin 886.] Hamburg, Bruer und Comp. geb. *

—— dass. — 2. und 3. Aufl. gr. 8. (XXX, 1234 S. Text, 101 S. Register mit 188 S. Formularen; XXV, 1234 S. mit 199 S. Formularen.) Ebendas. 888. geb. * 15 —

—— dass. — Deutsches Reichsgesetzbuch für Industrie, Handel und Gewerbe. Mit allen zugehör. Formularen. Ein prakt. Rathgeber für die deutsche Geschäftswelt in allen Angelegenheiten des geschäftl. Verkehrs und bei Prozessen ꝛc. insbesondere betr. Handelsrecht, Wechselrecht, Gewerberecht ꝛc. Für den prakt. Gebrauch nach amtl. Quellen bearb. und hrsg. von der Redact. des Reichs-Gesetzbuches für Industrie, Handel und Gewerbe. 4. Aufl. (In 20 Lfgn.) 1.—15. Lfg. gr. 8. (XXVI, S. 1—976 mit Formularen.) Hamburg und Berlin 889, Bruer und Comp. à Lfg. 60 Pf. 9 —

Rechtsbeistand, der, im Geschäft u. Haus. Deutsches Reichsgesetzbuch f. Industrie, Handel u. Gewerbe. Mit allen zugehörigen Formularen. 4. Aufl. 16.—20. (Schluß-)Lfg. gr. 8. (S. 977—1234 u. Sachregister 101 S. [Hamb. u.] Berl. 889, Bruer u. Comp. à Lfg. — 60; 3 —

— dasselbe. Nachtrag 1889. gr. 8. (62 S.) Ebd. 889. n. 1. —

— dass. — 5. Aufl. (XXX, 1268 S. m. 187 S. Formularen u. 101 S. Sachregister.) 889.

— dasselbe. 5. Aufl. gr. 8. (XXX, 1268 S. m. 187 S. Formularen u. 101 S. Sachregister.) Ebd. 890. geb. n. 15. —

— dasselbe. 6. Aufl. gr. 8. (XXVI, 1278 S., Formulare 195 u. Sachregister 101 S.) Ebd. 890. geb. n. 15. —

**Rechtsbeistand, der, im Geschäft u. Haus. Deutsches Reichsgesetzbuch f. Industrie, Handel u. Gewerbe. Ein prakt.** Rathgeber f. die deutsche Geschäftswelt in allen Angelegenheiten d. geschäftl. Verkehrs u. bei Prozessen ꝛc. insbesondere betr. Handelsrecht, Wechselrecht, Gewerberecht ꝛc., m. allen zur Anwendg. kommenden Formularen. Für den prakt. Gebrauch nach amtl. Quellen bearb. u. hrsg. v. der Red. d. Reichs-Gesetzbuches f. Industrie, Handel u. Gewerbe. 7. u. 8. Aufl. gr. 8. (XXVI, 1289, Formulare 195 u. Sachregister 101 S.) Hamburg u. Berlin 891. 892. Bruer & Co. Geb. in Halbfrz. n. 16. —

—— dass. Nachtrag, f. Reichs-Gesetzbuch, deutsches, f. Industrie, Handel u. Gewerbe
„Rechtsbeistand“ u. „Reichsgesetzbuch“ (s. d.) sind identisch, jedoch das Letztere in 16.–20. Aufl. ohne Formulare, zu ermäßigtem Preise.

**Rechtsbeistand, der praktische.** E. Führer durch d. neue bürgerl. Gesetzbuch m. übersichtl. Sachregister. Hrsg. v. e. Richter. I.—III. Taus. 8. (141 S.) München 898. C. Haushalter. n. 1. —

Der praktische **Rechtsbeistand**. Ein Führer durch d. Reichsgesetze. Hrsg. von Franz Schierlinger, Landger.R. Bd 1. *München: C. Haushalter 1900.* 8° [F.]
(04. 2693 6

**Rechtsbeistand** für den preußischen Staatsbürger. Populäre Darstellung des preuß. Privatrechts u. Civilprozesses in Auszügen aus dem ersten Theile des allgemeinen Landrechts, aus der Prozeßordnung, sowie der Gesinde-, Wechsel- u. Konkursordnung mit 67 Formularen. Liegnitz 865. Krumbhaar. gr. 8. (VIII, 227 S.) 20 ngr.

Rechtsbeistand, der, für den preußischen Staatsbürger an den königl. preußischen Gerichten. Eine gemeinfaßl. Anleitung, wie man sich in Rechtsangelegenheiten aller Art selbst vertreten, sich vor Irrungen und nachtheiligen Folgen bewahren und alle hierzu erforderl. schriftl. Aufsätze ohne Hilfe eines Advocaten rechtsgültig abfassen und mit Erfolg Bagatell- und Civil-Processe in allen Instanzen selbst durchführen kann. 2.—5. Aufl. gr. 8. (376 S.) Neuwied 876—78, Heuser'sche Verlagsh. cart. 3 —
1. Aufl. u. d. T.: Gall, H., Prozeßführer, der sachkundige.

**Rechtsbeistand, der,** f. den preußischen Staatsbürger an den königl. preußischen Gerichten. Eine gemeinfaßl. Anleitg., wie man sich in Rechtsangelegenheiten aller Art selbst vertreten, sich vor Irrgn. u. nachtheil. Folgen bewahren u. alle hierzu erforderl. schriftl. Aufsätze ohne Hilfe e. Advocaten rechtsgültig abfassen u. m. Erfolg Bagatell- u. Civil-Processe in allen Instanzen selbst durchführen kann. 4. Aufl. gr. 8. (375 S.) Neuwied 876. Heuser. 3. —

**Rechtsbeistand**, der, für den preußischen Staatsbürger an den königl. preußischen Gerichten. Eine gemeinfaßl. Anleitung, wie man sich in Rechtsangelegenheiten aller Art selbst vertreten, sich vor Irrungen u. nachtheil. Folgen bewahren u. alle hierzu erforderl. schriftl. Aufsätze ohne Hilfe eines Advocaten rechtsgültig abfassen u. m. Erfolg Bagatell- u. Civil-Processe in allen Instanzen selbst durchführen kann. 5. Aufl. gr. 8. (VIII, 375 S.) Neuwied 877. Heuser's Verl. cart. 3. —

Rechtsbeistand, der, für den preußischen Staatsbürger an den königl. preuß. Gerichten. Eine gemeinfaßl. Anleitung, wie man sich in Rechtsangelegenheiten aller Art selbst vertreten, sich vor Irrungen und nachtheiligen Folgen bewahren und alle hierzu erforderl. schriftl. Aufsätze ohne Hilfe eines Advocaten rechtsgültig abfassen und mit Erfolg Bagatell- und Civil-Processe in allen Instanzen selbst durchführen kann. 6.—16. Aufl. (368 S.) 1879—83; 17. durch einen Anhang verm. Aufl. gr. 8. (394 S.) [Neuwied 885, Heuser's Verlag.] Leipzig, G. Weigel. cart.

—— der, für den preußischen Staatsbürger. 17. Aufl., s. Browns Rechtsbeistand.

Rechtsbelehrung über den kaufmännischen Verkehr, enth. eine einfache Darstellung der in dem Verkehr der Gewerbtreibenden und Detaillisten mit den Großhändlern anzuwendenden Rechtsregeln und einiges für den Geschäftsmann sonst Wissenswerthe. 8. (III, 36 S.) Saalfeld 877, Wiedemann. * — 60

**Rechtsbestand** derienigen Regredient-Erbschaft, welche die zu Hohenlohe-Ingelfingen verwittibte Fr. Gräfin und Cons. . . . mit bestem Grund behaupten . . . O. O. 1775. V: *Hofmann, Gfr. Dan.* (Holz)

**Rechtsbibliothek,** volksthümliche. 2. Bdchn. gr. 8. Mähr.-Ostrau 892. J. Kittl. n. 1. 20
Rechtsbüchlein f. den Gewerbsmann. Von e. pract. Juristen. (99 S.)

Rechtsblätter. Zeitschrift f. Handlungsgehülfenrecht sowie f. das Gebiet des Privatangestelltenrechts u. der Nachbargebiete. Hrsg. v. Verbande deutscher Handlungsgehülfen zu Leipzig. Schriftleitung: Fritz Mantel. 1. Jahrg. 1910. 12 Nrn. (à ca. 8 S.) Lex. 8. Leipzig, Verband deutscher Handlungsgehülfen. 3. —

Rechtsbuch, das alte, der Stadt Mühlhausen, aus dem 13. Jahrh. Nach der nordhäusischen Originalhandschrift u. dem mühlhäusischen Abdruck von Graßhof, herausgeg. von E. G. Förstemann. (Abgedr. aus den „N. Mittheilungen des Thür. sächs. Vereins für Erforsch. d. vaterl. Alterth. zu Halle.“) gr. 8. Nordhausen 843, Förstemann. n. 1/3 ₰

Rechtsbuch, armenisches. Ediert u. kommentiert von Jos. Karst. 2 Bde. Mit Unterstützung der königl. Akademie der Wissenschaften zu Berlin. 4. Strassburg 905 K. J. Trübner. n. 70. —

1. Kodex, Sempadscher, aus dem 13. Jahrh. od. Mittelarmenisches Rechtsbuch. Nach der Venediger u. der Etschmiadziner Version unter Zurückführung auf seine Quellen hrsg. u. übers. (XI, XXXII, 224 S.)
2. Kodex, Sempadscher, aus dem 13. Jahrh. in Verbindg. mit dem grossarmenischen Rechtsbuch des Mechithar Gosch (aus dem 12. Jahrh.) Unt. Berücksicht. der jünger. abgeleit. Gesetzbücher erläutert. (VII, 424 S.)

Rechtsbuch, das deutsche. Die Rechte und Pflichten des deutschen Staatsbürgers. 16 Hefte. 2. Aufl. gr. 8. (à Heft 48 S.) Berlin 875, C. Pfeiffer. à Heft 50 Pf. 8 —

Rechtsbuch, das deutsche. Ein Handbuch für den Staatsbürger über seine in den neuen Reichsgesetzen enthaltenen Rechte und Pflichten. 3.—5. Aufl. 16 Hefte. gr. 8. (à Heft 3 Bog.) Berlin 876. C. Pfeiffer'sche Buchh. à Heft 50 Pf.; compl. geb. 9 —
—— dass. — Nachtrag. gr. 8. (VII, 307 S.) Ebendas. 877. 3 50 geb. 5 —
—— dass. — 6. Aufl. 21 Hefte. gr. 8. (VIII, 1007 S.) Berlin 877, Dörner. à Heft 50 Pf.; geb. * 11 50
—— dass. — 7. Aufl. gr. 8. (VII, 1006 S.) Ebendas. 878. 10 50 geb. 12 —

— dasselbe. 6. Aufl. gr. 8. (1. Lfg. 48 S.) Ebend. 878. geb. n. 11. 50; in 20 Hftn. à — 50

Rechtsbuch, das deutsche. Ein Handbuch für den Staatsbürger über seine in den neuen Reichsgesetzen enthaltenen Rechte und Pflichten. 8. und 9. Aufl. gr. 8. (VIII, 1081 S.) Berlin 878,80, Dörner. geb.

Rechtsbuch, das, nach Distinctionen, v. Ortloff, s. Sammlung.

Rechtsbuch für Eheleute. T. 1. *Magdeburg: E. Lebegott 1904.* 8° [J.]
— Rechtsbücher, Lebegott's, für Jedermann! No 2. [04. 18844]

—— für Hausbesitzer. Die den Hausbesitzer betr. Rechtsgrundsätze des Privat- und öffentl. Rechts im Gebiete des Allgemeinen Landrechts für die Preuß. Staaten dargestellt von einem preuß. Amtsrichter. gr. 8. (VII, 161 S.) Breslau 881, Koebner. cart. *

Rechtsbuch f. Hausbesitzer. Die den Hausbesitzer betr. Rechts-Grundsätze d. Privat- u. öffentl. Rechts im Gebiete d. Allgemeinen Landrechts f. die Preuß. Staaten, dargestellt v. e. preuß. Amtsrichter. 2. Aufl. Mit Anh., enth. die Abändergn. d. Grundbuch- u. Hypothekenrechts durch das Gesetz vom 13. Juli 1883 betr. die Zwangsvollstredg. in das unbewegl. Vermögen. 8. (VII, 173 S.) Breslau 884. Koebner. cart. n. 2. —

Rechtsbuch für Hausbesitzer. Die den Hausbesitzer betreff. Rechts-Grundsätze d. Privat- u. öffentl. Rechts im Gebiete des allgemeinen Landrechts f. die preuß. Staaten, dargestellt von e. preuß. Richter. 3., verm. Aufl. gr. 8. (VII, 195 S.) Breslau 890. Koebner. geb. n. 2. —

Rechtsbuch der Stadt Herford aus dem 14. Jahrhundert. Originaltext mit Übers. u. Anm. von J. Normann. Herford: F. Essmann 1905. (105 S.) 8° [J.] [07. 11711 9

— für Landwirthe. Die den Landwirth betr. Rechts-Grundsätze d. Privat- u. öffentl. Rechts im Gebiete d. Allgemeinen Landrechts f. die preußischen Staaten, dargestellt v. e. preuß. Richter. 8. (VII, 222 S.) Ebend. 884. cart. n. 2. —

Rechtsbuch, neuestes, f. das Deutsche Reich. In vielen Tausend Anmerkgn. gemeinverständlich erläutert im Beistand bewährter Praktiker u. Juristen v. Korn, Ebstein, Kurnicki, Plinzner, Schwarz u. Haentschke. 2 Bde. gr. 8. (LXII, 1023 u. 1063 S.) Dresden, Grunzig & Co. 1900
Geb. in Halbleinw. 20. —; in Halbfrz. 22. —

—— das preußische, oder die Rechte und Pflichten des preuß. Staatsbürgers. 21 Hefte. 1. und 2. Aufl. gr. 8. (à Heft 96 S.) Ebendas. 875. à Heft M. 1. 21 —

Rechtsbuch, das preußische. Ein Handbuch für den preuß. Staatsbürger über seine in den Reichs- und Landesgesetzen enthaltenen Rechte und Pflichten. 3. Aufl. 60 Hefte. gr. 8. (2876 S.) [Berlin 877, C. Pfeiffer'sche Buchh.] Dörner. à Heft 50 Pf. 30 —
—— dass. — Nachtrag. gr. 8. (VII, 307 S.) Ebendas. 877. geb. 5 —

Rechtsbuch für zahlungsunfähige Schuldner. *Magdeburg: E. Lebegott [1904].* (51 S.) 8° [J.]
= Rechtsbücher, Lebegott's, für Jedermann. No 1. [04. 18843]

Thurgauisches Rechtsbuch. Gerichtliche Abteilung. Sammlung von Gesetzen und Verordnungen des Kantons Thurgau, mit grundsätzlichen Entscheiden aus den Rechenschaftsberichten des Obergerichtes ... 1862—1899, des Regierungsrates 1869—1899 und den das thurgauische Recht betreffenden Entscheiden des schweizerischen Bundesgerichtes 1874—1899. VIII + 628 S. 8. Frauenfeld, Komm. J. Huber, 1902. [fr. 3. —]

Thurgauisches R'. Gerichtliche Abteilung. Sammlung von Gesetzen und Verordnungen des Kantons Thurgau, mit grundsätzlichen Entscheiden aus den Rechenschaftsberichten des Obergerichtes ... 1862—1906, des Regierungsrates 1869—1906 und den das thurgauische Recht betreffenden Entscheiden des schweizerischen Bundesgerichtes 1874—1906. Hrg. vom thurgauischen Obergericht. 2. Aufl. VIII + 657 S. 8. Frauenfeld, Komm. Huber & Co., 1908. [geb. fr. 4. —]

Rechtsbücher, die, der Stadt Guben. Hrsg. von Sauße. gr. 4. (49 S.) Guben 858, (Berger.) *

Rechtsbücher, die österreichischen, des Mittelalters. Hrsg. von J. P. Kaltenbaeck. I. Bd. Die österreich. Pantaidingbücher. 4 Lfgn. Lex.-8. (39 5/8 B.) Wien 845, 46, (Klang.) *

Rechtsbücher, die Oesterreich., des Mittelalters. Hrsg. v. J. P. Kaltenbaeck. I. Pantaidingbücher. 2. Bd. 1. Hälfte od. 1. u. 2. Lfg. Lex. 8. (VIII u. 320 S.) Wien 847. (Klang.) n. 2 ₰ (I. Bd. 4 Lfgn. II. Bd. 1. u. 2. Lfg. n. 7 1/3 ₰

—— dass. 2. Bd. A. u. d. Ttl.: Die Pan- u. Bergtaidingbücher in Oesterreich unter d. Enns. 2. Bd. (1. Hälfte, od. 1. u. 2. Lfg.) gr. Lex.-8. (20 1/2 B.) Ebds. 847.

Rechtsbücher des Deutschen Reichs. Erläutert und ergänzt aus den Quellen, Vollzugsvorschriften und der Rechtsprechung des Reiches und der Einzelstaaten. 2. Buch 3. Bd. 1. Lfg., 4. Bd. 1. Lfg., 6. Buch, 13. Buch 1. Bd. und 16. Buch 2. Bd. 8. Berlin, Kortkampf. * 11 10

Inhalt:

Buch 2. Heimaths- und Staatsbürgerrecht, Gewerbegesetzgebung. 3. Bd.: Die Fabrik-Gesetzgebung des Deutschen Reiches und der Einzelstaaten. 1. Bd.: Grundlagen der Fabrik-Gesetzgebung nach der Reichs-Gewerbe-Ordnung und den abändernden Gesetzen vom 7./8. April 1876 und 17. Juli 1878. Von L. Jacobi. 1. Lfg. (S. 1—144.) 879. *M 1,20.

" 2. —— dass. — 4. Bd.: Rechte und Pflichten gewerblicher Arbeiter nach der Reichs-Gewerbe-Ordnung vom 21. Juni 1869, den abändernden Gesetzen vom 7./8. April 1876 und 17. Juli 1878, sowie den Ausführungs-Verordnungen des Reiches und der Einzelstaaten. Von L. Jacobi. 1. Lfg. (S. 1—96.) 879. * 80 Pf.

" 6. Der Schutz des geistigen Eigenthums. Gesetze vom 9., 10. und 11. Jan. 1876 betr.: Das Urheberrecht an den Werken der bildenden Kunst; Schutz der Photographien gegen unbefugte Nachbildungen; Urheberrecht an Mustern und Modellen. Nach den Materialien des Reichstags dargestellt von einem Mitgliede desselben. (XII, 104; V, 52 und X, 174 S.) 878. *M 4,20.

" 13. Gesammtes bürgerliches Recht. 1. Bd.: Die Verbindlichkeit zum Schadenersatz für die bei dem Betriebe von Eisenbahnen, Bergwerken, Fabriken rc. herbeigeführten Tödtungen und Körperverletzungen. Gesetz vom 7. Juni 1871. Von L. Jacobi. 11. völlig umgearb. und erheblich verm. Aufl. (128 S.) 878. *M 1,50.

" 16. Presse und Vereinswesen. 2. Bd.: Gesetz gegen die gemeingefährlichen Bestrebungen der Sozial-Demokratie vom 21. Octbr. 1878. Mit den Vollzugs-Bestimmungen. Nach den Materialien des Reichstags und unter Berücksichtigung der einschlagenden Reichs- und Landes-Gesetzgebung dargestellt von einem Mitgliede des Abgeordnetenhauses. (XV, 264 S.) 879. *M 3,40.

Rechtsbücher, syrische. Hrsg. u. übers. v. Eduard Sachau. (In 3 Bdn.) 1. u. 2 Bd. Lex. 8. Berlin, G. Reimer. à 16. —

1. Leges Constantini Theodosii Leonis. Aus der röm. Handschrift hrsg. u. übers. (XXV, 224 S.) 907.
2. Urteile, richterliche, des Patriarchen Chenânîschô. Gesetzbuch des Patriarchen Timotheos. Gesetzbuch des Patriarchen Jesubarnun. Aus der röm. Handschrift hrsg. u. übers. (XXXIV, 212 S.) 908.

Rechtsbücher f. das deutsche Volk. Hrsg. von Marie Raschke. 1.—6. Bd. gr. 8. Berlin, E. Ebering. n. 10.30

1. Das Vormundschaftsrecht. Von Marie Raschke. (VIII, 104 S.) 901. n. 1.60
2. Die Zwangserziehg. nach der im Anschlusse an das bürgerl. Gesetzbuch erfolgten Neuregelg. durch die Landesgesetze. Von Frz. v. Liszt u. Frieda Duensing. (III, 60 S.) 901. n. 1.—
3. Das Mietrecht. Von Ludw. Brühl. (IV, 131 S.) 901. n. 2.—
4. Das Eherecht. Von Kurt Rosenfeld u. Marie Raschke. (IV, 148 S.) 902. n. 2.20
5. Freiwillige Gerichtsbarkeit. Von Paul Mühsam. (IV, 48 S.) 902. n. — 80
6. Das Civilprozeßrecht. Von Paul Oertmann. (VII, 144 S.) 902. n. 2.50

Rechtsbücher, f. das deutsche Volk. Hrsg. v. Marie Raschke 7. Bd. gr. 8. Berlin 903. E. Ebering. n. 1.60

Das Invalidenversicherungsgesetz vom 13. VII. 1899. Gemeinverständlich dargestellt. Von Konr. Weymann. (IV, 86 S.)

— volksthümliche. Nr. 1—5. gr. 8. Leipzig [W. Möschke]. R. Lipinski. à — 75

1. Das Recht der Miether u. Vermiether. Rechte u. Pflichten der Miether u. Vermiether nach dem neuen bürgerl. Gesetzbuch. Dargestellt f. Hauswirthe u. Miether. Von Herm. Pilz. (64 S.) 899. n. — 50; erhöht. Pr. n. — 75
2. Das Ehe- u. Familienrecht. Mit Beispielen aus dem prakt. Leben. Dargestellt nach dem neuen bürgerl. Gesetzbuch. Von Herm. Pilz. 1. bis 2. Taus. (75 u. VI S.) 900. n. — 50; erhöht. Pr. — 75
3. Das Vormundschaftsrecht. Dargest. nach dem neuen bürgerl. Gesetzbuch u. den einschläg. Nebengesetzen. Ein Hilfsbuch f. Eltern, Vormünder u. Gegenvormünder, Pfleger, Familienräthe, Gemeindewaisenräthe u. Beistände. Mit prakt. Beispielen u. Formularen versehen. Von Herm. Pilz. 1. bis 3. Taus. (VII, 52 S.) 900.
4. Das Erbrecht u. die Testamente. Dargestellt nach dem neuen bürgerl. Gesetzbuch u. den einschläg. Nebengesetzen, u. m. prakt. Beispielen u. Anleitgn. zur Anfertigg. v. Testamenten u. s. w. versehen. Von Herm. Pilz. 1. bis 3. Taus. (VII, 72 S.) 900.
5. Das Recht der unehelichen Kinder u. die Ansprüche d. Kindsmütter. Mit Beispielen aus dem prakt. Leben f. Eltern, Kindsmüttern, natürl. Väter, Vormünder, Pfleger, Gemeindewaisenräthe u. s. w. gemeinverständl. dargestellt. Von Herm. Pilz. 1. bis 3. Taus. (VII, 45 S.) 900.

Rechtsbücherei, hrsg. v. Jul. Rausnitz. I. u. II. Bd. kl. 8. Berlin, C. Heymann. Kart. à 1. —

Rausnitz, Jul., der neue Protest. Muster u. Ratschläge f. seine Erhebg. (XII, 107 S.) 909. (Bd. II.) Kart. 1. —
— Das eigenhändige Testament. Muster u. Ratschläge f. seine Errichtg. 4.—6. Taus. (VIII, 76 S.) 908. (Bd. I.) Kart. 1. —

Rechtscatechismus, s. Rechtskatechismus.

**RECHTSCHAFFENE,** Der, eine Satyrisch-moralische Wochenschrift in gebundener und ungebundener Schreibart (hrsg. von Joh. Georg Gessler = Gesler). Lindau 1765—67. Gr. 8°.

Anon.-Lex. III. p. 338 (nach Meusel, Kayser, der Allg. dtsch. Biogr. u. Goedeke).

Rechtschaffene, der, eine satyr.-moral. Wochenschrift, (von J. G. Gesler). 3 Thle. gr. 8. Lindau 765—67. Otto. 2 rthl. 10 gr.

Rechtschaffene, der, od. die Geschichte des Hrn. v. Waters; aus d. Engl. 8. Leipz. 777. Hilscher. 8 gr.

**Rechtschaffene, Der,** darf nicht immer darben, oder: wenn's der Fürst nur weiss, er hilft gewiss. Eine dialogisirte Anekdote in drei Akten. Lemberg 1785. V: *Protkhe, Joh.* (Stockmayer, D. dtsche Soldatenstück. Weimar 1898. S. 109.) (GGr)

**Rechtschaffene: Der neue Rechtschaffene**

① Eine Wochenschrift ③ Der Rechtschaffene (Lindau im Bodensee) ⑤ 1767—1768 (?) ⑥ 8° ⑦ Wochenblatt ⑧ Lindau: Jakob Otto (1767); Lindau und Chur: Typographische Gesellschaft (1768) ⑪ David Biedermann (wohl Pseudonym) ⑬ BGSZ: 1023 ⑭ Maienfeld: Bibliothek Sprecher ⑮ In der Vorrede heißt es: »Den guten Geschmack und mit ihm die Tugend in unsern Gegenden auszubreiten, ist der Endzweck dieser Schrift.«

**Rechtschaffene, Der neue,** eine Wochenschrift. Lindau 1767—68. H: *Seidel, Joh. Christian Hnr.* (ML) (BB) (GGr)

— der neue, e. Wochenschrift, (v. J. Chr. H. Seidel.) 2 Thle. 8. Lindau 768, 69. Otto. 2 rthl.

— der, im Schurkengedränge. Ein Beitr. z. Klugheitslehre unsers Jahrhund. 8. Ruppin ... (Leipz., Liebeskind). 20 gr.

**Rechtschaffene, Der,** im Schurkengedränge. Ein Beytrag zur Klugheitslehre unsers Jahrhunderts. Ruppin 1802. V: *Kottnauer, Joseph.* (BGE VI[3], 377)

**Rechtschaffenheit, Die belohnte.** Ein Schauspiel in drey Aufzügen. Von G. C. T. Prag und Wien 1782. V: *Traun, Carl Emanuel Graf.* (BiblPort)

Rechtschaffenheit, die belohnte. Schausp. 8. Prag, Schönfeld. 782.

— u. Betrug. Originalschausp. 8. Leipz. Compt. f. Lit. 794.

**Rechtschaffenheit** und Betrug. Schauspiel in drei Aufzügen. Frankf. a. d. O. 1795. V: *Schmidt, Friedrich Ludwig.* (Schr) »Leipz. 1794.« (Ky)

**RECHTSCHAFFENHEIT,** Die verfolgte, in der Geschichte des Grafen von R. Dresden, Hilscher, 1783. 8°.

Geschichts- u. Romanen-Litt. (Cat.) Breslau, Korn, 1798.

**Rechtschmied**, Fr., C. Ss. R., die Biene, ihr Leben u. ihre Pflege, s.: Jugend- u. Volksbibliothek, naturwissenschaftl.

— **Der Wunderglaube — e. Wahn?** (III, 99 S.) 8. Regensburg 909. Verlagsanstalt vorm. G. J. Manz. 1.20

[F. u. Ant.] Beichtbüchlein oder Kurzer Unterricht über das heil. Bussakrament u. Anleitg z. Generalbeicht. Nebst e. Anhange v. Gebeten. Von P. Fr(anz) **Rechtschmied**, C. Ss. R. ... 2. Aufl. *Münster i. W.: Alphonsus-Buchh. (1895).* (158 S., 1 Bl., 1 Taf.) 1 Bd 8. [96. 1731

[F.] Beichtbüchlein od. Kurzer Unterricht über das heil. Bussakrament u. Anleitg z. Generalbeichte. Nebst e. Anh. v. Gebeten. Von P. Fr[anz] **Rechtschmied** ... 3. Aufl. *Münster: A. Ostendorf [o. J.]* (Titelk., 158 S.) 1 Bd 8. [98. 1406 Mr

[F.] Hermine von Dalheim. E. Erzählg a. d. ersten Jahren d. Kulturkampfes in Deutschland. Von P. Franz **Rechtschmied** a. d. Kongreg. d. allerh. Erlösers. 2. Aufl. *Münster i. W.: Alphonsus-Buchh. [1895].* (293 S.) 1 Bd 8. [96. 1729

[F.] Der neue Lehrer in Seethal. Erzählg a. d. österr. Alpenlande. Von P. Franz **Rechtschmied**, a. d. Congreg. d. allerh. Erlösers. 2. Aufl. *Münster i. W.: Alphonsus-Buchh. [1895].* (174 S., 1 Bl.) 1 Bd 8. [96. 1723

[F.] Onkel und Nichte. E. Erzählg aus deutschen Landen. Von P. Franz **Rechtschmied** ... 2. Aufl. *Münster i. W.: Alphonsus-Buchh. [1896].* (246 S., 1 Bl.) 1 Bd 8. [97. 6448 Mr

**RECHTSCHMIED, Friedrich**

(F) **Sechs Fastenpredigten** über das Leben der hl. Margaretha von Cortona von P. Friedrich Rechtschmied, C. SS. R. Mit Erlaubnis des f. e. Ordinariates und der hochw. Ordensoberen. (Separatabdruck aus Heft 3, XXI. Jahrg. der „Blätt. f. Kanzel-Beredsamkeit".) Wien. 1901. Kirsch. Gr.-8°. 47 S. K —.60

— der „neue Herr". Eine Erzählg. 2. Aufl. 8. (106 S.) Ebd. 901. n. 2.—

**Rechtschreibebüchlein.** Regel- und Wörterverzeichniss für die Rechtschreibung und Zeichensetzung zur Erzielung einer einheitl. Orthographie in den deutsch-schweiz. Schulen. Bearb. im Auftrage des schweizer. Lehrervereins. 2. Aufl. 8. (55 S.) St. Gallen 882, Scheitlin und Zollikofer. ** geb. **

1. Aufl. vgl. Regeln und Wörterverzeichniss.

**Rechtschreibebüchlein.** Regel- und Wörterverzeichniss für die Rechtschreibung und Zeichensetzung zur Erzielung einer einheitl. Orthographie in den deutsch-schweiz. Schulen. 3. Aufl. gr. 8. St. Gallen 883, Huber und Comp. cart. ** — 50

**Rechtschreibebüchlein.** Regel- u. Wörterverzeichnis f. die Rechtschreibg. u. Zeichensetzg. zur Erzielung e. einheitl. Orthographie in den deutsch-schweizer. Schulen. Bearb. im Auftrage des schweizer. Lehrervereins. 4., unveränd. Aufl. 8. (56 S.) St. Gallen 890. Huber & Co. geb. n.n. — 50

**Rechtschreibebüchlein.** Regel- u. Wörterverzeichnis f. die Rechtschreibg. u. Zeichensetzg. zur Erzielg. e. einheitl. Orthographie in den deutsch-schweiz. Schulen. Bearb. im Auftrage d. schweizer. Lehrervereins. 4. unveränd. Aufl. 8. (56 S.) St. Gallen 890, Körber. geb. ** — 50

**Rechtschreibebüchlein, Schweizerisches.** Basel 1886. V: *Kienle, Carl & Benno Schwabe.* (Cat. d. Stadtbibl. Zürich. Zürich 1864—97.)

**Rechtschreibebüchlein**, schweizerisches. Regeln und Wörterverzeichnis. Mit steter Berücksicht. der Abweichungen der preussisch-deutschen Orthographie. Hrsg. auf Veranlassung des Vereins schweizer. Buchdruckereibesitzer. gr. 8. (40 S.) Basel 886, Schwabe. cart. ** — 50

**Rechtschreibelehre** für Elementarschulen. Hrsg. von einem Lehrerverein. 1. und 2. Heft. 12. Crefeld 859, Schüller. [1. Heft. (24 S.) * 2 Ngr., 2. (48 S.) * 3 Ngr.] geb. *

**Rechtschreiblehre**, kleine, für Volksschulen. 8. Culm 841. (Berlin, Wohlgemuth'sche Buchh.) 1/12 ℛ

**Rechtschreib- u. Sprachübungen** f. die Mittel- u. Oberstufe der Volksschule, bearb. v. Oppelner Schulmännern. (Oppelner Rechtschreib- u. Sprachübungen.) 2 Schülerhefte. 8. Breslau 910. F. Hirt. — 75

1. Mittelstufe. (36 S.) — 25. — 2. Oberstufe. (84 S.) — 50.

— — dasselbe. Unter besond. Berücksicht. schles. Verhältnisse bearb. v. Oppelner Schulmännern. 2 Lehrerhefte. 8. Ebd. 3. 20

1. Rechtschreibübungen. 2., durchgeseh. Aufl. (116 S.) 910. 1. 60
2. Sprachübungen. (128 S.) 910. 1. 60

**Rechtschreibung, deutsche.** 8. (10 S.) Lippstadt 880, Harlinghausen. *

— **die deutsche.** Nach dem neuen amtl. Regelbuche bearb. f. die Hand des Schülers v. e. prakt. Schulmanne. 8. (16 S.) Trier 902. F. Lintz. — 15

— die deutsche. Nach dem neuen amtl. Regelbuche bearb. f. die Hand des Schülers v. e. prakt. Schulmanne. 3., verm. Aufl. (18 S.) 8. Trier 903. F. Lintz. — 15

**Rechtschreibung, deutsche**, nach Adelung, für Schul. 8. Merseb. Wagner. 795.

**Rechtschreibung, deutsche**, n. Adelungs Grunds., bearb. f. Volksschul. ꝛc. 8. Dresden, Arnold. 805. Rthlr.

**Rechtschreibung, deutsche**, nach dem im Auftrage d. kgl. Kultusministeriums hrsg. Büchlein elementarisch bearb. u. m. Übungsaufgaben, einer Zeichensetzungslehre u. e. Wörterverzeichnis versehen v. e. prakt. Schulmanne. Nach den neuesten amtl. Regeln der deutschen Rechtschreibung umgearb. 25. Aufl. 8. (40 S.) Dortmund 902. W. Crüwell. n.n. — 15

**Rechtschreibung**, deutsche, nach dem im Auftrage des königl. Kultusministeriums hrsg. Büchlein elementarisch bearb. u. m. Uebungsaufgaben, e. Zeichensetzungslehre u. e. Wörterverzeichnis versehen v. e. prakt. Schulmanne. Nach den neuesten amtl. Regeln der deutschen Rechtschreibg. umgearb. 26. Aufl. (40 S.) 8. Dortmund 903. W. Crüwell. n n. — 15

Deutsche **Rechtschreibung**, nach dem im Auftr. d. Kgl. Kultusministeriums hrsg. Büchlein elementarisch bearb. ... von e. prakt. Schulmanne. Nach d. neuesten amtl. Regeln umgearb. 27. Aufl. *Dortmund: W. Crüwell 1904.* (40 S.) 8° [F.] [04. 1939 6

**Rechtschreibung, deutsche**, nach dem im Auftrage d. königl. Kultusministeriums hrsg. Büchlein elementarisch bearb. u. m. Übungsaufgaben, e. Zeichensetzungslehre u. e. Wörterverzeichnis versehen v. e. prakt. Schulmanne. Nach den neuesten amtl. Regeln der deutschen Rechtschreibg. umgearb. 30. Aufl. (40 S.) 8. Dortmund 909. W. Crüwell. nn — 15

**Rechtschreibung, deutsche**, in Beispielen, Regeln u. Aufgaben. Ein Lern- u. Übungsbuch f. die Kinder der Volksschule u. der unteren Klassen höherer Lehranstalten. Nach method. Grundsätzen bearb. von e. prakt. Schulmanne. 3., verb. Aufl. 8. (32 S.) Bielefeld 889. Helmich. n. — 30

Rechtschreibung, deutsche, in Beispielen, Regeln u. Aufgaben. Ein Lern- u. Übungsbuch f. die Volksschule u. die unteren Klassen höh. Lehranstalten v. e. prakt. Schulmanne. 4. verb. Aufl. gr. 8. (32 S.) Bielefeld 903. A. Helmich. n.n. — 25

Recht- nicht Schlechtschreibung, deütsche. Eine vaterländische Mahnung. gr. 8. (15 S.) Berlin 877, (Denicke's Verlag.) * — 50

Rechtschreibung, der deutschen, Nürnberger Trichter. Neu hrsg. v. ***. Ausg. A (f. Volks- u. Bürgerschulen). 8. (16 S.) Braunschweig 894. Appelhans & Pfenningstorff. — 30

— dasselbe. Ausg. B (f. höhere Lehranstalten). 8. (16 S.) Ebd. 894. — 30

— neue. Die wichtigsten Ändergn. der neuen amtl. Rechtschreibung. f. jedermann. 4. (2 S.) Nordhorn (902). (Leipzig, R. Streller.) n. — 02; (1 Bl.) Fol. n. — 02; auf Pappe n. — 10

— die neue. (Von Osk. Wilpert.) Plakat. 64×96 cm. Groß-Strehlitz (903). A. Wilpert. n. — 20

— ganz neue, nach d. richtigen deutschen Aussprache. 8. Berl. 804. Schöne. 18 ℛ

— neue deutsche. Verzeichnis der Wörter, deren Schreibart sich nach amtl. Vorschrift verändert. 1 Bl. 22×28 cm. Bühl, Konkordia. — 02

— neue deutsche. Uebersicht der Neuergn. zum Schul- u. Dienstgebrauch. (8 S.) 8. Stuttgart (903). W. Kohlhammer. n. — 10

— dasselbe. Wörterverzeichnis nach den amtl. Regeln. (16 S.) gr. 8. Zabern 903. A. Fuchs. n. — 10

— neue deutsche, (nach Duden). Amtlich f. die Schweiz, sowie f. das gesamte übrige deutsche Sprachgebiet. Hrsg. v. einigen Lehrern. (12 S.) 16. Zürich (904). Füsi & Beer. — 12

— dasselbe, (nach Duden). Amtlich f. die Schweiz, sowie f. das gesamte übr. deutsche Sprachgebiet. Hrsg. v. einigen Lehrern. 4. verm. Aufl. 31.—40. Taus. (12 S.) 16. Zürich (908). Beer & Co. n nn — 15

—— die neue deutsche, nach dem im Auftrage des königl. preußischen Kultusministeriums hrsg. Büchlein elementarisch bearb. und mit Übungsaufgaben und einer Interpunktionslehre versehen von einem praktischen Schulmanne. 1.—4. wiederum durchgesehen. und verm. Aufl. 8. (32 S.) Dortmund 880, W. Crüwell. * cart. **

— die neue deutsche, nach dem im Auftrage d. königl. preuß. Kultusministeriums hrsg. Büchlein elementarisch bearb. u. mit Übungsaufgaben, e. Interpunktionslehre u. e. Wörterverzeichnis versehen v. e. prakt. Schulmanne. 16., nach dem „neu durchgeseh. 2. Neudruck" d. amtl. Büchleins umgearb. Aufl. 8. (32 S.) Dortmund 889. W. Crüwell. n.n. — 15

—— die neue deutsche, in Beispielen, Regeln und Aufgaben. Ein Lern- und Übungsbuch für die Kinder der Volksschule und der unteren Klassen höherer Lehranstalten. Nach method. Grundsätzen bearb. von einem prakt. Schulmanne. 1. und 2. Aufl. gr. 8. (32 S.) Leipzig 880,81, Dürr'sche Buchh. *

Rechtschreibung, die neue deutsche, nach den Beschlüssen der vom preuß. Kultusminister berufenen Sachverständigen-Konferenz in artige Reime gebracht von Spiritus Lenis. 16. (34 S.) Magdeburg 876, Klotz. * — 50

— die neue deutsche, auf e. Blatte dargestellt durch 100 der wichtigsten Wörter, nach den neuen Regeln geschrieben. gr. 4. Wien (902). M. Perles. n. — 10
Visitenkartenformat. 16 n. — 06

—— die neue deutsche, zum Gebrauch für Jedermann. 8. (34 S.) Chemnitz 880, Hager.

—— die neue deutsche, und die Nothwendigkeit ihrer Verbesserung. gr. 8. (29 S.) Berlin 881, Puttkammer und Mühlbrecht. *

—— die neue deutsche, wie sie amtlich eingeführt ist, elementarisch bearb. von einem prakt. Schulmanne. 1. und 2. verb. Aufl. 8. (8 S.) Mainz 881, Faber'sche Buchh. **

—— dass. — 3. und 4. verb. und verm. Aufl. 8. (8 S.) Mainz 882, Thelemann. **

—— die neue, für groß und klein nach allbekannten Melodieen in leicht faßliche Reime gesetzt von einem alten Schulmanne. 12. (16 S.) Paderborn 880, Bonifacius-Druckerei.

Rechtschreibung, die neue, f. groß u. klein, nach allbekannten Melodieen in leicht faßl. Reime gesetzt v. e. alten Schulmanne. (2. Aufl.) gr. 16. (16 S.) Paderborn 895. Bonifacius-Druckerei. n.n. — 05

—— und Sprachlehre in Beispielen, Regeln und Uebungen für Elementarschulen. Ein Hülfsbüchlein für die Schüler der Mittel- und Oberstufe. Hrsg. vom Lehrer-Verein zu Köln. 8. (IV, 76 S.) Köln 879, DuMont-Schauberg'sche Buchh. geb. ** — 50

Rechtschreibung und Sprachlehre in Beispielen, Regeln und Übungen für Elementarschulen. Ein Hülfsbüchlein für die Schüler der Mittel- und Oberstufe. Hrsg. vom Lehrer-Verein zu Köln. 1. und 2. verb. und nach der vom königl. preuß. Unterrichts-Ministerium vorgeschriebenen Orthographie umgearb. Aufl. 8. (II, 78 S.), Köln 881, DuMont-Schauberg'sche Buchh. geb. **

—— dass. — 3. verb. und umgearb. Aufl. 8. (II, 78 S.) Ebendas. 883. geb. **

Rechtschreibung und Sprachlehre in Beispielen, Regeln und Übungen für Elementarschulen. Ein Hilfsbüchlein für die Schüler der Mittel- und Oberstufe. Hrsg. vom Lehrer-Verein zu Köln. 4. und 5. verb. und verm. Aufl. gr. 8. (II, 83 S.) Köln 885,86, Du Mont-Schauberg'sche Buchh. geb. ** — 50

—— dass. — 6. nach dem Lehrplane von Schoenen umgearb. und verm. Aufl. 8. (84 S.) Ebendas. 888. geb. ** — 50

— u. Sprachlehre in Beispielen, Regeln u. Übungen f. Elementarschulen. Ein Hilfsbüchlein f. die Schüler der Mittel- u. Oberstufe. Hrsg. vom Lehrer-Verein zu Köln. 7., nach dem Lehrplane v. Schoenen umgearb. u. verm. Aufl. 8. (84 S.) Köln 890. Du Mont-Schauberg. geb. n.n. — 50

Rechtschreibung u. Sprachlehre in Beispielen, Regeln u. Übungen f. Elementarschulen. Ein Hilfsbüchlein f. die Schüler der Mittel- u. Oberstufe. Hrsg. vom Lehrer-Verein zu Köln. 8., nach dem Lehrplane v. Schoenen umgearb. u. verm. Aufl. 8. (84 S.) Köln 893. M. Du Mont-Schauberg. Geb. n.n. — 50

[F.] Rechtschreibung und Sprachlehre in Beispielen, Regeln u. Übungen f. Elementarschulen. E. Hülfsbüchl. f. d. Schüler d. Mittel- u. Oberstufe. Hrsg. v. Lehrer-Ver. zu Köln. 10. Aufl. *Köln: M. Du Mont-Schauberg 1897.* (1 Bl., 84 S.) 1 Bd 8. (97. 8368 II.)

**Rechtschreibung** und **Sprachlehre** in Beispielen, Regeln und Übungen für Elementarschulen. Ein Hilfsbüchl. f. d. Schüler d. Mittel- u. Oberstufe. Hrsg. vom Lehrer-Verein zu Köln. 11. Aufl. *Köln: M. DuMont-Schauberg 1899.* (84 S.) 8° [F.] [00. 3150 5

— u. **Sprachlehre** in Beispielen, Regeln u. Übungen f. Elementarschulen. Ein Hilfsbüchlein f. die Schüler der Mittel- u. Oberstufe. Hrsg. vom Lehrer-Verein zu Cöln. 13. Aufl. 8. (II, 84 S.) Cöln 902. M. Du Mont-Schauberg. Geb. in Halbldr. n.n. — 50

— u. **Sprachlehre** in Beispielen, Regeln u. Uebungen f. Elementarschulen. Ein Hilfsbüchlein f. die Schüler der Mittel- u. Oberstufe. Hrsg. v. Lehrer-Verein zu Cöln. 16. Aufl. (III, 84 S.) 8. Cöln 906. M. Du Mont-Schauberg. Geb. n.n. — 50

— u. Sprachlehre in Beispielen, Regeln u. Übungen für Elementarschulen. Ein Hilfsbüchlein f. die Schüler der Mittel- u. Oberstufe. Hrsg. vom Lehrer-Verein zu Cöln. 19. Aufl. (III, 84 S.) 8. Cöln 910. M. Du Mont-Schauberg. Geb. nn — 50

**Rechtschreibung, Ungarische,** als Einleitung in die ungarische Sprachlehre ... Ofen 1817. V: *Verseghi, Ferencz.* (Pk)

**Rechtschreibung, Vernünftige teutsche,** nach den Grundsätzen der Sprachenkunde ... München 1782. V: *Hübner, Lorenz.* (Ky) (MGT)

**— vernünftige, deutsche, nach d. Grundsätzen d. Sprachenkunde, v. L. H. (Lor. Hübner). 8. Münch. 782. J. Lindauer. 6 gl**

To'r nedderdüütschen **rechtschrivung**. Von S. T. U. As handschrift drukt vaer de maten von den vereen Uns' Modersprak, selschop to'r hęg' un plleg' von de nedderdüütsche spraak in Hamborg. (Leipzig 1901: Hesse & Becker.) (12 S.) 8° [07. 11403 9

**Rechtsconsulent,** s. Rechtskonsulent.

**Rechtscontinuität,** s. Rechtskontinuität.

**Rechtsdeduction** die Pfalzbayrische Staatsschuld ... betreffend. Karlsruhe 1818. V: *Reinhard, Wilhelm.* (MGT)

**Rechtsdenkmale** aus Thüringen. 1. Lfg. Namens des Vereins f. thüringische Geschichte u. Alterthumskunde hrsg. v. A. L. J. Michelsen. gr. 8. (IV u. 100 S.) Jena 852, Frommann. n. 12 ngr

**Rechtsdenkmale** aus Thüringen. 2. Liefg. Namens des Vereins für thüringische Geschichte und Alterthumskunde herausg. von A. L. J. Michelsen. Jena 853. Frommann. gr. 8. (S. 101—198.) n. 12 ngr.

**Rechtsdenkmale** aus Thüringen. 3. Lfg. Namens des Vereins für thüring. Geschichte und Alterthumskunde hrsg. von A. L. J. Michelsen. gr. 8. (III und S. 199—290.) Jena 859, Frommann. *
1. und 2. Lfg. Ebendas. 1852,53. * 24 Ngr.

**Rechtsdenkmale** aus Thüringen. 4. und 5. (Schluss-)Lfg. Namens des Vereins für thüring. Geschichte und Alterthumskunde hrsg. von A. L. J. Michelsen. gr. 8. (XV und S. 291—532.) Jena 861,62, Fr. Frommann. à Lfg. * 12 Ngr. *
1.—3. Lfg. Ebendas. 1853—59. * 1 Thlr. 6 Ngr.

**Rechtsdenkmäler, deutsche,** aus Böhmen u. Mähren, eine Sammlung von Rechtsbüchern, Urkunden u. alten Aufzeichnungen zur Geschichte des deutschen Rechts. Herausgeg. u. erläutert von Emil Frz. Rößler. Mit einer Vorrede von Jacob Grimm. I. Bd. Das altprager Stadtrecht aus dem XIV. Jahrh. gr. 8. Prag 845, Calve'sche Buchh. n. 2 ₰

**Rechtsdenkmäler,** Deutsche, aus Böhmen u. Mähren, eine Sammlung v. Rechtsbüchern, Urkunden u. alten Aufzeichnungen zur Geschichte des Deutschen Rechtes hrsg. u. erläutert v. Emil Frz. Rössler. II. Bd. A. u. d. T.: Die Stadtrechte von Brünn, aus dem XIII. u. XIV. Jahrhundert, nach bisher ungedruckten Handschriften. Mit 5 Steindrucktaf. gr. 8. (CLVI u. 434 S.) Prag 852, Calve. n. 3⅓ ₰ (I. II.: n. 5⅓ ₰)

**Rechtsdenkmäler,** deutsche, aus Böhmen und Mähren, eine Sammlung von Rechtsbüchern, Urkunden und alten Aufzeichnungen zur Geschichte des deutschen Rechtes hrsg. und erläutert von Emil Frz. Rössler. 2. Bd. A. u. d. T.: Die Stadtrechte von Brünn aus dem XIII. und XIV. Jahrhundert, nach bisher ungedruckten Handschriften. gr. 8. (CLVI und 434 S. mit 5 Stnt.) Prag 852, [Tempsky.] *
1. Bd. Ebendas. 1845. * 2 Thlr.

**Rechtdenkmäler** des deutschen Mittelalters. Herausg. von A. v. Daniels, Fr. v. Gruben u. Frdr. Julius Kuehns. Berlin 1857—63. gr. 4. . . . . . . . . . . . . (D.)
I. Das Sächsische Weichbildrecht. Jus municipale Saxonicum. Herausg. von A. von Daniels und F. v. Gruben.
Bd. 1. Weltchronik und Weichbildrecht. Berlin o. J. 4.
III. Land- und Lehenrechtbuch. Sächsisches Land- und Lehenrecht. Schwaben- und Sachsenspiegel, herausg. von A. von Daniels.
Bd. 1. Landrechtbuch, Herausg. von A. v. Daniels. Nebst dem Buche der Könige, herausg. von H. F. Massmann.
Bd. 2. Lehenrecht. Berlin 1860—63. 4.

**Rechtsdenkmäler** des deutschen Mittelalters hrsg. von A. v. Daniels, Fr. v. Gruben und Ferd. Jul. Kuehns. 1—7. Lfg. Berlin, Hempel. *
Inhalt:
Lfg. 1., 2. Das sächsische Weichbildrecht, Jus municipale Saxonicum. Hrsg. von A. v. Daniels und Fr. v. Gruben. 1. Bd.: Weltchronik und Weichbildrecht in 36 Artikeln mit der Glosse. (438 Sp.) 857. 58. 1. Lfg. * 1 Thlr., 2. Lfg. * 1 Thlr. 15 Ngr.
» 3—6. Land- und Lehenrechtbuch. Sächsisches Land- und Lehenrecht. Schwabenspiegel und Sachsenspiegel. Von A. v. Daniels. 1. Bd. 4 Lfgn. Landrechtbuch. (III S. und 866 Sp.) 858. 59. à Lfg. * 1 Thlr. 10 Ngr.
» 7. —— dass. — 5. Lfg. (1. Bd.: Landrechtbuch. Nebst dem Buch der Könige, hrsg. von F. A. Massmann. CCXXIII Sp.) 860. * 1 Thlr. 10 Ngr.

**Rechtsdenkmäler** des deutschen Mittelalters. Hrsg. von A. v. Daniels, Fr. v. Gruben und Friedr. Jul. Kuehns. 8. und 9. Lfg.: Land- und Lehenrechtbuch. Sächsisches Land- und Lehenrecht. Schwabenspiegel und Sachsenspiegel. Von A. v. Daniels. 6. und 7. Lfg. (2. Bd. Lehenrecht. 382 Sp.) gr. 4. Berlin 863, Hempel. à Lfg. * 1 Thlr. 10 Ngr. *
1.—7. Lfg. Ebendas. 1857—60. * 9 Thlr. 5 Ngr.

**Rechtseinheit,** die, Sammlung v. Monographien auf dem Gebiete des gelt., sowie des zur reichsrechtl. Regelg. gelangten früheren Landesrechts u. der vergleich. Rechtswissenschaft. Hrsg. v. Jos. Kohler u. Paul Posener; von Heft V an von Jos. Kohler u. Fritz Stier-Somlo. I.—VI. Heft. gr. 8. Berlin (-Wilmersdorf), Dr. W. Rothschild. 23. 20
Baer, Alfr., der Leibgedingsvertrag nach badischem Recht. (XII, 161 S.) 908. (Heft III.) Subskr.-Pr. 3.60; Einzelpr. 4. –
Bogeng, G. A. E., Erwerbsbeschränkungen juristischer Personen nach deutschem Reichs- u. Landes-Privatrecht. Mit besond. Rücksicht auf die Beschränkgn. des unentgeltl. Erwerbes. (XV, 208 S.) 908. (Heft II.) 4.—; geb. n 5. —
Fall, Ernst, die Erfordernisse des Wechsels in allen Kulturstaaten der Erde. (178 S.) 909. (Heft IV.) Subskr.-Pr. 3.60; Einzelpr. 4. –
Fessler, Othm., die Entwicklung des sächsischen Staatsdienerrechts im 19. Jahrh. (XI, 198 S.) 910. (Heft VI.) Subskr.-Pr. 4.—; Einzelpr. 5. –
Güttler, Wilh., die religiöse Kindererziehung im deutschen Reiche. Eine interkonfessionelle staatskirchenrechtl. Studie. (XIX, 331 S.) 908. (Heft I.) 6.—; geb. n 7. –

Moericke, Dagobert, die deutschen Tumultgesetze insbesondere das badische Gesetz, die Entschädigungspflicht der Gemeindeangehörigen wegen der bei Zusammenrottungen verübten Verbrechen betr. vom 13. II. 1851. (XI, 78 S.) 910. (Heft V.) Subskr.-Pr. 2.—; Einzelpr. 2. 40

**Rechtsfall.** Ein Beitrag zur Erläuterung der Rechtsverhältnisse standesherrlicher ... Privatdiener. Darmstadt 1829. V: *Theobald, Carl.* (Schletter, Handb. d. jurist. Litt. Grimma 1843. S. 175.) (Ky) (EngJ)

Rechtsfall. Ein Beitr. zur Erläuterung d. Rechtsverhältnisse standesherrl., grundherrl. u. sonstiger Privatdiener. 8. . . . Darmstadt 829, (Leske.) Thlr.

**Rechtsfälle, Ausgewählte,** entschieden bey dem Ober- und Appellations Gerichte der Reichsstadt Nürnberg. Nürnberg u. Sulzbach 1804—5. V: *Popp, Friedrich.* (Ky) (MGT) (Will) (NN) (Schletter, Handb. d. jurist. Litt. Grimma 1843. S. 235.) »1805« (Schz)

Rechtsfälle, ausgewählte, entschieden bei d. Oberappellationsgerichte d. Reichsstadt Nürnberg, (v. F. Popp). 3 Hefte. gr. 8. Nürnb. 805. (v. Seidel in Sulzb.) 18 gl

Rechtsfälle ohne Entscheidungen. Ein jurist. Uebungsbuch zum akadem. Gebrauche wie für das Selbststudium. gr. 8. (III, 82 S.) München 885, Th. Ackermann's Verlag. 1 40

Rechtsfälle mit Entscheidungen d. französ. u. belg. Gerichtshöfe. Zur Erläuter. d. französ. Civilrechts. Mit Rücksicht auf d. bad. Landrecht. 3. Bd. (hrsg. v. Ludw. Lauckhard) u. 4. Bd., od. d. neuen Folge 1. Bd. (hrsg. v. L. Lauckhard u. Jos. Sommer.) à 3 Hfte. gr. 8. Mannheim 838, 41, Götz. à Bd.
1. u. 2. Bd., vgl. Lauckhard, L.

Rechtsfälle mit Entscheidungen der französ. u. belgischen Gerichtshöfe. Zur Erläuterung des französ. Civilrechts. Mit Rücksicht auf das badische Landrecht herausgeg. v. Ldw. Lauckhard u. Jos. Sommer. 4. u. 5. Bd., oder der neuen Folge 1. u. 2. Bd. à 3 Hefte. gr. 8. Mannheim 841—44, Götz. Schwan u. Götz'sche Hofbuchh. à Bd. n. 2 ₰

Rechtsfälle mit Entscheidungen der französ. u. belgischen Gerichtshöfe. Zur Erläuterung d. französ. Civilrechts. Mit Rücksicht auf das bad. Landrecht, hrsg. v. Ludw. Lauckhard u. Jos. Sommer. 5. Bd. oder der neuen Folge 2. u. 3. Bd. à 3 Hfte. gr. 8. Mannheim 844, 47, [Götz.] à Bd.
1—4. Bd. Ebendas. 1834—44. à Bd. * 2 Thlr.

—— mit Entscheidungen der französ. und belg. Gerichtshöfe. Zur Erläuterung des französ. Civilrechts. Mit Rücksicht auf das badische Landrecht. Hrsg. von Lud. Lauckhardt und Jos. Sommer. 6. und 7. Bd. oder neue Folge. 3. und 4. Bd. à 3 Hefte. gr. 8. (à Bd. ca. 30 Bog.) Mannheim 847. [Götz.] à Bd. * 2 Thlr.
1—5. Bd. Ebendas. 1834—47. * 10 Thlr.

— mit Entscheidungen der französ. u. belgischen Gerichtshöfe. Zur Erläuterung des franz. Civilrechts. Mit Rücksicht auf das badische Landrecht. Hrsg. v. Ludw. Lauckhardt u. Jos. Sommer. 6. Bd. — v. Ludw. Lauckhardt. 7. Bd. Der neuen Folge 3. u. 4. Bd. à 3 Hfte. Mannheim 847. 51, Götz. à Bd. n. 2 ₰

—— mit Entscheidungen der französischen und belgischen Gerichtshöfe. Zur Erläuterung des französ. Civilrechts. Mit Rücksicht auf das bad. Landrecht. Hrsg. von Ludw. Lauckhard, 8. und 9. Bd. oder der neuen Folge 5. und 6. Bd. à Bd. 3 Hefte. gr. 8. Mannheim 853—55, Götz, Brlgsb. à Bd. * 2 Thlr.
1—7. Bd. Ebendas. 1834—47. * 14 Thlr.

Rechtsfälle mit Entscheidungen der französischen und belgischen Gerichtshöfe. Zur Erläuterung des französ. Civilrechts. Mit Rücksicht auf das bad. Landrecht. Hrsg. von Ludw. Lauckhard. 10. Bd. oder der neuen Folge 7. Bd. 3 Hefte. gr. 8. (1. Heft. 144 S.) Mannheim 857, [Rotter.]

—— dass. — Hrsg. von Demselben. 11. Bd. oder der neuen Folge 8. Bd. 3 Hefte. gr. 8. (1. Heft. 144 S.) Carlsruhe 862, Braun'sche Hofbuchh.
1—9. Bd. Mannheim 1834—55. Rotter. 18 Thlr.

Rechtsfälle mit Entscheidungen der französischen und belgischen Gerichtshöfe. Zur Erläuterung des französ. Civilrechts. Mit Rücksicht auf das badische Landrecht. Hrsg. von Ludw. Lauckhard. 12. Bd. oder der neuen Folge 9. Bd. 3 Hefte. gr. 8. (à Heft 144 S.) Karlsruhe 864, Braun'sche Hofbuchh.

Rechtsfälle zum academischen Gebrauche. Hrsg. von Hans Karl Briegleb. 2 Hfte. gr. 4. (1: VIII u. 172 S. 2: IV u. 196 S.) Göttingen 848. 50, Dieterich. (1: n. 1⅓ ₰ 2: n. 1⅔ ₰) n. 3⅙ ₰

— aus der hannov. Gerichtspraxis, s. Magazin f. hannoversches Recht.

Rechtsfälle aus der hannoverschen Gerichtspraxis. I. Heft. (Des Magazins für hannov. Recht Bds. IV, Jahrg. 1854, Extraheft.) gr. 8. (IV und 145 S.) Hannover 854, Rümpler. Thlr.

—— aus d. Gebiete d. Handelsrechts u. deren Entscheidn. durch d. hamburg. Handelsgericht. 2 Thle. 8. (33 B.) Hamburg 836, Hoffmann u. Campe.
Aus: Hamb. Zeitschrift f. Politik u. Handel etc., besond. abgedruckt.

Rechtsfälle aus d. Gebiete d. Handelsrechts u. d. Entscheidd. durch d. Hamb. Handelsgericht. Aus *C. W. Asher's* Monatschr. „für Politik u. Handel" besond. abgedr. *Hamburg*, Hoffmann u. Campe. 836. 2 Thle. gr. 8. (2 Thl. 12 Gr.)

Merkwürdige Rechtsfälle als e. Beitrag z. Geschichte der Menschheit. Mit Vorwort von Fr. *Schiller.* 3 Bde. Jena 1792—3.

**Rechtsfälle, Merkwürdige,** als ein Beitrag zur Geschichte der Menschheit. Nach dem französischen Werke des Pitaval ... Jena 1792—95. V: *Niethammer, Frdr. Immanuel.* (EngJ) (BrMm) »1792-94« (Ky)

— merkwürd., als ein Beitrag z. Geschichte d. Menschheit; nach d. französ. Werke d. Pitaval durch mehrere Verfasser ausgearb., herausgg. (v. F. J. Niethammer), mit e. Vorr. v. Fr. v. Schiller. 4 Thle. 8. Jena 792—95. (Schmid). 4 ₰ 16 gl

— merkw., als ein Beytr. z. Gesch. der Menschh., durch mehrere Verfass. übers., herausg. m. e. Vorrede v. F. Schiller. 4 Thle. 8. Jena, Stahl. 792—795. (à 1 Rthlr. 4 gr.)

Merkwürdige Rechtsfälle, Revolutionsscenen, Wunder u. gebrandmarkte Heldenrollen. Aus dem Alterthume. Berlin 1799.

**Rechtsfälle, Merkwürdige,** Revolutionsscenen und gebrandmarkte Heldenrollen aus dem Alterthum. Berlin 1799. V: *Benkowitz, Carl Frdr.* (Ky) (BrMm) (GGr)

— merkwürd., Revolutionsscenen rc. aus d. Alterthume (v. K. Fr. Benkowitz). 8. Berl. 799. Maurers B. 1 ₰ 4 gl

— merkw., Revolutionsscenen x. s.a.E. Fr. v. Benkowitz.

Rechtsfälle, Merkwürdige, verhandelt bei verschiedenen Tribunalen, besonders in Frankreich. Halle 1789. V: *Paalzow, Christian Ludwig.* (MGT) (EngJ) (Ky)

— merkwürd., verhandelt bei d. verschied. Tribunalen, besonders in Frankreich, (v. Chr. L. Paalzow). 1r Bd. gr. 8. Halle 789. Gebauer. 1 ℛ

... Neue peinl. u. bürgerl. Rechtsfälle, nebst Abhandl. über interessante rechtl. Gegenständ. 1. Th. *Zeiz*, Webel. 793. 8. (14 Gr.)

— neue peinl. x. Zeitz. Webel. 794.

— aus der Praxis des K. Geh. Ober-Tribunals neuern Verfahrens. Aus amtl. Mittheilung. 39 Lfgn. gr. 8. (B.) Berlin 847, Jonas. n. 3 ℛ — In 10 Lfgn. gr. 8. Ebd. 847. (à n. $^1/_3$ ℛ) n. $3^1/_3$ ℛ — 2. Jahrg. 1848. 22 Bogen u. Supplementhft. gr. 8. (Bogen 23—26, Titel u. Reg.) Ebd. 848. n. $4^1/_3$ ℛ Das Supplementheft allein n. $^1/_3$ ℛ

— dies. (Ausg. in Bdn.) 1—4. Bd. gr. 8. (1: IV u. 324 S. 2: IV u. 342 S. 3: 502 S. 4: 441 S.) Ebd. 847. 48. (1 u. 2: à n. $1^1/_3$ ℛ 3: n. $2^1/_3$ ℛ 4: n. 2 ℛ) n. $7^1/_3$ ℛ

— aus der Praxis des k. geh. Ober-Tribunals neuern Verfahrens. Aus amtl. Mittheilung. 1—4. Bd. gr. 8. Berlin, Jonas, Brlgsh. [1. (IV und 324 S.) 847. * 1 Thlr. 15 Ngr., 2. (IV und 342 S.) * 1 Thlr. 15 Ngr., 3. (502 S.) 848. * 2 Thlr. 10 Ngr., 4. (441 S.) 849. * 2 Thlr.]

Rechtsfälle u. Rechtsbestimmungen, gesamm. aus den Acten des Königl. Oberappellations- u. Höchst. Gerichts z. Greifswald, vormal. Tribunals z. Wismar, v. (J. W. Jac.) Bornemann. 1s Hft. Lübsches Recht. *Berlin*, Jonas. 832. gr. 8. 21 Gr.)

**Rechtsforschung** u. **Rechtsunterricht** auf den deutschen Universitäten. Unter Mitwirkg. v. E. Eck, H. Brunner, E. Strohal, K. Cosack, F. E. v. Liszt, G. Meyer, F. v. Martitz, L. v. Bar, R. Sohm, J. Kohler, A. Merkel, hrsg. v. O. Fischer. [Aus: „Die deutschen Universitäten".] gr. Lex.-8. (VI, 142 S.) Berlin 893. A. Asher & Co. n. 3. —

**Rechtsforschung** und Rechtsunterricht auf den Deutschen Universitäten. Unter Mitw. von ... hrsg. von O(tto) Fischer, [Prof., Breslau]. *Berlin: A. Asher & Co 1893.* (142 S.) 4°
Aus: W. Lexis: Die deutschen Universitäten. 1893.

**Rechtsfrage**, e., od.: Die geheime Schuld. Eine Erzählg. von M. v. P. 8. (40 S.) Bremen (902). Verlag des Tractathauses. — 30

**Rechtsfrage**, e., od.: Die geheime Schuld. Eine Erzählung von M. v. P. (40 S.) 8. Bremen (903). Buchh. u. Verlag des Traktathauses. — 30

**Rechtsfrage**, die pädagogische, in der Staatsgesetzgebung über gemischte Ehen. Oder: Wer hat das Recht, zu bestimmen, in welcher Confession die Kinder aus gemischten Ehen erzogen werden sollen: der Staat, die Kirche oder die Eltern. Mit besond. Rücksicht auf Würtemberg. gr. 8. Schaffhausen 842, Hurter'sche Buchh. $^1/_3$ ℛ

**Rechtsfragen.** 1.—4. Heft. 8. Leipzig 905. Fel. Dietrich. à n. — 50

1. Strafjustiz, Strafvollzug u. Deportation. Von Max Treu. (30 S.)
2. Keine Alimentationsklage mehr! Schutz den Müttern! Ein Weckruf an alle, die eine Mutter hatten. Von Ruth Bré. (31 S.)
3. Die Frauenarbeit im Hause, ihre ökonomische, rechtliche u. soziale Wertung. Von Käthe Schirmacher. (29 S.)
4. Zu d. menschlichen Tschungeln. Wie deutsche Mädchen im Auslande rechtlos sind. Ein Weckruf. Von Malwine Rennert. (24 S.)

**Rechtsfreund**, der, s. Gesetzbuch, vaterländisches.

Rechtsfreund: Der Rechtsfreund
v. Schweizer Handels-Courier.

— der, oder Gesetz- u. Verfassungs-Kenntniß f. Preuß. Staatsbürger jeden Standes. 1. Abschnitt: Gesetzkunde. 2. Abschn.: Verfassung u. Verwaltung. Des Haussecretairs von C. A. W. Schmalz. 2. Thl. 9. Aufl. gr. 8. Berlin 843, Heymann. $^3/_4$ ℛ — 13. Aufl. 8. Ebend. 846. n. 24 ngl

Rechtsfreund, der, oder: Gesetz- und Verfassungs-Kenntniß für den preuß. Staatsbürger jeden Standes. 14. Aufl. (Des 2. Thls. von Schmalz Haussekretair.) 8. (VI und 402 S.) Berlin 850, C. Heymann.

— der, oder Gesetz- und Verfassungs-Kenntniß für den preußischen Staatsbürger jeden Standes. [14. Aufl. (X und 713 S.) 1854. 1 Thlr. $22^1/_2$ Ngr. und] 15., durch einen Nachtrag verm. und bis auf die neueste Zeit fortgeführte Aufl. 8. (XI und 720 S.) Berlin 855, C. Heymann.

Rechtsfreund, der, oder Gesetz- und Verfassungs-Kenntniß der verschiedenen Länder Deutschlands. Neue (Titel-) Ausg. 8. (IV und 323 S.) Berlin 852, C. Heymann.

**Rechtsfreund**, der. Eine Anleitg. zur selbständ. Bearbeitg. u. Wahrnehmg. einfacher Rechtssachen v. e. prakt. Rechtsverständigen. gr. 8. (X, 79 S.) Schweidnitz 889. Brieger. n. — 75

Rechtsfreund, der, f. d. Canton Basel. Od.: Anleitung, die im Leben vorkomm. Rechtsgeschäfte nach d. bestch. Gesetzen u. Uebungen abzuschließen. — Ausg. f. Basel-Stadttheil. (Mit alphabet. Sach- u. Wortregister.) 2 Abthln. 8. ($24^1/_4$ B.) Zürich 840, Schultheß.

Rechtsfreund, der, f. d. Canton Basel x. (Ausgabe f. Basel-Landschaft.) 3. Abthl. Nebst alphabet. Register z. ganzen Bande. 8. ($5^3/_4$ B.) Zürich 843, Schultheß.
1. u. 2. Abthl. Ebendas. 1840. 1 Thlr.

**Rechtsfreund, Der Hessische.** Handbuch zur Gesetzeskunde für Nichtjuristen. Darmstadt 1835—37. V: *Bopp, Philipp.* (KGBerlin II, 2079)

— der Hessische, Handbuch zur Gesetzeskunde für Nichtjuristen. In Verbindung mit mehreren Geschäftsmännern herausg. von e. prakt. Rechtsgelehrten, Ph. Bopp. 5 Hefte. gr. 8. Darmstadt 835—37. Diehl. (Heil.) n. $2^7/_{12}$ ℛ

— der hessische, Handb. z. Gesetzeskunde f. Nichtjuristen. In Verbind. mit mehr. Geschäftsmännern hrsg. v. Phil. Bopp. (5 Hfte.) gr. 8. ($52^1/_2$ B.) Darmstadt 835—37, [Jonghaus.] $2^7/_{12}$ Thlr., hrbgs. Pr. *

— der meklenburgische, für den gesammten rechtlichen — gerichtlichen, wie außergerichtlichen — Verkehr. (Abdr. des 2. Thls. von dem: „Handbuch für den gesammten schriftlichen Verkehr des Meklenburgers".) Wismar 855. Hinstorff. 8. (324 S.) n. 20 ngr.

**Rechtsfreund, Der,** für den gesammten, gerichtlichen wie außergerichtlichen, rechtlichen Verkehr des Mecklenburgers. Wismar 1855. H: *Raabe, H. F. W., Canzleiadvokat.* (Russell XI, 650)

**Rechtsfreund,** der Preußische. Ein Handbuch f. Jedermann bei Einziehung von Forderungen u. Verfolgung der Rechte im Wege des Prozesses; bei Handlungen der freiwilligen Gerichtsbarkeit u. bei letztwilligen Bestimmungen. Nebst Formularen. [Aus Kern's Konsulent ꝛc.] gr. 16. (IV u. 114 S.) Breslau 852, Kern. 6 ngl

Rechtsfreund, der, für das Königr. Sachsen. Zuverlässiger Rathgeber für Jeden, der Recht sucht, insonderheit für Geschäftsleute, Kaufleute und Landbewohner, und zugleich gedrängtestes und vielseitigstes Hand- und Taschenbuch für Juristen, Richter ꝛc. unter Angabe der Quellen von einem sächs. Rechtsgelehrten. In 8 Lfgn. 8. (519 S.) Zürich 870,71, Schultheß.
à Lfg. 45 Pf.; geb. 4 —
—— dass. — Supplement, enth. die wichtigsten Veränderungen in der Gesetzgebung seit dem Erscheinen des Hauptwerks nebst einem besond. Anhang über Erwerbung und Verlust der Bundes- [Reichs-] und Staatsangehörigkeit, sowie über den Unterstützungs-Wohnsitz auf Grund der neuesten Bundesgesetze von einem sächs. Rechtsgelehrten. gr. 8. (70 S.) Ebendas. 872. — 60

**Rechtsfreund,** der, f. das Königr. Sachsen. Zuverlässiger Rathgeber f. Jeden, der Recht sucht, insonderheit f. Geschäftsleute, Kaufleute u. Landbewohner, u. zugleich gedrängtestes u. vielseitigstes Hand- u. Taschenbuch f. Juristen, Richter ꝛc. unter Angabe der Quellen v. e. sächs. Rechtsgelehrten. 5—8. Lfg. 8. (S. 257—589.) Zürich 871. Schultheß. à — 45 (cplt. geb. 4. —)

— dasselbe. Supplement, enth. die wichtigsten Verändergn. in der Gesetzgebg. seit dem Erscheinen d. Hauptwerks nebst e. besond. Anh. üb. Erwerbg. u. Verlust der Bundes- [Reichs-] u. Staatsangehörigkeit. sowie üb. den Unterstützungs-Wohnsitz auf Grund der neuesten Bundesgesetze v. e. sächs. Rechtsgelehtten. gr. 8. (70 S.) Ebend. 871. — 60

— der, f. d. Canton St. Gallen. Von E. 2 Abthln. 8. (19¼ B.) Zürich 839, 40, Schultheß.

Rechtsfreund, der, für den Canton St. Gallen. Von Dr. E. 1e u. 2e Abthl. 8. Zürich 840. Schultheß. à 1/2 ℛ

—— der schweizerische. Sammlung aller in Folge der Bundesverfassung von 1874 erlassenen Bundesgesetze. 1. Bd. gr. 8. (186 S.) Bern 875, Körber. * 2 —

Rechtsfreund, der schweizerische. Sammlung aller in Folge der Bundesverfassung von 1874 erlassenen Bundesgesetze. 1. Bd. 2. Hälfte. gr. 8. (S. 189—268.) Bern 875, [Körber.] Costenoble. * 1 25
1. Bd. 1. Hälfte. Ebendas. 1875. *ℳ 2.
—— dass. — 2. und 3. Bd. gr. 8. Bern 877—79, Costenoble. [2. Bd. (336 S.); 3. Bd. (ca. 300 S.)] à Bd. *ℳ 4. * 8 —

**Rechtsfreund,** Schweizer. Sammlung aller in Folge d. Bundesverfassung von 1874 erlassenen Bundesgesetze. Bd. II compl. in 5 Heften. In-8°, 336 S. Bern, Rud. Costenoble. 1877

**Rechtsfreund, Schweizerischer.** Sammlung aller in Folge d. Bundesverfassung von 1874 erlassenen Bundesgesetze. Band III. In-8°. Bern, Rud. Costenoble. 1879 4 —
Band I—III complet 12 —

**Rechts(-freund): Der Rechts- und Wahrheitsfreund aus Baselland**
③ Der unerschrockene Rauracher ④ Basellandschaftliche Zeitung ⑤ 5. 4. 1837—30. 9. 1837 ⑥ 8° ⑦ wöchentlich 2× ⑧ Liestal: Banga & Honegger ⑨ eine Aktiengesellschaft (einer der Gründer: Stefan Gutzwiller) ⑪ Dr. G. Herold (2. 8. 1837—30. 9. 1837); Mitarbeiter: Dr. Ferdinand Kleinmann, Benedikt Banga, »General« Jakob Buser ⑫ liberal ⑬ BGSZ: 954 (p. 69) ⑭ Bs: U; Be: L.

Weiblicher Rechtsfreund, enthaltend alle das weibliche Geschlecht betreffenden Gesezze (!) und Verordnungen. Wien 1799. 8°. XII—305 S. (2 Mk. 40 Pfg. Derselbe.)

**Rechtsfreund, Der,** für den Canton Zürich ... 2. Aufl. Zürich 1838. V: *Benz, Rudolph.* (EngJ)

— der, für den Canton Zürich, oder Anleitung, die im Leben vorkomm. Rechtsgeschäfte nach den bestehenden Gesetzen u. Uebungen abzuschließen. 2. Thl. 8. Zürich 839, Schultheß. 11/12 ℛ

† Rechtsfreund, H. W., (W. Schickert,) der Guths- u. Hauswirth, s. Guths- u. Hauswirth.

Rechtsgelehrte, der, s. compend. Bibliothek.

— der, eine Zeitschrift f. alle Stände u. Religion. 4 Hefte. 8. Hamb. 784. Möllner. 1 ℛ 6 gl

**Rechtsgelehrte, Der.** [Halle 1793.] V: *Siebenkees, Johann Chn.* (will)

**Rechtsgelehrte, Der,** eine Wochenschrift. O. O. 1800. H: *Kaufmann, Justus Rudolph Heinrich.* (NN) (MGT) (GGr) (Adel)

**Rechtsgelehrte, Der Teutsche.** Leipzig 1733—46. H: *Wolf, Chn Gottlieb.* (ML)

— d. deutsche, 46 Stck. m. Regist. in 2 Bdn. 4. Leipzig. (Korn d. ält., Bresl.) 733—46.

**Rechtsgesetzgebung, Schweizerische,** von 1875, 1876 und 1877. O. O. [1878]. V: *Wyss, Frdr. v.* (Zuwachsverz. d. Bibliotheken in Zürich 1898 ff.)

Über die **Rechtsgleichheit** der verschiedenen christlichen Confessions-Verwandten u. die Entscheidung streitiger Verfassungs-Sachen in den teutschen Bundes-Staaten; mit bes. Anwendung auf die Verhältnisse der freyen Stadt Frankfurt. Frankfurt a. M. 1817.
[Nebentit.:] **Beleuchtung** der u. d. Tit.: „An eine hohe teutsche Bundes-Versammlung, Denkschrift des Vorstandes der katholischen Gemeinde der freyen Stadt Frankfurt, die verfassungsmäßig anzuordnenden Verhältnisse der katholischen Gemeinde daselbst betr.“ erschienenen Druckschrift.

Ueb. d. Rechtsgleichheit d. verschied. christl. Confessionsverwandten u. d. Entscheid. streit. Verfass.-Sachen in d. teutsch. Bundesstaaten; mit besond. Anwend. auf d. Verhältnisse d. fr. St. Frankfurt. (Zu d. Art. 16. d. D. B. A. u. Art. 46. d. W. Schl. A.) — A. u. d. T.: Beleucht. der n. d. T.: „An d. Hohe teutsche Bundes-Versammlung, Denkschrift d. Vorstandes d. kathol. Gemeinde d. fr. Stadt Frankfurt, die verfassungsmäss. anzuordnenden u. sicher zu stellenden Verhältnisse d. kathol. Gemeinde daselbst betr., m. Anlagen No. 1—17. Frankf. 817." erschien. Druckschr. *Frankf.*, Varrentrapp. 818. gr. 8. (1 Thl. 18 Gr.)

Rechtsgleichheit. Die politische R' als leitender Gedanke der Revolution im Kanton Basel 1830–1833. Zur Erinnerung an den 15. März, den fünfzigsten Jahrestag des Bestandes des Kantons Basel Landschaft. 8. Liestal 1882.

**Rechtsgründe** der vom königl. Preussischen Lehnhofe des Herzogthums Cleve verfügten Sequestration der Herrschaft Gehmen. O. O. 1776. V: *Hofmann, Carl Frdr.* (MGT)

**Rechtsgrundsätze** zur Beurtheilung des Gesetzentwurfes über das Volksschulwesen in Bayern. (Entnommen aus der Denkschrift des Erzbischofs von Freiburg, die Reform des Schulwesens betr.) Regensburg 867. Pustet. gr. 8. (71 S.) 6 ngr.

**Rechtsgrundsätze** der Entscheidungen d. Kgl. Ober-Tribunals, s. Striethorst.

**Rechtsgrundsätze** der neuesten Entscheidungen des königl. Ober-Tribunals. Geordnet nach dem Systeme der Gesetzbücher und hrsg. von Thdr. Striethorst. 1. Bd. 2. Ausg. 8. (VI und 581 S.) Berlin 855, [Bergemann.]

Rechtsgrundsätze der neuesten Entscheidungen des königl. Ober-Tribunals. Geordnet nach dem Systeme der Gesetzbücher und hrsg. von Thdr. Striethorst. 2. Bd. 8. (VI und 628 S.) Berlin 858, Guttentag. Thlr.

Der 1. Bd. ist in denselben Verlag übergegangen.

—— dass. — Hrsg. von Dems. 1. Bd. Repertorium zu den 4 Bdn. des 1. Jahrg. des Archivs für Rechtsfälle. 8. (VI und 190 S.) Berlin 853, David's Verlag.

**Rechtsgrundsätze** der Entscheidungen d. Reichs-Oberhandelsgerichts. Nach dem System der Gesetzbücher geordnet v. C. Calm. 1. Bd. Lex.-8. (354 S.) Berlin 874. C. Heymann's Verl. n. 6. —

Rechtsgrundsätze der Entscheidungen des Reichs-Oberhandelsgerichts. Nach dem System der Gesetzbücher geordnet und hrsg. von D. C. Calm. 2. Bd. 2. Lfg. gr. 8. (S. 71—156.) Berlin 875, C. Heymann's Verlag. * 2 —

1. Bd. und 2. Bd. 1. Lfg. Ebendas. 1874,75. *M 7,50. Vgl. Calm, D. C.

—— dass. — Fortgeführt von Horch. 2. Bd. 3. Lfg. und 3. Bd. 1. Lfg. Mit ausführl. Sachregister. gr. 8. Ebendas. [2. Bd. 3. Lfg. (S. 157—282.) 876; 3. Bd. 1. Lfg. (S. 1—120.) 877.] à Lfg. *M 2,50. * 5 —

—— dass. — Fortgeführt von Grünewald. 3. Bd. 2. und 3. (Schluß-)Lfg. gr. 8. Ebendas. [2. Lfg. (S. 121—224.) 878. *M 1,80.; 3. Lfg. (VII, S. 225—336 und Generalreg. zu den 3 Bdn. 108 S.) 880. *M 4,50.] * 6 30

Rechtsgrundsätze üb. Frohn- u. Dienstsachen. Nach d. Kgl. Sächs. Mandate v. 13. Aug. 1830 bargest. f. Dienstberechtigte u. Dienstpflichtige. gr. 12. (4 B.) Leipzig 831, Köhler.

**Rechtsgrundsätze** des Königl. preuss. Ober-Verwaltungsgerichts. Nach d. gedruckten Entscheidungen zusammengestellt u. erläutert. Auflage 1 u. 2 berbeitet von **Parey.** Aufl. 3 bearbeitet von **Kunze** u. **Kautz.** Berlin 892—99.

Das Hauptwerk ist in Auflage 1 u. 2 vergriffen, zu haben sind noch die Ergänzungsbände 1892—95 für
Einzelpreise: 1892 2.50; 1893, 94, 95 à 3.50.
Auflage 3 des Hauptwerkes enthält den Inhalt von Auflage 1 u. 2 u. der Ergänzungsbände 1892—95. Auflage 3 erschien Berlin 898, Ergänzungsbände 1899 u. 1900
(Letztere dienen auch zur Ergänzung der Auflage 1 u. 2 und deren Ergänzungsbände 1—4.)

**Rechtsgrundsätze** des kgl. Sächs. Oberverwaltungsgerichts. Bearb. von Dr. Paul Wachler, Senatspräs., u. Dr. E[wald] Naundorff, Oberverw.Ger.R. Bd 1, H. 1. *Leipzig: Roßberg 1905.* 8° [F.]
— **Zeitschrift**, Fischers, f. Praxis u. Gesetzgebung d. Verwaltung. Bd 28, Beil.H. 1. [04. 16641 3

**Rechtsgrundsätze** für Realmeistbots-Vertheilungen. Dargestellt mit besonderer Berücksichtigung der neuesten einschlägigen Entscheidungen des k. k. obersten Gerichtshofes ... Graz 1881. V: *Rauter, David.* (RUSSELL XII, I, 802)

Die **Rechtsgültigkeit** des marokkanischen „Berggesetzes" vom 7. Okt. 1908. Rechtsgutachten nebst S.-A. einer wiss. Arbeit von Prof. v. Martitz überreicht durch Gust. H. Müller-Abeken. [Nicht amtl. Drucks. des Reichstags.] (Berlin 1910.)

[Inhalt:]
1. **Asser**, T. M. C.: Gutachten. (Uebers. aus d. Holländ.)
2. **Fleiner**, Fritz: Die Rechtsgültigkeit des marokkan. „Berggesetzes" vom 7. Okt. 1908. Rechtsgutachten. 26. 2. 1910.
3. **Jagemann**, Eug. v.: Gutachten über die völkerrechtl. Bedeutung der Algeciras-Akte für das Bergrecht in Marokko erstattet. Febr. 1910.
4. **Kahl**, Wilh.: Ethische Werte im marrokkan. Bergwerksstreit. National-Zeitung 3. 3. 1910.
5. **Martitz**, Ferd. v.: Die völkerrechtl. Grundlagen der deutschen Bergwerksinteressen in Marokko. (S.-A. a.: Internat. Wochenschrift für Wiss. ... hrsg. von Paul Hinneberg. 26. 2. 1910.)

**Rechtsgutachten**, Ein. (Pressburg 1883.) 8. 2 Bl. u. 1 Rundschreiben der Loge Zukunft.

**Rechtsgutachten** über die wider den Professor G. G. Gervinus erhobene Anklage wegen Aufforderung zum Hochverrath. Braunschweig 1853. V: *Bremer, Jürgen.* (A)

**Rechtsgutachten** über die wider den Professor G. G. Gervinus erhobene Anklage wegen Aufforderung zum Hochverrath und wegen Gefährdung der öffentlichen Ruhe und Ordnung. 1. und 2. Aufl. gr. 8. (47 S.) Braunschweig 853, Schwetschke und Sohn.

**Rechtsgutachten** betreffend den Anspruch des Kantons Zug gegenüber der Gotthardbahngesellschaft auf den Bau und Betrieb einer Eisenbahn von Zug über St. Adrian nach Goldau. Winterthur 1888. V: *Forrer, Ludwig.* (Zuwachsverz. d. Bibliotheken in Zürich 1898 ff., 7.)

**Rechtsgutachten** über die Ansprüche des Mönchsklosters Einsiedeln ... Aarau 1836. V: *Brugisser.* (Zuwachsverz. d. Bibl. Zürich 1898 ff. 7.)

**Rechtsgutachten** über die Ansprüche des Mönchsklosters Einsiedeln ... auf das Aargauische Nonnenkloster Fahr. Aarau 1836. V: *Fetzer, Joh.* (AarK)

**Rechtsgutachten,** betreffend die Ansprüche des Herrn Werner Grafen von Haxthausen zu Bökendorf auf das Dorf Welda ... Halle 1840. V: *Pernice, Ludw.* (Tübz 3, 64)

Rechtsgutachten zur Auslegung des Par. 2 des Fürstl. Lippischen Gesetzes, ... s. Reuling, Wilhelm.

**Rechtsgutachten** über die Bannausscheidung für die Stadt Zürich. Zürich 1838. V: *Bluntschli, Johann Caspar & Conrad Ulrich.* (Cat. d. Stadtbibl. Zürich. Zürich 1864—97.)

**Rechtsgutachten** in Sachen der Firma Burkhardt und Cie ... gegen die Bernische Bodenkreditanstalt ... betreffend Forderung aus Börsengeschäften. Zürich 1898. V: *Meili, Frdr.* (Zuwachsverz. d. Bibliotheken in Zürich 1898 ff.)

**Rechtsgutachten** in Sachen der Anglo-Swiss Condensed Milk Comp. in Cham ... betreffend Firmenrecht. Zürich 1895. V: *Meili, Frdr.* (Cat. d. Stadtbibl. Zürich. Zürich 1864—97.)

**Rechtsgutachten** wegen einer Differenz mit der H. Famille der HHn Stromer ... 1705. O. O. V: *Peller von Schoppershof, Johann Jobst.* (will)

**Rechtsgutachten** über die von Seite Preussens gegen Bayern erhobenen Eigenthums-Ansprüche auf die ... später nach München gebrachte Gemälde-Galerie ... München 1870. H: *Bomhard, Eduard.* (schz)

**Rechtsgutachten** die Ersitzung des Ritterguts Gollmenglin betreffend. Leipzig 1869—91.] V: *Wächter, Carl Gg v.* (Tübz 26, 36)

**Rechtsgutachten** der juristischen Facultät der Universität Straßburg betr. den Erlaß des provisorischen Kirchengesetzes vom 31. Octbr. 1875 über die kirchlichen Eheverkündigungen u. Trauungen im Großherzogth. Sachsen-Weimar. gr. 8. (12 S.) Eisenach 878. Rasch & Coch. n. — 20

Rechtsgutachten (der Kieler juristischen Fakultät) betr. das gräflich Rantzau-Oppendorfer Fideikommiß. Kiel 1865. Fol.

**Rechtsgutachten** über die beanspruchten Familienstandesrechte der Grafen von Seinsheim ... Wien 1870. V: *Neumann, Leop. Freiherr von & Jos. Unger.* (EB)

**Rechtsgutachten,** die Festungswerke der Stadt Basel nach deren gegenwärtigen Rechtsverhältnissen betreffend. Langenth. 1861. V: *Keller Frdr. Ludw. v.* (Zuwachsverz. d. Bibl. in Zürich 1898 ff.)

**Rechtsgutachten** üb. die Frage der Anerkennung d. altkatholischen Bischofs Reinkens in Bayern. gr. 8. (46 S.) München 874. Kaiser. — 75

תשובות גאונים קדמונים **Rechtsgutachten** der Geonim. Nach einer Handschrift hrsg. v. Dav. Cassel. Mit einer Einleitung v. S. L. Rapoport. Zum Druck befördert v. L. Zarinzansky. gr. 4. (126 S.) Berlin 848. (Leipzig, C. L. Fritzsche.) n. 1 ℔

Rechtsgutachten über die Gerechtsamen der protestantischen Synoden in den Herzogthümern Gülich und Berg in Censur-Disciplin- u. Matrimonial-Sachen, nach Inhalt der Religionsrecesse, von der Juristenfacultät zu Göttingen. Cleve 1791.

**Rechtsgutachten** in Sachen der schweizerischen Handelsgesellschaft in Oerlikon ... gegen Rud. Stauffer ... betreffend Forderung aus genossenschaftlicher Haftpflicht. Zürich 1899. V: *Meili, Frdr.* (Zuwachsverz. d. Bibl. in Zürich 1898 ff.)

**Rechtsgutachten** in Sachen Ernst Heidorn ... betreffend Forderung. Zürich 1896. V: *Meili, Frdr.* (Cat. d. Stadtbibl. Zürich. Zürich 1864—97.)

**Rechtsgutachten** in Sachen Leo Henggeler Sohn ... betreffend Verlöbnissbruch. Zürich 1895. V: *Meili, Frdr.* (Cat. d. Stadtbibl. Zürich. Zürich 1864—97.)

**Rechtsgutachten** der Juristen-Facultät auf der Königl. Preuß. Friedrich-Wilhelms-Universität zu Berlin üb. die Verletzung der verfassungsmäßigen Rechte der Provinziallandschaft insbesondere der Ritterschaft der Fürstenth. Calenberg, Göttingen, Grubenhagen durch die v. der Königl. Hannov. Regierung beabsichtigte Ausführung des §. 33 des Gesetzes vom 5. September 1848. gr. 8. (165 S.) Hannover 851, Helwing. 1/2 ℔

Anonym: „Rechtsgutachten einer nicht genannten Juristenfakultät, betr. vorgekommene Münzverbrechen in Frankfurt am Mayn. (e. E.:) 3. November 1760". — Vorh.: StB Nürnberg.

Rechtsgutachten der Juristen-Fakultät auf der Königl. Hannoverschen Georg-August-Universität zu Göttingen über die preußische Preßverordnung vom 1. Juni 1863. Berlin 1863. 8°

**Rechtsgutachten** der Juristenfacultät zu Halle, vorläufig z. Notiz f. Hrn. Hofr. Hurlebusch, herggg. v. H. P. C. Henke. gr. 8. Helmst. 796. Fleckeisen. 2 ℋ

**Rechtsgutachten** der Juristenfacultät in der Universität Jena in Sachen des Landsassen J. J. Kühl auf Obbendorff, Klagers, wider die Herren Administratoren des gräflich Rantzau-Obbendorffer Fideikommisses, Beklagte, in peto. schuldiger Annahme gewisser Zinsen und Kosten gegen Wiederablieferung der Güter Obbendorff und Schönhorst, ingleichen in Sachen des gräflich Rantzau-Obbendorffer Fideicommisses, Reconvenienten, wider den Landsassen J. J. Kühl auf Obbendorff, Reconventen, in peto. reconventionis wegen zu erkennenden Concurses über Obbendorff und Schönhorst. o. O. (1818.) Fol.

**Rechtsgutachten** d. Juristen-Facultät in Zürich, bezügl. auf d. Verhältnisse d. kaufmänn. Direktorialfondes in St. Gallen. gr. 4. (10¾ B.) St. Gallen 840, (Huber u. Comp.)

**Rechtsgutachten** in Sachen M. v. Knoblauch ... in Altdorf (Uri) ... betreffend Forderung aus Conto-Ct. Zürich 1895. V: *Meili, Frdr.* (Cat. d. Stadtbibl. Zürich. Zürich 1864—97.)

**Rechtsgutachten** in Sachen des Fideicommissgutes Landtwing als Eigenthümer des Schlosses St. Andreas ... gegen Herrn David Stephan Page von Dixon ... Zug [1897]. V: *Meili, Frdr.* (Berl) (Zuwachsverz. d. Bibliotheken in Zürich 1898 ff.)

**Rechtsgutachten** in Sachen der Gebrüder von Lien zu Münster wider die von Schilgen'sche Vermögens-Administration daselbst. Münster 1817. V: *Meyer, C.* (KGBerlin I, 807)

**Rechtsgutachten** in Sachen der Herrn Melly-Forget und C. in Liverp. gegen die Baumwollspinnerei Cham, Kaufvertrag betreffend. Zürich 1866. V: *Suter, A.* (Cat. d. Stadtbibl. Zürich. Zürich 1864—97.)

**Rechtsgutachten** in Sachen des Herrn Buchb. Mutschelle gegen Herrn Johann Kleinert betreffend Ersatz des Schadens ... [Zürich 1863.] V: *Regelsberger, Ferdinand.* (Cat. d. Stadtbibl. Zürich. Zürich 1864—97.)

**Rechtsgutachten** und Nachtragsgutachten im Prozess der Spinnereien Aegeri, Klägerin, gegen J. J. Iten ... betreffend Servitut. Zürich 1897. V: *Meili, Frdr.* (Zuwachsverz. d. Bibliotheken in Zürich 1898 ff.)

**Rechtsgutachten** in Sachen des Herrn von Orelli in Zürich gegen Emanuele d'Orelli Corragioni ... in Luzern. Luzern 1889. V: *Wyss, Friedrich v.* (Cat. d. Stadtbibl. Zürich. Zürich 1864—97.)

**Rechtsgutachten, Zweites,** in Sachen der Herren von Orelli in Zürich gegen Eman. d'Orelli Corragioni in Luzern. Luzern 1889. V: *Wyss, Frdr. v.* (Zuwachsverz. d. Bibliotheken in Zürich 1898 ff., 8.)

**Rechtsgutachten** im Prozess der früheren Actionäre der Eisenbahn Lausanne-Fribourg-Berne ... gegen den Kanton Freiburg betreffend Schadenersatz. Zürich 1891. V: *Meili, Frdr.* (Cat. d. Stadtbibl. Zürich. Zürich 1864—97.)

**Rechtsgutachten** erstattet zum Process des Grafen H. v. Arnim von Wahlberg, Merkel, v. Holtzendorff und Rolin-Jaequemyns. Hrsg. von Frz. v. Holtzendorff. 8. (156 S.) München 875, Oldenbourg. * 2

**Rechtsgutachten** betreffend die derzeitige Rechtslage der sogenannten Lippischen Thronfolgestreitigkeiten ... [Berlin 1896.] V: *Reuling, Wilh.* (Berl)

**Rechtsgutachten** (in dem Rechtsstreite der Frau Aug. Leiden geb. Deichmann und Genossen gegen das Bankhaus Deichmann und Cie in Cöln a. Rh. betreffend die Edition gewisser Handelsbücher des beklagten Bankhauses, eventuell Rechnungslegung desselben). Berlin 1882. V: *Goldschmidt, Levin.* (KGBerlin I, 710)

**Rechtsgutachten** über den Rechtsstreit zwischen der Stadt Zürich ... gegen den Staat Zürich ... betreffend ... Kaufhausgebühren. Zürich 1856—57. V: *Dernburg, Hnr.* (Schz) (Cat. d. Stadtbibl. Zürich. Zürich 1864—97.)

**Rechtsgutachten** betreffend die durch die prorogirenden Gesetze und Dekrete der französischen Behörden hervorgerufenen Regressfragen, verfasst im Auftrage des Tit. schweizerischen Handels- und Zolldepartements. Bern 1871. V: *Munzinger, Wilh.* & *Rud. Niggeler.* (Schz) *Munzinger, Walther* & *Nicolaus Niggeler.* (Cat. d. Stadtbibl. Zürich. Zürich 1864—97.)

**Rechtsgutachten** und Rekursschriften betreff. das zürcher. Banknoten-Monopol, dem Bundesrath eingereicht von der Bank in Zürich. 1877. 4°

**Rechtsgutachten** über die Reorganisation der bernischen Schullehrerkasse. Bern 1870. V: *Leuenberger, Jac.* (Cat. d. Stadtbibl. Zürich. Zürich 1864—97.)

**Rechtsgutsachten** [betr. den Streitfall Rußland-Hellfeld 1910 von:] fol.
F. Meili. (Zürich.)
P. Laband. (Straßburg i. E.)
P. Zorn. (Bonn.)
Hatschek. [Göttingen.]
O. Fischer. (Breslau.)
M. Fleischmann [u. d. Tit.:] Zur Beschlagnahme der Russischen Bankdepots. Als Ms. gedr. Berlin 1910.
Frh. C. v. Stengel. (München.)
Brie. (Breslau.)
H. Triepel. (Kiel.)
J. Kohler. (Berlin.)
L. v. Seuffert. (München.)
C. Bornhak. (Berlin.)
G. S. Freund. [Berlin.]

**Rechtsgutachten** bezüglich der Herzogthümer Schleswig, Holstein u. Lauenburg erstattet auf Grund des Allerhöchsten Erlasses vom 14. Dezbr. 1864 vom Kron-Syndikat. Berlin 866. v. Decker. gr. 8. (232 S.) 1 ℛ

**Rechtsgutachten** in Sachen Gebr. Schnyder & Co., in Madratsch bei Biel . . . gegen die Erste Österr. Seifensieder-Gewerkschaft »Apollo« in Wien . . . Zürich 1898. V: *Meili, Frdr.* (Berl) (Zuwachsverz. d. Bibliotheken in Zürich 1898 ff.)

**Rechtsgutachten** in Sachen Gebr. Schnyder & Cie. . . . gegen Lever Brothers Lim. . . . betreffend Markenrecht. Zürich 1897. V: *Meili, Frdr.* (Zuwachsverz. d. Bibliotheken in Zürich 1898 ff.)

—— des Spruchcollegiums der Heidelberger Juristen-Facultät über die Verfassungsmäßigkeit der preußischen Preßverordnung vom 1. Juni 1863. gr. 8. (32 S.) Leipzig 863, O. Wigand.

**Rechtsgutachten** in Sachen Rudolf Steiner-Höhn . . . gegen Dr. med. M. Kälin betreffend Servitut. Zürich 1896. V: *Meili, Frdr.* (Berl) (Cat. d. Stadtbibl. Zürich. Zürich 1864—97.)

**Rechtsgutachten** üb. d. Stempelpflichtigkeit d. in Deutschland abgeschloss. Lieferungsverträge von d. Verein z. Wahrg. d. wirthschaftl. Interessen. Berlin 888.

**Rechtsgutachten** über den Streit zwischen Luzern und Schaffhausen betreffend die Ehe d. Jos. Schmidlin . . . O. O. [1857]. V: *Vogt, Gustav.* (Cat. d. Stadtbibl. Zürich. Zürich 1864—97.)

**Rechtsgutachten** in der Streitsache des Gotteshauses Einsiedeln im K. Schwyz gegen die Regierung des Standes Aargau, Rechte auf das Kloster Fahr betreffend. 8. Zürich 1838.

**Rechtsgutachten** in der Streitsache d. Gottesh. Einsiedeln gegen den H. Stand Aargau . . . [Zürich 1838.] V: *Keller, Friedrich Ludwig von.* (AarK)

**Rechtsgutachten** betreffend die eventuelle Succession der Sonderburger Linie des Hauses Holstein-Odenburg in das Herzogthum Holstein, abgegeben an die Preussische Regierung den 30. Sept. 1851 . . . Kopenhagen 1863. V: *Pernice, Ludwig Wilhelm Anton.* (KGBerlin I, 1974)

**Rechtsgutachten** betr. die Successionsrechte d. Grafen v. Merenberg auf das Großherzogtum Luxemburg, s. Silberstein, Max.

**Rechtsgutachten** betreffend die Verantwortlichkeit der Vorsteherschaft . . . Zürich 1872. V: *Bluntschli, Joh. Casp.* (Cat. d. Stadtbibl. Zürich. Zürich 1864—97.)

**Rechtsgutachten** in Sachen der Verlassenschaft des Xaver Siegwart betreffend Erbteilung, Schenkungen. Zürich 1895. V: *Meili, Frdr.* (Cat. d. Stadtbibl. Zürich. Zürich 1864—97.)

**Rechtsgutachten** in Sachen J. Wild und Consorten gegen vereinigte Schweizerbahnen . . . Zürich 1860. V: *Dernburg, Hnr.* (Cat. d. Stadtbibl. Zürich. Zürich 1864—97.)

**Rechtsgutachten** in Sachen der Geschwister Zeitmann in Frankfurt . . . betreffend . . . Expropriation. Zürich 1895. V: *Meili, Frdr.* (Cat. d. Stadtbibl. Zürich. Zürich 1864—97.)

**Rechtsgutachten** in Sachen des Centralvorstandes des Verbandes schweizerischer Postbeamten betreffend Auslegung des Bundesgesetzes von 1897 über die Beamtenbesoldungen. St. Gallen 1901. V: *Meili, Frdr.* (Zuwachsverz. d. Bibliotheken in Zürich 1898 ff.)

—— zwei, der Juristen-Fakultäten auf der Christian-Albrechts-Universität zu Kiel und auf der königl. Hannoverschen Georg-August-Universität zu Göttingen über die preußische Preßverordnung vom 1. Juni 1863. gr. 8. (40 S.) Berlin 863, G. Reimer.

— zwei, der Juristenfakultäten von Zürich u. München über die strafrechtl. Verfolgung des gesetzgebenden Großen Rathes des Kantons Luzern, nebst Beilagen. Ein Beitrag zur Geschichte der Staatsrechtspflege im Kanton Luzern. Hrsg. von Vinc. Fischer. gr. 8. (VIII u. 227 S.) Schaffhausen 850, Hurter. 3/4 ℛ

**Rechtsgutachten, Zwei,** über die Revision der Statuten der Schweizerischen Rentenanstalt. Zürich 1876. V: *Bluntschli, Joh. Casp.* & *Hnr. Fick.* (Cat. d. Stadtbibl. Zürich. Zürich 1864—87.)

**Rechts-Handbuch,** das praktische, im geschäftlichen Verkehr. Eine Anleitg. m. vielen Formularen zum selbständigen Verklagen u. Mahnen säum. Zahler u. böswill. Schuldner beim Amtsgericht, sowie e. Ratgeber in Wechsel-, Konkurs- u. Gewerbegerichts-Angelegenheiten ꝛc. gr. 8. (VI, 267 S.) Mülheim a/R. 892. J. Bagel. 2. —

**Rechts-Handbuch,** d. praktische, im geschäftl. Verkehr. E. Anleitg. m. vielen Formularen z. selbständ. Verklagen u. Mahnen säum. Zahler u. böswill. Schuldner beim Amtsgericht, sow. e. Ratgeber in Wechsel-, Konkurs- u. Gewerbegerichts-Angelegenheiten ꝛc. (Von F. A. Kühne.) 2., verb. u. verm. Aufl. 8. (VII, 326 S.) Mülheim a/R. 897. Jul. Bagel. 2. —

**Rechts-Handbuch,** das praktische, im geschäftl. Verkehr. Eine Anleitg. m. vielen Formularen zum selbständ. Verklagen u. Mahnen säum. Zahler u. böswill. Schuldner beim Amtsgericht, sowie e. Ratgeber in Wechsel-, Konkurs- u. Gewerbegerichts-Angelegenheiten ꝛc. (Von F. A. Kühne.) 3. nach den neuesten deutschen Gesetzen verb. Aufl. 12. (VII, 356 S.) Mülheim a/R. 900. J. Bagel. 2. —

**Rechtshandbücher** f. jedermann. Nr. 1—4. 12. Mülheim a/R., J. Bagel. 2. 70

1. Das neue Mietrecht f. Vermieter u. Mieter. Leichtfaßliche Darstellg. über des Vermieten von Gebäuden u. Gebäudeteilen m. Vertrags- u. Klageentwürfen, sowie e. Prozeßbeispiel. Von Gerson. (100 S.) (900.) n. 1.—; erm. Pr. — 75
2. Die Arbeitsleistung u. ihr Lohn nach neuem deutschen Reichsrecht, m. Klageentwürfen, dargestellt f. Arbeitgeber u. Arbeitnehmer, insbesondere f. Fabrikanten, Handwerker, Ingenieure u. s. w., nebst e. Anh., enth. die Rechte des Handlungspersonals. Von Gerson. (111 S.) (900.) 1. —; erm. Pr. — 75
3. Herrschaft u. Gesinde. Die neuen Rechtsbeziehgn. zwischen denselben f. das Gebiet der preuß. Gesindeordng., m. Beigabe v. Entwürfen zu Klagen u. s. w., leichtfaßlich dargestellt. Von Gerson. (63 S.) (900.) — 60
4. Der Vormund nach dem bürgerl. Gesetzbuche. Allgemein verständl. Darstellg. der vormundschaftl. Amtes m. Beispielen u. Mustern zu Gesuchen, Eingaben, Inventarien u. Verwaltungsberichten. Von Deicke. (68 S.) 901. — 60

**Rechtshandel** der drey Könige Ludwigs XII. von Frankreich, Karl III. von Spanien-Bourbon und des Knopfmachers Georg III. von Hannover vor dem Tribunat der Europäischen Mächte. O. O. 1782. V: *Linguet.* (Antiqu.-Kat. Nr. 67 Richard Härtel-Dresden-A. S. 19 sub 392.)

**Rechtshandel, Sonderbarer,** des Karl Schloisnigg wider Johann Rautenstrauch ... O. O. [Wien] 1788. H: *Rautenstrauch, Johann.* (EB)

**Rechtshändel, Berühmte,** bey verschiedenen Parlamentern in Frankreich; a. d. Franz. [des Alex. Jer. L'Oyseau de Mauleon] ... Berlin 1777—81. Ü: *Paalzow, Christian Ludwig.* (MGT) »Merkwürdige« (EngJ) (Ky)

**Rechtshändel, merkwürd.,** bei verschiedenen Parlamentern in Frankreich; aus d. Französ. (v. Chr. L. Paalzow). 6 Thle. 8. Berl. 777—81. (Reimer). 3 ℛ

**Rechtshändel,** merkw., b. versch. Parlam. in Frankr. a. d. Franz. 6 Thle. 8. Berl. Lange. 777-81.

**Rechtshandschriften,** deutsche, des Stadtarchivs zu Naumburg an d. Saale. I. Das Magdeburger Weichbild u. die Naumburger Statuten. II. Magdeburger u. Hallische Schöffenurtheile. III. Der verm. Sachsenspiegel. Hrsg. v. Heinr. Mühler. gr. 8. (6¾ B.) Berlin 838, Dümmler.

**Rechtshandschriften,** die, der Universitätsbibliothek in Innsbruck. Zusammengestellt auf Anregg. der Vorstehg. dieser Bibliothek. (41 S.) 8. Innsbruck, 904. Wagner. n. — 50
Sonderabdruck aus: „Beiträge z. Rechtsgesch. Tirols".

**Rechtshelfer,** der, oder prakt. Wegweiser für den badischen Bürger zur eigenen Besorgung seiner einfachen Rechtsangelegenheiten vor dem Amtsgerichte, ohne Beihilfe eines Rechtsanwalts, insbesondere auch in Fällen der Privatanklage mit vielen Muster-Eingaben u. Privatrechts-Urkunden ꝛc. 2., erweit. u. verb. Aufl. Freiburg im Br. 867. G. Mayer. 16. (XV, 328 S.) cart. n. 15 ngr.

**Rechtshelfer,** der. Anleitung zur Besorgung der Rechtsangelegenheiten in Fällen, für welche es der Beiziehung eines Anwaltes nicht bedarf, nach der Civilproceßordnung für das deutsche Reich unter besond. Rücksicht auf Baden. Mit vielen Mustereingaben. 8. (IV, 159 S.) Freiburg i. Br. 879, Mayer.

**Rechtshilfe,** die. Organ f. die Interessen d. Rechtsuchenden aller Berufsstände. Hrsg.: Karl Schaefer. 1. Jahrg. Oktbr.—Dezbr. 1900. 6 Nrn. hoch 4. (à ca. 12 S.) München, Rechtshilfe-Verlag. 2.—
Erscheint nicht mehr.

**Rechtshort.** Unabhängige Zeitschrift zur Einleitg. e. neuen Reformation durch Germanisierg. des Rechts. Hrsg. v. Lehmann-Hohenberg. 1. u. 2. Jahrg., 1905 u. 1906. à 24 Nrn. (504 u. 600 S.) gr. 8. Weimar, Verlag des „Rechtshort". à Jahrg. 4. —

**Rechtshort.** Unabhängige Zeitschrift zur Einleitg. e. neuen Reformation durch Germanisierg. des Rechts. Kulturhort f. freies deutsches Volkstum. Organ des allgemeinen deutschen Kulturbundes u. des deutschen Rechtsbundes. Hrsg. v. Lehmann-Hohenberg. 3.—5. Jahrg. 1907—1909. à 24 Nrn. (à ca. 16 S.) gr. 8. Weimar, Verlag des „Rechtshort". à Jahrg. 4. —
Nicht mehr im Buchhandel.

**Rechtsirrthümer,** die, des Judeneides. Notizen zur neuen Prüfung einer alten Frage. Speyer 862. Lang. 8. (56 S.) 6 ngr.

**Rechts-Kalender** der schweizerischen Eidgenossenschaft enth. die für den Verkehr wichtigsten Vorschriften des Civil- und Prozessrechtes, die Organisation der Justiz- und Verwaltungsbehörden und das Verzeichniss der praktizir. Rechtsanwälte. Unter Mitwirkung der Herren Gust. Voigt, F. Egger, E. Boivin u. A. hrsg. von F. Schlatter. gr. 8. (XXVII, 240 S.) Zürich 874, Schulthess. 2 40

**Rechts-Kalender,** neuer, der schweizerischen Eidgenossenschaft, enthaltend die für den Verkehr wichtigsten Vorschriften des Civil- und Prozessrechtes, das eidgenöss. Obligationenrecht, die Organisation der Justiz- und Verwaltungsbehörden und das Verzeichniss der praktizirenden Rechtsanwälte. Unter Mitwirkung von Gust. Vogt, Eug. Curti, Emil Vogt etc. hrsg. von F. Schlatter. 2. neu bearb. und verm. Aufl. 8 Lfgn. gr. 8. (IV, 746 S.) Zürich 883, Schulthess. à Lfg. ℳ 1,20.; compl.

**Rechts-Kalender,** neuer, der Schweizerischen Eidgenossenschaft, enth. die f. den Verkehr wichtigsten Vorschriften des Civil- u. Prozessrechtes, die Organisation der Justiz- u. Verwaltungsbehörden u. das Verzeichnis der praktizir. Rechtsanwälte. Unter Mitwirkg. v. Gust. Vogt, Alex. Reichel, A. Krentel u. s. w. hrsg. v. F. Schlattor. Dor 1. Ed. 3. Noubearboitg. (In ca. 8 Lfgn.) 1. Lfg. gr. 8. (LXII u. S. 1—32.) Zürich 895. F. Schulthess. n. 1. —

**Rechts-Kalender,** neuer, d. schweizerischen Eidgenossenschaft, enth. d. f. d. Verkehr wichtigsten Vorschriften d. Civil- u. Prozessrechtes, d. Organisation d. Justiz- u. Verwaltungsbehörden u. d. Verzeichnis d. praktizir. Rechtsanwälte. Unt. Mitwirkg. v. Gust. Vogt, Alex. Reichel, A. Krentel etc. hrsg. v. F. Schlatter. Der 1. Edition 3. Neubearbeitg. 2.—7. Lfg. 8. (7 S. u. S. 33—520.) Zürich 895. F. Schulthess. à Lfg. n. 1. — (klpt: n. 7. —; erhöht. Preis geh. 8. 20)

— dasselbe. Suppl., enth. d. Aendergn. v. 1895, 1896 u. 1897. Unt. Mitwirkg. v. Rechtskundigen aus allen Kantonen hrsg. v. F. Schlatter. 8. (111 S.) Ebd. 899. n. 2. —

**Rechts- und Gesetzes-Kalender,** landwirtschaftlicher, des Nassauischen Bauern-Vereines für die J. 1882 und 1883. 1. und 2. Jahrg. 8. (à Jahrg. 96 S.) Rüdesheim, Maier. à Jahrg. **

**Rechts- u. Gesetzes-Kalender,** landwirthschaftl., d. Nassauischen Bauern-Vereins f. d. J. 1883. 2. Jahrg. 8. (96 S.) Rüdesheim 883. (Wiesbaden, Moritz & Münzel.) n n. — 30

**Rechts- u. Gesetzes-Kalender,** landwirthschaftlicher, d. Nassauischen Bauern-Vereins f. d. J. 1888. 7. Jahrg. 8. (166 S.) Kempen a/Rh. 887. Klöckner & Mausberg. — 50

Schweizerischer Rechts- und Finanzkalender auf das Jahr 1902. Mit einer Beilage in Lichtdruck: Tabelle sämtlicher in der Schweiz gültigen 5 Fr.-Thaler. II + 264 [+ 16 leere] S. 8. Zürich, Schulthess & Co., 1902. [geb. fr. 2. —]

Schweizerischer Rechts- und Finanzkalender auf das Jahr 1903. Jahrg. 2. II + 307 [+ 12 leere] S. 8. Zürich, Schulthess & Co., 1903. [geb. fr. 2. —]

Schweizerischer Rechts- und Finanzkalender auf das Jahr 1904. Jahrg. 3. 340 + *Verlags-Verz.* 8 + 4 [+ 28 leere] S. 8. Zürich, Schulthess & Co., 1904. [geb. fr. 2. —]

Schweizerischer Rechts- und Finanzkalender auf das Jahr 1905. Jahrg. 4. II + 340 + *Verlags-Verz.* 16 [+ 44 leere] S. 8. Zürich, Schulthess & Co., 1905. [geb. fr. 2. —]

Schweizerischer Rechts- und Finanzk' auf das Jahr 1906. Jahrg. 5. III + 335 [+ 33 leere] + *Verlags-Verz.* 18 S. 8. Zürich, Schulthess & Co., 1906. [geb. fr. 2. —]

Schweizerischer Rechts- und Finanzk' auf das Jahr 1907. Jahrg. 6. III + 292 [+ 22 *leere*] + *Verlags-Verz.* 22 S. 8. Zürich, Schulthess & Co., 1907. [geb. fr. 2. —]

Schweizerischer Rechts- und Finanzk' auf das Jahr... . 8. Zürich, Schulthess & Co. [geb. fr. 2. —]
... 1908. Jahrg. 7. III + 290 [+ 22 leere] + *Verlags-Verz.* 24 S. 1908.
... 1909. Jahrg. 8. III + 291 + *Verlags-Verz.* 24 S. 1909.

Schweizerischer Rechts- und Finanzk' auf das Jahr 1910. Jahrg. 9. III + 272 S. + *Anzeigen.* 8. Zürich, Schulthess & Co., 1910. (geb. fr. 2. —)

Schweizerischer Rechts- und Finanzk' auf das Jahr 1911. Jahrg. 10. III + 258 S. + *Anzeigen.* 8. Zürich, Schulthess & Co., 1911. (geb. fr. 2. —)

[ʊ.] Deutsche **Rechts-** und Gerichts**karte.** E. Eintheilg d. Deutschen Reichs 1) nach Geb. d. bürg. Rechts u. 2) nach umfassenderen Gerichtsbez. (Oberlandes- u. Landger.)'. M. 1 Orientirgsheft. *Kassel: Th. G. Fisher & C. 1896.* (1 Ktnbl. $\frac{62}{80}$, 2 Bl., 42 S.) 1 Bd 8. [96. 914

**Rechts- u. Gerichtskarte,** deutsche, s. a. Deutschland.

Rechtskarte [Schlagwort]

**Rechtskarte,** s.: Frankfurt a. M.

**Rechtskatechismen,** populäre, hrsg. von M. Raschke. 8. München. Halle, A. H. Müller.
Erbrecht, gesetzliches, v. Rob. G(oldschmidt). 2. Aufl. (54 S.) Berlin (905.) 1. —
Kiesow, W., Schenkung, Leihe, Darlehen, Bürgschaft. (88 S.) (909.) 1. —
Korn, Alfr., der Strafprozeß. 2. Aufl. (56 S.) Berlin (905). 1. —
Lewinsohn, Rich. Johs., Bundesrat u. Reichstag. 2. Aufl. (19 S.) Berlin (905). — 50
— Erwerb u. Verlust der Staatsangehörigkeit. 2. Aufl. (26 S.) Berlin (905). — 50
Raschke, Marie, das Eherecht. Verlöbnis, Eheschließg., Ehenichtigkeit u. Wirkgn. der Ehe. (63 S.) Berlin (905). 1. —
— Das Ehescheidungsrecht. 2. Aufl. (59 S.) Berlin (905). 1. —
Das eheliche Güterrecht. 2. Aufl. (79 S.) Berlin. 1. —
Ruben, Ernst, das Recht der Testamente u. Erbverträge. (16 S.) Berlin (905). 1. —

**Rechts- u. Gesetz-Katechismus** 2c. 8. Bamb. Göbhard. 805.

**Rechts- u. Gesetz-Katechismus** 2c. 8. Bamb. 805. (Frankf. a. M., Wesché). 6 gr.

Kleiner Rechtscatechismus für Injurienhändel, durch gedruckte Prozeßakten in Sachen des Kammerherrn von Neergaard wider den Professor Hegewisch erläutert. Kiel. 1815. 8°

Rechtskatechismus für's Bad. Volk. 2. Aufl. *Carlsruhe,* Müller. 825. gr. 8. (12 Gr.)

**Rechtskonsulent,** der. Erste Zeitschrift f. d. Interessen der Rechtskonsulenten. Red. Schneider-Blankenburg. I. Jahrg. Febr. 1902—Jan. 1903. 24 Nos. gr. 4. Anclam, Sussermann. halbjährl. 2. —

**Rechts-Consulent,** der, f. Preuß. Kaufleute 2c., so wie für alle Ausländer, welche mit den Bewohnern d. königl. preuß. Staaten in Handelsverbindung stehen, nach den üb. die gesammten Handelsgeschäfte u. Verhältnisse erschien. k. preuß. Gesetze u. Verordnungen. Nebst einem merkantilisch-legislator. Wörterbuche. 8. Quedlinb. 824, Basse.

Rechtscontinuität, die, vom allgemeinen Standpunckte. Als Beitrag zur Verständigung von B. L. H. 8. (60 S.) Agram 863, (Jakic.) *

**Rechtscontinuität, Die wahre,** in der ungarischen Frage. Wien 1864. V: *Mally, Johann.* (WBL)

—— die wahre, in der ungarischen Frage. 1. und 2., durchgesch. Aufl. gr. 8. (III und 71 S.) Wien 864, Braumüller und Sohn. *

**Rechtskraft u. Rechtsbruch** der liv- u. ostländischen Privilegien. gr. 8. (85 S.) Leipzig 887. Duncker & Humblot. n. 1. 80

**Rechtskritik** des Amicistenordens nach der historischen Anleitung im Graf Guido von Taufkirchen und allgemeingültigen Rechtsgrundsätzen für alle geheimen Ordensgesellschaften. Chemnitz 1800. V: *Turin, Bernhard* (?). (Erman & Horn, Bibliogr. d. dtsch. Universitäten. 1. Leipz. u. Berl. 1904.)

**Rechtskunde, ärztliche.** 12 Vorträge, geh. v. O. Aschenborn, E. Dietrich, G. Florschütz u. a. Hrsg. vom Zentralkomitee f. das ärztl. Fortbildungswesen in Preussen, in dessen Auftrage red. v. R. Kutner. (III, 400 S.) gr. 8. Jena 907. G. Fischer. 6.—; geb. 7.—

ÄRZTLICHE RECHTSKUNDE. Zwölf Vorträge, gehalten von Geh. San.-Rat Dr. O. ASCHENBORN in Berlin, Geh. Reg.- u. Med.-Rat Dr. E. DIETRICH in Berlin, Prof Dr. G. FLORSCHÜTZ in Gotha, Geh. Justiz-Rat Prof. Dr. HELLWIG in Berlin, weil. Geh. Med.-Rat Prof. Dr. JOLLY in Berlin, Geh. Ober-Med.-Rat Prof. Dr. M. KIRCHNER in Berlin, Geh. Justiz-Rat Prof. von LISZT in Berlin, Dr. ALBERT MOLL in Berlin, Dr. O. MUGDAN in Berlin, Reg.- u. Geh. Med.-Rat Dr. E. ROTH in Potsdam, Geh. Ober-Med.-Rat Dr. PISTOR in Berlin. Herausgegeben vom Zentralkomitee für das ärztliche Fortbildungswesen in Preussen, in dessen Auftrage redigiert von Prof. Dr. R. KUTNER. Jena 1907. Verlag von Gustav Fischer. 8°.

**Rechtskunde für Kaufleute.** Grundzüge des schweizerischen Handels- und Verkehrsrechts. Handbuch für Handelsschulen, kaufmännische Fortbildungsschulen und Handel- und Gewerbetreibende. Von H[ans] Grogg, Handelslehrer ... [in] Basel, Dr. jur. H[ermann] Rennefahrt, Fürsprecher in Bern [und] C[arl] Steffen, Direktor der Basler Kantonalbank in Basel, mit einem Begleitwort von Dr. J[ohann] Fr[iedrich] Schär, Professor ... in Berlin. [Mit Figuren und 1 Formular-Beilage.] XXIV + 382 S. 8. Bern, Stämpfli & Cie., 1909. [geb. fr. 8.—]

Kaufmännische Rechtskunde. 1. Leipzig: Göschen 1908. 8°
(Sammlung Göschen. 103.) A...

**Rechtskunde,** kleine, f. Münchener Kellnerinnen. Verf. v. e. Juristen, hrsg. vom Münchener Kellnerinnenverein. Mit e. Anh., enth.: Die bayer. Ministerialbekanntmachg. vom 29. V. 1901 (Stellenvermittlg.) u. die Bundesratsverordng. vom 23. I. 1902 (Arbeitszeit). (III. 92 S) 8. München, C. Beck. 1902. Kart. 1.—

**Rechtskunde** f. Volksschul-Lehrer u. Lehrerinnen. Zusammenstellg. d. gesetzl. Bestimmngn., minister. Erlasse u. gerichtl. Entscheidgn. i. Volksschulangelegenheiten. 1. Bdchn. Jahrg. 1897. 8. (80 S.) Düsseldorf 898. L. Schwann. n. 1.—

Die **Rechtslage** hinsichtlich der Erhebung von Abgaben auf dem Rhein. Mainz [1905]: Prickarts. 33 S. 8° Uo. 774 5

Die Rechtslage hinsichtlich der Erhebung von Abgaben auf dem Rhein. [Hrsg. von der Handelskammer zu Mainz.] Mainz, 1905. 33 S.

**Rechtslage, Die,** des Studierenden. Reform der akademischen Disziplinarvorschriften! Zu den Akademikerversammlungen am 4. Nov. 1910. Berlin 1910. V: *Guttmann, Walter.* (EbertBjb I, S. 32)

Aus dem Berliner **Rechtsleben.** Festgabe z. 26. Deutschen Juristentage. Überreicht v. Ortsausschusse. Berlin, im Sept. 1902. Berlin: F. Vahlen 1902. (129 S.) 8°

**Rechtslehre** für das Volk; eine Wochenschrift. Linz 1796. V: *Eybel, Joseph Valentin.* (MGT) (WBL) (Ky)

**Rechtslexikon,** s. Encyclopädie der Rechtswissenschaft.

**Rechtslexikon.** Encyclopädie der Rechtswissenschaft in alphabet. Bearbeitung. Hrsg. unter Mitwirkg. vieler Rechtsgelehrter von Frz. v. Holtzendorff. 2. durchgehends verb. u. erheblich verm. Aufl. 24 Lfgn. Lex.-8. (1. Bd. 849 u. XII, 1022 S.) Leipzig 874. 75. Duncker & Humblot. n. 28.—

**Rechtslexikon.** Encyklopädie der Rechtswissenschaft in alphabet. Bearbeitung. Hrsg. unter Mitwirkung vieler Rechtsgelehrter von Frz. v. Holtzendorff. 3. auf Grund der neuesten Reichsgesetzgebung vollständig umgearb. und unter Berücksicht. des Verwaltungs- und des Handelsrechts bedeutend verm. Aufl. 44 Lfgn. oder 3 Bde. gr. 8. Leipzig, Duncker und Humblot. [1. und 2. Bd. (925; 975 S.) 880,81. à * ℳ 14,40., geb. * ℳ 17.; 3. Bd. (1584 S.) 881. * ℳ 24., geb. * ℳ 29,20.] à Lfg. * ℳ 1,20. geb.

**Rechtslexicon f. Juristen aller deutschen Staaten,** enthalt. d. gesammte Rechtswissenschaft. Bearbeitet von BOPP, BUDDEUS, GANS, GAUPP, GÜNTHER, HEIMBACH, JACOBSON, JORDAN, LUDEN, MAURENBRECHER, v. MAURER, MICHAELIS, MITTERMAIER, PUCHTA, REYSCHER, RICHTER, TAUSCH, v. WÄCHTER, WEISS, WITTE, v. ZIRKLER u. And. redigirt von Jul. WEISKE. 1r Bd. 1e—5e Lief. (Abnsns — Bergrecht.) *Lpzg.*, O. Wigand. 838. 39. gr. 8.

Rechtslexikon für Juristen aller teutschen Staaten, enthaltend die gesammte Rechtswissenschaft. Bearbeitet von vielen Gelehrten, redigirt von Jul. Weiske. 1r u. 2r Bd. à 5 Lfrgg. u. 3r Bd. 1e—5e Lfrg. gr. 8. Leipzig 838—40. Otto Wigand. (à n. $^2/_3$ ß) 10 ß — Fein Papier (à n. $^5/_6$ ß) 12$^2/_3$ ß

**Rechtslexikon** f. Juristen aller teutschen Staaten, enth. d. gesammte Rechtswissenschaft. Bearb. v. vielen Gelehrten, redig. v. Jul. Weiske. 1—4. Bd. à 5 Lfgn. (A—Gesinde.) gr. 8. (239$^5/_8$ B.) Leipzig 838—43, Otto Wigand. à L. * $^2/_3$ Thlr., f. Pap.

— dass. 2. Abonnement. 1.—3. Bd. A—J. 2. Ausg. gr. 8. Ebend. 842—45. n. 10$^2/_3$ ß

— dass. 2. Ausg. 1—5. Bd. A—J. gr. 8. (297$^1/_2$ B.) Ebds. 844.

**Rechtslexikon** für Juristen aller teutschen Staaten, enthalt. die gesammte Rechtswissenschaft. Bearb. von vielen Gelehrten, redigirt von Jul. Weiske. 4.—6. Bd. à 5 Liefg. u. 7. Bd. 1. u. 2. Liefg. gr. 8. Leipzig 841—46, O. Wigand. à n. $^2/_3$ ß Velinp. à n. $^5/_6$ ß

**Rechtslexikon** für Juristen aller teutschen Staaten, redig. von Jul. Weiske. 7. Bd. 3—5. Lfg. 8. Bd. 1. Lfg. gr. 8. (7. Bd. S. 385—915. 8. Bd. S. 1—170.) Leipzig 847. 48, O. Wigand. à n. $^2/_3$ ß (I—VIII. 1: n. 24 ß) Velinp. à n. $^5/_6$ ß (I—VIII. 1: n. 30 ß)

**Rechtslexikon** für Juristen aller deutschen Staaten; redig. von Jul. Weiske. 8. Bd. 2—5. Lfg., 9. Bd. 5 Lfgn. und 10. Bd. 1—6. und 11. Bd. 1. und 2. Lfg. gr. 8. Leipzig, O. Wigand. [Bd. 8. (S. 169—868.) 9. (796 S.) 10. (S. 1—1047.) 854—56. und Bd. 11. (S. 1—320.)] 856. à Lfg. * Vlnp. à Lfg. *

1—7. Bd. und 8. Bd. 1. Lfg. Ebendas. 1843—48. Der Preis des zur Zeit Erschienenen ist * 36 Thlr., Vlnp. * 44 Thlr. 15 Ngr.

**Rechtslexikon** für Juristen aller teutschen Staaten, enthltd. die gesammte Rechtswissenschaft. Redig. von Jul. Weiske. 8. Bd. 2—5. Liefg. — 9. Bd. 1—5. Liefg. — 10. Bd. 1—6. Liefg. — 11. Bd. 1—6. Liefg. — 12. Bd. 1—7. Liefg. — 13. Bd. 1—3. Liefg. Leipzig 853—58. O. Wigand. gr. 8. (8. Bd.: S. 169—868; 9. Bd.: 796 S.; 10. Bd.: 1047 S.; 11. Bd.: 981 S.; 12. Bd.: 1044 S.; 13. Bd.: S. 1—480.) Jede Liefg. n. 20 ngr.; Velinp. n. 25 ngr.

**Rechtslexikon** für Juristen aller teutschen Staaten; red. von Jul. Weiske. 13. Bd. 4—6. Liefg. — 14. Bd. 1—5. Liefg. — 15. Bd. 1—4. Liefg. Leipzig 859—61. O. Wigand. gr. 8. (13. Bd.: S. 481—964; 14. Bd.: 794 S.; 15. Bd.; 710 S.) Jede Liefg. n. 20 ngr.; Velinp. n. 25 ngr.

**Rechtslexikon** für Juristen aller teutschen Staaten enth. die gesammte Rechtswissenschaft. Bearb. von . . ., redigirt von Jul. Weiske. Bd 1—15. Leipzig 1844—61.

(Bd 1—4 in 2. Ausg.)
Repertorium zum Weiske'schen Rechtslexicon (von Jul. Merkel). 1862.

(— —) — Repertorium zum Weiske'schen Rechtslexicon. Ebend. 862. Lex.=8. (264 S.) n. 1 ℛ 10 ngr.

Oesterreichisches **Rechts-Lexikon**. Prakt. Handwörterbuch d. öffentl. u. privaten Rechtes der im Reichsrathe vertretenen Königreiche u. Länder. Hrsg. u. red. von Dr. Friedrich Duschenes, Dr. Wenzel R' v. Bělský, Advocaten in Prag, u. Carl Baretta, Landesausschussrath in Prag, unter Mitw. zahlr. Fachkräfte. Bd 1—4. *Prag: Höfer & Klouček 1894—98.* 4 Bde 4°(8°) [F.]

1. Abdeckereigewerbe bis Congrua. 1894.
2. Conossement bis Kindesmord (med.-for.). 1895.
3. Kindesweglegung bis Refactien. 1896.
4. Reformatio in pejus bis Zwischenhandel. 1898.

[o3. 2084

**Rechts=Lexikon**, österreichisches. Praktisches Handwörterbuch des öffentl. u. privaten Rechtes der im Reichsrathe vertretenen Königreiche u. Länder. Hrsg. u. red. v. Frdr. Duschenes, Wenzel Ritter v. Bělský u. Carl Baretta, unter Mitwirkg. zahlreicher Fachkräfte. 1.—17. Lfg. Lex.=8. (1. Bd. IV, 812 S.) Prag 894. Höfer & Klouček. à n. — 90 (1. Bd. kplt.: n. 16. —; geb. n. 17. —)

**Rechts=Lexikon**, österreichisches. Prakt. Handwörterbuch d. öffentl. u. privaten Rechtes d. im Reichsrathe vertret. Königreiche u. Länder. Hrsg. u. red. v. Frdr. Duschenes, Wenzel Ritter v. Bělský, u. Carl Baretta, unt. Mitwirkg. zahlr. Fachkräfte. 11.—69. Lfg. Lex.=8. (1. Bd. S. 481—812; 2. u. 3. Bd. IV, 1138 u. IV, 988 S. u. 4. Bd. S. 1—336.) Prag 894—897. Höfer & Klouček. à Lfg. n. — 90

**Rechts=Lexikon**, österreichisches. Praktisches Handwörterbuch des öffentl. u. privaten Rechtes der im Reichsrathe vertretenen Königreiche u. Länder. Hrsg. u. red. v. Frdr. Duschenes, Wenzel Ritter v. Bělský u. Carl Baretta, unter Mitwirkg. zahlreicher Fachkräfte. 70—88. (Schluß=) Lfg. Lex.=8. (4. Bd. III u. S. 337—1240.) Prag 898. Höfer & Klouček. à n. — 90

— dasselbe. 1. Ergänzungsheft. Lex.=8. (70 S.) Ebd. 898. Geb. n. 1. 44

**Rechtsmittel, Die,** in Strafsachen und das Verfahren bei deren Anwendung. Nach den Grundsätzen des Kurhessischen Strafprozesses. Hanau 1834. V: *Schwenken, Karl Philipp Theodor.* (KGBerlin I, 1836)

Rechtsmittel, die, in Strafsachen u. d. Verfahren bei deren Anwendung. Nach d. Grundsätzen d. Kurhess. Strafprozesses. Dargest. v. e. Mitgliede e. Kurhess. Strafgerichts. gr. 8. (11¼ B.) Hanau 834, König.

**Rechtsnormen, Die,** über den Verkehr der k. k. österreichischen Gerichte mit auswärtigen Behörden in Civilrechts-Angelegenheiten . . . Wien 1885. H: *Burkhard.* (schz) (*Burckhard, Max Eugen* [?]).

**Rechtsnormen**, die, üb. den Verkehr der k. k. österreichischen Gerichte m. auswärtigen Behörden in Civilrechts=Angelegenheiten. Zusammengestellt im Auftrage d. k. k. österreich. Oberlandesgerichts=Präsidiums. 8. (145 S.) Wien 885. Manz. cart. n. 1. 20

**Rechtspartei**, deutsche. Correspondenzblatt f. Gesamt=Deutschland. Neue Folge. 6. Jahrg. Juli 1896—Juni 1897. 12 Hfte. (à ca. 20 S.) 8. Melsungen, W. Hopf. n. 4. —; einz. Hfte. — 40

**Rechtspartei**, deutsche. Correspondenzblatt f. Gesamt-Deutschland. [Neue Folge.] 6. Jahrg. 13—18. Hft. Juli—Dezbr. 1897. 8. (S. 385—576.) Melsungen, W. Hopf. n. 2. —

— dasselbe. 7. Jahrg. 1898. 12 Hfte. gr. 8. (à ca. 32 S.) Ebd. n. 4. —

**Rechtspflege.** 8. Darmstadt, G. Jonghaus.

1. Heft. Kostengesetzgebung, die, im Grossherzogt Hessen u. zwar 1. Gebührenordnung f die grossherzogl Notare, 2 Gesetz, die Gerichtskosten betr., beide vom 30. XII. 1904, nebst zugehör. Bekanntmachgn. Amtliche Handausg. (60 S.) 1905

Rechtspflege, üb. deutsche. 4. Jena 796. Gabler. (Enobloch in Leipz.) 6 gr

Rechtspflege, Deutschlands, wie sie ist u. seyn sollte. Mit besond. Bezieh. auf d. französ. Justizverfassung u. d. preuß. Gesetzrevision. 1. Thl. Von den bei d. Rechtspflege vorkomm. Personen. gr. 8. (25 B.) Altenburg 831, [Pierer.]

Rechtspflege, die freiwillige, s. Noth- u. Hülfsbüchlein, juristisches.

— üb. collegialische u. öffentl., in peinl. Sachen, ohne geschworne Gerichte, mit Nachtrag. 8. Wittenb. 803. Zimmermann. 1 ℛ 16 gr

Maurerische **Rechtspflege der Bundes- und Grossloge „Zur Sonne" in Bayreuth nach den Beschlüssen der Jahres-Versammlung am 2. Mai 1891 in Bayreuth.** Bayreuth 1891: Mühl. 8 S. 8° [Umschlagtit.]

**Abgedr. in: Hausgesetze d. L. Reuchlin, Pforzheim. 1894 S. 32—36. 140.**

— die öffentl, mündl., im baier. Rheinkreise in Vergleichung mit d. Gerichtsfass. d. 7 übrigen Kreise d. Königr. Baiern. gr. 8. Frankf. 822. Varrentrapp. 16 gr

— die, der Ortsobrigkeiten u. d. Amtsgerichte im Königr. Würtemberg gr. 8. Ulm 825. v. Ebner. 16 gr — Rechtspflege f. Ortsobrigkeiten allein. gr. 8. Ebd. 4 gr

Rechts-Pflege, die, der Orts-Obrigkeiten u. der Oberamts-Gerichte im Königr. Würtemb. gr. 8. Ulm 825, Ebner.

**Rechtspflege, Theure,** in Dithmarschen. [Schleswig 1826.] V: *Buhmann, Jürgen.* (LS)

**Rechtspflege, Die,** im Kanton Zürich, gewürdigt in einer Zuschrift an den Grossen Rath. [Zürich 1855.] V: *Rathgeb, Johann Jacob.* (Cat. d. Stadtbibl. Zürich. Zürich 1864—97.)

Rechtspolizeigesetze, die, in Baden, sammt den zu deren Ausführung erlassenen Verordnungen und Dienstweisungen nach Maßgabe der deutschen Justizgesetze. Handausgabe für Richter, Verwaltungsbeamte, Anwälte ꝛc. 8. (III, 211 S.) Lahr 879, Schauenburg. * ℳ 2,40.; geb. *

**Rechtspraxis**, badische, hrsg. von Berth. Baumstark, E. Dorner, Glockner, L. Mainhard, Nicolai, K. Siegrist, Treszer, van Aken. Organ der bad. Anwaltskammer. Red.: R. Knittel. Jahrg. 1899 u. 1900. à 26 Nrn. gr. 4. (XV, 278 u. XV, 356 S.) Karlsruhe, G. Braun'sche Hofbuchdr. à Jahrg. n. 8. —
Vergriffen.

Badische **Rechtspraxis**. Jg. 1. Karlsruhe: Braun 1900. 4° [10. 11275 2

— dasselbe, hrsg. von van Aken, Berth. Baumstark, B. Betzinger, E. Dorner, Glockner, L. Mainhard, Nicolai, K. Siegrist, Treszer. Annalen der großh. bad. Gerichte. 67. u. 68. Jahrg. Organ der bad. Anwaltskammer. Red.: R. Knittel. Jahrg. 1901 u. 1902. à 26 Nrn. gr. 4. (XXX, 344 u. XXXV, 356 S.) Ebd. à Jahrg. n. 10. —

**Rechtspraxis**, badische. hrsg. v. van Aken, B. Betzinger, E. Dorner, Glockner, L. Mainhard, Nicolai, K. Siegrist, Treszer. Annalen der großh. bad. Gerichte 69—72. Jahrg. Red.: R. Knittel. Jahrg. 1903—1906. à 26 Nrn. (XXXI, 352; XXX, 332; XIV, 372 u. XX, 376 S.) gr. 4. Karlsruhe, G. Braun'sche Hofbuchdr. à Jhrg. n. 10. — (Jhrg. 1903 u. 1904 erhöht auf à n. 12. —

**Rechtspraxis**, badische, hrsg. v. B. Betzinger, E. Dorner, Fr. Fürst, Glockner, Klotz, L. Mainhard, Paul, W. Stoll, Treszer, R. E. Zimmermann. Red. i. V.: R. Gönner. Annalen der großh. bad. Gerichte. 73.—76. Jahrg. 1907—1910. à 26 Nrn. (à ca. 12 S.) Lex. 8. Karlsruhe, G. Braun'sche Hofbuchdr. à Jahrg. 10. —

Die **Rechtspraxis** der Krankenversicherung. Bd 1. Frankfurt a. M.: Schnapper 1908. 8° [07. 12718

Die **Rechtspraxis** der Krankenversicherung. Bd 1. 2. Frankfurt a. M. 1908. 1909. 8° —
1. Entscheidungen aus d. J. 1905/07. Bearb. von Erich v. *Koebke*. 1908.
2. Entscheidungen aus d. J. 1908. Mit e. Vorw. von [Fritz] *Stier-Somlo*. 1909.

-pfälzische, in Verbindg. m. David, Krieger, Krieger u. a. hrsg. v. Mayer 1. u. 2. Jahrg. 1903/04 u. 1904/05 à 9 Nrn. (98 u. 68 S.) Lex. 8. Frankenthal, L. Göbring & Co. à Jhrg. n. 5. —
Erscheint nicht mehr.

Rechtsprechung

— des Oberlandesgerichts Colmar i. Els. in Strafsachen. Hrsg. im Auftrag der kaiserl. Oberstaatsanwaltschaft. Begonnen v. Franz. 4. Heft: Jan. 1896 bis Ende 1900, nebst Gesamt-Inhaltsverzeichnis f. die Zeit vom 1. X. 1879 bis Ende 1900. Bearb. v. Vogt. (113 S.) gr. 8. Straßburg 903, Straßburger Druckerei u. Verlagsanstalt. n. 2. 50

— des Oberlandesgerichts Colmar i. Els. in Strafsachen. Hrsg. im Auftrag der kaiserl. Oberstaatsanwaltschaft. Begonnen v. Franz. 5. Heft: Jan. 1901 bis Ende 1905, nebst Gesamt-Inhaltsverzeichnis f. die Zeit vom 1. X. 1879 bis Ende 1905. Bearb. v. Vogt. (118 S.) gr. 8. Straßburg 909. Straßburger Druckerei u. Verlagsanstalt. 2. 50

Deutschlands oberstrichterliche **Rechtsprechung**. Hrsg. von Dr. H[ans] Th[eodor] Soergel. (Jg. [1.] 1908.) Hannover: Helwing (1908). 4°
(Das Recht. Jg. 12., Beil.) [10. 3639

Die **Rechtsprechung** in grundbuchrechtlichen Fragen unter neuem Rechte. Zusammenstellung d. wesentlichsten ... Beschlüsse d. Reichsgerichts, Kammergerichts u. der Oberlandesgerichte mit Anmerkungen. Von [Hermann] Koellner, Amtsger.R., Berlin. Jg. 1. *Berlin: Puttkammer & Mühlbrecht 1903.* 8° [F.] [03. 8803

**Rechtsprechung**, die, d. k. k. obersten Gerichtshofes aus dem J. 1883 in Civil-, Handels- u. Wechselsachen, einschliesslich der Advocaten- u. Notariatsordnung, gesammelt aus allen deutschen u. nichtdeutschen Fach-Zeitschriften. 2 Bde. 8. (X, 1654 S.) Wien 886. Perles. n. 18 —; geb. n. 21. —

**Rechtsprechung**, die, d. k. k. obersten Gerichtshofes aus dem J. 1884 in Civil-, Handels- u. Wechselsachen, einschliesslich der Advocaten- u. Notariatsordnung, gesammelt aus allen deutschen u. nichtdeutschen Fach-Zeitschriften v. G. Roztočil. 2 Bde. 8. (VII, 1480 S.) Wien 887. (Perles.) n. 10. —; geb. n. 13. —

**Rechtsprechung**, die, d. k. k. obersten Gerichtshofes in Civil-, Handels-, Wechsel-, Marken-, Musterschutz- u. Privilegiensachen, einschliesslich der Advocaten- u. Notariatsordng., nebst e. Anh.: Die Entscheidgn. d. deutschen Reichsgerichtes in Handels- u. Wechselsachen. Hrsgbr.: Emil Links. 1.—3. Jahrg. 1888—1890, od. 1.—6. Bd. (à Jahrg. 2 Bde.) gr. 8. (598, 79 u. Register XLIX; 660, 80, XLV; 672, 64, XLV; 592, 47, XLIII,; 560, 55, XXXVI; 560, 48, XXXVI S.) Wien 890—92, Deuticke. à Bd. * 6 — à Bd. geb. in Leinw. * 7 20; in Hlbfrz. * 8 —

**Rechtsprechung** d. k. k. obersten Gerichtshofes in Civil-, Handels-, Wechsel-, Marken-, Musterschutz- u. Privilegiensachen, einschliesslich der Advocaten- u. Notariatsordnung, nebst e. Anh.: Die Entscheidgn. d. deutschen Reichsgerichts in Handels- u. Wechselsachen. Hrsg.: Emil Links. 3.—6. Bd. gr. 8. Wien, (F. Deuticke). à Bd. n. 6. —; geb. in Leinw. à n. 7. 20; in Halbfrz. à n. 8. —
3. u. 4. Bd. Die Entscheidgn. aus d. J. 1889 enth. (672, 61, Register XLV S. u. 592, 47, Register XLIII S.) 890.
5. u. 6. Bd. Die Entscheidgn. aus d. J. 1890 enth. (560, 55, Register XXXVI S. u. 560, 48, Register XXVI S.) 891. 892.

— dasselbe. 7. Bd. Die Entscheidgn. aus d. J. 1891 enth. gr. 8. (1015, 89 u. Register LVIII S.) Ebd. 893. n. 12. —; geb. in Leinw. n. 13. 20; in Ldr. n. 13. 60

**Rechtsprechung**, die, d. k. k. Obersten Gerichtshofes in Civil-, Handels-, Wechsel-, Marken-, Musterschutz- u. Privilegiensachen, einschliessl. d. Advocaten- u. Notariatsordng., nebst e. Anh.: Die Entscheidgn. d. deutschen Reichsgerichtes in Handels- u. Wechselsachen. Hrsg.: Emil Links. 8. u. 9. Bd. Die Entscheidgn. aus d. J. 1892 u. 1893 enth. gr. 8. (1036, 67 u. Register LXVI S. u. 976, 80 u. Register LXIV S.) Wien 893. 94. (F. Deuticke.) à Bd. n. 12. —; geb. in Leinw. n. 13. 20; in Ldr. n. 13. 60

— dasselbe. 7. Jahrg. (10. Bd.) Die Entscheidgn. aus d. J. 1894 enth. gr. 8. (972, 85 u. Register LVIII S.) Ebd. 895. n. 12. —

— dasselbe. 8. u. 9. Jahrg. 11. u. 12. Bd. Die Entscheidgn. aus d. J. 1895 u. 1896 enth. gr. 8. (912, 80 u. Register LVII S. u. 864, 88 u. Register LV S.) Ebd. 896. 97. à Bd. n. 12. —; geb. in Leinw. n. 13. 20; in Ldr. n. 14. — (1.—9. Jahrg., ermäss. Preis: n. 66. —; geb. n. 77. 20 u. n. 82. —)

— die, des k. k. Obersten Gerichtshofes in Civil-, Handels-, Wechsel-, Marken-, Musterschutz- u. Privilegiensachen, einschliessl. der Advokaten- u. Notariatsordnung, nebst e. Anh.: Die Entscheidungen des deutsch. Reichsgerichtes in Handels- u. Wechselsachen. Hrsg.: Emil Links. 13.—17. Bd. Die Entscheidgn. aus den J. 1897, 1898, 1899, 1900 u. 1901 enth. gr. 8. Wien, F. Deuticke. à n. 12. —
13. (801, 64 u. Register LVI S.) 898. — 14. (858, 50 u. Register LVI S.) 899. — 15. (1. Hlt. 32 u. 8 S.) 900. — 16. (928 S.) 901. — 17. (942 S.) 901.

— die, des k. k. Obersten Gerichtshofes in Zivil-, Handels-, Wechsel-, Marken-, Musterschutz u. Privilegiensachen, einschliessl. d. Advokaten- u. Notariatsordnung, nebst e. Anh.: Die Entscheidgn. d. deutschen Reichsgerichtes in Handels- u. Wechselsachen. Hrsg.: Emil Links. 18.—21. Bd. Die Entscheidgn. aus d. J. 1902—1905 enth. (18—20. Bd. 46, 717 u. 65; 39, 840 u. 70 u. 33, 816 u. 45 S.) gr. 8. Wien, 903—906 F. Deuticke. à Bd. n. n. 12. —; geb. in Leinw. n. 13. 20; in Halbfrz. n. 14. —

— die, des k. k. Obersten Gerichtshofes in Zivil-, Handels-, Wechsel-, Marken-, Musterschutz u. Privilegiensachen, einschliesslich der Advokaten- und Notariatsordnung, nebst e. Anh.: Die Entscheidgn. des deutschen Reichsgerichtes in Handels- u. Wechselsachen. Hrsg.: Emil Links. 22.—25. Bd. Die Entscheidgn. aus d. J. 1906—1909 enth. (22.—24. Bd. 852, 962 u. 914 S.) gr. 8. Wien 907—10. F. Deuticke. à Bd. nn 12. —

**Rechtssprechung**, die, des k. k. österr. obersten Gerichtshofes in allen Zweigen der Civil- u. Strafgesetzgebung. Jahrbuch für österr. Juristen. Herg. von Jul. Schimkowsky. 1. Jahrg. 1869. Wien 870. Manz' Verl. gr. 8. (320 S.) n. 2 ⁿ⁄ᵦ

**Rechtssprechung**, die, d. k. k. österr. obersten Gerichtshofes in allen Zweigen der Civil- u. Strafgesetzgebg. Jahrbuch f. österr. Juristen. Hrsg. v. Jul. Schimkowsky. 2. Jahrg. 1870 gr. 8. (426 S.) Wien 871. Manz' Verl. n. 7. —

— dasselbe. 3. Jahrg. 1871. gr. 8. (IV, 290 S.) Ebend. 872. n. 6. —

— dasselbe. Fortgesetzt v. Leop. Berg u. S. Kris. 4. Jahrg. 1872. gr. 8. (IV, 325 S.) Ebend. 874. n. 5. —

**Rechtsprechung** d. höh. deut. Gerichtshöfe über Prozessbevollmächtigte u. Rechtsanwälte. Zusammengest. v. **Hergenhahn**, hrsg. v. **Ecclus**. I. II. 1/2. Hannover 894. (27.—) herabges.
I. Entschdgn. allgem. Inhalts und zur Civilprozessordnung 894. (10.—.)
II. 1. Entschdg. z. Gebührenordng. f. Rechtsanwälte 894. (5.—.)
2. „ z. Rechtsanwaltsordnung. 894. (12.—.)

**Rechtsprechung** zum BGB., EG. z. BGB., CPO., KO., GBO. u. RFG. (1902 ff.: u. ZwVG.; 1905 ff.: u. dem ges. Handelsr.; 1906 ff.: zum ges. Zivil-, Handels- u. Prozeßr.) nach d. Reihenfolge der Gesetzesparagraphen bearb. (1906 ff.: unter Mitw. von Birkenbihl hrsg.) von Hs. Th. Soergel. 1900—10. Stuttgart 1902—12.

Jg. 1. 2. 1900. 01. 5. Aufl.
„ 3. 4. 1902. 03.
„ 5. 1904. 2. Aufl. Mit sämtl. Reichsger.-Entsch. d. Jahre 1900—04 in Kommentarform. 1905.
„ 6-12. 1905—12.
Gen.-Reg. zu Bd 1—6. Jg. 1900—05. 1906.

HESSISCHE RECHTSPRECHUNG.
Herausgegeben auf Veranlassung des Richter-Vereins unter Mitwirkung der Hessischen Anwaltskammer von KELLER, BUFF, DORNSEIFF, NEES, LAHR.
Jahrg. 1. Mainz 1901. J. Diemer. 4°. — 2—5. ib. 1902—1905. —
Herausgegeben auf Veranlassung des Richter-Vereins unter Mitwirkung der Hessischen Anwaltskammer von KELLER, BUFF, NEES, PRAETORIUS, SCHWARZ.
Jahrg. 6—7. ib. 1906—1907. —
HESSISCHE RECHTSPRECHUNG.
Auf Veranlassung des Hessischen Richtervereins, unter Mitwirkung des bestellten Ausschusses KELLER, BUFF, NEES, PRÄTORIUS, SCHWARZ und mit Unterstützung der Hessischen Anwaltskammer herausgegeben von Oberlandesgerichtsrat KELLER (Darmstadt).
Jahrg. 8—9. ib. 1908—1909. —
Auf Veranlassung des Hessischen Richtervereins, unter Mitwirkung des bestellten Ausschusses KELLER, BUFF, PRÄTORIUS, SCHWARZ — und mit Unterstützung der Hessischen Anwaltskammer herausgegeben von Senatspräsident Dr. KELLER (Darmstadt).
Jahrg. 10. ib. 1910. —

**Rechtsprechung**, hessische. Hrsg. auf Veranlassung des Richter-Vereins unt. Mitwirkg. der hess. Anwaltskammer v. Keller, Buff, Dornseiff, Nees, Lahr. Red.: Karl Ant. Diemer. 1.—3. Jahrg. April 1900—März 1903. à 24 Nrn. gr. 4. (à ca. 8 S.) Mainz, J. Diemer. Postfrei à Jahrg. n.n. 7. 12

**Rechtsprechung**, hessische. Hrsg. auf Veranlassg. des Richter-Vereins unter Mitwirkg. d. hess. Anwaltskammer v. Keller, Buff, Nees, Praetorius, Schwarz. Red.: Keller. 4.—7. Jahrg. April 1903—März 1907. à 24 Nrn. (à ca. 8 S.) gr. 4. Mainz, J. Diemer. Postfrei à Jahrg. n.n 7. 12

**Rechtsprechung**, hessische. Auf Veranlassg. des hess. Richtervereins, unter Mitwirkg. des bestellten Ausschusses Buff, Nees, Prätorius, Schwarz, Welcker u. m. Unterstützg. der hess. Anwaltskammer hrsg. v. Welcker. 8.— 11. Jahrg. April 1907—März 1911. à 24 Nrn. (à Jahrg. II, 192 S.) 30,5×23,5 cm. Mainz, J. Diemer. Postfrei à Jahrg. nn 7. 12

**Rechtsprechung**, hessische, hrsg. vom hess. Richterverein in Verbindg. m. der hess Anwaltskammer. Inhalts-Verzeichnis f. d. ersten 10 Jahrgänge 1900—1910. I—X. (30 S.) Lex.-8. Mainz, J. Diemer. 1910 2. —

—— die, des deutschen Oberhandelsgerichtes zu Leipzig, hrsg. von A. Stegemann. 1.—8. Bd. gr. 8. (VI, 406; VIII, 400; VIII, 416; VIII, 408; VI, 401; VI, 392; VI, 393; VI, 397 S.) Berlin 871—74, Guttentag. 1.—6. Jahrg. à * 4 —
7. und 8. Jahrg. à * 4 50
Fortsetzung vereinigt mit: Entscheidungen des Ober-Handelsgerichts.

— dasselbe. 7. u. 8. Bd. à 2 Hfte. gr. 8. (à Hft ca. 192 S.) Ebend. 873. à Bd. n. 4. 50

— die, der Oberlandesgerichte auf dem Gebiete des Civilrechts. Hrsg. v. B. Mugdan u. R. Falkmann. 1.—5. Bd. à 26 Nrn. gr. 8. Leipzig, Veit & Co. à Bd. n. 6.—; geb. in Leinw. à n. 7.—
I. (1900.) (XVI, 496 S.) — II. (1901. I.) (XX, 530 S.) — III. (1901. II.) (XX, 464 S.) — IV. (1902. I.) (XX, 512 S.) — V. (1902. II.) (XX, 496 S.)

— die, der Oberlandesgerichte auf dem Gebiete des Zivilrechts. Hrsg. v. B. Mugdan u. R. Falkmann. 6—13. Bd. (Jahrg. 1903—1906.) à 26 Nrn. (XX, 528; XX, 496; XVIII, 464; XX, 480; XVIII, 468; XVI, 2, 446; XVI, 462 u. XVIII, 446 S.) Lex. 8. Leipzig, Veit & Co. à Bd. n. 6.50; geb. n. 7.50

**Rechtsprechung**, die, der Oberlandesgerichte auf dem Gebiete des Zivilrechts. Hrsg. v. B. Mugdan u. R. Falkmann. (14.—21. Bd. (Jahrg. 1907—1910.) à 26 Nrn. (14.—20. Bd. XVI, 446; XVIII, 434; XVI, 450; XVI, 450; XVI, 434; XVI, 434 u. XVI, 450 S.) Lex. 8. Leipzig, Veit & Co. à Bd. 6.50; geb. 7. 50

— dasselbe. Beihefte. 1. Heft. Lex. 8. Ebd. Subskr.-Pr. n. 1. 50; Einzelpr. n. 3. —
Materialien zu dem Gesetz vom 5. VI. 1905 betr. Änderungen der Zivilprozeßordnung. (II, 130 S.) 905.

**Rechtsprechung**, die, der Oberlandesgerichte auf dem Gebiete des Zivilrechts. Beihefte. Lex.-8. Leipzig, Veit & Co.
2. Heft. Materialien zu dem Gesetz vom 30. V. 1908 betr. Änderung des § 833 des bürgerlichen Gesetzbuchs. (64 S.) 1. 60; f. Abnehmer der „Rechtsprechg." 1. —.
1908.

**Rechtsprechung**, die, der Oberlandesgerichte auf dem Gebiete des Zivilrechts. Beihefte. Lex.-8. Leipzig, Veit & Co.
3. Heft. Materialien zu dem Gesetz vom 1. VI. 1909 betr. Änderungen des Gerichtsverfassungsgesetzes, der Zivilprozessordnung, des Gerichtskostengesetzes u. der Gebührenordnung f. Rechtsanwälte. (282 S.) 5. —; f. Abnehmer der „Rechtsprechg." 2. 80.
1909.

Oberstgerichtliche **Rechtsprechung** auf dem Gebiete des Bürgerlichen Rechts in dem Jahrzehnt 1900—1909. Systemat. geordnet u. bearb. von Dr. Hermann Jolles u. Dr. Jos. P[eter] Geller. Wien: Perles 1910. VIII, 217 S. 8° A 12. 2655

Die **Rechtsprechung** des Königlichen Ober-Tribunals (Bd 9—15:) und des Königlichen Ober-Appellationsgerichts in Straf-Sachen hrsg. von F. C. Oppenhoff, (Bd 17 ff.:) fortges. von den Mitgliedern der General-Staatsanwaltschaft. Berlin.

Bd 1—20. 1861—79.
Gen.-Reg. zu Bd 1—16. (1875.)

**Rechtsprechung**, die, des Königlichen Ober-Tribunals in Strafsachen herausg. von F. C. Oppenhoff. 1—5. Bd. à 6 Hefte (à 6 Bgn.). Berlin 861—64. G. Reimer. gr. 8. Jeder Bd. n. 2 ℛ

**Rechtsprechung**, die, des Königl. Ober-Tribunals in Straf-Sachen herSg. von F. C. Oppenhoff. 6. u. 7. Bd. à 6 Hefte (à ca. 96 S.). Berlin 865,66. G. Reimer. gr. 8. Jeder Bd. n. 2 ℛ

—— dass. — 8. Bd. 6 Hefte und Suppl.-Heft. gr. 8. (828 S.) Ebendas. 867.

— 9. Bd. 6 Hefte (à ca. 96 S.). Ebend. 868. 8. n. 2 ℛ

— — 10. Bd. 6 Hefte (à ca. 96 S.) u. Suppl.-Heft (VI, 256 S.) Ebend. 870. 8. n. 2 ℛ 25 ngr.

— 11. Bd. 6 Hefte (à ca. 96 S.). Ebend. 870. 8. n. 2 ℛ

— die, d. königl. Ober-Tribunals u. d. königl. Ober-Apellations-Gerichts in Straf-Sachen hrsg. v. F. C. Oppenhoff. 12—17. Bd. à 6 Hfte. gr. 8. (à Hft 96 S.) Berlin 871—76. G. Reimer. à Bd. n. 6. —

— dasselbe 13. Bd. Suppl.-Hft. gr. 8. (S. 577—699.) Ebend. 873. n. 1. 50

**Rechtssprechung**, die, des königl. Ober-Tribunals und des königl. Ober-Appellations-Gerichts in Straf-Sachen, hrsg. von F. C. Oppenhoff. Suppl.-Hefte zum 14. Bd. gr. 8. (S. 577—836.) Berlin 874, G. Reimer. * 3 —

—— dass. — 1.—3. Suppl.-Heft zum 15. Bd. gr. 8. (S. 577—911.) Ebendas. 875. * 3 —

— dasselbe. 16. Bd. 1—3. Suppl.-Hft. gr. 8. (S. 577—1002.) Ebend. 876. à n. 1. 60

**Rechtsprechung**, die, des königlichen Ober-Tribunals in Straf-Sachen, hrsg. von F. C. Oppenhoff, fortgesetzt von den Mitgliedern der General-Staatsanwaltschaft. 17. Bd. 1. u. 2. Suppl.-Hft. gr. 8. (S. 577—875.) Berlin 877. G. Reimer. à n. 1. 60

**Rechtsprechung**, die, des königl. Ober-Tribunals in Strafsachen hrsg. durch F. C. Oppenhoff. Fortgesetzt von den Mitgliedern der General-Staatsanwaltschaft. 17.—19. Bd. à 6 Hefte. gr. 8. (à Heft ca. 96 S.) Berlin 876—78, G. Reimer. à Bd.

— dasselbe. 18. Bd. 1. u. 2. Suppl.-Hft. gr. 8. (S. 577—843.) Ebend. 878. n. 2. 80

—— dass. — 20. (Schluß-)Bd. 4 Hefte. gr. 8. (à Heft ca. 96 S.) Ebendas. 879.

— die, d. königl. preuß. Oberverwaltungsgerichts in systemat. Darstellg. Hrsg. von B. v. Kamptz u. St. Genzmer. 1. Bd. gr. 8. (VII, 889 S.) Berlin 897. C. Heymann's Verl. n. 14. —; geb. in Halbfrz. n.n. 16. —

— dasselbe. Hrsg. von B. v. Kamptz, Ph. Freytag, St. Genzmer, E. Barre, A. Germershausen, M. Dierksen. 2., 3. u. 4. Bd. gr. 8. Ebd. Subskr.-Pr. n. 44. —; Einzelpr. n. 56. —; Einbde. à n.n. 2. —
2. (V, 1157 S.) 897. Subskr.-Pr. n. 12. —; Einzelpr. n. 16. —
3. (VII, 836 S.) 898. Subskr.-Pr. n. 12. —; Einzelpr. n. 15. —
4. 2. Hälften. (X, 1498 S.) 898. Subskr.-Pr. n. 20. —; Einzelpr. n. 25. —

— die, des königl. preußischen Oberverwaltungsgerichts in systematischer Darstellung. Hrsg. von B. v. Kamptz, Ph. Freytag, St. Genzmer, E. Barre, A. Germershausen, M. Dirksen. 1. Ergänzungsbd. gr. 8. (XVI, 646 S.) Berlin 901. C. Heymann. n. 10. —; geb. in Halbfrz. n. 12. —

— die, des königl. preußischen Oberverwaltungsgerichts in systemat. Darstellung. Hrsg. von B. v. Kamptz, Ph. Freytag, St. Genzmer, E. Barre, A. Germershausen, M. Dirksen. 2. u. 3. Ergänzungsbd. Von B. v. Kamptz. (XVI, 691 u. XVI 676 S.) gr. 8. Berlin 903. 906. C. Heymann. à n. 10. —; geb. in Halbfrz. à n. 12. —

- die, des königl. preußischen Oberverwaltungsgerichts in systematischer Darstellung. Hrsg. von B. v. Kamptz, Ph. Freytag, St. Genzmer, E. Barre, A. Germershausen, M. Dirksen. 4. Ergänzungsbd. Von B. v. Kamptz. (XV, 798 S.) gr. 8. Berlin 908. C. Heymann. 10.—; geb. in Halbfrz. 12. —
Der Preis der erschienenen 4 Bde. u. der 4 Erg.-Bde. zusammenbezogen ist auf 70.—; geb. 86. ermäßigt.

Österreichische **Rechtsprechung** in Strafsachen. Entscheidungen des K. k. Obersten Gerichts- u. Kassationshofes hrsg. von d. Redaktion d. Oesterr. Zeitschrift f. Strafrecht. Bd 1. Wien: Manz 1910. 8°
(Oesterr. Zeitschrift f. Strafrecht. Beil.) (11. 3464 2

Die **Rechtsprechung** auf den Geb. des öffentlichen Rechts in systematischen Darstellungen. Berlin: Heymann.
1. **Kamptz**, v., **Freitag**. [u. a.]: Die Rechtsprechung des Königlich Preuß. Oberverwaltungsgerichts. Bd 1—4. [Nebst] Erg.Bd 1—5. 1897—1912.
2. **Maatz**, R.: Die Rechtsprechung des Königlich Preuß. Oberverwaltungsgerichts in Staatssteuersachen. 1908.
3. **Kamptz**, v. u. **Delius**: Die Rechtsprechung des Reichsgerichts und des Kammergerichts. Bd 1. 2. [Nebst] Erg.Bd. 1906—11.
4. **Brunn**: Die Rechtsprechung des Bundesamts für das Heimatwesen. 1908.

die, auf den Gebieten des öffentlichen Rechts. II u. IV. gr. 8. Ebd. 32.—; geb. 36. —
II. Die Rechtsprechung des königl. preußischen Oberverwaltungsgerichts in Staatssteuersachen, in systematischer Darstellung bearb. Von Maatz. (XV, 918 S.) 908. 18.—; geb. 20. —
IV. Die Rechtsprechung des Bundesamts f. Heimatwesen, in systematischer Darstellung bearb. Von Paul Brunn. (VIII, 859 S.) 908. 14.—; geb. 16. —

**Rechtsprechung** d. Reichsgerichts in Strafsachen. Hrsg. v. d. Reichsanwaltschaft. Bd I—X. (1879—89) u. Repertorium dazu v. **Zürl** (1879—89) München 880—89. (102. —)

**Rechtsprechung** des deutschen Reichsgerichts in Strafsachen. Hrsg. von den Mitgliedern der Reichsanwaltschaft. 1.—6. Bd. à Bd. 24 Nrn. gr. 8. (XV, 847; XII, 776; XII, 850; XIII, 900; XII, 810; 853 S.) München 880—84, Oldenbourg. à Bd.

—— des deutschen Reichsgerichts in Strafsachen. Hrsg. von den Mitgliedern der Reichsanwaltschaft. 7.—10. Bd. à Bd. 24 Nrn. (à Nr. 2 Bog.) gr. 8. München 885—88, Oldenbourg. à Bd. * ℳ 9.—. * 36 —

—— d. deutschen Reichgerichts in Strafsachen. Hrsg. v. den Mitgliedern der Reichsanwaltschaft. 10. Bd. Nr. 25. gr. 8. (3 Bog.) Münch. 889, Oldenbourg. * — 60
10. Bd. Nr. 1—24. Ebd. 1888. * 9 —

**Neumann**, H. Die Rechtsprechung des Reichsgerichts in Zivilsachen. Gesammelt, bearbeitet und herausgegeben in Verbindung mit E. Friedrichs, C. Heinrici, Th. Olshausen. Berlin.
I. Bürgerliches Gesetzbuch. 2 Bände. Berlin 1908/09.

- - die, des Reichsgerichts in Zivilsachen. Gesammelt, bearb. u. hrsg. in Verbindg. m. E. Friedrichs, C. Heinrici, Th. Olshausen v. Hugo Neumann. I. Bürgerliches Gesetzbuch. 2 Bde. (IV, 1492 u. 921 S.) Lex. 8. Berlin 908—10. F. Vahlen. 42.—; geb. in Halbfrz. n 49. —

Die Rechtsprechung des Reichsgerichts in Zivilsachen. Gesammelt, bearb. u. hrsg. in Verb. mit . . . von Hugo Neumann. Bürgerl. Gesetzb. Bd 1. 2. 2. Folge Bd 1. 2. Berlin 1910—12. 4 Bde

Die Rechtsprechung des Reichs-Versicherungsamtes. (Entscheidungen d. Geriche u. Verwaltungsbehörden auf d. Gebiete d. . . . Verwaltungs- u. Polizeistrafrechts. Beil.)

— die, d. großherzogl. badischen Verwaltungsgerichtshofes. II. Thl. (1891—1895). Namens d. Gerichtshofes hrsg. durch dessen Präsidenten (A. Goos). gr. 8. (XII, 355 S.) Karlsruhe 897. G. Braun'sche Hofbuchdruckerei u. Verlag. n. 6. — (I. u. II.: n. 14. —)
1. Tl. erschien 1891 u. d. T.: Wielandt, Frdr., Die Rechtsprechg. d. großherzogl. bad. Verwaltungsgerichtshofes (1864—1890).

—— die, d. K. B. Verwaltungsgerichtshofes sowie d. Kgl. B. Gerichtshofes f. Kompetenzkonflikte. Mit e. Anh., enth. oberpolizeil. Vorschriften sämtl. k. Kreisregiergn. Unter Beifügg. v. General-Registern, bearb. v. e. bayer. Verwaltungsbeamten. 1. Bd. Dekade 1880—89. 2 Hälften. gr. 8. (IV, 418 S.) Ansbach 889,90, Brügel u. Sohn. * 5 50

— die, d. K. B. Verwaltungsgerichtshofes nebst dem bei diesem Gerichtshofe niedergesetzten Kompetenzkonfliktssenate, sowie d. K. B. Gerichtshofes f. Kompetenzkonflikte. Mit e. Anh., enth. oberpolizeil. Vorschriften sämmtl. kgl. Kreisregiergn. Unter Beifügg. v. General-Registern, bearb. v. e. bayer. Verwaltungsbeamten. 1. Bd., enth. die Publikationen aus dem Zeitraum 1880 bis einschließlich 1889. gr. 8. (IV, 418 S.) Ansbach 890. Brügel & Sohn. n. 5. 50

Ueb. d. oberste Rechtsprincip, als Grundlage d. Rechtswissenschaft im Allgem., od. kurz durchgef. Beweis d. gänzl. Verschiedenh. u. Unabhängigk. d. Grundprincips ursprüngl. od. natürl. Rechte v. d. Principe d. Sittlichk. u. die erst hieraus zu erwart. Begründ. d. Naturrechts, als selbsständ. Wissenschaft. *Leipz.*, Reclam. 825. 8. (10 Gr.)

Der Rechtsquellen des Kantons Argau Tl 1: Die Rechtsquellen der Stadt Arau 1. Hrsg. v. Dr. iur. Walther Merz. *Arau: H. R. Sauerländer & C. 1894.* (A. T.: Die Rechtsquellen der Stadt Arau. Hrsg. v. . . . Merz. Bd 1. . . .) [Mehr nicht erschienen]. (XXI, 245 S., 3 Taf.) 1 Bd 8. [98. 4868

Die Rechtsquellen des Kantons Argau. Bearb. u. hrsg. v. Dr. Walther Merz. Tl 1. Bd 1. *Arau: H. R. Sauerländer & C. 1898.* 4.(8.)
= Sammlung schweizerischer Rechtsquellen. Abt. 16. [96. 4883

Rechtsquellen. Die R' des Kantons Argau. Teil 1: Stadtrechte. Band 3: Die Stadtrechte von Kaiserstuhl und Klingnau. Bearb. und hrg. von Dr. Friedrich Emil Welti. XVI + 421 S. 4. Arau, H. R. Sauerländer & Co., 1905. [fr. 13. —, geb. 15. —]
Sammlung Schweizerischer Rechtsquellen.... Abteilung XVI ... = Les sources du droit suisse.... XVIe partie....
*Ausgabe auf Büttenpapier.*

Rechtsquellen. Die R' des Kantons Argau. Teil 1: Stadtrechte. Band 4: Die St' von Bremgarten und Lenzburg. Bearb. und hrg. von Walther Merz. ([Nebst] Register. Bearb. von Dr. Hans Rohr.) [Mit Illustrationen und 2 Tafeln.] XVIII + 424 S. 4. Arau, H. R. Sauerländer & Co., 1909. [fr. 14. —, geb. fr. 16. —]
Sammlung Schweizerischer Rechtsquellen.... Abteilung XVI ... = Les sources du droit suisse.... XVIe partie....
*Ausgabe auf Büttenpapier.*

Rechtsquellen, die, d. Kantons Aargau, s. a. Sammlung schweiz. Rechtsquellen.

Rechtsquellen von Basel Stadt und Land. 1. Th. Basel 1856. H: *Schnell, Joh.* (Ky)

Rechtsquellen von Basel Stadt und Land. I. Thl. gr. 8. (XI und 578 S.) Basel 856, Bahnmaier's Buchh.

Rechtsquellen von Basel Stadt und Land. 1. Thl. 2. Hälfte. gr. 8. (S. 579—1114.) Basel 859, Bahnmaier's Verlagsh.
1. Hälfte. Ebendas. 1856. * 4 Thlr.

Rechtsquellen von Basel Stadt u. Land. 2. Thl. Basel 865. Bahnmaier's Verlag. gr. 8. (VII, 780 S.) n. 6 *Thlr*

Die Rechtsquellen des Kantons Bern. Teil 1: Stadtrechte. Band 1: Das Stadtrecht von Bern I (1218—1539). Bearb. und hrg. von Dr. Friedrich Emil Welti. LXXXII + 428 S. 4. Arau, H. R. Sauerländer & Co., 1902. [fr. 14. —]
Sammlung Schweizerischer Rechtsquellen.... Abteilung II.... — Les sources du droit suisse.... IIe partie....
*Ausgabe auf Büttenpapier.*

—— die, der Bezirke des Kantons Schwyz als Folge zum Landbuch von Schwyz hrsg. von M. Kothing. gr. 8. (375 S.) Basel 853, (Bahnmaier's Buchh.)

Rechtsquellen von Bormio. Hrg. von Dr. Paul Siegfried. Separatabdruck aus der Zeitschr. für Schweiz. Recht, N. F. Bd 23 u. Bd 24. II S. + S. 99—347. 8. Basel, Helbing & Lichtenhahn, 1905.

Rechtsquellen, Frankfurter. Sammlung der bis zum J. 1866 f. Frankfurt a/M. erlassenen Gesetze, Verordnungen, Beschlüsse u. s. w. privatrechtlichen Inhalts, nebst ergänz. Zusätzen aus späterer Zeit. Hrsg. vom Anwaltsverein zu Frankfurt a. M. gr. 8. (XX, 320 S.) Frankfurt a/M. 892. J. Baer & Co. n.n. 5. —

Rechtsquellen d. Cantons Graubünden, hrsg. von R. Wagner u. L. R. v. Salis. [Aus: „Zeitschr. f. schweiz. Recht".] gr. 8. (XVI, 181; 406 u. 153 S.) Basel 887. [Detloff.] Reich. n. 12. —

Rechtsquellen des Cantons Graubünden, hrsg. von *R. Wagner* u. *L. R. von Salis*. 2. Band (Schluss). In-8⁰. XII, 171 S. Basel, R. Reich, vorm. C. Detloff's Buchh. 1892. 4 —
*** Sonderdr. aus der „Zeitschrift für schweizer. Recht Bd. XXXII, XXXIII.

Die Rechtsquellen von Höngg. Im Auftr. der vom schweizer. Juristenver. für d. Herausgabe der schweizer. Rechtsquellen bestellten Kommission bearb. v. Dr. Ulrich Stutz, o. ö. Prof. . . . a. d. Univ. Freiburg i. Br. *Basel: R. Reich 1897.* (IV, 80 S., 1 Bl.) 1 Bd 4. [97. 2537

— Literatur u. Praxis auf dem gesamten Gebiete der österreichischen Justizgesetzgebung, s.: Supplemente, judizielle.

Die Rechtsquellen des Kantons St. Gallen. Teil 1: Offnungen & Hofrechte. Band 1: Alte Landschaft. Bearb. und hrg. von Max Gmür, Professor ... in Bern. XXXII + 702 S. 4. Arau, H. R. Sauerländer & Co., 1903. [fr. 20. —, geb. fr. 24. —] U2
Sammlung Schweizerischer Rechtsquellen.... Abteilung XIV ... = Les sources du droit suisse.... XIVe partie....
*Ausgabe auf Büttenpapier.*

Die R' des Kantons St. Gallen. Teil 1: Offnungen & Hofrechte. Band 2: Toggenburg. Bearb. und hrg. von Max Gmür, Professor ... in Bern. [Mit 3 Karten.] XLIV + 708 S. 4. Arau, H. R. Sauerländer & Co., 1906. [fr. 22. —, geb. 26. —]
Sammlung Schweizerischer Rechtsquellen.... Abteilung XIV ... = Les sources du droit suisse.... XIVe partie....
*Ausgabe auf Büttenpapier.*

— württembergische ländliche. Hrsg. von der k. württ. Kommission f. Landesgeschichte. 1. Bd. Die östl. schwäb. Landesteile. Bearb. v. Frdr. Wintterlin. (XVII, 888 S.) gr. 8. Stuttgart 910. W. Kohlhammer. 20. —

Rechtsquellen. Die R' des Kantons Zürich. Teil 1: Offnungen und Hofrechte. Band 1: Adlikon bis Bertschikon. Bearb. und hrg. von Robert Hoppeler. XX + 570 S. 4. Arau, H. R. Sauerländer & Co., 1910. [fr. 15. 60, geb. 18. —]

Sammlung Schweizerischer Rechtsquellen.... Abteilung I... = Les sources du droit suisse.... I^re partie....

*Ausgabe auf Büttenpapier.*

Rechtsregeln u. Sprüche herausgezogen aus Wiguläus Xav. Alois Frhrn. v. Kreittmayr Anmerkungen zu den bayer Gesetzbüchern. Mit dem (lith.) Standbilde desselben. gr. 8. (VIII u. 247 S.) Mit dem Anh.: Leben u. Wirken des Wig. Xav. Alois Frhrn. v. Kreittmayr. gr. 8. (VIII u. 24 S.) München 848. (Franz.) n. 2/3 ₰

Rechtssache, üb. die, d. Frhrn. v. Brabeck zu Söder ꝛc. gr. 8. Altona 800. Hammerich. 4 gl

Rechtssache, Curiöse, von Trennung einer durch der Eltern Zwang vollzogenen Ehe, s.a. Odelem, Joh. Phil. v.

**Rechts-Sache, Curiöse,** von Trennung einer durch der Eltern Zwang vollzogenen Ehe. Franckfurt und Leipzig 1727. V: *Odelem, Johann Philipp.* (KGBerlin I, 1422)

Rechtssache, die, des Frh. v. Sierstorpff, s. Bruns, G.

Rechtssachen, Plessische. Fol. Leipz. 740.

Rechtssätze aus Erkenntnissen d. K. Ob.-Appell.-Gerichts zu Dresden, s. Ackermann, G.A.

Rechtssätze aus Erkenntnissen des K. Oberappellationsgerichts zu Dresden. Hrsg. v. Gust. Adph. Ackermann. gr. 8. (XVI u. 267 S.) Leipzig 849, Arnold. n. 1 ₰ 18 ngl

— dies. Hrsg. von Gust. Adph. Ackermann. Neue Folge. 1. Bd. 4 Hfte. Nebst alphabet. Sachregister. u. 2. Bd. 4 Hfte. gr.8. (1: X u. 374 S. 2: 379 S.) Grimma 851. 52, Verlags-Comptoir. (à Hft. n. 2/3 ₰) n. 5 1/3 ₰

Rechtssätze aus Erkenntnissen des königl. Oberappellationsgerichts zu Dresden. Hrsg. von Gust. Adph. Ackermann. Neue Folge. 3—6. Bd. (Schluß.) Nebst alphabet. Sachregister. (à Bd. 4 Hefte.) gr. 8. [Wurzen,] Verlags-Comptoir. [3. (380 S.) 4. (VI und 380 S.) 5. (380 S.) 6. (380 S.) 853—56. à Bd. * 2 Thlr. 20 Ngr.]

Rechtssätze aus Erkenntnissen und Verordnungen der obersten Justiz- und Spruchbehörden des Königr. Sachsen. Hrsg. von Gust. Adph. Ackermann. Neue Folge. 7—11. Bd. à Bd. 4 Hefte. gr. 8. Wurzen 857—61, Verlags-Comptoir. [7. Bd. (380 S.) 8. Bd. nebst alphabet. Sachregister. (IV—VI und 380 S.) 9. Bd. (VI und 396 S.) 10. Bd. (XXIV und 368 S.) 11. Bd. (394 S.)] à Heft * 20 Ngr. à Bd. * 2 Thlr. 20 Ngr.

Rechtssätze aus Erkenntnissen und Verordnungen der obersten Justiz-, Spruch- und Verwaltungsbehörden des Königr. Sachsen. Hrsg. von Gust. Adph. Ackermann. Neue Folge. 12.—15. Bd. à Bd. 4 Hefte. gr. 8. (à Heft ca. 96 S.) Leipzig 862—66, Arnoldische Buchh. à Heft * 20 Ngr.; à Bd.

—— dass. — 17. und 18. Bd., der zweiten neuen Folge 1. und 2. Bd. à 4 Hefte. Nebst alphabet. Sachregister. gr. 8. (à Heft ca. 96 S.) Leipzig 866,67, Teubner. à Heft * 20 Ngr.; à Bd.

Rechtssätze aus Erkenntnissen und Verordnungen der obersten Justiz-, Spruch- und Verwaltungsbehörden des Königr. Sachsen. Hrsg. von Gust. Adph. Ackermann. 19.—22. Bd., der 2. neuen Folge 3.—6. Bd. à 4 Hefte. Nebst alphabet. Sachregister. gr. 8. Leipzig 868—72, Teubner. à Heft * ℳ 2.; à Bd. * 8 —

Rechtssätze aus Erkenntnissen u. Verordnungen der oberen Justiz-, Spruch- u. Verwaltungsbehörden d. Königr. Sachsen. Hrsg. v. Gust. Adph. Ackermann. 22. Bd., der 2. neuen Folge 6. Bd. 4 Hefte. gr. 8. (1. Hft 96 S.) Leipzig 871. Teubner. à Hft. n. 2. —

**Rechtsschatz, Politischer,** für das deutsche Volk ... Wien 1848. V: *Messenhauser, Cäsar Wenzel.* (EB)

Rechtsschatz, politischer, für das deutsche Volk. Fundgrube alles polit. Wissens, od. Taschenwörterbuch der bürgerl. u. politischen Freiheiten u. Rechte freier Völker, so wie aller constitutioneller, polit. u. staatsrechtl. Begriffe u. Ausdrücke. 16. (IV u. 187 S.) Wien 848, Tendler & Co. 1/2 ₰

**Rechtsschriften, Die,** der Diöcesan-Conferenz der Diöcese Basel ... gegen Erzbischof Eug. Lachat ... Soloth. 1874. V: *Brosi, Alb.* (Cat. d. Stadtbibl. Zürich. Zürich 1864—97.)

Rechtsschriften der Diöcesan-Conferenz der Diöcese Basel in ihrem Rechtsstreit gegen Erzbischof Eugen Lachat betr. das Legat der Frl. Emilie Linder von Basel. 36 Stn. 8. Solothurn, Zepfel. 1874

Rechtsschutz,

— der, s.: Lehrer-Zeitung, preußische.

Rechts-Schutz. Freisinniges Organ zur Belehrung und Aufklärung auf dem Gebiete des Rechtswesens, sowie zur populären Beurtheilung richterl. Entscheidungen ꝛc. Redact.: J. Fraenkel. 1. Jahrg. 1879. 52 Nrn. (Bog.) gr. 4. Berlin. (Leipzig. Schneider.)

Rechts-Schutz. Freisinniges Organ zur Belehrung und Aufklärung auf dem Gebiete des Rechtswesens, sowie zur populären Beurtheilung richterlicher Entscheidungen ꝛc. Redact.: J. Fraenkel. 2. und 3. Jahrg. 1880 und 1881. à Jahrg. 52 Nrn. (Bog.) gr. 4. Berlin. (Leipzig, Schneider.) à Jahrg.

—— dass. — 4.—6. Jahrg. 1882—1884. à Jahrg. 52 Nrn. (Bog.) gr. 4. Berlin. (Wüstegiersdorf, Jacob.) à Jahrg.

Rechts-Schutz. Unabhängiges Organ zur Belehrung und Aufklärung auf dem Gebiete des Rechtswesens, sowie zur populären Beurtheilung richterl. Entscheidungen. Redact.: J. Fränkel. 7.—10. Jahrg. 1885—1888. à Jahrg. 52 Nrn. (Bog.) gr. 4. Berlin, (Schildberger.) à Jahrg. * 6 —

Rechts-Schutz. Unabhängiges Organ zur Belehrg. u. Aufklärg. auf dem Gebiete d. Rechtswesens, sowie zur populären Beurtheilg. richterl. Entscheidgn. ꝛc. Redact.: J. Fränkel. 11.—14. Jahrg. 1889—1892. à Jahrg. 52 Nrn. (Bog.) gr. 4. Berl., (M. Schildberger). à Jahrg. * 6 — Nicht weiter erschienen.

Rechts-Schutz: 1881/—1885/
Legal weekly. Large quarto, each issue 4 pages. Circulation: 1883, 2300. Edited & published by William Raich, 1881—85.
New York, NY

Rechtsschutz, Organ des internationalen Juristen-Vereines für Oesterreich-Ungarn. Red. Franz v. Kreith. I. Jahrg. 1884. 4. Wien. L. Steckler. Nr. 1 pro complet 4 fl., halbjährig 2 fl., vierteljährig 1 fl

—— Organ des internationalen Juristen-Vereins für Oesterreich-Ungarn. Redact. und Hrsgbr.: Frz. v. Kreith. 1. Jahrg. 1884. 12 Nrn. (Bog.) gr. 8. Wien, (Ed. Schmid.)

**Rechtsschutz, gewerblicher, u. Urheberrecht.** Zeitschrift d. deutschen Vereins z. Schutze d. gewerbl. Eigenthums, hrsg. unt. Mitwirkg. v. Paul Schmidt u. Jos. Kohler v. Alb. Osterrieth. 1.—3. Jahrg. 1896—1898. à 12 Nrn. (à ca. 2 Bog.) hoch 4. Berlin, C. Heymann's Verl. à Jahrg. n. 20. —; einz. Nrn. n. 2. —
Kann auch halbjährlich bezogen werden.
Vorh.unt.d.T.:Zeitschrift f.gewerbl. Rechtsschutz.Jg.1-4.1892-1895.

**Rechtsschutz, gewerblicher, u. Urheberrecht.** Zeitschrift des deutschen Vereins zum Schutz des gewerbl. Eigenthums. Unter Mitwirkg. v. Paul Schmidt u. Jos. Kohler hrsg. v. Alb. Osterrieth. 4. u. 5. Jahrg. 1899 u. 1900. à 12 Nrn. hoch 4. (VIII, 376 u. VIII, 389 S.) Berlin, C. Heymann's Verl. à Jahrg. n. 20. —

— — dasselbe 6. u. 7. Jahrg. 1901 u. 1902. à 12 Nrn. hoch 4. (XX, 368 u. XII, 388 S.) Ebd. à Jahrg. n. 30. —

**Rechtsschutz, gewerblicher, und Urheberrecht.** Zeitschrift des deutschen Vereins f. den Schutz des gewerblichen Eigentums. Unter Mitwirkg. v. Paul Schmidt u. Jos. Kohler hrsg. v. Alb. Osterrieth. 8.—11. Jahrg. 1903—1906. à 12 Nrn. (XVI, 384; XVI, 372; XVI, 392 u. XX, 380 S.) hoch 4. Berlin, C. Heymann. à Jahrg. n. 30. —

**Rechtsschutz, gewerblicher, u. Urheberrecht.** Zeitschrift des deutschen Vereins f. den Schutz des gewerbl. Eigentums. Unter Mitwirkg. v. Paul Schmidt u. Jos. Kohler hrsg. v. Alb. Osterrieth. 12.—15. Jahrg. 1907—1910. à 12 Nrn. (1910. XVI, 380 S.) Lex. 8. Berlin, C. Heymann. à Jahrg. 30. —

GEWERBLICHER RECHTSSCHUTZ UND URHEBERRECHT. Festgabe dem VII. internationalen Kongress für Gewerblichen Rechtsschutz gewidmet vom Deutschen Verein für den Schutz des gewerblichen Eigentums. Berlin, Mai 1904. Berlin. Carl Heymanns Verlag. 4°.

**Rechtsschutz der Jugend.** Populäre Abhandlungen in Fragen u. Antworten üb. die wichtigsten Punkte der neuen sozialen Bewegg. I.—III. Wien, (C. Fromme). à n. — 20

I. Was ist Kinderschutz? Mit e. Anh.: Schutz des Kindes durch die österreich. Justizverwaltg. Von Lydia v. Wolfring. (59 S.) kl. 8. 905.
II. Kinderschutz u. Schule. Vortrag, geh. am 2. XII. 1905 in der Wiener pädagog. Gesellschaft von Lydia v. Wolfring. (16 S.) Lex. 8. 906.
III. Tätigkeitsbericht, II., d. Pestalozzi-Vereines z. Förderung des Kinderschutzes u. der Jugendfürsorge. (Allg. öst. Pestalozzibund.) 1905. (59 S. m. Abbildgn. u. 1 Taf.) Lex. 8. (906).

**Rechtsschutz-Kalender** 1888. Zur Warng. d. Publikums hrsg. v. dem Comité f. Rechtsschutz; verantwortlich F. Draak. 8. (XVI, 104 S.) Berlin, (Le Coutre). n. — 50

Rechtssprechung, s. Rechtsprechung.

Rechtssprichwörter, deutsche, unter Mitwirkung von J. C. Bluntschli und K. Maurer gesammelt und erklärt von Ed. Graf und M. Dietherr. Auf Veranlassung und mit Unterstützung Sr. Maj. des Königs von Bayern, Maximilian II., hrsg. durch die histor. Commission bei der k. Akademie der Wissenschaften. 2. billigere Ausg. 8. (624 S.) Nördlingen 869, Beck'sche Buchh. * 5 —

Rechtssprüche d. preuß. Gerichtshöfe, mit Genehmigung Ihrer Excellenzien der Hrn. Justiz-Minister, hrsg. v. A. H. Simon u. H. L. v. Strampff. 1—4. Bd. gr. 8. Berlin, Dümmler. [1. 1. Aufl. (32 B.) 828., 2. A. (32¼ B.) 834., 2. (30½ B.) 830., 3. (27¼ B.) 834., 4. (34 B.) 836. à 2 Thlr. 8 Gr.]

**Rechtssprüche** und Gutachten der Juristen-Facultät zu Rostock. Berlin 1846. H: *Wunderlich, Agathon.* (KGBerlin I, 78)

**Rechtssprüche** und Gutachten der Juristenfacultät zu Rostock. Berlin 1846. H: *Wunderlich, August.* (schz)

Rechtssprüche u. Gutachten der Juristen-Facultät zu Rostock. gr. 8. (14 B.) Berlin 846, G. Reimer.

Rechtssprüche, des Ober-Appellationsgerichts zu Parchim. Herausgg. von v. Nettelbladt. 2 Bde. gr. 4. Berlin 821—24, Rücker.

—— des Ober-Appellations-Gerichts zu Parchim. Hrsg. v. Chr. C. Fr. W. Frh. v. Nettelbladt. 3. u. 4. Bd. gr. 4. Berlin, [Rücker u. Püchler.] [3. (24 B.) 830. 1 Thlr. 20 Gr., 4. (25 B.) 834. 2 Thlr.]
1. u. 2. Bd. Ebendas. 1821—24. 3 Thlr. 16 Gr.

— dass. 5r u. 6r Bd. A. u. d. T.: Erkenntnisse der Göttinger u. Heidelberger Juristen-Facultäten und des Oberappellations-Gerichts zu Parchim gegen den Tischler Karl Ludwig Wendt, den Lehrburschen Christian Heesen u. den Gesellen Anton Saal zu Rostock, wegen angeschuldigten Giftmordes, Brandstiftung, Diebstahls u. Betrügerei. gr. 4. Berlin 837. (Parchim, Hinstorff'sche Buchh.) n. 2 ℛℳ — 6r Bd. Parchim u. Ludwigslust 839. Hinstorff'sche Buchh. n. 2 ℛℳ — Alle 6 Bde. zusammen nur n. 9 ℛℳ

Rechtssprüche d. Ober-Appellations-Gerichts zu Parchim. Hrsg. v. Chrstn. Carl Friedr. Wilh. v. Nettelbladt. 1., 5. u. 6. Bd. gr. 4. Parchim u. Ludwigslust, Hinstorff'sche Hofbuchh. [1. 2. Aufl. (12½ B.) 840., 5. (22½ B.) 837., 6. (22 B.) 839. à * 2⅓ Thlr.]
Der 6. Bd. a. u. d. Ttl.:
Erkenntnisse d. Göttinger u. Heidelberger Juristen-Facultäten u. d. Oberappellations-Gerichts zu Parchim geg. d. Tischler Carl Ludw. Wendt, den Lehrburschen Christian Heeser u. d. Gesellen Ant. Saal zu Rostock, wegen angeschuld. Giftmordes, Brandstiftung, Diebstahls u. Betrügerei.
2—4. Bd. Ebendas. 1830—34. à * 2 Thlr. 8 Gr. — Alle 6 Bde. zusammen genommen nur * 10 Thlr. 8 Gr.

Rechtsstrafen, chinesische, ein Beytr. zur Völkerkunde, n. d. Engl. bearb. v. Fr. Hempel. 1s Hft. m. illum. K. Leipz. Ind. C.

**Rechtsstreit, Der,** der Erben der verstorbenen Fürstinnen Wilhelmine Friederike, Fürstin von Oettingen-Wallerstein, und Henriette Fürstin von Hohenlohe-Waldenburg-Jaxtberg, geb. Prinzessinen von Würtemberg, gegen die K. Würtembergische Haupt-Staats-Kassen-Verwaltung, rückständige Apanagen betreffend. Stuttg. 1825. V: *Schott, Alb.* (Kat. d. ständ. Bibl. Stuttg. 1907. S. 517.)

**Der Rechtsstreit der Erben d. verstorb. Fürstinnen W. F. v. Oettingen-Wallerstein u. H. v. Hohenlohe-Waldenburg-Jaxtberg geg. d. kgl. Wirtemb. Haupt-Staats-Kassen-Verwalt. (Rückständ. Apanagen v. 701,500 Fl. sammt Verzugszinsen u. s. w. betreff.)** ***Stuttgart.*** **(Metzler.) 825. gr. 8. (6 Gr.)**

Rechtsstreit. Der R' über die Basler Festungswerke. Bericht der Delegirten der h. Regierung von Baselstadt. Vorträge der Parteien ..., nebst zwei Beilagen. Hrg. auf Anordnung der h. Regierung des Kantons Baselstadt. 8. Basel 1862.

[Rechtsstreit.] Verein f. Feuerbestattung in Hagen in W. Der Rechtsstreit um das Recht der Beisetzung von Aschenresten in Erbbegräbnissen. Hagen i. W. 1908. 8°.

**Rechtsstreit**, türkisch-persischer, od. das wahrhaftige Mährchen von dem berühmten Abubekr-Ibn-Gnillesch in Ispahan u. dem alten, weisen Abdallah-Ibn-Suluap in Schiras. Den Freunden der türkischen u. persischen Justiz gewidmet u. aus dem türk. Original ins Deutsche übertragen v. e. Freunde der Wahrheit im Orient u. Occident. gr. 16. (2 B.) Darmstadt 844, Leske.

**Rechtsstreit, Der,** zwischen den Verwandten des zu Paris gestorbenen Karl Friedrich von Mecklenburg, Erbfolgerecht, zunächst gerichtliche Zuständigkeit betreffend. Stuttgart 1856. V: *Reyscher, Aug. Ludw.* (Tübz 4, 33) (Schz)

[François Marie Arouet de] Voltaires **Rechtsstreit** mit dem Königlichen Schutzjuden Hirschel 1751. Prozeßakten d. Kgl. Preuß. Hausarchivs. Mitgeteilt von Dr. Wilhelm Mangold, Prof. in Berlin. Mit e. Anh. ungedr. Voltaire-Briefe aus d. Bibliothek d. Verlegers u. mit 3 Faks. Berlin: E. Frensdorff 1905. (XXXVII, 138 S.) 8° [F.] [05. 3804 4

**Rechts-Student**, der. Lehrblatt f. junge Juristen. Hrsg. v. W. Schaufuß u. Ferd. Vogel. 1. Jahrg. April—Dezbr. 1905. 20 Nrn. (à ca. 8 S.) Lex. 8. Cöln. (Bonn, L. Röhrscheid.) n. 6.—
Erscheint nicht mehr.

**Rechtsstudie** üb. den Nachdruck insbesondere v. musikalischen Werken laut Gesetz vom 11./10. 1870, m. Anführg. der erläuterten Gesetzesstellen, f. Bibliotheken, Verleger, Drucker. kurzgefaßt u. zusammengestellt v. H. Apianus. 12. (16 autogr. S.) Leipzig 889. Hilm. Bennewitz. n. —50

Rechtstriebsgesetz für den Kt. Thurgau 1850.

**Recht-Sucher**, der, vor den Amts-Gerichten. Die neue deutsche Gerichtseinrichtung und das neue deutsche Civilprozeßverfahren vor den Amts-Gerichten. Praktische Mittheilungen für das Recht suchende Publikum vor einem Gerichtsbeamten. 8. (42 S.) Zielenzig 879, Rosenzweig'sche Buchh. cart.

**Rechtsum** kehrt euch! oder die Rechten haben das Rechte, nicht die Linken. Ein offenes Wort an die Landleute Bayerns. Von einem Altbayer. 18. (50 S.) Landshut 849, Thomann. 1 ngr

Altbabylonische **Rechtsurkunden** aus der Zeit der 1. babylonischen Dynastie (ca. 2300–2000 v. Chr.). Umschrift, Übers. u. Komm. von Dr. Moses Schorr. Wien: A. Hölder in Komm. 1907. (210 S.) 8° [Umschlagt.]
— **Sitzungsberichte** d. Kais. Akad. d. Wiss. in Wien. Philos.-hist. Klasse. Bd 155, Abh. 2. [07. 10071

Die **Rechtsurkunden** der österreichischen Eisenbahnen. Sammlg der die österr. Eisenbahnen betr. Specialges., Concessions- u. sonstige Rechtsurkunden. Hrsg. v. Dr. Rudolf Schuster Edler v. Bonnott, k. k. Ministerialsecr., u. Dr. August Weeber, k. k. Ministerialvicesecr. Bd 1—3. (In 27 H.) *Wien, Pest, Leipzig: A. Hartleben 18(89)—98.* 3 Bde 8.
1. 18(89—)92. (XII, 962 S.) 2. 1894. (XIX, 3—1256 S.)
3. 18(95—)98. (XIII S., 1 Bl., 1143 S., 1 Bl., 1144—1155 S.) [98. 2199

Ueber öffentliches Rechtsverfahren. Ein Beitrag zur Würdigung dieser Frage. Berlin, Nicolai 1843. 45 S. 8.

**Rechts- u. Gerichts-Verfassung**, die, der Preuß. Rhein-Provinz. Ein Leitfaden und Unterrichtsbuch für die Anwohner des Rheins und diejenigen, die mit ihnen in Geschäfts-Verbindung stehen. 8. Glogau 834. Heymann in Berlin. 2/3 ₰ — 2e verb. u. verm. Aufl. gr. 8. Ebd. 835. 1/2 ₰ (Ist auch ein Anhang zu Schmalz Haussekretair.)

**Rechts- u. Gerichts-Verfassung** d. Preuß. Rhein-Provinz. Ein Leitfaden und Unterrichtsbuch für die Anwohner des Rheins ꝛc. 3. umgearb. Aufl. von M. Pickhardt. 8. Berlin 846, Heymann. n. 12 ngr

**Rechts- u. Gerichtsverfassung** der preuß. Rheinprovinz ꝛc. 3. Aufl. von M. Pickhardt, s. Schmalz, E. A. W., der Haussekretair f. d. Rheinprovinz. 2. Thl.

**Rechtsverfolgung**, die, im internationalen Verkehr. Unter Mitwirkg. v. R. Altsmann, Alves de Sá, C. Asser u. a. hrsg. von Frz. Leske u. W. Loewenfeld. III. Bd. 1. Tl. u. IV. Bd. Lex. 8. Berlin, C. Heymann. n. 41.—; geb. n. 46. 50
III, 1. Civilprozessrecht, das österreichische (neue Bearbeitg. von R. Frhrn. v. Canstein), das Civil- u. Konkursrecht der Niederlande (neue Bearbeitg. v. H. L. Asser). (II, 508 XXVII S.) 905. n. 14.—; geb. n. 16.50
IV. Das Eherecht der europäischen Staaten u. ihrer Kolonien Unter Mitwirkg. v. Alves de Sá, J. Baisini, Beauchet u. a Von J. Hahn. (XXVI, 1078 S.) 904. n. 27.—; geb n. 30.—
Erschien früher u. d. T.: Leske, Frz, u. W. Loewenfeld, die Rechtsverfolgung im internat. Verkehr.

Das **Rechtsverhältnis** zwischen Arbeitgeber und Arbeitnehmer in Handels- und Gewerbebetrieben. Hrsg. v. Kaufmänn. Verband f. weibl. Angestellte. Berlin 1904: (G. Chasté). (55 S.) 8° [F.] [05. 14001

**Rechtsverhältniß**, das, der Domainen, s. Domainen-Streit.

**Rechtsverhältniß**, üb. das festzustellende, d. untergeordneten deutschen Reichsstände. gr. 8. Frankf. a. M. 819. Andreä. 4 gr

**Rechtsverhältniss** der k. k. Postanstalt zu den Eisenbahnen in Oesterreich. Bearb. im Post-Cours-Bureau des k. k. Handels-Ministeriums. gr. 8. (XX, 128 S.) Wien 884, Hof- und Staatsdruckerei.

**Rechtsverhältniss** der k. k. Postanstalt zu den Eisenbahnen in Österreich. Bearb. im Post-Cours-Bureau d. k. k. Handels-Ministeriums. 2. Aufl. gr. 8. (XXII, 159 S.) Wien 886. Hof- u. Staatsdruckerei. n. 1. 60

**Rechtsverhältniss** der k. k. Postanstalt zu den Eisenbahnen in Österreich. Bearb. im Post-Cours-Bureau d. k. k. Handels-Ministeriums. 3. Aufl. gr. 8. (XXIV, 209 S.) Wien 891. Hof- u. Staatsdruckerei. n. 2.—

**Rechtsverhältniss** d. k. k. Postanstalt zu d. Eisenbahnen in Österreich. Bearb. im Post-Cours-Bureau d. k. k. Handels-Ministeriums. 4. Aufl. gr. 8. (XXXI, 238 S.) Wien 895. (Hof- u. Staatsdruckerei.) n. 1. 60

**Rechtsverhältnis** der k. k. Postanstalt zu den Eisenbahnen in Oesterreich. Bearbeitet im Post-Cours-Bureau des k. k. Handels-Ministeriums. 5. Auflage. Wien. 1899. Hof- und Staatsdruckerei. Gr.-8°. XXXIX, 300 S. fl —.80

— der k. k. Postanstalt zu den Eisenbahnen in Österreich. Bearb. im Post-Kurs-Bureau des k. k. Handels-Ministeriums. 6. Aufl. (XLVI, 384 S.) gr. 8. Wien 904. (Hof- u. Staatsdruckerei). n. 2.—

**Rechtsverhältnis** der k. k. Postanstalt zu den Eisenbahnen in Österreich. Hrsg. vom Postkursbureau des k. k. Handelsministeriums. 7. Aufl. (LII, 406 S.) gr. 8. Wien 910. (Hof- u. Staatsdruckerei.) 2.—

—— das, zwischen Staat und Commune in der Wiener Tramway-Frage. Von einem Juristen. 8. (78 S.) Wien 885, Konegen. * 1 60

**Rechtsverhältnis** der k. k. Staatstelegraphenanstalt zu den Eisenbahnen in Oesterreich. Sammlung der bezüglichen gesetzlichen, verordnungs- und concessionsmässigen Bestimmungen und Verträge. Bearbeitet im k. k. Handelsministerium. Wien. 1899. Hof- und Staatsdruckerei Gr.-8°. VI, 296 S. fl. 1.50

**Rechtsverhältnis** der K. k. Staatstelegraphenanstalt zu den Eisenbahnen in Österreich. Sammlung d. bezügl. gesetzl. Verordnungen u. konzessionsmäßigen Bestimmungen u. Verträge. Bearb. im K. k. Handelsminist. 2. Aufl. Wien 1907: K. k. Staatsdr. (VIII, 340 S.) 8° [07. 10013

- der k. k. Staatstelegraphenanstalt zu den Eisenbahnen in Österreich. Sammlung der bezügl gesetzl., verordnungs- u. konzessionsmäss. Bestimmungen u. Verträge. Bearb. i. k.k. Handelsministerium 2 Aufl (VIII, 340 S.) gr 8. Ebd 907 Kart. 3. -

**Rechtsverhältnis, Das,** zwischen zweien Verkaufsberechtigten, wegen ihrer, bei einem Hausverkauf abgegebenen, Erklärungen, in nakter Darstellung durch ein Gespräch unter vier erdichteten Personen. [Berlin] 1822. V: *Mangold, Leonhard Gottfried.* (KGBerlin I, 386)

**Rechtsverhältniß, das,** des Thüring'schen Zoll- u. Handelsvereins zum Zollverein. 8. (28 S.) Leipzig 852, Jackowitz. 1/4 ℔

Rechts-Verhältnisse d. würtemberg Auswanderer. Ein Handb. f. d. Gemeinde-Obrigkeiten etc., so wie auch f. alle würtemberg. Auswanderer, worin nicht nur d. Bedingungen u. Förmlichkeiten d. Auswanderung im Allgemeinen, sondern auch ihr Einfluß auf Person u. Vermögen der Betheiligten, namentl. der Eheleute, der Militairpflichtigen etc. etc. enthalten sind. gr. 8. (3¼ B.) Heilbronn 833, Drechsler.

Die Rechtsverhältnisse der Deutschen in Afrika und in der Südsee Die deutsche Kolonialpolitik Heft 4 Leipzig 1885 70 S 8°

**Rechts-Verhältnisse der Dienstboten nach dem Gesetze vom 18. Febr. 1868.** [Mit gemeinverständl. Erläregn. u. Erläutergn.] 2. Aufl. gr. 8. (31. S.) Offenburg 874. Trube. — 50

Die Rechts- und Dienst-Verhältnisse der Beamten und Arbeiter im Ressort (2f im Bereiche) der Preussischen Staats-Eisenbahn-Verwaltung. Nach d Wortlaut d Gesetze f d prakt Amtsgebrauch zsgest bei d Königl Eisenb -Direktion zu Elberfeld im Auftr derselben (Hrsg. [Rud ] Witte ) (Abgekürzte Bezeichnung Elberfelder Sammlung ) Bd [1]–4 [nebst 2] Hauptregister Elberfeld 1881–99 A Martini & Grüttefien 10 Bde 4°
[1] 1881 2 1885 2.a 1885 3 1 1894 3 2 1894 3.a 1895 3.3 1895 Hauptregister zu d Bänden 1-3.3 1895 4 1898 4.a 1898 Haupt-Register zu d. Bdn 1-4.a. 1899

**Rechts- u. Dienstverhältnisse der preuss. Eisenbahnbeamten. Ein prakt. Nachschlagebuch f. alle mittleren u. unteren Beamten u. Hilfsbeamten der Staatseisenbahnverwaltg. ohne Unterschied der v. ihnen eingenommenen Stellg., enth. e. Samml. v Gesetzen, Verordngn. u. Ministerialerlassen aus dem Gebiete des Staatseisenbahnwesens f. die Zeit vom 1. I. 1878 bis 31. XII. 1904.** Mit genauem Sachregister. (VII, 404 S.) 8. Berlin 905. H. Klokow. Kart. n. 2. —

**Rechts- u. Eigenthums-Verhältnisse,** über die, der Herrschaft Schwedt u. Wildenbruch. Ein Beitrag zum Preuß. Domainenrecht. gr. 8. Berlin 842, Veit u. Co. n. 1/3 ℔

**Rechtsverhältnisse,** die, zwischen Herrschaft u. Gesinde. Die allgemeine Gesinde-Ordng. der preuß. Monarchie vom 8. Novbr. 1810, ergänzt durch die einschläg. Bestimmgn. der neueren Gesetze, Verordgn. u. Ministerial-Rescripte etc. u. unter Berücksicht. der neuesten Rechtsprechg. 7. Aufl. Neu bearb. v. Alb. Bardenhayth. 8. (64 S.) Berlin 884. Grosser. cart. n. — 50

— die, der **Miether u. Pächter v. Liegenschaften gegenüber den neuen Erwerbern.** 8. (2 S.) Würzburg 872. Stahel. — 20

**Rechtsverhältnisse** der »Freien Standesherrschaft Fürstenthum Pless . . . Kattowitz O. S. 1898. V: *Zivier, Ezechiel.* (Berl)

**Rechtsverhältnissed. „Freien Standesherrschaft" Fürstenth. Pless. Entgegng. auf d. Schrift: Beiträge zu Schlesiens Rechtsgeschichte v. Rechtsanwalt Notar Bruno Bollerode.** (Hrsg. v. d. fürstl. Pless'schen Centralverwaltg.) gr. 8. (IV, 56 S.) Kattowitz 898. Gebr. Böhm. n. 1. 50

Rechtsverhältnisse an unbeweglichen Sachen in Deutsch-Südwest-Afrika vom 5.10.98. (Gareis Reichsgesetze 243) Giessen 1898

Rechtsverhältnisse, die, der Pfälzischen Schule. gr. 8. (IV, 112 S.) Kaiserslautern 885, Crusius. cart. * 1 80
Aus Geib's Handbuch für die Gemeindebehörden der Pfalz. 2. Aufl., von Graef und Gresbeck, besonders abgedruckt.

Rechtsverhältnisse im Schutzgebiete der Marschallinseln und Deutsch-Ostafrika. (Gareis Reichsgesetze 137) Giessen 1891

**Rechtsverhältnisse** im Schutzgebiete der Marschall-Inseln u. Deutsch-Ostafrika, s. a. Gareis, C., deutsche Reichsgesetze in Einzel-Abdrucken.

— die, der badischen **Staatsdiener** u. **Angestellten** sowie ihrer Wittwen u. Waisen. 8. (117 S.) Mannheim 876. Bensheimer. n. 1. —

**Rechtsverhältnisse, die, der Standesherrn des Großherzogthums Hessen vor und nach dem Jahre 1848. Ein Wort zur Erwiderung auf das Schriftchen: „Ueber die standesherrl. Beschwerden aus dem Großherzogthum Hessen".** Darmstadt 855. Beyerle. gr. 8. (93 S.) n. 6 ngr

**Rechtsverhältnisse,** die, des **Vermieters** u. **Mieters nach d. bürgerl. Gesetzbuch. Gemeinfaßlich dargestellt u. m. e. Reihe v. Formularien versehen.** 12. (64 S.) Reutlingen 900. R. Bardtenschlager. — 25

— die wahren, d. kurfürstlich hessischen Familien-Fideicommisses. gr. 4. (8 S.) Kassel 875. (Württemberger.) n. — 50

**Rechtsverwahrungen** des Herzogs von Augustenburg. 1846. V: *Samwer, Carl Friedrich Lucian.* (ADB)

(Rechtsverwahrungsakte, vollzogen am 5. April 1864 in Kiel von 40 Mitgliedern der holsteinischen Ständeversammlung, nebst Anlagen.) O. O. (1864). 13, 3, 7 S Fol.

**Rechtsweg, der neue, in Württemberg. Für den Bürger und Geschäftsmann. Leichtfaßliche Darstellung des Reichscivilprocesses mit Berücksicht. der Einführungs-, der württemberg. Ausführungs- und der sonstigen Ergänzungs-Gesetze von einem württemberg. Juristen.** gr. 8. (IV, 56 S.) [Neu-Ulm 880, Stahl'$ Verlag.] Regensburg, Verlagsbureau.

**Rechtswidrigkeit, Die,** des in Hannover bestehenden Verfassungszustandes. Leipzig 1861. V: *Planck, G.* (Löwe, Bibliogr. d. Hann. u. Braunschw. Gesch. Hann. 1908. S. 155.)

**Rechtswidrigkeit,** die, des in Hannover bestehenden Verfassungszustandes. Leipzig 861. O. Wigand. gr. 8. (IV, 133 S.) n. 20 ngr

Systematische **Rechtswissenschaft** von R(udolf) Stammler, R. Sohm, K. Gareis, V. Ehrenberg, L. v. Bar, L. v. Seuffert, F. v. Liszt, W. Kahl, P. Laband, G. Anschütz, E. Bernatzik, F. v. Martitz. Berlin & Leipzig: B. G. Teubner 1906. (Getr. Pag.) 4°(8°)
= **Kultur**, Die, d. Gegenwart. T. 2, Abt. 8. [07. 505

Systematische **Rechtswissenschaft.** Von R. Stammler, R. Sohm [u. a.]. Berlin u. Leipzig 1906.
(Kultur der Gegenwart. Hrsg. v. Hinneberg. T. 2, Abt. 8.)

[Inhalt:]
**Stammler**, Rud.: Wesen des Rechtes u. der Rechtswissenschaft.
**Sohm**, Rud.: Bürgerliches Recht.
**Gareis**, Karl: Handels- u. Wechselrecht.
**Ehrenberg**, Vict.: Versicherungsrecht.
**Bar**, Ludw. v.: Internationales Privatrecht.
**Seuffert**, Loth. v.: Zivilprozeßrecht.
**Liszt**, Franz v.: Strafrecht und Strafprozeßrecht.
**Kahl**, Wilh.: Kirchenrecht.
**Laband**, P.: Staatsrecht.
**Anschütz**, Gerh.: Justiz u. Verwaltung.
**Bernatzik**, Edm.: Polizei u. Kulturpflege.
**Martitz**, Ferd. v.: Völkerrecht.
**Stammler**, Rud.: Die Zukunftsaufgaben des Rechtes u. der Rechtswissenschaft.

**Rechts-, Staats- und Wirtschaftswissenschaften** an den technischen Hochschulen. Denkschrift [des] Verband[es] deutscher Architekten- und Jngenieurvereine. Berlin 1910

**Rechts-Zeitung**, allgem., fürs Deutsche Volk. Neue Folge. 1, Jahrg. (Hrsg. v. Chr. F. Elvers.) 1831. Apr.—Dec. 39 Nrn. (½ Bog.) Göttingen, Expedition. (Dieterich.)
Vgl. Zeitung, allgem. jurist.

**Rechtszeitung, Allgemeine,** fürs Deutsche Volk. Neue Folge. 1. Jahrg. 1838. Göttingen. H: *Elvers, Chn Frdr.* (EngJ) »Göttingen 1831« (Ky)

**Rechtszustände** in Preußen. Eine Warnung für das Volk in Süddeutschland. 8. (32 S.) Zürich 870, Verlags-Magazin. * — 50

**Rechtwinkelige u. Polarcoordinaten** des Jupiter (nach Bouvard's Taf.) sowie Componenten der störenden Kräfte, mit denen Jupiter auf die Sonne wirkt von 1770—1830. (Publication der astronom. Gesellschaft. VI.) Leipzig 866. Engelmann. gr. 4. (VI, 23 S.) n. 25 ngr.

**Rechziegel**, Jos., Maria der wunderbare Lebensbaum im Reiche Gottes, der Früchte hervorbringt, welche nähren zum ewigen Leben. Ein kathol. Erbauungs- u. Gebetbuch. Prag 865. Styblo. 16. (378 S. mit 4 Stahlst.) n. 10 ngr.

**Reci**, Epistoly a Evangelia na všecky nedèle a svatky katolickeho roku cirkevniho i umuceni našeho Spasitele. 8. (262 S. 3 Bl.) Ve Vidni. 1853. (Reden, Episteln und Evangelien für alle Sonn- und Feiertage, und das Leiden unseres Erlösers.)
(Auf schlechterem Papier 22 kr. C. M.)
Wien: Vlg.d.Schulbücher-Verschleiß-Administration.

**Recidiv**, das,. Lustsp. in 3 A. n. Marivaux, v. J. F. Jünger. 8. Regensburg, Montag u. W. 803.

***Recit*** de deux mois d'emprisonnement de Mr. le Comte Joseph Sierakowski. Arrêté à Paris le 13 Janvier 1816 etc. II. Ed. gr. 8. Dresd. 816. (Walther). 16 *K*

**Recitatio** acad. de ortu regiae dignitatis in Polonia. 4. Lps. 755.

**Recitatio** de Sm. F. Nth. Moro habita. Lipsiae 1792. V: *Beck, Christian Daniel.* (winer)

**Recitationen** aus Fritz Reuter m. „Lebenden Bildern". E. Serie „Leb. Bild" unter Zugrundelegg. Fritz Reuter'scher Ideen u. Strophen. 12. (11 S.) Berlin (895). M. Böhm. 1.—

**Recitationes**, sex, I. De dignitate Religionis universae. II. De spiritu doctrinae ac Religionis Jesu. III. De necessitate Sacra et Ecclesiam reformandi. IV. Considerationes de reformatione Sacrorum et Ecclesiae. V. Historica Augustanae confess. adumbratio. VI. De principiis et spiritu Protestantismi ac. R. Papismi. Edit. II. 8. Lipsiae 834. G. Wigand. ½ *ß*

***Recitationes***, sex, ad tertium seculare Augustanae Confessionis festum digne celebrandum praeparantes. 8. Leipz. 831. (Wigand in Kaschau). 18 *K*

**Recitationes**, sex, ad tertium seculare Augustanae Confessionis festum digne celebrandum praeparantes. Edit. I. 831. 18 Gr., E. II. (à 8¾ B.) Lipsiae 834, G. Wigand.

**Récits** du moyen age, hrsg. v. G. Schmidt, s.: Jugendlesebücher, fremdsprachliche, illustrierte. 6. Bd.

**Recits** bibliques abrégés à l'usage des classes inférieures des écoles catholiques. Composés d'après la „Bible illustrée" de Businger-Walther et traduit par A. Boué. 8. (102 S. m. 66 Illustr. u. 1 Karte.) Einsiedeln 893. Benziger & Co. Kart. n.n. — 40

**Recits** et nouvelles, s. Sammlung franz. Lesestücke.

— et scènes de guerre, de mer, de chasse etc., s. Conteur, le, du foyer.

Reck [Sachl. Ordnungswort]

**Reck und Barren**: vol. 1, no. 1, Apr. 1889—?
Weekly. Sub-title: Officielles Organ des Ohio Turnbezirks. Propaganda-Schrift und Officielles Organ des Ohio Turnbezirks. Large quarto, 28 pages. Edited by the Redaktions-Committee des Ohio Turnbezirks [in February, 1891: Joel H. Steinberg, Joseph Dauben, Robt. C. Georgi, Ernst A. Weier, F. A. Wayant]. Published by Ernst A. Weier & Co.
Cincinnati, OH

**Reck und Barren**: 190?—? New Haven, CT
Organ of the New Haven Turn-Verein.

Reck u Barren. Org and N Haven Turnvereins. 2v. N Haven, 1902-03.

Reck [Verfasser]

**Reck**, Frhr. v. d., politische Buß-Gedanken. gr. 8. (20 S.) Barmen 876. Klein. n. — 40

**RECK**, Frhr. v. d.: Über die Erziehung der Eiche im Hochwald nebst einer Anweisung zur Anlegung und Unterhaltung ständiger Pflanzcämpe. - Breslau 1877. 46 S.

**Reck**, Christiane v. der, Golgatha. Eine Sammlung religiöser Gedichte. 12. (93 S.) Berlin 858, Mylius'sche Verlagsb.

**Reck**, Christiane v. der, Golgatha. Eine Sammlung religiöser Gedichte. 2. Aufl. Berlin 864. Mylius. 12. (92 S.) n. 20 ngr.

**Reck**, Christiane v. der, Golgatha. Eine Sammlung religiöser Gedichte. 2. Aufl. 12. (92 S.) Berlin 864, [Schweigger'sche Hofbuchh.] geb. mit Goldschn.

v. d. Reck, (F. G.,) nützliches Allerlei, oder d. Rathgeber in häusl. Angelegenheiten u. in Nothfällen. 3 Thle in 4 Abthl. gr. 8. Hannov. 822—24, Hahn.

— üb. die Verbesserung d. Landschulen, mit 7 Tabell. 8. Hannov. 796. Hahn. 16 gl

Reck, F. W., der Weg der Feder. (Vorschriften z. Schönschreiben.) III Hfte. 2. Aufl. 4. (36 lith. Bl. grün gedr. u. 1 Bl. Erklär.) Hamburg 839, Niemeyer.
Vgl.Reck,P.

Reck, Franz Xaver

Reck, Frz. X., Anleitung zum deutschen Aufsatz. gr. 8. (IV, 48 S.) Rottenburg 893. W. Bader. n. —40

— Dispositionen u. Materialien zu deutschen Aufsätzen. gr. 8. (VII, 176 S.) Ebd. 893. n. 1. 20

Reck, Frz. Xav., das Missale als Betrachtungsbuch. Vorträge üb. die Meßformularien. 1.—4. Bd. gr. 8. Freiburg i/B., Herder. 17.60; geb. in Kunstldr. 21. 20
1. Vom 1. Adventssonntag bis zum 6. Sonntag nach Ostern. (IX, 516 S.) 909. 6.—; geb. 7. 20
2. Vom Pfingstsonntag bis zum 24. Sonntag nach Pfingsten. (V, 389 S.) 909. 4.60; geb. 5. 80
3. Das Commune Sanctorum. — Auswahl aus dem Proprium Sanctorum. (VII, 610 S.) 909. 7. –; geb. 8. 20
4. Feste u. Ferien. 1. u. 2. Aufl. (VIII, 591 S.) 910. 7.—; geb. 8. 20

Reck, Friedr. Ad., Erinnerungsblätter, d. Hochsel. Königs Maj. Friedrich Wilhelm III., von Preußen in trauernder Liebe geweihet; wie Höchstders. starb u. bestattet u. betrauert wurde. Mit 2 Anh. u. mehr. Beil. 8. (8⅔ B. u. verziert. lith. Ttl.) Neuwied 840, (Lichtfers.)

Reck, G., meine Großmutter. Novellen. (Titelzeichng. v. Max Schwerdtfeger.) (112 S.) 8. Frankfurt a/M. 909. Literar. Anstalt. 2.—; geb. 3. –

Reck, Gust., der Garda-See u. seine Umgebung. Mit 65 Illustr. nach photograph. Aufnahmen von Emilio Tiozzi (Stabilimento fotografico Ricardo Sissler) in Riva u. 1 Karte. (100 S.) schmal 8. Innsbruck 905. [A. Edlinger.] Deutsche Buchdruckerei. n. 1. 30

Reck, Hans [aus Braunschweig]: Ueber cyklische Albuminurie. ...
Jena, Druck v. B. Engau, 1888; 51 S. 8°
Jena, Med. Fak. Inaug.-Diss. v. [16. Jan.] 1889

Das vulkanische Horstgebirge Dyngjufjöll mit den Einbruchskalderen der Askja u. d. Knebelsees sowie d. Rudloffkrater in Zentralisland. Von Dr. Hans **Reck**. Mit 8 Taf. Berlin: Kgl. Akad. d. Wiss.; G. Reimer in Komm. 1910. 99 S. 4°
Aus: Abhandlungen d. Kgl. Preuß. Akad. d. Wiss. 1910. Anh. [10. 17045

**Reck, Hans**: Isländische Masseneruptionen. Jena: Fischer 1910. 106 S. 4° ¶(Aus: Geol. u. Paläontol. Abhandlungen. N. F. Bd 9, H. 2.)
München, Phil. Diss. v. 27. Nov. 1909, Ref. Rothpletz
[Geb. 24. Jan. 80 Würzburg; Wohnort: Würzburg; Staatsangeh.: Bayern; Vorbildung: Neues Gymn. Würzburg Reife Juli 04; Studium: Würzburg 3, London 1, Berlin 2, München 3 S.; Rig. 27. Nov. 09.] [U 10. 3686

Isländische Masseneruptionen. Von Hans **Reck**. Mit 9 Taf. u. 9 Textfig. Jena: Fischer 1910. 106 S. 4°
(Geolog. u. palaeontolog. Abhandlungen. N. F. Bd 9, 2.) [10. 12423

Reck, Heinrich

Reck, Hnr., († d. 7. April 1798.) erbaul. Gedanken v. d. Nelken. 8. Augsb. 755. Merz. 6 gl

**Reck**, Heinr., erbaul. Gedanken v. d. Nelken. 8. Augsburg, 1755. (Rieger.) — 7½

Reck, Hermann von der. Beitrag zur Lösung des Conflicts zwischen Krone und Volksvertretung. Minden 1848. 16 S. 8.

Reck, Johann B. Zur Erinng an d Feier d goldenen Jubs d Mariae Himmelfahrt Kirche. 427 W 49 St, NY, 17.-19. Mai 1908. NY, 1908.

Reck, Johann Jakob Christian von, s. Geschichte Elias Drehkopfs.

Reck, Johann Jakob Christian von, s. Gesellschaftstheater.

**KARL** und Sophie. Eine Jugendgeschichte (von *Joh. Jac. Chrn. von der Reck*). Regensburg, Montag, 1784. 8°.

v. Reck, Jh. Jak. Chr., s. Karl u. Sophie.

s. H. Kielinadiewelts Reise.

v. Reck, Jh. Jak. Chr., der Krieg im Hause, oder List gegen List. Lstspl. 8. ... 788. (Leipz., Wienbrack). 5 gl

– s. Leben u. Thaten d. jungen Hrn. v. Münchhausen.

– s. Olivie Amenuti.

– s. Schlaftrunk, Der.

– s. Sie fehlen alle.

– s. Spaen, v.: Briefe.

— geograph. Unterricht f. Kinder u. Ungelehrte. 1s u, 2s Heft. Mit 5 ill. Karten. 8. Schwabach 793, 94.

v. Reck, Jh. Jak. Chr., üb. d. gegenwärtigen Zustand d. deutschen Theaters u. d. Einfluß d. reisenden Gesellschaften. 8. Pappenh. 787. Typ. Soc. (Gräff in Leipz.) 12 gl

Reck, Johann Stephan

Reck, J. St., Abschieds-Predigt, gehalten am 2. Osterfesttage 1853. Neuwied, Lichtfers. 8. (15 S.) nn. 2⅔ ngr.

Reck, (J. St.,) Geschichte d. gräfl. u. fürstl. Häuser Isenburg, Runkel, Wied, verbunden mit d. Geschichte d. Rheinthals zwischen Koblenz u. Andernach v. Jul. Cäsar bis auf d. neueste Zeit. Mit 10 Abbildd. v Stammruinen, Münzen, 1 Charte, Geschlechtstaf. u. Urkunden. gr. 4. Weimar 824, Ind.-Compt.

Reck, J. St., Geschichte der gräfl. und fürstl. Häuser Isenburg, Runkel, Wied etc. Mit Stammtfln., Abbildgn. u. Karte. Weimar 1825. 4.

— die Jubelfeier d. Hrn. Prof. u. Rektors M. Albr. Geo. Walch, nebst d. in d. Kirche gehalt. Rede, d. Gebeten, dargebrachten Gedichten rc. 8. Schleusing. 811.

Reck, J. St., Predigt am tausendjähr. Gründungstage des teutschen Reiches. Gehalten am 6. Aug. 1843. gr. 8. Neuwied 843, Lichtfers. $^1/_{12}$ ₰

Reck, J. St., der Rheinstrom u. seine Anwohner. Aus bibl. Gesichtskreise verglichen, zu Beschauung, Erinnerung u. Erbauung f. Jedermann. gr. 12. (8½ B.) Neuwied 840, Lichtfers.

Reck, Joh. Steph., Synodal-Predigt, in d. neuen evangel. Kirche zu Neuwied am 13. Jan. 1829 geh. gr. 8. (1 B.) Neuwied 829, Fürstl. Wiedische Hofbuchh.

**Reck, Josef,** appr. Arzt, Assistenz-Arzt d. Heil- u. Pflege-Anst. St. Getreu in Bamberg: Der Selbstmord in Bamberg im letzten Decennium. Bamberg (1909): Handels Dr. 54 S. 8°
Erlangen, Med. Diss. v. 30. Jan. 1909, Ref. Specht
[Geb. 22. Mai 80 Würzburg; Wohnort: Bamberg; Staatsangeh.: Bayern; Vorbildung: Neues Gymn. Würzburg Reife Juli 99; Studium: Erlangen 5, Gießen 3, Würzburg 4 S.; Coll. 15. Dez. 08; Approb. 4. Mai 07.] [U 09. 781

Reck, K., Goethe u. seine Widersacher, od. der neue deutsche krit. Parnaß, mit Einleit. u. einigen Seitenfugen. 1. Bdchn. 8. (13¾ B.) Weimar 837, Voigt.

**Reck**, Karl, Fragmentarische Betrachtungen über Gemeinheitstheilungen, Verkoppelungen, Weideservituten und Schäfereigerechtigkeit im nördl. Deutschland, vorz. im Königr. Hannover, nebst einigen polit. Seitenblicken, namentlich auf das Zweikammer-System, veranlasst durch die Gausische und Baring'sche Schrift. gr. 8⁰. Göttingen, Dieterich, 1831.

—— über d. deutsche Credit- u. Hypothekenwesen, mit besond. Berücksichtig. d. Kgl. Hannöver. u. d. Hrzgl. Braunschweig. Landesrechts. 1. Hft., enth. d. histor. Einleit. u. acht Hauptactenstücke z. Geschichte d. Hannöv. Hypothekenwesens. gr. 8. (14 B.) Göttingen 830, Vandenhoeck u. Ruprecht.

—— dass. 2. Hft. — A. u. d. T.: Ueber d. öffentl. u. ingrossationsfähige Hypothek, mit einigen jurist. u. legislativen Seitenblicken. Hannöversches Recht. Histor.-dogmat. Abthl. gr. 8. (26 B.) Ebds. 832.

Reck, Carl, aus dem Nachlasse. 1. Bd. A. u. d. T.: Pragmatische Studien über Bibel und Christenthum. gr. 8. (XII, 352 S.) Berlin 878, Guttentag.

Reck, Carl Friedr., praktische Aufsatzschule, s. Aufsatzschule.

**Reck,** Moritz, Referendar in Bautzen: Die Wechselbereicherungsklage ⟨Art. 83 der Wechselordnung⟩. Borna-Leipzig 1908: R. Noske. (VIII, 41 S.) 8°
Leipzig, Jur. Fak., Diss. v. 4. Mai 1908
[Geb. 12. Okt. 81 Groß-Seitschen; Wohnort: Bautzen; Staatsangeh.: Sachsen; Vorbildung: Gymn. Bautzen Reife O. 02; Studium: Grenoble 1, München 1, Leipzig 6 S.; Rig. 23. Febr. 06.]

Reck, O., Baron Peter's Brautfahrt. Eine ungar. Novelle. 8. (191 S.) Berlin 889. Jacobsthal. n. 2. —

**Reck,** Oskar: Das Verhältnis des Hartmannschen Erec zu seiner französischen Vorlage. *Greifswald 1898: J. Abel.* (94 S.) 8°
Greifswald, Phil. Diss. v. 10. Mai 1898

Reck, P., der Weg der Feder. (Vorschriften.) 4. Hamb. 819. Campe. 8 gr
Vgl. Reck, F. W.

Reck, Paul [aus Sensburg (Ostpr.)]: Untersuchungen des Harns auf Mikroorganismen bei acuter Nephritis. . . . Würzburg, P. Scheiner's Buchdr., 1891: 23 S. 8°
Würzburg, Med. Fak., Inaug.-Diss. v. 1891

**Reck**, Philipp Georg Friedrich von, s. M. L u t h e r s Predigten.

v. Reck, Ph. Geo. Fr., († d. 13. Febr. 1798.) Nachricht v. d. Etablissement d. Salzburg. Emigranten zu Ebenezer in Georgien. 8. Hamb. 776.

RECK, Philipp Georg Friedrich von 1710 - 1798
Kurz gefaßte Nachricht von dem Etablissement derer Salzburgischen Emigranten zu Ebenezer, in der Provinz Georgien in Nord-America, wie solche auf Verlangen von dem Herrn Regierungsrath von Reck zu Ranzau mitgetheilet worden.
Hamburg: Ritter. 1777. 44 S. 8⁰.
Staats- und Universitätsbibliothek Göttingen
Frankfurt-Leipziger Meßkatalog, Michaelismesse 1776, S. 156.
Sabin 38365. Palmer.

**Reck**, W. v.: L e i t f a d e n zum Unterricht für die k. bayer. Gendarmerie. 2. Auflage. München 1873. 8⁰
3. Auflage. München 1876. 8⁰

Recke, Elisa v. der, s.: B r u n i e r, L.

**Recke, Elisabeth Charlotte Constantia von der,** geb. Gräfin von Medem. [Leipzig 1818.] V: *Tiedge, Chph August.* (MGT)

Einsame Wege. Gedichte von Bruno Theo **Recke**. Berlin-Leipzig: C. Wigand 1907. (95 S.) 8° [08. 6038

R e c k e, Baron C., die baltische Agrarreform und Hr. Prof. Kawelin. gr. 8. (31 S.) Reval 883, Kluge's Verlag. 1 —

**Recke**, Elisa (Charlotte Konstantia) von der

**Recke**, Elisa von der, s. a. E l i s e .

— Bruchstücke aus N e a n d e r s Leben, herausgegeben von C. A. Tiedge. 8. Berl. Frölich. (Duncker u. H.) 801.

**Etwas über des Herrn Oberhofpredigers Joh. Aug. Star[c]k Vertheidigungsschrift nebst einigen andern nöthigen Erl. von Charlotte Elisabeth Konstantia v. der Recke geb. Gräfinn[!] v. Medem. Berlin u. Stettin: Nicolai 1788. XX, 99 S. 8⁰**
cf. Archiv d. Schwärmerey und Aufklärung. 2 (1788) S. 193—208 (F. W. v. Schütz), 208—230; D. neuesten Religionsbegebenheiten. 11 (1788) S. 590—606, 616—619.
Kl. 3405. 23. 25.

v. der Recke, (Elisa, geb. Reichsgräfin von Medem,) Familien-Scenen, oder Entwickelungen aus dem Maskenball. Schauspiel in 4 Aufz. gr. 8. Leipz. 826, Gerh.-Fleischer.

v. d. Recke, Charl. Elisa Konst., geb. Reichsgräfin v. Medem, († d. 13 April 1833.) Gebete u. religiöse Betrachtt. 8. Berl. 826. Nicolai. 12 gr

— u. Sophie Schwarz G e d i c h t e. 8. Berl. (Vieweg in Brschw.) 789.
Schw. P.

— Gedichte, herausgg. v. Chr. A. Tiedge; mit Musik. 8. Halle 806. Renger. Schrbp. 16 gr Velinp. 1 rß 4 gr

R e c k e, Elisa von der, G e d i c h t e, herausgegeben von C. A. Tiedge. 2te verb., mit einem Anhange verm. Aufl. 8. Halle, Renger. 816. Schreibpap.
Velinpap.

— — Anhang zu Obigen. Für die Besitzer der ersten Auflage. 8. Ebend. 816. Schreibpap. Velinpap.

— üb. C. F. Neanders Leben u. Schriften. Eine Skizze. Herausgg. v. Chr. A. Tiedge. 8. Berl. 804. (Duncker. u. H.) 12 gr.

**Recke, E. C. C. v. d.** Geistliche Lieder. [A. d. Lettischen übersetzt.] Mitau 1769. Ü: *Stender, Gthard Frdr.* (ML)

Recke, geb. v. Medem, (Charl.) Elisa (Konst.) v. d., geistliche Lieder, Gebete u. religiöse Betrachtungen. Nebst e. Vorw. v. Tiedge u. der am Grabe d. Verfin. gesproch. Rede v. M. F. Schmaltz. gr. 8. (12¼ B.) Leipzig 833, Teubner. Thlr.

Recke, geb. v. Medem, Elisa von der, geistl. Lieder, Gebete u. religiöse Betrachtungen. Nebst d. Vorw. v. C. A. Tiedge u. der am Grabe d. Verfin. gesproch. Rede v. M. F. Schmaltz. Neue Ausg. 8. (16½ B. u. Portr. m. Facsim. d. Verfin., Stahlst.) Leipzig 841, Teubner.

**Recke**, Elisa v. der, geb. v. Medem. Geistliche Lieder. Neue Aufl. Leipzig (858.) Dyk. 16. (VIII, 48 S.) 3 ngr.

Recke, Elisa v. der, geb. v. Medem, geistliche Lieder. Neue Aufl. Leipzig 859. Dyk. 16. (VIII, 48 S.) 3 ngr.

Nachricht von des berüchtigten Cagliostro Aufenthalte in Mitau, im Jahre 1779, und von dessen dortigen magischen Operationen. Von Charlotta Elisabeth Konstantia v. der Recke, geb. Gräfinn v. Medem. Berlin u. Stettin: Nicolai 1787. XXXII, 168 S. 8°
cf. Anzeiger d. Teutschen Merkur. 1787 S. LXXIII–LXXV; °Zeitgenossen. H. 11.
Kl. 3353. 23. 25.

**Recke, E. C. C. v. d.** Nachricht von des berüchtigten Cagliostro Aufenthalte in Mitau, im Jahre 1779 . . . Berlin u. Stettin 1787. H: *Nicolai, Chph Frdr.* (BrMm)

**Recke, Elisa v. der.** I u. II. Hrsg. v. Paul Rachel. gr. 8. Leipzig, Dieterich. à n. 8. —; geb. in Leinw. à n. 10. —
I. Aufzeichnungen u. Briefe aus ihren Jugendtagen. 1. u. 2. Aufl. (à XLVI, 487 S. m. 11 Abb. u. 1 Wappentaf.) 900. 902.
II. Tagebücher u. Briefe aus ihren Wanderjahren. (VIII, 443 S. m. 4 Abb.) 902.

(8) **Recke, Elisa v. der.** 2 Bde. 900. 902. (KBL 32.) Jetzt: Berlin, W. Weicher.

— Tagebuch e. Reise durch Deutschland u. Italien, herausgg v. K. A. Böttiger. 4 Bde. Mit 1 Karte u. 2 Steindr. gr. 8, Berl. 815—17. Nicolai. 4 rf 8 gr.

— Tagebuch einer Reise durch einen Theil Deutschlands und durch Italien in den Jahren 1804—1806. herausgegeben vom Hofr. Böttiger. 4r Band mit 2 Kupf. gr. 8. Berlin, Nicolai. 817.
(alle 4 Theile 4 Thlr. 8 Gr.)

**Recke, F.,** Probe e. metrischen Uebers. einiger Fabeln d. Phaedrus m. histor. u. sprachl. Anmerk. Pr. 1864. 88 S. 4°. Mühlhausen.

Beitrag zur Lösung der Frage über das Wesen von Energie und Materie von Fr. **Recke**, Ingen. Weilburg: H. Zipper 1904. (64 S.) 8° [05. 6369 8]

**Recke,** Franz: Die Entwickelung des Reichsministeriums. *Essen 1901: H. L. Geck.* (63 S.) 8°
Tübingen, Staatswiss. Diss. v. 1901

**Recke**, Franz: Die Träger und Förderer der Fürsorge für die schulentlassene männliche Jugend. Berlin: Heymann 1909. IV, 192 S. 8°
(Schriften d. Zentralstelle f. Volkswohlfahrt. H. 3, Vorbericht.)

**Recke**, Franz [Hrsg.], s. Zentralblatt f. Vormundschaftswesen, . . .

**Recke,** Friedrich Martin, prakt. Arzt: Aus d. chirurg. Poliklinik von Privatdozent Dr. H. Braun in Leipzig. Vergleichende experimentelle Untersuchungen lokalanaesthesierender Mittel. *Leipzig 1903: B. Georgi.* (49 S.) 8°
Leipzig, Med. Diss. v. (14. Dez.) 1903

**Recke, J. Heinr.,** experimentelle Beiträge zur Wirkung der Magnesia sulfurica. Inaugural-Dissertation. gr. 8. (31 S.) Göttingen 881, (Vandenhoeck und Ruprecht's Verlag.) * — 80

**Recke**, Johann Friedrich, s. Thom. Hiärne.

Recke, Joh. Friedr. Das Römische Kriegswesen in einer Übersicht für Schulen zur Unterstützung der Schriftstellerlectüre. 37 S. . .
Mühlhausen, Progr. 1847

**Recke, J. F. v.,** histor. Nachrichten v. d. Schlosse zu Mitau, s. Monumenta Livoniae antiq., 2. Bd.

— s. Quatember.

**Recke, Joh. Friedr. v., und Karl Ed. Napiersky,** allgem. Schriftsteller- u. Gelehrten-Lexikon d. Provinzen Livland, Esthland u. Kurland. 4 Bde. gr. 8. (156 B.) Mitau 827—32, (Reyher.)

**Recke,** Johann Friedrich von und Karl Eduard Napiersky: Allg. Schriftsteller- und Gelehrten-Lexicon der Provinzen Liev-, Ehst- und Kurland. Bd 1—4 [nebst] Nachträgen . . . . bearb. von Theodor Beise. — Mitau: Steffenhagen 1827—1861.

**Recke**, Joh. Friedr.: Ueber die Spracheigenthümlichkeiten Justins. 25 S. – Progr. Mühlhausen 1854.

v. Recke, (J. F.,) Unterhaltungen f. Liebhaber deutscher Lektüre in Rußland. 4 Jahrgg. 1805 — 808. 8. Mitau (Reyher.) Rthlr

Recke, J. F., Unterhaltungen, s. Unterhaltungen, wöchentliche.

**Recke**, Carl, Probepredigt üb. Jes. 60, 1—6, am Epiphaniasfeste 1850 zu Zeitz gehalten. 8. (16 S.) Zeitz 850, Webel in Comm. 3 ngr.

**Recke, Oskar:** Druck und Geschwindigkeitsverhältnisse bei (übergeklebt: des Dampfes in) Freistrahl-Grenzturbinen. (Mit 50 Textfig. Als Ms. gedr. 1904.) 27 S. 4°
¶ Vollst. bei Oldenbourg in München 1907; auch in: Zeitschrift f. d. gesamte Turbinenwesen. Jg. 3. 1906.
Darmstadt, Dr.-Ing.-Diss. v. 18. 3. 1905

**Recke, Osk.,** Druck- u. Geschwindigkeits-Verhältnisse des Dampfes in Freistrahl-Grenzturbinen. (VI, 118 S. m. 67 Abb. u. 3 Taf.) gr. 8. München 907. R. Oldenbourg. 2. 50
Sonderabdr. aus: „Ztschr. f. d. ges. Turbinenwesen".

**Recke**, Otto von der: Geschichte d. Herren v. d. Recke, s. Recke-Volmerstein, Constantin Graf von der.

**Recke**, Otto, Mustersammlung, s. Schatz, poetischer, für höhere Lehrinstitute.

**Recke**, Wilh. v. der, die zweckmässigste Art der Viehhaltung u. der damit in Verbindung stehenden Düngerbereitung nebst Angabe eines Schutzmittels gegen die Rinderpest. Berlin 870. Wiegandt & Hempel. gr. 8. (III, 37 S. mit 1 Holzschntaf.) n. 10 ngr.

**Recke**, Wilh. Baron v. der, die Cholera, die Ruhr, das Wechselfieber u. die Helminthiasis auf Grundlage 25-jähr. Erfahrung als verwandte, nach e. u. demselben Principe zu behandelnde Krankheiten dargestellt. gr. 8. (XXIX, 232 S.) Leipzig 873. C. F. Winter. n. 4. 50

**Recke**, Wilh. v. der, die Ruhr u. deren Behandlung. Berlin 870. Hempel. gr. 8. (16 S.) n. 5 ngr.

**Recke-Hohenthal**, Gräfin, drei Harzrosen. 8. (52 S.) Dessau 892. P. Baumann. n. 1. 50

Recke Volmerstein (Vollmarstein), Adelbert Graf von der

*von der Recke v. Vollmarstein, Graf A.* Bericht über die Rettungs-Anstalten zu Overdyk und Düsselthal. Jahrgang 1819 und 1820. 8. *Essen, G. D. Bädeker.* Desgl. pro 1820 18. October bis 1822 31. December. 1823. 8. *Düsseldorf, J. Wolf.*

**Recke Volmarstein**, Adalb. Graf v., der Eid 2c., s. Eid.

*von der Recke von Vollmarstein, Graf A.* Die Gesellschaft der Menschenfreunde in Deutschland, oder Plan zur Rettung und Erziehung verlassener Waisen- und Verbrecher-Kinder, und der Aussendung von Missionarien in die Zuchthäuser. *Essen, G. D. Bädeker.* 1819.

**Recke-Volmerstein**, v. der, die Himmelsleiter, s. Himmelsleiter.

**Recke-Volmerstein**, v. d., christl. Kinderzeitung, s. Kinderzeitung.

—— der Menschenfreund, s. Menschenfreund.

**von der Recke-Volmarstein**, Graf Adelbert, s. Neujahrstag, der.

**von der Recke Volmerstein**, Adelb. Graf, s. Vieth, Ih., christl. Hausgebete auf Morgen u. Abend.

**Recke-Volmerstein**, Constant. Graf v. der, u. Otto Bar. v. der **Recke**, Geschichte der Herren v. der Recke, bearb. von einigen Gliedern der Familie. Mit 14 Illustr. (in Lichtdr.). gr. 4. (VIII, 420 S. m. eingedr. Holzschn. u. 13 Stamm-Taf. in qu. Fol.) Breslau 878. Köhler in Comm. Subscr.-Pr. n. 12. —; Ladenpr. n. 15. —; Pracht-Ausg. Mit 21 Lichtdr.-Taf. u. Wappen in Farbendr. Subscr.-Pr. 25. —; Ladenpr. n. 30. —

**Recke-Volmerstein**, Gräfin Mathilde v. der, s.: Erinnerungen.

**Recken**, W. A., das Geheimniß Gußeisen verschied. Art u. von jeder Größe u. Schwere namentl. Amboſſe u. dgl. m. zu verstählen. 8. (1/2 B.) Quedlinburg 839, Basse. Verklebt.

—— die Kunst alle Sorten Stahl od. gehärtetes Eisen auf e. sehr schnelle u. sichere Weise zu schneiden. 8. (1/2 B.) Quedlinburg 839, Basse. Verklebt.

**Recken**, Wilhelm [approb. Arzt aus Kempen (Rheinpreussen)]: Zur Buchner'schen Arsenbehandlung bei Tuberculose . . . . Würzburg, Anton Boegler'sche Buchdr., 1887; 46 S. 8°
Würzburg, Med. Fak., Inaug.-Diss. v. 1887

Recken, Wilhelm, zur Buchner'schen Arsenbehandlung bei Tuberculose. Diss. Würzburg 1887, Stahelsche Univ.-Buchh. 8°. 46 S.

**Recken**, Wilh., Gedichte. gr. 16. (62 S.) Kassel 877. Jungklaus in Comm. n. 1. 50

Reckenberger, Jo. Leonhard

— collegium fundament. graecum etc. 8. ibid. 739.

Reckenberger, I. Leonh., doctrina de accentibus hebraeor. 8. Jenae, Croecker. 738.

**Reckenberger, Jo. Leonh.** (Regensburg), De je junio quadragesimali. Diss. histor.-theol. Präs. Johann Georg Walch. Jena (J. Fr. Ritter) 30. IV. 1727. 43 S. (4.50) 27839
Widm. v.: Johann Georg Walch, P. F. di Corsini, Johann Fried. Baechlein, Johann Jak. Epperlin, Jo. Georg Wack, Christ. Magnus Benoni Tyrotarch.

— liber radicum, s. Lexicon concordant. biblic. 8. maj. Jenae, Croecker. 749.

Reckenberger, Johann Leonhard [Praes.], s. Meyer, Johann Christoph: De specie domus, luth. Von der Haus-Ehre, Psalm. LXVIII. V. 13.

— nexus canonum exeget. naturalis, ex Rambachii instit. hermenevt. sacrae. 8. Witteb. Ahlfeld. 757.

*Reckenberger*, J. Leonh., nexus canonum exeget. naturalis, ex Rambachii instit. hermenent. sacrae 8. Wittenb. 757. (Kühne). 6 gr.

— sacri Iudaeor. ritus antiqui, secund. res gestas et dogmata illor. descr. 8. Jenae, Croecker. 740.

Reckenberger, Johann Leonhard [Praes.], s. Stichtius, Johann Christoph: De urbe Hanochia.

— de studio sacrae hermeneuticae tract. 8. Jenae, Schulze. 731.

**Reckendorf**, A., Musikal. Taschen-Fremdwörterbuch, s.: Brunner, C. T.

Reckendorf, Hermann

**Reckendorf**, Herm., die Geheimnisse der Juden. I. 8. (160 S.) Leipzig 856, Gerhard.

**Reckendorf**, Herm., die Geheimnisse der Juden. 5 Bde. Leipzig 857. Gerhard. 8. (160; 190; 160; 156; 180 S.) Jeder Bd. 20 ngr.

**Reckendorf**, Herm., neueste Denkwürdigkeiten. Fortsetzung der Geheimnisse der Juden. Leipzig 864. Jünger in Comm. 8. (XVI, 399 S.) 1 ₰ 15 ngr.

Reckendorf, Hermann: Der Koran aus dem Arabischen ins Hebräische übersetzt und erläutert. Leipzig 1857.

**Reckendorf**, Herm., das Leben Mosis. Allen denkenden Bibelfreunden gewidmet. Leipzig 868. Gerhard. 8. (VIII, 175 S.) n. 15 ngr.

Mohammed und die Seinen von H[ermann] **Reckendorf**, Prof. Leipzig: Quelle & Meyer 1907. (134 S.) 8° [J.]
— Wissenschaft u. Bildung. 2. [07. 5930

— Über Paronomasie in den semitischen Sprachen. Ein Beitrag zur allgemeinen Sprachwissenschaft. (XII, 176 S.) gr. 8. Giessen 909. A. Töpelmann. 12. —

— Proben einer hebraeischen Uebersetzung des Korân. 8. (8 S.) Leipzig 855, (Gerhard.)

**Reckendorf, H.,** d. syntaktischen Verhältnisse d. Arabischen. 2 Tle. gr. 8. Leiden, Buchh. u. Buchdr. vorm. E. J. Brill. n.n. 24. —
1. (V, 264 u. III S.) 895. n.n. 8. —
2. (VIII u. S. 235—831.) 898. n.n. 16. —

Reckendorf, Salomon

**Reckendorf, S.:** Der aramäische Theil des palmyrenischen Zoll- und Steuertarifs (Aus d. Zeitschr. d. deutsch. Morgenländ. Ges. 1888.) . . . Leipzig, Druck v. G. Kreysing (1888); 1 Bl. + S. 370—415. 8°
Freiburg i. B., Phil. Fak., Hab.-Schr. v. 1888

**Reckendorf, S.:** Ueber den Werth der altäthiopischen Pentateuchübersetzung für die Reconstruction der Septuaginta . . . . (Sep.-Abdr. aus Zeitschr. f. d. altt. Wiss., Jhrg. 1887, Heft 1.) Giessen, *Druck v. Wilhelm Keller*, 1886; 34 S. + 1 Bl. 8°.
Leipzig, Phil. Fak., Inaug.-Diss. v. 30. März 1887.

**Reckendorfer,** Ferd., Bericht üb. e. vom „Vereine zum Schutze d. österreichischen Weinbaues subventionirte Reise nach Frankreich zwecks Information üb. die Einrichtung u. den Betrieb v. Handelsrebschulen m. amerikanischen Reben. gr. 8. (39 S.) Wien 892. W. Frick. n. — 60

Reckendorfer, F[erdinand]: Der Heu- und Sauerwurm und seine Bekämpfung. 1898. -- Zit. nach Simon: Bibliotheca vinaria I

Reckendorfer, Ferdinand: Einige Rathschläge für die Weinbauer über Anzucht und Veredlung amerikanischer Wurzelreben. Retz: Verl. des Ver., 1895. 15 S. -- UB Wien*
--- Dass. 2. Aufl. Ebd. 1896. 22 S. -- Gei 1*
--- Dass. 3. Aufl. Retz: Verl. des Vereines zum Schutze des österreichischen Weinbaues 1898. 28 S. -- Gei 1*

**Reckendorfer, Ferd., s.: Weinbau-Kalender, österreich.**

**Reckenlob, Mart., (Frdr. Bodenstedt,) die neuen Nibelungen, oder der auferstandene Sigfried. 1. Hft. 16. (S. 1—46.) Bremen 851, Schlodtmann. ¼ ₰**

Reckenschuß, M.: Über einige neue Doppelsalze des Äthylamins und Propylamins. S. 9. 856 . . . . . . . . . . . . . . . . . . . . . . . . . . . . . . . . . . vgr.
Separatabdruck

Reckenschuss, [Robert] R[itter] von. Die Albulabahn. Vortrag, gehalten den 25. November 1903. Mit 14 Tafeln. 34 S. 8. Wien, Selbstverlag des Vereines zur Verbreitung naturwissenschaftlicher Kenntnisse, 1904. [M. 1.60]
Vorträge des Vereines zur Verbreitung naturwissenschaftlicher Kenntnisse in Wien. Jahrg. 44. Heft 12.

**Reckenschuss, Rob. v.: Die Albulabahn, s.a. Vorträge d. Vereines zur Verbreitung naturwiss. Kenntnisse in Wien, 44. Jahrg.**

**Reckenschuss, Rob. R. v., die Jungfraubahn, s.: Vorträge des Vereins zur Verbreitung naturwiss. Kenntnisse in Wien. 40. Jahrg. 6. Hft.**

Reckenschuss, Robert R[itter] v[on]. Der Simplondurchstich. Vortrag, gehalten den 29. November 1905. ⟨Mit 9 Tafeln und 8 Abbildungen im Texte.⟩ II + 54 S. 8. Wien, Selbstverlag des Vereines..., 1906. [Kr. 2. —]
Vorträge des Vereines zur Verbreitung naturwissenschaftlicher Kenntnisse in Wien. Jahrg. 46. Heft 11.

**— Der Simplondurchstich, s.a. Vorträge des Vereines zur Verbreitung naturwiss. Kenntnisse in Wien, 46. Jhrg., 11. Heft**

**Recker, Henry, s.: Rosenmontagszug, der Kölner.**

**Reckers,** Franciscus ⟨geb. am 27 Mai 1800 in Neuenkirchen bei Münster Westf.⟩: Dissertatio . . . exhibens casum rariorem partus ex uteri scirrho difficillimi nec non historiam morbi istius post partum . . . Bonnae, typ. C. F. Thormann 1822. 43 S. 8.
[Bonn], Med. Fak., Diss. v. [28 Mai] 1822

**Reckers, H., s.: Niederrhein, der deutsche, vom Erftgebiet bis zur Landesgrenze.**

Reckert

— An die Patrioten. (Gedichte u. Gespräch.) Berlin 1786. 8.

**Reckert, Pflicht und Liebe oder dunkle Existenzen. 1.—4. Heft. gr. 8. (1. Bd. S. 1—192.) Berlin 879, Hohorst. à Heft 50 Pf.**

**Reckert,** Legationsrath und Landgräflich Hessen Homburgischer Resident, Trauerrede auf den verewigten König Friedrich den Zweyten, gehalten in einer zahlreichen Versammlung edler Freunde. Berlin 1786. 8. 15 S.

**Reckert,** Hermann [aus Spenge (Westf.)]: Ueber kombinierte cellulare Degenerations-Formen in einem Ovarialcystoid. . . . Würzburg, Buchdr. J. Seelmeyr, 1891; 39 S. 8°
Würzburg, Med. Fak., Inaug.-Diss. v. 1891

Reckert, Karl Christian

**Reckert, Karl Chr., († d. 20. Febr. 1800.) Amazonenlieder. 8. Münst. 770. Perrenon. (Coppenrath). 4 gr**

**— Beantw. d. Briefes: An mein Vaterland. An d. Frhrn. v. Bar. 8. Münst. 770. Coppenrath. 2 gr**

**HELD,** Der junge. In vier Gesängen (von *Karl Christian Reckert*, 1739—1800). Mit 3 Kpfrn. u. 1 Holzschnitt-Vignette. Münster und Hamm, Perrenon, 1770. Kl. 8°. 80 S. Weißes Papier. Selten! (In Frkft. a/M., Stadtbibl.: L 453, no. 2; auch in Warmbrunn.)
Goedeke IV, 101 8 hat „1773". (?) — Fehlt im Anon.-Lex.

**— der junge Held, in 4 Gesängen. 8. Münst. 770. Perrenon. (Coppenrath). 4 gr**

**— Idyllen. 2 Thle. 8. Münst. 770. Perrenon. (Coppenrath). 18 gr**

**— Idyllen, 2 Thle. 8. Ebend. 773.**

Kleinigkeiten.
— — (Gedichte von *Carl Christian Reckert*, geb. 1739, † 20. Febr. 1800). Berlin 1765. 12°.
Anon.-Lex. II. p. 363 (nach Kayser u. Meusel); Goedeke IV, 101, 1.

Dass.s.a.:Kleinigkeiten.

**— kleine Lieder. 8. Münst. 770. Perrenon. (Coppenrath). 6 gr**

**LIEDER** meiner Muse (von *Karl Christian Reckert*). Berlin 1782. 8°.
Goedeke IV, 101, 12; Anon.-Lex. III. p. 70 (nach Meusel u. Kayser).

Dass.s.a.:Lieder...

**SCHERZE** . . . . (Zahme Liebes- und Weinlieder von *Karl Christian Reckert.*) Berlin und Stralsund bey G. A. Lange. 1766. 8°. (2 Mk. Jos. Baer & Co., 1894.)
Anon.-Lex. IV. p. 32 (nach Kayser u. Meusel) unrichtig „1765".

— — Vermischte Schriften. 3 Thle. Mit 1 Titelkpf. u. 2 gestoch. Titelbll. Münster u. Hamm 1770—71. 8°. (8 Mk., etw. fleckiges Expl., E. Frensdorff, 1909:)
Seltene Erstausgabe. Zum Theil freie Gedichte.

**— vermischte Schriften. 3 Thle. 8. Münst. 771—73. Perrenon. (Coppenrath). 1 ₰ 14 gr**

— — Dasselbe. Mit 1 Kpfr. u. 5 Vignetten. Ebd. 1775. 8°. (3 Mk., 3 Thle. in 1 Bde., unbeschn., Bernh. Liebisch, Lpz., 1908.)

**— Sinngedichte. 8. Münst. 773. Perrenon. (Coppenrath). 6 gr**

Reckert, K. Chr., s. Wintergemälde.

**Reckhaus,** Heinrich, aus Essen a. d. Ruhr: Ueber das räumliche Sechseck. *Straßburg i. E. 1904: C. & J. Goeller.* (35 S.) 8°
Straßburg, Math.-naturw. Diss. v. 1904

**Reckleben,** Hans [aus Langenweddingen]: Über das Allylanilin und einige Derivate desselben und Beiträge zur Kenntnis der Azoverbindungen und ihrer Umlagerungsprodukte bei der Reduktion ... Erlangen, k. b. Hofbuchdr. v. A. Vollrath, 1893; 47 S. 8.
Erlangen, Phil. Fak., Inaug.-Diss. v. 1893

**Reckleben,** Johann Dietrich: De r u m i n a t i o n e animalium. Erfordiae (1803). 16 S.
Erfurt, Med. Diss. v. 1803.

Reckling, M. Goethes Iphigenie auf Tauris nach den vier überlieferten Fassungen. 32 S. **Progr.** *Buchsweiler* 1884.

**Reckling,** M.: Göthe's Iphigenie auf Tauris nach den vier überlieferten Fassungen. Colmar, Buchdruckerei von Wittwe Camille Decker, 1884. 4. 32 S.

**Reckling, M., Repetitorium der Quellen u. Forschungen zur Geschichte d. Mittelalters f. Studierende.** 12. (VII, 45 S.) Gotha 889. Thienemann. n. 1. —

— **dasselbe, zur Geschichte der Neuzeit f. Studierende.** 12. (VIII, 51 S.) Ebd. 890. n. 1. —

Recklinghausen [Schlagwort]

**Recklinghausen,** s.: **Deutschland.** Karte. (Abt. Preussen.) — **Münster.** — **Westfalen.** Grundkarte.

**Recklinghausen, Kreis,** s.: **Westfalen.** Wegekarte.

Recklinghausen [Verf.]

**Recklinghausen, v., Tafeln zur Flugbahnberechng. d. Infanteriegeschosse,** s.: **Burgsdorff,** Alex. v.

**von Recklinghausen,** Emil [aus Gubberath]: Über einen Fall von schwartiger adhäsiver Perikarditis in Folge primärer Tuberculose des Perikards ... Bonn, Univ.-Buchdr. v. C. Georgi, 1892; 30 S., 1 Bl. 8.
Bonn, Med. Fak., Inaug.-Diss. v. [1. Aug.] 1892

Die Adenomyome und Cystadenome der Uterus- und Tubenwandung, ihre Abkunft von Resten des Wolff'schen Körpers. Von Friedrich v. **Recklinghausen,** Prof. in Strassburg. M. 12 Taf. Im Anh.: Klinische Notizen zu den voluminösen Adenomyomen des Uterus. Von W[ilh.] A[lexander] Freund, Prof. in Strassburg. M. 2 Holzschn. *Berlin: A. Hirschwald 1896.* (2 Bl., 247 S., 12 Taf.) 1 Bd 8. [96. 4m.

**Recklinghausen,** Friedrich von: De c o r p o r i b u s liberis articulorum. Königsberg 1864. 4°
Schul-/Univ.-Schrift

**Recklinghausen, Friedr. v., die historische Entwicklung des medicinischen Unterrichts, seine Vorbedingungen und seine Aufgaben.** Rede, gehalten am 1. Mai 1883, dem Stiftungstage der Kaiser-Wilhelms-Universität Strassburg. Lex.-8. (32 S.) Strassburg 883, (Schmidt's Universitäts-Buchh. — Trübner.) * — 80

— **über die multiplen Fibrome der Haut und ihre Beziehung zu den multiplen Neuromen.** Festschrift, zur Feier des 25jähr. Bestehens des patholog. Instituts zu Berlin Hrn. Rudolf Virchow dargebracht. gr. 8. (VII, 138 S. mit 5 [3 Lichtdr.- und 2 lithogr.] Taf.) Berlin 882, Hirschwald. * 7 —

— **Handbuch der allgemeinen Pathologie des Kreislaufs und der Ernährung,** s.: **Chirurgie,** deutsche.

**Recklinghausen,** F[riedrich Daniel] v.: Handbuch der allgemeinen Pathologie des Kreislaufs und der Ernährung. Mit 17 Holzschn. Stuttgart 1883. XLIII, 521 S.
(Deutsche Chirurgie. Lfg 2. 3.)

Recklinghausen, F. v., die Lymphgefässe und ihre Beziehung zum Bindegewebe. Lex.-8. (III und 100 S. mit 6 Stnt. und 7 Abbild. in eingedr. Holzschn.) Berlin 862, A. Hirschwald.

**Recklinghausen, Fr. v., und P. Meyer, Mikro-Photographien nach pathologisch-anatomischen Präparaten, photographisch aufgenommen in der mikrophotograph. Anstalt von Jul. Grimm in Offenburg [Baden].** 1. Heft. gr. 4. (10 Bl. mit 1 Bl. Text.) [Strassburg 878, Trübner.] Offenburg, Grimm. cart.

— **d. fibröse od. deformirende Ostitis, d. Osteomalacie u. d. osteoplastische Carcinose in ihren gegenseitigen Beziehgn.** [Aus: „Festschrift f. R. Virchow".] gr. 8. (89 S. m. 5 Taf.) Berlin 891. G. Reimer. n. 8. —

**de Recklinghausen,** Frid. (Daniel) (geb. Gütersloh 2. 12. 1833): De pyaemiae theoriis. Berolini (1855). (30 S. 8°)
Berlin, Med. Diss. v. 28. Aug. 1855

Untersuchungen über Rachitis und Osteomalacie. Von Friedrich v. **Recklinghausen,** weil. Prof. (Hrsg.: Dr. Heinrich v. Recklinghausen.) Mit 127 Abb. auf 41 Taf. Text [nebst] Atlas. Jena: Fischer 1910. 4°(8°) [illegible]

Recklinghausen, F. v., Untersuchungen über die Spina bifida. gr. 8. (170 S. mit 2 Taf. und 1 Zinkogr.) Berlin 886, G. Reimer. * 3 —
Aus: Archiv fur pathologische Anatomie, besonders abgedruckt.

**Recklinghausen,** Heinr. v., praktische Anleitung zu e. Messung des arteriellen Blutdrucks beim Menschen, s.: **Klinik,** medizinische. 1910. 8. Heft.

**von Recklinghausen,** Heinrich [aus Strassburg i. E.]: Ueber die Athmungsgrösse des Neugeborenen ... (Aus: Arch. f. d. ges. Physiol., Bd 62.) Bonn, E. Strauss, 1896; 2 Bl., 451—493 S., 1 Bl., 1 Taf. 8.
Strassburg, Med. Fak., Inaug.-Diss. v. 1896

Recklinghausen, Heinrich von [Hrsg.]. s. R e c k l i n g h a u s e n, Friedr. v.: Untersuchungen üb. Rachitis . . .

**von Recklinghausen,** Max [aus Würzburg]: I. Über das neue Quecksilberthermometer für Temperaturen bis 550° C. II. Methoden und Apparate zur Verfolgung von Gasreaktionen bei gewöhnlicher Temperatur durch Beobachtung der Volumänderungen ... Heidelberg, Univ.-Buchdr. v. J. Hörning, 1895; 32 S., 1 Bl., 1 Taf. 8.
Heidelberg, Naturw.-math. Fak., Inaug.-Diss. v. [1. März] 1895

Recklingshausen, Johann Arn. von

**v. Recklingshausen, J. A.,** Erklärung d. Heidelberg. Katechismus, z. Unterricht d. Jugend. 12. Frankf. u. Leipz. 792. 4e Aufl. 8. Elberfeld 821. Eyrich. 6 gr.

— Reformationsgeschichte d. Länder Jülich, Berg, Cleve, Meurs, Mark u. Westphalen. 1r u. 2r Bd. 8. Elberf. 822. (Schönian).

Recklingshausen, Joh. Arn. v., Reformations-Geschichte d. Länder Jülich, Berg, Cleve u. Meurs. 3. (letzt.) Thl. Hrsg. u. mit mehr. Ergänzungen vers. v. C. H. E. v. Oven. 8. (28 B.) Solingen 837. Amberger.

— erster Religionsunterricht aus d. Heidelberg. Katechismus. 8. Frankf. u. Leip. 792.

**v. Recklingshausen, W.,** Licht u. Schatten d. beiden Hauptreligionsgesellschaften d. Christenheit rc. 8. Mainz 817. (Kupferberg). 4 gr.

**Reckmann,** s.: **Oeynhausen u. s. Indicationen.**

**Reckmann, Adolf** (Buer/Westfalen), Ueber Ulcus duodenale und seine Diagnose. Diss. med. u. chir. Berlin (C. Vogt) 7. III. 1893. 39 S. u. Biogr. (M.: A. Heuwing.) (—.—) 27841
Oppon.: P. Röseler, W. Dietzer, J. Felgenauer. — Seinen Eltern gew. (Vater: G. Reckmann).

Reckmann, Gust. Adolph. Joseph. (geb. Dorsten in Westf. 30. 3. 1833): De amaurosi vulneribus nervi supraorbitali illatis effecta. Berolini (1856). (27 S.) 8°
Berlin, Med. Diss. v. 2. Aug. 1856

Reckmann, Karl (geb. am 6 Juni 1858 in Bielefeld): Die Behandlung der Darmgangrän bei Brucheinklemmung mit Darmresektion und Darmnaht ... Bonn, Univ.-Buchdr. v. C. Georgi 1881. 31 S., 1 Bl. 8.
Bonn, Med. Fak., Diss. v. 15 Aug. 1881

Reckmann, Carl [app. Arzt aus Buer (Westf.)]: Ein Fall von tuberculöser Erkrankung des Unterkiefergelenkes ... Würzburg, P. Scheiner's Buchdr., 1892; 20 S. 8.
Leipzig, Med. Fak., Inaug.-Diss. v. 21. Juni 1892

Reckmeyer, J. G., neues Kunst- u. Hülfsbuch, für Bäcker, Destillateurs, Wirthe u. Alle, welche irgend eine Art mit Branntwein, Bier rc. Geschäfte machen. 8. Elberf. 807. (Schönian). 2 gl

Die Freimaurerei in Deutschland. Ihre Geschichte, Geheimnisse und Ziele in kurzer Darstellung. [Von Recknagel.] Nebst einem Anh.: Die alten Steinmetzen. Hildburghausen: Kesselring 1892. X, 54 S. 8⁰
Recens: Bh. 35 (1892) S. 312 (C. Gotthold); FZ. 46 (1892) S. 333; L. 15 (1892) S. 160 (B. Cramer). 25.

Recknagel, Ueber Spatfröste und Schutzmittel gegen dieselben. Vortrag auf der 14. Wander-Versammlung der Pollichia zu Edenkoben am 19. April 1879 gehalten.

Recknagel, Adelb., ein Beitrag z. Diagnose der neuesten Gymnasialreform. Wider Hrn. Dr. C. Burkhard. gr. 8. (39 S.) Nürnberg 850, Recknagel. n. 1/6 ₰

De Demonacte philosopho commentatio. Scrips. Dr. Adelbertus Recknagel, P. — 1857. Ibd. — S. 3—12.
Progr. Nürnberg.

Zur Lehre von den hypothetischen Sätzen, mit besonderer Berücksichtigung der Grundformen derselben in der griech. Sprache. Erste Abtheilung. Von Dr. Adelbert Recknagel, P. — 1844. Ebend. — S. 3—16.
Progr. Nürnberg.

Zur Lehre von den hypothetischen Sätzen, mit besonderer Berücksichtigung der Grundformen derselben in der griech. Sprache. Zweite Abtheilung. Von Dr. Adelbert Recknagel, P. — 1845. Ebend. — S. 3—22.
Progr. Nürnberg.

Recknagel, E., calligraphische Vorlegeblätter. qu. gr. 8. (10 Stnt.) Gotha 851, Klett.

Recknagel, Georg

Recknagel, G., über Abkühlg. geschlossener Lufträume durch Wärmeleitung u. üb. Erwärmung geschlossener Lufträume. gr. 8. (S. 79—110.) München 901. (G. Franz' Verl.) n. — 60
Sonderabdruck aus: „Sitzungsber. d. bayer. Akad. d. Wiss."

Recknagel, Geo., das Amtsgeheimnis. Lustspiel in 3 Akten. (74 S.) gr. 8. Augsburg 903. Lampart & Co. n. 1.—

— Zur Berechtigungsfrage. Vortrag, geh. in der Festsitzg. der 15. Generalversammlg. d. bayer. Realschulmänner-Vereins am 17. IV. 1903. (18 S.) gr. 8. München 903. Th. Ackermann. n. — 40
Sonderabdruck aus: „Bayer. Ztschr. f. Realschulen".

Recknagel, Geo., herzgeboppelte Dingelcher. Rheinfränkische Humoresken, vornehmlich in der Mundart des Untermains. Nach den Erinnergn. des Herrn Schorsch Röder aufgezeichnet. Mit Zeichngn. u. Buchschmuck v. Jos. Ulrich. 8. (VII, 116 S.) Aschaffenburg 902. C. Krebs.
Geb. in Leinw. n. 2.—

— ebene Geometrie f. Schulen. gr. 8. (X, 191 S. m. eingedr. Holzschn.) München 871. Th. Ackermann. n. 1. 60

—— ebene Geometrie für Schulen. 2. verb. Aufl. gr. 8. (X, 203 S.) München 876, Th. Ackermann.

Recknagel, Geo., ebene Geometrie für Schulen. 3. verb. und verm. Aufl. gr. 8. (X, 208 S. mit eingedr. Fig.) München 885, Th. Ackermann's Verlag. * 2 —

Recknagel, Geo. Ebene Geometrie. Lehrbuch m. systematisch geordneter Aufgabensammlg. f. Schulen u. zum Selbstunterricht. 4. verb. Aufl. gr. 8. (VIII, 214 S. m. Fig.) Münch. 892, Th. Ackermann's Verlag. * 2 —; geb. * 2 40

Recknagel, Geo., ebene Geometrie. Lehrbuch m. systematisch geordn. Aufgabensammlg. f. Schulen u. z. Selbststudium. 5. Aufl. gr. 8. (VIII, 222 S. m. Fig.) München 896. Th. Ackermann. n. 2.—; geb. n. 2. 40

Gleichgewichtsstudien. — Von Dr. G. Recknagel, G.-R. — 1898, Augsburg, Haas und Grabherr. — P. 3—25.
Progr. Augsburg, Realgymn.

Recknagel, Geo., Compendium der Experimental-Physik nach Jamin's petit traité de physique deutsch bearb. 1. und 2. Abthl. gr. 8. Stuttgart 874, Meyer und Zeller's Verlag. à Abthl. *ℳ 2,40. * 4 80
Inhalt:
Abthl. 1. Schwere. Elasticität. (S. 1—112 mit vielen Abbild. in eingedr. Holzschn.)
» 2. Lehre von der Wärme. (S. 113—240 mit vielen Abbild. in eingedr. Holzschn.)

Recknagel, Geo., Compendium der Experimental-Physik nach Jamin's petit traité de physique deutsch bearb. 3.—6. (Schluss-)Abthl. gr. 8. (XII, S. 241—875 mit vielen eingedr. Abbild. in Holzschn.) [Stuttgart 876, Meyer und Zeller.] Kaiserslautern, Tascher.
1. und 2. Abthl. Ebendas. 1874. à *ℳ 2,40.; compl. *ℳ 15.

— Kompendium der Experimental-Physik. 2. Aufl. 2 Tle. gr. 8. (1. Tl. XI, 365 S. m. Holzschn.) Kaiserslautern 887. Tascher. n. 15. —; in 1 Bd. geb. n. 17. —
1. Einzelpr. n. 6. 50. — 2. Einzelpr. n. 9. 50

—— Kompendium der Experimental-Physik. 2. Aufl. gr. 8. (XIX, 1008 S. mit 616 Holzschn.) Kaiserslautern 888, Tascher. *ℳ 16.—.; geb. * 18 —

Recknagel, G., u. G. Wetzstein, Lehrbuch der ebenen Geometrie m. vorbereitender Raumlehre. (XIV, 191 S. m. Fig.) 8. München 910. Nürnberg, C. Koch.
Geb. in Leinw. 2. 25

—— Lehrbuch der Physik zur ersten Einführung in das Studium derselben. 1. Bdchn. gr. 8. (VI, 146 S.) Bamb. 892, Buchner's Verlag. geb. in Leinw. ** 2 40

— üb. Lüftung. Vortrag, geh. am 12. Jan. 1891 im Polytechn. Verein zu München. [Aus: „Bayer. Industrie- u. Gewerbeblatt".] Lex.-8. (18 S. m. Abbildgn.) München 891. Literar.-artist. Anstalt. n. — 60

Recknagel, G., Dr., Ueber Luftwiderstand. (Separ.-Abdr.) Zeitschrift des Vereins deutscher Ingenieure. Bd. XXX.

— Lamperts Photometrie u. ihre Beziehg. zum gegenwärt. Standpunkte der Wissenschaft. Von der philosoph. Facultät in München gekrönte Preisschrift als Dissertation. Mit e. (lith.) Figurentaf. (in qu. 4.) gr. 8. (IV, 49 S.) München 861. (Th. Ackermann.) — 60

Recknagel, G., die Probe der Addition, Subtraction, Multiplikation und Division, für Lehrer und Schüler, Kaufleute, Beamte rc. gemeinverständlich dargestellt. 8. (23 S.) Kaiserslautern 884, Tascher. * — 50

— thermometrische Versuche. Habilitationsschrift. gr. 8. (IV, 44 S. m. e. Steintaf. in qu. 4.) Ebend. 863. — 60

— s.: Walberer's, Joh. Chr., Anfangsgründe der Mechanik fester Körper.

— die Wohnung, s.: Emmerich, R.

**Recknagel**, Georg Wilhelm, Arzt: Ueber die Ausscheidung des Methylenblau durch den Harn. *Erlangen 1902: (Haas & Grubherr, Augsburg).* (21 S.) 8°
Erlangen, Med. Diss. v. [16. Juni] 1900

Recknagel, Hermann

— Die Berechnung der Rohrweiten bei Schwerkraftwarmwasserheizungen m. u. ohne Berücksicht. der Rohrabkühlung u. unter besond. Berücksicht. der Berechnung der Etagenwarmwasserheizungen. (25 S. m. 6 Abbildgn. u. 24 Tab. im Text.) 34,5×25 cm. München: Oldenbourg 1909. 2.—
Erweit. Sonderabdr. aus: „Gesundh.-Ingen."

— Die Garantie-Probeheizung bei Wasser- u. Dampfheizanlagen, einschliesslich Berechnung der notwendigen Luftzirkulationsquerschnitte bei Heizkörperverkleidungen. (38 S. m. 3 Abbildgn.) 8. Ebd. 910. nn — 75
Erweit. Sonderdr. aus: „Gesundh.-Ingen."

— Hilfstabellen zur Berechnung v. Warmwasserheizungen. Mit Beispielen in der Mappentasche. (18 u. 3 S.) 35×25 cm. Ebd. 909. 3.—

**Recknagel's, Herm.**, Kalender f. Gesundheits-Techniker, Taschenbuch f. d. Anlage v. Lüftungs-, Centralheizungs- u. Badeeinrichtgn. 1898. 12. (XIV, 174 S. u. Schreibkal. m. 56 Abb. u. 54 Tab.) München, R. Oldenbourg. Geb. in Ldr. in Brieftaschenform n. 4.—

— dasselbe, Fortsetzg., s.: Kalender f. Gesundheits-Techniker.

Was muß der Architekt und Baumeister über Zentralheizungen wissen? Von H[ermann] **Recknagel**, Dipl.Ing. Mit 14 Abb. München & Berlin: R. Oldenbourg 1910. 55 S. 8° 10. 12249

**Recknagel, J. G. C.**, der Tag des Herrn u. seine Feier. Ein Wort zur Beherzigung f. Protestanten u. Katholiken. gr. 8. Erlangen 846, Heyder. 1/6 ℔

**Recknagel, Johann August** (Gunzenhausen/Ansbach), De Wenceslao imp. et statu utriusque reipublicae sub eo specimen historicum inaug. Präs. Georg Andreas Willius. Altdorf (J. G. Meyer) 9. XII. 1766. 30 S. (—.—) 27842
Gew.: Georg Friedrich Poemer, Carl Friedrich Behaim, Christoph Sigismund Furer, Paul Carl Welser. — Widm. v.: Georg Andreas Willius.

**Recknagel, M. P.**, kurzgef. populäre Sternkunde. 8. (38 S.) München 898. J. J. Lentner. Kart. n. — 60

RECKNAGEL, Wilhelm August (Westheim): Aliqua ad digestionem spectantia.- Monachii: Poessenbacher 1832. 20 S.
20.8.1830 - Urk (Titel: De digestione.); F 60
Diss. Ingolst.-Landsh.-Mchn.

[Umschlagt.:] [F. u. Ant.] Irma, die stumme Bettlerin oder einer armen Waise Kampf um's Glück. Roman v. Dr **Recköh**. (In 60 Heften.) *Berlin: A. Weichert [1896].* (1440 S., 60 Taf.) 1 Bd 8. 97. 5797

**Recköh, Irma**, d. stumme Bettlerin od. E. armen Waise Kampf um's Glück. 60 Hfte. gr. 8. (1440 S. je 1 Bild.) Berlin 897. A. Weichert. à Hft. — 10

**Recktenwald, Johann**, appr. Arzt: Ein Beitrag zu der prosoplastischen Epithelentartung in den ableitenden Harnwegen. St. Wendel, Bez. Trier 1909: Müller. 35 S. 8°
Freiburg i. B., Med. Diss. v. 1909, Ref. Aschoff
[Geb. 24. Juni 82 Bliesen Rhpr.; Wohnort: Freiburg i. B.; Staatsangeh.: Preußen; Vorbildung: Kaiser-Wilhelms-Gymn. Trier Reife O. 02; Studium: Straßburg 1, Bonn 1, Berlin 1, Heidelberg 1, Marburg 6 S.; Coll. 8. März 09; Approb. 8. Juni 08.] [U 10. 994

**Reckum, Dr.**, Bitterwasser, verordnet dem nur zu treuen Hengstenberg. gr. 8. Altenburg 846, Helbig. n. 1/3 ℔

— Fortschritt u. Rückschritt in Magdeburg. Oder: Wie man daselbst mit der Zeitbildung jetzt umgeht. Gezeigt v. Dr. R. gr. 8. Dessau 846, J. Fritsche. 1/8 ℔

**Recky, Jadwiga v.**, s.: Resky, Jadwiga v.

**Reckzeh, Paul**, Berliner Arzneiverordnungen m. Einschluss der physikalisch-diätet. Therapie. Für Studierende u. Aerzte. Nach der 4. Ausg. des Arzneibuches f. das Deutsche Reich zusammengestellt. Mit e. Vorwort v. Fr. Kraus. (VI, 227 S.) kl. 8. Berlin 906. S. Karger. Geb. in Leinw. n. 3.—

**Reckzeh, P.**, über die unregelmässige Schlagfolge des Herzens. Vortrag, geh. auf der Generalversammlg. des „Vereins der Knappschaftsärzte". (Aus der inneren Abtlg. d. Knappschafts-Vereins Bochum.) (48.) Lex. 8. Leipzig 910. B. Konegen. 1.—
Sonderabdruck aus: „Reichs-Medizinal-Anzeiger".

Reckzeh, Paul: Tabes dorsalis und Nierenaffektionen. *Berlin (1898): G. Schade.* (49 S.) 8°
Berlin, Med. Diss. v. 26. Juli 1898

**Reckzey**, A., s. a. Rekzey, A.

Reckzey, Alexander Über grammatische und rhetorische Stellung des Adjektivums bei den Annalisten, Cato und Sallust. 4 (31 S.). Luisenstädt. G. *Berlin* 1888 (58
Progr.

Reckziegel, Marie

**Reckziegel's, M.**, vegetarisches Koch- u. Rohkostbuch, nebst e. Abhandlg.: Schiffner, G., Diät u. Diätkuren. (IV, 98 S. m. Fig.) 8. Leipzig (910). W. Heichen. 1.—

**Reckziegel, Marie**, Receptbuch f. vegetarische Rohkost. 12. (63 S. m. 1 Tab.) Görlitz 896. (Vierling.) n. — 50

Rezeptbuch für Vegetarische Rohkost von **Marie Reckziegel**. (2. Aufl.) *Grossschönau i. S.: G. Schiffer [Görlitz: Vierling in Komm.] (1898).* (103 S.) 8° [F.] 00. 8325

**Reclaire**, August, a. Rotterdam: Studien über die nitrierten aromatischen Hydrazine. Göttingen 1907: W. F. Kaestner. (61 S.) 8°
Göttingen, Phil. Fak., Ref. Wallach, Diss. v. 20. März 1907
[Geb. 26. Okt. 81 Rotterdam; Wohnort: Rotterdam; Staatsangeh.: Niederlande; Vorbildung: Tuinbouwschool Wageningen; Studium: Göttingen 8 S.; Rig. 23. Jan. 07.]

**Reclam's Novellen-Bibliothek.** 1.—100. Bdchn. 16. Leipzig (910). Ph. Reclam jun. à — 30; in 2 Serien (je 50 Bdchn.) à 15.—

Achleitner, Arth., Geschichten aus den Bergen. 1. Tl. (104 S.) (51. Bdchn.)
Adlersfeld-Ballestrem, Eufemia v., die blonde Ida u. andere Humoresken. (91 S.) (52. Bdchn.)
Windbeutel u. andere heitere Geschichten. (91 S. m. Bildnis.) (1. Bdchn.)
Andersen, H. C., Glückspeter. Aus dem Dän. von M. v. Borch. (83 S.) (53. Bdchn.)
Andrejew, Leonid, Novellen. Aus dem Russ. von Alexis v. Krusenstierna. (107 S.) (2. Bdchn.)
Berczik, Arpád v., Ehestandsgeschichten u. andere Humoresken. Autoris. Übersetzg. aus dem Magyar. v. Adph. Kohut. (103 S. m. Bildnis.) (55. Bdchn.)
Berges, Philipp, Amerikana. Humoristische Skizzen aus dem amerikan. Leben. 1. Bd. (109 S.) (54. Bdchn.)
Bernhard, Marie, die Glücklichen. Novelle. (104 S.) (3. Bdchn.)
Björnson, Björnstjerne, ein fröhlicher Bursch. Bauernnovelle. Deutsch v. H. Denhardt. (106 S.) (4. Bdchn.)
Bleibtreu, Karl, bei Jena u. andere Novellen. (87 S.) (56. Bdchn.)
Blüthgen, Vict., die schwarze Kaschka. Novelle. (92 S.) (5. Bdchn.)
Bondeson, Aug., schwedische Dorfgeschichten. Autoris. Übersetzg. aus dem Schwed. v. Emilie Stein. (115 S.) (57. Bdchn.)
Coppée, François, einfache Geschichten. Autoris. Übersetzg. aus dem Franz. v. C. Noll. Mit e. Einleitg. u. dem Bildnis des Dichters. (93 S.) (58. Bdchn.)
Daudet, Alphonse, die wunderbaren Abenteuer des Herrn Tartarin aus Tarascon. Deutsch v. Adf. Gerstmann. (143 S.) (59. Bdchn.)

David, J. J., ein Poet u. andere Erzählungen. Mit e. Einleitg. versehen v. Heinr. Glücksmann. (99 S. m. Bildnis.) (60. Bdchn.)
Deledda, Grazia, Versuchungen u. andere Novellen. Autoris. Übersetzg. aus dem Ital. v. E. Müller-Röder. (104 S. m. Bildnis.) (61. Bdchn.)
Edgren-Leffler, A. Ch., 3 Erzählungen. Aus dem Schwed. übers. v. Luise Wolf. (128 S.) (28. Bdchn.)
Eichendorff, Jos. Frhr. v., aus dem Leben e. Taugenichts. Novelle. (104 S.) (62. Bdchn.)
Ernst, Otto, vom Strande des Lebens. Novellen u. Skizzen. Eingeleitet v. Herm. Diez. (115 S. m. Bildnis.) (6. Bdchn.)
Ewald, Carl, Bilder aus dem Tier- u. Pflanzenleben. Aus dem Dän. übertr. v. O. Reventlow. (117 S.) (63. Bdchn.)
Eysell-Kilburger, Clara (Frau Vict. Blüthgen), Brillanten u. andere heitere Geschichten. (101 S.) (64. Bdchn.)
Feuillet, Octave, ein Schwur. Roman. Aus dem Franz. übertr. v. Henriette Dévidé. (84 S.) (7. Bdchn.)
Fleischer, Vict., Bauerngeschichten. (109 S.) (8. Bdchn.)
Fouqué, Frdr. Baron de la Motte, Undine. Eine Erzählg. (95 S.) (65. Bdchn.)
Franzos, Karl Emil, die Hexe. Novelle. 12. Aufl. (81 S.) (9. Bdchn.)
Frenzel, Karl, das Abenteuer. Erzählg. (118 S.) (10. Bdchn.)
Fritz, S. (Fritz Singer), Briefe e. Junggesellen. Stimmungsbilder. 3. Aufl. (82 S.) (11. Bdchn.)
Garschin, W. M., die rote Blume u. andere Novellen. Aus dem Russ. übers. v. B. W. Loewenberg. (119 S. m. Bildnis.) (66. Bdchn.)
Gerstäcker, Frdr., Herrn Mahlhubers Reiseabenteuer. Erzählung. (127 S.) (67. Bdchn.)
Gobineau, Graf, die Tänzerin v. Schemacha. Novelle. Deutsch v. Rud. Schlösser. (60 S.) (68. Bdchn.)
Gorjkij, Maxim, der Vagabund u. andere Erzählungen. Aus dem Russ. übers. v. F. Bertuch. (101 S.) (12. Bdchn.)
Gottschall, Rud. v., der Verräter. Erzählg. (84 S.) (13. Bdchn.)
Greinz, Rud. Heinr., die Steingruberischen. Der Kooperator. 2 Tiroler Bauerngeschichten. (115 S.) (14. Bdchn.)
— Lustige Tiroler Geschichten. (98 S. m. Bildnis.) (69. Bdchn.)
Groller, Balduin, ganz zufällig u. andere humoristische Novellen. (83 S.) (70. Bdchn.)
— Vom kleinen Rudi. Neue durchgeseh. Aufl. Mit dem Bildnis des Verf. u. e. biograph. Einleitung v. Max Foges. (112 S.) (15. Bdchn.)
Groner, A., 2 Kriminalnovellen. Der Neunundsiebenzigste. Die goldene Kugel. (102 S.) (71. Bdchn.)
Grosse, Jul., aus den Novellen des Architekten. Die Rache nach dem Tode. — Nunziata. — Die Perle vom Tingeltangel (104 S.) (72. Bdchn.)
Guballe, Lotte, Locken-Berta u. andere Novellen. (95 S.) (73. Bdchn.)
Hansjakob, Heinr., der Theodor. Ein Lebensbild aus dem Schwarzwald. Mit dem Bildnis des Verf. u. e. Einleitg. v. Heinr. Bischoff. (114 S.) (74. Bdchn.)
Haushofer-Merk, Emma, seine Frage u. andere Novellen. Mit e. Vorwort. (103 S.) (16. Bdchn.)
Heigel, Karl, der Theaterteufel. Roman. (123 S.) (17. Bdchn.)
— Die Veranda am Gardasee. Novelle. (84 S.) (75. Bdchn.)
Herczeg, Frz., Sumpfblume. Novelle. Autoris. Übersetzg. aus dem Ung. v. Emil Kumlik. (90 S.) (18. Bdchn.)
Herzog, Rud., Komödien des Lebens. Erzählungen. Mit dem Bildnis des Verf. u. e. Einleitg. v. Joh. Geo. Sprengel. 1. Tl. (87 S.) (19. Bdchn.)
Heyse, Paul, zwei Gefangene. Novelle. (92 S. m. Bildnis.) (20. Bdchn.)
Höcker, Paul Osk., leichtsinniges Volk. Novelle. (108 S.) (76. Bdchn.)
Hopfen, Hans, der Böswirt. Eine bayr. Dorfgeschichte. (91 S.) (21. Bdchn.)
Jahn, Ernst Rhold., in der Kaltwasserheilanstalt. Erheiternde Erzählgn. (88 S.) (77. Bdchn.)
Jensen, Wilh., Hunnenblut. Eine Begebenheit aus dem alten Chiemgau. (88 S. m. Bildnis.) (22. Bdchn.)
Jókai, Maurus, die unsichtbare Sängerin. Das Faustpfand. 2 Novellen. Aus dem Ung. übers. v. Hermine Farkas. (102 S.) (23. Bdchn.)
Junghans, Sophie, unter der Ehrenpforte. Novelle. (122 S.) (24. Bdchn.)
Karlweis, C., Martins Ehe. Novelle in Briefen. (80 S.) (78. Bdchn.)
Korolenko, W., der blinde Musiker. Eine Studie. Aus dem Russ. übers. v. Jul. Grünberg. (112 S.) (25. Bdchn.)
Kretzer, Max, der Baßgeiger. Das verhexte Buch. 2 Berliner Geschichten. 2. Aufl. (92 S.) (26. Bdchn.)
Krickeberg, E., überflüssig. Der Häßliche. 2 Erzählgn. (83 S.) (27. Bdchn.)
Malten, L., nur e. Magd. Novelle. (95 S.) (79. Bdchn.)
Maupassant, Guy de, ausgewählte Novellen. Aus dem Franz. übertr. v. Hedda u. Arth. Moeller-Bruck. 1. Bdchn. (96 S.) (29. Bdchn.)
— dasselbe. 2. Bdchn. (101 S.) (80. Bdchn.)
Mitulitsch, W., Mimis Badereise. Eine Skizze. Aus dem Russ. übertr. v. E. Lamberg. (111 S.) (81. Bdchn.)
Milow, Steph., 3 Novellen. Mit dem Bildnis des Verf. u. e. Einleitg. v. Rob. Reinhard. (111 S.) (30. Bdchn.)
Muellenbach, Ernst, Waldmann u. Zampa u. andere Novellen. (87 S.) (31. Bdchn.)

Neera, die Strafe. Erzählung. Frei nach dem Ital. v. Siegfr Lederer. (101 S.) (32. Bdchn.)
Noël, A., kleines Volk. Kindergeschichten f. Erwachsene. (103 S.) (82. Bdchn.)
Ortmann, Rhold., der Teufelswalzer u. 7 andere Novellen. (109 S.) (33. Bdchn.)
Pauli, Karl, Theater-Humoresken. (69 S. m. 2 Text- u. 3 Vollbildern.) (83. Bdchn.)
Perfall, Ant. Frhr. v., die Uhr. Eine Erzählg. (77 S.) (34. Bdchn.)
Pötzl, Eduard, hoch vom Kahlenberg. Heitere u. ernste Skizzen aus dem Wiener Leben. 1. Bdchn. Rund ums Jahr. — Typen u. Porträts. — Unterwegs. (104 S.) (35. Bdchn.)
Presber, Rud., der Untermensch u. andere Satiren. (101 S.) (84. Bdchn.)
Raabe, Wilh., zum wilden Mann. Eine Erzählg. (107 S.) (36. Bdchn.)
Reichenbach, Mor. v. (Valeska Gräfin Bethusy-Huc), oberschlesische Dorfgeschichten. Novellen. (83 S.) (37. Bdchn.)
Reuter, Gabriele, eines Toten Wiederkehr u. andere Novellen. Mit e. Einleitung v. Hans Land u. dem Bildnis der Verf. (104 S.) (38. Bdchn.)
Riehl, Wilh. Heinr., die 14 Nothelfer. Novelle. (48 S.) (39. Bdchn.)
Rosegger, Pet., Geschichten u. Gestalten aus den Alpen. (98 S. m. Bildnis.) (40. Bdchn.)
Rüttenauer, Benno, Sommerfarben. Optimistische Geschichten. (102 S.) (85. Bdchn.)
Saar, Ferd. v., Ginevra. — Die Troglodytin. 2 Novellen. Mit e. Einleitg. v. Adf. Bartels. (104 S.) (86. Bdchn.)
Schöne, Herm., Theaterluft. Humoresken. (99 S.) (87. Bdchn.)
Schönthan, Frz. v., der General. Eine erlebte Geschichte. (92 S.) (41. Bdchn.)
Sienkiewicz, Heinr., die Dritte. — Lux in tenebris lucet. Eine heitere u. e. ernste Erzählg. aus dem Künstlerleben. Autoris. Übersetzg. aus dem Poln. v. Helena Majdánska. (92 S.) (88. Bdchn.)
Spielhagen, Frdr., alles fließt. Novelle. (104 S.) (89. Bdchn.)
— Die Dorfkokette. Novelle. (79 S.) (42. Bdchn.)
Stanjukowitsch, K. M., Opfer. 2 Erzählgn. Vom Verf. autoris. Übersetzg. aus dem Russ. v. Wilh. Arnold Christiani. (104 S.) (90. Bdchn.)
Stifter, Adalb., der Hochwald. Erzählung. Mit e. biograph Einleitg. v. Rud. Kleinecke. (111 S.) (91. Bdchn.)
Telmann, Konr., unheilbar. Novelle. (100 S.) (43. Bdchn.)
Tolstoj, Graf Leo N., Herr u. Knecht. — Das Kaffeehaus v. Surate. Aus d. Russ. übers. v. A. Tkatsch. (72 S.) (44. Bdchn.)
Torn, Teo v., Offiziersgeschichten. Humoresken. 1. Bdchn. (96 S.) (92 Bdchn.)
Torrund, Jassy, sein Herzenskind. Novelle. (117 S.) (93. Bdchn.)
Trinius, A., Miß Annie u. andere Geschichten. (103 S.) (94. Bdchn.)
Turgenjeff, Iwan, der Raufbold. — Lukerja. 2 Erzählgn. Aus dem Russ. v. Wilh. Lange. (89 S.) (95. Bdchn.)
Villinger, die Sünde des hl. Johannes u. andre Novellen. (103 S.) (45. Bdchn.)
Voß, Rich., Maria Botti. Novelle. (100 S.) (46. Bdchn.)
— Narzissenzauber. — Das Wunderbare. 2 röm. Novellen. Mit dem Bildnis des Dichters u. e. Einleitg. v. J. R. Haarhaus. (112 S.) (96. Bdchn.)
Westkirch, Luise, Diebe. Novelle. (98 S.) (47. Bdchn.)
— Die Gletschermühle. Novelle. (103 S.) (97. Bdchn.)
Wichert, Ernst, eine Geige. — 3 Weihnachten. 2 Erzählgn. (95 S.) (48. Bdchn.)
Wildberg, Bodo, dunkle Geschichten. Novellen. (100 S. m. Bildnis.) (98. Bdchn.)
Wolzogen, Alfr. Frhr. v., 2 Humoresken. Die Unke. — Lori. (104 S.) (49. Bdchn.)
Zeitler, Rud., Jagdgeschichten. (109 S.) (99. Bdchn.)
Zobeltitz, Hanns v., das Brett des Karneades. Novelle. (90 S.) (100. Bdchn.)
— König Pharaos Tochter u. and. Novellen. (101 S.) (50. Bdchn.)

**Reclam, s.: Universal-Bibliothek.**

**Reclam's Universum. Illustr. Familien-Zeitschrift. Hrsg. unt. Red. v. Hans Heinr. Reclam. 14. u. 15. Jahrg. Septbr. 1897—Aug. 1899. à 26 Hfte. (à ca. 110 Sp.) hoch 4. Leipzig, Ph. Reclam jun. à Hft. — 60**

**— dasselbe, 12. u. 13. Jahrg., s.: Universum.**

**Reclam's Universum. Illustrierte Familien-Zeitschrift. Hrsg. unter Red. v. Hans Heinr. Reclam. 16. Jahrg. Septbr. 1899—Aug. 1900. 26 Hfte. hoch 4. (1508 Sp. u. Romanbibliothek in 12.) Leipzig, Ph. Reclam jun. à Hft. — 60**

**— dasselbe. Illustrierte Wochenschrift. Red.: Emil Peschkau. 17. Jahrg. Septbr. 1900—Aug. 1901. 52 Hfte. hoch 4. (1500 Sp. u. Romanbibliothek in 12.) Ebd. n. 14. —; geb. n. 19. —**

**— dasselbe. 18. Jahrg. Aug. 1901—Juli 1902. 52 Hfte. hoch 4. (1248 S. u. Romanbibliothek in 12.) Ebd. n. 14. —; geb. n. 19. —**

Reclam's Universum. Red.: Emil Peschkau u. seit 1905: O. Damm. 19.—23. Jahrg. Oktbr. 1903—Septbr. 1907. à 52 Hefte. (à ca. 24 u. 16 S. m. Abbildgn. u. Romanbibliothek 16 S. in kl. 8.) hoch 4. Leipzig, Ph. Reclam jun. à Jhrg. n. 14.—

Reclam's Universum. Moderne illustr. Wochenschrift. Red. Carl W. Neumann u. Glob. Mayer. 24.—27. Jahrg. Oktbr. 1907—Septbr. 1911. à 52 Hefte. (à ca. 24 u. 12 S. m. Abb. u. z. Tl. farb. Taf. u. Romanbibliothek 16 S. in kl. 8.) Lex. 8. Leipzig, Ph. Reclam jun. à Jahrg. 14.—; geb. 19.—; Luxusausg. 20.—

— Unterhaltungs-Bibliothek f. Reise u. Haus. 1.—50. Bd. gr. 16. Ebd. Geb. à n. —50

Inhaltsübersicht in alphabetischer Ordnung:

Adlersfeld-Ballestrem, Eufemia v., Windbeutel u. andere heitere Geschichten. Mit dem Bildnis der Verf. — Bötticher, Geo., Alfanzereien. Mit dem Bildnis des Verf. u. e. biograph. Skizze v. Vict. Blüthgen. (91 u. 83 S.) (901.) (Bd. 43.)
Anstey, F., der Mann v. Blankley u. andere Humoresken. Autoris. Übersetzg. aus dem Engl. v. Francis Maro. (93 S.) (901.) (Bd. 43.)
Balzac, Honoré de, die Blutrache. Das Haus zur ballspielenden Katze. Die Mundtodterklärung. Erzählungen. Deutsch v. H. Denhardt. (264 S.) (900.) (Bd. 39.)
Beetschen, Alf., Flegeljahre der Liebe, s.: Lingg, Herm.
Berczik, Arpád v., Ehestandsgeschichten u. andere Humoresken. Autoris. Übersetzg. aus dem Magyar. v. Adph. Kohut. Mit dem Bildnis des Verf. — Rákosi, Vict., mein Dorf u. and. heitere Geschichten. (103 u. 109 S.) (899). (Bd. 23.)
Björnson, Björnstjerne, das Fischermädchen. Aus dem Norweg. v. Wilh. Lange. (195 S.) (901.) (Bd. 41.)
Borgfeldt, Geo., eine Opernpremière. — Das verkannte Genie. — In ärztlicher Behandlung, s.: Wolzogen, A. v.
Bötticher, Geo., Alfanzereien, s.: Adlersfeld-Ballestrem, E. v., Windbeutel.
Brink, Jan ten, Jeanette u. Juanito, s.: Glaser, Adf.
Bruhnsen, Otto, verfehltes Leben. — Der tolle Geiger, s.: Groller, B., ganz zufällig.
Carlssen, Egbert, die Töchter von Wiedenau. Roman. — Sienkiewicz, Heinr., die Dritte. Lux in tenebris lucet. Eine heitere u. e. ernste Erzählung aus dem Künstlerleben. Autoris. Übersetzg. aus dem Poln. v. Helena Majdanska. (149 u. 92 S.) (899.) (Bd. 25.)
Colombi, Marchesa, italienische Kleinstädter u. andere Erzählungen. Frei aus dem Ital. übers. v. A. Courth. (159 S.) (899.) (Bd. 28.)
Csiky, Greg., alte Sünden. Roman aus dem Ung. (190 S.) (900.) (Bd. 38.)
Daudet, Alphonse, Briefe aus meiner Mühle. Übers. v. H. Th. Kühne. Mit dem Bildnis des Verf. (182 S.) 899. (Bd. 18.)
Doroschenko, Pet., wer ist es? Eine Kriminalgeschichte. Aus dem Russ. übers. von Marie v. Pezold. — Dygasinski, Adf., auf dem Edelhofe. Eine Novelle. Autoris. Übersetzg. v. Ruhe u. A. Grabowski. (188 u. 74 S.) (899.) (Bd. 27.)
Dumas, Alex., die schwarze Tulpe. Historischer Roman. Deutsch v. H. Meerholz. (284 S.) (901.) (Bd. 44.)
Dygasinski, Adf., auf d. Edelhofe, s.: Doroschenko, P.
Erckmann-Chatrian, Madame Therese. Deutsch von Frdr. Fr. Rückert. (204 S.) (899.) (Bd. 24.)
Etlar, Carit, arme Leute. Erzählungen. Aus dem Dän. übers. v. H. Denhardt. (162 S.) (900.) (Bd. 37.)
— Vendetta. Eine Erzählg. aus Korsika. Autoris. Übersetzg. aus dem Dän. v. Mathilde Mann. (195 S.) 899. (Bd. 6.)
Farina, Salvatore, blinde Liebe. Laurina's Gatte. Zwei Novellen. Aus d. Ital. v. Wilh. Lange. (210 S.) (900.) (Bd. 36.)
Franzos, Karl Emil, die Hexe. Novelle. 9. Aufl. — Wichert, Ernst, für todt erklärt. Erzählg. (81 u. 152 S.) (900.) (Bd. 33.)
Frenzel, Karl, der Hausfreund. Novelle. — Widmann, J. V., der Redacteur. — Als Mädchen. Zwei span. Novellen. (98 u. 128 S.) 899. (Bd. 11.)
Friedmann, Alfr., der letzte Schuß. Die Erzählg. des Henkers v. Bologna. Ein Kind seiner Zeit. 3 Novellen. 6. Aufl. (187 S.) (901.) (Bd. 42.)
Fritz, S. (Fritz Singer), voran die Liebe. Kleine Geschichten. 2. Aufl. — Keller, Gerard, drei Novellen. Dem Holl. nacherzählt v. Adf. Glaser. (85 u. 155 S.) (899.) (Bd. 29.)
Glaser, Adf., Schloß Kattenheim. Novelle. — Brink, Jan ten, Jeanette u. Juanito. Aus dem Holl. von Adf. Glaser. (102 u. 126 S.) (899.) (Bd. 30.)
Godin, A., eine Katastrophe. Roman. 3. Aufl. (192 S.) 899. (Bd. 10.)
Goncourt, Edmond, u. Jules v. Goncourt, Renée Mauperin. Roman. Deutsch v. H. Meerholz. (240 S.) (900.) (Bd. 35.)
Gottschall, Rud. v., die zehnte Sprache. — Der Zeuglieutenant, s.: Jensen, Wilh., Hunnenblut.
Groller, Balduin, ganz zufällig u. andere humoristische Novellen. — Bruhnsen, Otto, verfehltes Leben. — Der tolle Geiger. Zwei Geschichten v. Rhein. (83 u. 103 S.) 899. (Bd. 7.)
Groner, A., zwei Criminalnovellen. Der Neunundsiebenzigste. Die goldene Kugel. — Groner, A., neue Kriminalnovellen. An e. Faden. Ermordet? (102 u. 116 S.) (900.) (Bd. 40.)
Groß, Ferd., drei Geschichten, zwei ernste u. e. heitere. (92 S.) (901.) (Bd. 45.)
Grosse, Jul., aus den Novellen des Architekten. — Taubert, Emil, die Niobide. Novelle. (104 u. 84 S.) 899. (Bd. 4.)
Habberton, John, Helene's Kinderchen. Humoreske. Deutsch v. M. Greif. (172 S.) 899. (Bd. 8.)
Heiberg, Herm., die Andere. — Einmal im Himmel. Zwei Novellen. (175 S.) 899. (Bd. 1.)
Helgel, Karl, der Theaterteufel. Roman. — Jahn, Ernst Rhold., die beiden Engländer. Humoreske. (123 u. 94 S.) (899.) (Bd. 22.)
Jacobsen, J. P., Niels Lyhne. Roman. Autoris. Übersetzg. aus dem Dän. von M. v. Borch. Mit e. biograph. Einleitg. v. Thdr. Wolff. (244 S.) 899. (Bd. 16.)
— sechs Novellen. Autoris. Übersetzg. aus dem Dän. von M. v. Borch. — Resa, T., mein erster Freier u. andere Humoresken. (109 u. 93 S.) 899. (Bd. 15.)
Jahn, Ernst Rhold., die beiden Engländer, s.: Helgel, Karl.
Jensen, Wilh., Hunnenblut. Eine Begebenheit aus dem alten Chiemgau. Mit dem Bildnis des Dichters. — Gottschall, Rud. v., die zehnte Sprache. — Der Zeuglieutenant. Zwei Novellen. (86 u. 102 S.) 899. (Bd. 2.)
Keller, Gerard, drei Novellen, s.: Fritz, S., voran d. Liebe.
Kielland, Alex. L., Novelletten. Aus dem Norweg. von M. v. Borch. — Kielland, Alex. L., neue Novelletten. Deutsch von M. v. Borch. (104 u. 84 S.) (899.) (Bd. 26.)
Korolenko, W., der blinde Musiker, s.: Westkirch, L., Diebe.
Lenz, Phpp., militärische Humoresken. 2 Tle. in 1 Bd. (103 u. 92 S.) 899. (Bd. 13.)
Lie, Jonas, lebenslänglich verurtheilt. Erzählung. Aus dem Norweg. Von M. v. Borch. (188 S.) (899.) (Bd. 21.)
Lingg, Herm., byzantinische Novellen. — Beetschen, Alfr., Flegeljahre der Liebe. (112 u. 91 S.) 899. (Bd. 20.)
Malot, Hect., Cara. Pariser Sittenbild. Autoris. Bearbeitg. v. Paul Perron. (275 S.) (900.) (Bd. 31.)
Mikszáth, Koloman, der wunderthätige Regenschirm. Eine Erzählg. Aus dem Ungar. übertr. v. Marie Kálmán. (234 S.) (900.) (Bd. 34.)
Moltke, Helmuth v., die beiden Freunde, s.: Spielhagen, Frdr., d. Dorfkokette.
Perfall, Ant. Frhr. v., die Uhr. Eine Erzählg. — Telmann, Konr., unheilbar. Novelle. (77 u. 100 S.) (901.) (Bd. 46.)
Pötzl, Ed., der Herr v. Nigerl u. andere humorist. Skizzen. (183 S.) 899. (Bd. 5.)
Puschkin, Alex., die Hauptmannstochter. Deutsch von Wilh Lange. (170 S.) 899. (Bd. 14.)
Rákosi, Vict., mein Dorf, s.: Berczik, A. v., Ehestandsgeschicht.
Resa, T., mein erster Freier, s.: Jacobsen, J. P., Novellen.
Rovetta, G., unter dem Wasser. Erzählung. Autoris. Übersetzg. aus dem Ital. von B. u. R. Arnous. (186 S.) (901.) (Bd. 49.)
Sand, George, die Grille od. die kleine Fadette. Aus d. Franz. übertr. v. J. Möllenhoff. (210 S.) 899. (Bd. 19.)
Sienkiewicz, Heinr., die Dritte, s.: Carlssen, Egb.
Spielhagen, Frdr., die Dorfkokette. Novelle. — Moltke, Helmuth v., die beiden Freunde. Eine Erzählg. Mit Einverständnis der Erben des Grafen v. Moltke hrsg. v. Rud. Herzog. (79 u. 84 S. m. 1 Bildnis.) (901.) (Bd. 50.)
Tagebuch e. bösen Buben. Aus dem Engl. von J. Botstiber. (203 S.) (899.) (Bd. 3.)
Taubert, Emil, die Niobide, s.: Grosse, J.
Telmann, Konr., Unheilbar, s.: Perfall, A. v., die Uhr.
Trinius, A., Miß Annie u. andere Geschichten. — Trinius, Aug., dem Lichte zu. Prinzessin Übermut. Im Schiffbruch. Drei Geschichten. (103 u. 104 S.) (900.) (Bd. 32.)
Turgenjeff, Iwan, Frühlingswogen. Aus d. Russ. v. Wilh. Lange. (194 S.) 899. (Bd. 12.)
Westkirch, Luise, Diebe. Novelle. — Korolenko, W., der blinde Musiker. Eine Studie. Aus dem Russ. übers. v. Jul. Grünberg. (96 u. 112 S.) 899. (Bd. 9.)
Wichert, Ernst, für todt erklärt, s.: Franzos, Karl Emil.
Widmann, J. V., der Redacteur. — Als Mädchen, s.: Frenzel, K., der Hausfreund.
Wolzogen, Alfr. Frhr. v., zwei Humoresken. — Borgfeldt, Geo., eine Opernpremière. — Das verkannte Genie. — In ärztlicher Behandlung. Drei Humoresken. (104 u. 111 S.) 899. (Bd. 17.)
Zola, Emile, das Fest in Coqueville u. andere Novellen. Autoris. Übersetzg. aus d. Franz. m. e. Einleitg. v. Henriette Devidé. Mit 2 Portr. (181 S.) (901.) (Bd. 47.)

v. Reclam, A., (P. A. v. Frank,) einzelne Betrachtt. aus der Geschichte v. Deutschland. Mit 11 Urkunden. 8. Mainz 790.

Reclam, Alexander

— Abentheuer des Hans Däumling, s. Jugendschriften, illustrirte, 1. Bd.

Reclam, A., über d. Bedeutung d. Buchstaben, s. Bergmann, F. W.

— s. Bergmann, F. W., Theorie d. prosodischen Quantität.

Reclam, Alex., sechzig Fabeln zur Belehrung u. Unterhaltung für die Jugend. Nach der französ. Ausgabe für Deutschland gedruckt. 8. Leipzig 842, Reclam sen. 1/2 ₰

Reclam, Alexander, s. Roussel, Napoleon, meine Reise um d. Genfer See.

**Reclam,** Ernst: Johann Benjamin **Michaelis.** Sein Leben u. seine Werke. *Leipzig: R. Voigtländer 1904.* (VIII, 162 S.) 8° ¶ [= Probefahrten Bd 3.]
Leipzig, Phil. Diss. v. 1904

**Reclam,** Franz [Prof.]: **Beiträge zum Unterricht in der mathematischen Erdkunde. Neustettin, Druck v. R. G. Hertzberg,** 1892; 1—28 S., 2 Taf. 4.
Neustettin, k. Fürstin-Hedwig-G, OP 1892 (137)

Reclam, Frz. Über den Regenbogen. Theorie und Geschichte der Theorie. 17 S. **Progr.** *Neustettin* 1877.

Reclam, (Pt. Chr.) Friedrich

**Reclam, Pt. Chr. Fr.,** († d. 22. Jan. 1789.) **Biographien aus d. Brandenburg. Geschichte. 1s Stück. Waldemar; aus d. Französ. (von M. H. Charl. Reclam). 8. Berl. 788. Lagarde. (Köchly). 3 gr**

**Reclam, Fr., Biographien aus d. Brandenburgischen Geschichte. 1s Heft: Waldemar, Markgraf zu Brandenburg. 8. Berlin 788. (Leipzig, Fr. Fleischer.)** ⅛ ₰

**Reclam,** Waldemar, Margrave de Brandebourg. 8. Berlin 1787.

**— oraison funèbre de Fréderic II., prononcée dans le temple de Werder. 8. Berl. 786.**

— s. Pensées philosophiques sur la religion.

**Reclam,** Frédéric, ministre du Saint Evangile et pasteur de l'Eglise Françoise de Berlin, Sermon sur la paix de Teschen prononcé le 23. Mai 1779 dans le temple de la Friedrichstadt. Berlin 1779 kl. 8. (24 Seit.)

**— sermons. 8. Berl. 782. Bourdeaux. (Nauck). 18 gr**

**— sermons sur divers textes de l'écriture sainte. II Vols. Mit 1 Portr. gr. 8. Berl. 790. Lagarde. (Köchly). 2 ₰**

Reclam, Hans Heinrich [Hrsg.], s. Reclam's Universum. u.: Universum.

**Reclam, Carl, der Arzt. Ein volksthüml. Lehrbuch der vernünftigen Lebensweise; besonders zum Schutz gegen die Krankheiten der Ackerbauenden, Gelehrten, Geschäftsmänner, Handwerker u. Künstler. Mit einem Anh.: Aerztlicher Rath f. Auswanderer aller Stände. 8. (XXII u. 332 S.) Leipzig 852, Spamer. n. ⅚ ₰**

**Reclam, Carl, siehe: Bier, das bayrische, u. seine Heilkräfte.**

Reclam, Carl. Das Buch der vernünftigen Krankenpflege. Praktische Winke u. Belehrungen f. Leidende u. Genesende. Mit theilweiser Benutzg. v. hinterlassenen Aufzeichngn. desselben zu Ende geführt v. J. Ruf. Mit 40 in den Text gedr. Abbildgn. 8. (VIII, 450 S.) Lpz. 889, C. F. Winter. * 5 —; geb. * 6 —

**Reclam, Carl, das Buch der vernünftigen Lebensweise. Für das Volk zur Erhaltung der Gesundheit u. Arbeitsfähigkeit. Eine populäre Hygieine. Leipzig 863. C. F. Winter. Lex.-8. (VIII, 319 S.) n. 1 ₰ 15 ngr.**

**Reclam, Carl, das Buch der vernünftigen Lebensweise. Eine populäre Hygieine zur Erhaltg. der Gesundheit u. Arbeitsfähigkeit. 2. Aufl. gr. 8. (VIII, 423 S. m. eingedr. Holzschn.) Leipzig 876. C. F. Winter. n. 5. —**

**— das Buch der vernünftigen Lebensweise. Eine populäre Hygieine zur Erhaltg. der Gesundheit u. Arbeitsfähigkeit. 3., unveränd. Aufl. gr. 8. (VIII, 423 S.) Ebd. 889. n. 5. —**

— **de plumarum pennarumque evolutione disquisitio microscopica. Acc. tabb. III. (lith.) gr. 8. (36 S.) Lipsiae 846. (C. H. Reclam sen.) n. ⅓ ₰**

**Reclam, Carl, Geist und Körper in ihren Wechselbeziehungen mit Versuchen naturwissenschaftlicher Erklärung. gr. 8. (VIII und 387 S.) Leipzig 859, C. F. Winter'sche Verlagsh.**

[J.] Geschichte der Familie Reclam. Zsgest. v. Carl v. **Reclam.** *Leipzig: Gedr. b. Ph. Reclam jun. 1895.* (82 S., 1 Tab.) 1 Bd 4. [97. 7581]

**Reclam, Carl, s.: Gesundheit.**

— **des Weibes Gesundheit und Schönheit. Aerztliche Rathschläge für Frauen und Mädchen. gr. 8. (VIII und 372 S. mit in den Text gedr. Holzschn.) Leipzig 864, C. F. Winter'sche Verlagsh.**

**Reclam, Carl, d. Weibes Gesundheit u. Schönheit. Aerztliche Rathschläge f. Frauen u. Mädchen. Mit zahlreichen Holzschn. 2. Aufl. gr. 8. (X, 472 S.) Leipzig 883. C. F. Winter. n. 5. —; geb. n.n. 6. 25**

**Reclam, Carl Gesundheitslehre für Schulen. Leipzig 865. C. F. Winter'sche Verlagsh. 8. (31 S.) n. 2 ngr.**

Reclam, K.: Gesundheits-Schlüssel für Haus, Schule u. Arbeit. Leipzig 1878. 108 S. m. Abb. (Reclams Univ.-Bibl. 1001.)

**Reclam, Carl, Gesundheits-Schlüssel für Haus, Schule u. Arbeit, s. a. Universal-Bibliothek.**

**— Lebensregeln. Ernstes u. Heiteres aus der Gesundheitspflege, s. a. Verein, allgemeiner, f. deutsche Literatur.**

**Reclam, Carl, Lebensregeln. Ernstes u. Heiteres aus der Gesundheitspflege. 2., verm. u. verb. Aufl. Hrsg. v. E. Jahn. Mit 27 Textbildern. 5. Tausd. gr. 8. (VIII, 416 S.) Berlin 893. Allg. Verein f. deutsche Litteratur. n. 5. —; geb. n. 6. —**

**— der Leib des Menschen, dessen Bau u. Leben. Vorträge für Gebildete. Mit 15 Farbentaff. u. zahlreichen (eingedr.) Holzschn. Stuttgart 869,70. Thienemann. gr. 8. (XX, 743 S. mit eingedr. Holzschn. u. 14 Steintaff., wovon 10 in Buntdr.) 4 ₰ 6 ngr.**

**Reclam, Carl, der Leib des Menschen, dessen Bau und Leben. Vorträge für Gebildete. 21 Lfgn. gr. 8. (XX, 743 S. mit eingedr. Holzschn. und 15 Stnt. in 8. und Fol., theils in Bunt-, theils in Tondr.) Stuttgart 870,71, Thienemann's Verlag. à Lfg. 60 Pf. (M 12,60.) 18 — geb. 14 —**

**— der Leib d. Menschen, dessen Bau u. Leben. Vorträge f. Gebildete. Mit 15 Farbentaf. u. 256 (eingedr.) Holzschn. gr. 8. (XX, 743 S.) Stuttgart 871. J. Hoffmann. 12. 60; geb. 13. 50**

**— der Leib des Menschen, dessen Bau und Leben. Vorträge für Gebildete. 2. Aufl. Lex.-8. (XXII, 786 S. mit 16 Taf. in Farbendr. [incl. 2 Doppeltaf.] und 325 eingedr. Holzschn.) Stuttgart 879, Thienemann's Verlag. geb.**

— **Nahrungsmittel und Speisewahl, s. Belehrungen, unterhaltende.**

**— Sprache u. Gesang. Eine Uebersicht der Physiologie u. der Diätetik des Sprechen's u. Singen's für öffentl. Redner, Lehrer, Gesanglehrer, Sänger u. Sängerinnen. Mit 22 (eingedr. Holzschn.-)Illustr. [Aus: „Der Leib des Menschen".] gr. 8. (III, 63 S.) Ebend. 878. n. 2. 50**

**— die Ursache der Chylus- und Lymph-Bewegung und der Fettresorption. gr. 4. III und 32 S.) Leipzig 858, C. F. Winter'sche Verlagsh.**

Reclam, Karl [Red.], s. Vierteljahrsschrift, Deutsche, f. öffentl. Gesundheitspflege.

Reclam, Maria Hnr. Charl. (geb. Stosch)

**— s. 1) Briefe d. Demoiselle S. 2) Fr. Reclam, Biographien.**

*Reclam*, Maria Hnr. Charl., geb. Stosch, († d. 26. Febr. 1799.) récueil de pièces fugitives. 8. Berl. 777. Mylius. 16 gr.

**Reclam, P.**, sieben Predigten über die Kraft der Liebe gehalten vom 19. post Trin. bis 1. Advent 1843, vor der französ. Gemeine zu Prenzlau. gr. 8. Prenzlau 844, Vincent. n. 1/3 ℛ

**Reclam, W.**, Schicket euch in die Zeit, denn es ist böse Zeit; e. Predigt d. 15. Mai 1831 gehalten. gr. 8. Berl. 1831 (E. Oehmigke). 2 gr

**Reclam, W. H.**, fragment d'une notice bibliographique sur les traductions françaises des auteurs grecs et latins. Progr. des Französ. Gymn. Berlin 1827. 4°. 20 S.

**Reclamation, Nothgedrungene,** zur Abwehrung eines Plagiats. Berlin 1841. V: *Müchler, Carl.* (CB)

Reclamationen. Ueber Berns R'. Ein Wort in Beziehung auf die an der Tagesordnung stehende Rechtsfrage: Ob Berns Ansprüche auf das Aargau und Waadt begründet seyen, oder nicht? Von einem Schweizer. 8. *o. O.* Im May 1814.

Réclamations adressées à l'Assemblée fédérale, au sujet des mesures extraordinaires prises par le Gouvernement du Canton de Fribourg contre 214 citoyens et 139 communes ou paroisses de ce canton. (Fribourg, le 12 Octobre 1848.) 8. *s. l.*

**Reclamationswesen, das.** [Die Begünstiggn. in der Erfüllg. der Wehrpflicht.] Praktisches Handbuch f. Jedermann, d. e. solche Begünstigg. anstrebt [reclamiren will]. Mit Rücksichtnahme auf das neue Wehrgesetz [vom 11. April 1889] u. die hiezu erlassene Instruction zusammengestellt v. e. Fachmanne. 8. (47 S.) M.-Ostrau 890. Kittl. n. 1. —

**Reclame, Die.** Lustspiel in 4 Aufzügen. Wien 1875. V: *Preleuthner, Joseph Ritt. v.* (EH)

**Die Anarchie von Elisée Reclus. Vortrag, gehalten in einer Brüsseler Freimaurerloge. 5. Aufl. Berlin: Freier Arbeiter-Verlag 1905. 16 S. 8°. (Anarchistische Bibliothek.)** 9.

La Belgique. Par Élisée **Reclus.** Für d. Schulgebr. bearb. von Dr. E[berhard] Vogel, Oberl. zu Aachen. [Text nebst] Anh. [&] Wörterbuch. Bielefeld & Leipzig: Velhagen & Klasing 1904. 3 Bde 8°
— **Sammlung**, Velhagen & Klasings, franz. u. engl. Schulausgaben. Prosateurs franç. Lfg 154 B. [05. 10171

**Reclus, Elisée**, La Belgique, hrsg. v. E. Vogel, s. Prosateurs français, 151. Lfg.

**Reclus, E.**, die Erde u. die Erscheinungen ihrer Oberfläche, s.: Ule, Otto.

**Reclus, E.**, nouvelle géographie universelle. La terre et les hommes. I. L'Europe méridionale. gr. 8. (IV, 1012 S. m. Holzschn. u. Karten.) Paris 875. Hachette & Co. n. 30. —

En France p. Onésime **Reclus.** Im Ausz. m. Anm. f. d. Schulgebr. hrsg. v. Karl F. Th. Meyer, (Oberl. zu Kassel). [Nebst] Wörterbuch. *Berlin: R. Gaertner 1894—96.* 2 Bde 8.
[Text.] 1894. (VI S., 1 Bl., 142 S.) Wörterb. 1896. (73 S.)
— **Schulbibliothek** französ. u. engl. Prosaschriften aus d. neueren Zeit. Abt. 1. Bdch. 6. [97. 8129

**Recognitio** argumenti ethonomici quo numen esse sumitur. Erlangae 1806—7. V: *Ammon, Chph Frdr.* (WINER)

**Recognitio, Judiciorum de universitatibus litterariis.** Gottingae 1792. V: *Heyne, Christian Gottlob.* (MGT)

**Recognitio, Rerum gestarum, Dionis Syracusii.** Kilonii 1795. V: *Baden, Torkel.* (MGT) (Kordes, Schlesw.-holst. u. eutin. Schriftst. Schleswig 1797.)

**Recollectio** Spiritus quâ per veritates aeternas . . . Sodalis Mariano-Angelicus excitatur . . . Moguntiae 1754. V: *Engelmohr, Joseph.* (JES)

Recommended to Mercy, s. Collection of British authors.

**Reconstruction** des Rechtsganges. Zürich 1878. V: *Locher, Frdr.* (Cat. d. Stadtbibl. Zürich. Zürich 1864—97.)

**Reconstruction** des Rechtsganges. Von einem schweizer. Juristen. gr. 8. (24 S.) Zürich 878, Verlags-Magazin.

**Record**, an illustrated, of important events in the annals of Europe, during the last four years; comprizing a series of coloured views of the principal places, battles etc. connected with events. Together with a history of those monuments, transactions compiled from official and other authentic documents. gr. fol. (Strasbourg, Paris et Londres, Treuttel et W. in Comm.) 816. Velinpap.

— The same. gr. Imper.fol.

Recordon, Benjamin: Bauconstructionslehre. 1. Theil. Herausg. von Polyt. Ing. Verein (R. Maillart) 1892. 4. Autogr.

**Recordon, B[enjamin].** Ein neues System von armiertem Beton ⟨System Siegwart⟩. [Mit Figuren.] Sonderabdruck aus der Schweiz. Bauzeitung Bd. 37 [1901,] Nr. 24 und 25.
[Ausg. 1:]... Sond' aus der Sch' B'.... II + 8 S. 8. Zürich, Druck Zürcher & Furrer, 1901.
[Ausg. 2:] ... Sond' aus der «Sch' B'».... [Neudruck durch die Internat. Siegwartbalken-Gesellschaft in Luzern.] II + 7 S. 4. Luzern, C. J. Bucher, 1903.

**Recordon, B[enjamin].** Un nouveau système de béton armé ⟨Système Siegwart⟩. [Avec figures.] Extrait du Bulletin Technique de la Suisse Romande (du 5 juillet 1901. No 13). II + 7 p. 4. Lucerne, C. J. Bucher, 1903.
[Hrg. durch die Internat. Siegwartbalken-Gesellschaft in Luzern.]

**Recordon, Fr., und Meißner**, Leitfaden für den französ. Unterricht. 1. Bd. 2. Aufl. gr. 8. (VII, 159 S.) Basel 873, Schneider.

**Recouly, Raymon**, zehn Kriegsmonate in der Mandschurei. Eindrücke e. Augenzeugen. Autoris. deutsche Uebersetzg. (VIII, 236 u. IV S.) gr. 8. Bremerhaven (905). L. v. Vangerow. n.n. 3. 50

Recours de Balz Inderbitzin et consorts, voituriers, à Brunnen, contre le Conseil d'Etat du canton de Schwyz, visant une atteinte à la liberté de commerce et d'industrie. Arrêté du Conseil fédéral. (Du 14 novembre 1902.) 19 p. 8. [Berne, C.-J. Wyss,] 1902.

Recours de Léa Brasey à Ollon contre l'arrêt de la Cour d'appel du canton de Fribourg du 1er juillet 1901 (*conc.* le refus de la sonnerie des cloches à l'enterrement de sa mère). Arrêté du Conseil fédéral. (Du 30 juin 1902.) 19 p. 8. [Berne, C.-J. Wyss,] 1902.

Recours du Conseil d'Etat du canton du Valais contre l'arrêté du Conseil fédéral du 26 novembre 1901 touchant le recours de Maurice Pacolat et Julien Duay, à Orsières (*conc.* le nombre des députés au Grand Conseil du canton du Valais). Rapport du Conseil fédéral. Du 21 avril 1902. ([Avec] Annexe Arrêté.... Du 26 novembre 1901.) 17 p. 8. [Berne, C.-J. Wyss,] 1902.

*Avec:* Rapport complémentaire du Conseil fédéral... (Du 28 juin 1902.) 4 p. 1902

Recours de la Direction du Chemin de fer du Saint-Gothard à l'Assemblée fédérale contre le Conseil fédéral de la Confédération suisse au sujet de son arrêté des 2 février/10 août 1906 concernant l'établissement de la seconde voie de Giubiasco jusqu'à Chiasso et d'une station de croisement sur le tronçon Lucerne-Meggen. (1906 octobre 12 [Avec] 10 Annexes.) 14 [+ *Annexes* 54] p. 4. [Lucerne, H. Keller, 1906.]

Recours de Christian Egger, à Kirchhofen, près Sarnen, visant le refus d'une patente d'auberge. Arrêté du Conseil fédéral. (Du 21 décembre 1901.) 15 p. 8. [Berne, C.-J. Wyss,] 1901.

Recours de Jules Geissmann et consorts, marchands de bétail à Fribourg, contre la loi fribourgeoise ... du 2 décembre 1899 et l'arrêté du Conseil d'Etat, du 27 janvier 1900, concernant les sûretés exigées pour l'exercice du commerce de bestiaux. Arrêté du Conseil fédéral. (Du 29 avril 1902.) 20 p. 8. [Berne, C.-J. Wyss,] 1902.

Recours de W. Glitsch, ingénieur à Genève, contre le Conseil d'Etat du canton de Zurich, visant l'interdiction de l'emploi des appareils à combustion par la benzine. Arrêté du Conseil fédéral. (Du 30 décembre 1902.) 32 p. 8. [Berne, C.-J. Wyss,] 1902. G

Recours de J. Huwyler, d'Auw (Argovie), contre une décision du gouvernement du canton de Schwyz lui refusant une patente d'auberge. Arrêté du Conseil fédéral. (Du 21 décembre 1901.) 14 p. 8. [Berne, C.-J. Wyss,] 1901.

Recours des fils de J. Jauch, à Altorf, contre le canton de Zurich, visant une indemnité pour l'abatage de leurs chevaux, ordonné par mesure de police sanitaire. (Du 17 mars 1902.) 16 p. 8. [Berne, C.-J. Wyss,] 1902.

Recours de E. Mettler-Baumgartner, à St-Gall, contre l'arrêté du Conseil d'Etat de St-Gall ordonnant une votation populaire sur la loi relative aux synodes scolaires. Arrêté du Conseil fédéral. (Du 3 mai 1901.) 18 p. 8. [Berne, C.-J. Wyss,] 1901

Recours de Siegfried Müller, à Reussbühl, (Lucerne), visant le refus de la sonnerie des cloches à un enterrement. Arrêté du Conseil fédéral. (Du 19 avril 1901.) 20 p. 8. [Berne, C.-J. Wyss,] 1901

Recours de Gottfried Senften, instituteur à la Lenk..., et consorts, concernant l'élection de Senften comme président du tribunal de district du Haut-Simmenthal. Arrêté du Conseil fédéral (Du 26 juillet 1902.) (25 p.) 8. [Berne, C.-J. Wyss, 1902]

Recours d'Arnold Waser et Walter Blättler, à Stans..., concernant le refus d'une patente d'auberge Arrêté du Conseil fédéral. (Du 22 novembre 1901.) 18 p. 8. [Berne, C.-J. Wyss,] 1901.

**Recreation, Die,** ein Nachspiel von einem Aufzuge. 1766. V: *Klemm, Christian Gottlob.* (GGr)

**Récréation, la,** Journal destiné à offrir à la jeunesse et à toutes les personnes qui désirent s'exercer ou se perfectionner dans la langue française, une lecture tout à la fois amusante, instructive, morale et littéraire. Redigé par Macker. I. et 2. Année 1841 et 42. à 12 Livrs. Avec gravures. 4. Augsbourg 842, v. Jenisch et Stage. à ap. Thlr.

**Récréation, la,** Journal destiné à offrir à la jeunesse et à toutes les personnes, qui désirent s'exercer ou se perfectionner dans la langue franç. Réd. par Macker. III. et IV. Année 1843 et 1844. à 12 Livr. Avec gravures. 4. Augsbourg, libr. de Jenisch et Stage. à *

I. et II. Année 1841, 42. Les Mêmes. à * 2 Thlr.

**Recreationes** academicae Grosianae oder Anleitungen, junge Standespersonen zu einer standesmäßigen Erudition ... anzuführen. Erlang. 1713. V: *Gross von Trockau, C. A. v.* (Hauptkat. d. Univ.-Bibl. Tübingen. A. S. 58.)

**Récréations** ou fleurs de bons mots, contes à rire ... Berlin 1780. V: *Logan, Johann Zacharias.* (Ky)

**Récréations,** ou fleurs de bons mots, contes à rire, valeur héroïq. etc. (par J. Z. Logan). Französ. u. deutsch. 8. Berl. 780. Pauli. 16 gr

Récréations, ou fleurs de bons mots, contes à rire, valeur héroïq. etc. franz. u. deutsch. 8. Berl. Pauli. 799.

— historiques, critiques, morales et d'érudition etc. II Vols. 8. Strassb. 768. König. 1 Thlr 6 gr

**Récréations** instructives pour la jeunesse. Série 1 et 3. Esslingen 865. Schreiber. Fol. Jede Série (30 color. Steintaff. u. 8 S. Text.) cart. 1 Thlr 25 ngr.

— philologiques, ou mélange agréable de diverses pièces pour servir de suite aux amusemens philolog. II Tom. 8. Stuttg. 767. Metzler. 20 gr

Recrute, der,. Lustsp. v. Fr. Schulz. 8. Brandenburg, Leich. 800.

**Recruten,** s. Rekruten.

— die jungen, e. kom. Oper in 3 Aufz. (von Jos. Lederer). 8. Ulm 781.

**Recruten, die, auf dem Lande.** Komische Oper. 8. Frankf. 781. (Wittenb., Zimmermann. 6 gr

Recrutirung, die,. Lustsp. v. Schildbach. 8. Prag, Neureutter. 795.

**Recrutirung, Die erwünschte,** Lustspiel in einem Aufz. Wien 1797. V: *Beck, Heinrich.* (GGr) (Stockmayer, D. dtsche. Soldatenstück. Weimar 1898. S. 339.)

— die erwünschte,. Lustsp. in 1 Akt. 8. Wien, Mösle. 797. 8. Berl. Schöne. 805.

Recrutirungs Bezirke der k k Artillerie. (Eingezeichnet in „Schulz's praktischer Reise-Karte") (Donation Liechtenstein.) 8. Wien 1858.

Das Großh. Hessische Recrutirungsgesetz vom 20. Juli 1830. Darmstadt 1831. 8°

Neues Recrutirungs-Gesetz. (Schwerin 1856.) 8°

**Récsey, Vict.,** Incunabula et Hungarica antiqua in bibliotheca S. Montis Pannoniae. Descripsit atque determinavit R. (Lateinisch u. Ungarisch.) 2 Tle. in 1 Bde. (XVI, 240 u. 215 S. m. 3 Taf.) gr. 8. Budapest 904. Leipzig, K. W. Hiersemann. n.n. 8.50

Rector et senatvs vniversitatis Rostochiensis commilitonibvs hvmanissimis S. ... [Folgt d. Bekanntmachg d. Ergebnisse d. vorjähr. u. d. Verkündigg d. neuen Preisausschreibg.] *Rostochii,* typ. acad. Adlerianis, *1893;* 1 Bl. 4.

Rector et concilivm vniversitatis Rostochiensis commilitonibvs hvmanissimis S. ... [Folgt d. Bekanntmachg d. Ergebnisse d. vorjähr. u. d. Verkündigg d. neuen Preisausschreibg.] *Rostochii,* typ. acad. Adlerianis, *1894;* 1 Bl. 4.

**Rector, Unser,** und seine Kollegen. Erinnerungen eines alten Grimmensers . . . Leipzig 1891. V: *Winter, J.* (Ky) (ADB 44, 567)

**Rector,** der wohlverdiente. 8. Leipz. 709.

**Rectus.** So wachsen meiner Seele Flügel. Berlin: M. Schildberger 1907. (59 S.) 8° [F.] (08, 12389

**Rectus-Briefe.** An den Olmützer Erzbischof Dr. Th. Kohn. (Von Jos. Hofer.) Aus dem Böhm. übers. m. Bewilligg. der Redaction „Pozor" in Olmütz. (37 S.) gr. 8. Brünn 903. A. Píša. n. — 30

Recueil

— abrégé des connaissances sur l'état géogr. et polit. des royaumes et des républ. de l'Europe. gr. 8. Offenb. 781. Weiss. 5 𝒢

Recueil des actes etc. par l'auteur de la politique raisonnée etc. à *Hambourg*, à la *Haye*, à *Londres*, à *Paris*. gr. 8. (Ohne Jahrzahl. Vorr. ist dat.: U....t le 18. Févr. 1797.) — (16 Gr.)

*Récueil* des Actes diplomat. concern. la négociation du L. Malmesbury av. le gouvernem. de la républ. franç. 8. Hamb. 797. (A. Campe). 16 𝒢

— des Actes diplomat. concern. la négociation du L. Malmesbury av. le Gouvern. de la Rép. fr. 8. Hamb. Hoffmann. 797.

Recueil des actes du gouvernement du grand-duché de Berg. Sammlung der Regierungs-Verhandlungen für das Großherzogthum Berg. Jg. 1. (Vom 16. Oct. 1806 bis 19. März 1807.) Düsseldorf 1808.

— des Actes du Gouvernement du grand Duché de Berg. Samml. d. Regierungs-Verhandlungen d. Großherzogthum Berg. 1r Jahrg. 808. 4. Berl. Himburg.

*Récueil* des actes du Gouvernement du Grand-Duché de Berg. Samml. d. Regierungs-Verhandll. f. d. Großherzogth. Berg. 1r Jahrg. gr. 4. Düsseld. 808. (Schreiner). 2 ß 16 𝒢

— des princip. actes sur l. rélations polit. de la France av. les états d'Italie depuis l'ann. 1787. jusqu'au mois de May 1796. (par J. de Schwarzkopf). gr. 8. Frankf. a. M. 796. Varrentrapp. 10 𝒢

**Recueil** des principaux actes publiés sur les relations politiques de la France avec les états d'Italie . . . Francf. s. le M. 1796. H: *Schwarzkopf, Joach. v.* (MGT) (Ky) (Oa) (Schletter, Handb. d. jurist. Litt. Grimma 1843. S. 280.)

Recueil des actes de la Séance publique de l'Académie Impér. des Sciences de St.-Petersbourg, s. Mémoires de l'Académie Impér. etc.

— des actes de la séance publique de l'Académie Impériale des sciences de St. Petersbourg tenue le 29 Déc. 1826, 27, 28 et 29. Mit Steintaf. gr. 4. St. Petersb. 826—829. (Leipz., Cnobloch). 8 ß 18 𝒢

Recueil des actes de la séance publique de l'Académie Impériale des sciences de Saint-Pétersbourg, tenue le 29 Décembre 1832—1839. gr in-4. St.-Petersboug. (Leipzig, Voss.) 1833 — 1840. (1832. n. 1 3/4 ß 1833. 1 1/3 ß 1834 - 36. à 1 3/4 ß 1837. et 1838. 2 1/6 ß 1839. 1 1/3 ß) n. 11 5/6 ß

Recueil des actes de la séance publique de l'Académie Impériale des sciences de Saint-Pétersbourg, tenue le 29 Décembre 1840. (Avec le portrait de M. Collins.) gr. in-4. St. Pétersbourg 841. Leipzic, Voss. n. 1 1/6 ß — Tenues le 31 Décbre. 1841 et le 30 Décbre. 1842 et de la séance solennelle tenue en l'honneur d. M. le président de l'académie le 12 Janv. 1843. gr. in-4. le même 843. baar 1 1/2 ß — Tenue le 29 Décbre. 1843. gr. in-4. le même 844. baar 1 ß —

— le même, tenue le 29. Décbr. 1844. gr. in-4. (16 1/2 B. et les Portr. de Ph. Krug et de C. B. Trinius.) St.-Pétersbourg 845. (Leipsic, Voss.)

**Recueil** des actes de la séance publique de l'Académie Impér. des sciences de St.-Pétersbourg tenue le 29. décbr. 1845. Avec le portr. (lith.) de Tradescant et 1 carte. Imp. 4. (348 S.) St.-Pétersbourg 847. Leipzig, Voss. baar 2 ß

— des actes de la séance publique de l'Acad. Impér. des sciences de St.-Pétersbourg tenue de 11 janv. 1847. Imp. 4. (XXII u. 101 S.) Ebd. 847. baar 1 ß

— des actes des séances publiques de l'académie impériale des sciences de St.-Pétersbourg, tenues le 28 déc. 1847 et le 29 déc. 1848. [Avec le portrait (lith.) de M. Schmidt.] Imp. 4. (XXII u. 141 S.) Ebd. 849. n. n. 1 5/6 ß

— d'anecdotes, de fables, de divers morceaux de littérature, d'histoire etc. 12. Braunschw. 800. Pluchart. 18 𝒢

Recueil d'Anecdotes, d'histoire et de contes diverses. Zur Selbstübung im Lesen u. Uebersetzen, mit Wort- u. Phrasenerklärung. gr. 8. Grätz, Tanzer. 813.

— d'anecdotes, historiettes, histoires etc. la plupart peu connues, entremêliées et suivies de quelques morceaux d'éloquence, tant en vers q'uen prose. A l'usage des écoles publ. et des maisons d'éducation de l'un et de l'autre sexe. Par J. M. A. G. gr. 8. Ludwigsburg 830. Nast. (Schweizerbart in Stuttg.) 1 ß

— d'Anecdotes sur les Personnes et les Evenemens de la Révolution franç. gr. 8. Paris. (Bohn, Hamb.) 798.

— d'anecdotes, de traits de bienfaisance et de contes moraux, pour servir d'amusement et d'instruction à la jeunesse. 8. Braunschw., Vieweg. 15 𝒢

**Recueil** d'antiquités de la Scythie. Publié par la commission impériale archéologique. Avec un atlas (23 Steintaff., wovon 20 in Buntdr., in Imp.-Fol.). 1. Livr. St. Petersburg 866. (Leipzig, Voss.) Imp.-4. (VI, 44 S. mit eingedr. Holzschn.) n.n. 10 ngr.

Recueil d'antiquités de la Scythie. Publié par la commission impériale archéologique. 2me livr. Avec un atlas. Imp.-4. (221 S. mit 1 lithogr. Karte in qu. Fol., und 23 Stnt., wovon 2 in Buntdr., in Imp.-Fol.) St. Pétersbourg 874. (Leipzig, Voss.) * 45
1re livr. Ebendas. 1866. ** 30.

**Recueil** d'architecture civile en France du XII° au XVI° siècle. Album de 80 planches. Lex.-8. (7 S. Text.) Berlin 896. B. Hessling. Geb. in Halbleinw. n. 20. —

— d'architecture représentant en 34 planches palais, châteaux, hôtels etc. fol. Vienne, Camesina. 791.

— d'architecture, représent. en 34 planches etc. 1 Vol. fol. Strasb. Treuttel et W. 791.

**Recueil** d'articles insérés dans le Correspondant de Hambourg pendant les cent jours de l'usurpation, en Allemand avec le texte française. Hamb. 1816. H: *Fauvelet de Bourienne, Louis Antoine.* (schr)

— de Brochures politiques. II Vol. 8. Brunsv. Pluchart. 815.

**Recueil de cantiques maçonniques.** Cologne 1801. 8°
Kl. 1629.

**Recueil de cantiques pour l'occasion de la fête de l'inauguration du nouveau temple de la r.·. L.·. de St.·. Jn.·. de l'Espérance à l'Ot.·. de Berne le 16e jr.·. du 10e. ms.·. 5809. [Nebst] Suppl. [Bern 1809—1812.] 80 S. 8°**
Recueil. 40 S. 1809; Suppl. S. 41—80 1812. 358 a.

**Recueil de chansons franc-maçonnes à l'usage de la Loge de l'Union [militaire in Frankfurt a. M. Zsgest. von Friedr. Wilh. Möhler.] Francfort: [Selbstverl. d. Loge] 1764. 80 S. 8°**
Kl. 1617. Ohne Noten. Zur Kaiserkrönung Josefs II. hrsg. 23. 26.

**Recueil** de chants maçonniques, s.: Liederbuch f. schweizerische Freimaurer-Logen.

**Recueil de chants maçonniques publ. sous les auspices de la Grande Loge suisse „Alpina". Aarau: Sauerländer & Cie 1901. 163 S. 8°**
**[Nebentit.:] Liederbuch für schweizerische Freimaurer-Logen, hrsg. im Auftr. der schweizerischen Grossloge „Alpina".**
Recens: Bh. 45 (1902) S. 136 (C. Gotthold); Z. 33 (1902—1905) S. 260.
Mit Noten. 27 Lieder mit französischem, 30 mit deutschem, 3 mit deutschem, französischem u. italienischem Texte.

Recueil de chants pour la Suisse romane par Adrien. Vol. 1: 50 chants à deux voix. 2. édit. qu. 8. (56 S.) Genf, Müller-Darier.

—— dass. — avec accompagnement de piano. qu. 8. (60 S.) Ebendas.

—— dass. — Vol. 2: 50 chants à deux et à trois voix. qu. 8. (72 S.) Ebendas.

—— dass. — avec accompagnement de piano. qu. 8. (76 S.) Ebendas.

—— dass. — Vol. 3: Choeurs d'hommes publiés par A. Schneck. qu. 8. (64 S.) Ebendas.

—— de chants à une, à deux, à trois et à quatre voix en III cahiers, à l'usage des écoles primaires communales de Mulhouse par Ernest Hauschild. A. u. d. Ttl.: Sammlung ein-, zwei-, drei- u. vierstimm. Lieder u. Gesänge in 3 Hftn. 2c. gr. 8. (15⅓ B.) Mulhouse 844, Risler.
1. Hft. * 5 Ngr. 2. Hft. * 7½ Ngr. 3. Hft. apart * 20 Ngr.

[Recueil des Coeffures depuis 1589 jusqu'en 1778. Avec des verses analogues à chaque costume, dt.] Pariser Coeffuren.
Berlin: Pauli 1779. 2 Bl., 48 gez. Bl., 48 Kupfertaf. 24°
[Titelbl. mit Kupf.-Vign.]
*Erw. Ausg. d. Almanach de la toilette, 1777. — Die dt. Ausg. stimmt hinsichtl. Kupf. u. sinngemäß übers. Versen mit d. franz. Orig. überein. Titelkupf. durch anderen ersetzt; Kupfer nach d. Tit. d. franz. Ausg. fehlt.*

**RECUEIL** von allerhand Collectaneis und Historien, auch moral-curieux-critic- und lustigen satirischen Einfällen zu Entretenirung einer galanten Conversation. 40 Hunderte. (1—12: 1719; 13—24: 1721; 25—26 u. *Anhang* 1—14: 1723—25.) Verona. (Hannov.?) 8°. (1—12: 12 Mk. Adolf Weigel, 1907; 1—12 u. 19—24: 10 Mk. Paul Neubner, Cöln, 1890; 17—26: 20 Mk. Gust. Fock, Lpz., 1907.)
Interessante Sammlg. v. Anekdoten, pikanten Geschichten, Gedichten etc. etc. über Weiber etc. in Prosa u. in Reimen, theils in deutscher, französ., holländ. u. ital. Sprache.

Recueil de Complimens... Auserlesene Complimente, welche Nach itziger mode unter galanten Leuten beliebet werden. Ebenda 1728. 37 S.

**Recueil** de conférences cliniques, avec la collaboration de cliniciens allemands publiées par Rich. Volkmann. Nr. 1—3. gr. 8. Luxemburg 880. Schamburger. Subscr.-Pr. à — 48; Einzelpr. à — 75
1. De l'essence de la fièvre puerpérale. Par O. Spiegelberg, trad. avec l'autorisation de l'auteur par Fr. Razen. (23 S.)
2. Des voies d'extension des procès inflammatoires par Th. Billroth. Trad. avec l'autorisation de l'auteur par Fr. Razen. (13 S.)
3. Des maladies réflexes, par E. Leyden. Trad. avec l'autorisation de l'auteur par Fr. Razen. (22 S).

— des plus jolis Contes des mille et une nuits, voyez Schoummel.

— des plus jolis Contes, tirés de mille et une nuits, p. J. T. Schoummel. 8. Magdeb. (W. Vogel à Lpz.) 780.

— des contes Moreaux etc. Sammlung 2c., s. Chimani.

— de contes moraux, tirés des meilleurs auteurs franç. d'après les édit. orig. Tom. I. de Marmontel. 8. Dortm. 799. N. A. 805. (Wundermann in Hamm.) 8 gl

— de Contes moraux, tirés des meilleurs auteurs franç. d'après les Edit. origin. T. I. de Marmontel. 8. Dortmund, Mallinkrodt. 805.

Recueil, de Contes moraux. Par de Boufflers, V. Fabro, L. de Sévelinges etc. 2e Aufl. 2 Vol. 16. Berl. 823 Schlesinger.

— de contes et récits pour la jeunesse, hrsg. v. J. Wychgram, Emil Tournier u. Walth. Wüllenweber, s.: Prosateurs français.

— dasselbe, hrsg. v. Bertha Schmidt, s.: Prosateurs français.

Congrès internat. des Éditeurs. Recueil de contrats en usage dans des maisons d'édition de divers pays pour la publication d'oeuvres littéraires, musicales et artistiques. Berne: Bur. permanent du Congr. internat. des éditeurs 1906. (VIII, 289 S.) 8° [o4. 1393 7

**Recueil** des conventions et traités concernant la propriété littéraire et artistique, publiés en français et dans les langues des pays contractants; avec une introduction et des notices, par le Bureau de l'Union internationale pour la protection des œuvres littéraires et artistiques. 1re partie: Langue française; 2e partie: Autres langues. XXXII + 876 p. 8. Berne, Bureau de l'U' i' littéraire et artistique, 1904. (fr. 15. —)

Recueil des deductions, manifestes, déclarations, traités et autres actes et écrits publics, qui ont été rédigés pour la cour de Prusse par le comte de Hertzberg. vol. 1. Depuis le commencement de la guerre de sept ans 1756 jusqu'à celui de la guerre de Bavière 1778. vol. 2. Depuis 1778—1789. vol. 3. 1789 et 1790 Berlin 1789, 92. 8.
— vol. 1. édition 2. depuis 1756—1778. 1790. 8. (Mit einer Karte.) vol. 2. édit. 2. depuis 1778—1789. Berlin 1790. 8.

— de Déductions, Manifestes, Déclarations, traités et autres actes et écrits publics etc. de la guerre de sept ans de Bavière. Vol. I et II. gr. 8. Berlin, Unger. 790.

**Recueil** des déductions, manifestes . . . qui ont été rédigés et publiés pour la cour de Prusse . . . depuis l'année 1756 jusqu'à l'année 1790. Berlin 1789—95. H: *Hertzberg, Ewald Friedrich Graf von.* (DD)

— de Déductions, Memoires, Declarations, lettres et traités p. le Comte de Herzberg. gr. 8. Hambourg, Hoffmann. 795.

— de dessins des meubles les plus récens et le plus à la mode à Paris et à Londres. VII Cah. av. pl. fol. Lpz. Ind Comt.

— de dialogues et de vocables les plus nécessaires pour les voyageurs en quatres langues : française, russe, polonaise et allemande. 8. Bresl., W. G. Korn. 4 gl

Recueil diplomatique du Canton de Fribourg. Volume 1er–8e (=1re–[8e] année). 8. Fribourg en Suisse 1839–1877
Volume 1er–4e ([Publiés par] Romain Werro.) 1839–1844
Volume 5e ([Publié par] Jean Berchtold.) 1853.
Volume 6e–8e. ([Publiés par] Jean Gremaud.) 1860–1877

— des dispositions législatives et réglementaires sur l'exercice de la médecine vétérinaire, la police sanitaire du bétail, la vente et l'amélioration des races d'animaux domestiques dans le grand-duché de Luxembourg. Luxemburg 864. Bück. gr. 8. (VII, 170 S.) n. 1 ₰ 10 ngr.

Recueil des dispositions actuellement en vigneur concernant la garantie et le contrôle officiels du titre des ouvrages d'or et d'argent en Suisse. Publication du département fédéral du commerce et de l'agriculture. 8. (III, 150 S.) Bern 885, [Fiala.] Kaeser und Comp. * 1 60

Recueil des documents destinés à servir de base aux débats de la section de nomenclature systematique du Congrès international de botanique de Bruxelles 1910. Présenté par John Briquet Berlin: Friedländer en dépôt 1910. 7, 40 + 40 S., S. 41–58. 4°

Recueil de documents relatifs aux commerce et à la navigation, s. Guerre d'Orient.

Recueil de documents relatifs à la liberté de navigation du Danube publ. par D[imitrie A.] Sturdza [Sturza], Secr. gén. de l'Acad. Roumaine. Avec 8 cartes et diagrammes. *Berlin: Puttkammer & Mühlbrecht 1904.* (XXXIV, 933 S.) 8° [04. 7763

— dramatique. Publié par J. Gallois. gr. in-8. (21¾ B.) Hambourg 838, (Perthes-Besser et Mauke.)
Cont.: La Berline de l'Emigré, par Melesville et Hestienne. — La Fille de l'Avare, par Bayard et P. Duport. — Le Menteur véridique, par Scribe et Melesville. — Monsieur Botte, par C. du Pouthy et de Villeneuve. — Monsieur David, par M. A. Z. L. Saintange Martin. — La Mansarde des Artistes, par Scribe, Dupin et Varner. — La Quarantaine, par Scribe et Mazères. — Le Lorgnon, par Scribe.

— de divers Ecrits, qui ont paru à l'occas. du Discours de Rousseau etc. II Vols. 8. Goth. 752.

— pour l'Esprit et p. le coeur. II T. en. IV part. 8. Celle, Gsellius. 764.

— nouv. pour l'esprit et p. le coeur. II Tom. en IV Part. 8. Celle 764. (Schulze). 2 ₰ 16 gl

— d'estampes d'après les tableaux de la Galérie et du Cabinet du comte de Brühl. Fol. Dresd. 755. 22 ₰

**Recueil** d'Estampes d'après les plus célèbres Tableaux de la Galerie Royale de Dresde. Dresde 1755—57. H: *Heinecken, Carl Heinrich von.* (ML) (KY)

— d'Extraits de l'histoire naturelle de Mr. le Comte de Büffon II. Cah. Mit 4 Kpf. gr. 8. Nürnberg 826, Riegel u. W. à 6 gr. 12 gr. ill.

— de fables et contes, destinés à l'amusement et l'instruction de pet. enfans av. fig. noires et enlum. 12. Lpz. Bruder et H.

— de fables et contes, destinés à l'amusement et à instruction de petits enfants dociles etc. 12. Leipz. (Elberfeld, Schönian). 18 gl

— de fables et contes, destinés à l'amusement et à l'instruction de petits enfants dociles, etc. 12. Leipzig. Jetzt Büschler in Elberfeld.

— de fables, contes, épigrammes et pensées diverses de M. le M. de C... 12. La Haye 767. (Pott in Lausanne). 12 gl

— de Fac-Similé. Publié à l'usage de la jeunesse pour exercer à la lecture des manuscrits par Charles Emmul. Cah. I—III. (Sämmtlich Orig.-Handschrn. aus Paris, von z. grössten Thl. sehr berühmt. Männern, m. 18 Bild. u. vollständ. engl. u. franz. Vorschr.) qu. gr. in-8. (48 lith. Bl.) Candern 834, Ober-Rhein. Compt. 12 Gr., col.

— de Fac-simile d'écriture allemande. — Samml. von Fac-simile deutscher Schrift, um d. Lesen deutsch. Manuscripte u. unleserl. Handschriften zu erleichtern. gr. 8. (3 B.) Strasburg 835, Levrault.

— de Fac-similé de toutes espèces d'écritures Française et Anglaise etc. pour exercer à la lecture des manuscrits et des écritures difficiles. gr. in-8. Strasbourg 832. Levrault.

— de gallicismes, germanismes et locutions des langues française et allemande. — Sammlung von Gallicismen, Germanismen und Redensarten der französischen und deutschen Sprache. 8. (IV, 258 S.) Berlin 870, Henschel. [München, Th. Ackermann.] * 2 -

— général de la législation et des traités concernant la propriété industrielle. Brevets d'invention. — Dessins et modèles de fabrique. — Marques de fabrique et de commerce. — Nom commercial. — Fausses indications de provenance. — Concurrence déloyale. — Usurpation de récompenses industrielles. Publié par le bureau international de l'union pour la protection de la propriété industrielle avec le concours de jurisconsultes de divers pays. (En 3 tomes) Tome I et II. gr. 8. Berne. (Leipzig, G. Hedeler.) à n n. 12. —
I. Europe: 1. partie. Allemagne — Autriche-Hongrie — Belgique — Bulgarie — Danemark — Espagne — France — Gibraltar — Grande-Bretagne. — Grèce — Iles de la Manche. (XVII, 575 S.) 896.
II. Europe: 2. partie. Italie — Luxembourg — Ile de Malte — Monaco — Montenegro — Norvège — Pays-Bas et colonies — Portugal — Roumanie — Russie et Finlande — Saint-Marin — Serbie — Suède — Suisse — Turquie. Asie. Ceylon (île de) — Chine — Chypre (île de) — Établissements détroits (Straits Settlements) — Hong-Kong (île de) — Inde britannique — Indo-Chine — Japon — Labouan — Negri Sembilan — Pérak — Perse — Selangor. (XIX, 783 S.) 897.

— général de la législation et des traités concernant la propriété industrielle. Brevets d'invention. — Dessins et modèles de fabrique. — Marques de fabrique et de commerce. — Nom commercial. — Fausses indications de provenance. — Concurrence déloyale. — Usurpation de récompenses industrielles. Puplié par le bureau international de l'union pour la protection de la propriété industrielle avec le concours de jurisconsultes de divers pays. Tome III. gr. 8. Berne. (Leipzig, G. Hedeler.) n.n. 12. —
Afrique: Cap de bonne espérance — Congo — Côte d'or — Egypte — Gambie — Lagos — Libéria — Maroc — Maurice — Natal — Orange — République Sud-Africaine — Sainte-Hélène — Sierra Leone — Tunisie — Zanzibar. — Amérique: Argentine — Bahama — Barbade — Bermudes — Bolivie — Brésil — Canada — Chili — Costa-Rica — Dominicaine — Equateur — Etats-Unis — Falkland — Guatemala — Guyane — Haïti — Honduras — Iles du Vent — Jamaïque — Mexique — Nicaragua — Paraguay — Pérou — Salvador — Terre-Neuve — Trinité et Tabago — Uruguay — Venezuela. Océanie: Australie occidentale — Australie du Sud — Fidji — Hawaï — Nouvelle Galles du Sud — Nouvelle-Zélande — Queensland — Tasmanie — Victoria. (XXIV, 642 S.) 899.

Recueil général de la législation et des traités concernant la propriété industrielle. Brevets d'invention. — Dessins et modèles de fabrique. — Marques de fabrique et de commerce. — Nom commercial. — Fausses indications de provenance. — Concurrence déloyale. — Usurpation de récompenses industrielles. Publié par le bureau international de l'union pour la protection de la propriété industrielle avec le concours de jurisconsultes de divers pays. Tome IV et dernier. 1. partie: Législation (supplément). — 2. partie: Conventions internationales. Appendice. Table générale alphabétique des matières. gr. 8. (XLV, 961 S.) Ebd. 901. n n. 12. —

**Recueil** général de la législation et des traités concernant la propriété industrielle. Brevets d'invention. — Dessins et modèles de fabrique. — Marques de fabrique et de commerce — Nom commercial — Fausses indications de provenance — Usurpation de récompenses industrielles. — Concurrence déloyale. Publié par le bureau international de l'union pour la protection de la propriété industrielle avec le concours de jurisconsultes de divers pays Tome V (I. du supplément.) Europe: Allemagne. Autriche. Belgique. Bulgarie. Crête et Samos (Iles de). Danemark Espagne. Finlande. France. Grande-Bretagne. Hongrie. Islande. Italie. Man (Ile de). Norvège Pays-Bas. Portugal Roumanie. Russie. Serbie. Suède. Suisse. (XIX, 791 S.) gr. 8. Berne Leipzig, G. Hedeler. 1909 12 —

**Recueil** général de la législation et des traités concernant la propriété industrielle. Brevets d'invention. — Dessins et modèles de fabrique. — Marques de fabrique et de commerce. — Nom commercial. — Fausses indications de provenance — Usurpation de récompenses industrielles. — Concurrence déloyale. Publié par le bureau international de l'union pour la protection de la propriété industrielle avec le concours de jurisconsultes de divers pays. Tome VI. (II. du supplément.) (XIX, 679 S.) gr. 8. Berne. Leipzig, G. Hedeler 1910 12. —

—— gradué de poésies morales et compliments en prose et en vers pour le jour de l'an et les fêtes tirés des meilleurs écrivains français Lamartine, Mad. Tastu, Jussieu, Delavigne etc. 8. (158 S.) Triest 863, Coen.

— de Gravures, la plusp. du style grec, trouvées 1789. 90. dans les deux Siciles tirées du Cab. du Chev. Hamilton, publ. p. G. Tischbein. III Tomes. gr. fol. (Naples Jaeger.) F., 791-98. (à 20 Rthlr.)

— d'Histoires instructiv. et amus. suivi d'un choix d'Idylles de Gesner en fr. et allem. gr. 8. Paris, Treuttel. 798.

**Recueil** des plus jolies histoires, tirées des meilleurs auteurs français . . . Coburg 1766. H: *Quehl, Joh. Frdr.* (Ky)

— des plus jolies Hist. tirées de plus. auteurs franç. p. l'us. des jeunes gens. 8. Cob. Findeisen. 766.

— de quelq. Hist. sensées et plais. à l'us. de la jeun. 8. Nurnb. Monath et K. 789.

Recueil, v. allerh. Historien, lust. u. satyr. Einfällen. 40 St. a. d. Jahr. 1719—25. 8. Hannov. Helwing. Rthlr.

— des historiens des croisades. Publié par les soins de l'académie des inscriptions et belles-lettres. Historiens orientaux. Tome 1. gr. Fol. (LXXI, 865 S.) Paris 872. (Klinsieck.) n. 43. 20

**Recueil** des principaux homonymes . . . Die gleichlautenden Wörter der französischen Sprache in lexikalischer Ordnung . . . Leipz. 1847. V: *Lippert, Carl.* (Ky)

— des principaux homonymes, homographes et homophones de la langue Française. — Die gleichlautenden Wörter der franz. Sprache in lexikalischer Ordnung f. den Schulgebrauch (von Lippert). 16. (VIII u. 157 S.) Leipzig 847, Naumburg. n. 1/3 ℛ

— des idées nouv. pour la Décoration des Jardins et des parcs dans le goût Anglois, Gothique, Chinois, s. Ideen-Magazin.

— d'idées nouvelles pour habiller, suivant les règles du meilleur goût, les domestiques, jokeys etc. fr. angl. av. fig. coloriées. Lpz. Ind. Comt.

— d'idées nouvelles pour meublements et décorations d'appartements. II Cah. av. pl. enlum. 4. Lpz. Ind. Comt.

*Recueil d'itinéraires dans la Turquie d'Europe* Boué A.
Separatabdruck

**Recueil** de lectures utiles et agréables pour exciter l'attention de la jeunesse. Berlin 1779. V: *Müchler, Johann Georg Philipp.* (Adel) (Ky) (MGT)

— de lettres choisies de Boursault av. les lett. de Babet, p. E. C. Pohlmann. 8. Halle. Kümmel. 752.

— de lettres chois. de Boursault av. les lettres de Babet du Comte de Bussy etc. p. E. C. Pohlmann. 8. Halle N. A. 771. Kümmel. 12 ℊℊ

**Recueil** de lettres diverses touchant la bataille du 13 avril 1759 près de Bergen entre Hanau et Francfort Nouv. édit par M. D. B*** (Mit Pl. u. Abb.) Hanau 1759 Getr Pag

— des Lettres héroïq. II T. av. fig. 8. Augsb. Stage. 767.

— des lettres heroiques. II Tom. av. fig. 8. Augsb. 767 u. 68. v. Jenisch u. St. 18 ℊℊ

Recueil de lettres interceptées le 12 de septembre, entre Leipzig et Wurzen. 8. Vienne 1813.

— de lettres marchandes et morales allem. et franç. 8. Nürnb. 800. Schneider u. W. 12 ℊℊ

Recueil de quelques lettres et autres pièces intéressantes pour servir à l'histoire de la paix de Dresde. s. l. 746. 8. Auch in 4. mit deutscher Uebers. zur Seite. *Frankf. u. Leipz.* 746. 8.

**Recueil** De Quelques Lettres Et Autres Pièces Intéressantes Pour Servir à L'Histoire De La Paix De Dresde. Sammlung einiger Briefe und anderer wichtiger Stücke, welche die Geschichte des Dreßdenschen Friedens erläutern. Frankfurt a. M. u. Leipzig 1746. H: *Vockerodt, Johann Gotthilf & Rüdiger von Ilgen* (?). (Preußische Staatsschriften. II. Berlin 1885. S. 10 ff.)

Recueil de quelque lettres, et autres pièces intéressantes, pour servir à l'histoire de la paix de Dresde. Sammlung einiger Briefe . . . Franckf. am Mayn u. Leipzig 1746. 4. (Französisch u. deutsch, 14 Nummern von Nov. u. Dec. 1745. — 55 Seiten)).
— Dasselbe. Berlin 1746 (à Haude u. J. C. Spener.) 8.

**Recueil** de lettres, proclamations et discours de Charles XIV Jean roi de Suède et de Norvège. 2. édit. Revue, considérablement augmentée et précédée d'une notice biografique. 2 tomes. Stockholm 858. Bonnier. 8. (XLVII, 236 S. u. lith. Portr.; 414 S. u. 1 Lithogr.) n. 4 ℛ.

**Recueil** de lettres pour servir à l'histoire de la guerre derniere. On y a joint une relation de la bataille de Rosbach, et plusieurs autres pièces qui n'ont jamais paru. Leipzick 1772. V: *Friedrich II., König von Preussen.* (KGBerlin II, 2471)

Recueil de lettres de S. M. le roi de Prusse [et du prince royal] p. s. à l'histoire de la dernière guerre [de 1757 à 1760.] Relation de la bataille de Rossbach etc. Av. notes par un officier gén. au service d'Autriche. 2 p. 8. Leipsick 1772.

— de lettres de S. M. le roi de Prusse, pour servir à l'histoire de la guerre derniere. Leipsick 1772. 198 S.
— 2e edit. corr. et augm. 1773. P. 1. 2.

— de Lettres sur diff. sujets de Commerce av. quelq. lettres famil. etc. 8. Frft. Broenner. 779.

**Recueil** des Lettres d'un Suisse à un François. Basle 1703. V: *La Chapelle, Jean de.* (Myl)

— de lettres tendres et passionnées, écrit d'une jeune Dame. II Part. 8. Leipz 783. Büschel. 1 ℛ

—— de lettres à l'usage des jeunes Dames. gr. in-8. (14 B.) Riga 837, (Götschel.)

Recueil de lettres à l'usage des jeunes filles. Sammlung französ. Briefe zum Gebrauch beim Unterricht junger Mädchen von 12—16 Jahren. Gesammelt von einer Lehrerin. 1. und 2. verm. Ausg. 8. (XII, 143 und Anhang 22 S.) Hannover 874,78, Helwing'sche Verlagsh.

**Recueil de lettres à l'usage des jeunes filles. Sammlung französ. Briefe zum Gebrauch beim Unterricht junger Mädchen, gesammelt v. e. Lehrerin. 2. Tl. 8. (X, 68 S.) Hannover 888. Helwing's Verl. n. 1. 50 (1 u. 2.: n. 3. 50)**

**Recueil de lois pour l'Alsace-Lorraine, s.: Gesetzsammlung f. Elsaß-Lothringen.**

— des lois et arrêtés cantonales sur la naturalisation, s.: Sammlung der kantonalen Gesetze u. Verordnungen üb. die Einbürgerung.

—— des lois, décrets et ordonnances de l'état concernant les cultes dans le canton de Berne. gr. 4. (49 S.) Bern 877, Jent und Reinert.

— de loix de Douanes de la République françoise. III Vol. 8. Strasb. Levrault.

— — le même ouvrage No. 6. 7 et 8. fais. la partie du quatrième Volume, ibid.

— — le même en franç. et en allem. ibid.

Recueil des lois fédérales entrées en vigueur en suite de l'adoption de la constitution fédérale de 1874. Vol. I. gr. 8. (188 S.) Bern 875, Körber.

—— des lois fédérales entrées en vigueur en suite de l'adoption de la constitution fédérale de 1874. Vol. I. 2e partie. gr. 8. (S. 189—268.) Bern 876, Körber.
Vol. I. 1re partie. Ebendas. 1875. *ℳ 2.

Recueil des Lois fédérales, ordonnances et règlements du Conseil fédéral avec prescriptions d'exécution, concernant le service des Postes suisses. 3e éd. complétée, avec commentaires, de septembre 1905. [Publiée par les soins d'Anton Stäger, inspecteur général des postes.] 319 p. 4. Berne, Stämpfli & Cie., 1905. [relié] fr. 1. 50

**Recueil** manuel et pratique de traites, conventions et autres actes diplomatiques, sur lesquels sont établis les relations et les rapports existant aujourd'hui entre les divers états souverains du globe, depuis l'année 1760 jusqu'à l'époque actuelle par le Bn. Ch. de Martens et le Bn. Ferd. de Cussy. T. I—IV. gr. 8. Leipzig 846, Brockhaus. n. 10 ℛ 16 ngℓ

— manuel et pratique de traités, conventions et autres actes diplomatiques, sur lesquels sont établis les relations et les rapports existant aujourd'hui entre les divers états souverains du globe, depuis l'année 1760 jusqu'à l'époque actuelle. Par le Baron Ch. de Martens et le Baron Ferd. de Cussy. Tome V. gr. 8. (789 S.) Leipzig 847, Brockhaus. n. 3 ℛ 14 ngℓ (cplt. n. 14 ℛ)

Recueil manuel et pratique de traités, conventions et autres actes diplomatiques, sur lesquels sont établis les relations et les rapports existant aujourd'hui entre les divers états souverains du globe, depuis l'année 1760 jusqu'à l'époque actuelle. Par Ch. de Martens et Ferd. de Cussy. Tome V. gr. 8. (789 S.) Leipzig 849, Brockhaus. Thlr.
Tome I—IV. Ebendas. 1846. * 10 Thlr. 16 Ngr.

—— manuel et pratique de traités, conventions et autres actes diplomatiques, sur lesquels sont établis les relations et les rapports existant aujourd'hui entre les divers états souverains du globe, depuis l'année 1760 jusqu'à l'époque actuelle. Par Ch. de Martens et Ferd. de Cussy. Tome VI. gr. 8. (III und 735 S.) Leipzig 856, Brockhaus.
Tome I—V. Le même. 1846—49. * 14 Thlr.

—— manuel et pratique de traités, conventions et autres actes diplomatiques, sur lesquels sont établis les relations et les rapports existant aujourd'hui entre les divers états souverains du globe, depuis l'année 1760 jusqu'à l'époque actuelle. Par le Baron Ch. de Martens et le Baron Ferd. de Cussy. Tome VII. gr. 8. (III und 619 S.) Leipzig 857, Brockhaus.
Tome I—VI. Ebendas. 1846—56. * 17 Thlr. 15 Ngr.

— manuel et pratique de traités et conventions, sur lesquels sont établis les relations et les rapports existant aujourd'hui entre les divers états souverains du globe, depuis l'année 1760 jusqu'à l'époque actuelle. Par Ch. de Martens et Ferd. de Cussy. 2. série par F. H. Geffcken. Tome 1. 1857—1869. gr. 8. (VIII, 663 S.) Leipzig 885. Brockhaus. n. 12. —

— dasselbe. Tome 2. 1870—1878. gr. 8. (799 S.) Ebend. 887. n. 15. — (I—II. 2.: n. 67. —)

— manuel et pratique de traités et conventions sur lesquels sont établis les relations et les rapports existant aujourd'hui entre les divers États souverains du globe, depuis l'année 1760 jusqu' à l'époque actuelle. Par Ch. de Martens et de Cussy. 2. série par F. H. Geffcken. Tome 3. 1879—1885. gr. 8. (705 S.) Leipzig 888. Brockhaus. n. 13. — (I. Serie u. II. Serie, 1—3.: n. 80. —)

**Recueil** des Marbres antiques qui se trouvent dans la Galérie du Roy de Pologne à Dresde. Dresde 1733. V: *Leplat, B.* (Kat. d. Bibl. d. Akad. d. Künste zu Berlin. Berl. 1893.)

RECUEIL DES MÉMOIRES ET ACTES de la société des sciences et arts du département du Mont-Tonnerre, séant à Mayence.
Tome I.er (Mit Tafeln und Tabellen.) Mayence. s. a. Chez Théodore Zabern. 8°.

Recueil de Mémoires, concernants l'Oeconomie rurale
① Par une Société établie à Berne en Suisse ④ Mémoires et Observations recueillis par la Société Oeconomique de Berne ⑤ 1760—1761 ⑥ 8° ⑦ trimestriel ⑧ Zurich: Heidegger (Heideggucr) & Co. ⑩ Société économique, Berne ⑬ BGSZ: 99 (p. 62. no. 30) ⑭ Be: L ⑮ Traduction française de la revue »Der Schweizerischen Gesellschaft in Bern Sammlungen von Landwirtschaftlichen Dingen.«

—— de mémoires presentés à l'académie des sciences par les astronomes de Poulkova, ou offerts à l'observatoire central par d'autres astronomes du pays; publié avec l'autorisation de l'académie par W. Struve. Tome I. gr. 4. (XXI und 465 S.) St.-Pétersbourg 853. (Leipzig, Voss.)

— de mémoires présentés à l'Académie des sciences par les astronomes de Poulkova, ou offerts à l'observatoire central par d'autres astronomes du pays; publié avec l'autorisation de l'Académie par Otto Struve. Vol. 2. St. Petersburg 859. (Leipzig, Voss.) gr. 4. (VI, 261 S. mit 3 Steintaff.) n. 3 ꝛc 15 ngr.

— des mémoires et des travaux publiés par la Société de Botanique du Grand-Duché de Luxembourg. Nr. 1.—1874. gr. 8. (80 S.) Luxemburg 874. (Schamburger.) 1. 20

—— des mémoires et des travaux publics par la Société botanique du Grand-Duché de Luxembourg. Nrs. II et III, 1875 et 1876. gr. 8. (120 S. mit 1 lithogr. Plan.) Luxemburg 877, (Schamburger.)
Nr. I. Ebendas. 1874. M. 1,20.

— des mémoires et des travaux publiés par la Société botanique du Grand-Duché de Luxembourg. Nrs. II—V. 1875—1878. gr. 8. (120 u. 426 S. m. einem lith. Plan.) Luxemburg 877. 81. (Schamburger.) n. 10.—

—— des mémoires et des travaux, publiés par la Société botanique du grand-duché de Luxembourg. Nr. 4 et 5. 1877—1878. gr. 8. (426 S.) Luxemburg 880, (Schamburger.) 8 —
—— dass. — Nr. 6—8. 1880—1882. gr. 8. (131 S. mit 3 Portr.) (Ebendas.) 3 —
Nr. 1—3. (Ebendas.) 1874,77. M 3,20.

**Recueil** concernant les mines de sel et les salines . . . Berne 1792. V: *Wild, Franz Samuel.* (Ky) (MGT)

— concern. les mines de sel et les salines, p. l'aut. de l'essai sur la montagne salifère du gouvernem. d'Aigle (par S. T. Wild). 8. Bern 792. Haller. 3 gr

—— des monuments funéraires, dalles sépulcrales et pierres votives les plus remarquables de la Belgique depuis les temps les plus reculés jusqu'à nos jours. Texte explicatif par J. Helbig. (En 12 Livrs.) Livr. 1. Fol. (5 Stnt. in Tondr. mit Text S. 1—4 und lithogr. Titel.) Lüttich 860. Leipzig, Brockhaus' Sortiment und Antiquarium.
Ist nicht fortgesetzt worden.

— — de morceaux choisis pour servir à l'étude de la langue française et aux exercices de traduction par A. Sayous. 12. (11 B.) Genève 845, Kessmann.

— de morceaux choisis pour servir à l'étude de la langue française et aux exercices de traduction. 4. édit., revue et corrigée. Genève 855. Kessmann. 8. (237 S.) 15 ngr.

Recueil de morceaux choisis pour servir à l'étude de la langue française et aux exercices de traduction. 4. édit. 8. (240 S.) Genf 855, [Müller-Darier.] Thlr.

— de morceaux dédiés aux dames. 12. Frankf. a. M. 832. Schmerber. Velinp. 9 gr.

— de morceaux dédiés aux Dames. 12. Jetzt Dörffling in Leipzig. 3/8 ꝛc

Nouveau recueil d'anecdotes, de traits singuliers et caractéristiques . . . oder neue Sammlung von launigten Anekdoten, scherzhaften Erzählungen. franz. u. deutsch. 12 Thle. Wien, Gerold. 1800. 8°.
Heinsius 167. — Selten cplt., wie d. folg. Ausgabe!

— nouv., d'anecdotes, de traits singuliers et caractéristiques, historiettes etc. od. neue Samml. v. launigten Anekdoten, scherzhaften Erzähll. ꝛc. Französ. u. deutsch. 12 Bdchn. 8. Wien 810. (Hartleben in Pesth). 5 ꝛc 8 gr. Hbg. Pr. 2 ꝛc 12 gr.

Nouveau Recueil de chansons de la très vén. confrairie des f. m., précédé de quelques pièces pour servir de suppl. aux précédentes éd. Berlin: [1760]. 100 S. 8°
Kl. 1511.

**Recueil, Nouveau,** pour l'esprit et le Cœur . . . Zelle 1766. H: *Roques de Maumont de la Rochefoucauld, Jacques Em.* (Milchs)

— nouveau, général de traités, conventions et autres transactions remarquables etc. Rédigé sur des copies authentiques par Fréd. Murhard. Continuation du grand Recueil du feu M. de Martens. Tome I. comprenant l'an 1840, avec des Supplémens aux Tomes antérieurs de cette collection. gr. in-8. Goettingue 843, Dieterich. 3⅓ ꝛc — Tome II. comprenant l'an 1841, avec des Supplémens aux Tomes antérieurs de cette collection. gr. in-8. le même 844. 3½ ꝛc — Tome III. comprenant l'an 1842. gr. in-8. le même 845. 4 ꝛc — Tome IV. Supplémens aux Tomes antérieurs. 1817—1842. gr. in-8. le même 846. 3¾ ꝛc

— nouveau, général de traités, conventions et autres transactions remarquables etc. Rédigé sur des copies authent. par Fréd. Murhard. Continuatión du grand Recueil de feu M. de Martens. Tomes V—X. gr. 8. Tome V. Comprenant l'an 1843. (689 S.) Tome VI. Comprenant l'an 1844, avec des supplémens aux tomes antérieurs. (683 S.) Tome VII. Comprenant la suite de l'an 1844. (676 S.) Tome VIII. Comprenant les actes et pièces de l'an 1845. (696 S.) Tome IX. Actes et documens pour 1846, avec supplémens pour 1841—1845. (602 S.) Tome X. Pour 1847. (669 S.) Gottingue 847—52, Dieterich. 5: n. 3¾ ꝛc 6—8: à n. 4 ꝛc 9: n. 3⅔ ꝛc 10: n. 4 ꝛc (1—10: n. 37⅚ ꝛc)

— nouveau, général de traités, conventions et autres transactions remarquables, servant à la connaissance des relations étrangères des puissances et états dans leurs rapports mutuels. Rédigé sur des copies authentiques par F. Murhard. Continuation du grand Recueil de feu M. de Martens. Tome XI. Pour 1847 et 1848. Gottingue 853. Dieterich. gr. 8. (643 S.) n. 4 ꝛc. 10 ngr.

—— le même. — Rédigé sur des copies, collections et publications authentiques. Faisant suite au recueil-général et nouveau recueil-général de de Martens, Saalfeld et Fréd. Murhard. Continué par Ch. Murhard et J. Pinhas. Tome XII. Année 1848. A. s. l. t.: Archives diplomatiques générales des annés 1848 et suivantes. Publiées par Ch. Murhard et J. Pinhas. Tome I. gr. 8. (VI und 653 S.) Le même 854.

— — Rédigé sur des copies, collections et publications authentiques. Faisant suite au Recueil-général et Nouveau Recueil de de Martens, Saalfeld et F. Murhard. Continué par Ch. Murhard et J. Pinhas. Tome XII. et XIII. Années 1848 et 1849 avec un supplém. aux tomes antérieurs. A. u. d. T.: Archives diplomatiques générales des années 1848 et suivantes etc. Tome I. et II. Ebend. 855. gr. 8. (VI, 653 S.; 2 Bl., 707 S.) Jeder Band 4 ꝛc. 15 ngr.

—— le même. — Continuation du grand recueil de Géo. Fr. de Martens par Charles Samwer. Tome XIV. 1843—1852. A. s. l. t.: Recueil général de traités et autres actes relatifs aux rapports de droit international. Tome I. gr. 8. (VI und 713 S.) Le même, 856.
Tome I—X. Le même. 1843—52. * 37 Thlr. 25 Ngr.

—— nouveau, général de traités, conventions et autres transactions remarquables etc. Rédigé sur copies, collections et publications authentiques. Continuation du grand recueil de Géo. Fr. de Martens. Par Charles Samwer. Tome XV. Jusqu'à l'année 1857. A. s. le t.: Recueil général de traités et autres actes relatifs aux rapports de droit international. Tome II. gr. 8. (VI und 830 S.) Göttingen 857, Dieterich'sche Buchh.

— — Tome XVI. Partie. I. A. u. d. T.: Recueil général de traités et autres actes relatifs aux rapports de droit international. Continuation etc. Tome III. Partie I. Ebend. 858. gr. 8. (S. 1—588.) 3 ℛ. 24 ngr.

— nouveau, général de traités, conventions et autres transactions remarquables etc. Rédigés sur copies, collections et publications authentiques. Continuation du grand recueil de G. Fr. de Martens. Par Charles Samwer. Tome XVI. Partie II.: Recueil général de traités et autres actes relatifs aux rapports de droit international. Tome III. Partie II. Göttingen 860. Dieterich. gr. 8. (674 S.) n. 4 ℛ 16 ngr.

— dass. — Tome XVII. Partie I. A. s. le t.: Recueil général de traités et autres actes relatifs aux rapports de droit international. Tome IV. Partie I. gr. 8. (424 S.) Ebendas. 861.
Tome I—XIV. Ebendas. 1843—56. * 55 Thlr. 29 Ngr.

— nouveau, général de traités, conventions et autres transactions remarquables, servant à la connaissance des relations étrangères des puissances et états dans leurs rapports mutuels. Rédigé sur copies, collections et publications authentiques. Continuation du grand recueil de G. Fr. de Martens par Charles Samwer. Tome 17. Partie 2. A. s. l. t.: Recueil général de traités et autres actes relatifs aux rapports de droit international. Tome IV. Partie II. Göttingen 869. Dieterich. gr. 8. (523 S.) n. 3 ℛ 20 ngr.

— nouveau, général de traités, conventions et autres transcactions remarquables, servant á la connaissance des relations étrangères des puissances et états dans leurs rapports mutuels. Rédigé sur copies, collections et publications authentiques. Continuation du grand recueil de G. Fr. de Martens par Charles Samwer et Jules Hopf. Tom. 18. A. s. l. t.: Recueil général de traités et autres actes relatifs aux rapports de droit international. Tom. V. gr. 8. (689 S.) Göttingen 873. Dieterich's Verl. n. 15. —

— dasselbe. Tome 19. A. s. l. t.: Recueil générol de traités et autres actes relatifs aux rapports de droit international. Tome 6. gr. 8. (VIII, 733 S.) Ebend. 874. n. 18. —

— dasselbe. Tome 20. (Fin de la I. Série.) A. s. l. t. Recueil général de traités et autres actes relatifs aux rapports de droit international. Tome 7. gr. 8. (X, 942 S.) Ebend. 876. n. 18. — (I—VII.: n. 126. —)

— dasselbe. Table générale. 1494—1874. Recueil [1. éd.], 7 vols. — Suppléments, 4 vols. — Recueil [2. éd.], 8 vols. — Nouveau Recueil, 16 vols. — Nouveaux Suppléments, 3 vols. — Nouveau Recueil général, 20 vols. Partie chronologique. gr. 8. (IX, 317 S.) Göttingen 875. Dieterich's Verl. n. 8. —

— dass. — Partie alphabétique. gr. 8. (XIII, 551 S.) Ebendas. 876.
Die erste Serie incl. Table générale, 50 Bde., 1817—76. * ℳ 200.

Recueil, nouveau, général de traités et autres actes relatifs aux rapports de droit international. Continuation du grand recueil de G. Fr. de Martens par Charles Samwer et Jules Hopf. 2e Série. Tome I. gr. 8. (IV, 710 S.) Göttingen 876, Dieterich'sche Verlagsh. * 18 —

— dass. — Tome II. 2 livr. gr. 8. Ebendas. 878. [1re livr. (IV, S. 1—343.) * ℳ 9.; 2e livr. (S. 345—716.) * ℳ 10.] 879. * 19 —

— dass. — Tome III. 3 livr. gr. 8. Ebendas. [1re livr. (S. 1—236.) 878. * ℳ 6.; 2e livr. (S. 237—471.) 879. * ℳ 6.; 3e livr. (S. 473—734.) 879. * ℳ 11.] * 23 —

— nouveau, général de traités et autres actes relatifs aux rapports de droit international. Continuation du grand recueil de G. Fr. de Martens par Charles Samwer et Jules Hopf. 2e série. Tome IV. 3 livr. gr. 8. Göttingen 880, Dieterich'sche Verlagsh. [1re et 2e livr. (S. 1—486.) * ℳ 19.; 3e livr. (S. 487—762.) * ℳ 10.] * 29 —

— dass. — Tome V. 3 livr. gr. 8. Ebendas. 880. [1re livr. (S. 1—252.) * ℳ 9,60.; 2e livr. (S. 253—484.) * ℳ 9.; 3e livr. (S. 485—738.) * ℳ 9,60.] 881. * 28 20

— dass. — Tome VI. 3 livr. gr. 8. Ebendas. 881. [1re livr. (S. 1—264.) * ℳ 10.; 2e livr. (S. 265—512.) * ℳ 9.; 3e livr. (S. 513—774.) * ℳ 10.] * 29 —

— dass. — Tome VII. 3 livr. gr. 8. Ebendas. [1re et 2e livr. (S. 1—512.) 882. à * ℳ 10.; 3e livr. (S. 513—727.) 883. * ℳ 8.] * 28 —

Recueil, nouveau, général de traités et autres actes relatifs aux rapports de droit international. Continuation du grand recueil de G. Fr. de Martens par Charles Samwer et Jules Hopf. 2e série. Tome VIII. 3 livr. gr. 8. Göttingen 883, Dieterich'sche Verlagsh. [1re et 2e livr. (S. 1—507.) * ℳ 19.; 3e livr. (S. 509—767.) * ℳ 10.] * 29 —

— dass. — Continuation du grand recueil de G. Fr. de Martens par Jules Hopf. 2e série. Tome IX. 3 livr. gr. 8. Ebendas. 884. [1re et 2e livr. (S. 1—502.) à * ℳ 9,60.; 3e livr. (S. 503—774.) * ℳ 10,80.] * 30 —

Recueil nouveau, général de traités et autres actes relatifs aux rapports de droit international. Continuation du grand recueil de G. Fr. de Martens par Jules Hopf. 2me série. Tome X. 4 livrs. gr. 8. Göttingen, Dieterich'sche Verlagsh. [1re livr. (S. 1—195.) 885. * ℳ 7.20.; 2me et 3me livr. (S. 197—650.) 885. * ℳ 17.40.; 4me livr. (IV, S. 651—823.) 886. * ℳ 6.40.]

— dass. — Continuation du grand recueil de G. Fr. de Martens par Felix Stoerk. 2me série. Tome XI. gr. 8. (VI, 833 S.) Ebendas. 887.

— dass. — 2me série. Tome XII. 3 livrs. gr. 8. Ebendas. 887. [1re et 2me livr. (S. 1—539.) * ℳ 21.—.; 3me livr. (S. 541—820.) * ℳ 12.—.]

— dass. — 2me série. Tome XIII. 3 livrs. gr. 8. Ebendas. 888. [1re livr. (S. 1—260.) * ℳ 11.—.; 2me et 3me livr. (S. 261—723.) à * ℳ 10.—.]

— nouveau, général de traités et autres actes relatifs aux rapports de droit international. Continuation du grand recueil de G. Fr. de Martens par Felix Stoerk. 2. série. Tom XIV. 3 livrs. gr. 8. (547 S.) Gött., Dieterich's Verlag. [1. u. 2. livr. (S. 1—547.) 889. à * 11 60; 3. livr. (S. 551—888.) 890. * 14 80.] * 38 —

— dass. — 2. série. Tome XV. 3 livrs. gr. 8. Ebd. 890. [1. livr. (S. 1—334.) * 13 —; 2. u. 3. livr. (S. 335—800.) * 22 —.] * 35 —

— nouveau, général de traités et autres actes relatifs aux rapports de droit international. Continuation du grand recueil de G. Fr. de Martens par Felix Stoerk. 2. série. Tome XVI—XVIII. gr. 8. Göttingen, Dieterich's Verl. n. 122. —
XVI. (III, 967 S.) 891. n. 41. —. — XVII. (954 S.) 892. n. 41. —. — XVIII. (547 S.) 893. n. 40. —.

— dass. — 2. série. Tome XVII. 3 livrs. gr. 8. Ebd. [1. u. 2. livr. (S. 1—586.) 892. * 24 40; 3. livr. (S. 587—954.) 893. * 16 60.] * 41 —

— dasselbe. 2. série. Tome XIX. Livr. 1. gr. 8. (286 S.) Ebd. 894. n. 11. 60

— nouveau, général de traités et autres actes relatifs aux rapport de troit international. Continuation du grand recueil de G. Fr. de Martens par Felix Stoerk. 2. série. Tome XIX. 2. et 3. livr. gr. 8. (S. 287—1027.) Göttingen 894. 95. Leipzig, Dieterich's Verl. n. 31. — (Tome XIX kplt.: n. 42. 60)

— dasselbe. Tome XX—XXIII. gr. 8. Ebd. n. 141. 40
XX. (923 S.) 895. 96. n. 37. 40. — XXI. (853 S.) 896. 97. n. 35. 60. XXII. (675 S.) 897. n. 39. 40. — XXIII. (831 S.) 898. n. 39. —.

— dasselbe. Tome XXIV, 1. livr. gr. 8. (164 S.) Ebd. 899. n. 7. 60

— nouveau, général de traités et autres actes relatifs aux rapports de droit international. Continuation du grand recueil de G. Fr. de Martens, par Fel. Stoerk. 2. série. Tome XXIV. 2. et 3 livr. gr. 8. (S. 167—784.) Leipzig 899. Dieterich. n. 28. 80

— dasselbe. 2. série. Tome XXV. 3 livrs. gr. 8. (628 S.) Ebd. 899. 900. n. 30. —

Recueil, nouveau, général de traités et autres actes relatifs aux rapports de droit international. Continuation du grand recueil de G F de Martens, par F. Stoerk. 2. série. Table générale. Tomes I à XXV. gr 8. (348 S.) Leipzig 1900, Dieterich. 20. —

Nouveau Recueil Général de Traités et autres actes relatifs aux rapports de droit international. Continuation du grand Recueil de G[eorg] Fr[iedrich] de Martens par Felix Stoerk... 2e série. Tome 26. (3 livraisons.) II + 1012 [+ VIII] p. 8. Leipzig, Dieterich, 1902 (*livr. 1—3: 1901). (M. 47. —)

(*Enthält*: Conférence de la Paix, réunie à la Haye 1899. Procès verbaux, Actes et Documents diplomatiques.)

— dasselbe. 2. série. Tome XXVII. 3 livrs. gr. 8. (928 S.) Ebd. 901. 902. n. 43. —

— dasselbe. 2. série. Tome XXVIII. 1. et 2. livr. gr. 8. (560 S.) Ebd. 902. n. 26. 10

— nouveau, général de traités et autres actes relatifs aux rapports de droit international. Continuation du grand recueil de G. Fr. de Martens, par Fel. Stoerk. 2. série. Tome XXVIII. 3. livr. et Tome XXIX—XXXIII à 3 livrs. gr. 8. Leipzig, Dieterich. n. 182. 10

XXVIII. 3. (S. 561—776.) 902. n. 10. 40 (kplt. n. 36. 50)
XXIX. (710 S.) 903. n. 33. —
XXX. (725 S.) 903. 904. n. 33. 60
XXXI. (758 S.) 904. 905. n. 35. 40
XXXII. (760 S.) 905. n. 35. 20
XXXIII. (734 S.) 906. n. 34. 50

— nouveau, général de traités et autres actes relatifs aux rapports de droit international. Continuation du grand recueil de G. Fr. de Martens par Fel. Stoerk. 2. série. Tome XXXIV et XXXV à 3 livrs. gr. 8. Leipzig, Dieterich. 71. 10

XXXIV (785 S.) 907. 37. 10
XXXV (708 S.) 908 34 —

— nouveau, général de traités et autres actes relatifs aux rapports de droit international. Continuation du grand recueil de G. F. de Martens. 2. série. Table générale. Tomes I à XXXV. (483 S.) gr. 8. Leipzig, Dieterich. 28. —
1910

— dasselbe. Continuation du grand recueil de G. Fr. de Martens par Heinr. Triepel. 3. série. Tome I et II. à 3 livrs (975 u. 985 S.) gr. 8. Ebd. 908 - 10. à Tom. 45. —

— dasselbe. Continuation par Heinr. Triepel. 3. série. Tome III. 3 livrs. (1092 S.) gr. 8. Ebd. 910. 51. —

— nouveau, de pièces de théatre en prose, mêlées de chants. II Vols. gr. 8. Braunschw. 811. Pluchart. 2 ℛ 16 𝔤𝔯

— nouv., de psaumes et de cantiques à l'usage des églises franç. gr. 8. Offenb. 787. Brede. 1 ℛ — Dass. durchgängig mit Noten. 8. Ebd. 21 𝔤𝔯

—— nouveau, de traités d'alliance, de paix, de trève, de neutralité, etc. par G. Fr. de Martens, continué par Fr. Saalfeld. Tom. VI—IX. — A. s. l. t.: Suppl. au Recueil etc. Tom. X—XIII. gr. in-8. Gottingue, Dieterich.

Tom. VI. Part. 1 et 2. (od. Tom. X. d. Suppl.)
Part. 1. 1822, 23. (24 B.) 827. 1 Thlr. 18 Gr.
- 2. 1824 à 26. (64 B.) 828. 3 Thlr. 18 Gr.
Supplem. au Recueil etc. au Tom. IX. 1815 à 1822. (30 B.) 829. 2 Thlr. 6 Gr
VII. Part. 1 et 2. (od. Tom. XI. d. Suppl.)
Part. 1. 1820 à 27 incl. (24 B.) 829. 1 Thlr. 18 Gr.
- 2. 1824 à 28. incl. (29 B.) 830. 2 Thlr. 12 Gr.
- VIII. 1826 à 1830. incl. (od. Tom XII. d. Suppl.) (27 B.) 831. 1 Thlr. 18 Gr.
- IX. 1827 à 1831. incl. (od. Tom. XIII. d. Suppl.) (39½ B.) 833. 8 Thlr. 8 Gr.
Tom. I—V. 1808 à 1822 (ou. Suppl. au Recueil etc. T. V—IX.) 1817—24. 15 Thlr. 20 Gr. — Suppl. au Recueil etc. T. I—IV.) 1802—8. 9 Thlr. 8 Gr. Ebendas.
Hauptwerk: G. F. de Martens, Recueil de traités d'alliance, de paix etc. conclus par les puissances de l'Europe tant entre elles qu'avec les puissances et états dans d'autres parties du globe depuis 1761 jusqu'à present (1801). VII Vol. (Vol. I—V. 2. édit.) Ebendas. 1800—26. 16 Thlr. 6 Gr.

—— nouveau, des principaux traités d'alliance, de paix etc. Tom. X—XVI. — A. s. l. t.: Supplément au Recueil des principaux traités d'alliance, de paix, etc. Continué par Fréd. Murhard. Tom. XIV—XX. gr. in-8. Le même.

Tom. X. 1826—1832. (Suppl. T. XIV. — Nouv. Série T. I.) (41 B.) 836. 3 Thlr.
- XI. 1830—1834. ( —— - XV. — —— —— T. II.) (53 B.) 837. 4½ Thlr.
XII. 1827—1835. ( —— - XVI. — —— —— T. III.) (49¾ B.) 837. 4½ Thlr.
- XIII. 1832—1836. ( —— - XVII. — —— —— T. IV.) (49 B.) 838. 4½ Thlr.
- XIV. 1830—1837. ( —— - XVIII. — —— —— T. V.) (41¾ B.) 839. 3¾ Thlr.
- XV. 1830—1838. ( —— - XIX. — —— —— T. VI.) (54½ B.) 840. 4¾ Thlr.
- XVI. 1830—1839. ( —— - XX. — —— —— T. VII.) 2 Part. [1. (37½ B.) 841., 2. (35½ B.) 842. à 3 Thlr.] 6 Thlr.
Tom. I—IX. (Suppl. T. I—XIII.) Le même. 1817—33. 33 Thlr. 16 Gr.

(——) — Nouveaux Supplémens au Recueil de traités et d'autres actes remarquables, servant à la connaissance des relations étrangeres des puissances et etats dans leur rapport mutuel, depuis 1761 jusqu' à présent. Suivis d'un Appendice cont. des traités et actes publics importans d'une date antérieure, qui ou n'ont pas encore vu le jour ou du moins ne se trouvent pas dans une collection générale quelconque de traités et d'autres publics. Par Fréd. Murhard. Tom. I—III. 1761—1839. gr. in-8. Le même.

Tom. I. 1761—1829. (51¾ B.) 839. 4 Thlr. 12 Gr.
II. 1765—1829. (41½ B.) 839. 3 Thlr. 16 Gr.
- III. 1806—1839. (56¾ B.) 842. 4 Thlr. 16 Gr.

(——) — Table générale chronolog. et alphabet. 2 Part. gr. in-8. Le même.

Part. 1. Generalregister üb. T. I—XVII. (24¼ B.) 838. 2 Thlr.
- 2. —— —— - XVIII—XXIV. u. Suppl. T. I—III. (27 B.) 843. 2 Thlr. 8 Gr.

— Vergl. Martens, nouveaux supplémens.

— nouvelle, de lettres du Feld-Maréchal Prince de Ligne, en réponse à celles qu'on lui à ecrires. II Part. avec portr. gr. 8. Weimar, Ind. Comt. 812. (1r 1 Rthlr. 16 gr. 2r 1 Rthlr 3 gr.)

Recueil officiel des lois et ordonnances de la Confédération suisse. Nouvelle série, tome 18. ⟨8me volume de la 2me partie de la nouvelle série.⟩ [Avec 4 tableaux.] 252 + 943 p. 8. Berne, K.-J Wyss, 1902.

Recueil officiel des lois et ordonnances de la Confédération suisse. Nouvelle série, tome 19. ⟨9me volume de la 2me partie de la nouvelle série.⟩ [Avec des figures et 9 tableaux.] 281 + 827 p. 8. Berne, K.-J. Wyss, 1904.

Recueil officiel des lois et ordonnances de la Confédération suisse. Nouvelle série, tome 20. — Année 1904. 34 + 212 p. 8. Berne, K.-J. Wyss, 1905.

Recueil officiel des lois et ordonnances de la Confédération suisse. Nouvelle série, tome 21 — Année 1905. (25 Nos. [Avec] Table alphabétique des ... tomes 20 & 21.) 50 + 702 p. 8. Berne, K.-J. Wyss, 1906.

Recueil officiel des lois et ordonnances de la Confédération suisse. Nouvelle série, tome 22 — Année 1906. (22 Nos. [Avec] Table alphabétique des ... tomes 20 à 22.) 74 + 748 p. 8. Berne, K.-J. Wyss, 1907.

Recueil officiel des lois et ordonnances de la Confédération suisse. Nouvelle série, tome 23 — Année 1907. (27 Nos. [Avec 5 tableaux et] Table alphabétique des ... tomes 20 à 23.) 119 + 780 p. 8. Berne, K.-J. Wyss, 1908.

Recueil officiel des lois et ordonnances de la Confédération suisse. Nouvelle série, tome 24 — Année 1908. (29 Nos. [Avec des figures, 1 formulaire et] Table alphabétique des ... tomes 20 à 24.) 149 + 1281 p. 8. Berne, K.-J. Wyss, 1909.

Recueil officiel des lois et ordonnances de la Confédération suisse. Nouvelle série, tome 25 — Année 1909. (27 Nos. [Avec des figures, 13 formulaires et] Table alphabétique des ... tomes 20 à 25.) 165 + 890 p. 8. Berne, K.-J. Wyss, 1910.

— officiel de la Préfecture du départem. du Bas-Rhin. Tome I à IV. 8. Strasb. Levrault. 801.

— de diverses Oraisons funèbres, Harangues etc. des plus célèbres Auteurs. VI Vol. 12. Lille. (Walther à Dresden.) 712.

Recueil d'ouvrages divers à exécuter avec les articles de coton, soie, lin, laine et ramie portant la marque D · M · C. gr. 4. (6 S. m. 35 Taf.) Dornach 894. (Biberach, Dorn.) In Mappe. n. 1. 60

—— des œuvres de J. A. Meissonnier. Contenant un grand nombre de motifs parmi lesquels on remarque chandeliers de sculpture en argent, ornements rocaille, chandeliers rocaille, parties de xadres, écritoire de porcelaine, ciseaux et pommes de Cannes, traineau de jardin, table de cabinet etc. A l'usage des architectes et décorateurs, joailliers et orfèvres, ébénistes, fabricants d'ornements pour appartements, estampeurs, sculpteurs ornemanistes, peintres sur faïence et porcelaine, fabricants de bronzes, d'ornements et de mobiliers d'église, chasubliers, etc. etc. Fol. (100 Taf.) Frankfurt a. M. 888, J. Baer und Comp. In Mappe * 48 —

— papyrographique. — Premiers essais de l'impression chimique sur cartons lithographiques; contenant trois planches dans differents genres usités, imprimées d'après la demande de M M les commissaires de la société d'encouragement. (Strasb. et Paris, Treuttel et W. en Comm.) 820.

**Recueil** de Paysages Suisses, dessinés d'après nature, dans une course par la vallée d'Oberhasli et les cantons de Schweitz et d'Ury . . . Berne 1797. Ü: *Bridel, Philipp Heinrich* & *Louis Bridel*. (MGT)

Sammlung auserlesener Wahrnehmungen aus der Arzney-Wissenschaft. (Recueil périodique d'observations de médecine, chirurgie, pharmacie etc. Dt.) Bd 1 - 7, gbd., Abb.

Bd 1 - 4: Frankfurt u.Leipzig: Bauer 1757 - 60
Bd 5 - 7: Straßburg: Bauer 1761 - 1763

JB 2.028

Recueil petit, de versions allemandes, s. Sammlung, kleine, lehrreicher und moralischer Uebersetzungsstücke.

— de phrases, sentences et proverbes franç., oder Samml. d. ausgesucht. franzöf. Redensarten. 8. Ausgb. 794. v. Zeisisch u. St. 6 gr.

**Recueil** de Pièces sur les affaires de l'Election du Roi de Pologne. [Berlin] 1732. V: *Formey, Joh. Hnr. Samuel*. (ML)

*Récueil* de pièces authentiques et intéress. concern. l'affaire du Card. Rohan. 12. Jena. 786. Acad. Buchh. 5 gr.

— de pièces choisies. 8. Jena. 782. Cröcker. 4 gr.

**Recueil** de diverses pièces choisies, où l'on traite de la Physique, Méchanique . . . Erlangen 1783—84. V: *Parrot, Christoph Friedrich*. (MGT)

— de diverses pièces choisies, où l'on traite de la Physique, Méchanique, Géographie, Astronomie etc. (par Cph. Fr. Parrot). II Tom. 8. Erlang. 783, 84.

— de Pièces div., sur la Philosophie, la Religion natur., l'hist., la Mathémat. p. Leibnitz, Clarke, Newton etc. II Vol. 12. Laus. 759.

Recueil de diverses pièces Qui ont paru à Neufchâtel. Et Qui ont du raport à la Conjoncture presente. fol. s. l. (1707).

— de pièces dramatiques à l'us. de la jeun. I Pt. 8. Berl. Schoene. 805.

— de pièces fugitives sur l'état présent de la France. 24. Gotha 773. Ettinger. 2 gr.

— de Pièces fugitives de la littérature allemande par Meisner, Rabner, Jean Paul etc. 18. Coblence, Pauli et Comp.

— des meilleurs pièces du Mercure de France. IX Tom. 8. Erlang. 766—68. (Heyder). 9 rf.

— des meilleures Pièces du Mercure de France. IX Tom. 8. Erl. Walther. (Breuning.) 766 - 68.

Recueil de pièces officielles de la Diète fédérale, concernant la dissolution de l'alliance séparée conclue entre les Cantons de Lucerne, Ury, Schwyz, Unterwalden, Zug, Fribourg et Valais, avec un rapport sur la conférence médiatrice du 28 octobre 1847. 8. Berne 1847.

— des Pièces officielles, ainsi que des Pièces fugitives publiées p. le gouvernement etc. No. 1 et 2. gr. 8. Amsterd. Kunst- et Ind. Comt. 807. (à 10 gr.)

— de pièces officielles, publiées à Madrid à l'occasion du traité de paix. 12. Braunschw. 814. Pluchart. 12 gr.

Recueil des pièces officielles relatives aux chemins de fer suisses. Nouvelle série. Tome 17. ⟨Année 1901.⟩ (2 livraisons: 1er et 2e semestre de 1901. — [Avec 3 tableaux et des] Annexes.) 23 + 6 + 314 + *Annexes* 67 p. 8. Berne, K.-J. Wyss, 1901.

Recueil des pièces officielles relatives aux chemins de fer suisses. Nouvelle série. Tome 18. ⟨Année 1902.⟩ (2 livraisons: 1er et 2e semestre de 1902. — [Avec] Annexes [et] Table des matières des 16e, 17e et 18e volumes.) 29 + 6 + 299 + *Annexes* 51 p. 8. Berne, K.-J. Wyss, 1902.

Recueil des pièces officielles relatives aux chemins de fer suisses. Nouvelle série. Tome 19. ⟨Année 1903.⟩ (2 livraisons: 1er et 2e semestre de 1903. — [Avec figures, 5 tableaux,] Table des matières des 16e—19e volumes [et] Annexes.) 38 + 8 + 279 + *Annexes* 40 p. 8. Berne, K.-J. Wyss, 1904.

Recueil des pièces officielles relatives aux chemins de fer suisses. Nouvelle série. Tome 20. ⟨Année 1904.⟩ (2 livraisons: 1er et 2me semestre de 1904. — [Avec] Table des matières des 16e—20e volumes [et] Annexes.) 45 + 8 + 348 + *Annexes* 69 p. 8. Berne, K.-J. Wyss, 1905.

Recueil des pièces officielles relatives aux chemins de fer suisses. Nouvelle série. Tome 21. ⟨Année 1905.⟩ (2 livraisons: 1er et 2me semestre de 1905. — [Avec] Table des matières des 16e—21e volumes [et] Annexes.) 52 + 8 + 384 + *Annexes* 45 p. 8. Berne, K.-J. Wyss, 1906.

Recueil des pièces officielles relatives aux chemins de fer suisses. Nouvelle série. Tome 22. ⟨Année 1906.⟩ (2 livraisons: 1^er^ *et* 2^me^ semestre de 1906. — [Avec] Table des matières des 16^e^—22^e^ volumes [et] Annexes.) 61 + 10 + 472 + *Annexes* 18 p. 8. Berne, K.-J. Wyss. 1907. (Abt. fr. 3. —)

Recueil des pièces officielles relatives aux chemins de fer suisses. Nouvelle série. Tome 23. ⟨Année 1907.⟩ (2 livraisons: 1^er^ *et* 2^me^ semestre de 1907. — [Avec] Table des matières des 16^e^—23^e^ volumes [et] Annexes.) 67 + 8 + 428 + *Annexes* 56 p. 8. Berne, K.-J. Wyss, 1908. (Abt. fr. 3. —)

Recueil des pièces officielles relatives aux chemins de fer suisses. Nouvelle série. Tome 24. ⟨Année 1908.⟩ (2 livraisons: 1^er^ *et* 2^me^ semestre de 1908. — [Avec 1 formulaire,] Table des matières des 16^e^—24^e^ volumes [et] Annexes.) 74 + 6 + 591 + *Annexes* 12 p. 8. Berne, K.-J. Wyss, 1909. (Abt. fr. 3. —)

Recueil des pièces officielles relatives aux chemins de fer suisses. Nouvelle série. Tome 25. ⟨Année 1909.⟩ ([Avec des figures, 5 formulaires et] Table des matières des 16^e^—25^e^ volumes.) 79 + 508 p. 8. Berne, K.-J. Wyss, 1910. [Abt. fr. 3. —]

Recueil des pièces officielles relatives au percement du Simplon. [Publié par la Compagnie des] Chemins de fer Jura-Simplon. [Avec 12 planches et 1 carte.] 449 p. 4. Berne, Rösch & Schatzmann, 1902.

Recueil de pièces officielles relatives au procès concernant la dette d'Hollande, entre le gouvernement français et celui des Pays-Bas, qui a été jugé par des arbitres, le 16 octobre 1816. 8. Francfort sur le Mein 1817.

— de pièces officielles relatives au procès concernant la dette d'Hollande, entre le gouvernement français et celui des pays-bas, qui a été jugée le 16. Octobre par les arbitres etc. gr. in 8. Francfort s. M., Boselli. 817.

—— de petites pièces de théâtre, à l'us. de la jeunesse. Par L. A. Beauvais. (Cont.: L'épée, p. Berquin. — Jeannot et Colin, p. de Florian. — La Comédie, p. Moissy. — Les Liaisons dangereuses, p. le même.) gr. in-8. (6 B.) Berlin 830, Trautwein.

Recueil des pièces relatives à la persécution suscitée à Motier-Travers, contre M. J(ean) J(acques) Rousseau. [2 parties.] 8. *s. l.* 1765.

[1^re^ partie] (Première lettre à Monsieur *** relative à Monsieur J. J. R. Imprimée à Goa.... [Par Pierre-Alexandre Du Peyrou])

[2^de^ partie] (Réfutation du libelle précédent. Par M. le Professeur [Frédéric-Guillaume] de Montmollin ...)

— de Pièces du Théâtre représ. sur le théâtre élect. à Dresde. III Vol. 8. Dresde, Walther. 765 — 72.

Receuil de plans de batailles, attaques et combats, gagnés par Bonaparte en Italie et en Égypte. (88) 4. av. 77 pls. Paris et Leipsic 180*.

— de plans de batailles, attaques et combats gagnés p. Bonaparte en Italie et en Égypte, II Cah. av. 95 plans enlum. 4. Paris u. Leipz. 807. Baumgärtner. 8 ℛ

— de plans de batailles gagnées p. Napoléon I. (Tom. supplémentaire) contenant toute la campagne d'Allemagne en 1805. av. 28 plans. 4. Paris u. Leipz., Baumgärtner. 2 ℛ

**Recueil** des plans des campagnes de S. A. R. le Prince Ferdinand de Brunswic et de Lunebourg de 1757 à 1762 . . . Lahaye et Francfort 1765—70. V: *Baur, Friedrich Wilhelm von.* (Pr)

— des Plans de combats et de batailles livrées par l'armée Prussienne pendent les campagnes de années 1813, 14 et 15, avec des eclairissement historiques. Cah. I. Les batailles de Gros-Görschen, de Gros-Beeren, de Dennewitz et le combat de Hagelsberg. — Cah. II. Les Batailles de la Katzbach, le passage d'Elbe à Wartenberg et la Bataille de Möckern. gr. 4. Berl. 821—22, (Reimer.)

— des pl. nouv. et pl. exquis. lettres marchandes et famil. en lang. allem., franç. et ital. 8. Augsb. 794. v. Jenisch u. St. 16 ℊℊ

— des pl. nouv. et pl. exquis. Lettres marchandes et famil. en lang. allem., franç. et ital. 8. Augsb. Stage. 794.

—— de poésies etc., s. Album poétique.

— des poésies extraits etc., f. *Exercices* de mémoire.

— des poésies franç. tirées des meill. auteurs à l'us. de la jeun. (par E. C. Pohlmann). 8. Magdeb. 754. (W. Nauck in Leipz.)

— des Poésies franç. tirées des meill. auteurs à l'us, de la Jeun. 8. Magdeb. Scheidhauer. (de Schütz.) 754.

—— de poésies fugitives et d'essais-traductions en vers libres et métriques. De plusieurs pièces de classiques allemands les plus estimés; ainsi qu'une traduction en prose d'un des contes à mes fils, par Kotzebue. Le tout composé et traduit par G. Bernard. gr. 8. (98 S.) Hambourg 853, (Engel.)

— de Poésies gaillardes, critiq. etc. II Parts. 8. Londres. (Esslinger à Francf.)

— de mes poésies françaises. 12. Danzig 844. (Homann.) n. 1/2 ℛ

— de quelq. Poésies nouv. 8. Dresd. Walther. 758.

Recueil des postulats. Nouvelle série, partant de l'entrée en vigueur de la nouvelle constitution fédérale 29 mai 1874. 4 Fascicules. 4. Berne, Gebhardt, Rösch & Schatzmann (* *Fasc. 1:* Rieder & Simmen), [1882—1902].

[1^er^ Fascicule:] (Du 29 mai 1874 au 31 janvier 1882 ⟨n^os^ 1 à 269⟩.)

2^e^ Fascicule: De la session de printemps de 1882 au 24 septembre 1890 ⟨n^os^ 270 à 440⟩.

3^e^ Fascicule: Du 26 septembre 1890 au 24 juin 1896 ⟨n^os^ 441 à 534⟩. ⟨15^e^ et 16^e^ législatures.⟩ ([Avec] Table [générale].)

4^e^ et dernier Fascicule: Du 23 décembre 1896 à fin 1901 ⟨n^os^ 535 à 591⟩. ⟨17^e^ et 18^e^ législatures.⟩ II + 21 + VI p. [1902.]

— précieux des Loix fondamentales de l'Empire trad. p. Jacquet. II Vols. 8. Strasb. Acad. 788.

— de prières pour tous les besoins de la vie. Par un prêtre de diocése de Besançon. Avec (2) gravures (chromolith.) 32. (429 S.) Einsiedeln 869. Benzinger. — 65

—— de prières pour tous les besoins de la vie. Par un prêtre du diocèse de Besançon. Avec gravures. Edition fine Nr. 2. 32. (445 S. mit eingedr. Holzschn. und 2 Stahlst.) Einsiedeln 879, Gebr. Benziger.

— de prières à l'honneur de St. Jean Népomucène. 8. Prag 799. Diesbach. (Hinrichs in Leipz.) 8 ℊℊ

— des prières pour la jeunesse catholique. 18. Wien 815. Bauer. 10 ℊℊ

— de psaumes et de cantiques, à quatre parties. 2e Ausg. 8. Basel 826. Neukirch. 1 ℛ

— de psaumes et de cantiques spirituelles. 8. Halle 755. N. Ed. 762. Trampe. (Hahn in Hannov). 12 ℊ

— de psaumes, d'hymnes et de cantiques; mit einer Vorrede herausgg. v. J. Henry. 8. Beal. 791. Ed. II. 796.

— de règlements et arrêtés émanés du Commissaire du Gouvernement dans les quatre nouveaux Départ. de la rive gauche du Rhin. XII Vol. 8. Strasb. Levrault.800.

—— de renseignements sur le régime postal en vigueur dans le service interne des pays de l'Union postale universelle. Publie par le bureau international des postes Mai 1882. Imp.-4. (VI, 69 S.) Bern 882, (Jenni's Buch.) • * 3 20

Recueil de Scènes tirées de l'Histoire des Suisses, gravées d'après les dessins de G[eorg] Volmar. [24 planches avec texte explicatif.] (6 Cahiers.) 4. Zuric (1812–)1822.

1er Cahier. Sc'... gr' d'après les desseins de H[einrich] Lips, F[ranz] Hegi, etc. 1812.

2d Cahier. Sc'... gr' d'après les desseins de H. Lips, M[artin] Usteri, L[udwig] Vogel et G. Volmar. 1814.

3e Cahier. Sc'... gr' d'après les desseins de G. Volmar. 1816.

4e *et* 5e Cahier. Sc'... gr' d'après les dessins de G. V'. 1818 *et* 1821.

6e et dernier Cahier. Sc'... gr' d'après les dessins de G V'. 1822.

— de Sentences, maximes à beau vers et Spada. Brunsvic, Pluchart, 813.

## Recueil des synonymes françois.

Lips. 1793. V: *Woltersdorf, Ernst Gabriel.* (MGT) (Gi) (Ky) (ErschDL)

— des Synonymes franç. gr. 8. Lpz. Weidmann. 793.

— des synonymes franc. 8. Grätz 810. Ferstl. 8 ℊ

—— de synonymes français à l'usage des Allemands. Par un académicien. 3e édit. 8. (106 S.) Meiningen 882, (v. Eye.) * · 1 60

1. und 2. Aufl. waren nicht im Handel.

— de synonymes français par un ancien professeur de l'université de France, académicien et médecin. 4. ed. gr. 8. (120 S.) Meiningen 892. Keyssner n. 1. 80

— de tables astronomiques, publié sous la direction de l'Académie de Berlin. 3 Vol. gr. 8. Berlin, Academ. Bchhdl. 776.

— dasselbe deutsch, s. Samml. astronom. Tafeln.

— de Tables logarithm., trigonom. et autres nécess. dans les Mathémat. pratiques. II Vol. gr. 8. Berlin, Mylius. 778.

— des Traités conclus p. la Républ. franç. av. les différ. puissances belligérant. gr. 8. Amberg, Seidel. 802.

Recueil des Traités, Conventions, Arrangements, Accords, etc., conclus entre les différents États en matière de Propriété industrielle, reproduits en langue française et dans celles des langues originales qui peuvent être imprimées en caractères romains. 918 p. 8. Berne, Bureau international de la Propr' industr', 1904. (fr. 15.—)

— des traités, conventions, arrangements, accords, etc. conclus entre les différents états en matière de propriété industrielle. Reproduits en langue française et dans celles des langues originales qui peuvent être imprimées en caractères romains. (918 S.) gr. 8. Berne 904. (Leipzig, G. Hedeler.) n. 12. —

— des traités et conventions conclus par l'Autriche avec les puissances étrangères, depuis 1763 jusqu'à nos jours. Par Leop. Neumann. Tome I—IV. Leipzig 855—58. Brockhaus. gr. 8. (I.: XIX, 640 S.; II.: 728 S.; III.: 663 S.; IV.: 778 S.) I—III.: à n. 3 *ℛ*.; IV.: n. 3 *ℛ*. 20 *ngr.*

—— des traités et conventions conclus par l'Autriche avec les puissances étrangères, depuis 1763 jusqu'à nos jours. Par Léop. Neumann. Tome 3—6. gr. 8. Leipzig 857—59, Brockhaus. [Tome 3. (663 S.) * 3 Thlr., 4. (III und 778 S.) * 3 Thlr. 20 Ngr., 5. (748 S.) * 3 Thlr. 20 Ngr., 6. (X 463 S.) * 2 Thlr. 20 Ngr.]

Tome 1 und 2. Ebendas, 1855. 56. * 6 Thlr.

—— des traités et conventions conclus par l'Autriche avec les puissances étrangères, depuis 1763 jusqu'à nos jours. Par Léop. Neumann et Adolphe de Plason. Tom. VII—XV. [Nouvelle suite Tom. I—IX.] gr. 8. Wien, k. k. Hof- und Staatsdruckerei. [Tom. VII. (XII, 465 S.) 877. *ℳ 9.; Tom. VIII. (506 S.) 877. *ℳ 10.; Tom. IX. (552 S.) 877. *ℳ 10.; Tom. X. (669 S.) 877. *ℳ 8.; Tom. XI. (526 S.) 877. *ℳ 8.; Tom. XII. (VI, 890 S.) 877. *ℳ 12.; Tom. XIII. (813 S.) 878. *ℳ 12.; Tom. XIV. (VII, 509 S.) 878. *ℳ 9.; Tom. XV. Table générale. (349 S.) 878. *ℳ 6.]

1re Série. 6 vol. Leipzig 1855—59, Brockhaus. *ℳ 57.

— des traités et conventions conclus par l'Autriche avec les puissances étrangères, depuis 1763 jusqu'à nos jours. Par Leop. Neumann et Adolphe de Plason. Tome XVI et XVII. [Nouvelle suite tome X et XI.] gr. 8. Wien, Steyrermühl. 50. — (I—XVII.: n. 191.—)

XVI. (X, 1212 S.) 883. n. 20.— — XVII. (1227 S.) 884. n. 30.—

— - des traités et conventions conclus par l'Autriche avec les puissances étrangères, depuis 1763 jusqu'à nos jours. Par Leop. Baron de Neumann et Adolphe de Plason. Tome XVI et XVII. [Nouvelle suite tome X et XI.] gr. 8. Wien, Verlag „Steyrermühl". [Tome XVI. (X, 1212 S.) 883. *ℳ 20.; Tome XVII. (2127 S.) 884. *ℳ 30.] * 50 —

Recueil des traités et conventions conclus par l'Autriche avec les puissances étrangères depuis 1763 jusqu' à nos jours. Par Léop. Baron de Neumann et Adphe. de Plason. Tome XVIII. [Nouvelle suite Tome XII.] gr. 8. (916 S.) Wien 888. Fromme. n. 24. — (1—18.: n. 215. —)

—— de traités et conventions conclus par l'Autriche avec les puissances étrangères. Depuis 1763 jusqu'à nos jours. Par Léop. Baron de Neumann et Adphe. de Plason. Tome XIX, [Nouvelle suite Tome XIII]. Avec index des tomes X à XIII. gr. 8. (VII, 628 S.) Wien 891, Fromme. * 28 —

— des traités et conventions conclus par l'Autriche-Hongrie avec les puissances étrangères. Par Adolphe de Plason de la Woestyne. Nouvelle suite. Tome XIV. (Tome 20 de la série complète du recueil édité jusqu'ici par Léop. Baron de Naumann et Adolphe de Plason de la Woestyne.) gr. 8. (596 S.) Wien 902. C. Fromme. n. 28. —; (1—20 n. 271. —)

— des traités et conventions conclus par l'Autriche-Hongrie avec les puissances étrangères. Par Adolphe de Plason de la Woestyne. Nouvelle suite. Tome 15—19. (Tome 21—25 de la série complète du recueil édité jusqu' ici par Leop. Baron de Neumann et Adolphe de Plason de la Woestyne.) (584, 588, 592, 549 u. 596 S.) gr. 8. Wien 903—905. C. Fromme. à n. 28. —

Recueil des traités et conventions conclus par l'Autriche-Hongrie avec les puissances étrangères. Par Adolphe de Plason de la Woestyne. Nouvelle suite. Tome 20—25. (Tome 26—31 de la série complète du recueil édité jusqu'ici par Léop. Baron de Neumann et Adolphe de Plason de la Woestyne.) (525, 564, 507, 449 u. 446 S.) gr. 8. Wien 906—10. C. Fromme. Bd. 20—23 à 28.—; Bd. 24, 25 à 25. —

**Recueil** des traités et conventions conclus par l'Autriche-Hongrie avec les puissances etrangères. Par A. de Plason de la Woestyne. Nouvelle suite. Tome 22. (Tome 28 de la série complète du recueil édité jusqu'ici par L. Baron de Neumann et A. de Plason de la Woestyne.) Avec index des tomes 14 à 22. (590 S.) gr. 8. Wien, C. Fromme. 1907 28. —

— des traités et conventions, conclus par la Russie avec les puissances étrangères publié d'ordre du ministère des affaires étrangères par F. de Martens. Tom. I—III, IV, 1. 2 et V—IX. Lex.-8 St. Petersburg, A. Zinserling. à n. 12. —

I. Traités avec l'Autriche 1648—1762. (XXII, 324 S.) 874.
II. dasselbe 1762 1808. (XV, 517 S.) 875.
III. dasselbe 1808—1815. (XIII, 550 S.) 876.
IV, 1. — dasselbe 1815 1849. (XVIII, 602 S.) 878.
IV, 2. — dasselbe 1849 - 1878. (V u. S. 603 1179.) 878.
V Traités avec l'Allemagne 1556 -1762 (XV, 408 S.) 880.
VI. dasselbe 1762—1808. (III, 489 S.) 883.
VII. — dasselbe 1811—1824. (III, 441 S.) 885.
VIII. - dasselbe 1825—1888. (XI, 748 S.) 888.
IX. Traités avec l'Angleterre 1710—1801. (V, 442 S.) 892.

—— des traités et conventions conclus par la Russie avec les puissances étrangères, publié d'ordre du Ministère des affaires étrangères par F. Martens. Tom. I—IV. 8. St. Pétersbourg, Devrient.

Inhalt:
Tom. I. Traités avec l'Autriche. 1648—1762. (XXIII, 324 S.) *ℳ 10.
» II. —— dass. — 1772—1808. (XV, 517 S.) 875. *ℳ 10.
» III. —— dass. — 1808—1815. (XIII, 549 S.) 876. *ℳ 10.
» IV. —— dass. — 1815—1878. 2 parties. (XVIII, S. 1—601; S. 603—1178.) 878. à *ℳ 10.

—— des traités et conventions conclus par la Russie avec les puissances étrangeres, publié d'ordre du Ministère des affaires etrangères par F. Martens. Tome V et VI. 8. St.-Petersbourg, Devrient. à Tom. *ℳ 10. * 20 —

Inhalt:
Tome V. Traités avec l'Allemagne. 1656—1762. (XIX, 408 S.) 881.
» VI —— dass. — 1762—1808. (III, 489 S.) 883.
1—4. Bd Ebendas. 1874—78. *ℳ 50.

— de traités et conventions, conclus par la Russie avec les puissances étrangères, publié par F. Martens. Tome VII u. VIII. Lex.-8. St.-Pétersbourg, (Zinserling). à n. 12. — (I—VIII.: n. 96. —)

VII. Traités avec l'Allemagne. 1811—1824. (III, 440 S.) 885.
VIII. — dasselbe. 1825—1888. (XXII, 747 S.) 888.

— des traités et conventions, conclus par la Russie avec les puissances étrangères. Publié d'ordre du ministère des affaires étrangères par F. de Martens. Tome XI et XII. Lex.-8. St. Petersburg (A. Zinserling). à n. 12. —

XI. Traités avec l'Angleterre. 1801—1831. (XVII, 492 S.) 895.
XII. Dasselbe. 1832—1895. (XIII, 504 S.) 898.

— des traités et conventions, conclus par la Russie avec les puissances étrangères. Publié d'ordre du ministère des affaires étrangères par F. de Martens. Tome XIII. Lex.-8. St. Petersburg. (A. Zinserling.) n. 12. —

Traités avec la France. 1717—1807. (LXXXVI, 338 S.) 902.

— des traités de paix, d'amitié, d'alliance, de neutralité et autre conclus entre la republique française et les différentes puissances de l'Europe depuis 1792 jusqu'à 1796 (par Adm. Gli. Gebhardt). Voll. I. II. 8. Götting. 796, 97. Dieterich. 2 ℛ 4 gr le même IV Vols. 8. Hamb. 803. Perthes u. B. 5 ℛ 20 gr Schrbp. 7 ℛ

**Recueil** des traités de paix, d'amité . . . conclus entre la république française et les differentes puissances de l'Europe . . . Gött. 1796—97. H: *Schwarzkopf, Joachim von.* (CBII) »1803« H: *Gebhardt, Adam Gottlieb.* (BrMm)

**Recueil** des Traités de paix . . . relatifs à la pacification générale de l'Allemagne, conclus par la République française avec les différentes puissances belligérantes . . . Sammlung von Staatsverträgen . . . Berlin 1801. H: *Aretin, Johann Adam Christoph Joseph Baron von.* (BrMm)

Recueil des traités de paix etc. relatifs à la pacification générale de l'Allemagne conclus par la republ. française depuis 1795 jusqu'à présent. *Berlin.* 801. 8.

Recueil des traités etc. relatifs à la pacification générale d'Allemagne, conclus par la Republique française avec les différ. puiss. belligerantes etc. à *Munic.* 802. 8.

—— des principaux traités d'alliance, de paix, de trêve, de neutralité, de commerce, de limites, d'echange etc. conclus par les puissances de l'Europe, tant entre elles qu'avec les puissances et états dans d'autres parties du monde; depuis 1761 jusqu'à présant. Tirés des copies publ. par autorité, des meill. collections particul. de traités et des auteurs les plus estimés. Par Geo. Fréd. de Martens. 2. édit. revue et augm. par Charl. de Martens. Tom. VIII. 1803—1808. gr. in-8. (46¼ B.) Goettingue 835, Dieterich.

Tom. I—VII. 1761—1803. Le même. 1817—31. 18 Thlr.

— de tous les traités, conventions, mémoires et notes conclus et publ. pr. la Couronne de Dánemarc dep. 1766—94 (par H. F. C. Claussen). gr. 8. Berl. 796. (Brockhaus in Leipz.) 1 ℛ 12 gr

— de tous les Traités, conventions etc. concl. et publ. p. la Couronne de Danem. dep. 1766-94. gr. 8. Berl. Unger. 796.

**Recueil** de tous les traités, conventions, mémoires et notes conclus et publiés par la couronne de Dannemarc . . . Berlin 1796. H: *Clausen, Heinrich Frdr. Christian.* (CBH) (Schles) (MGT) (Ky) (BrMm)

— de traités caractéristiques pour servir à l'histoire de Frédéric Guillaume III. etc. 8. Lpz. 807. (Wienbrack). 1 ℛ

— de traits caractéristiques pour servir à l'histoire de Fréderic Guillaume III. etc. 8. Lpz. Gräff en Commission. 808.

des travaux botaniques néerlandais, publié par la société botanique néerlandaise, sous la réd. de W. Burck, J. W. Moll, Ed. Verschaffelt, Hugo de Vries et F. A. F. C. Went. (Zum Tl. in deutscher Sprache.) Vol. I—VII. (Vol. VII, V, 348 S. m. 15 Fig. u. 7 Taf.) gr. 8. Niemégue 904—10. (Jena, G. Fischer.) à Vol. 12. 50

**Recueil** de travaux originaux ou traduits relatifs a la philologie et a l'histoire littéraire. Avec une préface de M. Bréol. Fasc. 5. 7. 11. 12. 14. gr. 8. Paris 875—77. Vieweg. n. 36. 25

5. Les noms de famille par Eug. Ritter. (101 S.) n. 3. 50
7. Essai sur la langue Basque par F. Ribary. Trad. du hongrois par J. Vinson. (XXVIII, 158 S.) n. 5. —
11. Quintilien, institution oratoire. Collation d'un manuscrit du Xe. siècle par E. Chatelain et J. B. Coultre. (52 S.) n. 2. —
12. Hymne a Ammon-Ra des papyrus égyptiens du Musée de Boglan. Traduit par Eug. Grébaut. (304 S.) n. 22. —
14. Pleurs de Philippe le Solitaire. Poème en vers politiques publié par Em. Auvray. (107 S.) n. 3. 75

Recueil de travaux publiés par la Faculté des Lettres (de l') Académie de Neuchâtel, sous les auspices de la Société académique. 1[er] Fascicule.... II + X + 49 p. 8. Neuchâtel, Attinger Frères, éditeurs; Paris, Alph. Picard & fils; Leipzig, Otto Harrassowitz, 1905. (fr. 3.—)
s. Niedermann, Max.

Recueil de travaux publiés par la Faculté des Lettres (de l')Académie de Neuchâtel, sous les auspices de la Société académique. 2[me]–4[e] Fascicule...: 8. Neuchâtel, Attinger Frères; Paris, Alph. Picard & fils; Leipzig, Otto Harrassowitz, 1907—1908.
2[me] Fascicule.... 1908. (fr. 4.—) s. Piaget, Arthur.
3[e] Fascicule.... 1907 (*Innentitel: 1906). (fr. 3.—) s. Vouga, Paul.
4[e] Fascicule.... 1908. (fr. 2.50) s. Lombard, A[lfred].

Recueil de travaux publiés par la Faculté des Lettres (de l')Université de Neuchâtel, sous les auspices de la Société académique. 5[e] Fascicule .... 8. Neuchâtel, Attinger Frères; Paris ...; Leipzig ..., 1910.
s. Hurny, Jean.

— des travaux rédigés en mémoire du jubilé scientifique de M. Daniel Chwolson, Professeur émérite à l'université de St. Petersbourg 1846—1896. (Einband: Festschrift zu Ehren von Prof. M. Daniel Chwolson.) (Red. von Baron Dav. v. Günzburg.) gr. 8. (IV, 267 S. m. 1 Bildnis.) Berlin 899. S. Calvary & Co. In Leinw. kart. n. 9.—

— de versions allemandes, s. Sammlung von Uebersetzungsstücken.

—— second, de versions allemandes, s. Sammlung, zweite, von Uebersetzungsstücken.

— de 160 Vues de la Ville anc. et moderne de Rome 2 Vol. av. 40 planch. Q. fol. Vienne, Schaumburg.

— des walses, ecossaises et autres pièces pour le Flageolet seule. 8. München. (Ulm, Jacob Ebner.) 814.

(Recum, Frh. v.,) über anonyme Anklagen u. geheime Amtsberichte. Eine histor.-rechtswissenschaftl. Betrachtung &c. gr. 8. (2 B.) Mannheim 828, Löffler.
Dass.s.a.:A n k l a g e n ,...

v. Recum, Frhr., ..., prakt. Bemerkk. üb. d. Schrift: preußische Städte-Ordnung v. Prof. v. Raumer, u. üb. die Beleuchtung dieser Schrift v. Streckfuß. gr. 8. Manh. 828. (Löffler). 5 gr

(——) prakt. Bemerkn. üb. d. Schrift: Preuß. Städte-Ordn. von Fr. v. Raumer, s. Bemerkungen.

Recum, v., einzelne Betracht. a. d. Gesch. von Deutschland. gr. 8. Mainz, Sartorius. (Benjamin Fleischer in Leipzig.) 790. — 12

Recum, Frhr. v., Ueber den freien Gewerbsbetrieb, besonders in Bezug auf die kleineren landwirthschaftl. Branntweinbrennereien im Rheinlande. gr. 8°. Mannheim, Löffler, 1827.

—— kann mit gutem Erfolg e. ausgerottetes Weinbergs-Feld unmittelbar nach d. Ausrottung u. ohne d. Feld mehrere Jahre ausruhen zu lassen, wieder mit Wein-Reben angepflanzt werden? Geprüft, nebst einigen prakt. Bemerkn., die auf d. Weinbau überh. Bezug haben. gr. 8. (2 B.) Coblenz 828, Hölscher.

R[ecum] v.: Das teutsch-rheinische Land-Recht als Resultat des Kampfes zwischen dem preußischen Landrecht und der auf dem linken Rheinufer bestehenden Gesetzgebung. E. cosmopolit. Vorschlag. Mannheim 1827.

v. Recum, Frhr. ..., das deutsche rheinische Landrecht als Resultat d. Kampfes zwischen d. preuß. Landrecht u. der auf dem linken Rheinufer bestehenden Gesetzgebung. gr. 8. Manh. 827. Löffler. 12 gr

Mittheill. aus d. ältern u. neuern Geschichte üb. d. Weinbau am Rhein, an d. Mosel, Nahe &c. üb. Weinfabrikation, Weinverfälschung u. dergl., f. Weinconsumenten überhaupt u. vorzüglich die nördl. bestimmt. gr. 8. Manh. 826. Löffler. 6 gr

Rede bei der Aufhebung der L.·. der vereinigten Freunde an der Nahe und am Rhein zu Kreuznach. Gesprochen vom B.·. van R[ecu]m am 29. Okt. 1814. Kreuznach [1814]: Pfeiffer. 16 S. 8°
[6] in: Sammlung v. Freimaurer-Reden geh. zu Kreuznach. 1829.
Kl. 1181. Schildert Vergangenheit, Gegenwart u. Zukunft der Loge. 358a.

*Kreuznach:* Rede über m.·.rische Wohlthätigkeit in Hinsicht auf die errichtete Wittwen- und Waisen-Kasse der ver.·. Freunden der Nahe und des Rheins am O.·. zu Kreuznach, von v. R[ecu]m. Kreuznach [1809]: Henss. 16 S. 8°
[5] in: Sammlung v. Freimaurer-Reden, geh. zu Kreuznach. 1829.
Kl. 1159.

Recum, Frhr von: Versuch über das Spät-Herbsten. Mannheim: Löffler 1826. 16 S. -- 21*.25
Bibliotheca oeconomica: 1827. -- Heinsius und Kayser: 1827. -- Thienemann: 1828.
--- Dass. erschien als Faksimiledruck. o.O. u. J. 16 S. (Weinorden an der Nahe. Schriftenreihe. Nr 1.) -- GGW*

Einige Worte bei der Aufnahme eines jungen Arztes, gesprochen von B.·. van R[ecum]. Kreuznach o. J.: Henss. 8 S. 8°
in: Sammlung v. Freimaurer-Reden geh. zu Kreuznach. 1829.
Kl. 1183b. Selten. Darlegung allgem. Grundzüge der mrischen Moral. 358a.

RECUM, Franz von (Wattenheim): Ein Beitrag zur Ätiologie der croupösen Lungenentzündung. (Titel nach der Urkunde)
20.12.1890 - Urk; Chr 1890/91,19
Diss. Ingolst.-Landsh.-Mchn.

Recupiel, Cäsar, heiliger Vorwitz, oder Vorsicht z. ewigen Seligk. 8. Bamb. Göbhard. 760.

Recupiti, Cäsar, heiliger Vorwitz, od. Vorsicht z. ewigen Seligkeit. 8. Bamb. 760. (Frankf. a. M., Weschö). 9 gr

Recurs, s.a. Rekurs

**Recurs**, allerunterthänigster, u. Beschwerde von Genossen der protestantisch-evangel. Kirche der Pfalz, wegen Mißbrauch der geistl. Gewalt, u. allerunterthän. Bitte um landesfürstl. Schutz, mittelst Einberufung einer außerord. General-Synode. Berathen ꝛc. zu Edenkoben am 10. Nov. 1846. gr. 4. (1 B.) Landau, Kaußler's Buchh. Thlr.

**Recurs**, allerunterthänigster, u. Beschwerde von Genossen der protestant.-evangel. Kirche der Pfalz, wegen Mißbrauch der geistl. Gewalt ꝛc. Berathen zu Edenkoben am 10. Nov. 1846. gr. 4. Landau 846, 47, Kaußler. 1½ ngl

**Recurs** der christkatholischen Genossenschaft in Luzern an den hohen schweizerischen Bundesrath wegen Mitbenützung der Mariahilfkirche. Luzern 1884. V: *Weibel, Jos. Lorenz.* (BSchwLk V, 10 e γ)

**Recurs**, der, in Gewerbe-Angelegenheiten. Von K. v. J. [Aus: „Wochenschr. d. niederösterr. Gewerbevereins".] gr. 8. (11 S.) Wien 891. (Brünn, Winiker.) n. — 60

**Recurs** der schweizerischen Nordostbahn vom 10. Febr. 1898 gegen den Bundesratsbeschluss vom 11. Jan. 1898 . . . Zürich 1898. V: *Birchmeier, Phil.* (Zuwachsverz. d. Bibliotheken in Zürich 1898 ff.)

**Recurs, Der,** an die allgemeine Reichsversammlung nach seiner ächten Beschaffenheit . . . O. O. 1784. V: *Grimm, Friedrich Wernhard.* (MGT)

**Recurs, Der,** nach dem Staatsrecht der Vernunft und des teutschen Reichs. O. O. 1794. V: *Hoffmann, Matthäus.* (MGT)

Der Recurs nach dem Staatsrechte der Vernunft und des deutschen Rechts aus Anlass der fürstl. Neuwiedischen Recurssache. 1794. 4.

**Recurs-Beschwerde, Neuerliche,** des Vorstandes der christkatholischen Genossenschaft Luzern an die h. Bundesversammlung. Luzern 1889. V: *Weibel, Jos. Leonz.* (BSchwLk V, 10 e γ)

**Recurs-Beschwerde** für die Landschaft Saanen (Kanton Bern) an die Bundesversammlung der schweizerischen Eidgenossenschaft. [Bern 1862.] V: *Reichenbach.* (Cat. d. Stadtbibl. Zürich. Zürich 1864—97.)

**Recursmemorial** für Herrn Rudolph von Stürler von Mutach . . . als Administratoren der durch Herrn Baron Ludwig Theodor von Grenus seinem Neffen Edmund von Grenus legirten Summe . . . 1854. O. O. [1854]. V: *Stettler, Eduard.* (Cat. d. Stadtbibl. Zürich. Zürich 1864—97.)

**Recursschrift** an die Reichsversammlung für Brandenburg gegen Schwarzenburg, die Währ-Zölle in den Oberämtern Crailsheim und Feuchtwang betreffend. O. O. [17??]. V: *Soden, Friedrich Julius Heinrich Reichsgraf von.* (MGT)

**Recursschrift** für die Herren L. Roget & Cie., Banquiers in Genf, als Rechtsnachfolger der Gebrüder Favre . . . Bern 1878. V: *Hofer, Fr.* (BSchwLk V, 9 b)

**Réczey**, Emerich, Grundzüge z. Lehre d. operat. Chirurgie. gr. 8. (17½ B.) Pesth 839, Kilian u. Comp.

Réczey, Emerich: Die chirurgische Klinik des Prof. Joseph Kovács an der Kön. ungar. Univ. zu Budapest. s. Antal, Geyza

**Réczey, E.**, üb. subcutane Nierenlaesionen, s.: Klinik, Wiener.

**Red** as a rose is she, s. Collection of British Authors.

**Red Cloud**, (Max Lay), die Bankpiraten, s.: Enßlin's interessante Bibliothek.

Moderne Annoncen. Plauderei z. Beleuchtung d. Sittengeschichte unserer Zeit. Von T. U. **Reda**. 1.–10. Taus. Berlin-Leipzig: J. Singer & Co. 1905. (25 S.) 8°
— **Psychologie**, Zur, unserer Zeit. H. 6. [06. 14797

Moderne Anzeigen. Plauderei z. Beleuchtung d. Sittengeschichte unserer Zeit. Von T. U. **Reda**. 12.–15. Taus. Berlin-Leipzig: J. Singer & Co. 1908. (25 S.) 8°
[Umschlagt.:] Reda: Moderne Annoncen.
— **Psychologie**, Zur, unserer Zeit. H. 6. [07. 11091

**Reda, T. U.**, moderne Anzeigen, s.a. Zur Psychologie unserer Zeit.

**Redacteur**, der. Manuscript f. Herausgeber u. Redactionen v. Ztgn., Zeitschriften, Unterhaltungsblättern. Jahrg. 1871—1876 à 36 Nrn. (B.) 4. Leipzig, Serbe. à Jahrg. n. 25. 50

**Redacteur**, der. Manuscripte für Herausgeber und Redactionen von Zeitungen, Zeitschriften, Unterhaltungsblättern. Hrsg. von C. H. Serbe. 2.—8. Jahrg. 1873—1879. à Jahrg. 36 Nrn. (Bog.) hoch 4. Leipzig, Serbe'sche Buchh. à Jahrg. * 30 —

**Redacteur, Der deutsche,** O. O. 1798. V: *Sartori, Jos. E. v.* (MGT)

**Redacteur**, d. deutsche, s. d. J. 1798. 4. Nürnb. Grattenauer.

**Redaktion**, die. Fachzeitschrift f. Redakteure, Journalisten, Schriftsteller u. Verleger. Publikationsorgan des „Vereins deutscher Redakteure“, „Vereins Berliner Journalisten“, „Vereins der Fachpresse“ usw. Hrsg.: Rich. Wrede. Red.: Jos. Jellinek. 1. Jahrg. April—Dezbr. 1902. 12 Nrn. gr. 8. (à ca. 16 S.) Berlin, Dr. R. Wrede. 2. 75

**Redaktion**, die. Fachzeitschrift f. Redakteure, Journalisten, Schriftsteller u. Verleger. Offizielles Organ des „Vereins deutscher Redakteure“. Hrsg. u. Red.: Rich. Wrede. 2.—5. Jahrg. 1903—1906. (352, 402, 224 u. 196 S.) 4. Berlin, Dr. R. Wrede. 2.—4. Jhrg. à n. 6. —; 5. Jhrg. n. 5. —

**Redaktion**, die. Fachzeitschrift f. Redakteure, Journalisten, Schriftsteller u. Verleger. Archiv f. Zeitungskunde. Begründer u. Hrsg.: Rich. Wrede. 6.—9. Jahrg. 1907—1910. à 12 Nrn. (96, 108, 96 u. 96 S.) Lex. 8. Berlin, Dr. R. Wrede. à Jahrg. 5. —

**Redaction** mit Hindernissen. Posse in einem Act ... Prag 1885. V: *Klaar, Alfred.* (EB)

**Redaction**, über die, der Provinzialgesetzbucher in d. Preuß. Monarchie. Ein Votum v. Eremita Constans. gr. 8. Leipzig 838. Barth. 1/6 Thlr.

Redaktions-Anzeiger. Redact.: C. J. Beseke. I. Jahrg. Juli 1892—Juni 1893. 52 Nrn. (à Nr. 1/2 Bog.) gr. 4. Kiel, (Teschner u. Frentzel). ** 2 —

**Redaktions-Geheimnisse**, ausgeplaudert von Laurentius. gr. 8. (36 S.) Hamburg (899). W. Digel. — 75

**Redard, C.**, s.: Vierteljahrsschrift, schweizerische, f. Zahnheilkunde.

**Redard, Emile.** La composition française. Méthode et programme d'enseignement. In-12°. 86 p. Genève et Bâle, Georg & Co. 1894. 1 50

Redard, Emile. Shakespeare dans les pays de langue française. Quelques desiderata touchant l'étude, la publication, la traduction et la représentation des œuvres de Shakespeare dans les pays de langue française. Extrait des Mémoires du Congrès international d'Histoire comparée (6e section: Histoire littéraire) Paris, Juillet 1900. 39 p. 8. Genève et Bâle, Georg & Co; Paris, Fischbacher, 1901. fr. 1. —

**Redares, M.**, die Kaninchen- u. Seidenhaasenzucht, od. wie man mit e. sehr geringen Geldanlage jährl. 500 Proc. reinen Gewinn haben kann etc. 1. Aufl. u. neue A. 8. (à 6 B. u. 2 Stnt.) Weimar 837, 41, Voigt. ½ Thlr.

**Redares, M.**, die Kaninchen- und Seidenhasenzucht oder wie man mit einer sehr geringen Geldanlage jährlich 500 Procent reinen Gewinn erlangen kann. Ein höchst nützliches Handbüchlein für Alle, in Städten u. auf dem Lande, welche sich mit der Kaninchenzucht zu beschäftigen Lust u. Gelegenheit haben etc. In 3. Aufl, durchgesehen u. aus andern französ. Quellen, namentlich auch mit einem Anhang verm. von Heinr. Hamberger. Mit 1 lith. Taf. (in Fol.) Weimar 859. Voigt. 8. (VIII, 107 S.) 12½ ngr.

Redares M, die Kaninchenzucht oder Anleitung durch ration. Verfahren ein rentables Unternehmen zu begründen. Deutsch von R Oettel. 4. A. Weimar 1873

**Redares, M.**, die Kaninchenzucht od. Anleitg., m. geringen Kosten u. Raumersparniß durch rationelles Verfahren e. rentables Unternehmen zu begründen. Aus dem Franz. 5. Aufl. bearb. u. nach neuen Quellen u. Erfahrgn. wesentlich umgestaltet v. Rob. Oettel. gr. 8. (109 S. m. 1 Steintaf. in qu. 4.) Weimar 874. B. F. Voigt. 1.50

**Redares, M.**, die Kaninchenzucht od. Anleitg, m. geringen Kosten u. Raumersparnis durch rationelles Verfahren e. rentables Unternehmen zu begründen. Aus dem Franz. Bearb. u. nach neueren Quellen u. Erfahrgn. wesentlich umgestaltet v Rob. Oettel. 6. Aufl. Mit 1 Taf. Abbildgn. 8. (IV, 109 S.) Weimar 885. B. F. Voigt. 1. 50

**Redares, M.**, die Kaninchenzucht od. Anleitg., m. geringen Kosten u. Raumersparnis durch ration. Verfahren e. rentables Unternehmen zu begründen. 7. Aufl., völlig neu bearb. u. umgest. v. Rob. Biesenbach. 8. (VIII, 93 S.) Weimar 895. Leipzig, B. F. Voigt. n. 1. —

**Redares, M.**, die Kaninchenzucht. Eine Anleitg. um m. geringen Kosten e. rentables Unternehmen zu begründen. 8. verb. u. erweit. Aufl., bearb. v. Karl Rob. Vogelsberg. (VI, 104 S. m. Abbildgn.) 8. Leipzig 907. B. F. Voigt. 1. 50

**Redares**, der untrügliche Maulwurfsfänger, oder die Kunst, auf leichte und sichere Weise die Maulwürfe zu fangen, zu tödten und zu vertreiben. Nach vieljährigen eigenen und fremden Erfahrungen bearb. und durch Abbildungen erläutert. Aus dem Französ. übers. 2. Aufl. Mit Abbildungen. 8. (34 S. mit 2 Stnt.) Quedlinburg 854, Basse. Thlr.

Red Bud German Paper : 1868. Red Bud, IL
Edited by Anton Helmich, & published by John & William Brickey

**Redcliffe, J.**, das schwarze Buch v. Berlin oder die Geheimnisse der Kaiserstadt. 1—9. Hft. gr. 8. (S. 1—288.) Altona 880. 82. Verlags-Bureau. à — 20

**Reddelien,** Gustav, a. Nagasaki (Japan): Über die Kinetik der photochemischen Reaktion bei den Fulgiden. Weida i. Th. 1908: Thomas & Hubert. (93 S.) 8°
Leipzig, Phil. Fak., Ref. Hantzsch-Beckmann, Diss. v. 13. Juli 1908
[Geb. 21. Juli 82 Nagasaki; Wohnort: Wandsbek; Staatsangeh.: Hamburg; Vorbildung: Matthias-Claudius-Gymn. Wandsbek Reife O. 02; Studium: Göttingen 4, Leipzig 5 S.]

Reddelien, Johann Christian Ludwig

—Samml. kl. Abhandll. u. Beobachtt. üb. die Rose d. neugebornen Kinder u. die Verhärtung d. Zellgewebes. 8. Lübeck 802. Bohn. 12 gr.

REDDELIEN, Johann Christian Ludwig: Dissertatio inaug. chemico-med. de Taxo baccato Linnaei. - Jenae 1794

**Reddelien, Jh. Chr. Ldw.**, († d. 9. Nov. 1819.) Versuch e. Beantwort. d. Frage: Ist d. Ärzte d. Studium d. Erfahrung Anderer nützlich u. nothwendig, u. durch welche Mittel können die Hindernisse, die sich dabei in d. Weg legen, am sichersten gehoben werden? 8. Wismar 809. (Herold u. W. in Lüneburg). 12 gr.

**Reddemann,** Bernhard Das Feuerlöschwesen , s. Dittmann, Adolf Karl Wilhelm

Die Fürsorge gegen Feuersgefahr bei Bauausführungen. Ein Handbuch f. Architekten . . von Dr [Bernhard] **Reddemann**, Branddir., Posen. Mit 16 Textfig Berlin: J. Springer 1908. (XV, 204 S.) 8° [F.] (08. 1108)

**Reddemann**, Die Organisation des Feuerlöschwesens in mittleren u. kleineren Städten. (32 S.) 8. Berlin, J Springer. 1909 — 80.

**Redder,** Theodor Willy, Referendar in Pegau Die **Haftung** des Ehemannes gegenüber der Ehefrau auf Grund der Verwaltung und Nutzneßung nach dem Bürgerlichen Gesetzbuche für das Deutsche Reich. *Borna-Leipzig 1904: R Noske.* (VIII, 63 S.) 8° [F.]
Leipzig, Jur Diss. v 1904

Reddersen, Heinrich Otto

Reddersen, H. O., die Behandlung verwahrloster Kinder u. jugendlicher Verbrecher. [Aus: „Jahresber. d. Erziehgsver.. in Bremen"] gr. 8 (24 S.) Bremen 894. G. A. v. Halem. — 30

Reddersen, H. O.: Beiträge zur Geschichte des Schulturnens in Bremen. Erinnerungsblätter in Anlaß des 25jährigen Turnbetriebes in der Realschule in der Altstadt. Bremen, A. Guthe, Buchdr., 1889; S. 3—27, 4°
Bremen, R in der Altstadt, CP 1889 (685)

Reddersen, H. O., Erzählungen aus der biblischen Geschichte, s.: Müller, Konr.

— biblische Geschichte. 2. Stufe. Für Oberklassen. 8. (X, 296 S.) Bremen 877. v. Halem. geb. n. 1. 80 (1. u. 2.: n. 2. 80)

— u. Joh. v. Staden, biblische Geschichte für Volksschulen. gr. 8. (XII, 248 S.) Hannover 882. Hahn. n. 1. —; geb. n. 1. 25

Reddersen, H. O., biblische Geschichten für den ersten Religionsunterricht. 1. Aufl. 1870. * 70 Pf.; und 2. Aufl. 8. (68 S.) Bremen 874, v. Halem. geb.

Reddersen, Heinrich Otto u Joh v Staden

— — biblische Geschichten für Unterklassen. gr. 8. (79 S.) Ebend. 882. geb. n. — 40

— biblische Geschichten für Unter- u. Mittelklassen. Ebend. 868. 8. (VIII, 140 S.) n. 8 ngr.

—— biblische Geschichten für Unter- und Mittelklassen. 1. Stufe. 2. Aufl. 8. (VIII, 132 S.) Bremen 876, v. Halem. geb. * 1 —

—— dass. — 2. Stufe: Für Oberklassen. 8. (X, 296 S.) Ebendas. 877. geb. * 1 80

— Gesundheitspflege in den Schulen. Ein Vortrag, geh. auf der Kreis-Lehrerversammlg. in Beverstedt, den 30. Juli 1872. [Aus den „Neuen Blättern f. die Volksschule der Herzogth. Bremen u. Verden u. d. Landes Hadeln."] gr. 8. (24 S.) Bremen 872. v. Halem. n. — 30

Reddersen, H. O., Zur Reform der stadtbremischen Waisenpflege. gr. 8⁰. Bremen, v. Halem, 1885. (39 S.)

Reddersen, H. O., das Turnen und die Schule. Ein Beitrag zur Orientirung auf dem Gebiete des Schulturnwesens Stade 862 Steudel. 8. (44 S.) n. 4 ngr.

**Reddersen,** H[einrich] O[tto]: Hauswirtschaftliche Unterweisung der Mädchen aus den unbemittelten Ständen und die Bremer Haushaltungsschulen. — Bremen: Halem 1894. 32 S. 8⁰

— Wiederholungstabellen für den geographischen Unterricht. Ebend. 869. gr. 8. (34 S.) 6 ngr.

— Wiederholungs-Tabellen für den weltgeschichtlichen Unterricht. Ebend. 869. 8. (24 S.) cart. n. 5 ngr.

— Wiederholungs-Tabellen f. den weltgeschichtlichen Unterricht. 2. verm. Aufl. gr. 8. (52 S.) Ebend. 872. n. — 80

—— Wiederholungs-Tabellen für den weltgeschichtlichen Unterricht. 3. Aufl. 8. (52 S.) Ebendas. 878. geb. — 80

—— Wiederholungs-Tabellen f. den weltgeschichtlichen Unterricht. 4. Aufl. gr. 8. (48 S.) Brem. 891, v. Halem. geb. * — 80

Reddersen, I. C., de onere probandi in actione negatoria etc. 8. Gött. Brose. 797.

Reddersen, O F

— Beitr. z. Geschichte d. merkwürd. Schwefel-Brunnen bei Nordheim. 1s Heft. 8. Einbeck 808. (Vandenhöck u. R. in Götting.) 4 gl

— s. J. W. Grote, Geschichte d. Stadt Nordheim.

Reddersen, O. F., Zeugnisse v. Krankheitsgeschichten, in welchen das Schwefelbad bei Nordheim im J. 1807 merkwürd. Hülfe geleistet hat. 8. Einbeck u. Hannov. 808. Hahn. 4 gl.

Reddi, Frz., d. fremde Gott. Ein Familiendrama in 1 Aufzug (66 S.) 8. Leipzig (907). M. Spohr. 1. —

**Reddie,** Cecil, üb. das Verhalten d. Anhydroacetmetaparatoluylendiamins gegen Brom u. gegen Salpetersäure. gr. 8. (33 S.) Göttingen 884. (Vandenhoeck & Ruprecht.) n. — 80

**Reddie, Johann** (Glasgow), De edictis praetorum specimen primum Göttingen (Dieterich) 1825. (3.75) 27843
Gew.: Jakob Reddie (Vater), Johann Campbell (Oheim).

Reddingius, G. B., observ. phil. crit. de psalmis bis editis. 8. maj. Zullichau. 795.

**Reddingius,** R. A., das sensumotorische Sehwerkzeug. M. 2 Textfig. gr. 8. (VIII, 138 S.) Leipzig 898. W. Engelmann. n. 3. —

**Reddmann,** E., Tabelle f. die Berechnung der Fracht-Zuschläge bei Angabe des Interesses an der Lieferung nebst d. bezüglichen Bestimmungen. Nach den z. Zt. besteh. Tarifen zusammengestellt. 12. (III, 27 S.) Offenbach 901. J. P. Strauss. — 30

**Rede** bei Ablegung der hl. Ordens-Profess . . . Salzburg 1848. V: *Laiminger, Virgil.* (Hr)

**Rede** gehalten in der Loge Absalom zu Hamburg, als sie sich zum ersten Male im Jahre 1756 versammelt hatte. O. O. V: *Wodarch, Matth. Andreas.* (Kl)

**Rede,** die in der ordentlichen und constituirten Freymaurer-Loge Absalom in Hamburg als sie sich zum ersten Mahle im Jahre 1756 versammlet hatte, gehalten worden von dem Sekretär und Redner. Hamb. 1756. V: *Wodarch, Matthias Arnold.* (Kl 834) (wolfstieg I, 170)

**Rede, die in der ordentlichen und constituierten Freymaurer-Loge Absalom in Hamburg, als sie sich zum erstenmahle [!] im Jahre 1756 versammlet [!] hatte, gehalten worden von dem Bruder Sekretär und Redner. [Hamburg 1756:] Piscator. 16 S. 4°.**
**Förderungsmittel zur Glückseligkeit unseres Ordens und jedes Mitgliedes. Sehr selten.** **430.**

**Rede, Eine,** gehalten zu Ahrweiler an der Ahr bei Gelegenheit einer Vermählung. [Breslau 1833.] V: *Baltzer, Johann Baptista.* (Nowack, Schles. Schriftst.-Lex. Breslau 1833—41. I, 5.) (Bresl. Ztschr. f. kath. Theol. III. 1833. S. 47ff.)

**Rede, Akademische,** über den Werth der Schriften des neuen Bundes... Innsbruck 1837. V: *Probst, Jos.* (Ky)

— akademische, uber den Werth der Schriften des neuen Bundes, von J. P (Probst). gr. 8. Innsbruck 837. Wagner. [1] ...

**Rede** als die Loge z. [Wahrheit u. Einigkeit] das Andenken ihres verklärten Br[uders] P . . z [Plenčiz] D[eputierten] P[rovinzial] G[roß] M[eisters] v.[on] Böhmen begieng. Im O[riente] v[on] P[rag] 5785 [1785] d[urch] Br. S[chönfel]d. V: *Cornova, Ignaz.* (Grolig, Die Freimaurer-Bibliothek in Brünn. Wien 1908. S. 17.)

— eine alte, üb. die Preßfreiheit, besser als viele neue! (v. Max. Robespierre). Hrsg. v. Thdr. Opitz. 8. (20 S.) Creutzburg 848, Müller in Comm. n. 3 ngr

**Rede** bey der Amtsjubelfeyer eines Schullehrers. [Riga 1808.] V: *Thienemann, Theodor Gotthold.* (MGT)

**Rede** dem feyerlichen Andenken des Allerdurchlauchtigsten Grossmächtigsten Königs von Preussen etc. Friedrichs des Zweiten des H. W. Protektors aller vereinigten Logen in Teutschland gewidmet und in der von der S. E. W. Loge Libanon zu den 3 Cedern [in Erlangen] am 9ten Okt. 1786 dazu ausgesetzten Trauerloge gehalten von Br. Redner. Erlangen 1786. V: *Loschge, Friedrich Heinrich.* (wolfstieg I, 779)

**Rede zum Andenken des [Br.] Carl Rud. Aug. Grafen v. Kielmansegge, gesprochen bei der Todtenfeier desselben in der Loge zum weissen Pferde [in Hannover] den achten Jan. 1811. o. O. [1811]. 15 S. 8° [Umschlagtit.]**
Kl. 1436. **Üb. Unsterblichkeit.** 193.

*Püschel, Gottlob Benjamin:* **Rede** zum Andenken, des am 2. Jun. 1770 in Bockau bey Schneeberg, verstorbenen [Br.] Gottlob Benjamin Püschels. Dessen hinterbliebenen sehr betrübten Vater Balthas. Benjamin Püschel zugeeignet von M***. Berlin, den 7. Aug. 1770. [Berlin 1770]: Decker. 15 S. 8° [Umschlagtit.]
Kl. 1316. 23.

**Rede zum Andenken an die Stiftung des Freimaurerordens. Berlin 1771.**
*[Neumüller, J. W.: Hs. Catalog d. Grloge Carl z. d. drei Schlüsseln, Regensburg. 1881 Nr 343.]*

**Rede welche bei dem Anfange des 1747sten Jahres in der reisenden Freimåurer Loge Minerve in Leipzig gehalten worden von dem Secretår und Redner. Leipzig 1747. 22 Bl. 4° [Umschlag- u. Kupfertit.]**
Kl. 810. **Sehr selten. Widerlegung von Vorurteilen gegen die Frmrei.** **193.**

**Rede,** welche bei dem Anfange des 1744sten Jahres in der constituirten deutschen Loge der Freimaurer in Hamburg gehalten worden. Hamb. 1744. V: *Wodarch, Matth. Andreas.* (Kl)

Rede üb. die neuen Anreizungen z. Tugend, welche aus d. Maurerei selbst fließen; gehalten in d. Loge z. gekrönten Säule in Braunschweig, (v. Lor. v. Crell). 8. Weimar 774. Hoffmann. 3 gr

**Rede** über die neuen Anreitzungen zur Tugend, welche aus der Maurerey selbst fliessen, nebst zwey andern Reden, welche in der ger. u. vollk. Loge zur gekrönten Säule in Braunschweig gehalten wurden. Weimar 1781. V: *Crell, Lorenz Florian Friedrich von.* (Kl 1041) (Tt 1982) (wolfstieg II, 354)

— üb. d. neuen Anreitzungen z. Tugend, w. in d. Loge z. gekrönt. Säule in Braunschw. geh. w. 8. Weimar, Hoffmann. 781.

— u. Antwort üb. d. Daseyn Babo's v. Abensberg ꝛc. s. K. H. v. Lang.

**Rede** von der moralischen Anwendung der Erfahrung. Am Stiftungs-Feste des e. Freymaurer-Ordens den 5. Julii 1772 gehalten von dem Redner des Ordens. Berlin [1772]: Decker. 23 S. 8⁰
Kl. 895. 23.

**Rede** bei der Aufhebung der L.*. der vereinigten Freunde an der Nahe und am Rhein zu Kreuznach. Gesprochen vom B.*. van Rm. am 29. Oktober 1814. Kreuznach 1814. V: *Recum, van.* (Kl 1181) (wolfstieg I, 574)

Rede bey [illegible] Aufnahme einer [illegible] Freymaurer-orden [illegible] Verschwiegenheit zu den drey verbundenen Händen in Gegenwart des durchlauchtigen Grossmeisters gehalten von einem Bruder der [illegible] Meisterloge zu den drey Weltkugeln [illegible] Decker [illegible] 1 Kupfer

— bei d. Aufnahme einer Gesellschaft u. Stiftung einer Filialloge, d. Verschwiegenheit zu d. 3 verb. Händen gr. 8. Berl. 775. Rottmann. 4 gr.

**Rede so bey der Aufnahme zweener [!] Candidaten in den Freymaurerorden gehalten worden. [Augsburg: Bullmann] 1784. 22 S. 8⁰ [Umschlagtit.]**
Recens: Archiv f. Frmr u. Rosenkreuzer. 2 (1785) S. 409—410.
Kl. 1063. Üb. Ursprung, Zweck, Wesen, Grundsätze usw. des Frmrbundes.
193. 358 a.

— welche bei d. Aufnahme zweier Candidaten in d. Freimaurer-Orden gehalten worden. 8. Augsb. 784. v. Jenisch u. St. 2 gr.

**Rede so bey der Aufnahme zweener Candidaten in den Freymaurerorden gehalten worden. 1784. 22 S. 8⁰. [Dasselbe.] 2. Aufl. 1784. 16 S. 8⁰.**
Kl. 1063. 21.

**[Lithogr.] Rede bei der Aufnahme des s. l. Br.·. U . . . n in der g. u. v. St.·. Joh.·. □.·. Freimûthigkeit am Rhein im Or.·. v.·. Frankenthal, gesprochen vom Br.·. H.·. n.·. Mannheim [ca 1850]: Schlicht. 10 S. 8⁰ [Umschlagtit.]**
Tt. 2171. In Versen. An einen Geistlichen gerichtet. Üb. Wesen u. Zweck d. Frmrei.
142.

**Rede** bey der Aufrichtung des neuen Komödienhauses zu Bayreuth. Bayreuth 1762. V: *Regler, Johann Christoph.* (ML) (Fiker)

— bei d. feierl. Aufstellung d. Denkmals d. Schlacht an d. Katzbach d. 26. Aug. 1817, gesprochen v. Pastor Klemm; nebst beigefügter Erzählung der dabei stattgefundenen Feierlichkeiten u. d. Abbild. d. Denkmales in Steindr. Bresl. 817. Graß, B. u. C. 6 gr.

Rede, gehalten bei der Aufstellung des neuen Thurmkreuzes an der Pfarrkirche in Neutitschein am 14. September 1854. 8. (16 S.) Neutitschein. Schnellpressendruck von J. N. Enders 1854.

**Rede, welche in der achten und ger. Frey-Mâurer Loge, gen. Augusta zur Goldenen Krone den 24sten Julius 1775 gehalten worden. [Stargard 1775.] 4 Bl. 4⁰ [Umschlagtit.]**
Kl. 917b. Selten. Verteidigung eines verstorbenen ungenannten Mitgl. der Loge Augusta, welche der Str. Obs. angehörte, [E. K. v. Rohwedel? siehe Kl. 1331b] gegen Schmähungen von Brrn der Zinnendorfschen Loge zum Schild in Stargard. 23.

**Rede** auf den heil. Augustin; an dessen hohem Festtage vorgetragen . . . Augsburg 1792. V: *Komploier, Albert.* (MGT)

**Rede** über allgemeine Bedrängnisse, gehalten . . . in der hohen Domkirche zu Brixen am dritten Adventsonntage 1792 . . . [Brixen] 1793. V: *Walli, Franz.* (margr) (biblport)

**Rede bey der Beförderung eines würdigen Bruders zum M[eister] in der □ z. W[ahrheit] u. E[inigkeit] den 30. des 12. [1784]. Prag 1784: Schönfeld. 12 S. 8⁰**
MLB. Brünn.

**Rede** bey der feyerlichen Begehung des Johannisfestes 5.*.7.*.84.*. in der ger. und vollk. Loge zu den dreyen Schlüsseln in Regensburg, gehalten von dem Br. Reder. Von W. Regensburg [1784]. V. *Weissböck, J. D.* (?). (wolfstieg II, 586)

**Rede bey der feyerlichen Begehung des Johannisfestes 5∴ 7∴ 86∴ in der ger. u. vollk. Loge zu den dreyen Schlüsseln in Regensburg gehalten von dem Br. Redner.** [Regensburg]: Selbstverl. d. Loge [1786]. 11 S. 4⁰ [Umschlagtit.] (Sammlung v. Frmrreden d. L. z. d. 3 Schlüsseln i. Regensburg. 46.)
Selten. Zeichnet d. Bild d. wahren Maurers. 341.

**Rede** über verschiedene Begräbnisarten der Alten und ihren vielfachen Nutzen bey dem Verluste des Br [Karl Friedr.] Badenhaupts gehalten von dem Redner der militairischen Loge in Berlin. [Berlin] 1776: Decker. XXIV S. 8⁰ [Umschlagtit.]
Kl. 1331. Sehr selten. 23.

Rede über den Begriff der Glückseeligkeit [!], gehalten in der Ehrw. Loge Ferdinand zur Glückseeligkeit [!] [in Magdeburg] bey der Feyer des Johannestages 1780. [Von Melchior Sam. Nicolai ?] Magdeburg [1780]: Faber. 12 S. 4⁰ [Umschlagtit.]
Kl. 1029. Selten. 23.

Rede bei der Beisetzung Sr. Erl. des königl. Generalfeldzeugmeisters Carl Grafen und Herrn zu Pappenheim am 29. Aug. 1853 und dessen Lebenslauf enthaltend. 8. (16 S.) Pappenheim 853. (Augsburg, Jaquet's Vrlgsh.)

**Rede** während der Beisetzung Sr. Excell. des Geh. Staatsministers Niels Rosenkranz in der Kapelle der St. Petrikirche zu Kopenhagen, den 12. Juni 1824 . . . V: *Mynster, Jac. Pet.* Ü: *Adler, Gg Josias Stephan.* (LS) (Bruun, Bibl. Danica III, 1409.)

**Rede**, welche bei der Beisetzungsfeier Sr. Maj. des Allerdurchlauchtigsten Königs Albert v. Sachsen am 23. VI. 1902 in der kathol. Hofkirche zu Dresden gehalten wurde. (Von Brendler.) gr. 8. (11 S.) Dresden (902). (Holze & Pahl,) n. — 10

**Rede, welche bei der Beisetzungsfeier . . . des . . . Königs Albert von Sachsen am 23. Juni 1902 in der katholischen Hofkirche zu Dresden gehalten wurde.** Dresden [1902]. V: *Brendler, Paul.* (Bem I, 1, S. 510)

**Rede, Die belohnte.** [Berlin (Braunschweig) 1791.] V: *Lucanus, Johann Heinrich.* (MGT)

**Rede** und Berichterstattung, gehalten am 1. Febr. 1829 zur Zeit der General-Versammlung der . . . Gesellschaft der Brüder . . . [Breslau 1829.] V: *Friedenthal, Marcus Beer.* (Kat. d. Druckschr. üb. Breslau. Breslau 1903. S. 199.)

**Rede über die ächte Beschäftigung eines Maurers, [gehalten bei Gelegenheit der Installation der L. Friedrich zur aufgehenden Sonne z. Brieg i. S.]. [Brieg 1783.] S. 49—64. 8⁰** 283.

**Rede** bey Bestätigung einer Nothtaufe. [Riga 1807.] V: *Seltenreich, Carl Christian.* (MGT)

**Rede** über die Bestimmung des Menschen zu einer künftigen Fortdauer. Gehalten in einer Trauer-Versammlung der ger. und vollk. Loge zu den drey Degen in Halle zum Andenken unsers verewigten Brs. Theod. Christian Jetzke vom Br. Redner der Loge. Halle im Jahr 5790. [Halle 1790.] V: *Gren, Friedrich Albrecht Karl.* (wolfstieg I, 830)

**R[ede] über das Betragen des F[rei] M[aurers] in der öffentlichen Welt.** o. O. 1811. 8⁰
Kl. 1171.

**Rede** am allgemeinen Bet- und Busstage . . . 1794 im Tempel der Menschheit gehalten . . . Ulm 1794. V: *Danzer, Jacob.* (ML)

**Rede** des Bibliotheksvorstandes bei der Eröffnung des erweiterten Lesezimmers der Gehestiftungsbibliothek in Dresden vom 28. Juli 1905 . . . [Dresden] 1905. V: *Petermann, Theod.* (Berl)

— e., gegen die Bischöfe. Alt-norweg. polit. Streitschrift aus König Sverres Zeit. Übers. n. der Ausg. v. Gust. Storm, Christiania 1885, v. Alb. Teichmann. Progr. gr. 4. (IV, 48 S.) Basel 899. (B. Wepf & Co.) n.n. 1.75

**Rede**, eine, gegen die Bischöfe. Alt-norweg. polit. Streitschrift aus König Sverres Zeit. Übers. n. der Ausg. von G. Storm, Christiania, 1885, von A. *Teichmann.* Programm. Gr. 8⁰. IV, 48 S. Basel, (Georg & Co.) 1900.

**Rede**, e., gegen die Bischöfe. Alt-norweg. polit. Streitschrift aus König Sverres Zeit. Übers. nach der Ausg. v. G. Storm, Christiania 1885, v. A. Teichmann. Progr. gr. 4. (IV, 48 S.) Basel, L. Jenke. 1900 1. 75.

**[Rede.]** An einen neu aufgenommenen Br. Hamburg 1788. 12°
Kl. 1081.

**Rede** eines Bruders der freyen und angenommenen Maurer gehalten am Tage seiner Aufnahme in der St. Johannisloge Balduin zu Leipzig. Den 5ten März 1777. [Leipzig 1777.] 8 S. 4° [Umschlagtit.]
Selten. Verf. verleiht seinen Gefühlen üb. den grossen Wert des Frmrbundes Ausdruck.
281.

**Rede** bey der öffentlichen Bücher-vertheilung an die studirende Zürchersche Jugend. Zürich 1791. V: *Lavater, Johann Kaspar.* (schstr S. 127)

**Rede** des Abgeordneten Herrn Claſſen-Kappelmann ſowie die vollſtändigen Verhandlungen über die Petition II 946 aus Frankfurt a. M., die Kriegslaſten betr. Mannheim 867. (Schneider.) gr. 8. (71 S.) 9 ngr.

**[Rede].** Zum Dank für die Beförderung zum dritten Grade am Joh.-Feste 5784 in der Joh.-Loge zur Sicherheit im O. zu Preßburg, gebracht von W. o. O. 16 S. 8°
Kl. 1057.

— bei d. Dankfeier wegen Uebernahme d. Staatsſchulden von d. ehemal. Stadt Rotweil rc. am 3n Sonntage nach Pfingſten, d. 1. Juli 1821. in d. Stadtpfarrkirche zu Rotweil gehalten. 8. Freiburg 821. Herder. 3 gr.

**Rede** des juristischen Dekans bei der Jubiläumsfeier der Kgl. Friedrich-Wilhelms-Universität zu Berlin am 12. Oktober 1910. Berlin [1910]. V: *Kohler, Josef.* (EbertJBb I, S. 143)

**Rede** an die Deutſchen beim Jahreswechſel 1831. 8. (3/4 B.) Hamburg, Hoffmann u. Campe.

**Rede** eines Deutſchen, im Traume gehalten am wieder geöffneten Sarge Napoleons. 8. Rudolſtadt 841. (Hofbuchh.) n. 1/12 ℞

**Rede** eines Deutſchen, im Traume gehalten am wieder geöffneten Sarge Napoleons. 8. (1 B.) (Rudolſtadt 841, Renovanz.) *

*Hanau:* **Rede** welche am 30sten Dec. 1780 in der Loge Wilhelmine Karoline bei Gelegenheit des Absterbens ihres ersten Brudervorstehers von einem besuchenden Bruder gelesen wurde. Wiesbaden [1780]: Frey. 12 S. 4°
Selten. Gelegenheitsworte. 65.

**Rede** gehalten am 6. December 1837. O. O. V: *Kloss, Georg.* (Kl)

Eine **Rede**, die in der 31. Sitzung des vereinigten ſtändiſchen Ausſchuſſes am 2. März 1848 nicht gehalten iſt. Breslau 1848. 14 S. 8.

**Rede** eines Ungar. Edelmanns an s. Mitstände über die Beyträge zum Preuss. Kriege. 4. (Wien) 1778.

**Rede,** welche nach Einbringung des Lichts in die neu gegründete Loge zur biederen Vereinigung im Orient von Glogau den 2. May 1803 gehalten worden ... O. O. V: *Plümicke, Carl Martin.* (SJL)

— auf die Einführ. d. neuen Geſangbuches, gehalten d. 6. Sonnt. nach Trinitat. 1782 v. d. P. M. 8. Berl. 782. Mylius. 1 gr.

**Rede** bei der Einführung des Superintendenten Götschel am 8. Dec. 1799. Eutin 1799. V: *Stolberg, Friedrich Leopold* Graf zu. (GGr)

Den Landammännern und Statthaltern des helvetischen Freystaats eingelegte R' und Protestation von drey und neunzig Gemeinden des Cantons Wallis, gegen die Abtrennung des W' von der Schweiz, und die militärischen Verfügungen, welche wirklich ausgeübt, und dahin gerichtet scheinen. (Bern, den 27sten Hornung 1802.) – Nebst der Antwort des helvetischen Senats auf dieselbe. (Bern, den 4ten Merz 1802.) 8. *o. O.*

— bei d. Einkleidung v. ſieben Novizinnen in d. Dominikaner-Kloſter zu St. Urſula in Augsburg, gehalten d. 4. Nov. 1829 (von K. B. Egger). 8. Landsh. 830. Thomann. 1 gr.

**Rede** bei der Einkleidung von sieben Novizinnen in dem Dominikaner-Kloster zu St. Ursula in Augsburg ... Landshut 1830. V: *Egger, Carl Borromäus.* (Ky) (Schmal)

—— bei d. Einkleidung v. ſieben Novizinnen, ſ. a. Egger, K.

**Rede** zur Einsegnung und Uebergabe an Gott des neuerbauten Waisen- und Armen-Schulhauses in ... Fürth ... 1767. O. O. V: *Richter, Christoph Gottlieb.* (ML)

**Rede** bey einer Einsegnung von Zwillingskindern. [Riga 1807.] V: *Seltenreich, Carl Christian.* (MGT)

**Rede** bei der Einweihung des neuen Begräbnissplatzes in Apenrade ... 1826 [Aabenraa]. V: *Poulsen, Pet.* (Bruun, Bibl. Danica III, 661.)

**Rede** bey der feyerlichen Einweihung der g. u. v. Loge C[harlotte]+3 [zu den drei] N[elken] = z[u] M[einingen] gehalten von dem S. E. M. v. St. den 31. Aug. 5774. o. O. [1774]. 10 S. 4⁰ [Umschlagtit.]
Kl. 911. Sehr selten. Verf. ist vielleicht A. G. v. Eylen? Üb. die Pflichten der Frmr. 193.

**Rede** bei der Einweihung der Loge Carolina zum gekrönten weissen Löwen . . . 1789. O. O. V: *Leiningen-Westerburg, Carl Gustav Reinhard Woldemar Graf zu.* (Kl)

**Rede** bei der Einweihung der Loge zur biedern Vereinigung am 1. Mai 1803 . . . O. O. V: *Gerdesohn, J. G.* (Kl)

Rede bei Einweihung der Schießstätte im Schneppengraben in Nürnberg. Nürnberg, 1803. 2106

**Rede** an dem Einweihungs-Fest der Loge zu den dreyen Rosen [in Hamburg?] gehalten den 15. Hornung 5770 o. O. [1770]. 12 S. 4⁰ [Umschlagtit.]
Selten. Üb. das Glück, Maurer zu sein. 341.

**Rede am Einweihungs-Feste der Loge Piarst, zu den drei sarmatischen Säulen zu Posen den 24ten Jan. 1816, gesprochen von Br. *** H. S. Posen 1816. V: *Hoffmann-Scholz, Karl August.* (wolfstieg II, 682)**

**Rede** an Dresdens gute Einwohner nach Bestrafung eines Kindesmörders. Dresden 1791. V: *Seyffarth, Traugott August.* (MGT)

**Rede** über den Entzweck der Freimaurerey gehalten am Johannisfeste 1809 zu W[eimar] vom Br. R. [Weimar 1809.] V: *Reinhold, Carl Leonhard.* (wolfstieg I, 129)

**Rede** von Erfindung der Buchdruckerkunst, bey Gelegenheit seiner Aufnahme in die Buchdruckergesellschaft. Altona 1774. V: *Eckstorff, Hermann Christoph.* (Kordes, Schlesw.-holst. u. eutin. Schriftst. Schleswig 1797.)

**Rede** bey Eröffnung des neuen Bergbaues zu Ilmenau. Den 24sten Februar 1784. V: *Goethe, Johann Wolfgang von.* (Mn) (BrMm)

**Rede** bey der ersten Eröffnung der regelmässig constituirten Loge Josua, der alten und ehrwürdigen Zunft der Freymaurer, gehalten durch den Meister vom Stuhl. Im Jahre der Maurerey 5764. Hadersleben [1764]: Luckander. 4 Bl. 4⁰.
Kloss 867. – Sehr selten. 358a.

**Rede bey erster Eröfnung der regelmässig constituirten Loge Josua [in Hadersleben], der alten und ehrw. Zunft der Freymaurer, gehalten durch den Mstr. v. St. Im Jahr der Maurerey 5764. Hadersleben [1764]: Luckander. 4 Bl. 4⁰ [Umschlagtit.]**
Kl. 867. Selten. Üb. das Glück, Frmr zu sein u. üb. mrische Freundschaft. 193. 358a.

Rede bei Gelegenheit der feierlichen Eröffnung des Stiftungstages der Gesellschaft der Ärzte in Wien, gehalten von dem Präsidenten derselben, im Consistorialsaale der k.k. Universität den 24.März 1838. Wien: (1838)

s.: (Malfatti di Montereggio, Giovanni)

JB 5.792

**Rede** zur Eröffnung der neuen ☐ zu den wahren vereinigten Freunden im Or. von Br[ün]n. Gehalten den 9. des dritten Monats von einem Meister dieser ☐. P[ra]g [1784]: S[chönfeld]. 8 S. 8⁰ MLB. Brünn.

**Rede** zur Eröffnung der Schulsynode in Winterthur 1843. O. O. [1843]. V: *Schuster, Carl Ludwig.* (Cat. d. Stadtbibl. Zürich. Zürich 1864—97.)

Rede zur Eröffnung der bayer. Ständeversammlung in der protestantischen Kirche zu München gehalt. am 22. März 1848. gr. 8. (8 S.) München 848. (Franz.) 1 ngr.

**Rede** bei der Eröffnung des von der gerechten und vollkommenen S. Johannis-Loge zu G. H. in O. zu Wien im Jahre 1782 errichteten neuen Tempels. Wien 1783. V: *Escherich, Carl.* (L. Abafi, Gesch. d. Freim. 4/204) (Wienerblättchen 9/12 1783. S. 34) (BiblPort)

**Rede** bei Eröffnung des von der ger. u. vollk. St. Joh.-Loge zu[r] g[ekrönten] H[offnung] in O. zu Wien im Jahre 1782 errichteten neuen Tempels, nebst einer zweiten am St. Johannistage. Gehalten von . . . F. Bruder. O. O. [1796]. V: *Escherich, Karl.* (wolfstieg I, 677)

— d. Erzbischofe v. Tours bei d. Todesfeier Ihrer Maj. d. Kaiserin Josephine am 2. Juni 1814. Aus d. Französ. 8. Münch., Finsterlin. 3 gl

— des Erzbischofs von Tours bey der Todesfeyer Ihrer Maj. der Kaiserin Josephine am 2. Juny 1814. Aus d. Franz. 8. München, Thienemann.

**Rede** über die christliche Erziehung am Feste der hl. Theresia gehalten. Cöln 1823. V: *Iven, J. J.* (schmal)

Rede zur Fahnenweihe des kgl. Linien-Infanterie-Regiments Prinz Karl im Jahre 1846. (Von J. F. Allioli.) Lex.-8. (1/4 B.) Augsburg, Schmid'sche Buchh.

**Rede** am 24sten Februar von Mademoiselle [Caroline] Döbbelin auf dem Berliner Theater auf Lessing gehalten. [Altona] 1781. V: *Engel, Johann Jakob.* (Less 133)

**Rede** über das Fehlerhafte der Erziehung, gehalten am Sonntage Quinquagesimae bey der feyerlichen Anbetung des hochwürdigsten Altarssakraments in der Kirche des erzbischöflichen Seminariums zu St. Salvator. Von J. W. Prag 1770 V: *Wondrak, J.* (Böhm. und Mähr. Litteratur auf das Jahr 1780. Prag 1780. Bd. 2, S. 58, Nr. 26) (Biblport)

**Rede** zur Feyer des ersten Aug., gehalten zu Braunschweig in der Loge J[onathan] z[um] Pfe[ile]r. Im Jahr 1770. [Braunschweig 1770.] 7 Bl. 4⁰ [Umschlagtit.]
Kl. 889. In Versen. Nebst einer Kantate ohne Noten. Zur Feier des Geburtstages Herzog Karls. 193.

**Rede** zur Feier des ersten Augusts gehalten in der Loge Charles de la Concorde zu Braunschweig. 1772. 15 S. 8⁰. [Umschlagtit.]
Auf Karl I., Herzog von Braunschweig-Lüneburg. Äusserst selten. 21.

**Rede** zur Feier des ersten Augusts gehalten in der Loge Charles de la Concorde zu Braunschweig. [Braunschweig] 1772. 15 S. 4⁰
Kl. 897. Selten. Beweis, weshalb ein Regent, der den Frmrbund beschützt, den Namen des Weisen u. des Wohltätigen verdiene; Vorzüge des Bundes. 23.

**Rede**, zur Feyer des 1sten Aug., in der Loge Charles de la concorde zu Braunschweig. 1774. 4⁰
Kl. 910.
*[Almanach od. Taschen-Buch f. Frmr. 2 (1777) Bl. 4f.]*

**Rede** bey der Feyer des Hohen Geburtstags Sr. Maj. des Königs Friedrich von Preußen, gehalten in der Versammlung der drey hiesigen in Verbindung mit der großen Nat.-Landes-Loge von Deutschland zu Berlin, gesetzmassig arbeitenden Freymaurerlogen zu den drey Rosen, zur goldenen Kugel, und zum rothen Adler, am Stiftungstage der Loge zu den drey Rosen, in Hamburg. [Dat.:] Hamburg, den 24. Jan. 1775. 14 S. 8⁰ [Umschlagtit.]
Kl. 912. Sehr selten. Üb. die Vortrefflichkeit der Frmrei; Rückblick auf das verflossene Jahr.

**Rede** bey der Feier des Johannis-Festes in der Loge Ludwig zum flammenden Stern ... Burg-Steinfurt 1786. V: *Goué, August Siegfried von.* (schstr S. 155 f.) (Bresl 31, S. 100)

**Rede** zur Feyer des Johannis-Festes gehalten in der Loge L'Union zu Nürnberg, von dem Br. Redner, W. [Nürnberg] 1776. 8 S. 4⁰ [Umschlagtit.]
Kl. 934. Selten. Humane Gesinnung — d. notwendigste Eigenschaft e. Frmrs. 232.

**Rede**, zur Feyer des Johannis-Festes gehalten in der Loge L'Union zu Nürnberg, von dem Redner W. [Nürnberg] 1776. 8 S. 4⁰ [Umschlagtit.]
Kl. 934. Selten. Thema: Nicht Reichtum, nicht Stand, nicht Geburt, nicht Nation, nicht Religion knüpfen die Bande der Freundschaft u. Liebe im Bunde. 342.

[**Rede** aus Anlass der Feier des Namenstages Ludwigs VIII., Landgrafen von Hessen, gehalten in der Loge zu den drei Löwen in Marburg am 5. März 1765.]
in: Nachtrag zu den wöchentlichen und kurzgefassten privilegirten Histor. Nachrichten der neuern Europäischen Begebenheiten. 3. Stück, 1765. 21.

—— zur 1000jährigen Feier der Einheit u. Selbstständigkeit Deutschlands, gehalten am 5. Aug. 1843 beim kgl. preuß. Gymnasium zu Schleusingen von (Hartung). gr. 8. (1 B.) Schleusingen 844, Glaser.

**Rede** zur Feyer des Winter-Johannis-Festes gehalten in der Loge Joseph zur Einigkeit in Nürnberg ... Nürnberg 1796. V: *Panzer, Georg Wolfg. Frz.* (Tt)

**REDE**, Feierliche, der alten Köchin Sibylle etc. Berlin, o. J. 8⁰. (Bibl. d. Vereins f. d. Gesch. Berlins.) Rarl

**Rede** und Feyerlichkeiten bei der Legung des ersten Steins zum öffentlichen Bibliothekgebäude der freien Stadt Frankfurt am 18ten October 1820. [Frankfurt a. M. 1820.] V: *Kirchner, Anton.* StBFrankf I, 131)

— auf das Fest d. heil. Augustin. 8. Salzb. 792. Duyle. 1 gr

— auf d. Fest d. heil. Benedikt. 8. Ulm 796. Stettin. 5 gr

**Rede** gehalten am Feste der Engelweihe 1835 . . . Einsiedeln 1835. V: *Hecht, Lorenz.* (BSchwLk V, 5, 1/2)

**Rede** am Feste des Gewissens in der Versammlung der Philalethen. Schleswig 1830. V: *Vent, Hans Lorenz Andreas.* (Schles) (A) *Mynster, Jac. Pet.* (Collin, Anonymer. Kiobenh. 1869.) (Bruun, Bibl. Danica I, 158.)

**Rede** auf das Fest des hl. Martyrers u. Leviten Lorenz . . . Augsburg 1790. V: *Lidl, Ildephons.* (Adel) (MGT) (Hr)

— auf das Fest des heil. Lorenz, Leviten u. Märtyrer. 8. Augsburg 790. M. Rieger. 1/8 rf

**Rede** über die Frage: Hat die wirkliche Reichs-Kammer-Gerichts-Visitation ihren wahren Nutzen und worinnen? Tübingen 1767. V: *Riedesel, Carl Georg Freiherr von.* (Holz)

Eines englischen F[rei]M[aurers] geistliche **Rede**, von der Nothwendigkeit Gutes zu thun und fröhlich zu sein, so lange wir leben. An einem Fest in der G.Loge gehalten. Ins Deutsche übers. [von James de la Cour]. Frankfurt 1744. 46 S. 8°
Kl. 800.

**Rede**, gehalten vor der gesetzmåssigen Freymåurer Loge zum Lőwen in Rinteln durch den Sprecher. Den 30sten Jan. 1777. [Rinteln 1777.] 8 S. 4°
Kl. 951. Sehr selten. Rede zur Feier des Geburtstages Friedrich d. Gr. u. Ernst II. von Sachsen-Gotha-Altenburg. Gelegenheitsworte. 283.

Eine **Rede** in der Magdeburgischen Freymäurerloge zur Glückseligkeit am 12ten Januar 1779 als dem hohen Geburtstag des Hochwürd. und Durchl. Herrn Herzogs Ferdinand zu Braunschweig u. Lüneburg gehalten. 1779.
Cit. in einem Verzeichn. antiquar. Schriften (Beyer, Bernh.: Bücherei der Loge Eleusis z. Verschwiegenheit i. Bayreuth. 1914. Nr. 94).

**Rede**, so in einer Frey-Måurer-Loge gehalten worden von einem in derselben neu aufgenommenen Mitgliede. Marburg: Weldigen 1751. 8 S. 4° [Umschlagtit.]
Kl. 819. Sehr selten. Verf. schildert s. Denkungsart u. Auffassung vom Zweck d. mr. Verbindung. 193.

**Rede**, so in einer F. M. L. gehalten worden, von einem in derselben neu aufgenommenen Mitgliede. Marburg: Waldig 1751. 4°
Kl. 819.

**Rede, Freymüthige**, eines Vorderösterreichers bey der . . . 1806 erfolgten Bayrischen Civilbesitznahme der Markgrafschaft Burgau. Augsburg 1806. V: *Bandel, Joseph Anton.* (MGT)

— auf d. Frieden, od. moral. Versuch üb. d. Werth d. Friedens. 8. Münch. 801. Lindauer. 8 gr

**Rede** so auf den zwischen Preussen, Russland und Schweden geschlossnen Frieden in der grossen Loge am Johannistage den 24sten Jun. 1762 von dem Br. ersten Aufseher der Berlinischen Loge der Eintracht gehalten worden. Berlin [1762]: Grynäus & Decker. 8 Bl. 8°
Kl. 848. Selten. In Versen. 23.

**Rede** bey der Friedensfeyer. Am Johannistage 1779 in der Mutterloge zu den drey Weltkugeln [in Berlin] vorgelesen von H. R. Berlin [1779]: Decker. 15 S. 8°
(Sammlung neuer Frmr-Reden. 4, [4].)
Kl. 987. Feiert Friedrichs II. Grösse in seinen königlichen Tugenden. 25.

**Rede** Sr. Maj. Fridrich dem grossen Könige in Preussen, zu allerhöchst Dero Geburtstage gewidmet und gehalten in der Loge Fridrich zum Tempel zu Hildesheim, von J. C. S. den 24sten Jenner 1775. Hildesheim 1775. V: *Schönewald, J. C.* (Wolfstieg I, 777)

**Rede** gehalten in der □ F[riedr.] z. g[ekrönten] H[offnung in Kopenhagen] den 23sten Jan. 1810. Kopenhagen [1810]: J. F. Schultz. 14 S. 8° [Umschlagtit.]
Üb. die alten Weisheitsschulen u. die Frage ihrer Wiedererweckung in der Jetztzeit. 215.

**Rede** gehalten in der Loge F. zur gekrönten Hoffnung d. 23. Jan. 1810. O. O. V: *Manthey, Joh. Dan. Timotheus.* (Bruun, Bibl. Danica II, 1081.)

**Rede** in der Loge Friedrich zum goldnen Scepter. Glogau 1778.
*[Neumüller, J. W.: Hs. Catalog d. Grloge Carl z. d. drei Schlüsseln, Regensburg. 1881 Nr 34]*

—— Sr. Maj. d. Königs (Friedrich Wilhelm IV.) Königsberg, am 10. Sept. u. Berlin, d. 15. Oct. 1840. 1 farbig gedr. Bl. mit 2 Bildn. u. br. Einfass. Imp. 4. Berlin 841, Otto'sche Bh. •

—— Sr. Maj. d. Königs: Friedrich Wilhelm IV. v. Preußen, an seine treuen Unterthanen. Nebst Reden d. Gesandtschaften rc. gr. 8. (3/4 B.) Neuwied 841, (Lichtfers.) •

**Rede auf König Friedrich [II.]. Verlesen am 17. Juli 1777 in einer feyerlichen Freymäurerversammlung. Berlin o. J. 5 Bl. 8⁰.**
Sehr selten. 430.

**Rede am Friedrichstage, gehalten in der Loge zu den drey Löwen [in Marburg], den 5. März 1765. Marburg: Müller u. Weldig [1765]. XIV S. 4⁰ [Umschlagtit.]**
Kl. 868. Sehr selten. Preis Friedrichs d. Gr.

REDE bey Gelegenheit des vierzigstündigen Gebethes, an den Fastnachts-Tagen. Vorgetragen in der St. Salvator-Kirche zu Preßburg. o. O. 1793. Patzko. (2) 24 S. 8⁰

**Rede** und Gebete bey der Jubelfeyer der Pfälzer Kolonie . . . 1789, in der Teutschreformirten Kirche zu Magdeburg . . . Magdeburg 1789. V: *Stosch, Ferd.* (MGT)

**Rede** vom rechten Gebrauch der Worte. Altenburg 1749. V: *Hecker, Jac. Chn.* (Rotermund, Gel. Hannover. Bremen 1823.) (ML)

Rede, gehalten an d. allerhöchsten Geburtsfeier S. M. d. Königs, in d. Stadtpfarrkirche zu Rotweil. 4. Freiburg 809. Herder. (Barth in Leipz.) 3 gr

**Rede** zur Geburtsfeier des Durchl. und Hochw. General Grossmstrs., Carl Landgrafen zu Hessen gehalten in der g.*. und v. L. der vereinigten Freunde im Or. zu Mainz, den 29ten Dec. 1816. Vom Br. N. C. Mr. Mainz 1816. V: *Molitor, Nicolaus Carl.* (wolfstieg I, 596)

**Rede dem Geburtsfeste Alexanders des Durchlauchtigsten Protektors aller vereinigten Logen in Franken gewidmet. Gehalten in der Loge Alexander zu den drey Sternen [in Ansbach] vom Br. L. [Ansbach] 1782. 2 Bl. 4⁰ [Umschlagtit.]**
Selten. Dank gegen den Fürsten; Aufforderung, die Pflichten des Maurers zu erfüllen. 341.

**Rede** bey dem Geburtsfeste unseres hochwürdigst-durchlauchtigsten Protektors Alexander [Markgraf von Brandenburg und Bayreuth] und bey seiner und des hochwürdigst-durchlauchtigsten Bruders William Herzogs von Glocester hohen Gegenwart in der Loge Alexander zu den drey Sternen [in Ansbach] gehalten von Bruder L. [Ansbach] 5783. 2 Bl. 2⁰.
Sehr selten. 21.

**Redt, welche am 23 ten Geburts-Feste des Durchlauchtigsten Herzogs Friedrich Carl Ludwig von Hollstein-Beck in der Loge Augusta zur goldenen Krone [in Stargard] am 30 sten Aug. 1779 gehalten worden. Stargard 1779: Kunst. 16 S. 8⁰ [Umschlagtit.]**
Selten. Worte zum Preise des Fürsten u. Betrachtung üb. die Vortrefflichkeit des Frmrbundes. Beigefügt ein Lied ohne Noten. 281.

**Rede** am Geburtsfeste I. M. der Königin Friderike Luise von Preussen, gehalten auf dem Königlichen Nationaltheater in Berlin, den 16. October 1788. Berlin. V: *Ramler, Karl Wilhelm.* (Bresl 31, S. 137)

**Rede** am Geburtsfeste S. K. Hoheit des Kronprinzen von Preussen Friedrich Wilhelm, gehalten auf dem Nationaltheater in Berlin, den 3. August 1787. Berlin. V: *Ramler, Karl Wilhelm.* (Bresl 31, S. 137)

**Rede,** welche an dem 65sten frohen Geburtsfeste Sr. Königl. Majestät in der ger. und vollk. Freymaurer-Loge Augusta zur goldenen Krone [in Stargard i. P.] gehalten worden. Von Aug. Wilh. Leop. v. R. Stargard 1776. V: *Rahmel, August Wilhelm Leop. von.* (Kl 929) (wolfstieg I, 777)

**Rede** bey dem höchsten Geburtsfeste ihres H. W. Durchlauchtigsten Beschützers Alexanders, gehalten in der Loge Libanon zu den 3 Zedern . . . Erlangen 1788. V: *Loschge, Friedrich Heinrich.* (MGT)

**Rede** am höchsten Geburtsfeste Seiner Herzoglichen Durchlauchten des Herrn Herzogs Ferdinand zu Braunschweig und Lüneburg gehalten in der Loge F[erdinand] z[ur] G[lückseligkeit] zu Magdeburg vom Br. S. Magdeburg 1789: Pansa. 12 S. 8⁰ [Umschlagtit.]
Rede zum Lobe des Fürsten.

**Rede** am hohen Geburtsfeste Sr. Majestät Friedrichs des Grossen Königs in Preussen etc. gehalten in der Loge zum aufrichtigen Herzen [in Frankfurt a. O.]. Den 24sten des Jenners 1778. Frankfurt a. O. [1778]: Winter. 16 S. 8⁰ [Umschlagtit.]
Kl. 995. Feiert Friedrich d. Gr. als Held u. Weisen. 23.

**Rede** auf das Geburtsfest Sr. Durchl. des regierenden Herzogs [Carl] zu Braunschweig und Lüneburg. [Beg.: Durchlauchtigster Herzog ... Nur in den traurigen Gegenden, wo ...]

**[Rede.]** Am Geburts-Feste des Königs 1810, gesprochen in der Grossen National-Loge zu den drey Weltkugeln in Berlin. [Berlin 1810.] 2 Bl. 8⁰ [Kopftit.]
Klage um den Tod der Königin Luise. 23.

**Rede** am Geburtstage Friedrich des Grossen zu Hildesheim gehalten. Frankfurth 1778.

*[Almanach od. Taschen-Buch f. Frmr. 4 (1779) Bl. 82.]*

**Rede** gehalten am Geburtstage unsers theuersten Landesvaters Friedrich Wilhelm III. den 3. Aug. 1812 in der Loge Fried[rich] Wilh[elm] zum goldnen Scepter [in Küstrin]. Auf Verlangen mehrer Brr. nach dem Ms. abgedr. nebst einem Gebete am Schluss der Loge. Küstrin 1812. V: *Greiffunder.* (wolfstieg I, 789)

**Rede** auf den höchsterfreulichen achtundsechzigsten Geburtstag Friederichs des Grossen, gehalten in der Mutterloge zu den drey Weltkugeln vom Br. H... Berlin, den 24. Jenner 1779. [Berlin 1779]: Decker. 12 S. 8⁰
(Sammlung neuer Frmr-Reden. 3, [2].)
Kl. 974. Feiert Friedrich d. Gr. als König, Held u. Vater des Vaterlandes.

**Rede** an dem hohen Geburtstage des Allerdurchlauchtigsten Grossmächtigsten Königs und Herrn Gustav Adolphs der Schweden, Gothen und Wenden-Könige in der ger. und vollk. Loge Gustav Adolph zu den 3 Strahlen [in Stralsund] gehalten von dem gegenwärtigen Meister vom Stuhl. Stralsund den 1. Nov. 1798. V: *Pollet, Johann Franz von.* (wolfstieg I, 810)

**[Rede.]** Zum Geburtstage des Königs den 3. Aug. 1799, vorgelesen in der L. „Zum Goldenen Leuchter" in Warschau. 24.

**Rede** auf den Geburtstag des Königs in der alten und ger. Loge zu den drey Weltkugeln [in Berlin]. Berlin 1777. V: *Wöllner, Johann Christoph von.* (kl 959) (wolfstieg I, 778)

**Rede** auf den Geburtstag des Königs. Gehalten in der alten und ger. Loge zu den drey Weltkugeln. Berlin den 24. Jan. 1778. Berlin 1778. V: *Wöllner, Joh. Chph.* von (?). (kl 971) (wolfstieg I, 778)

**Rede** auf den Geburtstag des Königs, gehalten in der alten und ger. Loge zu den 3 Weltkugeln. O. O. 1877. V: *Wöllner, Joh. Christoph von.* (kl)

Rede an des Königs Geburts-Tage, in der grossen Loge zu den dreien Weltkugeln, gehalten von D. A. S. Redner der Loge. Berlin 1755. 4. 8 S.

**Rede** an des Königs Geburtstage gehalten in der Loge zu den drey Weltkugeln. Berlin 1755. V: *Scharschmidt, A.* (kl 833) (wolfstieg I, 777)

**Rede** an des Königs Geburtstage gehalten in der Loge zu den drei Weltkugeln. Berlin 1756. V: *Scharschmidt, A.* (kl 928) (wolfstieg I, 777)

**Rede** am Geburtstage Seiner Hochfürstlichen Durchlauchten des Prinzen Maximilian Julius Leopold, Herzogen zu Braunschweig und Lüneburg, gehalten in der Loge zum aufrichtigen Herzen zu Frankfurt an der Oder. Den 10ten des Weinmonats 1777. [Berlin 1777]: Winter. 16 S. 8⁰
Kl. 948. Üb. Herzog Leopold s. Allgem. Deutsche Biographie Bd 18 1883 S. 376—377 (P. Zimmermann). 23.

**Rede** am Geburtstage des Durchlauchtigsten Protectors, 22. März 1860, in der □ F[erdinand] z. Gl[ückseligkeit in Magdeburg] gehalten vom Br. Redner W. Magdeburg 1860: Baensch. 7 S. 8⁰ [Umschlagtit.]
Mahnung zum Gehorsam u. zur Treue gegen den Regenten, Dank gegen den Protektor u. Liebe gegen die Brr. 142. 258

**Rede** am 72. Geburtstage Sr. Herzogl. Durchlaucht des Herzogs Ferdinand von Braunschweig und Lüneburg in der Loge zu den drei Weltkugeln [in Berlin] gehalten von Br. G. L. W. Berlin am 12. Jan. 1792. Berlin 1792. V: *Woltersdorff, Georg Lukas.* (Kl 1104) (wolfstieg I, 761)

**Rede** zum Gedächtniss des Brs. Friedr. Albrecht, gesprochen vom Br.·. S. in der Trauer □ Louisa Augusta zu den 3 Sternen im Or. von Alfeld, am 20sten des IVten M. 5814. Hildesheim [1814]: Gerstenberg. 16 S. 8⁰ [Umschlagtit.]
Kl. 1443. Selten. Üb. die Pflichten, die dem Menschen angesichts des Todes auferlegt sind. 193.

**Rede** zum Gedächtniss des Br. Andr. Brands, gehalten an seinem Grabe von dem Br. Redner dieser Loge [Libanon zu den drei Cedern, Erlangen] am 23. Dec. 1817. Erlangen [1817]. 7 S. 8⁰ [Umschlagtit.]

**Rede** bei der diesjährigen Gedächtnisfeier der Logen Weihe in der Freymaurer Loge zum stillen Tempel zu Hildesheim Dec 1813 gehalten von dem Br. Secretair Ge. Hildesheim [1813]. V: *Grebe, Joseph Maximilian.* (wolfstieg I, 556)

Rede, in höchster Gegenwart des Hochw. und Durchlauchtigsten Herrn Herzog Ferdinand zu Braunschweig und Lüneburg etc, am Tage der Wiederherstellung der Magdeburgischen Loge zur Glückseligkeit am 28sten Sept. 1778 gehalten vom Redner der Loge [d. i. Melchior Sam. Nicolai]. Magdeburg [1778]: Hessenland. 11 S. 4⁰ [Umschlagtit.]
Kl. 999. Selten. Thema: Die Tugend allein macht den Menschen wahrhaft glücklich, weil sie ihm eine wahre beständige Zufriedenheit u. seine wahre Grösse schenkt.

**Rede** bey der hohen Gegenwart des Durchlauchtigsten Herzogs Carl von Mecklenburg, in der Loge zum gekrönten goldenen Greif zu Neubrandenburg gehalten am 30sten Sept. 1777. Neubrandenburg [1777]: Korb. 11 S. 4⁰ [Umschlagtit.]
Kl. 947. Selten. Üb. d. Gesinnung e. Frmrs.

— von Deutschland gehoffte, Sr. Exc. des preußischen Premier-Ministers beim Schluß des Landtags 1870. Von einem Nichtpreußen. Berlin 870. Lüderitz' Verl. gr. 8. (30 S.) n. 5 ngr.

**Rede** eines christlichen Geistlichen am Grabe eines Juden [Marcus G. Dreyfus]. Frankfurt a. M. 1877. V: *Furrer, Konrad.* (BSchwLk V, 10e)

—— eines evangel. Geistlichen, nach Beerdigung seines Kindes am Altare gehalten. 8. (1 B.) Schleiz 843, Wagnersche Bh. *

F. M. W. Rede bey Gelegenheit da . . . Vater Norbert Boecius, des Ordens des Heiligen Johann von Gott, seine fünfzigjährige Ordensprofession . . . erneuerte, vorgetragen von einem Priester F. M. W. Preßburg 1799: Landerer. 22 S. - 180 mm

**Rede** bei der feierlichen Gelübdeablegung der Novizin Maria Louisa Joachim in der Klosterkirche zu St. Joseph vom 27. Herbstmonat 1860. Solothurn 1860. V: *Hänggi, Peter.* (BSchwLk V, 10 e)

**Rede** des K. K. Oesterr. vorsitzenden Gesandten beim deutschen Bundestage zu Eröffnung desselben. Frankf. a. M. 1816. V: *Buol-Schauenstein, Joh. Rudolph Graf von.* (Wa)

— des k. k. österr. vorsitz. Gesandten beym deutschen Bundestage zur Eröffnung desselben. 4. Frankfurt a. M. Andreäische Buchh. 817. — 3

**Rede** über den Gesetzentwurf bezüglich der gegenseitigen Hilfskassen. [Dresden 1875.] V: *Bebel, Aug.* (Kat. d. stat. Bureaus. Dresden 1890.)

**Rede** über das Glück der Mäurerey. Gehalten in der Mutterloge zu den drey gekrönten Sternen von Br. Redner S—d. Im Orient von P[rag 57] 3/12 (84 [1784]. V: *Schoenfeld, Ferd. Edler von.* (Grolig, Die Freimaurer-Bibliothek in Brünn. Wien 1908. S. 69.)

Rede am Grabe von Herrn Albert Bürkli sel. s. [Freuler, Wilhelm].

**Rede** am Grabe des Major Joseph von Stapf den 17. September 1846. Ulm, Druck von Nübling 1846. 8. 2 Bl.
v. Stapf war Mitgründer der Loge Karl z. d. 3 Ulmen in Ulm.

—— am Grabe Sr. Hochwürd. Magnif. d. Hrn. Prälaten D. Joh. Aug. Heinr. Tittmann, am 2. Jan. 1832 gehalt. v. rc. Ch. G. L. Großmann, hrsg. u. mit e. biograph. Skizze d. sel. Hrn. D. Tittmann begl. v. W. Th. M. Becher. gr. 8. (2 B.) Leipzig, (Fest.)

**Rede** gesprochen an dem Grabe des vollendeten Br. Hanns Karl v. Welser, nebst zwei Trauergesängen. Den 2ten Mai, 1800. o. O. [1800]. 4 Bl. 4⁰ [Umschlagtit.]
Kl. 1417. Gedächtnis des Verstorbenen. 193. 358a.

**Rede** von der Grösse der Seele an dem feierlichen Stiftungstage des Ordens der Standhaftigkeit in der Prudenzienloge gehalten von dem Bruder Redner. o. O. 1766. 20 S. 8⁰.
Sehr selten. 31.

**Rede** in der Loge Gust[av] Ad[olf] zu den drei Strahlen zu Stralsund, gehalten zum Geburtsfeste des Br. Hofer. 1810.
Kl. 1165.
*[Kalender f. d. Prov.-Loge von Mecklenburg. 8 (1831) S. 144.]*

**Rede** eines Gutsherrn an seine Unterthanen in Oestreich. Prag u. Wien 1799. V: *Keess, Franz Georg Edler v.* (ML)

**Rede** des alten Gutmanns im Dorfe N. N. an seine Mitlandleute, als sie gegen ihre väterliche Obrigkeit sich auflehnen wollten. [2. Ausg.] O. O. 1795. V: *Armbruster, Joh. Mich.* (zuwzür)

— eines Haudegen über den Abgeordnetentag u. die großpreußische Politik. Leipzig 866. Priber. 8. (32 S.) 3 ngr.

HEILIGE Rede zur Empfehlung der Priesterehe. Von einem katholischen Priester. Aus dem Ungarischen übersetzt. Samt ein paar andern Aufsätzen. Presburg 1783. o. Dr 61 S. - 8°

**REDE**, Heilige, zur Empfehlung der Priesterehe. Pressburg (Flick in Basel). 1783.
Weller, fing. Druckorte.

**Rede** bei der Hinrichtung des Wolfgang F[ischbacher] am 14. Dezember 1861. Innsbrück [1861]. V: *Mader, Johann.* (margr)

**Rede,** gehalten bei der Hinrichtung des J[ohann] R[imml] zu Innsbruck am 3. Juli 1840. Innsbruck [1840]. V: *Hörmann, Gregor.* (margr)

**Rede,** welche bei dem Hintritte des Durchl. Fürsten, Herrn Ludwig VIII., Landgrafen zu Hessen-Darmstadt . . . dem Druck übergeben worden. O. O. [1768]. V: *Behaghel Edl. von Hack, Jac. Wilh.* (Kl)

**Rede,** welche bey dem höchst schmerzlichen Hintritt des Durchlauchtigsten Fürsten und Herrn Herrn Ludwig des VIII. Landgrafen zu Hessen u. s. w. in einer ansehnlichen Versammlung gehalten und auf Verlangen dem Druck übergeben worden. [Frankfurt a. M.] 1768. V: *Hack, Jakob Wilhelm Behaghel, Edler von.* (Kl 1313) (wolfstieg I, 864)

**Rede** auf den Hintritt Ihrer kaiserl. königl. apostol. Majestät Marien Theresien gehalten an den jungen Adel des Löwenburgischen Kollegiums, den 23. Dec. 1780. Wien 1781. V: *Uhlich, Gottfried.* (biblport)

**Rede** an die Hospitaliten des neuen Spitals zum heil. Geist. . . . Nürnberg 1790. V: *Waldau, Georg Ernst.* (MGT)

**Rede** bey der ausführlichen Huldigung in Lübben. O. O. 1768. V: *Lynar, Rochus Friedrich Graf zu.* (ML)

—des Oberlandrabiners J— zu H., übers. u. mit Anmerkk. versehen v. Chr. G. Meyer. 8. Götting. 782. Vandenhöck u. R. 4 gr

**Rede** zur ersten Jahres-Feier der österreichischen Reichs - Verfassung vom 4. März 1849. Kronstadt 1850. V: *Georg, Albert.* (Trausch)

**Rede bey der Jahresfeier, gehalten in der Loge zur Wahrheit und Einigkeit im Orient von P[rag] 1784. [Prag:] Schönfeld.**

**Rede** am Jahres-Schluss, mit Bezug auf die alte unabänderliche wahre Frey-Maurerey gehalten in der hochw. Prov.-Loge von Schlesien in Breslau von einem Mitgl. der sehr ehrw. ger. u. vollk. St. Joh.-Loge zur Glocke daselbst am 31. Dez. im Jahre des Herrn 1810 und der Maurerey 5810. Tadmoron [1811]. 11 S. 4°
Kl. 1161e. Selten. 23.

**Rede.** Gesprochen am Jahres Schlusse in der Loge zur gekrönten Schlange im Or. zu Görliz den 31. Dez. 1810. [Unterz.:] J. Zu mehr bleibender Erinnerung f. Brr u. Schwestern abgedr. [Görlitz 1810]: Heinze. 9 Bl. 8° [Umschlagtit.]
Kl. 1164. Üb. Liebe. 193. 342. 358a.

**Rede. Gesprochen am Jahresschlusse in der Loge zur gekrönten Schlange im Oriente zu Görliz [!] den 31. Dezember 1810. [Görlitz 1811:] Heinze. 9 Bl. 8°.**
430.

**Rede** am Jahrestage der Schlacht bei Eggmühl bei dem feierlichen Trauergottesdienst . . . Regensburg 1811. V: *Weinzierl, Cölestin.* (Lindner)

Rede, welche den 25. Jan. 1776 in d. Freymaurer Loge zum goldnen Schwert zu Wesel ... gehalten worden,
s. Chappuzeau

**Rede** die den 24. Jenner 1778 in der Deputations-Loge la Royale Yorck von der Freundschaft zu Potsdam am hohen Geburts-Tage Friederichs des Grossen gehalten ward von Bais, übers. von L[n]. Potsdam 1778. 4 S. 8⁰ [Umschlagtit.]
Kl. 994 b. Preis des Königs. 23.

**Rede** auf den heil. Ignatius. Regensburg 1775. V: *Buz, Erhard.* (MGT)

**Rede, Eine,** über den Illuminaten-Orden, gehalten im Dezember 1793. Regensburg [Hannover] 1794. V: *Grolmann, Ludwig Adolph Christian von.* (Kl) (Wr)

— üb. d. Illuminatenorden, gehalten in einer Freimaurer-Loge im Dec. 1793. 8. Hannov. 794. Hahn. 2 gr.

**Rede,** welche bey dem Installations-Feste der Loge Friedrich zum Tempel zu Hildesheim den 24sten Jänner von einem alten Br.*. Mr.*. gehalten worden 1775. [Hildesheim 1775.] V: *Rohr, Friedrich.* (wolfstieg I, 97)

**Rede** am Installationsfest in der Loge P[forte] z[ur] E[wigkeit] i. O[r] v. Hildesheim gehalten vom Mstr. v. St. Im Jahre 1792. [Hildesheim 1792.] V: *Sander, Georg Heinrich.* (wolfstieg I, 128)

**Rede** bey Installirung der neuen Loge zu Anklam Julius zu den drey empfindsamen Herzen gehalten von einem Br. dieser neuen Loge den 10 ten April 1776. Stettin [1776]: Effenbart. XVI S. 8⁰ [Umschlagtit.]
Gelegenheitsworte u. Betrachtung üb. die Pflichten der Frmr. 23.

**Rede, Interessante,** eines Ungarischen Geistlichen über das Ungeheuer, den Krieg ... Magdeburg 1778. V: *Walther, Gottfried.* (MGT)

**Rede** am Johannisfest. Beantwortung einer Frage. Erlangen o. J.
[*Will, F.: Gesch. d. L. Libanon z. d. 3 Cedern, Erlangen. 1907 S. 290.*]

**Rede** am Johannisfeste bey der Aufnahme des Br. v. D[zierzanowsky] gehalten in den vereinigten Logen zu den 3 Schwerdtern und zu den wahren Freunden zu Dresden von dem B. v. R. den 30. Junii 1780. [Dresden 1780.] V: *Racknitz, Joseph Friedrich Freih. von.* (wolfstieg, 750)

**Rede** am Johannisfeste bey der Aufnahme des Br. v. D. gehalten in den vereinigten Logen zu den 3 Schwerdtern und zu den wahren Freunden zu Dresden von dem M. v. St. B. v. R. den 30 Juni 1780. 8. 4 Bl.

**Rede.** Zum Johannisfeste bei der Loge Constantia zur gekrönten Eintracht in Elbing 57$\frac{8}{24}$94 von G. Elbing, den 24sten Aug. 1794. [Elbing 1794]: Nohrmann. 46 S. 8⁰
Üb. Aufklärung. 258.

**Rede,** an dem feyerlichen Johannisfeste 5.·. 7.·. 77.·. in der ger. und vollk. Loge zu den dreyen Schlüsseln in Regensburg vorgetragen von dem Br. Redner. [Unterz.:] .·. W.·. No 28.·. [Regensburg]: Gedr. auf Kosten d. Loge [1777]. 20 S. 4⁰ [Umschlagtit.]
Von der Tugend. 23.

**Rede an dem feierlichen Johannisfest 5. 7. [17]77 in der Loge zu den dreien Schlüsseln in Regensburg, vorgetragen von dem Bruder Redner. Gedruckt auf Kosten der Loge.**
Zit. in: Die Mysterien der Loge nach dem officiellen Catechismus und eigener Anschauung. Dargestellt von Georg Aumiller. Frankfurt a. M.: Foesser 1884.

**Rede** am Johannesfeste 5. 7. 90.·. in der ger. u. vollk. Loge der wachsenden zu den dreyen Schlüsseln in Regensburg fürgetragen von dem Redner. [Unterz.:] H.·. [Regensburg]: Selbstverl. d. Loge [1790]. 11 S. 4⁰ [Umschlagtit.]
(Sammlung v. Frmrreden d. L. z. d. 3 Schlüsseln i. Regensburg. 54.)
Selten. Üb. die Ehrwürdigkeit u. Nützlichkeit des Frmrbundes u. die Weisheit seiner Einrichtungen.

**Rede** am Johannisfeste 1847 in der Loge F[erdinand] z[ur] G[lückseligkeit] im O. zu Magdeburg gehalten und als Ms. f. Brr. dem Druck überlassen von Br. Z. Magdeburg 1847. V: *Zerrenner, Carl Christoph Gottlieb.* (wolfstieg II, 100)

**Rede welche an dem Johannisfeste des 1750sten Jahres in der regelmässigen Freymaurer-Loge zu den drey Hammern [in Naumburg] gehalten worden von dem Bruder Redner. Dieser ist beygefüget ein Gedichte zum Lobe der Maurerey. Frankfurt u. Leipzig: Griessbach in Comm. [1750]. XXIV S. 4⁰**
Kl. 814. Selten. Üb. d. Gesinnungen e. Frmrs u. d. Vortrefflichkeit der Mrei. 23.

**Rede** gehalten am Joh.-Feste den 24. Juni 1870 in der Gr. Landesloge ... zu Berlin, welche an diesem Tage gleichzeitig das 100jährige Stiftungsfest feierte. O. O. V: *Friedrich Wilhelm Prinz von Preussen.* (TT)

**Rede,** welche am Johannis-Feste in der Grossen Loge der Freymäurer [in Berlin] gehalten worden. Berlin: Haude 1743. 4 Bl. 4⁰ [Umschlagtit.]

Abgedr. in: Anh. z. Constitutionen-Buch d. Fr.-Mr. 1743 S. 141—148; 1762 S. 141—148; Neue Europ. Fama. 97 (1743) S. 18—25; Der sich selbst vertheidigende Frmr. 1744 S. 187 - 194; Verordnungen d. Frmr. 3. Aufl. 1744 S. 274—283; L. 11 (1888) S. 130—131. Sehr selten. Üb. die Pflichten der brüderlichen Liebe. KB.

**Rede bei dem Johannisfeste der Loge zu Hildesheim 1775.**

*[Neumüller, J. W.: Hs. Catalog d. Grloge Carl z. d. drei Schlüsseln, Regensburg. 1881 Nr 337.]*

**Rede** gehalten am Johannisfest 1872 in der Loge zum Tempel der Eintracht in Posen. Posen 1872. V: *Schaper, Karl Heinrich Julius.* (wolfstieg II, 377)

**Rede** am Johannis-Tag 5802 in der ger. und vollk. Loge Apollo zu den drei Acacien in Leipzig gehalten von dem Br. Redner C. L. S. Leipzig 1802. V: *Seebass, Christian Ludwig.* (wolfstieg II, 419)

**Rede am Joh.-Tage 5802 in der L. Apollo zu den drei Acacien in Leipzig, von dem Br. Redner C. L. S. 4 S.**

Kl. 1181 c. 24.

**Rede** in der sehr ehrwürd. Frey-Mäurer-Loge Jonathan zu Braunschweig gehalten d. 20. October 1761. Wolffenbüttel. V: *Stueven, von.* (SJL)

**Rede** bey der Josephsfeier gehalten in der Loge zur Wahrheit und Einigkeit. Im Orient von P[rag]. Prag [1784]. V: *Cornova, Ignaz.* (Grolig, Die Freimaurer-Bibliothek in Brünn. Wien 1908. S. 17.)

Rede auf die hohe Jubelfeyer Seiner Hochwürden... Leodegarius des I. [Salzmann], Abtes des unmittelbaren Stiftes... Engelberg. Gehalten den ersten Brachmonats, 1794. 8. *o. O.* 1794.

**Rede** am Jubeltage des Westphälischen Friedensschlusses ... Wittenb. 1748. V: *Müller, Gottlieb.* (ML)

**Rede,** gehalten den 5ten Julii 1768 in den vereinigten Logen von den drey Weltkugeln und der Eintracht [in Berlin], von dem Redner der Loge der Eintracht. Berlin [1768]: Decker. 10 S. 8⁰

Kl. 882 b. Üb. die Ursachen der Freude an diesem Tage, Mahnung zur Liebe u. Dankbarkeit gegen den Bund. 23.

**Rede** an neun Jünglinge am Feste Johannis des Täufers von E*e. Für jene denen die Veranlassung bekannt ist. O. O. 1784. V: *Ebe, Lukas.* (Journal für Freymaurer. Wien 1784. 1787. I. Jg., Bd. II, S. 255; Bd. III, S. 232) (L. Abafi, Geschichte d. Freim. 4/357) (BIBLPORT) (wolfstieg I, 670)

**Rede, P. Cajetan's,** bey der Einführung der theologischen Lehranstalt in Würzburg. München 1809. V: *Stumpf, Andreas Sebastian.* (MGT)

Rede, die kaiserliche, u. die deutsche Schule der Zukunft. Vom Standpunkte e. jüngeren Fachgenossen beleuchtet. gr. 8. (40 S.) Berl. 891, Nicolai's Verlag. * — 60

**Rede** in der Loge Karl zum Rautenkranz, Hildburghausen. 1789. 4⁰

*[Neumüller, J. W.: Hs. Catalog d. Grloge Carl z. d. drei Schlüsseln, Regensburg. 1881 Nr 35.]*

— über Katholiken-Vereine u. die Klosterfrage. Gehalten bei der II. General-Versammlung des Katholiken-Vereines in Linz, am 26. Oktbr. 1848. Von A. G. v. M. 8. (16 S.) Linz 849, Ebenhöch. 1 1/2 ngr

— Sr. Maj. des Königs von Preußen gehalten am 6. Februar 1850 im Königl. Schlosse zu Berlin vor Beeidigung der Verfassung. 1 Blatt in gr. Fol. Berlin 850, Romolini. 1/2 ngr

— die Königliche, an einen kathol. Bischof, oder: Wer war Sailer, und was wollte er? Ein Friedenswort in die religiösen Wirren unserer Zeit. gr. 8. Frankfurt a/M. 842, Andreäische Buchh. 3/8 rß

REDE, welche bey Gelegenheit der feyerlichen Consecrirung der Kirche in der Vorstadt Blumenthal der kön. Freystadt Pressburg, am zweyten Sonntag nach Ostern gehalten worden ist. Pressburg 1810. Gedr. bey Karl Kaspar Snischek. 14 f. - 4⁰

**Rede auf die Constitutionsfeier der sehr ehrw. Loge zur L[iebe] und W[ahrheit] im Or.·. von W[ien], gehalten am 24. 2. 1791. [Wien] 1792. 38 S. 8⁰**

cf. FZ. (Wien) 2 (1875) S. 101—104 (G. Brabbée).
Sehr selten. Eifert gegen entartete Söhne der K. K., schildert das Wirken des echten „frommen" Mrtums u. feiert Leopold II.

**Rede, Kurze und patriotische,** an die am 15. Okt. zur Rettung des Vaterlandes wieder einberufenen Landstände. O. O. 1815. V: *Heinrich Herzog zu Württemberg*. (Kat. d. ständ. Bibl. Stuttg. 1907. S. 257.)

**Rede** Seiner Excellenz des Herrn Landammann bey Eröffnung der Tagsatzung den 4. Brachmonat 1804. [Bern 1804.] V: *Wattenwyl, Rudolph v.* (Cat. d. Stadtbibl. Zürich. Zürich 1864—97.)

— des Landbeamten zu ***, einer nordbaierschen Landstadt, an d. versammelte Gemeinde, bei d. Publication d. königl. Aufrufs an die baiersche Nation d. 6. Juli 1809. gr. 8. Sulzb. 809. v. Seidel. 2 gr.

Rede an die Herren Land-Leute von Glarus.... Glarus s.a.[Steinmüller, Jacob].

**Rede** an die Herren Land-Leute von Glarus, gehalten den 1. Mai 1765. O. O. 1765. V: *Steinmüller, Johann Rud.* (Cat. d. Stadtbibl. Zürich. Zürich 1864—97.)

**Rede** eines Tiroler Landmanns an die Versammlung der Stände. [Innsbr.] 1790. V: *Lodron, Franz Graf von.* (Margr) (BiblPort)

— eines Landpfarrers im Erzbisthum Mainz üb. d. Quellen jetziger unglücklicher Zeiten rc. gr. 8. Helmstädt, Fleckeisen. 796.

**Rede** an das Landvolk vom Weinsammeln der Bettelmönche. O. O. 1781. V: *Hiltenbrand, Anton.* (MGT)

**Rede** bey der Legung der Grundsteine zu dem künftigen Museums-Gebäude ... Karlsruhe 1813. V: *Sander, Nicolaus.* (MGT)

**Rede** bei dem feierlichen Leichenbegängnisse der ... Frau Agnetha v. Hedwig Ehegemalin des Kronstädter Stadtpfarrers Johann Teutsch gehalten in der evangel. Pfarrkirche zu Kronstadt, am 18. Jänner 1818. Kronstadt. V: *Neustädter, Martin.* (PK 2/875) (WBL 44/96) (BiblPort)

**Rede** über Leopold II. Leipzig 1792. V: *Hommel, Rudolph.* (Ky)

— üb. Leopold II. (von R. Hommel). gr. 8. Leipz. 792. (W. Rauck). 3 gr.

**Rede** auf Leopold II. bei der von der Bürgerschaft von Grätz ... veranstalteten Trauerfeierlichkeit ... Grätz 1792. V: *Leitner, Cajetan Franz v.* (ADB) (GGr) (WBL)

**Rede** in der Loge Libanon. Erlangen 5785. 4⁰
*[Neumüller, J. W.: Hs. Catalog d. Grloge Carl z. d. drei Schlüsseln, Regensburg. 1881 Nr 33.]*

**Rede** von der Liebe zum Vaterland, Gewidmet den Weisen der Eydgenöss. Gesellschaft zu Schinznacht. Freyburg im Üchtl. 1764. V: *Gugger, Frz Phil.* (AarK)

**Rede,** Lieder und Beschreibung der Gedächtnissfeier ... Breslau 1848. V: *Fritz, Gust.* (Kat. d. Druckschr. üb. Breslau. Breslau 1903. S. 39.)

**Rede** gehalten in der Loge zu den drei Disteln. Frankf. a. M. 1779. V: *Haack, Wilhelm von.* (Kl)

**Rede** gehalten in der Loge zum Füllhorn in Lübeck ... 1791. O. O. V: *Brönchen.* (Kl)

**Rede** in der ger. und vollk. Loge zum hellen Licht zu Hamm bey der Feyer der Thronbesteigung Friedrich-WilhelmsIII. gehalten. [Hamm 1797.] V: ***Wülfingh,*** *J. J. E.* (wolfstieg I, 788)

Rede in der Loge z. stillen Tempel i. O. v. Hildesheim am Johannisfeste 5796, s. Cappe, August Wilhelm Heinrich

**Rede** in der ger. u. vollk. Loge z[um] st[illen] T[empel] i. O. v. H[ildesheim] am Johannisfeste 5796 gehalten und dem sehr ehrwürdigen Mrtr. v. St. R—r. aus herzlicher Achtung und Liebe gewidmet von C. [Hildesheim] [1796]. V: *Cappe, August Wilhelm Heinrich.* (wolfstieg I, 128)

*Absalom z. d. 3 Nesseln:* **Rede ao 1744 in der Loge zu Hamburg gehalten.** 1744. 4⁰.
Sehr selten. — Cit. in Verzeichn. antiquar. Schriften (Beyer, Bernh.: Katal. der Samml. des Allg. Freim.-Museums der Grl. zur Sonne. Bd. 1. Nr. 94).

**Rede** in der Loge zu den drey Sternen zu Anspach. Gehalten von dem Redner der Loge zur Sonne in Bayreuth am Johannis-Fest. [Anspach] 1780. 2 Bl. 4⁰ [Umschlagtit.]
Kl. 1019? Selten. Worte der Freude üb. das gute Einvernehmen zwischen der Bayreuther u. Ansbacher Loge. 341.

— gehalten zu Mainz, im Tempel d. Vernunft, im Advent 1797, gewidm. d. göttl. Stifter d. christl. Religion, v. einem kathol. Geistlichen. gr. 8. Helmst. 798. Fleckeisen. 2 gr.

**Rede** als Manuscript für wenige Brüder ... Berlin 1775. V: *Wöllner, Joh. Christoph von.* (KI)

**Rede** auf Marien Theresien an ihrem Geburtstage gehalten. Wien 1763. V: *Sonnenfels, Jos. v.* (weber)

Maurerische **Rede** welche in der sehr ger. und v. ▭ zu den drey Balken des neuen Tempels zu M[ünster] im vorigen Jahre den $\frac{14}{2}$ gehalten wurde. [Münster 1791.] 11 S. 4⁰ [Umschlagtit.]

Kl. 1102, Tt. 2170. Sehr selten. Thema: Liebe zum Nächsten ist Geist u. Zweck der Frmrei. 193. 232. 281.

**Rede** des Meisters vom Stuhle am Johannisfest 1821 gehalten in der Loge zum weissen Pferde in Hannover. [Hannover 1821.] V: *Schlegel, Johann Carl Fürchtegott.* (wolfstieg I, 222)

**Rede** an das vaterländische Militärkorps bey Gelegenheit seiner feyerlichen Begleitung der Reliquien der Thebanischen Märtyrer ... Sitten. [1819.] V: *Berchtold, J. A.* (Cat. d. Stadtbibl. Zürich. Zürich 1864—97.)

Rede, mit welcher der Administrator der evangel. Superintendenz A. K. diesseits der Donau den zu Trentschin am 28. Oktober und den folgenden Tagen abgehaltenen Distriktual-Konvent in slavischer Sprache eröffnete. Pesth, 1856. Gedr. bei Landerer und Heckenast. (13 S. 8.)

**Rede an seine Mitbürger Bey Gelegenheit der verwüstenden Wasserüberströmung, welche in hiesiger Stadt und Landschaft den 27. u. 28. Febr. 1784 grausam gewüstet hat. Nürnberg. V: *Pfahler, Isaak.* (G. A. Will, Von der ... Überschwemmung, S. 5) (biblPort)**

**Rede** eines Mitglieds der Loge Alexander zu den drey Sternen [in Ansbach], über das Absterben des [Brs] v. Reizenstein. [Ansbach] 1778. 2 Bl. 4⁰ [Umschlagtit.] 430.

**Rede** von einem Mitgliede des ehrw. Freimaurer-Ordens gehalten an einem Versammlungstage in der Loge zu den dreien Schlüsseln in Regensburg. 5. 7. 68. [Regensburg 1768.] 15 S. 4⁰ [Umschlagtit.]

1 in: Sammlung einiger Frmrreden d. L. in Regensburg. 1773.

Kl. 883. Selten. Zeichnet das Bild e. rechtschaffenen Frmrs. 193.

**Rede** eines Mitgliedes des hochlöblichen Grossen Rathes des Kantons St. Gallen ... als Beitrag zu der ... Schrift: »Ein Wort zu seiner Zeit« ... Lichtenst. [1830]. V: *Müller, Joh. Bapt.* (Cat. d. Stadtbibl. Zürich. Zürich 1864—97.)

**Rede** am Namenstage der Kaiserin Königin (Maria Theresia). Wien 1777. V: *Bretschneider, Hch. Gottfried von.* (Denkwürdigkeiten aus dem Leben des kk. Hofrathes Heinrich Gottfried von Bretschneider 1739—1810, hg. von Karl Friedrich Lynger [= Jaques Eisenstein]. Wien u. Leipzig 1892. S. 363) (biblPort)

— d. Kaisers Napoleon am 19. Dec. 1813 in d. gesetzgebenden Versammlung. 8. Paris. (Leipz., Rein). 4 gr

**Rede** am Neujahrsfeste 5.·. 7.·. 79.·. in der ger. u. vollk. Loge zu den dreyen Schlüsseln in Regensburg, fürgetragen von dem Br. Redner. [Unterz.:] W.·. N. 31.·. [Regensburg]: Gedr. auf Kosten d. Loge [1779]. 22 S. 4⁰ [Umschlagtit.]

Üb. das Gewissen. 368 a.

**Rede über die Nothwendigkeit eines ächten Tugendwandels zur Erlangung der Kenntniss der Geheimnisse des Herrn. 1784. 31 S. 8⁰**

Gehalten in der Loge „Zur Goldnen Himmelskugel" in Glogau. 74.

REDE eines alten Novizenmeisters aus dem Franziskaner-Orden an seine Zöglinge bei ihrer Klosterprofession. O. O. 1782. 8⁰.
Beck, Nördl., Cat. 116.

**Rede** eines uralten Novizenmeisters aus dem Franziscaner-Orden an seine Zöglinge. München 1782. V: *Schuhbauer, Thomas Joachim.* (MGT)

— e. alten Novizenmeisters aus d. Franziskanerorden an seine Zöglinge. 8. Münch. 782. Strobl. 5 gr

— üb. d. Nutzen d. Wissenschaften u. Künste. 8. Berl. 773. Voss. 3 gr

Vgl. R e d e n ...

**Rede** eines Officiers und Mitgliedes der Africanischen Bauherren-Loge an seine Brüder den 28. Merz 1773. Berlin [1773]: Decker. 16 S. 8⁰

Kl. 903. In Versen. Üb. die Gesinnungen eines wahren Bauherrn. 23.

**Rede** von den Pflichten der Unterthanen gegen ihre Regenten. München 1780. V: *Buz, Erhard.* (Ky)

— v. d. Pflichten d. Unterthanen gegen ihren Regenten. 8. München, Lentner. 780.

*Z. Einigkeit:* Poetische **Rede** ao 1745 in der Loge zu Frankfurth gehalten. 1746. 4°.
Cit. in Verzeichn. antiquar. Schriften (Beyer; Katal. der Samml. des Allgem. Freim.-Museums der Grl. zur Sonne. Bd. I, Nr. 94).

Rede // Eines Predigers // an seine Gnädige // Hohe Oberkeit /// aus anlaß einer verledigten // DECANAT-Stelle. // Auf Begehren erläutert, und zum Truck // übergeben. // BERN, // Gedruckt und zu finden in der Oberen Druckerey, // bey Emanuel Hörtin. 1729. - 216 S. und noch 3 Blatt (nicht paginiert) Register.
B. S. T. 8°.65.

— bei Gelegenheit einer Primiz Feier, mit Hinblick auf das Bedürfniß d. Zeit. 8. Augsb. 825. Bolling. 1¼ ß

Rede des Prinzen von Preußen in der preußischen National-Versammlung. Druck von A. Obit. 1 Bl. 4.
Flugblatt. Berlin, 8. Juni 1848.

**Rede** eines Professors an seine Zuhörer über die freywilligen Kriegsbeyträge, gehalten den 2ten Jänner 1783. Wien [1793]. V: *Mumelter von Sebernthal, Franz Joseph.* (Österr. Merkur 1793, S. 118) (margr) (WBL 19/457) (GGr VI/660 Nr. 6/8) (wrztg 1793, S. 400) (biblport)

**Rede, Eines Protestanten . . . auss Ungern . . . betrübte,** worinnen er die . . . Verfolgung der Protestanten in Ungern, Böhmen u. Schlesien beschreibet . . . O. O. 1740. V: *Libtai, János Mihály.* H: *Heldmann, Andr.* (BrMm)

**Rede** des Br. v. R. gehalten in der Loge der vereinigten Freunde am Rhein und der Nahe . . . 5809. Kreuznach. V: *Recum, von.* (Kl)

— des Doctor Cyankalius Rebschnur über die Reform des Gefängnißwesens, gehalten in der jüngsten Sitzung der Weltverbesserer in Babilonopolis. Wien 867. Mayer & Co. gr. 8. (33 S.) n. 3 ngr.

——, gehalt. am Richtplatze, v. e. Priester ꝛc., als am 16. Sept. 1830, Carl P******* durch den Strang hingerichtet wurde. 8. (½ B.) Wien, Wimmer.

——, gehalt. am Richtplatze, v. e. Priester ꝛc., als am 17. Sept. 1829 Lorenz St***** durch den Strang hingerichtet wurde. gr. 8. (½ B.) Wien, Wimmer.

Rede, gehalt. am Richtplatze, v. e. Priester der Congregation d. allerheil. Erlösers, bey Gelegenheit, als am 26. Aug. 1830, Franz H***** durch d. Strang hingerichtet wurde. 8. (1 B.) Wien, Wimmer. Thlr.

**Rede** bey der Richtung des neuen Schauspielhauses in Leipzig den 18. Julii 1766. O. O. [Leipzig]. V: *Michaelis, Johann Benjamin.* (Auct. Graupe, October 1918, Nr. 835) (Auct. Weigel, December 1906, Nr. 901) (biblport)

**Rede** von der Rose am 2. Sept. 1779, als am Stiftungstage der Loge zu den drei Rosen in Halle . . . O. O. V: *Francke, August Hermann.* (Kl)

Rede eines Sachsen an die mit Sieg und Ruhm gekrönten . . . Helden, s. Baumgarten-Crusius, Ludwig Friedrich Otto

**Rede** bei der ersten Sekularfeier der Heiligsprechung des heil. Johann von Nepomuk am 16. Mai 1829 in der zur Ehre dieses Martirers im Jahre 1729 erbauten Kirche zu Innsbruck am Innrain. Innsbruck 1829. V: *Reitenberger, Karl.* (margr)

**Rede** am Fest St. Johannes, in der drey Kronen Loge zu Kőnigsberg gehalten von einem Freunde der Wahrheit. Den 24ten Junii, 1787. Kőnigsberg: Hartung [1787]. 53 S. 8° [Umschlagtit.]
Kl. 1076b. Üb. die Aufklärung. 26. 193.

**Rede** bey der St. Johannisfeyer in der Loge der wahren vereinigten Freunde im Orient von B[rün]n . . . [Prag] 15785 [1785]. V: *Fischer, L.* (Grolig, Freimaurerbibl.)

**Rede** bey der St. Johannisfeyer in der Loge der wahren vereinigten Freunde im Or. von B[rünn]. Gehalten den 11ten des 7ten von L. F. Prag 1785. V: *Fischer von Ehrenbach, Wilhelm.* (wolfstieg I, 667)

Rede am Sarge der Frau Amalia Braß in Sternberg. (18. Febr. 1856.) Druck von W. J. Riesner in Sternberg. (2 Bl. 4.)

Rede am Sarge Napoleons. (Wohl Satire.) Germanien (Bamberg, Kunz) 1816.
Weller, fing. Druckorte. — Rar!

Rede am Sarge des Friedrich Wiedmer, weiland Pfarrvikar in Wangen, gehalten zu Madiswyl, den 19. Christmonat 1831. 8. Wangen 1832.

**Rede** gehalten am Sarcophage Friedrich Wilhelm's III. in der Trauer-Loge zu Düsseldorf, am 27. Juni 1840. Düsseldorf 1840: Wolf. 20 S. 8° [Umschlagtit.]
Kl. 1492. Preist den Verstorbenen als König u. Mensch. 23.

—— gehalten am Sarcophage Friedrich Wilhelm's III. in d. Trauer-Loge zu Düsseldorf am 27. Juni 1840. gr. 8. (1¼ B.) Düsseldorf. (Sondershausen, Eupel.)

Rede über die Schlacht bei Trautenbach. 4. Wien 1778.

**Rede,** welche beim Schlusse des Jahres 1758 in der Loge der F. M. in Petersburg ist gehalten worden, von dem Br. St. o. O. [1785]. 4⁰
Kl. 839.

**[Rede.]** Am Schlusse des Jahrs 1777, in einer feyerlichen Versammlung der Loge zu den drey Weltkugeln in Berlin. Berlin [1778]: Decker. 4 Bl. 8⁰ (Sammlung neuer Frmr-Reden. 2, [3].)
Abgedr. in: Frmr-Bibliothek. 1 (1778) S. 175 bis 177; 2. Aufl. 1782; 3. Aufl. 1792.
Kl. 964. Gelegenheitsrede.

**Rede** bei dem Schlusse des Jahres, der am 30. December 1772 gehaltenen feierlichen Versammlung ... vorgetragen ... Berlin. V: *Torsches.* (KL)

**Rede** beym Schluss der Loge, als unser durchlauchtigster Protektor [Alexander, Markgraf von Brandenburg und Bayreuth] nach beglückter Zurückkunft von dero Reisen selbige [d. i. die Loge „Alexander z. d. 3 Sternen“ in Ansbach] zum erstenmahle wieder besucht hatten. o. O. u. J. 2 Bl. 4⁰. [Umschlagtit.]
Sehr selten. 21.

**Rede** über die Schrecken des Todes ... Nürnberg 1786. V: *Weishaupt, Adam.* (KL)

**Rede** bey dem Wolfenbüttelschen Schul-Examen ... 1780 gehalten. Braunschweig 1780. V: *Heusinger, Conrad.* (MGT)

**[Rede.]** Dem guten Senior der □ z[um] g[oldnen] A[pfel] Christian Friedr. Geyer als er seine letzte Reise nach Osten angetreten bei seinem Grabe am Morgen des 2. März 1813 gesprochen. Geb. den 29. Nov. 1742. Gest. den 26. Febr. 1813. Dresden [1813]: Gärtner. 8 S. 8⁰ [Umschlagtit.] 110.

— gehalten am 17. Sept. 1825, bei Gelegenheit d. Aufstellungs-Feierkeit, des d. verstorb. Feldzeugmeister, Grafen Hieronymus v. Colloredo-Mannsfeld gewidm. Denkmals, bei Arbisau in Böhmen. Prag, Enders. 2 gr.

**Rede** über Sinn und Wesen der Geschichte. [Weimar 1817.] V: *Rommel, Dietrich Christoph.* (MGT)

**Rede,** so die neue Schule der dabey vergnügten Stadt Lauban bey dem Einzugsfeste ... gehalten hat. Lauban 1764. V: *Thomas, Johann George.* (ML) (OI)

**Rede** eines Staatsbürgers an einige seiner Mitbürger ... Osnabrück 1781. V: *Vezin, Heinrich August.* (KY) (MGT)

— eines Staatsbürgers an seine Mitbürger, nebst ihrer Antwort (v. H. A. Vezin). 8. Osnabrück 781.

—— Christophs von Stadion, Bischofs von Augsburg, vorgetragen in der zu Dillingen im J. 1517 gefeierten Synode. Aus dem Latein. übers. u. mit e. Vorw. hrsg. v. Al. Lerchenmüller. gr. 8. (2 B.) Augsburg 843, (Schmid'sche Buchh.)

**Rede** gehalten vor dem äussern Stand in Bern. O. O. [1767]. V: *Walther, Gottlieb.* (Cat. d. Stadtbibl. Zürich. Zürich 1864—97.)

— an die Ständeversammlung d. Großherzogth. Baden, entgegengesetzt d. Rede d. Hrn. Hofrath v. Rotteck ꝛc. von e. wahren Katholiken. gr. 8. Karlsr. 819. (Bamb., Drausnick). 4 gr.

**Rede** bei der Stiftungsfeier der L. Gustav Adolph zu den drei Strahlen in Stralsund, den 22. März 1824. 11 S. 4⁰
Kl. 1232.

**Rede** bei der 60 jährigen Stiftungsfeier der Loge Balduin zur Linde [in Leipzig] 1836. [Leipzig 1836]. 3 Bl. 4⁰ [Kopftit.]
Kl. 1261 b. Beantwortung der Frage: Wo ist des Maurers Heimat? 193.

Rede eines Stubenmädchens an ihre Mitschwestern, gehalten in einer am zweyten Sonntage nach Pfingsten im Pratter (!) angeordneten allgemeinen Stubenmädchenversammlung: als ein Beytrag zur Verewigung der Broschüre über die Stubenmädchen in Wien und der kurz darauf nachgefolgten Schutzschrift. — O Hunger! o Hunger! was bist du für ein seltsames Ding! Da du immer so unzählige Missgeburten von Schriften zur Welt gebährst. Du beförderst zwar das Papierkonsumo, vertheuerst aber gewaltig die Lumpen. O Hunger! o Hunger! Was bist du für ein seltsames Ding! — Wien, zu finden bey Joh. Georg Weingand, Buchhändler auf dem Graben Nro. 1174. 1781. 8⁰. 29 S. (In Wien, Stadtbibl.)
Auf S. 3 ein französ. Citat aus Boileau; S. 4 leer. — Näheres bei Gugitz p. 145—146.

Rede am Tage der Einweihung der neuerbauten Synagoge der jüdischen Gemeinde zu Floß am 22. Aug. 1817 gehalten von Rabbi Moses Ben Rabbi Abraham. 8. Sulzbach, Seidel. 818.

**Rede** am Tage der Gedächtnisfeier dem Andenken unseres [Br.] Hans Georg v. Thümen gehalten in der Freimaurerloge [Friedrich z. Beständigkeit] zu Zerbst von H. Am 10ten April 1816. [Zerbst 1816.] V: *Henning, Johann Georg Friedrich.* (KL 1446c) (WOLFSTIEG I, 942)

**Rede** welche am Tage St. Johannis in der Loge Augusta zur goldenen Krone zu Stargard gehalten worden. Stargard 1779: Kunst. 14 S. 8⁰ [Umschlagtit.]
Kl. 1013. Selten. Bild u. Charakter e. wahren Frmrs. 23.

**Rede** bei der Taufe des Durchlauchtigsten Erbprinzen Karl Friedrich Herzogs zu Sachsen-Weimar und Eisenach . . . 1783. O. O. V: *Herder, Johann Gottfried von.* (MGT) (GGr)

**Rede** bey einer Taufe nach einer gefährlichen Wasserfluth. [Riga 1807.] V: *Seltenreich, Carl Christian.* (MGT)

**Rede** in der vollk.·. und ger.·. Johannis □ Tempel zum vaterländischen Wohl am Morgen von Bruchsal abgehalten von dem Br.·. R.·. T. . . r. Bei der Affiliation des Br.·. Habers [!], sen.·. und des Br.·. Haber [!], jun.·. Am Morgen von Bruchsal den 2. des zweiten Monats im Jahr des W.·. L.·. 5810. [Bruchsal 1810.] 8 Bl. 8⁰ [Umschlagtit.]
Gesprochen bei Annahme zweier Juden. Beklagt die Judenverfolgungen u. religiöse Unduldsamkeit überhaupt; mahnt zur Erfüllung mrischer Pflichten.

**Rede, Eines frommen Schwedischen Theologi,** von dem Neuen Evangelio, wider die Orthodoxisten gehalten. Brandenburg 1707. V: *Mayer, Johann Friedrich.* (wr)

—— über 1 Timoth. 3, 1., gehalt. bei d. Ordination zweier Candidaten d. Predigtamtes, u. zum Andenken an d. feierl. Act dem Druck übergeben v. e. Evangel.-Protestant. Geistlichen. gr. 8. (14 Seit.) Heilbronn 833, (Drechsler.)

— des Tobias an seinen Sohn, als dieser verreiste. 8. Freiburg 821. Herder. 3 gr.

**Rede** auf den Tod eines sehr geliebten Brs der Loge Jonathan in Braunschweig Peter Jac. Schaper in einer feierlichen Trauer Loge gehalten von dem Br. Redner. [Braunschweig] 1768. 15 S. 4⁰ [Umschlagtit.] 232.

**Rede** auf den Tod des Brs. Schierschmid gehalten in der ger. und gesetzmässigen Freymaurer-Loge zum Rautenkranz zu Gotha den 31ten Jänner 1778 von H. R. A. O. R. Gotha 1778. V: *Reichard, Heinrich August Ottokar.* (KL 1343) (wolfstieg I, 916)

**[Rede.]** Zur Todesfeyer des seit dem 27. Dec. 1804 bey der ger. und vollk. Loge zur Einigkeit in Frankfurt am Mayn als Meister vom Stuhl im Amte gestandenen Brs. Joh. Phil. Fingerlin. Gebohren [!] am 24. Dec. 1762. Heimgegangen am 15. Sept. 1807. o. O. [1807: Varrentrapp & Wenner]. 11 S. 1 Taf. 4⁰
Kl. 1429. Üb. den Glauben an eine Fortdauer des Lebens nach dem Tode. 193.

Rede des Zentrumsabgeordneten v. Toleranzky. (Schlußwort zum Toleranzantrage.) Vorahnend stenographiert v. Sincerus Flaminio. (28 S.) 8. Leipzig 906. (C. Braun.) n. — 80

**[Rede bei der Trauerfeier für den Grossmeister Br. Sophian Kolb. Grossloge zur Sonne in Bayreuth 1861.] 4 Bl. 4⁰. [Lithogr.]** 21.

Rede in der Trauerloge zum Gedächtnisse Friedrichs des Grossen, den 15. Septemb. 1786 gehalten von dem Br. Grossredner Z.

**Rede** in einer von der S. E. W. Loge Libanon zu den 3 Cedern [in Erlangen] dem feyerlichen Andenken ihres verewigten H. W. durchlaucht. Brs. Leopold Herzogs von Braunschweig gewidmeten Trauerloge gehalten am 27sten Aug. 1785 vom Br. Redner. Erlangen 1785. V: *Loschge, Friedrich Heinrich.* (wolfstieg I, 854)

**Rede,** gehalten in der Gr. Trauerloge zu Hannover am 29. Dec. 1840. o. O. [1840]. 12 S. 2⁰
Kl. 1103.

**Rede** bei einer feierlichen Trauerversammlung der Freimaurer in der Loge zum gekrönten goldenen Greif zu Neubrandenburg gehalten vom Mstr. v. St., den 26sten Febr. 1776. Neubrandenburg [1776]: Korb. 12 S. 4⁰ [Umschlagtit.]
Kl. 1332. Zeichnet den wahren Mr im Leben u. Sterben. 23.

**Rede** in der den 21. April 1781 über das Absterben ihres Grossmeisters und Brs. Gottfr. Jac. Jänisch gehaltenen Trauervers. der vier vereinigten Logen [in Hamburg]. Hamburg 1781. 4⁰
Kl. 1349.

**Rede** in der Trauerversammlung der g. u. v. L. z. d. 3 Pf[eilen] i. N[ürnberg] am 12/XII. 1828. (Als Ms. f. BBr.) [Nürnberg 1828.] 7 S. 4⁰ [Kopftit.]
Kl. 146. Üb. das Leben in Wahrheit, das den Tod nicht fürchtet, im Gegensatz zu dem Leben im Schein. 138. 157.

**Rede, Türkische,** nach besonderen Quellen. Leipzig 1857. V: *Bamberg, Felix.* (EB)

Rede, türkische, nach besondern Quellen. A. u. d. T.: Ueber den Ablauf der orientalischen Angelegenheit um die Mitte des 19. Jahrhunderts. Mit einem Anhang enthaltend den Friedensvertrag vom 30. März 1856 nebst Erläuterungen. gr. 8. (XVI und 142 S.) Leipzig 857, O. Wigand. *

**Rede, Eine,** beim Uebergange eines Juden Namens David Jochim zur ... evang.-lutherischen Religion. Schlesw. 1788. V: *Timm, Daniel.* (Bruun, Bibl. Danica I, 595.)

**Rede, bey Uebernehmung des Hammers in der Loge zur Sonne, gehalten vom Br D. Mstr v. St. den 22. Febr. 5779.** o. O. [1779]. 2 Bl. 4⁰ [Umschlagtit.] 65.

Rede und schweige nicht. 64. (16 S.) Carlsruhe 875. (Barmen, Klein.) — 9

Red An die Underthanen In allen Kirchen auf dem Land der Mannschafft nach geendigter Predig abzulesen. (Geben ... den 12. Januar 1708.) 4. Bern 1708.

**Rede** von den Ursachen der Dauer des Freymäurerordens, gehalten am Johannistage 1776 von dem Redner der Militairloge Zum flammenden Stern in Berlin. Berlin 1778. V: *Euler, Johann Friedrich.* (wolfstieg I, 156)

— d. Hrn. Superintendent. W., geh. b. d. Ordination des Hrn. K. 1779. 8. Berlin, Himburg. 780.

**Rede,** welche der Hochwohlgebohrne Freyherr Ladislaus Vay von Vaja ... 1800 in seinem Hause zu Gross-Wardein ... hielt ... Debreczin. V: *Miller, Jacob Ferdinand.* (Pk)

**Rede** gegen die auf Universitäten Statt findenden geheimen Verbindungen ... Darmstadt 1828. V: *Dilthey, Julius Frdr. Carl.* (Erman & Horn, Bibliogr. d. dtsch. Universitäten. 1. Leipz. u. Berl. 1904.)

**Rede** an dem feyerlichen Vereinigungstage der ger. u. vollk. Loge Joseph zur Einigkeit gesprochen von dem Redner W. den 8ten Jan. 1778. O. O. 1784. V: *Wittwer, Philipp Ludwig.* (wolfstieg I, 609)

**Rede** von dem Vergnügen der Freymaurer in der Loge zu den 3 Rosen [in Sachsenfeld] am St. Johannistage von dem Mstr. v. St. Annaberg 1776. V: *Solms, Friedr. Ludw. Graf von.* (wolfstieg I, 99)

**Rede** von dem Verhalten der F. M. in Ansehung der **Religion.** Zur Einweihung der Königsbergischen Loge 1746. 4⁰
Kl. 607.

**Rede,** von der [!] Verhältniss der **Freymaurerey gegen den** Staat, welche am Johannis-Tage 1745 in der ger. und vollk. Versammlung zu denen drey Rosen [in Sachsenfeld] gehalten worden von dem **Redner.** [Halle: Renger] 1746. 26 S. 4⁰
Kl. 804. Sehr selten. 23. 193. KB.

*Milbe, Jos. Eug. v. der:* **Rede** über den Verlust eines würdigen Bruders des Jos. Eugenius v. der Milbe, gehalten in der Loge Jonathan zu den drey Säulen. Braunschweig, den 4ten Dec. 1772. 16 S. 4⁰ [Umschlagtit.]
Kl. 1318.

**Rede** bei der Vermählungsfeyer des Br. Constantin Fellner mit Anna Christiana Dorothea Zickwolff geb. Andreae gehalten in der Loge zur Einigkeit in Frankfurt a. M. vom Br. Redner. Frankfurt a. M. 1802. V: *Ihlée, Johann Jacob.* (Kl 1135) (wolfstieg 758)

**Rede** in einer Versammlung zu Beeskow am 25. Januar 1818 gehalten. Berlin 1818. V: *Krüdener, Barbara Juliane von.* (R-N)

**Rede,** gehalten bey Gelegenheit der ersten feyerlichen Versammlung, in der gesetzmässig constituirten Freymaurer-Loge: Zur Hoffnung aufgerichtet in Cleve den [22sten Mai] 1775 von dem Br. ... [Cleve 1775.] 24 S. 8⁰ [Umschlagtit.]
Kl. 916. Dank an Friedrich d. Gr. für die erteilte Protektion u. Betrachtung üb. den Charakter eines wahren Frmrs. 23.

**Rede** bei der feierlichen Versammlung der Freimaurer zu Dresden . . . 1772. O. O. V: *Ferber, Friedrich Wilh. von.* (Kl)

**Rede** bey einer feyerlichen Versammlung der Freymäurer [in der Loge zu den drei Säulen] zu K[ittlitz?] gehalten den 3ten Aug. 1772 von F. W. v. C. o. O. 1772. 4 Bl. 4° [Umschlagtit.]
Kl. 898. Selten. Üb. die Pflichten des Frmrs. 23.

**Rede, welche in einer feyerlichen Versammlung des ehrw. M[ops] Capituls in N[ürnberg] zum Gedächtnüss der, vor drey Jahren geschehenen Stifftung.** Desselben, am 15ten Jenner des 1748sten Jahrs gehalten wurde von dem Br Redner. [Nürnberg: 1748.] 6 Bl. 4° [Umschlagtit.]

Abgedr. in: Bh. 21 (1878) S. 258—260.
Sehr selten. In einer Versamml. des Mopsordens gehalten. Verf. ist nach einer hs. Notiz im Exempl. d. ▭ Jos. z. Einigk. in Nürnberg wahrscheinlich J. J. v. Haller. Thema: Üb. den Vorzug des Mopsordens, das schönere Geschlecht nicht auszuschliessen, sondern vielmehr beide Geschlechter vernünftig zu vereinen.

Rede, gehalten in der Versammlung der grossen Freymäurer-Loge von Deutschland zu Berlin, zur Feyer des von Sr. Königl. Majestät ihr allergnädigst ertheilten und allerhöchst selbst vollzogenen Protectorii de dato den 16. Julii 1774. Gedruckt auf Verlangen oben genannter Landes-Loge. Berlin 1774. 8.

—— in e. Versammlung der Ortsdeputirten d. ersten Wahldistrikts d. Provinz Hanau. 8. ... Hanau 831, König.
Aus dem „Verfassungsfreund, hrsg. v. Wenzel-Sternau“ abgedr.

**Rede an einem Versammlungs-Tage bey der Aufnahme einer verehrungsw. Schwester C. B. v. F., gehalten in der Damen Loge zu St. Elisabet von einem Mitgliede des ehrw. Freymaurer-Ordens J. C. v. C. Mit Erlaubniss der Obern. H...: 1770. 4 Bl. 4° [Umschlagtit.]**
Kl. 2111. Selten. Über die Pflichten einer Maurerin. 23.

**Rede** bey der Vertheidigung des Landsturms des Kantons Steinfurt auf dem Heiligenfelde . . . 1814. Burgsteinfurt 1815. V: *Reckfort, Johann Heinrich.* H: *Ecker, Bernhard Joseph.* (GGr)

**Rede,** welche bey Vertheilung der vaterländischen Denkmünzen an die tapfern Landesvertheidiger Tyrols den 28. May 1798 zu Innsbruck ... ist gehalten worden. [Innsbruck 1798.] V: *Wolkenstein-Rodenegg, Paris Graf.* (Margr)

— 4., 5. u. 6., geh. in großen religiösen Volksversammlungen. 4. Was Jesus unter Nächstenliebe verstand. 5. Der tatsächl. Wert der Bibel. 6. Jesus u. die Frau. (Von Braun.) (37 S.) 8. Königsberg 906. (Ev. Buchh. des ostpr. Prov.-Vereines f. innere Mission) n.n. —50
Vergl.: Reden, drei, geh. in großen relig. Volksversammlungen.

**Rede** von dem Vorzuge der deutschen Sprache in der Naturlehre. Wien 1763. V: *Agricola, Fulgenz.* (WrDiar 1763, Nr. 74 Anhang) (Ign. Schwarz, Wien 1/758) (BiblPort)

**Rede** von den Vorzügen der Freimaurer gehalten bei der Meisterwahl in der Loge Absalon zu Hamburg . . . 5752. O. O. V: *Paulli, Wilhelm Adolph.* (Kl)

**Rede** über die Vorzüge der Maurerey gehalten in der Mutterloge zu den 3 gekrönten Sternen von B. S. G. Im Orient von Prag 5784. V: *Schmidtburg, Gg. Rudolph Freih. von.* (L. Abafi, Gesch. d. Freim. 5/92) (BiblPort) (Wolfstieg I/182)

**Rede von den Vorzügen der menschlichen Natur, bei der Geburtsfeier der Königin von England, gehalten vor der regierenden Herzogin zu Sachsen Hildburghausen, in der Freimaurerloge St. Carl zum Rautenkranz [in Hildburghausen]. [Unterz.:] G. G. E. Nebst einem Gesang an die Weisheit, bei eben dieser Feierlichkeit abgelesen. Hildburghausen 1789. 20 Bl. 4°**
Kl. 1091. 215.

— v. d. Vorzügen d. menschl. Natur bei d. Geburtsfeier d. Königin v. England, gehalten in d. Freimaurerloge. 4. Hildburgh. 789. Hanisch. 3 gr.

**Rede** gehalten bey der von Sr. Maj. dem Kaiser Joseph II. eingeführten neuen Wahlart der Bürgermeister und Räthe. Prag 1784. V: *Eichler, Andreas Chrysogon.* (Ky 2/107) (GGr VI/733, Nr. 34/1) (BiblPort)

— eines armen Webers über die Vereine gegen den Luxus (insoweit er das Maaß des Herrn überschreitet) unter den Reichen und Wohlhabenden. Gehalten im Saale der Evangel. Societät zu Flachsenfingen. Januar 1856. Berlin 856. Wohlgemuth. gr. 8. (24 S.) 2½ ngr.

— des D. Fr. Weidemann bei sein. Eintritte in d. Stadtverordneten-Versammlung in Halle. 4. (1 B.) Halle 833. (Merseburg, Weidemann.)

— des Stadtverord. D. Fr. Weidemann in Halle an seine geehrten Mitbürger, am 2. Nov. 1833. 4. (1 B.) Halle. (Merseburg, Weidemann.)

**Rede** über das Wesen ... der Musik. Mülhausen 1843. V: *Lenz, Eduard.* (Cat. d. Stadtbibl. Zürich. Zürich 1864—97.)

**Rede** bei der Wiedereröffnung der Loge Luise zur gekrönten Freundschaft ... 1820. O. O. V: *Reinhold, Carl Leonh.* (Kl)

**Rede bei der Wiedereröfnung [!] der □ Luise zur gekrönten Freundschaft im O. von Kiel, den 1. May 5820. Gedr. als Ms. für Br.Br. o. O. [1820]. 23 S. 8°.**
**430.**

**Rede** zum Winterjohannisfest den 18. December 1869 in der Loge zur Verbrüderung in Oedenburg gehalten vom Br. Redner. Oedenburg, Druck von Romwalter 1870. 8. 8 S.

**Rede von der Wohlthåtigkeit besonders gegen Dűrftige in der ger. und vollk. Loge zum Tempel der wahren Eintracht gen Osten von Cassel. Gehalten am Johannis Fest 5788. [Kassel 1788.] 16 S. 8⁰**
Selten. **342.**

— die, womit am 13. Novbr. 1844 die Sitzung des hiesigen Ministeriums durch den damaligen Direktor desselben, Paster Prim. Mallet, eröffnet ward. (Aus d. Kirchenboten abgedr.) gr. 8. Bremen 845, Kaiser. $1^3/_4$ ngl

— üb. die Worte: Fürchtet euch nicht, denn ich bin unter Gott. 1s B. Mos. 50, 19. vom Verf. d. privatis. Fürsten. gr. 8. Marb., Krieger. 3 gl

**Rede** in der Loge Zorobabel zu Kopenhagen gehalten. Hamburg 1746. V: *Nielsen, Georg.* (Adel) (Kordes, Schlesw.-holst. u. eutin. Schriftst. Schleswig 1797.)

**Rede, welche in der zunftmässigen Loge Zorobabel der freyen und angenommenen Maurer in Kopenhagen bey ihrer feyerlichen Versammlung am St. Johannistage 1746 von einem Mitgliede derselben gehalten worden. Hamburg [1746]: Piscator. 35 S. 4⁰ [Kupfertit.]**

**Rede über die wohlthätigen Zwecke akademischer Orden, gehalten von M. Jena: 1792. 22 S. 8⁰**
Enth. Reformvorschläge.
[*Erman, W., u. E. Horn*: ***Bibliogr. d. deutschen Universitäten.*** *1 (1904) Nr 14069.*]

— zweite, entgegengesetzt der v. d. Hrn. v. Rotteck in d. 2n Kammer d. badischen Volksvertreter üb. die Freiheit d. kathol. Landeskirche am 22. Mai d. J. gehaltenen Rede. 8. Karlsr. 819. (Bamb., Dausnick). 6 gl

Redeatis, M.

**Redeatis** (Frl. Marie Petzel), Arm u. Reich, s.: Volks-Bibliothek, katholische. 4. Bd.

**Redeatis** (Maria Petzel), Blüte u. Frucht. Erzählgn. f. die reifere weibl. Jugend. Mit 2 Abb. in Photograv. gr. 8. (III, 263 S.) Regensburg 896. Verlagsanst. vorm. G. J. Manz. n. 3. —; geb. in Leinw. n. 4. —; m. Goldschn. n. 4. 50

Redeatis (Frl. Maria Petzel), Dornröschen u. andere Erzählgn. f. junge Mädchen. 2., verb. Aufl. (V, 149 S. m. Titelbild.) 8. Freiburg i/B. (907). Herder. 1.20; geb. in Leinw. 2. -

**Redeatis**, das häßliche junge Entlein u. andere Geschichten f. junge Mädchen. 12. (III, 112 S. m. Titelbild.) Freiburg i/B. 893. Herder. n. — 80; geb. in Halbleinw. n 1. 10

— das kostbarste Erbe. Die Frau Müllerin, s.: Roman- u. Novellen-Schatz. I. 12.

— Gottes Führen, s.: Jugend-Bibliothek, katholische.

— Cordelias Geheimnis. Novellen f. d. reif. weibl. Jugend. M. 2 Abb. in Photograv. gr. 8. (III, 310 S.) Ebd. 896. n. 3. —; geb. in Leinw. n. 4. —; m. Goldschn. n. 4. 50

— allerlei Geschichten f. junge Knaben u. kleine Mädchen, s.: Kinder-Bibliothek, kathol. 65. 66.

— gut verzinst. D. Berggeist. Onkel Eduard, s. a. Bibliothek f. junge Mädchen, II.

— gut verzinst. — Der Berggeist. — Onkel Eduard. (Biblioth. f. junge Mädchen [im Alter v. 12—16 Jahren].) (Neue Ausg.) 8. (119 S. m. Abbildgn. u. 3 Vollbildern.) Würzburg (901). F. X. Bucher. Geb. n. 1. 20

— Hausmütterchen. Erzählung f. das kathol. Volk. [Aus: „Hl. Stadt Gottes".] 8. (144 S.) Steyl 894. Missions-Druckerei. Geb. in Leinw. n. — 75

— s.: Heilsjahr, das, der Kirche.

— Herzenswünsche. Erzählgn. f. d. reif. weibl. Jugend. M. 2 Abb. in Photograv. gr. 8. (III, 264 S.) Regensburg 896. Verlagsanstalt vorm. G. J. Manz. n. 3. —; geb. in Leinw. n. 4. —; m. Goldschn. n. 4. 50

— Frau Holle u. and. Geschichten f. d. reif. weibl. Jugend. 8. (III, 139 S. m. 1 Titelbild.) Freiburg i/B. 898. Herder. n. 1. —; geb. in Halbleinw. n. 1. 30

**Redeatis, M.**, kurze Lebensbilder v. Heiligen. Nr. 1—12. 32. (à 16 S. m. je 1 Abbildg.) Einsiedeln 890. Benziger & Co. à n. — 10
1. Die allersel. Jungfrau u. Gottesmutter Maria. — 2. Die heil. Mutter Anna. — 3. Die heil. Katharina, Jungfrau u. Martyrin. — 4. Die heil. Klara, Aebtissin. — 5. Die heil. Cäcilia. — 6. Die heil. Elisabeth v. Thüringen. — 7. Die heil. Juliana, Jungfrau u. Martyrin. — 8. Der heil. Borromäus. — 9. Der heil. Otto, Bischof v. Bamberg u. Apostel der Pommern. — 10. Der selige Hermann Joseph. — 11. Der heil. Aloysius v. Gonzaga. — 12. Der heil. Franz v. Assisi.

**Redeatis**, M., kurze Lebensbilder von Heiligen. Nr. 13—46. 32. (à 16 S. m. 1 Abbildg.) Einsiedeln 891-893. Benziger & Co. à n. — 10
13. Die hl. Magaretha, Jungfrau u. Martyrin. — 14. Die heilige Mathilde, Kaiserin. — 15. Der heilige Heinrich, Kaiser. — 16. Der heilige Benedict, Ordensstifter. — 17. Der heilige Wilhelm, Herzog. — 18. Der heilige Paulus, Apostel. — 19. Die hl. Idda v. Toggenburg. — 20. Die hl. Helena, Kaiserin. — 21. Die hl. Agnes, Jungfrau u. Martyrin. — 22. Der hl. Joseph. — 23. Der hl. Martin, Bischof v. Tours. — 24. Der hl. Petrus, Apostel. — 25. Der hl. Wendelin, Abt. — 26. Der hl. Alphons Maria v. Liguori. — 27. Der hl. Konrad, Bischof v. Konstanz. — 28. Die hl. Julia, Sclavin u. Martyrin. — 29. Die hl. Clothilde, Königin. — 30. Die hl. Ursula u. ihre Gefährtinnen. — 31. Der hl. Fridolin, Abt. — 32. Der hl. Friedrich, Bischof u. Martyrer. — 33. Der hl. Gottfried, Bischof v. Amiens. — 34. Der hl. Antonius v. Padua. — 35. Der hl. Ferdinand, Bekenner. — 36. Der hl. Jakobus, Apostel u. Martyrer. — 37. Die hl. Gertrud, Aebtissin. — 38. Die hl. Adelheid, Kaiserin u. Wittwe. — 39. Die hl. Rosa v. Lima. — 40. Die hl. Agatha, Jungfrau u. Martyrin. — 41. Die hl. Katharina v. Siena. — 42. Die hl. Genovefa, Jungfrau. — 43. Der hl. Mathias, Apostel. — 44. Der hl. Richard, Bischof. — 45. Der hl. Robert, Stifter d. Cisterzienser-Ordens. — 46. Der hl. Hugo, Bischof.

— kurze Lebensbilder v. Heiligen. Nr. 47—95. 16. (à 16 S. m. 1 Abb.) Einsiedeln (893). Verlagsanstalt Benziger & Co. à n. — 10
47. D. hl. Edmund, Bekenner, Erzbischof v. Canterbury.
48. D. hl. Victor, Kriegsmann u. Martyrer.
49. D. hl. Thekla, Jungfrau u. Martyrin.
50. D. hl. Zita, Dienstmagd. — 51. D. hl. Walburga, Aebtissin.
52. D. hl. Theresia, Ordensstifterin.
53. D. hl. Notburga, Dienstmagd. — 54. D. hl. Apollonia, Martyrin.
55. D. hl. Laurentius, Martyrer.
56. D. hl. Thomas, Apostel u. Martyrer.
57. D. hl. Thomas v. Aquin.
58. D. hl. Theoder, Kriegsmann u. Martyrer.
59. D. hl. Johannes v. Gott. — 60. Der hl. Leo I., d. Große.
61. D. hl. Bernhard. — 62. D. hl. Augustinus.
63. D. hl. Sebastian, Kriegsmann u. Martyrer.
64. D. hl. Mauritius. — 65. D. hl. Meinrad, Einsiedler.
66. D. hl. Franz v. Sales, Bischof u. Kirchenlehrer.
67. D. hl. Ignatius v. Loyola.
68. D. hl. Johannes, Apostel u. Evangelist.
69. D. hl. Julius I., Bekenner, Papst.
70. D. hl. Leonard, Einsiedler. — 71. D. hl. Dominikus.
72. Der hl. Stanislaus, Bekenner.
73. Der hl. Bruno, Ordensstifter.
74. Der hl. Eduard. — 75. Der hl. Andreas, Apostel.
76. Der hl. Franziskus Xaverius, Priester.
77. Der hl. Nikolaus. — 78. Der hl. Stephanus, Erzdiakon.
79. D. sel. Clemens Hoffbauer. — 80. D. hl. Gregor I., d. Große.
81. Der sel. Nikolaus v. Flüe.
82. Der hl. Georg, Kriegsmann u. Martyrer.
83. D. hl. Johannes v. Nepomuk, Martyrer.
84. D. hl. Philipp Neri. — 85. D. hl. Bonifazius, Martyrer.
86. D. hl. Johannes der Täufer. — 87. D. hl. Vinzenz v. Paul.
88. D. hl. Magdalena, Büßerin.
89. D. hl. Scholastika, Jungfrau.
90. D. hl. Dorothea, Jungfrau u. Martyrin.
91. D. hl. Martha, Jungfrau.
92. D. hl. Franziska, Ordensstifterin.
93. D. hl. Monika, Wittwe. — 94. D. hl. Crescentia, Martyrin.
95. D. hl. Christiane, Jungfrau.

— Magdalene. — Vertrauen um Vertrauen. — Die Tochter d. Emirs, s.: Novellenkranz. 35. Bdchn.

— das Papageikleid u. andere Geschichten f. junge Mädchen. 12. (III, 157 S. m. Titelbild.) Freiburg i/B. 893. Herder. n. 1. —; geb. in Halbleinw. n. 1. 30

— Saat u. Ernte u. andere Erzählgn. f. junge Mädchen. 2., verb. Aufl. (V, 127 S. m. Titelbild.) 8. Freiburg i/B. 907. Herder. 1.—; geb. in Leinw. 1. 80

**Redeatis (M. Petzel), Trudel.** Eine Erzählg. f. das Volk. (48 S. m. 1 Titelbild.) kl. 8. Frankenstein 903. Neu-Weißensee, H. W. Th. Dieter. — 15

— verschlungene Wege. Erzählung. Mit Illustr. v. Gust. Olms. (113 S.) 8. Ebd. 903. — 40

**Redeatis, Trudel.** — Verschlungene Wege. Jetzt: Freiburg i/B., Geschäftsstelle des Charitasverbandes.

**Redeberichte**, stenographische, aus Schildburg's Parlamentsgeschichte f. Groß u. Klein, f. Alt u. Jung, zur Belehr. u. Besserung. gr. 16. (48 S.) Frankfurt a. M. 849, Brönner. n. 4 ngl

In geistiger Not. Ein deutsches Osterdrama von Arthur **Redecke**. Hannover: Selbstverl. 1901. (48 S.) 8° [07. 5087

**Redecker, Helmuth,** Postinsp.: Zum Rechte der Postanweisung. (Berlin 1908: Schmidt.) 55 S. 8°
Rostock, Jur. Diss. v. 20. Dez. 1908, Ref. Matthiaß
[Geb. 16. Aug. 70 Wittenförden; Wohnort: Königsberg i. P.; Staatsangeh.: Preußen; Vorbildung: Gymn. Schwerin Reife M. 89; Studium: Rostock, Königsberg; Rig. 4. Juni 08.] [U 09. 3685

**Redecker, Wennemar**

— — **De collatione sumtuum studiorum, Ad L. 50. ff. Fam. Ercisc. Vom Abrechnen der verstudierten Gelder. Diss. jur. Leyden 23. IX. 1700. Editio secunda. Cum praefatione Aug. Rud. Jes. Bünemann (Minden). Halle/Magdeburg (Hendel) (Febr.) 1738. 48 S. (—.—) 27851**

Redefrei, Wahrmund, Germania. Offener Brief an Deutschlands Völker, Fürsten und Parlament. Ein ernstes, freies Wort. Zürich, Industrie- u. Literatur-Comtoir. 16 S. 8°. (1848)

**Rede- u. Preßfreiheit**, die englische, u. die Fenierprozesse. [Aus dem königl. preuß. Staats-Anzeiger.] Berlin 868. v. Decker. gr. 8. (43 S.) 2½ ngr

Redegeld, Joseph: G e s c h i c h t e des Dorfes und der Pfarre Ovenhausen m. Beiträgen z. Gesch. d. Abteil Corvey u. d. Hauptst. Höxter nach grösstenteils noch ungedr. Quellen. Paderborn: Dr. u. Komm.-V. d. Bonifacius-Dr. 1895. (XII, 287 S.) 8°

**Rédei, Emil, s.: Grundbesitz, der ungarische.**

Redeker, Heinrich Rudolph [Praes.], s. G u t z m e r, Johann Georg: De assessoribus, occas. tit. pand. et c. de offic. assessorum. Germanis: Vom Recht, Amt und Beschaffenheit derer Beysitzere in Reichs=Geheimen=Staats=Justitz=Kriegs= auch andern niedern Gerichten.

**Redeker, Herm., u. Wilh. Pütz.** Der Gesinnungs-Unterricht im ersten u. zweiten Schuljahre od. Vorbereitungskursus f. den Religionsunterricht. gr. 8. (168 S.) Mülh. a. d. R. 892, H. Baedeker. * 1 50

**Redeker, Herm., u. Wilh. Pütz, der Gesinnungs-Unterricht im 1. u. 2. Schulj. 2., verb. u. erweit. Aufl. (VIII, 149 S.) gr. 8. Dresden 903. Bleyl & Kaemmerer. n. 1. 80; geb. in Leinw. n. 2. 25**

**Redeker, Herm., u. Wilh. Pütz**, der Gesinnungs-Unterricht im 1. u. 2. Schulj. 3., verb. u. erweit. Aufl. (XVI, 141 S.) gr. 8. Dresden-Blasewitz 910. Bleyl & Kaemmerer. 2.—; geb. in Leinw. n 2. 50

**Redeker, Herm.**, die Regelung der Lehrerlaufbahn, s.: Köhne, Otto.

**Redeker,** Car. Frid. Guil. (geb. Burg 3. 11. 1834): De nephritide interstitiali duobus adiectis morbi speciminibus. Berolini (1860). (31 S.) 8°
Berlin, Med. Diss. v. 12. Okt. 1860

**Redekunst**, die, für Frauenzimmer; aus d. Französ. 8. Regensb. 768. Montag u. W. 10 gl

**Redekunst**, die parlamentarische, d. i. Anweisung in öffentl. Versammlung zu sprechen u. an der Debatte Theil zu nehmen, f. die Oberklassen öffentlicher Lehranstalten bearb. u. mit einer Beispielsammlung vollständ. Debatten, sowie deren skizzirter Umrisse u. einer großen Anzahl zur Discussion geeigneter Texte versehen von einem prakt. Schulmanne. 8. (200 S.) Grimma 849, Verlags-Comptoir. 18 ngl

**Redel, C. A.**, sehensw. Prag, od. d. Beschr. dies. St. 8. Nürnb. Felsecker. 766.

**Rödel**, Juste Charles, nouvelle méthode pour apprendre à lire et à bien prononcer le français en quelques heures. Avec les premiers principes de cette langue. 2. édit. revue et corrigée. Francfort s. M. 853. Keller. 8. (96 S.) 9 ngr.

— **Carl Wilhelm** (Meißen), De philosophia eglectica civilem vitae conversationem non impediente, sed adjuvante. Diss. acad. Präs. Jo. Fridemann Schneider. Halle/Magdeburg (J. Gruner) Juli 1717. 70 S. (5.—) 27856
Widm. v.: Jo. Fridemann Schneider.

— — (Pegau), Dasselbe. Halle/Magdeburg) (J. Gruner) 13. VII. 1717. 70 S. (5.—) 27857
Gew.: Carl Andreas Redel (Vater). — Widm. v.: Jo. Fridemann Schneider.

— De praecipuo principis evangelici Vom Vorrecht eines Evangelischen Fürsten. Präs. Johann Peter Ludewig. Halle/Magdeburg (J. H. Grunert) Mai 1719. 1739. 54 S. (4.75) 27858

**Redelhammer**, s. Redlhammer.

**Redelich**, H., gründl. Anleitung z. Heilung jeder Kahlköpfigkeit, die nicht durch höheres Alter entstanden ist. Für Aerzte u. Nichtärzte. 1. Aufl. Frankfurt a. M. 836., 2., durchges. A. Hanau 837. u. 3. A. gr. 8. (à 2 B.) Hanau 841, König. à

**Redlich**, H., gründliche Anleitung zur Heilung jeder Kahlköpfigkeit, die nicht durch höheres Alter entstanden ist. 3e Aufl. gr. 8. Hanau 840. König. 1/3 ₰

**Redelich**, H., gründliche Anleitung zur Heilung jeder Kahlköpfigkeit, die nicht durch höheres Alter entstanden ist. Für Aerzte u. Nichtärzte. gr. 8. Quedlinburg 841, Ernst'sche Buchh. 1/3 ₰

**Redelich**, H., gründl. Anleitung z. Heilung jeder Kahlköpfigkeit, die nicht durch höheres Alter entstanden ist. Für Aerzte u. Nichtärzte. 4. Originalaufl. gr. 8. (2 B.) Hanau 842, König.

**Redelien**, G. v., s.: Forst- u. Jagd-Kalender, illustr., f. Liv-, Est- u. Kurland.

— s.: Radfahr-Kalender f. Liv-, Est- u. Kurland.

— der Rigasche Strand m. Kommern. D. livländ. u. kurländ. Schweiz. Das Dünathal m. Kokenhusen. E. Führer f. Fremde u. Einheim. M. 7 Illustr., z. Tl. n. Photogr. v. E. v. Eggert u. C. Schulz. 8. (66 S.) Riga 895. N. Kymmel's Sort. n. 1.—

**Redelien**, M. v., das Buch der Konserven. Prakt. u. theoret. Anleitg. zur Herstellg. von Obst u. Gemüse in Büchsen u. Flacons. gr. 8. (VI, 43 S. m. 9 Abb.) Ebd. 897. n. 1.40

**Redelien**, M. v., Haus u. Herd. Praktisches, illustriertes Hausbuch zur verständ. Führg. der Wirtschaft in allen ihren Zweigen. gr. 8. (VIII, 640 S.) Riga 889. (Kymmel's Sort.) geb. n. 10.—

**Redelien**, M. v., Haus u. Herd. Praktisches illustr. Hausbuch zur verständ. Führg. der Wirtschaft in allen ihren Zweigen, auf Grundlage der neuesten Errungenschaften im Gebiete der Hauswirtschaft. 2. Aufl. gr. 8. (X, 664 S. m. Holzschn.) Riga 892. (N. Kymmel's Sort.) Geb. n. 10.—

**Redelien**, M. v., Haus u. Herd. Praktisches, illustr. Hausbuch zur verständ. Führg. der Wirtschaft in allen ihren Zweigen, auf Grundlage der neuesten Errungenschaften im Gebiete d. Hauswirtschaft hrsg. 5. Aufl. (VIII, 808 S. m. 321 Abb. u. 9 farb. Taf.) 8. Riga 910. N. Kymmel. Geb. in Leinw. 10.—

**Redelien**, M. v., s.: Hausfrauen-Kalender, Rigascher.

**Redelmonte**, W. N., Bismarck's Rücktritt in Versen. 12. (23 S.) Trier 890. Paulinus-Druckerei. n. — 25

— dasselbe. 2. Aufl. 12. (24 S.) Speyer 890. (Jäger.) n. — 25

**Redelyrheid**, Corn., Abhandl. üb. die Maurerarbeit an Festungswerken, welche ein Ingenieur nothwendig verstehen muß ꝛc. Aus d. Holländ. v. R. B. v. Lindener. Mit 7 Kpf. gr. 8. Bresl. 788. W. G. Korn 16 gr Schrbp. 20 gr

— neu erfundene Schleuße, u. neue Art, die Schleußenthore zu öffnen u. zu schließen ꝛc. 2 Thle. Mit Kpf. gr. Fol. Wien 777. (Heubner). 1 ₰ 16 gr

**Redemann**, Ignatius (geb. am 9 März 1809 in Holungen Rgbz. Erfurt): De caloris ratione in asphycticis ... Bonnae, typ. C. Georgii (1835). VI, 16 S., 1 Bl. 4.
Bonn, Med Fak., Diss. v. 10 Febr. 1835

Die Klosterkirche in Reisach bei Oberaudorf von P. **Redemptus** a Kruze [a Cruce]. Rosenheim: Selbstverl. d. Hrsg.; Berchtenbreiter in Komm. 1910. 33 S. 8°
(Die Kirchen d. Gegend um Rosenheim. Heftchen 5.) [illegible]

**Redemptus**, O. Carm., Maria v. d. Nesseln, das Gnadenbild d. Karmelitenkirche zu Straubing. (148 S. m. 1 Abb.) 16. Straubing 910. C. Attenkofer's Verl. Geb. in Leinw. 60

**Reden** [Sachl. Ordnungswort]

**Reden** von dem Verfasser der Spaziergänge. Leipz. 1777—78. V: *Blum, Joach. Chn.* (JL) (EE)

**Reden** bei der Abschiedsvorlesung von Exz. Wirkl. Geh. Rat Prof. Dr. Ernst v. Leyden am 31. Juli 1907. Berlin: Urban & Schwarzenberg 1907. (31 S.) 4° [illegible]

— acht, auf d. andächtige Dankopfer d. allgem. Gnadenmutter Maria. 4. Salzb. 776. Duyle. 9 gr

— acht geistl., v. d. hochwürd. Gute. 8. Salzb. 782. Waisenh., (Duyle). 8 gr

**Reden, Acht,** gehalten zu Kaiserswerth bei dem eilften Jubelfeste des heiligen Bischofs Suitberts ... 2. Aufl. Düsseldorf 1820. V: *Binterim, Ant. Jos. & Andere.* (Ky)

— acht, gehalten zu Kaiserswerth bei dem eilften Jubelfeste d. heil. Bischofs Suitberts, Apostel d. Bergischen Landes, (v. A. J. Binterim u. A.) 2e Aufl. 8. Düsseld. 820. Schreiner. 14 gr

**Reden, Academische,** ... in Anwesenheit ... Carls H. z. W. bei einem theologischen Doctorat. Tübingen 1770. V: *Reuss, Jer. Frdr. & Chph Frdr. Sartorius.* (Tübz 25, 28)

**Reden**, geh. bei der Altkatholiken-Versammlung zu Offenburg am Sonntag den 14. April 1872. [Nach stenograph. Aufzeichng.] 8. (43 S.) Offenburg 872. (Trube.) n. — 25

**Reden** bei dem Amtsantritt des Hofpredigers Ernst Jul. Hilbert am 19. Sonntage nach Trinit. den 6. Octbr. 1861 in der Schloßkirche zu Altenburg. Altenburg 861. Bonde in Comm. gr. 8. (17 S.) n. 3 ngr.

Reden, gehalten bei der Amtseinführung des Unterzeichneten [Direktor Gerson Lange] am 22. April 1901. I. Ansprache des Herrn Provinzialschulrat Dr. [Ludwig] Kaiser. II. Ansprache des Herrn Rabbiner Dr. [Salomon] Breuer. III. Ansprache des Unterzeichneten [Gerson Lange]. IV. Ansprache des Herrn Prof. Dr. [Heinrich] Portmann. S. 4—13. 4.
Realschule der Israelit. Religionsgesellschaft *Frankfurt am Main* Progr. 1902 (463).

**Reden bei der Amts-Einführung des Hrn. Pastor Lichtenstein. Gehalten in der evangelisch-luther. Kirche zu Elberfeld. Am 28. Jan. 1855. gr. 12. (43 S.) Elberfeld 855, Hassel.**

—— bei der Amts-Einführung d. Hrn. Pastor R. Stier, geh. am 22. Sonnt. nach Trinitatis in d. evangel.-luther. Kirche zu Wichlinghausen. gr. 8. (1½ B.) Barmen 838, Steinhaus. *

Reden bei einer Amtsveränderung, gehalten v. F. L. Westermeyer, J. F. W. Koch u. J. G. H. Nörig. gr. 8. Magdeb. 810 Heinrichshofen. 10 ℊ

— u. Ansprachen der 19. Allianz-Konferenz zur Vertiefung des Glaubenslebens. 22.—26. VIII. 1904. Allianzhaus in Blankenburg in Thür. (IV, 139 S.) 8. Blankenburg i. Th. (904). Ev. Allianzhaus. 1. —
Vergl.: Bericht der Allianz-Konferenz.

—— u. Ansprachen, geh. bei der Begräbnisfeier d. Pastor Dr. Herman Clemens Peter in der Johanniskirche zu Dresden am 30. Juni 1891. gr. 8. (18 S.) Dresd. 891, (Hackarath). * — 40

**Reden u. Ansprachen, geh. bei der Einführg. d. Prof. Lic. B. Mehlhorn in das Pfarramt der ev.-reformierten Kirche in Leipzig. gr. 8. (21 S.) Leipzig 893. J. A. Barth. n. — 40**

Reden gegen den Antisemitsmus, geh. in den Sitzgn. d. österreich. Abgeordnetenhauses bei Gelegenheit der Berathg. d. Gesetzes zur Regelg. der äußern Rechtsverhältnisse der israelit. Religionsgesellschaft. [Nach den stenograph. Protokollen d. Reichsrathes.] [Aus: „Oesterreichische Wochenschrift".] gr. 4. (28 S.) Wien 890. (Lippe.) n. — 50

—— gehalten am 5. April 1888 zur Erinnerung an die 500-jährige Gedächtnisfeier der Schlacht bei Näfels von Landammann E. Blumer, P. H. Kind, Th. Ph. Mercier, B. Hammer, E. Schropp, E. Zweifel. gr. 8. (42 S.) Glarus 888, Baeschlin. *

— bei d. Aufnahme e. neuen Mitgliedes in die Buchdruckergesellschaft. gr. 8. Schwerin 799. Bödner. 2 ℊ

— im Augenblicke d. Veranlassung; e. Impromptu (v. Chr. Fr. Sintenis). 8. Leipz. 779. (W. Vogel). 20 ℊ

**Reden** im Augenblicke der Veranlassung . . . Leipzig 1779—80. V: *Sintenis, Chn Frdr.* (StAt) (Ky) (MGT)

— Charaktere, u. Beschreib., auserles. a. d. griech. u. lat. Schriftst. 8 Heft. Neissenstein. (Hermann.) 780.

— auserlesene, der Kirchenväter, auf die Sonn- u. Festtage des christl. Jahres, z. Beförderung d. öffentl. Predigtamts u. zur Belebung d. häusl. Andacht. 1r Jahrgang. 15 Hefte. gr. 8. Koblenz 828. Hölscher. 3 ℛ 12 ℊ 2r Jahrg. 15 Hfte. 829 u. 30. 3 ℛ 12 ℊ 3r Jahrg. (Reden auf die heil. Feste). 15 Hfte. gr. 8. Ebd. 830. 2 ℛ 20 ℊ (2r Jahrg. 2 Bde. Jetzt auch unt. d. T.: Auserlesene Reden d. Kirchenväter, üb. die Episteln auf alle Sonn- u. Festtage d. ganzen Kirchenjahres. 2 Bde. gr. 8. Ebd. 831. 2 ℛ 16 ℊ)

—— auserlesene, der Kirchenväter, auf d. Sonn- u. Festtage d. christl. Jahres, zur Beförder. d. öffentl. Predigtamtes u. z. Belebung d. häusl. Andacht. 1—3. Jahrg. gr. 8. Coblenz, Hölscher. [1. u. 2. J. à 15 Hfte. 828 u. 30. à J. 3 Thlr. 12 Gr., 3. J. 12 Hfte. 831. 2 Thlr. 20 Gr.]
2. Jahrg. — A. u. d. T.: Auserlesene Reden d. Kirchenväter, üb. d. Episteln auf alle Sonn- u. Festtage d. ganzen Kirchenjahres. 2 Bde. (72 B.) 2 Thlr. 16 Gr.
3. Jahrg. enth.: Reden auf d. Heiligen-Feste.

— auserlesene, der Kirchenväter auf die Sonn- u. Festtage des christl. Jahres. Neue Aufl. in 2 Bdn. od. 15 Hftn. gr. 8. Coblenz 846, Hölscher. n. 1½ ℛ

— auserlesene, der Kirchenväter auf die sonn- u. festtägl. Evangelien. 1. Bd. (1. Hft.) gr. 8. Ebend. 846. n. 3 nℊ

— auserlesene, von d. Mutter Gottes Maria, an verschied. derselben geheiligten Festtagen. 8. Salb. 780. Duyle. 16 ℊ

— auserl., u. wicht. Stellen heil. Schr. a. d. Frz. 8. Dess. Cörner. 755.

— ausgewählte, s.: Reuter's Bibliothek f. Gabelsberger-Stenographen.

Reden, ausgewählte, englischer Staatsmänner, s.: Schulbibliothek, französische u. englische.

—— ausgewählte, der Volksvertreter in der sächs. 2. Kammer 1843 in Hinsicht der beiden Fragen Gerichtsöffentlichkeit u. Preßfreiheit. Hrsg. v. Held. gr. 8. (9¼ B.) Leipzig 843, [Hartknoch.] * 10 Ngr. Hrbzes. Pr.

Ausgewählte Reden der Volksvertreter in der sächsischen 2. Kammer 1843 in Hinsicht der beiden Fragen Gerichtsöffentlichkeit und Preßfreiheit. Herausgegeben von (Friedr. Wilh. Alex.) Held. Leipzig, Reclam jun. 1843. 141 S. 8.

— über Dr. Rupps Ausschließung, gehalten in der Versammlung des Gustav-Adolf-Vereins zu Minden den 18. Februar 1847. Hrsg. v. Karl Schrader. 8. (29 S.) Minden 847, Eßmann. 3 nℊ

**Reden, gehalten auf der Bärenmatte in Münsingen am Gedenktage der Volkserhebungen von 1831 u. 1846, 31. Juli 1881. Nach stenograph. Aufzeichnung hrsg. vom Organisationskomite. 8. (30 S.) Bern 881. Krebs. n. — 50**

Reden gehalten anlässlich der Beerdigung und der Gedächtnisfeier des Hrn. Pfarrer Ph[ilipp] H[einrich] Wolff in Weiningen. Gestorben am 5. Oktober 1903. Nach einem Stenogramm von P[aul] Leimbacher. [Mit 1 Porträt-Tafel.] 26 S. 8. Zürich, Müller, Werder & Co., 1903.

geh. bei der Beerdigung des Hrn. Markus Horowitz (30. III. 1910) sowie bei der Trauerfeier in der Frankfurt-Loge (7. IV. 1910). Hrsg. v. Vorstande der israelit. Gemeinde in Frankfurt a/M. (97 S.) 8. Rödelheim (910). (Frankfurt a/M., J. Kauffmann.) 1. —

Reden, gehalten bei der Beerdigung des Herrn Schulraths-Präsidenten Dr. Karl Kappeler... zu Zürich, am 22. October 1888. [Mit Porträt-Tafel.] SA. 8. Zürich 1888.

Die Reden bei der Beerdigung des Herrn Direktor (Jakob) Keller am 4. Dezember 1900. [Mit Porträt.] 14 S. 8.
Jahresbericht über das Aargauische Lehrerseminar Wettingen. Schuljahr 1900/1901. Beilagen: I.... Baden, O. Wanner, 1901.

Reden, gehalten bei der Beerdigung des Herrn Herm. Krebs in Rheydt, den 18. Juli 1876. gr. 8. (23 S.) Rheydt 876, Langewiesche. * — 50

—— geh. bei d. Beerdigung d. Hrn. Dr. Adam Theod. Alb. Franz Lehmus, kgl. bayer. Kirchenrath rc. in Ansbach. Gest. d. 18. Aug., beerdigt d. 21. Aug. 1837 zu Nürnberg. gr. 8. (2¼ B.) Nürnberg, Raw'sche Buchh. 1837.

Reden gehalten anlässlich der Beerdigung des Herrn Pfarrer Dr. Fried-r(ich) Meili in Zürich-Wiedikon. Gestorben am 16. März 1904. [Mit Porträt.] 28 S. 8. Zürich, Müller, Werder & Cie., 1904. [fr. —. 30]

**Reden** bei der Beerdigung von L. W[ilh.] Schöffer. Am 20. Sept. 1904 gehalten. [Frankfurt a. M. 1904.] 24 S. 8⁰
S. 19—22: Mrische Rede von F. Schmidt.
140.

Reden bei der Beerdigung des weil. Hauptpastor an der St. Marienkirche zu Rendsburg C. F. C. Schroedter am 8. September 1882 gehalten von den Schwiegersöhnen und von dem Amtsnachbar des Verewigten. Schleswig. (1882.) 8°

Reden bei der am 16. Mai stattgefundenen Beerdigung des hochwürd. General-Superintendenten der Provinz Schlesien, Königl. Ober-Consist.-Rath u. Herrn Prof. Dr. August Hahn. Breslau 863. Dülfer. gr. 8. (15 S.) n. 2 ngr.

**Reden** bei der Beerdigung des General-Superintendenten Prof. Dr. Aug. Hahn. Breslau 1863. V: *Weiss & Girth.* (Russell III, 461)

Reden bei der Beerdigung des sel. Herrn Joh(ann) Kaspar Zollinger. Regierungsrath, am 31. Juli 1882. SA. 8. Zürich.

— bei dem Begräbnisse des in Gott entschlafenen Dr. Johann Karl Christoph Vogel, Direktors der 1. u. 2. Bürgerschule, wie der städtischen Realschule in Leipzig etc. (Abgedr. aus den Mittheilungen der 1. u. 2. Bürgerschule, sowie der städtischen Realschule an das Elternhaus ihrer Zöglinge.) Leipzig 862. Hinrichs in Comm. gr. 8. (24 S.) nn. 5 ngr.

Reden zur Begräbnisfeier d. Generalsuperintendenten a. D. D. Bartels am 25. X. 1907. (15 S.) gr. 8. Aurich 908. D. Friemann. nn — 25

— bei der Begräbniß-Feier d. General-Superintendenten v. Pommern Hrn. Dr. A. S. Jaspis am 23. Decbr. 1885, geh. v. Küper u. Brandt u. Rübesamen. 8. (22 S.) Stettin 886. v. der Nahmer. n. — 40

In memoriam. Reden geh. bei der Begräbnisfeier des am 10. Januar 1906 heimgegangenen Herrn General-Superintendenten ... D. Wilhelm Lohr. Cassel: F. Lometsch 1906. (29 S.) 8° [J.] [06. 5/9] 4

Reden, geh. bei d. Begräbnisfeier des Herrn Kirchenrat Johannes Nagel, Dir. d. Ober-Kirchen-Koll., 1895. Elberfeld: Luth. Bücherverein (1895). (27 S.) 8° [J.] [06. 4906

— zur Belebung d. Patriotismus. 8. Leipz. Joachim. 814.

**Reden** über die Bergpredigt Jesu; nach neuen Ansichten ... Ulm 1823. V: *Göss, Georg Frdr. Dan.* (Ky)

— üb. die Bergpredit Jesu; nach neuen Ansichten, nebst einer Uebersicht u. exegct. Rechtfertigung (von Göß). 8. Ulm 823. Ebner. 18 gr

Reden, geh. bei der Bestattung des Senior D. Kreusler. Zur Erinnerg. f. die Gemeinde! gr. 8. (28 S.) Hamburg 894. Herold's Verl. n. — 60

**Reden** bei der Bestattung des Obersten Friedrich Carl von Wagner und seiner Gattin ... Husum 1847. V: *Schreiter, Harries & Andersen.* (schles)

— und Betrachtungen an Särgen und Gräbern zum Trost und zur Belehrung, gehalten von mehreren evangel. Geistlichen. Ein Hülfsbuch für Prediger u. Schullehrer. 2 Bde. 8. Ulm 840, 41, Ebner. ist d. Pr. à 1 1/6 Rthlr — 3. Bd. gr. 8. Ebend. 844. 1 1/6 Rthlr

Reden, böse, s. Jugend-Bibliothek.

Reden und Briefe italienischer Humanisten. Ein Beitrag zur Geschichte der Paedagogik des Humanismus. Mit Unterstützung der kais. Akademie der Wissenschaften in Wien veröffentlicht von Dr. Karl Müllner. Wien. 1899. Hölder. Gr.-8°. X, 305 S. fl. 3.20

**Reden** an Teutschlands Bürger über Staat, Rechte und Pflichten im Staat ... Carlsruhe 1794. V: *Rink, Christoph Frdr.* (MGT) (Ky)

— an Deutschl. Bürger, üb. Staat, Freyh. etc. 8. Carlsr. Macklot. (Gebhardt u. K. in Frankf.) 794.

Reden an Deutschlands Bürger, üb. Staat, Rechte u. Pflichten im Staat, deutsche Freiheit etc. (v. Cph. Fr. Rink). 8. Karlsr. 795. Macklot. (Gebhardt u. K. in Frkf. a. M.) 6 gr

— — an die evangel. Christen in Deutschland. gr. 8. (5 B.) Magdeburg 815, [Fabricius u. Schäfer.] *

— an die evangel. Christen in Deutschland. gr. 8. Magdeburg 845, Rubach'sche Buchh. n. 1/3 Rthlr

— christl., welche v. kathol. Predigern f. d. Jahr 1770 bei verschiedenen Gelegenheiten vorgetragen worden sind. 1s — 8s Bdchen. 8. Heidelb. 791—93. (Braun). 2 Rthlr 16 gr 9s—11s Bdchen. (od. auserles. Samml. v. Reden. 1s—3s.) 8. Manh. 795—97. Löffler. 1 Rthlr 3 gr

**Reden, Chrysophirons,** über einige Pflichten der Gold- und Rosenkreuzer alten Systems ... München 1792. V: *Münter, Frdr.* (Bruun, Bibl. Danica I, 1068.)

**Reden, Chrysophirons,** über einige Pflichten der Gold- und Rosenkreuzer alten Systems. Hrsg. ohne Erlaubniss der Obern [u. mit Anm. versehen]. München [Altona 1793]. V: *Göhrung, Jos. Friedrich.* H & V (Anm.): *Münter, Friedrich.* (Kl 2655) (T 865) (wolfstieg II, 959)

— gehalten in der Damen-Versammlung zu Beuthen O/S. am 15. Septbr. 1879 gelegentlich der V. General-Versammlung schles. Katholiken. 8. (66 S.) Beuthen 880. Waeldner. n. — 50

— u. Deklamation bei Schulprüfungen. Nebst Neujahrwünschen, Glückwünschen auf Geburts- u. Namenstage für die Jugend. Zweibrücken 826. Ritter. 2 gr

**Reden** und Dialogen, hinten ein Receptbüchlein ... Cöln 1788. V: *Bernritter, Friedrich.* (MGT)

— u. Dialogen, hintenan e. Receptbüchl. v. Randglossen. Cölln, Cotta. 788.

Reden in der Domkirche zu Güstrow, s. Polstorff.

Drei Reden Limburgischer Abgeordneten zur zweiten Kammer der Niederländischen General-Staaten (Geradts, Thissen und Swart) über die Verhältnisse des Herzogthums Limburg. Frankfurt am Main. 1848. 8°

**Reden, Drei,** über die zu weit getriebene Aufklärung ... Augsburg 1790. V: *Hiller, Blasius.* (MGT) (Ky)

— drey, üb. d. z. weit getriebne Aufklär. 8. Augsb. Wolf. 790.

Drei R', gehalten bei der feierlichen Einsetzung des Herrn Pfarrer Gottfr(ied) Bosshard in der Kirche zu den Predigern (in Zürich) am 15. Mai 1904 von Herrn Oberst J[ohann Heinrich] Brandenberger, Präsident der Kirchgemeinde Pred', H' Dekan Dr. K[onrad] Furrer und H' Pfarrer G(ottfried) Bosshard. [Mit Porträt-Tafel.] 21 S. 8. Zürich, Aschmann & Scheller, [1904]. fr. —. 30

— drei, bei der am 26. Juli 1844 erfolgten feierl. Eröffnung des Schullehrer-Seminars zu Waldenburg gehalten. Herausgeg. von Glo. Ed. Leo. gr. 8. Waldenburg 844. Dresden, Naumann. n. 1/6 ℞

Reden, drei, geh. zum Gedächtniß v. Pfarrer Neuber, II. Pfarrer der Marienkirche zu Hanau, gestorben am 19. Octbr. 1894, sow. dessen letzte Predigt. gr. 8. (20 S.) Frankfurt a/M. 894. Heyder & Zimmer. n. — 40

Drei Reden zum Gedächtnis des Kgl. Gymnasialdirektors a. D. Dr. Johannes Zahn. Geh. am 10 März 1905 im Trauerhause von Lic. K[arl] Horn, Konsist. R. in Neustrelitz, am Grabe von H[ans] Wegener, Pfarrer in Moers, am 11. April 1905 in d. Versammlung rhein. Schulmänner in Köln von Geheimrat Dr. O[skar] Jaeger. Bonn. Moers: A. Steiger (1905). (22 S.) 8° [05. 15566]

—— drei geistliche, z. Empfehlung d. Armenversorgungs-Anstalten, gehalt. in d. Stadt Böhmisch-Leippa. Mit beigefügt. Statuten d. dasigen Armenversorgungs-Anstalt. gr. 8. (6 B.) Leitmeritz 827, Medau.

Drei geistliche Reden, zur Empfehlung der Armenversorgungsanstalten, gehalten in der Stadt Bömisch-Leippa. Mit beigefügten Statuten der dasigen Armenversorgungsanstalt. (Zum Besten dieser Anstalt.) *Leitmeritz, Medau, (Leipzig, Leich).* 1828

— 3, an Landstände im September 1848. gr. 8. (26 S.) Stuttgart 848, Weise. 6 ngl

**Reden, Drei,** am Reformationsfeste 1819, gehalten in der Pfarrkirche zu Winterthur. Winterthur 1819. V: *Sulzer, Joh. Conr., J. J. Weser & G. Hanhardt.* (Ky)

— drei, am Reformationsfeste 1819, gehalten in der Pfarrkirche zu Winterthur (v. J. K. Sulzer, J. J. Weser u. G. Hanhardt). gr. 8. Winterth. 819. Steiner.

— drei, welche bei d. 25jähr. Stiftungsfeier d. Hamburg. Gesellschaft z. Beförder. d. Künste u. nützl. Gewerbe sind gehalten worden, von J. A. H. Reimarus, J. A. Günther, u. ... gr. 8. Hamb. 790.

— 3, geh. in großen religiösen Volksversammlungen. 1. Die Wunder im Leben Jesu sind auch vor unserer Vernunft wahr. 2. Die Person Jesu. 3. Die evangel. Kirche. (Von Braun.) (31 S.) 8. Königsberg 905. (Ev. Buchh. des ostpr. Prov.-Vereins f. innere Mission.) n.n. — 50

Fortsetzung s. u. d. T.: Rede, 4., 5. u. 6.

— drei mal drei, üb. die Einstimmung d. Freimaurerei mit der Religion. 3 Sammll. 8. Brem. 770. (Rabenhorst in Leipzig). 18 gl

— dreymal drey, üb. d. Einstimmung d. Freymaurerey m. d. Relig. 3 Samml. 8. Brem. (Rabenhorst. in Lpz.) 779.

**Reden, Dreymal drey,** über die Übereinstimmung der Freymäurerey mit der Religion. Bremen 1778—81. V: *Feddersen, Jacob Friedrich.* (Handbuch d. Freimaurerei. Leipz. 1900.) (Kl)

Reden gehalten in der Ehe- u. Schulgesetzdebatte im österreich. Herrenhause, s. Stimmen, katholische.

[F.] Reden bei der Einführung des Direktors. Emden, Druck v. C. Zorn, 1892; 1—11 S. 4.
Emden, k. Wilhelms-G, P 1892 (300)

— bei der Einführung des Hrn. Pastor Feldner gehalt. in der evangelisch-lutherischen Kirche zu Elberfeld. Am 18. April 1847. gr. 8. (36 S.) Elberfeld 847, Hassel. 1/6 ℞

**Reden** bei der Einführung des neuen Gesangbuchs in den protestantischen Gemeinen zu Stollberg bei Aachen. Frankfurt a. M. 1804. V: *Alpen, Heinrich Simon von & Joh. Reisig.* (winer)

— bei d. Einführung des neuen Gesangbuches in d. protestant. Gemeinde zu Stollberg bei Aachen gehalten (von Hnr. Sim. v. Alpen). gr. 8. Frankf. a. M. 804. Eichenberg. 10 gl

— bei der Einführung des Rectors Prof. Dr. Lothholz gehalten in der Klosterschule zu Roßleben. (Als Mscr. gedr.) Halle 867. Buchh. des Waisenhauses. gr. 8. (40 S.) n. 10 ngr.

Reden bei der Einführung des Direktors [Otto Michalsky]. S. 15 bis 17. 4. Kgl. Gymn. nebst Realschule *Königshütte O.-S.* 1910 (276). Progr.

— bei der Einführungsfeier d. Herrn Pastor D. Müller in der St. Pauli-Kirche in Bremen am 15. Jan. 1871. 8. (28 S.) Bremen 871. (Barmen, Klein.) n. — 40

—— bei der Einführungsfeier des Pastor L. Tiesmeyer in der St. Stephani-Kirche in Bremen am 5. Novbr. 1871. gr. 8. (21 S.) Bremen 871. (Barmen, Klein.) *

— bey der feyerlichen Einsetzung d. Erziehungsraths u. d. Schulinspectoren im Canton Säntis ec. gr. 8. St. Gallen, Huber. 800.

Reden, gehalten bei der Einweihung des Denkmals auf der Blutmatte zu Nänikon den 17. Oktober 1842. [Mit 1 Tafel.] 4. [Zürich.]

Reden bei der Einweihung des Doms zu Berlin am Montag d. 27. Febr. 1905. Berlin: E. S. Mittler & Sohn 1905. (15 S.) 8° [F.] [05. 11607]

Reden, gehalten bei der Einweihung des neuen Gebäudes auf dem israelitischen Friedhof in Hegenheim. Hrg. von der Friedhofverwaltung. 5669—1908. II + 20 S. 8. Basel, Brin & Cie.

— bei d. Einweihung der Kirche in Ilmenau. 8. Eisenach 753. Wittekind. 5 gl

**Reden,** gehalten bei der Einweihung des Zürcher Krematoriums. 1889. Zürich 1889. V: *Heim, Alb., Frdr. Schlatter & H. Walter Bion.* (Cat. d. Stadtbibl. Zürich. Zürich 1864—97.)

— bei d. Einweihung d. wiederhergestellten St. Petri-Kirche in Kopenhagen d. 14. Juli 1816 gehalten v. Bischof Münter, Stiftsprobst Clausen u. Dr. Kochen. 8. Kopenh. 816. Bonnier. 10 gl

— gehalten bei der Einweihung des evangelischen Vereinshauses in Barmen, am 16. Octbr. 1866. Barmen 868. Klein. gr. 8. (17 S.) n. 3 ngr.

—— welche bei d. Einweihungs-Feyer d. neu errichteten Gymnasial- u. Bibliothek-Gebäude in d. freyen Stadt Hamburg am 5. u. 7. Mai 1840 gehalt. worden sind. gr. 8. (...) Hamburg, Meißner.

Reden, gehalten bei der Einweisung des Direktors Dr. [Max] Richter am 7. Januar 1907. 12 S. 4. Realschule mit Progymn. *Löbau i. S.* 1907 (720). Progr.

**11 Reden** aus der L. Carl zu den drei Adlern in Erfurt. 1837 ff.
*[Nach Kat. d. GrLL.]*

— bei feierlicher Entlassung der Katechumenen, s. Wilh. Schramm.

**Reden, Erbauliche,** eines Geistlichen, mit den Weisen und Hohen in der Welt. Dressden 1732. V: *Du Perron, Jacques.* Ü: *Marbach, Christian & Martin Grulich.* (Myl)

— erbaul. hell., üb. d. Sonn- u. Festt. Evangel., u. e. ber. Gottesgel. in Greifsw. geh. 4. Hamb. 754.

**Reden**, gehalten bei der Eröffnung der kathol.-theolog. Fakultät an d. Universität Bern. Bern, Jent & Reinert. 76 Stn. 8. 1875.

—— bei der feierlichen Eröffnung der Handelsschule zu Plauen am 31. Oktober 1858 gehalten von Wilh. Zschweigert, Gust. Heubner und Otto Vogel. gr. 8. (22 S.) Plauen 858, Neupert. **

*Reden*, einige, bei der Eröffnung des Landesgymnasiums zu Büdingen gehalten. Büdingen 822. 8. 4 gr.

**Reden** gehalten bei der Eröffnung der eidgenössischen polytechnischen Schule ... 1855. Zürich 1855. V: *Frey-Herose, Frdr. & Joh. Conr. Kern.* (Cat. d. Stadtbibl. Zürich. Zürich 1864—97.)

**Reden** gehalten an der Eröffnungsfeier, 3. Oktober 1905, [des:] Oberseminar Bern. [Mit 1 Ansichts-Tafel.] 22 S. 8. Bern, Gustav Grunau, 1905. fr. —. 40

**Reden** beim Eröffnungs-Gottesdienste in der wiederhergestellten Schloßkirche zu Schwerin. Schwerin 855. Stiller. gr. 8. (34 S.) n. 5 ngr.

— erweckl., von Gottes Güte und Ernst, b. Veränder. d. Zeiten. 8. Frst. Beumelburg. 742.

**Reden,** welche bey dem am grünen Donnerstag des 1754sten Jahrs in dem Helmstädtischen Waisenhause angestellten Examine ... gehalten ... worden. Helmst. 1754—58. H: *Hasler, Marc.* (ML)

Reden, gehalten bei der Feier des fünfzigjährigen Amtsjubiläums des Herrn Dr Heinrich Escher, Professors der Geschichte am obern Gymnasium in Zürich, am 2. Februar 1857. – *A. u. d. T* Herrn Dr H' Eschers Amtsjubiläum. 8. Zürich 1857

**Reden** bei der Feier des hundertjährigen Bestehens der Städteordnung am 19. Nov. 1908 im Rathause zu Charlottenburg. (Charlottenburg [1909]: Gertz.) 20 S. 8°

— gehalten bei der Feier der Einführung des Herrn Pastor Künzel in Elberfeld am 2. Mai 1841. gr. 8. Elberfeld 841. (Hassel.) 1/8 rf

**Reden** bey froher Feyer des allerhöchsten Namens-Festes Sr. Kaiserl. Majestät Joseph des Zweyten gesprochen in der Loge J[oseph] zu den drey Helmen [in Wetzlar] den 17. Merz 1778. Wetzlar: Ungewitter [1778]. 40 S. 8°
Kl. 998. Enth. 3 Reden (2 von F. D v. Ditfurth). 65.

—— bei der frohen Feier des allerhöchsten Namensfestes ... Joseph II. gesprochen in der Loge Joseph zu den 3 Helmen ... 1778. Wetzlar. V: *Ditfurth, Franz Dietrich Baron von.* (Kl)

—— zur Feier des 400. Geburtsfestes Luthers, gehalten bei Enthüllung des Reformations-Denkmals zu Leipzig von den Herren Georgi, Fricke, und bei der Abendfeier auf dem Marktplatze daselbst von Hrn. Evers am 10. Novbr. 1883, sowie bei den Festversammlungen in den drei Sälen des Krystall-Palastes und in dem Bonorand'schen Saale zu Leipzig am 11. Novbr. 1883 von den Herren v. Criegern, Evers, Fricke, Hartung, Hempel, Luthardt, Pank, Pfalz, Alb. Richter, Prof. Richter, Suppe und Vogel. Nach authent. von den betr. Herren Rednern durchges. Niederschriften. gr. 8. (95 S.) Leipzig 883, Hahn'sche Verlagsb. * — 60
—— dass. — 2. und 3. durch die Ansprache des Hrn. Baur verm. Aufl. gr. 8. (96 S.) Ebendas. 883. * — 60

— bei der kirchlichen Feier zur Gründung der vereinigten evangelischen Gemeinde zu Hastedt u. zur Einführung ihres ersten Predigers Past. E. Achelis, am Sonntage, den 19. April 1868. Bremen 868. Valett & Co. in Comm. gr. 8. (23 S.) n. 6 ngr.

— bei d. Feier d. 18. Oct. 1814. 8. Gotha 814. Becker. 3 gl

**Reden** zur Feyer des 10ten Oct. gehalten in der Loge St. Charles de la concorde in Braunschweig. 1770. [Braunschweig 1770.] 4 Bl. 4°
Selten. 5 Gedichte, 4 davon an die anwesenden Fürstlichkeiten Karl, Ferdinand, Friedrich August u. Leopold v. Braunschweig gerichtet. 65.

— z. Feier d. Reformations-Jubelfestes auf d. Rathhaus-Saale zu Lüneburg gehalten am 1. Nov. 1817. 4. Lüneb. 818. Herold u. W. 8 gl

**Reden,** geh. z. Feier d. Stiftungstages d. militärärztl. Bildungsanstalten.
I Bd. 1804 C L. **Mursinna**. Geschichte d. preuß. Chirurgie im 18 Jahrhund. — 1805. **A F Kiesewetter** D. Unterricht in d. Hilfswissenschaften auf d. Pepiniere — 1808 **A F Kiesewetter** D Methode d. philosoph. Unterrichtes. Angebunden Französ. Übersetzung d. Rede — 1809 **C L. Mursinna**. Üb. d. Vereinigg d. Medizin mit d. Chirurgie. — 1810. **A F Hecker** Von d. Einflusse achter u. unachter Naturphilosophie auf d. Wissenschaft u. d. Kunst in d. Chirurgie — 1811 **A H Petiseus**. Dem angehenden Arzte muß es besonders wichtig sein, sich zum edeln Menschen auszubilden — 1811 **C L. Mursinna**. Die alte u. neue Chirurgie — 1812 **C D Tourte** Wie lassen sich d. Hindernisse beseitigen, die dem angehenden Arzte d. Studium d. Naturwissenschaft erschweren. — 1814. **A. Brohm**. Der Zustand d. Heilkunde ist d. Maßstab für d. Kultur d. Nationen. — 1816. **E. Horn**. D Beruf d. Militararztes — 1817 **C D Turte** Üb. d. Würde d. Feldarztes. — 1818 **F Hufeland**. Üb. d. Verhältnis d. theoretisch. zu d. prakt Bildung d. Arztes. — 1820. **F Wolff**. D. humanistische Bildung schützt vor Einseitigkeit. — 1821 **F C. Hecker**. Üb. d. Wert universeller Bildung für d. Arzt. — 1822 **E Osann**. D. Pflichten d. Militärarztes. — 1822 **Preuss**. Festrede am 25jährig Regierungsjubiläum Friedrich Wilhelm III. — 1823. **C Turte** D Feldarzt muß ein gediegener Praktiker sein — 1824 **C Klage**. D. Entwicklung d. Friedrich Wilhelms-Institutes — 1825. **W Eck** Auswahl u. Bildungsgang der Zöglinge d. Friedrich Wilhelms-Institutes — 1826. **H F Link**. Üb. d. Verhältnis d. Naturwissenschaften z. Arzneikunde — 1827 **F Hufeland**. D. Methode d. medizinisch. Unterrichtes — 1828 **J F Hecker** Üb. d. Grundsätze d. medizinisch. Praxis — 1829. **E Osann**. Üb. d. Zuverlässigkeit d. medizinischen Wissenschaft — 1830. **W Eck**. Der Wirkungskreis u. d. Ausbildung d. Militärarztes — 1831 **C Turte.** Gegenwärtig. wissenschaftl. Standpunkt d. Heilkunde überhaupt, u. üb. d. wichtigen Einfluß einer gründlichen Vorbildung d. Studierenden mit besonderer Rücksicht auf d. Friedrich Wilhelms-Institut. 1832. **J F Hecker** Wissen u. Wirken d. Arztes b. Volkskrankheiten.
II Bd. 1833 **S F Hermbstaedt**. Gründung d. Pepiniere — 1834. **H. F Link**. D. Erfordernisse d. medizinisch. Unterrichtes — 1835. **E. Mitscherlich**. Üb. d. Beziehgn d. Chemie z. Medizin. — 1836. **J Müller** D Methoden d. pathologischen Anatomie. — 1837 **J F K Hecker** Die geschichtliche Aufeinanderfolge der Dyskrasieen. — 1838. **H. G. Grimm**. D. militärärztl. Dienst — 1839. **J F K. Hecker** D Kriegsseuchen. — 1840. **W Eck.** Geschichte d. Medizinalwesens unter Fried Wilhelm III — 1841 **E. Wolff**. Üb. d. Markschwamm, die Gehirn- u. Rückenmarkserweichung u. d. organ. Krankheiten des Herzens — 1842 **J F K. Hecker** D. Skrofelkrankheit — 1843 **J L. Casper** Statist. Übersicht über d. Sterblichkeitsverhältnisse d. preuß. Armee i. d. J 1829—38, m. 2 Tab

— 1844. J. C. Jüngken. D. Augenkrankheiten in d. Armee. — 1845. J. D. E. Preuss. Histor. Erinnergn an d. Stifter u. an d. Stiftung d. Kgl. medizin.-chirurg. Fried. Wilhelms-Institutes. — 1845. W. Eck. D. Erfolge d. Friedr. Wilh.-Institutes. — 1846. J. H. Schmidt. Die Armee als Erziehungsanstalt des Volkes. — 1847. C. G. Mitscherlich. D. Entwicklung d. Heilmittellehre. — 1848. J. F. K. Hecker. Die Eigenschaften des Arztes. — 1849. F. Löffler. Die deutsche Medizin. — 1849. K. Werder. Üb. wahre u. falsche Abstraktion. — 1850. E. Wolff. D. hygien. Schäden d. modernen Unterrichts- u. Erziehungssystems. — 1851. J. L. Casper. D. mittlere Lebensdauer d. höheren Offiziere. — 1852. A. Braun. D. Bedeutung d. Naturwissenschaften f. d. allgem. Bildung. — 1853. J. V. Schoeller. D. Bedeutg d. geburtshilfl. Ausbildung f. d. Militärarzt. — 1854. J. C. Jüngken. Üb. d. Beziehungen d. Heilkunde z. Kulturgeschichte u. üb. d. Studienfreiheit.

III. Bd. 1855. C. G. Mitscherlich. Die neuesten Fortschritte in d. Lehre von den Giften. — 1856. D. J. E. Preuss. D. neun ersten Regierungsjahre Friedr. Wilhelms III. — 1857. M. Troschel. D. Schriften d. römischen u. griech. Ärzte. — 1858. L. Boehm. D. Anwendung d. blauen Doppellichtes auf leidende Augen. — 1859. K. Werder. Das Ideale. 1860. C. B. Reichert. Geschichtlich. Gang d. Zeugungs- u. Bildungsgeschichte. — 1861. J. C. Jüngken. Üb. Prämie u. Hospitalbrand. — 1862. A. Braun. Bedeutg d. Morphologie. — 1863. N. Lieberkühn. D. Lehre v. Wachstum d. Knochen. — 1864. G. Mitscherlich. Wirkgn d. Zinkpräparate. — 1865. A. v. Graefe. Einfluß d. ophthalmolog. Studien auf d. ärztlich. Wissenschaft. — 1867. L. Traube. Die Erstickungserscheinungen. — 1868. B. v. Langenbeck. Schußverletzungen d. Gelenke. — 1869. F. Loeffler. D. heutige Aufgabe d. militärärztl. Bildungsanstalten. — 1871. A. W. Hofmann. D. organ. Chemie u. d. Heilmittellehre.

IV. Bd. 1872. A. Braun. Üb. d. Bedeutg d. Entwicklung in d. Naturgeschichte. — 1873. R. Hartmann. Üb. d. Methode d. Unterrichtes i. d. Anthropotomie. — 1874. R. Virchow. D. Fortschritte d. Kriegsheilkunde. — 1875. E. Gurlt. D. Kriegschirurgie d. letzten 150 Jahre i. Preußen. — 1876. A. Bardeleben. Rückblick auf d. Fortschritte d. Chirurgie in d. 2. Hälfte dieses Jahrhunderts.

V. Bd. 1871. A. W. Hofmann. Die organ. Chemie u. d. Heilmittellehre. — 1877. H. Helmholtz. D. Denken in d. Medizin. — 1878. Leyden. Üb. d. Entwicklung d. medizin. Studiums. — 1879. Gusserow. Z. Geschichte u. Methode d. klin. Unterrichts. — 1880. Westphal. Psychiatrie u. psychiatr. Unterricht.

VI. Bd. 1881. Du Bois-Reymond. Über die Übung. — 1882. A. W. Hofmann. Berliner Alchemisten u. Chemiker. Rückblick auf d. Entwickelung d. chem. Wissenschaft in d. Mark. — 1883. E. v. Bergmann. D. Schicksale d. Transfusion im letzten Dezennium. — 1884. Waldeyer. Wie soll man Anatomie lehren u. lernen. — 1885. C. Schweigger. Üb. d. Zusammenhang d. Augenheilkunde m. ander. Gebieten d. Medizin. — 1886. Dilthey. Dichterische Einbildungskraft u. Wahnsinn. — 1887. O. Liebreich. D. histor. Entwicklung d. Heilmittellehre. — 1888. R. Koch. Die Bekämpfung d. Infektionskrankheiten. insbes. der Kriegsseuchen. — 1889. Ansprache d. Generalstabsarztes d. Armee Dr. v. Coler an d. Festversammlung b. d. Stiftungsfeier d. militärärztl. Bildungsanstalten. A. Hirsch. Üb. d. histor. Entwicklung d. öffentl. Gesundheitspflege. Berlin 1804—89.

VII. Bd. 4. 12. 1890. v. Bergmann. D. chirurg. Tuberkulose u. d. Kochsche Heilverfahren. E. Pfuhl. Die Anwendung d. Kochschen Heilmittels gegen Tuberkulose in d. Armee. v. Coler. Einleitende Ansprache. — 1890. (1. Aug.) v. Coler. Ansprache. — 1890. C. Gerhardt. Zur Geschichte d. Bruststoßes. — 1891. Kundt. D. neuere Entwicklung d. Elektrizitätslehre. — 1892. Hertwig. Ältere u. neuere Entwicklungstheorien. — 1893. F. Jolly. Üb. Irrtum u. Irrsein. — 1894. E. Fischer. Die Chemie d. Kohlenhydrate u. ihre Bedeutung f. d. Physiologie. — (1895. 100j. Stiftungsfeier. 363.21—24.) — 1896. R. Ohlshausen. Üb. Marion Sims u. seine Verdienste um d. Chirurgie.

VIII. Bd. 1897. O. Heubner. Über Gedeihen u. Schwinden im Säuglingsalter. — 1898. M. Rubner. Üb. Volksgesundheitspflege u. medizinlose Heilkunde. — 1899. C. Stumpf. Der Entwicklungsgedanke in d. gegenwärt. Philosophie. — 1900. E. Warburg. Über d. kinetische Theorie d. Gase. — 1901. F. König. Der Chirurg u. sein Schutzbefohlener. — 1902. v. Leyden. Das Denken in d. heutigen Medizin. — 1903. Th. Engelmann. Das Herz u. seine Tätigkeit im Lichte d. neueren Forschung.

IX. Bd. 1904. J. Orth. D. Stellung d. path. Anatom. i. d. Mediz. u. d. path.-anat. Unterricht.

Dasselbe. (Reden a. Stiftungstage.)

(In Bd. III fehlt 1866 Kriegsjahr: er enthält außerdem: Übersicht d. Studierenden d. mediz.-chirurg. Friedr. Wilh.-Institutes u. d. Akademie seit d. Stiftung am 2. August 1795 bis z. 2. August 1865.)

— am Fest Johannis in d. Kronenloge zu Königsberg gehalten. gr. 8. Königsb. 788. Hartung. 3 gr.

Reden und Festpredigt zur Kreuz-Aufstellung und Thurm- und Glockeneinweihung am 30. Mai und 13. und 14. September 1856 in der evangelischen Kirchengemeinde Schladming in Steiermark. Ein Gedenkbüchlein für die evangel. Gemeinde Schladming und für alle lieben christlichen Freunde, Gönner und Wohlthäter derselben. Wien, 1856. Aus J. B. Wallishaussers Buchdr. (51 S. 8.)

Reden gehalten im Festsaale des Berliner Rathauses zur Abwehr der kunstfeindlichen Bestrebungen der „Lex Heinze" am Sonntag, den 25. März 1900. Berlin 1900. 8°.

**Reden,** welche im Markte Fischamend an die aufgebothene Mannschaft bey der Vertheilung der von Sr. kk. Majestät allergnädigsten bewilligten Ehren-Medaillen gehalten wurden. Den 16ten Wintermonath 1797. Von einigen Patrioten zum Drucke befördert. Wien. V: *Angermayer*, *Sebast.* & *Matthias Fassler*. (BiblPort)

**Reden** über Freimaurerei an denkende Nichtmaurer. Leipzig 1859. 2. Aufl. 1860. V: *Seydel*, *Rudolph*. (Haan) (Tt) (SJL)

—— über Freimaurerei an denkende Nicht-Maurer. 1. Aufl. 1859. und 2. Aufl. 8. (VIII und 238 S.) Leipzig 860, Luppe. *

**Reden,** welche in der gesetzmässigen Freymaurer Loge zum Schilde am Tage St. Johannis gehalten worden zu Stargard den 24ten Junius 1775. Stargard [1775]: Kunst. 16 S. 8° [Umschlagtit.]
Kl. 017b. Selten. Enth. 2 Reden, die zur Erfüllung der mrischen Pflichten ermuntern. 3.

— an den Frieden. 8. Münch. 801. Lindauer. 3 gr.

**Reden, Friederike Gräfin v.,** Lebensbild, s.: Reuß, E., Fürstin.

—— Sr. Maj. Friedrich Wilhelm IV. am 10. Sept. u. 15. Oct. geh. (Mit Bildn.) gr. Lex.-8. (Berlin 841, Schlesingersche Buchh.)

—— Sr. Majestät des Königs Friedrich Wilhelm IV. seit seiner Thronbeschreibung. Gesammelt u. mit einem Vorwort so wie mit histor. Einleitungen versehen von Jul. Killisch. 1. Aufl. (4¾ B.) u. 2. Aufl. Lex.-8. (3⅝ B.) Berlin 843, (Springer.) à *

— Sr. Maj. des Königs von Preußen Friedrich Wilhelm IV. an sein Volk. Gesprochen bei der Huldigung in Königsberg u. Berlin u. bei der Eröffnung der ersten vereinigten Ständeversammlg. gr. 8. (23 S.) Gütersloh 847, Bertelsmann. 1/12 ß

**Reden, Fünfmahl fünf,** über fünf wichtige Pflichten derer die da hoffen ... Jena 1759—62. V: *Münter*, *Balthasar*. (SJL) »1759—60« (Tt) (Kl)

— fünf mal fünf, üb. wichtige Pflichten derer, die da hoffen; (v. B. Münter). 5 Sammll. 8. Jena 759, 60. Gollner. 20 gr.

Reden und Gebete anlässlich der Beerdigung und Gedächtnisfeier des Hrn. Pfarrer J[ohann] J(akob) Wissmann, gesprochen von den Herren Dekan Dr. K(onr[ad]) Furrer, Pfarrer J[acob] Bär, Pfarrer G[ottfried] Schönholzer, Dr. J[acob] Escher-Bürkli den 14. und 21. Juni 1903. [Mit Porträt-Tafel.] II + 42 S. 8. Zürich, Müller, Werder & Cie. [fr. —. 50]

Reden, Gebethe und Gesänge bey der feyerlichen Einweihung der neu erbauten Kirche in Uster. Sonntags, den 31. Weinmonath 1824. 8. Winterthur 1824.

**Reden** und Gebete, welche bey der Confirmation des Erbgrafen zu Orttenburg, Johann Karl ... gehalten worden sind. O. O. 1795. H: *Krafft*, *Johann Martin*. (MGT)

**Reden gehalten auf das Geburts-Fest unseres Durchlauchtigsten Protektors [Alexanders Markgrafen von Brandenburg und Bayreuth] in der Loge Alexander zu den drey Sternen [in Ansbach] den 26. Febr. 1779. [Ansbach] 1779. 4 Bl. 4° [Umschlagtit.]**
Selten. 2 Gelegenheitsreden. 341.

**Reden** zum Gedächtniss eines würdigen jungen Maurers, des B...s Christian v. Brand gesprochen von dem H... Sch[ottischen] O[ber-]M[eister] und dem B... Redner *** der Loge J[oseph] zu den drey Helmen [in Wetzlar], den 6ten Febr. 1778 [Wetzlar 1778.] 23 S. 4⁰ [Umschlagtit.].

Selten. 2 Reden. 1. Betrachtungen eines Mrs am Grabe. 2. üb. das Thema: Die Verbindung des Mr. dauert auch noch jenseits des Grabes. 8.

[**Reden.**] Zum Gedächtniss des Brs. Friedr. Gehrich in der Trauerloge im Or. v. Goslar am 17. Dec. 1861. (Ms. f. Frmr.) Goslar: Brückner 1862. 22 S. 8⁰ [Umschlagtit.]

Tt. 937. 2 Reden. Nekrolog von K. A. Agthe, abgedr. in: FZ. 16 (1862) S. 300 bis 303. Trauerrede von F. A. R. Müller: Üb. des Lebens flüchtige Nichtigkeit u. hohe Bedeutung, sowie des Todes schweren Ernst u. selige Verklärung, abgedr. in: Normann, H.: Frmrische Reden und Toaste. 2 (1881) S. 242—256; 2. Aufl. 1883. 23.

— zum Gedächtniß des verstorbenen Pastor Emil Möller, weil. Pfarr-Adjunkt zu Lübbecke. Lübbecke 864. (Minden, Volkening.) gr. 8. (31 S.) 3 ngr.

— u. verfertigte Gedichte zum Andenken d. Generalsuperindent. Werkenthin. 4. Stendal 779. Franzen u. G. 7 gr.

**Reden** und Gedichte, welche... 1747. In der Gelehrten Gesellschaft der Unbekannten abgelesen worden. Wien 1747. H: *Petrasch, Joseph Freih. von.* (EB)

— und Gegenreden in Sachen Preuß. und Engl. Handels-Politik. Aus Engl. Blättern übersetzt und zur Begründung unparteiischen Urtheils zusammengestellt. gr. 8. Deutschland. (Berlin) 833. Hayn. 1/4 Rthlr.

**Reden über maurerische Gegenstände von einem treuen Verehrer der Maurerei. Berlin: Lange 1799. XIV, 226 S. 1 Kpfr. 8⁰**

cf. Taschenbuch f. Frmr. 1800 S. 353—363. Kl. 1122. KB. gibt Friedr. Henning als Verf. an. 23. 25.

Reden üb. maurerische Gegenstände. Mit 1 Kpf. 8. Berlin. 799. Jetzt Reimer. Rthlr. —

Die am 26. April 1906 bei der Einführung des Direktors [Friedrich Wilhelm Hartmann] gehaltenen Reden. S. 3—9. 4.
Progr. König Wilhelms-Gymn. *Hözter a. d. Weser* 1907 (435).

— geistliche, gesprochen bei der am 20. October 1844 vorgenommenen feierlichen Einweihung der neuerbauten kathol. Kirche zu Annaberg. gr. 8. Dresden 845. (Leipzig, Jackowitz.) 1/6 Rthlr. In Umschlag mit der Abbild. d. Kirche 6 1/4 ngr.

— geistliche u. moralische Erzählungen, s. Gehren, geistl. Reden.

— geistliche, von der wahren Frömmigkeit im Fasten. gr. 8. Bamberg, Dederich. 789.

— etl. geistliche, geh. v. 2 Männern u. e. jung. Dame. 8. Weißenf. Severin. 794.
(Dies. b. 797. d. N. Tit. enth.: Bekenntn. m. Relig. Ueberzeug.)

Reden, etliche geistliche, od. Bekenntnisse meiner Religions-Ueberzeugung; ist jezt Verlag von d. Weygandschen Buchh. in Leipz.

— geistliche, auf dem Kirchhofe Obrowitz der Vorstadt Brünn's am Dienstag nach dem 13. Trin. Sonntag, 28. August 1866, bei der kirchl. Feier für die daselbst begrabenen Preußen u. der Einweihung des ihnen gesetzten Denkmals gehalten von Chr. G. Gerlach, G. Nawalzky u. Freyschmidt. Brünn 866. Winiker. 8. (16 S.) n. 4 ngr.

**Reden und Predigten, Geistliche,** zum Todtlachen. Oder Original-Auszüge aus merkwürdigen Predigten und geistlichen Reden ... Germanien 1811. [Quedlinb. 1810.] H: *Basse, Gfr.* (MGT)

— u. Predigten, geistliche, zum Todlachen, od. Original-Auszüge aus merkwürd. Predigten rc. von Pastor Lachemann. 8.
Quedlinburg: Basse 1811.

**Reden, Des Verfassers der Religionsphilosophie geistliche,** auff alle Sonntage des Jahres, die der ... Erzherzoginn Marianne von Oesterreich ... zu Klagenfurt im Gotteshause der ... Elisabetherinnen sind gehalten worden. Augsburg 1784—86. V: *Storchenau, Sigmund.* (JES) (SO) (KY)

— geistl., auf alle Sonntage d. Jahres, v. Verf. d. Philosophie d. Religion (v. S. v. Storchenau). 4 Bde. 8. Augsb. 784—86. Veith. 2 Rthlr. 8 gr.

— geistliche, gehalten bei der in der katholischen Hofkirche zu Dresden am 4. Sonnt. in der Faste, den 6. März 1842 vorgenomm. feierlichen Weihe des hochwürd. Herrn Franciscus Laurentius Mauermann, Bischofs von Rama rc. rc. gr. 8. Leipzig 842, Jackowitz. 1/6 Rthlr.

Reden, geistl- u. weltl., d. ber. Schlesier. 4. Frankfurt, Seidel. 724. Rthlr.

— geistliche, von der Wohlthätigkeit des Christenthums, in d. Fasten g. h. gr. 8. Bamberg, Dederich. (Göbhard.) 791.

— e. Geistlichen m. d. Weisen und Hohen dieser Welt. 8. Dresd. 732.

**REDEN** grösstenteils bei Gelegenheiten bey welchen sie zwar im 18. Jahrh. geschrieben werden konnten, wohl aber erst im 19. Jahrh. gehalten werden dürfen vom Verf. der Peripathetiker. O. O. 1801. 8⁰. 363 S. Sehr selten! (5 Mk. Max Jaeckel, Potsdam, c. 1906.)

— größtentheils bei Gelegenheiten, bei welchen sie zwar im 18. Jahrh. geschrieben, wohl aber erst im 19. Jahrh. gehalten werden dürften. 8. Königsb. 802. Unzer. 1 Rthlr. 4 gr.

—— gehalten bei Gelegenheit der 3. Generalversammlung der Katholiken Schlesiens in Ratibor am 10. und 11. Juli 1876. 8. (103 S.) Ratibor 876. (Breslau, Aderholz' Buchh.) ** — 50

— gesammelte u. auserles. republikan. gr. 8. Lindau 771. Otto. 16 gr. (Vergl. Auswahl republikan. Reden).

— christlich gesammelte, von Weltpriestern. 5 Thle. 8. Heidelb. Pfähler. 788.

**Reden** und Gesang gehalten und gesungen in der L∴ der ver∴ Freunde der Nahe und des Rheins zu Bingen am 21ten Mai 1812. Kreuznach [1812]: Henss. 32 S. 8⁰

[2] in: Sammlung v. Freimaurer-Reden geh. zu Kreuznach. 1829.

Kl. 1175, Tt. 1909. 3 Reden u. 5 Gesänge. Von Kreuznach aus wurden im Anfange des 19. Jh. in Bingen einige Arbeiten abgehalten. 439.

— und Gesänge bei der Einführung des Direktors Dr. Heinr. Ed. Foß in dem Friedrichs-Gymnasium zu Altenburg d. 12. Oct. 1835. — Angehängt ist: Abschiedsrede, gehalten zu Friedland am 17. Septbr. 1835 von H. E. Foß. gr. 8. Altenburg 835. Pierer. 1/4 ℛ

— und Gesänge bei der Einweihung des neuen Gymnasialgebäudes in Elberfeld. Ebend. 821. 4. (45 S.)

— u. Gesänge bei Eröffnung d. neuorganisirten evangel. Stadtschule zu Kreuznach. 8. Kreuzn. 829. Kehr. 3 gl

**Reden** und Gesänge bei der Feier der Loge zur Eintracht an ihrem funfzigsten Stiftungsfeste, den 9ten Dec. 1804. Berlin [1804]: Wegener. 32 S. 8⁰ [Umschlagtit.]

Kl. 2952. Festrede von F. Ph. Rosenstiel: Gesch. der Loge. 23. 25. 193.

**Reden** und Gesänge bei der Feier der Loge zur Eintracht an ihrem hundertsten Stiftungstage den 9. Dec. 1854. Berlin 1855: C. Schultze 1855. 46 S. 8⁰

Reden, Gesänge und Gebete bei der Feier der Einweihung des neuen Friedhofes der evangelischen Gemeinde A. und H. C. zu Gratz den 26. Oktober 1856. Aus der C. Tanzer'schen Buchdruckerei. (15 S 8.)

— aus altröm. Geschichtschreibern rc., s. Petri.

**Reden und Gedichte, Der deutschen Gesellschaft in Leipzig gesammelte,** welche bei dem Eintritte und Abschiede ihrer Mitglieder pflegen gelesen zu werden. Leipzig 1732. V: *Gottsched, Joh. Chph.* (JL)

Reden d. K. deutschen Gesellsch. in Götting. 4. Göttingen. 751. Rthlr.

**Reden** in der k. deutschen Gesellschaft in Göttingen. Göttingen 1753. V: *Camerer, Joh. Frdr.* (Ky)

**Reden** an unsere evangelischen Glaubensgenossen ... Nürnberg 1832. V: *Valenti, Ernst Jos. G. Hnr. de.* (Ky) (Zu)

—— an unsere evangel. Glaubensgenossen. Ein Wort d. Liebe u. d. Ernstes in e. schweren Zeit. (Von Valenti.) 8. (5 B.) Nürnberg 832, Raw.

— e. protestant. Gottesgelehrten (Jh. Gf. Cramer's). Mit e. Vorr. v. W. A. Teller. gr. 8. Berl. 780. Mylius. 16 gl

**Reden** am Grabe des Herrn K. W. Justi. Marburg 1846. V: *Kleinschmidt, Theod. A. Frdr. Wilh., Ernst Ludw. Theod. Henke & Wisseman.* (BrMm)

Reden am Grabe des Hrn. Karl Wilh. Justi, Commandeurs, Dr. u. ordentl. Prof. der Theol. u. Philos., Ober-Consist.-Raths, Superintend. u. Oberpfarrers an der evangel.-luther. Pfarrkirche zu Marburg. (Gehalten v. Henke, Kleinschmidt u. Wissemann.) Zum Besten der Armen. Lex.-8. (1 B.) Marburg 846, Elwert'sche Universitäts-Buchh. Thlr.

— am Grabe des Hrn. Ober-Consistorial-Rath Prof. Dr. Karl Wilhelm Justi. gr. 8. (16 S.) Marburg 847, Elwert. 2 ngl

Reden, gehalten am Grabe des Herrn Julius Künzli, weil. Pastor d. niederl.-reform. Gemeine zu Elberfeld, am 28. Mai 1901. Als Ms. gedr. Elberfeld [1901]: H. W. Kaufmann. (19 S.) 8° [F.]

**Reden** am Grabe des Herrn Dr Wolfgang Heinrich Puchta ... gehalten am 9. April 1845. Erlangen 1845. V: *Hopffer, H. J. J. & Christoph Glieb Adolph von Scheurl.* (Zu) (BrMm)

Reden am Grabe des Hrn. Dr. Wolfg. Hnr. Puchta (pens. Landrichter, Ritter des königl. bayr. Verdienstordens vom heil. Michael) gehalten am 9. April 1845. gr. 8. Erlangen 845, Bläsing. 1/12 ℛ

— am Gutenbergsfest zu Arolsen, 24. Juni 1840. (Von Dr Gabert, Landbaumeister Löffel, Dr. Kreusler. Mit Titelvign.) gr. 8. Arolsen 840. Speyer. n. 7 gl

— Al Haliffs, d. Sohns Jeilschida, nach e. span. Uebers. des Originals ins Deutsche übers. v. Matth. Ranfrost. 8. Stend. Franzen. 781.

— heil., auf außerordentl. Fälle, u. einig. and. Predigten. 8. Neust. Riedel. 789.

Reden ---, Grosser Herren, vornehmer Ministren, und anderer berühmten Männer gehaltene Reden, Leipzig (1712-1727) siehe Johann Christian Lünig.

**Reden, Grosser Herren, vornehmer Ministren...gehaltene.** Hamburg 1732—38. H: *Lünig, Joh. Chn.* (AarK) »1709—22« (EB)

— großer Herren, vorn. Minister und a. ber. Männer. 12 Thle. 8. Hamb. Brand. 732—38.

—— humoristische, für die Feier des 4. Juli [und ähnliche Gelegenheiten] von Hilarius Amicus. gr. 16. (16 S.) Philadelphia 876, (Schäfer und Koradi.) * — 40

— d. Oberland-Rabiners J. J. H. in d. Synagoge am großen Sabbath, übers. v. M. S. Dessau, Gel. Handl. 782.

—— gehalten am 25. Jänner 1884 in der XV. Plenar-Versammlung des österreichischen Reformvereines zu Wien. gr. 8. (35 S.) Wien 884, Vetter. * — 30
Aus: Oesterreichischer Volksfreund, besonders abgedruckt.

Reden, gehalten in der XV. Plenar-Versammlung des österr. Reform-Vereines zu Wien (von Buschenhagen, E. Schneider, Adolf Endres, Dr. R. Pattay u. J. N. Seit.) (Sep.-Abdr.) gr. 8. (35 S.) Wien. Corn. Vetter. 15 kr. 1884.

— gehalten bei der feierlichen Inauguration des für das Studienjahr 1869—70 gewählten Rectors des k. k. polytechn. Institutes Prof. Dr. Adalb. Fuchs am 12. Octbr. 1869. Wien 870. Braumüller. gr. 8. (32 S.) n. 6 ngr.

— gehalten bei der Inauguration der Zürcherischen Hochschule. 2e Aufl. Lex.-8. Zürich 833. (Geßner.) 5 gl

Reden gehalten bei der Inauguration des Rectors der technischen Hochschule Wien für 1885—87 Wien 1886—87

— religiösen u. moralischen Inhalts, gehalten vor den Schülern der lateinischen Hauptschule im Waisenhause zu Halle v. Insp. Fr. Stäger, Dr. Karl Schirlitz, Dr. Franz Fiedler und Dr. Sam. Schirlitz. 8. Halle, Grunert. (in Comm. bey Kümmel.) 821. -

— bei der Installation des Herrn Dr. H. Puchta, zweiten Pfarrers bei St. Jakob in Augsburg, am S. Seragef. den 30. Jan. 1853. Augsburg 853. v. Jenisch u. Stage. gr. 8. (16 S.) 2 ngr.

— welche bei d. Installationsfeste d. Loge Friedrichs z. Tempel zu Hildesheim gehalten wurden. 4. Braunschw. 775. Schröder. 3 gl

— bei der funfzigjähr. Jubelfeier d. Elberfelder Missions-Gesellschaft. Gehalten in der reformirten Kirche am 6. Juni 1849. gr. 8. (36 S.) Elberfeld 849. (Hassel.) 1/6 ßf

— gehalten bei dem Jubelfeste der 50jährigen Lehrthätigkeit des Herrn Dr. Mart. Frdr. Chrn. v. Bomhard, Königl. Schulraths etc. im Hörsaale der Studienanstalt zu Ansbach am 13. Novbr. 1858. Ansbach 859. Seybold in Comm. 4. (23 S.) 3 ngr.

**Reden**, gehalten bei der akademischen Jubiläumsfeier des 50jährigen Bestehens der Unterrichtsanstalten der Israelitischen Religionsgesellschaft zu Frankfurt a. M. am 27. April 1903. Frankfurt a. M. 1904: L. Golde. (S. 7—15.) 4°
Frankfurt a. M., R der Israel. Religionsgesellschaft P 1904 (482)

— an Jünglinge, s. Niemeyer.

**Reden** an studirende Jünglinge. Ein später, aber wohl bedachter, Beitrag zu der bekannten Leipziger Disputation 1827. Leipzig 1829. V: *Krug, Wilhelm Traugott* (?). (Erman & Horn, Bibliogr. d. dtsch. Universitäten. 2. Leipz. u. Berl. 1904.)

—— an studirende Jünglinge. Ein später, aber wohl bedacht. Beitrag zu d. bekannt. Leipziger Disputation 1827. 8. (4 B.) Leipzig 829, (Frohberger.)

REDEN AN CHARFREITAGEN, gehalten von Mitgliedern der Königl. deutschen Gesellschaft zu Königsberg in Preussen, herausgegeben 1778. ib. 1778. gedruckt und verlegt von Daniel Christoph Kanter. 8°.

Fortgesetzte Sammlung von REDEN AN CHARFREITAGEN, gehalten von Mitgliedern der Königl. deutschen Gesellschaft in Preussen, zu denen 1773. schon herausgegebnen hinzugefügt, als der 2. Theil. ib. 1776. —

— kleine, f. Land-Schullehrer, bei Hochzeit-, Tauf-, u. Trauermahlzeiten. 8. Neust. 827. Wagner. 8 gl

— kleine, an Schulkinder, bei feierl. od. sonst wichtigen Gelegenheiten, nebst Beilagen. Herausgg. v. einem erfahrnen Schulmanne. 1s u. 2s Bdchn. 8. Hildburgh. 825 u. 27. Kesselring. (1s Bdchn 9 gl 2s Bdchn. 12 gl) 21 gl

**Reden, Kleine,** an künftige Volksschullehrer zur Beförderung der Weisheit in Lehre und Leben . . . Halle u. Leipz. 1803. V: *Dinter, Gust. Frdr.* (MGT) »1803-5« (ErschDL) (winer)

**Reden** bei der Confirmation der Jugend . . . Hannover 1806—11. V: *Dräseke, Johann Heinrich Bernhard, Johann Heinrich Brumlei & Andere.* (winer)

Reden an Preußens Krieger im Felde gehalten. von e. preuß. Feldprediger. 1s Heft. 8. Quedlinb. 814. Basse. 8 gl

**Reden, Leichtfassliche Katechetische,** eines Dorfpfarrers an die Landjugend . . . Augsburg 1785. V: *Menne, Edilbert.* (MGT) (Ky) »1791« (AarK) »1802« (Th)

— leichtfaßl. catechet. e. Dorfpfarr. an d. Landjug. 4 Bde. gr. 8. Augsb. Doll. 791.

— leichtfaßl. katechet., e. Dorfpfarrers an die Landjugend ꝛc. (v. E. Menne). 4 Bde. gr. 8. Augsb. 795. Doll. 4 ßf

— leichtfaßliche katholische eines Dorfpfarrers an die Landjugend nach Kelliger ꝛc. 4 Bde. gr. 8. Augsb. Doll. 802.

— (Christenlehren), leichtfaßl. katechetische, eines Dorfpfarrers an die Landjugend. (Von Ed. Menne.) Neu herausg. von Mich. Sintzel. 4 Bde. gr. 8. Augsburg 840, 41. M. Rieger. 1r Bd. 7/8 ßf

— d. letzten, mit protestant. Gottesgel. gr. 8. Berl. Mylius. 780.

**Reden, zum Lobe des Königs in franz. und deutscher Sprache, den 24ten Jan. 1762 in der Loge der Eintracht [in Berlin] gehalten. Berlin: Wever [1762]. 55 S. 8° [Kupfertit.]**
Kl. 847. 23. 25.

— zum Lobe d. Königs in der Loge d. Eintracht. 8. Berl. 762. Wever. (Sander). 3 gl

**Reden, gehalten in der ger.·. und vollk.·. □ zur aufgehenden Morgenröthe im O.·. von Frankfurt a/m. im Laufe des ersten Jahrs ihrer Entstehung. o. O. 1809. 86 S. 8°**
Kl. 1156. 10 deutsche u. 1 franz. Rede. 193. 358 a.

**Reden**, welche in der zunftmässigen Loge freyer und angenommener Maurer: Zu den drey Pfauen, bey dem Eintritt des 57$\frac{6}{5}\frac{1}{7}$ten Jahres der Freymaurerey gehalten worden. Nebst einer Ode auf eben dieses Fest. Neuwied [1761]: Haupt. 24 S. 4° [Umschlagtit.]
Sehr selten. Enth. 2 Reden u. eine Ode. 130.

Reden von Melchior Lónyai und Paul Somßich in der Unterhaussitzung vom 18. Mai 1861. 8. (32 S.) Pest 861. Kilian.

**Reden** gehalten in der St. Joh. Loge Ludewig zur Treue in Giessen . . . O. O. 1822. V: *Klein, Valentin.* (Tt)

Reden, Lustige, vertrauliche, wahrhafte und satyrische, dreyer ehrlichen Deutschen, Wahrlieb, Freymund und Gutherz, von vergangenen, gegenwärtigen und zukünftigen Zeiten. 1745. 8°.
Bibl. G. Gfr. Küsteri Berol. 1777 p. 163. — Rarl

**REDEN**, Lustige, welche Griethgen und Käthgen, zwey verliebte Milch-Mädgen. . . . mit einander geführt haben. O. O. 1750. 4⁰.
Höchst selten! — S. auch Leipzig: Gespräch.

— an deutsche Mädchen v. reiferem Alter. 8. Lpz. Weidmann. 780.

— an deutsche Mädchen, z. Veredlung des häusl. u. bürgerl. Glücks. 8. Leipz. Weidmann. 786.

Reden, Marburger akademische. Nr. 1—6. gr. 8. Marburg, N. G. Elwert's Verl. n. 3.20
1. (1900.) Deutsche Wissenschaft im 19. Jahrh. Eine Rede zur Jahrhundertwende, geh. am 9. I. 1900. Von Thdr. Birt. (18 S.) 900. n. — 40
2. (1900.) Goethe u. die Professoren. Akademische Kaisergeburtstagsrede. Von Edward Schröder. (31 S.) 900. n. — 60
3. (1900.) Die Welt des Hellenismus. Rede, geh. beim Antritt des Rectorats am 14. X. 1800. Von Bened. Niese. (24 S.) 900. n. — 50
4. (1901.) Was uns die Griechen sind. Akademische Festrede zur Feier des 200jähr. Bestehens des Königr. Preußen, geh. am 18. I. 1901. Von Paul Natorp. (26 S.) 901. n. — 60
5. (1901.) Moderne Meinungsverschiedenheiten über Methode, Aufgaben u. Ziele der Kirchengeschichte. Rede, geh. beim Antritt des Rektorats am 13. X. 1901. Von Adf. Jülicher. (24 S.) 901. n. — 50
6. (1902.) Ueber Vererbung. Kaisergeburtstagsrede. Von Hugo Ribbert. (32 S.) 902. n. — 60

Reden, Marburger akademische. Nr. 7—16. gr. 8. Marburg, N. G. Elwert's Verl. n. 6.50
Andrés, Fr., Verträge zwischen Eltern üb. die Erziehung ihrer Kinder. Rede, geh. beim Antritt des Rektorats am 15. X. 1905. (36 S.) 905. (Nr. 14). n. — 60
Birt, Thdr., Laienurtheil üb. bildende Kunst bei den Alten. Ein Kapitel zur antiken Aesthetik. Rektoratsrede, geh. am 19. X. 1902. (46 S.) 902. (No. 7.) n. 1. —
— Schiller u. Bismarck. 2 Ansprachen, geh. in Marburg. (34 S.) 905. (Nr. 12.) n. — 60
Budde, Karl, die Schätzung des Königtums im Alten Testament. Kaisergeburtstagsrede. (33 S.) 903. (Nr. 8.) n. — 60
Cohen, Herm., Rede bei der Gedenkfeier der Universität Marburg zur 100. Wiederkehr des Todestages von Immanuel Kant, geh. am 14. II. 1904. (31 S.) 904. (Nr. 10.) n. — 60
Elster, Ernst, Schiller. Rede, geh. bei der Gedenkfeier der Universität Marburg am 9. V. 1905. (36 S.) 905. (Nr. 13.) n. — 60
Mirbt, Carl, der Zusammenschluss der evangelischen Landeskirchen Deutschlands. Rede, geh. beim Antritt des Rektorats am 18. X. 1903. (26 S.) 903. (Nr. 9.) n. — 50
Sybel, Ludw. v., die klassische Archaeologie u. die altchristliche Kunst. Rektoratsrede. (18 S.) 906. (Nr. 16.) n — 50
Tuczek, Frz., die wissenschaftl. Stellung der Psychiatrie. Akademische Festrede, zu Kaisers Geburtstag geh. (31 S.) 906. (Nr. 15.) n. — 50
Varrentrapp, C., Landgraf Philipp v. Hessen u. die Universität Marburg. Rede, geh. bei der Marburger Universitätsfeier seines 400. Geburtstags. (47 S.) 904. (Nr. 11.) n. 1. —

- Marburger akademische. Nr. 17—24. gr. 8. Marburg, N. G. Elwert's Verl. 4.35
Budde, Karl, auf dem Wege zum Monotheismus. Rektoratsrede, geh. am 16. X. 1910. (24 S.) 910. (Nr. 24.) — 50
Hensel, Kurt, Ernst Eduard Kummer u. der grosse Fermatsche Satz. Akadem. Festrede, zu Kaisers Geburtstag geh. (22 S.) 910. (Nr. 23.) — 50
Maass, Ernst, der Genius der Wissenschaft. Rede, geh. beim Antritt des Rektorats am 17. X. 1909. (19 S.) 909. (Nr. 22.) — 50
Schenck, F., Physiologie des Farbensinnes. Akadem. Festrede zu Kaisers Geburtstag. (29 S.) 909. (Nr. 21.) — 50
Troeltsch, Walt., das Problem der Arbeitslosigkeit. Kaisergeburtstagsrede. (46 S.) 907. (Nr. 17.) — 75
Tuczek, Frz., Gehirn u. Gesittung. Rede, geh. bei der Übernahme d. Rektorats am 13. X. 1907. (24 S.) 907. (Nr. 18.) — 50
Vogt, Frdr., der Bedeutungswandel des Wortes edel. Rede beim Antritt des Rektorats, geh. am 18. X. 1908. (36 S.) 908. (Nr. 20.) — 60
— Das Königs- u. Kaiserideal in der deutschen Dichtung des Mittelalters. Kaisergeburtstagsrede. (28 S.) 908. (Nr. 19.) — 50

**Reden, Maurerische.** Osnabrück 1866. V: *Gruner, Georg.* (wolfstieg I, 80)

**Reden, Maurerische,** von v. d. Gedr. f. Brr. des Ordens. [Berlin ca. 1870.] V: *Marwitz, Friedrich August Ludwig von der.* (wolfstieg I, 80)

**Reden und Aufsätze, Maurerische,** von W. A. Cassel 1820. V: *Appelius, Wilhelm.* (wolfstieg I, 74)

**Reden und Aufsätze, Maurerische,** von W. A. . . . Cassel 1820. V: *Appelius, H. W. Eman. A.* (Ky)

— maurerische, u. Aufsätze (v. H. W. E. A. Appelius). 8. Cassel 820. Luckhardt. 16 gr.

— und Aufsätze, maurerische, hrsg. von Adph. v. Jüterbogk. 1. Heft; Neun ausgewählte hinterlassene Reden, gehalten in der gerechten und vollk. . ·. Loge zu den „Drei Verbündeten" im Or. . ·. Düsseldorf von Ludw. Oxé. 1. und 2. Aufl. gr. 8. (III, 64 S.) Wiesbaden 879, Gestewitz' Verlag. * — 80

Maurerische **Reden** und Vorträge, gehalten in den, unter Constitution der Gr. Nat.-Mutter-Loge in den Preussischen Staaten, gen. zu den drei Weltkugeln arbeitenden, St. Joh.-Logen. Mit Genehmigung des hochwürdigsten Bundes Directorii red. von einem Vereine und als Ms. hrsg. und verlegt von F[riedr.] V[alentin] Löhmann. Jg. 1. 2. Berlin 1850—1852: Schultze. 8⁰
⁰1. 96 S. 1850; 2. 96 S. 1852.
14 Reden verschied. Brr.

**Reden** im Menschenton ... Berlin u. Leipzig 1779—80. V: *Sintenis, Christian Friedrich.* (MGT) (Ky) (StAt)

**Reden im Menschenton. Vom Verf. der Menschenfreuden. Th. 1—3. Berlin 1779—1780: Decker. 8⁰**
1. 310 S. 1779; 2. 292 S. 1779; 3. 310 S. 1780.
Kl. 1008. 22 Reden allgem. moral. Inhalts. 138.

— im Menschenton vom Verfass. d. Menschenfreuden (Chr. Fr. Sintenis). 3 Thle. 8. Berl. 779, 80. Rottmann. 2 rf

**Reden** im freyen Menschenton für Geweihte und Ungeweihte. Riga u. Leipzig 1793. V: *Nudow, Heinrich.* (SJL) ›1792‹ (Kl) (Tt)

— im freyen Menschenton f. Geweihte u. Ungew. 8. Riga. Nicolovius, Königsb. 794.

— und Thaten, merkwürd., der Altväter, aufs Neue übers. u. mit erläut. Anmerkn. vers. v. J. Chr. Fr. Burk. Mit d. Vorr. M. Luthers zu d. ersten evangel. Bearbeit. dies. Werkes. 8. (42½ B.) Stuttgart 829, Steinkopf.

— welche am Michaelistage in d. Halle d. Rathhauses (zu Hamburg) gehalten worden. (Zur Erinnerung der seit d. J. 1528 bestehend. Verfassung in kirchl. u. repräsentativ. Hinsicht.) Fol. (5 B.) Hamburg 828, (Perthes-Besser u. Mauke.)

**Reden** gehalten bei dem Missionsfeste in Elberfeld am 7. Juni 1837. Barmen 1838. V: *Pol, J., Imman. Frdr. Emil Sander & Keller.* (Ky) (Zu)

—— geh. bei d. Missionsfeste in Elberfeld am 7. Juni 1837. (Geh. v. J. Pol. Sander u. Keller.) gr. 8. (2⅛ B.) Barmen 838, Steinhaus.

— moral., z. Erbauung gebildeter Christen, (v. G. F. W. Heicke). gr. 8. Stendal 795. Franzen u. G. 1 ₰ 4 gl

**Reden, Moralische,** für Freimaurer. Von H. F. R. Cassel 1818. V: *Rehm, H. F.* (wolfstieg II, 222)

**Reden** in der grossen National-Mutterloge zu den drei Weltkugeln [in Berlin] gehalten. Berlin 1824. V: *Reibnitz, E. W. Frh. von.* (Kl 1232b) (wolfstieg I, 75)

**Reden** am Neujahrsfeste 5. 7. 73 in der ger. und vollk. Loge zu den dreien Schlüsseln in Regensburg fürgetragen von dem vorsitzenden Logemeister (1) und von dem Bruder Redner (2). Regensb. 1773. V: *Kämmerer* (?) ... (1) & *J. D. Weissböck* (2) (?). (wolfstieg I, 624)

**Reden** am Neujahrsfeste 5.*.7.*.74.*. in der ger. und vollk. Loge, die Wachsende zu den dreien Schlüsseln in Regensburg, abgelesen von dem vorsitzenden Logenmeister (1) und von dem Br. Redner (2). Regensburg 1774. V: *Kämmerer* (1) ... (?) & *J. D. Weissböck* (2) (?). (wolfstieg I, 624)

**Reden** am Neujahrsfeste 5.*.7.*.77.*. in der ger. und vollk. Loge zu den dreyen Schlüsseln in Regensburg fürgetragen von dem vorsitzenden Logenmeister und von dem Br. Redner W. Regensburg 1784. V: *Weissböck, J. D.* (?). (wolfstieg I, 624)

**Reden** am Neujahrsfeste 5.*.7.*.78 in der ger. und vollk. Loge zu den dreyen Schlüsseln in Regensburg fürgetragen von dem vicarirenden Logenmeister und Br. Redner. Regensburg 1778. V: *Weissböck, J. D.* (?). (wolfstieg I, 624)

**Reden** am Neujahrsfeste 5.*.7.*.80.*. in der ger. und vollk. Loge zu den dreyen Schlüsseln in Regensburg fürgetragen von dem Mstr. v. St. V. (1) und Redner J. D. (2). Regensburg [1780]. V (1): *Vischer* ... (?) & *J. D. Weissböck* (2) (?). (wolfstieg I, 625)

**Reden** am Neujahrsfeste 5.*.7.*.82.*. in der ger. und vollk. Loge zu den dreyen Schlüsseln in Regensburg vorgetragen von dem Mstr. v. St. V (1) und dem vertrettenden Br. Redner J. D. W. (2). Regensburg 1782. V (1): *Vischer* (?) ... & *J. D. Weissböck* (2) (?). (wolfstieg I, 625)

**Reden** an Neujahrsfeste 5.*.7.*.84.*. in der ger. und vollk. Loge zu den dreyen Schlüsseln in Regensburg vorgetragen von dem Mstr. v. St. V. (1) und dem Br. Redner W. Regensburg 1784. V: *Vischer*(1) ... & *J. D. Weissböck* (2) (?). (wolfstieg I, 625)

**Reden am Neujahrsfeste 5785—93. Regensburg. 4⁰**

*[Neumüller, J. W.: Hs. Catalog d. Gr.loge Carl z. d. drei Schlüsseln, Regensburg. 1881 Nr 40.]*

Neun Reden für den Anschluß Oesterreichs an Deutschland, gehalten in der Paulskirche von den Abgeordneten Eisenmann von Würzburg, Reitter von Prag, Giskra von Wien, Wagner von Steyr, Schneider von Wien, Uhland von Tübingen, Berger von Wien, Groß von Prag und Wurm von Hamburg. Frankfurt a. M., J. D. Sauerländer, 1848. 93 S. 8⁰.

**Reden, Neun öffentliche,** über wichtige in die Religion einschlagenden Materien, gehalten zu London ao 1740. Görlitz 1748. V: *Zinzendorf und Pottendorf, Nic. Ludw. Graf von.* (Kat. d. ständ. Bibl. Stuttg. 1907. S. 74.)

— v. Nutzen d. Wissenschaften u. Künste in e. Staate. 8. Berl. 773. Voß. 3 gl
Vgl. R e d e...

Reden gehalten am 10. Okt. 1890 in der Aula des Nicolaigymnasiums zu Leipzig *bei der Einführung des Rektors Prof. Dr. Karl Heinrich Otto Kaemmel.* Leipzig, Druck v. O. Dürr, 1891; S. I XV; 4⁰
Leipzig, Nicolai-G, OP 1891 (536)

— pädagogische, und Abhandlungen, gehalten bei der Jubelfeier des Seminars zu Grimma, den 8. u. 9. Octbr. 1863 nebst einer Festbeschreibung herausg. von Ettig. Leipzig 864. Klinkhardt. gr. 8. (V, 81 S.) 12 ngr.

*Reden der verfassungstreuen Patrioten in den bayer. Kammern über die Versailler Verträge.* Getreu nach den stenograph. Berichten, nebst Vorwort u. Anhang. Dem bayer. Volke gewidmet von einem Patrioten (*Ant. Nagl*, sust. k. Regierungsfunctionär, d. Z. Kammer-Kanzlist). München 1871. In Commiss. von Paul Zipperer. 8⁰. Hsrsb.

— patriotische, bei Schulfeierlichkeiten. [Geburtstag Kaiser Wilhelm II., Kaiser Friedrich III., Kaiser Wilhelm I. u. Sedanfest.] 8. (32 S.) Potsdam 889. Rentel. n. — 50

—— patriotische, zur Sedan-Feier in Schulen. 1.—3. Sammlung. gr. 16. (à 32 S.) Potsdam 874—76, Rentel's Buchh. à Sammlung * 50 Pf. * 15

— patriotische, zur Sedan-Feier in Schulen. 2. Sammlg. gr. 16. (32 S.) Potsdam 876. Rentel. n. — 50

**Reden und Betrachtungen, Philosophisch-christliche,** bei dem Schlusse des 18. und Anfange des 19. Jahrhunderts. Düsseldorf 1799-1800. V: *Weidenbach, Carl Frdr.* (Sauer, Säculardichtungen. Berlin 1901. S. CXVIII.) (MGT) (Ky)

— philosoph.-christl., u. Betracht. bei d. Schlusse d. 18. u. Anfange d. 19. Jahrh. (v. K. F. Weidenbach). 2 Thle. gr. 8. Düsseld. 799, 800. Schreiner. 4 ℛ

— unseres heil. Vaters Pius IX., d. Gefangenen im Vatikan. Gesammelt u. hrsg. v. Fr. J. Holzwarth. 1. u. 2. Hft. 8. (IV, 175 S.) Aachen 873. Jacobi & Co. à n. — 60

—— unseres heiligen Vaters Pius IX., des Gefangenen im Vatikan. Gesammelt und hrsg. von Fr. J. Holzwarth. 1. und 2. Heft. 8. (VI, S. 1—96; 97—175.) Aachen 873,74, Jacobi und Comp. à Heft * 60 Pf. *

**Reden, Polemische,** über die Verirrungen der Vernunft ... Regensburg [18??]. V: *Kronenberger, Ernst.* H: *Westermayr, Anton.* (Th)

— polemische, über die Verirrungen der Vernunft in Rücksicht auf unsere Zeit. Von dem Verf.: Die heil. Mission in meiner Pfarrei ꝛc. Neu hrsg. von einem kathol. Geistlichen. gr. 8. (VI u. 320 S.) Regensburg 848, Manz. 11/12 ℛ

—— und Predigt bei d. Einweihung d. evangel. Bethhauses in Eferding, d. 20. Oct. 1833, als am jährl. Kirchweihfeste. Nebst e. Vorw. üb. d. Anordn. d. kirchl. Feierlichkeit, u. ein., den Hergang d. Baues betreff. Anh. (v. Friedr. Tr. Kotschy.) 8. (4 B.) Linz 834. (Leipzig, Frohberger.) *

**Reden und Predigten bei der Einweihung des evangelischen Bethauses in Eferding ... Linz 1834.** V: *Kotschy, Frdr. Traugott.* (zu) (Ky)

— u. Predigt bei der Einweihung des neuerbauten evangel. Gotteshauses zu Kissingen am 1. Sonntage nach Trinitatis den 6. Juni 1847. gr. 8. (47 S.) Schweinfurt 847, Wetzstein. 9 ngr

—— und Predigt gehalten bei der Feier der Einweihung der neuen protestantischen Kirche zu Eichstätt am 23. Novbr. 1887. gr. 8. (22 S.) Eichstätt 887. (Nürnberg, Raw'sche Buchh.) *

**Reden und Predigten** bei der Amts-Einführung des P. Werkenthin und Vicar Niedergesäße. Hirschberg 855. (Breslau, Dülfer.) 8. (43 S.) n. 5 ngr

— u. Predigten beim Begräbnis J. W. G. Vilmar's, 1. Pfarrers der Gemeinde Melsungen u. Metropolitans der Klasse Melsungen, am 10. Decbr. 1884. gr. 8. (69 S.) Kassel 885. Klaunig. n. — 50

Reden und Predigten vom Gebiet der Diakonie und inneren Mission. Hrsg. von Thbr. Schäfer. 1.—5. Bd. gr. 8. Hamburg 876. Stuttgart, Gundert. 3 —

—— und Predigten vom Gebiet der Diakonie und inneren Mission. Mit Beiträgen evangelisch-luther. Geistlichen. Hrsg. von Thbr. Schäfer. 1.—5. Bd. gr. 8. Hamburg 876, Oemler. * ℳ 10.; geb. * 14 50

Inhalt:

Bd. 1. Dienet einander! Reden und Predigten vom Gebiet der Diakonie. (XIV, 234 S.) * ℳ 2.40.

- 2. Seid das Salz der Erde. Reden und Predigten vom Gebiet der inneren Mission. (VI, 158 S.) * ℳ 1,60.
- 3. Stärket die Schwachen! Bewahret die Gefährdeten! Reden und Predigten aus den einzelnen Arbeitsfeldern der christl. Liebesthätigkeit. (VIII, 278 S.) * ℳ 2,60.
- 4. Suchet die Verlornen! Pfleget die Elenden! Reden und Predigten aus den einzelnen Arbeitsfeldern der christl. Liebesthätigkeit. (VI, 155 S.) * ℳ 1,60.

5. Wandelt im Licht! Reden und Predigten über sittl., sociale und Zeit-Fragen, an deren Lösung Diakonie und innere Mission mitarbeitet. (VI, 176 S.) * ℳ 1,80.

— u. **Predigten** vom Gebiet der Diakonie u. inneren **Mission. Mit Beiträgen evangelisch-luther. Geistlichen. Hrsg. v. Thbr. Schäfer.** 5 Bde. [2. wohlf. (Titel-) Ausg.] gr. 8. Leipzig 890. Strübig. n. 9. —; auf einmal bezogen n. 7. —; geb. in 1 Bd. n.n. 8. —; in 2 Bde. n.n. 8. 60

1. Dienet einander! Reden u. Predigten vom Gebiet der Diakonie. (XIV, 234 S.) n. 2. 20
2. Seid das Salz der Erde! Reden u. Predigten vom Gebiet der innern Mission. (VI, 158 S.) n. 1. 50
3. Stärket die Schwachen! Bewahret die Gefährdeten! Reden u. Predigten aus den einzelnen Arbeitsfeldern der christl. Liebesthätigkeit. (VIII, 278 S.) n. 2. 50
4. Suchet die Verlorenen! Pfleget die Elenden! Reden u. Predigten aus den einzelnen Arbeitsfeldern der christl. Liebesthätigkeit. (VI, 155 S.) n. 1. 20
5. Wandelt im Licht! Reden u. Predigten üb. sittl., sociale u. Zeit-Fragen an deren Lösg. Diakonie u. innere Mission mitarbeitet. (VI, 176 S.) n. 1. 60

Reden u. Predigten bei der Einweihung der evangel. Kirche in München, .... d. 25. Aug. 1833, am Geburts- u. Namensfest Sr. Maj. d. Königs *Ludwig* v. Bayern. Mit geschichtl. Vorl erneld. Zum Besten dieser Kirche hrsg. von den Geistlichen an derselben. München. 1833. Gedr. u. in Commiss. bei George Jaquet. 8°. Illustr. Orig.-Ppb.

XII—92 S. Der Grundstein d. .. Aug. 182? gelegt das Ganze nach den Plänen d. k. Oberbauraths Pertsch bis 1833 ausgeführt. — Die Einweihungs-Reden wurden gehalten von Oberconsistorialrath Dr. Kaiser, Regierungsrath Hussel (als k. Commissär), Oberconsistorialrath u. Hauptpred. Dr. Frdr. Faber, k. Dekan u. erstem Pfarrer Dr. Boeckh, Joh. Chr. Edelmann, zweitem Pfarrer, Vicarius Emil Wagner, Vicarius Heinr. Puchta. — Selten!

**Reden und Predigten,** bey besondern Feyerlichkeiten gehalten. Breslau 1822. V: *Krüger, Dan., Carl Theodor Fischer & Sam. Glob Tscheggey.* (Ky) (MGT)

— u. Predigten bei besonders feierl. Gelegenheiten gehalten. 8. Berl. 822, Schöne.

Reden und Predigten, am Tage der Einweihung der zweiten evangelischen Kirche in München am 22. p. Tr. den 28. Oktbr. 1877 gehalten. gr. 8. (VIII, 44 S.) München 877, Kaiser. * — 50

— Proklamationen, Botschaften, Erlasse u. Ordres Sr. Maj. des Königs Friedrich Wilhelm IV. Vom Schlusse des Vereinigten ständischen Ausschusses, am 6. März 1848, bis zur Enthüllungs-Feier des Denkmals Friedrich des Großen, am 31. Mai 1851. Lex. 8. (VIII u. 87 S.) Berlin 851, Allgem. Deutsche Verlags-Anstalt. n. 1/2 ℛ Pracht-Ausg. 1 1/2 ℛ; geb. n. 5 2/3 ℛ

—— Proklamationen, Botschaften, Erlasse und Ordres Sr. Maj. des Königs Friedrich Wilhelm IV. Von der Thronbesteigung Sr. Maj. bis auf die Gegenwart. 2., verm. Aufl. Lex.-8. (XII und 108 S.) Berlin 855, Allgemeine deutsche Verlagsanstalt. *

**Reden, Proklamationen, Kriegsberichte** u. s. w. Sr. Maj. d. Kaisers u. Königs Wilhelm I. Umfassend den Zeitraum von Uebernahme der Regentschaft bis zur Eröffnung d. ersten deutschen Reichstages. 2. Aufl. gr. 8. (148 S.) Berlin 874. Staude. n. 2. —

**Reden, Proklamationen, Kriegsberichte** u. s. w. Sr. Maj. des Kaisers u. Königs Wilhelm I. Umfassend den Zeitraum von Uebernahme der Regentschaft bis zur Eröffnung des ersten deutschen Reichstages. 3. (Titel-) Aufl. gr. 8. (VI, 148 S. m. 1 Photogr.) Berlin (1874) 877. Staude. n. 2. —

— bei d. zweiten öffentl. Prüfung d. Appenzell-Außerrhod. Kantonsschule in Trogen. gr. 8. St. Gallen 824. Huber u. C. 6 gr

— und Redner des ersten verein. preuß. Landtages. Hrsg. von R. Haym. Lex.-8. (VI und 480 S.) Berlin 847—48, Duncker und Humblot. *

— u. Redner des ersten Verein. Preuß. Landtages. Hrsg. v. R. Haym. 5 Lfgn. Lex. 8. (VI u. 480 S.) Berlin 848, Duncker & Humblot. (à n. 1/3 ß) n. 1 2/3 ß

— u. Referate des allgemeinen deutschen Sodalentages in Linz 1907. Hrsg. v. Geo. Harasser, S. J. (III, 200 S. m. 33 Abb.) gr. 8. Graz 908. Styria. 2.—; geb. 2. 80

— u. Betrachtungen, religiöse, f. das deutsche Volk von einem deutschen Philosophen (Moritz Carriere). gr. 8. (XII u. 379 S.) Leipzig 850, Brockhaus. n. 1 ß 24 ngr

— e. guten Republikaners, e. wahren Patrioten. 2 Stcke. Aus d. Französ. 8. Berl. 787. Wever. (Sander). 6 gr

— u. Gespräche, republikanische; aus d. Italien. 8. Gera 801. Illgen. 16 gr

**Reden u. Resolutionen,** die, der VI. General-Versammlung der Katholiken Schlesiens in Breslau vom 11. bis 13. Octbr. 1880. [Aus: „Schles. Volksztg."] gr. 8. (84 S.) Breslau 880. Aderholz in Comm. n. — 60

— sämmtliche, bei Einweihung der neuen Bürgerschule in Zwickau gehalten am 15. Aug. 1842, nebst kurzer Beschreibung d. außerdem dabei stattgefund. Festlichkeiten. (2. Aufl.) gr. 8. Zwickau 842, Richter'sche Buchh. 3 ngr

[F.] **Reden,** gehalten an den Särgen der teuren Toten Albrecht Romann, weil. Diakonus a. U. L. Frauen zu Liegnitz, u. seiner Tochter Augusta-Gottfrieda Romann, am 14. Sept. 1897. *Liegnitz: E. Scholz 1897.* (16 S.) 1 Bd 8. [98. 2757

Reden in der Schulgesetz-Debatte; s.: Stimmen, katholische, aus Oesterreich.

Reden. Sechs R', gehalten in den Sitzungen des Grossen Rathes des eidgenössischen Standes Zürich am 5. und 6. Februar 1845 über die Jesuitenfrage. 4. (Zürich.)

— sechs, an Völker und Herrscher Europa's und ein Gebet. Dresden 859. Zeh. 8. (15 S.) n. 2 ngr

— in d. kön. schwed. Seraphinen-Ordenskapitel geh. 8. Lubeck, Iversen. 780.

— 7, am Schlusse öffentl. Schulprüfungen, gehalten v. e. Landprediger. 8. Hannov. 821. Hahn. 6 gr

**Reden, 7,** über die geistl. Werke der Barmherzigkeit, insbesond. über christl. u. häusl. Erziehung. Von einem römisch-kathol. Geistlichen. gr. 12. Aachen 846, Hensen u. Comp. 1/4 ß

— geh. in den öffentlichen Sitzungen u. Beschlüssen der 48. General-Versammlg. der Katholiken Deutschlands zu Osnabrück vom 25. bis 28. VIII. 1901. gr. 8. (228 S. m. Bildnissen.) Osnabrück 901. F. Schöningh. n. 1. —

— am Tage der Amts-Einführung des Herrn Pastor Jaspis, gehalten in der evangel.-lutherischen Kirche zu Elberfeld am 20. April 1845. gr. 8. Elberfeld 845, Hassel. 1/6 ß

**Reden am Tage der Amts-Einführung** des Hrn. Pastor Kunsemüller, gehalt. zu Elberfeld am 17. Novbr. 1850. gr. 8. (40 S.) Elberfeld 850, Hassel. 1/6 ß

— am Tage der Amts-Einführung des Hrn. Pastor Kunsemüller, gehalten zu Elberfeld am 17. Novbr. 1850. gr. 8. (40 S.) Elberfeld 851, Hassel.

Reden am Tage d. Amts-Einführung d. Hrn. Pastor Sander, geh. in d. evangel.-luther. Kirche zu Elberfeld. Am 20. Mai 1838. (2. Aufl.) gr. 8. (2 1/2 B.) Elberfeld, Hassel.

**Reden** bei Taufen, Trauungen und Leichenbegängnissen. Rostock 1799-1802. V: *Hoch, Peter, Heinrich Theodor Stiller, Dietrich Hermann Biederstädt, Joh. Matth. Peters* & *Philipp Wilh. Wolf.* (Ky)

— b. Taufen, Trauungen und Leichenbegängn. 1e u. 2te Samml. 8. Rost. Stiller. 799—802. (1e 10 gr. 2e 12 gr.) -

**Reden** bey der Taufhandlung, besonders in gebildeten Familien. Leipz. 1803. V: *Pölitz, Carl Heinrich Ludwig.* (Winer) (Ky) (MGT)

— bei d. Taufhandlung, besonders in gebildeten Familien, (von K. H. L. Pölitz). 8. Leipz. 803. (Taubert). 14 gr

Reden und Toaste bei der Feier des 25 jähr. Bestehens der eidg. polytechnischen Schule. Zürich 1880.

**Reden** aus Anlass des Todes unseres Brs. Carl Möller-Holtkamp. M[ünchen] Gladbach [1903]: Schellmann. 5 S. 8⁰ [Umschlagtit.]
cf. Bbl. 17 (1903) S. 240 (G. Diercks).
Reden von H. Greeven u. G. Deycks. 358.

**Reden** gehalten nicht im freimaurerischen Ton. Lemberg 1775. V: *Kortum, Ernst Traug. v.* (Adel) »1785« (MGT)

**Reden** gehalten bei der Todtenfeier des Prof. D. Steudel. Tübingen 1837. V: *Dorner, Joh. Gg, Frdr. Hnr. Kern, Joh. Gottfried Pressel, Chn Frdr. Schmid* & *Staib.* (Winer)

Reden, geh. bei d. Todtenfeier d. am 24. Okt. 1837 gest. Hrn. Dr. Joh. Chrstn. Friedr. Steudel, ersten Prof. d. Theol. ꝛc. zu Tübingen. Nebst e. kurzen Lebensabriß d. Verstorbenen. gr. 8. (5 B.) Tübingen, Fues. Thlr. *

**Reden** am Traualtare und bey Särgen und Gräbern. Stendal 1786—95. V: *Einem, Joh. Aug. Chph von.* (MGT) (Ky)

— am Traualtar u. bei Särgen u. Gräbern, (von J. A. C. v. Einem). gr. 8. Stendal 786. 2e A. 792. 3e Aufl. mit einem Nachtr. 798. Franzen u. G. 22 ℊ

Reden, gehalten bei der Trauerfeierlichkeit für Herrn Dr. J(ohann) Rudolf Wolf, Professor der Astronomie ... zu Zürich, am 9. Dezember 1893. [Mit Porträt-Tafel.] 8. Zürich 1894.

**Reden und Trauergedichte gesprochen bei der Begräbnissfeier weil. Sr. Hochwürden Herrn Joh. Mich. Schwarz, Dokt. der Theol., Magister d. Philos. etc. etc. Auf Verlangen der Gemeinde in Druck gegeben. *Kaschau* 1858. *C. Werfer.* 51 S., 8°. 20 kr.**

Der Reinertrag für die Schwarzstiftung bestimmt. INHALT. Trauerrede am Tage der feierl. Beerdigung d. 21. Febr. 1858 (geb. 16. Juni 1774). Von *M. Szopko.* — Einsegnungsgebet am Grabe, gesproch von Pf. Joh. Sztehlo. — Gedächtnisspredigt etc. von J. Sztehlo. — Emlékbeszéd mondotta Vandrák András etc (d. i. Denkrede, gehalten von Andreas Vandrák.) — Nebst ungar. u. deutschen Gedichten.

*Reden*, trauliche, der Mutter Bojaria an ihre Tochter Austria. 2. Aufl. O. O. 1805. 8°. 32 S.

Reden und Trinksprüche, gehalten bei dem Burckhardt'schen Familienfeste zu Basel am 14. September 1890. [Mit 1 Vignette.] 8. Basel 1890.

—— u. Trinksprüche, geh. bei dem Burckhardt'schen Familienfeste zu Basel am 14. Septbr. 1890. gr. 8. (VI, 72 S. m. 1 Abbild.) Basel 891, Reich. *. 1 40

—— und Trinksprüche Sr. Maj. Friedrich Wilhelm des Vierten, s. Leben und Wirken.

—— u. Trinksprüche Friedrich Wilhelm IV. Königs von Preußen. Lex.-8. (2¼ B.) Berlin 843, Bade. *

— ungehaltene, üb. d. Predigtkunst. Von e. nicht unprakt. Theoretiker. gr. 8. (55 S.) Berlin 899. Reuther & Reichard. n. — 80

Verbandstag 1907. **Reden**, Verhandlungen, Entschließungen. (Tagung 1.) Leipzig: Verband Deutscher Handlungsgehülfen 1907. 8° [F.]
= **Schrift** d. Verbandes Deutscher Handlungsgehülfen zu Leipzig. 19. [08. 1346 2

**Reden** und Verhandlungen des ... allgemeinen Tages für deutsche Erziehung. [1.] 1904. Friedrichshagen bei Berlin: Blätter f. Deutsche Erziehung (1904). 8° [F.] [05. 5991

— u. **Verhandlungen** des ersten u. zweiten allgemeinen Tages f. deutsche Erziehung in Weimar zu Pfingsten 1904 bzw. 1905. (132 u. 127 S.) 8. Friedrichshagen 905. Verlag der Blätter f. deutsche Erziehg. à n. 1. 20

u. **Verhandlungen** des allgemeinen Tages f. deutsche Erziehung, Fortsetzg., s.: Verhandlungen.

**Reden** bey Verlesung eines Obrigkeitlichen Mandats. Leipzig [Ulm] 1777. V: *Waser, Joh. Jac.* (Wr) (Cat. d. Stadtbibl. Zürich. Zürich 1864—97.)

**Reden** gehalten in der ersten allgemeinen Versammlung des Vereins gegen das Branntweintrinken, am 12. Dezember 1841, in der Börsenhalle zu Hamburg. Mit einem Anhange. Hrgg. vom Verein. 2. Aufl. Hamburg 1842. 8°

— b. d. erst. Versamml. d. Freunde d. Wissenschaften und d. gut. Geschm. z. T. gr. 4. Dessau, Gel. Handl. 782.

**Reden** an eine Versammlung teutscher Mädchen gehalten. Leipzig 1786. V: *Brehm, Georg Nicolaus.* (Fiker) (Ky)

— an eine Versamml. deutscher Mädchen gehalten (von G. N. Brehm). 8. Leipz. 786. Weidmann. 20 ℊ

**Reden** (von Stiehl, Meves, Lette, Herms) gehalten in der Versammlung der Wahlmänner des 4. Berliner Wahl-Bezirks am Mittwoch, den 25. Juli 1849. Kornegg's Buchdruckerei. 8 Bl. 8.
Flugblatt. Berlin, 25. Juli 1849.

**Reden**, geh. in den öffentlichen Versammlungen der 51. Generalversammlung der Katholiken Deutschlands in Regensburg 21—25. VIII. 1904. Nach dem stenograph. Bericht. Mit e. Beilage: Gedenkblätter an die 51. Generalversammlg. der Katholiken Deutschlands. (182 u. XVI S. m. Abbildgn.) gr. 8. Regensburg '04, J. Habbel. 1. —; geb. 1. 50.

**Reden**, geb. in den öffentlichen Versammlungen der 52. Generalversammlung der Katholiken Deutschlands in Strassburg 20—24. VIII. 1905. Nach dem stenograph. Bericht. Mit e. Beilage: Gedenkblätter an die 52. Generalversammlg. der Katholiken Deutschlands. (167 S. m. 1 Taf. u. 7 Bildnistaf.) gr. 8. Strassburg, Agentur v. B. Herder. 1906. 1. 20.

— gehalten in den Versammlungen der Unbekannten im Lande. 8. Frft. Andreä.

**Reden** gehalten in den Versammlungen der Unbekannten im Lande. [Frankfurt a. M.] 1. 8. 7. 3. [1773]. V: *Ehrmann, Johann Christian.* (Kl 1053) (Wolfstieg I, 70) (Zeitschr. f. Büch. N. F. 15, 1923, S. 119)

**Reden** gehalten in den Versammlungen der Unbekannten im Lande. Frankfurt a. M. 1873. V: *Ehrmann, Christian.* (Kl)

Reden. Verschiedene R' und Motionen für und wider die Abschaffung des Zehntens; gehalten im grossen Rathe der einen und untheilbaren helvetischen Republik. 8. Basel 1798.

— versch., und Motiven, für und wider die Abschaffung des Zehenten in der Schweiz. 8. Basel, S. Flick. 798.

— u. Versuche üb. die moral. Schönheit d. Philosophie d. Lebens. 8. Altenb. 772. Richter. 8 ℊ

— vertr., e. Seelsorgers a. d. Lande an s. Gem. 1r Bd. 8. Wien, Geiger. 794.

— vier, die Sr. Majestät in Polen an die versammelten Stände auf dem Reichstage zu Warschau gehalten. 4. Danzig 773. (Jacobäer in Leipz.) 3 ℊ

— vier, in der St. Johannis-Loge Pythia zu d. drei Höhen zu Liegnitz gehalten, von G. 8. Glogau 815. Neue Günter'sche B. 10 ℊ

**Reden, Vier,** in der St. Johannis-Loge Pythia zu den 3 Höhen zu Liegnitz gehalten. Glogau 1816. V: *Gaupp.* (SJL)

Vier **Reden** gehalten in den Volksversammlungen bei der 23. Tagung des Evangelischen Bundes. [1.] Mehr Ehrfurcht vor der Religion. Von Gymnasialdir. (E.) Erythropel. [2.] Mehr Vertrauen zu d. Lebenskräften d. Reformation! Von Prof. D. Dr. [August Wilhelm] Hunzinger. [3.] Mehr Verständnis für Organisation! Von Pfarrer [Wilhelm] Proebsting. [4.] Mehr Teilnahme am Leben d. Gemeinde! Von Prof. D. (Martin) Schian. Halle (Saale): Ev. Bund 1910. Getr. Pag. 8° [Umschlagt.] A 10. 9676

— vier, geh. in den Volksversammlungen bei der 23. Tagung d. evangelischen Bundes. (Erythropel, Mehr Ehrfurcht vor der Religion! — Hunzinger, Mehr Vertrauen zu d. Lebenskräften der Reformation! — Proebsting, Mehr Verständnis f. Organisation! — Schian, Mehr Teilnahme am Leben der Gemeinde!) (10, 12, 14 u. 7 S.) 8. Halle 910. Verlag des ev. Bundes. — 40

— vier, an meine Zöglinge rc. s. Dinter, G. F.,

**Reden, Vier,** an meine Zuhörer, als Zugabe zu den früher von mir herausgegebenen Reden eines alten Pfarrers. Neustadt a. d. O. u. Ziegenrück 1819. V: *Dinter, Gustav Frdr.* (MGT)

— 14 auserlesene, des Demosthenes u. Aeschines, s. a. Demosthenes.

— 14 auserl., des Demosthenes u. Aeschines, a. d. Gr. m. Einl. u. Erläut. v. A. G. Becker. 1e Hälfte. gr. 8. Halle, Händel. 797.

— vierzehn festtägl., v. d. Verfass. d. Predigten f. d. Landvolk, so gut als sie die Bauern verstehen. 8. Augsb. 788. Doll. (Landsh., Krüll). 16 gr

— 14 Sonntägl., v. Verf. der 14 Festtägl. Reden. 8. Augsb. 789. Doll. 20 gr

— 14, hervorragender Stenographen üb. allgemeine stenographische Themas v. Gfr. Böhme, Rob. Fischer, Ferd. Ruess, Ed. Uhl, Adf. Zuckertort, s.: Büchersammlung f. Gabelsberger'sche Stenographen.

Reden an das deutsche Volk. Zwickau, Verein zur Verbreitung von Volksschriften 1848. 39 S. 8°.

**Reden** an das Volk des Kanton Zürich. Zürich u. Frauenfeld 1842. V: *Rohmer, Friedrich.* (CLZür Forts. III)

**Reden** bei besondern Vorfällen in der Versammlung gehalten. Torgau 1784. V: *Flemming, Johann Samuel Glob.* (MGT)

**Reden und Vorträge,** gelesen in der kgl. b. Akademie der Wissenschaften zu München. Vom Jahre 1762—1880 — 4°.

— u. Vorträge, geh. bei der 22. u. 23. Generalversammlg. d. Evangel. Bundes. gr. 8. Halle, Verlag d. ev. Bundes. à 1. —
22. 24.—27. IX. 1909 in Mannheim. (87 S.) 909.
23. 25.—28. IX. 1910 in Chemnitz. (128 S.) 910.

— u. Vorträge, gehalten im Protestant. Reform-Verein zu Berlin. 1. Bd. 1—5. Hft. gr. 8. Berlin 880. 81. Würzburg. pro 15 Hfte. n. 2. —
1. Die Einheit Gottes. Rede, gehalten zum 1. Jahresfeste des Vereins im oberen Saale der Reichshallen von Kalthoff. (16 S.) n. — 15
2. 3. Gregor VII. und der Gang nach Canossa. Vortrag, geh. im Bürgersaale des Rathhauses zu Berlin von Kalthoff. (30 S.) n. — 30
4. Vergänglichkeit u. Ewigkeit des Christenthums. Rede, geh. im oberen Saale der Reichshallen von Kalthoff. (16 S.) n. — 15
5. Der christliche Socialismus im Gleichnisse vom reichen Mann u. dem armen Lazarus. Rede geh. im oberen Saale der Reichshallen von Kalthoff. (14 S.) n. — 20

— u. Vorträge, geh. bei der Vorfeier d. 77. Geburtstages Sr. Durchlaucht d. Fürsten v. Bismarck am 31. März 1892 im großen Saale d. Gewerbehauses zu Dresden. gr. 8. (54 S.) Dresd. 892, Druckerei Glöß. — 80

Reden gehalten in der Vorversammlung der Wahlmänner des 4. berliner Wahl-Bezirks am Mittwoch den 25. Juli 1849. (Berlin 1849). 15 S. 8.

Reden gehalten in der Vorversammlung der Wahlmänner des 4. berliner Wahl-Bezirks am Montag den 23. Juli 1849. (Berlin 1849). 15 S. 8.

**Reden** beim Wechsel des Directorates im Herzoglichen Katharineum zu Braunschweig gehalten ... Braunschweig 1824. V: *Scheffler, Gg Ant. Chph, Ludw. Frdr. Aug. Hoffmeister & Frdr. Traugott Friedemann.* (BrMm)

**Reden,** welche in dem Stände-Saale zu Berlin nicht gehalten worden. Berlin 1847. V: *Radowitz, Joseph Maria von.* (BMarsch 83)

Reden, welche in dem Stände-Saal zu Berlin nicht gehalten worden. 2 Hefte. Berlin, A. v. Schröter 1847. 15, 23 S. 8.

— welche in dem Ständesaale zu Berlin nicht gehalten worden. 3 Hfte. gr. 8. (15. 15 u. 23 S.) Berlin 848, A. v. Schröter (jetzt: Gury). (1 u. 2: à 3 ngr 3: 6 ngr) 12 ngr

— welche in dem Ständesaale zu Berlin nicht gehalten worden. I. und 2. Heft. (à 15 S.) gr. 8. Berlin 848. [Leipzig, Baensch.] à Heft 3 Ngr.

— dass. — 3. (letztes) Heft. gr. 8. (23 S.) Ebds. 848.

— von Westermeyer, Koch und Störing, bey einer Amtsveränderung gehalten. gr. 8. Magdeburg, Heinrichshofen. 810.

**Reden** und Worte Christi vorgetragen von Theosophiae Cultore. Duisburg 1726. V: *Tscheer, Nic.* (Myl)

— u. Worte Jesu C., ausgez. a. d. 4 Evang., poetisch. 12. Duisb. Böttcher. 726.

— üb. die Würde d. seligsten Jungfrau, nebst e. Rede v. heiligsten Namen Jesu; aus d. Schriften d. heil. Väter zusammengetragen. 8. Mainz 826. Kupferberg. 6 gr

Reden, zehn, über evangel. Text an künftige Volksschullehrer, vorzügl. zur Beförder. d. Weisheit in d. Lehre u. im Leben. Zur Erbauung u. Belehr. f. jed. Schullehrer aus d. kl. Reden an künft. Volks-Schullehrer ꝛc. ausgewählt, u. mit besond. Rücksicht auf Baiern bearb. durch e. Lehrer im Untermainkreise Baierns. 8. (14 B.) Würzburg 829, Stahel. Thlr.

Reden gehalten auf dem II. Zionisten-Congresse zu Basel. [Von] Dr. Th[eodor] Herzl, Dr. Max Nordau, Rev. Dr. M[oses] Gaster, Dr. Max Mandelstamm. *Wien: (Verein 'Erez Israel') 1898.* (42 S.) 8° [Umschlagt.]

— mit Zungen u. Weissagen. Apostel, Propheten, Evangelisten, Hirten u. Lehrer. Ein Wort der Ermahnung, Warnung u. Tröstung f. alle Kinder Gottes. 2. Aufl. mit einer Schlußbemerkung (v. Charles Boehm). 8. (35 S.) Berlin 850, Brandis. 3 ngl

**Reden** über den Zweck, die Beschaffenheit und den Ursprung der Freymaurerey ... Berlin 1791. V: *Vogel, Paul Joachim Siegmund.* (SJL) (Ky) (MGT) (Kl)

— üb. d. Zweck, die Beschaffenheit u. d. Ursprung d. Freimaurerei, (v. P. J. S. Vogel). 8. Berl. 791. Maurers B. 12 gl

— v. d. Bruder Redner, zwei, 1) die wahre Harmonie, als der einzige Grund d. Vollkommenheit in der physikal. u. moral. Welt. 2) die Glückseligkeit eines Staats, dessen Regent ein Harmonist ist, in d. Beispiele Heinrichs IV. v. Frankreich, abgelesen in d. Loge z. rothen Stein des Ordens d. Harmonie. 4. Jena 764. (Knobloch in Leipz.) 8 gl

— zwey, vom Bruder Redner 1) die wahre Harmonie ꝛc. 2) die Glückseligkeit eines Staats ꝛc. 4. Jena, Gabler. 764. -

— zwei, bei der Beisetzung der Leiche Ihrer Königl. Hoheit d. Prinzessin Wilhelm v. Preußen am 18. April 1846 gehalten vom Oberhofpred. Dr. Ehrenberg u. vom Hofpred. Dr. Strauß. gr. 8. Berlin 846, Jonas. n. 1/6 ₰

**Reden, Zwei,** bei der feierlichen Bestattung des königlichen Professors Dr. Georg Wilhelm Fr. Hegel ... Berlin 1831. V: *Marheineke, Phil. Conr.* & *Frdr. Förster.* (Ky) (Cat. d. Stadtbibl. Zürich. Zürich 1864—97.)

Reden, zwei, bei d. feierl. Bestattung d. Kgl. Prof. Dr. Geo. Wilh. Fr. Hegel, am 16. Nov., gesprochen (v. Marheineke u. Fr. Förster.) gr. 8. (1 B.) Berlin 831, Duncker u. Humblot.

—— zwei, geg. d. Branntwein, von ein. Mitgliede d. oldenburgischen Mäßigkeits-Vereins. 8. (4¼ B.) Oldenburg 841, Schulzesche Buchh.

— zwei, gegen den Branntwein von einem Mitgliede des Oldenburgischen Mäßigkeits-Vereins. 2. Aufl. 8. Oldenburg 845, Schulze'sche Buchh. n. 1/8 ₰

— zwei nach d. feierl. Einführung des ersten Kornwagens, am 11. Aug. 1817 gehalten, in d. kathol. Stadtpfarrkirche, von P. B. Strobel, u. in d. evangel. Garnisonkirche, v. Fr. C. Ammon. Nebst e. histor. Anh. u. e. Erndtepsalm von Ferd. Moll. 8. Freiburg 817. Herder. 3 gl

**Reden** (Zwei) über die Erhebung der niederen Volksklassen. Frei nach den Vorträgen Channings, geh. im J. 1840 in der Halle des Arbeitervereines zu Boston. gr. 8°. Zürich u. Winterthur, Liter. Compt., 1843. 2. verb. Aufl. gr. 8°. Ebd. 1843.

— zwei, über die Erhebung der niederen Volksklassen. Nach Channing. 2. verb. Ausg. Nebst einer Vorrede f. Bildungsvereine. 3. Aufl. 16. (76 u. 168 S.) Leipzig 847, Verlagsbureau. ¼ ₰

— zwei, des Königs Friedrich Wilhelm IV. Vom Throne gesprochen am 15. October 1840 bei der Huldigung in Berlin. (Abdruck a. d. Preuß. Staats-Zeitung. Mit Bildniß. A. mit d. Umschlagstitel: König Friedrich Wilhelm IV. an sein Volk. 2e Aufl.) Lex.-8. Berlin 840. Besser. n. 1/6 ₰

— zwei, wider die geheimen geschworenen Gesellschaften oder „Logen". Von H. C. S. 8. (48 S.) St. Louis, Mo. 880. (Dresden, H. J. Naumann.) n. — 75

Reden. Zwei R' bei Anlass der Hinrichtung von Anna Maria Weiss, wegen des an einem Grosskinde verübten Mordes, gehalten den 19. August 1815. ([Mit biographischem] Vorbericht.) 8. Chur [1815].

**Reden, Zwei,** gehalten am Lieder-Feste im Münster zu Ulm. Ulm 1836. V: *Hassler, Conrad Dietr.* & *Moser.* (Ky)

—— zwei, geh. am Lieder-Feste im Münster zu Ulm. (Von K. D. Haßler u. Moser.) Am 25. Juli 1836. gr. 8. (1 B.) Ulm, Rübling.

Zwei **Reden,** gehalten in d.·. g.·. u.·. v.. L.·. d.·. v[ereinigten] F[reunde] d.·. N[ahe] u.·. d.·. R[heins] am Or.·. von Kreuznach. Von dem B.·. W. — n. Kreuznach [1812]: Henss. 30 S. 8°

[1] in: Sammlung v. Freimaurer-Reden, geh. zu Kreuznach. 1829.

Kl. 1176. Üb. das Geheimnis der Mrei u. üb. Mrei in religiöser Hinsicht. 358.

Zwei **Reden,** in einer Loge zu Wien gehalten. 1784. 8°
*[Ephemeriden. 1785 S. 27.]*

Zwei **Reden** wider die Logen. Von H. C. S. [Tractat Nr. 49, hrsg. vom Concordia Publishing House, St. Louis.] Sehr selten.

**Zwei Reden**, gehalten in der ☐ Ludewig zur Treue im Or. zu Giessen und nach einem Beschlusse dieser ☐ dem Druck übergeben. Giessen 1818: Schröder. 15 S. 8⁰ [Umschlagtit.]

Tt. 2175. Enth. eine Rede von L. A. Dieffenbach beim Namenstage des Grossherzogs Ludwig I. von Hessen: Üb. Treue, u. eine Rede von Ph. Ch. J. Engel: Verteidigung der Verborgenheit der Frmrei. 100.

**Reden, Zwei,** über die Orden. Gehalten auf der 35. Generalversammlung der Katholiken Deutschlands . . . Freiburg i. Br. 1888. V: *Sauter, Benedict* & *Nicola Racke.* (Kat. Herder 1801—95.)

— zwei, üb. die Orden. Gehalten auf der 35. Generalversammlg. der Katholiken Deutschlands in Freiburg im Breisgau am 2.—6. Septbr. 1888. gr. 8. (24 S.) Freiburg i/Br. 888. Herder. n.n. — 5

**Reden, Zwey,** auf den Höchstseeligen Uebergang in die Ewigkeit des Durchlauchtigsten Fürsten und Herrn Herrn Carl Regirenden Herzogs zu Braunschweig und Lüneburg etc. gehalten in feierlicher Trauerversammlung der Loge zur gekrönten Säule in Braunschweig den 21. April 1780. V: *Tünzel, J. Fr. & Jakob Friedrich Feddersen.* (KL 1347) (wolfstieg I, 834)

— zwei, geh. in der Versammlung des „Deutschen Volksvereines" aus Wien am 29. Juni 1894 in Judenburg (Steiermark). I. Die Grundzüge der Socialreform auf deutschnationaler Grundlage. Besprochen v. Jos. Karl Kernreuter. II. Sociale Reform od. sociale Revolution. Besprochen v. Geo. Schönerer. gr. 8. (34 S.) Horn, N.-Ö. 894. (Leipzig, H. Beyer.) n. — 50

**Reden, Zwey,** über die Vorzüge der Zergliederungskunst und die Wege zur Kenntniss des Menschen ... Zürich 1782. V: *Burkhard, Johann Heinrich.* (BrMm)

**Reden, Zwei,** bei den beiden vorigen Wohlthäterfesten des Berlinisch-Köllnischen Gymnasiums. Berlin [1819]. V: *Heinsius, Otto Friedrich Theodor* & *C. Hnr. Ludw. Giesebrecht.* (BrMm)

**Zwo Reden** bey Eröffnung der neuen ☐ zu den wahren vereinigten Freunden im Or. von Br[ün]n. Gehalten den 7. 8. und 9. des dritten Monats von zween Meistern dieser ☐. P[ra]g [1784]: S[chönfel]d. 16 S. 8⁰ [Umschlagtit.]

Selten. 1. Gelegenheitsworte. 2. Ziel der Loge; Mittel, dieses Ziel zu erreichen. 342.

**Zwo Reden** von einigen Freymäurern gehalten. Berlin 1771. 8⁰.

Cit. in einem Verzeichnis antiquar. Schriften (siehe Beyer, Bernh.: Katal. der Samml. des Allg. Freim. Museums der Grl. zur Sonne. Bd. 1, Nr. 94).
Sehr selten.

**Reden, Zwo,** gehalten bei der jährlichen General-Versammlung des Erziehungs-Rathes von St. Gallen 1809. St. Gallen 1809. V: *Müller v. Friedberg, Carl* & *Martin Gresser.* 1810. St. Gallen 1810. V: *Müller v. Friedberg, Carl* & *Greg. Grob.* (Cat. d. Stadtbibl. Zürich. Zürich 1864-97.)

**Reden, Zwo heilige,** bey einer besondern wichtigen Veranlassung gehalten [1779]... [Stendal] 1780. V: *Herder, Johann Gottfried von.* (GGr)

**Reden, Zwo,** von der Nothwendigkeit beide Medicinen die Chirurgische und die Clinische wieder zu vereinigen. Freiburg 1782. V: *Mederer, Matthäus J. J.* (Erman & Horn, Bibliogr. d. dtsch. Universitäten. 1. Leipz. u. Berl. 1904.)

**Reden, Zwölf,** über die Beredsamkeit und deren Verfall in Deutschland. Leipz. 1817. V: *Müller Ritter von Nittersdorf, Adam Hnr.* (GGr)

— zwölf geistliche, gehalten bei d. zweihundertjährigen Jubelfeste d. Heiligsprechung d. heil. Theresia, in d. Carmelitessen-Klosterkirche zu Düsseldorf 1822. gr. 8. Köln 823, Du-Mont-Schauberg.

**Reden** [Verfasser]

Die Aufzucht und Arbeit des Schweisshundes. Vom weil. Oberjägermeister v. **Roden** zu Hannover. *Trier: J. Lintz 1901.* (29 S.) 8° [F.]
Aus: Aus d. Walde. 1809. H. 2. [01. 10327 5

v. **Reden**, C. F., Rede bei d. Georg-Stollen-Bau ꝛc. gr. 8. Clausth. 777. (Vandenhöck u. R. in Götting.) 4 gGr

**Reden**, Erich v., s. Verhandlungen des Deutschen Reichstages üb. d. Währungsfrage.

**Reden**, Franz von

— histor. Erläuterung zu d. Gemälde d. Hrn. Gebr. Riepenhausen. gr. 8. Hannov. 826. Hahn. 4 gGr

**Reden**, Franç. (Louis Guil.) de, Tableaux généalogiques et historiques de l'Empire Britannique. Accomp. de nôtes critiques et de quatre dissertations historiques critiques. gr. in-Fol. (39 B., 28 Tab. u. gest. Dedication.) Hannovre 831, Hahn.

**Reden**, Franz von: Versuch einer kritischen Entwickelung der Geschichte des hörnenen Siegfrieds oder Sigurds. Karlsruhe u. Baden 1818. 8⁰

v. Reden, Frz. Frhrr., Versuch e. krit. Entwickelung d. Geschichte d. hörnenen Siegfrieds, od. Sigurds d. Schlangentödters, u. die Bestimmung d. Epoche seines thatenreichen Lebens ꝛc. 8. Karlsr. 819. Marr. 18 gl

Reden, Friedrich Wilhelm von

Reden, Fried. Wilh. von (Hannover), De accessionibus praecipue fundi Romani, ductu legis quintae D. de instructo vel instrumento legato; accedente comparatione cum pertinentiis castri Germanici. Diss. jur. Göttingen (C. E. Rosenbusch) 1823. 154 S. (4.50) 27862
Gew.: Franz. Aug. von Meding.

v. Reden, Dr. Fr., Andeutungen, auf welche Weise am vortheilhaftesten f. das Land u. die Regierung Domainen zu benutzen sind, namentl. z. Schuldenabtrag in e. Reiche, wo es außerdem große Güter giebt; mit besonderer Beziehung auf d. Königr. Hannover. gr. 8. Hannov. 832. (Hahn). 3 gl

Reden, F. W. von: „Die jetzige Aufgabe der Statistik in Beziehung zur Staatsverwaltung". Als Manuskript gedruckt, Frankfurt a. M. 1853. — Vorh.: Preuß. Staatsbibl. Berlin, Com. Bibl Hamburg.

Reden, Dr. Friedr. W. Freih. von — Die jetzige Aufgabe der Statistik in Beziehung zur Staatsverwaltung. Andeutungen als Kommentar zum Repertorium meiner Sammlung für Geschichte, Erd- und Völkerkunde, Statistik und Volkswirthschaft von — —. 2te Aufl. (Als Manuskript gedruckt.) Wien, 1857. Druck von Karl Ueberreuter. (XIV. 76 S. 8.)

von Reden, F. W. Frhr.: Der Boden und seine Benutzung im Kaiserstaate Oesterreich. Versuch auf Veranlassung der Jubelfeier der Kaiserl. Königl. Landwirthschafts-Gesellschaft in Wien. (Anstatt Manuskripts, besonderer Abdruck.) Wien 1857. 238 S. 8°.

Reden, Frhr. von. Offener Brief an Seine Majestät den König von Hannover. (Als Manuscript gedruckt). (Berlin 1848). 10 S. 8.

v. Reden, Frhr. Fr. Wlh., deutsches Dampfschiffbuch. Ein Taschenbuch für Reisende, Aktionaire, Betriebsbeamte, Gasthalter, Kauf- u. Geschäftsleute aller Art. 8. Berlin 845, Gumprecht. n. $1\frac{1}{3}$ ℛ

v. Reden, Fr. Wilh., Deutsches Dampfschiffbuch. Ein Taschenbuch für Reisende, Aktionaire, Betriebsbeamte, Gasthalter, Kauf- u. Geschäftsleute aller Art. Berlin 1845. 8. (HC.)
——, —— Berlin 1846. 8.

— Denkschrift über die österreich. Gewerbe-Ausstellung in Wien, deren Verhältniß zur Industrie des deutschen Zollvereins und die gegenseitigen Handelsbeziehungen. gr. 8. Berlin 846, Schröder. 24 ngl

Reden, Friedr. Wilh. v., Deutschland und das übrige Europa. Handbuch der Bodens-, Bevölkerungs-, Erwerbs- und Verkehrs-Statistik; des Staatshaushalts und der Streitmacht. In vergleichender Darstellung. (2 Abthlgn.) Lex.-8. (XLVII und 1120 S.) Wiesbaden 854, Kreidel und Niedner. *

— deutsches Eisenbahnbuch. Ein Taschenbuch für Reisende, Aktienbesitzer, Eisenbahnbeamte, Gasthalter, Kauf- u. Geschäftsleute aller Art. 8. Ebend. 845. $1\frac{1}{2}$ ℛ Mit 1 Karte geb. n. $1\frac{2}{3}$ ℛ — 2. verm. Aufl. Danzig 846, Gerhard'sche Buchh. n. $1\frac{1}{2}$ ℛ geb. n. $1\frac{2}{3}$ ℛ

—— dass. 2., verm. u. bericht. Aufl. 8. (29 B. worunter zahlr. Tab. u. 1 Karte.) Danzig 846, Gerhard'sche Buchh. *

— dass. Nachträge. Mit 1 Karte. 8. Ebend. 846. $\frac{1}{2}$ ℛ

— deutsches Eisenbahn- u. Dampfschiffbuch. Ein Taschenbuch für Reisende ꝛc. Mit 1 Karte. 8. Berlin 845, Gumprecht. n. $2\frac{2}{3}$ ℛ

—— deutsches Eisenbahn- u. Dampfschiffbuch. Ein Taschenbuch f. Reisende etc. 8. (40⅝ B. u. 1 Karte.) Berlin 845, [Danzig, Gerhard'sche Buchh.]

—— Deutsches Eisenbahn- u. Dampfschiffbuch. Ein Taschenbuch für Reisende etc. Mit 1 Karte. Berlin 1845. 8.
Uebersichtskarte zu v. Reden's Eisenbahn- u. Dampfschiffbuch. 2. verm. u. bis Mitte 1846 berichtigte Aufl. Lith. u. kolor. Fol. Danzig 1846.

—— die Eisenbahnen in Europa u. Amerika. Statistisch-geschichtl. Darstellung ihrer Entstehung, ihres Verhältnisses zu der Staatsgewalt, so wie ihrer Verwaltungs- u. Betriebs-Einrichtungen. 1. Abthl. Die Eisenbahnen Deutschlands. Lex.-8. ($22\frac{1}{4}$ B.) Berlin 843, [Mittler u. Sohn.] *

—— dass. 1. Abthl. Die Eisenbahnen Deutschlands. 2. Abschnitt. 5 Lfgn. Lex.-8. Ebds. *
Lfg. 1. Die österreich. Eisenbahnen. (16 B. u. 1 Tab.) 844. * 1 Thlr. 15 Ngr.
" 2. Die preuß. Eisenbahnen. ($55\frac{5}{8}$ B.) 844. * 4 Thlr. 20 Ngr.
" 3. Die würtemberg., die badischen u. die kgl. sächsischen Eisenbahnen. ($31\frac{1}{2}$ B.) 845. * 2 Thlr. 20 Ngr.
" 4. Die Eisenbahnen der Großherzogthümer Hessen-Darmstadt u. Mecklenburg, — des Kurfürstenthums Hessen, — der Herzogthümer Braunschweig, Nassau u. Schleswig-Holstein, — so wie die in den Gebieten der freien Städte Frankfurt, Hamburg u. Lübeck. ($21\frac{1}{4}$ B.) 845. * 2 Thlr. 12 Ngr.
" 5. Die hannoverschen u. baierischen, so wie die Eisenbahnen im Gebiete der freien Stadt Bremen. ($22\frac{1}{2}$ B.) 845. * 2 Thlr. 20 Ngr.

—— dass. 1. Abthl. 2. Abschnitt. 1—5. Lfg. od. 1—5. Supplement. (zu vorstehenden 5 Lfgn.) Lex.-8. Ebds. *
Supplem. 1. Die österreich. Eisenbahnen. 1. Fortsetzung. ($10\frac{3}{4}$ B.) 846. * 1 Thlr. 5 Ngr.
" 2. Die preuß. Eisenbahnen. 1. Fortsetzg. ($33\frac{3}{4}$ B.) 846. * 3 Thlr. 12 Ngr.
" 3. Die württemberg., bad. u. kgl. u. herzogl. sächs. Eisenbahnen. 1. Fortsetzg. ($21\frac{3}{4}$ B.) 846. * 2 Thlr. 16 Ngr.

v. Reden, Freih. Friedr. Wilh., die Eisenbahnen Deutschlands. 1. Abth. 2. Abschnitt. 4. Lfg. 4. Suppl. od. der Eisenbahnen des Großherzogth. Hessen-Darmstadt u. Mecklenburg, des Kurfürstenth. Hessen, des Herzogth. Braunschweig, Nassau u. Schleswig-Holstein, sowie der in den Gebieten d. freien Städte Frankfurt, Hamburg u. Lübeck. 1. Fortsetzung. gr. 8. (204 S.) — 1. Abthl. 2. Abschn. 5. Lfg. 5. Suppl. oder der Hannoverschen, Baierischen u. der Eisenbahnen auf dem Gebiete der freien Stadt Bremen 1. Fortsetzung. gr. 8. (185 S.) — Alphab. Register über die von 1843—47 erschienenen 7 Bde. gr. 8. (50 S.) Berlin 847, Mittler & Sohn. 4. Suppl. n. 1 ℛ 18 ngl 5. Suppl. n. $1\frac{1}{3}$ ℛ Register 9 ngl (cmplt. 28 ℛ 4 ngl)

Reden, Friedr. Wilh. v., die Eisenbahnen in Europa u. Amerika ꝛc. alphabet. Register über die v. 1843—47 erschienenen Bände. gr. 8. ($3\frac{1}{8}$ B.) Berlin 847, [Mittler u. Sohn.] Thlr.
Die Fortsetzung s. Dess. Eisenbahn-Jahrbuch.

—— die Eisenbahnen Frankreichs. Statist.-geschichtl. Darstellung ihrer Entstehung, ihres Verhältnisses zu der Staatsgewalt, so wie ihrer Verwaltungs- u. Betriebs-Einrichtungen. gr. 8 ($32\frac{1}{2}$ B.) Berlin 846, [Mittler u. Sohn.] *

— Eisenbahn-Jahrbuch für Bahn-Beamte u. Staats-Behörden. 16 Tafeln z. vergleichenden Statistik des Baus u. Betriebes der deutschen Eisenbahnen von ihrem Entstehen bis zum Ende des Jahres 1845. 1. Jahrg. 1846. gr. 8. Ebend. n. $2\frac{1}{3}$ ℛ

— Eisenbahn-Jahrbuch f. Bahn-Beamte u. Staats-Behörden. In Tafeln zur vergleichenden Statistik des Baues u. Betriebes der deutschen Eisenbahnen, von ihrem Entstehen bis zu Ende des Jahres 1846. 2. Jahrg. 1847. 2 Lfgn. gr. 8. (LXXVI u. 335 S.) Berlin, Mittler & Sohn. (1: n. 1 ℛ 26 ngl 2: n. 1 ℛ 18 ngl) n. 3 ℛ 14 ngl

— u. E. v. Sydow, Eisen-Bahn-Karte von Deutschland u. d. angränz. Ländern; zugleich als Uebersicht aller wichtigsten Land- u. Wasserverbindungen. Lithogr. u. illum. Imp.-Fol. (Nebst Text.) Berlin 845, Schropp u. Comp. Aufgez. in Futteral n. $1\frac{1}{8}$ ℛ — 4. bis zum Herbst 1846 bericht. Aufl. Ebend. 846. n. $\frac{2}{3}$ ℛ

Reden, Frhr. F. W. von, u. E. von Sydow, Eisenbahnkarte von Deutschland und den angrenzenden Ländern, zugleich als Uebersicht aller wichtigsten Land- u. Wasserverbindungen bearbeitet. M. 1:2500000. Berlin, Schropp u. Co., 1847. Imp.-Fol. Kupferst. u. kolor. . . . . . . . . . . . . . . . . . . . . . . . . (HC.; Br. Mo.; KPA.)
—, —— Berlin 1854.
—, —— 16. bis 1857 bericht. Abdruck. Lith. u. illum. Ebenda 1857. Imp.-Fol. (Br. Mo.)

— u. E. v. Sydow, Eisen-Bahn-Karte von Deutschland u. den angrenzenden Ländern; zugleich als Uebersicht aller wichtigsten Land- u. Wasserverbindungen bearb. Imp. Fol. Kpfrst. u. color. Berlin 850. 51, Schropp & Co. n. 2/3 ℛ

— Entwurf e. Gesetzes üb. die Verfass. u. Verwaltung d. Landgemeinden im Königr. Hannover, mit erläut. u. rechtfertig. Bemerkk. gr. 8. Hannov. 832. Hahn. 10 gr

Reden, Frhr. Friedr. Wilh. v., Erwerbsmangel, Massen-Verarmung, Massen-Verderbniss, deren Ursachen u. Heilmittel. Vortrag. (Abdr. aus der Zeitschrift f. Statistik, Heft 2.) Lex.-8°. Berlin, Schneider u. Co., 1847. (20 S.)

— Erwerbs- und Verkehrs-Statistik des Königstaats Preußen. In vergleichender Darstellung. 3 Abthlgn. Darmstadt 853. Jonghaus. gr. 8. (X, VIII, 2324 S.) n. 9 ℛ. 10 ngr.

Reden, F. W. von: „Erwerbs- und Verkehrsstatistik des Königstaats Preussen. In vergleichender Darstellung", 3 Bände, Darmstadt 1853 bis 1854. — Vorh.: Preuß. Staatsbibl. Berlin.

— allgemeine vergleichende Finanz-Statistik. Vergleichende Darstellung des Haushalts, des Abgabenwesens u. der Schulden Deutschlands u. des übrigen Europa. 1—11. u. 13. Hft. oder I. Bd. 10 Hfte. u. II. Bd. 1. u. 3. Hft. (1: 1626 S. 2: 240 u. 160 S.) Darmstadt 851. 52, Jonghaus. (1—10. u. 13. Hft. à 2/3 ℛ 11. Hft. 1 ℛ) 8 1/3 ℛ

— allgemeine vergleichende Finanz-Statistik. Vergleichende Darstellung des Haushalts, Abgabenwesens und der Schulden Deutschlands und des übrigen Europa. 12. 14. u. 15. Heft oder II. Bd. 2. 4. u. 5. Heft. Darmstadt 854—56. Jonghaus. gr. 8. (II. Bd. 1. Abth. Oesterreich: S. 241—1024; 2. Abth. Preussen: IV, S. 161—675. u. 2 Tab. in Fol.) 5 ℛ. 15 ngr.
12. Liefg. 3 ℛ. 10 ngr.; 14.: 20 ngr.; 15.: 1 ℛ. 15 ngr.

—— über d. Garn- u. Leinen-Verfertigung u. den Garn- u. Leinen-Handel d. Königr. Hannover. Vortrag neben d. Berichte der z. Prüfung dies. Gegenstandes niedergesetzt. ständ. Commission. gr. 8. (4 B.) Hannover 835, (Hahn.)

Reden, Friedr. v., die Gewerbe d. Königr. Hannover. Bericht üb. die von d. Gewerbe-Vereine f. d. Königr. Hannover in d. Monaten Mai u. Juni 1835 veranstalt. erste Ausstellung inländ. gewerbl. Erzeugnisse. gr. 4. (11½ B.) Hannover 835, Hahn'sche Hofbuchh.
Hat mit den „Mittheilungen d. Gewerbe-Vereins f. Hannover. 7. Lfg." gleichen Inhalt.

— Vide: Gewerbegesetzgebungen (Die) Deutschlands.

— allgemeine vergleichende Handels- u. Gewerbs-Geographie u. Statistik. Ein Handbuch für Kaufleute, Fabrikanten u. Staatsmänner; auch Grundlage öffentl. Vorträge in gewerbl. Lehr-Anstalten rc. Zunächst für die K. Handels-Lehranstalt zu Berlin. 2 Abthl. gr. 8. Berlin 843, Th. Enslin. 4 1/2 ℛ

Reden, F. W. von: „Allgemeine vergleichende Handels- und Gewerbs-Geographie und Statistik. Ein Handbuch für Kaufleute, Fabricanten und Staatsmänner, auch Grundlage öffentlicher Vorträge in gewerblichen Lehr-Anstalten, so wie zu handelspolitischen und volkswirthschaftlichen Besprechungen", Berlin 1844. — Vorh.: Com. Bibl. Hamburg.

—— das Königr. Hannover statist. beschrieben, zunächst in Bezieh. auf Landwirthschaft, Gewerbe u. Handel. 2 Abthln.: Bodenbeschaffenheit, Vegetation, Landwirthschaft, Gewerbthätigkeit. — Verhältnisse d. Verkehrs im Königr. Hannover u. d. Nachbarstaaten; Wissenschaft u. Kunst. gr. 8. (66⅓ B.) Hannover 839, Hahn'sche Hofbuchh.

von Reden, Fr. Frhr.: Das Königreich Hannover statistisch beschrieben, zunächst in Beziehung auf Landwirthschaft, Gewerbe und Handel. Abtheilung 2: Verhältnisse des Verkehrs im Königreiche Hannover und den Nachbarstaaten: Wissenschaft und Kunst. Hannover 1839. VIII, 504 S. 8°.

Reden, Frhr. Fr. W v., Ueber Credit- u. Hülfs-Cassen, namentl. zur Beförderung der Ablösung von Grundlasten durch Capitalzahlung, mit besonderer Berücksichtigung des Königreiches Hannover. gr. 8°. Hannover, Hahn, 1833.

v. Reden, Frhr. Fr. Wlh., vergleichende Kultur-Statistik der Großmächte Europa's. 2 Bde. Mit vielen Tab. 1. Bd. 1.—3. Liefg. gr. 8. Berlin 846, Al. Duncker. à 3/4 ℛ

—— vergleichende Kultur-Statistik der Gebiets- und Bevölkerungsverhältnisse der Gross-Staaten Europa's. (Neue Titelausg.) gr. 8. (440 S.) Berlin 847, A. Duncker.

— vergleichende Kultur-Statistik der Gebiets- u. Bevölkerungsverhältnisse der Gross-Staaten Europa's. (Neue Titelausg.) gr. 8. (440 S.) Berlin (846) 848, A. Duncker. 2 1/6 ℛ

—— der Leinwand- u. Garnhandel Norddeutschlands. 8. (23½ B. u. 4 Tab. auf 2½ B., Fol.) Hannover 838, Helwingsche Hofbuchh.

—— der Mehlhandel Deutschlands nach Amerika. 8. (8¼ B.) Hannover 838, Helwingsche Hofbuchh.

— der Meßhandel und dessen veränderte Bedeutung rc. s. Einladungsschrift.

—— Mittheilungen d. Gewerbe-Vereins f. Hannover, s. Mittheilungen.

— Russland's Natur-Bestimmung, seine bisherige Kraft-Entwicklung und Russland's Zukunft. Abdr. aus: „Russland's Kraft-Elemente und Einfluss-Mittel". Frankfurt 854. Völcker. gr. 8. (16 S.) n. 4 ngr.

— Ost-Europa. Kampf-Gebiet u. Sieges-Preis in geschichtlich-statistischer Darstellung. 1. u. 2. Abth. Frankfurt a. M. 854, 56. Völcker. gr. 8.
1. Abth.: Russland's Kraft-Elemente und Einfluss-Mittel. Eine geschichtlich-statistische Skizze. (VIII, 383 S.) n. 1 ℛ. 26 ngr.
2. - Die Türkei und Griechenland in ihrer Entwicklungs-Fähigkeit. Eine geschichtlich-statistische Skizze. (VIII, 282, 389 S.) n. 1 ℛ. 26 ngr.

von Reden, Frhr.: Eine ungarische Pussta 1847 und 1857. (S.-A.) Abendblatt der Oest. Kais. Wiener Zeitung vom 26. und 27. Mai 1857.) Wien 1857. 3 S. Fol.

— das Kaiserreich Rußland. Statistisch-geschichtl. Darstellung seiner Kultur-Verhältnisse, namentlich in landwirthschaftl., gewerbl. u. kommerzieller Beziehung. gr. 8. Berlin 843, Mittler. n. 3⅔ ℛ

von Reden, Freiherr Friedrich Wilhelm: Das Kaiserreich Russland. Statistisch-geschichtliche Darstellung seiner Kultur-Verhaltnisse, namentlich in landwirthschaftlicher, gewerblicher und kommerzieller Beziehung. Berlin, Posen und Bromberg 1843. XII, 614 S. 8°

— die Staaten im Stromgebiet des La Plata, in ihrer Bedeutung für Europa. Grundlage v. Vorträgen im geograf. Verein zu Frankfurt a. M. Anfangs 1852. gr. 8. (VIII u. 104 S.) Darmstadt 852, Jonghaus. ½ ℛ

Fr. W. Frhr. v. Reden, Staatshaushalt und Abgabenwesen des preußischen Königsstaats. Darmstadt, 1856. Mit 2 Tabellen in qu. Fol. (Theil 2. von v. Reden's Allgem. vergleichender Finanz-Statistik von Europa.)

**Reden,** Friedr. Wilh. v. Frankreichs Staatshaushalt und Wehrkraft unter den vier letzten Regierungsformen. Eine statist. Skizze. gr. 8°. Darmstadt, Jonghaus, 1853. (42 S.)

**Reden,** Freiherr Fried. Wilh. v., beider Rechte Doctor. Die Türkei und Griechenland in ihrer Entwicklungs-Fähigkeit. Eine geschichtlich-statistische Skizze. (Aus: „Ost-Europa". Kampfgebiet und Siegespreis in geschichtlich-statistischer Darstellung. 2. Abth.)

**Reden**, Friedrich Wilhelm von [Hrsg.], s. Zeitschrift d. Vereins f. Deutsche Statistik.

Reden, Gussy v., Hedebo-Stickereien, s.: Handarbeits-Bücher der „Deutschen Moden-Zeitung". 30. Bd.

— Klöppel-Spitzen. Eine leichtfaßl. Anleitung zum Verständnis u. zur Anfertigg. der verschiedensten Arten v. Klöppelspitzen. Mit 3 Vollbildern, 125 Abb. u. 4 Taf. m. Klöppelbriefen. (58 S.) Lex. 8. Leipzig (908). Verl. der Deutschen Modenzeitg. 2. —

**Reden**, J. W. von

v. **Reden,** Feldzüge der alliirten Armee in d. J. 1757 bis 1762, nach dem Tagebuche des . . . ., hrsg. von Wilh. Aug. v. d. Osten. Thl. 1—3. Hamburg 1805. 8.

**Reden,** J. W. v. Feldzüge der aliirten Armee 1757—62. T. 1—3. Hrsg. von W. A. v. der Osten. Hamburg 1805—06. 8°.

Reden, Philipp

**Reden,** Phpp., Festigkeits-Tabelle f. Flachstäbe von 40 □ m/m — 629 □ m/m Querschnitt bei e. Festigkeit von 20—70 kg pro □ m/m. (Deutsch u. französisch.) schmal gr. 8. (77 S.) Straßburg 894. Straßburger Druckerei u. Verlagsanstalt. Kart. n. 2. 50

— Tabelle der Festigkeit f. Stäbe v. 15,4—16,7; 19,4—20,7; 24,1—25,7 m/m Durchmesser u. Contraktion derselben v. 16,6—8,0; 20,6—12,0; 25,6—16,0 m/m Durchmesser. (Deutsch u. französisch.) schmal gr. 8. (46 S.) Ebd. 894. Kart. n. 2. 50

**Reden,** Philipp, Tabelle der Festigkeit f. Stäbe von 15,4 bis 16,7 m/m; 19,4—20,7 m/m u. 24,4—25,7 m/m Durchmesser u. Contraction derselben von 16,6—8,0 m/m; 20,6 bis 12,0 m/m u. 25,6—16,0 m/m Durchmesser. (Deutsch u. französisch.) (23 Doppels.) schmal 8. Straßburg (905). Straßburger Druckerei & Verlagsanstalt. Kart. n. 1. 50

**v. Reden**, Philippine Amal., geb. Freyin v. Knigge, Lebensregeln, Winke d. guten Tons u. d. feinen Gesellschaft f. Jungfrauen u. Mädchen, welche in die große Welt eintreten. Nebst einigen Erzähll. u. Anekdoten. Nach dem Französ. frei bearb. 12 Ilmenau 826. Voigt.

**v. Reden,** Philippine, s. Miß Opie, Männerliebe.

Reden, geb. Knigge, Ph. v., Seelenspiegel f. junge Damen aus d. höh. Ständen, welche Bildung d. Verstandes, Vernunft u. Herzensgüte mit Lebensklugheit, Anstand u. fein. Sitte zu vereinigen wünschen. Mit Tblkpfr. gr. 16. (20 B.) Ilmenau 830, [Weimar,] Voigt.

**Reden,** Th. v., geistige Weihnachten. Auch e. Antwort auf die „Ernsten Gedanken" d. Hrn. v. Egidy. 8. (44 S.) Berlin 890. Wiegandt & Grieben. n. — 50

**Reden,** Th. v. Geistige Weihnachten. Auch e. Antwort auf die „Ernsten Gedanken" d. Hrn. v. Egidy. 8. (44 S.) Berl. 891, Wiegandt u. Grieben. * — 50

[F.] Anschussbuch der . . . Kompagnie . . . Begonnen am: . . . geschlossen am: . . . (v. [Ulrich] v. **Reden,** Major im Gren.-Reg. Prinz Carl (12).) 2. Aufl. . . . *Wesel: C. Kühler 1898.* (2 Bl., 100 Bl. Formul.) 1 Bd 8. [98. 8494

Anschussbuch der ... Kompagnie ... (Zusgest. von Major [Ullrich] v. **Reden** im Inf.Reg. Nr. 72.) Begonnen am ... Geschlossen am ... (Gw. 98.) 4. Aufl. *Wesel: C. Kühler 1901.* (102 Bl.) 8° [F.] [01. 5257

Anschussbuch der ... Kompagnie ... (Zusgest. von Major [Ullrich] v. **Reden** im Inf.Reg. Nr. 72.) Begonnen am ... Geschlossen am ... 5. Aufl. *Wesel: C. Kühler 1901.* (102 Bl.) 8° [F.] [01. 5258

**Reden, v., s. a. Anschußbuch der Kompagnie.**

**Reden,** Ulrich von, aus Franzburg bei Hannover: **Beiträge zur** Kenntnis der o-Diamidodiphensäure. *Hamburg 1898: Verlagsanst. u. Druckerei.* (30 S.) 8° Tübingen, Naturw. Diss. v. 1898

— **Offizier-Stammliste des Grenadier-Regiments Prinz Karl v. Preußen (2. Brandenburgischen) Nr. 12. Von der Errichtg. des Regiments am 1. VII. 1813 bis zum 1. III. 1901. Auf Befehl des Regiments zusammengestellt. gr. 8. (XVI, 338 S.) Oldenburg 901. G. Stallings Verl.** n.n. 8. 25; geb. n.n. 10. 50

**Reden-Esbeck,** Frdr. Joh. Frhr. v., Deutsches Bühnen-Lexikon. Das Leben u. Wirken aller hervorragenden deutschen Bühnen-Leiter u. Künstler vom Beginn der Schauspielkunst bis zur Gegenwart. 1—9. Hft. Lex.-8. (VIII u. S. 1—432 m. 1 Tab.) Eichstätt 879. 80. Stillkrauth. à n. — 60

— Caroline Neuber u. ihre Zeitgenossen. Ein Beitrag zur deutschen Kultur- u. Theatergeschichte. Mit 7 Kunstbeilagen (in Lith. u. Stahlst.). gr. 8. (XII, 357 S.) Leipzig 881. Barth. cart. n. 12. —

**Reden-Esbeck,** F. J. v., Rhamis. Vaterländ. Trauersp. in 4 Aufzgn. gr. 8. (189 S.) München 886. (Rubinverlag.) n. — 80

Plan des Attaques du Blocus et du Siége de la place de Thorn etc. 21 Janvier — 18 Avril 1813. Dessiné par Redenbacher Lieutenant. 1: 35,000. 1 Bl. Avec un Journal du Blocus et Siége de la Place de Thorn en 1813.

**Redenbacher, Pfarrer, s. Sonntags-Blatt.**

**Redenbacher,** C., Pappenheim u. Ellingen, der Solenhofer Steinbruch u. Fossa Carolina. Mit 3 Stahlst. u. mehreren Vignetten. Aus dem Werk: „Das Königreich Bayern in seinen alterthüml., geschichtl., artist. u. maler. Schönheiten." Lex.-8. München 844, Franz. n. 2/3 Rthlr

REDENBACHER, Eugen Adalbert Hugo (Pappenheim): De ranula sub lingua, speciali cum casu congenito.- Monachii: Lindauer 1828. 24 S., Taf.
31.8.1827 - Urk; F 59
Diss. Ingolst.-Landsh.-Mchn.

REDENBACHER, Hugo (Pappenheim): Ueber die Zusammensetzung hydropischer Transsudate bei Lebercirrhose mit besonderer Berücksichtigung ihres Harnstoff- und Kochsalz-Gehaltes.- Augsburg: Rieger 1858. 30 S.
22.7.1857 - Urk (Titel: De compositione transsudationum hydropicarum in cirrhoi hepatis, inprimis de urea, iis contenta.); F 69
Diss.Ingolst.-Landsh.-Mchn.

**Redenbacher, Michael** (Ansbach) De amore in patriam rebusque veterum pro illa gloriose gestis disput. Moder. Theoph. Christoph Harles. Erlangen (Ellrodt) Mai 1786. 17 S. (4.25) 27863

Redenbacher, Mch., († d. 16. Nov. 1810.) Katechismus d. evangel.: christl. Lehre, oder christl. Religionsunterricht für die evangel. Jugend d. Grafschaft Pappenheim. 8. Pappenheim 806.

REDENBACHER, Oskar (Landsberg): Über pulsus differens.- München: Wolf 1885. 18 S.
21.5.1885 - Urk (Titel: De pulsu differente.); Chr 1884/85,21
Diss. Ingolst.-Landsh.-...

Redenbacher, Theodor

Redenbacher, Thdr., Angriff und Abwehr bezüglich einer am 2. Novbr. 1884 in der St. Petrikirche zu Kulmbach gehaltenen Reformationsfest-Predigt. 8. (18 S.) Kulmbach 885, Wanderer. *

Redenbacher, Thdr., Gefahr und Behütung. Eine Erzählung. 8. (127 S.) Erlangen 878, Deichert. *M 1.; geb. * 1 25

Redenbacher, Thdr. Aus dem Leben. Fünfzig kurze Geschichten. 12. (75 S.) Ansbach 891, (Brügel u. Sohn). cart. * * — 50
geb. * — 70

Redenbacher, Wilhelm

Redenbacher, Wilh., christl. Allerlei. Gespräche, Selbstgespräche, Betrachtungen, Erzählungen und Geschichten, Sprichwörter u. Lieder. Aus den Jahren 1831—34. 1. u. 2. Bdchn. 8. Nürnberg 844, 45, Raw'sche Buchh. à 1/4 ß

Redenbacher, Wilh., christliches Allerlei. Aus späteren Jahren. 3. Bdchn. A. u. d. T.: Ernstes und Heiteres zur innerlichen Gesundheit. Ein Büchlein mit Allerlei für Jedermann in dieser Zeit u. Christenheit. Nürnberg 855. Raw. 8. (VIII, 160 S.) n. 8 ngr
1. 2. Bdchn. Ebend. 844. à n. 8 ngr

Redenbacher, Wilh., christliches Allerlei. Erzählungen und Geschichten, Gespräche, Betrachtungen, Sprichwörter und Lieder. 4 Bdchn. mit je 1 Titelbild (in Holzschn.). gr. 16. (95; 96; 95; 92 S.) [Stuttgart 876, Hofmann und Hohl.] Eßlingen, Schreiber. à Bdchn. * 75 Pf. * 3 —

Redenbacher, Wilh., das Auswandern, s. Auswandern, das.

— einfache Betrachtungen, das Ganze der Heilslehre umfassend, nach freien Texten, für die häusl. Andacht u. zur Vorlesung in Betstunden. 1. u. 2. Thl. gr. 8. Ebend. 844, 45. à n. 1/2 ß

Redenbacher, Wilh., einfache Betrachtungen, das Ganze der Heilslehre umfassend, nach freien Texten, f. die häusl. Andacht u. zur Vorlesung in Betstunden. 2. Aufl. gr. 8. (X u. 442 S.) Nürnberg 851, Raw. 1 ß

Redenbacher, Wilh., einfache Betrachtungen, das Ganze der Heilslehre umfassend, nach freien Texten für die häusl. Andacht u. zur Vorlesung in Betstunden. 3., verb. u. verm. Aufl. Nürnberg 869. Raw. gr. 8. (X, 450 S.) n. 1 ß 4 ngr

— Betrachtungen zu Leichenbegängnissen. Ansbach 869. Junge. Lex.-8. (VII, 307 S.) n. 1 ß

— Betrachtungen zu Leichenbegängnissen. 2. Aufl. gr. 8. (VI, 307 S.) Ansbach 873. Junge. n. 3. 50

Redenbacher, Wilh., Betrachtungen zu Leichenbegängnissen. 3. Aufl. gr. 8. (VII, 307 S.) Ansbach 885, Junge's Buchh. *M 4.—; geb. *

—— Bilder aus der Reformationszeit, s. Volksbibliothek, neueste.

—— Bilder aus der Reformationszeit. 3. Aufl. Mit 2 (lithogr.) Bildern von Ludw. Richter. 8. (IV, 129 S.) [Schaffhausen 878, Mann.] Basel, Spittler. cart. * 1 8

—— das Büchlein von der Treue. Historische Erzählungen. Mit einem (lithogr.) Bilde von Ludw. Richter. 8. (IV, 107 S.) Bern 869, Mann und Baeschlin. cart. *

— der Burggrafenmord, siehe: Volksbibliothek, neueste, Jahrg. 1850. 3. Bdchn.

— der Burggrafenmord. Eine histor. Begebenheit. Mit 1 (lith.) Titelbilde. Ebend. 869. 8. (VII, 99 S.) n. 7 ngr

Redenbacher, Wilh., der Weltumsegler Cook, s.: Sonntagsbibliothek. Nr. 41.

— der Dreidecker, s. Volksbibliothek, neueste.

— der Dreidecker. Eine Erzählung. Mit 1 (lith.) Bilde von Ludw. Richter. Ebend. 869. 8. (89 S.) cart. n. 7 ngr

— Eichen, Cedern u. anderes Gewächs, siehe: Volksbibliothek, neueste, Jahrg. 1849. 3. Hft.

— Eichen, Cedern u. anderes Gewächs. Erzählungen u. Biographien. Mit 1 (lith.) Bilde von Ludw. Richter. Ebend. 869. 8. (VII, 84 S.) cart. n. 7 ngr

— Epistel an's deutsche Volk. 8. (16 S.) Dresden 849, Naumann. 1 1/2 ngr

—— Epistel-Postille. Predigten über alle Sonn- und Festtags-Episteln des Kirchenjahres. Nach dessen Tode hrsg. von Thdr. Redenbacher. gr. 8. (IV, 474 S.) Erlangen 878, Deichert. * 5 —

— Ernst der Fromme, s. a. Burchardi, edle Fürsten.

— Ernst, der Fromme, Herzog von Gotha. Mit dessen (lith.) Bildnisse u. dem Schlosse Friedenstein. [Abgedr. aus d. Volksbibliothek. Jahrg. 1851.] 8. (83 S.) Ebd. 851. n. 6 ngr

—— Evangelien-Postille. Predigten über alle Sonn- und Festtags-Evangelien des Kirchenjahres. gr. 8. (IV, 576 S.) Schweinfurt 876, (Giegler's Buchh.) *M 5.; geb. * 6 50

Redenbacher, Wilh., Gewerbeordng. f. das Deutsche Reich, s.: Schreiber, Rud.

— Klösterlein Grab, siehe: Volksbibliothek, neueste, Jahrg. 1849. 2. Heft.

— Klösterlein Grab. Eine Erzählung. 2. Aufl. Bern 868. Mann & Baeschlin. 8. (112 S. mit 1 Steintaf.) cart. 6 ngr

Redenbacher, W., Das Invalidenversicherungsgesetz vom 13. VII. 1899 in der Fassung der Bekanntmachung des Reichskanzlers vom 19. VII. 1899 nebst den wichtigeren Vollzugsvorschriften f. das Deutsche Reich u. das Königr. Bayern. Handausg. m. Erläutergn. 8. (XXII, 258 S.) München, C. H. Beck. 1900. Geb. in Leinw. 3. —

Redenbacher, W., Invalidenversicherungsgesetz. Handausg. Ergänzungsheft, enth. d. k. bayer. Ministerialbekanntmach. vom 27. XII. 1899 nebst einigen weiteren zum Vollzug ergangenen Anordngn. 8. (40 S.) München, C. H. Beck. 1900. —. 20.

Redenbacher, Wilh., das Invalidenversicherungsgesetz vom 13. VII. 1899 in der Fassung der Bekanntmachung des Reichskanzlers vom 19. VII. 1899 nebst den wichtigeren Vollzugsvorschriften f. das Deutsche Reich u. das Königr. Bayern. Handausg. m. Erläutergn. 2. neubearb. Aufl. (VIII, 518 S.) 8. München 905. C. H. Beck. Geb. in Leinw. n. 5. —

— Krankenversicherungsgesetz, s.: Pilotz, Rob., Arbeiterversicherungsgesetze.

—— Lesebuch der Weltgeschichte oder die Geschichte der Menschheit von ihrem Anfange bis auf die neueste Zeit, allgemeinfaßlich erzählt. 1. Bd. 12. (III und 451 S.) Calw 860. Stuttgart, J. F. Steinkopf. *

Redenbacher, Wilh., Lesebuch der Weltgeschichte oder die Geschichte der Menschheit von ihrem Anfange bis auf die neueste Zeit, allgemeinfaßlich erzählt. 2. Bd. 12. (VII und 515 S.) Calw 863. Stuttgart, J. F. Steinkopf. *

—— dass. — 3. Bd. Von der Reformation bis auf die neueste Zeit. 12. (VI und 738 S.) Ebendas. 866. *
1. Bd. Ebendas. 1860. * 10 Ngr.

—— Lesebuch der Weltgeschichte oder die Geschichte der Menschheit von ihrem Anfange bis auf die neueste Zeit allgemeinfaßl. erzählt. 4 Bde. 8. Calw. (Stuttgart, J. F. Steinkopf.) *
Inhalt:
Bd. 1. 3. Aufl. (IV, 418 S.) 873. *M 1,30.
„ 2. 2. Aufl. 1870. *M 1,20., und 3. Aufl. (VI, 490 S.) 874. *M 1,35.
„ 3. Von der Reformation bis auf die neueste Zeit. 2. Aufl. (VI, 688 S.) 874. *M 1,90.
„ 4. Die Geschichte der neuesten Zeit. 1815—1872. (VI, 361 S.) 872. *M 1,30.

— Lesebuch der Weltgeschichte od. die Geschichte der Menschheit von ihrem Anfange bis auf die neueste Zeit allgemeinfaßlich erzählt. 1—4. Bd. 8. Calw 872—75. Stuttgart, J. F. Steinkopf in Comm. n. 5. 85
1. 3. Aufl. (IV, 418 S.) n. 1. 30. — 2. 3. Aufl. (VI, 490 S.) n. 1. 35. — 3. 2. Aufl. (VI, 688 S.) n. 1. 90. — 4. (VI, 361 S.) n. 1. 30.

—— Lesebuch der Weltgeschichte oder die Geschichte der Menschheit von ihrem Anfange bis auf die neueste Zeit allgemeinfaßl. erzählt. 1., 3. und 4. Bd. 8. Calw, Vereinsbuchh. * 4 80
geb. * 7 5
Inhalt:
Bd. 1. Die Zeit vor Christus. 4. Aufl. (IV, 408 S.) 879. *M 1,40.; geb. *M 2,15.
„ 3. Von der Reformation bis zum J. 1815. 3. Aufl. (IV, 640 S.) 879. *M 2.; geb. *M 2,75.
„ 4. Geschichte der neuesten Zeit von 1815 bis 1877 (von H. Gundert). 2. Aufl. (VI, 354 S.) 878. *M 1,40.; geb. *M 2,15.
2. Bd. Ebendas. 1874. *M 1,40.; geb. *M 2,15. Compl. *M 6,20.; geb. *M 9,20.

— dasselbe. Mit vielen (Holzschn.-)Illustr. u. 2 Karten. (8 Lfgn.) gr. 8. (1038 S.) Ebend. 880. à n. 1. —; cplt. geb. in Hblwd. n.n. 9. 20; in Hlbfz. n.n. 10. —; in Kalbldr. n.n. 12. —

— dasselbe. Mit 336 (Holzschn.-)Illustr. u. 2 Karten. 2. Aufl. (In 8 Lfgn.) 1. Lfg. gr. 8. (128 S.) Ebend. 882. n. 1. —

— Lesebuch der Weltgeschichte od. die Geschichte der Menschheit von ihrem Anfange bis auf die neueste Zeit, allgemein faßlich erzählt. 3., verb. Aufl. der illustr. Ausg. 8 Lfgn. Lex.-8. (1022 S.) Calw u. Stuttgart 891. Vereinsbuchhandlg. à n. 1. — (cplt.: n. 8. —; geb. n.n. 10. —)

—— das Lichtfreundthum, dem lieben evang. Volke freundschaftlich an's Licht gestellt. 1. u. 2. Abdr. 8. (à 3½ B.) Dresden 846, 47, Naumann.

Redenbacher. Dr. Martin Luther, od. kurze Reformations-Geschichte. Zunächst f. die liebe evangel. Schuljugend, dann dem lieben Bürger u. Landmann. 17. Aufl. 12. (32 S. m. 12 Illustr.) Nürnb. 892, Raw. * — 30

— s. a. Luther, Dr. Martin, od. kurze Reformations-Geschichte.

— der Maronite. Eine Erzählung auf geschichtl. Grundlage. Greiz 855. Henning. 8. (191 S.) n. 12 ngr.

—— die Raubmörderin, s. Hausbibliothek.

— kurze Reformationsgeschichte, erzählt für Schüler und Familien. Herausg. von dem Calwer Verlagsverein. Mit Abbildgn. (Holzschn.). Calw 856. — Stuttgart, J. F. Steinkopf in Comm. 12. (3 Bl., 142 S. u. 1 Portr. in Holzschn.) n. 5 ngr.

Redenbacher, W[ilhelm]. Kurze Reformations-Geschichte erzählt für Schulen und Familien. Hrg. von dem Calwer Verlagsverein. Neue vermehrte Aufl. Mit 33 Holzschnitten. 8. Calw & Stuttgart 1883.

— kurze Reformations-Geschichte, erzählt f. Schulen u. Familien. Neue Aufl. m. 33 Illustr. 175. Tausend. gr. 8. (80 S.) Calw 884. Vereinsbuchh. n.n. — 50

Redenbacher, W., kurze Reformations-Geschichte, erzählt f. Schulen u. Familien. Hrsg. v. d. Calwer Verlagsverein. 13., verm. Aufl. gr. 8. (80 S. m. 33 Holzschn.) Calw u. Stuttgart 896. Vereinsbuchh. n. — 50

—— des engl. Kapitäns Kook berühmte drei Reisen um die Welt. Für die liebe Jugend wieder ans Licht gestellt. 3 Thle. gr. 16. Nürnberg, Raw'sche Buchh. [1. (VIII und 84 S. mit 3 Stahlst.) 847., 2. (VI und 111 S. mit 2 Stahlst.) 849., 3. (VI und 114 S.) 850. à Thl. 10 Ngr.]

— des englischen Kapitäns Kook berühmte drei Reisen um die Welt. Für die liebe Jugend wieder ans Licht gestellt. 3 Thle. gr. 16. (1: VIII u. 84 S. m. 3 Stahlst. 2: VI u. 111 S. m. 1 Stahlst. 3: VI u. 114 S. m. 2 Stahlst.) Nürnberg 847. 49, Raw. (à 1/3 ₰) 1 ₰ — 1. Thl. 2. Aufl. gr. 16. (VIII u. 84 S. m. 1 Stahlst.) Ebd. 852. 1/3 ₰

— des englischen Kapitäns Kook berühmte drei Reisen um die Welt. Für die liebe Jugend wieder ans Licht gestellt. 2. u. 3. Thl. Mit 4 Stahlradirungen. 2. Aufl. Nürnberg 854. Raw. 16. (VI, 111 S.; IV, 114 S.) Jedes Bdchn. n. 10 ngr; 1—3.: n. 24 ngr.

—— des englischen Kapitäns Kook berühmte drei Reisen um die Welt. Für die liebe Jugend wieder an's Licht gestellt. 3 Thle. in 1 Bde. 3. (Titel-)Aufl. gr. 16. (XVI und 309 S. mit 7 Stahlradirungen.) Nürnberg (852. 54)60, Raw'sche Buchh. *

— des englischen Kapitäns Kook berühmte 3 Reisen um die Welt. Für die liebe Jugend wieder ans Licht gestellt. Mit 6 Orig.-Radirgn. (in Stahlst.) 5. Aufl. gr. 16. (VIII, 308 S.) Stuttgart 874. Hofmann & Hohl. 2. 70

— des engl. Kapitäns Cook berühmte Reisen um die Welt. Für die Jugend. 6. Aufl. 12. (VIII, 312 S. m. 6 Stahlst.) Eßlingen 880. Schreiber. geb. n. 2. —

— des englischen Kapitäns Cook berühmte drei Reisen um die Welt. Für die Jugend. 7. Aufl. 8. (VIII, 218 S). m. Illustr.) Eßlingen 886. Schreiber. geb. n. 2. —

Redenbacher, W., d. englischen Kapitäns Cook berühmte drei Reisen um die Welt. Für die Jugend. 8. Aufl. 8. (VIII, 216 S. m. Abbildgn.) Eßlingen 890. J. F. Schreiber. cart. n. 2. —

Redenbacher, Wilh., des englischen Kapitäns Cook berühmte 3 Reisen um die Welt. Für die Jugend. 9. Aufl. 8. (VIII, 218 S. m. Abbildgn. u. Titelbild.) Eßlingen (901). J. F. Schreiber. Kart. n. 2. —

— die Salzburgerin, s. Volksbibliothek, neueste.

— die Salzburgerin. Eine Erzählung auf geschichtlichem Grunde. Mit 2 (lith.) Bildern. 2. Aufl. Bern 867. Mann & Baeschlin. 8. (174 S.) cart. 6 ngr.

— die Salzburgerin. Eine Erzählg. auf geschichtl. Grunde. Mit 2 Bildern (Holzschn.) 3. Aufl. gr. 16. (185 S.) Bern 874. Mann & Baeschlin. cart. n. 1. —

— die Salzburgerin. Eine Erzählung auf geschichtl. Grunde. Mit einem (Holzschn.-)Bilde. 4. Aufl. 8. (192 S.) Basel 881. Spittler. cart. n. 1. 20

—— die Salzburgerin. Eine Erzählung auf geschichtlichem Grunde. 5. Aufl. 8. (196 S. mit 1 Holzschn.) Basel 887, Spittler. cart. *

**Redenbacher, Wilh.** Die Salzburgerin. Eine Erzählg. M. e. Bilde. 6. Aufl. Kl. in-8°. 212 S. Basel, P. Kober. 1898. 1 —; Lwd. 1 50

— Simon von Kana. Vortrag an der Synode der Diöcese Pyrbaum 1842. gr. 8. Nürnberg 842. (Raw'sche B.) 1/12 ß

— der Smaragd, siehe: Volksbibliothek, neueste, Jahrg. 1852. 3. Hft.

— der Smaragd. Eine Erzählung. Mit 1 (lith.) Bilde. 2. Aufl. Ebend. 868. 8. (112 S. mit 1 Holzschntaf.) cart. 6 ngr.

— Volks- u. Jugendschriften. Gesammtausg. 1—6. Bd. 16. Schweinfurt 871—75. Giegler in Comm. n. 10.—
1. (VII, 354 S.) n. 1. 50. — 2. (IV, 325 S.) n. 1. 40. — 3. (314 S.) n. 1. 40. — 4. (320 S.) n. 1. 70. — 5. (320 S.) n. 2. — 6. (VI, 257 S.) n. 2. —

—— Wahrheit in Liebe. Synodal-Vortrag. Zum Theil skizzirt. gr. 8. (1¾ B.) Nürnberg 842, Raw'sche Buchh.

— s. Walch, Jh. Geo., die gottgefällige Vorbereitung auf die Predigt.

—— geschichtliche Zeugnisse f. den Glauben, zum Frommen des lieben evangel. Volkes zusammengetragen. 8. (6¼ B. u. Ttlbld.) Dresden 846, Naumann. *

— geschichtliche Zeugnisse f. den Glauben, zum Frommen des lieben evangel. Volkes zusammengetragen. 8. (IV u. 96 S. m. 1 Lith.) Dresden 847, Naumann. n. 4 ngr — 1. Bd. 2. Aufl. u. 2. Bd. 8. (1: IV u. 96 S. m. 1 Lith. 2: 118 S. m. 1 Lith.) Ebd. 850. (à n. 1/6 ß) n. 1/3 ß

—— geschichtliche Zeugnisse für den Glauben, zum Frommen des lieben evangelischen Volkes zusammengetragen. 1. Bdchn. 3. Aufl. 8. (IV und 96 S. mit 1 Stnt.) Leipzig und Dresden 858, Naumann. *

— geschichtliche Zeugnisse für den Glauben, zum Frommen des lieben evangelischen Volkes zusammengetragen. 2. Bdchn. Ebend. 869. 8. (114 S. mit 1 Steintaf.) cart. n. 7 ngr.

**Redenhall, E.**, der Präsident, s.: Novellen-Bibliothek, criminalistische.

**Redensarten, Königsberger.** Königsberg [ca. 1900]. V: *Behrendt, C.* (Berl)

**Redensarten**, lateinische. Zusammengestellt von Spiritus lenis. gr. 8. (16 S.) Augsburg 878, Kranzfelder'sche Buchh. * — 50

**Redensarten**, russisch-deutsche allgemein nöthige, u. Gespräche, mit e. deutsch-russisch- u. russisch-deutschen Vocabulario d. allgemein nöthigen Wörter, 8. Leipzig, Hinrichs. 814.

**Redensarten**, russisch-deutsche allgemein nöthige, u. Gespräche, mit e. deutsch-russischen u. russisch-deutschen Vocabulario d. allgemein nöthigen Wörter. 8. Leipz. 824. Hinrichs; (a. Arnold in Dresd.) 6 gr.

**Redenz, Paul** [Apotheker aus Bernburg (Anhalt)]: Ueber das Antimonpentafluorid und einige Doppelsalze mit organischen Basen. Freiburg (Schweiz) 1897. 40 p. 8°.
Freiburg. Mathem.-naturw. Diss. 1897/98.

**Redepenning**, Ernst Rudolf: Commentarius in locos Veteris Testamenti Messianos. Particula I–IV. [Universitätsschriften.] Gottingae 1840. 1843. 1845. 1847. 4°

**Redepenning, Er. Rud.**, Origenes. Eine Darstellung seines Lebens und seiner Lehre. 2 Abtheil. gr. 8. Bonn 841, 46, Weber. 4 2/3 ß

**Redepenning**, Er. Rud., s. **Origines** de Principiis.

**Redepenning**, Rede am Grabe des Consistorialrathes und Prof. Dr. Joh. Carl Ludwig Gieseler am 11. Juli 1854 gehalten. Göttingen 854. Vandenhoeck u. Ruprecht. 8. (12 S.) n. 2 ngr.

**Redepenning**, Ernestus Rudolphus, ordinis theol. evang. in universitate Frid. Wilh. Rhenana repetens <geb. im Mai 1810 in Stettin>: Theses theologicae controversae ... ad obtinendum licentiati S. theologiae gradum ... Bonnae, typ. C. Georgii 1832. VIII S. 4.
Bonn, Ev.-theol. Fak., Thes. v. 18 Juni 1832

**Redepenning, Ernst Rud.**, Umrisse u. Bestandtheile einer kirchl. Lehrordnung nach den Grundsätzen der Bekenntnißurkunden der evangel. Kirche in Deutschland. Ein Beitrag zur innern Einigung der Kirche des Evangeliums, in Folge der „Vorschläge zu einer Kirchenordnung f. das protest. Deutschland." gr. 8. (XII u. 116 S.) Göttingen 849, Dieterich. n. 2/3 ß

—— Vorschläge und leitende Gedanken zu einer Kirchenordnung für das protestant. Deutschland auf Grundlage der Geschichte und der Zustände der Gegenwart. An Mitglieder der bevorsteh. evangel. Synoden, vornehml. die Laien unter ihnen, und Alle, die in den Fragen über Lehre, Verfassung und Gottesdienst unserer Kirche Verständigung in Liebe suchen. gr. 8. (120 S.) Göttingen 848, Dieterichsche Buchh. *

— Vorschläge u. leitende Gedanken zu einer Kirchenordnung f. das protestant. Deutschland auf Grundlage der Geschichte u. der Zustände der Gegenwart. An Mitglieder der bevorstehenden evangel. Synoden, vornehml. die Laien unter ihnen, u. Alle, die in den Fragen über Lehre, Verfassung u. Gottesdienst unserer Kirche Verständigung in Liebe suchen. gr. 8. (120 S.) Ebd. 849. n. 2/3 ß

— christliche Wahrheiten f. unsere Zeit. Predigten, im academ. Gottesdienste zu Göttingen gehalten. gr. 8. (X u. 216 S.) Ebd. 850. n. 5/6 ß

— was ist Wahrheit? Gedächtnißpredigt auf das Dahinscheiden des verewigten Geh. Justizrathes Fr. Bergmann gehalt. am 5. Fastensonnt. gr. 8. Göttingen 846, Dieterich. n. 1/12 ß

**Redepenning**, Ernst Rud., Wissen und Glauben, ihr Zwiespalt zu unserer Zeit und der Weg ihrer Aussöhnung. Ein Vortrag, im wissenschaftlichen Verein zu Nordhausen gehalten am 8. Febr. 1860. Nordhausen, Förstemann. gr. 8. (15 S.) 3 ngr.

**Redepenning**, Hermann, a. Berlin: Syntaktische Kapitel aus der „Ancren Riwle". Berlin 1906: C. Ringer u. Sohn <C. Redepenning>. (IV, 199 S.) 8°
Rostock, Phil. Fak., Ref. Lindner, Diss. v. 2. April 1906
[Geb. 19. Dez. 77 Berlin; Wohnort: Berlin; Staatsangeh.: Preußen; Vorbildung: Kgl. Kaiser-Wilhelms-Gymn. Berlin bis O. 98; Studium: Berlin 9 S.; Rig. 30. März 06.]

**Redepenning,** Rudolf, Medizinalpraktikant a. Wiedensahl: Aus d. psychiatr. u. Nervenklinik d. Univ. Göttingen (Direktor: Geh. Med.-Rat Prof. Dr. Cramer). Der geistige Besitzstand von sogenannten Dementen. Berlin: S. Karger 1908. (22 S.) 8° ¶ (Aus: Monatsschrift f. Psychiatrie u. Neurologie Bd 23.)

Göttingen, Med. Fak., Ref. Cramer, Diss. v. 1. Juni 1908

[Geb. 4. Juli 83 Wiedensahl, Kr. Stolzenau; Wohnort: Wiedensahl; Staatsangeh.: Preußen; Vorbildung: Gymn. Goslar Reife O. 99; Studium: Göttingen 4, Bonn 1, Berlin 3, Halle a S.; Coll. 21. Nov. 07; Approb. 1. Juni 08.]

Redepenning, Wilh., über den Einfluß der aristotelischen Ethik auf die Moral des Thomas v. Aquino. Inaugural-Dissertation. gr. 8. (31 S.) Goslar 875. (Jena, Deistung's Buchh.) * — 40

Reder, A., Beitrag z. Sophistik d. Griechen. Hab. 1847. 88 S. 2.—

**Reder, A. v., im alldeutschen Reich! Eine Zukunftsstudie.** gr. 8. (23 S.) Berlin 901. Thormann & Goetsch. n. —50

**Reder, A. v.,** über die wahren Ursachen des Verlustes v. Oesterreichs Stellung in Deutschland. gr. 8. (35 S.) Zürich 900. C. Schmidt. n. — 60

**Reder, A., d. Zweikampf im deutschen Reichstage 1896.** gr. 8. (22 S.) München 896. P. Zipperer. n. — 40

Reder, A. A., de oleo jecoris aselli. Dissertat. inaug. 8maj. (1½ B. u. 1 Tab.) Rostochii 826, Stiller.

Reder, Albert

**Reder, A.,** Die Hundswut. Lyssa. Heft 10 der „Deutschen Chirurgie" von Billroth und Lücke. gr. 8. Stuttgart 879. Enke. M. 1.20

**Reder,** A., die Hundswuth, s. a. Chirurgie, deutsche.

**Reder,** Alb., Pathologie und Therapie der venerischen Krankheiten. Wien 863. Sallmayer & Co. 8. (VIII, 343 S.) n. 2 Thlr

**Reder,** Alb., Pathologie u. Therapie der venerischen Krankheiten. 2., verm. u. veränd. Aufl. Wien 868. Sallmayer & Co. 8. (VIII, 386 S.) n. 2 Thlr 10 ngr.

**Reder,** Ant., einige Betrachtungen über den Geist des in der constitutionellen Monarchie herrschenden Repräsentativ-Systems. gr. 8. (VIII u. 51 S.) Augsburg 852, Schmid. 6 ngr.

**Reder,** Berth., s.: Jahrbuch f. Militär-Ärzte.

**Reder, Christian Friedrich,** De Nicolao diacono, haereseos Nicolaitarum non auctore, de quo Lucas act. VI, 5. mentionem fecit. Leipzig (J. Chr. Langenheim) 25. XI. 1736. 16 S. (4.—) 27864
Gratulationsschrift für Carl Friedrich Pezoldt.

**PAUL,** Friedr. (d. i. *E. Reder*), Die Töchter des Verurteilten oder Pariser Geheimnisse. Berlin, o. J. (vor 1890). Gr. 8°. (4 Kr., Hldrbd., Halm & Goldmann, 1904.)
Weller, Lex. Ps.

**Reder, Frdr., u. Thdr. Hofferichter, Deutsche Lieder, siehe: Hofferichter, Thdr.**

Reder, H., und C. W. v. Neumann, Soldatenlieder, s. Soldatenlieder.

**Reder, Heinr. v. Antwort auf Maximilian Schmidt's „Jämmerlichkeiten in der Münchener Schriftstellerwelt".** gr. 8. (69 S. m. 1 Taf. Abbildgn.) Münch. 891, Münchener Handelsdruckerei u. Verlagsanstalt. * — 50

**Reder, Heinr.,** der Bayerwald. Mit 1 (lith. u. color.) Karte (in Fol.). Regensburg 861. Pustet. 8. (XV, 254 S. u. 15 Holzschntaf.) n. 1 Thlr 10 ngr.

**— rothes u. blaues Blut.** (Werner, der Falkonier. Die Fischerrosel.) 8. (VII, 113 S. m. Titelbild) München 893. Dr. E. Albert & Co., Sep.-Cto. n. 2. —; geb. n. 3. —

Heinrich v. **Reder.** Rothes und blaues Blut. Mit 1 Ill. 2. Aufl. München: Albert [um 1893]. VII, 113 S. 8° A 12.1065

**Reder, Heinr. v., Feder-Zeichnungen aus Wald und Hochland.** 1. und 2. Aufl. 8. (XII, 227 S.) München 885, Heinrichs. geb. **

— Gedichte. Memmingen 859. Besemfelder. 16. (XIV, 384 S.) 1 Thlr 5 ngr.

Heinrich v. **Reder.** Gedichte. Hrsg. u. eingeleitet von Artur Kutscher. München: Die Lese 1910. 128 S. 8°
(Die Bücher d. Lese. [1.]) A 12.11056

**Reder,** Heinr. v., Gedichte, s. a. Bücher, die, der Lese.

— Wotan's Heer. Eine Märe aus dem Odenwald. 8. (IV, 330 S.) Dresd. 892, Pierson. * 5 —; geb. * 6 —

(8) Wotan's Heer. 892. (KBL 28.) Jetzt: Berlin, Verlag Berlin-Wien.

**— lyrisches Skizzenbuch.** 8. (XV, 223 S.) Ebd. 893. n. 4. —; geb. n. 5. —

**Reder, Heinr. v., mein Wanderbuch.** 8. (VIII, 231 S.) München 895. M. Wohlfart. n. 3. —; geb. n. 4. —

(9) Mein Wanderbuch. 895. (KBL 30.) Jetzt: München, J. Klüber's Nachf. Erm. Pr. 2.—; geb. 2.50

**Reder,** Ignaz, s. Arbeit u. Lohn.

– s. Lohn u. Dank.

**Reder, Ign.,** († d. 30. Aug. 1796.) der Gaßnerische Teufel unter d. Handgriffen eines geistl. Arztes u. Freidenkers. 8. Eisenach 777. (Wärike). 4 gr.

**Reder, Ign.,** der gaßnerische Teufel &c. 8. Eisenach, Wittekind. 777.

– s. Tod, Der, in Töpfen.

**REDER,** Johann Baptist (Mellerichstadt): Observationes de mandibulae morbis. (Titel nach der Urkunde)
18.8.1853 – Urk; F 68
Diss. Ingolst.-Landsh.-Mchn.

**Reder, Caroline v., die Ettinghofens. Ein Familiengemälde.** 2 Bde. 8. (485 S.) Nordhausen 856(57.) Büchting.

**Reder,** Caroline v., die Ettingshofens. Ein Familiengemälde. 2 Bde. Nordhausen 857. Büchting. 8. (251; 234 S.) 2 Thlr 20 ngr.

**Reder,** Caroline v., die Ettingshofens. Ein Familiengemälde. 2 Bde. 2. (Titel-)Aufl. Nordhausen (857) 868. Büchting. gr. 8. (485 S.) 1 Thlr 10 ngr.

**v. Reder,** Caroline, zwei Jesuiten. 3 Bde. 8. (279. 266 u. 284 S.) Berlin 848, Schneider & Co. 2¾ Thlr

Reder, Caroline v., aus dem Leben eines Hagestolzen. Ein Roman. 2 Bde. Nordhausen 860. Büchting. 8. (595 S.) 2 ₰ 20 ngr.

(v. Reder, Mt.): Das peinl. Recht nach den neuesten Grundsätzen abgehandelt, nebst Gedanken üb. den Entwurf zu ein. neuen peinl. Gesetzbuchs. 4 Thle. *Offenbach*, Brede. 783—85. (4 Thl.)

Reder, Matth., s. Euclids Elemente, die ersten 6 Bücher.

Redern, Ernst von

Redern, E. v., Bismarck 1888—1898. Nach authent. Quellen. Mit dem Portr. des Fürsten nach Fr. v. Lenbach. gr. 8. (VII, 338 S.) Berlin 899. H. Eichblatt. Geb. in Leinw. n. 6.—

Redern, Ernst v., Kaiser Wilhelm II. u. seine Leute. 8. (V, 274 S.) Berlin 891. H. Steinitz' Verl. n. 3.—
Die 2. Aufl. s.: Wilhelm II., Kaiser, u. seine Leute.

Redern, H. v., zur Geschichte der Familie v. der Marwitz. Regesten, Stammtaf. und andere Materialien. gr. 8. (148 S.) Berlin 879, C. Heymann's Verlag. * 5 —

— s.: Wehr- u. Waffe-Kalender.

Redern, Hedwig von

Alles neu. Erzählung von H. v. R[edern]. *Berlin: Deutsche Ev. Buch- u. Tract.-Ges. [1899].* (72 S.) 8° [F.] [00. 3995

Redern, H. v. (H. v. R.), Andreas Graf v. Bernstorff. Ein Lebensbild nach seinen Briefen u. persönl. Aufzeichngn. 1.—3. Aufl. (VII, 274 S. m. 9 Taf.) 8. Schwerin 909. F. Bahn. 3.80; geb. in Leinw. 4.80

Berufen. Erzählung aus d. Gemeinschaftsleben von H[edwig] v. R[edern]. *Berlin: Deutsche Ev. Buch- u. Tract.-Ges. [1902].* (60 S.) 8° [F.] [03. 10738

Redern, H. v. (H. v. R.), s.: Bibelwinke, kurze, für das Alte Testament.

Bis daß er's findet! Eine Weihnachtserzählung von H[edwig] v. Redern. *Berlin: Vorstände-Verband d. Ev. Jungfrauen-Vereine 1903.* (27 S.) 8° [F.]
— Weihnachten. 3. [04. 1383

— bis daß Er kommt! 12 (farb.) Sprüche üb. d. Zukunft d. Herrn. (2. Aufl.) qu. 16. Berlin 897. Deutsche evang. Buch- u. Tractat-Gesellschaft. In Umschlag n. 1.—

Fliegende Boten. 20 Briefblätter von H[edwig] v. R[edern]. Berlin: Deutsche Evang. Buch- u. Traktatgesellsch. [1905]. (20 Bl.) 8° [Umschlagt. F.] [06. 6008

[F.] Daniel und seine Freunde. E. Jungensgesch. v. H. v. R[edern]. *Berlin: Deutsche Evang. Buch- u. Tractat-Ges. 1898.* (24 S.) 1 Bd 8. [99. 119

[F.] Auf dem Eckhof. Von H. v. R[edern]. *Berlin: Deutsche Ev. Buch- u. Tractat-Ges. 1895.* (1 Bl., 66 S.) 1 Bd 8. [98. 4869

[Umschlagt.:] [F.] Einer von Vielen. E. Gesch. aus d. Leben. Von H. v. R[edern]. *Berlin: Deutsche Ev. Buch- u. Tractat-Ges. 1895.* (64 S.) 1 Bd 8. [98. 4870

Das Enkelkind. Erzählung von H[edwig] v. R[edern]. *Berlin: Deutsche Ev. Buch- u. Tractat-Ges. 1901.* (33 S.) 8° [F.]
— Weihnachten. 4. [04. 5174

Der Erbe. Eine Erzählung von H[edwig] v. R[edern]. *Berlin: Ev. Buch- u. Tractat-Ges. [1901].* (11 S.) 8° [F.]
— Weihnachten. 9. [04. 5177

[Umschlagt.:] [F.] Fäden in Gottes Hand. Von H. v. R[edern]. *Berlin: Deutsche Ev. Buch- u. Tractat-Ges. 1895.* (55 S.) 1 Bd 8. [98. 5133

Die Freudenbüchse. Erzählung von H[edwig] v. Redern. L[engerich i. W.]: B[ischof] & K[lein 1903]. (16 S.) 8° [Umschlagt. F.]
— Höhen, Aus lichten. No 10. [06. 3986

— die Freudenbüchse, s. a. Aus lichten Höhen. Nr. 10.

Frieden die Fülle. Von H[edwig] v. R[edern]. *(Berlin: Deutsche Ev. Buch- u. Tractatges.) [1903].* (16 S.) 8° [F.]
— Für Dich! No 27. [03. 11798

'Bruder Fritz'. Ein Lebensbild nach eigenen Aufzeichnungen d. Entschlafenen ⟨Fritz Oetzbach⟩. Hrsg. von H[edwig] v. Redern. 4. Aufl. Barmen: E. Müller 1910. V, 128 S. 8° [11. 128

s. a. Fritz, Bruder.

— Die Geschichte e. Seele. Leben, Leiden u. Lehren v Jeanne M. B. de la Mothe Guyon. Zusammengefaßt f. unsere Tage. 1. u. 2. Aufl. (VIII, 184 S. m. 2 Bildn.) 8. Schwerin 908. 11. F. Bahn. 2.50; geb. 3.—

— s.: Gieb's weiter.

[Umschlagt.:] [F.] Die Glückskrone. E. Erzählg v. H. v. R[edern]. *Berlin: Deutsche Ev. Buch- u. Tractat-Ges. 1898.* (40 S.) 1 Bd 8. [98. 4871

— die Gret', s.: Aus lichten Höhen. Nr. 25.

Halleluja! Neue schlichte Lieder. Von H[edwig] v. R[edern]. Neumünster Ihloff [1910]. 56 S. 8° [11. 5087

[F.] An JEsu Hand. Fünf Erzählgn v. H. v. R[edern]. M. 1 Titelb. *Berlin: Deutsche Ev. Buch- u. Tract.-Ges. 1896.* (156 S., 1 Bl., 1 Taf.) 1 Bd 8. [97. 6718

Redern, H. v., s. a. An JEsu Hand.

Hosianna! Fest- u. Reichs-Lieder. Von H[edwig] v. R[edern]. Neumünster: Ihloff [1910]. 68 S. 8° [11. 5086

Glückliche Kinder. Von H[edwig] v. R[edern]. Striegau: Th. Urban [1907]. (64 S.) 8° [F.] [07. 11406

[F.] Thedis blanker Knopf. Vom Vf. d. 'Verlorenen Söhne'. Autoris. Übs. v. H. v. R[edern]. M. 1 Titelb. ... *Berlin: Deutsche Evangel. Buch- u. Tractat-Ges. 1898.* (1 Bl., 116 S., 1 Taf.) 1 Bd 8. [99. 1767

— Königskinder. (95 S. m. Abbild.) 8. Gotha 907. Missionsbuchh. P. Ott. —80; kart. 1.—

— Heilig Kreuz. (Heilig Kreuz. — Gold.) (99 S.) 8. Lengerich 904. Bischof & Klein. Kart. n. —80; geb. in Leinw. n. 1.25

Aus dem Leben eines Dichters. Von H. v. Redern. *Lengerich i. W.: Bischof & Klein [1903].* (74 S.) 8° [F.] [04. 11406

— aus dem Leben e. Dichters. (Karl Johann Philipp Spitta) (74 S. m. 1 Bildnis.) 8. Ebd. (905). Kart. n. —60

Neun Lieder zu bekannten Melodien von H[edwig] v. R[edern]. *Berlin: Deutsche Ev. Buch- u. Tract. Ges. [1900].* (11 S.) 8° [Umschlagt. F.] [02. 7435

Schlichte Lieder für schlichte Leute. Von H[edwig] v. R[edern]. [Bd 1 &] 2. Folge. *Berlin: Deutsche Ev. Buch- u. Tract.-Ges. 1891-1901.* 2 Bde 8° [F.] [02. 7123

Schlichte Lieder für schlichte Leute. Von H[edwig] v. R[edern]. 2. Aufl. Bd 1. *Berlin: Deutsche Ev. Buch- u. Tract.-Ges. 1901.* 8° [F.] [02. 7124

— s.a. Lieder, schlichte.

Lobt froh den Herrn. (92 S. m. Abb.) 8. Ebd. 907. — 80; kart. 1. —

[F.] Mar-Lies und ihr Glück. E. Erzählg v. H. v. R[edern]. *Berlin: Verl. d. Deutschen Evangel. Buch u. Tractat Ges. 1899.* (48 S.) 1 Bd 8. [99. 4268

Heilige Nacht. Erzählung von H[edwig] v. R[edern]. *Berlin: Deutsche Ev. Buch- u. Tractat-Ges. [1901].* (53 S.) 8° [F.]
= Weihnachten. 0. 7. [04. 5175

Ein barmherziger Samariter. Erzählung von H[edwig] v. **Redern**. L[engerich i. W.]: B[ischof] & K[lein 1903]. (16 S.) 8° [Umschlagt. F.]
= Höhen, Aus lichten. No 13. [06. 3089

— ein barmherziger Samariter, s.a. Aus lichten Höhen. Nr. 13.

R[edern], H[edwig] von: Im Schaufenster. E. Erzählg. Berlin: Deutsche Evangel. Buch- u. Tractat-Ges. 1898. (63 S.) 8°
= Dich, Für. No 13.

[F.] Verlorene Söhne. Autoris. Übs. v. H. v. R[edern]. M. 3 Bildern. *Berlin: Deutsche Ev. Buch- u. Tractat-Ges. [1898?].* (1 Bl., 92 S., 1 Taf.) 1 Bd 8. [98. 4872

— ein Streiter Jesu Christi. Franz v. Assisi's Leben im Lichte v. Zeit u. Ewigkeit. (VIII, 208 S. m. 2 Taf.) 8. Schwerin 906. F. Bahn. n. 2. 50; geb. n. 3. —

Ströme Gottes. Aus d. Leben von Gustav Knak. Von H[edwig] v. R[edern]. (Vorr.: A[ndreas] Graf Bernstorff.) Berlin: Deutsche Ev. Buch- u. Traktat-Gesellsch. [1906]. (100 S.) 8° [F.] [07. 8476

— s.a. Ströme Gottes.

Aus dem Tagebuch. Von H[edwig] v. R[edern]. *Berlin: Deutsche Ev. Buch- u. Tractat.-Ges. [1903].* (39 S.) 8° [F.]
= Für Dich! No 29. [03. 11800

Ton und Eisen. Ein Spiegelbild von H[edwig] v. R[edern]. Berlin: Deutsche Evang. Buch- u. Traktat-Gesellsch. [1904]. (52 S.) 8° [F.] [06. 6609

— s.a. Ton u. Eisen.

Gewisse Tritte. Erzählung von H[edwig] v. R[edern]. Berlin: Deutsche Ev. Buch- u. Trakt.-Gesellsch. [1905]. (124 S.) 8° [F.] [07. 13483

s.: Tropien, der, Del.

Auf Umwegen. Eine Erzählung von H[edwig] v. R[edern]. *Berlin: Deutsche Ev. Buch- u. Tract.-Ges. 1902.* (96 S.) 8° [F.] [03. 10773

— Was sagt die Bibel? (Einschreibbuch.) (32 S. m. Abbild.) gr. 8. Dinglingen (909). St. Johannis-Druckerei. — 50

[F.] Weg' hat Er allerwegen. Fünf Erzählgn v. H. v. R[edern]. *Berlin: Deutsche Ev. Buch- u. Tractat-Ges. 1898.* (2 Bl., 122 S., 1 Bl.) 1 Bd 8. [98. 4873

— s.a. Weg' hat Er allerwegen.

Auf dem Wege zur Herrlichkeit. (Aus d. Leben eines Kindes Gottes.) Mitgetheilt von H. v. R[edern]. *Berlin: Deutsche Ev. Buch- u. Tractat-Ges. 1897.* (24 S.) 8° [F.]
= Für Dich! No 9. [00. 12214

— ein Werkzeug in Gottes Hand. Evangelische Züge aus dem Leben e. kathol. Heiligen (Katharina v. Siena.) Bevorwortet von Andreas Graf v. Bernstorff. Mit Titelbild nach dem Freskogemälde v. A. Franchi. 8. (VIII, 159 S.) Schwerin 901. F. Bahn. n. 1. 80; geb. n. 2. 50

— ein Werkzeug in Gottes Hand. Katharina v. Siena's Leben im Lichte von Zeit u. Ewigkeit. Bevorwortet von Andr. Graf v. Bernstorff. Mit Titelbild nach dem Freskogemälde von A. Franchi. 2. Aufl. (VIII, 159 S) 8. Schwerin 907. F. Bahn. n. 1. 80; geb. n. 2. 50

s.: Zeit u. Ewigkeit.

— s.: Ziele, hohe.

Zufall? Erzählung von H[edwig] v. R[edern]. *Berlin: Ev. Buch- u. Tractat-Ges. [1901].* (8 S.) 8° [F.]
= Weihnachten. 10, [1.] [04. 5178

Redern, Konrad von

Redern, v., Aufgaben üb. Geländebeurteilung u. Planzeichnen nach der Karte auf Grund e. takt. Lage. Mit Zeichngn. (IV, 98 S.) gr. 8. Berlin 908. Liebel. 2. 50

**Redern**, Nickl. Sigism. v.: Lusatia superior diplomatica, Das ist: Ober-Laußnitzische Sammlung, von verschiedenen dieses Marggraffthums betr. auserlesenden ... Kayser- u. Königl. Böhmischen Diplomatibus, Pvivilegien u. andern wichtigen Documenten, von A. C. 1000. biß 1622. [Nebst] Forts. Hirschberg 1724.34.

**Redern, N. S., Lusatia super. diplomatica. II Tmi. 4. Hirschberg, Richter. 724.**

Redern, Richard Freiherr von —. Der 24. April 1854. In tiefster Ehrfurcht gewidmet von — —. 8. (4 Blätter.) Ofen 1854. Gedruckt mit M. Bagó'schen Schriften.

Reders, Norbert

(Reders, Norb.): Apologie aus katholischen Grundsätzen des 7. und 8. Paragraphes des weisen Religionsediktes König Friedrich Wilhelms von Preussen, wider das erste Berlinische Fragment über Aufklärung und wider alle ... Proselvtenmacher. Halberstadt 1790.

**VEREHELICHUNG**, Sonderbare, eines Katholiken .... als unerlaubt .... erwiesen (von *Norbert Reders*). Halberstadt 1785.
Anon.-Lex. IV. p. 284 (nach Meusel u. Kayser). — Rar!

Dass. s. a.: Verehelichungsart, Sonderbare, ...

Rederstorff, Maternus, s.: Franziskus v. Assisi, Schriften.

**Redes**, Axel *Hans* [app. Arzt]: Ueber die Gefahr der Oberlippenfurunkel. '(Aus d. chirurg. Abtheilg d. Kgl. Charité zu Berlin.)' ... Berlin, *Druck v. J. Abel in Greifswald*, 1894; 26 S. 8.
Leipzig, Med. Fak., Inaug.-Diss. v. 19. Apr. 1894

**Redes**, Frz., die wahre Ursache der Vegetabilien-Krankheiten, insbesondere Kartoffelkrankheit. Eine auf langjähr. Beobachtg. gegründete Untersuchg. 8. (47 S.) Berlin 874. Nicolai's Verl. n. 1. 20

**Redes**, Frz., die wahre Ursache der Vegetabilien-Krankheiten, insbesondere der Kartoffelkrankheit. Eine auf langjähr. Beobachtg. gegründete Untersuchg. 2. Aufl. gr. 8. (VIII, 111 S.) Berlin 884. (Nicolai's Verl.) n. 1. 50

**Redesätze,** welche solche Wörter enthalten, die in mehrfacher, in uneigentlicher, in bildlicher und in sprichwörtlicher Bedeutung gewechselt werden. Ein Handbuch für Lehrer . . . Leipzig 1839. V: *Baumgarten, Joh. Chph Frdr.* (Verlags-Kat. von Joh. Ambr. Barth. Leipz. 1880. S. 18.)

**Redetheile,** die, der deutschen Sprache, zur bequemen Uebersetzung in d. untern Klassen, e. Tabelle (v. G. L. Beusler). Fol. Berl. 807. (Henning in Greiz). 2 gr

**Redeteile, Die,** der deutschen Sprache, zur bequemen Übersetzung . . . Berlin 1807. V: *Beuster, Gg Ludw.* (Ky)

Zu einer feyerlichen Red-Uebung [**Redeübung**], da drey Hofnungs-volle Jünglinge . . . in einigen lateinischen und teutschen Reden von unsern Musen Abschied nehmen, (werden) alle Gönner und Freunde der Wissenschaften . . . eingeladen . . . Flensburg. 1761. 4°

**Rede- u. Denkübungen** für Kinder, die im ersten Jahre die Elementarschule besuchen, mit Anwendung auf das sittliche und religiöse Leben. Nach der Pestalozzischen Methode. 8. Ulm 834. Ebner. 1/3 rf

**Redezeichner**, der. Stenographische Zeitschrift für Belehrung u. Unterhaltung aus den Gebieten der Wissenschaft, Kunst, Industrie u. des öffentlichen Lebens. Red.: Fr. Wigard. Jahrg. 1852. Nr. 1—... Juli—Decbr. 4. Dresden, Grimm & Co. n. 12 ngr

**Redezeichner**, der. Stenographische Zeitschrift für Belehrung u. Unterhaltung aus den Gebieten der Wissenschaft, Kunst, Industrie u. des öffentl. Lebens. Redaction u. Handschrift von Frz. Wigard. 1—3. Jahrg. 1854—56. à 8 Nrn. (à ½ lith. Bgn.) Dresden, Schönfeld in Comm. gr. 4. Jeder Jahrg. 20 ngr

**Redhardt**, Willy, s.: Freiland.

(Willy) **Redhardt's** Reiseführer durch das Lahntal. (2. Aufl. Coblenz: Erben 1909.) 80 S. 8°
[Umschlagt.:] Das Lahntal . . . (Redhardt's Reiseführer.)

— Reiseführer durch das Lahntal. (2. Aufl.) (70 S. m. 1 Karte.) kl. 8. Coblenz 909. J. Erben. — 80

**Redhardt's Reiseführer.** Der Rhein u. seine Nebentäler. Neuester Führer. (145 S. m. 5 Taf. u. 2 Karten.) kl. 8. Coblenz 905. (J. Schuth.) n. 1. —

— Reiseführer. Der Rhein u. seine Nebentäler. Neuester Führer. 2. Aufl. (193 S. m. 2 Karten u. 1 Plan.) kl. 8. Coblenz: J. Erben 1908. 1.50

**Redhouse**, J. W., on the History, System, and Varieties of Turkish Poetry. Illustrated by selections in the original, and in English paraphrase, with a notice of the Islamic doctrine of the immortality of woman's soul in the future state. gr. 8. (61 S.) Leipzig 879, O. Schulze. * 2 —

**Redi**, Francesco, Poesie, s.: Bibliotheca romanica (Biblioteca italiana).

**Redjeb,** Tevfik, kais. ottoman. Militärarzt aus Konstantinopel: Über zwei Abnormitäten der Medulla oblongata des Menschen. *Würzburg 1903: H. Stürtz.* (22 S.) 8°
Würzburg, Med. Diss. v. 1903

**Rediger** (Rödiger), Andreas

— Rettung d. Unschuld d. evangel.-reformirten Gemeinde in d. Reichsstadt Worms, gegen die ungleichen Absichten, welche ihr in d. Zeugniß d. Wahrheit d. evangel. Ministerii zu Hamburg aufgebürdet werden sollte. 4. Frankf. 765.

**Rediger, auch Rödiger,** Andr., († 1779.) bestätigte Unschuld d. reform. Kirchen in d. Reichsstadt Worms ꝛc. gegen Göz in Hamburg. 4. Bremen 769. Förster. 8 gr

**Rediger**, Andreas, s. Versuch, e. Pfälzers, z. Prüfung . . .

**Rediger,** Franz, a. Culm Westpr.: Der Zwist des Bischofs Johannes I. Clare von Samland mit dem Deutschorden ⟨1321—1322⟩. Greifswald 1907: H. Adler. (76 S.) 8°
Greifswald, Phil. Fak., Ref. Bernheim, Diss. v. 30. Juli 1907
[Geb. 10. Okt. 77 Culm (Westpr.); Wohnort: Culm; Staatsangeh.: Preußen; Vorbildung: Gymn. Culm Reife O. 98; Studium: Breslau 8, Greifswald 3 S.; Rig. 4. Juli 07.]

**REDIKER**, Joannes Fridericus Joachimus: Dissertatio de Quercus roboris virtute medica. - Duisburg 1791. 28 S.

**Redikorzev**, Wladimir

**Redikorzev**, W., die Ascidien d. sibirischen Eismeeres. (III, 59 S. m. 11 Fig., 2 [1 farb.] Taf. u. 2 Bl. Erklärungen.) 33,5×25,5 cm. St. Petersburg 908. (Leipzig, Voss' Sort.) 2, 50
Sonderabdr. aus: „Mémoires de l'acad. imp. des sciences de St.-Pétersbourg".

Die Ascidien des sibirischen Eismeeres. Von Dr. W. **Redikorzev**. Mit 2 Taf. u. 11 Textfig. St.-Petersburg: Akad. d. Wiss. 1908. 59 S. 4°
(Mémoires de l'Acad. Imp. d. sciences de St.-Pétersbourg. Sér. 8. Cl. phys.-math. Vol. 18. Nr 11.) [09. 10127

**Redikorzew,** Wladimir: Untersuchungen über den Bau der Ocellen der Insekten. Mit 2 lithogr. Taf. u. 7 Fig. im Text. *Leipzig: W. Engelmann 1900.* (46 S.) 8° ¶ (Aus: Zeitschrift f. wissensch. Zoologie, Bd 68, H. 4.)
Heidelberg, Naturw.-math. Diss. v. 1900

(Reding. Landtammann Rudolf R' von Biberegg am Morgarten.) Njbl. s. [Füssli, Hans Heinrich].

**Reding**, A., das Wichtigste aus der Elektrotechnik, s.: Gewerbe-Bibliothek Nr. 3.

Reding, Alois von. Ueber die Ergebnisse der Behandlung der Placenta praevia im Frauenspital Basel-Stadt 1896—1906. ⟨Prof. E[rnst] Bumm und Prof. O[tto] von Herff.⟩ Diss. Med. Basel. II + 33 S. 8. Basel, Buchdr. « Basler Volksblatt », 1907.

**Reding,** Aloys. von Schwyz: Calorimetrische und magnetische Messungen. Hottingen-Zür. H. Zürcher Dr. 1882. 59 S. 8°.
Zürich, Phil. Diss. [v. 23. Juni 1882].

Reding, Aloys von s Panner Die alten P' der schweizerischen Urkantone (Zurich 1843)

Reding, Henri Neue Fibel für den Sprech- Schreib- Leseunterricht nach der analytisch-synthetischen Methode bearbeitet. Luxemburg. J P Nimax 1900 IV, 88 S 8°

Reding von Biberegg

—— und F. Pocci, Altes und Neues, s. Pocci.

Reding v. Biberegg, Reiseblätter. 8. (87 S.) München 856, Lentner'sche Buchh.

(Reding [von Biberegg]. Alois) Aktenstücke und Bericht über die Verhandlungen des ersten Landammanns der helvetischen Republik, mit dem ersten Consul, und dem Minister der auswärtigen Angelegenheiten der fränkischen Republik in Paris. Im December 1801 bis auf den 7ten Jenner 1802. (Schweiz, den 7ten Junii 1802.) 8 o O

Reding [von Biberegg, Aloys]. Feyerliche Rede bey Eröffnung der Gemein-Eydsgenossischen Tagsatzung in Schwyz, den 27ten Herbstmonat 1802. Gehalten von Herrn Landammann R' 8 o O

Reding, Aloys s Welches sind die Quellen des wirklichen Elends in Helvetien? 1802

Reding-Biberegg, Rud. v., über die Frage der Cultussteuern und Vorschläge für ein diesbezügliches Bundesgesetz, gestützt auf Art. 49, alinea 6 der schweizer. Bundesverfassung. Vom schweizer. Juristenverein gekrönte Preisschrift. gr. 8. (III, 111 S.) Basel 885, Detloff's Verlag. *

Der Zug Suworoff's durch die Schweiz 24 Herbst- bis 10. Weinmonat 1799. (M. zahlr Beilagen u. Ill. nebst 10 Kriegskt. in bes. Mappe.) Von Rudolf v. Reding-Biberegg, Oberstlt. im eidg. Generalstab. *(Zurich F Schulthess 1896.)* (374 S., 1 Bl., 2 Portr., 3 Taf., 10 Kt.) 1 Bd 8. (96. 250)

- 2, veränderte Aufl Mit 1 Uebersichtskarte und 5 Skizzen 8 Berlin 1898

Redinger, Karl, die Versorgung der k. k österreich Staatsbeamten usw, s.. Zwierzina, Rob.

**Reditus, Exulum,** in patriam, ex Graecis Romanisque historiis enotati. Gottingae 1795. V: *Heyne, Christian Glob.* (MGT)

Redla, M de, s. Bekenntnisse e. Philosophen aus dem Jenseits

Redkandir, die drei Könige, Novelle, s. Louise Marezoll.

Redl, Anton

— Handlungs-Gremien u. Fabriken-Adreßbuch d. österr. Kaiserthums f. d. Jahr 1818. gr. 8. Wien (819.) (Schaumburg u. C.) 3 ƒ

Redl, Ant., Adressenbuch d. Handlungs-Gremien u. Fabriken in d. k. k. Residenzstadt Wien, dann mehrerer Provinzial-Städte, f. die J. 1825. Mit 1 Plan d. innern Stadt Wien. gr. 8. Wien, Mörschner u. J. 2 ƒ 20 ℛ

— Adressenbuch d. Handlungs-Gremien u. Fabriken in der k.k. Haupt- u. Residenz-Stadt Wien, dann mehrerer Provinzial-städte, f. d. Jahr 1829. (Nebst Kalender f. 5 Religionen, auf 1829.) Mit e. Grundriß u. Ansichten d. Eisenbahn v. Budweis bis Mauthausen. gr. 8. Wien 830. (Gerold). 2 ƒ 16 ℛ (Gollinger das.) 2 ƒ 8 ℛ Plan u. Ansichten d. Eisenbahn einzeln 16 ℛ

Redl, Eduard Post-Handbuch Anweisung über die vorschriftsmäßige Behandlung der Brief- und Fahrpost-Sendungen nach dem In- und Auslande kl. 8. (164 S.) Graz Hesse's Buchhandlung 1868

REDL, Eugen
Elemente der Organisation und Administration industrieller Unternehmungen. Als Leitfaden für Studierende, Betriebstechniker, Gewerbetreibende und Fabrikanten. Auf Basis der gesetzlichen Bestimmungen, der Fachliteratur und praktischen Erfahrung zusammengestellt von Eugen Redl. Leipzig und Wien. 1900. Deuticke. Gr.-8° IX, 290 S. K 9.—

**Redl, Eug., Elemente der Organisation u. Administration industrieller Unternehmungen. Als Leitfaden f. Studierende, Betriebstechniker, Gewerbetreibende u. Fabrikanten. Auf Basis der gesetzl. Bestimmgn., der Fachliteratur u. prakt. Erfahrg zusammengestellt. gr 8.** (IX, 290 S.) Wien 900. F. Deuticke. n. 8. —

Redl, Heinr., Formeln, Aufgaben und Tabellen für Curven-Bestimmungen, nebst einem Anh. über Situations- und Terrains-Aufnahme. Hilfsbuch für Eisenbahn-Tracirungen. gr. 4. (IV und 67 S. mit 4 Stnt. in qu. Fol.) Wien 863, Gerold's Sohn. *

**Redl, Dr. Heinrich,** Die Verwaltung der gewerblichen Lehranstalten in Österreich. Eine systematische Zusammenstellung der hierüber bestehenden Vorschriften. II. Teil. Mit Benützung amtlicher Quellen Geh. K 4.25, geb. K 4 70. 1908

Redlhammer, Johann Wenzel

— kurzgefaßte Direktivregeln für Jene, welche die sogenannte Veredlung d. böhm. Schafviehes u. eine feinere Wolle desselben wünschen. 8. Prag 803. Buchler. 2 ℛ

REDLHAMMER Johann Wenzel Handbuch fur Grundobrigkeiten in Boehmen in Betreff des sogenannten Robotabolizions System Von Diesbach, Prag 1788 1 vol, 93 S.

— ökonom. Handbuch. gr. 8. Prag, Widtmann. 789.

— v. d. Landwirthsch. in Böhmen, sow. im Groß., als im Kleinen. gr. 8. Ebend. 783.

— die Landwirthschaft in Böhmen, sowohl im Großen als im Kleinen, prakt. behand. gr. 8. Prag 788. Widtmann. 16 ℛ

Die zeitlichen Pachtungen Ein Unterricht f. d. Grundobrigkeiten in Böhmen Widtmann Prag 1788

— Die zeitlichen Pachtungen; ein Unterricht für die Grundobrigkeiten in Böhmen. 2 Thle. 8°. Prag, Diesbach, 1788/89.

Redlhammer, Josef

— de gratia Christi. 4. Wien 766. Trattner. 1 ƒ

— de incarnatione verbi divini. 4. Wien 769. Trattner. 1 ƒ

Redlhammer, I., institut. scholast. dogmat. de Deo uno et trino. 4. Viennae, Trattner. 760.

—philosophia naturalis seu physica general. II Tom. c. XXV tabb. aen. 8. Wien 754. Trattner. 1 ℔ 12 ℞

— philosophia natural, s. physica gener. II Tmi. c. fig. 8. ibid. 765.

— de virtutibus theologicis. 4. Wien 767. Trattner. 1 ℔

Redlich, d. Hrn., u. sein. Bedienten, Gesch. 4 Thle. 8. Frkf. Zimmermann. 768—771.

Redlich, Gust.; od. der Prediger, wie er seyn sollte, (von Gf. Aug. Piesch). 8. Leipz. 801. (W. Rauck). 16 ℞

Redlich, Gustav, od. d. Prediger, wie er seyn sollte. 8. Lpz. Sommer. 801.

**Redlich, Karl.** Ein Gedenkblatt. [Innsbruck 1902.] V: *Wörndle, Heinrich von.* (margr)

Redlich, des Vaters, Erzählungen im Kreise seiner Freunde. Zwickau 862. Buchhdlg. des Volksschriften-Vereins. 8. (2 Bl., 115 S.) n. 4 *ngr.*

**Redlich**, die allgemeine Preuß. Gesinde-Ordnung v. 8. Novbr. 1810 mit den, seit ihrem Erscheinen bis einschließlich 1848 ergangenen, Zusätzen, Abänderungen u. Erläuterungen in volksfaßl. Form bearb. Ein nützl. Hand- u. Hausbüchlein für Polizei- u. Verwaltungs-Beamte, für den Bürger u. Landmann, so wie f. die dienende Volksklasse. Nebst einem chronologischen Verzeichniß der angeführten Verordnungen, einem alphabet. Inhalts-Register, u. einem Anhange. 8. (76 S.) Grünberg 849, Weiß. ¼ ℔

Redlich, vom Heirathsuhrwerke. 8. Leipzig, Sommer. Rthlr.

**Redlich.** s.: Krankheiten, die, des Nervensystems.

**Redlich,** Miethäuser ohne Seitenflügel. Eine hygien.-städtebaul. Studie. (20 S. m. Abbildgn.) 32×23,5 cm. Berlin (910). C. Heymann. 1. —
Sonderabdr. aus: „Techn. Gemeindebl."

**Redlich, A.**, praktische Anleitung zur algebraischen Entwickelung u. Lösung der Gleichungen der höheren Grade, nebst Uebungsbeispielen. gr. 4. (IV, 88 S.) Breslau 888. Aderholz. n. 4. —

Redlich, A. Sprachliche Eigenthümlichkeiten in den Fabeln des Lafontaine. Prossnitz, R., 1889. 28 S. *Progr.*

**Redlich, Albert**, Grosssecretair. Bericht erstattet am 135., 137., 138., 139. u. 141. Stiftungsfeste der Grossloge zur Sonne in Bayreuth. 5 Hefte. Bayreuth, Druck von Burger. 1876. 1878, 1879, 1880 u. 1882. Fol.

[Bericht des Grosssekretärs Albert **Redlich** erstattet bei der Stiftungsfeier der Grossloge zur Sonne in Bayreuth.] (Bayreuth, 1879–1882: Burger.) 4°.
1876 14 S.; 1877 11 S.; [1878] 13 S.; 1879 12 S.; 1880 13 S.; 1882 29 S. 21.

Die Odd Fellows. [Unterz.:] A. **Redlich.** [Dat.:] Bayreuth, im Januar 1874. [Burger 1874.] 2 Bl. 2°. [Kopftit.]
Gutachtl. Äusserung über die Frage, welche Stellung die Freimaurerlogen zu den Odd Fellows einnehmen sollen. 21.

[Protokoll der am 28. Februar 1875 stattgehabten 134. Stiftungsfeier der Gross-Loge „Zur Sonne" in Bayreuth. [Unterz.:] [Albert] **Redlich.** [Bayreuth 1875: Burger.] 9 S. 4° [Kopftit.]. 21.

**Redlich**, Alexander

**Redlich**, Alex., das Dschungel, s.: Kipling, Rudyard.

(F) **Redlich, A.**, Im Dschungel. [Jugendbibliothek des Akademischen Verlages.] 8°. (ill. 262 S) geb. K 4.80
Wien: Schultz 1906.

Friedrich der Streitbare. Eine histor. Erzählg. Illustr. v. Eduard Stella. (202 S. m. 3 farb. Vollbildern.) 8. Wien (907). Akadem. Verlag. Geb. in Leinw. 3. —

Heinrich der Babenberger. Eine histor. Erzählg. Illustr. v. Eduard Stella. (214 S. m. 3 farb. Vollbildern.) 8. Ebd. (907). Geb. in Leinw. 3. —

**Redlich** Alexander: Das Reich des Messias.
M. 1907 PN 2382 **Diss.** Wien, Univ

**REDLICH, ALOIS**: Feyerliche Rede bey dem Freuden- und Jubel-Feste / welches / von dem löblichen Magistrat und gesamten Bür/gerschaft der dreivereinigten Stadt Essegg den 16. Jäner 1791 / begangen worden, als ein Erinnerungs-Feier jenes Festgeprängs / des 15. Tags des Monats November 1790. / Da der allerdurchlauchtigste römische Kaiser / Leopold der Zweite / zum apostolischen König in Ungarn zu Pressburg ist gekrönt / worden. / Gehalten am zweyten Sonntag nach H. drey Könige / von P. Aloysius Redlich, Franciskaner Ordens / Kapistraner Provinz, ordentlicher Sonntagsprädiger in der Pfarr-Kirche der inneren Stadt in der Festung. / Gedruckt zu Essegg bey Johann Martin Diwalt. (1791)

**Redlich** Anton: Zur Übersetzungsfrage aus dem Deutschen ins Französische an der Oberrealschule. 20. Iglau R.897.
**Progr.**

**Redlich, Béla:** Beiträge zur Kenntnis von para-Aethyltoluol. 1911. 36 S. 8°
München, Dr.-Ing.-Diss. v. 23. 12. 1910

**Redlich,** Bernardus Josephus (geb. Kalisch 24. 6. 1813): De elephantiasi scroti (additis morbi historia ...). Berolini (1838). (32 S.) 4°
Berlin, Med. Diss. v. 4. Aug. 1838

**Redlich,** Berthold, aus Olmütz (Österreich): Über die Beweglichkeit von Cadmium in wässrigen Lösungen seines Sulfates und Jodides. *Berlin (1899): G. Schade.* (48 S.) 8°
Berlin, Phil. Diss. v. 24. Juni 1899

Redlich, C., *in Innsbruck.* Die alten Portale im Schlosse Tirol, aufgenommen, auf Stein gezeichnet und herausgegeben von C. Redlich. Mit beigegebenen älteren und neuesten Erklärungen derselben (abgedruckt aus den tirol. Monatsblättern von 1858). *Innsbruck.* Lith. Anst. von *C. Redlich.* 2 Blätt. Höhe 11", Br. 8½".
Die Blätter stellen dar: 1. Eingang zum Rittersaal im Schlosse Tirol. — 2. Portal an der Kapelle im Schlosse Tirol. — Sie bilden die Beilage zu der Broschüre. »Die Portale im Schlosse Tirol.« Aeltere Erklärungen desselben nebst der neuesten des hochw. II. Pfarrers zu Kuens J. Thaler.« (*Innsbruck* 1858. *F. Rauch.* 8 S., 8°.)

Redlich, C., christliche Religionslehre der evangel. Kirche in einer schriftgemäßen Erklärung des kleinen Katechismus Dr. Luthers. gr. 8. Breslau 843, Hirt. ½ ₰

Redlich, C., christl. Religionslehre der evangel. Kirche in einer schriftgemäßen Erklärung des kleinen Katechismus Luther's. 2. neu bearb. u. verm. Ausg. 8. (XII u. 148 S.) Breslau 848, Hirt. ¼ ₰

Redlich, C., christliche Religionslehre der evangelischen Kirche in einer schriftgemäßen Erklärung des kleinen Katechismus Dr. Luther's. 3., wesentlich verb. und verm. Ausg. gr. 8. (IV und 148 S.) Breslau 857, Hirt's Verlag.

— Sendschreiben an die hochehrw. evangelische Geistlichkeit in Schlesien u. im ganzen lieben deutschen Vaterlande. Eine Beleuchtung des neuesten Hirtenbriefes des Hrn. Kardinals u. Fürstbischofs von Breslau. gr. 8. (16 S.) Breslau 852, Schulz & Co. — 2. Aufl. gr. 8. (16 S.) Ebd. 852. 1½ ngr

Redlich, Carl, s. Redlich, Karl.

Redlich, Chr. Fr.

—— vertheidigtes Ja; od.: Erklärung e. evangel. Geistlichen üb. d. erneuerte Agende u. üb. d. Annahme ders. 8. (4 B.) Schneeberg 828, Schumann in Zwickau.

Redlich, Chr. Fr., Casual-Predigten. gr. 8. (15¼ B.) Leipzig 833, Lauffer.

**Redlich, Christian Friedrich Wilhelm** (Leisnig/Meißen), De colica Saturnina. Diss. inaug. Präs. Christian Friedrich Ludwig. Leipzig (C. Tauchnitz) 5. IX. 1800. 26 S. (4.—) 27866
Gew.: August Wilhelm Iffland.

Redlich, Curt, s. Redlich Kurt.

**Redlich,** Emil, u. Giulio **Bonvicini,** über das Fehlen der Wahrnehmung der eigenen Blindheit bei Hirnkrankheiten. (Aus der psychiatr. Klinik des Hofrates Prof. Dr. v. Wagner-Jauregg in Wien.) (133 S. m. Abbildgn.) gr. 8. Wien 908. F. Deuticke. 3. —
Sonderabdr. aus: „Jahrbb. f. Psychiatrie u. Neurol."

Die Pathologie der tabischen Hinterstrangserkrankung. E. Beitr. z. Anatomie u. Pathol. d. Rückenmarkshinterstränge. '(A. d. Laborat. v. Prof. Obersteiner in Wien.)' Von Privatd. Dr. Emil Redlich ... in Wien. M. 4 lith. Taf. u. 7 Abb. im Text. *Jena: G. Fischer 1897.* (IV S., 1 Bl., 205 S., 4 Taf.) 1 Bd 8. [97-5247]

**Redlich, E.,** Schemata z. Einzeichnen v. Gehirnbefunden, s.: Kolisko, A.

**Redlich, Erich:** Über die Bahn des Kometen 1886 I. Kiel 1911: Schaidt. 54 S. 4° ¶(Aus: Astron. Nachrichten. Bd 187. Nr 4477—78.)
Straßburg, Math.-naturwiss. Diss. v. 21. Dez. 1909, Ref. Bauschinger
[Geb. 20. Mai 83 Oberstreit i. Schl.; Wohnort: Kiel; Staatsangeh.: Preußen; Vorbildung: Gymn. Waldenburg i. Schl. Reife M. 01; Studium: Breslau 1, Straßburg 7 S.] [U 11.4326

[J. u. Ant.] **Redlich,** Franz: Die Absetzung deutscher Könige durch den Papst ... Münster, Druck v. F. Althoff, 1892; 2 Bl., 61 S. 8.
Münster, Phil. Fak., Inaug.-Diss. v. [11. Jan.] 1892

Redlich, Frz. Ueber die Feststellung v. Straßenfluchtlinien u. Bebauungsplänen. Nach dem dermal. Stande d. im Königr. Sachsen gelt. Rechtes bearb. gr. 8. (32 S.) Lpz.-Reudnitz 892, M. Hoffmann. * — 75

*Redlich,* Gerundius, der Einmarch der Oestreicher in Baiern (8. Septbr. 1805). Politisch u. militärisch betrachtet von —. München 1806. 8°. 30 S. Beibd.
Drei interessante Beiträge zur Kriegs- u. Culturgeschichte.

— **Gotthelf Benjamin** (Döbeln), De transactionibus commentatio ad titulum XV pandectarum de transactionibus. Leipzig (Deutrich) 23. III. 1824. 32 S. (3.75) 27867
Gew.: Gottlob Adolph Ernst von Nostiz u. Jaenkendorf, Friedrich August von Gersdorf.

Redlich, (G B.,) Comment. de transactionibus ad Tit. XV. Pand. de transact. 4 maj. Lips. 824, (Göthe.)

**Redlich,** H., Lehrbuch der Physik f. höh. Mädchenschulen, s.: Grimsehl, Ernst.

Redlich, Jakob

Redlich, J., Anfangsgründe der hebräischen Sprache für die israelitische Jugend verfaßt u. zum Gebrauche für Schulen herausg. Wien 854. (Leipzig, C. L. Fritzsche.) gr. 8. (36 S. m. Holzschn. im Text, und: Hebräisches Sprach- u. Lesebuch rc. 72 S.) n. 8 ngr

Redlich, J. — Anfangsgründe der hebräischen Sprache für die israelitische Jugend verfaßt und zum Gebrauche für Schulen herausgegeben von — —. 8. (72 und 36 S.) Wien. Verlag der Anton Edl. v. Schmid'schen Buchhandlung. 1854.

Redlich, Jak., biblische Geschichte für die israelitische Jugend der Volks- und Bürgerschulen. 2 Thle. 8. Leipzig, Klinkhardt. [1. Thl. (IV, 48 S.) 878. * 40 Pf.; 2. Thl. (73 S.) 879. * 50 Pf.] * — 90

Redlich, Jak., biblische Geschichte für die israelitische Jugend der Volks- u. Bürgerschulen. 1. u. 2. Thl. 8. Leipzig 879. Klinkhardt. n. — 90
1. (IV, 48 S.) n. — 40. — 2. (73 S.) n. — 50

Redlich, Jak., biblische Geschichte f. die israelitische Jugend der Volks- u. Bürgerschulen. 1. Thl. 2. Aufl. 8. (52 S.) Wien 884. Manz. cart. n. — 48

(F) Biblische Geschichte für die israelitische Jugend der allgemeinen Volksschulen und der Bürgerschulen von Jakob Redlich. I. Theil, 3. Auflage. (Unveränderter Abdruck der zweiten, verbesserten, mit hohem k. k. Ministerial-Erlass vom 24. September 1885, Z. 16772, zulässig erklärten Auflage.) Wien. 1899. Manz. 8°. 52 S. K — 48

**Redlich, J.**, hebräisches Sprach- und Lesebuch in zwei Abtheilungen für israelitische Religionsschüler der 1. u. 2. Volksschul-Klasse zum Gebrauche für Schulen. 2. Aufl. Neu umgearb. Wien 859. (Leipzig, Haessel.) gr. 8. (VIII, 72 S.) n. 10 ngr.

**Redlich, J.**, hebräisches Sprach- u. Lesebuch f. israel. Religionsschüler d. 1. u. 2. Volksschulclasse. 2. neu umgearb. Ausg. in 2 Abth. I. Abth. f. Schüler d. 1. Volksschulclasse. 8. (27 S.) Wien. Knöpflmacher, 20 kr. 1860.

—— II. Abth. f. Schüler d. 2. Volksschulclasse. 8. (78 S.) Ebd. 20 kr. 1860

**Redlich, J.**, Hebräisches Sprach- und Lesebuch in zwei Abtheilungen für israelitische Religionsschüler der 1. u. 2. Volksschulklasse zum Gebrauche für Schulen. 3. Aufl. Neu umgearbeitet. 1868. kl. 8. (32 S.) Wien, A. Knöpflmacher. cart. 20 kr.

Redlich J, hebräisches Sprach- und Lesebuch für den ersten Unterricht in israelitischen Volksschulen. 6. Auflage. Wien 1873

— hebräische Sprachlehre für Religions-Schüler der Volks- und Realschule zum Gebrauche für Schulen. Wien 863. Beck. gr. 8. (2 Bl., 54 S. u. 1 Tab.) n. 8 ngr.

**Redlich, Joh.**: Med.-statist. Bericht üb. d. Irrenanst. Rothenberg in den J. 1888–1896 incl. *Riga 1897.*
in: **Festschrift** z. 75-j. Jubiläum d. Gesellsch. pr. Aerzte zu Riga.

Redlich, Johann Christian Wilhelm

**Redlich, Jh. Chr. Wlh.** († d. 10. April 1807:) Abhandl. zur Prüfung d. Beerschen Methode., s. F. H. Martens.

Redlich, Johann Christian Wilhelm, s. J. F. v. Berkhey, natürl. Geschichte.

– s. Pt. Camper, Anmerkk. u. dess. Betrachtt.

— **Johann Christian Wilhelm** (Luckau/Lausitz), De submersorum resuscitatione. Leipzig (Langenheim) 27. V. 1774. 43 S. (4.75) 27868
Gew.: Peter von Hohenthal.

**Redlich, Joh. Ernst**, üb. e. Lustrum poliklinischer Geburtshilfe. Diss. Lex.-8. (86 S.) Jurjew (Dorpat) 893. (E. J. Karow.) n. 1. 60

Englische Lokalverwaltung. Darstellung d. innern Verwaltung Englands in ihrer gesch. Entwicklung u. in ihrer gegenw. Gestalt. Von Dr. Josef **Redlich**. *Leipzig: Duncker & Humblot 1901.* (XXII, 835 S.) 8°

Recht und Technik des Englischen Parlamentarismus. Die Geschäftsordnung d. House of Commons in ihrer geschichtl. Entwicklung u. gegenwärt. Gestalt. Von Dr. Josef **Redlich**. Leipzig: Duncker & Humblot 1905. (XVIII, 881 S.) 8°

**Redlich, Jos.**, s.: Verfassung u. Verwaltungsorganisation der Städte Österreichs.

— Das Wesen d. österreich. Kommunalverfassg. (85 S.) gr. 8. Leipzig 910. Duncker & Humblot. 1. 50

Ein Blick in das allgemeinste Begriffsnetz der Astrometrie. Von Julius **Redlich**. Langensalza: H. Beyer & Söhne 1907. (22 S.) 8°
— **Magazin**, Pädagogisches. H. 290.

Ein Einblick in das Gebiet der höheren Geodäsie. Von Julius **Redlich**. Langensalza: H. Beyer & Söhne 1905. (23 S.) 8°
— **Magazin**, Pädagogisches. H. 245.

**Redlich, K.**, Perlen, in Westphalen gefunden. 2 Thle. 8. Halberst. 827. Vogler in Potsd. 1 ℛ 16 g.

**Redlich, Carl**, der Astronom Meton und sein Cyclus. Ein Beitrag zur griechischen Chronologie. Hamburg 854. O. Meißner. 8. (2 Bl., 74 S.) 12 ngr.

**Redlich, Carl**, Multiplikations-Tabellen f. Fruchtkäufe. (209 S.) 8. Brünn 903. C. Winiker. Geb. in Leinw. n. 4. —

**Redlich, Karl A.**, Anleitung zur Löthrohranalyse. 12. (24 S. m. Abbildgn.) Leoben 900. L. Nüssler. n. -- 90

**Redlich, Karl A.**, Anleitung zur Löthrohranalyse. 2. umgearb. Aufl. (IV, 32 S. m. 8 Abbildgn.) 12. Leoben 903. L. Nüssler. n. 1. —

**Redlich, K. A.**, der Eisensteinbergbau der Umgebung v. Payerbach-Reichenau (Niederösterreich), s.: Bergbaue Steiermarks. VIII.

— die Kiesbergbaue der Flatschach u. des Feistritzgrabens bei Knittelfeld, s.: Bergbaue Steiermarks. I.

— der Kupferbergbau Radmer an der Hasel, die Fortsetzung des steirischen Erzberges, s.: Bergbaue Steiermarks. VI.

— eine Kupferkieslagerstätte im Hartlegraben bei Kaisersberg in Steiermark. — Die Kupferschürfe des Herrn Heraeus in der Veitsch, s.: Bergbaue Steiermarks. V.

— die Walchen bei Oeblarn, ein Kiesbergbau im Ennsthal, s.: Bergbaue Steiermarks. II.

**Redlich, Karl A.**, eine Wirbelthierfauna aus dem Tertiär v. Leoben. [Aus: „Sitzungsber. d. k. Akad. d. Wiss."] gr. 8. (17 S. m. 2 Taf.) Wien 898. (C. Gerold's Sohn.) n. — 80

Redlich, Karl Christian: Die poetischen Beiträge zum Wandsbecker Boten. Hamburg 1871. 4°

**Redlich, Carl Chrn.**, s.: Briefe an Lessing.

Redlich, Carl Christian Lessing's Briefe. Neue Nachträge und Berichtigungen. Herausgegeben und mit Anmerkungen begleitet von C. Chr. R. 4 (2 Bl., 33 S.).
**Progr.** Höh. Bürgersch. v. d. Holstenthore *Hamburg* 1892 (732).

**Redlich, Carl Chr.**, Lessing's Briefe. Neue Nachträge u. Berichtiggn. Hrsg. u. m. Anmerkgn. begleitet v C. Ch. R. Progr. gr. 4. (V, 33 S.) Hamburg 892. (Herold's Verl.) n.n. 2. 50

**Redlich, Carl Chrn.**, Lessing-Bibliothek. Verzeichniß derjenigen Drucke, welche die Grundlage des Textes der Lessing'schen Werke bilden. [Aus: „Lessing's Werke, neue Ausg.", hrsg. von R. Boxberger, Chr. Groß, E. Grosse rc.] 8. (92 S.) Berlin 878. Hempel. n. 1. —

**Redlich, C.**, Lessing-Festblatt zum 8. September 1881. Fol. (14 S. m. eingedr. Photozinkogr.) Hamburg 881. Strumper & Co. n. 1. —

**Redlich, Carl**, s.: Musenalmanach, Göttinger.

—— Versuch eines Chiffernlexikons zu den Göttinger, Voßischen, Schillerschen und Schlegel-Tieckschen Musenalmanachen. gr. 8. (51 S.) Hamburg 875, O. Meißner. * 2 —

**Redlich, Carl Chrn.**, Versuche e. Chiffernlexikons zu den Göttinger, Voßischen, Schillerschen u. Schlegel-Tieckschen Musenalmanachen. gr. 8. (51 S.) Hamburg 875. O. Meißner. n. 2. —

Redlich, Karl Georg

**Redlich, Carl Geo.**, 1. Joh. 3, 16. Antritts-Predigt bei seiner Einführg. in das Amt e. Pastors zu St. Jacobi in Hamburg am 20. IX. 1901, u. Einführungsrede des Hrn. Hauptpastor A. v. Broecker, üb. 1. Cor. 3, 9. gr. 8. (26 S.) Hamburg 901. L. Gräfe. n — 50

**Redlich,** Curt, Referendar in Charlottenburg. Die **Haftung des** Schuldners für die Personen, deren er sich zur Erfüllung seiner Verbindlichkeit bedient. Nach gemeinem Rechte u. d. Rechte d. Bürgerl. Gesetzbuches. *Greifswald 1901: J. Abel.* (63 S.) 8° [F.]
Greifswald, Jur. Diss. v. [18. Apr.] 1901

**Redlich,** Ludwig [Gerichtsref.] Zur Lehre von der Schuldaufhebung durch Novation. Breslau, Schletter'sche Buchh., 1893. 2 Bl., 56 S. 8.
Breslau, Jur. Fak., Inaug.-Diss. v. 19. Mai 1893

Redlich, Oswald

**Redlich,** Osw., Archiv-Berichte a. Tirol, s.: Ottenthal, E. v.

**Redlich,** Oswald. Zur Belagerung von Kufstein im Jahre 1504. (Aus d. „Mittheilungen des Institutes für österr. Geschichtsforschung." IX. Band 1. Heft. 8. Wien 1888.

**Redlich,** Osw., s.: Briefsammlung, e. Wiener, zur Geschichte des Deutschen Reiches etc.

— Eine Wiener Briefsammlung zur Geschichte des deutschen Reiches und der österreichischen Länder in der 2. Hälfte des XIII. Jahrhunderts. Siehe auch: Mitteilungen aus dem Vatikanischen Archive. 2. Band.

s. Mitteilungen des Instituts f. österreich. Geschichtsforschung.

s.: Mitteilungen der dritten (Archiv-)Sektion der k. k. Zentral-Kommission zur Erforschung u. Erhaltung d. Kunst- u. historischen Denkmale.

— s.: Regesta Habsburgica.

— die Regesten des Kaiserreichs unter Rudolf, Adolf, Albrecht, Heinrich VII., s.: Böhmer, J. Fr., Regesta imperii.

Redlich, Oswald. Rudolf von Habsburg. Das deutsche Reich nach dem Untergange des alten Kaisertums. [Mit 1 Tafel.] VI + 811 S. gr.-8. Innsbruck, Wagner, 1903. [M. 14.—]

**Redlich,** Osw., David v. Schönherr. E. Lebensbild. gr. 8. (45 S. m. 1 Bildn.) Innsbruck 898. Wagner. n. — 40

Schillers historische Schriften. Von Dr. Oswald **Redlich**, Univ.Prof. Wien: Akad. Ver. deutscher Historiker 1900. (S. 5–17.) 8°
= Akad. Verein deutscher Historiker in Wien. **Bericht** über d. 15. u. 16. Vereinsjahr

—— die Traditionsbücher des Hochstifts Brixen, s. Acta Tirolensia.

Des Gutolf von Heiligenkreuz Translatio s. Delicianae. Von Oswald **Redlich** u. Anton E. Schönbach. Wien, A. Hölder in Komm. 1908. (38 S.) 8° [Umschlagt.]
= **Sitzungsberichte** d. Kais. Akad. d. Wiss. in Wien. Philos.-Hist. Kl. Bd 159, Abh. 2. (08. 5039 9

Redlich Oswald, Dr., und Schönbach Anton Emanuel, Dr. Des Gutolf von Heiligenkreuz „*Translatio s. Delicianae*". 1. Die Handschrift und ihre Beziehung zu Thomas Ebendorfer. 2. Der Text der „*Translatio s. Delicianae*". 3. Die Legende von *s. Deliciana* und ihre Quellen. 4. Der Wert der „*Translatio s. Delicianae*" für die Zeitgeschichte. S. 1–92. K 1 —
Separatabdruck

**Redlich,** Osw., Urkundenlehre, s.: Erben, W.

Grillparzer's Verhältnis zur Geschichte. Vortrag, gehalten in der feierlichen Sitzung der kaiserlichen Akademie der Wissenschaften am 1. Juni 1901, von Oswald Redlich. Wien. 1901. In Comm. Gerold's Sohn. 8°. 32 S. K —.70

Redlich Oswald, Dr. Grillparzers Verhältnis zur Geschichte. Vortrag, gehalten in der feierlichen Sitzung der Kaiserlichen Akademie der Wissenschaften am 1. Juni 1901. Al. 1901. 30 vgr.
Separatabdruck

Redlich, Otto Reinhard

**Redlich,** Otto R., die Anwesenheit Napoleons I. in Düsseldorf im J. 1811. Hierzu die Kunstbeilage: Einzug Napoleons in die Stadt Düsseldorf. Hrsg. vom Düsseldorfer Geschichts-Verein. gr. 8. (II, 78 S.) Düsseldorf 892. E. Lintz. n. 2. —

Denkschrift über die Herausgabe von Urkundenbüchern der geistlichen Stiftungen des Niederrheins. [Verf. Otto Reinhard Redlich u. Friedrich Küch.] *(Düsseldorf [1899] A. Bagel.)* (8 S.) 4° [Kopft. F.] (00. 7282 8

— Fr. Hillebrecht u. Wesener, der Hofgarten zu Düsseldorf u. der Schlosspark zu Benrath. Hrsg. vom Düsseldorfer Geschichts-Verein zum 14. Aug. 1893. gr. 8. (IV, 43 S. m. 5 Lichtdr.) Düsseldorf 893. E. Lintz. n. 2. 50

Jülich-Bergische Kirchenpolitik am Ausgange des Mittelalters und in der Reformationszeit von Otto R[einhard] **Redlich**. Bd 1. Bonn: P. Hanstein 1907. 8°
= **Publikationen** d. Gesellschaft f. rhein. Geschichtskunde. 28. (07. 4569 3

**Redlich,** Otto Rhard., Register, s.: Zeitschrift des Bergischen Geschichtsvereins.

Redlich, Otto Reinhard: Der Reichstag von Nürnberg 1522—23.... Leipzig, Gustav Fock, 1887; 1 Bl. + 149 + 1 S. 8°.
Leipzig, Phil. Fak., Inaug.-Diss. v. 14. Mai 1887.

— Tagebuch d. Lieutenants Anton Vossen vornehmlich üb. den Krieg in Russland 1812. Bearb. v. O. R. Hrsg. vom Düsseldorfer Geschichts-Verein. gr. 8. (VIII, 20 S.) Düsseldorf 891. (Marburg, N. G. Elwert's Verl.) n. — 80

**Redlich, P.,** der Türkisenring. Erzählung. (127 S.) 8. Berlin (908). Schriftenvertriebsanst. Geb. in Lw. 1.50

**Redlich,** Paul: Cardinal Albrecht von Brandenburg und das Neue Stift zu Halle. 1520–1541. Kap. 4: Das Heiligtum. Eine kirchen- u. kunstgeschichtl. Studie. *Mainz: F. Kirchheim 1899.* (92 S.) 8° ¶(Erscheint vollst. im gleichen Verl.)
Leipzig, Phil. Diss. v. [20. Nov.] 1899

**Redlich,** Paul, Cardinal Albrecht v. Brandenburg u. das Neue Stift zu Halle. 1520—1541. Eine kirchen- u. kunstgeschichtl. Studie. gr. 8. (XII, 361 u. 263 S.) Mainz 900. F. Kirchheim. n. 12. —; geb. n. 15. —

Redlich, Paul [aus Klein Rade, Brandenburg]: Einleitung zu einem neuen Abdruck des Roman du Mont Saint-Michel von Guillaume de S. Paier. Marburg, Univ.-Buchdr. (R. Friedrich), 1886; 1 Bl., 36 S. 8°
Marburg, Phil. Fak. Inaug.-Diss. v. [6. Nov.] 1886.

**Redlich, Paul,** Einleitung zu einem neuen Abdruck des Roman du Mont Saint-Michel von Guillaume de S. Paier. Diss. Marburg 1886, N. G. Elwertsche Univ.-Buchh. 8°. 36 S.

—: Das neue Realgymnasium und seine Einweihung. 5 S. 4.
Das Realgymnasium in Entwicklung zu Eilenburg in Plan und Bild. 7 S. 4. Städt. Realgymn. i. E. *Eilenburg* 1907 (315 statt 314).
Progr.

**Redlich,** Paul, s.: Saint-Paier, Guillaumo do, dor Roman du Mont Saint-Michel.

. Redlich, [Paul]: Die höhere Schule in Eilenburg. S. 3—4. 4.
In: Festschrift zur Einweihung des neuen Realgymn. *Eilenburg* 1906 (314).
Progr.

Empedokles. Ein Trauerspiel von Richard **Redlich.** Buchausg. *Berlin-Schmargendorf: 'Renaissance' 1902.* (74 S.) 8° [F.] (03. 8438 11

**Redlich,** Walter, auf stürmischer See, s.: Unterhaltungsbibliothek.

**Redlich,** Walter, Arzt: Die Sektions-Statistik des Carcinoms am Berliner Städtischen Krankenhaus am Urban nebst kasuistischen Beiträgen. Aus der pathologisch-anatomischen Anstalt des Krankenhauses ⟨Prof. Dr. C. Benda⟩. Berlin 1907: L. Schumacher. (65 S.) 8° ¶(Aus: Zeitschr. f. Krebsforschung Bd 5 H. 3.)
Breslau, Med. Fak., Ref. Ponfick, Diss. v. 20. April 1907
[Geb. 18. Nov. 80 Breslau; Wohnort: Breslau; Staatsangeh.: Preußen; Vorbildung: Johannes-Gymn. Breslau Reife M. 99; Studium: Breslau 8, Heidelberg 1 S.; Coll. 13. Dez. 06.]

**Redlich,** Walt., d. Sohn d. Piraten, s.: Unterhaltungsbibliothek.

**Redlich,** Wilh., Vorträge e. Hofnarren. (IV, 124 S.) 8. Budapest 903. Grill. n. 3.—

**Redlich,** Willy [aus Kattowitz-Oberschles.]: Über den Gefässbündelverlauf bei den Plumbaginaceen ... Berlin, Druck v. Mesch & Lichtenfeld, *1896;* 30 S., 1 Bl., 1 Taf. 8.
Erlangen, Phil. Fak., Inaug.-Diss. v. 30. Juli 1895

**Redliche,** der, eine moral. Wochenschr. 2 Bde. 8. Nürnb. 751. Stein. 2 fl 8 kr

**REDLICHE,** Der. Eine Wochenschrift. Bd. 1. (26 Stücke, soviel ersch.?) Mit allegor. Titelvign. u. d. Devise: Sapere aude. Nürnberg 1751. 8°.
Bibl. Kürschner. Lpz., Mai-Auction 1904. No. 164. — Nicht im Anon.-Lex.

**Redliche, Der.** Lustspiel. [Wien 1764/5.] V: *Petrasch, Joseph Freiherr von.* (Zeitschr. des Deutschen Vereines für die Gesch. Mährens und Schlesiens XVIII, 110—111)

**Redlichkeit, Die belohnte,** eines Landmädchens. Lustsp. in 3 A. Wien 1781. V: *Traun, Carl Eman. Graf v.* (GGr)

**Redlichkeit,** die belohnte, eines Landmädchens. Lustsp. 8. Wien, Gerold. 781.

**Redlichkeit, Die,** und das Ehrgefühl des Ministeriums Hassenpflug vor dem Schwurgerichte zu Kassel ... Kassel 1850. V: *Oetker, Frdr.* (Ky) (Cb)

**Redlichkeit,** die, u. das Ehrgefühl des Ministeriums Hassenpflug vor dem Schwurgerichte zu Kassel. Ein Preßproceß gegen die Neue Hessische Zeitung. (Hrsg. v. Fr. Oetker.) gr. 8. (49 S.) Kassel 850, Krieger in Comm. n. 6 ngr

-- ist lieb u. achtungswerth; e. Sgspl. in 2 Aufz. 8. Wien 795. Trattner. 4 kr

**Redlichs,** des Herrn, Begebenheiten, 4 Theile, zwente Aufl. 8. Wittenberg, 770/71. Zimmermann. 1 Rtl.

**Redlin,** Arth., Untersuchungen üb. das Stärkemehl u. den Pflanzenschleim der Trehalamanna. Diss. gr. 8. (66 S.) Jurjew (Dorpat) 890. (E. J. Karow.) n. 1. 50

Zum Gedächtnis Dr. Otto Dambachs. Rede, geh. 1900 zu Berlin von Johannes **Redlin,** Kammerger.Ref. *Berlin (1900): Liebheit & Thiesen.* (11 S.) 8° [01. 959

†Redlin, Robert: Schulagende Texte und Lieder für tägliche Schulandachten. (2 Jahrgänge.) S. 71—91. 8.
In: Festschrift zur fünfzigjährigen Jubelfeier Teil II. Kgl. Gymn. *Demmin* 1907 (zu 168).
Progr.

Beiträge zur Geschichte der Marienkirche in Stargard. Im Auftr. d. Marienkirchbauver. hrsg. v. Prediger [Ulrich Aug.] **Redlin.** H. 1.2. Stargard '(Pommern)' 1895-96: (F. Richter in Leipzig). (38 S.) 8° [F.] (07. 18197

**Redlin,** Beiträge zur Geschichte d. Marienkirche in Stargard. Im Auftr. d. Marienkirchbauvereins hrsg. 1. u. 2. Hft. gr. 8. Stargard (J. Weber). n. — 75
1. (18 S. m. 2 Abb.) 895. n. — 35
2. (S. 21—38 m. 4 Abb.) 896. n. — 40

**Redlin,** zur 600jährigen Jubelfeier der Marienkirche in Stargard. Festschrift, der Gemeinde überreicht vom Gemeindekirchenrath, im Auftrage desselben verf. v. R. gr. 8. (16 S.) Stargard i/Pomm. 892. (J. Weber.) n. — 50

Der Werth unserer Marienkirche. Vortrag d. Pastors [Ulrich] **Redlin** ... geh. ... 1902. Stargard i. P. 1902: R. Krummheuer. (10 S.) 8° (06. 233 9

**Redling,** Herr Pastor, u. die Richtung der Eisenbahn. gr. 8. Hamburg 843, Hamburg-Altonaer Buchh. 1/8 Thlr

**Redling,** (Carolus) Henricus (Guilelmus) *(geb. Friedersdorf b. Lauban [21. 12.] 1808)*: De coleocele. Vratislaviae (1834) (40 S.) 8°
Breslau, Med. Diss. v. 7. Jan. 1834

**Redling,** J[akob] M[atthias]: Beleuchtung der in Anrege gebrachten Abänderung der Altona-Kieler Eisenbahn-Route. Itzehoe 1843. 8°

**Redling,** J. M., das Bild Johannes des Täufers im Gefängniß, ein Bild f. unser Volk in diesen Tagen der Bedrängniß. Predigt am 3. Adventsonnt. 1850 gehalten. gr. 8. (15 S.) Altona 851, Schlüter. 1/8 Thlr

**Redling,** J. M., Glaube, Liebe, Hoffnung. Umrisse in gebundener Rede, zunächst als Confirmationsgabe für Töchter. 8. Schleswig 833. Koch. 1/3 Thlr

— die zeitgemäße u. nothwendige Schul-Emancipation, nebst Berücksichtigung der verschiedenen Bedeutungen, in welchen dieses Wort gebraucht wird. gr. 8. (36 S.) Ebd. 848. n. 1/8 Thlr

**Reblinger, J. W.**, Ellenmaaßtabellen. (Aufgerollt.) 8. Leipz. 821. Magaz. f. Ind. 16 gr

**Redmer,** Konrad [app. Arzt aus Loebau Westpr.]: Aus d. Poliklinik f. Ohren u. Kehlkopfkranke d. Hrn Prof. Dr. Körner zu Rostock. Ueber Spontanheilung von Ohrcholesteatomen ... Danzig, Buchdr. v. J. Czyżewski, 1895; 27 S., 1 Bl. 8.
Rostock, Med. Fak., Inaug.-Diss. v. [28. Nov.] 1895

**Redn**, Just.: Opus canonico-politicum de electione et electionis praeside. T. 1—3. Augustae Vindel. 1721. 2 Bde **fol.**

**Redner** [Sachl. OW]

**Redner**, der, s. Cabinetsbibliothek.

**Redner**, der, oder die Kunst, öffentlich zu sprechen, s. Hausbibliothek, kleine.

**Redner**, der. Monatsschrift f. das Vortrags- u. Vereinswesen. Red.: R. Große. Jahrg. 1906. 12 Nrn. (à ca. 8 S.) gr. 8. Oranienburg, Expedition des Redners. n. 4.—

**Redner, Der,** für Belgien und Lüttich an die Teutschen. Trier [Reutlingen] 1790. V: *Cotta, Chph. Frdr.* (WT) (MGT)

**Redner, Der,** der französischen Generalstände nebst Rabaud's Stimme über die Religionsfreyheit. A. d. Franz. . . . [Nürnb.] 1790. Ü: *Schubart, Ludwig Albr.* (MGT) (GGr)

**Redner**, der, d. französ. Generalstände, nebst Rabaut's Stimme üb. Religionsfreiheit; aus d. Französ. mit Anmerkk. von L. A. Schubart. 2 Thle. 8. (Nürnb.) 790.

**Redner**, der junge, ein Hülfsbuch z. Beförderung d. Wohlredenheit f. Deutschlands junge Söhne u. Töchter, herausg. von M. H. Bock u. Fr. Zuckschwerdt. 16 Bdchen. 8. Berl. Petsch. 814. 6 13.

**Redner**, der, der Nationalversammlung 1789. aus d. Frz. des Raynal, übersetzt von Bartholdy. 8. Berlin. Gräff. 789.

— — ders. auch in franz. Sprache.

**Redner**, der öffentliche. Prakt. Anleitg. zum öffentlich Sprechen u. zu Toasten m. zahlr. Beispielen u. zur Leitg. e. Versammlg. (m. Redeordng. des Reichstags), nebst e. Auszuge aus d. Vereins- u. Versammlungsrecht deutscher Staaten. 8. (68 S.) Leipzig 897. G. Hiller. — 50

**Redner**, die, der Paulskirche. 1. Lfg. (H. v. Gagern.) gr. 8. (20 S.) Frankfurt a. M. 849. (Auffarth.) 3 ngr Mit 1 lith. Portr. 8 ngr

— u. Reden der deutschen Revolution im J. 1848. Hrsg. von Arthur Frey. 1. Bd. 1—3. Hft. gr. 16. (S. 1—192.) Mannheim 849, Grohe. (à n. 1/6 thlr) n. 1/2 thlr

**Redner** [Verfasser]

**Redner**, Aloys, Streifzüge in der Geschichte. 1. Bd. A. u. d. T.: D. Prinzip d. Protestantismus d. Gegensatz d. Katholizismus. gr. 8. (VII, 265 S.) Mainz 897. F. Kirchheim. n. 3. —

**Redner, J. J.**, s. Volks-Freund, katholischer.

Auf Sr. Maj. Schiff Hohenzollern. Festspiel in 3 Aufz. von K. **Redner**. Königsberg i. Pr.: Ostpr. Dr. u. Verlagsanst. 1907. (36 S.) 8° [F.] [08.895 10

Irrlicht. Patriot. Zeitbild aus d. Militärleben in 1 Aufz. von K. **Redner**. (Königsberg i. Pr. [um 1906]: Ostpr. Dr.) (28 S.) 8° [F.] [08.896 10

Auf Deutschlands Ostwacht. Festspiel in 4 Aufz. von K. **Redner**. Königsberg i. Pr.: Ostpr. Dr. u. Verlagsanst. 1907. (36 S.) 8° [F.] [08.897 10

**Redner**, Leo: Die civitas dei des heiligen Augustin. Ein Beitrag zur Römischen Geschichte und Götterlehre. 36 S.– Conitz, Progr. 1856.

—— das Fegfeuer. Eine historisch-dogmat. Abhandlung gr. 8. (208 S.) Regensburg 856, Manz.

**Redner**, Leo, über den falschen und wahren Communismus. Vier Vorträge gehalten im St. Vincenz-Verein zu Danzig. Danzig 854. Weber. gr. 8. (30 S.) n. 6 ngr

**Redner**, Leo, Skizzen aus der Kirchengeschichte Danzigs. Nebst einem Anhang: Beleuchtung der „rechtshistor. Studie" J. Vollbaum's über den Pfarrhof von St. Marien in Danzig und seine Bewohner. gr. 8. (III, 119 S.) Danzig 875, Boenig. * 1 —

**Redner,** Leo *[geb. Neuenburg in Westpr. 13. 9. 1828]*: Theses theologicae ... ad licentiati in s. s. theologia honores rite capessendos. Vratislaviae (1852). (2 Bl.) 8°
Breslau, Kath.-theol. Liz.-Thesen v. 6. Aug. 1852

**Rednitz**, L., getreuester u. zuverlässigster Wegweiser u. Rathgeber zur Reise nach u. in Amerika u. Californien, enth. alle die speciellen Erfordernisse, Bedürfnisse, Vortheile ꝛc. gegründet auf reichl. u. prakt. Erfahrungen des 1841 als Bromberger Schiffer dorthin gereiseten u. 1852 als Kaufmann in St. Francisco glücklich hierher zurückgekehrten (Verfassers). gr. 16. (VIII u. 151 S. mit 2 Holzschn.) Berlin 852, Schneider & Co. in Comm. n. 1/2 thlr

**Redolfi**, August

**Redolfi**, A., Altes und Neues. Ein Beitrag zur aargauischen Seminarfrage. 8. (20 S.) Zürich 886, Verlags-Magazin. *

**Redolfi**, A[ugust], aus Stampa (Kt. Graubünden): Die Lautverhältnisse des bergellischen Dialekts. [S. A. aus: Zeitschrift f. roman. Philologie. Bd VIII, S. 161—204]. Halle a S. E. Karras Dr. 1884. 1 Bl., 44 S. 8°.
Zürich, Phil. Diss. [v. 16. Juni 1883].

**Redoute, Die,** oder der verziehene Leichtsinn. Ein originelles Lustspiel in 5 Handlungen. Wien bei J. L. Wallishauser 1790. 94 S. 8°. V: *Richter, Joseph.* (Hans Viktor Pisk: Josef Richter. Diss. Wien 1927. S. 124)

**Redoute, Die schwarze.** Komisches Singspiel. Wien 1807. V: *Kringsteiner (Kriegsteiner? Kriegstein?)* (GGr)

Redoute, die schwarze,. Singsp. in 3 Aufz. 8. Wien, Wallishäußer. 807.

Redouté, Pierre Joseph

Redouté's Blumenmalerkunst. Oder Anweisung, Blumen in Aquarell, nach der, bis jetzt unbeschrieb. Manier des berühmt. Redouté, nach der Natur zu malen; mit Erläuterung der andern Arten der Malerei, einer gedrängten Einleitung in die Pflanzenkenntniß, einer Anleitung zum leichten Erlernen des Blumenzeichnens, zur Composition u. zu verschied. Vortheilen für Blumenmaler. Frei nach d. Franz. des Pascal bearbeitet u. mit Zusätzen versehen. Mit 8 zum Theil color. Musterblättern. gr. 4. Quedlinburg 839. Basse. 1 1/6 rf

**Redoutenlieder.** Weimar 1791.
V: *Vulpius, Chn Aug.* (Ky) (BGE)

Redouten-Lieder; (von Chr. A. Vulpius). 8. Weimar 791. Hoffmann. 5 gl (A. u. d. T.: Mysterien neuer Bacchanalien, 8. Ebd. 791.)

**REDOUTENSAAL** und Schauplaz der Menschheit in verschiedenen ernsthaften und lustigen Masquen und Auftritten der Ausbesserung bedürftiger Zeiten (Gedichte). O. O. u. J. (ca. 1770). 8⁰. (In Berlin: an Yl 6841.)
6 S. Vorst. u. S. 7—55 Text. Enthält 78 epigrammatische Poesieen die nicht übel, zum Theil etwas derb sind.

Redselige, der, oder die beyden Posten. Lustspiel in 3 Akten nach Picard vom Freyh. v. Thumb. 8. Stuttgart, Sattler. 816.

**Redslob, Franz Heinrich.** Ein Straßburger Professor am Anfang des 19. Jahrh. Mit e. Anh., enth.: Briefe von Frau v. Türckheim (Goethes Lili), Briefe u. Gedichte v. Daniel Arnold, Gedichte von Franz Heinrich Redslob. (Von Th. Gerold.) (100 S. m. 2 Bildnissen.) 8. Straßburg 906. J. H. E. Heitz. n. 4.—

Redslob, Dr., s. Fr. G. T. Emmerich, Predigten.

**GORAS,** F. A. (d. i. *Redslob*, ein moderner Stoppe), Gedichte scherzhaften Inhaltes. Leipzig, 1827. Taubert'sche Buchhdlg. 8⁰.
Der Pseud. fehlt bei Weller. VIII—136 S. „Den edeln Mitgliedern der Spelunke („ein froher, übrigens argloser Verein") freundschaftl. gewidmet". U. a.: Lob des Fracks; an das Sopha; an eine Gans in der Steige (Gänselob in 24 vierz. Str., S. 69—74); an den Schnupftabak (in 24 vierz. Str. 98—102); Turner's Abschied (Parodie des Monologs aus Schiller's Jungfrau v. Orleans) etc.

**Redslob,** Edmund, Arzt aus Strassburg i. E.: Zwei Fälle von Encephalocystocelen. Ein Beitrag zur Anatomie u. Diagnostik d. Hernien d. Centralnervensystems. (Mit 6 Abb.) *Strassburg i. E. 1901: C. & J. Goeller.* (46 S.) 8⁰
Strassburg, Med. Diss. v. 1901

Redslob, E[dmund]. Bitemporale Hemianopsie und Diabetes insipidus. Mit 2 Abbildungen. (Aus der Berner Universitäts-Augenklinik....) Sonder-Abdruck [aus:] Klinische Monatsblätter für Augenheilkunde.... Jahrg. 43, 1905. II + 11 S. 8. Stuttgart, Ferdinand Enke.

Redslob, Edmund. Zur Therapie der Retinitis pigmentosa durch subkonjunktivale Kochsalzinjektionen. Mit 5 Abbildungen. (Aus der Universitäts-Augenklinik Bern....) Sonder-Abdruck aus Klinische Monatsblätter für Augenheilkunde.... Jahrg. 44, 1906 ⟨Neue Folge Band 2⟩ Oktober. III S. + S. 366—374. 8. Stuttgart, Ferdinand Enke.

**Redslob,** Edwin, a. Weimar: Die fränkischen Epitaphien im vierzehnten und fünfzehnten Jahrhundert. Nürnberg 1907: U. E. Sebald. (55 S.) 4⁰ ¶ (Aus: Mitteilungen d. German. Nationalmuseums 1907.)
Heidelberg, Phil. Fak., Ref. Thode, Diss. v. 14. Nov. 1907
[Geb. 22. Sept. 84 Weimar; Wohnort: Weimar; Staatsangeh.: Sachsen-Weimar; Vorbildung: Gymn. Weimar Reife O. 03; Studium: Heidelberg 8 S.; Rig. 22. Dez. 06.]

Edwin **Redslob**. Das Kirchenportal. Jena: Costenoble [1909]. 92 S. 4⁰
(Deutsche Plastik. 1.) 09. 9358

**Redslob,** Edwin, das Kirchenportal, s. a. Plastik, deutsche. 1.

Redslob, Ernst Symbolae criticae ad Plauti fabulas. 16 S.
**Progr.** G. *Weimar* 1879.

Redslob, Gfried. Frdr., Darstellung der christlichen Lehre. Straßburg 862. (Berger-Levrault.) gr. 8. (VIII, 280 S.) n. 15 ngr.

Redslob, Gttf. Wlh., Worte für den Glauben der christl. Kirche. gr. 8. Straßburg 846, Levrault. n. 6 ngl

Redslob, Gustav Moritz

— sprachliche Abhandlungen zur Theologie. Enthält: Ursprung und Bedeutung des Wortes religio. — Ursprung, Sinn u. Gebrauch des Verbi שׁלח (nebst Erklärung des Ausdrucks בְּשֵׁם יהוה). — Ursprung des Stammwortes שׁית. — Ueber das Zeichen (אוֹת) und den von demselben gemachten Gebrauch bei den Propheten. gr. 8. Leipzig 840. Fort. n. 3/4 rf

(Redslob, Gustav Moritz:) Über Alter und sittlich religiösen Character der älteren und eigentlichen Freimaurerei. Sendschreiben an Herrn Dr. Aug. Knobel. ordentl. Professor der Theologie in Giessen. Auf Anlass der deistenriecherischen Hengstenbergischen Angriffe auf dieselbe von Jannes Jambres Missiporus, Freimaurer. Bremen: Starck 1855. 47 S. 8⁰

**Redslob,** Gust. Mor., die biblischen Angaben über Stiftung und Grund der Paschafeier vom allegoristisch-kabbalistischen Standpunkte aus betrachtet. Hamburg 856. J. A. Meissner. gr. 4. (63 S.) n. 20 ngr.

**Apokalypsis. Blätter für pneumatisches Christenthum und mystische Schrifterklärung von Gust. Mor. Redslob. Bd 1. Hamburg: Jowien 1859. XXVIII, 156 S. 8⁰**
**Tt. 2724. Üb. die urchristlich-kirchlichen Mysterien; geschrieben zur Verteidigung des schwedischen Systems. 358.**

— der Begriff des Nabi oder des sogenannten Propheten bei d. Hebräern, erörtert. gr. 8. Leipzig 839. Köhler. 1/3 rf

Redslob, Gust. Mor., Beurtheilung d. Ewald'schen Grammatik und des Maurer'schen Cursus. (Aus Jahn's Jahrbüchern für Philologie u. Pädagogik besond. abgedruckt.) gr. 8. Leipzig 837. Teubner. 1 rf

— s. Coranus Arabice.

**Redslob,** Gust. Mor., die kanonischen Evangelien als geheime kanonische Gesetzgebung in Form von Denkwürdigkeiten aus dem Leben Jesu dargestellt. Leipzig 869. Brockhaus. gr. 8. (XI, 233 S.) n. 1 rf 10 ngr.

— über die angeblich relative Grundbedeutung der hebr. Partikel כי. gr. 8. Leipzig 839. Köhler. 2/3 rf

Redslob, Gustav Moritz, De Hebraeis obstetricantibus commentatio. Leipzig (H. Weinedel) 4. VII. 1835. 14 S. (3.25) 27869

— — Index scholarum in gymnasio Hamburgensium academico a Paschate 1843 usque ad Pascha 1844. Hamburg (J. A. Meissner) 1843. 20 S. mit Namen. (—.—) 27870

Redslob, Gust. Mor., die Integrität der Stelle Hosea 7,4—10 in Frage gestellt. gr. 8. Hamburg 842, Meißner. n. 1/2 rß

— die Levirats-Ehe bei den Hebräern vom archäolog. und prakt. Standpunkte untersucht. gr. 8. Leipzig 836. C. Tauchnitz. 1/3 rß

**Redslob, Gust. Mor.: Das Mysterium, d. h. der geheime Kanon, der evangelischen Perikope Matth. 13, 1—23 Mark. 4, 1—20. Luk. 8, 1—15. [Hamburg 1870: Meissner.] S. 1—27. 4°**
**Hamburg, Akad. u. R.-G. P. 1870.**
**Wird nach Auffassung des schwedischen Systems gedeutet.** 358.

**Redslob, Gust. Mor.: Das Mysterium oder Der geheime Sinn der Stelle 2. Kor. 12, 1—10. Hälfte 1: der geheime Sinn von 2 Kor. 12,7. Hamburg: Jowien in Komm. 1860. 31 S. 4°**
**Hamburg, akad. G. P. 1860.**
**cf. Bh. 3 (1860) S. 213—214 (J. G. Findel)-Tt. 2725. Wird nach Auffassung des schwedischen Systems gedeutet.**

— die alttestamentl. Namen der Bevölkerung des wirklichen u. idealen Israelitenstaats etymol. betrachtet. gr. 8. Ebend. 846. n. 5/6 rß

— de particulae hebraicae כי origine et indole commentatio. 8maj. Lipsiae 835. Weinedel. n. 1/3 rß

— (Querfurt) u. (Soz.) **Friedrich Adolph Hesse** (Schkeuditz), De praecepto musico ליב הכהוה רטבצח in inscriptionibus psalmorum VIII. LXXXI et LXXXIV conspicuo. Diss. Leipzig (Fr. Chr. W. Vogel) 29. X. 1831. 43 S. (3.—) 27872

— der Schöpfungs-Apolog, 1 Buch Mose 2,4 — 3,24. ausführl. erläutert u. krit. geprüft. Zugleich als ein exeget. Bedenken in der Symbolfrage. gr. 8. Ebend. 846. n. 5/6 rß

**— (Hamburg), Verzeichniss der von Ostern 1847 bis Ostern 1848 im Akademischen Gymnasium zu Hamburg zu haltenden Vorlesungen. Inest eiusdem: Commentatio de hominum, qui ante diluvium Noachicum vixerint, tabula utraque Genes. capp. 4 et 5 conspicua. Hamburg (J. A. Meissner) 1847. XVIII, 33 S. mit Namen. (—.—)** 27871

— commentatio de hominum, qui ante diluvium Noachicum vixerint, tabula, siehe s. Verzeichniss der Vorlesgn.

**Redslob,** Gust. Mor., Tartessus. Ein Beitrag zur Geschichte des phönicisch-spanischen Handels, sowie zur alten Geographie überhaupt. [Programm des Hamburger akadem. Gymnasiums.] gr. 4. (52 S. m. 1 lith. Taf.) Hamburg 849. (Leipzig, Serig.) n. 1 rß

— Thule. Die phönicischen Handelswege nach dem Norden, insbesondere nach dem Bernsteinlande, so wie die Reise des Pytheas von Massilien. Neu nach den Quellen untersucht. gr. 8. (123 S.) Leipzig 855, Hinrichs'sche Buchh. *

**Redslob,** G. M., die Verurtheilung der Simonie in mystischer Redeform in neutestamentlichen Stellen ausgesprochen. Beitrag zur myst. Schrifterklärg. 4. (20 S.) Hamburg 874. Boysen in Comm. n. — 75

— und A. G. Hoffmann, allgemeines Volks-Bibellexikon, s. Volks-Bibellexikon.

H.. G.. **Redslob** üb. d. Glauben an den Menschen u. an dess. höchste sittl. Bestimmung; e. psychol. Versuch. *Strassb.*, Schuler. (*Heidelb.*, C. F. Winter in C.) 843. gr 8° 12 gl

Redslob, H. G., von der religiösen Ueberzeugung. Ein Beitrag z. populären Religions-Philosophie. 8. (XVI u. 91 S.) Karlsruhe 847, Bielefeld in Comm. n. 12 ngr

— **Jo. Carl Christian** (Jüterbog/Sachsen), Observationes de fructu et effectu negotii inutilis nullius et imperfecti ad L. XXXIIII. Pr. D. de legat. I. Präs. Christoph Ludw. Crell. Wittenberg (Scheffler) 11. VII. 1750. 32 S. (4.25) 27875

Redslob, Julius

Redslob, Jul., die Moose und Flechten Deutschlands. Mit besond. Berücksichtigung auf Nutzen und Nachtheile dieser Gewächse. 8 Lfgn. hoch 4. (96 S. mit 32 ill. Kpfrt.) Leipzig 862,63, Baensch. à Lfg. 15 Ngr.

**Redslob,** Jul., die Moose u. Flechten Deutschlands. Mit besond. Berücksichtigung auf Nutzen u. Nachtheile dieser Gewächse. (In 8 Liefgn.) Mit 32 color. Kpfrtaff. 1. Liefg. Leipzig 869. Baensch. 4. (96 S. u. 1 color. Kpfrtaff.) 15 *ngr.*

**Redslob,** Jul., die Moose u. Flechten Deutschlands. Mit besond. Berücksicht. auf Nutzen u. Nachtheile dieser Gewächse. Mit 32 color. Kpfrtaf. 2. umgearb. Aufl. 1. Lfg. hoch 4. (S. 1—96. m. 4 Kpfrtaf.) Dresden 871. Baensch. 1. 50

Die persönlichen Eigenschaften und Verhältnisse, welche die Strafbarkeit erhöhen oder vermindern, dargest. nach deutschem u. franz. Recht von Dr Robert **Redslob**. Breslau Schletter 1909. 75 S. 8°
(Strafrechtliche Abhandlungen. H 97) Ing. 6701 2

**Redslob,** Rob., die persönlichen Eigenschaften u. Verhältnisse, welche die Strafbarkeit erhöhen od. vermindern, dargestellt nach deutschem u. französischem Recht, s. a. Abhandlungen, strafrechtliche.

**Redslob,** Rob., d'r Schlitterhannes. Elsäss. Bauerndrama in 2 Akten. (VIII, 67 S.) 8. Strassburg 907. E. van Hauten. 1. 50

**Redslob,** Robert, Referendar in Straßburg: **Die kriminelle Unterlassung.** Breslau: Schletter 1906. (VIII, 69 S.) 8°

Straßburg, Rechts- u. staatswiss. Fak., Ref. van Calker, Diss. v. 10. Febr. 1906

[Geb. 3. Febr. 82 Straßburg i. E.; Wohnort: Straßburg; Staatsangeb.: Elsaß-Lothringen; Vorbildung: Protest. Gymn. Straßburg i. E. Reife 00; Studium: Berlin 1, Straßburg 6 S.]

**Die kriminelle Unterlassung.** Von Robert **Redslob,** Ref. Breslau: **Schletter 1906.** (VII, 69 S.) 8°
**— Abhandlungen,** Strafrechtliche. H. 70. [1-6. 1306 6

Versuch und Vorbereitung. Auf d. Grundlage d. deutschen u. franz. Strafrechts. Von Dr. Robert **Redslob.** Breslau: Schletter 1908. (160 S.) 8°
**— Abhandlungen,** Strafrechtliche. H. 90. [c8. 12,08 4

**Redslob,** Th. M., die arabischen Wörter m. entgegengesetzten Bedeutungen. Nebst e. Textstück aus Abû Bakr Ibn al-Anbârî's Kitâb al-addâd. gr. 8. (46 S.) Göttingen 873. Vandenhoeck & Ruprecht. n. 1. 20

**Redtel, R. G.,** prakt. Anleitung f. d. ersten Unterricht in der qualitativen chem. Analyse d. gewöhnlichsten Verbindungen. Für Anfänger bearb. 8. Frankf. a/M. 843, Zimmer. n. 1/3 ꝑ

**Redtel, R. G.,** der Frankfurter Feuerwerker. Praktische Anleitung zur Lustfeuerwerkerei für Dilettanten. Frankfurt a. M. 856. Hermann. 8. (IV, 123 S. u. 1 lith. Taf. in Fol.) n. 12 ngr.

**Redtel, Rob.,** Erfahrungen in der praktischen Pharmacie. 8. Basel 834. Neukirch. 3/8 ꝑ

Ferdinand **Redtenbacher.** Bericht über die Feier seines 100. Geburtstages an der Grossh. Technischen Hochschule Fridericiana zu Karlsruhe am 26. Juni 1909. 23 S., 1 Taf. 4° ¶ Geändert u. erw. in: Bayerisches Industrie- u. Gewerbeblatt. N. F. Jg. 42. 1910.

**Redtenbacher,** Anton

**Redtenbacher,** Ant., die Cephalopodenfauna der Gosauschichten in den nordöstlichen Alpen. [Aus: Abhandlgn. der k. k. geolog. Reichsanstalt.*] Mit 9 lith. Taf. (50 S.) Wien 873. Braumüller in Comm. n. 11. —

**Redtenbacher, A., die Cephalopodenfauna der Gosauschichten in den nordöstlichen Alpen,** s. **Abhandlungen der k. k. Geolog. Reichsanstalt. V.**

Stammtafel der steirischen und oberösterreichischen Redtenbacher. Von Anton **Redtenbacher.** (Vorr.: Norbert Redtenbacher.) *Wien: Selbstverl. 1900.* (5 Bl., 1 gefalt. Taf.) 8° [F.]
[Umschlagt.:] Die steir. u. oberösterr. Redtenbacher. [01. 8,01

**Redtenbacher,** Ferdinand

**Redtenbacher, Ferd., geistige Bedeutung der Mechanik und geschichtliche Skizze der Entdeckung ihrer Principien. Vortrag, gehalten im Herbst 1859. Biographische Skizze und Festbericht. Erinnerungsschrift zur 70jähr. Geburtstagsfeier F. Redtenbacher's hrsg. von Rud. Redtenbacher. 8. (VII, 112 S.) München 879, Bassermann'sche Verlagsh.** *

**Redtenbacher, F., die Bewegungs-Mechanismen. Darstellung und Beschreibung eines Theiles der Maschinen-Modell-Sammlung der polytechnischen Schule in Carlsruhe. qu. Fol. (IV und 28 S. mit 60 Stnt.) Mannheim 857, Bassermann'sche Verlagsh.**

**— — Neue Folge, mit 20 lith. Taf. Ebend. 861. qu. Fol. (12 S.) n. 3 ꝑ 10 ngr.**

**Redtenbacher,** F., die Bewegungs-Mechanismen. Darstellung u. Beschreibung eines Theiles der Maschinen-Modell-Sammlung der polytechnischen Schule in Carlsruhe. Neue Aufl. (In 4 Liefgn.) 1. Liefg. Mannheim 864. Bassermann. qu. Fol. (20 lith. Taf. u. 10 S. Text.) n. 2 ꝑ 12 ngr.

**Redtenbacher,** F., die Bewegungs-Mechanismen. Darstellung u. Beschreibung eines Theiles der Maschinen-Modell-Sammlung der polytechn. Schule in Carlsruhe. Neue Aufl. 2—4. Liefg. Heidelberg 865,66. Bassermann'sche Verlagsh. qu. Fol. Jede Liefg. (20 Steintaf. u. 8 S. Text.) n. 2 ꝑ 12 ngr.

—— das Dynamiden-System. Grundzüge einer mechanischen Physik. gr. 4. (X und 142 S. mit 1 Stnt.) Mannheim 857, Bassermann'sche Verlagsh. *

— die anfänglichen und die gegenwärtigen Erwärmungszustände der Weltkörper. Ebend. 861. gr. 8. (16 S.) n. 4 ngr.

— die Gesetze des Lokomotiv-Baues. Mit 18 lith. Figurentaf. Mannheim 855. Bassermann. gr. 4. (XV, 328 S.) n. 4 ꝑ. 24 ngr.

— die Luftexpansions-Maschine. Mit 3 lith. Taf. Mannheim 853. Bassermann. gr. 8. (83 S.) n. 20 ngr.

— die calorische Maschine. Mit 6 lith. Taf. 2. verm. Aufl. Mannheim 853. Bassermann. gr. 8. (VII, 132 S.) n. 1 ꝑ.

—— der Maschinenbau. 3 Bde. Lex.-8. Mannheim [Heidelberg], Bassermann'sche Verlagsh. [1. Bd. (XVI und 479 S. mit 30 Stnt.) 862. * 5 Thlr. 10 Ngr., 2. Bd. (XVII und 629 S. mit 30 Stnt.) 863. * 6 Thlr. 4 Ngr., 3. Bd. (XII und 269 S. mit 23 Stnt.) 865. * 3 Thlr. 16 Ngr.]

**Redtenbacher,** F., principes de la construction des organes des machines. Résistance des matériaux-pièces des machines-calcul des résistances passives-construction des engrenages-mécanismes de mouvement. Avec un atlas de 45 planches (lith.) Éd. française. Lex.-8. (XIV, 459 S.) Heidelberg 872. Bassermann. n. 16. —

**Redtenbacher,** F., **Prinzipien der Mechanik u. des Maschinenbaues. Mit 5 lith. Taf. Lex. 8. (XII u. 300 S.) Mannheim 852, Bassermann. n. 2 2/3 ꝑ**

— Principien der Mechanik und des Maschinenbaues. Mit 5 lith. Taf. 2. Aufl. Ebend. 859. Lex.-8. (XII, 317 S.) n. 3 ꝑ 2 ngr.

Redtenbacher, F., **Resultate für den Maschinenbau. 1. Aufl.** (XII und 352 S. mit 23 Stnt.) 1848. 3 Thlr. 15 Ngr. und 2., erweit. Aufl. hoch 4. (XIV und 358 S.) Mannheim 852, Bassermann. Thlr. *

**— Resultate für den Maschinenbau. Mit 41 lith. Figurentaf. (in 4.) 3. erweiterte Aufl. Mannheim 856. Bassermann. Lex.-8. (XXII, 427 S.) n. 5 ꝑ.**

—— Resultate für den Maschinenbau. 4., erweiterte Aufl. Lex.-8. (XXII und 474 S. mit 41 lithogr. Figurentaf. in 4.) Mannheim 860, Bassermann'sche Verlagsh. *

— — Dasselbe. 5. erweiterte Auflage herausgegeben mit Zusätzen und mit einem Anhange versehen von Dr. F. Grashof. Heidelberg 1869. Text 8°. Atlas von 41 Tfln. med. 8°.

— Resultate für den Maschinenbau. Mit 41 lith. Figurentaf. 5. erweit. Aufl. Hersg., mit Zusätzen u. mit e. Anh. versehen von F. Grashof. Ebend. 870. Lex.-8. (XX, 604 S.) n. 5 ꝑ 24 ngr.

— Resultate f. den Maschinenbau. Mit e. Atlas v. 41 lith. Fig.-Taf. 6. erweit. Aufl. Hrsg., m. Zusätzen u. e. Anh. versehen v. F. Grashof. gr. 8. (XX, 551 S.) Ebend. 875. n. 18 —

—— Résultats scientifiques et pratiques destinés à la construction des machines. Traduction de la 4. édit. de l'ouvrage allemand ayant pour titre: Resultate für den Maschinenbau. Lex.-8. (XVI und 479 S. mit 1 Atlas von 41 Stnt.) Mannheim 861, Bassermann'sche Verlagsh. * geb. *

-- résultats scientifiques et pratiques destinés à la construction des machines. Traduction de la 4. édit. de l'ouvrage allemand. Nouvelle édit. (Titel-) Aufl. Avec 41 planches (lith.). Ebend. 868. gr. 8. (XI, 479 S.) n. 4 ß

— résultats scientifiques et pratiques destinés a la construction des machines. 2. éd. française traduite sur la 5. éd. allemande avec notes et additions du F. Grashof. Avec un atlas de 41 (lith.) planches. gr. 8. (XI, 533 S.) Ebend. 873. n. 12. —

**Redtenbacher, F., Theorie u. Bau der Turbinen u. Ventilatoren. Mit 6 kleinen u. 11 großen lith. Taf. Lex.-8. Mannheim 844, Bassermann. 7 ß**

—— Theorie und Bau der Turbinen. 2., umgearb. und erweiterte Aufl. gr. 4. (VII und 183 S. mit 13 kleinen und 21 grossen Stnt. in qu. gr. Fol.) Mannheim 860, Bassermann'sche Verlagsh. *

— **Theorie u. Bau d. Wasserräder. Mit 6 kleinen u. 23 großen lith. Taf. Lex.-8. Ebend. 846. n. 10 ß**

—— Theorie und Bau der Wasser-Räder. 2. Aufl. gr. 4. (XI und 269 S. mit 6 kleinen Stnt. zum Text und 1 Atlas von 25 grösseren Stnt. in qu. Fol.) Mannheim 858, Bassermann'sche Verlagsh. *

**Redtenbacher, J., vergleichende Zeittafel. (Mit 1 Drehscheibe.) 26×31 cm. Wien (905). G. Freytag & Berndt. Auf Pappe n. — 70; erhöh. Preis n. — 85**

**Redtenbacher**, Josef: Über eine neue im Handel vorkommende Chinarinde.
Separatabdruck aus: Sitzungsberichte d. kais. Akademie d. Wiss. in Wien. Bd. 8. S. 40.

**Redtenbacher**, Jos.: Die Dermapteren und Orthopteren (Ohrwürmer und Geradflügler) des Erzherzogthums Österreich. m. 32 Fig. 67 S. – Wien, R. VI, Progr. 1889.

Die **Dermatopteren** und Orthopteren (Ohrwürmer u. Geradflügler) von Österreich-Ungarn und Deutschland. Bearb. von **Josef Redtenbacher**, Prof. in Wien. Mit 1 lith. Taf. *Wien: C. Gerold's Sohn 1900.* (148 S.) 8° [oo. 7739

— Über die neuesten Entdeckungen durch die Spektralanalyse. S. 43. II. 64 . . . . vgr.
Separatabdruck

Redtenbacher, **Josef**: Die Gliederung der Orthopterenfauna Nieder-Österreichs. S. 3 24. 8. **Progr.** K. k. Elisabeth-Gymn. *Wien* 1905.

**Redtenbacher, J., fossile Insekten aus der Juraformation Ost-Sibiriens, s. a. Brauer, F.**

**Redtenbacher, Jos. Fossile Insekten aus der Juraformation Ost-Sibiriens, s. a. Mémoires de l'académie impériale des sciences de St. Pétersbourg.**

**Redtenbacher,** Jos., die Insektenfamilie der Phasmiden, s.: Brunner v. Wattenwyl, K.

*Redtenbacher Jos.*: Die Lebensweise der Ameisenlöwen mit 1 Tafel. 29. Wien R. VI. 84.
**Progr.**

**Redtenbacher, Jos., der Sauerbrunnen zu Bilin in Böhmen. Chemisch untersucht; in therapeut. Hinsicht geschildert von Aug. Em. Reuß. gr. 8. Prag 845. (Borrosch u. A.) n. 1/2 ß**

Redtenbacher, **Jos., vergleichende Studien über das Flügelgeäder der Insecten. Lex.-8. (79 S. mit 12 lithogr. Taf. und 12 Bl. Erklärungen.) Wien 886, Hölder.** *
Aus: Annalen des k. k. naturhistorischen Hofmuseums, besonders abgedruckt.

**Redtenbacher,** Jos., über die Trennung von Rubidium u. Cäsium in Form der Alaune. [Aus d. Sitzungsber. der k. Akad. der Wiss.] Wien 865. (Gerold's Sohn.) Lex.-8. (5 S.) 1½ ngr.

**Redtenbacher, Jos., Übersicht der Myrmeleoniden-Larven. Imp.-4. (36 S. mit 7 Lichtdr.-Taf.) Wien 884, (Gerold's Sohn.)** *
Aus: Denkschriften der k. Akademie der Wissenschaften, besonders abgedruckt.

Untersuchungen einiger Mineralwasser und Solen mittelst der Spektralanalyse. *a)* Vorkommen von Rubidium im Hallerwasser in Oberösterreich. *b)* Über das Vorkommen des Rubidiums und Cäsiums in der Salzsole von Ebensee. *c)* Über das Wasser von Wildbad-Gastein. S. 44. II. 63 . . . . . . . . . . . . . . . . vgr.
Separatabdruck

— Über Wanderheuschrecken. (40). Budweis R. 93.
**Progr.**

Redtenbacher, Ludwig (Hrsg.), s. Abbildungen u. Beschreibungen neuer u. seltener Thiere u. Pflanzen in Syrien. . .

— **Abbild. u. Beschreib. seltener Thiere, s. a. Kotschy, Th.**

— u. Vinc. **Kollar**, über den Character der Insektenfauna von Südpersien, siehe: Denkschriften d. k. Akademie d. Wissenschaften. Mathem.-naturw. Cl. I. Bd.

Redtenbacher, **L., Coleopteren, s. Reise der oesterreichischen Fregatte Novara. Zoologischer Theil.**

—— **Fauna austriaca. Die Käfer nach der analyt. Methode bearbeitet. 1—5. Heft. (Bog. 1—58. Titel und Einleitung.) Lex.-8. Wien 847—49, Gerold, Verlag. à Heft * 1 Thlr. 4 Ngr.** *

**Redtenbacher, Ludw., Fauna Austriaca. Die Käfer nach der analyt. Methode bearb. 5 Hfte. Lex. 8. (XXVIII u. 883 S.) Wien 849, Gerold. (à n. 1 ß 4 ngr) n. 5⅔ ß**

Redtenbacher, Ludw., **Fauna austriaca. Die Käfer. Nach der analyt. Methode bearb. 2., gänzlich umgearb., mit mehreren Hunderten von Arten und mit der Charakteristik sämmtl. europäischer Käfergattungen verm. Aufl. 3—9. Heft. (Schluss.) Lex.-8. (CXXXVI und S. 257—1017 mit 2 Kpfrt.) Wien 857. 58, Gerold's Sohn. à Heft * 1 Thlr.** *
1. und 2. Heft. Ebendas. 1856. * 2 Thlr.

**Redtenbacher, Ludw., fauna austriaca. Die Käfer. Nach der analyt. Methode bearb. 3., gänzlich umgearb. u. bedeutend verm. Aufl. 1—12. Hft. gr. 8. (1. Bd. VIII, 564 u. 2. Bd. CLIII, 571 S. m. 2 Kpfrtaf.) Wien 871—73. Gerold's Sohn. à n. 3. —**

**Redtenbacher, Ldw., die Gattungen d. deutschen Käfer-Fauna nach der analytischen Methode bearb., nebst einem kurz gefaßten Leitfaden, zum Studium dieses Zweiges der Entomologie. (Mit 2 Kupfertaf.) gr. 8. Wien 845. (Gerold.) n. 2⅙ ß**

— Tentamen dispositionis generum et specierum Coleopterorum Pseudotrimerorum Archiducatus Austriae. Dissertatio inaug. 8maj. (2 B.) Wien 843, (Kaulfuss Wwe., Prandel u. Comp.) *

— systemat. Verzeichniss der deutschen Käfer, als Tauschcatalog eingerichtet. (Aus Redtenbacher, Käfer-Fauna.) Lex. 8. (50 S.) Ebd. 849. n. 8 ngr.

Redtenbacher, M. Farbige Stickerei-Vorlagen von M. Redtenbacher ... Druck & Verlag v. J. Veith, Karlsruhe [1891—1895].
2 Teile. 4°.
I [1891]: Umschlagtit., Titelbild; 30 farb. Taf.
II [1895]: Umschlagtit.; 36 Taf. in Lithogr.

**Redtenbacher, M.,** farbige Stickerei-Vorlagen. 1. Abth. 5 Hfte. gr. 8. (30 Taf.) Karlsruhe 891. J. Veith. à Hft. n. 5. — (kplt. in Mappe: n. 25. —)
Fortsetzung u. d. Titel:

— farbige Vorlagen f. Stickerei nach arabischen, deutschen, französischen, italienischen, spanischen Mustern. I. Grosse (Geschenk-)Ausg. Fol. (30 Taf.) Ebd. 894. In Mappe. n. 22. 50

— Vorlagen f. Stickerei, Leinen, Seide, Gold. II. Abth. 1.—5. Hft. hoch 4. (35 Taf. in Fol. u. gr. Fol.) Ebd. 892—895. à n. 3. 50

**Redtenbacher,** Rud., Leon Battista Alberti, s.: Kunst u. Künstler des Mittelalters u. der Neuzeit.

**Redtenbacher, Rud.,** die Architektonik der modernen Baukunst. Ein Hülfsbuch bei der Bearbeitung architekton. Aufgaben. Lex.-8. (XXVI, 299 S. mit 895 eingedr. Fig. in Holzschn.) Berlin 883, Ernst und Korn. *

Redtenbacher, Rud., die Architektur der italiänischen Renaissance. Entwickelungsgeschichte und Formenlehre derselben. Ein Lehr- und Handbuch für Architekten und Kunstfreunde. gr. 8. (XVI, 568 S. mit eingedr. Fig.) Frankfurt a. M. 886, Keller. cart. in Leinw. *

Redtenbacher, Rud., Beiträge zur Kenntniss der Architectur des Mittelalters. Lfg. 1—6. Carlsruhe, Veith. [Frankfurt a. M., Klimsch und Comp.] à Lfg. * ℳ 2. * 12 —

**Redtenbacher, Rud.,** Beiträge zur Kenntniss der Architektur des Mittelalters in Deutschland. Original-Aufnahmen grösstentheils noch nicht veröffentlichter Architekturmotive von Denkmälern deutscher Baukunst. Frankfurt a/M. 1875. Heft 1—6. Fol.

[Redtenbacher, Rudolf.] Denkschrift über die Baudenkmäler im deutschen Reich, ihre Inventarisirung, Aufnahme, Erhaltung u. Restauration. Hrsg. vom Verbande Deutscher Architekten- u. Ingenieur-Vereine. [Berlin 1877.] 8.

— Leitfaden zum Studium der mittelalterlichen Baukunst. Formenlehre der deutschen u. französ. Baukunst des roman. u. goth. Styles auf Grundlage ihrer historischen Entwickelung. Mit 544 (eingedr. Holzschn.-) Fig. u. 4 (Holzschn.-)Taf. Abbildgn. gr. 8. (XX, 274 S.) Leipzig 881. T. O. Weigel. n. 8. —; geb. n. 9. 50

Redtenbacher R, Leitfaden z. Studium d. mittelalt. Baukunst. 2. Ausg. Leipzig 1888

Redtenbacher, Rud. Mittheilungen aus der Sammlung architektonischer Handzeichnungen in der Gallerie der Uffizien zu Florenz. Karlsruhe 1875. Fol.
I. Baldassare Peruzzi u. seine Werke.

— Baldassare Peruzzi, s.a. Kunst u. Künstler des Mittelalters u. der Neuzeit.

**Redtenbacher, R.** Baldassare Peruzzi. (Dohme, Kunst und Künstler. Abth. 2, Bd. I.)

Steinmetzzeichen von deutschen Bauwerken. Gesamm. und in chronolog. Uebersicht zsgst. von Rud. Redtenbacher. o. O. [1877]. XVI lithogr. Taf. 4° (Beil. z. Correspondenzblatt d. Gesammtver. d. deutsch. Gesch.- u. Alterthumsver. 1877 Nr 1.) 358.

— Tektonik. Principien der künstlerischen Gestaltung der Gebilde u. Gefüge von Menschenhand, welche den Gebieten der Architektur, der Ingenieurfächer u. der Kunst-Industrie angehören. gr. 8. (IX, 255 S. m. eingedr. Holzschn.) Wien 881. v. Waldheim. n. 7. —

Redtenbacher R, Vorbilder für Bautischlerarbeiten. Sammlung ausgewählter Bautischlerarbeiten d. Renaissance in Italien. I. Abt. (36 Bl m Text) fol Karlsruhe 1875

**Redtenbacher, R.,** Sammlung ausgewählter Bautischlerarbeiten der Renaissance in Italien. Nach Original-Aufnahmen gezeichnet. Carlsruhe (Veith). 1 Abth: 36 Blatt mit erläut. Texte. Fol. 1875.

**Redtenbacher,** Wilhelm

Redtenbacher, Wilh., quaedam genera et species Coleopterorum Archiducatus Austriae nondum descriptorum. Dissertatio inaug. 8maj. (2 B.) Wien 842, Kaulfuss Wwe., Prandel u. Comp. *

**Redübung,** s. Redeübung.

Reduction, die, der Armee, und die ausnahmslose Wehrpflicht. Von einem k. k. Offizier. 8. (50 S.) Klausenburg 861, Stein.

— in preuß. Courant, sämmtl. im gewöhnl. Handelsverkehr vorkommenden fremden Münzsorten. Behufs-Berechnung der Wechsel-Stempel-Steuer. 1 Tab. in Fol. Elberf. 826. Büschler. 4 gr.

Reduction in Preuß. Cour. sämmtl. im gewöhnl. Handelsverkehr vorkomm. fremden Münzsorten, Behufs Berechnung d. Wechselstempel-Steuer, nach d. abänd. u. erleichternden Vorschrift d. Allerhöchst. Kabinets-Ordre v. 3. Jan. 1830. 3. Aufl. bearb. v. L. Zindel. 1 Bl., qu. Fol. Magdeburg 832, Rubach.

**Reduction** der französ. Fünffranken-Stücke u. der Brabanter Thaler in Gulden u. Kreuzer, nach d. 24 Fl.-Fuß. 1—500 Stück. gr. Fol. St. Gallen 843, Scheitlin u. Zollikofer. Auf Pappe gezogen 1/4 ₰

— d. bisherigen Getreide-Längen- und Flüssigkeits-Maaße und d. Gewichts d. verschiedenen mit dem Königreiche Bayern vereinigten Provinzen. München; Giel.

**Reduction** des Grammengewichts in Unzengewicht. Plauen 868. Neupert. 16. (4 S.) n. 2½ ngr.

**Reduction** der k. k. österreichischen Gulden u. Kreuzer C.-M. in preuß. Courant u. umgekehrt des preußisch Courant in Gulden u. Kreuzer C.-M. u. Wiener Währung. Bearb. von einem Grenzbewohner. 8. (IV u. 34 S.) Annaberg 852, Rudolph & Dieterici. n. 1/6 ₰

Reduction der Gulden und Kreuzer in Mark und Pfennige. 16. Kempten 874, Dannheimer. * — 20

— der neuen Louisd'or od. Carol., Gulden u. Thaler in Frankf. Wechselgeld berechnet v. ½ bis 5000 Stück. 16. Frankf. a. M. 799. Jäger. 6 gr.

—— de la monnaie allemande en monnaie française. 8. (1 Bl.) Hamburg 870, Boysen. — 10

Réduction des monnaies de l'Allemagne, de la France et de l'Angleterre. 16. (8 S.) Ems 867, Kirchberger. *

*Reduction* de différentes monnoies de l'Allemagne, de la France et de l'Angleterre. qu. Fol. Frankf. a. M. 830. Fr. Wilmans. 8 Thlr

Reduction de toutes les Monnaies etc., oder. Berechnung aller Münzen, welche in d. französ. Kaiserthume gelten ꝛc. mit deutschem und französischem Text. 8. Mainz. Kupferberg. 841.

— de toutes les monnoies etc., s. a. Berechnung aller Münzen.

**Reduction** der Bremer Münzen auf Reichsmünzen und umgekehrt. 3. Aufl. gr. Fol. (1 Bl.) Bremen 872. Kühtmann & Co. n. — 35

**Reduction** der europäischen Münzen mit einer Anleitung zur Berechnung des Agio und zum Verständnisse des Courses . . . Innsbruck 1853. V: *Deuringer, Matthias.* (Margr)

**Reduction** der europäischen Münzen mit einer Anleitung zur Berechnung des Agio u. zum Verständnisse des Courses für Kaufleute, Gewerbtreibende, Post- u. Finanzbeamte u. Alle, welche mit dem Cassen- u. Berechnungswesen in Berührung kommen. Innsbruck 853. Wagner in Comm. gr. 8. (32 S.) 7½ ngr.

**Reduction** der täglichen Schulstunden. Bern 1890. V: *Lüthi, Emanuel.* (BSchwL V, 10c, S. 279)

— der Zwanzigfranken-Stücke in Reichsvaluta von 1—100 Stück in 11 Courswerthen u. der Viertels- u. Halb-Thaler-Stücke in Gulden u. Kreuzer nach d. 24 Fl.-Fuße. 1—500 Stück. gr. Fol. Ebend. 843. Auf Pappe gezogen ¼ Thlr

Reductionsschema nach d. Echelle des Reductions d. Prof. Fontaine zu Paris vervollkommnet f. deutsche Kleidermacher, Meister u. Gesellen, mit ein. zehnfach verklein. Reductionsschema u. lith. Musterpatronen. gr. 4. (1 B. u. 2 Stnt.) Weimar 836, Voigt.

**Reductionsschema** nach der échelle des red. des Prof. Fontaine zu Paris vervollkommnet für deutsche Kleidermacher. Zur bequemen Nachzeichn. von Patronen. Mit 1 zehnfach verklein. Reductionsschema u. lith. Musterpatronen. 2. verb. Aufl. gr. 4. (Mit 2 Taf.) Weimar 843, Voigt. ½ Thlr

Reductions-Schema, verbessertes, für Kleidermacher, mit den in 48 getheilten Maassstäben aller Körpergrössen. Imp.-Fol. (1 lithogr. Bl.) Pest 871, Grill. * 1 —

**Reductions-Schema,** verbessertes, für Kleidermacher, mit den in 48 getheilten Massstäben aller Körpergrössen von 24 bis 66 Centimeter halbe Oberweite. (Von H. Klemm.) 60×68 cm. Dresden (903). H. Klemm. n. — 20; auf Karton n. 1. —; auf Pappe n. 2. 25

**Reductions-Schema,** verbessertes, zum Nachzeichnen von geometrisch aufgestellten Kleiderschnitten für alle halben Oberleibweiten von 24 bis 72 Centimeter. Dresden 864. Klemm. (1 lith. Bgn. in gr. Fol.) n. 10 ngr.

**Reductionstabel** fra Rigsbankpenge til pr. Thaler og schlesw.-holst. Courantmynt og omvendt. Altona 867. Leipzig, Mentzel. 32. (8 S.) n. 3 ngr.

**Reductions-Tabelle des Alt-Courants, der Thaler zu 24 Thlr, gegen neue Münze, d. Thaler zu 30 Silbergr. ꝛc. 4. Eisleb., Reichard. 1 Thlr**

—— ausführliche, der Kasseler Längen-, Flächen-, Körpermaße und Gewichte in die vom 1. Januar 1872 an geltenden neuen [Decimal-] Maß- und Gewichtsverhältnisse. gr. Fol. (1 Bl.) Cassel 872, Luckhardt'sche Buchh. — 25

— zur Bestimmung der wahren Spiritusstärken für die Normaltemperaturen von 12⁴⁄₉ Grad Réaumur, nebst einer auf Grund des Gesetzes vom 24. April 1860 von Sr. Exc. dem Hrn. Minister für Handel, Gewerbe ꝛc. vorgeschriebenen Anweisung zum Gebrauch der Alkoholometer u. der zugehörigen Reduktions-Tabelle. Herausg. von der Königl. Normal-Aichungs-Kommission. Berlin 860. (Ernst & Korn.) gr. 8. (12 S.) nn. 3 ngr.; Ausg. in 16. (11 S.) nn. 3 ngr.

— von Hamburger Courant in Preußisches Courant u. von Preuß. Courant in Hamburg. Courant. Altona 867. Leipzig, Mentzel. 32. (4 S.) 3 ngr.

— vom Schleswig-Holsteinischen Courant in Preussisches Courant u. vom Preuss. Courant in Schleswig-Holstein. Courant. Schleswig 867. Spethmann & Co. Fol. 3 ngr.

**Reductions-Tabelle** des neuen sächsischen Decimal-Courants auf Conventionsgeld unter Zugutrechnung des gesetzlichen Aufgelds von 2⁷⁄₉ Procent. (Von Oscar Jul. Grohmann u. Jh. Chr. Er. Domsch.) 8. Zittau 841, Birr. 2 ngr.

**Reductionstabelle** des neuen sächsischen Decimal-Courants auf Conventionsgeld . . . Zittau 1841. V: *Grohmann, Oskar Jul. & Joh. Chn Ernst Domsch.* (Ky

— der spirituösen Flüssigkeiten v. Kilogrammen auf deutsche Liter, berechnet f. die Gradstärken von 74 bis 97 Proc. nach Tralles, bei der Temperatur v. 12⁴⁄₉° Réaumur. gr. Fol. Leipzig 871. Leiner. n.n. — 25

— d. französ. Fünffrankenstücke in Laubthaler, Gulden, Schweizerfranken u. Livres tournois. Basel, (Neukirch). 6 Thlr

— des französ. u. deutschen u. d. deutschen u. französ. Geldes. Karlsr., Marx. 3 Thlr

**Reductions-Tabelle** f. alle Getreide-Arten. 2., verm. Aufl. 16. (3 S.) Lissa 891. Ebbecke. — 20

**Reductions-Tabelle** f. alle Getreide-Arten. 3. verm. Aufl. qu. gr. 8. Lissa (900). F. Ebbecke. Gebrochen in gr. 16. n. — 20

**Reduktions-Tabelle** f. alle Getreidearten. 4. verm. Aufl. 15,5×29 cm. Lissa 909. O. Eulitz. Gebrochen in kl. 8. — 20

— des Holländischen Getreide-Gewichts auf das neue Zoll-Gewicht. Elbing (858.) Neumann-Hartmann. (1 Bl. in 4.) 2 ngr.

—— des holländischen (Börsen-) Getreide-Gewichts auf neues Zoll-Gewicht für den berliner Scheffel. 1 lithogr. Bl. in gr. 8. Danzig 858, Devrient's Nachfolger. (Doubberck.) *

**Reductions-Tabelle** des Holländischen [Börsen-] Getreide-Gewichts auf neues Zoll-Gewicht für den Berliner Scheffel. Danzig 861. Anhuth. 4. n. 4 ngr.

Reductions-Tabelle des Holländischen (Börsen-) Getreide-Gewichts auf neues Zoll-Gewicht für den Berliner Scheffel und die Last von 60 Scheffeln. 1 Tab. in qu. gr. 4. Danzig 862, Anhuth. Auf Leinw. *

—— des holländischen [Börsen-] Getreide-Gewichts auf neues Zollgewicht für den Berliner Scheffel und die Last von 60 Scheffeln. schmal 16. (4 Bl.) Danzig 870, Anhuth. Auf Lwnd. * — 50

**Reductions-Tabelle** des bisherigen Gewichts in das, vom 1. Juli 1858 ab, einzuführende neue Decimal-Gewicht. — Reduction der Preise des bisherigen Gewichts auf die Preise des, vom 1. Juli 1858 ab, einzuführenden neuen Decimal-Gewichts. Auszug aus dem Gesetz vom 17. Mai 1856, betr. die Einführung eines allgemeinen Landesgewichts. Berlin, Wilhelmi. (1 Tab. in Fol.) 1858. n. 2½ ngr.

—— des englischen Gewichtes in Zoll-Gewicht, sowie des Zoll-Gewichtes in englisches Gewicht. 16. (24 S.) M.-Gladbach 868, Riffarth. 1 —

Reductions-Tabelle d. Cöllner- u. Augsburg. Gewichts in Ducaten u. umgekehrt, von e. Viertels-Pfenning bis zu 16 Loth. 8. (10 lith. Bl.) Augsburg 831, (Kranzfelder.)

**Reductions-Tabelle** des Preuß. Gewichts in Zoll-Gewicht. — Reductions-Tabelle des Zoll-Gewichts in Preuß. Gewicht. 2 Bl. in gr. 4. Halle 848, Pfeffer. 3 ngr.

— des Wiener-Gewichtes auf das Zoll-Gewicht, berechnet nach Pfunden bis zu zehn Centner, dann von 1 bis 100 Centner und zwar ganz im Einklange mit der im ämtlichen Tarifs-Anhange enthaltenen Reductions-Tabelle. Zum Gebrauche für jeden Handeltreibenden. Salzburg (852.) Glonner in Comm. 8. (9 Bl.) n. 4 ngr.

— von Wiener-Gewicht in Zoll-Gewicht, Zoll-Gewicht in Wiener-Gewicht. Troppau (853.) Traßler. (1 Bgn. in Fol.) n. 4 ngr.

— des Wiener Gewichtes auf das Zoll-Gewicht u. umgekehrt v. ½ Loth bis 100 Centner. qu. 4. (1 Bl.) Prag 871. Silber & Schenck. n. — 20; aufgez. n. — 30

— d. Gewichte d. Hauptbeziehungsplätze Europas nach d. bei d. Kaufleuten in Sachsen u. Preußen beim Calculiren angenommenen Proportionen. Magdeb., Robrahn u. C. 6 ℊ

—— der vorzügl. Gold- u. Silber-Münzen u. d. kleinern Münzsorten geg. Preuss. Courant. — Reduction des principales monnaies d'or et d'argent et des petites monnaies contre l'argent de Prusse. Lithogr. 16. Cöln 834, Renard et Dubyen.

— des alten Handelsgewichtes auf das neue Landesgewicht, und des neuen Landesgewichtes auf das alte Handelsgewicht. Vergleichung der neuen Sächsischen mit den gangbarsten ausländ. Maaßen. Dresden (858.) Meinhold. (1 Bgn. in Fol.) 2½ ngr.

— von schleswig-holsteinisch od. Hamburger Körpermass zu Litermass. Fol. (1 Bl.) Altona 872. Uflacker. n. — 15; aufgezogen n. — 30

— dasselbe v. Längenmass zu Metermass. Fol. (1 Bl.) Ebend. 872. n. — 15; aufgezogen n. — 30

Reductions-Tabelle, kurze, der Maßstäbe, welche in der deutschen Reichsarmee gebräuchlich sind. 32. (7 S.) Metz 885, Scriba. **

— der Rheinländ. u. Magdeburg. Längen-, □Ruthen, Morgen und Hufen in Westpreußisch-Culmische Ruthen, Morgen u. Hufen u. umgekehrt. 4. Thorn 842, Lambeck. ¼ ℊ

— der Livres de France in Brabanter Thaler. Basel, (Neukirch). 3 ℊ

—— von Mark in Thaler, Gulden und Francs und von Thalern, Gulden und Francs in Mark. 1.—15. Aufl. 16. (16 S.) Stuttgart 873—75, Levy und Müller. — 30

— von Mark in Thaler, Gulden u. Francs u. von Thalern, Gulden u. Francs in Mark. 6. Aufl. 16. (16 S.) Stuttgart 874. W. Müller. n.n. — 25

— des sächsischen Maaßes in Meter-Maaß u. umgekehrt. Plauen 869. Neupert. Fol. n. 2½ ngr.; Belinp. n. 3 ngr.

Reductions-Tabelle des Wiener curent Maasses auf das Fortifications-Maass. (5 Tabellen.) 4. (ohne Druckort zirka 1850.)

Reductions-Tabelle zu den in den Baupolizeiordnungen für Städte und Dörfer vom 27. Febr. 1869 und in den Ausführungsverordnungen vom 6. Juli 1863 und 27. Febr. 1869 enthaltenen Maaßbestimmungen in Metermaaß nebst dazu gehör. Verordnung vom 21. März 1870. 8. (19 S.) Dresden 870, Meinhold und Söhne. * — 20

— der metrischen Maaße u. Gewichte in das bisherige alte Maaß u. umgekehrt, nebst Preißverhältnißzahlen u. Münzvergleichungen. [Zugleich Anh. zum „metr. Maß- u. Gewichtssystem" v. Fr. Walter.] Imp.-Fol. (1 Bl.) Freiburg i. Br. 872. Herder. — 30

„Reductions-Tabelle des Nürnberger Morgens zu 360 Quadrat-Ruthen in das Baierische Jauchert und umgewendet", Bayreuth 1811. — Vorh.: StB Nürnberg.

— von poln. auf preuss. Münze. Kattowitz 869. Singer. qu. Fol. 2½ ngr.; aufgez. 4 ngr.

— der im Königr. Westphalen coursirenden Münzen, gegen die neuen franz. Münze. Fol. Hildesheim, Gerstenberg. 811.

— der vom 1. April 1854 an im Herzogthum Holstein allein gesetzlichen Münz-Sorten. Altona (854.) Wendeborn. (1 Bgn. in Fol.) n. 4 ngr.

— über sämmtliche Münzsorten der Dänischen Monarchie. Schleswig 853. Nebdermeyer. 8. (15 S.) 3 ngr.

— nach welcher d. Werth d. neuen französ. Münze auf preuß. Courant, Conventionsmünze, hannöv. Kassengeld etc. reduzirt ist, nach d. westphäl. Decret von 1808. Hildesh., Gerstenberg. 4 ℊ

**Reductions-Tabelle** der Pfennig-Preise pr. 1 Kilogramm in Silber-Rubel pr. 1 pud russ. zum Course 190—220. qu. gr. Fol. St. Petersburg 889. Hoenniger. n. 1. —

—— im Portemonnaie. Hamburger oder Lübecker Courant und deutsche Reichsmünze. 128. (25 S.) Hamburg 874, Grädener. — 15

Reductions-Tabelle der Preise des Wiener Gewichtes auf metrisches Gewicht, und zwar des Wiener Pfund- und Wiener Zentner-Preises auf Kilogramm-Preise in österreichischer Währung. qu. gr. Fol. Innsbruck 876, Wagner'sche Universitäts-Buchh. *

—— der Preise von Wiener Mass auf metrisches Mass, und zwar des Wiener Eimer-Preises auf Hektoliter-Preis in österreichischer Währung. qu. gr. Fol. Ebendas. 876. *

—— der Preise von Wiener auf metrisches Mass, und zwar eines Wiener Massl auf Liter- und eines Wiener Metzen auf Hektoliterpreise in österreichischer Währung. qu. gr. Fol. Ebendas. 876. *

—— der Preise eines Yhren auf jene eines Hektoliter in österreichischer Währung. qu. gr. Fol. Ebendas. 876. *

Reduktions-Tabelle von preussisch-Courant in süddeutsche Gulden- und in Franken-Währung. Berlin 1871

– von Preussisch-Courant in süddeutsche Gulden- u. in Franken-Währung sowie umgekehrt zum Verhältniss v. 1 Rthlr. = 1 Gulden 45 Kreuzer = 3 Franken 75 Centimes. 2. verm. Aufl. schmal gr. 8. (63 S.) Berlin 872. v. Decker. n. 1. —

—— für Reichsmark gegen Preussisch Courant sowie umgekehrt. 16. (28 S.) Ebendas. 874. — 25

– in Silbergroschen pro Scheffel zur Einführung der Getreide- u. Saat-Rechnung per 2000 Pfund. Danzig 870. (Anhuth.) 8. (15 S.) n. 7 ngr.

—— in Silbergroschen pro Scheffel zur Einführung der Getreide- und Saat-Rechnung per 2000 Pfund. 8. (35 S.) Danzig 870, (Anhuth.) * — 70

Reductionstabelle d. Brabander Thaler, von 1 —10,000 Stück. 8. Frankf. am M. Döring. 815.

— d. Brabanter Thaler, v. 1 bis 10,000 Stück. 8. Frankf. a. M. 815. Jäger. 6 gl.

– von Thaler Preussisch Courant in Reichsmark. Ausg. f. Kassenbeamte. Schmal Fol. (23 S.) Ebend. 874. — 50

— zur Uebertragung der Groschen- u. Pfennig-Rechnung nach Duodecimal-Courant: in die nach Decimal-Courant des 14 Thalerfußes. Fol. Wurzen 840. (Leipzig, Kayser.) n. 1 gl.

— dies. in 16. Ebd. n. 1 gl.

— oder Uebertragung der Groschen- und Pfennig-Rechnung nach Duodecimal-Courant: in die nach Decimal-Courant des 14 Thaler-Fußes. Nebst einer gedrängten Uebersicht der neuen Münzverhältnisse im Königreiche Sachsen, welche zum 1. Januar 1841 in Kraft treten. gr. 8. Zittau 840. Birr. 3/4 gl.

— zur Uebertragung d. Groschen- u. Pfennig-Rechnung nach d. alten u. neuen Thalerfuße. 16. Altenb. 841, Helbig. 1½ gl.

– zur Vergleichung der Ellenmaasse, Meter, Aune u. Yard. Hamburg 870. Hoffmann & Campe. 16. n. 3 ngr.

— der süddeutschen, norddeutschen, österreichischen Währung u. d. französischen Geldes. gr. 8. (9 S.) Frankfurt a. M. 871. Jäger. — 25

— v. Frankf. Wechselgeld in Reichsgeld u. v. Reichsgeld in Frankfurt. Wechselgeld rc. Frankf. a. M. 794. Dietz. 8 gl.

Reduktions-Tabellen. A. Reichsgeld in neu Schweizergeld. B. Neu Schweizergeld in Reichsgeld [nebst Angabe des präsumtiven Werthes, den die Münzsorten der benachbarten Staaten in Zukunft bei uns haben werden] nach dem in Folge des Bundesgesetzes vom 7. Mai 1850 rc. festgestellten Reduktionsfuß: Reichsgulden 33 sind gleich Franken 70 neu Schweizergeld. [Abdr. der von dem Finanzdepartement der Regierung von St. Gallen hrsg. Reduktions-Tabellen.] 2. Aufl. gr. 16. (10 S.) Rorschach 852, Koch. 1 ngr.

**Reductions-Tabellen.** Umwandlung der schweizerischen Münzen, Maasse u. Gewichte in diejenigen einiger der wichtigsten auswärtigen Staaten u. umgekehrt. Bern 862. Blom. 8. (IV. 91 S.) n. 8 ngr.

Reductions-Tabellen. Umwandlung der schweizer. Münzen, Maasse und Gewichte in diejenigen einiger der wichtigsten auswärt. Staaten und umgekehrt. 8. (IV und 91 S.) Bern 862, [Fiala.] *

Reductions-Tabellen Nr. 1 – 4. 8. Berlin 871. Oehmigke's Verl. à n. — 50
1. Zusammenstellung u. Vergleichung der bisherigen Maße u. Gewichte m. den neuen Maßen u. Gewichten d. norddeutschen Bundes nach dem Gesetz vom 17. August 1868. Nach amtl. Vorlagen bearb. v. H. F. Kameke. 4. verm. völlig fehlerfreie Aufl. (32 S.)
2. Dasselbe für Hannover [Braunschweig]. 2. Aufl. (27 S.)
3. Preis-Tabellen od. Zusammenstellg. u. Vergleichg. der Preise jetziger Maße u. Gewichte d. norddeutschen Bundes nach dem Gesetz vom 17. August 1868 bearb. v. H. F. Kameke. 2. Aufl. (32 S.)
4. Verhältnißzahlen zur Umrechng. der alten Maaße u. Gewichte in die neuen u. umgekehrt, berechnet durch die Normal-Eichungs-Commission, in tabellar. Form gebracht v. H. Grosse. 2. Aufl. (35 S.)

**Reductions-Tabellen** für Aerzte, Apotheker u. Kaufleute. 4. (12 S.) Würzburg 871. Stahel. n. — 50

**Reductions-Tabellen**, ausführliche, d. Ld'or à $5^{7}/_{12}$ Thlr. in Cour. v. 108—112%, Ld'or à $5^{2}/_{3}$ u. $5^{3}/_{4}$ Thlr. in Cour. v. 108—112%, und Ducaten à $3^{1}/_{4}$ Thlr. in Cour. von 105—107%, sowie Berechnung des Goldes pr. Mark in Cour. von 210—$219^{3}/_{4}$ Thlr. bearb. von e. prakt. Kaufmann. Lex.-8. Altenburg 846, Schnuphase'sche Buchh. n. 2/3 rf.

**Reductions-Tabellen** zur schnellen Berechnung der neuen österreich. Währung nach dem 45-Gulden-Fusse auf Conventions-Münze, Wiener-Währung und Vereinsthaler, sowie Interessen-Tabellen zur Berechnung der Zinsen zu 2, 2½, 3, 3½, 4, 4½, 5, 6 Percent von 1 bis 1000 fl. CM. auf 1 Jahr, ½ Jahr, ¼ Jahr, 1 Monat, ½ Monat und 1 Tag in neuer österreich. Währung. *Troppau u. Jägerndorf* 1858. *Otto Schüler's* Buchh. 8 Bl. 4°.

— dreißig, der europäischen Medicinalgewichte. (Aus der Pharmacopoea univers. besonders abgedr.) gr. Lex.-8. Weimar 841, Landes-Industrie-Compt. 5/8 rf.

— eidgenössische, des neuen Schweizergeldes in Reichsgeld u. umgekehrt des Reichsgeldes in neu Schweizergeld, 1 fl. = 2 Fr. 10 Rp. Zum Gebrauche für Reisende, Geschäftsleute rc. 16. (5 S.) Schaffhausen 852, Brodtmann. — dies. 1 Bog. in gr. Fol. Ebd. 852. 3 ngr.

Reductions-Tabellen des k. k. Fortifications Masses auf das Wiener Mass. 5 Tabellen. 4.

„Reductions-Tabellen Des I. Nürnberger Fruchtgemässes in glatter Frucht in das Baierische Gemäss, dann des Baierischen Gemässes in das Nürnberger der glatten Frucht. II. Nürnberger Fruchtgemässes in rauher Frucht in das Baierische Gemäss ....", Nürnberg 1811. — Vorh.: StB Nürnberg.

— enthaltend: Fruchtrechnung: Vergleichung der leichten und schweren Malter gegen Hectoliter, nebst verhältnißmäß. Preisen. — Die Weinrechnung rc. — Gewichte u. Längenmaße rc. 8. Speyer, Langsche Buchh. 1/4 Rthlr

Anonym: „Reduktionstabellen der verschiedenen Geldsorten im Reiche, gegen den französischen, lothringischen, sächsischen Cours und umgekehrt", Zweybrücken 1787.

— enthaltend die Gewichte, die Länge, Acker-, Frucht-, Flüssigkeits-, Ellen-, Kalk-, Salz- u. Holzmaaße, nach der neuesten Königl. Preuß. Maaß- u. Gewichtsordnung v. 16. Mai 1816. 8. Koblenz 819. (Hergt). 12 ggr Hbg. Pr. 6 ggr Schrbp. 8 ggr

„Reductions-Tabellen, enthaltend die Längenmaasse, Ackermaasse (usw.), nach der neuen preussischen Maass- und Gewichts-Ordnung vom 16. Mai 1816, verglichen mit den französischen und den früheren landesüblichen Maassen und Gewichten", Koblenz 1819. — Vorh.: Bibl. des Kammergerichts Berlin — Qe. 3770.

Reductionstabellen, enthaltend die Gewichte, die Länge, Acker-, Frucht-, Flüssigkeits-, Ellen-, Kalk-, Salz- und Holzmaaße, nach der neuesten Kön. Preuß. Maaß- u. Gewichtsordnung, vom 16. Aug. 1816. 8. Coblenz, Gelehrten-Buchh. 820.

— des 24. 22. und 20 Guldenfuß. rc. 8. Frft. Behrens. 795.

Reductions-Tabellen v. Carolin oder neuen Louisd'or zu Gulden 10 u 11 gegen Schweizer Franken u. Franz. Livres rc. für Kaufleute u. Geschäftsmänner. gr. 8. Zürich 824, Orell.

— f. Kaufleute u. Geschäftsmänner, enth. die Verhältnisse d. Gulden, Louisd'or, Schweizerfranken rc. gr. 8. Zürich 825. (Orell). 1 Rthlr 4 ggr

— f. d. dermaligen Curs der brabanter Thaler von 74. 72. und ½ bis 10000 Stck. in 20 22 und 24 Guldenfuß. 4. Ebend. -

Reduktions-Tabellen des alten u. neuen Großherzogl. Hess. technischen Maaßes u. Gewichts. 8. Darmst., Leske. 2 ggr

Reductions-Tabellen des großherzogl. hessischen Maaßes u. Gewichtes in das norddeutsche Metermaß u. Gewicht u. umgekehrt, u. der süddeutschen Guldenwährung in Thalerwährung u. umgekehrt. Butzbach 870. Weickhardt. 4. (VI, 20 S.) n. 3½ ngr

— der gangbarsten deutschen, französ. u. engl. Münzsorten. 2 Bl. qu. Fol. Frankf. a. M., Wilmans. 6 ggr

— neue, d. gebräuchlichsten Geldsorten nach dem 20, 22 u. 24 Gulden Fuße, zu Franken u. Centimen. 4. Marb. 811. Krieger. 12 ggr

Reductions-Tabellen, neue, für Kaufleute und Geschäftsmänner, enthaltend das Verhältniß der Zürchergulden zu Gulden Reichswährung, Schweizerfranken u. franz. Franken. — Das Verhältniß d. franz. Lire (franz. Francs), der Lire austriache u. der Mailänder Lire correnti. — Die Reduction der Brabanterthaler, der franz. Fünffrankenthaler, in Zürcherwährung, in Reichswährung, in Schweizerfranken. — Das Verzeichniß der gewöhnlichen Rechnungsarten aller Kantone der Schweiz u. einiger auswärt. Plätze. — Die vergleichende Uebersicht über die aus dem vorhergeh. Verzeichniß ausgezogenen Rechnungsarten rc. gr. 8. Zürich 837. Orell, Füßli u. C. n. 5/6 Rthlr

Reductionstabellen zunächst für Oesterreich, enthaltend: Die Reduction alter Währungen in die neue österr. Währung, das Verhältniss der neuen Münzen zu einander und Wurftabelle für Ein- u. Zwei-Thalerstücke. *Innsbruck* 1858. Druck u. Verl. bei *Wagner*. 52 S. 8°. 20 kr.

— praktische, der Thaler, Groschen u. Pfennige in neue deutsche Reichs-Mark u. Pfennige u. umgekehrt. qu. Fol. Leobschütz 875. Kothe. — 20

Reductions-Tabellen von deutschen Reichsmark in holländische Gulden u. umgekehrt. 8. (4 S. auf Carton.) Ruhrort 879. Andreae & Co. — 15

Reductions-Tabellen von deutschen Reichsmark in holländische Gulden und umgekehrt. 8. (4 S. auf Carton.) Ruhrort 886, Andreae und Comp. *

— des neues Preuß. Scheffel-Gemäßes auf Nordhäuser Gemäß rc. 8. Nordh. 822, Landgraf.

— schleswig-holsteinische, zum neuen Maß u. Gewicht bearb. nach den amtl. Verhältnißzahlen. Für den Gebrauch im gewerbl. wie im landwirthschaftl. Verkehr. gr. 8. (16 S.) Schleswig 872. Heiberg's Buchh. — 50

Reductions-Tabellen der Brabanter Thaler in Wechselzahlung à 6 Rthlr. 12 Xr., nebst Vergleich. d. Brabanter Thaler mit neuen Louisd'or à 6 Rthlr. 12 Gr. u. à 11 Fl. 16. Hilsdesh. 799. (Jäger in Frankf. a. M.) 8 ggr

— für Thaler, Silbergroschen u. Pfennige in Gulden Kreuzer u. Heller — u. umgekehrt. Wiesbaden 868. Limbarth. qu. 4. n. 2 ngr

Reductions-Tabellen zur Umrechnung des alten Gewichts in das neue allgemeine Landesgewicht, sowie Preis-Bestimmungen von Altgewicht nach Neugewicht. Oschatz (858.) Oldecop. 8. (2 Bl.) n. 1 ngr

**Reduktionstabellen** zur Umrechnung der bisher. schweiz. Masse und Gewichte in das metr. Mass und umgekehrt, nebst erläuternden Rechnungs-Beispielen. Gedruckt auf Anordnung des zürch. Regierungsrathes. 23 S. 8. Winterthur, Druck von Bleuler-Hausheer & Co. 1877

— zur Umrechnung der bisherigen schweizerischen Masse u. Gewichte in neue [metrische] u. umgekehrt. Amtliche Ausg. 4. (18 S.) Bern 876. Dalp. n. — 40

Reductions-Tabellen zu Vergleichung der alten Masse und Gewichte mit dem neuen schweiz. Mass u. Gewicht für den Kt. St. Gallen. Amtliche Ausg. St. Gallen 1836.

Reductions- od. Vergleichungstabellen, des franz. Geldes rc., s. Wagner, J. D.

Reductions- u. Vergleichungs-Tabellen d. neuen preuß. Gewichts zu d. Breslauer od. Schlesischen, vorzügl. f. Diejenigen, welche ihre Waaren nach Stein u. Pfund berechnen; enth. 1) Vergleich d. neuen Preuß. Pfunde mit d. Breslauer Gewicht. 2) Reduction der neuen preuß. Pfunde u. Centner in Stein u. deren Verhältniß zu d. Breslauer od. Schles. Stein u. Pfund, v. 1 Pfund bis 1000 Centner berechnet. 8. Bresl., Graß, B. u. C. 4 ggr

Reductions-Tabellen über das Verhältniss der neuen österreichischen Währung zu Conv.-Münze, Wiener-Währung und Reichs-Währung. In Uebereinstimmung mit den ämtlichen Reductions-Tabellen zum bequemen täglichen Handgebrauche berechnet und zusammengestellt. *Ried* 1858. Druck und Verlag von *Josef Kränzl*. 26 S. kl. 8°. 5 kr. CM.

— vollständige, des Preuss. Courants gegen Silbergeld u. umgekehrt; nebst Interessen-Berechnung von 1 bis 6 Procent. 4. Nordhausen 824, Landgraf.

— vollständige, mehrerer Münzen, die im Königreich Westphalen gebräuchlich sind. 4. Nordhausen, Nitzsche. 811.

— wie die Pistolen 5 Thlr. gegen Pistolen zu 4⅔ Thlr. u. diese gegen jene sich verhalten. 8. Götting. 784. Dieterich. 8 ggr

— wie sich d. Conventionsgeld gegen hannöv. Kassenmünze u. diese gegen jene verhält. Nach d. neuen Verordn. v. 8. Juni 1795. ausgerechnet v. 1 Pfennig bis zu 1000 Thlr. 8. Götting. 798. Dieterich. 8 ggr

**Reductionstafel, alkoholometrische,** zur Ermittlg. der wahren Alkoholmenge (Hektolitergrade Alkohol) aus der wahren Stärke von 75 bis 100% u. aus dem Nettogewichte e. Branntweinquantums, nebst e. Taf. I zur Umwandlg. d. scheinbaren Stärke v. 66 bis 100% in d. wahre Stärke u. e. Tafel II zur Berechnung d. wahren Volumens aus d. scheinbaren bei e. wahren Branntweinstärke von 75 bis 100%, dann 2 ergänz. Tafeln I u. II f. niedrigere Temperaturen als —10° Reaumur. Zum Finanzministerialerlasse Z. 52381 ex 1893. 12. (141 S.) Wien 895 (Hof- u. Staatsdruckerei.) Kart. n. 1. 20

**Reductionstafel** des französischen Geldes in preußischem u. in Conventionsgeld. Fol. Braunschweig, Vieweg. 809.

**Reductions-Tafel** zur Verwandlung von rheinischen u. englischen Zollen in französisches Maaß nebst vergleich. Zusammenstellung des rhein. u. engl. Maaßes. Ratibor 867. Wichura. 16. (84 S.) n. 10 ngr

**Reductionstafeln** der Louisdors und Ducaten nach ihrem wahren Werthe in Buchhändler-Valuta. Dessau 1830. V: *Ackermann, Chn. G.* (cb)

**Reductionstafeln** in Metermaas. Englisch', Hamburger, Rheinländisch' Maas. Hamburg 870. Grüning gr. Fol. n. 4 ngr

— zur gegenseitigen Verwandlung der bisherigen Maasse u. Gewichte des Königr. Sachsen u. der im norddeutschen Bunde einzuführ. metrischen Maasse u. Gewichte. Hersg von der königl. sächs. Normalaichungscommission. Leipzig 869. Teubner. gr. 8. (VI, 105 S.) cart. n. 10 ngr

**Reduktions-Wand-Tabelle** der Reichs-Währung, neuen Oesterr. Währung, Conventions-Münze u. Süddeutschen Währung. Salzburg 859. Glonner. gr. Fol. 3 ngr

**Redval, R. E.,** Deutsches, Teutsches. Beichte eines Verschollenen. Mit e. einführ. Vorwort. (185 S. m. farb. Titelbild.) 8. Leipzig (910). R. Sattler. 3.—; geb. 4. —

**Redwitz, Oscar von, und seine Dichteraufgabe.** Ein Wort zur Frage über die deutsche Poesie der Gegenwart. Mainz 853. Kirchheim. 12. (71 S.) 9 ngr

**Redwitz, Erich** Freiherr von, Medizinalprakt.: Aus d. Pathol. Inst. d. Univ. München. Über den Einfluss der Erkrankungen der Coronar-Arterien auf die Herzmuskulatur unter besonderer Berücksichtigung der chronischen Aortitis. Mit 1 Abb. Berlin 1909: G. Reimer. 42 S. 8° ¶(Aus: Virchows Archiv f. pathol. Anat. u. Physiol. Bd 197.)
München, Med. Diss. v. 21. Jan. 1910, Ref. v. Bollinger
[Geb. 2. April 83 Bamberg; Wohnort: München; Staatsangeh.: Bayern; Vorbildung: Wilhelms-Gymn. München Reife Juli 02; Studium: München 6, Kiel 1, München 3 S.; Coll. 21. Jan. 10; Approb. 9. Jan. 10.] [U 10. 3567

**Redwitz, Josef** Freiherr von, Rechtsprakt.: Die polizeilichen Massregeln des Reichsstrafgesetzbuchs und ihr Verhältnis zu dessen allgemeinen Grundsätzen. Breslau: Schletter 1909. 208 S. 8° ¶(Ersch. auch als: Strafrechtl. Abhandlungen. H. 102.)
Würzburg. Jur. Diss. v. 9. Juli 1909, Ref. Oetker
[Geb. 2 April 84 München; Wohnort: München; Staatsangeh.: Bayern, Vorbildung: Gymn. München Reife Juli 05, Studium: Freiburg i. B. 1, Genf 1, München 8 S.; Rig. 17 Dez. 08.] [U 09. 4081

**Redwitz,** Jos. Frhr. v., die polizeilichen Massregeln des Reichsstrafgesetzbuchs u. ihr Verhältnis zu dessen allgemeinen Grundsätzen, s.a. Abhandlungen, strafrechtl

**Redwitz,** Marie v., Ost u. West. Novellen. 8. (242 S.) Berlin 888. Hertz. n. 4. —; geb. n. 5. —

**Redwitz,** Marie v., s.: Planeten-Calendarium.

— Prinzen-Märchen, m. Bildern v. Rolf Winkler. (49 S. m. 1 Bildnis-Taf.) 8. München (910). Verlag d. Jugendblätter Geb. in Leinw. 1. 50

**Redwitz, Max Frhr. v.,** alltägliche Reiterfragen. (44 S. m. 1 Taf.) gr. 8. München (908). M. Beckstein. n. 1. —

**Redwitz,** M. Frh. v. Rückblick auf die ersten 25 Jahre der bayer. Equitations-Anstalt München 1893 40 S

**v. Redwitz, Osc.,** Amaranth. gr. 8. (XVI u. 300 S.) Mainz 849, Kirchheim & Schott. 1 Thlr 2 ngr — 2. Aufl. 16. (XXIV u. 300 S.) Ebd. 850. — 3. Aufl. 16. Ebd. 850. — 4 Aufl. 16. Ebd. 850. 2—4. Aufl. 26 ngr; in Engl. Einb. m. Goldschnitt 1 Thlr 18 ngr — 5. Aufl. 16. Ebd. 850. — 6. Aufl. 16. Ebd. 851. — 7. Aufl. 16. Ebd. 851. — 8. Aufl. 16. Ebd. 851. — 9. Aufl. 16. Ebd. 851. — 10. Aufl. 16. Ebd 851. — 11. Aufl. 16. Ebd 851. — 12. Aufl. 16. Ebd. 852. — 13. Aufl. 16. Ebd. 852. — 14. Aufl. 16. (XXIV u. 300 S.) Ebd. 852. n. 1 Thlr; in Engl. Einb. m. Goldschnitt n. 1 Thlr 18 ngr

**Redwitz, Osc. v.,** Amaranth. 19. Aufl. 857. — 20. Aufl. Mainz 858. Kirchheim. 16. (XXIV. 300 S.) 1 Thlr.

**Redwitz, Osc. v.,** Amaranth. 21. Aufl. 860. — 22. Aufl. 862. — 23. Aufl. Mainz 864. Kirchheim. 16. (XXIV, 300 S.) 1 Thlr

**Redwitz, Oscar v.,** Amaranth. 22.—25. Aufl. 16. (XXIV und 300 S.) Mainz 862—68, Kirchheim. 1 Thlr.; geb.

**Redwitz, Osc. v.,** Amaranth. 26.—30. Aufl. gr. 16. (XXIV, 300 S.) Mainz 869—75, Kirchheim. M 3.; geb.

**Redwitz, Osc. v.,** Amaranth. 31. und 32. Aufl. gr. 16. (XXIV, 300 S.) Mainz 877,78, Kirchheim. M 3.; geb.

**Redwitz, Osc. v.,** Amaranth. 33. Aufl. 16. (XXIV, 300 S.) Mainz 881. Kirchheim. 3. —; geb. m. Goldschn. 4. 80

**Redwitz, Osc. v.,** Amaranth. 36. Aufl. 8. (XXIV, 300 S.) Mainz 886, Kirchheim. *
geb. mit Goldschn. *

**Redwitz, Osc. v.,** Amaranth. 42. Aufl. 12. (XXIV, 300 S.) Mainz 898. F. Kirchheim. n. 3. 60; geb. in Leinw. n. 5. 60

**Redwitz, Osc. v.,** Amaranth. 43. Aufl. 12. (XXIV, 300 S.) Mainz 900. F. Kirchheim. n. 3. 60; Geb. in Leinw. m. Goldschn. n. 5. 60

Redwitz, Osc. v., Amaranth. 44. Aufl. (XXIV, 300 S.) kl. 8. Mainz 904. Kirchheim & Co. n. 3. 60; geb. in Leinw. n. 5. 60

— der Doge von Venedig. Historische Tragödie. Ebend. 863. 16. (128 S.) n. 26 ngr.

— Gedichte. 16. (VI u. 185 S. m. Portr. in Stahlst.) Ebd. 852. — 2. Aufl. 16. (VI u. 185 S. m. Portr. in Stahlst.) Ebd. 852. n. 1 Thlr.; in Engl. Einb. m. Goldschn. n. 1 Thlr. 18 ngr.

Redwitz, Osc. v., Gedichte. 1. Aufl. und 2. Aufl. 16. (VI und 185 S. mit Portr. in Stahlst.) Mainz 853, Kirchheim. *

Redwitz, Osc. v., Glück. Ein Roman. 8. (426 S.) Berlin 890. Hertz. n. 6. —; geb. n. 7. —

— ein deutsches Hausbuch. 8. (XX, 329 S.) Stuttgart 883. Cotta. n. 5. —; geb. m. Goldschn. n. 6. —

— ein deutsches Hausbuch. 6. Aufl. 12. (XVIII, 354 S.) Stuttgart 900. J. G. Cotta Nachf. n. 3. —; geb. in Leinw. n. 4. —

—— Hymen. Ein Roman. 1.—5. Aufl. 8. (480 S.) Ebendas. 887. *ℳ 6.—.; geb. *

— Mit einem Königsherzen. Eine Fahrt von München nach Altötting dem bayerischen Volke erzählt. München 864. Manz. gr. 8. (14 S.) n. 2 ngr.

—— das Lied vom neuen deutschen Reich. Eines ehemal. Lützow'schen Jägers Vermächtniß ans Vaterland. 1.—5. Aufl. 8. (IX, 275 S.) Berlin 871, Hertz.

—, das Lied vom neuen deutschen Reich. Eines ehemal. Lützow'schen Jägers Vermächtniss an's Vaterland. 9. Aufl. Berlin 1871. 8°. Ppb. VIII—275 S. — Neun Auflagen vom J. 1872.

Redwitz, Oscar von. Das Lied vom neuen deutschen Reich. Philadelphia: Schaefer & Konradi, 1871. GSP

—— das Lied vom neuen deutschen Reich. Eines ehemaligen Lützow'schen Jägers Vermächtniß an's Vaterland. 6.—11. Aufl. 8. (VIII, 275 S.) Berlin 871—76, Hertz. *

— ein Märchen. gr. 8. (VI u. 148 S.) Ebd. 850. — 2. Aufl. gr. 8. (IV u. 148 S.) Ebd. 851. — 3. Aufl. gr. 8. (VI u. 148 S.) Ebd. 852. 21 ngr.; in Engl. Einb. m. Goldschnitt n. 1 Thlr. 6 ngr.

—— ein Märchen. 1—3. Aufl. 1850—51. und 4. Aufl. 16. (III und 148 S. mit 1 Stahlst.) Mainz 852(53,) [Kirchheim.]

— Thomas Morus. Historische Tragödie. 1. u. 2. Aufl. Mainz 856,57. Kirchheim. 16. (XII, 386 S.) n. 1 Thlr. 7½ ngr.

—— Odilo. 1.—4. Aufl. [Unveränd. Abdr.] 8. (VIII, 362 S.) Stuttgart 878, Cotta'sche Buchh. *ℳ 5.; geb. *

— Odilo. 4., durch e. Einleitungsgedicht verm., Aufl. 8. (VIII, 362 S.) Ebend. 883. cart. n. 6. -

— Sieglinde. Eine Tragödie. Mainz 854. Kirchheim. 16. (170 S.) n. 26 ngr.

— Hermann Stark, s.: Volksbibliothek, deutsche.

— Hermann Stark. Deutsches Leben. 3 Bde. Stuttgart 869. Cotta. gr. 8. (VIII, 424; VI, 372 u. VI, 497 S.) n. 5 Thlr.; in engl. Einb. 6 Thlr. 15 ngr.

—— dass. — 6 Bde. 2. Aufl. gr. 16. (VI, 197; III, 165; III, 169; III, 152; III, 223; III, 209 S.) Ebendas. 878. à Bd. *ℳ 1,50. *

—— Haus Wartenberg. Ein Roman. 8. (IV, 381 S.) Berlin 884, Hertz. *ℳ 5.; geb. *

— Haus Wartenberg. Ein Roman. 5. Aufl. 8. (IV, 381 S.) Berlin 885. Hertz. n. 5. —; geb. n. 6. —

—— Haus Wartenberg. Ein Roman. 2.—6. Aufl. 8. (IV, 381 S.) Berlin 885,86, Hertz. * geb. *

— Haus Wartenberg. Roman. 7. Aufl. gr. 8. (381 S.) Berlin 894. Besser. n. 5. —; geb. n. 6. —

— Philippine Welser. Historisches Schauspiel in 5 Acten. Mainz 859. Kirchheim. 16. (151 S.) n. 26 ngr.

— Philippine Welser. Historisches Schauspiel in 5 Akten. 2. Aufl. 16. (160 S.) Mainz 883. Kirchheim. n. 2. 60; geb. n. 4. —

— Philippine Welser. Historisches Schauspiel in 5 Akten. 3. Aufl. gr. 16. (160 S.) Mainz 899. F. Kirchheim. n. 2. 50

—— der Zunftmeister von Nürnberg. Schauspiel in 5 Acten. (Den Bühnen gegenüber Mscr.) 16. (138 S.) Mainz 860, Kirchheim. * 26 Ngr.; geb. *

Redwood, Francis, Die Gottheit Christi, bewiesen durch das Christentum. Aus dem Englischen übersetzt von Joh. Bapt. Hiendl. Regensburg, Manz (jetzt Verlagsanst.), 1883. 8°. VIII, 51 S., 50 Pf.

Redwood, Iltyd J., die Mineraloele u. ihre Nebenprodukte, nebst e. kurzen Geschichte d. schott. Schieferoel-Industrie, e. Beschreibung d. geolog. u. geograph. Vertheilung d. schott. Schiefer u. d. Regeneration d. zur Raffination benutzten Säure u. Lauge, sowie e. Patentliste, d. Apparate u. Verfahren zur Erzeugg. u. Raffination v. Mineraloelen betr. Aus d. Engl. übers. v. Leop. Singer. M. 67 Abb. u. 3 Diagrammen. gr. 8. (XXIII, 345 S.) Leipzig 898. E. Baldamus. n. 10. —; geb. n. 12. —

Redwood, Iltyd J., die Mineraloele u. ihre Nebenprodukte. A. d. Engl. übers. v. L. Singer. gr. 8. (XXIII, 345 S. m. 67 Abbildgn. u. 3 Diagrammen.) Leipzig 898. [E. Baldamus.] G. Schlemminger. n. 10. —; erm. Pr. n. 5. —

Redy, F., Wohltäter. Roman. (222 S.) 8. Wien 904. C. Konegen. n. 2. 50; geb. n. 3. 50

Rée, Alfred. Ueber $\beta$-Sulfophtalsäure. Bern, 1886.

(Rée, Ant.,) Aufruf z. e. rascheren Förderung der jüdischen Angelegenheiten im Vaterlande. gr. 8. (2¾ B.) Hamburg 846, Gobert.

Aus: Der Jude in Deutschland, Wochenblatt ꝛc., besond. abgedruckt.

— s. Aufruf zu e. rascheren Förder. d. jüd. Angelegenheiten.

Rée, *Anton:* Geschichtliches über die Schule und ihre Tendenzen. Hamburg, gedr. bei Lütcke & Wulff, 1890; S. 1—12; 4°
Hamburg, Stiftungs-S von 1815, P 1890 (720)

Rée, Ant., über Gewissensfreiheit zur Verständigung über unser Streben. Ein Vortrag für das Comité zur Förderung der Gewissensfreiheit am 21. Febr. 1859 in der Tonhalle zu Hamburg gehalten. Hamburg 859. Hoffmann & Campe. 8. (28 S.) 3 ngr.

Rée, Ant., üb. die Pflicht. Einige Definitionen nebst e. Schlußbemerkg. f. Pädagogen. [Aus: „Rhein. Blätter f. Erziehg. u. Unterricht."] gr. 8. (26 S.) Frankfurt a/M. 875. Diesterweg. — 30

Rée, Ant., die Sprachverhältnisse der heutigen Juden, im Interesse der Gegenwart und mit besond. Rücksicht auf Volkserziehung besprochen. gr. 8. Hamburg 844, Gobert. n. 3/4 ℛ︎

Rée, Ant., die allgemeine Volksschule, oder Standesschulen? Zur Schulfrage in Hamburg, zugleich als Abwehr der Angriffe von Th. Hoffmann. Hamburg 866. Hoffmann & Campe. 8. (55 S.) 5 ngr.

Rée, Ant., Wanderungen eines Zeitgenossen auf dem Gebiete der Ethik. 2 Bde. Hamburg 857. Hoffmann u. Campe. 8. (XI, 261; 2 Bl., 246 S.) 2 ℛ︎.

Rée, Gust., der badische Bürger als Schöffe u. Geschworener, Bezirksrath u. Mitglied der Kreisversammlung. Ein Leitfaden zur Kenntniß u. Anwendung der neuen Gesetze über Gerichts-Verfassung u. administrative Organisation. Zum bürgerlichen Gebrauche bearb. Mannheim 864. Schneider. gr. 8. (XVI, 109 S.) n. 20 ngr.

Rée, Hartw. Phil., Forschungen üb. die Ueberschriften d. Psalmen. Dazu Erläuterungen der Gottesnamen, der poetischen Formen in den Psalmen, Auslegungen schwier. Stellen der althebr. Poesie u. 1 ergänz. Anh. (Mit e. Vorwort v. Jul. Fürst.) 8. Leipzig 846, C. L. Fritzsche. n. 24 ngl

Rée, I., Reisehandbuch üb. Stockholm u. täglicher Führer durch die Residenz u. ihre Umgebungen. Mit 1 Karte üb. Stockholm 1 : 6000, 1 Karte üb. die Umgebgn. v. Stockholm 1 : 100,000 u. 1 Karte üb. den Thiergarten. 12. (126 S) Stockholm 891. (Leipzig, K. F. Koehler, Barsort.) Kart. n. 3. 50

Rée, Paul, die Entstehung d. Gewissens. gr. 8. (V, 253 S.) Berlin 885. C. Duncker. n. 4. —

—— die Illusion der Willensfreiheit. Ihre Ursachen und ihre Folgen. gr. 8. (III, 54 S.) Ebendas. 885. *

Rée, Paulus Τοῦ καλοῦ notio in Aristotelis Ethicis quid sibi velit. Halis Saxonum 1875 Pormetter [in Berlin]. 37 S. 8°

Halle-Wittenberg, Phil. Diss. v 7 Apr 1875

Geb. [Bartelshagen (Kr. Franzburg, Pomm.) 21 11 1849]

Rée, Paul, Philosophie. (Nachgelassenes Werk.) (V, 363 S.) gr. 8. Berlin 903. C. Duncker. n. 6. —

Rée, Paul, der Ursprung der moralischen Empfindungen. gr. 8. (VIII, 142 S.) Chemnitz 877, Schmeitzner. *

Rée, Paul Johs., offizieller Bericht üb. die bayerische Jubiläums-Landes-Industrie-, Gewerbe- u. Kunstausstellung Nürnberg 1906. Im Auftrage des Hauptausschusses unter Mitwirkg. and. Ausstellungsbeamter u. einzelner Fachleute verf. vom Vorstand des literar. Bureaus, R. Mit 90 Abb. u. 4 Plänen. (VI, 502 S.) Lex. 8. Nürnberg 907. (J. L. Schrag.) 8. —

Bayerische Jubiläums-Landes-Industrie-, Gewerbe- u. Kunstausstellung, Nürnberg, 1906. Offizieller Bericht im Auftr d. Hauptausschusses unter Mitw. anderer Ausstellungsbeamter u. einzelner Fachleute verf. v. Vorst. d. Literar Bureaus Prof. Dr Paul Johannes Rée. Mit 90 Abb. u. 4 Pl. Nürnberg: Bayer Gewerbemuseum 1907 (VI, 502 S.) 4°(8°)

Rée, Paul Johs., Fürst Bismarck. Festrede z. 80. Geburtstag d. Fürsten, geh. am 1. Apr. 1895 bei d. allgem. öffentl. Feier zu Nürnberg. gr. 8. (16 S.) Nürnberg 895. J. Ph. Raw's Verlag. n. — 40

Rée, Paul Johs., Fürst Bismarck, der gute Genius seines Volkes. Festrede, zur 77. Geburtstagsfeier Sr. Durchlaucht d. Fürsten Bismarck geh. am 31. März 1892 im nationalliberalen Verein zu Nürnberg. gr. 8. (16 S.) Nürnberg 892. J. Ph. Raw. Kart. n. — 50

Rée, Paul Joh. [aus Hamburg] Peter Candid. Sein Leben und seine bis z. Anfange des 17 Jahrh. geschaffenen Werke .... Leipzig, Druck v Bär & Hermann, 1885; 95 + 1 S. 8°.

Leipzig, Phil Fak., Inaug.-Diss. v. 27 Aug. 1885.

Rée, Paul Joh., Peter Candid. Sein Leben und seine bis z. Anfange des 17. Jahrh. geschaffenen Werke. Diss. Leipzig 1885. 8°. 95 S.

Sonder-Abdruck aus: Beiträge zur Kunstgeschichte. N. F. II. Leipzig 1885, E. A. Seemann. 6 M.

Rée, Paul Johs., Peter Candid; sein Leben und seine Werke, s. Beiträge zur Kunstgeschichte.

Rée PJ, Peter Candid. (Bayerische Bibliothek 5) Bamberg 1890

Rée, P. J., Peter Candid, s. Bibliothek, bayerische.

— zur Erhaltg. Alt-Rothenburgs. Vortrag, geh. im Verein f. Erhaltg. d. Altertums u. Förderg. d. Fremdenverkehrs in Rothenburg o. T. M. 4 Abb. v. F. Küfner u. M. Eberlein. 8. (36 S.) Nürnberg 898. (J. L. Schrag.) n. — 60

— Fest-Rede bei der zum Andenken an König Ludwig I. v. Bayern v. der kgl. Kunstgewerbeschule zu Nürnberg am 30. Juli 1888 veranstalteten Centenar-Feier. gr. 8. (20 S.) Nürnberg 888. J. L. Schrag. n. — 80

Bayerische Jubiläums-Landes-Industrie-, Gewerbe- u. Kunst-Ausstellung Nürnberg 1906. Offizieller Führer. Mit 3 Pl. Verf. von Prof. Dr. Paul Johannes Rée. 2. Aufl. Nürnberg: Hartung & Ruttinger 1906. 78 S. 8°

[Umschlagt.:] Führer durch d. Ausstellung. Nürnberg 1906.

Rée, Paul Johs., Offizieller Führer der bayer. Jubiläums-Landes-Industrie-, Gewerbe- u. Kunst-Ausstellung Nürnberg 1906. Hrsg. v. der Ausstellungs-Leitg. 3. Aufl. (78 S. m. Abbildgn. u. 3 Plänen.) kl. 8. Nürnberg, Vertriebsstelle der offiziellen Drucksachen der bayer. Landes-Ausstellung. n. — 60; Ausg. m. deutschem, engl. u. französ. Text. (22, 23 u. 78 S. m. Abbildgn.) n. 1. 40

— offizieller Führer durch die bayerische Landes-Industrie-, Gewerbe- u. Kunst-Ausstellung 1896. Hrsg. v. bayr. Gewerbemuseum. gr. 8. (66 Sp. m. 1 Ansicht u. 3 farb. Plänen.) Ebd. 896. n. n. — 50

— Führer durch die St. Jakobskirche in Nürnberg. 16. (8 S.) Ebd. 889. n. n. — 25

— Das Glas im Kunstgewerbe. Festvortrag z. Einweihg. der Fachschule f. Glasindustrie in Zwiesel Sonntag, den 18. IX. 1904. Mit 9 Taf. Abbildgn., davon 1—8 m. Gläsern aus der Mustersammlg. des bayer. Gewerbemuseums in Nürnberg. (18 S.) Lex. 8. Zwiesel (904). (München, H. Lukaschik.) 1. 50

Grundlagen der kunstgewerblichen Schönheit von Prof. Paul Johannes Rée. *(Krefeld: C. Busch-du Fallois Soehne [1902].)* (57 S.) 8° [F.]

— Gutenberg. Festrede zur Feier der 450 jähr. Erfindg. der Buchdruckerkunst. gr. 8. (18 S.) Nürnberg 890. Raw. n. — 80

Habe ich den rechten Geschmack? Ein Beitrag z. Ästhetik d. täglichen Lebens von Prof. Dr. Paul Johannes **Rée**, Nürnberg. Stuttgart: Strecker & Schröder 1906. (41 S.) 4°(8°) [F.]
**— Flugblätter** f. künstlerische Kultur. 1.

— **Hamburg** u. seine Ausstellung. gr. 8. (26 S.) Erlangen 890. Junge. n. — 50

— **bayer. Jubiläums-Landes-Ausstellung Nürnberg 1906. Vortrag. (16 S. m. 1 Abbildg. u. 1 eingedr. Plan.) gr. 8. Nürnberg 906. Vertriebsstelle der offiz. Drucksachen der bayer. Jubiläums-Landes-Ausstellg. n. — 10**

Bayerisches Gewerbemuseum. Katalog der Bibliothek. Bücherverz. u. Schlagwortkatalog. Hrsg. v. Bayer. Gewerbemus. in Nürnberg. Vf. v. Dr. Paul Johannes **Rée**, Bibliothekar ... *Nürnberg: Verlagsanst. d. Bayer. Gewerbemuseums 1897.* (VI S., 1 Bl., 722 S.) 1 Bd 8. [97. 7585

— **modern.** Der rechte Weg zu künstler. Leben. Eine apologet. Studie. 8. (42 S.) Leipzig 900. E. A. Seemann. n. — 60

**— Nuremberg and its art to the end of the 18th century, s.: Art cities, famous. Nr. 8.**

Rée PJ, Nürnberg. Entwicklung seiner Kunst bis zum Ausgange des 18. Jahrhunderts. (221 S) (Berühmte Kunststätten 5) Leipzig 1899

**Rée**, Paul Johannes: Nürnberg. Entwickelung seiner Kunst bis zum Ausgange des 18. Jhs. Leipzig & Berlin: E. A. Seemann 1900. (221 S.) 8°
= Kunststätten, Berühmte. No 5.

— **Nürnberg**, s.: Kunststätten, berühmte. Nr. 5.

— **Ernst Rietschel**, der Schöpfer d. Luther-Denkmals zu Worms. Vortrag, im evangel. Arbeiter-Verein zu Nürnberg geh. Mit e. Vorwort v. G. Bohrer. 8. (29 S. m. Bild.) Nürnberg 890. Raw. n. — 40

— **Wanderungen** durch das alte Nürnberg. 1. u. 2. Aufl. 8. (VII, 58 S. m. Abbildgn.) Nürnb. 889,90, J. L. Schrag. * 1 50

**Reeb, G., Führer üb. d. Wörther Schlachtfeld. 8. (33 S. m. 1 Karte.) Weissenburg 895. C. Burckardt's Nachf. — 60**

**Reeb, Geo., Thesaurus philosophorum seu distinctiones et axiomata philosophica, a Joanne Maria Cornoldi recognita et aucta. 16. (XI, 420 S.) Brixen 871, Weger's Buchh. ***

**— dass. — J. M. Cornoldi recognita et XXVIII scholiis aucta. Edit. nova. 16. (377 S.) Parisiis 875. (Regensburg, Pustet.) ****

Reeb, Jakob

Über die Grundlagen des Sittlichen nach Cicero und Ambrosius. Vergleichung ihrer Schriften de officiis. Ein Beitrag zur Bestimmung des Verhältnisses zwischen heidnisch-philosophischer und christlicher Ethik. Von Jac. Reeb, G. P. — 1876. Zweibrücken, Aug. Kranzbühler. — S. 3—63*.
Progr. Zweibrücken, K. Gymn.

**Reeb, Jak., das bayerische Zwangserziehungsgesetz u. seine Durchführung. Ein Wegweiser f. alle zur Mitarbeit Berufenen, insbesondere f. Geistliche, Lehrer, Waisenräte, Gemeindebehörden, Anstaltsvorstände, Jugendfürsorge- u. Frauenvereine. (VI, 118 S.) 8. München 908. C. H. Beck. Kart. n. 1. 50**

1. **Reeb,** Jak., das bayer. Zwangserziehungsgesetz. 908. (KBL 34.) Jetzt: Regensburg, Verlagsanstalt vorm. G. J. Manz. Erm. Pr. kart. 1. —

**Reeb,** Moritz, approb. Arzt aus Strassburg: Weitere **Untersuchungen über die wirksamen Bestandtheile des Goldlacks** (Cheirantus Cheiri. L.). *Leipzig 1899: J. B. Hirschfeld.* (25 S.) 8°
Strassburg, Med. Diss. v. 1899

**Reeb**, Wilhelm (Bearb.), s. Aeschines, Socratius: Rede gegen Ktesiphon.

Russische Geschichte von Dr. Wilhelm **Reeb**, Oberl. Leipzig: Göschen 1903. 152 S. 8°
(Sammlung Göschen. 4.) [03. 13560 11

**Reeb, Wilh., russische Geschichte, s.: Sammlung Göschen.**

**Reeb, W., methodischer Leitfaden f. den Unterricht in der ebenen Geometrie. Nach konstruktivem u. heurist. Lehrverfahren f. untere Klassen höherer Lehranstalten u. höhere Mädchenschulen bearb. gr. 8. (IV, 57 S.) Gießen 888. Roth. n. 1. —**

Reeb, Wilhelm [Dr.]: Germanische Namen auf rheinischen Inschriften. Mainz, Druck v. H. Prickarts, 1895; 48 S. 4.
Mainz, grossh. G, P 1895 (657)

Präparation zu Livius' erster Dekade. Von Dr. Wilhelm **Reeb**, Mainz. Buch 1. *Leipzig & Berlin: B. G. Teubner 1903.* 8°
(Schulpräparationen zu lat. u. griech. Schriftstellern.) [04. 10368

**— Präparation zu Livius' erster Dekade. Buch I. (54 S.) gr. 8. Leipzig 903. B. G. Teubner. n. — 60**

**— dasselbe. Buch II—V. (60 S.) 8. Ebd. 906. n. — 80**

**Reeb, Wilh., Präparation zu Livius' erster Dekade. Auswahl aus Buch VI—X. (50 S.) 8. Leipzig 906. B. G. Teubner. — 80**

**Reeb, Wilh., Präparation zur Curtius Rufus' Geschichte Alexanders d. Gr., s.: Präparationen f. d. Schullektüre.**

**Reeb, Wilh., Rechenbuch f. höhere Lehranstalten. Mit besond. Berücksicht. d. kaufmänn. Rechnens nach der Reichswährg. u. dem metr. Maß- u. Gewichtssystem bearb. 2. Aufl. 6 Hfte. gr. 8. (221 S.) Gießen 874. Roth. à — 40; in 1 Bd. geh. n. 2. —**

— **dasselbe. Auflösungen.** 8. (60 S.) Ebend. 874. n. — 80

— **Rechenbuch.** Für höhere Lehranstalten, Mittel- u. Bürgerschulen. 1. Curs., für die unteren Klassen höherer Lehranstalten etc. berechnet. gr. 8. (IV, 123 S.) Mainz 878. Diemer. n. 1. 20

— **dass. — Auflösungen zum 1. Cursus, für die unteren Classen höherer Lehranstalten etc. berechnet. gr. 8. (24 S.) Ebend. 878. ***

**— dasselbe. 2. Curs. 2., vollständig umgearb. Aufl. gr. 8. (IV, 112 S.) Ebend. 881. n. 1. —**

— **dasselbe. Auflösungen.** 8. (16 S.) Ebend. 882. n. — 60

**Reeb, Wilh., Rechenbuch. Für höhere Lehranstalten, Mittel- und Bürgerschulen bearb. 3 Kurse. gr. 8. Mainz 881, Diemer. [1. Kursus. 2. umgearb. Aufl. (IV, 118 S.) 885. *M 1.; 2. Kursus. 3. vollständig umgearb. Aufl. (IV, 112 S.) 881. *M 1.; 3. Kursus. 3. vollständig umgearb. Aufl. (102 S.) 883. *M 1,40.] ***

Reeb, Wilh., Rechenbuch. Für höhere Lehranstalten, Mittel u. Bürgerschulen bearb. 1—3. Kurs. gr. 8. Mainz. Diemer n. 3. 40
1. 2. Aufl. (IV, 118 S.) 885 n. 1. —
2. 3. Aufl. (IV, 118 S.) 886. n. 1.
3. 3. Aufl. (192 S.) 882. n. 1. 40

—— Rechenbuch. Für höhere Lehranstalten, Mittel- und Bürgerschulen. 2. Kursus. 4. Aufl. 8. (IV, 118 S.) Mainz 886, Diemer. * 1 —
1. und 3. Kursus. Ebendas. 1883,85. *ℳ 2.40.

Reeb, Wilh. Rechenbuch. Für höhere Lehranstalten, Mittel- u. Bürgerschulen bearb. 1. u. 2. Kurs. gr. 8. Mainz, Diemer. [1. Kurs. 4. umgearb. Aufl. (IV, 118 S.) 888; 2. Kurs. 5. vollständig umgearb. Aufl. (IV, 112 S.) 889.] à Kurs. * 1 —; * 2 —
3. Kurs. 3. Aufl. Ebd. 1883. * 1 40.

Reeb, Wilh., Rechenbuch. Für höhere Lehranstalten, Mittel- u. Bürgerschulen. 1. u. 2. Kurs. 8. Mainz 889. J. Diemer, Verl. à n. 1. —; Einbd. à n.n. — 20
1. 4. Aufl. (unveränd. Abdr. der 2. umgearb. Aufl.) (IV, 118 S.)
2. 5. Aufl. (unveränd. Abdr. der 4. Aufl.). (IV, 118 S.)

Reeb, Wilh., Rechenbuch. Für höh. Lehranst., Mittel- u. Bürgerschulen bearb. 1. Kurs. 5., verm. Aufl., bearb. v. K. Schollmayer. 8. (IV, 121 S.) Mainz 895. J. Diemer, Verl. n. 1. —; geb. in Halbleinw. n.n. 1. 20

Reeb, Wilh., Rechenbuch f. höhere Lehranstalten, Mittel- u. Bürgerschulen. 1. u. 2. Kurs. u. Auflösgn. 6. verm. u. verb. Aufl., bearb. v. K. Schollmayer. 8. Mainz 900. J. Diemer Verl. n. 3. 20; Einbde. à n.n.n. — 20
1. (IV, 121 S.) n. 1. —; Auflösgn. (19 S.) n. — 60
2. (IV, 123 S.) n. 1. —; Auflösgn. (18 S.) n. — 60

— kaufmännisches Rechnen. Zugleich 3. Kursus des Rechenbuchs f. höhere Lehranstalten, Mittel- u. Bürgerschulen. 4. verb. u. verm. Aufl., bearb. v. J. Hamann. 8. (V, 106 S.) Ebd. 901. Geb. n.n. 1. 60

Lateinisch-deutsches Schulwörterbuch, s.: Heinichen.

—— algebraisches Uebungs-Buch mit einleitenden Fragen, eingereihten Sätzen und Regeln, sowie ausgeführten Musterbeispielen. Für Schulen und Lehrerseminarien. 2. Aufl. gr. 8. (IV, 124 S.) Giessen 876, Roth. *
Die 1. Aufl. erschien im Selbstverlag.

Reeb, Wilh., Auflösungen zu dem algebraischen Uebungsbuche. gr. 8. (36 S.) Giessen 877. Roth. n. — 80

— algebraisches Ubungs-Buch m. einleitenden Fragen, eingereihten Sätzen u. Regeln, sowie ausgeführten Musterbeispielen. Für Realschulen, Mittelschulen u. Lehrerbildungsanstalten. 3., verm. Aufl. 8. (IV, 126 S.) Gießen 889. Roth. n. 1. 50; Auflösung (35 S.) n. — 80

— algebraisches Übungs-Buch m. einleitenden Fragen, eingereihten Sätzen u. Regeln, sowie ausgeführten Musterbeispielen. Für Realschulen, höhere Bürgerschulen und Lehrerbildungsanstalten. 4. verm. u. verb. Aufl., bearb. v. Chr. Schmehl. gr. 8. (VII, 143 S.) Gießen 899. E. Roth. n. 1. 50; geb. n. 1. 80

Reeber, C., Prüfung d. Lehrgegenstände u. d. Lehrart f. Volksschulen mit Bezug auf die Frage: Ist die Vereinigung der Kinder in einer Volksschule ohne Rücksicht d. Religionsverschiedenheit pädagog. Grundsätzen angemessen? 8. Manh. 811. Löffler. 9 gr

Reeber, C., Prüfung d. Lehrgegenstände u. d. Lehrart f. Volksschulen. 8. Mannh. Löffler. 811. — 9

Reebmann, Jos., († d. 13. Dec. 1812.) rechtschaffenes Exempelbuch f. unstudirte Leute. 2 Bde. 8. Augsb. 791, 97. 3e Aufl. unt. d. T.: erbauliche u. sonderbare Geschichten, gesammelt u. mit nützl. Bemerkk begleitet. 816. 5e Aufl. 825. Kranzfelder. 18 gr

Reebmann, J., rechtschaffenes Exempelbuch für unstudirte Leute. 2 Bde. 8. Augsburg. Kranzfelder. 816.

Reebmann, Jos., ein rechtschaff. Exempelbuch f. d. Landvolk, wie auch f. unsere Bürger in Städten, welche bey müßigen Stunden e. nützl. Unterhaltung suchen. Begl. mit e. Vorr. v. e. christl. Volksfreunde. 4., verb. Aufl. 8. (23½ B. u. Titelkpfr.) Augsburg 830, Kranzfelder. Thlr.

Reebmann, J., ein rechtschaffenes Exempelbuch für das Landvolk, wie auch für Bürger in Stadten rc. 4e Aufl. gr. 8. Augsburg, jetzt Kollmann, u. d. Pr. ⅔ ℛ

— Predigten a. Sonn- u. Festtagen. 8. Ebend. 807.

—prolegomena ad theologiam scholasticam correctam, pro usu candidatorum theologiae, Friburgi in Helvetia. 8. Freiburg 779.

—quaestio magni apud philosophos momenti de primis veritatibus seu de primis principiis scientiae philosophicae. 8. Freiburg 766.

—quaestio theolog. de bonis incertis. 8. Freiburg 768.

Reebmann, Jos., Scepticus inexcusabilis seu refutatio impiorum de divinitate religionis christianae dubitantium. Friburgi (in Helvetia) 1771, 8°.

Reebmann, Jos., wybór przykładów dla ludu wiejskiego jako też i mieszczan, którzy w wolnych od pracy godzinach pożyteczniéj dla siebie zabawy szukają. Z niemieckiego. Nowe wydanie. 8. (292 S.) Lissa 847, Günther. ⅔ ℛ

[The domestic medical Guide. Deutsch:] Der Gesundheitsfreund oder Allgemein faßliche Anweisung die vorzüglichsten Krankheiten des menschlichen Körpers nach den neuesten Entdeckungen in der Arzneywissenschaft selbst zu behandeln. Nach der 11. verb. Ausg. des Richard Reece. Aus d. Engl. übers. Hrsg. von Carl Gottlob Kühn. Leipzig: Baumgärtner 1817. X, 510 S. 8°

Reeck, Adolf [Dr.]: Beiträge zur Syntax des Catull. Bromberg, Buchdr. v. H. Lewinsohn, 1889; S. 1–18; 4°
Bromberg, st. RG, OP 1889 (169)

Reeck, Adolphus *(geb. Arnswalde in d. Mark 20. 2. 1845)*: De Catullianorum carminum re grammatica et metrica. Vratislaviae 1872. (74 S.) 8°
Breslau, Phil. Diss. v. 20. Juli 1872

Reeck, G., Eisenbahn-Güter-Tarif für Berlin, enthaltend die für den Verkehr zwischen den einzelnen Berliner Bahnhöfen einerseits und deutschen, sowie niederländischen Eisenbahnstationen andererseits bestehenden reglementarischen, tarifarischen Bestimmungen und Frachtsätze. Hrsg. im Juni 1883. Nach amtl. Quellen bearb. 1. Thl. Lex.-8. (L, 408 S.) Berlin 883, (R. Kühn.) **

Reeck, G., Eisenbahn-Güter-Tarif für Berlin, enthaltend die für den Verkehr zwischen Berlin einerseits und deutschen, sowie niederländischen Eisenbahnstationen andererseits bestehenden reglementarischen, tarifarischen Bestimmungen und Frachtsätze. Nach amtl. Quellen bearb. 2. verm. und verb. Ausg. Ausg. am 1. Decbr. 1885. gr. 8. (VI, LXVI, 171 S.) Berlin 886, (Rothacker.) **ℳ 5.50.; geb. ** 6 —
—— dass. — Nachtrag I. zur 2. verm. und verb. Ausg. vom Decbr. 1885. Hrsg. im März 1887. gr. 8. (IV, 73 S.) Berlin 887, (R. Kühn.) ** 1 50

— Eisenbahn-Güter-Tarif f. Nord-Deutschland, enth. die für den Verkehr zwischen den Stationen Breslau, Bremen, Bromberg, Danzig, Königsberg i/Pr., Hamburg, Stettin, Posen u. Thorn einerseits u. den Stationen Deutschlands u. der Niederlande andererseits besteh. reglementar., tarifar. Bestimmgn. u. direkten Frachtsätze. Nach amtl. Quellen bearb. 1888. Lex.-8. (VI, 396 S.) Berlin 888. (R. Kühn. — Bremen, Rühle & Schlenker.) 12. —

**Reed, Martha.** Eine wahre Lebensgeschichte, siehe: Schillings-Bücher. Nr. 23 u. 24.

Reed, Andrew

Keine Erdichtung. Erzählung. Aus interessanten Thatsachen der neuern Zeit gezogen. Von Andreas Reed. Nach der 7. Aufl. aus dem Engl. frei übertr.
Essen: Bädeker 1834. VIII.426 S. 8°

**Reed, Andrew,** Gamaliel, oder inwiefern ist der Erfolg des Evangeliums ein Beweis seiner Göttlichkeit? Ein Vortrag. Aus dem Engl. von E. F. Ball. Bielefeld 861. Velhagen & Klasing. 16. (76 S.) 7½ ngr.

**Reed, Andr., Martha. Andenken an eine einzige u. geliebte Schwester. Aus d. Engl. frei übertragen. In besond. Beziehung auf die Bildung d. weibl. Geschlechts. 8. Essen 832. Bädeker. 1 ℳ**

**Reed, Andr., Martha.** Andenken an eine einzige u. geliebte Schwester. Eine, christl. Jungfrauen gewidmete, freie Uebersetzung aus dem Engl. 2., durchges. Aufl. 8. (X u. 288 S.) Essen 847, Bädeker. In Engl. Einb. 1 ℳ

**Reed**, J. Hastings: Ueber Methylderivate der Naphtochinoline und ueber β-Naphtoacridin .... Leipzig, Druck v. Metzger & Wittig, 1887; 27 | 1 S. 8°.
Leipzig, Phil. Fak., Inaug.-Diss. v. 23. Jun. 1887.

**Reed, J. Hastings, über Methylderivate der Naphtochinoline und ueber β-Naphtoacridin.** Diss. Leipzig 1887, Gustav Fock. 8°. 27 S.

**Reed,** John O.: Ueber den Einfluss der Temperatur auf die Brechung und Dispersion einiger Gläser und Krystalle. *Jena 1897: B. Vopelius.* (52 S. mit Taf.) 4°
Jena, Phil. Diss. v. [20. Juni] 1897

**Reed, Talbot Baines, English boys.** Für den Schulgebrauch hrsg. v. Karl Münster. 8. (IV, 108 S.) Wien 902. F. Tempsky. Geb. in Leinw. n. 1. —; Wörterbuch. (58 S.) n. — 60

The fifth form at St. Dominic's. A school story by Talbot Baines **Reed.** Im Ausz. hrsg. von Emil Stumpff, Oberl. [Nebst] Anh. [u.] Wörterbuch. Bielefeld & Leipzig: Velhagen & Klasing 1905. 3 Bde 8°
= **Sammlung**, Velhagen u. Klasings, franz. u. engl. Schulausgaben. English authors. Lfg 102 B. [cd. 4117

**Reed, Talbot Baines, The fifth form at St. Dominic's, hrsg. von Emil Stumpff, s.g/Authors, English.**

**— Tales of the sea, s.: Kingston, W. H. G.**

**Reeder,** Alfred, a. Eutin: Die Schleswig-Holsteinische Koppelwirtschaft. Borna-Leipzig 1908: R. Noske. (X, 155 S.) 4°
Tübingen, Staatsw. Fak., Ref. v. Leemann, Diss. v. 9. Mai 1908
(Nur in beschränkter Anzahl für den Austausch)
[Geb. 23. Juni 70 Büllsbüll (Schleswig); Wohnort: Eutin; Staatsangeh.: Preußen; Vorbildung: Gymn. Eutin Einj.-Freiw.-Zeugnis, Fähnrichs-Examen Berlin; Studium: Halle 7, Tübingen 4 S.; Rig. 12. März 06.]

Die Schleswig-Holsteinische Koppelwirtschaft. Von Dr. Alfred **Reeder.** Borna-Leipzig 1908: Noske; [Eutin: Struve]. X, 155 S. 4°(8°)
Ersch. auch als Inaug.-Diss. Tübingen 1908. A 12. 14096 8

Reeder, Eduard: Fort die Dänenfurcht! An die zu Vorsichtigen, noch Bedenklichen unter meinen schleswiger Landsleuten. o. O. Im April 1864. 8°

**Reeder, Ed.,** der bevorstehende Friede für Schleswig-Holstein mit Dänemark. Eine Stimme aus dem Schleswigschen Volke. Neumünster 864. Schleswig-Holsteinische Verlagsbuchhdlg. gr. 8. (23 S.) n. 3 ngr.

Reeder, Eduard: An die kleinen Leute. o.O. Juni 1864. 8°

**Reeder,** Hermannus, Dessaviensis: De codicibus in Ciceronis orationibus Caesarianis recte aestimandis. Jenae 1906: G. Neuenhahn. (46 S.) 8°
Jena, Phil. Fak., Ref. Goetz, Diss. v. 1. Sept. 1906
[Geb. 11. Sept. 82 Dessau; Wohnort: Jena; Staatsangeh.: Anhalt; Vorbildung: Gymn. Jena Reife O. 02; Studium: Jena 8 S.; Rig. 10. März 06.]

**Reeder,** Hermann, Pfarrer in Dülken: Die Psychologie in Schopenhauers Erkenntnistheorie. Krefeld 1904: Kramer & Baum. (83 S.) 8°
Tübingen, Phil. Fak., Ref. Maier, Diss. v. 10. März 1905
[Geb. 18. Dez. 59 Elberfeld; Wohnort: Dülken; Staatsangeh.: Preußen; Vorbildung: Gymn. Attendorn Reife O. 80; Studium: Leipzig 1, Marburg 1, Halle 4 S.; Rig. 30. Nov. 04.]

**Reeder, Herm.** Schloß Steinegg, e. verlassene Herberge der Gerechtigkeit, s. Für die Feste u. Freunde d. Gustav-Adolfs-Vereins.

The historical development of school readers and of method in teaching reading by Rudolph R. **Reeder.** *New York: The Macmillan Co.; Berlin: Mayer & Müller 1900.* (92 S.) 8°
— **Columbia University contributions** to philosophy, psychology and education. Vol. 8, No 2. [cd. 9907

Reedtz, Holger Christian de

de Reedtz, (H. C.,) Répertoire historique et chronologique de traités conclus par la couronne de Dannemarc depuis Canut-le-grand, jusqu' à 1800. gr. 8. Götting. 826, Dieterich.

**Reefschläger, Erich,** Statistik üb. das Verhältnis der rechts- u. linksseit. Gehirnembolien. Diss. gr. 8. (22 S.) Leipzig 890. Buchh. G. Fock. n. — 75

**Reeg, L.,** Gnade u. Wahrheit. Konfirmanden u. Konfirmierten in freiem Anschluß an Luthers Katechismus dargereicht. 12. (45 S.) Heilbronn 898. Stuttgart, M. Kielmann. n. — 30; bessere Ausg., geb. in Leinw. n. — 70

Reeg, Ludw., von der tiefen Wirklichkeit. (VII, 95 S.) kl. 8. München 910. C. H. Beck. Geb. m. Goldschn. 2. —

**Reeb,** Robert Heinrich Ludwig, Referendar a. Cöln: Das Ausscheiden eines Genossen. Neuwied a. Rh. 1905: Raiffeisen-Druckerei. (89 S.) 8° [J.]
Marburg, Jur. Fak., Ref. Heymann, Diss. v. 22. Apr. 1905
[Geb. 26. Juni 76 Cöln (Rhein); Wohnort: Saarbrücken; Staatsangeh.: Preußen; Vorbildung: Gymn. Moers a. Rh. Reife O. 97; Studium: Bonn 4, Marburg 3 S.; Rig. 15. Dez. 02.]

Reehaan, G., clavis temporum N. T. super acta, itinera etc. Pauli et Petri. Viteb. 1723. 4.

**ter Reehorst, K. P.,** the mariner's friend or polyglot. indispensable and technical dictionary, of upwards 4500 nautical-, steam- and shipbuildingterms etc. in 10 different languages English, Dutch, German, Danish, Swedish, French, Italian, Spanish, Portuguese and Russian. Preceded by a precise explanatory key to the pronounciation of all these languages. Whereto is added an index, to find the Dutch terms alphabetically. qu. gr. 8. (XVIII, 404 u. XLI S. m. 1 lith. Tab. in gr. Fol.) Kampen 849. Hamburg, Perthes-Besser & Mauke. n. 5 ℳ

**Reck, Doris**, im Reiche des Islam. Bilder u. Skizzen. 8. (V, 272 S.) Berlin (900). (Leipzig, H. L. Thilo.) n. 3. –

**Reek,** Theodor, approb. Arzt aus Mengede (Westf.) **Beitrag zur Symptomatologie der Paralysis agitans.** *Kiel 1902: H. Fiencke.* (23 S.) 8°
Kiel, Med. Diss. v. [4. Apr] 1902

**Reeker,** Hermann: **Beiträge zur Cyklopie.** *Münster i. W. 1898: Theissing.* (28 S. mit Taf.) 8°
Munster, Phil. Diss. v [13. Aug.] 1898

RE[E]LAND, ADRIAN R. Zwey Bücher von der Türckischen oder Mohammedischen Religion Nebst dessen curieusen Tractat von dem Mohammedischen Krieges-Recht bey jetzo sich eraugenden Gefahr des herannahenden Türcken-Krieges. Hannover, Nic. Förster, 1716. 8° 21 (statt 22) Bl., 237 num. S. 3 Bl. ohne das letzte leere, Moderner Pbd.
Erste deutsche Ausgabe, das lateinische Original war 1705 erschienen

**Reemtsen, C.**, die Beziehungen zwischen Bank u. Kaufmann, s Vortrags-Entwürfe, hrsg. vom deutschnationalen Handlungsgehilfen-Verbande in Hamburg. Heft 23. 24.

**Reen, s. Paar Reen.**

**Reen,** Hans, Gerichtsakzessist in Offenbach a. M.: **Handelsrechtliche Erbenhaftung.** Gießen 1905: v. Münchow. (58 S.) 8°
Gießen, Jur. Fak., Ref. Leist, Diss. v. 13. Dez. 1905
[Geb. 27. Juli 80 Wörrstadt; Wohnort: Offenbach; Staatsangeh.: Hessen; Vorbildung: Gymn. Mainz Reife O. 01; Studium: Gießen 1, Heidelberg 2, Bonn 1, Gießen 2 S.; Rig. 1. März 05.]

**Reen, Laur. Joh. Nepom.** Gisenaco-Westphalus ... graviter accusatus, convictus ... Halae 1749. H: *Agnethler, Michael Gottlieb.* (Trausch)

**Reenen, J. v.**, Reise an die Ostküste d. s. Afrika, nach dem Engl. gr. 8. Berl. Voß. 793.

Reents, Reinh.

**Reents, R.**, praktische Anweisungen für Holz- und Marmormalerei nach französischer Methode. Ein Handbuch für Fachmänner. 8. (16 S.) Augsburg 883, (Wolff'sche Buchh.) **

**Reents,** R: Anleitung zur Herstellung von Velourmalereien mittels »Velouteur«. München 1906

**Reents,** Reinh., Velourmalerei. Anleitg. zur prakt. Herstellg. v. Velourmalereien jegl. Art. Als Anh.: Die Anfertigg. v. Damast-Imitationen, Metall- u. a. Imitat., Arbeiten in Kaminzug-Technik, sowie Holz- u. Samt-Brandarbeiten. 2. verb. Aufl. (85 S. m. Abb.) kl. 8. München (908). (G. D. W. Callwey.) Geb. in Lw 3 –

**Reepel,** Franz [aus Pollnow in Pommern, Assistenzarzt II. Cl.]: Nahere und entferntere Beziehungen zur Aetiologie des Herpes zoster . Berlin, Buchdr. v. Gustav Schade (Otto Francke) (1887); 28 S. + 1 Bl. 8°.
Berlin, Med. Fak., Inaug.-Diss. v. 2. Aug. 1887.

**Reepel, Franz,** nähere und entferntere Beziehungen zur Aetiologie des Herpes zoster. Diss. Berlin 1887, Mayer & Müller. 8°. 28 S.

Arm aber ehrlich. Deklamatorium in 3 Aufz. von M. **Reepel.** Züllchow/Stettin M. Buhle [1904]. (22 S.) 8° [F.] 05. 3080

Der Kriegskameraden Wiedersehn. Kaisers-Geburtstagsspiel in 2 Aufz. von M. **Reepel.** Züllchow/Stettin. M. Bühle 1904. (15 S.) 8° [F.] 05. 3083

**Reepen's, H.**, Taschen-Notizbuch u. Kalender für Bienenzüchter, hrsg. unter Mitwirkg. v. Rud. Dathe. (1894.) 12. (128 S.) Hannover, Göhmann'sche Buchdr. Geb. in Leinw n. — 60

**Reepen's Taschen-Notizbuch** u. Kalender f. Bienenzucht (1896), hrsg. unt. Mitwirkg. v. Rud. Dathe v. H. Reepen. gr. 16. (123 S.) Hannover, Göhmann'sche Buchdr. Geb. in Leinw. n. — 60

**Reepen's, H. v. B.**, Taschen-Notizbuch u. Kalender für Bienenzüchter, hrsg. unter Mitwirkg. v. Rud. Dathe. (176 S.) 16. Hannover (904). Göhmann'sche Buchdr. Geb. in Leinw. n. — 60

**Reepen's, H. v. B.**, Taschen-Notizbuch u. Kalender f. Bienenzüchter (f. 1910), hrsg. unter Mitwirkg. v. Rud. Dahte. (176 S.) kl. 8. Hannover (909). Göhmann'sche Buchdr. Geb. in Leinw. — 60

REEPLOEG, Johannes (Bingum): Zur Kenntnis der Hodensarkome.- Münster: Westfäl. Vereinsdruckerei 1892. 24 S.
21.1.1892 - Chr 1891/92,26; Jv 1892/93,210
**Diss. Ingolst.-Landsh.-Mchn.**

**Reeps,** der Prozeß Stietenkron vom Gesichtspunkte des ärztlichen Sachverständigen betrachtet. (39 S.) 8. Straßburg 902. J. Singer. n. — 60

**Reeps, Karl August:** Grundzüge einer Landeskunde von Bornholm. Stuttgart 1910: Strecker & Schröder. 98 S. 8° ¶(Auch als: Geogr. Arbeiten. 6.)
Rostock, Phil. Diss. v. 4. März 1910, Ref. Ule
[Geb. 3. März 86 Adamshoffnung i. M.; Wohnort: Rostock; Staatsangeh.: Mecklenburg-Schwerin; Vorbildung: Gymn. Güstrow Reife O. 05; Studium: Freiburg i. B. 1, Jena 3, Rostock 6 S.; Rig. 2. März 10.] [U 11. 4167

**Reeps,** L. [aus Malchow in Mecklenburg]. Thiol und Ichthyol. Eine Studie über die chemische und therapeutische Identität beider Mittel Berlin, Druck v. A. Haack, 1888; 29 + 1 S. + 1 Bl. 8°
Berlin, Med. Fak., Inaug.-Diss. v. 4. Aug. 1888

Reeps, Ludwig

Karte des Kreises Anklam. Gezeichnet v. **Reeps,** Oberstlt. a. D. *Anklam: F. Krüger (1899).* (1 Ktnbl. 61 × 67 cm.) 2° 99. 6766 0

Plan von Anklam 1 : 10000 gezeichnet von **Reeps,** Oberstlt. a. D. *Anklam: E. Süssermann (1899).* (1 Kartenbl. 56×65 cm.) quer-2° 00. 1834 0

Plan von Anklam gezeichn. von [Ludwig] **Reeps.** Oberstl. a. D. Massst. 1 : 10,000. *Anklam E. Sussermann [1901]* (1 Kartenbl. 60×45 cm.) quer-gr. 2° 02. 1479

**Reepschläger, C. G.**, Liederkranz. Eine Sammlung ein-, zwei- u. dreistimmiger Lieder, Motetten u. Choräle, nebst einem Anhang über Tonschrift für Schule u. Haus. 8. (IV, 188 S.) Tilsit 880. (Berlin, Oehmigke's Verl.) n. — 50

**Reepschläger, C. G.**, Liederkranz. Eine Sammlung von 275 ein-, zwei- und dreistimm. Liedern, Motetten und Chorälen, nebst Vorbemerkungen über die Tonschrift und einem Anhang, enth. die gebräuchlichsten liturg. Chöre, für Schule und Haus. 3. und 4. verb. und stark verm. Aufl. gr. 8. (146 S.) Berlin 885, Oehmigke's Verlag. * — 50
— — dass. — Eine Sammlung von 276 ein-, zwei- und dreistimm. Liedern, Motetten und Chorälen nebst Vorbemerkungen über die Tonschrift und einem Anhang, enth. die gebräuchlichsten liturg. Chöre, für Schule und Haus. 5. [Ster.-]Aufl. 8. (146 S.) Ebendas. 886. * — 50
— — dass. — Eine Sammlung von 300 ein-, zwei- und dreistimm. Liedern, Motetten und Chorälen, nebst Vorbemerkungen über die Tonschrift, eine Zugabe geistl. Volkslieder und einem Anhang, enth. die gebräuchlichsten liturg. Chöre, für Schule und Haus. 7. verb. und verm. Aufl. 8. (158 S.) Ebendas. 888. ** — 50

**Reepschläger, C. G.**, Liederkranz. Eine Sammlg. von 300 1-, 2- u. 3stimm. Liedern, Motetten u. Chorälen, nebst Vorbemerkgn. üb. die Tonschrift, e. Zugabe geistl. Volkslieder u. e. Anh., enth. die gebräuchlichsten liturg. Chöre, f. Schule u. Haus. 8. Aufl. 8. (158 S.) Berlin 890. Oehmigke's Verl. n.n. — 50

**Reepschläger, C. G.** Liederkranz. Eine Sammlg. v. 300 1-, 2- u. 3stimm. Liedern, Motetten u. Chorälen, nebst Vorbemerkgn. üb. die Tonschrift, e. Zugabe geistlicher Volkslieder u. e. Anh., enth. die gebräuchlichsten liturg. Chöre, f. Schule u. Haus. 11. Aufl. 8. (158 S.) Berl. 892, Oehmigke's Verlag. ** — 50

**Reepschläger, C. G.,** Liederkranz. Eine Sammlg. v. 300 1-, 2- u. 3stimm. Liedern, Motetten u. Chorälen, nebst Vorbemerkgn. üb. die Tonschrift, e. Zugabe geistl. Volkslieder u. e. Anh., enth. die gebräuchlichsten liturg. Chöre f. Schule u. Haus. 13. Aufl. gr. 8. (158 S.) Berlin 894. L. Oehmigke's Verl. n. — 50

**Reepschläger, C. G.,** Liederkranz. Eine Sammlg. v. 300 1-, 2- u. 3stimm. Liedern, Motetten u. Chorälen, nebst Vorbemerkgn. üb. d. Tonschrift, e. Zugabe geistl. Volkslieder u. e. Anh., enth. die gebräuchlichsten liturg. Chöre f. Schule u. Haus. 18. Aufl. 8. (158 S.) Berlin 898. L. Oehmigke's Verl. n. — 50

**Reepschläger, C. G.,** Liederkranz. Eine Sammlg. v. 300 1-, 2- u. 3stimm. Liedern, Motetten u. Chorälen, nebst Vorbemerkgn. üb. die Tonschrift, e. Zugabe geistl. Volkslieder u. e. Anh., enth. die gebräuchlichsten liturg. Chöre f. Schule u. Haus. Ausg. A. 26., m. neuer Rechtschreibg. verseh. Aufl. (162 S.) gr. 8. Berlin 906. L. Oehmigke's Verl. n. — 50; kart. n. — 65

— dasselbe. Eine Sammlg. v. 300 1-, 2- u. 3stimm. Liedern, Motetten, geistl. Volksliedern, Chorälen u. den gebräuchlichsten liturg. Chören, nebst Vorbemerkgn. üb. die Tonschrift f. Schule u. Haus. Ausg. B. Hrsg. von Paul Samuel. (188 S.) gr. 8. Ebd. 906. n. — 50 kart. n. — 65

**Reepschläger, C. G.,** Liederkranz. Eine Sammlg. v. 300 ein-, zwei- u. dreistimm. Liedern, Motetten u. Chorälen, nebst Vorbemerkgn. üb. die Tonschrift, e. Zugabe geistl. Volkslieder u. e. Anh., enth. die gebräuchlichsten liturg. Chöre f. Schule u. Haus. Ausg. A. 28., m. neuer Rechtschreibg. verseh. Aufl. (162 S. m. 1 Fig.) 8. Berlin (910). L. Oehmigke's Verl. — 50; geb. n — 65

**Reershemius, Andr.,** ostfries. luther. Predigerdenkmal, oder Verzeichniß d. Prediger, welche seit d. Reformation den evangel.-luther. Gemeinden in Ostfries- u. Harlinger-Lande das Evangelium verkündigt haben. Verbess., verm. u. mit einem Anh. herausgg. v. Pt. F. Reershemius. 8. Aurich 765. Luschky. 1 ₰

— ostfries. reformirtes Predigerdenkmal. 8. Aurich 774. Luschky. Neue Aufl. beider Werke in einem Bande, verm. u. fortges. v. Pt. F. Reershemius. 8. Ebd. 796.

**Reershemius,** Paulus, approb. Arzt aus Emden: Aus d. Garnisonlazarett zu Saarbrücken. Über einen Fall von chronischer Myelitis im Anschluß an Typhus abdominalis. *Kiel 1903: Schmidt & Klaunig.* (17 S.) 8°
Kiel, Med. Diss. v. [7. Febr.] 1903

**Reershemius, Pet. Fr.,** Katechismus, od. einfält., doch schriftmäßiger Weg z. Vereinigung d. Mensch. in Gott. 8. Lpz. Kummer. 777.

— das Landleben in Ostfriesland. 8. Aurich 775.

— s. A. Reershemius, Predigerdenkmal.

**Reershemius, Pt. Fr.,** († ...) Versuch d. Erklärung einiger Tauf- u. Eigen-Namen, welche in Ostfriesland anjetzo gebräuchlich sind. gr. 8. Aurich (786.)

— der einfältige Weg d. Vereinigung d. Menschen mit Gott, od. die Grundwahrheit. d. evangel.-luther. Kirche. 8. Aurich 761. 2e Aufl. 8. Leipz. 777. Kummer. 5 Gr

**Rees,** s. A. Van Rees.

**Rees, Dr.,** new Cyclopaedia. s. Cyclopaedia.

**Rees, A. A.,** falsche Weitherzigkeit. Eine Betrachtung über Esra 4, 1—5 und Apostelg. 16, 16—18. Aus dem Engl. übers. und mit Anmerkungen versehen von A. F.-K. gr. 8. (13 S.) Bern 886. (Bonn, Schergens.) * — 20

**Rees, Auguste.** Neues schweizer. Kochbuch. 1. Lief. In-8°, 48 S. St. Gallen, Altwegg-Weber. 1880.
*,* Complet in 8 Lieferungen.

—— Neuestes bürgerliches Kochbuch in vier Bändchen. I. Bändchen. *Die Gemüseküche*, in 8 Abtheilungen mit 327 Recepten. In-8°, 104 S. St. Gallen, Altwegg-Weber. 1879.

**Rees, Auguste.** Neuestes bürgerl. Kochbuch. In-8°. St. Gallen, Altwegg-Weber. 1880.
II. Bd. Süsse Speisen, Bäckereien bis zu dem feinsten Confect. 1 50
III. Bd. Fleischküche. 1 50
IV. Bd. Einmachen u. Conserviren der Früchte. 1 —

**Rees,** Daniel: Contemporary English ethics ... Leipzig, print. by G. Kreysing, 1892; 72 S. 8.
Leipzig, Phil. Fak., Inaug.-Diss. v. [25. Sept.] 1892

*Friedrich Rees.* Der griechische Hymnendichter Synesius von Cyrene mit einigen Übersetzungsproben. 56 S. Konstanz. P 1848

Rees, G. Owen

**Rees, G. O.,** Anleitung zur chemischen Untersuchung des Bluts und Harns im gesunden und krankhaften Zustande, so wie der Harnsteine. Für Aerzte u. angehende Chemiker. Nach d. Engl. bearbeitet u. mit Zusatzen versehen. Herausg. v. Alb. Braune. 8. Leipzig 837. Wunder. 1 ₰

**Rees, G. Owen,** über Nierenkrankheiten mit eiweißhaltigem Urin [Morbus Brightii]. Aus dem Engl. v. Rosztok. gr. 8. (VIII u. 99 S.) Braunschweig 852, Vieweg & Sohn. n. 1/2 ₰

**Rees,** Hugo [app. Arzt aus Ludwigsburg]: Eierstocksgeschwülste als Geburtshindernis ... Tübingen, F. Pietzcker, 1895; 26 S. 8.
Tübingen, Med. Fak., Inaug.-Diss. v. 1895

**Rees, Kaspar Frans de.**
Allgemeine Regel der Rechenkunst ... Göttingen 1738. 2. Aufl. 1743. 3. Aufl. 1751. Ü: *Kahle, Ludw. Martin.* H: *Willig, Michael Lorenz.* (ML) (BrMm)

*K. F. de Rees* allgemeine Regel der Rechenkunst. (aus dem Französ. von *Ludw. Mart. Kahle.*) 1739.
— 2te Aufl. 1743.
— 3te verbesserte Aufl. (mit einer Vorrede von *Mich. Lorenz Willig*) Götting. J. W. Schmid. 8. 200 S. 1751.

Allgemeine Regel der Rechenkunst, oder neueste Art alle Aufgaben in welchen etwas eine Verhältniß zu andern Dingen hat, kurz und leicht aufzulösen: in holl. Sprache von K[aspar] F[ranz] de Rees verf., nunmehro aber ins Hochteutsche übers. u. mit e. Vorr. von der Deutlichkeit der Mathematick vers. von e. Liebhaber mathematischer Künste [d.i. Ludwig Martin Kahle]. 2., verm. Aufl. Göttingen: Universitätsbuchh. 1743. XXII, 200 S. 8°

Rees, K. F. de, allgem. Regel der Rechenkunst. 8. Bremen, Förster. (Müller.) 786.

Rees, P., Kolumban, Anw. z. guten Kinderzucht. 8. Augsb. Ant. Dieger. 799.
Vgl.Reeß, Kol.

Rees, L. E., Selbsterlebtes während der Belagerung von Lucknow. Mit dem (lith.) Plane der Stadt nebst der Residenz (in Fol.) u. dem Porträt des General Sir Henry Lawrence (in Stahlst.). Deutsche Originalausg. Leipzig 858. Lorck. 8. (VIII, 284 S.) n. 1 ₰. 10 ngr.

Rees, Remig., der stumme Diener. 3. Aufl. Moment-Multiplizierer mit 1 bis 1 Billion. schmal gr. 8. (II, 13 S.) Wehingen (901). (Leipzig, G. Weigel.) n. — 50

Rees, Remig, der stumme Diener. Rechen-Apparat zur Moment-Multiplikation. Ausg. A u. B. (Je 20 Bl.) 31×5,4 cm. Leipzig (903). G. Weigel. à n. 2. —

— dasselbe (früher „Moment-Praktikus"). Universal-Schnellrechner. 7., verm. u. verb. Aufl. (331 S.) 8. Wehingen (905). R. Rees. n. 5. —

— Moment-Praktikus. Schnellrechner m. verdrehbarem Schlüssel. schmal gr. 8. (52 S.) Ebd. 901. n. 1. 50

Rees R, Moment-Praktikus. Schnellrechn. Mirus-Multiplik. (52 S 4 T) Wehingen (1902)

Moment-Praktikus. Schnellrechner mit verdrehbarem Schlussel. Von Remig Rees. Wehingen. *Leipzig: G. Weigel in Komm. [1903].* (52 S.) 8° [F.]

— Moment-Praktikus. Universal-Schnellrechner. 4., verm. u. verb. Aufl. (142 S.) gr. 8. Ebd. 903. n. 3. —

Rees, W. A. van, Erinnerungen aus der Laufbahn eines indischen Offiziers. Nach der 3. Aufl. des Holländ. übersetzt von Wilh. Berg. Vom Verf. autorisirte Ausg. 1. Serie. 1. u. 2. Thl. Mannheim 869,70. Schneider. gr. 8. (V, 142 S. u. 169 S.) Jeder Thl. n. 20 ngr.

Rees, W. A. van. Indische Skizzen, s. Universal-Bibliothek.

Denkschrift über die Errichtung und Entwickelung der Sparkasse der Stadt Lage zur Feier ihres 50jähr Bestehens. (Verf. Rendant Reese) — (Lage 1910.) 23 S. 8°

Reese. August [aus Soest]. Über aromatische Antimonverbindungen Soest, Druck v. Ed. Rochol Wwe., 1885; 35 S. 8°
Freiburg i. B. Phil Fak Inaug. Diss. v. 1885.

Reese, August, über aromatische Antimonverbindungen. Diss. Freiburg i. B. 1885, Fr. Wagnersche Univ.-Buchh. 8°. 35 S.

Reese, Daniel
Böse Saat. Roman. Berlin 1881.
In: Roman-Zeitung, Deutsche. Bd 2.

Reese , Dan., böse Saat. Roman. 3 Bde. 8. (204, 207 u. 192 S.) Berlin 881. Janke. n. 10. —

In welchen Fallen bekommt der Grundbesitzer Entschädigung wegen Veranderung der Strassen oder Anlegung der Baufluchtlinien? (Vortrag d Rechtsanw [Fr R] Reese-Berlin.) ⟨Aus d. Verhandlungen d. 12 ordentl. Landesverbandstages 1909 in Berlin.) Spandau 1909 Deutscher Verl. 11 S. 8° [Umschlagt]
(Mitteilungen d Preuss. Landesverbandes d Haus- u. Grundbesitzer Vereine H 46.) [09. 10693 9

Die Wasserwirthschaft im Gebiete der Ruhr u die Entwicklung d Wasserversorgung d. Stadt Dortmund u deren Umgebung Vortrag geh. 1902 zu Dortmund von Fr[iedrich] Reese, Dir d stadt Wasserwerks zu Dortmund *Dortmund W Crüwell 1902* (57 S.) 4° [02. 14370

Reese, Gustav. Evolutionismus und Theismus bei John Fiske. Leipzig: Quelle & Meyer 1909. 56 S. 8° ¶(Ersch. auch als: Abhandlungen z. Philos. u. ihrer Geschichte. H. 9.)
Erlangen, Phil. Diss. v. 10. Juni 1909, Ref. Falckenberg
[Geb. 24. Nov 84 Gr.-Buchwald; Wohnort Münster; Staatsangeb.: Preußen; Vorbildung: Gymn. Lübeck Reife O. 05; Studium: Kiel 4, Berlin 1, Erlangen 2 S., Rig. 3. März 09.] [U 09. 854

Reese, Heinrich. Ueber einen Fall von Nierenvenenthrombose bei Chlorose. Diss. Med. Basel. II + 34 S. 8. Basel, Franz Wittmer, 1903.

Reese, Heinrich· Hegel über das Auftreten der christlichen Religion in der Weltgeschichte. Ein Beitr. z. Geschichte d Religionsphilosophie Tübingen 1908: Laupp. 48 S. 8° • (Ersch. vollst. b. J. C. B. Mohr, Tübingen.)
Erlangen, Phil. Diss. v. 12. Okt. 1908, Ref. Hensel
[Geb. 31 Mai 79 Saargemund Wohnort Ansbach Staatsangeh. Bayern; Vorbildung Gymn. Bayreuth Reife 99; Studium Erlangen 4, Berlin 3, Erlangen 1 S. Rig. 2 Juli 08.] [U 09. 855

Hegel über das Auftreten der christlichen Religion in der Weltgeschichte. Von Dr. Heinrich Reese, Ansbach. Tübingen: J. C. B. Mohr 1909. (IV, 67 S.) 8° [F.]
Ein T erschien als Inaug.-Diss. Erlangen 1908. [08. 18040

Reese, H[einrich]. Die Regelung des öffentlichen Submissionswesens. Referat am 9. schweizerischen Städtetag in Lugano am 7. Oktober 1905. (Separat-Abdruck aus dem Schweizerischen Zentralblatte für Staats- und Gemeinde-Verwaltung. Jahrg. 6, Nr. 16, 1905/06.) II + 16 S. 8. Zürich, Orell Füssli, 1905.

Reese, H[einrich]. Die neueren Schulhäuser der Stadt Basel. Mit 21 Tafeln und 2 Tabellen. (Vortrag gehalten in der Jahresversammlung der Schweizerischen Gesellschaft für Schulgesundheitspflege am 14. Juni 1902 ... zu Basel.) IV + 16 S. 8. Zürich, Zürcher & Furrer, 1902.

Reese, Julius [app. Arzt aus Neumünster]: Aus d. Univ.-Frauenklinik zu Kiel. Über die Wendung bei engem Becken ... Kiel, Druck v. Schmidt & Klaunig, 1891; 33 S., 1 Bl. 8.
Kiel, Med. Fak., Inaug.-Diss. v. [11 Nov.] 1891

Reese, Carl [aus Stade, Prov. Hannover]: Über eine Darstellungsweise mononitrierter secundärer aromatischer Amine Rostock, Univ.-Buchdr. v. Adler's Erben, 1893; 36 S. 8.
Rostock, Phil. Fak., Inaug.-Diss. v. [14. März] 1893

**Reese, Carl Ludwig** (Bommern/Westfalen), De scabie. Diss. med. Berlin (Nietack) 13. XII. 1834. 29 S. u. Biogr. (M.: M. Buenger.) (—.—) 27879
Oppon.: I. O. Werne, H. Kisker, Fr. Mueser.
— Seinen Eltern gew. (Vater: Georg Reese.)

Reese Ludwig Über die Einwirkung von Phtalsäureanhydrid auf Amidosäuren Leipzig Druck v Metzger & Wittig, 1887; 24 S. + 1 Bl. 8°
Leipzig, Phil Fak., Inaug Diss v 2 Jul. 1887

Reese, Ludwig, über die Einwirkung von Phtalsäureanhydrid auf Amidosäuren. Diss. Leipzig 1887, Gustav Fock. 8°. 24 S.

Reese, [Paul] (Architekt) Das neue Schulgebäude. Die Einweihungsfeier. S. 3—15. 4.
Progr.

Reese, [Paul], Stadtbaumeister: Das neue Unterrichtsgebäude für Physik und Chemie. Neumünster (1909): Gottesleben. S. 6—8. 4°
Neumünster, G u. OR i. E. P 1909 (381) [S 09. 376

Reese, [Rudolf], Dr., Dir. [Bericht über die Einweihung des neuen Schulgebäudes an der Paulusstrasse. Mit 1 Taf. u. 2 Pl.] *Bielefeld 1900: H. Grenzmann.* (S. 11—15.) 4° [F.]
Bielefeld, st. R, P 1900 (403)

[S.] **Reese,** *Rudolf* [Dr., Dir.]: Entstehung und Ziele der Realschule zu Bielefeld. Bielefeld, Druck v. Velhagen & Klasing, 1897; 3—10 S. 4.
Bielefeld, st. R, P 1897 (390)

**Reese,** Rud., die staatsrechtliche Stellung der Bischöfe Burgunds u. Italiens unter Kaiser Friedrich I. gr. 8. (VIII, 118 S.) Göttingen 885. Akadem. Buchhandlg. n. 2. —

Reese, Rudolf [Hrsg.], s. Urkundenbuch d. Stadt Bielefeld.

**Reeséma,** Guil. Siewertsz van, Dissertat. histor.-philosoph. inaug., exhibens Parmenidis, Anaxagorae, Protagorae principia et Platonis de iis judicium. 8maj. (8 B.) Lugduni-Bat. 840, Gebhard et Soc. (Lipsiae, T. O. Weigel.) *

**Reeser,** Hendrik E . Das Tuberkulin. Diss. Vet.-Med. Bern. [Sep.-Abdr. aus: Centralblatt für Bakteriologie, Parasitenkunde und Infektionskrankheiten. Originale. Band 46.] IV + 32 S. 8. Jena. Gustav Fischer, 1908.

**Ree'si, C. F. G.,** italien. Grammatik f. Deutsche, durch welche alle prosaische u. poet. Schriftsteller in d. Hälfte d. gewöhnlichen Zeit verstanden, u. diese Sprache richtig gesprochen werden könne. gr. 8. St. Gallen 814. Huber u. C. 1 ℔ 8 gr.

**Reeß, Kolumban,** Anweis. z. guten Kinderzucht. 8. Augsb. 799. Ant. Rieger. 10 gr.
Vgl. Rees, Kol.

Reess, Max

**Reess M.:** *Anton de Bary.* Ein Nachruf. 1888. [Rostr. Saml.].

Reess (M.). Befructungsvorgang bei den Basidiomyceten. Erlangen, 1875. 8°.

**Reess, Max, s.: Centralblatt, biologisches.**

**Reess, Maximilianus:** Dispositio Uredineorum, qui in Germaniae Coniferis parasitantur. Halis Saxonum (1869): Gebauer-Schwetschke. 19 S. 8°
Halle-Wittenberg, Phil. Hab.-Schr. v. 13. April 1869
Ersch. vollst. deutsch u. d. T.: Die Rostpilzformen der deutschen Coniferen. Mit 2 Taf. Halle: Schmidt 1869. 70 S.. 2 Taf. 4° Auch in: Abhandlungen der Naturf. Gesellschaft zu Halle. Bd 11. Halle 1870. S. 49—118.

**Reess, Max,** über die Entstehung der Flechte Collema glaucescens Hoffm. gr. 8. (13 S. mit 1 lithogr. Taf. in qu. 4.) Berlin 871, (Friedländer und Sohn.) *

**Reess, M.,** der botanische Garten zu Erlangen. Mit einem (lith.) Plane (in qu. Fol.). 8. (23 S.) Erlangen 878. Besold. n. — 80

— Lehrbuch d. Botanik. M. 471 z. Thl. farb. Fig. in Holzschn. gr. 8. (X, 458 S.) Stuttgart 896. F. Enke. n. 10. —

— über die Natur der Flechten, s. Sammlung gemeinverständlicher wissenschaftlicher Vorträge. 320.

—— landwirthschaftliche Nebengewerbe, s. Jahresbericht über die Fortschritte auf dem Gesammtgebiete der Agricultur-Chemie.

Reess. Pflanzenreste aus den Todtenbäumen von Oberflacht. 1874.

**Reess, M.,** üb. die Pflege der Botanik in Franken von der Mitte d. 16. bis zur Mitte d. 19. Jahrh., nebst einigen Bemerkgn. üb. gegenwärt. Zustände. Prorectorats-Rede. gr. 4. (56 S.) Erlangen 884. (Metzer.) n. 1. 75

—— die Rostpilzformen der deutschen Coniferen zusammengestellt und beschrieben. gr. 4. (70 S. mit 2 lithogr. Taf.) Halle 869, Schmidt's Verlag. *
Aus: Abhandlungen der naturforschenden Gesellschaft zu Halle, besonders abgedruckt.

**Reess M. u. Fisch C.:** Untersuchungen üb. Bau u. Lebensgeschichte d. Hirschtrüffel, *Elaphomyces.* Cassel 1887. 24 S. Fig. 1 Tvl. 4°.
(= Bibliotheca botanica. Abhandlungen aus dem Gesammtgebiete d. Botanik. Herausg. v. O. Uhlworm u. F. H. Haenlein ... H. 7).

— u. C. Fisch, Untersuchungen üb. Bau u. Lebensgeschichte der Hirschtrüffel, s.a. Bibliotheca botanica.

— botanische Untersuchungen über die Alkoholgährungspilze. Mit 4 (lith.) Taff. u. 3 (eingedr.) Holzschn. Leipzig 870. Felix. gr. 8. (VIII, 88 S.) n. 1 ℔ 10 ngr.

**Reess, Walther** [aus Erlangen]: Über einige Phenazinbildungen ... Erlangen, k. b. Hofbuchdr. v. A. Vollrath, 1897; S. 8.
Erlangen, Phil. Fak., Inaug.-Diss. v. 16. Dez. 1896

**Reetz,** Hugo, Apotheker, prakt. Arzt a. Schönlanke: ⟨Aus der Unterrichtsanstalt für Staatsarzneikunde zu Berlin⟩. Altes und neues über Kohlenoxydvergiftung. Berlin 1906: G. Schade. (40 S.) 8°
Berlin, Med. Fak., Ref. v. Leyden, Diss. v. 26. März 1906
[Geb. 18. Sept. 58 Schönlanke; Wohnort: Berlin; Staatsangeh.: Preußen; Vorbildung: Gymn. Stargard Reife O. 01; Studium: Berlin 9 S.; Coll. 23. März 06; Approb. 1. Aug. 04.]

**Reetz, J.,** Friedrich II. v. Hohenstaufen. Tragödie in 5 Aufzügen. 8. (VII, 70 S.) Berlin 893. J. Bohne. n. 1.50

Reetz, J., Gasthausreform auf dem Lande (m. besond. Berücksicht. der östlichen Provinzen). Vortrag, geh. am 3. X. 1904 zu Greifenberg i. Pomm. 3. Aufl. (24 S.) 8. Berlin 907. Mäßigkeits-Verlag p — 20

Reetzke, W.

— französisches Lesebuch. Eine Auswahl poetischer u. prosaischer Stücke. Zum Schulgebrauch. Lectures choisies. Poésie et prose. À l'usage des écoles. 1. Theil. Berlin 859. Oehmigke's Verlag. 8. (XIV, 113 S.) n. 8 ngr.

— — 2. Partie. Ebend. 859. gr. 8. (IX, 384 S.) n. 18 ngr.

**Reetzke, W.,** Lectures choisies, poésie et prose, à l'usage des écoles. Avec un vocabulaire français-allemand. 1. Partie. 3. Édit. revue et considérablement augmentée. gr. 8. (VI und 144 S.) Berlin 861. Haude und Spener'sche Buchh. *

**Reetzke, W.,** Lectures choises, poésie et prose. Französisches Lesebuch. Zum Schulgebrauch. Mit einem Wörterbuche. 1. Thl. 4., verm. u. verb. Aufl. Berlin 866. Haude & Spener'sche Buchh. gr. 8. (IV, 140 S.) n. 8 ngr.

— — 2. Thl. Mit erläut. Anmerkungen u. einem Anh.: Notice biographique et bibliographique des principaux écrivains français. 2., sehr verm. u. verb. Aufl. Ebend. 866. gr. 8. (VII, 421 S.) n. 20 ngr.

**Reetzke, W.,** lectures choisies poésie et prose. Französisches Lesebuch. Zum Schulgebrauch. Mit erläut. Anmerkgn. u. e. Anh.: Notice biographique et bibliographique des principaux écrivains français. 2. Theil. 3. verb. Aufl. gr. 8. (VII, 421 S.) Berlin 871. Haude & Spener. n. 2. —

—— dass. — Mit erläut. Anmerkungen und einem Anh.: Notice biographique et bibliographique des principaux écrivains français. 2. Thl. 3. verb. Aufl. gr. 8. (VII, 421 S.) Ebendas. 872. *

Reetzke, W., Lectures choisies poésie et prose. Französisches Lesebuch zum Schulgebrauch. Mit einem Wörterbuch. 1. Thl. Stereot.-Aufl. 8. Berlin 874, Haude und Spener'sche Buchh. *

Reetzke, W., Lectures choisies, poesie et prose. Französisches Lesebuch zum Schulgebrauch. Mit einem Wörterbuch. 1. Thl. 9. und 10. Ster.-Aufl. (IV, 140 S.) Berlin 878,85, Haude und Spener'sche Buchh. *

Reetzke, W., lectures choisies, poesie et prose. Französisches Lesebuch zum Schulgebrauch. Mit erläuternden Anmerkungen u. einem Anhang: Notice biographique et bibliographique des principaux écrivains français. 2. Thl. 4. Aufl. gr. 8. (VI, 414 S.) Berlin 880. Haude & Spener. n. 2. —

— der französische Sprachlehrer, s. Fortbildungs-Schule.

**Reeve, Clara.** Der englische Baron; eine gothische Geschichte nach der neuen Aufl. übers. Nürnberg 1789. Ü: *Schmit, F.* (ErschDL)

**Reeve,** Clara, the old english Baron. 24. Nürnberg 844, Fr. Campe. 1/2 ₰

**Reeve,** F. Z. S., Lovell, Conchologia systematica, or complete system of Conchology: in which the Lepades and Chonchiferous Mollusca are described and classified according to their natural organization and habits; illustrated with 300 Highly-Finished Copper-Plate Engravings, by Messrs Sowerby, cont. above 1500 Figures of Shells. Part. I. gr. 4. (Mit 1 Tab. u. 23 Taf.) London 841; Berlin, Asher and Comp. n. 4 7/8 ₰

**Reeves,** Mrs. Henry, s. Mathers, Helen.

**Reeves,** William Pemper, das politische Wahlrecht der Frauen in Australien, s. Fortschritt, sozialer, Nr. 15. 16.

**Reeves,** William Pember: Das politische Wahlrecht der Frauen in Australien. Deutsch v. Romulus Grazer. Mit Vorw. v. Leopold Katscher. 2. Taus. — Leipzig: Dietrich 1904. 28 S. 8° (Sozialer Fortschritt. 15/16.)

**Refell,** A., Trugbilder. Eine Anleitung Erscheinungen, auf opt. Täuschung beruhend, nach Belieben hervorzurufen u. wissenschaftl. Erklärg. derselben. Stuttgart 865. Riegersche Verlagsb. 4. (16 S. mit 10 Illustr. u. 16 color. Taff. in Holzschn.) cart. 24 ngr.

**Referat** über die am 4ten Dezember 1861 stattgehabte Audienz bei Sr. Majestät dem Könige, seitens der drei Grossmeister der drei Preussischen Gross-Logen, behufs Überreichung einer Adresse in Folge der Krönung Sr. Majestät. o. O. [1861]. 1 Bl. 2°. [Kopftit.]

**Referat** über die Einrichtung von Kredit-Kassen, vorgelegt dem Vereine der Ersparnisskassa-Verwaltungen des Kantons Zürich. Horgen 1854. V: *Huber, Carl Ad.* (BSchwLk V, 9 g ε) (Cat. d. Stadtbl. Zürich. Zürich 1864—97.)

**Referat** über den Empfang der von den preussischen Grosslogen zur Begrüssung des Hochw. Protectors, Prinzen von Preussen und Höchst Dessen Gemahlin, Königliche Hoheiten, am 12. Juni 1854, ernannten Deputation. [Berlin 1854: Sittenfeld.] 4 S. 2° [Kopftit.]
Abgedr. in: FZ. 8 (1854) S. 273—278.
Bei Gelegenheit der 25 jährigen Hochzeit des Prinzenpaares. Mit Beschreibung der kalligraphischen Ausführung der von den Frmrn überreichten Adresse.

**Referat** über den am 11. Februar 1858 stattgehabten Empfang der von den drei preussischen Grossen Logen zur Begrüssung Ihrer Königlichen Hoheiten, des Prinzen Friedrich Wilhelm von Preussen und Höchstdessen Gemahlin, der Frau Prinzessin Viktoria, Prinzess Royal von Grossbritannien und Irland ernannten Deputation. o. O. [1858]. 1 Bl. 2°. [Kopftit.] 21.

**Referat** über die Entwürfe zu einer neuen Wasserversorgung der Stadt Breslau. O. O. 1864. V: *Zimmermann, Hans.* (Kat. d. Druckschr. üb. Breslau. Breslau 1903. S. 123.)

**Referat** über die Errichtung eines volkswirtschaftlichen Senates für die Plenar-Versammlung des deutschen Handelstages von dem Vorstande des Vereines zur Wahrung der gemeinsamen wirtschaftlichen Interessen in Rheinland und Westphalen [1878]. V: *Bueck, H. A.* (StBKöln II, 182)

REFERAT ÜBER DIE ERRICHTUNG EINES VOLKSWIRTHSCHAFTLICHEN SENATES für die Plenar-Versammlung des deutschen Handelstages von dem Vorstande des Vereins zur Wahrung der gemeinsamen wirthschaftlichen Interessen in Rheinland und Westfalen. (Düsseldorf, 1878. Druck von P. Bitter.) 8°.

**Referat** über Feuer-Versicherung auf dem 2. Congreß norddeutscher Landwirthe im Febr. 1869. gr. 8. (28 S.) Berlin 869, von Muyden. *
Aus: Berliner Revue, besonders abgedruckt.

**Referat** über die Frage: »Auf welche Weise können vorbereitende Gymnasialstudien . . . befördert werden?« Stäfa 1874. V: *Labhart-Labhart, J. Hnr.* (Cat. d. Stadtbibl. Zürich. Zürich 1864—97.)

**Referat** zur Frage der Fleischnoth . . . Glückstadt [1899]. V: *Ahsbahs, Gg.* (Berl)

**Referat** über die Frage: Inwiefern trägt der Handel in seiner jetzigen Betriebsweise eine Mitschuld an der traurigen wirthschaftlichen Lage . . . [Prag 1887.] V: *Scheimpflug, Carl.* (WFM)

**Referat** über das vom zürcherischen Kirchenrath . . . abgegebene Gutachten über den eherechtlichen Theil des Entwurfs des privatrechtlichen Gesetzbuchs für den Kanton Zürich. [Zürich 1847.] V: *Hess, Joh. Jac.* (Cat. d. Stadtbibl. Zürich. Zürich 1864—97.)

Referat üb. d. Handelsvertrag zwisch. d. Zollverein u Frankreich. 4° München 1862.

**Referat** über den materiellen Inhalt der Polizei-Verordnung vom 10. Juli 1876 betreffend den obligatorischen Anschluss der Hausentwässerungsanlagen an das Kanalsystem. [Köln 1877.] V: *Lent, E.* (stBKöln II, 173)

**Referat** des Instruktionsrichters und Urtheil des schweiz. Bundesgerichts im Homburgerbach-Prozesse. Basel 1863.

**Referat über das hundertjährige Jubelfest der Johannis-Loge „Zum schwarzen Bär" in Hannover. [Hannover 1874.] 3 Bl. 4°. [Kopftit.]** 21.

Referat der vom h. dreifachen Landrath niedergesetzten Kommission zur Prüfung des Amtsberichts der Administrativ- und Gerichtsbehörden, umfassend den Zeitraum vom Juni 1869 bis Juni 1872. 24 Stn. 4. Glarus 1873.

**Referat** der von der Kaiserl. Akademie der Wissenschaften zusammengesetzten Commission bezüglich des zu errichtenden Ressel-Monumentes. (Aus den Sitzungsber. der k. Akad. der Wissensch.) Wien 862. (Gerold.) gr. 8. (14 S.) n. 2 ngr.

Referat der von der Kaiserlichen Akademie der Wissenschaften in Wien zusammengesetzten Kommission bezüglich des zu errichtenden Ressel-Monumentes, erstattet von den wirklichen Mitgliedern Burg, Ettingshausen und Littrow . . . . . —.20
Separatabdruck

**Referat** (von Kornmann u. Lieberknecht) u. Correferat (von Greve) betr. die Ehen in den verbotenen Verwandschaftsgraden. Eine Vorlage für den von der Generalsynode der ev.-luth. Kirche in Preußen [1873] ernannten Synodal-Ausschuß. gr. 8. (54 S.) Kottbus 877. (Breslau, Dülfer.) n. — 60

**Referat** des Kreises II Gruppe IV der Eisenbahn-Tarife-Enquete 1882. Nordwestböhmische Braunkohle. Teplitz 1883. V: *Luschin Ritter von Ebengreuth, Eugen.* (EB)

**Referat** über die Methode im Unterrichte des Hebräischen und 2) die Verwendung übersetzter Bücher: a) in der Schule, b) Quell zur Vorbereitung. [Wien ca. 1892.] V: *Graubart, David.* (Freie Jüdische Lehrerstimme VII. Jg. [1919], Nr. 11 bis 12)

**Referat** und Protokoll über die Verhandlungen von Abgeordneten der Armenpflegen des Bezirkes Zürich zum Zwecke der Errichtung einer Zwangsarbeitsanstalt. Zürich 1871. V: *Niedermann, Wilhelm.* (Cat. d. Stadtbibl. Zürich. Zürich 1864—97.)

**Referat** (u. Sitzungs-Protokolle des ständischen Central-Ausschusses zur Berathung üb. die Reform der Provinzial-Stände-Institute.) 1—7. Hft. (Referat u. 1—6. Sitzung.) gr. Fol. (63 S.) (Wien 848, Gerold.) n. 1 ₰

**Referat** aus dem Gebiete des Volksschulwesens. Zürich 1876. V: *Labhart-Labhart, J. Hnr.* (Cat. d. Stadtbibl. Zürich. Zürich 1864—97.)

**REFERAT ÜBER DIE WÄHRUNGS-FRAGE** von einer von 111 französischen Banquiers beauftragten Commission erstattet und in der Sitzung d. d. Paris, den 17. April 1885 angenommen. Aus dem Französischen übersetzt. Eisleben, 1885. Druck von Ernst Schneider. 8°.

Referate. Drei R', gehalten an der ersten Konferenz deutsch-schweizerischer Hoffnungsbund-Leiter [des Blauen Kreuzes] am 17. August 1902 in Basel (von C[onrad] Leu, H[einrich] Spörri [und] E[rnst] Böhm). ⟨Im Auszug wiedergegeben.⟩ 16 S. 8. [Bern, J. Fischer-Lehmann, 1902.]

**Referate** üb. die dem III. internationalen Binnenschiffahrts-Congresse zu Frankfurt a/M. 1888 zur Berathung gestellten Fragen. Hrsg. v. dem wissenschaftl. u. Redactions-Ausschuss. gr. 8. (28, 26, 32, 14, 13, 8, 15, 35, 14, 9, 52, 35, 33, 11 u. 12 S. m. Tab. u. Karten.) Frankfurt a/M. 888. Osterrieth. n. 8. —

Referate der gemeinnützigen Gesellschaft des Kantons Zürich über die Fragen: „Welche Hülfe vermag die Assoziation denjenigen Zweigen des Ackerbaues und der Industrie zu leisten, die über die Kräfte des kleinen Grundbesitzers oder Handwerkers hinausgehen?" Von J. L. Spyri, und „Auf welche Weise können für die Armen und arbeitende Klasse gesunde, bequeme und billige Wohnungen verschafft werden?" Von J. H. Landolt. 8. (64 S.) Zürich 857, Schultheß. *
Aus: Verhandlungen der schweizerischen gemeinnützigen Gesellschaft, besonders abgedruckt.

**Referate** der gemeinnützigen Gesellschaft des Kantons Zürich über die Frage: »Welche Hülfe vermag die Assoziation denjenigen Zweigen des Ackerbaues und der Industrie zu leisten . . . und »Auf welche Weise können für die Armen . . . billige Wohnungen verschafft werden.« Zürich 1857. V (1): *Spyri, Joh. Ludw.* (2): *Landolt, Joh. Hnr.* (Ky) (Stams)

**Referate, Kritische,** über Ernst O. Simonson-Castellli. Wien 1899. H: *Jäger, Jacques.* (EB)

Referate über die akademischen Kurse für junge Kaufleute (der Handelskammer zu Frankfurt a. M.). 1897-1902. 4° Frankfurt a. M. 1898-1902

Referate d. Hamburger Oster-Konferenz v. 21. bis 23. IV. 1897. gr. 8. (74 S.) Hamburg (897). Schriften-Niederlage d. christl. Vereins junger Männer. n. — 60

**Referate** über die 1895 erschienenen Publikationen, welche auf die schweizerische Flora Bezug haben; nebst Nachträgen aus früheren Jahren. O. O. [1896]. V: *Schröter, Carl.* (Cat. d. Stadtbibl. Zürich. Zürich 1864—97.)

Schriftliche Referate für die Generalversammlung des Vereins für Socialpolitik in Wien vom 27.–29. Sept. 1909 über die Produktivität der Volkswirtschaft u. über d. wirtschaftl. Unternehmungen d. Gemeinden. Als Ms. gedr. Leipzig: Duncker & Humblot 1909. 184 S. 8° 09. 12619 5

Schweizerischer Seminarlehrertag 1900. Baden, den 15. Oktober 1900. [Referate.] Separat-Abdruck aus der «Schweiz. Pädagog. Zeitschrift», Heft 1, Jahrgang 1901. II + 56 S. 8. Zürich, Art. Institut Orell Füssli, 1901.

*S. 1—8:* I. Die Lehrerbildung im 19. Jahrhundert. Eröffnungsrede von Seminardirektor [Heinrich] Utzinger in Küsnacht.
*S. 9—29:* II. Der Geographie-Unterricht an den schweiz. Lehrerseminarien. Vortrag von Dr. Aug[ust] Aeppli, Zürich.
*S. 30—56:* III. Ziel und Methode der Naturgeschichte am Lehrerseminar. Vortrag von Dr. F[ritz] Oppliger, Seminarlehrer in Küsnacht.

**Referate** aus den fachwissenschaftlichen Sitzungen (medizinische Abteilung) der naturforschend. Gesellschaft in Freiburg i. Br. Hrsg. v. dem Vorstande der Gesellschaft. (Autoreferate.) Jahrg. 1907—1908 u. 1909. gr. 8. Leipzig, G. Thieme. 3. 60
1907. (XII S.) 908. — 80. — 1908. (XXVI S.) 909. — 80. 1909. (50 S.) 910. 2.—.
Sonderabdrucke aus: „Deutsche med. Wochenschrift".

**Referate** der Subsection: a) Forstliche Production; b) Forstbetrieb; c) Forstingenieurwesen; d) Forstlicher Unterricht; e) Forstliches Versuchswesen; f) Holzhandel u. Holzindustrie der Section VI: Forstwirthschaft des internationalen land- u. forstwirthschaftlichen Congresses zu Wien 1890. [Aus: „Centralbl. f. d. ges. Forstwesen".] gr. 8. (111 S.) Wien 890. (W. Frick.) Erm. Preis n. 1. 60

Aus einem **Referate** zum Unterrichte in der lateinischen Stilistik. Schwetz, gedr. bei G. Büchner, 1889; S. 3–6; 4°
Schwetz a. W., k. PG, OP 1889 (39)

**Referate** für den 22. Verbandstag des Centralverbandes vom 9. bis 11. August 1900 in Erfurt. Die Wohnungsbeaufsichtigung im Deutschen Reiche. Vom Baumeister [Gustav] Hartwig-Dresden. Sicherung d. Bauforderungen oder der Kampf gegen d. Bauschwindel sowie die von Dresden u. Düsseldorf geplanten Hypothekenanstalten. Von Rechtsanw. Dr. [Georg] Baumert-Spandau. Dazu: Ein neues Reichsgesetz z. Bekämpfung d. Bauschwindels. Von Baumeister [Gustav] Hartwig-Dresden. Die Streikklausel in Bauverträgen. Von Kanzlei-R. Reinhard Jähne-Leipzig. Die Schaffung von Taxämtern. Von Rechtsanw. Dr. [Georg] Baumert-Spandau. Berlin: Deutscher Verl. 1900. (S. 51–155.) 8° [Umschlagt. F.]
— **Schriften** d. Centralverbandes d. städt. Haus- u. Grundbesitzervereine Deutschlands. N. F. Bd 5, H. 2. 07. 9383

Die 2. Generalversammlung d. Gesellsch. f. Soziale Reform. Mainz, 14. u. 15. Okt. 1904. **Referate** und Verhandlungen über Arbeitskammern und Konsumvereine. Jena: G. Fischer 1904. (159 S.) 8° [F.]
= **Schriften** d. Gesellschaft f. Soziale Reform. H. 10. 05. 900 9

**Referate** für die Versammlung[en] des deutschen Veterinärraths. 3. 5.
3. Cassel, 25.–28. Sept. 1876. (Augsburg 1876.)
5. Leipzig, 30.–31. März 1885. [Metallograph.]

Referate über die in den akadem. Kursen für junge Käufleute (der Handelskammer) zu Frankfurt a. M. gehaltenen Vorträge. 1897-98. (40 S) 4° Frankfurt a. M. (1898)

**Referate** über die im Unterrichtskursus für praktische Landwirte in Hannover 1907 ff. gehaltenen Vorträge. Hannover 1907 ff. 8°

[F.] **Referate** über die Vorträge des 1. wissenschaftlichen Kursus für ältere Landwirte am landwirtschaftlichen Institut der Universität Königsberg. 1. bis 6. März 1897. Im Auftr. d. betheiligten Dozenten hrsg. v. Prof. Dr. [Alexander] Backhaus. *Königsberg i. Pr.: Buchdr. v. R. Leupold 1897.* (51 S.) 1 Bd 4.(8.) 01. 3776

**Reference-Catalogue**, a, of current litterature, containing the full titles of books now in print a. on sale, with the prices at which they may be obtained of all booksellers. gr. 8. (VIII, 1973 S.) London 875. Berlin, Asher & Co. geb. n.n. 6. 50

**Referendar**, der, u. das Assessorexamen. Ein offenes Wort zur Frage der Abschaffg. d. Assessorexamens. Von e. pract. Juristen. 6., m. e. Vorwort verseh. Aufl. der Schrift: „Gegen das Assessorexamen!" gr. 8. (15 S.) Frankfurt a/O. 888. Leipzig, Oesterwitz. n. — 60

**Referendarius, Der expedite,** oder: Anleitung, wie man gerichtliche Acten mit Nutzen lesen, geschickt excerpiren, und verständig referiren soll. Franckfurt und Leipzig 1725. V: *Ludolf, Georg Melchior von.* (KGBerlin I, 817)

Der expedite **Referendarius**, oder Anleitung, wie man juristische Acten mit Nutzen lesen soll. *Frkf. u. Leipz.* 725. 4.

**Referendarius**, der expedite. 4. Wetzlar. 739.

**Referendarius, Der aus dem Reiche der Wissenschaften wohl versuchte;** oder auserlesene Sammlungen von allerhand wichtigen Abhandlungen ... aus der Naturlehre, Arzeneywissenschaft ... Augsburg 1750-69. V: *Maschenbauer, Joh. Andreas Erdmann.* (Ky) (wö)

**Referendarius**, der, aus d. Reich d. Wissenschaften wohlversuchte (von J. A. E. Maschenbauer). 6 Bde. od. 12 Thle. 4. Augsb. 750—69. Autor. 9 ℳ

Die **Referendarprüfung** in Preußen. Die v. 1. Aug. 1908 geltenden Bestimmungen nach amtl. Quellen zsgest. u. hrsg. von Struppe & Winkler. Berlin: Struppe & Winkler [1908]. 32 S. 8° 09. 2181

**Referendum** und Initiative im Kanton Zürich 1869—86. Horg. 1886. V: *Stüssi, Heinrich.* (Cat. d. Stadtbibl. Zürich. Zürich 1864—97.)

**Referendums**- und Abstimmungs-Tafel. I. Bundesgesetze und Bundesbeschlüsse mit Referendumsvorbehalt. II. Initiativbegehren. ⟨Bis 1. Januar 1901.⟩ [*Ergänzter Abdruck aus:* Amtliche Sammlung der Bundesgesetze.... N. F. Band 17.] 37 S. 8. [Bern, Stämpfli & Cie.,] 1901.

**Referendums**- und Abstimmungs-Tafel. I. Bundesgesetze und Bundesbeschlüsse mit Referendumsvorbehalt. II. Initiativbegehren. ⟨Bis 1. Juni 1902.⟩ [*Ergänzter Abdruck aus:* Amtliche Sammlung der Bundesgesetze.... N. F. Band 19.] 39 S. 8. [Bern, Stämpfli & Cie.,] 1902.

Referendums- und Abstimmungs-Tafel. I. Bundesgesetze und Bundesbeschlüsse mit Referendumsvorbehalt; II. Initiativbegehren. <Bis 26. Oktober 1903.> 43 S. 8. [Bern, Stämpfli & Cie.,] 1903.
[*Vorläufiger Abdruck von:* Amtliche Sammlung der Bundesgesetze.... N. F. Band 19, S. 827—869.]

**Referendumsvorlagen** Nr. 36-38. 1874. 158 S.
**Nr. 36.** Gesetz betr. die kantonalen Kranken- u. Versorgungsanstalten. — **N. 37.** Gesetz betr. die Erhöhung der jährlichen Entschädigung an die Bezirkshauptorte. — **Nr. 38.** Gesetz betr. die zürcher. Rechtspflege. 2. Buch: Zivilprozessordnung.

**Referent, der Hamburgische, eine Zeitschrift f. Heimath u. Fremde.** 1r—15r Jahrg. 1817—1831. gr. 8. Hamb., Schubert u. N. Jahrg. 1831 4 ℛ
Jg.1-14 unt.d.T.:Hammonia.

**Referenten-Entwurf** e. neuen Berggesetzes nebst Motiven. [Veröffentlicht vom k. k. Ackerbauministerium.] gr. 8. (200 S.) Wien 876. k. k. Hof- u. Staatsdr. n. 1. 60

Niederösterr. Gewerbeverein. **Referenten-Entwurf** zu einer Denkschrift an das k. k. Handelsministerium über den bevorstehenden Ausgleich mit Ungarn und die österreichische Industriepolitik. ... Wien: Niederösterr. Gewerbever. 1895. (101 S.) 8° [Ant. u. F.] [08. 1347

**Referenten-Entwurf** eines Gesetzes über die Errichtung und den Geschäftsbetrieb von Versicherungsgesellschaften in Österreich. (Cisleithanien). Wien 1870.

**Referenten-Entwurf** der Gesetze über die Ausübung der freiwilligen Gerichtsbarkeit nebst Motiven. 4. Wien, k. k. Hof- u. Staatsdruckerei. 1867. (178 S.) 70 kr.

**Referenten-Entwurf** einer neuen Gewerbe-Ordnung sammt Einführungs-Gesetz. 4. Wien 874, k. k. Hof- und Staatsdruckerei. *

**Referenten-Entwurf** zur Regelung des Stempel- u. Gebührenwesens in Rücksicht auf die einzuführende neue Civilproceß-Ordnung. Wien 867. Manz' Verlag. Lex.-8. (23 S.) 7½ ngr.

**Refesch, A.,** aus e. frohen Zeit! Studentenlieder. 2. Aufl. 8. (47 S.) Hannover 885. Meyer. n. — 50

Reffel, Heinrich Ueber den Sprachgebrauch des Agathius.
8 (34 S.). **Progr.** Kgl. humanist. G. *Kempten* 1894.

**Reffelt, (Joh.) Hermann (Rudolf)**

Reffelt Herm, das erste Buch für Schule und Haus. 10. A. (70 S) New-York 1873

Reffelt, Hermann. Die Dichtungen v H. R. 2d ed. NY, 1882.

**Reffelt, Herm.,** Exempelbuch für das Kopfrechnen in den deutschen Schulen der Vereinigten Staaten von Amerika. 1. Heft: Der Zahlenkreis von 1 bis 100. New-York 866. Steiger. 8. (75 S.) cart. 12 ngr.

**Reffelt, (Joh.) Herm. (Rud.),** das Hauptsächlichste aus der Geschichte der christlichen Religion. Osnabrück 855. Rackhorst. 8. (83 S.) 3¾ ngr.

— praktisches Hülfsbuch beim Gebrauch meines Rechnenbuches für die Volksschulen des Königreichs Hannover. Besonders für Lehrer bearb. Osnabrück 853. Rackhorst. 8. (53 S.) 6 ngr.

**Reffelt, Herm.,** das erste Lese- und Lehrbuch für deutsche Schulen, oder erste Uebungen im Lesen, Schreiben und Zeichnen verbunden mit Denk- und Sprachübungen. 8. (72 S. mit eingedr. Holzschn.) New-York 860. (Philadelphia, Schäfer und Koradi.) *

—— zweites Lese- und Lehrbuch für deutsche Schulen in den Vereinigten Staaten von Amerika. 8. (144 S.) (Ebendas.) 860. geb. *

—— drittes Lese- und Lehrbuch für deutsche Schulen in den Vereinigten Staaten von Amerika. 8. (216 S.) Ebendas. 861. geb. *

**Reffelt, (J.) H. (R.),** Lese- u. Lehrbuch für die mittlern u. untern Klassen in Volksschulen. 8. Melle 844. (Osnabrück, Rackhorst.) n. ¼ ℛ

**Reffelt, (Joh.) Herm. (Rud.),** Lese- u. Lehrbuch f. Volksschulen. 2. stark verm. Aufl. 8. (191 S.) Osnabrück 847, Rackhorst. ¼ ℛ

— Lese- und Lehrbuch für Volksschulen. 3. verm. u. verb. Aufl. Osnabrück 853. Rackhorst. 8. (2 Bl., 216 S.) n. 5 ngr.

—— deutsch-englisches Liederbuch für deutsche Schulen in den Vereinigten Staaten von Amerika. 8. (96 S.) Philadelphia 860, Schäfer und Koradi. geb. *

—— Rechenbuch für deutsche Schulen in den Vereinigten Staaten von Amerika und zum Privatgebrauch. 1—3. Heft. 8. Philadelphia 860, Schäfer und Koradi. *
Inhalt:
Heft 1. Die ersten Uebungen und die vier Grundrechnungen mit unbenannten und gleichbenannten Zahlen. 4. Aufl. (58 S.) * 8½ Ngr.
„ 2. Die vier Grundrechnungen mit ungleichbenannten Zahlen und die Bruchrechnungen. 3. Aufl. (90 S.) * 14 Ngr.
„ 3. Die Verhältnißregeln, Procentrechnungen, geometrische Berechnungen ꝛc. (114 S.) * 17½ Ngr.

—— Antwortenheft dazu. 1. und 2. Bdchn. 8. (68 S.) Ebendas. 857(61.) *

--Rechenbuch für dte Schulen. NY, 1862.

— Rechenbuch f. die Volksschulen des Königr. Hannover insbesondere des Fürstenth. Osnabrück. 8. (XII u. 168 S.) Ebd. 848. 6 ngr — 3 Hfte. 2. verm. Aufl. 8. 1. Hft.: Die ersten Uebungen u. die vier Grundrechnungen mit unbenannten u. gleichbenannten Zahlen. (55 S.) 2. Hft.: Die vier Grundrechnungen mit ungleichbenannten Zahlen u. die Bruchrechnungen. (S. 59—135.) 3. Hft.: Die Verhältnißregeln, Zins- u. Rabattrechnung, geometrische Berechnungen u. vermischte Exempel. (S. 139—222.) Ebd. 852. (1: n. 1/24 ℛ 2: n. 1/12 ℛ 3: n. 3 ngr) n. 6¾ ngr

— Antwortenheft zu Vorstehendem. 8. (50 S.) Ebd. 848. 2 ngr — 2. verm. Aufl. 8. (56 S.) Ebd. 852. n. 2 ngr

Reffelt, (Joh.) Herm. (Rud.), Rechnenbuch für die Volksschulen des Königr. Hannover. 1. Heft. 3. Aufl. und 2. und 3. Heft. 2., verm. Aufl. 8. Osnabrück 857. 58, Rackhorst'sche Buchh.
Inhalt:
Heft 1. Die ersten Uebungen und die vier Grundrechnungen mit unbenannten und gleichbenannten Zahlen. (55 S. mit Anhang 10 S.) 1½ Ngr.
„ 2. Die vier Grundrechnungen mit ungleichbenannten Zahlen und die Bruchrechnungen. Nebst Anhang, enthaltend die neuen Veränderungen in den Münz- und Gewichtssystemen. (77 S. mit Anhang 13 S.) 3 Ngr.
„ 3. Die Verhältnißregeln, Zins- und Rabattrechnung, geometrische Berechnungen und vermischte Exempel. Nebst Anhang ꝛc. (83 S. mit Anhang 13 S. und eingedr. Holzschn.) 3 Ngr.

— Rechnenbuch für die Volksschulen des Königreichs Hannover. 1. Heft. 3. Aufl. — 2. 3. Heft. 2. verm. Aufl. Osnabrück 857, 58. Rackhorst. 8. (1. Heft: S. 1—55 u. Anh. 10 S.; 2.: S. 59—135 u. Anh. 13 S.; 3.: S. 139—222 u. Anh. 13 S.) 1.: 1½ ngr; 2. 3.: à 3 ngr

Reffelt, Herm., Sammlung ein-, zwei- und dreistimmiger Lieder für den Schulgebrauch. 12. (48 S.) New-York 858. (Philadelphia, Schäfer und Koradi.) Thlr. *

**Reffler, Joh. Adam,** Güterbeförderungswesen unter besond. Berücksicht. des Frachtgutstückverkehrs. (234 S. m. 8 Beilagen.) gr. 8. München (908). (J. Lindauer.) n. 3. —

Reffler, Joh. Adam, Handbuch f. d. prakt. Eisenbahnexpeditionsdienst in Bayern. E. systemat. Sammlg. v. Uebungsaufgaben f. d. Ausbildg. im mittleren Eisenbahn-Betriebs- u. Verwaltungsdienste. 1.—3. Thl. Hrsg. v. d. Wittwen- u. Waisen-Unterstützungskasse des bayer. Verkehrsbeamten-Vereins. 3. Aufl. 8. (XII, 327; XII, 290 S. m. 3 Taf. u. IV, 316 S.) München 894. (J. Lindauer.) à n. 1.50

— dasselbe. I. Ergänzungsbd. Hrsg. v. d. Wittwen- u. Waisen-Unterstützungskasse des bayer. Verkehrsbeamten-Vereins. 3. Aufl. 8. (251 u. 8 S. m. 1 Karte.) Ebd. 896. n.n. 1.80

Der verlorene Sohn. Schausp. in 5 Aufz. von Eugen u. Heinrich Reffo. Aus d. Ital. ins Deutsche übertr. von J[os.] Buhr, Priester. *Paderborn: J. Esser 1899.* (76 S.) 8° [F.]
— Sammlung, J. Esser's, leicht aufführb. Theaterstücke. H. 62. (oo. 4600

Reffo, Eug., u. Heinr. Reffo, der verlorene Sohn, s. a. Esser's, J., Sammlung leicht aufführb. Theaterstücke.

Réfik, Mustafa. Ein kleines Sündenregister Abdul-Hamid's II. Dem jungtürkischen Komite in Genf zugeeignet. Dem Andenken des grossen Märtyrers Midhat-Pascha gewidmet. 8.
(170 S.) Genf 899. (Basel, Georg & Co.)

Reflectiones, s. Reflexiones.

Reflector, the, Selection of Essays on various subjects of common Life from original Papers etc. II Vol. Dresd. Walther. 789.

Der Reflector: 1900? Lincoln, NE

Reflektionen, s. Reflexionen.

**Reflexio** in sic dictam Demonstrationem catholicam Locosque Theologicos ... Benedicti Stattler ... Ratisbonae 1779. V: *Fröhlich, Wolfg.* (Jes) (ADB 35,503)

Reflexion

— d'un Allemand sur la profession de foi du vicaire savoyard. 8. Leipz. 766. Jacobäer. 3 gr

— wider d. demonstratio catholica. gr. 8. München, Lentner. 780.

**Reflexion** sur les droits des Etats Provinciaux de s'opposer à l'obtention du privilège illimité contre les appels. Ratisb. 1779. V: *Steck, Joh. Chph Wilh. von.* (Pütter, Litt. d. Teutsch. Staatsr. Gött. 1773—91. IV, 376.)
Vgl. Réflexions sur l'opposition des Etats provinciaux...

**Reflexion** über die in diesem Fasten-Markt 1774 zu bestimmende Frage: Ob eine in dem Corps der Schleswig-Holsteinischen Noblesse vorzunehmende Reception ... nothwendig ... sey? S. l. [1776]. V: *Qualen, Josias v.* (schles) »an diesem Fastenmarkt ... 1774«. (Holz)

**Reflexion** et méditation ... sur les soins, que la providence a pour les humains ... Berlin 1777. V: *Elisabeth Königin v. Preussen.* (MGT) (ML)

Réflexion d'un Négociant sur les besoins publics et la pénurie d'argent. 8. Lpz. Reclam. 809.

**Reflexionen.** [Weimar 1817.] V: *Rommel, Dietr. Chph von.* (MGT)

REFLEXIONEN, Allgemeine, über das weibliche Geschlecht. Nebst etlichen Bemerkungen über Liebe und Freundschaft. Riga, Hartmann, 1804. 16°. (1/8 Rthl.)

**Reflexionen, Allgemeine,** über Val. Andreä's Selbstbiographie ... Reutlingen [1818]. V: *Gamm, Imman. Frdr.* (TübZ 9, 71)

REFLEXIONEN über den angeblichen Antrag der k. k. Religionskommission an Joseph II. den Cölibat aufzuheben. Wien u. Olmütz (Göbhard in Bamberg). 1786.
Weller, fing. Druckorte.

Reflexionen üb. d. Antrag d. k. k. Religions-Commission, das Cölibat d. Geistlichen aufzuheben. gr. 8. Bamb. 786. (Frkf. a. M., Wesché). 1 gr

**Reflexionen** über die Art der Entrichtung der von Würtemberg ... zu bezahlenden Kontribution. Tübingen 1796. V: *Ploucquet, Wilhelm Gottfried.* (Ky) (MGT) (Gradmann, Gel. Schwaben. 1802.)

— üb. die Art u. Einrichtung d. v. Würtemberg an die Franzosen zu bezahlenden Contribution, (v. W. G. Ploucquet). 8. Tübing. 796. (Osiander). 3 gr

**Reflexionen** eines praktischen Baders über die doctrinären Anträge betreff der Schaffung eines neuen Wildschadenersatz- und Schongesetzes ... Graz 1886. V: *Freissmuth, Altmann.* (JoanStyrA)

Reflectionen über den Büchernachdruck, besonders zur Gewinnung eines neues Gesichtspunktes in Betreff seines Widerrechtlichkeit. 8. Heidelb. 823, Groos.

**Reflexionen** über den Charakter der Völker. Dessau 1783. V: *Dressler, Joh. Frdr.* (Ky) (MGT)

— christl. und moral., über die Passionshistorie. 8. Lpz. Junius. (Cnobloch.) 747.

— u. Erfahrungen f. Bürger, Geistliche u. Aerzte. 1s Heft. 8. Düsseld. 790. Dänzer. (Barth in Leipz.) 6 gr

— einige erörternde aphoristische, zu d. Grundprincipien z. Basis eines Erziehungs- u. Schulplans. Ein zweites Wort üb. Erziehung u. Schule. gr. 8. Landsh. 830. Thomann. 6 gr

— über das Buch Esther. 4. Hamb. Kisner. 734.

Reflexionen aus der Geisterwelt. Durch die Medien des Vereines „geist. Forscher“ in Buda-Pest. Ein Werk für geist. Wissenschaft und Belehrung. Hrsg. vom Vereins-Comité Ant. Prochaska und Adf. Grünhut. 1. Bd. und 2. Bd. 1. und 2. Lfg. gr. 8. Budapest, (Tettey und Comp.) [1. Bd. (IV, 380 S.) 873. ***M.* 7,40.; 2. Bd. 1. und 2. Lfg. (64 S.) 875. **M.* 9.] **

Reflexionen aus der Geisterwelt. Durch die Medien des Vereines „spiriter Forscher“ in Buda-Pest. Ein Werk für geist. Wissenschaft und Belehrung. Hrsg. vom Vereins-Comité Ant. Prochaszka und Adf. Grünhut. 2. und 3. (Schluss-)Bd. à 12 Hefte. gr. 8. (à Heft 32 S.) Budapest 875,77, (Tettey und Comp.) à Bd. * *M.* 9. *
1. Bd. (Ebendas.) 1873. **M.* 7,40.

**Reflexionen, Sehr gelinde,** über den sogenannten Patrioten und dessen Num. 1—11. Hamb. 1724. V: *Edzardi, Sebastian.* (schr)

— üb. Deutschlands 18. Jahrh., u. seine Verfasser, nebst e. Betracht. üb. die heutige Lage d. Mönchswesens rc. (von Jak. Danzer). 1s—7s Pack. 8. . . . 782 u. ff.

**Reflexionen** eines Italiäners über die Kirche überhaupt. A. d. Ital. Freyb. [Zürich] 1768. V: *Pilati di Tassulo, Carlo Antonio de.* (wr) (Cat. d. Stadtbibl. Zürich. Zürich 1864—97.)

— e. Italieners, üb. die Kirche überhaupt; aus d. Italien. gr. 8. Freiburg 768. (Orell in Zürich). 1 ß

— kathol., üb. die zu Trier ausgebrachten theolog. verketzernden Beurtheilungen d. Isenbiellschen neuen Versuchs v. Emanuel. 8. Halle 778. Waisenhaus-B. 5 gr

Reflexionen über die Kriegsentschädigungsfrage. In 2 Briefen. (Von Gräfin v. Poninska.) Leipzig 870. Matthes. gr. 8. (8 S.) n. 1 ngr.

N . . ., STEPHAN KARL: Reflexionen eines Laien über Anträge beim katholischen Kongresse Ungarns von Stephan Karl von N . . . Trencsin (Trentschin) 1870: L. Gansel. 33 S. - 4°

— moralische, od. Beispielsamml. aus d. alten Geschichte, zum Nutzen u. Vergnügen d. Jugend, (v. Andr. Fr. Chr. Thormeyer). 1r Thl. 8. Leipz. 790. Barth. 20 gr

**Reflexionen, Moralische,** oder Beispielsammlung aus der alten Geschichte . . . Leipzig 1790. V: *Thormeyer, Andreas Frdr. Chn.* (Ky)

**Reflexionen** über die Note, welche von des . . . Fürsten von Kaunitz-Rittberg Durchl. dem päpstlichen Hrn. Nuntius Garampi auf dessen Billet vom 12. Dec. 1781 . . . zugestellt worden ist. O. O. 1787. V: *Haiden, Thomas Joseph von.* (MGT) (Ky)

— üb. die Note, welche der Fürst Kaunitz Rittberg d. päpstl. Nuntius übergeben, (v. Th. J. v. Haiden). gr. 8. Augsb. 787. M. Rieger. 6 gr

**Reflexionen** über die Offenbarung Johannis. [Tübingen 1826.] V: *Gratz, Alois.* (Gl)

— üb. die neue Organisation d. Landesdirektion v. Baiern. 8. Münch. 803. Lindauer. 8 gr

**Reflexionen** und Phantasien von J. B. O. O. 1810. V: *Büel, Johs.* (Cat. d. Stadtbibl. Zürich. Zürich 1864-97.)

— üb. Göthe's Poesie u. Philosophie, u. dessen naturnothwend. Uebergang vom Naturalismus z. rationalen Christianismus. Dem würdigen Greise selbst vorgelegt v. e. seiner aufrichtigen Verehrer. gr. 12. Altenb. 832. Literat.-Compt. 12 gr

— polit., welche unt. d. Religionen d. Staat schädl. sey. 8. Kaiserew. Merz. 727.

— üb. die Protestation d. päpstl. Nuntius ctra Wahlcapitulation. 4. Münch. 792. Lentner. 5 gr

— u. Randglossen e. Deutschen üb. d. gegenwärt. Zustand von Frankreich. gr. 8. Halle 797. 8 gr

**Reflexionen** über ein Helmstädtisches Responsum Juris, darin zwey Quaestiones . . . erörtert werden. Leipz. 1723. V: *Berger, Frdr. Ludw. v.* (Adel) (Pütter, Litt. d. Teutsch. Staatsr. Gött. 1773—91. III, 771.)

**REFLEKTIONEN** über Schwängerung, Hurkinder, u. Ehelosigkeit des 18ten Jahrhunderts. (Kl. typ. Ornam. u. Druckerst.) O. O. (Marburg, Krieger) 1785. 8°. (Expl. in München ex bibl. erot. Krenner.)

Sehr rar! Tit. u. S. 57—212 (so cplt.), 1 Bl. „Innhalt" Bl. 2 trägt die Sign. „A bis D²" (!). I. Verschiedene Aufsätze üb. allerley Rechtsmaterien üb. d. Manheimische (sic!) Preißfrage: Welches sind die besten ausführbaren Mittel, dem Kindermorde (s. d.) Einhalt zu tun? (Erste, Zweite Beantwortung; von den Rechten mehrmals entehrter Frauenzimmer: kann ein geschwängertes Frauenzimmer die Mitgift von ihrem Verführer, noch als Ehefrau fordern?; jurist. Briefwechsel zweier Freunde, den Berg-Einsturz bey Cahle betreffend; Dosis gegen die Ehelosigkeit, polit. u. jurist. betrachtet; kann eine Nothzucht an einem Kinde von 9 Jahren, od. noch jünger begangen werden?; Phantasie beim Hochzeitbette junger Doctoren; Beantw. d. Frage: Ob eine Frau, welche ihrem Manne öfters ehelich beywohnt, wissen könne, von welchem Beyschlaf sie schwanger worden sey? E. Wörtchen zum Besten d. unglückl. Hurkinder. II: Verschiedene die Jurisprudenz betreffende Reflexionen. (Justiz-Semiothik.) — Gesetze.

**Reflexionen** eines Schweizers über die Frage: Ob die Catholische Eidgenossschaft die regularen Orden aufheben oder einschränken sollte. O. O. 1767. V: *Heidegger, Hnr.* (Cat. d. Stadtbibl. Zürich. Zürich 1864—97.)

Reflexionen eines Schweizers über die Frage: Ob es der Catholischen Eidgenoßschaft nicht zuträglich wäre, die Regularen Orden gänzlich aufzuheben ...? Geprüfet und beantwortet durch Entgegengesetzte Reflexionen Eines Schweizers. 8. *o. O.* 1769.

Reflexionen eines Schweizers über die Frage: Ob es der Catholischen Eidgenoßschaft nicht zuträglich wäre, die regularen Orden gänzlich aufzuheben, oder wenigstens einzuschräunken? 8. *o. O.* 1769.
*Mutmasslicher Verfasser:* Heinrich Heidegger.
[1. Aufl.] – (2. Aufl.)

**Reflexionen** eines Schweizers, ob es der katholischen Eidgenossenschaft nicht zuträglich wäre, die regulären Orden gänzlich aufzuheben oder wenigstens einzuschränken? 1769. V: *Heidegger, J. C.* (Sleumer S. 120)

— e. Schweizers, üb. die Frage: Ob es gut sey, die Orden aufzuheben? 8. Freyb. (Orell, Füßli und Comp. in Zürich.) 769.

— eines Schweizers üb. die Frage: Ob es gut sei, die Orden aufzuheben? 8. Freiburg 770. (Lindauer in Münch.) 5 gr.

— üb. d. preuß. Staat, in zwanglosen Heften. 1s u. 2s Heft. 8. o. O. (Glogau). 805—7. (N. Günthersche B.) 22 gr.

— üb. d. preuß. Staat in zwanglosen Heften. 1s und 2s Hft. 8. Glogau, Günter d. j. 806–7. (1s 12 gr. 2s 10 gr.)

Reflexionen. Einige R' über die beabsichtigte Veränderung der Zürcherischen Kantonal-Verfassung. 8. (Zürich [1830]).
*Mutmasslicher Verfasser:* Heinrich Escher *II.*

Reflexionen, einige, über die beabsichtigte Veränderung der Zürcherischen Kantonalverfassung. gr. 8. Zürich 830. Orell, Füßli u. Comp. 1 1/2 gr.

Reflexionen üb. d. Verschiedenh. d. Begriffs d. raison de guerre, bei deutschen Reichskriegen. *Regensb.* 796. 8.

Reflexionen aus der deutschen Vorzeit zur Beherzigung der Gegenwart. 8. Marburg, Krieger. 816.

— wolanständige, über Schulen u. Lehrer, Erziehung u. Unterricht, von Quintus Fixlein II. gr. 8. (161 S.) Augsburg 877. Lampart & Co. n. 1. 80

Reflexionen, wohlanständige, über Schulen und Lehrer, Erziehung und Unterricht von Quintus Fixlein II. 2. umgearb. und sehr verm. Aufl. 6 Lfgn. 8. (391 S.) Augsburg 880, Lampart und Comp. Subscr.-Pr. à Lfg. * compl. *

**Reflexiones** Christianae In illam Christi sententiam: Quid Prodest homini, si mundum universum lucretur ... Lincii 1763. V: *Zehentner, Ignaz.* (JES)

**Reflexiones** super declaratione Sincera Christiana Et Patriotica Civis Hungari Catholici ad quaestionem an sic dicta apostasia inter delicta civilia referenda. 1790. V: *Pray, Gg.* (WBL 23/226) V: *Mollik, Tobias.* (PK 2/770) (BiblPort)

Reflexiones sobre el Estilo etc., vide Wagner, J. D.

**Reflexiones** in litteras retractatorias Justini Febronii. Francof. et Lipsiae 1778. V: *Michl, Anton.* (MGT) (Adel) (Ky) (BB)

*Reflexiones* in literas retractatorias Justini Febronii (ab A. Michl). 4. Frankf. u. Leipz. 778. (Lentner in München). 3 gr.

Reflexiones in literas retractatorias Justini Febronii etc. 4. München, Lentner. 779.

— in merito regulationis judiciorum. 8. Pesth 790. Eggenberger. 4 gr.

Reflexiones et principia meliora de jurisdictione ecclesiastica, opposita principiis Poloni nobilis. *Frcf.* et *Lips.* 757. 4.

**Reflexiones** et principia meliora de iurisdictione ecclesiastica ... Francof. 1757. V: *Amort, Eusebius.* (ML) (Adel)

Reflexiones privatae de linguae latinae in sacris ecclesiae catholicae usu, ejusque apud Hungaros in occasum vergentis inclinatione. 8maj. (6 B.) Lipsiae 845, Otto Wigand.

**Reflexiones** privatae de linguae latinae in sacris ecclesiae catholicae usu ... Lipsiae 1845. V: *Rácz, Andr.* (Pk)

Reflexiones propositionesque pro Fidelium Sanctificatione. Vindobonæ, 1856. Typis Congregationis Mechitharisticæ. (30 S. 8.)

**REFLECIONES**, Vertrauliche, über merckwürdige Begebenheiten in der Staats- und gelehrten Welt, wie auch gemeinem Leben. 4 Eröffnungen. Mit Titelkpfr. Schaumburg (Leipzig) 1703. 8°. 1 Alph. 9 Bog.
Bibl. Ludovici continuatio. Vitemb. 1705. — Sehr selten!

Réflexions s. les Affaires des Dissid., s. Betracht. üb. Umstände d. Dissident.

— sur l'Architecture p. Hube. 8. Königsberg, Kanter. 765.

Réflexions sur les 73 articles du Pro Mem. présenté à la Diète de l'Empire touchant les Nunciatures de la part de l'Archévêque-Electeur de Cologne. 788.

**Réflexions** sur les 73 articles du Pro Memoria ... touchant les Nonciatures de la part de l'Archevêque Electeur de Cologne. Düsseldorf 1788. V: *Feller, Franz Xaver v.* (JES) (SO) (MGT) V: *Zoglio* [?]. (Pütter, Litt. d. Teutsch. Staatsr. Gött. 1773—91. IV. 566.)

Réflexions de Mr. Bergasse sur l'acte constitutionel du Sénat. 8. Brunsv. Pluchart. 815.

— sur la Cause générale des Vents, sujet etc. 4. Berl. 747.

— d'un Citoyen sur les affaires présentes. 8. Neuwied 789. Gebra. 5 gr.

**Réflexions** d'un Citoyen Allemand sur la moralité des restrictions mentales et la foi des paroles des Souverains ... Strasb. et Zuric 1790. V: *Springer, Joh. Chph Erich von.* (Stri) (ML)

— d'un Citoyen sur les enfans naturels. 8. Paris. (Flick, Basel.) 775.

— sur le Concordat, par un Russe. 8. Braunschw. 814. Pluchart. 6 gl

Réflexions sur la conduite de N. S. Père Pie VII. depuis son retour à Rome. 8. Leipz. 815. Rein. 4 gl

— sur les Contrebandiers en France. 8. Lpz. 755.

**Réflexions** critiques sur le caractère et les actions d'Alexandre le Grand; trad. de l'italien. Berlin 1765. Ü: *Erman, Jean Pierre.* (Zuwachsverz. d. Bibl. Zürich. 1898 ff. 8.)

— sur le décisions immédiates des Souverains et sur l'ordre de la procédure, (par W. v. Moulines). 8. Berl. 764.

**Réflexions** sur les décisions immédiates des Souverains ... Berlin 1764. V: *Moulines, Wilhelm von.* (Ky) (MGT)

**Réflexions** d'un démocrate de l'Helvétie sur la France et ses liaisons avec la république des Suisses. Winterthur 1792. V: *Müller von Friedberg, Carl.* (ADB)

**Réflexions et démonstrations succinctes & solides tirées des loix incontestables de l'Empire pour prouver que la dernière procédure du Conseil Aulique de l'Empire à l'occasion des troubles présens est non seulement très illégale ... mais aussi très préjudiciable aux autres états de l'Empire ... Composé par un compatriote zélé pour la vérité & la liberté germanique. — Rostock 1756. 12 S. 8° 1: Flugschr. 1756–45. 17. 24. 14.10555**

— sur la désertion, et sur la peine des déserteurs. 8. Lausanne 768. Pott u. C. 3 gl

— détachées sur l'esprit, par une Personne désintéressée. 8. Dresd. 767. Gröll. 6 gl

**Réflexions** sur les Dissidens en Pologne. S. l. 1766. V: *Wolf, Nathanael Matthaeus von.* (Ky) (ML)

**Réflexions** sur la doctrine des Catholiques Romains touchant l'eglise ... Hannovre 1756. V: *Reinhard, Adolph Frdr. von.* (ML)

Réflexions sur un écrit intitulé Protestations faites par Madame la Duchesse Douairière de Lesdiguières, par M. le Comte de Matignon, et par Mad. Angélique Cunégonde de Montmorency de Luxembourg..., lüe à l'Audience de Messieurs des Trois Etats de Neufchâtel le 1. octobre 1707. fol. *s. l.*

— sur l'Education en général, et sur celle des jeunes Demoiselles en particulier etc. 8. Frft. Esslinger. 751.

— sur l'éducation des jeunes gens destinés à l'état militaire, précédées d'un discours sur la nécessité de perfectionner l'art de la guerre, (par de Verdi). 8. Berl. 788. N. Ed. 792. Schöne. 8 gl

**Réflexions** sur l'éducation des jeunes gens destinés à l'état militaire ... Berlin 1788. V: *Verdi du Vernois, Adrien Marie François Chevalier de.* (Ky) (MGT)

**Réflexions** sur l'équilibre en Europe. 1743. V: *Spohn, Jean François Baron de.* (Preußische Staatsschriften. I. Berlin 1877. S. 459.)

**Réflexions** sur l'état des affaires publiques en 1778 ... Berlin 1778. V: *Elisabeth Königin v. Preussen.* (ML)

— sur la foi, par le Berruyer, Jésuite et auteur de l'histoire du peuple de Dieu. 12. Trevoux. (Pott et Comp. Lausanne.) 760.

**Réflexions** en forme de préparation pour l'élection d'un roy véritablement homme de bien ... Vorbereitende Betrachtungen zu der Wahl eines warhafftig frommen Königs in einem poetischen Schreiben eines Polnischen von Adel an seine Mit-Brüder. De dato 12. April 1733. 1733. V: *Buguoit, comte de.* (Bem I, 1, S. 395)

**Réflexions** d'un franciscain sur les trois volumes de l'Encyclopédie ... Berlin 1754. V: *Bonhomme.* (Barbier)

— d'un Gentilhomme franç. sur un libelle atroce p. Mirabeau. 8. Frft. Varrentrapp. 790.

— sur la guerre de 1812, publie par P. de Tschonykewitsch. gr. 8. Brunsv. Pluchart. 814.

— p. tous les jours de la semaine, trad. de l'Allem. (par Elisabeth). 8. Berl., (Rottmann). 8 gl

**Réflexions** pour tous les jours de la semaine. Berlin 1777. V: *Elisabeth Königin v. Preussen.* (Ky) (ML)

— sur les 12 lettres du P. Seedorf, av. réfutation de la nouvelle préface opposée à Pfaff. 8. Tüb. 750. (Osiander). 1 gl

Reflexions Sur un Mémoire que le Sr. (*Ed. B:* Sieur) [Pierre] de Mellarede a dressé en Suisse, dont l'Original a esté intercepté en Italie, envoyé (*Ed. B:* envoyé) à l'Ambassadeur du Roy (*Ed. B:* R.) T[rès-]C[hrétien] auprès du L. C(orps) H(elvétique) & communiqué à quelques Loüables Cantons. 4. *s. l.* [1706]. *Ed. A.* – *Ed. B.*

Reflexions Sur un Mémoire secret que le Sr.... de Mellarede a dressé en Suisse.... [1706.]

Réflexions d'un militaire sur les événemens de la dernière guerre. Cöln 1806. 8°.

— d'un militaire sur l'utilité de la religion etc. 12. Francf. Gebhardt. et K. (Hermann.) 759.

**Réflexions** militaires sur différens objets de la guerre. Par G. K. Avec fig. Francfort 1772. 342 S.

— militaires sur différens objets de guerre p. G. K., av. fig. 8. Frkf. a. M. 762. (Chr. Fr. Günter in Glogau). 20 g.

**Reflexions, Natural,** on the present conduct of his Prussian Majesty: the concern which England has and part the ought to take in the present broils of the empire; the balance of power and politics of English H-ns; Arising from the Perusal of the King of Prussia's Rescript and Manifesto, lately Published by Monsieur Andrié, Minister from Prussia at this Court. In a Letter to a Gentleman in the Country. Plus apud nos vera ratio valet, quam vulgi opinio Cic. . . . Londres [Berol.] 1744. V: *Stanhope Earl of Chesterfield, Philipp Dormer.* (Preuß. Staatsschr. I. Berlin 1877. S. 595.)

**Réflexions** naturelles sur la conduite Présente de Sa Majesté Prussiene: Sur l'intérêt que l'Angleterre peut avoir dans les Troubles présentés de l'Empire et sur le parti qu'il doit prendre à cet égard; sur la Balance du Pouvoir en Europe et sur la Politique des Anglois Hanoverisés; qui résultent de la lecture du rescript et du manifeste du roi de Prusse, publié dernièrement par Monsieur Andrié, Ministre de Prusse à cette Cour. Dans une lettre écrite à un gentilhomme de la campagne. Londres [Berl.] 1744. V: *Stanhope Earl of Chesterfield, Philipp Dormer.* (Preußische Staatsschriften. I. Berlin 1877. S. 595.)

**Réflexions** sur les observations de M. de Beauvois . . . touchant le traité sur l'origine des champignons . . . Nuremberg 1788. V: *Cailliot* [?]. (BrMm)

— sur les Opérations de l'armée autrichienne à la fin de la Campagne de 1795 et 96. Frft. Esslinger.

**Réflexions** sur l'opposition des Etats provinciaux à l'obtention du privilège illimité contre les appels. Regensb. 1779. V: *Steck, Johann Chph Wilhelm von.* (ML)
Vgl. Réflexion sur les droits des Etats provinciaux...

Réflexions sur le nouvel ordre judiciaire (en Alsace), adressées à l'Assemblée Nationale. 8. *s. l. n. d.* [1789].

**Réflexions** sur l'ouvrage de Mr. de Pradt, intitulé, de la revolution actuelle de l'Espagne . . . [Berlin 1821.] V: *Blesson, Johann Ludwig Urban.* (Hitzig)

**Réflexions** d'un patriote allemand et imperial sur la demande de la garantie de la pragmatique sanction. Regensburg 1731. V: *Bartenstein, Jos. Chph Freih. v.* (Droysen, Gesch. der Preussischen Politik. IV. Theil. IV. Abthlg. Leipzig 1870. S. 4.)

Réflexions d'un patriote [bernois] sur les services militaires étrangers. 8. *s. l.* 1786.
*Mutmasslicher Verfasser:* Gabriel Albrecht von Erlach.

— d'un patriote russe sur les progrès étonnement rapides du système déstructeur du gouvernement français. 8. Braunschw. 812. Pluchart. 8 g.

— d'un patriote russe sur les progres étonnement rapides du systéme destructeur du gouvernement français. 8. la même. 813.

**Réflexions** philosophiques et historiques d'un jurisconsulte, adressées à son ami à Turin sur l'ordre de la procédure . . . Berlin 1765. V: *Jariges, Phil. Jos. Pandin de.* (Milchs)

**Reflexions** Politiques Génerales Et Particuliers Sur la guerre d'Allemagne en 1778. Par M. R****. A Amsterdam [Berlin] 1780. V: *Raoux, Adrian Philipp.* (Dictionnaire des hommes de lettres. Bruxelles 1837. S. 163) (BiblPort)

Politische Reflexions über das große Friedens-Werck zu Aachen 1748 nebst einem Anhange von Genua und der Partage von den Österr. Niederlanden. Aachen 1748. 8°.

Réflexions Présentées à tous les Erguélistes, principalement à la Société Patriotique de Villeret. 8. *s. l. n. d.* [ca. 1793].

— sur les projets de Campagne p. Frédéric II Roi de Prusse; on y a joint un mémoire raisonné du Duc de Brunswick touchant la campagne de 1792. gr. 8. Tub. Cotta. 808.

Réflexions sur la Réponse de Madame De Lesdiguières, au Memoire touchant le Droit De Sa Majesté le Roy de Prusse, à La Principauté de Neufchâtel & Sur le Memoire de Monsieur le Prince dé Conti, à L'égard de sa prétendue alienabilité. fol. *s. l.* [1707].

— sur les Révolutions. Bregenz, Brentano.

**Reflexions** sur le vrai sens de l'Article IV. de traité de Ryswick, touchant les droits de l'Empire en Alsace avec un Examen des argumens employés par M. Leist. *Vienne.* 797. gr. 8.

**Réflexions** sur le vrai sens de l'article IV du Traité de Ryswick . . . Vienne 1797. V: *Jan, Ludw. Ernst Frdr. Freih. v.* (stri) (MGT) (will)

Réflexions Sur la Sentence du $\frac{8}{18}$ Mars 1694. fol. *s. l.* [1707].

— serieuses, sur les plus importantes Vérités du Salut. 8. Vien. Gerold. 747.

Simplicissimi unpartheyische REFLEXIONS über den Anno 1705 von den streitenden Partheyen in Europa hingebrachten Feldzug. Cölln 1706. 4°. 56 S. Spät. HLnbd. 100.—

Fehlt in den Sammlungen Hohenemser und Freytag. — Behandelt Geschehnisse u. Politik des Spanischen Erbfolgekrieges. Der unbekannte Verfasser gibt sich für einen Enkel des alten Simplicissimus aus.

Réflexions sur la situation des affaires présentes entre la France et la Grande-Bretagne. 8. Leipsic 1756. 1,50.

— sur la Suicide, voyez Stael.

Réflexions d'un Suisse, sur les motifs de la guerre présente. (Mit Titelk.) Zürich 1757. 4.
— Dasselbe. A la Haye, kl. 8.

Réflexions d'un Suisse sur cette question: Seroit-il avantageux aux L. Cantons Catholiques d'abolir les Ordres réguliers, ou tout au moins de les diminuer? Traduit de l'Allemand Sur la seconde Edition. 8. *s. l.* 1769.
*Auteur présumé:* Heinrich Heidegger.

Reflexions über Mr. Law's Neues Systema der Finanzen, wol der aus denen aufgericht. Compagnie entstehenden Schaden gez. Aus dem Franz. 8°. Leipzig 1720.

**Réflexions** sur les talens militairs et sur le Caractère de Charles XII ... Leipzig 1786. V: *Friedrich II. König v. Preussen.* (Ky)

— sur les talens militairs et sur le Caractère de Charles XII., Roi de Suède, (par Frédéric II.) 8. Leipz. 786. Breitkopf u. H. 6 gr.

Reflexiuns cristianas sopra l'incendi da Ftan.... 1795 *s.* [Porta, Andreas Rosius a].

Reform,

— die, Monatsschrift für Recht u. Gesetzgebung, herausg. von Gust. Eberty. 1.—3. Bd. (Der Zeitschrift für volksthümliches Recht u. nationale Gesetzgebung III.—V. Bd.) à 6 Hefte. gr. 8. Berlin 845, 46, Hermes. à Bd. n. $2\frac{1}{3}$ ℛ einzelne Hefte à n. 1½ ngl

Die Reform. Organ der demokratischen Partei. Red. Dr. E. Meyen. Nr. 129 bis 201. Vom 22. Aug. bis 14. November 1848. Berlin. Fol.

Reform. Eine Monatsschrift für die neue Zeit. Hrsg. v. Gust. Adph. Wislicenus. (3. Jahrg.) 1848. 12 Hfte. gr. 8. Halle, Knapp. n. $1\frac{1}{3}$ ℛ (Fortsetzung der kirchl. Reform.)

Reform. Eine Monatsschrift für die neue Zeit. Herausgegeben von Gustav Adolph Wislicenus. 1848 März. Halle, C. A. Kümmel (1848). 8.

Reform. –
Hamburg. – [23.III.] 1848 – 27.II.1892.
[Ab 1848, Nr. 13 in Altona.]

Die **Reform.** Ein Communal- und Bürgerblatt. [Jg. 1], 1848, Nr. 1–12. Hamburg; Nr. 13–60. Altona 1848. Fol. Fortges. u.d.T.: Die Reform. Ein Volksblatt. [Jg. 1], 1848, Nr. 61 – [Jg. 2], 1849. Altona 1848–49. Fol.

— die. Ein Volksblatt. Red.: J. Stammel. Jahrg. 1850. 104 Nrn. Imp. Fol. (B. m. eingedr. Holzschn.) Mit Beiblatt: Der Schleswig-Holsteinische Corsar. 52 Nrn. Altona. (Hamburg, Volksbuchhandlung in St. Paul.) n. 3 ℛ — Red.: B. Heitmann. Jahrg. 1851. 104 Nrn. Imp. Fol. (Bog. mit eingedr. Holzschn.) Hamburg, Volksbuchhandlung in St. Pauli. n. $2\frac{2}{3}$ ℛ — Jahrg. 1852. 104 Nrn. Imp. Fol. (Bog. m. eingedr. Holzschn.) Hamburg, Richter. n. $2\frac{2}{3}$ ℛ

— die. Ein Volksblatt. 6—11. Jahrg. 1853—58. à 104 Nrn. (à 1 Bgn. m. Holzschn. im Text.) Hamburg, J. F. Richter. Imp.-Fol. 6—8.: à n. 2 ℛ. 20 ngr.; 9—11.: à n. 4 ℛ.

— die. Zeitung für Gewerbe u. wissenschaftliche Bildung des Volkes. Red.: Gust. Fischer. 1. Jahrg. 1848. Juni—Decbr. 30 Nrn. Imp. 4. (B. m. Beilagen.) Hirschberg, Verlags-Bureau. n. $1\frac{7}{12}$ ℛ

Die Reform. Politische Zeitung, hrsg. von Arnold Ruge in Leipzig und H. B. Oppenheim in Berlin. Nr. 1 bis 128. 1. April bis 20. Aug. 1848. Leipzig, vom 1. Juli ab Berlin. 4.

Die Reform: June 1, 1850 Baltimore, MD
Labor paper. Organ of Arbeiter-Association Baltimores.

Die Reform: Mar. 5, 1853—Apr. 26, 1854.
Weekly, Mar.—Apr. 1853; semi-weekly, May—Oct. 12, 1853, daily, Oct. 15, 1853—Apr. 26, 1854. Organ of the Arbeiterbund in New York. With the daily edition, a supplement, called BELLETRISTISCHES SONNTAGSBLATT, was published. Edited by Gottlieb Theodor Kellner, Mar. 5—Dec. 1853?; by Joseph Weydemeyer, 1854?; published by Carl Friedrich, Mar. 5, 1853—Feb. 1854; by an Aktiengesellschaft [one of members, Abraham Jacobi], Mar. 10—Apr. 26, 1854.
New York, NY

Reform, die. Pädagogische Vierteljahrsschrift. Herausg. von Lauckhard in Weimar. 1. u. 2. Bd. à 4 Hefte (à 5—6 Bgn.). Leipzig 857, 58. Weber. Jeder Bd. n. 2 ℛ.

Reform, die. Pädagogische Vierteljahrsschrift. Red.: C. F. Lauckhard. 3—8. Bd. Jahrg. 1859—64. à 4 Hefte. (à 5 Bgn.) Weimar, Böhlau. gr. 8. Jeder Jahrg. n. 2 ℛ

— die. Pädagogische Vierteljahrsschrift. Redact.: C. F. Lauckhard. 9—10. Bd. (Jahrg. 1865—66.) à Jahrg. 4 Hefte. (à ca. 80 S.) Weimar, Böhlau. gr. 8. Jeder Jahrg. n. 2 ℛ

Reform, die. Wochenschrift redig. von Frz. Schuselka. 1—6. Jahrg. 1862—67. à Jahrg. 52 Nrn. (à 2 Bgn.) Mit Beilagen. Wien, Administration. Lex.-8. Jeder Jahrg. n. 7 ℛ
Vierteljählich n. 2 ℛ

— die. Wochenschrift, red. v. Frz. Schuselka. 14. u. 15. Jahrg. 1875 u. 1876 à 52 Nrn. (2 B.) gr. 8. Wien, Administration. à Jahrg. n. 19. 20

— die. Wochenschrift, red. von Frz. Schuselka. 16—18. Jahrg. 1877—1879. à 52 Nrn. (2 B.) gr. 8. Wien, Administration (v. Waldheim). à Jahrg. n. 19. 20

Die Reform: 1866? 1867? Chicago, IL
Daily. Edited & published by B. F. Bross.

Die Reform: 1866—1880?
Monthly. Organ of Vereine Deutsch-Amerikanischer Freimaurer. Edited & published by J. P. M. Richard Barthelmess.
New York, NY

**Reform,** die. Organ des Vereins deutsch-amerikanischer Freimaurer. Monatsschrift. 1. u. 2. Jahrg. 1866 u. 1867. à Jahrg. 12 Nrn. (Bgn.) New-York, (Steiger.) gr. 8. Jeder Jahrg. 3 ℛ

**Die Reform.** Organ des Vereins deutsch-amerik. Freimaurer. Monatsschr. Jg. 2 bis 6. New York [1867—1871]: Teubner. 8⁰
2. IV, 188 S. 1867; 3. IV, 188 S. 1868; 4. IV, 192 S. 1869; 5. IV, 188 S. 1870; 6. IV, 96 S. 1871.
Tt. 209.
Vorh. u.d.T.: Mitteilungen aus dem Vereine Deutschamerikanischer Freimaurer.

Reform: July? 1871 - 1919?
Weekly. Published in English and German, 1917 - 19. Independent, 1880 - 89; Democratic, 1890 - 1916; Independent, 1917 - 19. Sub-title: Familienblatt für Fortschritt, Unterhaltung, Belehrung, Kunst und Wissenschaft. Title varies, Brooklyner Reform. Circulation: 1875, 1200 (est.), 1880, 1000, 1890, 1100; 1900, 4400; 1905, 6708; 1910, 7500, 1918, *21,040*. Edited & published by Hadrich & Weidner, 1871 - 74; by Friedrich Weidner, 1875; edited by C. F. Böttcher, 1876 - 79; by Louis Werner, 1880 - 81; published by Friedrich Weidner, 1876 - 81; edited & published by Friedrich Weidner, 1882 - 90; edited by K. G. Schneider, & published by Friedrich Weidner, 1891 - 1902; edited by Friedrich Weidner, & published by F. Weidner Publishing & Printing Co., 1903 - 19.
Brooklyn, NY

**Reform**
v. Reformblätter aus der bernischen Kirche.

**Reform.** Zeitstimmen aus der schweizer. Kirche. Red.: H. Lang u. A. Bitzius. 1—4. Jahrg. 1872—1875 à 26 Nrn. (B.) gr. 8. Bern, Dalp. à Jahrg. n. 3. 20
cf.: Reformblätter u. Zeitstimmen.

— dasselbe. 5. Jahrg. 1876. 26 Nrn. (B.) gr. 8. Ebend. n. 4. —

—— dass. — Redact.: A. Bitzius und K. Furrer. 6. und 7. Jahrg. 1877 und 1878. à Jahrg. 26 Nrn. (Bog.) gr. 8. Ebendas. à Jahrg. *

**Reform.** Zeitstimmen aus d. schweizerischen Kirche. Herausgeg. von H. Frank (Pfarrer in Twann), P. Böhringer (Pfarrer in Basel), P. Christ, (Pfarrer in Rheineck). Achter Jahrgang 1879, Jährlich 26 Nummern. In-8⁰. Bern, J. Dalp.
per Jahr 5 —
Halbjährlich 2 70

—— Zeitstimmen aus der schweizer. Kirche. Redact.: H. Frank, P. Böhringer, P. Christ. 9. Jahrg. 1880. 26 Nrn. (à Nr. 1—1½ Bog.) gr. 8. Bern, Dalp'sche Buchh. * 4 —
Fortsetzung u. d. T.: Reformblätter, schweizerische.

Reform. Organ des algemeinen fereins zur einfürung einer fereinfahten deutšen sreibung. jarg. 1. 1877. Bremen. Imp.-4. . . . . . . . . . . . . . . . . . . . . . (D.)
—— Zeitšrift des algemeinen fereins für fereinfahte deutše rehtšreibung. Begr. fon F. V. Frikke. Jhg. 2. 1878. — Herausg.: E. Lomeier. Jhg. 2—5. 1878—81. (Bremen.) (D.)

**Reform.** Orgān des algemeinen fereins zur einführung einer einfachen deutschen schreibung. Hrsg. von F. V. Frikke. 1. u. 2. järg. 1877 u. 1878. à 8—10 nrn. (B.) Imp.-4. Bremen 877. Kühtmann & Co.
à Jahrg. n. 3. —

— Zeitšrift des algemeinen fereins für fereinfahte deutše rehtšreibung. Begründet fon F. V. Frikke. Hrsg.: Ed. Lomeier. 3—5. järg. 1879—1881. à 12 nrn. (B.) gr. 8. Ebend. à Jahrg. n. 2. 40

**REFORM.** Zeitschrift des allgemeinen Vereins für vereinfachte deutsche Rechtschreibung.
Begründet fon FRIEDRICH WILHELM FRICKE.
Jahrg. 6. 1882. ib. —
Begründet von FRIEDRICH WILHELM FRICKE. Herausgegeben von EDUARD LOHMEYER.
Jahrg. 7. 1883. Selbstverlag des Allgem. Vereines' (Obmann Dr. F. W. FRICKE in Wiesbaden.) 1883. Druck und Vertrieb durch Diedr. Soltau's Verlag in Norden.
Von FRIEDR. WILH. FRICKE.
Jahrg. 8. 1884. ib. 1884. — —

REFORM. Zeitschrift des allgemeinen Vereins für vereinfachte Rechtschreibung. Von FRIEDR. WILH. FRICKE.
Jahrg. 9—10. 1885—1886. Selbstferlag, später: Selbstverlag des Allgem. Vereines' (Obmann Dr. F. W. Fricke in Wiesbaden.) 1885—1886. Druck und Vertrieb durch Diedr. Soltau's Verlag in Norden. 8⁰.

— **Zeitschrift d. allgemeinen Vereins f. vereinfachte Rechtschreibung, sowie d. Vereins f. Lateinschrift. Zugleich Unterhaltungsblatt. Hrsg.: F. W. Fricke; Schriftleiter: O. Weddigen. 11.—14. Jahrg. 1887—1890. à 12 Nrn. (à 1—1½ B.) gr. 8. Norden, Soltau.
à Jahrg. n. 2. 40**

— **Zeitschrift d. allgemeinen Vereins f. vereinfachte Rechtschreibung, sowie d. Vereins f. Lateinschrift. Zugleich Unterhaltungsblatt. Hrsg.: F. W. Fricke. Schriftleiter: Otto Weddigen. 15. Jahrg. 1891. 12 Nrn. (à 1—1½ Bog.) gr. 8. Norden, D. Soltau.
n. 2. 40**

REFORM. Zeitschrift des allgemeinen Vereins für vereinfachte Rechtschreibung und des Vereins für Lateinschrift. Begründet von FRIEDRICH WILHELM FRICKE Herausgeber F. W. FRICKE und nach dessen Tode EDWARD LOHMEYER. Schriftleiter: KARL KRÜGER.
Jahrg. 15. 1891. Selbstverlag des ,Allgem. Vereines' (Obmann Edward Lohmeyer in Kassel). Druck und Vertrieb durch Diedr. Soltau's Verlag in Norden.

—— **Zeitschrift d. allgemeinen Vereins f. vereinfachte Rechtschreibg., sowie d. Vereins f. Lateinschrift. Zugleich Unterhaltungsblatt. Hrsgbr.: Edward Lohmeyer. Schriftleiter: Karl Krüger. 16. Jahrg. 1892. 12 Nrn. (à Nr. 1—1½ Bog.) gr. 8. Norden, D. Soltau. * 3 —**
13.—15. Jahrg. hrsg. v. F. W. Fricke. Schriftleiter: Otto Weddigen. — 13.—15. Jahrg. à * 2 40.

REFORM. Zeitschrift des allgemeinen Vereines für vereinfachte Rechtschreibung und des Vereines für Lateinschrift. Begründet von FRIEDRICH WILHELM FRICKE,
herausgegeben von EDWARD LOHMEYER.
Jahrg. 16. 1892. ib. 1892. — — 17. 1893. ib. 1893. — —
Herausgegeben von EDWARD LOHMEYER. Schriftleiter: JOHANNES SPIESER.
Jahrg. 18. 1894. Anhang: Probenummer einer ,Vissenšaftlichen beilage zur Reform'. ib. 1894. — —

— dasselbe. Monatschrift des allgemeinen Vereins f. vereinfachte Rechtschreibg. etc. Hrsg. u. Schriftleiter: Edw. Lohmeyer. Schriftleiter: Joh. Spieser. 18. Jahrg. 1894. 12 Nrn. (à ca. 1—1½ Bog.) gr. 8. Ebd.
3. —

REFORM. Zeitschrift des allgemeinen Vereins für vereinfachte Rechtschreibung und des Vereins für Lateinschrift. Begründet von FRIEDRICH WILHELM FRICKE, herausgegeben von JOHANNES SPIESER.
Jahrg. 19. 1895. (Mit Tafeln). ib. 1895. Selbstverlag des Allg. Vereines (Obmann J. Spieser, Waldhambach, U.-Elsass). Druck und Vertrieb durch Diedr. Soltau's Verlag in Norden. — 20. 1896. ib. 1896. Selbstverlag des Allg. Vereines (Obmann J. Spieser, Waldhambach, U.-Elsass). — — 21. 1897. ib. 1897. — — 22. 1898. ib. 1898. — —

— **Monatsschrift d. allgem. Vereins f. vereinf. Rechtschreibg., sow. d. Vereins f. Lateinschrift. Hrsg.: E. Lohmeyer. Schriftleiter: Joh. Spieser. 19. u. 20. Jahrg. 1895—1896. à 12 Nrn. (à ca. 24 S. m Taf.) gr. 8. Norden, D. Soltau. à Jahrg. n. 3. —**

— **Monatsschrift etc., sowie des Vereins f. Altschrift. Schriftleiter: J. Spieser. 21. u. 22. Jahrg. 1897—1898. à 12 Nrn. (à 20 S.) gr. 8. Ebd.
à Jahrg. n. 3. —**

— **Monatsschrift des algemeinen fereins f. vereinfachte rechtschreibg. 2. des vereins f. altschrift. Schriftleiter: J. Spieser. 23.—26. jarg. 1899—1902. à 12 Nrn. gr. 8. (à ca. 16 S.) Norden (D. Soltau). à Jahrg. n. 3. —**

— **Zeitschrift des algem. fereins f. vereinfachte rechtschreibung u. des fereins f. altschrift (sog. lateinschrift). Hrsg.: J. Spieser. Schriftleiter: E. Proschwitzer. 27.—30. jarg. 1903—1906. à 4 Nrn. (1902/03 IV, 176; 1904/05 IV, 176 u. 1906 IV, 100 S.) gr. 8. Norden (D. Soltau). à Jhrg. n. 3. —**

— Zeitschrift des algemeinen fereins f. vereinfachte rechtschreibung u. des fereins f. altschrift (sogenannte lateinschrift). Begründet v. Wilh. Frikke, hrsg. v. Geo. Kewitsch. 31.—33. jarg. 1907—1909. à 6 Nrn. (à ca. 16. S.) 8. Norden. Leipzig, K. Lentze. à Jahrg. 3. —
Forts.unt.d.T.:Reform der deutschen Rechtschreibung.

Die Reform: 1882? –1884? Pittsburgh, PA
Weekly. Absorbed by Pittsburger Sonntags-Blatt. Edited & published by Emanuel Schweizer.

Reform. Organ für die Gesamtinteressen der deutschen Buchdrucker. Herausg. vom Verein Leipziger Buchdrucker- und Schriftgiessergehülfen. Jhg. 1—14. 1882—95. Leipzig. gr. 4.

Reform. Organ f. die Gesammtinteressen der deutschen Buchdrucker. Hrsg. vom Verein Leipziger Buchdruckergehülfen. Red.: G. Schube. 1. Jahrg. 1883. 52 Nrn. (1/2 B.) gr. 4. Leipzig, (Findel). n. 2. 60

— dasselbe. Red.: L. Schumann. 2. Jahrg. 1884. 52 Nrn. (1/2 B.) gr. 4. Ebend. n. 3. —

Reform. Organ für die Gesamtinteressen der deutschen Buchdrucker. Hrsg. v. Verein Leipziger Buchdruckergehülfen. Red.: Emil Täubert. 3.—7. Jahrg. Novbr. 1884—Oktbr. 1889. à 52 Nrn. (1/2 B.) gr. 4. Leipzig, Vereins-Expedition. à Jahrg. n. 2. 60

Reform: June 1885—1886. Medford, WI
Weekly. Published by Waldbote.

Reform: Jahrgang 1. Jan.? 1887 1890
Semi-weekly. Sub-title Organ fur die gesamten Interessen der Kolonie Dona Francisca. First called Neue Colonie Zeitung. Follows Deutsche Echo. Editor: R. Gernhard
Joinville

Reform. Fachzeitung f. d. Schneidergewerbe. 1891-1900. 4° Stuttgart 1891-1900

Reform. Journal f. Zuschneidekunst u Herren-Mode. 1901-07. 4° Stuttgart 1901-07

Reform. Journal für Zuschneidekunst u Herrenmode. 1908-13. 4° Stuttgart 1908-13

Reform: 1899—? St. Louis, MO
Announced by *DABZ*, *Oct. 16, 1899* as "neues Tageblatt."

Reform, die. Fortschritte im Verkehrswesen der Kulturvölker. Neue Erfindgn. u. Erfahrgn. in der Technik u. im Betriebe. Illustrierte Monatsschrift. Unter Mitwirkg. hervorrag. Fachmänner red. v. Herm. Strach. 1. Jahrg. Septbr. 1899—Aug. 1900. 12 Hfte. Fol. (X S. u. 1148 Sp.) Teschen, K. Prochaska. 12. —

Die Reform. Fortschritte im Verkehrswesen der Kulturvölker. Neue Erfindungen und Erfahrungen in der Technik und im Betriebe. Illustrirte Halbmonatsschrift. Redigirt von Hermann Strach. II. Jahrgang. Wien. Teschen. Leipzig. [1900.] Prochaska. 4°. erscheint in 24 Heften. à K —.60

— dasselbe. Illustrirte Zeitschrift des Weltverkehrs. Internationales Organ f. alle Verkehrszweige. Red.: Herm. Strach. 2.—4. Jahrg. Septbr. 1900—Aug. 1903. à 24 Hfte. hoch 4. (II, 1916, II, 1732 u. II, 1532 Sp.) Ebd. à Jahrg. n. 12. —
Erscheint nicht mehr.

— die, des Advocatenstandes. Ein Vortrag, gerichtet an die allgemeine Stände-Versammlung des Königr. Hannover von den Advocaten zu Stade, Freudentheil, Holtermann, Wyneken für sich u. Namens der Wahl-Versammlung der Advocaten des Bezirks der K. Justiz-Canzlei ꝛc. zu Stade. 8. (VI u. 114 S.) Stade 847, Pockwitz. 1/2 ₰

Zur Reform des Aktiengesellschaftswesens. 3 Gutachten d. Vereins f. Socialpolitik. Leipz. 874.

ZUR REFORM DES BAYERISCHEN ARRONDIRUNGS-GESETZES vom 10. November 1861. Eine Denkschrift des bayerischen Bezirksgeometer-Vereins. München. 1879. Literarisch-artistische Anstalt (Th. Riedel). 8°.

Reform und Ausbau der Arbeiterversicherung. (Gutachten zum Regierungsprogramm 1904.) 8°. Wien, Manz, 1908. (Verhandlg. u. Beschlüsse d. Industrierates, Heft 19.)

Reform des Ausstellungswesens. Wien 1880

Reform. – Berliner Reform. –
2.X.1861 – 31.XII.1866(?).

Berliner Reform. Herausgeber Dr. Eduard Meyen. Vom 1. Okt. 1863 ab Guido Weiß. Vom 1. April 1866 Herausgeber wieder Eduard Meyen. 1. October 1861 bis 30. Juni 1866. 10 Bde.

Reform, die, der Besoldungsverhältnisse d. Geistlichen in der evang.-luther. Landeskirche des Herzogt. Braunschweig, e. Denkschrift, hohem Kirchenregimente, wie hochwürd. VII. Landessynode zu hochgeneigter Erwägg. gehorsamst überreicht v. Landes-Prediger-Verein im Herzogt. Braunschweig. gr. 8. (32 S.) Wolfenbüttel 897. (Braunschweig, J. Neumeyer.) n. — 50

Reform von Bucks: 1866?
Weekly. Merged with Bucks County Express to form Express and Reform, then Bucks County Express and Reform.
Doylestown, PA

**Reform, Die,** der deutschen Bundesverfassung, auf der Basis des Bestehenden und ohne Ausschluss von Österreich. Von einem norddeutschen Publicisten. Erlangen 1859. V: *Zachariae, Heinrich Albert.* (ADB) (Kat. d. ständ. Bibl. Stuttg. 1907. S. 225.)

— die, der deutschen Bundesverfassung auf der Basis des Bestehenden u. ohne Ausschluß von Oesterreich. Von einem norddeutschen Publicisten. Erlangen 859. Enke. gr. 8. (VII, 86 S.) n. 15 ngr.

Reform (Zur definitiven) der Invalidenversorgung der Tabakarbeiterschaft. 8°. Wien, Verlag d. Gewerkschaft d. Tabakarbeiterinnen u. -arbeiter Oesterreichs, 1908.

Reform. – Die Deutsche Reform. –
Berlin. – 16.X.1848 – 10.III.1851.
Vorh. u.d.T.: Neue Berliner Zeitung.
Fortges. u.d.T.: Preußische Zeitung.

Die Deutsche Reform, politische Zeitung für das constitutionelle Deutschland. Red. C. M. Oldenburg. Einzelne Nummer vom November 1848 ab bis November 1850. Fol.

Deutsche Reform: 1853?–1857?
Weekly. Edited & published by Heinrich A. Schäfer & Theodore Dietsch von Annaberg.
Evansville, IL

Reform. – Deutsche Reform. –
Dresden. – 27.XII.1879 – 22.III.1887.

Ueber Reform des Eherechts. Ein Vortrag gehalten auf einem Provinzial-Landtage. Berlin. L. Oehmigke 1842. 36 S. 8.

— über die, des Eherechts. Ein Vortrag, gehalten auf einem Provinzial-Landtage. gr. 8. Berlin 842, L. Oehmigke. 1/6 ₰

— die, des Eisenbahntarifwesens, im Sinne des Penny-Portos. Von einem Fachmann. [Aus der Weser-Zeitung.] Bremen 869. Schünemann. gr. 8. (19 S.) 4 ngr.

Reform, die, des Eisenbahnwesens. Denkschrift der Handels- und Gewerbekammer in Prag. (44 S) Prag 1874

— e. ethische, d. Quotenfrage d. österr.-ungar. Ausgleiches. (Von Mich. Blümelhuber.) 16. (8 S.) Linz 897. (E. Mareis.) n. — 40

**Reform, Die,** der katholischen theologischen Facultäten Oesterreichs. Wien 1872. V: *Wiedemann, Theod.* (Strakosch-Grassmann, Bibliogr. zur Gesch. des österr. Unterrichtswesens. Wien 1902. II, 55.) (WBL)

— des Fleischverkaufs. Hrsg. auf Anregung der Landwirthschafts-Gesellschaft Abtheilung Oldenburg. 1. und 2. Aufl. Plakat. qu. Fol. Oldenburg 878,79, Bültmann und Gerriets. *

Reform. – Frankfurter Reform. – Frankfurt a.M. – 26.XII.1862 – 15.VII.1866.

**Reform** der Gemeindesteuern und Gebühren. Eine Sammlung mustergült. Ordnungen. Bielefeld-Gadderbaum: W. Bertelsmann 1907. (127 S.) 8° [F.] [08. 4729 6]

Reform, die, der Gemeindesteuern im Großherzogt. Hessen. Hrsg. v. dem Vorstande des Bodenreformvereins in Darmstadt. (88 S.) gr. 8. Darmstadt 904. E. Roether. n. — 40

**Reform,** Die, der Gemeinde-Verwaltung im Zusammenhange mit der Reorganisierung der politischen Behörden. Von einem Verwaltungsbeamten. Klgft., Bertschinger & Heyn, 1875. 26 S.

Zur **Reform** der Gerichtsverfassung in Preußen. Berlin 1867.

Zur **Reform** der Gewerbe-Ordnung. Auf der 1877er Generalversammlung des Vereins für Socialpolitik erstattete Referate von G. SCHMOLLER und J. F. H. DANNENBERG. Leipzig, 1877. Duncker & Humblot. 8°.

**Reform, Die,** im Gütertransport. Berlin 1879. V: *Stephan Hnr.* (Kat. d. stat. Bureaus. Dresden 1890.)

— die, im Gütertransport. Ein Beitrag zur Hebung von Handel u. Industrie in Deutschland. gr. 8. (31 S.) Berlin 879. Springer. n. — 60

**Reform, Die,** der Gymnasien. Graz 1882. V: *Zetter, Carl.* (EB)

**Reform,** die, unserer Gymnasien, beleuchtet vom christlich-socialen Standpunkte. Allen Freunden christl. Schulen gewidmet v. Josephus Alethagoras. gr. 8. (71 S.) Graz 892. U. Moser. n. — 80

[Umschlagt.:] [F.] Die **Reform** der preussischen Handelskammern und die Errichtung einer Handelskammer für Westholstein in Altona. *[Altona]: Dr. v. H. W. Köbner & C. 1895.* (8 S.) 1 Bd 4. [96. 1195

Veröffentlichung des Vereins Berliner Kaufleute und Industrieller. — ZUR REFORM DES HANDELSKAMMERWESENS in Preussen. Stenographischer Bericht über die öffentliche Versammlung des Vereins Berliner Kaufleute und Industrieller vom 10. Dezember 1894. Berlin 1895. Siemenroth & Worms. 8°.

Reform. Die R' des Hebammenwesens in der Schweiz. Vom schweizerischen Gesundheitsamt. Separatabdruck aus der « Zeitschrift für schweizerische Statistik », Jahrg. 45, 1909 = La réforme de la profession de sage-femme en Suisse. Par le Bureau sanitaire fédéral. Extrait du « Journal de statistique suisse » .... II + 90 S. 4. Bern, Stämpfli & Cie., 1908.

Reform. Zur innern, Oesterreichs. 8. Erlangen 1859.

Zur inneren Reform Oesterreichs. Allen, denen es um wirklichen politischen Fortschritt zu thun ist, gewidmet. 1867. gr. 8. (15 S.) Wien, Pichler's Wwe & Sohn. 20 kr.

**Joseph's II. Reform** im geistl. Fache, od. wicht. Handb. aller während d. dermal. — Regier. d. Hn. Bischöfen u. Consistorien mittelst Decreten intimirten k. k. Verordnn. m. erläut. Anm. *Wien*, Hartl. 1s Bdch. v. Anf. d. Regier. bis Ende d. J. 1733; gedr. 787. 8.

— die, im Judenthume. Aufruf an die denkenden Israeliten Königsbergs zum Anschluß an die deutsch-jüdische Kirche. gr. 8. Königsberg 845, Universitäts-Buchh. 3 ngl

— die, des Judenthums. Ein Organ f. die Rabbiner-Versammlung Deutschlands. Herausgeg. v. deren Mitgliedern A. Adler u. H. Wagner. Verantwortl. Redakt.: H. Wagner. (1. Jahrg.) 1846. (April—Decbr.) 39 Numm. (Bog.) gr. 4. Mannheim 846, Hoff. n. 2 ₰ 12 ngl

— die jüdische. Eine Beleuchtung. gr. 8. (1½ B.) Berlin 846, [Louis Schlesinger.] *

— die, der Justizgesetzgebung im Königreich Württemberg. Gesetzesentwürfe mit Motiven. Nach den Vorlagen des Königl. Justizministeriums an die Ständeversammlung. 2 Abtheilgn. Stuttgart 867. Metzler's Verlag. 8. n. 4 ₰ 6 ngr.

1. Abthl. Der Entwurf eines Gesetzes über die Gerichtsverfassung u. der Entwurf einer Strafprozeß-Ordnung für das Königreich Württemberg mit den Motiven. (428 S.) n. 1 ₰ 10 ngr.

2. Abthl. Entwurf einer Civilproceß-Ordnung für das Königreich Württemberg mit den Motiven. 6 Thle. [1. Thl.: Allgemeine Bestimmungen. (VIII, 264 S.) n. 28 ngr., 2. u. 3. Thl.: Das ordentliche Verfahren in erster Instanz. Von den Rechtsmitteln. (XVI, 372 S.) n. 1 ₰ 10 ngr., 4—6. Thl.: Das außerordentliche Verfahren. Das Verfahren in geringfügigen Sachen. Vom Vollstreckungs- u. Gantverfahren. (VII, 142 S.) n. 18 ngr.] n. 2 ₰ 26 ngr.

— kaufmännische. [Verbandsblätter. 4.—6. Jahrg.] Organ d. Verbandes deutscher Handlungsgehülfen u. seiner Kassen. Unabhängige Zeitschrift f. die sozialen u. prakt. Interessen d. Kaufmannsstandes. Hrsg.: Geo. Hiller. 1.—3. Jahrg. 1888—1890. à 52 Nrn. (2 B.) Fol. Leipzig, Geo. Hiller. à Jahrg. n. 4. 80

— kaufmännische. [Verbandsblätter. 7. Jahrg.] Organ d. Verbandes deutscher Handlungsgehülfen u. seiner Kassen. Unabhängige Zeitschrift f. die sozialen u. prakt. Interessen d. Kaufmannsstandes. Hrsg.: Geo. Hiller. 4. Jahrg. 1891. 52 Nrn. (2 Bog.) Fol. Leipzig, Geo. Hiller. n. 4. 80

— dasselbe. [Verbandsblätter. 8. u. 9. Jahrg.] 5. u. 6. Jahrg. 1892. 1893. à 52 Nrn. (2 Bog.) Fol. Ebd. à Jahrg. n. 5. 60

— dasselbe. [Verbandsblätter. 10. Jahrg.] 7. Jahrg. 1894. 52 Nrn. (2 Bog.) Fol. Ebd. n. 4. 80

— kaufmännische. [Verbandsblätter. 11. Jahrg.] Unabhäng. Zeitschrift f. die sozialen u. prakt. Interessen d. Kaufmannsstandes. Hrsg.: Geo. Hiller. Red.: Gust. Wolf. 8.—11. Jahrg. 1895—1898. à 52 Nrn. (à ca. 10 S.) Fol. Leipzig, G. Hiller. à Jahrg. n. 4. 80; große Ausg. m. wöchentlich zweimal Liste offener Stellen n. 8. 80

Kann auch vierteljährlich bezogen werden.

— kaufmännische. Verbandsblätter. 15.—17. Jahrg. Unabhängige Zeitschrift f. die sozialen u. prakt. Interessen des Kaufmannsstandes. Hrsg.: Verband deutscher Handlungsgehilfen. Red.: Geo. Hiller. 12.—14. Jahrg. 1899—1901. à 52 Nrn. Fol. (à ca. 8 S.) Leipzig, Verband deutscher Handlungsgehilfen. à Jahrg. 4. 80; große Ausg. m. wöchentlich zweimal. Liste offener Stellen. à Jahrg. 8. 80
Fortsetzung s.: Verbandsblätter.

Reform (Zur kaufmännischen), Beschlüsse und Referate von der am 6. u. 8. Juni 1891 zu Braunschweig abgehaltenen Jahresversammlung des deutschen Verbandes kaufmännischer Vereine. Hrsg. vom Verbandsorgan „Kaufmännische Presse“. 8°. Frankfurt a. M., Mahlau u. Waldschmidt, 1891.

**Reform** der römischen Kirche in Haupt und Gliedern, Aufgabe des bevorstehenden römischen Concils. Leipzig 1869. V: *Ginzel, Joseph Augustin.* (ADB)

**Reform der römischen Kirche** an Haupt u. Gliedern. Aufgabe des bevorstehenden römischen Konzils. Leipzig, Duncker u. Humblot, 1869. 8°, IV, 187 S., 2,70 Mk.

— kirchliche. Monatsschrift für freie Protestanten aller Stände. In Verbindung mit gleichgesinnten Mitarbeitern. Herausgeg. von Gust. Ad. Wislicenus. (1. Jahrg.) 1846. 12 Hfte. gr. 8. Halle 846, Kümmel's Sort.-B. n. $1\frac{1}{3}$ Thlr

**Reform, kirchliche.** Monatsschrift f. freie Protestanten aller Stände. In Verbindung mit gleichgesinnten Mitarbeitern herausg. von Gust. Ad. Wislicenus (2.) Jahrg. 1847. 12 Hfte. gr. 8. Halle, Knapp. n. $1\frac{1}{3}$ Thlr
Forts.unt.d.T.:Reform. Halle 1848.

Reform (Zur) der preussischen Klassen- und Einkommensteuer. gr. 8°. Berlin, Decker, 1883.

— des Kleinhandels zur Selbsthülfe der Detaillisten. 8. (36 S.) Braunschweig (901). R. Ehlers. n. — 50

— üb. die, der Würtemberg. Klosterschulen u. des theolog. Stifts zu Tübingen; (v. Gf. H. Scholl). 8. Stuttg. 797.

— der Konfirmationspraxis, hrsg. v. Mumm, s.: Hefte der freien kirchlich-sozialen Konferenz.

Zur Reform des Konzessionswesens. Beschlüsse des deutschen Vereins gegen den Mißbrauch geistiger Getränke bezüglich Erlaubniserteilung zum Gewerbe der Gastwirtschaft etc. Hildesheim 1897. 16 S.

**Reform, die, des Kgl. Sächs. Criminalprozesses** unter Berücksichtigung der Fragen üb. Oeffentlichkeit u. Mündlichkeit d. Strafverfahrens. gr. 8. Graudenz 842, Glück. n. $\frac{2}{3}$ Thlr

— die, der Landesverfassung. Ein Wort an die bürgerlichen Gutsbesitzer in Mecklenburg. Berlin 860. J. Springer. gr. 8. (12 S.) 3 ngr.

— die, der Landesvertretung in der Mecklenburgischen Verfassung, von einem Mecklenburger. gr. 8. (36 S.) Schwerin 848, Stiller. $\frac{1}{6}$ Thlr

**Zur Reform** d. akadem. Lebens. Wider Duellzwang u. Verbindungstyrannei. Leipz. 885.

**Reform des Lehrlingswesens**, Die. 16 Gutachten und Berichte, veröffentlicht vom Verein für Socialpolitik. Leipzig 1875. 8.
A. u. d. T.: Schrr. d. Ver. f. Soc.-P. 10. . . . . . . . . . . . . . . . . . . . (HC.; D.)

Reform (Die) des kaufmännischen Lehrlingswesens. Ein Wort aus praktischem Munde. gr. 8°. Magdeburg, Sachs u. Schwerdtner, 1892. (24 S.)

Reform. – Zur Reform des Mädchenschulwesens, s. Lange, Helene.

— über die, des Preuß. Medicinal-Standes. 3 Denkschriften, verfaßt v. Mitgliedern des norddeutschen Chirurgen-Vereins. Mit einleitendem Vorworte v. A. W. Varges. 8. (IV u. 411 S.) Magdeburg 847, Baensch. n. $\frac{1}{3}$ Thlr

DIE REFORM DER MEDIZINAL-VERFASSUNG PREUSSENS. Bericht eines Ausschusses des ärztlichen Vereins zu Köln. Köln 1842. J. & W. Boisserée. 8°

ZUR REFORM DER MEDICINAL-VERFASSUNG PREUSSENS. Mit Rücksichtnahme auf die Vorschläge des Dr. Joseph Hermann Schmidt bearbeitet von einem Ausschusse des ärztlichen Vereins des Regierungs-Bezirks Düsseldorf, Ernsts, W. Müller, Pagenstecher, A. L. Richter, Schlegtendal. Düsseldorf. 1847. Julius Buddeus. 8°.

ZUR REFORM DER MEDICINALVERFASSUNG SACHSENS. Ansichten und Wünsche ausgesprochen von dem aerztlichen Vereine zu Dresden. Dresden und Leipzig 1845. Arnoldische Buchhandlung. 8°.

— die medicinische. Eine Wochenschrift hrsg. v. R. Virchow u. R. Leubuscher. 1. Jahrg. 1848. Juli — Decbr. 25 Nrn. — Red.: Rud. Virchow. (2. Jahrg.) 1849. gr. 4. ($\frac{1}{2}$ B.) Berlin, G. Reimer. 1848: n. $1\frac{1}{3}$ Thlr 1849: n. $2\frac{2}{3}$ Thlr

Die medizinische Reform. Eine Wochenschrift herausgegeben von R. Virchow und R. Leubuscher. Berlin 1848. 276 S. 8.

— medicinische. Organ f. die gesammten wirthschaftl. u. socialen Interessen der Aerzte Deutschlands. Hrsg. v. Wilh. Heymann. 1. Jahrg. 1893. 52 Nrn. (à ca. 1 Bog.) gr. 4. Berlin, Th. Draeger. n. 6. —

— medicinische. Organ f. d. ges. wirthschaftl. u. socialen Interessen d. Aerzte Deutschlands. Hrsg. v. Wilh. Heymann. 5.—6. Jahrg. 1897—1898. à 52 Nrn. (Bog.) gr. 4. Berlin (R. Trenkel). à Jahrg. n. 6. —
Kann auch halbjährlich bezogen werden.

— medizinische. Organ f. die gesammten wirthschaftl. und socialen Interessen der Aerzte Deutschlands. Hrsg. v. Wilh. Heymann. 7.—9. Jahrg. 1899—1901. à 52 Nrn. gr. 4. (à ca. 8 S.) Berlin (O. Coblentz). à Jahrg. n. 6. —

— dasselbe. Wochenschrift f. sociale Medicin. Hrsg. u. Red.: Rud. Lennhoff. 10. Jahrg. 1902. 52 Nrn. gr. 4. (à ca. 8 S.) Ebd. n. 6. —

— medizinische. Wochenschrift f. soziale Medizin, Hygiene u. Medizinalstatistik. Hrsg. u. Red.: Rud. Lennhoff. 11.—14. Jahrg. 1903—1906. à 52 Nrn. (454, 418, 416 u. 636 S.) gr. 4. Berlin, Verein. Verlagsanstalten G. Braunbeck u. Guttenberg-Druckerei. à Jhrg. n. 6. —

— medizinische. Wochenschrift f. soziale Medizin, Hygiene u. Medizinalstatistik. Hrsg. u. Red.: Rud. Lennhoff. 15.—17. Jahrg. 1907—1909. à 52 Nrn. (VIII, 634; VIII, 632 u. VIII, 624 S. m. Abb.) 31×23,5 cm. Berlin, Allgemeine medizin. Verlagsanstalt.
15. u. 16. Jahrg. à 6.—; 17. Jahrg. 12. —

— dasselbe. Halbmonatsschrift für soziale Hygiene, Medizin, Kommunalmedizin u. Kommunalhygiene, Krankenhaus- u. Heilstättenwesen, Säuglings- und Tuberkulosenfürsorgewesen, Gewerbehygiene u. Arbeiterversicherg., in Verbindung m. J. Alexander, Aschenborn, Biedert u. a. Hrsg. v. Rud. Lennhoff u. Benno Latz. 18. Jahrg. 1910. 24 Nrn. (VIII, 418 S. m. Abb.) 31×23,5 cm. Ebd. 12. —

DIE REFORM DER MILITÄR-SANITÄT nach den Anforderungen der Gegenwart. Eine Denkschrift von dem Centralvereine bayerischer Militär-Aerzte herausgegeben. Erlangen. 1849. Ferdinand Enke. 8°. (50 S)

[Umschlagt.:] [F.] Zur Reform des Militärstrafverfahrens. *Berlin: E. S. Mittler & Sohn 1897.* (325--356 S.) 8.
= Beihefte z. Militär-Wochenblatt. 1897. H. 8. [98. 4665

Reform der Mittelschulen. Wünsche eines Badeners, den Entwurf zu einer Verordnung über die Gelehrtenschulen betreffend. gr. 8. Heidelberg 835. Winter. n. 1/6 ß

Zur Reform der Mittelschulen der evangelischen Landeskirche A. B. in Siebenbürgen. Herausgegeben vom Landesconsistorium. gr. 8. (62 S.) Hermannstadt, Michaelis 1869

Inhalt: I. Landesconsistorialerlaß, Zahl 974. 1868. II. Gutachten der Lehrerconferenzen [illegible] Hermannstadt, [illegible] Sächsisch Regen, [illegible] Bistritz, d. Schäßburg. [illegible] Eingabe des siebenbürgischen Vereins für Naturwissenschaft.

**Reform des deutschen Münzwesens.** Eingabe der Handelskammer von Mülhausen i. Els. Mülhausen 1871.

— die nationale, unserer höheren Lehranstalt. Nebst einem Anhang: Über die Notwendigkeit eines Professor für neuere Litteratur an den deutschen Hochschulen. Von Otto Weddigen. gr. 8. (47 S.) Essen 880. Silbermann. n. 1. 50

— die, der Naturwissenschaften. Aufforderung zu einer gründl. Kritik, namentlich der Naturlehre, s. Roloff, J. F.

—— die, der Naturwissenschaften. Aufforderung zu einer gründlichen Kritik, namentl. der Naturlehre. Von e. Lehrer der Naturwissenschaften (Roloff.) 1. Hft.: Allgemeine Kritik der Naturlehre. 8. (6¼ B.) Hamburg 845, Verlags-Comptoir. *

— neue. Zur Beförderung der Religion der Menschlichkeit. Unter Mitwirkung von E. Baltzer hrsg. von G. A. Wislicenus. 1. Jahrg. April—December 1849. 39 Nrn. (2.) Jahrg. 1850. 52 Nrn. — Unter Mitwirkung mehr. Freunde herausg. von G. A. Wislicenus. (3 u. 4.) Jahrg. 1851. 52 Nrn. gr. 4. (B.) 1852. 12 Hfte. gr. 4. (à 48 S.) Halle, Wislicenus' Selbstverlag. 1849: baar 1½ ß 1850—1852: à baar 2 ß

—— neue religiöse, hrsg. von Johs. Ronge. Organ des deutschen Reform-Vereins zur Förderung selbstständ. Religions-Gemeinschaften, resp. freier National- oder Volkskirchen, Kindergärten, Schulen und Fortbildungsschulen. 2.—8. Jahrg. 1868—1874. à Jahrg. 36 Nrn. (à ½ Bog.) Mannheim [Straßburg], Schneider's Verlag. à Jahrg. *

—— neue religiöse. Organ des deutschen Reform-Vereins zur Förderung selbstständiger Religions-Genossenschaften, resp. freier National- oder Volkskirchen, Kindergärten, Schulen und Fortbildungsschulen. Hrsg. von Johs. Ronge. 9. und 10. Jahrg. 1875 und 1876. à Jahrg. 36 Nrn. (à ½ Bog.) hoch 4. Darmstadt. (Mannheim, Schneider.) à Jahrg. *

— neue religiöse, hrsg. v. Johs. Ronge. Organ der religiösen Reform- od. Fortschrittsvereine zur Förderg. selbstständ. Religions-Gemeinschaften, resp. freier National- od. Volkskirchen, Kindergärten, Schulen u. Fortbildungsschulen. 6—10. Jahrg. 1872—1876 à 36 Nrn. (½ B.) hoch 4. Straßburg, Schneider. à Jahrg. n. 4. —

—— dass. — Organ des deutschen Reform-Vereins zur Förderung freier protestant. Gemeinden resp. der freien deutschen Nationalkirche, Kindergärten, Schulen und Fortbildungsschulen. Hrsg. von Johs. Ronge. 11.—13. Jahrg. 1877—1879. à Jahrg. 36 Nrn. (à ½ Bog.) hoch 4. Darmstadt. (Mannheim, Schneider.) à Jahrg. *

— norddeutsche. Satyrisches, humorist.-lyr., kritisch-raisonnir. Wochenblatt. Hrsg.: Arnold Schröder. Jahrg. 1885 u. 1886. à 52 Nrn. (½ B.) gr. 4. Oldenburg. (Varel, Bültmann & Gerriets Nachf.). à Jahrg. n. 4. —

— norddeutsche. Satyrisches, humorist.-lyr., kritisch-raisonnir. Wochenblatt. Hrsg.: Arnold Schröder. Jahrg. 1887—1889. à 52 Nrn. (B.) Fol. Oldenburg. Varel 889. (Bültmann & Gerriets Nachf.) à Jahrg. n. 4. —

— norddeutsche. Satyrisches, humorist.-lyr., kritisch-raisonnir. Wochenblatt. Hrsg.: Arnold Schröder. 8.—11. Jahrg. 1891—1894. à 52 Nrn. (Bog.) Fol. Oldenburg. (Varel, Bültmann & Gerriets Nachf.) à Jahrg. n. 4. —

— norddeutsche. Satyrisches, humorist.-lyr., kritisch-raisonnir. Wochenblatt. Gegründet v. Arnold Schröder. Red.: Wilh. Golleck. 12. Jahrg. 1895. 52 Nrn. (à ca. 4 S. m. Abb.) Fol. Oldenburg (Varel, Bültmann & Gerriets Nachf.). n. 4. —

**Reform, Die,** des ungarischen Oberhauses. Wien [1884]. V: *Hellenbach, Lazar Freiherr von.* (EB)

— die, d. ungarischen Oberhauses. gr. 8. (15 S.) Wien 885. (Braumüller.) n. — 40

—— ostdeutsche. Blätter zur Förderg. der Humanität. Hrsg. v. Paul Schultzky. 1. Jahrg. Octbr. 1892—Septbr. 1893. 24 Nrn. (½ Bog.) Lex.-8. Insterburg. (Königsb. i. Pr., Braun u. Weber.) * 4 —

— dasselbe. 2. u. 3. Jahrg. 1893. 1894. à 24 Nrn. (½ Bog.) Lex.-8. Ebd. à Jahrg. n. 4. —

— ostdeutsche. Blätter zur Förderung der Humanität. Hrsg. v. Paul Schultzky. 4. Jahrg. 1895. 24 Nrn. (à ca. 8 S.) Lex.-8. Königsberg, Braun & Weber.
Nach 1896 verschmolzen mit "Herold".

— pädagogische. Red.: Harro Köhncke. 1—5. Jahrg. 1877—1881. à 24 Nrn. (B.) Fol. Hamburg, (Boysen). à Jahrg. n. 4. —

— dasselbe. 6. Jahrg. 1882. 52 Nrn. (B.) Fol. Ebend. n. 6. —

— pädagogische. Red.: Harro Köhncke. 7—10. Jahrg. 1883—1886. à 52 Nrn. (B.) Fol. Hamburg, Boysen. à Jahrg. n. 6. —

— pädagogische. Red.: H. Köhncke. 11.—14. Jahrg. 1887—1890. à 52 Nrn. (à 1—1½ B.) Fol. Hamburg, Kloß. à Jahrg. n. 6. —

— pädagogische. Red.: Karl Bast. 15.—18. Jahrg. 1891—1894. à 52 Nrn. (à ca. 1 Bog.) Fol. Hamburg, C. Kloss. à Jahrg. n. 6. —

— pädagogische. Red.: Just. Fischer. 19. Jahrg. 1895. 1. Quartal. Jan.—März. 13 Nrn. (à ca. 6 S.) Fol. Hamburg, G. Kloss. n. 1. 50

**Reform, pädagogische.** Red.: Just. Fischer. 19. Jahrg. 1895. 2.—4. Quartal. Apr.—Dezbr. 39 Nrn. (à ca. 12 S.) Fol. Hamburg, G. Fritzsche. n. 4. 50

— dasselbe. 20. Jahrg. 1896. 52 Nrn. (à ca. 8 S.) Fol. Ebd. n. 6. —

— dasselbe. 21. Jahrg. 1. Quartal. Jan.—März 1897. 13 Nrn. (à ca. 8 S.) Fol. Ebd. n. 1. 50

— dasselbe. 21. Jahrg. 2.—4. Quartal. April—Dezbr. 1897. 39 Nrn. (à ca. 8 S.) Fol. M. Beilage: Jugendschriften-Warte. Hrsg. v. Hamburger Prüfungsausschuss f. Jugendschriften, i. V.: C. A. Hellmann. Red.: Heinr. Wolgast. 5. Jahrg. 1897. 12 Nrn. (à ca. 4 S.) gr. 4. Hamburg-Eimsbüttel, H. Köhncke. n. 4.50

— dasselbe. Zugl. Organ der „Lehrervereinigg. f. die Pflege d. künstler. Bildg." Hrsg. vom Vorstande d. Garanten der „Pädagog. Reform". 22. Jahrg. 1898. 52 Nrn. (à ca. 8 S.) Fol. Mit Beilage: Jugendschriften-Warte. 6. Jahrg. 1898. 12 Nrn. (à 4 S.) gr. 4. Ebd. n. 6.—
Kann auch vierteljährlich bezogen werden.

— pädagogische. Zugleich Organ der „Lehrervereinigg. f. die Pflege der künstler. Bildg." Hrsg. vom Vorstande der Garanten der „Pädagog. Reform". Red.: Just. Fischer. 23. Jahrg. 1899. 52 Nrn. Fol. (à ca. 8 S.) Mit Beilage: Jugendschriften-Warte. Hrsg. vom Hamburger Prüfungsausschuss für Jugendschriften i. V.: Fr. v. Borstel. Red.: Heinr. Wolgast. 7. Jahrg. 1899. 12 Nrn. gr. 4. (à ca. 4 S.) Hamburg-Eimsbüttel, H. Köhncke. n. 6.—

Reform, pädagogische. Zugleich Organ der Lehrervereinigg. f. die Pflege der künstler. Bildg." Hrsg. vom Vorstande der Garanten der „Pädagog. Reform". Red.: Just. Fischer. 24.—26. Jahrg. 1900—1902. à 52 Nrn. Fol. (à ca. 8 S.) Mit Beilage: Jugendschriften-Warte. Organ der vereinigten deutschen Prüfungs-Ausschüsse f. Jugendschriften. Red.: Heinr. Wolgast. 8.—10. Jahrg. 1900—1902. à 12 Nrn. gr. 4. (à ca. 4 S.) Ebd. à Jahrg. n. 7.—

— pädagogische. Zugleich Organ der „Hamburger Lehrmittel-Ausstellg. Hrsg. vom Vorstande der Garanten der „Pädagog. Reform". Red.: Rud. Ross. 27.—30. Jahrg. 1903—1906. à 52 Nrn. (à ca. 8 S.) gr. 4. Mit Beilage: Jugendschriften-Warte. Organ d. vereinigten deutschen Prüfungs-Ausschüsse f. Jugendschriften. Red.: Heinr. Wolgast. 14. Jahrg. 1906. 12 Nrn. (à 4 S.) gr. 4. Hamburg-Eimsbüttel. [H. Köhncke.] Hamburg, Verlag d. Pädagog. Reform. à Jhrg. n. 7.—

— pädagogische. Zugleich Organ der Hamburger Lehrmittel-Ausstellg. Hrsg. v. Vorstande d. Garanten der pädagog. Reform. Red.: Rud. Ross. 31.—34. Jahrg. 1907—1910. à 52 Nrn. (à ca. 10 S.) Mit Beilage: Jugendschriften-Warte. Organ der vereinigt. dtschn. Prüfungs-Ausschüsse f. Jugendschriften. Red.: Heinr. Wolgast. 15.—18. Jahrg. 1907—1910. à 12 Nrn. (à 4 S.) 39,5×28 cm. Hamburg, Verlag der pädagog. Reform. à Jahrg. 7.40

— pädagogische. Eine Vierteljahrsschrift, hrsg. v. der Lehrervereinigg. f. die Pflege der künstler. Bildg. u. den Garanten der pädagog. Reform. Red.: Rud. Ross. 1. Jahrg. 1904. 4 Nrn. (VIII, 240 S. m. 28 Abbildgn.) gr. 8. Hamburg-Eimsbüttel, Leipzig, B. G. Teubner. n. 3.—
Fortsetzung, s.: Säemann, der.

— die pädagogische, des Comenius in Deutschland bis zum Ausgange des XVII. Jahrh., hrsg. v. Joh. Kračala, s.: Monumenta Germaniae paedagogica. XXVI. XXXII.

[J.] Zur Reform des Paketportos in Deutschland und Österreich-Ungarn. Krit. Streifzüge u. positive Vorschläge m. genauer Berechng d. finanz. Wirkgn. *Leipzig: F. W. Grunow 1898.* (192 S.) 1 Bd 8.

— die, der Personentarife, s.: Sammlung amtlicher Veröffentlichungen.

— die politische, in Deutschland. Stuttgart 860. Göpel. gr. 8. (28 S.) 4½ ngr

— die, der Privatrechtspflege auf Grundlage der Entscheidung der Processe durch Laien. Berlin 867. Burmester & Stempell. gr. 8. (15 S.) 2½ ngr
S.-A. aus: Deutsche Gemeindezeitung.

— protestantische. Central-Organ der kirchl. Volkspartei. Red.: Kalthoff. Neue Folge, 4. Jahrg. 1884. 24 Nrn. (B.) gr. 8. Berlin 884. Volks-Zeitung. 3.—
Nur durch die Post zu beziehen.
cf.: Korrespondenzblatt f. kirchliche Reform.

— u. Reaktion. Geschichts-Bibliothek für das Volk. Hrsg. von R. Habermann. 1. Hft. A. u. d. T.: Die Hussiten. Eine geschichtl. Darstellung ihres Kampfes u. Untergangs. 8. (136 S.) Frankfurt a. M. 848, Meidinger. n. 8 ngr Einzeln n. 12 ngr

— der deutschen Rechtschreibg. Zeitschrift d. Vereins f. vereinfachte Rechtschreibg. u. des Vereins f. Altschrift. Begründet v. Wilh. Frikke, hrsg. v. Geo. Kewitsch. 34. Jahrg. 1910. 6 Nrn. (à ca. 16 S.) 8. Leipzig, K. Lentze. 3.—
Erschien früher u. d. T.: Reform.

Reform, Die, der Rechtspflege in den Ostseeprovinzen. Riga 1863. V: *Faltin*, A. (Winkelmann, Bibliotheca Livoniae Historica. 3703.)

Reform. Die R' des Reichsstrafgesetzbuchs. Kritische Besprechung des Vorentwurfs zu einem Strafgesetzbuch für das Deutsche Reich unter vergleichender Berücksichtigung des österreichischen und schweizerischen V'. Unter Mitwirkung von Professor Dr. L[udwig] v[on] Bar ..., Prof' Dr. A[lexander] Graf zu Dohna ... [und] Staatsanwalt Dr. E[rich] Wulffen ... hrg. von Dr. P[aul] F[elix] Aschrott ... und Dr. Franz von Liszt.... 2 Bände. 8. Berlin, J. Guttentag, 1910.
Band 1: Allgemeiner Teil. (2 Hälften.) VIII + 428 S. [*je* M. 3.50]
Band 2: Besonderer Teil. IV + 492 S. [M. 8.—]

Die Reform des Reichsstrafgesetzbuchs. Kritische Besprechung des Vorentwurfs zu einem Strafgesetzbuch für das Deutsche Reich unt. vergl. Berücks. des österreich. u. schweizer. Vorentwurfs. Unter Mitw. von ... hrsg. von P. F. Aschrott u. Franz v. Liszt. Berlin 1910. 2 Bde

Bd 1. Allgemeiner Teil.

1. Wach, A.: Die Technik des Vorentwurfs.
2. Bar, L. v.: Geltungsgebiet des Strafgesetzes.
3. Aschrott, P. F.: Strafen, Sichernde Maßnahmen, Schadensersatz.
4. Kohlrausch, Ed.: Die Schuld (Vorsatz, Fahrlässigkeit, Rechtsirrtum, Erfolgshaftung).
5. Frank, Reinh.: Strafausschließungs- u. Milderungsgründe.
6. Oetker, Friedr.: Strafantrag u. Verjährung.
7. Mayer, Max Ernst: Versuch u. Teilnahme.
8. Liszt, Franz v.: Strafbemessung.
9. Dohna, Alex. Graf zu: Zusammentreffen mehrerer Strafgesetze u. mehrerer strafbarer Handlungen.

Bd 2. Besonderer Teil.

1. Hamm, O.: Verbrechen u. Vergehen gegen den Staat. (§§ 100—125.)
2. Goldschmidt, Jam.: Widerstand gegen die Staatsgewalt, Verbrechen u. Vergehen gegen die öffentliche Ordnung u. Vergehen gegen die Wehrpflicht, das Heer u. die Marine. (§§ 126—154.)
3. Wulffen, Erich: Vergehen in Bez. auf die Ausübung der Religion, Verbrechen u. Vergehen gegen die Ordnung der Ehe u. des Personenstandes u. gegen die Sittlichkeit. (§§ 155—158, 177—180 u. 243—258.)
4. Olbricht, K.: Münzverbrechen u. Münzvergehen, Verbrechen u. Vergehen in Bez. auf die Rechtspflege u. Urkundenfälschung. (§§ 159—176 u. 282—288.)

5. **Preiser**, Friedr.: Verbrechen u. Vergehen gegen die Sicherheit des öffentlichen Verkehrs, gemeingefährliche Verbrechen u. Vergehen u. Verbrechen u. Vergehen im Amte. (§§ 177—211.)
6. **Lilienthal**, K. v.: Verbrechen u. Vergehen gegen das Leben, Zweikampf, Körperverletzung. (§§ 212—233.)
7. **Kronecker**, E.: Verbrechen u. Vergehen gegen die persönliche Freiheit, Ehrverletzung u. Verletzung fremder Geheimnisse. (§§ 234—242 u. 259—268.)
8. **Mittermaier**, W.: Diebstahl u. Unterschlagung, Raub u. Erpressung. (§§ 269—275.)
9. **Koffka**, Paul: Betrug u. Untreue, Begünstigung u. Hehlerei. (§§ 276—281.)
10. **Löwenstein**, Siegfr.: Sach- u. Vermögensbeschädigung. Glücksspiel u. Wucher. (§§ 289—304.)
11. **Rosenberg**, Wern.: Übertretungen. (§§ 305—310.)

Zur **Reform** des Religionsunterrichts. Denkschrift d. Lehrer-Vereins Hannover-Linden. Hannover: Cruse 1909. 16 S. 8° [10. 9463 7

— religiöse. Freies Organ für Vernunft u. Wahrheit herausg. von Frdr. Ducat. 1. Jahrg. 1863. 52 Nrn. (à 1 Bgn.) Frankfurt a. M., (Boselli.) gr. 4. n. 1 ₰ 18 ngr.

— religiöse. Im Auftrage u. unter Mitwirkung mehrerer Mitglieder freier religiöser Gemeinden, herausg. u. redig. von E. Herrendörfer. Jahrg. 1867. 10 Nrn. (à 1½—2 Bgn.) Tilsit, (Hesse.) Lex.-8. n.n. 25 ngr.

—— religiöse, hrsg. von Jul. Rupp. Jahrg. 1871 und 1872. à Jahrg. 10 Nrn. (à 1½—2 Bog.) gr. 8. Königsberg, Braun und Weber. à Jahrg. *

—— dass. — Organ des ostdeutschen Verbandes in dem Bunde freier religiöser Gemeinden. Hrsg. von L. Ulrich. Jahrg. 1873 und 1874. à Jahrg. 10 Nrn. (à 1½ Bog.) gr. 8. Ebendas. à Jahrg. *

—— religiöse, Organ des ostdeutschen Verbandes in dem Bunde freier religiöser Gemeinden. Hrsg. von L. Ulrich. Jahrg. 1875 10 Nrn. (à 1½ Bog.) gr. 8. Königsberg, Braun und Weber. *

—— dass. — Jahrg. 1876. 1. Semester. 5 Nrn. (à 1½ Bog.) gr. 8. Ebendas. *
Nicht weiter erschienen.

**Reform, Die,** und nicht die Republik. Ein Wort an das deutsche Volk und zunächst an die Bewohner Badens. Frankft. a. M. 1848. V: *Hundeshagen, Friedrich.* (wen)

— die, u. nicht die Republik. Ein Wort an das deutsche Volk u. zunächst an die Bewohner Badens (von Frdr. Hundeshagen). gr. 8. (16 S.) Frankfurt a. M. 849, Brönner. 2 ngr.

—— die, und nicht die Republik, s. Hundeshagen.

Die **Reform** vor der Revolution. Ein Beitrag zur Geschichte des Deutschkatholicismus. Berlin, F. Schneider u. Comp. 1850. 30 S. 8.

— über, in Ritus u. Liturgie d. kathol. Kirche. Eine Pastoral-Konferenz-Arbeit aus dem Kanton Luzern. gr. 8. Luzern 839. Gebr. Räber. (Scheitlin u. Zollikofer in St. Gallen.) 1/8 ₰

Zur **Reform** der deutschen Schlägermensur. Berlin: W. Baensch 1898. (14 S.) 8° [Umschlagt. F.]
Aus: Burschenschaftl. Blätter. 1898, No 4. [08. 263 11

— die, der Schule m. Rücksicht auf die Bedürfnisse der Zeit. Ein Wort an Eltern, Lehrer, Erzieher u. Schul-Behörden. gr. 8. (23 S.) Wiesbaden 876. Limbarth. n. — 40

— die, des höheren Schulwesens in Preussen. In Verbindg. m. P. Cauer, W. Fries, H. Halfmann u. a. hrsg. v. W. Lexis. Mit e. Bildnis Sr. Maj. d. Kaisers u. Königs Wilhelm II. in Lichtdr. nach e. Steinzeichnung v. Hanns Fechner. Lex.-8. (XIV, 436 S.) Halle 902. Buchh. des Waisenhauses. n. 12. —; geb. in Leinw. n.n. 14. —; in Halbfrz. n.n. 15. —

**Reform** (Sociale). Eine Zeitschrift für Frauen und Männer. Hrsg. u. red. von Louise Dittmar. 1. Jahrg., 1849, Jänner — April, Lex.-8°. 4 Hefte. Leipzig, O. Wigand.
(Kayser, B. L.: Jahrg. 1849 = 12 Hefte.)

Die soziale **Reform**. Organ zur Vermittelung und Belebung der gemeinsamen Beitrebungen für Beseitigung der socialen Nothstände. Red. Liz. Rauh. 1849. 1 Nummer. 4.

**Reform** des Sparkassenwesens und Postsparkasse . . . Zürich 1902. V: *Sprecher, Hector.* (BBullschw 3, 1903)

Reform, über die, der Preuß. Städte-Ordnung. Eine staatswissenschaftl. Abhandl. (v. Regier.-Rath Wehnert). 8. Potsd. 828. Riegel. 8 gr.

**Reform** (Die) der direkten Steuern (mit Ausnahme der Grundsteuer) nach den Anträgen der Regierung. I. Gesetzentwürfe. II. Motivenbericht. III. Statistische Tabellen. 6 Hefte. 4°. Wien 1874.

Die **Reform** der Steuern Preussens und des Reiches, soweit sie Bedeutung für den städtischen Hausbesitz haben. (Aus d. Verhandlungen d. 12. ordentl. Landesverbandstages 1909 in Berlin.) Spandau 1909: Grassmann in Stettin. 20 S. 8°
(Mitteilungen d. Preuss. Landesverbandes d. Haus- u. Grundbesitzer-Vereine. H. 45.) [09. 9579

— die, d. städtischen Steuerwesens. Petition d. allgemeinen Miethbewohner-Vereins an den Rath u. die Stadtverordneten zu Dresden. Hrsg. vom allgemeinen Miethbewohner-Verein zu Dresden. gr. 8. (15 S.) Dresden 890. (C. Winter.) — 30

**Reform** des Strafprozesses. Krit. Besprechungen der von d. Kommission f. d. Reform d. Strafprozesses gemachten Vorschläge, unter Mitw. von ... auf Veranlassung d. Internat. Kriminalist. Vereinigung, Gruppe Deutsches Reich, hrsg. von Dr. P[aul] F[elix] Aschrott, Landger.Dir. a. D. Berlin: J. Guttentag 1906. (XII, 120*, 784 S.) 8° [06. 10009

REFORM DES STRAFPROZESSES. Kritische Besprechungen der von der Kommission für die Reform des Strafprozesses gemachten Vorschläge unter Mitwirkung von Oberlandesgerichtsrat HENRY CORNELIUS, Privatdozent Dr. ALEXANDER GRAF zu DOHNA, Staatsanwalt Dr. ALBERT FEISENBERGER, Landrichter Dr. ADOLPH FRIEDLÄNDER, Oberamtsrichter Dr. KARL FUHR, Rechtsanwalt Dr. LUDWIG FULD, Landgerichtsdirektor Dr. H. GOEBEL, Rechtsanwalt Dr. HUGO HEINEMANN, Staatsanwalt Dr. W. HONEMANN, Landgerichtsdirektor Dr. J. KARSTEN, Amtsgerichtsrat Dr. PAUL KÖHNE, Oberamtsrichter Dr. OTTO LEVIS, Geh. Hofrat, Professor Dr. KARL von LILIENTHAL, Rechtsanwalt Dr. SIEGFRIED LÖWENSTEIN, Professor Dr. W. MITTERMAIER, Oberlandesgerichtsrat A. OEHLERT, Landgerichtsrat WERNER ROSENBERG, Professor Dr. ERNST ROSENFELD, Staatsanwalt Dr. R. SCHMIDT-Ernsthausen, Landgerichtsdirektor H. SCHUBERT, Oberlandesgerichtsrat Dr. v. SPINDLER, Rechtsanwalt Dr. F. THIERSCH, Professor Dr. F. WACHENFELD, Landgerichtsdirektor Dr. ALBERT WEINGART auf Veranlassung der Internationalen Kriminalistischen Vereinigung, Gruppe Deutsches Reich, herausgegeben von Dr. P. F. ASCHROTT, Landgerichtsdirektor a. D. Berlin 1906. J. Guttentag, Verlagsbuchhandlung, G. m. b. H. 8°.

— die, des Strafverfahrens in Bayern. München 860. Kaiser. gr. 8. (66 S.) n. 8 ngr.

**Reform, Die,** des theologischen Studiums in Oesterreich. Linz 1873. V: *Stanonik, Franz.* (Keiter, Kath. Litt.-Kal. VI, 208.)

**Reform, Die,** der deutschen Universitäten. Konstanz 1833. V: *Wessenberg, Ignaz Hnr. Carl Frh. v.* (GGr) (Th) (Kn) (Schmal)

— die, der Deutschen Universitäten. (Von J. H. v. Wessenberg.) 8. Konstanz 833. Glükher u. Gebhard. 1/3 ℛ

**Reform** der Universitäten durch eine Lehrstelle für Harmonie oder Conciliation. [Greifswald] 1804. V: *Thorild, Thomas.* (Erman & Horn, Bibliogr. d. dtsch. Universitäten. 1. Leipz. u. Berl. 1904. S. 110.)

— die, der russischen Universitäten nach dem Gesetz vom 23. Aug. 1883. gr. 8. (VII, 246 S.) Leipzig 886. Duncker & Humblot. n. 5. —

— die, unserer Universitäten. Ein Wort an Studenten u. Bürger. gr. 8. (16 S.) Crefeld 848, Funcke & Müller. 2 ngr

Zur Reform des Universitäts-Wesens in Ungarn. gr. 8. (23 S.) Pest, Aigner. 1870.

— von Unten! Eine Volksstudie. Wien 866. Klemm's Separat-Conto. gr. 8. (16 S.) n. 5 ngr.

— über die, der badischen Untergerichte. gr. 8. Stuttgart 838. Metzler. 1/4 ℛ

— des Unterrichts und der Presse im Geiste der Humanität. Berlin 858. Wagner. gr. 8. (24 S.) n. 5 ngr.

Zur Reform des ärztlichen Unterstützungs- und Versicherungswesens. Denkschrift nebst beigefügten Thesen u. Anträgen vorgelegt d. Aerztekammer f. d. Prov. Brandenburg u. d. Stadtkreis Berlin am 10. Oct. 1890 von d. Commission f. d. Ärztl. Unterstützungswesen. Berlin 1896: Sittenfeld. 25 S. 4° A 12.9.14

Zur Reform des civilgerichtlichen Verfahrens in Oesterreich. 8. (32 S.) Graz: Kienreich. 1860.

**Reform, Die,** der preussischen Verfassung. Leipzig 1870. V: *Geffken, Friedrich Heinrich.* (JStBbH) (Schz) (Kat. d. ständ. Bibl. Stuttg. 1870. S. 241.) (Kat. d. Bibl. d. dtsch. Reichstages. Berl. 1882.) (CBII)

— die, der preussischen Verfassung. Leipzig 870. Duncker & Humblot. gr. 8. (VII, 273 S.) n. 1 ℛ 15 ngr.

Die verfassungsmäßige Reform des Herrenhauses. Berlin, A. Vogel und Comp. 1860. 24 S. 8.

— die, der preußischen Verwaltung. Von einem Mitgliede des Abgeordnetenhauses. Berlin 869. Springer's Verlag. gr. 8. (39 S.) n. 8 ngr.

— die, des Veterinärwesens in politischer, socialer u. wissenschaftlicher Beziehung. Eine in zwanglosen Hftn. erscheinende Zeitschrift von Carl Thdr. Sticker u. Wilh. Mecke. 1. Hft. gr. 8. (131 S.) Köln u. Neuß 850, Schwan. n. 2/3 ℛ

Zur Reform der Volksschule. Gutachten eines Comités. 8. (67 S.) Wels, Haas. 1869.

DIE REFORM DER WAARENSTATISTIK vor dem 11. Deutschen Handelstage. (15. u. 16. December 1882.) Auszug aus dem Stenographischen Bericht. Berlin, 1883. Druck von Liebheit & Thiesen. 8°.

Zur Reform des Wehrwesens bei den Grossmächten des Europäischen Continents. Eine militärische Stimme über die Ergebnisse der Haager Conferenz von A. S. Wien und Leipzig. 1900. Braumüller. Gr.-8°. X, 49 S. K 1.20

— westfälische. Wochenblatt zur Pflege d. Deutschtums u. d. ehrl. Geschäftsverkehrs. Organ der antisemit. Vereine Westfalens u. Rheinlands. Redact.: E. Michel. 9. u. 10. Jahrg. 1891 u. 1892. à Jahrg. 52 Nrn. (Bog.) Fol. Dortm. (Nossen, Westphal.) à Jahrg. * 4 —
Der 8. Jahrg. erschien im Commissionsverlage von R. Werther in Leipzig.

— dasselbe. Red.: H. Graetz. 11. Jahrg. 1893. 52 Nrn. (Bog.) Fol. Ebd. n. 4. —

— westfälische. Wochenblatt z. Pflege d. Deutschtums u. d. ehrl. Geschäftsverkehrs. Aelteste judengegner. Zeitschrift. Red.: H. Graetz. 14. Jahrg. 1895. 52 Nrn. (Bog.) Fol. Dortmund, H. Wönckhaus. n. 4. —

— die zahntechnische. Monatsschrift für die Gesammt-Interessen der deutschen Zahntechniker. Red. u. hrsg. von Gust. H. Pawelz. 1. u. 2. Jahrg. 1880 u. 1881. à 12 Nrn. gr. 8. (à Nr. ca. 17 S.) Berlin, (Bohne). à Jahrg. n.n. 7. —

— die zahntechnische. Monatsschrift f. die Gesammt-Interessen der deutschen Zahntechniker. Red. u. hrsg. v. Gust. H. Pawelz. 3.–6. Jahrg. 1883–1886. à 12 Hefte. gr. 8. (1. Hft. 64 S.) Berlin, (Bohne). à Jahrg. n.n. 7. —

**Reform,** die zahntechnische. Organ f. die Gesammt-Interessen der Zahnkünstler Deutschlands u. Oesterreichs. Hrsg.: Gust. H. Pawelz. 7.—10. Jahrg. 1887—1890. à 24 Nrn. (à $1\frac{1}{2}$—2 B.) gr. 4. Berlin, (Bohne). à Jahrg. n.n. 7. —

— die zahntechnische. Organ f. die Gesammt-Interessen der Zahnkünstler Deutschlands u. Oesterreichs u. offiz. Vereinsblatt zahntechn. Vereine. Hrsg. u. Red.: G. H. Pawelz. 11. u. 12. Jahrg. 1891. 1892. à 24 Hfte. (à $1\frac{1}{2}$—2 Bog.) gr. 4. Berlin, (J. Bohne). à Jahrg. n.n. 7. —

— dasselbe. 13. u. 14. Jahrg. 1893. 1894. à 24 Hfte. (à $1\frac{1}{2}$—2 Bog.) gr. 4. Berlin, (Funcke & Naeter). à Jahrg. n.n. 7. —; für das Ausland per Kreuzbd. n.n. 8. —

— d. zahntechnische. Organ f. d. Gesammt-Interessen der Zahnkünstler Deutschlands u. Oesterreichs u. offiz. Vereinsblatt zahntechn. Vereine. Hrsg. u. Red.: G. H. Pawelz. 15.—18. Jahrg. 1895—1898. à 24 Hfte. (à ca. 20 S.) gr. 8. Berlin, R. F. Funcke. à Jahrg. n. 7. —

— die zahntechnische. Organ f. die Gesammt-Interessen der Zahnkünstler Deutschlands und Oesterreichs. Hrsg. u. Red.: G. H. Pawelz. 20. Jahrg. 1901. 24 Hfte. gr. 8. (à ca. 16 S.) Berlin, Berliner Union. n. 7. —
Fortsetzung s.: Pawelz' zahntechn. Reform.

— zahntechnische. Internationale Revue f. operative u. techn. Praxis. Red.: Max Alte. 29. Jahrg. 1910. 24 Hefte. (à ca. 16 S. m. Abb.) Lex. 8. Berlin, W. Tieck. 7.—; viertelj. 2. —
Vgl.: Pawelz' zahntechnische Reform.

Zeitgemäße **Reform** im Justizwesen. An prakt. Fällen erläutert. Hrsg.: Rechtsanw. Kuhlmann, Hagen i. W. H. 1–3. Hagen i. W.: H. Risel & Co. [1897–99]. 3 Bde 8° [F.]
1. Ablehnungs- u. Beschwerderecht. Die heutige Protokollirung in Gerichtssachen. [1897.]
2. Wechselrecht u. Wucher. Die Form im Rechtssystem. [1898.]
3. Oeffentl. Hauptverhandlung. Vorzug vorbeugender Maßnahmen. Unrichtige Beurkundung vor Gericht. [1899.] (06. 1907)

— der deutschen Zivilprozeßordnung. (Verhandlgn. der XXXV. Plenarversammlg. des deutschen Landwirtschaftsrats 1907.) (S. 87—105.) Lex. 8. Berlin (907). P. Parey. nn — 50
Sonderabdr. a.: „Archiv d. deutschen Landwirtschaftsrats".

**Zur Reform** der österreich. Civil-Rechtspflege. Aphoristische Bemerkungen aus der Praxis. *Wien* 1858. *Fr. Manz.* 31 S., 8°. 20 kr.

**Reform** (Die) der Zuckersteuer und das Branntweinmonopol auf Grund der Vorlagen der Reichsregierung. — Tagesordnung der Generalversammlung des Allgem. Mecklenburgischen Handelsvereins am 25. Jan. 1886 zu Schwerin.

**Reforma, la,** demando, de W. Borgins, Ernst Collin, Art. Blachstein, Karl Weigt, P. Tarnow. (13 S.) gr. 8. Dresden (908). C. Heinrich. — 20; erh. Pr. — 30

**Reformatio** jurisdictionis ecclesiasticae archiepiscopalis curiae Coloniensis, jussu et authoritate Ernesti, electi et confirmati archi-episcopi Coloniensis conscripta et ed. Coloniae Agripp. 1722. fol.

**Reformation, Die.** Halle 1781. V: *Derschau, Chph Frdr. von.* (ML)

**Reformation,** die. gr. 8. Halle 781. (Laue in Berl.) 12 gr.

— über die. gr. 8. Berl. 780. Pauli. 2 gr.

**Reformation,** die, oder der wiederhergestellte wahre Verkehr mit Christus. Ein Vortrag gehalten bei Gelegenheit der Feier des Reformationsfestes am 31. Octbr. 1854. Prenzlau 855. Vincent. gr. 8. (26 S.) 3 ngr.

Die **Reformation.** Deutsche Evangelische Kirchen-Zeitung f. d. Gemeinde. Hrsg. von P. Ernst Bunke i. Berlin. Jg. 1. *(Berlin): Buchh. d. Berl. Stadtmiss. 1902.* 4° [F.]

**Reformation,** die. Deutsche evangel. Kirchenzeitg. für die Gemeinde. Mit Unterstützg. v. Blaß, Buchwald, Cremer u. a. hrsg. u. red. v. Ernst Bunke. 1. Jahrg. April-Dezbr. 1902. 39 Nrn. Lex.-8. (à ca. 16 S.) Berlin, Vaterländ. Verlags- u. Kunstanstalt. n. 6. —
Vergl.: Kirchenzeitung, deutsch-evangelische.

**Reformation,** die. Deutsche evangelische Kirchenzeitg. f. die Gemeinde. Unter Mitarbeit v. Barth, Blaß, Buchner u. a. hrsg. u. red. v. Ernst Bunke. 2.—5. Jahrg. 1903—1906. à 52 Nrn. Mit den monatl. Beilagen: „Kirchlich-soziale Blätter" u. „Literarische Beilage". (à ca. 16 S.) hoch 4. Berlin, Vaterländische Verlags- u. Kunstanstalt. à Jhrg. n. 8. —

**Reformation,** die. Deutsche evangel. Kirchenzeitg. f. die Gemeinde. Unt. Mitarbeit v. Arenfeld, Bornhäuser, Dennert u. a. hrsg. u. red. v. Ernst Bunke. 6.—9. Jahrg. 1907—1910. à 52 Nrn. Mit den monatl. Beilagen: „Kirchlich soziale Blätter" u. „Literarische Beilage". (à ca. 16 S.) Lex. 8. Berlin, Vaterländische Verlags- u. Kunstanstalt. 6. Jahrg. 8.—; 7.—9. Jahrg. à 10. —

**Reformation,** Allgemeine und General- der gantzen weiten Welt. Beneben der Fama Fraternitatis, dess Löblichen Ordens des Rosencreutzes, an alle Gelehrte und Häupter Europä geschrieben. Jetzo öffentlich in Druck verfertiget, und allen trewen Hertzen communiciret worden. Gedruckt zuerst zu Cassel, durch Wilhelm Wessell, Anno 1614. Der äussersten Seltenheit wegen wieder aufgelegt, und mit einem Anhange verschiedener dahin gehörigen Schrifften vermehret. Regensburg 1681. (Berlin 1781.) 8. 2 Bl. 192 S.
Kloss 2429 u. 2430. — Neuer Abdruck veranstaltet von Friedr. Nicolai, welcher noch mehrere andere Rosenkreuzerschriften neu drucken liess. Dieses Buch erschien zuerst 1614.

**Reformation, Die,** in Deutschland zu Ende des 18ten Jahrhunderts ... Frankf. u. Hanau [Wien] 1782. V: *Kreutzenstein, Joseph.* (AarK) (Cat. d. Stadtbibl. Zürich. Zürich 1864—97.) (Wr) (Ky) (MGT) V: *Watteroth, Hnr. Jos.* (EB)

— die, in Deutschland zu Ende d. 18. Jahrh. 2 Thle. 8. Wien, Wixler. 782.

**Reformation,** Deutschlands politische, s. **Deutschland.**

Deutschlands politische Reformation von England aus betrachtet. (Nicht in Professoren-Sprache.) Erstes Heft. Hamburg, Perthes-Besser u. Mauke, o. J. 15 S. 8°.

Deutschlands politische Reformation von England aus betrachtet. (Eine Volksschrift.) Zweites Heft. Hamburg, Perthes-Besser u. Mauke, o. J. 15 S. 8°.

**Reformation,** die, des Eigenthumsrechts zur Lösung der socialen Frage oder Mammonismus und Socialismus. gr. 8. (IV und 28 S.) Berlin 866, Langguth. *

— erneuete, der Stadt Nürnberg von 1564, mit d. Verzeichniß d. Disputationen 2c. 8. Altd. 765. Monath u. K. 20 kr — Dies. in 4. Ebd. 1 fl 8 kr — Dies. in Tabellen. Fol. Ebd. 770. 2 fl 4 kr

**Reformation, Die,** und ihre gesegneten Folgen. Zürich 1818. V: *Zimmermann, Joh. Rud.* (Cat. d. Stadtbibl. Zürich. Zürich 1864—97.)

**Reformation,** die, und ihre gesegneten Folgen, in Fragen u. Antworten für die Jugend, mit beygefügten Bibelstellen 2c. 12. Zürich. (Leipz. Fr. Fleischer in Comm.) 818.

**Reformation und Gegenreformation, Die,** in den österreichischen Alpenländern. Graz [1902]. V: *Mayrhofer von Grünbühel, Emil Frz Fred. Freih. v.* (JoanStyrA)

**Reformation.** Die R. in Genf. Basel s. **Reformation.** Aus der R., Geschichte und Lehre. Basel [1852–1855].

**Reformation.** Aus der R., Geschichte und Lehre. [3 Theile.] 8. Basel [1852–1855].
[Theil 1] *u. d. T.:* Die Reformation in Genf. [Mit 1 Tafel.] [1852.]
[Theil 2] *u. d. T.:* Das Leben der Frau von Mornay, geb. Charlotte von Arbaleste († 1606). Ein christliches Frauenbild ... [Von Ernst Stähelin.] 1855.
[Theil 3] *u. d. T.:* [Martin] Luthers Vorrede zur Epistel an die Römer. *o. J.* [ca. 1855].

**Reformation, Kaiser Josephs,** der Freimaurer ... Deutschland [Wien] 1785. V: *Hoffmann, Leopold Alois.* (Ky) (MGT) (Wr) (WBL)

— Kaiser Josephs, d. Freymaurer. 2 Stck. 8. Deutschl. (Wucherer in Wien.) 786.

— Josephs II. in geistlichen Sachen. 8. Wien, Hörling. 787.

— von einer, in Italien, od. v. d. Mitteln, d. gefährlichen Mißbräuche zu verbessern, a. dem Ital. 8. Zürich, Orell, Füßli u. Comp. 775.

Reformation, die, in Italien im 16. Jahrhundert. Aus dem Italien. von Mart. Paul. Elberfeld 861. Reinhardt. 8. (144 S.) 15 ngr.

— die, der Juden. Von einem Glaubensgenossen. Aus dem Ungarischen. Pest 867. Heckenast's Verlag. gr. 8. (40 S.) n. 8 ngr.

Reformation, die, u. der Kaiser in Lübeck, s. Für die Feste u. Freunde d. Gustav-Adolf-Vereins.

Reformation, die neue, od. die deutsch-kathol. Bewegung. Von Johannes. 12. (2½ B.) Leipzig 845, Naumburg. *

— der Stadt Nürnberg, mit Anm. s. d. codice diplomat. 5 Thle. Fol. Nrnb. Ender. 731-39.

**Reformation, Nürnbergische mit vielen Anmerkungen und Präjudiciis erläuterte,** Commentatio succincta in codicem iuris statutarii Norici. Nürnb. 1737. H: *Wölkern, Lazarus Carl von.* (schz)

— zur politisch., an Deutschlands Fürsten u. Völker. gr. 8. Leipz. 814. (Fr. Fleischer). 2 gr.

— ohne Revolution in Goslar. 8. Hamb. 795. (Herold in Lpz.) 3 gr.

**Reformation, Die,** im Sachsenland, der evangelisch-sächsischen Kirche dargebracht zur 3. Säcularfeier ihrer Gründung. Kronstadt 1852. V: *Teutsch, Georg Daniel.* (Bibl. d. ev. Landeskirche in Siebenb. Hermannst. 1889.) (Pk)

Reformation, die — in Sachsenland. Kronstadt, J. Gött 1852. kl. 8.

— die, des Kaisers Sigmund, hrsg. v. Herm. Werner, s.: Archiv f. Kulturgeschichte. III. Erg.-Heft.

Reformation, die sociale. Concurrenzschrift, enthaltend Vorschläge zur Sanirung der socialistischen Gebrechen des modernen Staates u. seiner Gesellschaft, erstattet in Folge Aufforderung des französischen Volkswirthes Isak Pereire in Paris, im Monate Jänner 1880. Von einem österreichischen Patrioten. gr. 8. (IX, 86 S.) Wien 881. (Mayer & Co.) n. 1. —

— die, in Trier. gr. 8. Bonn 845, König. n. ⅓ ℳ

— verneuete, d. St. Nürnberg von 1564. m. d. Verzeichn. d. Disputationen rc. 8. Altd. Monath. 765.

— — dies. 4. Ebend.

— — dies. in Tabellen. Fol. Ebend. 770.

— die wahre, in Deutschland zu Ende des 18. Jahrh., (von Jos. Kreutzenstein). 8. Wien 782. (Frkf. a. M., Wesché). 3 gr.

— d. ganzen weiten Welt, beneben d. Fama fraternitatis d. löbl. Ordens d. Rosenkreuzer. 8. Regensb. 781. Nicolai in Berl. 12 gr.

Reformations-Album. 44 Bilder aus der Reformationszeit nebst Erklärung. 2. Aufl. 8. (106 S.) Reading, Pa. 887, Pilger-Buchhandlung. *

Reformations Almanach auf das Jahr ... Hrsg. v. Friedrich Keyser (3: u. Joh[ann] Fr[iedrich] Möller. Mit Kupf. v. [Karl August] Schwerdgeburth, C. Ermer [u. a.])
Erfurt: G. A. Keyser 1817—1821. 8°
[Kupfert.]
[Jg 1. u. d. T.:] Reformations Almanach für Luthers Verehrer auf das evangelische Jubeljahr 1817.
[1:] 1817. XCVIII, 397 S., 1 Bl., 1 Titelkupf., 6 Kupfertaf., 1 Faks.
2: 1819. CVIII, 388 S., 1 Bl., 1 Titelkupf., 6 Kupfertaf., 1 Faks.
3: 1821. CCVIII, 311 S., 1 Titelkupf., 6 Kupfertaf., 1 Faks.

**Reformationsart, Wahre und alleinhinreichende,** des katholischen Priesterstandes ... Ulm 1791—92. V: *Stattler, Benedict.* (ML) (Tb) (Ky) (BB) (schmal)

Reformationsart, wahre u. allein hinreichende, des kathol. Priesterstandes, nach der ursprüngl. Idee seines göttl. Stifters rc. (v. Ben. Sattler), mit Anh. 8. Ulm 791. Stettin. 15 gr.

Reformations-Blätter. Hrsgbr. und Redact.: Otto Hahn. 1. Jahrg. Oktbr. 1885 — Septbr. 1886. 12 Nrn. (Bog.) gr. 4. Reutlingen, (Palm's Buchh.) *
Nicht weiter erschienen.

Reformationsbüchlein, s. Für die Feste und Freunde des Gustav-Adolf-Vereins.

Reformationsbüchlein, das, eine Erzählung f. Kinder. 2te Aufl. 12. Hildburghausen, Kesselring. 818.

**Reformationsbüchlein.** Ein Denkmal des im Jahr 1819 in der Stadt Chur gefeierten Jubelfestes. Chur 1819. V: *Orelli, Johann Casp. von & J. Herbst.* V (Anhang): *Orelli, Johann Caspar von & Tscharner.* (AarK) (Ky)

Reformationschronik, die, des Karthäusers Georg, übers. u. zusammengestellt mit Auszügen aus gedruckten u. ungedruckten Schriften d. Zeitgenossen, besonders des Erasmus u. Fridolin Ryff durch K. Buxtorf. gr. 8. (VI u. 90 S.) Basel 849, Bahnmaier in Comm. n. 10½ ngr.

Reformationsfeier, die, in Leipzig am 31. Oct. 1830. Vom Anfange bis zu Ende getreu beschrieben von e. Augenzeugen. 8. Leipz. 830. (Sühring). 3 gr.

Zum Reformationsfeste 1862. s.: Gustav Adolf-Verein.

Reformationsfest-Feier, eine deutsche, an der Küste des Stillen Meeres. 16. (46 S.) San Francisco 877. (Hannover, Feesche.) — 75

Reformationsgeiste, vom, in d. evangel. Kirche, (von Geo. Chr. Müller), 4. Schönberg (818.)

Reformationsgeschichte. II—IV. 11.—13. Gabe d. evangel. Vereins f. die Pfalz. 12. (Mit je 1 Bildnis.) Westheim. Kaiserslautern, Buchh. d. Evangel. Vereins f. die Pfalz. 1. 40
II. Mag. Huldreich Zwingli. (14 S.) 855. —40. — III. Mag. Philipp Melanchthon. (103 S.) 856. —40. — IV. Johannes Calvin. (176 S.) 857. —60.
Das 1. Bdchn. ist vergriffen.

**Reformations-Geschichte, J. H. S. Fränkische,** die in sich halten einen wahrhafften Bericht von den Onolzbach- und Schwabachischen Religions-Artikeln . . . Nürnberg 1731. V: *Schülin, Joh. Heinrich.* (ADB 31, 473) (Will) (BrMm) (ML) (Myl) (Feuerlin, Bibl. symbol. Gott. 1752.)

**Reformationsgeschichte, fränkische.** 4. Nürnb. Endter. 731.

**Reformationsgeschichte, Nürnbergs,** kurzgefaßte. 8. Jena, Voigt.

Reformationsgeschichte für die Bernische Schuljugend.... Bern 1828 s.a.[Steck, Gabriel].

**Reformationsgeschichte** für die Bernische Schuljugend . . . Bern 1828. V: *Steck, Gabr.* (Cat. d. Stadtbibl. Zürich. Zürich 1864—97.)

**Reformationsgeschichte,** die, des Schweizerlandes, für denkende Leser beider Bekenntnisse. Von R — S. gr. 8. (VI u. 250 S.) Burgdorf 847, Langlois. 24 ngr

**Reformationsgeschichte, Würtembergische.** Tübingen 1791. V: *Zahn, Chph Gotthilf.* (MGT)

**Reformations - Historie, Gründliche.** Wittenberg 1717. V: *Hecht, Gottfried.* (Myl)

[F.] 350jährige **Reformations-Jubelfeier** in der Stadt Egeln. 16. u. 17. Jan. 1897. Hrsg. v. Festkomitee. *Egeln: F. Heyl's Buchdr. 1897.* (44 S.) 1 Bd 8. [98. 8060

. . . L'apôtre de Ceylan le père Joseph Vaz de la congrégation de l'oratoire de Saint Philippe Néri. Par **Sébastien de Rego.** Trad. de l'Ital. sur l'éd. impr. à Venise en 1753, réimpr. à Mangalore en 1897. Par (Mlle) J. Bigard . . . (Vorr.: Ladislas-Michel, Arch. de Thèbes (Władysław Zaleski) & Antoine Cardinal Agliardi.) *Caen: V. I. Domin 1898.* (XXVII, 392 S.) 1 Bd 8. [98. 8160

**Reformations - Jubelfeste, Dem,** geweiht. Breslau 1817. V: *Friedenthal, Marcus Beer.* (Kat. d. Druckschr. üb. Breslau. Breslau 1903. S. 275.)

**Reformationsjubiläum,** das 300jährige, von den Synoden Kreuznach, Simmern, Sobernheim, Trarbach, Trier zu Simmern am 15. u. 16. Juli 1857 gefeiert. Nebst allen am Hauptfeste gehaltenen Predigten, Reden u. Ansprachen, als Denkmal für die Jubelgemeinde rc. herausg. vom Hunsrücker Chronisten. Essen 857. (Bädeker.) 8. (84 S.) n. 8 ngr

**Reformations-Ordnung,** welche in . . . Stadt und Landschaft Basel, von einem ehrsamen . . Rahte, zu Pflanzung der Ehrbarkeit, und Ausreutung allerhand eingeschlichener Mißbräuche, dero Bürgeren . . . vorgeschrieben wird. MDCCLXV. [1765] und erneuert MDCCLXVIII [1768]. Gedruckt bey Johann Heinrich Decker.
22 S. 4°

**Reformationsordnungen,** die, der Städte u. Märkte Innerösterreichs aus den J. 1587—1628. Mitgeteilt u. erläutert v. J. Loserth. (92 S.) gr. 8. Wien 907. A. Hölder. 2. 45
Sonderabdruck aus: „Archiv f. öst. Gesch."

**Reformationsstimmen der christlich-kathol. Kirche.** Hrsg. v. Mollwitz. 1. u. 2. Hft. gr. 8. (6 B.) Arnstadt 845, Meinhardt. à

**Reformationsunterredungen, und ihre Beschaffenh.** 8. Neust. Riedel. 783.

Der Reformator: 1872—1873?

Monthly, 1872—73; weekly, 1873—? Sub-title: Eine freisinnige Wochenschrift für Volks-erklärung, Wissenschaft, geistige Freiheit und Tagesbegebenheiten. Free-thought journal; contains articles on a variety of subjects, as popular science, etc. Place of publication varies: Detroit, Mich. Circulation: 1872, 1500. Large quarto, each issue 8 pages. Edited & published by C. Lohmann & Son, 1872—73.
Adrian, MI

**Reformator, e. neuer!** Briefwechsel zwischen zwei christl. Freunden üb. die „Ernsten Gedanken" d. Hrn. v. Egidy, mitgeteilt v. A. S. gr. 8. (20 S.) Lpz. 891, (Wallmann). * — 30

**Reformatoren, die:** Wiklef, Huß, Hieronymus von Prag, Luther, Melanchthon, Ulrich von Hutten, Spalatin, Zwingli, Calvin, Beza, J. Knox, Erasmus Savonarola, Justus Jonas, Bugenhagen, Hans Sachs. gr. 8. (60 S.) Pest 861, (Gebr. Lauffer.)

**Reformatoren, pfälzische.** Nr. 1—3. 53., 54. u. 56. Gabe d. evangel. Vereins f. die protestant. Pfalz. 12. Westheim. Kaiserslautern, Buchh. d. Evangel. Vereins f. die Pfalz. — 60
I. Zacharias Ursinus. Von J. Werle. (39 S.) 880. — 15. — II. Magister Johann Bader. Von Fr. W. Cuno. (35 S.) 880. — 15. — III. Caspar Olevianus. Von Fr. W. Cuno. (44 S.) 881. — 20.

**Reformatoren, die vier,** Luther, Melanchthon, Zwingli u. Calvin. Leben u. Auswahl ihrer Schriften von Chrn. Glieb. Eberle, Chrph. Sigwart, Ledderhose, Emil Wilh. Krummacher u. Herm. Krummacher. (Einzelausg. der evangel. Bibliothek.) Mit Portraits (in Holzschn.) Stuttgart 862. Becher. gr. 8. (XVI, 758 S.) 2 rf

**Reformatoren-Album.** Vorkämpfer f. eine freie evangel. Kirche. I. Die Propheten u. Apostel. II. Deutsche Dichter u. Weise. 8. (19⅞ B.) Heidelberg 846, Groos. *

**Reformatorenbilder.** Historische Vorträge üb. kathol. Reformatoren u. Martin Luther v. Konstantin Germanus. gr. 8. (XII, 327 S.) Freiburg i/Br. 883. Herder. n. 4. —

**Reformbestrebungen, deutsche,** vom März 1848 bis zum 15. Mai 1851. Hannover 866. Klindworth. gr. 8. (112 S.) n. 18 ngr

**Reformbestrebungen, hanseatische.** 8. (6½ B.) Hanau 844, König. *

**Reformbestrebungen,** die, unserer Zeit. Zerstreute Gedanken über die deutsche Einheit. Vom Verf. von „Der Deutsche Bund" u. „Was hat Preußen gesagt — gethan?" Leipzig 859. Kollmann. 8. (70 S.) n. 10 ngr

**Reformbewegung,** die, im deutschen Buchhandel 1878—1889, s. a. Publikationen des Börsenvereins der deutschen Buchhändler. XI. XII.

Die **Reformbewegung** im Deutschen Buchhandel 1878–1889. Hrsg. v. Vorstand d. Börsenvereins d. Deutschen Buchhändler. Bd 1. Leipzig: Börsenver. 1908. 8° [F.]
— **Publikationen** d. Börsenvereins d. Deutschen Buchhändler. 11. [08. 7633

**Reformbewegung,** die religiöse, in der reformirten Schweiz. Vortrag gehalten in der Jahresversammlung des St. Gallischen relig.-liberalen Vereins in St. Gallen. 2. Aufl. In-8°, 48 S. St. Gallen, Huber & Cie. (E. Fehr). 1886. — 40

**Reformbewegung, Die,** in der deutschen Studentenschaft ... Würzburg 1873. V: *Curti, Carl Theodor.* (Erman & Horn, Bibliogr. d. dtsch. Universitäten. 1. Leipz. u. Berl. 1904.)

**Reformbewegung,** die, in der deutschen Studentenschaft. Vom Verf. der Broschüren: „Die deutsche Studentenschaft, e. akadem. Zeitstudie" u. „Die Regeneration der deutschen Studentenschaft." gr. 8. (15 S.) Würzburg 873. Stuber. n. — 60

**Reform-Bibliothek.** Nr. 1—3. Hrsg. v. A. Seidel. 16. Steglitz-Berlin, O. Kunze. à — 20
Seidel, A., Reform-Esperanto. Abriss der Grammatik, Sprachproben u. Wörterverzeichnis. (24 S.) 909. (Nr. 1.)
— Wie erlerne ich e. fremde Sprache? (38 S.) 909. (Nr. 23.)

**Reformbibliothek,** neusprachliche. Hrsg.: Bernhard Hubert u. Max Fr. Mann. 1.—11. Bd. 8. Leipzig, Rossberg'sche Verlagsbuchh.
Geb. in Leinw. u. geh. n. 20. 40
1. The Victorian era. By P. Anderson Graham. Adapted for the use of schools, and with a full English commentary by Rich. Kron. (VII, 80 u. 84 S. m. 1 Bildnis.) 902. n. 1. 80
2. Nouvelles, 4, modernes. Annotées par Bernh. Hubert. (VII, 76 u. 81 S.) 902. n. 1. 80
3. Three Mowglistories. Selected from the books of Rudyard Kipling and edited for use in schools by Ed. Sokoll. (XIII, 86 u. 44 S. m. 1 Bildnis u. 1 Karte.) 902. n. 1. 80
4. Expédition de Bonaparte en Égypte et en Syrie. Par Adphe. Thiers. Annotée par O. Schulze. (X, 78 u. 82 S. m. 2 farb. Karten.) 902. n. 1. 80
5. The tragedy of Julius Caesar. By William Shakespeare. With introduction, notes, and glossary by Max Frdr. Mann. (VIII, 86 u. 56 S. m. 1 Bildnis.) 902. n. 1. 80
6. Nouveaux choix de contes et nouvelles modernes à l'usage des classes supérieures. Par D. Bessé. (VIII, 91 u. 100 S.) 902. n. 1. 80
7. Selections from Peter Simple. By Capt. Marryat. Edited with notes by Gust. Krueger. (X, 93 u. 42 S.) 902. n. 1. 80
8. Morceaux choisis de poètes français particulièrement des poètes lyriques de XIXe siècle. Avec vocabulaire, commentaires, notices, un tableau sommaire de l'histoire de la poésie française et des éléments de versification par Alfr. Gras. (XXIV, 109 u. 106 S. m. eingedr. Bildnissen.) 902. n. 2. 40
9. Masterpieces. By Lord Macaulay. Selected and adapted for the use of schools by Paul Lange. (VIII, 80 u. 72 S. m. Bildnis u. 1 Karte.) 902. n. 1. 80
10. L'Avare. Par Molière. Annoté par Ernst Müller. (VIII, 88 u. 102 S.) 902. n. 1. 80
11. Selections from the sketch book. By Washington Irving. With introduction and notes by E. E. Kellett, M. A., and F. H. Marseille. (IX, 82 u. 74 S. m. Bildnis.) 902. n. 1. 80

**Reformbibliothek,** neusprachliche. Hrsg.: Bernh. Hubert u. Max Fr. Mann. 12.—24. 26. 28. u. 30. Bd. 8. Leipzig, Rossberg'sche Verlagsbuchh. Geb. u. geh. n. 26. 70
Ackermann, Rich., The great English poets of the XIXth century. An anthology of specimens, with notes, and a glossary. (XI, 130 u. 66 S. m. eingedr. Bildnissen.) 904. (Bd. 21.) n. 2. 40
Daudet, A., Le petit chose. Pages choisies avec des annotations par S. Alge. 2. éd. (IV, 76 u. 71 S.) 906. (Bd. 14.) n. 1. 50
— Lettres de mon moulin et Contes du lundi. Pages choisies avec des annotations par D. Bessé. 2. éd. (VIII, 72 u. 115 S.) 905. (Bd. 16.) n. 1. 50
Dickens, Charles, A christmas carol in prose, being a ghost story of christmas. With introduction, notes, and glossary by Herm. Fehse. (X, 80 u. 73 S. m. Abb.) 904. (Bd. 23.) n. 1. 80
Erckmann-Chatrian, Histoire d'un conscrit de 1813. Annotée par Alfr. Duchesne. (VIII, 78 u. 32 S. m. 2 Karten.) 905. (Bd. 26.) n.n. 1. 20
Glauser, Charles, La France. Morceaux choisies. (Geographie, gouvernement, moeurs, industrie.) Annotés par G. (VI, 91 u. 67 S.) 904. (Bd. 20.) n. 1. 50
Guerre, la, 1870/71. Scènes et épisodes caractéristiques. Choisis es annotés par A. Mühlan. (IV, 94 u. 90 S. m. 1 Karte.) 903. (Bd. 12.) n. 1. 80
Jerome, Jerome K., Diary of a pilgrimage. Selected for the use of schools by Ferd. Gutheim. (VIII, 79 u. 79 S. m. Bildnis.) 903. (Bd. 17.) n. 1. 80
Kingston's, W. H. G., Naval life. Selections from K.'s novels. 1. Active service in the China sea. Adapted for the use of schools, and with a full English commentary, by R. Kron. (VIII, 80 u. 64 S.) 903. (Bd. 15.) n. 1. 80
Pages choisies du roman français au XIXe siècle, avec commentaires, notices, analyses et un tableau sommaire de l'histoire du roman français par Charles Glauser et Alfr. Gras. 1. série. Chateaubriand à Flaubert. (XIV, 97 u. 66 S.) 903. (Bd. 18.) n. 1. 80
— dasselbe. 2. série. Les romanciers idéalistes et les romanciers rustiques de Sandeau à Coppée. (IV, 96 u. 75 S.) 904. (Bd. 22.) n. 1. 50
— dasselbe. 3. série. Les romanciers naturalistes. Daudet, Zola, Maupassant, Loti. (XV, 92 u. 51 S.) 905. (Bd. 28.) n. 1. 50
— dasselbe. 4. série. Le roman contemporain. (VIII, 167 S.) 906. (Bd. 30.) n. 1. 50
Seeley, J. R., The expansion of England. Two courses of lectures. 1. course (1500—1776). Selected for the use of schools by Ernst Kreuser. (IV, 80 u. 111 S.) 903. (Bd. 19.) n. 1. 80
Steinmüller, Geo., Histoire de la révolution française. Annotée par St. (VI, 116 u. 34 S. m. 1 Plan.) 906. (Bd. 24.) n. 1. 50
Stevenson, Rob. Louis, Treasure island. With introduction, notes, and glossary by J. Ellinger. (VI, 98 u. 63 S. m. Bildnis.) 902. (Bd. 13.) n. 1. 80
Die Bände 25, 27 u. 29 sind noch nicht erschienen.

**Reformbibliothek,** neusprachliche. Hrsg.: B. Hubert u. R. Kron. 2. 4. 23. u. 25. Bd. 8. Leipzig, Rossberg-sche Verlagsbuchh. Geb. u. geh. 5. 75
Dickens, Charles, a christmas carol in prose, being a ghost story of christmas. With introduction, notes, and glossary by Herm. Fehse. 2. ed. (X, 80 u. 73 S. m. 3 Abb.) 907. (Bd. 23.) Geb. u. geh. 1. 50
Nouvelles, 4, modernes. Annotées par Bernh. Hubert. 2. éd. (82 u. 47 S.) 906. (Bd. 2.) Geb. u. geh. 1. 25
Shakespeare, William, the merchant of Venice. A comedy. Adapted for the use of schools, and with a full English commentary supplemented by German equivalents by Rich. Kahle. (84 u. 62 S. m. Bildnis.) 910. (Bd. 25.) Geb. u. geh. 1. 50
Thiers, Adolphe. expédition de Bonaparte en Égypte et en Syrie. Annotée par O. Schulze. 2. éd. (X, 78 u. 82 S. m. 2 Karten.) 907. (Bd. 4.) Geb. u. geh. 1. 50

**Reformbill,** die medicinische, Württembergs oder kritische Beleuchtung der ärztl. Praxis in Würtemberg nebst Vorschlägen zu ihrer Reorganisation v. C...... Dv..... gr. 8. (5¼ B.) Stuttgart 846, Hallberger'sche Vrlgsh.

**Reformblatt** für Arbeiter-Versicherg. Hrsg.: Hans Seelmann. Red.: Rud. Schwarz. 1. u. 2. Jahrg. 1905 u. 1906. à 24 Nrn. (à ca. 16 S.) Lex.-8. Frankfurt a/M. Dr. E. Schnapper. à Jhrg. n.n. 7. —

**Reformblatt** f. Arbeiter-Versicherung. Hrsg.: Stier-Sombo. 3. u. 4. Jahrg. 1907 u. 1908. à 24 Nrn. (296 u. 320 S.) Lex. 8. Frankfurt a/M., Dr. E. Schnapper.
3. Jahrg. 7.—; 4. Jahrg. 8. 50
Fortsetzung. s.: Zentralblatt der Reichsversicherung.

**Reformblatt** f. Arbeiter-Versicherung. Hrsg.: Stier-Somlo. 5. Jahrg. 1909. 24 Nrn. Lex.-8. Frankf. a. M, E. Schnapper.
Halbjährl. 5. —; einz. Nrn. —. 50.
Von Nr. 7 an u. d. Titel: Zentralblatt d. Reichsversicherg.

Reformblatt für Gesundheitspflege. Warnsdorf: Verl. Expedition 1900. 8°

**Reformblatt,** medizinisches, für Sachsen. Hrsg. v. G. B. Günther, Millies, Clotar Müller, Hugo Sonnenkalb u. (Adph.) Winter. 1. Jahrg. 1848. Aug.—December. 19 Nrn. 2. Jahrg. 1849. 52 Nrn. 3. Jahrg. 1850. 12 Nrn. hoch 4. (B.) Leipzig, O. Klemm. 1848: n. 1 ℳ 1849: n. 2⅔ ℳ 1850: n. 1 ℳ

Reformblatt. — Neues Hamburgisches Reformblatt für Vaterland und Vater-Stadt. Hamburg: Nr. 1-31. 1848.
F. u. d. T.: Neue Hamburgische Blätter.

**Reformblätter.** Aus dem Kreise der ostdeutschen freien religiösen Gemeinden. Hrsg.: Th. Prengel. 1—3. Jahrg. 1880—1882. à 24 Nrn. (¾ B.) gr. 8. Königsberg, Braun & Weber in Comm. à Jahrg. n. 4. —

**Reformblätter.** Aus dem Kreise der ostdeutschen freien religiösen Gemeinden. Hrsg.: Th. Prengel. 4. Jahrg. 1883. 24 Nrn. (3/4 B.) gr. 8. Königsberg, (Braun & Weber). n. 4. —

— dasselbe. 5—7. Jahrg. 1884—1886. à 12 Nrn. (B.) gr. 8. Ebend. à Jahrg. n. 3.

**Reformblätter** zur Förderung freiheitlicher Entwickelung religiösen Lebens. Hrsg. v. Th. Prengel. 8.—11. Jahrg. 1887—1890. à 12 Nrn. (B.) gr. 8. Königsberg, (Braun & Weber). à Jahrg. n. 3. —

**Reformblätter** zur Förderung freiheitlicher Entwickelung religiösen Lebens. Hrsg. v. Th. Prengel. 12. Jahrg. 1891. 24 Nrn. (1/2 Bog.) gr. 8. Königsberg i. Pr., (Braun & Weber). n. 3. —

— dasselbe. 13. Jahrg. 1892. 24 Nrn. (1/2 Bog.) gr. 8. Ebd. n. 4. —

Reformblätter

— Illustrirte Zeitschrift f. alle hygien. Reformen u. f. volksverständl. Gesundheitspflege. Begründet u. red. v. Max König. 4. u. 5. Jahrg. 1901 u. 1902. à 12 Hfte. gr. 8. (à ca. 24 S. m. Abbildgn.) Berlin, M. Richter. à Jahrg. 3. —

**Reformblätter.** Illustriertes Monatsblatt f. alle hygien. Reformen. Hrsg. u. Red.: Max König. Mit Beilage: Hygienische Modenzeitg. Bearb. v. Anita Brinkmann. 6.—9. Jahrg. 1903—1906. à 12 Nrn. (IV, 288; IV, 288; IV, 380 u. IV, 380 S. m. Abbildgn.) gr. 8. Hannover, Reformblätter-Verlag. à Jhrg. 3. —; geb. 4. —

**Reformblätter.** Illustriertes Monatsblatt f. alle hygien. Reformen. Hrsg. u. Red.: Max König. 10.—13. Jahrg. 1907—1910. à 12 Nrn. (à ca. 24 S. m. Abbild.) gr. 8. Hannover. Reformblätter-Verlag. à Jahrg. 3. —
Erscheinen nicht mehr.

**Reformblätter.** Monatsschrift f. alle gesundheitlichen Reformen. Red.: Max König. 3. Jahrg. 1900. 12 Hfte. gr. 8. (à ca. 20 S. m. Abbildgn.) Hannover (Kestnerstr. 3), Max König. n. 2. —

**Reformblätter** zur F ö r d e r u n g freiheitlicher Entwicklung religiösen Lebens, s. R e f o r m b l ä t t e r.

**Reformblätter aus der bernischen Kirche**
① Zeitstimmen aus der schweizerischen Kirche (13. 1. 1872—25. 12. 1880). Schrift für freies Christentum (1. 4. 1950 cont.) ② Reform (13. 1. 1872—11. 12. 1880, 25. 12. 1880). Schweizerische Reformblätter (12. 12. 1880, 9. 1. 1881—15. 2. 1930). Schweizerisches reformiertes Volksblatt (22. 2. 1930 cont.) ③ Zeitstimmen aus der reformierten Kirche der Schweiz (Fusion 13. 1. 1872). Religiöses Volksblatt (Fusion 8. 7. 1939) ⑤ 1. 10. 1866 (cont.) ⑥ 8° (1866—25. 3. 1950); 4° (1. 4. 1950 cont.) ⑦ monatlich 2× (1866—10. 4. 1869); alle 14 Tage (24. 4. 1869—1880. 1. 4. 1950 cont.); Wochenblatt (1881—25. 3. 1950) ⑧ Bern: Rieder & Simmen (1. 10. 1866—30. 12. 1871). Stämpflische Buchdruckerei (13. 1. 1872—25. 12. 1880). E. W. Krebs (12. 12. 1880. 9. 1. 1881—27. 12. 1885). Jent & Reinert (9. 1. 1886—24. 12. 1892). Jent & Co. (7. 1. 1893—22. 12. 1894). Michel & Büchler (5. 1. 1895—25. 2. 1899). Büchler & Co. (4. 3. 1899—15. 2. 1930. 3. 7. 1943—28. 6. 1947); St. Gallen: Zollikofer & Co. (22. 2. 1930—28. 6. 1941); Basel: H. Brodbeck-Frehner (5. 7. 1941—26. 6. 1943. 3. 7. 1944 cont.) ⑩ Kirchlicher Reformverein des Kantons Bern (1866-30. 6. 1939). Schweizerischer Verein für freies Christentum (8. 7. 1939 cont.) ⑪ die ersten Redaktoren: Pfr. E. F. Langhaus (1866-10. 4. 1869). Pfr. Albert Bitzius (Sohn) (24. 4. 1869—20. 7. 1878). Pfr. Heinrich Lang (1872—1875) ⑫ freisinniges Organ der reformierten Kirche. Stellungnahme zu den politischen Fragen vor allem in den Artikeln und Chroniken von Albert Bitzius (Sohn) (1866—1882) ⑬ BGSZ: 70 (p. 449); Bernhard Albert Bitzius. »Schweizerische Reformblätter« 1882 p. 350 ff. An unsere Leser. »Schweizerische Reformblätter« Nr. 1 v. 10. 1. 1891. Pfr. W. Wuhrmann: Wandlungen unserer religiös-liberalen Presse, »Schweizerisches reformiertes Volksblatt« Nr. 27, 8. 7. 1930 ⑭ Be: L.

**Reformblätter** aus der bernischen Kirche. Redact.: E. F. Langhans. 1—4. Jahrg. Oct. 1866 bis Septbr. 1870. à Jahrg. 26 Nrn. (Bgn.) Bern, (Huber & Co.) gr. 8. Jeder Jahrg. n. 1 ₰ 15 ngr.

**Reformblätter** aus der bernischen Kirche. Red.: Alb Bitzius. 5. Jahrg. 1871. 26 Nrn. (à 1—1½ B.) gr. 8. Bern, Huber & Co. in Comm. n. 4. —
cf.: Reform, die.

**Reformblätter**, schweizerische. Hrsg. im Namen des kirchlichen Reformvereins von Bern von H. Frank. [Der Reform 10. u. 11., der bern. Reformblätter 15. u. 16. Jahrg.] 1881 u. 1882. à 52 Nrn. (1/2 B.) gr. 8. Bern, Dalp. à Jahrg. n. 4. —
cf.: Reform.

— schweizerische. Hrsg. im Namen d. kirchl. Reformvereins v. Bern v. H. Frank. [Der Reform 12—14., der bern. Reformblätter 17—19. Jahrg.] 1883—1885. à 52 Nrn. (1/2 B.) gr. 8. Bern, Schmid, Francke & Co. à Jahrg. n. 3. 50

**Reformblätter**, schweizerische. Hrsg. im Namen d. kirchl. Reformvereins v. Bern v. H. Frank. 20. Jahrg. 1886. 26 Nrn. (B.) gr. 8. Bern, Schmid, Francke & Co. n. 3. 50

— schweizerische. Red.: H. Frank u. Ed. Langhans. 21.—24. Jahrg. 1887—1890. à 26 Nrn. (B.) gr. 8. Bern, Schmid, Francke & Co. à Jahrg. n. 3. 50

— schweizerische. Red.: H. Frank. Rob. Ischer u. E. Ryser. 25.—28. Jahrg. 1891—1894. à 26 Nrn. (Bog.) gr. 8. Bern, Schmid, Francke & Co. à Jahrg. n. 3. 50

**Reformblätter**, schweizerische. Hrsg. v. kirchl. Reformverein d. Kantons Bern. Chefred.: Ryser. 29. Jahrg. 1895. 26 Nrn. (à ca. 8 S.) gr. 8. Bern, Büchler & Co. n. 3. 60

— dasselbe. Chefred.: Ryser. Unt. Mitwirkg. v. Marthaler, Blattner, Dick u. a. m. 30.—32. Jahrg. 1896—1898. à 52 Nrn. (à ca. 8 S.) gr. 8. Ebd. à Jahrg. n. 3. 60

**Reformblätter**, schweizerische. Hrsg. vom kirchl. Reformverein des Kantons Bern. Chefred.: Ryser. Unter Mitwirkg. von Marthaler, Blattner, Dick u. a. m. 33.—36. Jahrg. 1899—1902. à 52 Nrn. gr. 8. (à ca. 8 S.) Bern, Büchler & Co. à Jahrg. n. 3. 60

— schweizerische. Hrsg. vom kirchl. Reformverein des Kantons Bern. Chefred.: Ryser. Unter Mitwirkg. von Marthaler, Blattner, Dick u. a. m. 37.—40. Jahrg. 1903—1906. à 52 Nrn. (à ca. 8 S.) gr. 8. Bern, Büchler & Co. à Jhrg. n. 3. 60

— schweizerische. Organ des kirchl. Reformvereins des Kantons Bern. Hrsg. vom kantonalen bern. Reformpfarrverein. Red.-Kommission: A. Aeschlimann, R. Blattner, P. Dick u. a. Zentralleitung: König. 41.—44. Jahrg. 1907—1910. à 52 Nrn. (IV, 416; IV, 416; IV, 418 u. IV, 424 S.) gr. 8. Bern, Büchler & Co. à Jahrg. 3. 60

**Reformbote.** Abstinenzorgan für den Kreis Norderdithmarschen. Hrgg. v. den vereinigten Logen I. O. G. T. Schriftleitung: E. Herwig. Nr. 1—24.) Wesselburen. 1903. 8°.
(Beilage zum „Dithmarscher Boten".)

**Reforme,** über die, der Kirchengesänge, (von L. G. Stöcker). 8. Gob. 784.

**Réforme,** la, monétaire de l'Allemagne, considérée au point de vue national et international (par Maurin Nahuijs). gr. 8. (16 S.) Utrecht 871, Kemink und Sohn. *

**Reformed Church Messenger:** vol. 1—109, no. 10, July 18, 1835—Jan. 30, 1936.

Weekly. Organ of Deutsch-Reformirte Kirche in den Vereinigten Staaten [German Reformed Church]. Published in English and German. Variations in numbering: vol. 42—44, 70, 97—100 omitted in numbering. Vol. 1—45 also as "new series." Title varies: 1) THE WEEKLY MESSENGER OF THE REFORMED CHURCH, July 18, 1835; 2) THE WEEKLY MESSENGER OF THE GERMAN REFORMED CHURCH, Sept. 2, 1835—Aug. 15, 1838; 3) THE WEEKLY MESSENGER, Aug. 22, 1838—Nov. 1848; 4) THE GERMAN REFORMED MESSENGER, Dec. 1848—Aug. 1867; 5) THE REFORMED CHURCH MESSENGER, Sept. 1867—Dec. 1875; 6) THE MESSENGER, Jan. 1876—Dec. 1887; 7) REFORMED CHURCH MESSENGER, Jan. 1888—Jan. 30, 1936. Place of publication varies: Chambersburg, Pa., Lebanon, Pa., York, Pa. Frequently cited as THE MESSENGER. Continued from THE MESSENGER OF THE GERMAN REFORMED CHURCH (Chambersburg, Pa.). United with EVANGELICAL HERALD. Circulation: 1890, 6000; 1915, *9157*; 1930, 10,400. Edited by Benjamin Schroder Schneck, July 18, 1835—Nov. 4, 1840; by Schneck & Samuel R. Fisher, Nov. 11, 1840—Jan. 31, 1844; by Samuel R. Fisher, Feb. 7, 1844—Dec. 27, 1848; by Schneck & Fisher, Jan. 3, 1849—May 26, 1852; by Schneck & Samuel Miller, June 1852—Mar. 9, 1859; by Fisher & Benjamin Bausman, Mar. 16, 1859—Nov. 27, 1861; by Samuel R. Fisher, Dec. 4, 1861—Mar. 24, 1869; by Fisher & George B. Russell, Mar. 31, 1869—Dec. 6, 1871; by Samuel R. Fisher, Dec. 13, 1871—Dec. 29, 1875; by P. S. Davis, Jan. 5, 1876—Dec. 28, 1887; by Franklin Klein Levan, 1891?—1894; by Joseph Henry Dubbs, 1894—95; by C. J. Musser, Jan. 3, 1901—Oct. 4, 1917; by Paul S. Leinbach & A. S. Bromer, Oct. 11, 1917—Jan. 1, 1931; by Leinbach, Bromer & Ambrose M. Schmidt, Jan. 8, 1931—Apr. 19, 1934; by Paul S. Leinbach & Ambrose M. Schmidt, Apr. 26, 1934—Jan. 30, 1936. Associate editors: Theodore Appel, 1888—93. Published by Board of Missions at Chambersburg, July 18, 1835—Aug. 31, 1864; by Board of Missions at Philadelphia, Sept. 7, 1864—Aug. 28, 1867; by S. R. Fisher & Co. at Philadelphia, Sept. 4, 1867—May 30, 1888; by Charles G. Fisher at Phila., June 6, 1888—Jan. 30, 1936.
**Philadelphia, PA**

Reformed Church Messenger: July 27, 1864—1901 **Philadelphia, PA**

**Reformen zum allgem. Besten. 8. Hamb. 797. (Herold jun.) 6 gr.**

**Reformen zum allgemeinen Besten. 8. Hamburg, Vollmer. 797.**

**Reformen, über einige nothwendig scheinende, in Beziehung auf den geistlichen Stand. Von einem Schlesw.-Holst. Geistlichen. gr. 8. Altona 838. Aue. 1/4 ß**

**Reformen, über einige zuläßige u. zeitgemäße, in d. katholischen Kirche. Von einem kathol. Geistlichen, der es wirklich seyn u. bleiben will. Geschrieben im Oktober 1848. gr. 8. (20 S.) München 849, Palm. 3 ngr.**

**—die, in d. kathol. Kirche, so wie sie gewünscht u. bezweckt werden. von einem Verein kathol. Geistlichen in der Diözese Trier. 4 Hfte. gr. 8. Zweibrücken 831, 32. (Trier, Gall). 22 Kr.**

**Ueber Reformen** in der preußischen Kriegsverfassung. Abgedruckt aus dem 5. Bande der preußischen Jahrbücher. Berlin 1860. 34 S. 8.

**Reformen,** soziale, im Gesundheitswesen. Entworfen u. f. Jedermann dargest. v. e. Arzte. gr. 8. (IV, III, 119 S.) Neusalz 896. J. Pröbster. n. 1. 60

**Reformen, Die,** in der Türkei … beleuchtet. Wien 1856. V: *Stratimirović, Georg von.* (KA)

**Reformen, Die** — in der Türkei. Beleuchtet von Georg von S. Wien, 1856. Druck von U. Klopf sen. und Alex. Eurich. Verlag von Eduard Hügel. (124 S. 8.)

**Reformen,** über, in der Verfassung u. Verwaltung Hamburgs mit Bezug auf den „Commissionsbericht an die Unterzeichner der Petition vom 8. Juni 1842." gr. 8. Jena 844, Frommann. n. 1/4 ß

**Reformen** im Verwaltungs- u. Finanzwesen Egyptens gr. 8. (62 S.) Wien 872. Manz. n. 1. —

**Reformen** im schweizerischen Wehrwesen. Zürich 1896. V: *Suter, Caspar.* (Cat. d. Stadtbibl. Zürich. Zürich 1864—97.)

— im schweizerischen Wehrwesen. E. Zeit- u. Streitfrage v. e. schweizer. Offizier. gr. 8. (34 S.) Zürich 896. Leipzig, Verlag d. literar. Bulletin A. v. Stern. n. — 50

**Reformen, Die wichtigsten,** der landständischen Ausschüsse Würtembergs. Stuttgart 1788. V: *Gutscher, Jac. F.* (Ky) »1797« (MGT)

**—die wichtigsten, der landständ. Ausschüsse Würtembergs, (von F. Gutscher). 8. Stuttg. 798. Metzler. 14 Kr.**

Die wünschbaren Reformen in Strafanstalten mit ausschliesslich gemeinsamer Haft. Referat für die Generalversammlung des schweizer. Vereins für Straf- und Gefängnisswesen. von B. Schenker. Luzern. Druck von C. M. Härdi. 1870. 36 Stn. 8.

Der Reformer: 1829 ? **Lancaster, PA**
Ein religiöses Werk, monatlich erscheinend.

**Der Reformer:** Jan. 2, 1847—?

Weekly. Sub-title: Organ des Communisten-Vereins. Edited & published by Heinrich Koch.
**St. Louis, MO**

**Der Reformer:** 1887?—1906.

Daily, except Sunday, 1887—89; weekly, 1890—1906. WHi lists as "Farmers' Alliance paper." Published in interests of Union Labor, 1887—92, and of the Populist movement, 1893—1906. Part of edition printed for Racine, Wis., 1892—1900. Title varies: REFORMER UND VOLKSBLATT, 1891—95. For Sunday edition, see MILWAUKEE VOLKSBLATT. Circulation: 1887, *2064*; 1895, 3320; 1900, 1980. Edited & published by Robert Schilling.
**Milwaukee, WI**

**Der Reformer:** 1897?—1899?

Democratic monthly, published in English and German. Small folio, each issue 4 pages. Edited & published by F. M. Caldwell.
**Princeton, WI**

**Der Reformer und Pennsylvania Advertiser:** 1867?—1871? **Milford Square, PA**
Weekly. Published in English and German.

**Der Reformer und Agriculturist und Allgemeiner Neuigkeits-Berichter:** Jahrgang 1—11, Jan. 1867—Oct. 1878?

Weekly. Organ of Die Allgemeine Conferenz der Mennoniten von Nord Amerika. United with DER BUCKS COUNTY PATRIOT. Small folio, each issue 4 pages. Circulation: 1870, 625 (est.); 1875, 1193; 1878, 1502. Edited & published by John G. Stauffer.
**Milford Sqaure, PA**

Deutscher Reformer: vol. 1, no. 1, June 6, 1863—? **Waterloo, Ont.**
Published by Jakob Teuscher.

**The Jewish Reformer:** Jan.—June 1886.

Weekly Jewish paper, printed in English and German. Edited & published by Kaufmann Kohler, Emil G. Hirsch & Adolph Moses.
**New York, NY**

**Reformer,** österreichischer. Organ für Volksinteressen. Herausg. Cornelius Vetter. Red. Jos. Oser. IV. Jahrg. (Erscheint jeden 2. und 4. Sonntag.) Folio. Wien, Vetter. Nr. 60/62 pro compl. fl. 3.—. 1887

**Reformer,** pharmaceutischer. Zeitschrift für die wissenschaftl. u. gewerbl. Interessen der Pharmacie. Hrsg. v. allg. österr. Pharmaceuten-Verein. Schriftleiter u. Verwalter: M. J. Longinovits. III. Jahrg. 1898. 26 Nrn. (à ca. 2 Bog.) gr. 4. Wien (F. Deuticke). n. 8. —
Kann auch halbjährlich bezogen werden.

**Reformer, pharmaceutischer.** Zeitschrift f. die wissenschaftl. u. gewerbl. Interessen der Pharmacie. Hrsg. vom allg. österr. Pharmaceuten-Verein. Schriftleiter u. Verwalter: M. J. Longinovits. 4. u. 5. Jahrg. 1899 u. 1900. à 26 Nrn. gr. 4. (à ca. 14 S.) Wien (F. Deuticke). à Jahrg. n. 8. —

— dasselbe. Organ des Verbandes pharmaceut. Vereine Oesterreichs. Hrsg.: Allg. österr. Pharmaceuten-Verein. Schriftleiter u. Verwalter: Mr. J. Longinovits. 6. u. 7. Jahrg. 1901 u. 1902. à 36 Nrn. gr. 4. (à ca. 14 S.) Ebd. à Jahrg. n. 10. —

**Reformer, pharmazeutischer.** Zeitschrift f. die wissenschaftl. u. gewerbl. Interessen der Pharmazie. Organ des Verbandes pharmazeut. Vereine Oesterreichs usw. Hrsg.: Allgem. österr. Pharmazeuten-Verein. Verwalter u. Haupt-Schriftleiter: Jos. Longinovits. 8.—11. Jahrg. 1903—1906. à 36 Nrn. (358, 270, 336 u. 346 S.) Fol. Wien (F. Deuticke). à Jhrg. n. 12.—

**Reformer,** pharmazeutischer, Fortsetzg., s.: Presse, pharmazeutische.

**Reformer-Werkblätter.** 1. gr. 8. Berlin, A. P. Luck. —10
Beiträge zur Lösung der sozialen Frage. Von Paul Luck. (8 S.) (909.)

Réformes, de nos, s. De.

*Réformes* de nous, de causes qui s'opposent à notre liberté politique et des moyens qui nous restent pour acquérir une liberté raisonnable. gr. 8. Leipz. 829. Brockhaus. 1 ℳ 8 𝔤𝔯

**Reform-Fahrplan.** Sommer 1902. Ausg. C. (Köln.) 8. (53 S. m. 1 eingedr. Karte.) Dortmund, F. W. Ruhfus. —10
Erscheint nicht weiter.

**Reform-Fahrplan** Karlsruhe. Ausg. Oktbr. 1910. (334 S.) kl. 8. Achern. Bühl. Unitas. —40

Zur Reformfrage der ärztlichen Branche u. des Sanitätsdienstes in der k. k. österr. Armee. Mit Tab. Wien 1863. 97 S.

**Reformgedanken, Militärärztliche.** Ein Projekt für das 20. Jahrhundert. Wien 1886. V: *Puschmann, Theodor.* (EB)

**Reformgedanken,** militärärztliche. Ein Project f. das 20. Jahrh.! gr. 8. (35 S.) Wien 886. Szelinski. n. — 80

**Reform-Hausbuchhaltung,** die. System Welimir-Zrepújatz. 3. Aufl. 1900. 12 Hfte. gr. 4. (1. Hft. 39 u. 8 S.) Wien. M. Perles. à n. — 50

**Reformierten, Die,** im Kreise Osterode in Ostpreussen. Osterode 1904. V: *Machholz, Ernst.* (Berl 1905, S. 393)

Reform-Kalendarium

— — Kalendarium. Herausg. v. Eduard Rüffer. 1. Jahrg. ff. 8. 1865. (14 S.) Ebd. 15 kr.

Reformkalender f. 1877. Hrsg. v. schweizer. Verein f. freies Christenthum. St. Gallen, Zollikofer. —. 60

**Reformkalender** für 1879. Hrsg. vom schweizerischen Verein für freies Christenthum. 4. (48 S. m. eingedr. Holzschn.) St. Gallen, (Scheitlin & Zollikofer). — 60

**Reform-Kalender,** Hamburger, auf d. J. 1907. 41. Jahrg. (96 S. m. Abbildgn.) 8. Hamburg [C. H. A. Kloß]. Hamburger Verlag P. Hartung. n. — 20

**Reform-Kalender, Hamburger,** auf d. J. 1911. 51. Jahrg. (112 S. m. Abbildgn.) 8. Hamburg, Verlagsanstalt u. Druckerei-Gesellsch. — 25

— **Lübecker,** auf d. J. 1911. (96 S. m. Abb.) 8. Lübeck. (Hamburg, Verlagsanstalt u. Druckerei-Ges.) — 25

**Reform-Kalender,** neuer Hamburger, auf das J. 1862. Berechnet von C. F. Pape. 2., verb. Aufl. gr. 8. (73 S.) Hamburg, Richter.

—— dass. — auf das J. 1864. 4. Jahrg. Berechnet auf der Altonaer Sternwarte. gr. 8. (64 S.) Ebendas. *

**Reform-Kalender,** neuer Hamburger, auf das J. 1874. Berechnet auf der Altonaer Sternwarte. 14. Jahrg. gr. 8. (56 S.) Hamburg 873, Richter. *
—— dass. — auf das J. 1874. Berechnet auf der Sternwarte in Kiel. 15. Jahrg. gr. 8. (56 S.) Ebendas. 874. *

—— neuer Hamburger, auf die J. 1876—1880. Berechnet auf der Sternwarte in Kiel. 16.—20. Jahrg. gr. 8. (60; 57; 54; 62; 64 S.) Hamburg, J. F. Richter. Jahrg. 1876 * Jahrg. 1877—1880 à *

**Reform-Kalender,** neuer Hamburger, auf die J. 1881—1885. Berechnet auf der Sternwarte in Kiel. 21.—25. Jahrg. gr. 8. (80; 63; 64; 64; 91 S. mit eingedr. Holzschn.) Hamburg, J. F. Richter. à Jahrg. *

**Reform-Kalender,** neuer Hamburger, auf das J. 1886—1888. 26.—28. Jahrg. gr. 8. (à Jahrg. ca. 66 S. mit Illustr.) Hamburg, [J. F. Richter.] Verlagsanstalt und Druckerei, A.-G. à Jahrg. *

**Reform-Kalender,** neuer Hamburger, auf d. J. 1889. 29. Jahrg. gr. 8. (66 S. m. Illustr., nebst 1 Wandkalender m. 1 Chromolith.) Hamburg, Verlagsanstalt u. Druckerei, A.-G. n. — 20

**Reform-Kalender,** neuer Hamburger, auf das J. 1890—93. 30.—33. Jahrg. gr. 8. (à Jahrg. 75—90 S. m. Illustr. u. 1 Wandkalender.) Hamb., Verlagsanstalt u. Druckerei, A.-G. à Jahrg. * — 20

**Reform-Kalender,** neuer Hamburger, auf d. J. 1895. 35. Jahrg. gr. 8. (96 S. m. Abbildgn.) Hamburg, Verlagsanstalt u. Druckerei. n. — 20

**Reform-Kalender,** neuer Hamburger, auf d. J. 1896. 36. Jahrg. gr. 8. (72 S. m. Bild.) Hamburg, Verlagsanstalt u. Druckerei. n. — 20

**Reform-Kalender,** neuer Hamburger, auf d. J. 1903. 43. Jahrg. (90 S. m. Abbildgn.) gr. 8. Hamburg, Verlagsanstalt u. Druckerei. — 20

**Reform-Kalender,** österreichischer, für 1865. Herausg. von Ed. Rüffer. 1. Jahrg. Prag, Steinhauser. 8. (XVI, 185 S. u. 1 Holzschntaf.) n. 12 ngr.

**Reformkleid,** das. 10. Sonder-Preisheft f. „Renners Reformkleider". Vermehrt durch einige künstler. Entwürfe. Vorwort v. Alfr. Lehmann. Die Lichtbilder v. Hugo Erfurth in Dresden-A. (II, 21 S.) gr. 8. Dresden (908). Verlag der Modeberichte. — 50

**Reformkleidung,** die, für Frauen in Wort, Bild u. Schnitt. Ausführliche Anleitg. zur Herstellg. v. Reformkostümen. gr. 8. (47 S. m. Abb., 4 Taf. u. 1 Schnittbog.) Dresden 897. Expod. d. Europ. Modenzeitg. n. 1. 25

Reform-Klub. (Seine Tendenz.) Die Revolution des 18. und 19. März hat das Volk mündig gemacht. Vereinsbuchdruckerei. 1 Bl. 4.
Flugblatt. Berlin, 22. Mai 1848.

**Reform-Methode Reil.** Einfache Buchführung. 1.—10. Brief. gr. 8. (à 4 S.) Berlin 895. (Kniehase & Sinnig.) à n. — 20

**Reform-Methode Reil** zur gründl., schnellen u. pract. Erlernung d. doppelten Buchführung m. Controle aller Arbeiten. 1.—16. Brief. gr. 8. (à 4 S.) Berlin 895. 96. (Kniehase & Sinnig.) à n. — 20

— dasselbe. Deutsche Handels-Correspondenz. 1.—8. Brief. gr. 8. (à 4 S.) Ebd. 895. 96. à n. — 20

— dasselbe. Englische Umgangssprache m. Controle aller Arbeiten. 1.—13. Brief. gr. 8. (à 4 S.) Ebd. 895. 96. à n. — 20

— dasselbe. Französische Umgangssprache. 1.—12. Brief. gr. 8. (à 4 S.) Ebd. 895. 96. à n. — 20

— dasselbe. Wechsel-Lehre. 1. Brief. gr. 8. (4 S.) Ebd. 895. n. — 20

**Reform-Ministerium, das, und das reformirte Parlament.** Nach der 9n engl. Orig.-Ausg. gr. 8. London 834. Karlsruhe, Groos. 1/4 ℳ

**Reform-Moden-Album.** I. Eine Sammlg. v. 80 Modellen f. Reformkleider aller Art u. f. jedes Alter. Praktische Ratschläge u. genaue Anleitg. zur Selbst-Anfertigg. v. Reformkleidern m. Schnittübersichten u. reichhalt. Illustr. hoch 4. (IV, 44 S.) Berlin (902). W. Vobach & Co. n. 1.—

**Reform-Moden-Album.** Ergänzungs-Heft. Praktischer Tl. Ausführliche Anleitg. zum Zuschneiden u. Nähen von Reformkleidern aller Art u. für jedes Alter, auf anatom. Grundlage v. Ch. Content-Duitz. 5. Aufl. (43 S. m. Abb.) hoch 4. Berlin (903). W. Vobach & Co. n. 1.—

— dasselbe. III. u. IV. hoch 4. Ebd. à n. 1.—
III. Neue Sammlg. v. 80 Modellen f. Reformkleider aller Art u. f. jedes Alter. Praktische Ratschläge u. genaue Anleitg. zur Selbst-Anfertigg. von Reformkleidern m. Schnittübersichten u. reichhalt. Illustr. Bearb. v. Doris Kiesewetter. (IV, 46 S.) (903.)
IV. Neue Sammlg. v. 80 Modellen f. Reformkleider aller Art u. f. jedes Alter. Praktische Ratschläge u. genaue Anleitg. zur Selbst-Anfertigg. v. Reformkleidern m. Schnittübersichten u. reichhalt. Illustr. Zusammengestellt v. Erna Orth-Steinberg. (IV, 43 S.) (905.)

**Reform-Moden-Album.** 6. Heft. Neue Sammlg. v. üb. 100 Modellen f. Reformkleider aller Art u. f. jedes Alter. Praktische Ratschläge u. genaue Anleitg. zur Selbst-Anfertigg. v. Reformkleidern m. Schnittübersichten u. reichhalt. Illustr. Bearb. v. Erna Orth-Steinberg. (IV, 56 S.) Lex. 8. Berlin (909). W. Vobach & Co. 1. 50

**Reformobstbaum, G. W. Kahl's,** vor den Autoritäten der Obstbaumkunde . . . Kiel u. Leipz. 1900. V: *Lipsius, Gfr. Hnr.* (Berl)

**Reformpunkte** (Drei) im Bereiche der deutschen Reichspostverwaltung: Die Tarifpolitik, das Verwaltungssystem und die Sonntagsfeier. 8°. Dresden 1880.

**Reform-Schneiderei, die.** Ein Leitfaden f. prakt. Herstellg. gut pass. Reform-Kostüme. (55 S. m. Abbildgn.) hoch 4. Dresden (903). (Expedition der europ. Modenzeitg.) In Mappe n. 1.—; m. 3 Schnittbog. n. 2. 50

**Reform-Skizzen** angehend das Gebiet der Pädagogik. Für Lehrer u. alle Freunde des Schulwesens. Halle 870. Schwetschke. gr. 8. (VI, 95 S.) n. 12 ngr.

**Verein,** schweizer., für freies Christenthum: Der erste schweizerische Reformtag in Biel. Reden, gehalten in der Gründungsversammlung des Vereins den 13. Juni 1871. 40 Sn. gr. 8. Winterthur, Bleuler-Hausheer & Co.

**Reformtarif, der,** u. die durch die Einführung desselben entstandenen u. durch die Einführung der ermäßigten zweiten Stückgutclasse, bezw. des neuen Tarifschemas, noch entstehenden Aenderungen in den einzelnen Güterclassen u. deren Bedeutung in volkswirthschaftlicher Beziehung, sowie die jetzige Eisenbahn-Tarifpolitik der preußischen u. der deutschen Regierung von einem praktischen Eisenbahn-Verkehrsbeamten. gr. 8. (95 S.) Elberfeld 880. Bädeker in Comm. n. 1. 50

**Reformtarife, Die.** Antwort auf die Broschüre des Herrn A. Jenny-Kunz in Aarau. [Bern 1884.] V: *Bünzli, G.* (BSchwLk V, 9 h)

**Reformtarife, Die,** der Schweizerischen Eisenbahnen. Aarau 1884. V: *Jenny-Kunz, A.* (BSchwLk V, 9 h)

**Reform-Verein,** der, u. die evangelischen Geistlichen in Nassau. Sendschreiben an die Herren der „Neuen Wiesbadener Zeitung" von Pankratius Servatius. Frankfurt a. M. 864. Völcker. gr. 8. (30 S.) n. 5 ngr.

**Reformvorschläge,** drei religiöse, der neueren Zeit: Pécaut, die reine Gottesidee, das Wesen der Religion der Zukunft [1870] — Wernicke, die Religion d. Gewissens als Zukunftsideal [1880] — v. Egidy, ernste Gedanken [1890], f. denk. Protestanten kritisch beleuchtet v. R. Z. gr. 8. (33 S.) Berl. 891, C. Duncker. * — 60

**Reformvorschläge** des deutschen Geographentages für den erdkundlichen Unterricht an den höheren Schulen. Lübeck 1909: Borchers. 8,3 S. 4°(8°) [09. 11661]

**Reform-Vorschläge** über Manipulations-Vereinfachungen des Parteien- und Geld-Verkehres im Wiener städtischen Steueramte. Wien 1880. V: *Rainer, Frz. Xaver.* (WFM)

**Reform-Vorschläge** zur Reform des bayerischen Volksschulwesens. Beleuchtung der Denkschrift des bayerischen Volksschullehrer-Vereins von einem königl. bayer. Lokalschulinspektor. Würzburg 864. Stahel'sche Buchh. gr. 8. (38 S.) 5 ngr.

**Reform-Vorschläge, Einige,** über das Civil-Prozess-Verfahren in Oesterreich. Wien 1860. V: *Lekisch, Ant.* (EB)

**Reform-Zeitung.** Organ für den Fortschritt im Judenthum. Redig. unter Mitwirkung der Genossenschaft für Reform im Judenthum v. A. Rebenstein. (1. Jahrg.) 1847. 12 Nrn. gr. Fol. (à 2 B.) Berlin, Expedition. n. 1 1/3 ℳ

**Reform-Zeitung**, ärztliche. Halbmonatsblatt f. prakt. Heilkunde u. Vertretg. der Interessen des ärztl. Standes. Organ des „Wr. Aerztevereines", des „Vereines der Aerzte in Ob.-Oest." etc. Hrsg.: Adf. Gruss. Schriftleiter: Jac. Gratzl. 4. Jahrg. 1902. 24 Nrn. gr. 4. (à ca. 10 S.) Wien (IV, Grosse Neugasse 1), Verwaltung. n.n. 6.—

**Reform-Zeitung**, ärztliche. Halbmonatsblatt f. prakt. Heilkunde u. Vertretg. der Interessen des ärztl. Standes. Organ des „Wr. Aerztevereines", des „Vereines der Aerzte in Ob.-Oest." usw. Hrsg.: Adf. Gruss. Schriftleiter: Jac. Gratzl. 5.—7. Jahrg. 1903—1905. à 24 Nrn. (à ca. 10 S.) gr. 4. Wien (IV, Grosse Neugasse 1), Verwaltung. à Jhrg. n.n. 6. —

**Reform-Zeitung**, stenografische. Central-Organ der Stenografen-Vereine für Faulmann's System. Hrsg. u. Red.: Karl Faulmann. 1—3. Jahrg. Octbr. 1880—Septbr. 1883. à 12 Nrn. (à $^1/_2$—1 B. m. autogr. Beilagen.) gr. 8. Wien, Bermann & Altmann in Comm. à Jahrg. n. 3. —

**Reform-Zeitung**, stenographische. Central-Organ der Stenographen-Vereine f. Faulmann's System. Hrsg. u. Red.: Karl Faulmann. 5. Jahrg. Octbr. 1884—Septbr. 1885. 12 Nrn. (B.) 12. Wien, (Bermann & Altmann.) n. 3. —
cf.: Zeitschrift f. Faulmann'sche Stenographen.

Der **Refraktor**. Ein Zentralblatt deutschen Lebens in Rußland. Dorpat 1836 ff. IfA

**Refraktor**, der, ein Centralblatt Deutschen Lebens in Rußland. Unterhaltungen über Gegenstände aus dem Gebiete des Lebens, der Wissenschaft, Literatur und Kunst. Unter Mitwirkung von M. Asmuß und C. v. d. Borg redigirt von H. Schmalz. 1r Jahrg. 1836. Mai — Decbr. 52 Numm. Mit Titel-Vign. gr. 4. Dorpat, Kluge. n. 5 ₰

**Refslund**, Hakon [app. Arzt aus Tondern]: Aus d. städt. Krankenhause zu Kiel. Ueber Respirationsstörungen infolge von Missbildung der Epiglottis ... Kiel, Druck v. P. Peters, 1896; 12 S., 2 Bl. 8.
Kiel, Med. Fak., Inaug.-Diss. v. [21. Apr.] 1896

**Refu'at ha-nefeš** ספר רפואת הנפש |: Lægedom for Sjælen. Bønner til Brug ved Sygebesøg og ved Dødsfald. Udg. af ZANVIL HANNOVER. Altona ([5]569 i Kronogr. (o: 1808—09)) :|

**Réfugié**: Le Réfugié
Ⓢ 1876 Ⓑ Schaffhausen Ⓓ communiste Ⓓ L'Engiadinais no. 8, du 16. 9. 1876.

**Refutatio** Berolini ad dissertationem Lucii Veronensis de successione in jura ditionesque Juliae, Cliviae et Montium, Marchiae et Ravensbergae etc. nec non apologia ad eandem. Manheim 1732.

**Refutatio** grauaminis des Reichs-Stiffts Kaysersheim contra die Reichs-Stadt Nördlingen. O. O. 1725. V: *Scheid, Gg Frdr.* (Holz)

**Refutatio** juris publici Hungariae a Franc. Rud. Grossing editi ... Pestini ac Cassoviae 1790. V: *Zinner, Joh.* (Pk)

**Refutatio** Propositionum Petri Melii, non inquirendae vertitatis ergo ... Albae Juliae s. a. V: *David, Franz.* (SzMJ) (Trausch)

**Réfutation** des accusations injurieuses hasardées, par ... le Duc regnant de Brunswick contre Son Aug. Tuteur ... Ed. II. Hannover 1827. V: *Münster-Ledenburg, Ernst Frdr. Herbert Reichsgraf zu.* (Ky)

**Réfutation** des accusations injur. hasardées par S. A. s. le Duc régnant de Brunswick contre Son Aug. Tuteur, et contre les personnes chargées de l'administration de ses états et de l'éduc. du Duc dur. sa minorité. (Par le Comte de Münster.) 2. édit. gr. in-8. (15½ B.) Hanovre 827, Hahn.

**Refutation** derer Meierischen Gedancken von der Rechtmäßigkeit des sechsten Zinßthalers in Teutschland, wie solche ... 1733. Von Sachsen-Eisenach contra den v. Kniggen ... distribuirt worden. Franckfurt u. Leipzig 1734.

**Refutation** der Meierischen Gedancken von der Rechtmässigkeit des 6ten Zins-Thalers in Teutschland. fol. Franckf. 1741.

**Réfutation** des imputations calomnieuses contenues dans l'une des brochures indiquées ci-après. („Sugli attentati militari e politici di alcuni Griggioni contro i popoli del dipartimento dell' Adda".) Tirée des actes diplomatiques. 4. Coire 1814.

**Réfutation** Du Mémoire Publié par la Cour de Vienne sous le Titre De Réponse A La Declaration Faite Par Le Comte De Dohna Ministre de Sa Majesté Le Roi de Prusse, où l'on fait voir L'insuffisance Des Raisons alléguées dans ce Mémoire, et la fausseté des imputations dont il est rempli. Traduit sur l'Original Allemand. Berlin 1744. V: *Vockerodt, Johann Gotthilf von.* Ü: *Pelloutier, Simon.* (Preußische Staatsschriften. I. Berl. 1877. S. 481.)

**Réfutation** des Mémoires du Général Dumouriez appuyée de pièces justificatives ... Hambourg et Leipzig [Constanz?] 1794. V: *Digoine Dupalais, Ferd. Alphonse Honoré Comte de.* (BrMm)

**Réfutation** des mémoires du Gén. Dumouriez. II Vol. 8. Frft. Varrentrapp. 796.

**Réfutation** de l'ouvrage intitulé »Remarques sur les Manifestes ... du Roi de Prusse ...« Berlin 1757. V: *Herzberg, Ewald Frdr. Graf von.* (BrMm)

— d'un Paradoxon littér. de F. Aug. Wolf, sur les Poésies d'Homère. gr. 8. Strasb. König. 798.

**Réfutation** De La Réponse, Que La Cour De Vienne A Faite A L'Exposé Des Motifs, Qui Ont Obligé Le Roy De Prévenir Les Desseins De Cette Cour. A Berlin 1756. V: *Podewils, Heinrich von & (Kriegsrath) Müller*. (Preussische Staatsschriften. III. Berlin 1892. S. 477.)

Réfutation de la réponse, que la Cour de Vienne a faite à l'exposé des motifs, qui ont obligé le roy de prévenir les desseins de cette cour. (Avec réponse du ministère du roi au — — — Puebla.) Berlin 1756. 4.

**Rega, E. W. W., Sylvio v. Arinto, d. Banditen-Zögling, od. Memoiren eines Galeeren-Sklaven. Mit 1 Kpf. 8. Berl. 826. (Curths). 1 ₰ 8 gr**

**REGA**, E. W. W. (ps.), Sylvio von Arinto der Banditen-Zögling oder Memoiren eines Galeeren-Sklaven. Roman. Mit Titelkpfr. Berlin, Schmidt, 1826. 8°.
Titkpf., 1 Bl., 272 S. — Zahm.

**Rega, Heinrich Joseph,** Repetitio medica thesium XII. de haemorrhoidibus. Präs. Heinrich Janssen. Löwen (P. A. Denique) 21. VII. 1733. (4.75) 27882

Rega, Hendrik Joseph: Accurata medendi methodus quantum fieri potest ab omni hipothesi abstracta...in tres partes divisa. 436 S., gbd.

Coloniae Agrippinae: Metternich 1765

JB 1.806

**Rega,** Henr. Jos., De sympathia s. consensu partium corp. hum., ac potissimum ventriculi, in statu morboso, diss. med. 260 pp. Harlem 1721, 1739. 1765. 1768. 12°. Lps. 1762. 8°. *Haller*,

Bibl. anat. II, 145.

Rega, Hendrik Joseph: Tractatus medicus de sympathia, seu consensu partium corporis humani, ac potissimum ventriculi, in statu morboso. 348 S., gbd.

Francofurti et Lipsiae: Fleischer 1762

JB 963

— tract. med. de sympathia. 8. Frft. Fleischer. 763.

Hendrik Josef Rega

Henrici Josephi Regae [Rega] Tractatus duo de urinis 1. Quaestio quodlibetica. An ullâ scientiae medicae investigatione aut experimentô quispiam possit ex sola urinarum inspectione morborum naturam ad medelam dignoscere? 2. De Urinis ut signo. Francofurti & Lipsiae: Fleischer 1761. 207 S. 8°

**Regal, M. L. Grf v.** Reglement über ein Kayserl. Regiment zu Fuß. Nürnberg 1728. 314 S. — — Neue verbess. Aufl. 1734. — 1739.

**Regal.** Reglement über ein Kayserliches Regiment zu Fuss. Vorgeschrieben von Ihro Excellence dem Herrn General-Feld-Marchal-Lieutenant ..... Samt dem Exercitio, so wohl mit der Flinten, als Mousqueten und Schweins-Feder, wie auch dem kurtzen Gewähr, Beydes nach dem Commando, und denen Trommel-Streichen. Allen sowohl hohen als niederen Militair-Personen zum besten an das Licht gestellet; Auch bey dieser neuen verbesserten Auflage mit dem bey denen Königl. Polnisch- und Chur-Sächsischen Truppen eingeführten Exercitio, dann einigen Tabellen, und zur Erläuterung dienenden Rissen vermehrt. 8. Nürnberg 1739.

England und der Transvaal. Nach d. engl. Werke Boer and Uitlander von W[illia]m Fred. **Regan**. Umgearb. u. vervollständigt von R. O. Füsslein. *Leipzig, Berlin, Rostock: W. Süsserott (1900).* (79 S.) 8° [F.] 1900. 11486

**Regata, die, zu Venedig; od. die Liebe unter d. Gondolieren.** Oper v. Bürde. 8. Königsberg, Nicolovius. 795.

**Regazzoni, Abbate Dottore Gaetano — L' Austria e il suo Governo. Cenni dell' — —. Gratz, 1856. Stamperia di C. Tanzer.** (28 S. 8)

Rège, Karl Friedrich Daniel de

De Rège, Carolus Fridericus Daniel. Als die Inaug.-Schrift vertretend wurden angenommen des Verf. Druckschriften: 1. Anfangsgründe [oder: Grundriss des ersten Unterrichts in] der Mathematik. 2. Unterricht in der deutschen Sprache, so weit er den richtigen Gebrauch der Genitive, Dative und Akkusative zu den Eigenschafts-, Verhältniss- und Zeitwörtern betrifft ... Leipzig: Cnobloch in Komm. 1821. XII, 76 S. 8° [anonym]. Nr. 2 vorh. Leipzig UB

[Halle-Wittenberg, Phil. Diss. v. 12. Jan. 1821]

Geb. [Gardelegen 1777; KB 1945 durch Bomben zerstört]

Die Druckschriften fehlen bei den Akten, der genaue Titel der ersten ließ sich bibliographisch nicht feststellen. Verf. hatte außerdem eingesandt eine Probe aus der 1. Druckschrift: •Lehrsatz. [Beweis der Sätze von den Parallellinien.] 1 Bl. 8° (4°). Er wurde anscheinend ohne Rigorosum promoviert. O. Fischer, Ev. Pfarrerbuch für die Mark Brandenburg. Bd 2, 1. Berlin 1941. S. 151 schreibt des Verf. Namen: Derège. Die geadelten Nachkommen seines jüngeren Bruders heißen nach dem Goth. briefadl. Taschenbuch 1908 v. Rège.

Rège, Willi von

**Rège, v.,** der innere u. äußere Dienst der Kompagnie, s. a. Sammlung militärwissenschaftlicher Handbücher.

Der innere und äußere Dienst der Kompagnie. Eine Anleitung z. Erziehung u. Ausbildung von [Willi] v. **Rège**, Major. Berlin: Voss 1907. (143 S.) 8° [F.]
= **Sammlung** militärwissenschaftl. Handbücher. Bd 7. 108. 7456

**Regedanz, Fd., Gebet den Menschen, was den Menschen, und Gott, was Gottes ist! Predigt. gr. 8. Hamburg 840. (Niemeyer.)** $^{1}/_{12}$ ₰

**— Wahlpredigt, am 25. April 1839 u. Antrittspredigt, am 18. Julius 1839 gehalten. gr. 8. (2⅓ B.) Hamburg 840, (Niemeyer.)**

**— was das Reich Gottes ist. Wahl-Pred., 1837 üb. Römer 14, 17 gehalten. gr. 8. (1 B.) Hamburg 840, (Niemeyer.)**

**— was hälfe es dem Menschen, wenn er d. ganze Welt gewönne und doch Schaden nähme an seiner Seele! Predigt. gr. 8. Ebd. 839.** $^{1}/_{12}$ ₰

**Regehly, Jh. Chr. Benj., († d. 19. April 1809.) Geschichte u. Beschreib. v. Karlsruh in Oberschlesien, von seiner Entsteh. im J. 1748—1798. Mit 3 Kpf. gr. 8. Nürnb. 799. Bauer u. R. 16 gr**

Regehly, Kurt

**Regehly,** ein vergessenes Buch der Bibel. Streiflichter aus der Wirksamkeit Nehemias auf die heut. Reichsgottesarbeit, s.: Urban's christliche Volksbücher.

**Regehly, Kurt, die preußische Königskrone e. Geschenk der Jesuiten? Vortrag, geh. im evangel. Bunde zu Breslau. gr. 8. (19 S.) Lüben i/Schl. 893. H. Preiser. n. — 60**

Das Unglück von Messina und der Gottesglaube. Vortrag von Pastor [Kurt] **Regehly**. (Mit 7 Abb.) **Brieg: Captuller [1909].** 30 S. 8°
1909. 13387 2

— Das Unglück v. Messina u. d. Gottesglaube. Vortrag. (30) S. m. 7 Abbild.) 8. Brieg (909). (G. W. Kroschel.) nn — 25

Regehly, warum bleiben wir in der Kirche?, s.a. Kirche u. Gemeinschaft. 1. Heft.

Warum bleiben wir in der Kirche? Von P(astor) [Kurt] Regehly, Breslau. Neumünster: Ihloff [1909]. 24 S. 8°
(Kirche u. Gemeinschaft. H. 1.) [09. 14119

— Was erwarten wir v. unseren Mitgliedern? Eine kurze Antwort auf e. oft gestellte Frage. 6.—9. Tauf. (8 S.) 8. Neumünster (909). Vereinsbuchh. G. Ihloff & Co. nn — 10

Regehr, Jacob, aus Petershagen b. Tiegenhof: Die langen Vokale in der niederdeutschen Mundart der Tiegenhöfer Niederung, vergleichend dargestellt. *Königsberg i. Pr. 1902: E. Rautenberg.* (55 S.) 8° [F.] ¶ (Erscheint vollst. nebst einem Anh. von Sprachproben bei Bons in Königsberg.)
Königsberg, Phil. Diss. v. 27. März 1902

REGEL und Ablass der Löblichen Bruderschaft Jesu Christi Tod-Angst, am Heiligen Kreutze, und seiner schmerzhaften Mutter Mariae, unter dem Kreutze, um Erlangung eines Seligen Endes. Pressburg 1773: J. M. Landerer. (29 S.) - 8°

REGEL, und Ablaß der löblichen Bruderschaft, so unter dem Titul des Heiligen Stephani ersten apostol. Königs von Ungarn zu Pressburg im Jahr 1751. aufgerichtet, und bestättiget. Pressburg 1751. Gedr. bey Joh. Mich. Landerer. 2 f. - 8°

**Regel.** Abläß u. gewöhnliche Andachts-Übungen der Löblichen Bruderschafft unter dem Titul der Tod-Angst Jesu Christi An dem Creutz umb ein seeliges End. Clagenfurt, Kleinmayr, 1739. Duodez. 24 S.

Allg. Regel der Rechenkunst, oder neueste Art, alle Aufgaben, in welchen etwas eine Verhältniss zu andern Dingen hat, kurz und leicht aufzulösen, von *K. F. de Rees.* A. d. Holländischen übersetzt von einem Liebhaber mathematischer Künste. 6te verbesserte Aufl. 200 S. 8. 1787. *

**Regel, Allgemeine,** wer von den streitenden Parteyen bey einem Rechtshandel den Beweis zu übernehmen hat. 2. Aufl. Erlangen 1754. V: *Schierschmid, Johann Justin.* (ML)

**Regel** des heiligen Vaters Benedikt. Deutsch nach der Orig.-Ausg. von Monte Cassino von Karl Brandes. 16. (183 S.) Einsiedeln 877. Benziger. — 70

Regel des Heiligen (*Umschlag: des h' Vaters) Benedikt. Übersetzt von †P. Karl Brandes. Neu bearb. von P. Fridolin Segmüller O. S. B. 5., verbesserte Aufl. [Mit Vignetten und 2 Tafeln.] 160 S. 8. Einsiedeln, Komm. Benziger & Co. A. G., 1906. [geb. fr. 2.25]

**Regel,** Die, des hl. Benediktus ..., s.a. Explication ascétique et historique de la Règle de St. Benoît.

- die, des hl. Benediktus erklärt in ihrem geschichtlichen Zusammenhang u. m. besond. Rücksicht auf das geistliche Leben. (XV, 554 S.) gr. 8. Freiburg i/B. 907. Herder. 7.—; geb. in Leinw. 8. 20

Regel, die, des heiligen Benedictus, des Vaters der Mönche im Occident, zugleich mit dem Leben des Heiligen, welches der heil. Papst Gregor, der Große, verfaßt hat, und das 2e Buch seiner Dialogen bildet. Aus d. Latein. übersetzt von Heren. Haid. Beigefügt ist am Ende der latein. Originaltext der heiligen Regel. Mit dem Bildnisse des Heiligen. gr. 12. Augsburg 836. Kollmann. 1/2 Thlr

-- die hl., e. vollkommenen Lebens, hrsg. v. Rob. Priebsch, s.: Texte, deutsche, des Mittelalters. XVI.

REGEL der Mitglieder des dritten Ordens des hl. Franziskus und das seraphische Officium desselben Ordens. Nach der neuesten Ausgabe des vollständigen Regelbuches. Budapest o. J.: Nagy Sándor. 31 S. - 8°

**Regel,** die neue, d. 3. Ordens vom hl. Franciscus f. Weltleute. Nach der Constitution Sr. Heil. Papst Leo XIII. vom 30. Mai 1883. Nebst e. kurzen Unterricht üb. den 3. Orden. 16. (24 S.) Einsiedeln 883. Benziger & Co. pro Dutz. 1. 80

[F.] Die neue Regel des III. Ordens vom hl. Franziskus. Konstitution d. Papstes Leo XIII. v. 30. Mai 1883. Hrsg. v. [Georg] F[riedr.] Dasbach. 4. Aufl. ... *Trier: Verl. d. Paulinus-Dr. [1895].* (23 S.) 1 Bd 8. [96. 6667

**Regel** und Statuten der dritten Ordens- oder Schulschwester in Tirol, sammt einem dienstlichen Anhange zur Erklärung der h. Regel. 12. (88 S.) Innsbruck, Druck. Felic. Rauch, 1853.

REGEL und Testament des Seraphischen Vaters S. Francisci. Mit unterschiedlichen schönen geistlichen Exercitiis und anderen nützlichen Sachen vermehret. Pressburg 1773: J. M. Landerer. (29 S.) - 230 mm
- Dass. Agram 1806: Novoszel. 145(4) S. - 110 mm

**Regel,** die, u. das Testament des heil. seraph. Vaters Franziskus f. die minderen Brüder. Aus d. Latein. v. Rud. Stockner. 32. (Mit 1 Lithogr.) Würzburg 843, Voigt u. Mocker. 3 ngl

**Regel** und Testament des heiligen Franciscus nebst den Constitutionen der mindern Brüder Capuziner. Clgft., v. Kleinmayr, 1852. 132 S.

Regel (A.). Zur Geschichte der Schierlings (Conium). Moskau, 1876-7. 8°.

**Regel,** A. Reisebericht. (Kuldsha-Schicho-Kaschgaellen-Kungesthal-Turfan-Schicho). St. Petersburg 1880.

**Regel,** C., die Geheimnisse des Fuchsfanges mit erprobten Universal-Witterungen auf Teller-Eisen u. Schwanhals. Nach eigener bester Erfahrung mitgetheilt. Stettin 863. (Saunier.) gr. 8. (14 S.) n. 1 ngl

**Regel,** C., die Geheimnisse des Fuchsfanges mit erprobten Universal-Witterungen auf Tellereisen u. Schwanhals. Nach eigener bester Erfahrung mitgetheilt. 2. Aufl. 8. (16 S.) Neudamm 878. Neumann. 1. 50

**Regel,** Carl, s. Regel, Karl

**Regel,** Carl August, s. Regel, Karl August

**Regel,** Ed.

**Regel,** E., Alliorum adhuc cognitorum monographia. gr. 8. (266 S.) Petropolis 875. (Giessen, Ricker.) n. 6. —

— s. Anleitung z. Hopfenbau.

**Regel,** E. Die Arten der Gattung Dracaena. 1868?

**Regel,** E. Bemerkungen über die Gattungen Betula und Alnus. Moskau 1866.

Regel, E. Zwei neue Cicadeen. Moskau 1857.

Regel, E. Conspectus specierum generis Vitis regiones Americae borealis, Chinae borealis et Japoniae habitantium. Petropoli 1873.

**Regel,** E., Cycadearum generum specierumque revisio. Lex.-8. (48 S.) St. Petersburg 876. (Giessen, Ricker.) n. 1. 40

**Regel, Ed.,** die äußeren Einflüsse auf das Pflanzenleben in ihren Beziehungen zu den wichtigsten Krankheiten der Kulturgewächse. Ein populärer Vortrag gehalten am 30. März 1847. gr. 8. (32 S.) Zürich 847, Meyer & Zeller. n. 7 ngr

— Flora Bonnensis, s. Schmitz, J. Jos.

— allgemeines Gartenbuch. Ein Lehr- und Handbuch für Gärtner- u. Gartenfreunde. 1. Bd. A. u. d. T.: Die Pflanze und ihr Leben in ihrer Beziehung zum prakt. Gartenbau. Mit 92 eingedr. Holzschn. Zürich 855. Schultheß. gr. 8. (XIV, 437 S.) 1 ℛ︎. 15 ngr.

— u. E. **Ender**, allgemeines Gartenbuch: Ein Lehr- u. Handbuch für Gärtner u. Gartenfreunde. 2. Bd. A. u. d. T.: Der Zimmergarten oder Anleitung zur Kultur der Pflanzen im Zimmer. Mit 108 eingedr. Holzschn. Zürich 868. Schultheß. gr. 8. (XIV, 322 S.) 1 ℛ︎ 15 ngr.

**Regel**, Ed., die Himbeere u. Erdbeere, deren zum Anbau geeignetesten Sorten, deren Kultur u. Treiberei mit besonderer Berücksichtigung der Kultur in rauhen Klimaten. Erlangen 866. Enke's Verlag. Lex.-8. (44 S. mit 2 lithogr. u. illustr. Taff.) n. 14 ngr.

— Kartoffelcultur, Kartoffelkrankheit u. vergleichende Versuche über den Werth von 440 verschiedenen Kartoffelsorten für den Anbau. Ebend. 865. Lex.-8. (35 S.) 7½ ngr.

**Regel, Ed.,** die Kultur u. Aufzählung der in deutschen u. englischen Gärten befindl. Eriken nebst Synonymie und kurzer Charakterisirung und Beschreibung derselben. (Besond. abgedruckt aus den Verhandl. des Vereins zur Beförderung des Gartenbaues in den Preuß. Staaten. 33. Liefg.) Leitfaden für Gärtner u. Eriken-Züchter. gr. 4. (Mit 3 Kupfertafeln.) Zürich 843, Orell, Füßli u. Comp. n. 1½ ℛ︎

**Regel**, E., Cultur der Pflanzen unserer höheren Gebirge sowie des hohen Nordens. Mit 1 (lith. u. in Farben gedr.) Taf. Abbildgn. Erlangen 856. Enke. Lex.-8. (16 S.) n. 10 ngr.

— der Obstbau des Kantons Zürich. Eine Aufzählung und Beschreibung der auf dem Landwirthschaftlichen Feste zu Stäfa im Herbst 1854 ausgestellten Aepfelsorten nebst Anleitung zur Kultur der hochstämm. Obstbäume als Festschrift für das Landwirthschaftliche Fest im Oktbr. 1855 herausg. vom Verein für Landwirthschaft u. Gartenbau im Kanton Zürich. Zürich 855. Schultheß. 8. (VIII, 160 S.) 16 ngr.

**Regel**, E., die Parthenogenesis im Pflanzenreiche, } s. Mémoires de l'Acad. Imp. des Sciences de St.-Pétersbourg.

Regel, E. Die Parthenogenesis im Pflanzenreiche. Zusammenstellung der wichtigsten Versuche und Schriften über Samenbildung ohne Befruchtung, nebst Beleuchtung derselben nach eigenen Beobachtungen. St. Petersburg 1858. 4.

**Regel E.:** Die Pflanze u. ihr Leben in ihrer Beziehung z. prakt. Gartenbau. Zürich 1855. 437 S. Fig.
(=: Allgem. Gartenbuch ... Bd. 1).

REGEL (E.), & F. VON HERDER. Plantae raddeanae. Flora von Ost-Sibirien . . . Moskau, 1861. 8°.
Vol. ii. has not yet been issued; vols. iii. and iv. are still incomplete.

— die Schmarotzergewächse und die mit denselben in Verbindung stehenden Pflanzen-Krankheiten. Eine Schilderung der Vegetationsverhältnisse der Epiphyten u. Parasiten nebst Anleitung zur Kultur der tropischen Orchideen, Aroideen, Bromeliaceen u. Farren und Schilderung der Krankheit des Weines u. der Kartoffeln. Zürich 854. Schultheß. 8. (2 Bl., 124 S. u. 1 lith. Taf. in 4.) n. 16 ngr.

**Regel**, E., tentamen florae Ussuriensis, } s. Mémoires de l'Acad. Imp. des Sciences de St.-Pétersbourg.

—— Tentamen rosarum monographiae. gr. 8. (114 S.) Petropolis 878. (Ebendas.) *

REGEL (E.), L. RACH, & F. VON HERDER. Verzeichniss . . zwischen Jakutzt und Ajan, gesammten Pflanzen. Moskau, 1859. 8°.

Regel, Ed., s. Zeitschrift, Schweizer, für Land- und Gartenbau.

**Regel E. u. Ender E.:** Der Zimmergarten od. Anleitung z. Kultur d. Pflanzen im Zimmer. Zürich 1868. 322 S. Fig.
(=: Allgem. Gartenbuch ... Bd. 2).

Regel, Ernst

—— Auswahl engl. Gedichte, s. Textausgaben franz. u. engl. Schriftsteller.

**Regel**, E., Auswahl englischer Gedichte. Für den Schulgebrauch hrsg. 8. (VI, 64 S.) Gera 889. Schlutter. geb. n. — 70; Anmerkgn. f. den Lehrer (10 S.) gratis.

Peissnitzfest am 25. Sept. 1900. Zur Begrüssung der Anthropologen. [Verf.: Ernst Regel.] *([Halle] 1900.)* (8 S.) 8° [ . . . ] 3

Regel, Ernst. Eiserner Bestand. Das Notwendigste aus der engl. Syntax in Beispielen, namentlich f. militär. Vorbereitungs-Anstalten. 16. (35 S.) Halle a. S. 892, E. Karras. cart. * — 60
—— desgl. — Französ. Syntax. 16. (34 S.) Ebd. 892. cart. * — 60

— dasselbe. Das Notwendigste aus der französ. Syntax in Beispielen zur Repetition an höheren Schulen u. militär. Vorbereitungs-Anstalten. 2., verb. Aufl. 16. (39 S.) Ebd. 899. Kart. n. — 80

**Regel**, Ernst, eiserner Bestand. Das Notwendigste aus der engl. Syntax in Beispielen zur Repetition an höh. Schulen u. militär. Vorbereitungs-Anstalten. 2., verb. Aufl. gr. 16. (37 S.) Leipzig 902. A. Langkammer. Kart. n. — 70

— u. J. G. C. **Schuler**, Einführung in das heutige Englisch, nach Stämmen geordnet, m. Berücksicht. der Synonymik. gr. 8. (VI, 443 S.) Leipzig 889. Teubner. n. 4. 80

— u. J. G. C. **Schuler**, Einführung in das heutige Englisch. Nach Stämmen geordnet m. Berücksicht. der Synonymik. 2. (Titel-)Ausg. gr. 8. (VI, 443 S.) Leipzig 893 B. G. Teubner. n. 2. 40

**Regel**, Ernst, select extracts from British and American authors, s.: Fison, E., and M. Ziegler.

**Regel,** Ernst: Zwölf Jahre deutschen Unterrichts auf der Oberstufe der zehnklassigen höheren Mädchenschule. — Leipzig: Voigtländer 1897. 147 S. 8°

Regel, Ernst An inquiry into the phonetic pecularities of Barbour's Bruce. 22 S. Progr. Rg. *Gera* 1877.

Regel, Ernst, an Inquiry into the phonetic Peculiarities of Barbour's Bruce. gr. 4. (22 S.) Gera 877, (Kanitz'sche Sortimentsh.) **

**Regel,** Ernst, an inquiry into the phonetic peculiarities of Barbour's Bruce. gr. 4. (22 S.) Gera 882. (Kanitz' Sort.) n.n. 1. —

**Regel, Ernst,** s.: Johann's v. Würzburg Wilhelm v. Oesterr.

Lesestücke und Übungen zur Einübung der Syntax enthalten in Gesenius-Regel, Engl. Sprachlehre. Von Prof. Dr. Ernst **Regel**, Oberl. *Halle: H. Gesenius 1901.* (VI, 63 S.) 8° [F.] [01. 7446

Lesestücke und Übungen zur Einübung der Syntax enthalten in Gesenius-Regel, Engl. Sprachlehre. Von Ernst **Regel**. 2. Aufl. Halle: H. Gesenius 1900. (VI, 63 S.) 8° [F.] [05. 15569 3

**— English letters, s.: Schulbibliothek, franz. u. engl. A.**

*Regel, Ernst: „The Life and Death of Mr. Badman" by John Bunyan, a kind of novel. S. 5—22. 8.
In: Festschrift zur Begrüßung der ... 47. Versammlung deutscher Philologen und Schulmänner ... Oberrealschule in den Franckeschen Stiftungen *Halle a. S.* 1903.
**Progr.**

Regel, Ernst. Probe eines englischen Vokabulariums im Anschluſs an das Vocabulaire français von H. Haedicke. 14 S. *Crossen a/O.* 1881.
**Progr.**

– Shakespeare, William,
Macbeth. Für den Schulgebrauch herausgegeben von Dr. Ernst Regel. 8. (98 S.) Gebunden Prag: Tempsky 1898.

**Regel, Ernst, englische Sprachlehre, | s.: Gesenius,**
**-- kurzgef. engl. Sprachlehre, | F. W.**

**Regel, Frz., († d. 9. Sept. 1803.) s. Jak. B. Bossuet, Abhandl. über die Communion.**

**Regel, Frz., der Kurfürst als Richter.** Histor. Aufführg. in 3 Aufzgn. f. d. Volksbühne. 12. (19 S.) Dessau 898. Buchh. d. Evang. Vereinshauses. n. -- 50

**Regel, Frz., der Kurfürst als Richter.** Histor. Aufführg. in 3 Aufzügen. 12. (19 S.) Dessau 898. Stuttgart, Holland & Rosenhans. — 50; erm. Pr. n. — 40

Regel, Friedrich Ludwig Andreas

**Regel, Fr. Ldw. Andr., († d. 30. Dec. 1820.) engl. Chrestomathie, mit e. grammat. Einleit. u. e. Wörterbuche. gr. 8. Gotha 809. Ettinger. 1 ℳ 12 ℊ**

**Regel, F. L. A., engl. Chrestomathie, mit einer grammatischen Einl. ꝛc. gr. 8. Gotha, Ettinger. 810.**

**Regel, Friedrich Ludwig Andreas.** Worte zum Herzen . . . Gotha 1827. H: *Schulze, Christian Ferd.* (winer)

**— Worte zum Herzen in e. Auswahl von Predigten u. Reden. Aus d. Nachlasse des Verf. gr. 8. Gotha 827. (Hennings). 1 ℳ 12 ℊ**

**Regel, Fritz, Bericht üb. die neuere Literatur zur deutschen Landeskunde, s.: Kirchhoff, Alfr.**

**Regel,** Fritz, Bodenbach-Stuttgart üb. Eger-Nürnberg u. zurück, s.: **Rechts u. links der Eisenbahn.**

**— Elm—München u. zurück, s.: Rechts u. links der Eisenbahn.**

**Regel,** F., die Entwickelung der Ortschaften im Thüringerwald, s. a. Petermann's, A., Mitteilungen aus Just. Perthes' geographischer Anstalt.

**Regel**, Fritz: Die Entwickelung der Ortschaften im Thüringerwald (nordwestliches und zentrales Gebiet). Ein Beitrag zur Siedelungslehre Thüringens. Mit einer Karte. Gotha 1884. (III), 100 S.
= Ergänzungsheft zu Petermann's Geographischen Mittheilungen. No. 76. 8°.

**Regel,** Fritz: Forstwirtschaftliches vom Thüringerwald. ([S.-A.] Mitteilungen der Geographischen Gesellschaft (für Thüringen) zu Jena. Bd. 12. S. 101—133.) Jena 1893. 33 S., 1 Krt. 8°.

**Regel,** Fritz: Zum Gedächtnis Emin Pascha's. (Naturwissenschaftliche Wochenschrift. Bd. 9. S. 29—36.) Berlin 1894. 8 S. 4°.

— Geographie f. Handels- u. Realschulen (5. Aufl. v. F. H. Schlössing's Handelsgeographie), s.: **Handbibliothek der gesamten Handelswissenschaften.**

— u. Alfr. **Frenzel,** Geographieunterricht, s.: Schriften der pädagogischen Gesellschaft. Heft 5. 6.

**Regel, Fritz, Kolumbien, s. a. Bibliothek d. Länderkunde.**

**Regel, Fritz: Kolumbien. — Bln: Schall (1899). XII, 274 S. mit Abb. 4° (Bibliothek der Länderkunde. Bd 7/8.)**

**— Landeskunde der Iberischen Halbinsel, s. a. Sammlung Göschen.**

Landeskunde der Iberischen Halbinsel von Dr. Fritz **Regel**. Mit 8 Kärtchen u. 8 Abb. sowie 1 Kt. Leipzig: Göschen 1905. 170 S. 8°
(Sammlung Göschen. 235.) [05. 11

Regel, Fritz. Landeskunde v. Thüringen. Zunächst zur Ergänzg. der Ausgaben A u. B der Schulgeographie von E. v. Seydlitz hrsg. Mit Karten u. Holzschn. gr. 8. (48 S.) Bresl. 890, F. Hirt. cart. * — 40

[Deckelt.:] [F.] Landeskunde von Thüringen. Zunächst z. Ergänzg d. Schulgeogr. v. E. v. Seydlitz hrsg. v. Dr. Fritz **Regel**, a. o. Prof. ... an d. Univ. Jena. M. Ktn u. Holzschn. ausgestattet. 2., durchges. Aufl. *Breslau: F. Hirt 1898.* (48 S.) 1 Bd 8. [98. 4267

Landeskunde von Thüringen von Dr. Fritz **Regel**, Prof., Würzburg. Mit 27 Abb. 3., durchges. Aufl. Breslau: F. Hirt 1905. (56 S.) 8° [Umschlagt. F.]
(Heimatkunden, zunächst z. Ergänzung d. Schulgeogr. von E. v. Seydlitz.) [06. 9910

**— s.: Mitteilungen der geograph. Gesellschaft (für Thüringen) zu Jena.**

**Regel, Fritz, Neudietendorf—Würzburg—Stuttgart u. zurück, s.: Rechts u. links der Eisenbahn.**

**— die Nordpolarforschung, s. a. Hillger's illustr. Volksbücher.**

Die Nordpolarforschung. Von Dr. ph. Fritz **Regel**, Prof. Mit 33 Ill. Berlin, Eisenach, Leipzig: H. Hillger [1905]. (107 S.) 8° [F.]
**— Volksbücher,** Hillgers illustrierte. Bd 33. [07. 16084

Der Panamakanal, s. a. Geographie, angewandte. III. 6.

Der Panamakanal. Von Dr. Fritz **Regel**, Prof. Mit 6 Abb., 4 Kt. u. 1 Kanalprofil auf 1 Taf. Halle: Gebauer-Schwetschke 1909. 128 S. 8°
(Angewandte Geographie. Ser. 3, H. 6.) [09. 7109 3

— Die Südpolarforschung, s. a. Hillger's, Herm., illustr. Volksbücher.

Die Südpolarforschung von Dr. ph. Fritz **Regel**, Prof. Mit 21 Ill. u. 4 Karten. Berlin, Leipzig: H. Hillger [1907]. (94 S.) 8° [F.]
**— Volksbücher,** Hillgers illustrierte. Bd 68. [07. 16219

**Regel, Fritz, Thüringen.** Ein geograph. Handbuch. 1. Tl. u. 2. Tl. 1. Buch. gr. 8. Jena, G. Fischer. n. 15. --
1. Das Land. 1. Grenzen. 2. Bodengestalt u. Gewässer. 3. Schichtenaufbau u. Entstehungsgeschichte. 4. Klima. Mit 1 geolog. Karte (Taf. I), 3 größeren geolog. Profilen (Taf. II) u. 40 Textabbildgn. (XVI, 400 S.) 892. n. 8.—; geb. n. 9.—
2. Biogeographie. 1. Buch. Pflanzen- u. Tierverbreitg. (VI, 379 S. m. 6 Fig.) 894. n. 7.—

— Thüringen. E. geograph. Handbuch. 2. Tl. 2. Buch u. 3. (Schluß-) Thl. gr. 8. Jena, G. Fischer. n. 18. — (kplt. n. 33. —; geb. n. 37. —)

2. Biogeographie. 2. Buch. D. Bewohner. Thüringens Bewohner in vorgeschichtl. Zeit. Thüringens Bewohner in geschichtl. Zeit. D. heut. Bevölkerg. Thüringens in anthropolog. Hinsicht. D. Sprache (bearb. v. L. Hertel). Volkstümliches in Sitte u. Brauch, Glaube u. Dichtg., Kleidg., Wohng. u. Kost. gr. 8. (XVI u. S. 381—840 m. 94 Abb.) 895. n. 9. — (2. Tl. kplt. n. 16. —; geb. n. 18. —)

3. Kulturgeographie. 1. D. Bodenbenutzg. 2. D. Förderg. der nutzbaren Mineralien u. Gesteine. 3. Gewerbe u. Industrie. 4. Handel u. Verkehr. 5. Bevölkerungsverteilung u. Siedelungsverhältnisse. 6. Geistige Kultur u. staatl. Einrichtgn. M. e. geograph. Register zu sämtl. 3 Tln. (XVI, 490 S.) 896. n. 9. —; geb. n. 10. —

— dasselbe. E. landeskundl. Grundriß. M. 1 Titelblatt, 1 Profiltaf. am Schluß u. 60 Abb. im Text. gr. 8. (XIII, 223 S.) Ebd. 897. n. 4. 50; geb. n. 5. —

**Regel** (Fritz), Der Thüringerwald und seine Forstwirtschaft. M. 1 Kt.
Aus: Deutsche Geogr. Blätter. Bd 15, H. 1. 2.

**Regel**, Fritz: Die wirtschaftlichen und industriellen Verhältnisse Thüringens. Offizieller Katalog der Thüringer Gewerbe- und Industrie-Ausstellung zu Erfurt 1894. S. 1—192.) (Erfurt 1894.) 192 S 8°.

— s.: Wanderungen durch Thüringen.

—Würzburg u. Umgebung, s.: Beckmann-Führer.

Regel, Georg Die Eröffnungsfeier des Kaiser-Wilhelms-Gymnasiums. (Umschlagtitel: Bericht über die Eröffnungsfeier des Gymnasiums.) 4 (S. 3—12) Kaiser-Wilhelms-G. *Aachen* 1887 (391).
**Progr.**

**Regel, G.**, Terenz im Verhältnis zu seinen griech. Originalen. Pr. 1884. 16 S. 4°. 3.50

**Regel,** Georgius, Aquensis: De Vergilio poetarum imitatore testimonia. Gottingae 1907: Dieterich. (87 S.) 8°
Göttingen, Phil. Fak., Ref. Leo-Schwartz, Diss. v. 8. Nov. 1907
[Geb. 26. Mai 84 Wetzlar; Wohnort: Wetzlar; Staatsangeh.: Preußen; Vorbildung: Kaiser-Wilhelms-Gymn. Aachen Reife O. 02; Studium: Techn. Hochsch. Aachen 3, Univ. Bonn 2, Göttingen 6 S.; Rig. 1. Aug. 07.]

**Regel**, Gustav

— s. Horatius Opera omnia.

**Regel, Gustav** (Gotha), Diversa virorum doctorum de re tragica Romanorum judicia sub examen vocata. Commentatio de sententia Amplissimi Philosophorum Ordinis Praemio Regio ornata. Göttingen (Vandenhoeck u. Ruprecht) 1834. VI, 70 S. (4.50) 27883
Gew.: Christoph Wilh. Mitscherlich, Friedrich Wilhelm Doering (Großvater.

**Regel**, Heinrich Max, s. Regel, Max

**Regel, Karl, das mittelniederdeutsche Gothaer Arzneibuch u. seine Pflanzennamen. 4. (42 S.) Gotha 873. (Thienemann).** n. 2. —

**Regel, Karl,** Festgruß, z. 100jähr. Jubelfeier d. Gründung v. Schnepfenthal am 3.—5. 6. 1884, Gotha, 4°.

**Regel, Karl,** Festgruß an Sigmar Lenz bei d. 50jähr. Jubelfeier s. Amtsantritts als Lehrer an d. Erziehungsanstalt Schnepfenthal am 1. 10. 1884, 4°.

Regel, K. Gedächtnisrede auf C. A. Bretschneider in der Aula des Gymnasium Ernestinum am 15. Jan. 1879. 10 S. *Gotha* 1879.
**Progr.**

**Regel, Karl, Goethe u. Schiller. Zwei Festreden. Gotha 859. Müller. gr. 8. (47 S.)** 6 ngr

**Regel,** Karl, die Ruhlaer Mundart. Weimar 868. Böhlau. gr. 8 (VIII, 314 S.) n. 2 ₰

— Nibelungen. Gudrun. Parcival. Drei populäre Vorlesungen. Ebend. 862. 12. (142 S.) 10 ngr

**Regel,** Karl, der junge Physiker, s.: Taschenbücher, illustrierte, f. die Jugend.

**Regel**, K., Mittelniederländische Psalmen. Hymnen u. Gebete a. zwei handschriftl. Verzeichnissen d. Gothaer Bibliothek. Gotha. 4. 50 p.
**Schul-/Univ.-Schrift** 1864.

**Regel**, Carol., quaestionum Vergilianarum criticarum specimen. Celle 866. (Schulze'sche Buchh.) gr. 4. (30 S.) n. 5 ngr

**Regel, C., de syllabae a ad formanda adverbia substantivis vel adjectivis in lingua anglica praefixae origine ac natura. (Programm des Gymnasii illustris zu Gotha.) 4maj. (26 S.) Gotha 855, (Thienemann.)** *

**Regel, Karl Aug., engl. Chrestomathie f. Gymnasien u. Realschulen. 1. Thl. A. u. d. T.: Kurzgefaßte Grammatik der engl. Sprache. gr. 8. Göttingen 846, Vandenhöck u. Ruprecht.** 5/12 ₰

**Regel, Carl Aug., Engl. Chrestomathie f. Gymnasien u. Realschulen. 2. Thl. A. u. d. T.: Engl. Lesebuch aus den Werken der class. Prosaiker u. Dichter Englands zusammengestellt u. mit einem vollständ. Wörterbuche, in welchem jedem Worte die Aussprache (vorzüglich nach Walker) beigefügt ist, versehen. gr. 8. (X u. 395 S.) Göttingen 847, Vandenhoeck & Ruprecht. 1 1/3 ₰ (1 u. 2: 1 3/4 ₰)**

**Regel**, Maximilianus: Über George Chapman's Homerübersetzung. 1. Halis Saxonum 1881: (Pierer in Altenburg). 35 S. 8°
Halle-Wittenberg, Phil. Diss. v. [9. Juni] 1881
Geb. Tenneberg b. Waltershausen (Thür.) 26. 11. 1856. V.
Im Buchhandel Heilbronn: Henninger 1881. 35 S. 8°
Ersch. vollst. in: Englische Studien. Bd 5. Heilbronn 1882. S. 1—35, 295—356.

**Regel, Max., über George Chapman's Homerübersetzung. I. Dissertatio inauguralis. [Aus: „Engl. Studien".] gr. 8. (35 S.) Heilbronn 881. Henninger.** n. 1. —

Regel, M. Lexikalisches zu George Chapman's Homerübersetzung. 26 S. **Progr.** *Rossleben* 1885.

[F. u. Ant.] **Regel,** *Heinrich* Max: Christians des Zweiten von Anhalt Gesandtschaftsreise nach Savoyen '(1617.)'. E. Beitr. z. Vorgesch. d. dreissigj. Krieges. Bernburg, A. Meyers Buchdr., 1892; 1 Bl., 25 S. 4.
Bernburg, herz. Karls-RG u. VS d. Carolinums, OP 1892 (676)

Regel, M. Christians II. v. Anhalt Gesandtschaftsreise nach Savoyen (1617). Ein Beitrag zur Vorgeschichte d. 30jähr. Krieges. Progr. gr. 4. (25 S.) Dessau 892, (Baumann). * 1 —

**Regel**, M., üb. engl. Theaterwesen zu Shakespeares Zeit, s.: Sammlung gemeinnütz. Vorträge.

**Regel**, Oswald [pract. Arzt aus Gotha]: **Ueber das „Nabelschnurgeräusch"** .... **Jena, Druck v. Fr. L. Seifert, 1888; 21 S. 8°**
Jena, Med. Fak., Inaug.-Diss. v. [6. März] 1888

**Regel, Oswald, über das „Nabelschnurgeräusch." Diss. Jena 1888, G. Neuenhahn. 8°. 21 S.**

*Regel, Paul: Über den Einfluß der Freundschaft Schillers mit Körner auf den Dichter. Nach ihrem Briefwechsel. S. 139—149. 8.
In: Festschrift Albert von Bamberg zum 1. Oktober 1905 gewidmet vom Lehrerkollegium des Gymnasium Ernestinum *Gotha* 1905.
**Progr.**

**Regel,** Paul, Holmold u. seine Quellen. Inaugural-Dissertation. gr. 8. (55 S.) Jena 883. (Deistung.) n. 1. —

Regel, Ph. Gust., s. Regel, Gustav

Regel, Wilhelm

Regel, W. Analecta Byzantino-Russica. Lex.-8. (CLIV, 153 S. m. 4 photolith. Taf.) St. Petersb. 891. (Lpz., Voss' Sort.) * 7 —

Regel, Wilh. Ueber die Chronik d. Cosmas v. Prag. Diss. gr. 8. (105 S.) Dorpat 892, (Karow). * 2 —

— s.: Fontes rerum byzantinarum.

Regel- und Gebetbuch zum Gebrauche der Marianischen Männer-Congregationen gebildeter Stände. Mit Approbation des hochw. Herrn Erzbischofs von Freiburg. Gedruckt als Anhang zu dem Büchlein „Das religiöse Leben" von T. Pesch. 16. (VI, 136 S.) Freiburg i. Br. 884, Herder'sche Verlagsh.

Regelbuch für die Mitglieder des dritten Ordens des heil. Franziskus Seraphikus, nebst Meß-, Beicht-, Communion- u. Ablaß-Gebeten. Münster 853. Aschendorff. 12. (287 S.) 6 ngr.

Regel- u. Gebetbuch, seraphisches, f. die Mitglieder d. 3. Ordens d. hl. Vaters Franziskus nach Verordnung Sr. Heil. d. Papstes Leo XIII. 8. (XVI, 702 S.) Augsburg 884. (Literar. Institut v. Dr. M. Huttler.) 1. 50; geb. n. 3. —

Regel- und Gebetbuch, vollständiges, für die Brüder u. Schwestern vom 3. Orden des heil. Franziskus u. alle Christgläubigen. 6. Aufl. München 864. (J. A. Finsterlin.) 8. (IV, 620 S. u. 1 Stahlst.) 15 ngr.

Regel- u. Gebetbuch, vollständiges, für die Brüder u. Schwestern vom 3. Orden des heiligen Franziskus u. alle Christgläubigen. 7. Aufl. 12. (IV, 628 S. m. 1 Stahlst.) München 880. (L. Finsterlin.) n. 2. —

Regel- u. Gebetbuch, vollständiges, für die Brüder u. Schwestern vom dritten Orden des heil. Franziskus u. alle Christgläubigen. 9. Aufl. 12. (IV, 612 S. m. 1 Stahlst.) München 888. L. Finsterlin. n. 2. —

Regelbuch, vollständiges, für die Mitglieder d. dritten Ordens des h. Franziskus von Assisi. Nebst einem Anhang der vorzügl. allgem. Andachtsübungen für römisch-kathol. Christen. 2. mit den kirchl. Tagzeiten für die Verstorbenen verm. Aufl. gr. 12. (Mit 1 Kpfr.) München 844. (Palm.) n. ½ ₰ — 3. umgearb. Aufl. Mit 1 Stahlstich. gr. 12. München 846. (Finsterlin.) n. 16 ngr.

Regel-Buch, vollständ., für die Mitglieder des dritten Ordens des heil. Franziskus v. Assisi. Mit den vorzüglichsten allgem. Andachts-Uebungen für römisch-kathol. Christen. 4. umgearb. Aufl. gr. 16. (X u. 606 S.) München 849. (Palm.) n. 16 ngr.

— vollständiges, für die Mitglieder des dritten Ordens des heil. Franziskus v. Assisi. Mit den vorzüglichsten allgemeinen Andachts-Uebungen für römisch-katholische Christen. 5. Aufl. München 855. (Finsterlin.) 16. (X, 606 S. u. 1 Kpfrst.) n. 16 ngr.

**Regel-Büchlein** der Brüder von der göttlichen Liebe — »Graue Brüder« genannt. Leutkirch [1902]. V: *Dietmann, Hermann.* (Berl)

Regel-Büchlein der Brüder von der göttlichen Liebe — „Graue Brüder" genannt. (Von Herm. Dietmann.) 12. (79 S.) Leutkirch (902). Cöln a/Rh. (Balthasarstr. 861), Selbstverlag. — 40

Regelbüchlein für die Brüder u. Schwestern des Ordens der Buße od. des dritten Ordens des seraphischen Vaters Franziskus. Von einem Profeßpriester des dritten Ordens. 18. (262 S. m. 6 Lith.) Einsiedeln 847, Gebr. Benziger. — Nebst einem Gebetbüchlein f. die Tertiarien. Von einem Profeßpriester des dritten Ordens. 2. verb. u. mit dem kleinen Offizium zum heil. Vater Franziskus verm. Aufl. 12. (264 S. m. 6 Lith.) Ebd. 850. ⅓ ₰

Regelbüchlein für die Brüder und Schwestern des Ordens der Buße oder des dritten Ordens des seraphischen Vaters Franziskus. Nebst einem Gebetbüchlein für die Tertiarien. Von einem Profeßpriester des dritten Ordens. 4., mit dem Ordenskalender und den Tagzeiten zum heil. Herzen Mariens verm. Aufl. 12. (272 S. mit 5 Stnt. und lithogr. Titel.) Einsiedeln 858, Gebr. Benziger.

Regelbüchlein für die Brüder u. Schwestern des Ordens der Buße oder des dritten Ordens des seraph. Vaters Franziskus. Nebst einem Gebetbüchlein für die Tertiarier. Von einem Profeßpriester des dritten Ordens. Neu bearb. u. verm. von Honor. Elsener. 6., vervollständigte Ausg. Einsiedeln 869. Gebr. Benziger. 16. (430 S. mit 2 Stahlst.) 9½ ngr.

Regel-Büchlein für christliche Eheleute, Eltern u. Hausvorstände. Ein Geschenk für christliche Brautleute. Von einem katholischen Priester. [4. Aufl.] 16. (47 S.) Dingolfing 880. Nussy. — 25

**Regelbüchlein** für christliche Eheleute, Eltern und Hausvorstände. 6. A. Landshut 1883. V: *Reger, Stephan Dom.* (Keiter, Kath. Litt.-Kal. II, 126. IV, 162.)

Regel- u. Gebetbüchlein für die Brüder u. Schwestern des 3. Ordens des heiligen seraphischen Vaters Franziskus. 2., verb. Aufl. 16. (VIII, 405 S.) Mainz 879. Faber. n. — 80; geb. n.n. 1. 15

Regel- und Gebetbüchlein für die Brüder und Schwestern des dritten Ordens des heil. seraphischen Vaters Franciscus, die in der Welt leben. 3. nach den neuesten Decreten vollständig umgearb. Aufl. 16. (VIII, 365 S. mit 1 Stahlst.) Mainz 883, [Faber'sche Buchh.] Frey. *
geb. *

Regel- und Gebetbüchlein für die Brüder und Schwestern des dritten Ordens des hl. seraphischen Vaters Franciscus, die in der Welt leben. 4. (nach den neuesten Decreten 2.) sehr verb. Aufl. (VIII, 384 S. mit 1 Stahlst.) 5. und 6. Aufl. 16. (VIII, 384 S. mit 2 Stahlst.) Mainz 887,88, Frey. *
geb. *

Regel- u. Gebetbüchlein f. die Brüder u. Schwestern d. 3. Ordens d. hl. seraph. Vaters Franziscus, die in der Welt leben. 6. Aufl. gr. 16. (VIII, 384 S. m. 1 Stahlst.) Mainz 889. Frey. n. 1. —; geb. in Halbldr. n. 1. 50

Regel- u. Gebetbüchlein f. die Brüder u. Schwestern des 3. Ordens des hl. seraphischen Vaters Franziskus, die in der Welt leben. V. e. Priester d. Kapuziner-Ordens. 7. Aufl. gr. 16. (VIII, 386 S. m. 1 Stahlst.) Paderborn 895. F. Schöningh. n. 1. —;
geb. in Leinw. n. 1. 60

**Regel- und Gebetbüchlein** für die Bruderschaft des allerheiligsten Altarsacramentes. Lucern 1877. V: *Rölli, Franz Xaver.* (Jes)

**Regel- u. Gebetbüchlein** f. die Mitglieder des dritten Ordens des heil. Vaters Franziskus, verbunden mit ausgewählten Andachtsübungen zu dem heil. Franziskus u. dem heil. Antonius v. Padua. Von neuem aufgelegt. Mit den (lith.) Bildnissen d. heil. Vaters Franziskus u. des heil. Antonius v. Padua. 8. (100 S.) Paderborn 850, Schöningh. 6 ngr

**Regel-Büchlein** für Laienbrüder des Kapuziner-Ordens. Innsbruck 1900. V: *Hohenegger, Agapit.* (margr)

Regel-Büchlein f. die in der Welt lebenden Mitglieder d. dritten Ordens d. seraphischen Vaters Franziscus. 9. Aufl. v. Leonardus a Clivia. Ausg. Nr. 2 m. großem Druck. 16. (760 S. m. e. Stahlst.) Einsiedeln 890, Benziger u. Comp. geb. * 1 88

—— für Ministranten. 32. (59 S. mit eingedr. Holzschn.) Freiburg i. Br. 875, Herder'sche Verlagsh. *

Regelbüchlein für Ministranten. 2. und 3. Aufl. (58 S. mit eingedr. Holzschn.) 1876,77; 4. Aufl. 16. (57 S.) Freiburg i. Br. 879, Herder'sche Verlagsh. *

—— für Ministranten. 5. und 6. Aufl. 32. (58 S. mit eingedr. Fig.) Freiburg i. Br. 881,84, Herder'sche Verlagsh. * geb. **

Regelbüchlein für Ministranten. 7. und 8. Aufl. 32. (58; 58 S. mit Abbild.) Ebendas. 886,88. * 12 Pf.; geb. **

Regelbüchlein f. Ministranten. 9. Aufl. 32. (58 S. m. Titelbild.) Freib. i. Br. 890, Herder. * — 12; geb. ** — 22; ** — 25

**Regelbüchlein** f. Ministranten. 10. Aufl. 16. (58 S. m. Abbildgn.) Freiburg i/B. 893. Herder. n. — 12; geb. in Kalbldr.-Imitation n.n. — 25

**Regelbüchlein** f. Ministranten. 11. Aufl. 16. (58 S. m. Abb.) Freiburg i/B. 897. Herder. n. — 12; geb. in Lederimitation n.n. — 25

— f. Ministranten. 12. Aufl. 16. (58 S. m. Abbildgn.) Freiburg i/B. 900. Herder. n. — 12; geb. in Lederimitation n. — 25

— f. Ministranten. 13. u. 14. Aufl. (63 S. m. Abbildgn.) 16. Freiburg i/B. (903. 906). Herder. Geb. in Ldr.-Imitation od. Halbleinw. n. — 25

**Regelbüchlein** f. Ministranten. 15. Aufl. (63 S. m. Abbild.) 11,6×7,6 cm. Freiburg i/B. (909). Herder. — 15; geb. in Ldr.-Imitation od. Halbleinw. — 25

**Regelbüchlein**, neuestes, f. die Mitglieder d. 3. Ordens d. heil. Vaters Franziskus. Nach der neuesten Verordng. d. Papstes Leo XIII. Von e. Mitglied d. Kapuziner-Ordens. 4. Aufl. Ausg. I. 32. (XVI, 120 S.) Mainz 883. Kirchheim. — 30; geb. n.n. — 50; Ausg. II. m. Anh.: Tagzeiten Mariä (XVI, 256 S.) — 50; geb. n.n. — 75

**Regelbüchlein, neuestes,** f. die Mitglieder des 3. Ordens des hl. Vaters Franziskus. Nach der neuesten Verordng. des Papstes Leo XIII. Von e. Priester des Kapuziner-Ordens. 7. verm. Aufl. (183 S.) 16. Mainz 903. Kirchheim & Co. n. — 30; geb. in Halbleinw. n. — 50

— dasselbe. Mit den Tagzeiten der allerseligsten Jungfrau Maria (Ausg. II). 11. verm. Aufl. (343 S.) 16. Ebd. 903. n. — 50; geb. in Halbleinw. n. — 75

**Regeler,** August: Die Namen und Zahlen im geographischen Unterricht. *Berlin 1901: W. Pormetter.* (22 S.) 4°
Rixdorf, st. R u. PG, OP 1901 (139)

**Regell,** Paul, Prof. Dr.: Beiträge zur antiken Auguralliteratur: 1. Signum ⟨augurale⟩, augurium, auspicium. 2. Die Schriften de auguriis und de auspiciis. Hirschberg 1904: Tageblatt-Buchdr. (S. 1—10.) 4°
Hirschberg i. Schl., k. G OP 1904 (226)

[Umschlagt.:] [J. u. Ant.] **Regell,** Paul [Dr.]: Commentarii in librorum auguralium fragmenta specimen. (Commentar zu: Fragmenta auguralia = P-Beil. 1882.) Hirschberg, Druck v. Geisler & Ike, 1893; 3—22 S. 4.
Hirschberg, k. G, OP 1893 (189)

**Regell,** (Hermannus Rudolphus) Paulus *(geb. Parchwitz bei Liegnitz [8. 3.] 1855)*: De augurum publicorum libris. Part. 1. Vratislaviae (1878). (44 S.) 8° *[Als Forts. sind nach Mitteil. d. Verf. anzusehen: „Die Schautempla der Augurn" in: Jahrbücher f. class. Philol. Bd 27. 1881; „Fragmenta auguralia" Gymn.-Progr. v. Hirschberg in Schles. 1882; „Auguralia" in: Commentationes philol. in honorem A. Reifferscheidii 1884; „Commentarii in librorum auguralium fragmenta specimen" Gymn.-Progr. v. Hirschberg in Schles. 1893.]*
Breslau, Phil. Diss. v. 25. Apr. 1878

Regell, s. Riesengebirge, das.

**Regell, P., das Riesen- u. Isergebirge, s. Land u. Leute. XX.**

Das Riesen- und Isergebirge. Von P[aul] **Regell.** Mit 89 Abb. u. 1 Karte. Bielefeld & Leipzig: Velhagen & Klasing 1905. (132 S.) 4°(8°) [J.]
— **Land** u. Leute. 20. 106. 3733

**Regell,** Paul, etymolog. Sagen aus d. Riesengebirge, s.: **Abhandlungen,** germanist., VIII.

— Die Schautempla der Augurn S.-A. 1881. 45 S

**Regelmann,** C.: Abriss einer Geschichte der Württembergischen Topographie und nähere Angaben über die Schickhartsche Landesaufnahme Württembergs. Ein Leitfaden für die Gruppen I und II der Ausstellung des X. Deutschen Geographentags zu Stuttgart. ([S.-A.] Württembergische Jahrbücher für Statistik und Landeskunde. Jahrg. 1893. S. 19—70.) Stuttgart 1893. 52 S. 8°.

Regelmann C, der Flächeninhalt der Flussgebiete Württembergs. Stuttgart 1874

**Regelmann,** Flächeninhalt der Flussgebiete Württembergs. Ein Beitrag zur Hydrographie d. Landes. Hrsg. v. dem königl. statistisch-topograph. Bureau. Mit e. hydrograph. Uebersichtskarte. Lex.-8. (48 S.) Stuttgart 883. Aue's Verl. n.n. 2. —

**Regelmann, C.,** s.: **Höhenbestimmungen,** trigonometr. u. barometrische, in Württemberg.

Regelmann C, die neue Landestopographie des Königr. Württemberg. (15 S) 4°
Tübingen 1903

**Regelmann, C., Normalnullhöhen d. Oberamtsbez. Ehingen,** s.: **Höhenbestimmungen,** trigonometrische u. barometrische, in Württemberg.

Regelmann C, die Quellwasser Württembergs. Stuttgart 1874

Regelmann, C., Reductions-Tabelle von württembergischen Landvermessungs-Fuß in Meter. gr. Fol. (1 Bl.) Stuttgart 871, Lindemann. **

Regelmann C, Reduktionstabelle zur gegenseitigen Verwandlung württembergischer und metrischer Längenmasse. 1. und 2. Auflage. Stuttgart 1868. 74

**Regelmann**, C., Reductions-Tabellen zur gegenseitigen Verwandlung württembergischer u. metrischer Längenmaasse. 2. Aufl. [2. Abdr.] gr. 16. (24 S.) Stuttgart 874. Lindemann. n. — 80; Ausg. in Lex.-8. 2. Aufl. (8 S.) n. — 60

**Regelmann**, C., (2) Reductions-Tabellen zur Verwandlung des württembergischen Längenmaasses in das Metermaass u. umgekehrt. Stuttgart 868. Lindemann. Lex.-8. Jede Nr. (4 S.) 3 ngr.

Geologische Uebersichtskarte von Württemberg und Baden, dem Elsaß, d. Pfalz u. d. weiterhin angrenzenden Gebieten. Hrsg. von d. K. Württemb. Statist. Landesamt. (Auf Grund d. geol. Spezialaufnahmen … bearb. von C. **Regelmann**. Gezeichnet von J. Steinbronn u. C. Regelmann. 1:600,000. 5., erw. Aufl. d. geognost. Uebersichtskarte d. Kgr. Württemberg im Maßst. 1:600,000 [von Regelmann]. Stuttgart: H. Lindemann 1905; Giesecke & Devrient, Typ. Inst., Leipzig & Berlin.) (1 Kartenbl. 47×48 cm mit Legende.) 8° [Kopft. lith.] [kol.] [05. 19408

Geologische Uebersichtskarte von Württemberg und Baden, dem Elsass, d. Pfalz u. d. weiterhin angrenzenden Gebieten. Hrsg. von d. K. Württemb. Statist. Landesamt. (Auf Grund d. geol. Spezialaufnahmen … bearb. von C. **Regelmann**. Gezeichnet von J. Steinbronn u. C. Regelmann. 1:600,000. 7., verb. Aufl. d. geognost. Uebersichtskarte d. Kgr. Württemberg im Massst. 1:600,000 [von Regelmann]. [Nebst] Erläuterungen. (Stuttgart: H. Lindemann 1907; Giesecke & Devrient, Typ. Inst., Leipzig & Berlin.) (1 Kartenbl. 47×48 cm mit Legende, 1 Bd.) 8° [Kopft. lith.] [kol.] [07. 860

**Regelmann,** Karl, aus Stuttgart: Geologische Untersuchung der Quellgebiete von Acher und Murg im nördlichen Schwarzwald. ⟨Mit 1 geol. Karte u. 1 Profiltaf.⟩ *Stuttgart 1903: Stähle & Friedel.* (44 S.) 4°(8°)
Heidelberg, Naturw.-math. Diss. v. 1903

**Regelmeier,** Heinrich, a. Burgsteinfurt i. W.: Die politischen Beziehungen der Fürsten Nordwestdeutschlands zu Frankreich und den nordischen Seemächten in den Jahren 1674 bis 1676. Hildesheim 1908: A. Lax. (XI, 60 S.) 8° [F.] ¶ (Erscheint vollst. in: Beiträge f. d. Gesch. Niedersachsens u. Westfalens.)
Münster, Phil. Fak., Ref. Erler, Diss. v. 10. Juli 1908
[Geb. 24. Dez. 84 Burgsteinfurt; Wohnort: Münster; Staatsangeh.: Preußen; Vorbildung: Gymn. Burgsteinfurt Reife O. 03; Studium: Bonn 1, München 1, Leipzig 2, Münster 5 S.; Rig. 19. Dez. 07.]

**Regelmeier,** Heinr., die politischen Beziehungen der Fürsten Nordwestdeutschlands zu Frankreich u. den nordischen Seemächten in den J. 1674–1676. s. a. Beiträge f. die Geschichte Niedersachsens u. Westfalens. 17. Heft.

Die politischen Beziehungen der Fürsten Nordwestdeutschlands zu Frankreich und den nordischen Seemächten in den Jahren 1674 bis 1676. Von Dr. Heinrich Regelmeier. Hildesheim: Lax 1909. XI, 152 S. 8°
[Ein T. erschien als Inaug.-Diss. Münster 1908.]
(Beiträge f. d. Geschichte Niedersachsens u. Westfalens. H. 17.) [09. 12513

**Regeln**

Anonym: „Neu abgefasste Regeln der Haus- und Landwirthschaft", in 2 Abteilungen, Nürnberg 1771 (Riegel & W.).

**Regeln,** Ablässe u. Andachtsübungen d. marianischen Jungfrauenvereins unter dem Titel der „Unbefleckten Empfängniß Mariä." Mit Stahlst. 16. (60 S.) Regensburg 870. Coppenrath. n. — 20

—— acht gute, f. Schulmeister. 8. (5 B.) Neustadt a. d. O. 830, Wagner.

— für Alle, welche edel seyn wollen, s. Aufsätze u. Denksprüche für Stammbücher.

**Regeln** für Alle, welche edel sein wollen. 5. Aufl. Frankf. a. M. 1819. V: *Döring, Philipp Jacob.* (Ky)

**Regeln,** allgemeine, f. die Anpflanzung u. Unterhaltung v. Bäumen in Städten, nebst e. Verzeichnis der f. Strassenpflanzgn. verwendbaren Baumarten, s. a. Schriften des Vereins deutscher Gartenkünstler. 3.

Allgemeine Regeln für die Anpflanzung und Unterhaltung von Bäumen in Städten nebst e. Verzeichnis der f. Strassenpflanzungen verwendbaren Baumarten. Aufgest. u. hrsg. vom Ver. Deutscher Gartenkünstler. *Berlin: Gebr. Borntraeger* **1901**. (15 S.) 8°
= Schriften d. Vereins Deutscher Gartenkünstler. H. 3. [01. 11611

**Regeln,** Allgemeine

—— —— f. die deutsche Rechtschreibung zum Gebrauche in den k. u. k. Militär-Bildungs-Anstalten. 4. verb. Aufl. gr. 8. (75 S.) Wien 890, Seidel u. Sohn. * — 40; geb. * — 80

—— —— f. die deutsche Rechtschreibung zum Gebrauch in den sächs. Schulen. 27. Aufl. 8. (80 S.) Dresd. 889, Huhle. ** — 30
Vgl.: Zeichensetzung u. Fremdwörterverdeutschung.

—— —— f. die deutsche Rechtschreibung zum Gebrauch in württembergischen Schulen. Im Dezbr. 1883 amtlich festgestellt. 4. Aufl. 8. (64 S.) Stuttg. 890, Metzler's Verlag. cart. ** — 25

**Regeln,** Allgemeine — der Töchter der christlichen Liebe des heil. Vinzenz von Paul, Dienerinnen der armen Kranken. Lithographirt. 4. (163 S.) Gratz. Gedruckt bei H. Lampel. 1854.

**Regeln,** allgemeine, f. die Verwendung der drei Waffen im Gefecht. Hrsg. vom königl. italien. Generalstabe. Uebers. von v. Bruchhausen. Mit 4 Taf. gr. 8. (VI, 54 S.) Berlin 889. Mittler & Sohn. n. 1. 40

— allgemeine u. vollständige, des Poule-Spiels. Fol. Hamburg 825, Erie.

Einige allgemeine Regeln, welche die Infanterie-Regimenter bei den Übungen des kleinen Krieges zu beobachten haben. (Hannover 1827.) 8°.

— u. Anmerkk. über d. Dienst im Felde, für Officiers überhaupt u. für Husarenofficiere insbesondere. 8. Berl. ... N. A. 784. Maurers B. 8 gr

**Regeln** u. Anmerkungen für Officiers überhaupt, u. Husarenofficiers insbesondere, über den Dienst im Felde. (Von F. W. v. Kleist). Franckfurt 1780. 146 S.

**Regeln** vom guten Anstande auf Bällen u. beim Tanzen. 8. Frkf. a. M., Bock. 20 gr

**Regeln** üb. die Aufnahme v. Freiwilligen aller drei Kategorien in den Militärdienst. gr. 8. (III, 16 S.) Riga 885. Deubner. n. 1. —

Die durch das Gesetz v. 6. Juni 1910 auf die Ostseeprovinzen ausgedehnten *Regeln* üb. die Durchführung v. Gräben u. anderen wasserleitenden Anlagen auf fremdem Grunde f. Entwässerungs-, Berieselungs- u. Bewässerungszwecke … Riga 1910. 11 S. 4°.

**Regeln** für das Barlaufwettspiel der höheren Schulen Berlins u. der Vororte. Berlin 1905. 1 Bl.

**Regeln, Einige,** zur Begründung eines richtigen Urtheils über böse und gute Zeiten … Nürnb. 1796. V: *Veillodter, Valentin Carl.* (will)

**Regeln** und Beispiele der Brandschadens-Ausmittlung bei Mobiliar-Versicherungen ... Zürich 1874. V: *Meyer, Conr.* (Cat. d. Stadtbibl. Zürich. Zürich 1864—97.)

Regeln und Beispiele der Brandschaden-Ausmittlung bei Mobiliarversicherungen. 2. Auflage. Zürich 1884.

— f. die wissenschaftliche Benennung der Thiere, zusammengestellt v. der deutschen zoolog. Gesellschaft. gr. 8. (14 S.) Leipzig 894. W. Engelmann. n. — 50

— des Bestons-Spieles, sammt dem Zahlungstarif. Deutsch u. französ. In Etui mit 1 Schreibtafel. Wien, (Müller). 20 gr.

**Regeln** eines anständigen Betragens im gesellschaftlichen Leben ... Berlin 1827. V: *Zobel, A.* (Ky)

— eines anständigen Betragens im gesellschaftl. Leben f. d. Jugend. (v. Zobel) 16. Berl. 827, Flittner.

— bewährte, zur Aussaat u. Verpflanzung des Akazienbaums, aus d. Zeitschrift d. H. Medicus. 8. Nürnb. 797. Birling. 1½ gr.

Regeln für die Bibliothek des Rigaschen Polytechnischen Instituts. Riga 1909

Regeln z. Bildung eines guten mündl. Vortrags. Aus d. Engl. v. Ferd. Bielbimhaus. 8. Constanz 825, Seemüller.

Regeln für Bürger und Landleute z. klugen Verhalten in Kriegszeiten. 8. Wien, Wallishauser. 808.

— für Deutsche, in kurzer Zeit französisch zu lernen. 8. Marb. 809. Krieger. 8 gr.

Anonym: „Regeln, die ein junger Mensch, der sich der Haushaltung widmet, zu beobachten hat", Hannover 1781 (Schmidt).

**TANTZMEISTERS**, Eines sehr berühmten französischen, drey Regeln der Nutzbarkeit des künstlichen Tantz-Exercitii, Stehen, Gehen und Reverentz-Machen. Verfertiget von dem besten frantzös. Tanzmeister Mr.*** etc. O. O. 1748. 8°. 52 S. (6 Mk. Max Harrwitz, Berlin, c. 1903.)

Das O. M. V. 1748, G 3 b, hat: „Franckfurt und Leipzig", der Cat. Vandenhoeck II. p. 704: „Breslau, Korn jun". — Rar!

Regeln f. die Durchführung v. Lawn-Tennis-Turnieren. Deutsche v. dem Vorstande des deutschen Lawn-Tennis-Bundes festgestellte amtl. Ausg. (16 S. m. 1 Tab.) 8. Baden-Baden 904. E. Sommermeyer. n. — 50

— des Ecarté-Spiels, wie es in guter Gesellschaft zu Paris gespielt wird. gr. 12. Leipz. 824, Ind.-Compt.

— für e. junge Ehefrau. Zeitz 805. Webel. 1 gr.

— für junge Eheleute. 32. (15 S.) Leipzig 874. G. A. Schmidt. — 30

—— einfache, f. Mütter u. Kinderwärterinnen bei d. Pflege u. Erzieh. kleiner Kinder. Von e. Mutter. gr. 12. (1 B.) Elberfeld 840, Hassel.

Die Regeln des Eishockey (Bandy), Angenommen 1904 von den Klubs in Davos, St. Moritz, der Eishockeysektion des D. R. T. R. V. Prag, autor. übers. v. Rosenbaum-Jenkins u. Karl Weil, Prag, 7 S., Kl.-8°.

Regeln, die, des Eishockeyspiels, s. Sammlung offizieller Spielregeln. 1. Heft.

**Regeln des Eishockey-spieles.** Angenommen von dem deutschen Eislaufverband u.s.w. 1910. Leipzig. 8°. (16 S.) M. —.20

Regeln f. die Erhebung der Dampfkesselsteuer, bestätigt am 8. VI. u 20. XI. 1898, nebst den hierauf bezüglichen Gesetzesparagraphen. gr. 8. (32 S. m. 1 Taf.) Riga 899. N. Kymmel's Sort. n. 1. 20

—— zur schnellen und sicheren Erlernung der deutschen Rechtschreibung. 3. nach den neuesten amtl. Bestimmungen bericht. Aufl. 8. (12 S.) Ebendas. 884. *

— der Feuer-Leitung der Feld- u. Gebirgs-Batterie. Hrsg. auf Anordng. der Haupt-Artillerie-Verwaltg. St. Petersburg 1892 m. Einführungs-Verordng. (Artillerie-Befehl vom 25./6. 92) u. Erläutergn. Aus dem Russ. übers. durch v. Seydlitz. 8. (84 S.) Dresden 893. C. Höckner's Sort. n. — 60

— für Freimaurer. 8. Leipz. 787. Göschen. 3 gr.

[Dasselbe.] Freymaurerische Regeln. o. O. 1813. 36 S. 8°
Kl. 439, Tt. 1747.

**Regeln, Freymaurerische.** O. O. [Freiburg] 1782. H: *Schlosser.* (L. Abafi, Gesch. d. Freim. V/29) (BIBLPORT)

Freymäurerische Regeln. o. O. 1782. 36 S. 8°

Freimäurerische **Regeln.** Winterthur 1842: Hegener. 45 S. 8°.

**Regeln, 25,** für Dienende, nebst einem Anhange ... Leipzig 1821. V: *Teichmann, Johann Chn Frdr.* (Ky) (MGT)

— 25, für Dienende, (von Fr. Teichmann). Nebst e. Anh. 12. Leipz. 821. (Brockhaus). 2 gr.

Regeln, 25, für Dienende (v. Fr. Teichmann). Nebst einem Anhange. 12. Leipzig, Gleditsch. 821.

— 25 goldene, f. Lungenkranke. Zu Nutz u. Frommen aller Leidenden zusammengestellt. (10 S.) 16. Leipzig (903). K. F. Pfau. — 10

Regeln, funfzig goldene, für junge Ehefrauen. 32. Leipzig 839. Melzer. 1/6 gr.

Regeln, funfzig goldne, f. junge Ehefrauen. 32. (16 Seit.) Leipzig 839. [Braunschweig, Westermann.]

**Regeln** und Gebetbuch für die Alexianer-Brüder in Aachen. Mainz 1864. V: *Schneider, Joseph.* (Jes)

— u. Gebete des Vereins der hl. Elisabeth f. die Diözese Paderborn. (23 S.) 12. Paderborn (903). F. Schöningh. n. — 20

**Regeln, Auf Erfahrung gegründete,** mittelst deren genauer Beobachtung die . . . stets blühenden Erdbeerpflanzen am leichtesten aus dem Saamen zu erziehen . . . sind . . . Mitau 1778. V: *Keyserlingk, Dietrich Graf von.* (R-N)

Regeln für die Deutsche Gesellschaft in dem Staate von Neu-York
Germantown: Michael Billmeyer. 1787. 12 S. 8°.
s. WANSEY, H.: Tagebuch einer Reise durch die vereinigten Staaten.
A. d. Engl. v. C. A. Böttiger.
Berlin: Voss. 1797. S. 221-232, Nr. 758.

Regeln für die Deutsche Gesellschaft in dem Staate von Neu-York
Germantown: Michael Billmeyer. 1787. 12 S. 8°.
s. WANSEY, H.: Tagebuch einer Reise durch die vereinigten Staaten.
A. d. Engl. v. C. A. Böttiger.
Berlin: Voss. 1797. Magazin von merkwürdigen neuen Reisebeschreibungen, XIV, 2. S. 221-232, Nr. 759.

Regeln der incorporirten Deutschen Gesellschaft zur Unterstützung bedrängter Deutschen im Staate Pennsylvanien Philadelphia 1794,
s. Eine Acte, zur Incorporirung der zur Unterstützung nothleidender Deutschen beysteurenden Deutschen Gesellschaft in Pennsylvanien. Philadelphia 1793, Nr. 600.

**Regeln** der Gesellschaft Jesu. Sion 1834. H: *Souquat, Pierre.* (Jes) (SO)

Regeln der Gesellschaft Jesu. Mit Erlaubniß der Obern. Wien, 1856. Mechitharisten-Buchdruckerei. (130 S. 8.)

**Regeln** der Gesellschaft Jesu. Innsbruck 1860. Ü: *Patiss, Gg.* (Jes)

— u. Gesetze des Whist- u. Cayennespiels. Nebst Erklär. aller darin vorkomm. Kunst-Ausdrücke. 8. Quedlinb. 826. Basse. 8 ℊ

— goldene, f. Braut u. Bräutigam od. wie sich junge Eheleute vor, bei u. nach der Hochzeit aufzuführen haben. Mit den 10 Ehestandsgeboten. 16. (16 S.) Leipzig 886. Vieweg. — 15

—— goldene, für Braut und Bräutigam oder wie sich junge Eheleute vor, bei und nach der Hochzeit aufzuführen haben. Mit den 10 Ehestandsgeboten. 16. (16 S.) Leipzig 887, Otto Vieweg.

Regeln, goldene, in denen der Mensch gelehrt wird, wie er sich in allen Dingen halten soll, gegen Gott, gegen seinen Obern, gegen seine Brüder u. Schwestern, gegen seinen Nächsten u. gegen sich selbst. Bevorwortet u. herausgeg. v. C. Fr. v. H. nach dem Paläotype mit möglichster Treue geordnet von Sebastian Brunner. 16. Wien 845, Mayer u. Comp. 1/8 ℛ

Regeln, goldene, in politischer Zeit. Seinen lieben Standesgenossen ans Herz gelegt von einem hannoverschen Landmanne. Celle 869. Schulze'sche Buchhandl. 8. (15 S.) 1 ngr.

— Grundsätze und Vortheile d. Taschenspieler, nebst Anweis. rc. 8. Lpz. Reinicke. 792.

— einer Herzogin, s. F. C. Oetinger.

REGELN. – der Höflichkeit und einer feinen Lebensart für diejenigen, so nach der Kenntnis der Welt und der Menschen fragen, sich beliebt zu machen suchen und gern glücklich wären . . . 4. neu umgearb. Aufl. Gerold, Wien 1789.
vol. 5 Bl. + 282 S. + 1 Kupferstich.

— der Höflichkeit bei Tische. Ein Prüfungsgeschenk. 12. Augsburg 835. (Landshut, Manz.) 1 ℊ

—— der Höflichkeit bei Tische. Ein Prüfungsgeschenk. 12. (1 B.) Augsburg 835. (Regensburg, Manz.)

REGELN des Institutes Mariä. Erlau o.J.: Gedr. i. d. erzbischöfl. Buchdruckerei. 164, 1 S. - 240 mm

— des neuen Kartenspiels, Connectionen od. Verbindungen genannt, erfunden von d. Prinzessin Elisabeth u. d. Herzogin v. York; aus d. Engl. v. A. F. Thölden. gr. 8. Leipz. 796.

— für d. Kegelspiel. Fol. Celle, Schulze. 4 ℊ

Deutscher Literarischer Klub von Cincinnati.
--Regein . . . 23. Okt 1889. Cinci, 1889.

— der Klugheit f. angehende Eheleute, zum Andenken von ihren Aeltern u. Schwiegerältern. 12. Tübing. 818. Fues. 2 ℊ

— d. Klugheit f. junge Frauenz. und Mannspers., in Briefen. 8. Halle, Hemmerde u. S. (a. Stabel.) 769.

— der Klugheit für junge Frauenzimmer u. Mannspersonen, in Briefen. 8. Halle ... 2e A. 769. Schwetschke u. S. 3 ℊ

— für die gemeine Kochkunst. Ein Handbüchlein f. die heranwachsenden Töchter unserer Bürger u. Landleute. 8. Augsb. 821, Doll. (Landshut, Krüll.)

Regeln der zu Aachen bestehenden römischen Congregation für die Schüler des Königl. Preuß. Gymnasiums daselbst. Wörtliche Uebersetzung der: Regulae congregationis quae in gymnasio Aquisgranensi sub titulo immaculatae conceptionis b. M. v. a. d. 1852 canonice erecta, et a. d. 1853 primae primariae Romanae rite aggregata est. Berlin 860. J. Springer. 8. (23 S.) n. 5 ngr.

**Regeln** und Constitutionen der Englischen Fräulein. Mainz 1866. V: *Schneider, Joseph.* (Jes)

Regeln f. die Construction, Aufstellung u. Unterhaltung v. Dampfkesseln, sowie f. die Ordng. der Besichtigg. derselben. (Bestätigt vom Finanzminister am 30. Juli 1890.) Nichtofficielle Ausg. Translat. gr. 8. (16 S.) Riga 894. (A. Stieda.) n. 1. 20

Regeln zum gottseligen Leben nebst Fragen zur Selbstprüfung für katholische Christen. 32. (22 S.) Pest 858, Osterlamm. *

— für ein heil. Leben mit Fragen zur Selbstprüfung. [Aus dem Engl. nach der 42. Ausg.] gr. 16. (24 S.) Bremen 850, Heyse. 1 1/2 ngr.

—— für ein heiliges Leben mit Fragen zur Selbstprüfung. 32. (64 S.) Bremen 858, (Heyse's Verlag.) *

—— für ein heiliges Leben mit Fragen zur Selbstprüfung. 64. (64 S.) Bremen 858, (Verlag des Traktat-Hauses.) *

—— für ein heiliges Leben nebst Fragen zur Selbstprüfung. 4. Aufl. 32. (64 S.) Brem. 889, Verlag des Tractathauses. * — 10

— f. e. heiliges Leben, nebst Fragen zur Selbstprüfg. 5. Aufl. 32. (64 S.) Bremen (894). Verlag des Traktathauses. n. — 10

— f. die feine Lebensart rc., f. J. M. Daisenberger, Auswahl der schönsten Stellen rc. 2r Thl.

— der Lebens-Klugheit, im Volkston. Eine Haustafel f. alle Stände. Etwas aus dem Nachlasse des Pfarrers Flattich zu Münchingen. 8. Ludwigsburg 825, Naſt

REGELN FÜR LEISTUNGSVERSUCHE AN GASMASCHINEN UND GASERZEUGERN. Aufgestellt vom Verein deutscher Ingenieure, dem Verein deutscher Maschinenbauanstalten und dem Verband von Grossgasmaschinenfabrikanten im Jahre 1906. (Berlin. Buchdruckerei A. W Schade.) 8°.

— f. das Lesen der heil. Schrift. gr. 16. (4 S.) Basel 893. Jaeger & Kober. Für 10 Stück n. — 16

— u. Leseübungen zur Erleichterung d. Französisch-Lesens, oder Versuch, deutsche Kinder auf eine leichte u. faßl. Art französ. lesen zu lehren. Eine Zugabe zu jeder französ. Sprachlehre. 8. Chemnitz 821. Kretzschmar. 2 gl

REGELN. - f. junge Leute. Trattner, Wien 1781/82.

**Regeln** für junge Leute von gesittetem Stande bei ihrem Eintritte in die Welt. Berlin 1785. V: *Resewitz*, *Friedrich Gabriel.* (ErGr) (ErschDL)

REGELN einer löbl. Liebs-Versammlung unter dem Titel des heiligen Schutz-Engels, welche von denen herrschaftlichen Bedienten in der königl. Frey-Stadt Oedenburg aufgerichtet worden den 1. Martii 1749. Von Ihro Pabstl. Heiligkeit confirmiret 1753. Pressburg 1760. Gedr. bey Joh. Mich. Landerer 8 f. 1 t. - 8°

— des neuen Minchiatta-Spiels. 8. Dresden, Walther. 798.

— des kathol. Missions-Vereins in Nordamerika, f. J. Pletz, über den Beitritt rc.

**Regeln, Moralische,** zu feinerer Bildung des Landvolks. Leipz. 1772. 1780. V: *Schnabel*, *Salomo Gfr.* (Ky) (ML)

**Regeln** für sämmtliche Mitglieder der unter dem Namen: »Die Hülfe« zu Pernau, im Jahre 1809 errichteten Leichencasse ... Pernau 1827. V: *Rosenpläuter*, *Johann Heinrich.* (R-N)

Deutsche Gesellschaft von Pennsylvanien
--Regeln und Nebengesetze Phila. 1870.

Freemasons, Chicago, Germania Loge.
--Regeln u Nebengesetze Chicago, 1900.

Neueste Regeln für das Handballspiel, m. Abb., Stuttgart o. J. u. 1925, 16 S. u. 10 S., 16°. 2 Bde.

—— der botanischen Nomenclatur, s. Candolle, Alph. de.

— der botanischen Nomenclatur angenommen von dem internationalen botanischen Congress zu Paris, im Aug. 1867; nebst Einleitung u. Commentar von Alph. De Candolle. Basel 868. Georg. gr. 8. (69 S.) n. 16 ngr.

— der zoologischen Nomenklatur nach d. Beschlüssen des V. internation. Zoologen-Congresses, Berlin 1901. gr. 8. (S. 829—916.) Jena 902. G. Fischer. n. 1. — Sonderabdruck aus: „Verhandlgn. d. V. internat. Zoologen-Congresses zu Berlin".

— zum Nutzen u. Frommen Königl. Preuß. Unterthanen in belagerten Städten. Mit beschränktem Unterthanenverstand verfaßt von einem belagerten Bürger. 16. (16 S.) Berlin 849, Weyl & Co. 1/12 ηβ

— d. dritten Ordens St. Francisci. 8. Cöln. (Wolf in Augsb.)

—— einer parlamentarischen Ordnung für Vereine und Versammlungen. Bearb. und hrsg. von der parlamentar. Gesellschaft. 8. (16 S.) Dresden 885, Goldstein.

REGELN, Ordnung und Satzungen der Kloster-Frauen, Elisabethinerinnen genannt, des dritten Ordens des heil. Vaters Francisci. Ofen 1838: Gyurián-Bagó. 62 S. - 210 mm

— für die deutsche Orthographie u. Interpunktion, ausgearb. im Auftrage des pädagog. Vereins zu Bromberg. Bromberg 865. Aronsohn'sche Buchh. 8. (20 S.) n. 2 ngr.

— der Orthographie od. Rechtschreibung, zum Gebr. f. Dorfschulen, von e. Schulmanne. 8. Leipz. 813. Kleins Compt. 4 gl.

— der Pädagogik, f. Dinter.

**Regeln** für eine junge Person vom Stande. 2. Druck. Soröe 1763. V: *Hertel*, *Joh. Jac.* (Bruun, Bibl. Danica I, 989.)

— zur Pflege und Unterhaltung von Berieselungs-Wiesen, so wie zu deren gehöriger Bewässerung. Zusammengestellt u. hrsg. von der Direction des landwirthschaftlichen Provinzial-Vereins zu Uelzen. Uelzen 850. (Celle, Capaun-Karlowa.) gr. 8. (VI, 29 S.) n. 3⅓ ngr.

Regeln und Pflichten für die mitwirkenden Herren. (Kiel 1872.) 8°

Regeln und Pflichten für die mitwirkenden Knaben des St. Nikolai-Kirchenchors in Kiel. (Kiel. 1872.) 8° 1876. 8°

Regeln und Pflichten des St Nikolai-Chors in Kiel Kiel 1870 8°

Regeln, Plan und Lieder für die Pfingstturnfahrt, verb. m. Kriegsspiel im Göhrder Walde, Hamburg 1863, 17 S., 1 Pl., 8°.

**Regeln** der Plazierung des Geschützes im Felde. Von einem Artilleristen. Mit Pl. Wien 1808. 220 S.

— z. Placirung des Geschützes im Felde rc. m. 2 Plänen. 8. Wien Geistinger.

— des Pochespiels, nebst Plan. Ein unterhalt. Gesellschaftsspiel f. frohe Zirkel. Celle 821. Schulze. 4 gl

**Regeln**, practische, für Hebammen, entworfen von der Gesellschaft practischer Aerzte zu Riga. [Aus: „Protocolle der Gesellsch. pract. Aerzte zu Riga".] gr. 8. (14 S.) Riga 882. Kymmel. n. — 60

Regeln, praktische, für Hebammen. 1. und 2. Aufl. 8. (16 S.) Reval 884, Wassermann. *

— prakt., der Unterrichtskunst. besond. in Landschulen. 8. Halle 797. Gebauer. 9 gr.

— prosodische, der lateinischen Sprache. 2. Aufl. 8. (8 S.) Meiningen 858, Brückner und Renner. *

— f. die deutsche Rechtschreibung nebst Wörterverzeichnis. Hrsg. im Auftrage des königl. preuß. Ministeriums der geistl., Unterrichts- u. Medizinal-Angelegenheiten. Neue Bearbeitung. 8. (58 S.) Berlin 902. Weidmann. n n.n. — 15; 10 Stück n. 1.50

— dasselbe. Nach den amtl. Bestimmgn. aus Th. Matthias' vollständ., kurz gefaßtem Wörterbuch der deutschen Rechtschreibg. zusammengestellt. 8. (79 S.) Leipzig 902. M. Hesse. n. — 20

— dasselbe. Mit e. Anh. üb. die Satzzeichen. Hrsg. im Auftrag des königl. württemberg. Ministeriums f. Kirchen- u. Schulwesen. 8. (67 S.) Stuttgart 902. J. B. Metzler. n.n. — 20

Regeln für die deutsche Rechtschreibung nebst Wörterverzeichnis (Grosse Ausgabe.) Einzige vom k. k. Ministerium für Kultus und Unterricht autorisierte Ausgabe. 8. Wien 1902.

— f. die deutsche Rechtschreibung nebst Wörterverzeichnis. Amtl. Ausg. auf Grund Beschlusses des Bundesrates vom 18. XII. 1902. (56 S.) 8. Bremen 903. C. Schünemann. n.n. — 15

— dasselbe. Hrsg. vom herzoglich sächs. Ministerium, Abteilg. f. Kultus-Angelegenheiten, zu Altenburg. (72 S.) 8. Altenburg 903. (St. Geibel.) n.n. — 15; kart. n.n. — 25

— dasselbe. Im Auftrage des königl. sächs. Ministeriums des Kultus u. öffentl. Unterrichts hrsg. Generalverordng. v. 21. X. 1902. 8. (92 S.) Dresden 903. A. Huhle. n. — 30

— dasselbe. Hrsg. vom königl. bayer. Staatsministerium des Innern f. Kirchen- u. Schulangelegenheiten auf Grund Vereinbarg. m. den deutschen Bundesregiergn. u. m. Oesterreich. Neue Bearbeitg. (5. Aufl.) (76 S.) 8. München (906). R. Oldenbourg. n.n. — 15; geb. n.n. — 25

— dasselbe. Mit e. Anh. üb. die Satzzeichen. Hrsg. im Auftrag des kgl. württemberg. Ministeriums des Kirchen- u. Schulwesens. Neudr. v. 1904. 2. Aufl. (66 S.) 8. Stuttgart 906. J. B. Metzler. n.n. — 20

f. die deutsche Rechtschreibung nebst Wörterverzeichnis. Hrsg. im Auftrage des königl. preuß. Ministeriums der geistl., Unterrichts- u. Medizinal-Angelegenheiten. Neue Bearbeitg. (58 S.) 8. Berlin 907. Weidmann. nnn — 15; 10 Stück 1.50

dasselbe. Hrsg. vom königl. bayer. Staatsministerium des Innern f. Kirchen- u. Schulangelegenheiten auf Grund Vereinbarg. m. den deutschen Bundesregiergn. u. m. Österreich. Neue Bearbeitg. (8. Aufl.) (76 S.) 8. München (908). R. Oldenbourg. nn — 15; kart. nn — 25

— dasselbe. Mit e. Anh. üb. die Satzzeichen. Hrsg. im Auftrag des königl. württ. Ministeriums des Kirchen- u. Schulwesens. Neudr. v. 1904. 4., unveränd. Aufl. (66 S.) 8. Stuttgart 909. J. B. Metzler. nn — 20

— der deutschen Rechtschreibung, hrsg. vom Verein „Mittelschule". Lex.-8. (23 S.) Wien 879. Hölder in Comm. n. — 50

— die, der Deutschen Rechtschreibung in Versen zum Auswendiglernen. Von einem practischen Schulmanne. 8. (34 S.) Grimma 850, Verlags-Comptoir. n. n. 1/12 Thlr.

— der Rechtschreibung und Sprachlehre, sowie Einiges von der Geographie für Trivialschüler. Platten 865. Lorenz' Selbstverlag. 8. (36 S.)

— die, der Rechtschreibung, nebst einem Verzeichnisse der deutschen Stammwörter. Zum Gebrauche in Schulen. Herausg. von einem Lehrerverein. 12. Erfurt 833. Otto. 1 1/2 gr.

— dass. u. d. T.: Die Regeln ꝛc. und die am häufigsten vorkomm. Fremdwörter. Zum Nachschlagen in zweifelhaften Fällen für unstudirte Geschäftsmänner. 12. Ebd. 833. 1/12 Thlr.

— für unerfahrne Reiter. 8. Götting. 772. Dieterich. 2 gr.

**Regeln** für unerfahrene Reuter. A. d. Engl. Göttingen u. Gotha 1773. V: *Thompson*, *Charles*. (BrMm)

*Regeln* f. unerfahrne Reuter. Aus d. Engl. Götting. u. Gotha 1773. 61 S. P.

Regeln des lebendigen Rosenkranzes. Wien. 1855. Mechitharisten-Buchdruckerei. (16 S. 8)

— des lebendigen Rosenkranzes. 8. (16 S.) Gratz 861, Sirolla.

REGELN des Lebendigen Rosenkranzes und der Bruderschaft des Allerheiligsten Herzens Jesu. Nebst der neuntägigen Andacht zur heiligen Filumena und einer Sammlung von geistl. Liedern und Gebeten. 2. verm. Aufl. Pressburg 1840. Gedruckt bei Anton Edlen v. Schmid. 219, (1) S. · 160 mm

**Regeln** und Satzungen der Marianischen Congregation. Wien 1863. H: *Schrader*, *Clemens*. (Jes)

**Regeln** und Satzungen der Kongregationen der seligen Jungfrau Maria. Wien 1875. V: *Stöger*, *Johann Nep*. (Jes)

Regeln und Satzungen der barmherzigen Schwestern aus der Congregation des heiligen Karolus Borromäus zu Prag. Prag, 1857. Dr. von Friedr. Rohlicek im fürsterzbischöfl. Seminar. (VIII. 146 S. 3 Bl. 8)

**Regeln**, der vereinigten löbl. Scharfschützen-Kompagnie bei einer königlichen Freystadt Oedenburg. O. O. 1791. V: *Panz*, *Johann Nepomuk*. (Pk)

**Regeln** vom Schreiben, Reden und Versemachen in Teutscher Sprache. 2. . . . Ausg. Bamb. u. Würzb. 1785. H: *Heyde, Johann Daniel.* (ML)

— vom Schreiben, Reden u. Versemachen 2c. 8. Würzb. ... 4e Aufl. 800. Stahel. 12 Kr

— — ders. 2r Thl., f. Samml. v. Mustern.

—— für die deutsche Schreibung, hrsg. von dem Verein für deutsche Rechtschreibung. Mit 1 lithogr. Taf.: Zur Schreibung des ß. gr. 8. (36 S.) Berlin 878, Barthol und Comp. *

— für die deutsche Schreibung, hrsg. von dem Verein für deutsche Rechtschreibung. Mit 1 lith. Taf.: Zur Schreibung des ß. gr. 8. (36 S.) Berlin 879. Barthol & Co. n. — 80

— 60, zur schnellen u. sicheren Erlernung der neuen deutschen Rechtschreibung. 2., verb. u. verm. Aufl. 8. (12 S.) Breslau 880. Morgenstern. — 10

— 60, zur schnellen u. sicheren Erlernung der deutschen Rechtschreibung. 3. Aufl. 8. (12 S.) Breslau 884. Morgenstern's Verl. n. — 10

— 60, zur schnellen u. sicheren Erlerng. d. deutschen Rechtschreibung. 6., bericht. Aufl. 8. (12 S.) Breslau 892. E. Morgenstern, Verl. n. — 10

— 60, zur schnellen u. sicheren Erlernung der deutschen Rechtschreibung. Neubearbeitung nach der vom kgl. preuß. Kultusministerium angeordn. neuen Rechtschreibg. 8. (16 S.) Breslau 902. E. Morgenstern, Verl. n. — 10

— 60, zur schnellen u. sicheren Erlernung der deutschen Rechtschreibung. 48.—52. Taus. (16 S.) 8. Breslau 909. E. Morgenstern, Verl. — 10

— u. Statuten d. Bruderschaft v. heil. u. unbefleckten Herzen Mariä nebst d. Andacht, wie sie zu Hellinghausen bei Lippstadt mit Genehmigung des hochw. Bischofs gehalten wird. 8. Soest 846, Nasse'sche Buchh. n. 2 ngr

— der lateinischen Syntax. Im engen Anschluß an Gröbel's pract. Anleitung zu wörtlichem Auswendiglernen zusammengestellt. Lübeck 855. v. Rohden in Comm. gr. 8. (19 S.) n. 4 ngr.

—— der lateinischen Syntax. Im engen Anschluß an Gröbel's pract. Anleitung zu wörtlichem Auswendiglernen zusammengestellt. 2. Heft: Die Casusregeln. gr. 8. (14 S.) (Lübeck 857, v. Rohden'sche Buchh.) *

1. Heft. Ebendas. 1855. * 4 Ngr.

— der lateinischen Syntax. Im engen Anschluß an Gröbel's practische Anleitung zu wörtlichem Auswendiglernen zusammengestellt. 2. durchges. Abdr. Lübeck 861. (v. Rohden.) gr. 8. (32 S.) n. 4½ ngr.

— der lateinischen Syntax. Im engen Anschluß an Gröbel's praktische Anleitung zu wörtlichem Auswendiglernen zusammengestellt. 3., verb. Abdr. Lübeck 867. (v. Rohden'sche Buchh.) gr. 8. (32 S.) n. 4½ ngr.

— der lateinischen Syntax. Im engen Anschluß an Gröbel's prakt. Anleitg. zu wörtl. Auswendiglernen zusammengestellt. 4. verb. Abdr. 8. (32 S.) Lübeck 873. v. Rohden. n. — 50

— b. d. Tarokspiele. 8. Lpz. Eßlinger. 754.

— d. Tarok- u. des Tresetspiels. 8. Leipz., (W. Nauck). 4 gr.

— d. Tarok- und d. Treset-Spiels. 8. Lpz. Sommer.

Regeln, 1200 goldene, Denk- u. Sittensprüche. Lehr-, Lese- u. Dictirb. f. Jung u. Alt in Schule u. Haus. 8. (11 B.) Plön 829. (Kiel, Universitäts-Buchh.)

— des guten Tones für junge Damen. 12. (71 S.) Oedenburg 881. Schwarz in Comm. — 80

— f. den Unterricht im Rechnen, in der Arithmetik u. Algebra. (18 S.) gr. 8. Limburg 899. H. A. Herz. — 25

REGELN des zur Unterstützung der kath. Missionen in Amerika in den sämmtlichen Staaten des Kaiserthumes Oesterreich, unter dem Namen Leopoldinen-Stiftung gebildeten Vereins. Ofen 1829. Gedr. bei Anna Landerer. 2 f. - 8°

Regeln für deutsche Unterthanen in belagerten Städten. Mit beschränktem Unterthanenverstand verfaßt von einem belagerten Bürger. Mit 16 Illustrationen. Berlin, L. Weyl 1849. 8.

— die uralten bewährten, der Wohlanständigkeit in Sitten u. Geberden, f. Stadt- u. Landleute, jung u. alt. 12. Leipz. 818. (Cöln, Rommerskirchen). 5 Kr

Regeln des Vereins d. hl. Elisabeth. Zum Gebrauche f. d. Mitglieder, insbesond. f. d. Vorstand. 12. (32 S.) Bonn (892). P. Hauptmann. n. — 20

— des Vereins v. der hl. Elisabeth. Zum Gebrauche f. die Mitglieder, insbesondere f. den Vorstand. 12. (24 S.) Köln (900). J. P. Bachem. n. — 20

Regeln des Vereins von der heil. Elisabeth. Zum Gebr. f. d. Mitgl., insbes. f. d. Vorstand. *Köln: J. P. Bachem [1901].* (24 S.) 8° [F.] [01. 3438 B

— des Vereins v. der hl. Elisabeth. Zum Gebrauche f. die Mitglieder, insbesondere f. den Vorstand. (24 S.) 16. Köln (908). J. P. Bachem. — 20

Regeln des geistlichen Vereines zur ewigen Anbetung des kostbaren Blutes Jesu Chisti im heiligsten Sakramente des Altars. Mit Linzer bischöflicher Ordinariats-Bewilligung. Linz, 1857. Druck von Huemers Witwe und Danner. (36 S. 8)

**Regeln** zur Verfertigung von Violinen, Violen, Violoncellen u. Violonen. Götting. [1855]. V: *Bagatella, Antonio.* Ü: *Stephan, v.* (EB)

**Regeln, Vermischte** unphysiognomische, zur Selbst- und Menschenkenntniss . . . Zürich 1787. V: *Lavater, Johann Caspar.* (Adel) (Ky) (MGT) (ErschDL) (Zuwachsverz. d. Bibliotheken in Zürich. Zürich 1898 ff.)

**Regeln** und Verordnungen für die Soldaten der Heils-Armee vom General ... Berlin o. J. V: *Booth, Will.* (Berl)

— s. den Vortrag des gregorianischen Chorals, im Auftrage des Vorstandes des elsäss. Cäcilien-Vereins von mehreren seiner Mitglieder zusammengestellt. 2 Aufl. 8. (16 S.) Straßburg 900. (F. X. Le Roux & Co.) n.n. — 20

— — d. vorzügl. d. Katechetik. s. Dinter, G. F.,

**Regeln, Die vorzüglichsten,** der Katechetik, als Leitfaden beym Unterrichte künftiger Lehrer ... Neustadt a. d. Orla 1802. 2. Aufl. 1805. 3. u. 4. Aufl. 1818. V: *Dinter, Gustav Friedrich.* (MGT)

— d. vorzügl., der Katechetik, als Leitfaden beym Unterricht künftiger Lehrer in Bürger- und Landschulen. 8. Neustadt an d. Orla, Wagner. 810.

— — d. vorzügl. d. Pädagogik etc. s. Dinter, G. F.,

**Regeln, Die vorzüglichsten,** der Pädagogik, Methodik, und Schulmeisterklugkeit. Neustadt a. d. Orla 1806. 2. Aufl. 1813. 3. Aufl. 1818. V: *Dinter, Gustav Friedrich.* (MGT)

— — die vorzüglichsten, des deutschen Rechtschreibens. 8. Freyberg, Craz u. Gerlach. 816.

— Grundsätze u. Vortheile, die wahren, der Taschenspielerkunst, nebst ganz neuen Taschenspieler-Kunststücken etc. 8. Grätz 792. Kienreich. 1/3 Rthlr.

Regeln für das Wasserballspiel, nach d. neuesten Beschlüssen, Stuttgart, 8 S., 16°.

— welche, muß ich wissen, um gute lateinische Extemporalien machen zu können?, s. a Hilf dir selbst.

**Regeln, Welche,** muss ich wissen, um gute Lateinische Extemporalien machen zu können? Lateinischer Extemporale-Regelnschatz mit übersetzten Musterbeispielen ... Aachen [1902]. V: *Zuschlag, Heinrich.* (Berl)

[F.] Die wichtigsten **Regeln** und Anleitungen über Anpflanzen und naturgemässe Pflege unseres gewöhnlichen Obstbaumes. Zsgest. f. d. einfachen Landmann im Regiergsbez. Cassel. *Marburg: O. Ehrhardt 1895.* (13 S.) 1 Bd 8. [98. 13508 Ms

Regeln, die wichtigsten, über die Aussprache der franz. Schriftzeichen mit Berücksicht. der Liaison u. Leseübungen. gr. 8. (31 S.) Lemgo 849, Meyer. 4 ngr.

— die, des Wohlstandes, zum nützl. Gebr. der studir. Jugend, in deutschen Versen. 8. Münst., (Aschendorf). 3 gr.

**Regeln und Wörterverzeichniss** zum Gebrauche in den k. k. Militär-Bildungs-Anstalten und Cadetenschulen. 3. Aufl. gr 8° (76 S.) Wien, Seidel & Sohn. baar fl — 20. 1886.

—— und Wörterverzeichnis für die deutsche Orthographie, zum Schulgebrauch hrsg. von dem Verein der Berliner Gymnasial- und Realschullehrer. 1.—3. Aufl. 8. (32 S.) Berlin 871, Ebeling und Plahn. cart. **

—— —— dass. — 4.—6. verb. Aufl. 8. (32 S.) Leipzig 873,74, Teubner. **

Vgl.: Erörterungen über deutsche Orthographie.

—— —— für die deutsche Orthographie, zum Schulgebrauch hrsg. von dem Verein der Berliner Gymnasial- und Realschullehrer. 7.—9. Aufl. cart. ** 25 Pf.; 10. Aufl. 8. (32 S.) Leipzig 876,77, Teubner.

**Regeln u. Wörterverzeichnis** für d. deutsche Orthographie. Auf Grundlage der von R. v. Raumer verfaßten Vorlage. Im Anhang: Bestimmungen der v. Raumer'schen Vorlage über die Dehnungsbuchstaben, nebst dem eventuellen Beschluß der Konferenz in Betreff derselben. [Aus: „Verhandlungen der orthograph. Konferenz zu Berlin".] gr. 16. (78 S.) Halle 877. Buchh. d. Waisenhauses. — 60

— — dasselbe, zum Schulgebrauch hrsg. von dem Verein der Berliner Gymnasial- u. Realschullehrer. 10. Aufl. gr. 16. (32 S.) Leipzig 878. Teubner. cart. n.n. — 25

—— —— für die lateinische Orthographie zum Schulgebrauch hrsg. von einem Berliner Gymn.-Oberlehrer. 8. (7 S.) Berlin 871, Ebeling und Plahn. [Leipzig, Teubner.] (* 10 Pf.)

— u. **Wörterverzeichnis** f. die lateinische Orthographie. Gymnasium zu Altona. 2. Aufl. gr. 8. (4 S.) Altona 890. Schlüter. n. — 10

**Regeln und Wörterverzeichnis** für deutsche Rechtschreibung. Gedruckt auf Veranstaltung des Kgl. Ober-Schulcollegiums zu Hannover. Clausthal 855. Schweiger. gr. 8. (2 Bl., 51 S.) n. 5 ngr.; fein Pap. n. 6 ngr.

**Regeln und Wörterverzeichnis für deutsche Rechtschreibung zum Gebrauch der Schüler ... der allgemeinen Bürger- und städtischen Realschule zu Leipzig.** Leipzig 1857. V: *Klaunig, Carl.* (Ky)

— — für deutsche Rechtschreibung zum Gebrauch der Schüler und Schülerinnen der allgem. Bürger- u. städt. Realschule zu Leipzig. (Von K. Klaunig.) Leipzig 857. Schlicke. 8. (VII, 47 S.) n. 5 ngr.

—— und Wörterverzeichniß für die deutsche Rechtschreibung, zum Gebrauch in den württembergischen Schulanstalten amtlich festgestellt. gr. 8. (32 S.) Stuttgart 861, Metzler'sche Buchh. Verlags-Conto.

— für deutsche Rechtschreibung zunächst zum Gebrauch in der Realschule u. den Bürgerschulen Leipzigs. 2. Aufl. Leipzig 865. Schlicke. gr. 8. (VII, 48 S.) n. 5 ngr.

— und **Wörterverzeichniß** für deutsche Rechtschreibung, zunächst zum Gebrauche in der Realschule u. den Bürgerschulen Leipzigs. 3. Aufl. Leipzig 867. Schlicke. 8. (VII, 50 S.) cart. n. 5 ngr.

— — für die deutsche Rechtschreibung. Zum Gebrauch in den Württemberg. Schulanstalten, amtlich festgestellt. 2—5. Aufl. Stuttgart 862—70. Metzler's Verlag. gr. 8. (32 S.) 2½ ngr.

—— —— für die deutsche Rechtschreibung, zum Gebrauch in den württemberg. Schulanstalten amtl. festgestellt. 5.—7. Aufl. gr. 8. (32 S.) Stuttgart 870—72. Metzler's Verlag. **

—— —— für deutsche Rechtschreibung, zunächst zum Gebrauch in der Realschule und den Bürgerschulen Leipzigs. 4. Aufl. 8. (55 S.) Leipzig 871, Schlicke. *

—— —— für die deutsche Rechtschreibung zum Gebrauch in den württemberg. Schulanstalten amtl. festgestellt. 8. und 9. Aufl. gr. 8. (32 S.) Stuttgart 874,77, Metzler'sche Buchh. *

Regeln und Wörterverzeichniß für deutsche Rechtschreibung. 5. und 6. Aufl. 8. Leipzig 876,79, Roßberg'sche Buchh. cart. * — 60

— – —— für deutsche Rechtschreibung, zunächst zum Gebrauch in der Realschule und den Bürgerschulen Leipzigs. 5. und 6. Aufl. 8. (55 S.) Leipzig 876,79, Schlicke. cart. *

—— —— für deutsche Rechtschreibung. Gedruckt auf Veranstaltung des königl. Ober-Schulcollegiums zu Hannover, neu bearb. und hrsg. von Christ. Friedr. Alb. Schuster. 3. Aufl. (IV, 60 S.) Clausthal 879, Grosse'sche Buchh. *
Die 2. Aufl. erschien 1872 zu gleichem Preise.

— — dasselbe, zunächst zum Gebrauch in der Realschule u. den Bürgerschulen Leipzigs. 6. Aufl. 8. (56 S.) Leipzig 879. Roßberg. cart. n. — 60

— — dasselbe, zum Gebrauch an den bayerischen Schulen. 8. (32 S.) München 879. Exped. d. k. Zentral-Schulbücherverlags. cart. n.n. — 15

— — dasselbe, zum Gebrauch in den württembergischen Schulanstalten amtlich festgestellt. 10. Aufl. gr. 8. (32 S.) Stuttgart 879. Metzler's Verl. n. — 24

— — für die deutsche Rechtschreibung zum Gebrauch in den preußischen Schulen. Hrsg. im Auftrag des königl. Ministeriums der christlichen, Unterrichts- u. Medizinal-Angelegenheiten. 8. (46 S.) Berlin 880. Weidmann. cart. n.n. — 15; 10 Explre. n. 1. 50

—— und Wörterverzeichnis für die deutsche Rechtschreibung. Zum Gebrauch an den bayerischen Schulen. 8. (32 S.) München 880—84, Expedition des k. Zentral-Schulbücherverlags. cart. **

— — dasselbe, zum Gebrauch in den sächsischen Schulen. Im Auftrage des Königl. Ministeriums des Kultus u. öffentlichen Unterrichts hrsg. [Generalverordnung vom 9. Oktbr. 1880.] 1—13. Aufl. 8. (64 S.) Dresden 881. Huhle. cart. n.n. — 25

— — für die deutsche Rechtschreibung zum Gebrauch in den Schulen der evang. Landeskirche A. B. in Siebenbürgen. Hrsg. vom Landeskonsistorium. 8. (59 S.) Hermannstadt 882. (Michaelis.) n. — 60

— — dasselbe. Zum Gebrauch in den Schulen des Großherzogthums Mecklenburg-Strelitz. Im amtlichen Auftrag hrsg. 2., verb. Aufl. gr. 8. (43 S.) Mirow 882. (Leipzig, Rasch & Co.) n.n. — 25

— — dasselbe, zum Gebrauche in den k. k. Militär-Bildungs-Anstalten u. Cadetenschulen. 1. u. 2. Ausg. gr. 8. (IV, 70 S.) Wien 882. Seidel & Sohn. n. — 48

—— —— für die deutsche Rechtschreibung zum Gebrauch in den sächs. Schulen. Im Auftrage des königl. Ministeriums des Kultus und öffentl. Unterrichts hrsg. [Generalverordnung vom 9. Oktbr. 1880.] 17.—19. Aufl. 8. (64 S.) Dresden 885,86, Huhle. **

— — für die deutsche Rechtschreibung zum Gebrauch in den württembergischen Schulen. Im Dezbr. 1883 amtlich festgestellt. 2. Aufl. gr. 8. (64 S.) Stuttgart 885. Metzler's Verl. n.n. — 25

—— und Wörterverzeichniß für die deutsche Rechtschreibung zum Gebrauche in den k. k. Militär-Bildungs-Anstalten und Cadetenschulen. 3. Aufl. gr. 8. (76 S.) Wien 886, Seidel und Sohn. *

— — dasselbe, zum Gebrauch in den preußischen Schulen. Hrsg. im Auftrage d. königl. Ministeriums der geistl., Unterrichts- u. Medizinal-Angelegenheiten. 2. Neudruck. Neu durchgesehen. 8. (46 S.) Berlin 887. Weidmann. n.n. — 15

— — dasselbe, zum Gebrauch in den sächsischen Schulen. Im Auftrage d. königl. Ministeriums d. Kultus u. öffentl. Unterrichts hrsg. [Generalverordng. vom 9. Oktbr. 1880.] 21., durchgeseh. Aufl. 8. (80 S.) Dresden 887. Huhle. n.n. — 30

— — für die deutsche Rechtschreibung zum Gebrauch in württembergischen Schulen. Im Dezbr. 1883 amtlich festgestellt. 4. Aufl. 8. (64 S.) Stuttgart 890. Metzler's Verl. cart. n.n. — 25

— — dasselbe, zum Gebrauche in den k. k. Militär-Bildungs-Anstalten. 4., verb. Aufl. gr. 8. (75 S.) Wien 890. Seidel & Sohn. n. — 40; geb. n. — 80

— — f. die deutsche Rechtschreibung zum Gebrauch in den sächsischen Schulen. Im Auftrage des königl. Ministeriums des Kultus u. öffentl. Unterrichts hrsg. Generalverordnung vom 9. Oktbr. 1880. 34. Aufl. 8. (80 S.) Dresden 894. A. Huhle. n. — 30

— u. Wörterverzeichnis f. die deutsche Rechtschreibung zum Gebrauch in den badischen Schulen. Im Auftrag des großh. Ministeriums des Innern hrsg. 8. Aufl. gr. 8. (98 S.) Lahr 894. M. Schauenburg. n. — 40; geb. n. — 50

Regeln u. Wörterverzeichnis f. d. deutsche Rechtschreibung zum Gebrauch an d. bayerischen Schulen. In amtl. Auftr. bearb. 8. (32 S.) München 896. R. Oldenbourg, Abteilg. f. Schulbücher. n.n. — 15

— — dasselbe zum Gebrauch in d. sächsischen Schulen. Im Auftr. d. kgl. Ministeriums des Kultus u. öffentl. Unterrichts hrsg. Generalverordng. vom 9. X. 1880 45. Aufl. 8. (80 S.) Dresden 898. A. Huhle. n. — 30

— u. Wörterverzeichnis f. die deutsche Rechtschreibung zum Gebrauch in den sächsischen Schulen. Im Auftrage des königl. Ministeriums des Kultus u. öffentl. Unterrichts hrsg. Generalverordnung vom 9. X. 1880. 48. Aufl. 8. (80 S.) Dresden 899. A. Huhle. n. — 30

F) Regeln- und Wörterverzeichnis für die deutsche Rechtschreibung, zugleich Verdeutschendes Fremdwörterbuch zum Gebrauche in den k. u. k. Militär-Erziehungs- und Bildungs-Anstalten. (6. Auflage.) Herausgegeben von der 6. Abtheilung des k. u. k. Reichs-Kriegs-Ministeriums. Wien. 1900. In Comm. Seidel & Sohn. Gr.-8°. 213 S. fl. —.35, geb. fl. —.60

— — f. die deutsche Rechtschreibung, zugleich verdeutschendes Fremdwörterbuch zum Gebrauche in den k. u. k. Militär-Erziehungs- u. Bildungs-Anstalten. (7. Aufl.) (Neue Ausg.) Hrsg. von der 6. Abtheilg. des k. u. k. Reichs-Kriegs-Ministeriums. gr. 8. (II, 166 S.) Wien 902. (L. W. Seidel & Sohn.) n. 1. —; geb. n. 1. 70

— u. Wörterverzeichnis f. die deutsche Rechtschreibung, zugleich verdeutschendes Fremdwörterbuch zum Gebrauche in den k. u. k. Militär-Erziehungs- u. Bildungs-Anstalten. (8. Aufl.) Hrsg. v. der 6. Abteilg. des k. u. k. Reichskriegsministeriums. (II, 167 S.) gr. 8. Wien 903. (L. W. Seidel & Sohn.) n. 1. —; geb. in Leinw. n. 1. 70

—— und Wörterverzeichniß zum Behufe der Rechtschreibung und Zeichensetzung. 8. (IV und 47 S.) St. Gallen 858, Scheitlin und Zollikofer.

Regeln und Wörterverzeichniß für die Rechtschreibung u. Zeichensetzung zur Erzielung einer einheitlichen Orthographie in den deutsch-schweizerischen Schulen. Bearb. im Auftrage des schweizerischen Lehrervereins. St. Gallen 863. Scheitlin & Zollikofer. 8. (56 S.) n. 4 ngr.

Regeln u. Wörterverzeichnis z. Gebrauch in den Schulen der evang. Landeskirche A. B. in d. siebenbürgischen Landesteilen Ungarns. 3. Aufl. Hrsg. v. Landeskonsistorium. gr. 8. (60 S.) Hermannstadt 893. (L. Michaelis.) n. — 60

— — dasselbe zum Gebrauch in d. württembergischen Schulen. Im Dezbr. 1883 amtl. festgest. 6. Aufl 8. (64 S.) Stuttgart 896. J. B. Metzler's Verl. n.n. — 25

— — dasselbe, zugleich verdeutschendes Fremdwörterbuch z. Gebrauche in d. k. u. k. Militär-Erziehungs- u. Bildungs-Anstalten. (5. Aufl.) Hrsg. v. d. 6. Abtheilg. d. k. u. k. Reichs-Kriegs-Ministeriums. gr. 8. (199 S.) Wien 898. L. W. Seidel & Sohn. n.n. — 70

Zwölfhundert goldene **Regeln**, Denk- und Sittensprüche. Lehr-, Lese- und Dictirbuch für Jung und Alt in Schule und Haus. Plön. [1829.] 8°

Regelsberger, Ferd., Beiträge zur Lehre v. der Haftung der Behörden u. Beamten der Aktiengesellschaften. Ein Rechtsgutachten. gr. 4. (VI. 73 S.) Gießen 872. Roth. n. 2. —

**Regelsberger,** Ferd., der gerichtliche Besitzschutz nach römischem Recht, nach gemeinem Recht u. nach dem bürgerlichen Gesetzbuch, s.a. Festschrift f. die juristische Fakultät in Giessen.

**Regelsberger, Ferd.: Der gerichtliche Besitzschutz nach römischem Recht, nach gemeinem Recht und nach dem BGB. Giessen 1907.**
(In: Festschrift f. d. jur. Fak. in Giessen z. Univ.-Jub.)

Regelsberger, Ferd., civilrechtliche Erörterungen. 1. Heft. A. u. d. T.: Die Vorverhandlungen bei Verträgen. Angebot, Annahme, Traktate, Punktation nebst der Lehre von der Versteigerung u. von der Auslobung. Eine gemeinrechtliche Untersuchung unter Berücksichtigung der neueren deutschen Gesetzgebungen insbesondere des allgemeinen deutschen Handelsgesetzbuchs. Weimar 868. Böhlau. gr. 8. (VIII, 236 S.) n. 1 ₰ 10 ngr.

— das bayerische Hypothekenrecht, s.a. Hypothekenrecht, deutsches.

**Regelsberger,** Ferd.: Das Bayerische Hypothekenrecht. Abth. 1. 2. Leipzig 1874. 77. 2 Bde
(Meibom: Deutsches Hypothekenrecht. Bd 3.)
— 2., unter Mitw. von W. Henle bearb. Aufl. 1895.
(Meibom: Deutsches Hypothekenrecht. Bd 3.)

— s.: Ihering's Jahrbücher f. die Dogmatik des bürgerlichen Rechts.

Regelsberger, Ferd., zur Lehre vom Altersvorzug der Pfandrechte. Eine civilistische Abhandlung. gr. 8. (VIII und 136 S.) Erlangen 859, Enke's Verlagsbuchh. *

**Regelsberger,** Ferd., Pandekten, s.a. Handbuch, systematisches, der deutschen Rechtswissenschaft.

**Regelsberger,** Ferd.: Pandekten. Bd 1. Leipzig 1893.
(System. Handbuch der dt. Rechtswiss. hrsg. von Binding. Abt. 1, T. 7.)

**Regelsberger, F.,** Rechtsgutachten in Sachen der Bank in Schaffhausen gegen die Herren Blattmann-Stockar und Heinr. Moser in Schaffhausen, wegen Forderung aus Burgschaft. 8. Zürich, Druck von Orell Füssli & Co. 1876.

Zweites Rechtsgutachten in der Rekurssache der Gotthardbahn-Gesellschaft gegen den Bundesratsbeschluß betr. Festsetzung d. Grundsätze f. d. Berechnung d. konzessionsgemäßen Reinertrages u. d. Anlagekapitals d. Gotthardbahn v. 16. Dez. 1897, erstattet von F[erdinand] **Regelsberger**, Prof. Basel 1898: Kreis. (10 S.) 8° [08. 11901

Regelsberger, F. Streifzüge im Gebiete d. Zivilrechts. Lex.-8. (36 S.) Lpz. 892, A. Deichert Nachf. * — 90
Aus: Festgabe der Göttinger Juristenfacultät für Rud. v. Jhering, besonders abgedruckt.

— Studien im bayerischen Hypothekenrechte m. vergleich. Rücksicht auf andere neuere Hypothekengesetzgebgn. [Aus den Blättern f. Rechtsanwendg.] gr. 8. (VI, 212 S.) Erlangen 872. Palm & Enke. n. 3. —

**Aktien-Gesellschaft Leu & Comp. in Zürich.** Ueber die rechtliche Verantwortlichkeit der Direktoren, Vorsteher und des Verwalters der Aktiengesellschaft Leu & Comp. für den dieser Gesellschaft aus der Ueberschuldung des Escher-Bodmer'schen Nachlasses erwachsenden Schaden. Ein Rechtsgutachten von Prof. Dr. F. Regelsberger. II. u. 73 Stn. 4. Zürich, Druck von J. J. Ulrich. 1872.

Regelsberger, Ferd., Civilrechtsfälle ohne Entscheidgn., s.: Ihering, Rud. v.

**Regelsberger,** Fr., Die Hindernisse, welche der Einführung der unbedingten Gewerbefreiheit entgegenstehen. 8⁰. Ansbach 1864.

**Regelsberger,** Friedrich

**Regelsberger,** Frdr., Elektrometallurgie, s.a. Sammlung Göschen.

Elektrometallurgie von Dr. Friedr. **Regelsberger,** Reg.R. Mit 16 Fig. Leipzig: Göschen 1910. 140 S. 8°
(Sammlung Göschen. 110.) [11. 1101 11

REGELSBERGER, FRIEDRICH FERDINAND. Ueber einige ammoniakalische Verbindungen des Uran. Würzburg, 1883.

Regelsperger, Jh. Cph., († d. 21. Dec. 1797.) kurze deutl. u. gründl. Anleit. zur Rechenkunst. 12. Wien ... 2e A. 789. Gerold. 4 ß

— s. Horaz, Dichtkunst.

Die anderweite Regelung der Grundsteuer im preußischen Staate. E. übersichtl. Darstellung des Verfahrens bei d. Grundsteuerverwaltung. Berlin 1866.
(S.-A. a.: Kgl. preuß. Staatsanzeiger. 1866, Bes. Beil. 19. 24. 27. 32.)

Regelung, die anderweite, der Grundsteuer im preuß. Staate. Eine übersichtliche Darstellung des Verfahrens bei der Grundsteuerveranlagung, der Hauptergebnisse der stattgehabten Vermessungen und Abschätzungen der Gestaltung der Besteuerungsverhältnisse ꝛc. [Aus: Staats-Anzeiger.] Berlin 866. v. Decker. gr. 8 (IV, 117 S.) n. 10 ngr.

DIE REGELUNG des deutschen Apothekenwesens. Denkschrift des Deutschen Apotheker-Vereins. Berlin 1901 Selbstverlag des Deutschen Apotheker-Vereins. 4°

— die, des Arbeitsverhältnisses der Gemeindearbeiter in deutschen Städten, s. a. Beiträge zur Arbeiterstatistik. Nr. 9. 10.

Die Regelung des Arbeitsverhältnisses der Gemeindearbeiter in deutschen Städten. Bearb. im Kais. Statist. Amte, Abt. f. Arbeiterstatist. [Tl 1. 2.] Berlin 1908. 1909. 8°.
1: Erhebungen üb. Arbeitslohn u. Arbeitszeit 1902 u. 1907. 1908.
2: D. Arbeitsordnungen u. sonst. Bestimm. z. Regelung d. Arbeitsverhältnisses. 1909.
(Beiträge z. Arbeiterstatist. Nr 9. 10.)

Regelung, die, des Arbeitsverhältnisses bei Vergebung öffentlicher Arbeiten, insbesondere in deutschen Städten, s. a. Beiträge zur Arbeiterstatistik. Nr. 6.

Die Regelung des Arbeitsverhältnisses bei Vergebung öffentlicher Arbeiten, insbesond. in deutschen Städten. Bearb. im Kais. Statist Amt, Abt. f. Arbeiterstatistik. Berlin: C. Heymann 1907 (VIII, 400 S.) 8° [F.]
— Beiträge z. Arbeiterstatistik. No 6. [07. 6291

[F.] Die Regelung der Arbeitszeit in Bäckereien und Konditoreien. Erläut. v. Gottlieb v. Meyeren, Kgl. Preuss. Regiergs-Assess. u. Hulfsarb. im Minist. f. Handel u. Gew. *Berlin: C. Heymann 1896.* (34 S.) 1 Bd 8.

UEBER DIE EINHEITLICHE REGELUNG DES DEUTSCHEN APOTHEKENWESENS. Eine Denkschrift, verfasst im Auftrage des deutschen Apothekervereins von dem Directorium desselben. Hamburg. 1876. W. Gente's Druckerei. 8°.

— die einheitliche, des Verkehrs m. Kraftfahrzeugen in Deutschland. (12 S. m. 4 Taf.) 4. Berlin 906. Boll & Pickardt. n. 1. —
Sonderabdr. a.: „Ztschr. d. mitteleurop. Motorwagen-Ver."

Zur Regelung der österreichischen Finanz-Verhältnisse. Nach neuem Gesichtspunkte aufgefaßt von einem Großgrundbesitzer in Böhmen. gr. 8. (20 S.) Prag, André. 1861. 24 kr.

Regelung, die, der Gehälter der etatsmäßigen Subalternbeamten nach Dienstaltersstufen. Allgem. Verfügg. vom 6. Apr. 1893. (Justiz-Minist.-Blatt No. 14 v. 1893) gr. 8. (13 S) Berlin 893. R. v. Decker. — 30

Regelung, die, des österreichischen Geldwesens und die Reform des Banksystems. Wien 856. Hügel. gr. 8. (2 Bl., 32 S.) 10 ngr.

Regelung u. Modificirung d. Gemeinde-Gesetzes. — Gesetz-Artikel üb. den Verwaltungs-Ausschuß. — Modificirung u. Ergänzg. d. Disciplinar-Verfahrens. [5—7. Gesetz-Artikel vom J. 1876.] gr. 8. (52 S.) Budapest 876. Ráth. n. 1. 20

Ueber die neueste Regelung der rechts- und staatswissenschaftlichen Studien in Oesterreich. Wien, 1856. Druck und Verlag von Karl Gerolds Sohn. (62 S. 8.)

Regelung, die, der Notstandsarbeiten in deutschen Städten, s. a. Beiträge zur Arbeiterstatistik. Nr. 2.

Die Regelung der Notstandsarbeiten in deutschen Städten. Bearb. im Kais. Statist. Amt, Abt. f. Arbeiterstatistik. Berlin: C. Heymann 1905. (VIII, 181 S.) 8° [F.]
— Beiträge z. Arbeiterstatistik. No 2 [0. 1107] 6

Die Regelung des landwirtschaftlichen Personalkredits durch die ländlichen Spar- und Darlehnskassen. Halle: Verband der landw. Genossenschaften 1910 NiK

Die Regelung der Prostitutionsfrage mit bes. Berücks. zürcherischer Verhältnisse hrsg. v. Aktionskomite d. kant. zürcherischen Männervereins zur Hebung d. Sittlichkeit. Entgegnung auf [Zehnder, Carl:] „Die Gefahren d. Prostitution u. ihre gesetzliche Bekämpfung" ... 1891. 2. Aufl. — Zürich: Selbstverl. d. Vereins; Hofer & Burger in Komm. 1892. 92 S. 8°

— reichsgesetzliche, des Verkehrs m. Futtermitteln, Düngemitteln u. Sämereien. (Verhandlungen d. XXXV. Plenarversammlg. des deutschen Landwirtschaftsrats. 1907.) (S. 150—237.) Lex. 8. Berlin (907). P. Parey. nn 1. —
Sonderabdruck aus „Archiv d. deutsch. Landwirtschaftsrats"

Regelung d. Sanitätswesens. XIV. Gesetzartikel v. J. 1876. gr. 8. (55 S.) Budapest 876. Ráth. n. 1. 20

Regelung, die, d. Sonn- u. Feiertagsruhe im Gewerbebetriebe im Erzherzogth. Oesterreich unt. d. Enns. Kundmachg. d. k. k. Statthalters im Erzherzogth. Oesterreich unt. d. Enns v. 25. Apr. 1895, Z. 38013, m. welcher in Durchführg. d. § 1, Artikel VII u. IX d. Gesetzes v. 16. Jänner 1895 (R.G.Bl. Nr. 21), betr. d. Regelg. d. Sonn- u. Feiertagsruhe im Gewerbebetriebe bei d. in d. Ministerial-Verordng. v. 24. Apr. 1895 (R.G.Bl. Nr. 58) bezeichn. Productions-Gewerben u. d. Handelsgewerbe d. Ausnahmen v. d. Vorschrift d. Sonntagsruhe festgesetzt werden. 12. (20 S.) Wien 895. Manz. n. — 20

Regelung der Valuta, Gesetze vom 2. August 1892 betreffend die. Wien 1892.

— der gemeinsamen Verhältnisse mit den österreichischen Erbländern. (Archiv des ungar. Reichstages von 1866—67.) Pest 867. Heckenast's Verlag. gr. 8. (VIII, 122 S.) n. 20 ngr.

Regelung, die, der nationalen Verhältnisse im Königr. Böhmen durch die Ausgleichsconferenzen vom 4.—19. Jan. 1890 im Präsidium d. Ministerrathes in Wien. Mit e. Anh., enth. die Landtagsbeschlüsse vom J. 1871 betr. die Fundamental-Artikel u. das Nationalitätengesetz, dann die Sprachenverordng. vom 19. April 1880. 8. (32 S.) Prag 890. Höfer & Klouček. n. — 48

— des Verkehrs m. Kraftfahrzeugen auf dem platten Lande. (Verhandlungen der XXXIV. Plenarversammlg. des deutschen Landwirtschaftsrats.) (S. 149—181.) Lex. 8. Berlin 906. P. Parey. nn 1. —
Sonderabdruck aus: „Archiv d. deut. Landwirtschaftsrats".

**Regelung** der Vormundschafts- u. Curatel-Angelegenheiten. XX. Gesetz-Artikel vom Jahre 1877. gr. 8. (88 S.) Budapest 877. Räth. n. 1. 40

— dasselbe. 3., mit der Geschäftsordnung für die Waisenstühle u. der Justizministerial-Verordnung vom 1. Nov. 1881 über das gerichtliche Verfahren verm. Aufl. gr. 8. (152 S.) Ebend. 882. n. 4. —

— dasselbe. Anhang. Justizministerial-Verordnung [1. Nov. 1881], betr. das in Angelegenheit der Verlängerung der Minderjährigkeit, Aufhebung der Ausübung der väterlichen Gewalt u. der Bestellung der Curatel zu beobachtende gerichtliche Verfahren. gr. 8. (16 S.) Ebend. 882. n. — 40

— dasselbe. Supplemente. Geschäftsordnung f. die Waisenstühle. Cirkular-Verordnung des k. ung. Ministers des Innern vom 11. November 1877, Zahl 48,046, an alle Municipien, hinsichtlich der Einführung d. Gesetz-Artikel XX vom Jahre 1877. Justiz-Ministerial-Verordnung [1. Novbr. 1881], betr. das in Angelegenheit der Verlängerung der Minderjährigkeit, Aufhebung der Ausübung der väterl. Gewalt u. der Bestellung der Curatel zu beobacht. gerichtl. Verfahren. gr. 8. (64 S.) Ebend. 882. n. 1 —

**Regely**, Heerwesen, s.a **Bericht**, amtlicher, üb. die Wiener Weltausstellung.

**Regely.** Heereswesen. (Wiener Weltausstellung 1873.) Braunschweig 1874. 219 S.

**Regely, A.**, der Handelsstand. Vorträge f. Lehrer u. Lehrerinnen an kaufmänn. Fortbildungsschulen. (47 S.) 8. Berlin 905. O. Häring. n. — 60

**Regely**, Arthur *Rudolf Benno* [Kammerger.-Ref.]: Das Jus offerendi in alter und neuer Zeit unt. Berücks. der dasselbe betr. Bestimmgn d. Entwurfs e. bürgerl. Gesetzbuches f. d. Deutsche Reich *Berlin, W Issleib, 1893;* 3 Bl., 139 S., 2 Bl. 8.
Berlin, Jur Fak Inaug.-Diss. v 11 Febr. 1893

**Regely, Arth.**, das ius offerendi in alter u. neuer Zeit unter Berücksicht. der dasselbe betreffenden Bestimmungen d. Entwurfs e. bürgerlichen Gesetzbuches f. das Deutsche Reich. Diss. gr. 8. (V, 139 S.) Berlin 893. (W Weber) n. 2. 40

**REGEMEKOBO**, Feliciano, Poetische Lust Stunden, in Schertz- und ernsthafften, Satyrischen, lustigen, verliebten, Gedichten, etc., nebst Nieder Sächsischen Schnickschnackereyen. Braunschweig, b. Chp. Fr. Fickeln.
M M V 1708. G 3 b, ohne Formatsangabe. — Expl. bisher nicht nachzuweisen.

**Regen u. Sonnenschein.** Bilder u. Lieder d. Lebens. 16. (12 S.) Leipzig 889. Baldamus, Sep.-Cto. cart. m. Goldschn. n. — 70

**Regen**, Arnuh, Referendar aus Berlin **Welche Erscheinungen kennt das B.G.B., die den gemeinrechtlichen Naturalobligationen gleichartig oder ähnlich sind?** *Berlin 1903: B. Paul.* (48 S.) 8° [F.]
Rostock, Jur Diss. [7 März] 1903

**Regen, Erich:** Die Dramen Karolinens von Günderode. (Kap. 1 u. 2) (Berlin 1910: Ebering.) 75 S. 8° ¶(Ersch. vollst. als Berliner Beiträge z. german. u. roman. Philol. 39. German Abt. Nr 20.) *)
Berlin, Phil. Diss. v. 13. April 1910, Ref. E. Schmidt
[Geb. 26 Nov 85 Berlin, Wohnort Berlin, Staatsangeh. Preußen; Vorbildung Leibniz-Gymn. Berlin Reife M 04; Studium Berlin 11 S. Rig. 18 Nov 09] [U 10. 232

**Regen**, Erich, die Dramen Karolinens v. Günderode, s.a **Beiträge**, Berliner, zur germanischen u. romanischen Philologie. Nr. 39.

Die Dramen Karolinens von Günderode. Von Dr. Erich **Regen.** Berlin: Ebering 1910. 131 S. 8°
(Berliner Beiträge z. german. u. roman. Philologie. 39. German. Abt. Nr 26.)
[10. 8387 2

**Regen** Johann, Dr Das tympanale Sinnesorgan von *Thamnotrizon apterus* Fab. ♂ als Gehörapparat experimentell nachgewiesen. 117 III 487
Separatabdruck

**Regen, Joh.**, das tympanale Sinnesorgan v. Thamnotrizon apterus Fab. ♂ als Gehörapparat experimentell nachgewiesen. (4 S.) gr. 8. Wien 908. A. Hölder. — 20
Sonderabdruck aus: „Sitzungsber. d. k. Akad. d. Wiss."

**Regen, Joh.**, physiologische Untersuchungen üb. Tierstimmen, s.: **Kreidl, Alois.**

**Regen**, Ludov (Albert Eduard. (geb. Berlin 1837) De uroscopia. Berolini (1865). (32 S.) 8°
Berlin, Med. Diss. 12. Aug. 1865

**Regenauer, A.**, über die Ausbildung der Rekruten bei der Infanterie. 16. (VIII, 77 S.) Kassel 880. Kay. cart. n. — 80

**Regenauer, A.**, der russische Donaufeldzug im J. 1853/54, s. **Petrow, A. N.**

Regenauer, Franz Anton

Regenauer, F.A (Hrsg.), s.a. **Accisordnung** Accis-u. Ohmgelds-Ordnung, Großh. Badische.

**Accis- und Ohmgelds-Ordnung, Grossh. Badische,** in ihrem gegenwärt. Umfange Karlsruhe 1822—1827 2. Aufl. Karlsruhe 1827 V *Regenauer, Franz Anton.* (Wa) (Engoec)

**Regenauer, F. A.**, Beleuchtung des von Abgeordneten d. Handelsstandes norddeutscher Handels- u. der vereinsländ. Meßplätze Frankfurt a. M. u. Leipzig bearb. u. im Novbr. v. J. der deutschen Reichsversammlung vorgelegten Entwurfs zu einem Zolltarif für das vereinte Deutschland. gr. 8. (VI u. 166 S.) Karlsruhe 849, Malsch & Vogel. 27 ngr

**Regenauer, F. A**, s.a **Gesetze u. Verordnn. über die Bewirthschaftung der Großherzogl. Badischen Cameral-Domainen.**

**Regenauer, F. A.**, Gesetze u. Verordnn. üb. die Bewirthschaftung der großherzogl. badisch. Kameral-Domainen, mit systemat. Inhaltsverzeichniß. Karlsr. 827. Müller. 2 fl 18 kr (Vergl. **Verordn.** f. die Domainen-Verwaltung.)

**Regenauer, Frz. Ant.**, der Staatshaushalt des Großherzogthums Baden in seinen Einrichtungen, seinen Ergebnissen u. seinen seit der Wirksamkeit der landständischen Verfassung eingetretenen Umgestaltungen. Ein Handbuch der badischen Staats-Finanzverwaltung. Karlsruhe 863. Müller. gr. 8. (XVI, 755 S.) 3 ℳ

—— über d. Verwaltung d. landesherrl. Zehnten im Großh. Baden, u. üb. d. Verwandlung dies. Zehnten in ständige Renten. gr. 12. (5½ B.) Karlsruhe 829, Braun.

**Regenbog, Jacobus.** Kurze Geschichte der Remonstranten; a. d. Holl.... Lemgo 1781—84. Ü: *Cramer, Heinrich Matthäus August.* (MGT)

**Regenboog**, Jak., Gesch. der Remonstranten. 2 Thle. gr. 8. Lemgo 781—84. Meyer. (1r 16 ℊ, 2r 14 ℊ) 1 ℛ 6 ℊ

**Regenbogen**, der, s. a Hakeschroth.

**Regenbogen**, der. Eine gleichnißart. Erzählg. 16. (24 S.) Barmen 872. (Wiemann.) n.n. — 13

**Regenbogen**, der, üb. dem Kreuz d. Freundes. 8. (139 S. m. 1 Farbendr.) Halberstadt 892. J. Schimmelburg. n. 1.50

**Regenbogen**, Eduard

**Regonbogen**, *Johann* Eduard [app. Arzt aus Neuenhaus i. H.]: Aus d. chirurg. Klinik in Kiel. Über die Behandlung der tiefen Atheromcysten am Halse ... Kiel, Druck d. „Nord-Ostsee-Zeitg", 1892; 15 S. 8.
Kiel, Med. Fak., Inaug.-Diss. v. [9. Aug.] 1892

**Regenbogen**, I. H., Commentatio de fructibus quos humanitas, libertas, mercatura, indùstria, artes, atq. disciplinae per cunctam Europ. perceperint e bello sacro. 8. maj. Gotha, Ettinger. 810.

***Regenbogen***, J. H., commentatio de fructibus, quos humanitas, libertas, mercatura, industria, artes atq. disciplinae per cunct. Europ. perceperint e bello sacro. 8maj. Amsterd. 809. 8maj. Leyd. 819. (Leipz., Weigel). 2 ℛ 8 ℊ

**Regenbogen**, Johann Eduard,
s. Regenbogen, Eduard

**Regenbogen, Johann Heinrich** (Dillenburg / Nassau), Cur maximam omnium aetatem adeptus Methusala sit. Disquis. Präs. Marquard Winckel. Herborn (Regelin) 25. III. 1762. 18 S. (—.—) 27884
Gew.: Georg Adam von Rauschard.

**Regenbogen**, Melch. Balth., Orbis pictus, s. Orbis.

**Regenbogen**, Melch. Balth., s. *Orbis* pictus, kleiner, für große Kinder.

**Regenbogen**, Otto, Compendium der Arzneimittellehre f. Thierärzte. gr. 8. (IX, 397 S.) Berlin 901. A. Hirschwald. n. 8.—

**Regenbogen**, Otto, Compendium der Arzneimittellehre f. Thieraerzte. 2., neubearb. Aufl. (XI, 402 S.) 8. Berlin 906. A. Hirschwald. n. 8.—

**Regenbogen-Achat.** Vom Regenbogen-Achat. An Hrn. C. E. Pabst v. Oheim. Hamburg. 1780. 4.

**Regenbogenachat**, vom, welchen d. Verfass. d. Pariser Akademie zuerst anerkannt hat. Mit Kpf. 4. Hamb. 780. Reuß. 16 ℊ

**Regenbogen-Bibel**, die, e. neue internationale, krit. Bibel-Uebersetzg., m. farb. Unterscheidg. der verschied. Quellen, nebst erklär. Anmerkgn. u. zahlr. Abbildgn. hrsg. v. Paul Haupt. Mit 14 Proben der Abbildgn. (Beschreibg. der Bibel durch Frdr. Jeremias.) (35 S. m. 2 Taf.) Lex.-8. Leipzig (906). J. C. Hinrichs' Verl. n. —50

**Regenbogenbrücke.** Zwei Märchen von der Verf. der „Sommerreise" und der „Afra Beit". Berlin 857. Schindler. 16. (83 S.) n. 10 ngr

**Regenbogenschüsselchen, Die.** Weimar 1818. V: *Vulpius, Christian August.* (Ky) (MGT)

**Regenbogenschüsseln, Zwei,** mit Aufschriften. O. O. 18?? V: *Friedländer, Jul.* (Cat. d. Stadtbibl. Zürich. Zürich 1864—97.)

**Regenboog**, Jak., s. Regenbog, Jakobus

**Regenbrecht**, (Sigism.) Bernard. (geb. Breslau 5. 9. 1832): De hydrocele. Berolini (1855). (27 S.) 8°
Berlin. Med. Diss. v. 1. Okt. 1855

Regenbrecht, Joannes Josephus
Dissertatio inauguralis de Imaginationum in philosophia abusu.
Trier 1826. 16 S.
Diss. philos. Giessen 3.7.1826. vorh. 26.7.

**Regenbrecht**, Joh. Jos.: De praecipuis argumentorum momentis, quibus deum esse divus Thomas Aquinas et Georgius Hermesius probaverunt, consentaneis. Vratislaviae 1837. (42 S.) 8° [*Ohne Examen u. Disputation.*]
[Breslau, Kath.-theol. Dr.-Diss. v. 16. Nov. 1836]

**Regenbrecht**, Joann. Jos., De philosophiae et theologiae necessitudine. Oratio, quam, cum illam docere inciperet in seminario Clementino Trevirensi die VI. a Non. Nov. 1824, habuit. Augustae Trev., 1824.
Recens. Katholik Bd. 18 (1825), S. 371—2.

**Regenbrecht**, M[ichael] Ed[uardus]: De canonibus Apostolorum et codice ecclesiae Hispanae. Vratislaviae (1828). (109 S.) 8° [*Im Buchhandel 1828 bei Max & Ko. in Breslau*]
Breslau, Jur. Fak., Antr.-Progr. als ord. Prof. v. 23. Dez. 1828

**Regenbrecht**, M. Ed., de canonibus apostolorum et codice ecclesiae Hispaniae. Dissert. juris canonici. 8 maj. (7 B.) Vratislaviae 828, Max et Soc.

**Regenbrecht**, M. Ed.: Commentatio ad l. 36. D. de acq. rer. dom. et l. 18. D. de reb. cred. Berolini (1820). (109 S.) 8°
Berlin. Jur. Diss. v. 8. Juli 1820

**Regenbrecht**, Erklärung an den Bisthums-Verweser u. Weihbischof Dr. Latussek über sein Ausscheiden aus der römisch-kathol. Kirche. Extra-Beilage zum Januar-Heft des 6. Bds. des Propheten. 9. Aufl. 4. (½ B.) Breslau 845, Gosohorsky's Buchh. *

**Regenbrecht**, M[ichael] Ed[uardus]: De origine regiminis ecclesiastici. Part. 1. Vratislaviae (1824). (38 S.) 4°
Breslau, Jur. Fak., Antr.-Progr. als außerord. Prof. v. 13. Sept. 1824

**Regenbrecht**, Sigismund Bernard, s. Regenbrecht, Bernard

**Regendanz**, Wilhelm, Kammergerichtsreferendar: Beiträge zur Lehre von der Beteiligung am gefährlichen Raufhandel. Magdeburg-N. 1906: R. Zacharias. (VIII, 40 S.) 8° [J.]
Tübingen, Jur. Fak., Ref. Beling, Diss. v. 30. Mai 1906
[Geb. 31. Mai 82 Elberfeld; Wohnort: Berlin; Staatsangeh.: Preußen; Vorbildung: Gymn. Mainz; Studium: Berlin 1, Heidelberg 1, Berlin 2, Kiel 2 S.; Coll. 10 Febr. 06.]

**Regener**, Edgar Alfr. (Hrsg.), s. Buddha: Worte.

**Regener**, Edg. Alfr., Ricarda Huch. Eine Studie. (87 S.) gr. 8. Leipzig 904. J. Zeitler. n. 1.80

Regener, Edg. Alfr., Iffland, s.a. Theater, das. 10. Bd.

Iffland. Von Edgar Alfred Regener. Berlin & Leipzig: Schuster & Loeffler [1904]. (80 S.) 8°
= Theater, Das. Bd 10. (05. 346

— E. M. Lilien. Ein Beitrag zur Geschichte der zeichnenden Künste. (232 S. m. Abbildgn. u. 1 Bildnis.) Lex.-8. Goslar 905. F. A. Lattmann. Geb. in Leinw. n. 8. —

— Wilhelm v. Scholz. (58 S.) kl. 8. Berlin (904). [Magazin-Verlag.] Leipzig, F. Rothbarth. n. — 50

Wilhelm v. Scholz, von Dr. Edgar Alfred Regener. 2. Aufl. Leipzig & Berlin: J. Hegner [1905]. (58 S.) 8° [F.] (05. 3807

Regener, Edgar Alfred: Tieck-Studien. 3 Kapitel zu d. Thema: 'Der junge Tieck.' *Wilmersdorf-Berlin [1903]: O. Riemer.* (121 S.) 8° ¶ (Studien u. Teile eines späteren Werkes: Der junge Tieck.)
Rostock, Phil. Diss. v. [18. Juli] 1903

— Worte Buddhas, s.a. Breviere ausländ. Denker u. Dichter. II.

Edgar Alfred Regener. Worte Buddhas. Minden i. W.: J. C. C. Bruns (1904). (XIV, 167 S.) 8°
= Breviere ausländischer Denker u. Dichter. Bd 2. (07. 5811

Regener, Edg. Alfr., Worte Tolstois, s.a. Breviere ausländischer Denker u. Dichter.

Edgar Alfred Regener. Worte Tolstois [Lev Nikolaevič Graf Tolstoj, Ausz.]. Minden i. W.: J. C. C. Bruns (1907). (XI, 240 S.) 8°
= Breviere ausländischer Denker u. Dichter. Bd 5. (08. 4906

REGENER, Emilius: Erfahrungen über den Nahrungsverbrauch und über die Lebensweise, Lebensdauer und Vertilgung der großen Kiefern-Raupe (Phalaena bombyx pini). - Leipzig 1865. 15 S.

Regener, Emil, Jagdmethoden u. Fanggeheimnisse. Ein Handbuch für Jäger u. Jagdliebhaber. Mit vielen Witterungen u. mit 60 in den Text gedr. Abbildgn. von Fang-Apparaten, Wildfährten, Fährtenstellungen u. Geweihen (in Holzschn.) 860. (XII, 208 S.) — 2. Aufl. 861. (XII, 236 S.) — 3. verb. u. verm. Aufl. Potsdam 864. Döring. gr. 8. (XII, 251 S.) n. 1 ₰ 15 ngr.

Regener, Emil, Jagdmethoden u. Fanggeheimnisse. Ein Handbuch f. Jäger u. Jagdliebhaber. Mit vielen Wittrgn. u. m. 60 in den Text gedr. Abbildgn. (in Holzschn.) v. Fang-Apparaten, Wildfährten, Fährtenstellgn. u. Geweihen. 4. verb. u. verm. Aufl. gr. 8. (XII, 251 S.) Potsdam 873. Döring. n. 4. 50

Regener's, Emil, Jagdmethoden und Fanggeheimnisse. Ein Handbuch für Jäger und Jagdliebhaber. Mit vielen Witterungen und mit 60 in den Text gedr. (Holzschn.-)Abbildungen von Fang-Apparaten, Wildfährten, Fährtenstellungen und Geweihen. 5. Aufl. Durchgesehen und verb. von C. v. Schlebrügge. gr. 8. (XII, 259 S.) Potsdam 877, Döring. *

Regener's, Emil, Jagdmethoden u. Fanggeheimnisse. Ein Handbuch für Jäger u. Jagdliebhaber. Mit vielen Witterungen u. m. 60 in den Text gedr. (Holzschn.-)Abbildungen von Fang-Apparaten, Wildfährten, Fährtenstellungen u. Geweihen. 6. Aufl. Durchgesehen u. verb. von C. von Schlebrügge. gr. 8. (VII, 259 S.) Potsdam 880. Döring. n. 5.

Regener's, Emil, Jagdmethoden u. Fanggeheimnisse. Ein Handbuch f. Jäger u. Jagdliebhaber. Mit vielen Wittergn. u. m. 60 in den Text gedr. Abbildgn. v. Fang-Apparaten, Wildfährten, Fährtenstellungen u. Geweihen. 7. Aufl. Durchgesehen u. verb. von C. v. Schlebrügge. gr. 8. (XII, 259 S.) Potsdam 884. Döring. n. 5. —

Regener's, E., Jagdmethoden u. Fanggeheimnisse. Ein Handbuch f. Jäger u. Jagdliebhaber. Mit vielen Wittrgn. u. m. 60 in den Text gedr. Abbildgn. v. Fang-Apparaten, Wildfährten, Fährtenstellgn. u. Geweihen. 8. Aufl. Durchgesehen u. verb. von C. v. Schlebrügge. gr. 8. (XII, 259 S.) Potsdam 888. Döring. n. 5. —

Regener's, Emil, Jagdmethoden u. Fanggeheimnisse. Ein Handbuch f. Jäger u. Jagdliebhaber. Mit vielen Wittrgn. u. m. 60 in den Text gedr. Abbildgn. v. Fang-Apparaten, Wildfährten, Fährtenstellgn. u. Geweihen. 9. Aufl. Durchgesehen u. verb. von C. v. Schlebrügge. gr. 8. (XII, 259 S.) Potsdam 894. E. Döring. n. 5. —; geb. in Leinw. n. 6. 50

Regener, E: Jagdmethoden und Fanggeheimnisse. 10. Aufl. Hrsg. v. d. Red. d. »Deutschen Jägerzeitung«. Neudamm (1902)

Emil Regeners Jagdmethoden und Fanggeheimnisse. Ein Handbuch f. Jäger u. Jagdliebhaber. Mit vielen Vorschriften z. Bereitung von Wittrungen aller Art u. mit 220 Abb. von Fangapparaten ... 10. Aufl. hrsg. von d. Red. d. 'Deutschen Jäger-Zeitung'. *Neudamm: J. Neumann (1903).* (XV, 450 S.) 8° [F.]
(J. Neumanns Jagdlich-Kynologische Büchersammlung.) (04. 7018

Regener, Erich, a. Schleusenau b. Bromberg: Über die chemische Wirkung kurzwelliger Strahlung auf gasförmige Körper. (Gräfenhainichen: C. Schulze & Co. 1905.) (31 S.) 8°
Berlin, Phil. Fak., Ref. Drude, Planck, Diss. v. 12. Aug. 1905
(Geb. 12. Nov. 81 Schleusenau bei Bromberg (Prov. Posen); Heimatsort: Berlin; Staatsangeh.: Preußen; Vorbildung: Gymn. Bromberg Reife O. 00; Studium: Berlin 10 S.; Rig. 17. Juli 05.)

Regener, Erich, über Zählung der α-Teilchen durch die Szintillation u. üb. die Grösse des elektrischen Elementarquantums. (S. 948—965.) Lex. 8. Berlin 909. G. Reimer. 1. —
Sonderabdr. aus: „Sitzungsber. d. preuss. Akad. d. Wiss."

Regener, Fr.

— Schopenhauers Ansichten üb. Erziehung, s. Zeit- u. Streitfragen, pädagogische.

Regener, Fr., Aristoteles als Psychologe, s.a. Magazin, pädagogisches.

Aristoteles als Psychologe. Von Fr. Regener, Seminarl. in Braunschweig. *Langensalza: H. Beyer & Söhne 1901.* (64 S.) 8°
— Magazin, Pädagogisches. H. 161. (03. 8837

Regener, Fr., Elemente der Logik. (192 S.) gr. 8. Breslau 903. F. Hirt. n. 2. 25; geb. n. 2. 80

— die biblische Geschichte in kurzer pragmatischer Darstellung. Mit e. Karte v. Palästina u. e. Plan v. Jerusalem. gr. 8. (VII, 120 S.) Gera 899. Leipzig, Th. Hofmann. n. 1. 20; geb. n.n. 1. 60

Regener, Fr, Grundzüge e. allgemeinen Methodenlehre des Unterrichts. gr. 8. (487 S.) Gera 893. Th. Hofmann. n. 4. —; geb. n.n. 5. —

Grundzüge einer allgemeinen Methodenlehre des Unterrichtes. Von Fr[iedrich] Regener. 2. Aufl. Leipzig & Berlin: Teubner 1908. V, 508 S. 8° (09. 2084

— Dr. Martin Luthers kleiner Katechismus. Für den Schulunterricht erläutert. gr. 8. (IV, 205 S.) Leipzig 902. Th. Hofmann. n. 2. 40; geb. in Leinw. n. 2. 80

Regener, Fr., Dr. Martin Luthers kleiner Katechismus. Für den Schulunterricht erläutert. 2. Aufl. (IV, 204 S.) 8. Leipzig 907. B. G. Teubner. 2.80; geb. 3.20

-- Die Prinzipien der Reformpädagogik, s.a. Zur Fortbildung des Lehrers.

Die Prinzipien der Reformpädagogik. Anregungen zu ihrer krit. Würdigung. Von Fr[iedrich] Regener, Sem.Oberl. Berlin: Gerdes & Hödel 1910. 81 S. 8°
(Zur Fortbildung d. Lehrers. H. 25.) (10. 1219)

Regener, Fr., Skizzen zur Geschichte d. Pädagogik. gr. 8. (VI, 222 S.) Langensalza 898. H. Beyer & Söhne. n. 2.60

— Skizzen zur Geschichte der Pädagogik. 2., verb. u. verm. Aufl. (VI, 288 S.) gr. 8. Langensalza 904. H. Beyer & Söhne. n. 3.20; geb. n. 4.20

— allgemeine Unterrichtslehre. Im Grundrisse dargestellt. gr. 8. (232 S.) Gera 894. Th. Hofmann. n. 2 40; geb. n.n. 3 —

— allgemeine Unterrichtslehre. Im Grundrisse dargestellt. 2. Aufl. gr. 8. (VIII, 262 S.) Ebd. 902. n. 2.80; geb. in Leinw. n. 3.20

— allgemeine Unterrichtslehre. Im Grundrisse dargestellt. 3. Aufl. (VI, 268 S.) 8. Leipzig 906. B. G. Teubner. Geb. in Leinw. n. 3.20

— besond. Unterrichtslehre. Im Grundrisse dargest. gr. 8. (VIII, 391 S.) Gera 896. Th. Hofmann. n. 3.40; geb. n.n. 4.—

— besondere Unterrichtslehre. Im Grundrisse dargestellt. 2., durchgeseh. u. verm. Aufl. gr. 8. (VIII, 408 S. m. 7 Fig.) Gera 901. Ebd. n. 3.50; geb. n. 4.—
56

— besondere Unterrichtslehre. Im Grundrisse dargestellt. 3. verb. Aufl. (VIII, 432 S. m. 7 Fig.) 8. Leipzig 905. [Th. Hofmann.] B. G. Teubner. Geb. in Leinw. n. 4.20

Regener, Richard: Beitrag zur Theorie der Anziehung der Ellipsoide. Halle a. S. 1885: Plötz. 17 S. 4°
Halle-Wittenberg, Phil. Diss. v. [10. Juli] 1885
Geb. Magdeburg 9. 4. 1855. V.

Régénération, la, recueil mensuel destiné a améliorer la situation relig. et morale des Israelites, publ. par Sim. Bloch et plusieurs savans israelites. — Die Wiedergeburt. Eine Monatschr. z. Beförderung relig. Aufklär. u. moral. Bildung (der Israeliten). Hrsg. v. Sim. Bloch, in Verbind. mit mehr. israelit. Gelehrten. Jahrg. 1836. 12 Hfte. gr. 4. Straßburg, (Treuttel u. Würtz.) *

Regeneration. Central-Organ d. Vereine f. Regeneration (nach Damm's Lehre). Red.: Klem. Reuschel. 1. u. 2. Jahrg. 1896 u. 1898. à 12 Nrn. (à ca. 6 S.) gr. 4. Berlin, Dr. A. Damm. à Jahrg. n. 3.—

Regeneration. Central-Organ der Vereine f. Regeneration. Hrsg. v. Damm. Jahrg. 1899—1901. à 12 Nrn. gr. 4. (à ca. 8 S.) Berlin, Dr. Damm's Selbstverlag. à Jahrg. n. 3.—

— dasselbe. Jahrg. 1902. 12 Nrn. gr. 4. (à ca. 8 S.) Ebd. n.n. 5.—

Regeneration. Monatsschrift. Hrsg. v. Alfr. Damm. Jahrg. 1904. 12 Nrn. (98 S.) gr. 8. Bremen [O. Melchers]. Köln-Lindenthal, „Volkskraft"-Verlag. 4.—
Fortsetzung s.: Volkskraft.

Regeneration, die, der Wiener Börse. Praktische Reformvorschläge e. Financiers. gr. 8. (12 S.) Wien 883. (Gerold's Sohn.) n. — 80

— de la France, p. le Général D**. 8. Giessen, Heyer et L. 799.

— — le même. 8. Marburg, Krieger. 799.

Regeneration, Mecklenburgs, eine Skizze z. weitern Erwägung. 8. Rostock, Stiller. 812.

Regeneration, höchst nothwend. polit.-publicist. Deutschlands, wegen d. auf d. Entschädigungssystem u. dessen Folgen hervorgehend. Umwandlung sr. wichtigsten staatsrechtl. Verhältnisse. 8. Leipz. 803. Cr. Fleischer. 1 ℳ

Regeneration Oesterreichs durch Republicanisirung Veneziens. Hamburg 861. Hoffmann & Campe. 8. (27 S.) 5 ngr.

Regeneration, Die, der deutschen Studentenschaft . . . Würzburg 1869. V: *Curti*, *Carl Theodor*. (Erman & Horn, Bibliogr. d. dtsch. Universitäten. 1. Leipz. u. Berl. 1904.)

Regeneration, die, der deutschen Studentenschaft. Vom Verf. der Broschüre: Die deutsche Studentenschaft; eine academ. Zeitstudie. Würzburg 869. Stuber. 8. (56 S.) n. 7 ngr.

Regeneration, die, Ungarns. Lichtstrahlen aus Graf Stefan Széchenyi's Werken. Von Peregrinus. gr. 8. (V, 48 S.) Budapest 887. Tietz. n. — 80

Regenerations-Bibliothek. Nr. 1—5. kl. 8. Köln(-Lindenthal), „Volkskraft"-Verlag. n. 2.20
1. Völkerdegeneration. Von E. Peters. (61 S.) 906. n. — 50
2. Geschlechtsleben u. Entartung. Von E. Peters. (36 S.) 906. n. — 30
3. Anatomie u. Physiologie des Nervensystems. Von E. Peters. (Mit 4 Kunstdr.-Bildtaf. u. 3 Zeichngn. im Text.) (32 S.) 906. n. — 40
4. Die Kulturkrankheit. Wirkungen u. Folgen der sinnl. Fehler. Chronische Krankheiten, Nervosität, ihre Entstehg. u. ihr Zusammenhang. Von E. Peters. (66 S.) 906. n. — 60
5. Nervenreize u. ihre Wirkungen bei gesunden u. kranken Menschen. (Wie bewahre ich meine Nervenkraft?) Von E. Peters. (52 S. m. Fig.) 906. n. — 40

Regenfus, Jodokus Wilhelm (Nürnberg), De quantitate et usu propositionum indefinitarum. Diss. log. Präs. Johann Albert Spis. Altdorf (J. G. Meyer) 27. VI. 1758. 34 S. (4.75) 27885
Widm. v.: Joh. Augustin Dietelmair, Johann Albert Spis, Joh. Andr. Mich. Nagel, Georg Christoph Schwarz (Opp., dtsch.), Wolfgang Jakob Herold (Opp.), Johann Georg Rosenmuller (Opp.).

Regenfus, Vitus Hieronymus

— Betracht. üb. die sieben Worte Christi am Kreuz. 8. Nürnberg, Raspe. 738.

Regenfussen, Vict. Hier., 312 Bußandungen auf alle Wochentage des ganzen Jahres. gr. 8. Schwab. Enders. 742.

— Vitus Hieronymus (Nürnberg), De fatis vocum quarundam. Exercit. phil. Präs. Christian Gottl. Schwarz. Altdorf (Kohle) 6. X. 1714. 32 S. (4.50)
Widm. v.: Christian Gottlieb Schwartz. 27886

Regenfus, Vitus Hieronymus [Praes.], s. Rumpler, Johann Andreas: De interpunctione decalogi, cumprimis praecepti IX. et X., ad illustrationem uberiorem Exod. XX, v. 2–17 et Deut. V, 7–18.

**Regenfuss, Franz Michael.**
Auserlesene Schnecken, Muscheln und andere Schaalthiere . . . Copenhagen 1758. V (Einleitung): *Cramer, Joh. Andr.* V (Text): *Kratzenstein, Chn Gottlieb, Pet. Ascanius & Lor. Spengler.* (Ebert)

Regenfussen, Vict. Hieronymus, s. Regenfus, Vitus Hieronymus

**Regenhagen,** Otto, Compendium der Arzneimittellehre f. Thierärzte. gr. 8. (IX, 397 S.) Berlin 901. A. Hirschwald. n. 8.—

Regenhardt, Karl

**Regenhardt's,** C., Adressbuch f. Chemikalien u. Drogen, Parfümerieen, Seifen, Farbwaren, Oele u. Fette, Apotheken u. verwandte Geschäftszweige. 1.—8. Lfg. Lex.-8. (S. 1—256.) Berlin 889. 890. Regenhardt. à n. 1.—

**Regenhardt's,** C., Adressbuch f. Chemikalien u. Drogen, Parfümerieen, Seifen, Farbwaren, Oele u. Fette, Apotheken u. verwandte Geschäftszweige. 8.—14. (Schluss-)Lfg. Lex.-8. (S. 257—440.) Berlin 891. 892. C. Regenhardt. à n. 1.— (kplt.: n. 14.—; geb. n. 16.—)

— dasselbe f. Eisenwaren u. Maschinen, einschliesslich der Schlosser, Schmiede u. Blecharbeiter, Gas- u. Wasserleitungsgeschäfte etc. 1.—10. Lfg. Lex.-8. (S. 1—608.) Ebd. 889. 890. à n. 1.—

— dasselbe f. Eisenwaren u. Maschinen einschliesslich der Schlosser, Schmiede u. Blecharbeiter, Gas- u. Wasserleitungsgeschäfte etc. 11.—18. (Schluss-)Lfg. Lex.-8. (VI, X, XXXIV S. u. S. 609—1120.) Ebd. 890—892. à n. 1.— (kplt.: n. 18.—; geb. n. 20.—)
Hieraus folgende Einzelausgaben. Kart. à n. 6.— Königr. Bayern. (166 S.) — Brandenburg u. Prov. Sachsen. (114 u. 78 S.) — Elsass-Lothringen u. Grossh. Hessen. (118 S.) — Hamburg — Bremen — Lübeck. Herzogth. Braunschweig u. Grossh. Mecklenburg. (56, 4 S., S. 273—286, 4, 14 u. 23 S.) — Hannover u. Schleswig-Holstein. (64, 44 u. 10 S.) — Pommern u. Ost- u. Westpreussen. (34 u. 43 S.) — Rheinprovinz m. Birkenfeld (u. Westphalen). (162 u. 70 S.) — Königr. Sachsen u. Thüringen. (194 S.) — Die Provv. Schlesien u. Posen. (84 u. 28 S.) — Württemberg u. Baden. (96 u. 74 S.)

— dasselbe f. Getreide u. Mühlen einschliesslich der Brau- u. Brennereien sowie der grösseren Gutsbesitzer. 27 Lfgn. gr. 8. (VIII, 860 S. u. Ortsreg. LXXI S.) Ebd. 892—894. à n. 1.—

— dasselbe f. Kolonialwaren u. Nahrungsmittel, einschliesslich der Gasthöfe, Restaurationen, Konditoreien u. verwandter Geschäftszweige. 1.—15. Lfg. Lex.-8. (1. Bd. IV, 790 S. u. 2. Bd. S. 1—160.) Ebd. 889. 890. à n. 1.—

— dasselbe f. Kolonialwaren u. Nahrungsmittel, einschliesslich der Gasthöfe, Restaurationen, Konditoreien u. verwandter Geschäftszweige. 16.—26. (Schluss-)Lfg. Lex.-8. (2. Bd. IV, IV, XXV S. u. S. 161—796.) Ebd. 891. 892. à n. 1.— (kplt.: n. 26.—)
Hieraus folgende Einzelausgaben. Kart. à n. 6.— Königr. Bayern. (128 S.) — Brandenburg u. Prov. Sachsen. (84 u. 46 S.) — Elsass-Lothringen u. das Grossherzogth. Hessen. (80 S.) — Hamburg — Bremen — Lübeck. — Braunschweig u. Mecklenburg. (23, 6, 2, 12 u. 14 S.) — Hannover u. Schleswig-Holstein (38 u. 24 S.) — Pommern u. Ost- u. Westpreussen. (18 u. 26 S.) — Rheinprovinz m. Birkenfeld. (114 S.) — Königr. Sachsen u. Thüringen. (168 S.) — Die Provv. Schlesien u. Posen. (56 u. 18 S.)

— dasselbe für Kurzwaren einschliesslich Spielwaren, sowie Glas-, Porzellan- u. Töpferwaren, Bijouterie-, Galanterie-, Korb- u. Drechslerwaren u. s. w. Deutsches Reich. 17 Lfgn. gr. 8. (XVI, 508 u. XXIV S.) Ebd. 892—894. à n. 1.—

— dasselbe der Manufakturisten u. aller verwandten Geschäftszweige. 14 Lfgn. gr. 8. (X, 917 S. m. chromolith. Karten.) Ebd. 887. 888. à n. 1.—

— dasselbe f. Manufaktur- u. Strumpfwaren, einschliesslich der Spinnereien, Webereien, Färbereien u. Appreturanstalten, sowie der Kürschner, Handschuh-, Schirm- u. Putzgeschäfte, Posamenten-, Hut- u. Kleidermacher etc. 2. Aufl. 24 Lfgn. gr. 8. (XXXIII, XVI, 1288 S.) Ebd. 892—894. à n. 1.—

— dasselbe f. Papierwaren, sowie Schreib- u. Ledergalanteriewaren, Buchdruckereien, Buchbindereien, Buch- u. Zeitungsverleger u. damit in Verbindg. steh. Geschäftszweige. (In etwa 10 Lfgn.) 1.—8. Lfg. Lex.-8. (S. 1—272.) Ebd. 889. 890. à n. 1.—

— dasselbe f. Papierwaren, sowie Schreib- u. Ledergalanteriewaren, Buchdruckereien, Buchbindereien, Buch- u. Zeitungsverleger u. damit in Verbindg. steh. Geschäftszweige. 9.—14. (Schluss-)Lfg. Lex.-8. (XX u. S. 273—468.) Ebd. 891. à n. 1.— (kplt.: n. 14.—; geb. n. 16.—)

**Regenhardt's, C.,** Almanach f. 1899. Nachschlagebuch f. Jedermann. M. e. Post- u. Eisenbahnkarte. 4. Jahrg. gr. 8. (VIII, 472 S. m. eingedr. Bildn.) Berlin, C. Regenhardt. n. 1.—; geb. in Leinw. n. 1.50

**Regenhardt's, C.,** Almanach f. 1901. Nachschlagebuch f. Jedermann. Mit e. Post- u. Eisenbahnkarte. 6. Jahrg. gr. 8. (VIII, 501 S. m. Abbildgn., eingedr. Bildnissen u. 1 Taf.) Berlin, C. Regenhardt. n. 1.—; geb. in Leinw. n. 1.50
Erscheint nicht mehr.

**Regenhardt's,** C., Fabrikanten u. Exportwaren-Lexikon. Illustrirter Führer durch die gesammte Industrie in Deutschland, Oesterreich-Ungarn u. der Schweiz. Mit steter Rücksicht auf die Erzeugnisse d. Auslandes, soweit solche sich über die Grenzen der eigenen Heimat hinaus Eingang verschafft haben, u. einem Anh.: Die Colonialwaaren, ihre jenseit. Producenten u. diesseit. Importeure. (In ca. 16 Lfg.) 1—3. Lfg. gr. 4. (128 S.) Berlin 879—82. Regenhardt. à n. 1.—

**Regenhardt's,** C., Fabrikanten- u. Exportwaren-Lexikon. Illustrirter Führer durch die gesammte Industrie in Deutschland, Oesterreich-Ungarn u. der Schweiz. Mit steter Rücksicht auf die Erzeugnisse d. Auslandes, soweit solche sich üb. die Grenzen der eigenen Heimat hinaus Eingang verschafft haben. Als Anh.: Die Colonialwaren, ihre jenseit. Producenten u. diesseit. Importeure. 4—13. Lfg. gr. 4. (1. Abth. S. 129—422 u. 2. Abth. 1—96.) Berlin 883. 84. Regenhardt. à n. 1.—

— dasselbe. Adressbuch der Fabrikanten u. Grosshandlungen in Deutschland, Oesterreich-Ungarn u. der Schweiz. Mit steter Rücksicht auf die Erzeugnisse d. Auslandes, soweit solche üb. die eigene Heimat hinaus Eingang gefunden haben. Mit e. Anh.: Die Colonialwaren, ihre jenseit. Ex- u. diesseit. Importeure. 3 Abthlgn. in 1 Bd. gr. 4. (XVI, 422; 306 u. 108 S.) Ebend. 885. In Halbfdr. geb. n. 20.—

— Fabrikanten- und Exportwaren-Lexikon. Adressbuch d. Fabrikanten u. Grosshandlgn. in Deutschland, Oesterreich-Ungarn u. der Schweiz. M. steter Rücksicht auf d. Erzeugnisse d. Auslandes, sow. diese f. d. Welthandel Bedeutung haben. M. e. Anh.: D. Kolonialwaren. Ihre jenseit. Ein- u. diesseit. Ausfuhrgeschäfte. 2., vollst. neubearb. Aufl. 19 Lfgn. gr. 4. (XXIV, 596 S.) Ebd. 895—897. à Lfg. n. 1.—

— Fachadressbücher. Adressbuch f. Eisenwaren u. Maschinen, einschl. der Schlosser, Schmiede u. Blecharbeiter, Gas- u. Wasserleitungsgeschäfte u. s. w. 2., vollst. neu bearb. Aufl. (In 18 Lfgn.) 1. Lfg. gr. 8. (S. 1—64.) Ebd. 898. n. 1. —

— Fachadressbücher. Adressbuch f. Eisenwaaren u. Maschinen, Lampen-, Bronze- u Metallwaren, einschl. der Schlosser, Schmiede u. Blecharbeiter, Gas- u. Wasserleitungsgeschäfte u. s. w., sowie aller einschläg. Geschäftszweige. Deutsches Reich. 2. Aufl. 2.—18. Lfg. gr. 8. (XXII, S. 65—856 u. XXXII S. Nachtr. 30 S.) Ebd. 898—900. à n. 1. —; (kplt. geb. n. 20. —)

— dasselbe. Adressbuch f. Fahrräder u. Nähmaschinen m. allem Zubehör u. den damit in Verbindung steh. Geschäftszweigen unter Berücksicht. der Motor- u. Automobil-Industrie f. das Deutsche Reich, Oesterreich-Ungarn u. die Schweiz. gr. 8. (VIII, XV, 478 S.) Ebd. 899—901. n. 10. —; geb. in Leinw. n. 12. —

— dasselbe. Adressbuch f. Getreide u. Mühlen, einschliesslich der Brauereien, Brennereien u. grösseren Gutsbesitzer. Deutsches Reich. 2. wesentlich erweit. u. verb. Aufl. gr. 8. (VIII, 1010, II, I, II, I, I, I u. XCVI S.) Ebd. 901—903. n. 25. —; geb. n. 28. —

—— Geschäfts-Kalender für den Reichsverkehr. Adressbuch der bewährtesten Bankfirmen und Spediteure, der Gerichte, Advokaten und Gerichtsvollzieher, sowie der Consuln in allen nennenswerthen Orten des Reichs. Mit steter Berücksicht. der Zoll- und Verkehrs-Anstalten. 1879—1885. 1.—7. Jahrg. gr. 16. (à Jahrg. ca. 360—380 S.) Berlin, Regenhardt. geb. à Jahrg. *

— Geschäftskalender f. den Reichsverkehr. Adressbuch der bewährtesten Bankfirmen u. Spediteure, der Gerichte, Advokaten u. Gerichtsvollzieher, sowie der Konsuln in allen nennenswerten Orten d. Reichs. Mit steter Berücksicht. der Zoll- u. Verkehrsanstalten. 1887. 9. Jahrg. gr. 16. (183 u. 192 S. m. 1 Karte.) Ebend. geb. n. 1. 80

— Geschäftskalender f. den Reichsverkehr. Adressbuch der bewährtesten Bankfirmen u. Spediteure, der Gerichte, Advokaten u. Gerichtsvollzieher, sowie der Konsuln in allen nennenswerten Orten d. Reichs. Mit steter Berücksicht. der Zoll- u. Verkehrs-Anstalten. 1891. 13. Jahrg. Geschlossen am 1. Septbr. 1890. gr. 16. (188 S. u. Schreibkalender m. 1 chromolith. Karte.) Ebd. geb. n.n. 1. 80

— Geschäftskalender f. den Reichsverkehr. Adressbuch der bewährtesten Bankfirmen, Spediteure u. Advokaten, der Gerichte u. Gerichtsvollzieher, sowie der Konsuln in allen nennenswerten Orten d. Reiches. Mit Angabe der Einwohnerzahlen, sowie der Zoll- u. Verkehrsanstalten. 1894. 16. Jahrg. Geschlossen am 1. Septbr. 1893. gr. 16. (205 S. u. Schreibkalender.) Ebd. 894. Geb. n.n. 1. 80

— Geschäftskalender f. d. Reichsverkehr. Adressb. d. bewährtesten Bankfirmen, Spediteure u. Advokaten, d. Gerichte u. Gerichtsvollzieher, sow. d. Konsuln in allen nennenswerten Orten d. Reiches, M. Angabe d. Einwohnerzahlen, sow. d. Zoll- u. Verkehrsanstalten. 1899. 21. Jahrg. Geschlossen am 1. IX. 1898. 12. (208 S. u. Schreibkal.) Ebd. Geb. in Leinw. n.n. 1. 80

— Geschäftskalender f. den Reichsverkehr. Vermittler der direkten Auskunft. Adressbuch der bewährtesten Bankfirmen, Spediteure u. Advokaten, der Gerichte u. Gerichtsvollzieher, sowie der Konsuln in allen nennenswerthen Orten des Reiches. Mit Angabe der Einwohnerzahlen, sowie der Zoll- u. Verkehrs-Anstalten. 1902. 24. Jahrg. Geschlossen am 1. IX. 1901. 12. (280 S. u. Schreibkalender.) Ebd. Geb. in Leinw. n. 2. —

Regenhardt's, Carl, Geschäftskalender für den Reichsverkehr. Vermittler der direkten Auskunft. Adressbuch von Bankfirmen, Spediteuren, Advokaten, Hotels, Konsulaten u. Auskunftserteilern in allen nennenswerten Orten des Reiches. Mit Angabe der Einwohnerzahlen, der Gerichte, des Bahn- u. Dampfschiffsverkehrs, sowie der Zollanstalten usw. 1907. 29. Jahrg. Geschlossen am 1. IX. 1906. (336 S. u. Schreibkalender.) kl. 8. Berlin-Schöneberg, C. Regenhardt. Geb. in Leinw. n. 2. —

Regenhardt's, C., Geschäftskalender f. den Reichsverkehr. Vermittler der direkten Auskunft. Verzeichnis v. Bankfirmen, Spediteuren, Advokaten, Hotels, Konsulaten u. Auskunftserteilern in allen nennenswerten Orten des Reiches. Mit Angabe der Einwohnerzahlen, der Gerichte, des Bahn- u. Dampfschiffsverkehrs, sowie der Zollanstalten usw. 1911. 33. Jahrg. Geschlossen am 1. IX. 1910. (384 S. u. Schreibkalender.) kl. 8. Berlin-Schöneberg, C. Regenhardt. Geb. in Leinw. 2. 50

— dasselbe für den Weltverkehr. Nebst Adressbuch der Consuln in allen nennenswerthen Orten der Welt. 1883. 8. Jahrg. gr. 16. (336 u. 188 S.) Ebend. geb. n. 2. 50

— dasselbe, f. den Weltverkehr. 1887. 12. Jahrg. gr. 16. (336 u. 192 S.) Ebend. geb. n.n. 2. 60

— dasselbe f. den Weltverkehr. Adressbuch der bewährtesten Bankfirmen u. Spediteure, der Gerichte, Advokaten u. Gerichtsvollzieher, sowie der Konsuln in allen nennenswerten Orten der Welt. Mit steter Berücksicht. der Zoll- u. Verkehrs-Anstalten. 1891. 16. Jahrg. Geschlossen am 1. Septbr. 1890. gr. 16. (352 S. u. Schreibkalender m. 1 chromolith. Karte.) Ebd. geb. n.n. 2. 60

Regenhardt's, C., Geschäftskalender für den Weltverkehr 1893. (18. Jahrg.) — Adressbuch der bewährtesten Bankfirmen, Spediteure und Advocaten, der Gerichte und Gerichtsvollzieher, sowie der Consuln in allen nenneswerthen Orten der Welt. Mit Angabe der Einwohnerzahlen, sowie der Zoll- und Verkehrsanstalten. 4. Auflage. 8. (352 S. mit Tagebuch.) In Lwd. geb. Wien, Regenhart

— dasselbe f. den Weltverkehr. Adressbuch der bewährtesten Bankfirmen, Spediteure u. Advokaten, der Gerichte u. Gerichtsvollzieher, sowie der Konsuln in allen nennenswerthen Orten der Welt. Mit Angabe der Einwohnerzahlen, sowie der Zoll- u. Verkehrsanstalten. 1894. 19. Jahrg. 2. Aufl. Geschlossen am 1. Septbr. 1893. gr. 16. (376 S. u. Schreibkalender.) Ebd. Geb. in Leinw. n.n. 2. 60

— dasselbe für d. Weltverkehr. Adressbuch d. bewährtesten Bankfirmen, Spediteure u. Advokaten, d. Gerichte u. Gerichtsvollzieher, sowie der Konsuln in allen nennenswerten Orten d. Welt. M. Angabe der Einwohnerzahlen, sowie der Zoll- u. Verkehrs-Anstalten. 1899. 24. Jahrg. 2. Aufl. Geschlossen am 1. IX. 1898. 12. (376 S. u. Schreibkal.) Ebd. Geb. in Leinw. n. 2. 80

— dasselbe f. den Weltverkehr. Vermittler der direkten Auskunft. Adressbuch der bewährtesten Bankfirmen, Spediteure, Advokaten, der Gerichte, Gerichtsvollzieher, Prozessagenten, der Konsulate u. Auskunftserteiler in allen nennenswerten Orten der Welt. Mit Angabe der Einwohnerzahlen, sowie der Zoll- u. Verkehrs-Anstalten. 1903. 28. Jahrg. 2. Aufl. Geschlossen am 1. IX. 1902. 12. (576 S. u. Schreibkalender.) Ebd. Geb. in Leinw. n. 3. —

— dasselbe f. den Weltverkehr. Vermittler der direkten Auskunft. Adressbuch v. Bankfirmen, Spediteuren, Advokaten, Hotels, Konsulaten u. Auskunftserteilern in allen nennenswerten Orten der Welt. Mit Angabe der Einwohnerzahlen, der Gerichte, des Bahn- u. Dampfschiffsverkehrs, sowie der Zollanstalten usw. 1907. 32. Jahrg. Geschlossen am 1. IX. 1906. (752 S. u. Schreibkalender.) kl. 8. Ebd. Geb. in Leinw. n. 3. —

Regenhardt, C., Geschäftskalender für den Weltverkehr. Vermittler der direkten Auskunft. Adreßbuch von Bankfirmen, Spediteuren, Advokaten, Hotels, Konsulaten und Auskunftserteilern in allen nennenswerten Orten der Welt. Mit Angabe der Einwohnerzahlen, der Gerichte, des Bahn- und Dampfschiffsverkehrs sowie der Zollanstalten usw. Jg. 33 (1908). Berlin-Schöneberg, 1907. 768 S.

— dasselbe f. den Weltverkehr. Vermittler der direkten Auskunft. Verzeichnis v. Bankfirmen, Spediteuren, Anwälten, Advokaten, Konsulaten, Hotels u. Auskunftserteilern in allen nennenswerten Orten der Welt. Mit Angabe der Einwohnerzahlen, der Gerichte, des Bahn- u. Dampfschiffsverkehrs, sowie der Zollanstalten usw. 1911. 36. Jahrg. Geschlossen am 1. IX. 1910. (848 S. u. Schreibkalender.) kl. 8. Ebd. Geb. in Leinw. 3. 50

—— Geschäfts-Tagebuch für 1881—1885. 1.—5. Jahrg. gr. 16. (à Jahrg. ca. 48, 188 S.) Ebendas. geb. à Jahrg. *

— international guide for merchants, manufacturers & exporters. A mediator of direct information. Directory of the best accredited and most valuable firms of banks, bankers, commission and forwarding agents, lawyers, notaries, solicitors and all the consulates of the globe. Containing also many commercial statistics and indicating for each place of any importance a trustwortly firm that gives direct information. 1902. 27. ed. Closed septbr. 1. 1901. 12. (543 S.) Ebd. Geb. in Leinw. n. 3. —

— international guide for merchants, manufacturers & exporters. A medium of direct information. Directory of the best accredited and most reliable firms of banks, bankers, commission and forwarding agents lawyers, notaries, solicitors and all the consulates of the globe. Containing also many commercial statistics and indicating for each place of any importance a trustworthy firm that gives direct information. 1906. 31. ed. Closed 1. XI. 1905. (656 S.) kl. 8. Berlin, Regenhardt'sche Verlagsanstalt. Geb. in Leinw. n. 4. —

— international guide for merchants, manufacturers & exporters. A medium of direct information. Directory of the best accredited and most reliable firms of banks, bankers, commission and forwarding agents, lawyers, notaries, solicitors and all the consulates of the globe. Containing also many commercial statistics and indicating for each place of any importance a trustworthy firm that gives direct information. 1908. 33. ed. Closed 1. XI. 1907. (744 S. u. Schreibkalender.) kl. 8. Ebd. Geb. in Leinw. 5. —

— d. deutschen Mundarten. Auserlesenes aus den Werken d. besten Dichter alter u. neuer Zeit, hrsg. von R. (3 Bde.) Ebd. Geb. in Leinw. à n. 2. —; in Liebhaberbd. à n. 3. —

1. Niederdeutsch. 12. (XVI, 401 S. m. 2 Bildn.) 898.
2. Mitteldeutsch. 8. (XVI, 409 S. m. 2 Bildn.) 897.
3. Oberdeutsch. 8. (XVI, 395 S. m. 3 Bildn. u. 1 farbigen Karte.) 897.

Regenhardt, C., d. deutschen Mundarten. Auserlesenes aus den Werken d. besten Dichter alter u. neuer Zeit, hrsg. von R. 2. Aufl. (In 3 Bdn. od. 18 Lfgn.) 1. u. 2. Lfg. 8. (1. Bd. S. 1-160 m. 2 Bildn.) Berlin 898, C. Regenhardt. à Lfg. n. — 50

— die deutschen Mundarten. Auserlesenes aus d. Werken der besten Dichter alter u. neuer Zeit. 2. Aufl. 3.—6. Lfg. 8. (1. Bd. Niederdeutsch. XVI u. S. 161—457.) Ebd. 898. 899. à n. — 50

— tägliches Notizbuch für Kontore. 1883. Mit einem Anh., enth.: Adressbuch der bewährtesten Bankfirmen u. Spediteure, der Gerichte, Advokaten u. Gerichtsvollzieher, sowie der Consuln in allen nennenswerthen Orten des Reichs mit den wichtigeren Plätzen des Auslands. Mit steter Berücksichtigung der Zoll- u. Verkehrs-Anstalten. schmal-Fol. (298 S. mit 1 chromolith. Eisenbahnkarte.) Ebend. cart. n. 2. —

—— dass. — 1884 und 1885. (2. und 3. Jahrg.) schmal Fol. (à Jahrg. ca. 224 S. mit 1 chromolithogr. Karte.) Ebendas. à Jahrg. * Ausg. mit Adressen. (à Jahrg. ca. 300 S.) à Jahrg. *

—— tägliches Notizbuch für Kontore. 1886. schmal Fol. (224 S. mit 1 chromolithogr. Eisenbahnkarte.) Ebendas. cart. * Mit Adressen (IV, 200 S. und 174 Halbs.) *

— tägliches Notizbuch f. Kontore. 1887. 5. Jahrg. Ausg. ohne Adressen. schmal Fol. (224 S. m. 2 chromolith. Karten.) Ebend. cart. n.n. 1. —; Ausg. m. Adressen (285 S.) n. 2. —

—— dass. — 1888. schmal Fol. (IV, 232 S. mit 2 chromolithogr. Karten.) Ebendas. cart. * Mit Adressen *

— dasselbe. Ausgabe m. Adressen. schmal Fol. (200 u. 170 S. m. 2 chromolith. Karten.) Ebd. 890. geb. n. 2. —

— tägliches Notizbuch f. Kontore. 1891. 9. Jahrg. schmal Fol. (200 u. 32 S. m. 2 chromolith. Karten.) Ebd. geb. n. 1. 20

— tägliches Notizbuch f. Kontore. 1894. 12. Jahrg. schmal Fol. (VI, 200 u. 36 S. m. 1 Karte.) Ebd. Kart. n. 1. 20; m. Adressen (IV, 200 u. 110 S. m. 1 Karte) kart. n. 2. —

— tägliches Notizbuch f. Kontore. 1899. 17. Jahrg. schmal Fol. (IV, 200 u. 39 S. m. 2 Karten.) Ebd. Kart. n. 1. 20; m. Löschpap. durchsch. n. 1. 50; m. 1 Seite für den Tag (IV, 368 u. 39 S.) n. 2. —; m. Löschpap. durchsch. n. 2. 50

— tägliches Notizbuch f. Kontore. 1903. 21. Jahrg. schmal Fol. (IV, 200 u. 52 S. m. 2 Karten.) Ebd. Kart. n. 1. 20; m. Löschpap. durchsch. n. 2. 50; m. 1 Seite f. den Tag (IV, 368 u. 32 S.) n. 2. 50; m. Löschpap. durchsch. n. 4.—

— tägliches Notizbuch f. Kontore. 1907. 25. Jahrg. (VI, 200 u. 64 S. m. 1 Karte.) schmal Fol. Berlin-Schöneberg, C. Regenhardt. Kart. n. 1. 20; m. Löschpap. durchsch. n. 2. 50; m. 1 Seite f. den Tag. (VI, 368 u. 64 S. m. 1 Karte n. 2. 50; m. Löschpapier durchsch. n. 4. —

— tägliches Notizbuch f. Kontore. 1911. 29. Jahrg. (VI, 200 u. 70 S. m. 1 Karte.) 34×12,5 cm. Ebd. Geb. 1.20; m. 1 Seite f. den Tag. (VI, 368 u. 70 S. m. 1 Karte.) 2. 50

—— Pultmappe für die J. 1883—1885. Fol. (à ca. 100 S. mit 1 chromolithogr. Eisenbahnkarte.) Ebendas. geb. à Jahrg. *

—— Pultmappe für das J. 1886. Fol. (66 S. und 48 Sp. mit 1 chromolithogr. Eisenbahnkarte.) Ebendas. geb. *

— Pultmappe f. d. J. 1887. Fol. (68 S. u. 26 Sp. m. 1 chromolith. Eisenbahnkarte.) Ebend. 886. geb. n. 2. —

—— dass. — für das J. 1888. Fol. (95 S. mit 1 Karte.) Ebendas. geb. und durchsch. *

— Pultmappe f. d. J. 1891. 9. Jahrg. Fol. (68 S. u. 56 Sp. m. e. Eisenbahnkarte.) Ebd. geb. u. m. Löschpapier durchsch. n. 2. —

— Pultmappe f. d. J. 1893. 11. Jahrg. Fol. (68 u. 34 S. m. 1 Karte.) Ebd. Geb. n. 2. —

— Pultmappe f. d. J. 1899. 17. Jahrg. Fol. (68 S. u. 68 Sp. m. 1 Karte.) Ebd. Geb. in Ledertuch n. 2. —

— Pultmappe f. d. J. 1903. 21. Jahrg. Fol. (68 S. u. 66 Sp.) Ebd. Geb. in Ledertuch n. 2. —

— Pultmappe f. 1907. 25. Jahrg. (68 S. u. 94 Sp. m. 1 Eisenbahnkarte.) Fol. Ebd. Geb. in Ledertuch m. Löschpap. durchsch. n. 2. —

— Pultmappe, Fortsetzg., s.: Pult-Mappe.

— Tagebuch für 1886—1888. 6.—8. Jahrg. 16. (à Jahrg. 220—240 S.) Ebendas. geb. à Jahrg. *

— Tagebuch f. 1890—1893. 10.—13. Jahrg. gr. 16. (à Jahrg. 48 S. u. Schreibkalender.) Ebd. à Jahrg. geb. * 1 —

— Tagebuch f. 1894. 14. Jahrg. gr. 16. (48 S. u. Schreibkalender.) Ebd. Geb. in Leinw. n. 1. —

— Tagebuch f. 1899. 19. Jahrg. gr. 16. (47 S. u. Schreibkal.) Ebd. Geb. in Leinw. n. 1. —

— Tagebuch f. 1903. 23. Jahrg. 12. (47 S. u. Schreibkalender.) Ebd. Geb. in Leinw. n. — 50; in Wachstuch n. 1. —

— Tagebuch f. 1907. 27. Jahrg. (52 S. u. Schreibkalender.) kl. 8. Ebd. Geb. in Leinw. n. — 50; in Wachstuch n. 1. —

— Tagebuch f. 1911. 31. Jahrg. (56 S. u. Schreibkalender.) kl. 8. Berlin-Schöneberg, C. Regenhardt. Geb. in Leinw. 1. —

Regenhardt, Carl, Telefon- u. Handels-Adressbuch, s.: Zimmermann.

Regenhart, Jak., die orientalische Cholera. Populär wissenschaftliche Skizze dieser Weltseuche, nebst einem Anh., enthalt.: Systematische Behandlung der Cholera mit kaltem Wasser. Lex. 8. (XII u. 82 S.) Wien 849, Kaulfuß Wwe., Prandel & Co. n. 16 ngr

Regenhertz, J. H., resp. A. Ed. Buechner, De irae noxio et salutari effectu in corpus humanum. 32 pp. Hal. 4°. 1757

Regeniter, Rudolf, aus Köln: Karl Franz Romanus. Ein Beitrag zur Entwicklungsgeschichte d. deutschen Lustspiels im 18. Jahrhundert. *Berlin: Mayer & Müller 1901.* (67 S.) 8°
Heidelberg, Phil. Diss. v. 1900

Regeniter, Rud., Karl Franz Romanus. Ein Beitrag zur Entwicklungsgeschichte des deutschen Lustspiels im 18. Jahrh. Diss. gr. 8. (III, 67 S.) Berlin 901. Mayer & Müller. n. 1. 60

Regeniter, Wilhelm, Referendar in Haspe i. W.: Die Einrede der Vorausklage nach gemeinem Recht und dem Recht des Bürgerlichen Gesetzbuchs unter Berücksichtigung deutscher und außerdeutscher Gesetzgebungen. *Borna-Leipzig 1903: R. Noske.* (VII, 94 S.) 8°
Leipzig, Jur. Diss. v. 1903

Regenkarten [Schlagwort]

Regenkarten. Hellmann, G., Regenkarte der Provinzen Brandenburg u. Pommern, sowie der Grossherzogtümer Mecklenburg-Schwerin u. Mecklenburg-Strelitz. 1 : 1,750,000. 22,5×29,5 cm. Farbdr. Mit erläut. Text u. Tab. Im amtl. Auftrage bearb. gr. 8. (39 S.) Berlin 901. D. Reimer. n. 1. 20

Regenkarten. Hellmann, G., Regenkarte v. Deutschland, auf Grund 10jähriger Beobachtungen (1893 bis 1902) v. 3000 Stationen entworfen. 1 : 1,800,000. 57×67,5 cm. Farbdr. Mit erläut. Bemerkgn. (auf dem Umschlag). Im amtl. Auftrage bearb. Berlin 906. D. Reimer. n. 3. —

— — Regenkarte der Provv. Hessen-Nassau u. Rheinland sowie v. Hohenzollern u. Oberhessen auf Grund 10jähr. Beobachtgn. (1893—1902) entworfen. 1 : 1,200,000. 28×27,5 cm. Farbdr. Mit erläut. Text u. Tabellen. Im amtl. Auftrage bearb. (55 S.) gr. 8. Ebd. 903. n. 1. 70

— — dasselbe der Prov. Ostpreussen. 1 : 1,400,000. 22,5×19 cm. Farbdr. Mit erläut. Text u. Tab. Im amtl. Auftrage bearb. gr. 8. (25 S.) Ebd. 900. n. 1. —

— — dasselbe der Prov. Sachsen u. der thüringischen Staaten. 1 : 1,300,000. 26,5×22,5 cm. Farbdr. Mit erläut. Text u. Tab. Im amtl. Auftrage bearb. gr. 8. (31 S.) Ebd. 902. n. 1. 20

— — dasselbe der Prov. Schlesien, auf Grund 10jähr. Beobachtgn. (1888—1897) entworfen. 1 : 1,250,000. 21×30,5 cm. Farbdr. Mit erläut. Text u. Tabellen. In amtl. Auftrage bearb. gr. 8. (24 S.) Ebd. 899. n. 1. —

— — dasselbe der Provv. Schleswig-Holstein und Hannover, sowie v. Oldenburg, Braunschweig, Hamburg, Bremen u. Lübeck, auf Grund 10jähr. Beobachtgn. (1892—1901) entworfen. Im amtl. Auftrage bearb. 1 : 1,300,000. 37×27 cm. Farbdr. Mit erläut. Text u. Tab. gr. 8. (44 S.) Ebd. 902. n. 1. 50

— — Regenkarte d. Prov. Westfalen sowie v. Waldeck, Schaumburg-Lippe, Lippe-Detmold und dem Kreis Rinteln (auf Grund 10jähriger Beobachtungen [1892 bis 1901] entworfen). 1 : 1,000,000. 22×23,5 cm. Farbdr. Mit erläut. Text u. Tab. Im amtl. Auftrage bearb. (29 S.) gr. 8. Ebd. 903. n. 1. —

Regenkarten. Hellmann, G., Regenkarte der Provv. Westpreussen u. Posen. 1 : 1,600,000. 27,5×21 cm. Farbdr. Mit erläut. Text u. Tab. Im amtl. Auftrage bearb. gr. 8. (27 S.) Berlin 900. D. Reimer. n. 1. —

— Uebersichtskarte von dem Niederschlagsgebiet der Oder m. Ausnahme desjenigen der russischen Warthe. Bearb. v. der Oderstrom-Bauverwaltg. in Breslau im Dezbr. 1903. Mit farb. Höhenkurven. 1 : 600,000. 88,5×64,5 cm. Glogau 904. Berlin, C. Flemming. n. 6. —; auf Leinw. m. Stäben n. 10. —

— — dasselbe. Mit Darstellg. der mittleren jährl. Niederschlagshöhen aus den neuesten veröffentlichten Beobachtgn. des hydrolog. Jahrzehnts. 1 : 600,000. 88,5×64,5 cm. Farbdr. Ebd. 904. n. 7. 50; auf Leinw. m. Stäben n. 11. 50

Regenkarte. Polis, P., Niederschlagskarte d. Rheinprovinz (nebst den angrenzenden Teilen v. Hessen-Nassau u. Westfalen.) Auf Grund 10jähr. Beobachtgn. 1894—1903. Jahreskarte. Hrsg. vom meteorolog. Observatorium Aachen. 1 : 175,000. 4 Blatt. à 84×54 cm. Farbdr. Essen (908). G. D. Baedeker. 22.50; auf Leinw. m. Stäben 30,50; erläut. Text. (34 S. m. 17 Abb. u. Tab.) Lex. 8. — 75

— Polis, P., Niederschlags-Karte der mittleren Rheinprovinz u. der Nachbargebiete. 9 Karten. Jährliche Verteilg., jahreszeitl. Verteilg., Winter-, Frühling-, Sommer-, Herbstregen in Millimetern u. Prozenten d. Jahrsumme. gr. 4. Farbdr. Mit Text auf dem Umschlag. Stuttgart 899. J. Engelhorn. n. 9. —

Regenkarten. **Regenkarte von Deutschland**, s.: **Deutsches Reich. Andresen.**

Regenkreis [Schlagwort]

Regenkreis — Charte vom — Mit der Eintheilung in Land- und Herrschaftsgerichte nach den besten Hilfsmitteln neu gezeichnet und herausgegeben von Christ. Fembo. Nürnberg 1823. Joh. Wilh. Kneusel sculp. in Wöhrd bey Nürnberg. 1 : 270,000. 1 Bl.

Regenkreises — Verzeichniss der vorzüglichsten Denkwürdigkeiten des — nach den vorzüglichsten Strassenzügen. Von dem Verfasser, Regierungs-Director Rudhart. Gezeichnet von dem königl. Kreisingenieur von Sutor. Regensburg. Lithographie von Leonhardt Amersdorffer. 1830. 1 : 600,000. 1 Bl.

**Regens, Rich.**, neuer Schnellrechner f. Bierbrauer u. Wirthe. Berechnung der Bierpreise in deutscher Reichswährg. Enth. die Preisberechng. von 1 Liter bis 5000 Hektoliter zu dem Satze von 15 Pfennige bis 40 Pfennige. 8. (55 S.) München 874. Merhoff. — 75

**Regensberg, Die Freiherren von**; Pamphlet. Bern 1866—72. V: *Locher*, *Frdr.* (Cat. d. Stadtbibl. Zürich. Zürich 1864—97.)

**Regensberg, die Freiherrn v.**, Pamphlet eines schweizer. Juristen. 1—4. Thl. Bern 867. (Haller'sche Verlagsh.) gr. 8. [1. u. 2. Thl. 1. u. 2. Aufl. 1866. n. 20 *ngr.* u. Neue (Titel-) Ausg. (III, 172 S. mit 1 Tab. in qu. 4.) 8 *ngr.*, 3. Thl. (2. Aufl.) 170 S.) n. 17½ *ngr.*, 4. Thl. (102 S.) 6 *ngr.*] 1 *ℛ* 1½ *ngr.*

**Regensberg, Otto v.** Eine Geschichte aus der Zeit Rudolph's v. Habsburg. Der gesammten edleren Lesewelt, besonders der reiferen Jugend erzählt. Von dem Verf. der Beatushöhle. 5. verb. Aufl. Mit 2 Stahlst. 8. (222 S.) Regensburg 874. Manz. 1. 15

**Regensberg, Otto v.** Eine Geschichte aus der Zeit Rudolph's v. Habsburg. Der gesammten edleren Lesewelt, besonders der reiferen Jugend erzählt. Von dem Verf. der Beatushöhle. 6., verb. Aufl. Mit 2 Stahlst. 8. (220 S.) Regensburg. 879. Manz. 1. 15

**Regensberg, Thalheim von**, eine Sage aus dem dreyzehnten Jahrhundert, 3 Thle. mit Vignetten, von Kohl 8. Wien, 791/92. Schaumburg. 2 Rtl. 8 ggl.

**Regensberg**, Thalheim v.; e. Gesch. a. d. 13ten Jahrh. 3 Thle. 8. Wien, Stabel. 791. 792.

**Regensberg**, Ulr. von,. Schausp vom Verf. des Carl v. Burgund. 8. Zürich, Orell, F. u. Comp. 793.

**Regensberg, Frdr., 1866. 1. Bd.: Von Dresden bis Münchengrätz. Gitschin. Custoza. Mit Illustr. u. Karten.** (XII, 78, 80 u. 126 S.) 8. Stuttgart (907). Franckh. 3.—; geb. 3. 60

— dasselbe. Letzte Kämpfe u. Friedensschluß. Mit Illustr. v. Ant. Hoffmann u. 1 (farb.) Karte. (151 S.) 8. Ebd. (909). 2.—; geb. 3. —

**Regensberg, Frdr.**, 1870—71. (In etwa 10 Abtlgn.) 1. u. 2. Abtlg. gr. 8. Stuttgart, Franckh. à n. 2. 60; geb. à n. 3. 50

1. Die Vorgeschichte des Krieges. (Revanche f. Sadowa. Die span. Bombe. Die Emser Depesche.) (112 S. m. 1 Karte.) (905.)
2. Die Vorbereitungen zum Kriege. Frankreichs Kriegserklärg. Alles mobil. Kriegspläne u. Aufmarsch. (S. 113—208 m. 1 Karte u. 1 Tab.) (906.)
3. Die Einmarschkämpfe der deutschen Heere. Die Komödie v. Saarbrücken. Der erste Sieg. Eine improvisierte Schlacht. Die Soldatenschlacht bei Spichern. (VIII u. S. 209—336 m. 3 Karten.) (907.)

**Regensberg, Frdr.**, 1870/71. **Der deutsch-französ. Krieg, nach den neuesten Quellen dargestellt. II. Bd. Die Trilogie v. Metz. — Der Zusammenbruch des Kaiserreiches. — Der Kampf um die Festgn. Mit 4 Karten u.** 1 Beilage. (4.—6. Abtlg.) gr. 8. Stuttgart (907). Franckh. 7.50; geb. 8. 50

4. Die Trilogie v. Metz. (Colombey-Nouilly, Vionville-Mars la Tour, Gravelotte-St. Privat.) (128 S. m. 1 Karte.) (908.) 2.60; geb. 3. 50
5. Der Zusammenbruch des Kaiserreiches. (Der Zug der Armee v. Chalons. Die Ueberraschg. v. Beaumont. Die Katastrophe v. Sedan. Es lebe die Republik!) (S. 129—256 m. 1 Tab. u. 1 Karte.) (908.) 2. 60; geb. 3. 50
6. (Der Kampf um die Festgn. Bazaine in Metz. Nach Paris. Straßburg wieder unser.) (IX u. S. 257—383 m. 2 Karten.) 909. 2.60; geb. 3. 50

— VII. u. VIII. Abtlg. gr. 8. Ebd. à 2.60; geb. à 3. 50

VII. Gegen die Loirearmee. Die erste Einnahme v. Orleans. Gambetta u. der Sieg bei Coulmiers. Die Schlachten v. Beaume-la-Rolande, Loigny-Pouprn u. Orleans. (III. Bd. 1. Abt. S. 1—127 m. 3 Karten.) 910.

VIII. Die Entscheidgn. im Westen u. Norden. Die Ereignisse zur See u. im Küstengebiet. Von der Loire zum Loir u. zur Sarthe. Der Feldzug der 1. Armee. (III. Bd. 2. Abt. S. 129 255 m. 2 farb. Karten u. 1 Taf.) (910.)

**Regensberg, Frdr., Custoza u. die Verteidigung von Südtirol 1866. Mit Illustrat. von Geo. Lebrecht u. 2 Karten. 1.—7. Aufl. (à 126 S.) 8. Stuttgart 904. Franckh.** n. 2. —; geb. n. 3. —

Custoza und die Verteidigung von Südtirol 1866 von Friedr. **Regensberg**. Mit Ill. von Georg Lebrecht u. 2 Karten. 7. Aufl. Stuttgart: Franckh 1904. (126 S.) 8° [F.]
— Regensberg: Von Dresden bis Münchengrätz. Gitschin. Custoza. [3.]
— **Regensberg**: 1866. Bd 1, [3.] (07. 848t

— Gitschin 1866. Mit Illustr. v. Geo. Lebrecht, 2 Karten u. einigen an Ort u. Stelle aufgenommenen Ansichten v. L. Burger. 1.—4. Aufl. (à 80 S.) 8. Ebd. 905. n. 1. —; geb. n. 2. —

— Königgrätz. Ein Schlachtenbild. Mit Illustr. v. R. Gutschmidt, 2 Karten u. einigen an Ort u. Stelle aufgenommenen Ansichten von L. Burger. 1.—10. Aufl. (à 96 S.) gr. 8. Ebd. 903. n. 1. —; geb. n. 2. —

**Regensberg, F.** Königgrätz. Ein Schlachtenbild. 11. Aufl. Stuttgart 1903. 8°. (1. Aufl. 1903.)

Königgrätz. Ein Schlachtenbild von Fr[iedr.] **Regensberg** Mit Ill. von R. Gutschmidt, 2 Kt. u. einigen Ansichten. 12. Aufl. Stuttgart: Frankh 1903. 96 S. 8°
(Regensberg: Königgrätz. Lissa. Letzte Kämpfe u. Friedensschluss. [1.])
(Regensberg: 1866. Bd 3, [1.]) (09. 6535

— Langensalza 1866 u. das Ende des Königr. Hannover. Mit Illustr. v. Geo. Lebrecht u. 2 Karten. 1. u. 2. Aufl. (à 127 S.) 8. Ebd. 906. n. 1. 50; geb. n. 2. 50

— Langensalza 1866 u. das Ende des Königr. Hannover. Mit Illustr. v. Geo. Lebrecht u. 2 Karten. 3. Aufl. (127 S.) 8. Ebd. 906. 1.50; geb. 2. 50

Lissa von Friedr. **Regensberg**. Mit Ill. von M. Zeno Diemer u. 1 Kt. Stuttgart: Frankh 1907. 80 S. 8°
(Regensberg: Königgrätz. Lissa. Letzte Kämpfe u. Friedensschluss. [2.])
(Regensberg: **1866**. Bd 5, [2.]) 09. 6516

**— Der Mainfeldzug. (1866.) Mit Illustr. v. Ant. Hoffmann u. 2 Karten. 1. u. 2. Aufl. (158 S.) 8. Ebd. (908). Geb. 3. —**

Der **Mainfeldzug** von Friedr. **Regensberg**. Mit Ill. von Anton Hoffmann u. 2 Kt. 3. Aufl. Stuttgart: Frankh [**1909**]. 158 S. 8°
(Regensberg: Langensalza. **Mainfeldzug**. [2.])
(Regensberg: **1866**. Bd 4, [2.]) 09. 6510

**Fr(iedr.) Regensberg.** Nachod. Trautenau. Von Skalitz bis Königgrätz. Mit Ill. u. Karten. Stuttgart: Franckh (1905–06). (Getr. Pag.) 8° [F.]
[1.] 2. Aufl. 1905. [2.] 3. Aufl. 1905. [3.] 1906.
— **Regensberg**: 1866. Bd 2. 08. 14386

**— Nachod-Wysokow. Mit Illustr. von A. Hoffmann, 2 Karten (richtig 1) u. 1 an Ort u. Stelle aufgenommenen Ansicht v. L. Burger. 1.—4. Aufl. (à 80 S.) 8. Ebd. 905. n. 1. —; geb. n. 2. —**

Nachod-Wysokow von Friedr. **Regensberg**. Mit Ill. von A. Hoffmann, 1 Karte u. 1 Ansicht von L. Burger. 2. Aufl. Stuttgart: Franckh 1905. (80 S.) 8° [F.]
— Regensberg: Nachod. Trautenau. Von Skalitz bis Königgrätz. [1.]
— **Regensberg**: 1866. Bd 2, [1.] 08. 14387

**--- Sedan u. der Zusammenbruch des Kaiserreiches. Der Zug der Armee v. Châlons. Die Überraschg. v. Beaumont. Die Katastrophe v. Sedan! Es lebe die Republik! Mit e. Karte u. e. Kriegsglieberg. [Aus: „R., 1870—71".] (S. 129—256.) gr. 8. Ebd. (909). 2. 60**

Trautenau 1866 von Friedr. **Regensberg**. Mit Ill. von Georg Lebrecht, Karten u. 1 Ansicht von L. Burger. 3. Aufl. Stuttgart: Franckh 1905. (82 S.) 8° [F.]
— Regensberg: Nachod. Trautenau. Von Skalitz bis Königgrätz. [2.]
— **Regensberg**: 1866. Bd 2, [2.] 08. 14388

**— von Dresden bis Münchengrätz. Mit Illustr. v. Geo. Lebrecht u. 2 Karten. 1.—4. Aufl. (à 78 S.) gr. 8. Ebd. 903. n. 1. —; geb. n. 2. —**

Von Dresden bis Münchengrätz von Friedr. **Regensberg**. Mit Ill. von Georg Lebrecht u. 2 Karten. 5. Aufl. Stuttgart: Franckh [1907]. (78 S.) 8° [F.]
— Regensberg: Von Dresden bis Münchengrätz. Gitschin. Custoza. [1.]
— **Regensberg**: 1866. Bd 1, [1.] 07. 8479

Von Skalitz bis Königgrätz von Friedr. **Regensberg**. Mit Ill. von Anton Hoffmann u. 2 Karten. Stuttgart: Franckh 1906. (160 S.) 8° [F.]
— Regensberg: Nachod. Trautenau. Von Skalitz bis Königgrätz. [3.]
— **Regensburg**: 1866. Bd 2, [3.] 05. 14389

— — Von Skalitz bis Königgrätz. Mit Krt. u. Abb. 2. Aufl. Stuttgart 1906. 160 S.

Wörth. Eine Schilderung d. Schlacht bei Wörth am 6. Aug. 1870 nach d. neuesten Quellen von Friedrich **Regensberg**. Mit 1 Karte. Stuttgart: Franckh (1907). (45 S.) 8° [F.] 07. 9337

**Regensberg, Otto v., s.: Erzählungsschriften, sämmtl., d. Verf. d. Beatushöhle, Bd. 15.**

Regensberger, Wm. Gesch d Gesangvereins Harmonie [Phila], gegründet am 6. März 1855. Phila, 1882.

**Regensburg** [Sachliches OW]

**Regensburg** im Jahre 1493. Nach Dr. Hartmann Schedel's Chronicon Norimbergense Nürnberg 1493 getreu abgebildet, mit dem Urtexte versehen und herausg. von Jos. Kloh 1848. (Ansicht) 1 Bl.

**Regensburg, Das jetztlebende,** oder kurtz-gefaste Nachricht vom gegenwärtigen Zustand der ... Stadt Regensburg ... [Regensb.] 1722. H: *Paritius, Georg Heinrich.* (BrMm)

**Regensburg** unter Ludwig dem Baier ... Sulzbach 1826. H: *Bösner, Heinrich Joh. Thomas.* (Ky)

**Regensburg** unter Ludwig d. Baier; aus u. nach Gemeiners Reichsst. Regensburg. Chronik; hrsgg. (v. H. Th. Bösner). gr. 8. Sulzb. 826. v. Seidel. 3 ℳ

**Regensburg** in seiner Vergangenheit und Gegenwart ... Regensburg 1869. V: ***Walderdorff, Hugo Graf von.*** **(BMarsch 719)**

**Regensburg** in seiner Vergangenheit u. Gegenwart. Hersg. von dem historischen Verein für Oberpfalz u. Regensburg. Mit vielen (eingedr.) Holzschn. u. 2 (lith.) Plänen (in gr. 8. u. qu. Fol.). Regensburg 869. (Pustet.) gr. 8. (VI, 170 S. mit 1 Photogr.) cart. n. 1 ℳ

**Regensburg** von den Französischen Truppen in den Jahren 1796 und 1800 feindlich bedroht ... O. O. 1802. V: *Kayser, Albr. Chph.* (Adel) (Ky) (MGT)

Regensburg [Schlagwort]

— s. a.: **Europa. Generalkarte.**

**Regensburg, s.a. Europa. Liebenow.**

— s.a. **Radfahrerkarten, Freytag.**

— s. a.: Radfahrerkarten. **Strassenprofilkarte.**

**Regensburg-Salzburg,** s.: **Automobilkarten. Automobil-Tourenkarte.**

**Regensburg.** Chroniken v. Regensburg. **Landshut. Mühldorf. München.** Leipzig 878.

**Regensburg.** Karte des k. Bez.-Amtes Regensburg. **Bearb. nach den Angaben** des Alb. Winter u. des **Engelb. Schmidbauer. Schulausg.** 1:100,000. 36×41 cm. Farbdr. München 908. Piloty & Loehle. — 30

**Regensburg,** Stadt. Karte d. Umgebg. v. Regensburg. **1:200,000. Farbendr. qu. Fol. Regensburg 890. Coppenrath's Verl.** n. — 50

**Regensburg,** Amt. Korling, A., Wandkarte d. kgl. **Bezirksamtes Regensburg.** 2 Blatt. Lith. u. color. **Imp.-Fol. Regensburg 887.** Bauhof. Auf Leinw. m. **Stäben.** n.n. 6. 50

— **Plan von Regensburg.** 1 : 11,400. Chromolith. Mit **Angabe der Sehenswürdigkeiten auf der Rückseite. qu. 4. Regensburg 888. Verlags-Anstalt.** — 10

— — **von Regensburg. 1 : 7500. Farbendr. qu. Fol. Nebst e. Verzeichnis der sämtl. Strassen, Plätze u. wichtigsten Gebäude in Regensburg. gr. 16. (6 S.)** Regensburg 890. Coppenrath's Verl. n. — 50

— — dasselbe, nebst e. Karte d. Umgebung v. Regensburg. 1 : 200,000. Farbendr. qu. Fol. u. prakt. Notizen f. den Fremden. gr. 16. (VI, 14 S.) Ebd. 890. cart. n. 1. —

Regensburg. Plan von Regensburg und Stadtamhof. 1 : 7,500. 6. Aufl. 26,5×41 cm. Lith. Regensburg 900. H. Bauhof. — 30

— Plan von Regensburg u. Stadtamhof. 1 : 7,500. 9. Aufl. 32,5×65,5 cm. Lith. Nebst Verzeichnis der Strassen, Plätze u. wichtigsten Gebäude (auf der Rückseite). Regensburg 908. H. Bauhof. — 50

— Umgebungskarte von Regensburg. Bearb. im topograph. Bureau d. k. b. Generalstabes. 1 : 25,000. 4 Blatt. Photolith. qu. gr. Fol. München 890. (Literarisch-artist. Anstalt.) à n.n. — 90

— Umgebungskarte v. Regensburg, zusammengest. aus 6 Sektionen der topograph. Karte des deutschen Reiches vom topograph. Bureau des k. b. Generalstabes. 1 : 100,000. 5. Aufl. 41×62 cm. Kpfrst. u. kolor. Ebd. 900. n. 1. —; auf Leinw. n. 1. 70

— Umgebungskarte von Regensburg. Bearb. nach den Angaben des Alb. Winter. 1 : 100,000. 41×42 cm. Farbdr. München 907. Piloty & Loehle. — 50; Schulausg. — 30

— Verkehrskarte v. Regensburg m. seiner weiteren Umgebung. 28,5×33,5 cm. Farbdr. Nebst Abgangs- u. Ankunftszeiten der in Regensburg ankomm. u. abfahr. Züge. 12. (2 S.) Ebd. (900). n. — 10

Regensburg, s.: Woerl's Reisehandbücher.

Regensburg [Verfasser]

Regensburg, Joseph, aus Friedrichstadt i. Kurl.: Über[!] die Abhängigkeit der Seelenlehre Spinoza's von seiner Körperlehre und über die Beziehungen dieser beiden zu seiner Erkenntnistheorie. *Riga 1900: Schnakenburg.* (97, VII S.) 8°
Giessen, Phil. Diss. v. 1900

Regensburg, Joseph, Dr. phil.: Beitrag zur Ätiologie der Puerperalpsychosen. Berlin 1909: G. Schade. 46 S. 8°
Berlin, Med. Diss. v. 6. Aug. 1909, Ref. Ziehen
[Geb. 10. Juli 75 Friedrichstadt (Kurland); Wohnort: Friedrichstadt; Staatsangeh.: Rußland; Vorbildung: Progymn. Polangen (Dispens des Herrn Min. v. 9. Juli 09); Studium: Phil. Berlin 9, Gießen 2, Med. Berlin 9 S.; Rig. 2. Aug. 09.] [U 09. 89

Regensburg, Jos., vom Wissen zum Glauben. Vortrag, geh. am 2. IV. 1901 im Saale der St. Johannis-Gilde zu Riga. gr. 8. (15 S.) Riga 901. E. Bruhns. n. 1. 10

Regensburg, Jos., welche sind die Pflichten u. Aufgaben e. modernen russischen Staatsrabbiners u. unter welchen Voraussetzungen u. Bedingungen ist e. fruchtbare, erfolgreiche Thätigkeit desselben möglich? Rede. (22 S.) gr. 8. Riga 903. (Jonck & Poliewsky.) n.n. — 70

A. Regensburger, Die Perlen.
Der Sammler, Beilage Augsburger Abendzeitung. Nr. 151 und 153.
Augsburg und München 1907

Regensburger, A., Verzeichnis der auf den Hamburger Bibliotheken vorhandenen Literatur üb. Ostasien, s.: Gottsche, C.

Regensburger, Albert, appr. Arzt: Aus d. Prosectur d. Krankenh. r. d. I. München. Prosector: Oberndorfer. Beitrag zur Frage der Polyposis adenomatosa diffusa intestini grassi [!]. München: Steinicke 1909. 14 S. 8°
München, Med. Diss. v. 12. Aug. 1909, Ref. v. Bollinger
[Geb. 4. Juli 81 Ichenhausen; Wohnort: Augsburg; Staatsangeh.: Bayern; Vorbildung: Realgymn. Augsburg Reife Juli 00; Studium: München 10 S.; Coll. 12. Aug. 09; Approb. 12. Jan. 09.] [U 09. 3381

Regensburger, Augustin

Regensburger, kurze Anleitung zur Photographie. Rudolstadt. 4. 12 p.
Schul-/Univ.-Schrift 1864.

Regensburger, Augustin, die Horizontal-Sonnenuhr für jede fünfte Minute trigonometrisch berechnet und als Hülfsmittel für Jedermann, der eine richtig zeigende Sonnenuhr sich selbst verfertigen will, dargestellt. 8. (14 S. und 1 Stnt. in Fol.) Rudolstadt 848, Renovanz. *

Regensburger, August, Rede, bei der im Gymnasium zu Rudolstadt am 31. Aug. 1864 veranstalteten Gedächtnißfeier des verstorbenen Prof. Dr. Berth. Sigismund gehalten. Rudolstadt 864. Froebel. gr. 8. (15 S.) n. 6 ngr

REGENSBURGER, JOSEPH. Ueber die Anwendung physikalischer Methoden zur Beurtheilung von Bier. (Erlangen) Mannheim, 1890.

Regensburger, Joseph [aus Feuchtwangen]: Ueber die Anwendung physikalischer Methoden zur Beurtheilung von Bier ... Mannheim, Druck v. I. Katz, *1893;* 43 S. 8.
Erlangen, Phil. Fak., Inaug.-Diss. v. 1893

Regensburger, Marcus [aus Feuchtwangen]: Über Spina bifida ... Mannheim, Druck: J. Katz, 1894; 23 S. 8.
Würzburg, Med. Fak., Inaug.-Diss. v. 1894

Regensburger, Paul: Der Einfluss der Naturwissenschaft auf das moderne Menschenleben. ⟨Nach e. am 26. Jan. 1907 bei d. Kaisergeburtstagsfeier geh. Rede.⟩ Geestemünde: Provinzialzeitung 1908. S. 1—9. 8°
Geestemünde, st. HM P 1908 [99] [S 08. 367

Regensburger, Paul: Vergleichende Untersuchungen an drei obergärigen Arten von Bierhefe. Jena: Fischer 1906. 60 S., 3 Taf. 8⁰ ¶ Auch in: Centralblatt f. Bakteriologie, Parasitenkunde u. Infektionskrankheiten. Abt. 2, Bd 16.
München, Dr.-Ing.-Diss. v. 23. 12. 1905

Regensdorfer, Karl [aus Wien]: I. Zur Esterbildung aromatischer Säuren. II. Zur Kenntnis der Reaktionen von Gasgemischen ... Heidelberg, Univ.-Buchdr. v. J. Hörning, 1896; 31 S., 1 Bl., 1 Taf. 8.
Heidelberg, Naturw.-math. Fak., Inaug.-Diss. v. [30. Juli] 1896

Regensdorfer, Karl, I. Zur Esterbildung aromat. Säuren. — II. Zur Kenntnis der Reaktionen von Gasgemischen. Diss. gr. 8. (31 S. m. 1 Taf.) Heidelberg 896. (J. Hörning.) n. — 80

Regenspurg, Carolus Iulius: De natura religionis et de ratione inter religionem et philosophiam meditationes.
Halle-Wittenberg, Phil. Diss. v. 16. Juni 1835
Geb. [Brandenburg a. d. H. 21. 1. 1810]
Ms. fehlt.

Regenspursky, C., s. Regenspursky von Régeny, Karl

Regenspursky von Régeny, Karl

Regenspursky, C. Zum russischen Aufmarsch u. Donau-Uebergang. (34) 8. Wien 1878.

Regenspursky, C., Behelf zum taktischen Studium d. Exercier-Reglements f. die k. u. k. Fusstruppen. 3. Aufl. 8. (9. S.) Wien 890. Seidel & Sohn. n. — 40

Regenspursky, taktische Gespräche zweier Infanteristen. I. gr. 8. (VII, 68 S.) Wien 898. L. W. Seidel & Sohn. n. 1. 60

— berittene Infanterie-Patrouillen. Eine Consequenz der Natur d. heut. Kampfes u. d. weitreich. unsichtbaren Schusses. Ein Vorschlag. Mit e. Kartenskizze. gr. 8. (44 S.) Ebd. 890. n. 1. —

— d. Kämpfe bei Slivnica am 17., 18. u. 19. Novbr. 1885. Nach authent. Quellen bearb. M. 5 Textskizzen u. 8 Beilagen. gr. 8. (IV, 179 S.) Ebd 895. n. 6. —

Regensprusky, Karl, s. a. Lehren, die taktischen, des Exercier-Reglements f. die k. u. k. Fußtruppen.

Regensprusky v. Régeny, die taktischen Lehren des Exercier-Reglements f. die k. u. k. Fußtruppen vom J. 1901. 8. (VII, 136 S.) Wien 902. L. W. Seidel & Sohn. n. 1. 60; geb. n. 2. —

Regenspursky v. Régeny, die taktischen Lehren des Exerzierreglements f. die k. u. k. Fusstruppen vom J. 1903. (VII, 185 S.) 8. Wien 904. L. W. Seidel & Sohn. n. 1. 60; geb. n. 2. —

— Meldereiter bei der Fußtruppe. Zweite Studie. gr. 8. (36 S. m. 1 Kartenskizze.) Wien 891. (L. W. Seidel & Sohn.) n. 1. —

— Studien üb. den taktischen Inhalt d. Exercier-Reglements f. die k. u. k. Fusstruppen. gr. 8. (V, 144 S. m. eingedr. Skizzen.) Ebd. 892. n. 3. 60

Regenspursky, Carl, Vorträge über den russisch-türkischen Krieg im J. 1877. Gehalten im militär-wissenschaftlichen Vereine zu Wien. gr. 8. (84 S.) Wien 878, (Seidel und Sohn.) *
Aus: Organ der militär-wissenschaftlichen Vereine, besonders abgedruckt.

Regenspursky, Carl, Vorträge über den russisch-türkischen Krieg im Jahre 1877. Geh. im militär-wissenschaftl. Vereine zu Wien. Mit 3 (lith.) Taf. [Aus: „Organ der militär-wissenschaftl. Vereine".] gr. 8. (84 S.) Wien 879. Seidel & Sohn in Comm. n. 2. 80

**Regenstein, Der,** oder die glückliche Einsamkeit, eine wahre Geschichte. Rudolst. 1816. V: *Rave, Judith geb. Freiin von Scheither* [?]. (GGr) (schl)

Regenstein, der, oder die glückliche Einsamkeit. Wahre Geschichte. 8. Rudolstadt, Hofbuchh. 816.

Regenstein, der, bei Blankenburg. Mit 1 Abbildung desselben. gr. 8. Halberstadt 840. Helm. n. $\frac{1}{6}$ ß

Regenstein, Charlotte, s. a. Römer, Alex.

Regenstein, Charlotte

Einer aus der Masse. Roman. Von Alexander Römer [d.i. Charlotte Regenstein].
Stuttgart, Leipzig,
Berlin, Wien: Dt. Verl.-Anst. 1888. 305 S. 8°

Gerettet. Novelle von Alexander Römer ⟨Ch(arlotte) Regenstein⟩. Mit Ill. von Martin Ränike. *Berlin, Eisenach, Leipzig: H. Hillger [1899].* (128 S.) 8° [F.]
= Bücherschatz, Kürschners. No 139. [99. 10768

Leidenschaft. Novelle von Alexander Römer [d. i. Charlotte Regenstein]. *Berlin: A. Goldschmidt 1900.* (99 S.) 8° [F.]
= Bibliothek, Goldschmidts, f. Haus u. Reise. Bd 83. [00. 10149

[F.] Im Netz. Novelle v. Alexander Römer (d. i. Charlotte Regenstein). M. 25 Ill. v. A. v. Schrötter. *Berlin, Eisenach, Leipzig: H. Hillger [1897].* (125 S.) 1 Bd 8.
= Bücherschatz, Kürschners. No 16. [97. 6299

[F.] Gesühnte Schuld. Roman v. Alexander Römer [d. i. Charlotte Regenstein]. *Berlin: A. Goldschmidt 1898.* (202 S.) 1 Bd 8.
= Bibliothek, Goldschmidts, f. Haus u. Reise. Bd 69. [98. 9477

Regenstein, Charlotte, zur Stütze der Hausfrau. Eine Erzählung f. junge Mädchen. 8. (439 S.) Bielefeld 877. Velhagen & Klasing. geb. n. 5. 50

**Régent, Le,** Corse. S. l. 1768. V: *Salis, Baptist von.* (MGT)

Regent, der; Trspl. in 3 A. 8. 8. Manh. 789. Löffler. 6 ggr.

Regent, der, Trauersp. 8. Mannheim, Löffler. 790. Rthlr.

Regent u. Volk, od. welche Constitution muß d. Preuß. Staat haben? gr. 8. Berl. 818. Flittner. 20 gr (Sander). 12 gr.

**Regent, Vollkommener Saavedrischer.** Freystadt [Frankfurt] 1724. V: *Lau, Theodor Ludwig.* (Wr)

Regent, Gesetz üb. die Fürsorgeerziehung Minderjähriger v. 2. VII. 1900, nebst den Ausführungsbestimmungn. u. den dazu ergangenen Ministerialverfüggn. Für d. Praxis u. die zur Ausführg. des Gesetzes Berufenen erläutert. 12. (112 S.) Heiligenstadt 901. F. W. Cordier. n. 1. —

Regent, Anton Theodor Joseph, s. Regent, Joseph

Regent, C., s. Regent, Karl

Regent, (Antonius Theodorus) Josephus *(geb. Breslau 30. 10. 1830)*: De C. Suetonii Tranquilli vita et scriptis. Vratislaviae (1856). (63 S.) 8°
Breslau, Phil. Diss. v. 19. Mai 1856

Regent, Karl

—— Christliche Ablehnung der Hauptunwahrheiten, welche die Schwenkfelder in einer Schrift sogenannt: „Glaubensbekenntnis der neubekehrten Katholischen" höchst sträflich u. vermessentlich aufgesetzt haben. Das. 1724, 8°.

—— Unparteiische Nachricht von der in Lausnitz (?) überhandnehmenden u. hieraus in die benachbarten Länder einreißenden neuen Sekt der sog. Schefferianer u. Zinzendorfianer. Breslau 1729, 8°.

Regent, C., soc. Jes., Unpartheische Nachricht von der in der Laussnitz überhandnehmenden Neuen Sect der sogenannten Schefferianer u. Zinzendorffianer etc. Bresslau 1729. 8°. Rar!

—— Der aus eigenem Gesangbuch u. sonsten gebräuchlichen Bücher des Irrtums überzeugte Schwenkfelder. Das. 1724, 8°.
Von demselben Verfasser noch mehrere andere Schriften gegen die Schwenkfeldianer, vgl. Backer, V, 665—6.

Regent, Karl, Zusatz zu den übrigen Irrtümern, welche die in Schlesien sich befindliche Schwenkfelder in denen sog. Glaubensbekanntnissen verschwiegen, vorgestellt u. widerlegt. 5 Artikel. Neyß (Neisse) 1722—4, 8°.

Regentag, auf d. Lande, s. neue Bibliothek deutscher Romane 5r.

Regenten, die, Böhmens von der frühesten Zeit bis zur Gegenwart sammt dem Stammbaume der Přemisliden. 1 lithogr. Bog. in Imp.-Fol. Carlsbad 858. (Prag, Dominicus.) *

— Brandenburgisch-Preußische, aus dem Hause Hohenzollern. 17 Bildnisse (Holzschn.). Leipzig 856. G. Wigand. Imp.-4. n. 1 ₰.; auf Pappe gezogen n. 2 ₰. 20 ngr; Prachtausg. n. 5 ₰. 20 ngr.

Regenten, brandenburg-preußische, aus dem Hause Hohenzollern. 18 Bildnisse (Holzschntaf.) Volks-Ausg. 2. Aufl. gr. 4. Leipzig 875. G. Wigand. n. 3. 50; auf Pappe gezogen n. 12. —

Regenten, brandenburgisch-preußische, aus dem Hause Hohenzollern. 20 (Holzschn.-) Bildnisse. (Volksausg. 3. Aufl.) gr. 4. Leipzig 888. G. Wigand. n. 5. —; auf Pappe gezogen n. 15. —

**Regenten, Teutschlands edelste und kräftigste,** im romantischen Gewande dargestellt. 1. Th. Rudolstadt 1802. V: *Pölitz, Carl Heinrich Ludwig.* (Ky) (MGT)

Regenten, die, von Fondi. 2 Bde. 8. Hamb. 801, 2. (Herold jun.) 1 ß 16 gr

Regenten, die, v. Fondi; e. Traum besserer Zeiten, Gegenstück z. Hallo's glücklichen Abend. 2 Bde. 8. Hamb. Vollmer. 801. 802. (I. 1 Rthlr. II. 16 gr.)

Regenten, die Hohenzollerischen, auf d. Preuß. Thron rc., s. Mein Vaterland Preußen.

— die österreichischen, von der Gründung der Ostmark bis auf die neueste Zeit. Wien 857. Tendler u. Co. (40 Holzschn. auf 1 Bgn. in lang Fol.) n. 12 ngr; color. n. 1 ß. 2 ngr

— die preußischen. Berlin (853.) (Bergemann.) (1 Bgn. mit 40 Holzschn. in gr. Fol.) 5 ngr

**Regenten, Die,** und die Regierten. Dem Kongresse zu Wien gewidmet. O. O. 1814. V: *Arndt, Ernst Moritz.* (GGr)

— die, u. die Regirten, dem Congresse zu Wien gewidmet. 8. Frankf. a. M. 814. Körner. 5 gr

Regenten, über, Regierung rc. s.a. F. K. von Moser.

Ueber Regenten, Regierung und Ministers. Schutt zur Wegebesserung des kommenden Jahrhunderts. Frankfurt a. M. 1784. 8.

— die, des ehemaligen deutschen Reiches und der gegenwärtigen größeren und mittleren Staaten Europa's, theils von den frühesten Zeiten, theils vom Mittelalter an bis zum Jahre 1855. In chronolog. Folge, nach den neuesten zuverlässigsten Quellen entworfen. Karlsruhe 855. Geßner. gr. 8. (IV, 28 S.) n. 5 ngr

**Regenten, Die,** des Thierreichs. Eine Fabel. O. O. 1790. V: *Albrecht, Joh. Frdr. Ernst.* (AarK) »1790—91« (Ky) (MGT) »1790—92« (Cat. d. Stadtbibl. Zürich. Zürich 1864—97.) »1790—96« (LS)

— die, des Thierreichs, eine Fabel, (von Jh. Fr. Er. Albrecht). 3 Thle. 8. Berl. 790, 91. N. A. 8. Dresd. 791. (W. Rauck in Leipz.) 3 ß 4r Thl. (A. u. d. T.: Reisen ins Thierreich). 8. Gera 796. Heinsius. 1 ß 4 gr

Regenten, die, des Thierreichs, eine Fabel, 3 Theile, mit Kupf. 8. Dresden, 792 Richter. 3 Rthl. Desselben Buches, 4ter Theil, mit Kupf. 8. Gera, 796. Heinsius. 1 Rthl. 5 sgl.

— die, d. Thierreichs) eine Fabel. 3 Thle. 8. Dresden. (Sommer in Lpz.) 793.

* Regenten, die; des Thierreichs. 3 Bde. 8. Leipzig, Sommer. 808.

**Regenten, Die,** deutscher Völker im Jahr 1808. V: *Dyk, Joh. Gfr.* (Ky)

Regenten, die, deutscher Völker im J. 1808; nebst e. Blick auf Entstehung u. Untergang d. deutschen Reichs rc., (von J. G. Dyck). gr. 8. Leipz. 808. Dyck. 10 gr

Regenten, welfische, in den Krisen des letzten Jahrhunderts. Berlin 868. van Muyden. Lex.-8. (III, 127 S.) n. 10 ngr

Regentenabsicht u. Völkerglück, in e. rührenden Gesch. a. d. gegenwärt. Zeitalter. 8. Prag, Walenta. 790.

Regentenabsicht und Völkerglück. 8. Altona, Kaven. (Gräff in Leipz.) 791.

Regentenabsicht u. Völkerglück. 8. Altona 791. Kaven. (Wienbrack in Leipz.) 4 gr

Regenten-Album zum Sammeln der Portraits sämmtlicher Regenten u. ihrer Familienglieder in Mignon-Photographien. Bonn 865. Henry. qu. 4. (VII S. u. 47 Blatt), geb. n. 2 ß 20 ngr

Allgemeiner Genealogischer Regenten=Almanach von Europa für das Jahr 1800. Hrsg. v. A[dam] C[hristian] Gaspari.
Weimar: Industrie=Compt. 1800. 24 Bl., 46, 94 S. 8°

Regenten-Almanach, deutscher, auf d. J. 1825—29. 1r—4r Jahrg.; hrsgg. von H. F. Rumpf u. Bhrd. Fr. Voigt. Mit Portraits. 12. Ilmenau 824—28. Voigt. (à 2 ß) 8 ß Engl. Pap. (à 3 ß) 12 ß

Regenten-Almanach, deutscher, auf d. J. 1829. Histor.-biograph. Gallerie d. jetzt regier. hohen Häupter. Hrsg. v. B. F. Voigt. 4. Jahrg. M. 8 Portr. 12. (13½ B.) Ilmenau, [Weimar,] Voigt.
1. Jahrg. 1825, hrsg. v. H. F. Rumpf. — 2. u. 3. J. 1827 u. 28., hrsg. v. B. F. Voigt. Ebendas. à 2 Thlr.

**Regentenbaum, Der fürtreffliche.** Nach Dan. IV. 7—9. O. O. 1714. V: *Hotz, Heinrich.* (Cat. d. Stadtbibl. Zürich. Zürich 1864—97.)

Regentenfamilien, die, der ganzen Erde, s.: Miniatur-Bibliothek.

**Regenten- und Volksgeschichte, Brandenburg-Preussische,** von den ältesten bis auf die neuesten Zeiten. 2. Ausg. Berlin 1818—23. V: *Tzschucke, Carl Friedrich.* (Ky)

Regenten- u. Volksgeschichte, Brandenburg-Preuß., von d. ältesten bis auf d. neuesten Zeiten, (v. K. F. Tzschucke). 2 Thle. 2e verm. Ausg. gr. 8. Berl. 818, 21. (Sander). 2 ß 12 gr Mit 8 Kpf. 3 ß Engl. P. 3 ß 8 gr Schrbp. 4 ß ill. Druckp. 3 ß 8 gr Engl. P. 3 ß 20 gr Schrbp. 4 ß 12 gr 3r Thl. A. u. d. T.: Geschichte d. Preuß. Staats unter d. Regierung Friedrich Wilhelm III. bis zum 2n Pariser Frieden. gr. 8. Ebd. 823. (Sander). 2 ß Mit 3 Kpf. u. 1 Karte. 2 ß 12 gr Engl. Pap. 3 ß Schrbp. 3 ß 8 gr illum. 2 ß 18 gr Engl. Pap. 3 ß 8 gr Schrbp. 3 ß 12 gr

**Regentengeschichte** der anitzt **Chur-Sächsischen Lande . . . Leipzig 1786. 1806. V: *Dyk, Joh. Gottfried.*** (Ky) (MGT) **(Kat. d. stat. Bureaus. Dresden. Dresd. 1890.)**

Regentengeschichte d. anjetzt Kursächs. Lande, (v. J. G. Dyck). Mit 1 Karte. 8. Leipz. 806. Dyck. 10 gl

Österreichs Regentenhalle in Bild und Wort. [Mück's praktische Taschenbücher. Bd. 26.] 8°. K 1.20
Wien: Szelinski 1908.

**Regentenhaus, Das preussische,** eine übersichtliche und fassliche Darstellung der Preussischen Geschichte ... Eisleben 1839. V: *Genthe, Friedrich Wilhelm.* (GGr X, 490) (Zeitschr. f. Büch. N. F. 15, 1923, S. 119)

Regentenhaus, das preuß., eine übersichtl. u. faßl. Darstell. d. preuß. Geschichte, insonderheit d. Lebensbeschreibn. v. Friedrich Wilhelm d. großen Kurfürsten bis zu d. jetzt regier. Könige Friedrich Wilhelm III. 1., u. 2., verb. Aufl. 8. (à 8 B.) Eisleben 839, 40. [Berlin, Hermes.] à

**Regentenspiegel, Kleiner.** Nach Exod. XVIII. 21. 8. O. O. 1714. V: *Hotz, Heinrich.* (Cat. d. Stadtbibl. Zürich. Zürich 1864—97.)

**Regentenspiegel, Zürcherischer,** aus vergangener Zeit. O. O. [189?]. V: *Pestalozzi, F. Otto.* (zuwzür 1911)

**Regententabelle, Neue Europäische,** auf das Jahr 1795, nach der staatsrechtlichen und Hofceremonialordnung ... Leipzig 1794. V: *Plant, Johann Traugott.* (Ky)

Regententabelle, neue Europäische, auf d. J. 1795, nach d. staatsrechtl. u. Hofceremonialordnung d. Fürsten ꝛc., (v. Jh. Tr. Plant). Fol. Leipz. 794. (Dyck). 3 gl

**Regententableau** und Kriegsbegebenheiten des königlich preussischen Hauses. Breslau 1842. V: *Rhein, A. v.* (Pr)

Regenten-Tableau u. Kriegsbegebenheiten des Preußischen Hauses ꝛc. Entworfen von Rhein, Major. Lithogr. gr. Fol. Breslau 842. (Kohn.) 1/4 rß

**Regententafel, Aussereuropäische,** für das Jahr 1788 [93, 98, 1803]. Leipzig. V: *Breitenbauch, Georg August von.* (MGT) (Ky)

— außereuropäische, f. d. J. 1788, 93, 98 u. 1803, (v. G. A. v. Breitenbauch). Fol. Leipz.

Regenten-Tafel, bayerische, von Herzog Garibald I. [554] bis Kurfürst Otto Heinrich [1559], hrsg. vom königl. bayer. geh. Hausarchive. Vorstand Karl v. Rumpler, Ludw. Trost u. Frdr. Leist. Nach dem im königl. bayer. geh. Hausarchive aufbewahrten Originale in Kupfer-Aetzg. u. Druck getreulich wiedergegeben v. Eug. Albert in München. Imp.-Fol. (7 Bl.) Mit Text. Fol. (24 S.) Bamberg 892. C. C. Buchner Verl. In Mappe. n.n. 200.—

Regententafel von Bayern. Für den Schul- und Privatgebrauch kritisch zusammengestellt. 1. Aufl. 1854. und 2., verb. Aufl. 1 Bog. in Imp.-Fol. München 855, (Franz.) *

**Regententafel, Brandenburgisch-Preussische;** zum Nutzen der die vaterländische Geschichte studirenden Jugend. Berlin 1796. V: *Michaelis, Johann Friedrich.* (Adel) (MGT)

— von Europa, in Form eines Dominospiels; e. Geschenk f. Kinder. Zittau 800. Schöps. 8 gl

— — dies. a. d. J. 1808—11. Lübeck, Niemann und Comp. (à 4 gr.)

**Regententafel, Europäische,** auf das Jahr 1792. Dresden u. Leipz. 1792. V: *Schönemann, Friedrich Leberecht.* (Ky) (MGT)

— Europäische. Leipz. 824. Expedit. d. Europ. Aufsehers. 3 gl

Regenten-Tafel, europäische, a. d. J. 1825, 3e verb. Aufl. 1 Tab in Fol. Halle, Anton.

Regententafel, Europäische, auf d. J. 1829. 4., verb. Aufl. Fol. (1 B.) Halle, Anton. Thlr.

Regententafel, europäische, No. I. (8 Bildnisse enthalt.) Gez. von W. Herz. Lithogr. gr. Fol. Erfurt 834. Müller. 1/2 rß

**Regententafel, Neue Europäische,** auf 1817. Görlitz 1816. V: *Borott, Joh. Bapt.* (Ky)

— neue Europäische, auf 1817, (v. J. B. Borott). Fol. Görl. 816. (Anton in Halle). 4 gl 3e Aufl. f. d. J. 1825. 4 gl 4e Aufl. f. d. J. 1829. Fol. Ebd. 829. 4 gl

— neue Europäische, f. d. J. 1820 u. 21. Nach alphabet. Ordnung. Arnstadt 820 u. 21. Hildebrand. (à 3 gl) 6 gl

**Regenten-Tafel** d. königl. Hauses Sachsen m. Darstellung der gleichzeit. Regierungsdauer der deutschen Könige u. Kaiser u. der hauptsächlichsten Zeitereignisse. qu. schmal Fol. (2 S. Text.) Leipzig 889. Giesecke & Devrient. n. 1.—

Regentke: Schiller u. Göthe. 16 S.–Ostrowo, Progr. 1865

**Regentschaft, Die.** Ein Trauerspiel in fünf Aufzügen. Nach d. Engl. ... Züllichau 1795. V: *Greatheed, Bertin.* Ü: *Meyern, Wilhelm Friedrich von.* (GGr) (WBL) (Mn)

**Regentschaft, Die.** Ein Trauerspiel in fünf Aufzügen. Nach d. Engl. ... Züllichau 1795. (nicht): *Greatheed, Bertin.* V: *Rowe, Nicholas.* Ü & B: *Meyern, Wilhelm Friedrich.* (Hdschr. Mitth. von Pschorn) (BiblPort)

Regentschaft, die. Trauersp. n. d. Engl. 8. Züllichau, (Frommann in Jena.) 795.

REGENTÜCHER, Nürnberger. — (Riederer, Joh. Friedr.) Die abentheuerliche Welt in einer Pickelheerings-Kappe, Oder Satirische Gedichte .... Stück 3, Satyre 5: Die Nürnberger Regentücher. Anno 1718. 8°. S. 1—20. (In Breslau, Kgl. u. Univ.-Bibl.: Lit.-Teut. II. 8°. 805.)
Derb und jokos.

**Regenverhältnisse, Die,** Deutschlands ... Görlitz 1855. V: *Möllendorff, Felix Gg. Reinhard.* (Ky)

**Regenverhältnisse,** die, Deutschlands. (Von v. Möllendorff.) Abdr. aus den Abhdlgn. der naturforsch. Gesellschaft zu Görlitz. Görlitz 855. Heyn in Comm. gr. 8. (55 S. u. 1 lith. Karte in Fol.) n. 10 ngr.

MÜNCHENER BILDERBÜCHER Nr. 32. REGENWETTER. Eine heitere Geschichte [in Versen] für Kinder. München, Braun & Schneider [c. 1860?]. Titel und 9 Bl. mit 9 großen schönen Holzschnitten (sign. MC) in Handkolorit. 4°. Farb. Or.-Karton m. Leinenrücken. ★ Erstausgabe. 12.—

**Régeny** f.: Regenspursky v. Régeny.

Reger, Anton

—— **Dienstbuch** für bayerische Staatsverwaltungs- und Gemeinde-Beamte. Bearb. von J. Windstoßer. 1.—4. Jahrg. 1882—1885. gr. 16. (288; IV, 246; 312; IV, 264 S.) Ansbach, Brügel und Sohn. geb. à Jahrg. *

**Reger's,** A., **Dienstbuch** für bayerische Staatsverwaltungs- und Gemeinde-Beamte. Bearb. von J. Windstoßer. 5.—8. Jahrg. 1886—1889. 12. (IV, 256; VIII, 254; VIII, 296; VI, 300 S.) Ansbach, Brügel und Sohn. geb. à Jahrg. *

Reger's, A., Dienstbuch f. bayerische Staatsverwaltungs- u. Gemeinde-Beamte. Bearb. v. J. Windstoßer. 9.—12. Jahrg. 1890—1893. gr. 16. (à Jahrg. ca. 300 S.) Ansbach 892, Brügel u. Sohn. à Jahrg. geb. * 1 50

**Reger's,** A., **Dienstbuch** f. bayer. Staatsverwaltungs- u. Gemeinde-Beamte. Bearb. v. J. Windstoßer. 14. Jahrg. 1895. gr. 16. (IV, 320 S.) Ansbach, C. Brügel & Sohn. Geb. in Leinw. 1. 50

**Reger's,** A., **Dienstbuch** für bayer. Staatsverwaltungs- u. Gemeinde-Beamte. Bearb. v. J. Windstoßer. 18. Jahrg. 1899. 12. (IV, 320 S.) Ansbach 898. C. Brügel & Sohn. Geb. in Leinw. n. 1. 50

**Reger's** Dienstbuch f. bayer. Staats-Verwaltungs- u. Gemeinde-Beamte. Bearb. v. Windstosser. 21. Jahrg. 1902. (IV, 316 S.) 12. Ansbach, Brügel & Sohn. geb. 1. 50.

**Reger's,** A., **Dienstbuch** f. bayerische Staatsverwaltungs- u. Gemeinde-Beamte. Bearb. v. J. Windstoßer. 22. Jahrg. 1903. 12. (IV, 306 S.) Ansbach, C. Brügel & Sohn. Geb. in Leinw n. 1. 50

**Reger's,** A., Dienstbuch f. bayerische Staatsverwaltungs- u. Gemeinde-Beamte. Bearb. v. J. Windstosser. 24. Jahrg. 1905. (IV, 304 S.) kl. 8. Ansbach, C. Brügel & Sohn. Geb. in Leinw. 1. 50.

**Reger's,** A., **Dienstbuch** f. bayerische Staatsverwaltungs- u. Gemeinde-Beamte. Bearb. v. J. Windstoßer. 26. Jahrg. 1907. (IV, 298 S.) kl. 8. Ansbach, C. Brügel & Sohn. Geb. in Leinw. n. 1. 50

**Reger's,** A., **Dienstbuch** f. bayerische Staatsverwaltungs- u. Gemeindebeamte. Bearb. von J. v. Windstoßer. 30. Jahrg. 1911. (309 S.) kl. 8. Ansbach, C. Brügel & Sohn. Geb. in Leinw. 1. 50

— f.: **Entscheidungen** d. Gerichte u. Verwaltungsbehörden auf d. Gebiete des rc. Verwaltungs- u. Polizeistrafrechts.

—— **Erläuterungen** zu der in Bayern geltenden Socialgesetzgebung, f. Blätter für administrative Praxis und Polizeigerichtspflege.

— das bayerische **Gesetz** üb. die öffentliche Armen- u. Krankenpflege vom 29. Apr. 1869. Erläutert u. m. den einschläg. Vollzugsvorschriften hrsg. 8. (IV, 107 S.) Ebend. 886. cart. 1. 50

— das **Gesetz** üb. Heimat, Verehelichg. u. Aufenthalt vom 16. Apr. 1868, nebst den dazu ergangenen Novellen. Erläutert u. m. den einschläg. Vollzugsvorschriften hrsg. 8. (IV, 151 S.) Ebend. 884. cart. n. 1. 20

—— das **Gesetz** über Heimat, Verehelichung und Aufenthalt vom 16. April 1868, nebst den dazu ergangenen Novellen. Erläutert und mit den einschläg. Vollzugsvorschriften hrsg. 2. ergänzte Ausg. 8. (IV, 151 S.) Ebendas. 887. cart.

—— die **Gewerbeordnung** für das deutsche Reich, f. Gewerbe- und Fabrikgesetzgebung, die, nach Reichs- und bayerischem Landes-Rechte.

— d. **Gewerbeordnung** für das Deutsche Reich in der Fassg. seit Erlaß d. Novelle v. 6. Aug. 1896. Erläut. u. m. Vollzugsvorschriften d. Reichs sowie des Königr. Bayern hrsg. 2. Aufl. 8. (VII, 438 S.) Ansbach 896. C. Brügel & Sohn. Kart. n. 4. 80

REGER, Anton: Grundzüge der land- und forstwirtschaftlichen Unfall-Versicherung nebst einem Auszuge aus dem landwirtschaftlichen Unfallversicherungsgesetze vom 5. Mai 1886, Rentenberechnungstabellen und sonstigen Anlagen, sowie einem alphabetischen Sachregister. Bearbeitet für Vertrauensmänner, Ortspolizeibehörden, Ärzte u. Betriebsunternehmer. - München 1893. VI, 110 S. Beck.

**Reger's,** A., **Handausgabe** d. bayer. Gesetzes üb. die öffentliche Armen- u. Krankenpflege vom 29. Apr. 1869 m. Erläutergn. u. den einschlägigen Vollzugsvorschriften. In 2. Aufl. bearb. v. G. Krais. 8. (IV, 140 S.) Ansbach 892. C. Brügel & Sohn. Kart. n. 1. 80

— dasselbe d. bayer. Gesetzes üb. Heimat, Verehelichung u. Aufenthalt vom 16. Apr. 1868, nebst den dazu ergangenen Novellen. Mit Erläutergn. u. den einschläg. Vollzugsvorschriften. In 3. Aufl. bearb. v. G. Krais. 8. (IV, 180 S.) Ebd. 892. Kart. n. 1. 80

— dasselbe d. Schulbedarfsgesetzes vom 10. Novbr. 1861. Mit Erläutergn. u. unter Beifügg. der seit dem Erlasse ergangenen auf das Volksschulwesen bezügl. kgl. Verordngn. u. wichtigeren Ministerial-Entschließgn. In 3. Aufl. bearb. v. J. Graßmann. 8. (IV, 133 S.) Ebd. 894. Kart. n. 1. 80

— dasselbe d. bayer. Verwaltungsgerichtsgesetzes vom 8. Aug. 1878. Mit Vollzugsvorschriften u. sonst. einschläg. Bestimmgn. In 2. Aufl. neu bearb. v. A. Dyroff. 8. (IV, 263 S.) Ebd. 894. Kart. n. 3. —

— dasselbe der in Bayern giltigen allgemeinen Polizeistrafgesetzgebung Unter Berücksicht. der oberstrichterl. Judikatur, sowie oberpolizeil. Vorschriften sämtl. k. Kreis-Regiergn. 2., gänzlich umgearb. Aufl., hrsg. v. H. Reuß. 8. (IX, 444 S.) Ebd. 895. Kart. n. 4. 80

— **Handausgabe** d. bayer. Gesetzes üb. d. öffentl. Armen- u. Krankenpflege v. 29. IV. 1869 in d. Fassg. nach Erlaß d. Novelle v. 17. VI. 1896. M. Erläutergn. u. den einschläg. Vollzugsvorschriften hrsg. 3., neu bearb. Aufl. 8. (V, 143 S.) Ebd. 898. Kart. n. 2. —

— **Handausgabe** des bayerischen Gesetzes üb. die öffentliche Armen- u. Krankenpflege v. 29 IV. 1869 in der Fassung der Bekanntmachung vom 30. VII. 1899. Mit Erläutergn. u. den einschläg. Vollzugsvorschriften hrsg. 4., neu bearb. Aufl. 8. (VI, 159 S.) Ansbach 901. C. Brügel & Sohn. Geb. in Leinw. n. 2. 80

— Handausgabe des bayerischen Gesetzes üb. die öffentliche Armen- u. Krankenpflege vom 29. IV. 1869 in der Fassung der Bekanntmachung v. 30. VII. 1899 u. unter Berücksicht. der Novelle v. 10. V. 1902. Mit Erläutergn. u. den einschläg. Vollzugsvorschriften sowie unter Beidr. des Zwangserziehungsgesetzes vom 10. V. 1902 hrsg. 5., durchgeseh. u. ergänzte Aufl. (VII, 180 S.) 8. Ansbach 904. C. Brügel & Sohn. Geb. in Leinw. n. 3. 20

— Handausgabe des bayerischen Gesetzes üb. die öffentliche Armen- u. Krankenpflege vom 29. IV. 1869 in der Fassung der Bekanntmachung vom 30. VII. 1899. Mit Erläutergn., den einschläg. Nebengesetzen u. Vollzugsvorschriften unter Beidr. des Zwangserziehungsgesetzes vom 10. V. 1902, des Gesetzes vom 23. II. 1908, die Berufsvormundschaft betr., u. des Reichsgesetzes v. 15. III. 1909, die Einwirkg. der Armenunterstützg. auf öffentl. Rechte betr. 6., durchgeseh. u. ergänzte Aufl. (VIII, 182 S.) 8. Ansbach 909. C. Brügel & Sohn. Geb. in Leinw. 3. 60

— Handausgabe d. bayer. Gesetzes üb. Heimath, Verehelichg. u. Aufenthalt v. 16. IV. 1868 in der Fassung u. Erlaß d. Novelle vom 17. VI. 1896. Mit Erläutergn., Vollzugsvorschriften, sow. unt. Beidruck ält. heimathgesetzl. Bestimmgn. hrsg. 4., neu bearb. Aufl. 8. (VII, 199 S.) Ebd. 898. Kart. n. 2. 40

— Handausgabe des bayer. Gesetzes üb. Heimat, Verehelichung u. Aufenthalt v. 16. IV. 1868 in der Fassung der Bekanntmachung v. 30. VII. 1899. Mit Erläutergn. u. Beidruck älterer heimatgesetzl. Bestimmgn., sowie m. Vollzugsvorschriften hrsg. 5., neu bearb. Aufl. 8. (VII, 232 S.) Ebd. 900. Geb. in Leinw. n. 3. —

— Handausgabe des bayerischen Gesetzes üb. Heimat, Verehelichung u. Aufenthalt vom 16. IV. 1868 in der Fassung der Bekanntmachung vom 30. VII. 1899. Mit Erläutergn. u. Beidruck älterer heimatgesetzl. Bestimmgn., sowie m. Vollzugsvorschriften hrsg. 7., durchgeseh. u. ergänzte Aufl. (VIII, 253 S.) 8. Ansbach 908. C. Brügel & Sohn. Geb. in Leinw. 3. 60

— Handausgabe d. Gewerbeordnung. II. Aufl. 1. Ergänzungsbdchn. Enth.: D. Reichsgesetz v. 26. VII 1897 (sog. Handwerks-Organisations-Gesetz) nebst weit. Gesetzesnovellen. M. Erläutergn., sow. d. seither erlass. Vollzugsbekanntmachgn. hrsg. v. J. Keidel. 8. (IV, 242 S.) Ebd. 898. Kart. n. 2. 80
(Hauptwerk u. 1 Ergänzungsbdchn.: n. 7. 60)

— Handausgabe der Gewerbeordnung f. das Deutsche Reich in der Fassung der Reichskanzler-Bekanntmachung v. 26. VII. 1900, m. den Vollzugsvorschriften d. Reichs u. des Königr. Bayern, sowie e. Anh., enth. Auszug aus dem bayer. Gewerbegesetze v. 30. I. 1868, dem Gewerbegerichtsgesetze 2c. In 3. Aufl. neu bearb. v. Th. Stöhsel. 2 Bde. 8. Ebd. Geb. in Leinw. n. 9. 10
1. (VIII, 594 S.) 901. n. 5. 50
2. enth. die Vollzugsvorschriften des Reichs u. des Königreichs Bayern, die preuß. techn. Anleitg. bezügl. der Genehmigg. gewerbl. Anlagen, Auszug aus dem neuen Gewerbegerichtsgesetze u. alphabet. Gesammtregist. (XI, 283 S.) 902. n. 3. 60

— Handausgabe der Gewerbeordnung f. das Deutsche Reich m. dem Reichsgesetz v. 30. III. 1903 betr. Kinderarbeit in gewerblichen Betrieben (Kinderschutzgesetz), Auszug aus dem bayer. Gewerbegesetze v. 30. I. 1868, dem Gewerbegerichtsgesetze, dem Kaufmannsgerichtsgesetze sowie den Vollzugsvorschriften des Reichs u. des Königr. Bayern. In 3. Aufl. neu bearb. u. nunmehr in 4. Aufl. hrsg. v. Th. Stöhsel. 1. Bd. (VIII, 650 S.) 8. Ebd. 905. Geb. in Leinw. n. 6. —

— Handausgabe der Gewerbeordnung f. das Deutsche Reich. In 3. Aufl. neu bearb. u. nunmehr in 4. Aufl. hrsg. v. Th. Stöhsel. 2. (Schluß-)Bd., enth. die Vollzugsvorschriften des Reichs u. des Königr. Bayern, die neueste Novelle zur Gewerbeordg. vom 7. I. 1907, die preuß. techn. Anleitg. bezügl. der Genehmigg. gewerbl. Anlagen u. alphabet. Gesamtregister. (XX, 391 S.) 8. Ebd. 908. Geb. in Leinw. 5. —
1. Bd. Ebd. 905. Geb. 6.—.

— u. Jul. Henle, Handausgabe d. Krankenversicherungsgesetzes, s. a. Reichsgesetzgebung, die, auf dem Gebiete der Arbeiter-Versicherung.

— Handausgabe des Krankenversicherungsgesetzes. Mit den Abänderungsgesetzen, dem bayr. Ausführungsgesetz vom 26. V. 1892, den bayer. Vollzugsvorschriften, den Statut-Entwürfen u. e. Anh., enth. Auszüge aus anderen Versicherungsgesetzen u. Abdruck des Hilfskassengesetzes. In 6. Aufl. neu bearb., sodann in 6. u. nunmehr in 7. Aufl. hrsg. v. Jul. Henle. (VIII, 528 S.) 8. Ebd. 904. Geb. in Leinw. n. 5. 50

Reger, Ant.: Handausgabe der in Bayern gültigen allgemeinen Polizeistrafgesetzgebung. 2. Aufl. von Herm. Reuss. Ansbach: Brügel 1895.

— Handausgabe der in Bayern gültigen allgemeinen Polizeistrafgesetzgebung. 3., gänzl. neubearb. Aufl., hrsg. v. K. Dames. (XII, 545 S.) 8. Ebd. 905. Geb. in Leinw. n. 5. 50

— Handausgabe d. Reichsgesetzes üb. d. Beurkundg. des Personenstandes u. d. Eheschließung v. 6. Febr. 1875. M. Erläutergn. u. d. einschläg. Vollzugsvorschriften in 2. Aufl. bearb. u. hrsg. von Karl Dames. 8. (VII, 276 S.) Ansbach 896. C. Brügel & Sohn. Kart. n. 3. 50

— Handausgabe des Reichsgesetzes über die Beurkundung des Personenstandes u. die Eheschließung vom 6. II. 1875 in der vom 1. I. 1900 an geltenden Fassung. Mit Erläutergn. u. unter Beidruck der einschläg. Vollzugsvorschriften hrsg. v. K. Dames. 3., neubearb. Aufl. 8. (VII, 331 S.) Ebd. 900. Geb. in Leinw. n. 3. 60

— Handausgabe des Reichsgesetzes üb. die Beurkundung des Personenstandes u. die Eheschließung vom 6. II. 1875 in der vom 1. I. 1900 an geltenden Fassung. Mit Erläutergn. u. unter Beidruck der einschläg. Vollzugsvorschriften hrsg. v. Karl Dames. 4., neubearb. Aufl. (VIII, 353 S.) 8. Ebd. 908. Geb. in Leinw. nn 4. 20

— Handausgabe kleinerer Reichs-Verwaltungs-Gesetze, nebst einschläg. Staatsverträgen u. kgl. bayer. Vollzugserlassen. M. Erläutergn. zu d. Reichsgesetzen über Freizügigkeit u. über Reichs- u. Staatsangehörigkeit, sowie sonst kurzen Noten. In 2. Aufl. bearb. u. hrsg. v. J. Keidel. 8. (V, 127 S.) Ebd. 898. Kart. n. 2. —

— Handausgabe des bayerischen Verwaltungsgerichtsgesetzes. Mit den neuen Vollzugsvorschriften, sonst. einschläg. Bestimmgn. u. eingeh. Erläutergn. Für die 2. Aufl. neu bearb. u. nunmehr in 3. verm. Aufl. hrsg. v. Ant. Dyroff. 8. (XI, 493 S.) Ebd. 902. Geb. in Leinw. n. 5. 50

— Handausgabe d. bayerischen Verwaltungsgerichtsgesetzes. Nebst Vollzugsvorschriften u. sonst einschläg. Bestimmgn. Für die 2. Aufl. neu bearb., sodann m. umfass. Erläutergn. in 3. u. nun in 4. verm. Aufl. hrsg. v. Ant. Dyroff. (XIV, 585 S.) 8. Ansbach 908. C. Brügel & Sohn. Geb. in Leinw. 7. 50

— Militärdienstgesetzgebung des deutschen Reiches, 2. Aufl. v. H. Jolas, s. a. Reichsgesetzgebung, die in Bezug auf persönliche u. sachliche Leistungen f. Militärzwecke. I.

—— die Militärdienstgesetzgebung des deutschen Reiches. Mit den für das Reich und das Königreich Bayern gilt. Vollzugsbestimmungen, insbesondere der Wehr- und Heerordnung in deren nunmehr. Fassung hrsg. 1. Lfg. 8. (80 S.) Ansbach 888, Brügel und Sohn. *

—— Die Militärdienstgesetzgebung d. deutschen Reiches. Mit den f. das Reich u. das Königr. Bayern gilt. Vollzugsbestimmgn., insbesondere der Wehr- u. Heerordng. in deren nunmehr. Fassung hrsg. 2.—5. Lfg. gr. 8. (S. 77—425.) Ebd. 889.

1. Lfg. Ebd. 1888. * — 80. * 3 60; compl. cart. * 4 80

Vorstehendes bildet den 1. Bd. von „Die Reichsgesetzgebung, betr. die persönlichen u. sachlichen Leistungen für Militärzwecke" (s. d.).

**Reger**, A[nton]: Militärdienstgesetzgebung des Deutschen Reiches. Mit den für das Reich und das Königreich Bayern gültigen Vollzugsbestimmungen unter Beifügung von erläuternden Bemerkungen in 2. Aufl. hrsg. von H. Jolas. (Die Reichsgesetzgebung in Bezug auf persönliche und sachliche Leistungen für Militärzwecke. 1. Bdch.) Ansb. 1900.

— Militärdienstgesetzgebung des Deutschen Reiches. Mit den f. das Reich u. das Königr. Bayern gült. Vollzugsbestimmgn. unter Beifügg. v. erläut. Bemerkgn. in 2. u. nunmehr in 3. neu bearb. Aufl. hrsg. v. Heinr. Jolas. (VIII, 508 S.) 8. Ansbach 905. C. Brügel & Sohn. Geb. in Leinw. n. 5.50

— Novelle vom 3. Februar 1888 zum Armengesetze nebst Vollzugsentschließung vom 17. Februar 1888. 8. (17 S.) Ebd. 888. n. — 30

— die in Bayern geltende allgemeine Polizeistrafgesetzgebung. Unter Berücksichtigung der oberstrichterl. Judikatur, sowie oberpolizeil. Vorschriften sämmtlicher k. Kreis-Regierungen erläutert u. hrsg. gr. 8. (VII, 366 S.) Ansbach 880. Brügel & Sohn. n. 5. —

— das Reichsgesetz über die Beurkundung d. Personenstandes u. die Eheschließung vom 6. Febr. 1875. Erläutert u. m. den hierzu ergangenen Vollzugsvorschriften u. Ministerialerlassen hrsg. gr. 8. (IV, 185 S.) Ebend. 882. cart. 1. 50

— das Reichsgesetz betr. die Invaliditäts- und Alters-Versicherung. Vom 22. Juni 1889. Textausg. m. Einleitg., Anmerkgn. u. Sachregister. 12. (XV, 163 S.) Ebd. 889. cart. 1. 50

— das Reichsgesetz, betr. die Krankenversicherung der Arbeiter, s. a. Reichsgesetzgebung, die, auf dem Gebiete der Arbeiter-Versicherung.

—— das Reichsgesetz betr. die Krankenversicherung der Arbeiter vom 15. Juni 1883 nebst Novelle vom 28. Januar 1885 und bayer. Ausführungsgesetze vom 28. Februar 1884. Erläutert und mit sämmtl. hiezu erlassenen Vollzugsvorschriften sowie den vom Reichskanzler veröffentlichten Statutenentwürfen hrsg. 4. neubearb. Aufl., mit Beidruck des Hilfskassengesetzes. 8. (II, 300 S.) Ebendas. 885. geb. *

— kleinere Reichs-Verwaltungs-Gesetze nebst einschlägigen Staatsverträgen u. kgl. bayer. Vollzugserlassen. Mit Erläutergn. zu den Reichsgesetzen üb. Freizügigkeit u. üb. Bundes- u. Staatsangehörigkeit, sowie sonst. kurzen Noten hrsg. 8. (IV, 108 S.) Ansbach 885. Brügel & Sohn. cart. n. 1. 80

— das Schulbedarfsgesetz vom 10. Novbr. 1861. Mit Erläuterungen u. unter Beifügung der wichtigeren, seit dem Erlasse des Gesetzes ergangenen, auf das Volksschulwesen bezüglichen kgl. Verordnungen u. Ministerial-Entschließungen hrsg. gr. 8. (IV, 110 S.) Ebend. 883. cart. n. 1. 20

—— das Schulbedarfsgesetz vom 10. November 1861. Mit Erläuterungen und unter Beifügung der seit dem Erlasse des Gesetzes ergangenen, auf das Volksschulwesen bezügl. königl. Verordnungen und wichtigeren Ministerial-Entschließungen. 2. durchges. und ergänzte Aufl. 8. (100 S.) Ebendas. 886. geb. *

**Reger**, Ernst, graphische Darstellungen der Weiterverbreitung verschiedener contagiöser Infectionskrankheiten. [Aus: „Verhandlgn. des XII. Congresses f. innere Medicin zu Wiesbaden 1893".] gr. 8. (13 S. m. 2 Taf.) Wiesbaden 893. J. F. Bergmann. n. 1. —

**Reger**, Ernst, die Gewehrschusswunden der Neuzeit. Eine Kritik der in neuerer Zeit m. Kleingewehrprojectilen angestellten Schiessversuche u. deren Resultate unter Berücksicht. der Prognose u. Behandlg. gleicher Kriegsverletzgn. Mit 32 Holzschn. u. 1 Phototypie. gr. 8. (160 S.) Strassburg 884. Schultz & Co. Verl. n. 5. —

**Reger**, Ernst, zur Lehre v. den contagiösen Infectionskrankheiten. Mit 63 lith. Taf. gr. 8. (VIII, 63 S.) Berlin 890. Fischer's medicin. Buchhandlg. n. 6. —

**Reger**, Ernst (geb. Löben in d. Prov. Sachs. 12. 12. 1845): Ueber Resection des Hüftgelenkes. Berlin (1870). (34 S.) 8°

Berlin, Med. Diss. v. 24. März 1870

— die Übertragung der Masern. [Aus: „Verhandlgn. des XI. Congr. f. innere Medicin".] gr. 8. (20 S. m. 2 Taf.) Ebd. 892. n. 1. —

**Reger**, Ernst, die Weiterverbreitg. der Diphtherie. [A.: „Verhandlgn. d. XIII. Congresses f. inn. Medic.".] gr. 8. (51 S. m. 2 Taf.) Wiesbaden 895. J. F. Bergmann. n. 1. 80

**Reger**, Friedrich, a. Untersöllbach ⟨Württbg.⟩: Bestimmung von Sternpositionen aus photographischen Aufnahmen durch Interpolations- und Abbildungsverfahren. Karlsruhe 1907: G. Braun. (25 S.) 4°

Heidelberg, Naturw.-math. Fak., Ref. Wolf, Diss. v. 3. Mai 1907

[Geb. 2. März 78 Untersöllbach (Württemberg); Wohnort: Stuttgart; Staatsangeh.: Württemberg; Vorbildung: Realanstalt Heilbronn Reife M. 00; Studium: T.H. Stuttgart 6, Univ. Göttingen 1, Heidelberg 2 S.; Rig. 10. Jan. 07.]

**Reger**, F., Tachymeter-Tafeln als Ergänzungen der Jordanschen „Hilfstafeln f. Tachymetrie". I. D von 251—350 f. $\alpha$ bis zu 10° A. T. II. $\alpha$ von 30°—45° A. T. f. D bis zu 101. Mit e. Vorwort v. E. Hammer. (VI, 146 S.) gr. 8. Stuttgart 910. J. B. Metzler. 5.—; geb. in Leinw. 5. 60

**Regel**, G., Diversa virorum doctorum de re tragica Romanorum judicia. Diss. 1834. 70 S. 4°.

Die Hauptepochen des deutschen Dramas (bis Schiller incl.) Von Reger, G. P. — 1858. Ebend. — S. 3—8.
Progr. Regensburg.

**Reger**, Guil. Rud. (geb. Löben in d. Prov. Sachs. 19. 8. 1841): Observationes de renum glomerulis Malpighianis eorumque, quae dicuntur, capsulis. Berolini (1864). (31 S.) 8°

Berlin, Med. Diss. v. 13. Okt. 1864

**Reger, Hans**: Die epische Cäsur in der Chaucerschule. Bayreuth 1910: Ellwanger. 88 S. 8°

München, Phil. Diss. v. 4. Juni 1910, Ref. Schick

[Geb. 17. Dez. 83 Bayreuth; Wohnort: Bayreuth; Staatsangeh.: Bayern; Vorbildung: Gymn. Bayreuth Reife Juli 03; Studium: München 3, Grenoble 1, München 6 S.; Rig. 4. Juni 10.] [U 10. 3087

Vier Festreden. — Von J. Reger, Stdr. — 1874. Passau, Keppler. — S. 3—18[12].
Progr. Passau, K. Gymn.

**Reger**, J. B., Ueber die Ars Poetica des Horaz. Pr. 1878. · 15 S. 4°.

Reger, Karl, erheit. Bilder f. Jäger u. Jagdfreunde. (Gedichte.) 2e verm. u. verb. Aufl. 16. München 840. Franz. n. 1/4 ₰

Reger, Karl, das französische Zeitwort. Vollständige Konjugations-Tabelle der französ. Zeitwörter m. e. Anh. üb. die wichtigsten Konstruktionen. gr. 8. (112 S.) Marktbreit 900. (Wunsiedel, G. Kohler.) n. 1. 20

Reger, Ludw., Dienstesvorschriften f. d. Amtsanwälte im Königreich Bayern. Alphabet. Repertorium zu den Justizministerialblättern. gr. 8. (31 S.) Ansbach 895. C. Brügel & Sohn. n. — 60

Reger, Ludw., Dienstesvorschriften f. die Amtsanwälte im Königr. Bayern. Alphabetischer Führer durch die bayer. Justizministerialblätter. 2. Aufl. (48 S.) 8. Ansbach 909. C. Brügel & Sohn. — 80

Reger, Ludw., Rechtsbeistand beim Viehkauf, s.: Miniatur-Bibliothek.

— d. öffentl. Zustellungen u. Bekanntmachgn. des Gerichtsschreibers. Formularien samt d. einschläg. gesetzl. Bestimmgn. rc. 12. (IV, 90 S.) Ebd. 896. Kart. n. — 80

Reger, Max, Beiträge zur Modulationslehre. (54 S.) 8. Leipzig 903. C. F. Kahnt Nachf. Geb. in Leinw. n. 1. —

Beiträge zur Modulationslehre von Max Reger. 3. Aufl. Leipzig: C. F. Kahnt Nachf. 1900. (52 S.) 8° [06. 1348

— Contribution à l'étude des modulations. Traduit de l'allemand par M.-D. Calvocoressi. (54 S.) kl. 8. Ebd. 904. Geb. in Leinw. n. 1. —

Sinfonietta für Orchester komp. von Max Reger. Op. 90. Partitur. Leipzig: Lauterbach & Kuhn (1905). (244 S.) 4° [06. 4908

Supplement to the theory of modulation by Max Reger. Transl. by John Bernhoff. Leipzig: C. F. Kahnt 1904. (50 S.) 8° [06. ...

Sechs Walzer für Pianoforte zu 4 Händen comp. von Max Reger op. 22. H. 1. 2. *München: J. Aibl 1899.* 2 Bde 4° [...

Reger, Philipp, Hans Sachs, s.: Lortzing, Alb.

Reger, P., Hans Sachs, s. Mode's, G., Opern-Text-Bibliothek.

Reger, St. D., Gebet- u. Regel-Büchlein f. die Mitglieder d. frommen Vereines von der heil. Familie zu Nazareth. 2. Aufl. 16. (238 S. m. 1 Stahlst.) Straubing 893. M. Hirmer. Geb. in Leinw. n. — 85

Reger, St. D., Handbüchlein zu den „Anfangsgründen der katholischen Lehre" für die kleinen Schüler (1.—3. Schuljahr). 12. (VI, 276 S.) Regensburg 889. Pustet. n. 1. 20; geb. in Leinw. n. 1. 60

— Handbüchlein zu dem kleinen Katechismus der katholischen Religion f. die Volksschulen im Bist. Regensburg. 1.—3. Bdchn. 12. Regensburg, F. Pustet. n. 5. 20; geb. in Leinw. n. 6. 40

1. 4. Schulj. (IV, 377 S.) 893. n. 1. 60; geb. n. 2. —
2. 5. Schulj. (IV, 444 S.) 893. n. 2. —; geb. n. 2. 40
3. 6. u. 7. Schulj. (IV, 388 S.) 894. n. 1. 60; geb. n. 2. —

Reger, St., Katechismus u. Leben. Ein Gebet-, Lehr- u. Betrachtungs-Büchlein f. die kathol. Jugend. 8. (688 S. m. 1 Stahlst.) Dingolfing 886. (Landshut, Krüll.) geb. n.n. 1. 60

— Katechismus u. Leben. Gebet-, Lehr- u. Betrachtungs-Büchlein für die kathol. Jugend und das kathol. Volk. 2., verb. Aufl. 8. (IV, 680 S. m. 1 Stahlst.) Stadtamhof 886. (Landshut, Krüll.) n.n. 1. 20; geb. n.n. 1. 60

— dasselbe. 3., verb. Aufl. 12. (IV, 652 S. m. 1 Stahlst.) Regensburg 888. Pustet. n. 1. 20

Reger, St. D., Katechismus u. Leben. Ein vollständ. Gebet-, Lehr- u. Betrachtungsbuch f. d. kathol. Jugend u. das kathol. Volk. 4., verb. u. verm. Aufl. (12.—16. Taus.) gr. 16. (756 S. m. 1 Stahlst.) Regensburg 896. F. Pustet. n. 1. 20; geb. in Leinw. n. 2. —; in Ldr. m. Goldschn. n. 3. —

Reger, Wilh. (geb. Löben in d. Prov. Sachs. 21. 11. 1843): Das erste Auftreten der Febris recurrens in Berlin. Berlin (1868). (32 S.) 8°
Berlin, Med. Diss. v. 10. Okt. 1868

Reges

Das dritte und das vierte Buch der Könige [Reges] der Vulgata und des Urtextes übers. u. erkl. von Dr. B[ernh.] Neteler. *Münster i. W.: Theissing 1899.* (VIII, 338 S.) 8° [01. 2540 6

Die Bücher der Könige [Reges] übers. u. erkl. von D. Rudolf Kittel, Prof., Leipzig. *Göttingen: Vandenhoeck & Ruprecht 1900.* (XVI, 312 S.) 8°
= Handkommentar z. Alten Testament. Abth. 1, Bd 5. [00. 11305

Die Bücher Samuel [Reges, L. 1. 2.] der Vulgata u. des hebräischen Textes übers. u. erkl. von Dr. B[ernhard] Neteler. *Münster i. W.: Theißing 1903.* (VII, 285 S.) 8° [04 410 6

The Books of Kings [Reges III u. IV]. Critical ed. of the hebrew text, print. in colors exhibiting the composite structure of the books. With notes by Bernhard Stade, Prof., Gießen, assisted by Friedrich Schwally, Prof., Gießen. Engl. transl. of the Notes by R[udolf] E[rnst] Brünnow, Heidelberg, and Paul Haupt, Baltimore. *Leipzig: J. C. Hinrichs 1904.* (309 S.) 4° [Ant. u. F.]
= Books, The sacred, of the Old Testament. P. 9. [04. 8120

Die Bücher Samuels oder Erstes und Zweites Buch der Könige [Reges]. Übers. u. erkl. von Dr. P. Nivard Schlögel, O. Cist. Wien: Mayer & Co. 1904. (XXI, 159 S.) 8°
= Kommentar, Kurzgefaßter wissenschaftl., zu d. heil. Schriften d. Alten Test. Abt. 1, Bd 3, Hälfte 1. [07. 9443 6

Libri Samuelis [Reges 1. 2] auctore P. Nivardo Schloegl, O. Cist. Vindobonae: Mayer & Co. 1905. (CXXXV, 66 S.) 4°(8°)
= Testamentum vetus ed. a Nivardo Schloegl. [2.] [06. 6867 2

Samuel [Reges I. 1. 2], metrisch hrsg. von Eduard Sievers. T. 1. Leipzig: B. G. Teubner 1907. 4°(8°)
= Sievers: Metrische Studien. 3.
= Abhandlungen d. K. Sächs. Gesellschaft d. Wiss. Philol.-hist. Kl. Bd 23, No 4. [07. 13107

**Reges a suis fugati, externa ope in regnum reducti. Gottingae 1791. V: *Heyne, Christian Gottlob.* (MGT)**

Allgemeines Freimaurer-Museum der Loge „Zur Einigkeit" im Or. Frankfurt a. M. [Unterz.:] B[enjamin] Reges. [Frankfurt ca. 1898.] 1 Bl. 8° [Kopftit.]
Kurze Erklärung des Museums, Bitte um Unterstützung zur Vermehrung der Samml.

Geschichte der Loge zur Einigkeit zu Frankfurt a. M. 1742—1892. Festgabe der Loge zur Einigkeit bei der Feier ihres 150 jährigen Bestehens am 16. Okt. 1892. Verf. von B[enjamin] Reges. [Mit e. Bildn.] Frankfurt a. M. 1892: Mahlau & Waldschmidt. 150 S. 8⁰

Die Gesch. 1742—1805 von K. Brönner verf. Nachtr. u. Berichtigungen von H. von Bärenstein zu diesem Werke in der Schrift: Die Feier des 150 jährigen Jubelfestes der Loge „Zur Einigkeit." 1892 S. 51 bis 52. Nebst Verzeichn. der Mitgl. von 1742 bis 1892.

*Martini, Georg Wilh.*: Die Jubiläumsfeier des Br's Georg Wilh. Martini. Von B[enjamin] **Reges.** Frankfurt a. M. 1876. 55 S. 8⁰ [Umschlagtit.]

Festbericht. Rede von Knoblauch.

Regesta

— **archiepiscopatus Magdeburgensis.** Sammlung von Auszügen aus Urkunden u. Annalisten zur Geschichte d. Erzstifts u. Herzogth. Magdeburg. Nach einem höhern Orts vorgeschriebenen Plane in Gemeinschaft mit Ed. Jacobs, K. Janicke u. F. Geisheim u. C. Sattler bearb. u. auf Kosten der Landstände der Prov. Sachsen hrsg. von George Adb. v. Mülverstedt. 1. u. 2. Thl. Lex.-8. Magdeburg 876—81. E. Baensch jun. n. 14 —

1. Bis zum Tode des Erzbischofs Wichmann [1192.] (XL, 761 S.) n. 8. —
2. Von 1192 bis 1269. (VII, 784 S.) n. 6. —

— archiepiscopatus **Magdeburgensis.** Sammlung v. Auszügen aus Urkunden u. Annalisten zur Geschichte d. Erzstifts u. Herzogth. Magdeburg. Nach e. höhern Orts vorgeschriebenen Plane in Gemeinschaft m. E. Jacobs, K. Janicke, F. Geisheim, C. Sattler u. M. Krühne u. auf Kosten der Provinzial-Vertretg. der Prov. Sachsen hrsg. v. G. A. v. Mülverstedt. 3. Thl. Von 1270—1305. Nebst Nachträgen zu den 3 Thln. u. e. chronolog. Tabelle üb. die ersteren. Lex.-8. (IV, 810 S.) Magdeburg 886. (E. Baensch jun. n. 6. — (1—3.: n. 20. —)

— **archiepiscopatus Magdeburgensis.** (4. Bd.) Orts-, Personen- u. Sachregister. Auf Veranlassg. der Prov.-Vertr. der Prov. Sachsen bearb. von G. Winter u. G. Liebe. Lex.-8. (III, 301 S.) Magdeburg 899. (E. Baensch jun.) n. 5. —; (1—4 n. 25. —)

**Regesta,** sive Rerum Boicarum Autographa, s. Carol. H. de Lang.

Regesta sive Rerum Boicarum Autographa.... 13 Volumina. 4. Monaci 1822–1854.

Vol. 1–4. R'... Aut' ad annum usque MCCC. e Regni Scriniis fideliter in Summas contracta juxtaque genuinam terrae stirpisque diversitatem in Bavarica, Alemanica et Franconica synchronistice disposita curà Caroli Henrici de Lang.... 1822–1828.

Vol. 5–12. ‹Continuationis 1–8.› R'... Aut' e Regni Scr' fid' in S' contr'. Opus cura C. H. de L' inceptum, nunc autem cura Maxmil (*Vol. 10–12:* Maxmiliani) Bar. de Freyberg... continuatum. 1836–1849.

Vol. 13. ‹Continuationis 9.› R'... Aut'.... Opus cura C. H. de L' inceptum, nunc autem cura Dr. G[eorg] Th[omas] Rudhart... continuatum. 1854.

—— **sive rerum Boicarum autographa e regni Scriniis fideliter in summas contracta. Opus cura C. H. de Lang inceptum nunc autem cura Max. de Freyberg continuatum. Vol. VI—IX. (Contin. II—V.) 4maj. Monaci. (Lipsiae, Fr. Fleischer.) [VI. (50 B.) 837. * 1⅔ Thlr., VII. (48¼ B.) 838. * 2⅔ Thlr., VIII. (54 B.) 839., IX. (48¾ B.) 841. à * 3⅓ Thlr.] Thlr. ***

Vol. I—IV. et V. (s. Cont. I.) ibid. 1822—30. hrbgs. Pr. * 12 Thlr. 8 Gr.

—— **sive rerum Boicarum Authographa e regni scriniis fideliter in summas contracta. Opus cura C. H. de Lang inceptum, nunc autem cura Max. de Freyberg continuatum. Vol. X. (Continuationis VI.) 4maj. (43¼ B.) Monaci 843. (Lipsiae, Frid. Fleischer.) ***

**Regesta** sive rerum Boicarum authographa e regni scriniis fideliter in summas contracta. Opus cura C. H. de Lang inceptum nunc autem cura Max. Bar. de Freyberg continuatum. Vol. XI. XII. [Continuationis VII. VIII.] gr. 4. (429 u. 408 S.) Monaci 847. 49. (Franz.) à n. 2 ℛ︎

—— **sive rerum Boicarum authographa e regni scriniis fideliter in summas contracta. Opus cura C. H. de Lang inceptum, nunc autem cura G. Th. Rudhart continuatum. Vol. XIII. (Continuationis IX.) 4maj. (391 S.) Monaci 854, (Franz.) ***

Vgl. II. Bd. 2. Abthl. S. 163.

**Regesta Badensia,** s. Dümgé, C. G.

**Regesta** Bingiensia inde ab anno LXXI usque ad annum MDCCXCIII. Regesten der Stadt Bingen, des Schlosses Klopp und des Klosters Ruppertsberg. Aus gedruckten u. ungedruckten Quellen bearb. von A. J. Weidenbach. Mit 4 Siegelabbildgn. Bingen 853. (Mainz, Le Roux.) gr. 4. (VIII, 80 S. u. 1 lith. Taf.) n. 1 ℛ︎. 15 ngr.

**Regesta chartarum Italiae. Hrsg. vom Istituto storico italiano u. vom Istituto storico prussiano.** Nr. 1—6. Lex. 8. Rom, Loescher & Co. 58. 80

1. Regestum Volaterranum v. Fed. Schneider. (LVI, 448 S.) 907. nn 12. —
2. Regesto di Camaldoli a cura di L. Schiaparelli e F. Baldasseroni. Vol. I. (XV, 277 S.) 907. nn 6. 80
3. Regesto di S. Apollinare Nuovo a cura di Vincenzo Federici. (XVI, 416 S.) 907. nn 10. —
4. Regesto di Coltibuono a cura di D. Luigi Pagliai. (XI, 311 S.) 909. nn 8. 80
5. Regesto di Camaldoli a cura di L. Schiaparelli e F. Baldasseroni. Vol. II. (VII, 387 S.) 909. nn 9. 20
6. Regesto del Capitolo di Lucca a cura dei Canon. P. Guidi e O. Parenti. Vol. I. (XI, 447 S.) 910. 12. —

**Regesta chronolog.-diplomat., in quibus recensentur omnis generis monumenta et documenta publica, uti sunt tabulae conventionum, foederum, pacis, armistitiorum, mutuae amicitiae, neutrarum partium, commerciorum, transactionum, emtionum, venditionum, permutationum, obligationum, oppignorationum, donationum etc. Omnia in summas suas contraxit juxta annorum dierumque quos praeferunt seriem digessit temporisque subnotationes medii aevi more expressas cum nostro computandi modo composuit Petrus Georgisch. III T. *Fref.* et *Lips.* 740. 42. Fol.**

**Zu diesen 3 Tomis kommt als 4r:**

**Index Geograph.-Topograph.-Alphabet. in Tomos III Regestorum Chronolog.-Diplomaticorum; in quo quotquot fere in his recensita sunt, diplomata, privilegia, conventiones, foedera etc. Opus adornavit. Petrus Georgisch. *Halae.* 744. Fol.**

Regesta chronologico-diplomatica Ruperti Regis Romanorum. Auszug aus den im k. k. Archive zu Wien sich befindenden Reichsregistraturbüchern vom Jahre 1400 bis 1410. Mit Benutzung der gedruckten Quellen. Von Joseph Chmel.... 4. Frankfurt am Main 1834.

— **diplomat. etc. Bohemiae et Moraviae, s. Erben.**

—— **diplomatica nec non epistolaria Bohemiae et Moraviae. (In II part.) Pars I. Annorum 600—1253. Opera Carol. Jaromiri Erben. (Ex actis regiae scient. societ. Bohemiae, ser. V. tom. 8.) 4maj. (VIII und 813 S.) Pragae 855, (Tempsky.) ***

**Regesta** diplomatica nec non epistolaria Bohemiae et Moraviae. Pars II. Annorum 1253—1310. Opera Jos. Emler. Vol. I—VII. gr. 4. (S. 1—1160.) Prag 872—75. (Grégr & Dattel.) à n.n. 5. —; (I. — II, 7.: n.n. 59. —)

**Regesta** diplomatica nec non epistolaria Bohemiae et Moraviae. Pars II. Annorum 1253—1310. Opera Jos. Emler. Vol. 8 et 9. gr. 4. (S. 1161—1483.) Prag 880—82. (Grégr & Valecka.) à n.n. 5. — (I—II, 9.: n.n. 69. —)

**Regesta** diplomatica nec non epistoralia Bohemiae et Moraviae. Pars III. Annorum 1311—1333. Opera Jos. Emler. [Sumtibus regiae scientiarum societatis Bohemiae.] 5 voll. gr. 4. (800 S.) Prag 883—85. (Valečka.) à n. 5. —

— dasselbe. Pars IV. Annorum 1333—1346. Opera Jos. Emler. [Sumtibus regiae scientiarum societatis Bohemiae.] Vol. 1—5. gr. 4. (808 S.) Ebend. 885. 86. à n. 5. —

**Regesta** diplomatica nec non epistolaria Bohemiae et Moraviae. Pars IV. Annorum 1333—1346. Opera Jos. Emler. (Sumtibus regiae scientiarum societatis Bohemiae.) Vol. 6. (Finis.) gr. 4. (VI u. S. 809—1012.) Prag 892. (E. Valečka.) n.n. 5. —

— diplomatica necnon epistoloria historiae Thuringiae. I. Bd. 2 Halbbde. (ca. 500—1152.) Namens des Vereins f. thüring. Geschichte u. Altertumskunde bearb. u. hrsg. v. Otto Dobenecker. gr. 4. (III, XXIV, 444 S.) Jena 895. 96. G. Fischer. à Halbbd. n.n. 15. —

— dasselbe. II. Bd. 1. Tl. (1152—1210.) gr. 4. (S. 1—272.) Ebd. 898. n.n. 15. —

**Regesta** diplomatica necnon epistolaria historiae Thuringiae. II. Bd. 2. Tl. (1210—1227.) Namens des Vereins für thüring. Geschichte u. Altertumskunde. Bearb. u. hrsg. v. Otto Dobenecker. gr. 4. (VI u. S. 273—556.) Jena 900. G. Fischer. n.n. 15. —; (I u. II n.n. 60.—)

— diplomatica necnon epistolaria historiae Thuringiae. III. Bd. 1. Tl. (1228—1247.) Namens des Vereins f. thüring. Geschichte u. Altertumskunde bearb. u. hrsg. v. Otto Dobenecker. (240 S.) 4. Jena 904. G. Fischer. n.n. 15. — (I—III, 1.: n.n. 75. —)

**Regesta** diplomatica historiae Danicae. Index chronologicus diplomatum et literarum, historiam Danicam inde ab antiquissimis temporibus usque ad annum 1660 illustrantium, quae in libris hactenus editis vulgata sunt. Cura Societatis Regiae scientiarum Danicae. Tomi I. Pars I. ab anno 822 ad annum 1397. 4. (43½ B.) Havniae 843, (libr. Gyldendal.) *

**Regesta** diplomatica historiae Danicae. Index chronologicus diplomatum et literarum, historiam Danicam ab antiquissimis temporibus usque ad annum 1660 illustrantium, quae in libris hactenus editis vulgata sunt. Cura societatis regiae scientiarum Danicae. (Auch mit dänischem Titel.) 4°.

(Series 1.)

T. 1: Ab anno 822 ad annum 1536. Havniae. 1847.

T. 2, P. 1: Ab anno 1536 ad annum 1631. ebd. 1870. P. 2: Ab anno 1632 ad annum 1660. ebd. 1870.

Series 2.

T. 1, P. 1: Ab anno 789 ad annum 1447. Havniae. 1889. P. 2: Ab anno 1448 ad annum 1536. ebd. 1889.

T. posterior, P. 1: Ab anno 1537 ad annum 1558. Havniae. 1892.

— documentorum regni Croatiae, Dalmatiae et Slavoniae saeculi XIII. Collegit et digessit J. Kukuljević de Sacois. (Opus posthumum.) gr. 8. (461 S.) Agram 896. (Buchh. d. Action-Buchdruckerei.) n. 12.—

— episcoporum Constantiensium. Regesten zur Geschichte der Bischöfe v. Constanz v. Bubulcus bis Thomas Berlower 517—1496. Hrsg. v. der bad. histor. Commission. 1. Bd. 1. Lfg. Unter Leitg. von Frdr. v. Weech bearb. v. Paul Ladewig. gr. 4. (80 S.) Innsbruck 886. Wagner. n. 4. —

**Regesta** episcoporum Constantiensium. Regesten zur Geschichte der Bischöfe v. Constanz von Bubulcus bis Thomas Berlower 517—1496. Hrsg. v. der bad. histor. Commission. 1. Bd. Unter Leitg. von Frdr. v. Weech. Bearb. v. P. Ladewig. 2.—4. Lfg. gr. 4. (S. 81—320.) Innsbruck 887—890. Wagner. à Lfg. n. 4. —

**Regesta** episcoporum Constantiensium. Regesten z. Geschichte d. Bischöfe v. Constanz, von Bubulcus bis Thomas Berlower, 517—1496. Hrsg. v. d. bad. histor. Commission. I. Bd. 517—1293. 5. (Schluss-) Lfg. Bearb. v. Paul Ladewig u. Thdr. Müller. gr. 4. (VII u. S. 321—399.) Innsbruck 895. Wagner. n. 6. —

— episcoporum Constantiensium. Regesten zur Geschichte der Bischöfe v. Constanz. Von Bubulcus bis Thomas Berlower, 517—1496. Hrsg. v. der bad. histor. Commission. II. Bd. 1. Lfg. 1293—1314. Bearb. v. Alex. Cartellieri. gr. 4. (S. 1—80.) Innsbruck 894. Wagner. n. 4. — (I, 1—4 u. II, 1.: n. 20. —)

Die Schluss-Lfg. des 1. Bds. erscheint später.

— dasselbe. II. Bd. 2. u. 3. Lfg. 1314—1351. Bearb. v. Alex. Cartellieri. gr. 4. (S. 81—236.) Ebd. 896. n. 8. — (I.- II., 3.: n. 34. - )

**Regesta** episcoporum Constantiensium. Regesten z. Geschichte der Bischöfe von Constanz, von Bubulcus bis Thomas Berlower, 517—1496. Hrsg. v. der bad. histor. Commission. II. Bd. 4.—6. Lfg. 1351—1383. Bearb. v. Alex. Cartellieri. gr. 4. (S. 237—459.) Innsbruck 901. 902. Wagner. n. 11. —

**Regesta** episcoporum Constantiensium. Regesten zur Geschichte der Bischöfe v. Constanz, von Bubulcus bis Thomas Berlower, 517—1496. Hrsg. v. der bad. hist. Commission. II. Bd. 1293—1383. Bearb. v. Alex. Cartellieri. Mit Nachträgen u. Registern v. Karl Rieder. 7. (Schluss-)Lfg. Nachträge, Orts-, Personen- u. Sachregister, bearb. v. Karl Rieder. (XI u. S. 461—603.) Lex.-8. Innsbruck 905. Wagner. n. 11. —

— Habsburgica. Regesten der Grafen u. der Herzoge v. Oesterreich aus dem Hause Habsburg. Hrsg. mit Unterstützg. der k. Akademie der Wissenschaften u. des k. k. Ministeriums f. Kultus u. Unterricht vom Institut f. österreich. Geschichtsforschg. unter Leitg. v. Oswald Redlich. I. Abtlg. Die Regesten der Grafen v. Habsburg bis 1281. Bearb. v. Harald Steinacker. (Publikationen d. Instituts f. österr. Geschichtsforschg.) (X, 148 S. m. 1 Stammtaf.) Lex.-8. Ebd. 905. n. 10. —

**Regesta** historiae Westfaliae. Accedit codex diplomaticus. Die Quellen der Geschichte Westfalens, in chronologisch geordn. Nachweisungen und Auszügen, begleitet von einem Urkundenbuche. Mit Unterstützung des Vereins für Geschichte und Alterthumskunde Westfalens und unter Mitwirkung einzelner Mitglieder desselben bearb. und hrsg. von Heinr. Aug. Erhard. I. Bd. von den ältesten geschichtl. Nachrichten bis zum J. 1125. Mit Monogrammen- und Siegel-Abbildungen. gr. 4. (XIX, 233 und 154 S. mit 3 Stnt. in Fol.) Münster 847, (Regensberg.) **

— id. — 2. Bd.: Vom J. 1126 bis 1200. Mit Monogrammen- und Siegel-Abbildungen. gr. 4. (96 S. und Codex 268 S. mit 3 Stnt.) Ibid. 851. **

— Index. Nach d. v. Perger gesammelten Materialien bearb. v. Wilmans. Ebendas. 861.

— Imperii inde ab anno MCXCVIII usque ad annum MCCLIV. — Die Regesten des Kaiserreichs unter Philipp, Otto IV., Friedrich II., Heinrich (VII.) und Conrad IV. 1198—1254. Neu bearb. von Joh. Friedr. Böhmer. (2 Abthlgn.) gr. 4. (LXXXX und 392 S.) Stuttgart 847—49, Cotta'sche Buchh. *

— imperii XI. Die Urkunden Kaiser Sigmunds (1410—1437), verzeichnet v. Wilh. Altmann. I. Bd. (1410—1424) gr. 4. (VII, 427 S.) Innsbruck 896. 97. Wagner. n. 25. 20

— dasselbe. II. Bd. 1. u. 2. Lfg. (1425—1437.) gr. 4. (S. 1—432.) Ebd. 897. 98. n. 25. 20

— imperii XI. Die Urkunden Kaiser Sigmunds (1410—1437), verzeichnet v. Wilh. Altmann. II. Bd. 3. Lfg. (Nachträge u. Register zu Bd. I u. II.) gr. 4. (IV u. S. 433—588.) Ebd. 897—900. n. 11.—; (kplt. n. 61.40)

— pontificum romanorum. Iubente regia societate Gottingensi congessit Paul. Fridol. Kehr. Italia pontificia sive repertorium privilegiorum et litterarum a romanis pontificibus ante annum 1198 Italiae ecclesiis, monasteriis, civitatibus singulisque personis concessorum. Vol. I. Roma. (XXVI, 201 S.) Lex.-8. Berlin 906. Weidmann. n. 6. —

— pontificum romanorum. Iubente regia societate Gottingensi congessit Paulus Fridolinus Kehr. Germania pontificia sive repertorium privilegiorum et litterarum a romanis pontificibus ante annum MCLXXXXVIII Germaniae ecclesiis, monasteriis, civitatibus singulisque personis concessorum. Iubente regia societate Gottingensi opes porrigentibus curatoribus legati Wedekindiani congessit Albertus Brackmann. Vol. I pars I. Provincia Salisburgensis I, auctore Alberto Brackmann. (VII, 265 S.) Lex. 8. Berlin 910. Weidmann. 10. —

— dasselbe. Italia pontificia sive repertorium privilegiorum et litterarum a romanis pontificibus ante annum 1198 Italiae ecclesiis, monasteriis, civitatibus singulisque personis concessorum. Vol. II—IV. Lex. 8. Ebd. 36. —
II. Latium. (XXX, 230 S.) 907. 8. —
III. Etruria. (LII, 492 S.) 908. 16. —
IV. Umbria. Picenum. Marsia. (XXXIV, 336 S.) 909. 12.
Vol. I. Ebd. 906. 6.—.

— dasselbe VI, s. a.: Böhmer, J. F.

—— pontificum Romanorum ab condita ecclesia ad annum post Chr. n. 1198. Edidit Phil. Jaffé. 4maj. (XXIV und 951 S.) Berolini 851, Veit und Comp. *

**Regesta** Prisingensia et exempla familiarum nobili prosapia ortarum, quae nunc sunt. S. C. [1877]. V: *Borch, L. v.* (Kat. d. Bibl. d. dtsch. Reichstages. Berl. 1882.)

— Prisingensia et exempla familiarum nobili prosapia ortarum, quae nunc sunt. gr. 8. (144 S. mit 3 Steintaf.) Berlin 879. (Mitscher & Röstell.) n. 6. —

— regni Hierosolymitani (MXCVII—MCCXCI). Ed. Rhold. Röhricht. gr. 8. (IV, 523 S.) Ebd. 893. n. 18. 60

— regni Hierosolymitani (MXCVII—MCCXCI). Additamentum, ed. Rhold. Röhricht. (IV, 136 S.) gr. 8. Ebd. 904. 4. 50
Hauptwerk Ebd. 893. n. 13. 60.

—— Schaumburgensia, s. Zeitschrift des Vereins für hess. Geschichte.

—— Stolbergica. Quellensammlung zur Geschichte der Grafen zu Stolberg im Mittelalter. Hrsg. von George Adb. v. Mülverstedt. Lex.-8. (XI, 1150 S. mit 1 histor. Karte und 1 Siegeltaf.) Ebendas. 885. *

Regesten. Die R' der Archive in der schweizerischen Eidgenossenschaft. Auf Anordnung der schweizerischen geschichtforschenden Gesellschaft hrg. von Theodor v[on] Mohr. 2 Bände. 4. Chur (1848–)1854.
Band 1.... (4 Hefte.) 1851.
(Heft 1) s.a. Morel, P. Gallus. Die R' der Benedictiner-Abtei Einsiedeln. 1848.
(Heft 2) s.a. Stettler, Friedrich. Die R' der ... im Gebiet des alten Kantonstheils von Bern bestandenen Klöster .... 1849.
(Heft 3) s.a. Meyer von Knonau, Gerold L. Die R' der ehemaligen Cistercienser-Abtei Cappel .... 1850 — Rikenmann, Xaver. Die R' des Archivs der Stadt Raperswyl .... 1850 — Mohr, Conradin v[on]. Die R' der Landschaft Schanfigg .... 1850.
(Heft 4) s.a. Wegelin, Carl. Die R' der Benedictiner-Abtei Pfävers .... 1850.
Band 2.... (4 Hefte.) 1854.
(Heft 1 u. 2) s.a. Amiet, J[oseph] I[gnaz]. Die R' des Frauenklosters Fraubrunnen .... 1851(–1852).
(Heft 3) s.a. K[rapf, Johannes]. Die R' der Frauenklöster Feldbach und Tänikon .... 1852.
(Heft 4) s.a. Pupikofer, J[ohann] A[dam]. Die R' des Stifts Kreuzlingen .... 1853.

Regesten, die, der Archive in der schweizer. Eidgenossenschaft. Auf Anordnung der schweiz. geschichtsforschenden Gesellschaft hrsg. von Theod. v. Mohr. 1. Bd. (4 Hefte.) gr. 4. Chur, Hitz. *
Inhalt:
Heft 1. Die Regesten der Benedictiner-Abtei Einsiedeln. (VIII und 99 S.) 848. * 1 Thlr. 15 Ngr.
- 2. Die Regesten der Klöster und kirchl. Stifte des Kantons Bern. (136 S.) 849. * 1 Thlr. 20 Ngr.
- 3. Die Regesten der ehemal. Cistercienser-Abtei Cappel im Canton Zürich. Bearb. von Gerold Meyer v. Knonau. Die Regesten des Archivs der Stadt Raperswyl im Canton St. Gallen. Bearb. von Xav. Rikenmann. Die Regesten der Landschaft Schanfigg im Canton Graubünden. Bearb. von Conrad v. Mohr. (IV und 59 S.) 850. * 1 Thlr.
- 4. Die Regesten der Benedictiner-Abtei Pfävers und der Landschaft Sargans. Bearb. von Carl Wegelin. (IV und 112 S.) 850. * 1 Thlr. 20 Ngr.

—— dass. — 2. Bd. 1. und 2. Heft. Hrsg. von Dems.: Die Regesten des Frauenklosters Fraubrunnen im Kanton Bern. Bearb. von J. J. Amiet. gr. 4. (XXVIII und 186 S.) Ebds. 851—52. *

Regesten, die, der Archive in der schweizerischen Eidgenossenschaft. Auf Anordnung der schweizerischen geschichtsforschenden Gesellschaft hrsg. von Thdr. v. Mohr. II. Bd. 3. und 4. Heft. gr. 4. Chur, Hitz. *
Inhalt:
Heft 3. Die Regesten der Frauenklöster Feldbach und Tänikon Cyst. Ordens und der Johanniter Comthurei Tobel, im Canton Thurgau. Bearb. von C. v. R. (47 S. und Reg. zum 1. Bd. XXIII S.) 852. * 1 Thlr. 20 Ngr.
- 4. Die Regesten des Stiftes Kreuzlingen im Canton Thurgau. Bearb. von J. A. Pupikofer. (40 S.) Die Regesten der Benedictiner-Abtei Disentis im Canton Graubünden. Bearb. von Thdr. von Mohr. (50 S. und Reg. zu Bd. 1. und 2. LXXVI S.) 854. * 2 Thlr.
1. Bd. und 2. Bd. 1. und 2. Heft. Ebendas. 1848—52. * 8 Thlr. 25 Ngr.

—— die, der Archive im Markgrafth. Mähren, und Ant. Boczek's Berichte über die Forschungen in diesem Lande. 1. Bd. A. u. d. T.: Die Regesten oder die chronologischen Verzeichnisse der Urkunden in den Archiven zu Iglau, Trebitsch, Triesch, Gross-Bitesch, Gross-Meseritsch und Pirnitz, sammt den noch ungedr. Briefen Kaiser Ferdinand II., Albrechts v. Waldstein und Romboalds Grafen Collalto. Hrsg. von P. v. Chlumecky. 1. Bd. 1. Abthl. gr. 8. (XLIII und 557 S. mit 1 lithogr. Schriftfacs. in qu. Fol.) Brünn 856, (Nitsch und Grosse.) *

Regesten aus den päpstl. Archiven zur Geschichte d. Deutschen Reichs u. seiner Territorien im XIV. u. XV. Jahrh., s.: Repertorium germanicum.

Regesten der Bischöfe von Eichstätt, s. Lefflad, Mich.

— der Bischöfe v. Strassburg. Veröffentlicht v. der Kommission zur Herausgabe elsäss. Geschichtsquellen. I. Bd. 1. u. 2. Tl. Lex. 8. Innsbruck, Wagner. à 14. -
I, 1. Die elsässischen Annalen der Stauferzeit. Eine quellenkrit. Einleitg. zu den Regesten der Bischöfe v. Strassburg. Von Herm. Bloch. Mit e. Anh. v. Ernst Polaczek u. 13 Taf. (XIII, 209 S.) 908. 14. —
2. Regesten der Bischöfe v. Strassburg bis zum J. 1202, v. Paul Wentzcke. (VII, S. XV—XXVII u. 211—416.) 908. 14. —

— die, der Erzbischöfe v. Köln im Mittelalter, bearb. von Rich. Knipping, s.: Publikationen der Gesellschaft f. rhein. Geschichtskunde. XXI.

— der Erzbischöfe v. Mainz von 1289—1396. Auf Veranlassg. u. aus Mitteln der Dr. Johann Friedrich Böhmerschen Nachlassadministration hrsg. v. Goswin Frhrn. v. der Ropp. 1.—8. Lfg. 30,5×23,5 cm. Leipzig, Veit & Co. à Lfg. 4. 50
1. 3. 6. 8. I. Bd. 1289—1353. Bearb. v. Ernst Vogt. (S. 1—320.) 907—10.
2. 4. 5. 7. II. Bd. 1354—1396. Bearb. v. Fritz Vigener. (S. 1—320.) 908—10.

Regesten. Die R' der Frauenklöster Feldbach und Tännikon.... Chur 1852 s. K[rapf, Johannes].

**Regesten** zur Geschichte der Bischöfe von Constanz, von Bubulcus bis Thomas Berlower 517—1496. Herausgegeben von der Badischen historischen Commission. I. Bd. 4. Lfg. Unter Leitung von Friedrich von Weech. Bearbeitet von Paul Ladewig. 4. (S. 241 bis 320) 2.—
Innsbruck: Wagner 1890.

— zur deutschen Geschichte aus der Zeit des Pontifikats Innocenz' X. (1644—1655). Mitgeteilt v. Walt. Friedensburg. (Artikel 1—5.) (52, 67, 18, 30 u. 20 S.) Lex.-8. Rom 902—904. Loescher & Co. n.n. 5. 60
Sonderabdruck aus: „Quellen u. Forschgn. aus ital. Archiven u. Bibliotheken".

Regesten zur Geschichte Jägerndorfs unter den Herrschern aus dem Hause Brandenburg. 1523—1622. IX. Gruppe der Urkunden des schlesischen Landesarchives nach dessen Neuordnung von Prof. Dr. Gottlieb Kürschner, enthalten in: „Jahresbericht des k. k. Staats-Gymnasiums in Troppau für das Schuljahr 1891—1892". 8. Troppau 1892.

**Regesten** zur Geschichte der Juden im fränkischen u. deutschen Reiche bis zum J. 1273. Hrsg. im Auftrage der histor. Commission f. Geschichte der Juden in Deutschland. Bearb. v. J. Aronius u. A. Dresdner. 1.—4. Lfg. Bis zum J. 1254. gr. 4. (S. 1—256.) Berlin 887—890. Simion. à Lfg. n. 3. 20

— zur Geschichte der Juden im fränkischen u. deutschen Reiche bis zum J. 1273. Hrsg. im Auftrage der histor. Commission f. Geschichte der Juden in Deutschland. Bearb. v. Jul. Aronius. 5. Lfg. Bis zum J. 1273. gr. 4. (S. 257—320.) Berlin 892. L. Simion. n.n. 3. 20 (1—5.: n. 16. —)

— zur Geschichte der Juden im fränkischen u. deutschen Reiche bis zum J. 1273. Hrsg. im Auftrage der histor. Commission für Geschichte der Juden in Deutschland. Bearb. unter Mitwirkg. v. Alb. Dresdner u. Ludw. Lewinski v. Jul. Aronius. 6. (Schluss-)Lfg. gr. 4. (V u. S. 321—370.) Berlin 902. [L. Simion Nachf.] Nathausen & Lamm. Subskr.-Pr. n.n. 3. 20; (vollständig n. 24. —; ermäss. Pr. n. 13. —)

— zur schlesischen Geschichte 1327—1333, hrsg. v. C. Grünhagen u. K. Wutke, s. a. Codex diplomaticus Silesiae. 22. Bd.

REGESTEN ZUR SCHLESISCHEN GESCHICHTE. Namens des Vereins für Geschichte und Alterthum Schlesiens herausgegeben von C. GRÜNHAGEN. 2. umgearb. und verm. Aufl.*)
Lief. 1. Bis zum Jahre 1200. Breslau 1876. Josef Max & Komp. 4⁰.
Lief. 2. Bis zum Jahre 1221. ib. 1877. —
Lief. 3. Bis zum Jahre 1238. ib. 1880. —

— des Geschlechtes v. Wallmoden. Bearb. v. Herm. Dürre. Mit (2) Siegeltafeln u. Stammbäumen. 4. (XXIII, 398 S.) Wolfenb. 892, Zwißler. * 12 —

**Regesten, Historische,** oder chronologisches Verzeichnis historischer Urkunden, welche teils im Archiv der Stadt Znaim, teils in Privatarchiven sich befinden. Znaim 1867. V: *Hübner, Anton.* (Mitth. M. Grolig.)

Regesten der Markgrafen v. Baden u. Hachberg 1050—1515. Hrsg. v. der bad. histor. Commission. Bearb. v. Rich. Fester. 1.—5. Lfg. gr. 4. (S. 1—344 u. 1—56.) Innsbruck 892—894. Wagner. à n. 4. —

— der Markgrafen v. Baden u. Hachberg 1050—1515. Hrsg. v. d. bad. histor. Commission. Bearb. v. Rich. Fester. 6.—8. Lfg. gr. 4. (S. 345—529 u. 57—120.) Innsbruck 895. Wagner. à n. 4. —

**Regesten** der Markgrafen v. Baden u. Hachberg 1050—1515. Hrsg. v. der bad. hist. Commission. Bearb. von Rich. Fester. 9. u. 10. Lfg. gr. 4. (1. Bd. V u. S. 529—661.) Innsbruck 900. Wagner. n. 10. 40; (1. Bd. kplt. n. 42. 80)

— dasselbe. Bearb. v. Heinr. Witte. II. Bd. Regesten der Markgrafen v. Hachberg von 1422—1503. 1. u. 2. Lfg. gr. 4. (S. 1—160.) Ebd. 901. n. 8. —

— dasselbe. III. Bd. Regesten der Markgrafen v. Baden von 1431 (1420)—1475. 1. u. 2. Lfg. gr. 4. (S. 1—160.) Ebd. 902. n. 8. —

— der Markgrafen v. Baden u. Hachberg 1050—1515. Hrsg. v. der bad. histor. Commission. Bearb. v. Heinr. Witte. III. Bd. Regesten der Markgrafen v. Baden von 1431—1453. 3. u. 4. Lfg. (S. 161—321.) Lex.-8. Innsbruck 904. Wagner. n. 8. —

**Regesten** der Markgrafen v. Baden u. Hachberg 1050—1515. Hrsg. v. der bad. histor. Kommission. Bearb. v. Heinr. Witte. III. Bd. Regesten der Markgrafen v. Baden von 1431 (1420)—1453. Mit Register v. Fritz Frankhauser. 5. Lfg. (VI u. S. 323—410.) Lex. 8. Innsbruck 907. Wagner. 6. —

— der Pfalzgrafen am Rhein 1214—1400. Hrsg. v. der bad. histor. Commission. Unter Leitg. v. E. Winkelmann. Bearb. v. A. Koch u. J. Wille. 1.—4. Lfg. gr. 4. (S. 1—320.) Innsbruck 887—890. Wagner. à Lfg. n. 4. —

— der Pfalzgrafen am Rhein 1214—1508. Hrsg. v. der bad. histor. Commission. Unter Leitung v. Ed. Winkelmann. Bearb. v. Adf. Koch u. Jak. Wille. 1. Bd. 1214—1400. 5. u. 6. Lfg. gr. 4. Innsbruck, Wagner. n. 14. 80 (1. Bd. kplt.: n. 30. —)
5. (S. 321—380.) 890. n. 4. —. — 6. (XIX u. S. 381—521.) 894. n. 10. 80.

**Regesten** des aus dem alten deutschen Herrenstande hervorgegangenen Geschlechts Salza ... Leipzig 1853. V: *Salza und Lichtenau, Carl von.* (BrVV)

— des aus dem alten deutschen Herrenstande hervorgegangenen Geschlechts Salza zugleich mit einer kritischen Zusammenstellung aller die Fürsten, Herren (Voigte), Grafen u. Freiherren von Salza in Deutschland, Schweden u. Rußland betreffenden Acten, Schriften u. Bücher u. einer die innere u. äußere Geschichte des Geschlechts umfassenden literar-historischen Einleitung auf Grund der in dem Familien-Archive, den Hauptstaats-Archiven zu Berlin, Dresden, Gotha, Königsberg ꝛc. vorhandenen Nachrichten. Leipzig 853. Brockhaus. gr. 8. (X, 324 S.) n. 2 ℛ.

Regesten u. Urkunden, Schleswig-Holstein-Lauenburgische. Im Auftrage der Gesellschaft f. Schleswig-Holstein-Lauenburgische Geschichte bearb. u. hrsg. v. P. Hasse. 1. Bd. [786—1250]. (In ca. 6 Lfgn.) 1—4. Lfg. hoch 4. (S. 1—312.) Hamburg 885. Voss. à n. 4. —

— u. **Urkunden,** Schleswig-Holstein-Lauenburgische. Im Auftrage der Gesellschaft f. Schleswig- Holstein-Lauenburgische Geschichte bearb. u. hrsg. v. P. Hasse. 1. Bd. [786—1250]. 5. (Schluss-)Lfg. hoch 4. (VIII u. S. 313—407.) Hamburg 887. Voss. n. 4. — (1. Bd. cplt.: n. 20. —)

— — dasselbe. 2. Bd. [1250—1300]. 1—3. Lfg. hoch 4. (S. 1—240.) Ebend. 886. à n. 4. —

— — dasselbe. 2. Bd. [1250—1300]. 4.—6. Lfg. hoch 4. (S. 241—476.) Ebd. 886—88. à Lfg. n. 4. — (2. Bd. cplt.: n. 24. —)

**Regesten** u. **Urkunden,** Schleswig-Holstein-Lauenburgische. Im Auftrage der Gesellschaft f. Schleswig-Holstein-Lauenburgische Geschichte bearb. u. hrsg. v. P. Hasse. 3. Bd. [1301—1340]. 1.—6. Lfg. hoch 4. (S. 1—480.) Hamburg 889. 890. Voss. à Lfg. n. 4. —

— u. **Urkunden,** Schleswig-Holstein-Lauenburgische. Im Auftrage der Gesellschaft f. Schleswig-Holstein-Lauenburgische Geschichte bearb. u. hrsg. v. P. Hasse. 3. Bd. [1301—1340.] 5—7. Lfg. hoch 4. (S. 321—560.) Hamburg 891. Voss. à Lfg. n. 4. —

— u. **Urkunden,** Schleswig-Holstein-Lauenburgische. Im Auftr. d. Gesellschaft f. Schleswig-Holstein-Lauenburg. Geschichte bearb. u. hrsg. v. P. Hasse. 3. Bd. (1301—1340.) 8. (Schluss-) Lfg. Lex.-8. (V u. S. 561—729.) Hamburg 896. L. Voss. n. 8. 80 (3. Bd. kplt.: n. 36. 80)

(B) - u. **Urkunden,** schleswig-holst.-lauenburg. Jetzt: Leipzig, E. Avenarius.

— stenographische. Hrsg. v. Chr. Johnen u. Ferd. Schrey. 1. Hft. gr. 8. Berlin 893. F. Schrey. n. — 50

Aus Wilh. Stolzes Werken. In vereinf. deutsche Stenographie übertr. v. Chr. Johnen. (22 autogr. S.)

**Regesten** v. Urkunden u. Acten aus dem Schlossarchive Aurolzmünster. Von Vict. Frhr. v. Handel-Mazzetti. (149 S.) gr. 8. Linz a/D. 900. (Museum Francisco-Carolinum.) (Nur direkt.) n. 1. —

**Regesten** der bis jetzt gedruckten Urkunden zur Landes- u. Orts-Geschichte des Grossherzogth. Hessen. Gesammelt u. bearb. v. Heinr. Ed. Scriba. 3 Abthlgn. gr. 4. 1. Abth.: Die Regesten der Provinz Starkenburg enthalt. (VI u. 248 S.) 2. Abth.: Die Regesten der Provinz Oberhessen enthalt. (IV u. 276 S.) 3. Abth.: Die Regesten der Provinz Rheinhessen enthalt. (IV u. 360 S.) Darmstadt 848—51. (Jonghaus.) (1 u. 2: à n. 3 ℳ 3: n. 4 ℳ) n. 10 ℳ

**Regesten,** die, der bis jetzt gedruckten Urkunden zur Landes- u. Orts-Geschichte des Grossherzogthums Hessen. Gesammelt u. bearb. von Heinr. Ed. Scriba. 4. Abth. 3 Hefte. Supplemente zu den ersten Abthlgn. Darmstadt 854. (Jonghaus.) gr. 4. (4 Bl., 33, 112, 73 S.) n. 3 ℳ.

Inhalt: 1. Heft: Prov. Starkenburg. — 2. Heft: Prov. Oberhessen. — 3. Heft: Prov. Niederhessen.

Regesten und Urkunden zur Geschichte des Geschlechts Wangenheim und seiner Besitzungen. Eine erste bis zum Jahre 1533 reichende Sammlung v. Friedrich Hermann Albert von Wangenheim. Als Manuscript gedruckt. Hannover. 1857. 8°.

— der Urkunden des herzogl. Haus- u. Staatsarchivs zu Zerbst aus den J. 1401—1500. Hrsg. v. Wäschke. 1.—8. Heft. (S. 1—384.) Lex.-8. Dessau (C. Dünnhaupt). 906. à n. 1. —

**Regesten d. Urkunden d. herzogl. Haus- u. Staatsarchivs zu Zerbst aus den J. 1401—1500. Hrsg. v. Wäschke. 9.—16. (Schluss-)Heft. (VIII u. S. 385—751.) Lex. 8. Dessau 907—09. Hofbuchdr. C. Dünnhaupt. à Heft 1. —**

— ungedruckter Urkunden zur bayerischen Orts-, Familien- u. Landesgeschichte. 26. u. 27. Reihe. [Aus: „Oberbayer. Archiv f. vaterländische Geschichte". gr. 8. München. (G. Franz' Verl.) à n. — 40

26. Urkunden d. städt. Archives zu Landsberg am Lech. Auszügl. mitget. v. Heinr. Zintgraf. (26 S.) 895.
27. Urkunden d. städt. Archives zu Landsberg am Lech. Auszügl. mitget. v. Heinr. Zintgraf. (25 S.) 896.

Von den früheren Reihen sind nur noch Reihe 12, 17, 18, 20, 21, 24 u. 25 im Handel.

**Regesti Bernhardi I, Abbatis Casinensis, fragmenta, ex archivo Casinensi sanctissimi Domini nostri Leonis XIII, Pontificis Maximi, munificentia, nunc primum edita cura et studio Anselmi Mariae Caplet, monachi Casinatis, regestis pontificiis edendis addicti. Fol. (CXXIII, 280 S.) Rom 890. (Spithoever.) n.n. 24. —**

Regesti Clementis Papae V, ex vaticanis archetypis sanctissimi domini nostri Leonis XIII, pontificis maximi, iussu et munificentia nunc primum editi cura et studio monachorum ordinis S. Benedicti appendices. Tom. I. Fol. (VI, 523 S.) Rom 892, (Spithoever). ** 40 —

## Regestrum Bursae Craviensis

hungarorum nunc primum ... editum. Budae 1821. H: *Miller, Jacob Ferdinand.* (Pk)

**Regestrum** bursae Hungarorum Cracoviensis. Das Inwohner-Verzeichniss der ungarischen Studentenburse zu Krakau (1493—1558). Aus der Original-Handschrift mitgetheilt und erläutert von Dr. Karl Schrauf. 8. (XXIII, 138 S.) In Comm. 1.50
Wien: Hölder 1894.

**Regestrum** Varadinense examinum ferri candentis ordine chronologico digestum, descripto effigie editionis a 1550 illustratum sumptibusque capituli Varadinensis lat. rit. curis et laboribus Joa. Karácsonyi et Sam. Borovszky editum. (Ritus explorandae veritatis, quo hungarica natio in dirimendis controversiis ante annos trecentos & quadraginta usa est, & eius testimonia plurima, in Sacrario sumi templi Varadien. reperta. Colosuarij 1550.) (VI, 161, 376 S.) gr. 8. Budapest 903. (Verlagsbureau der ung. Akademie der Wissenschaften). n. 15. —

**Regestum** Clementis Papae V ex Vaticanis archetypis sanctissimi domini nostri Leonis XIII, pontificis maximi, iussu et munificentia nunc primum ed cura et studio monachorum ordinis S. Benedicti. 7 tomi. Fol. Rom, (Spithoever). à n.n. 40. —

1. Annus I. (284 S.) 885. — 2. Annus II et III. (183 u. 397 S.) 886. — 3. Annus IV. (483 S.) 886. — 4. Annus V. (284 S.) 887. — 5. Annus VI. (460 S.) 887. — 6. Annus VII. (354 S.) 887. — 7. Annus VIII et IX. (471 u. 130 S.) 888.

— dasselbe. Appendices. Tom. I. Fol. (VI, 523 S.) Ebd. 892. n.n. 40 —

Regez, Wilhelm [Arzt aus Erlenbach]: Cœliotomia vaginalis posterior. Die Eröffnung der Bauchhöhle vom hintern Scheidegewölbe aus. Bern 1899. 23 S. 5 Tab. 8°.

Bern. Med. Diss. 1899/1900.

**Reggel,** F[ranz]: Die Deutschen Themata an den drei obersten Klassen der Bayer. Human. Gymnasien innerhalb der zehn Schuljahre 1891/92—1900/01. Zsgest. u. geordnet. Abt. 1. *Neustadt a. d. Haardt: Pfälzische Verlagsanst. (1902).* (92 S.) 8°
Neustadt a. d. Haardt, k. human. G, P 1902*

**Reggel,** F[ranz]: Die Deutschen Themata an den drei obersten Klassen der Bayer. Human. Gymnasien innerhalb der zehn Schuljahre 1891/92—1900/01. Zsgest. u. geordnet. Abt. 2. *Neustadt a. d. Haardt: Pfälzische Verlagsanst. (1903).* (S. 93—186.) 8° ¶ [Forts. d. P-Beil. 1902.]
Neustadt a. d. Haardt, k. humanist. G, P 1903*

**Reggel**, F[ranz]: Die deutschen Themata an den drei obersten Klassen der bayer. human. Gymnasien innerhalb der zehn Schuljahre 1891/92—1900/01. Zusammengestellt und geordnet. Abt. 3. Nebst einer abschließenden Würdigung der ganzen Sammlung von Dr. [Emil] Henrich. Neustadt a. d. H. 1905: Pfälz. Verlagsanstalt. (187—282 S.) 8° ¶(Forts. d. P-Beil. 1902. 1903.)
Neustadt a. d. H., k. human. G P 1905*

Reggio, Cervo

**Reggio, C.**, practische Anleitung zur Erlernung der italienischen Handelscorrespondenz m. besond. Berücksicht. der kaufmänn. Termino u. Phraseologie. Zum Selbstunterricht sowie f. Handelsschulen und Comptoire bearb. gr. 8. (VIII, 199 S.) Wien 872. Hölder. n. 3. —

**Reggio, C.**, Italienische Handels-Correspondenz mit besonderer Berücksichtigung der kaufmännischen Termine — und Phraseologie. Zum Selbst-Unterrichte, sowie für Handelsschulen und Comptoire. Zweite unveränderte Auflage. gr. 8. (199 S.) geh. 1 fl. 20 kr. Wien: Hölder 1882.

**Reggio**, **Cervo**, die italienische Orthographie in ihrem ganzen Umfange. Als Ergänzung für alle Lehrbücher der italien. Sprache gründlich erörtert und gemeinfaßlich dargestellt. gr. 8. (XII, 78 S.) Wien 878, Lechner's Verlag. *

**Reggio, Isaach Samuelis**, Epistulae ad Samuelem David Luzzato, s.: Scriptum probitatis.

— — Igeros Joscher. Machberet I. II. 2 voll. Wien 1834. 1836.

— — Mafteach el Megillat Estēr. Prolegomena in librum Esther. Vienna 1841.

— — Mazkeret JöScheR. Wien 1849.

**Reggio, Is., Prolegomenon in librum Esther. 12maj. Vienna 841, Schmidt et Busch. (Lipsiae, Kummer.) n. 9 ngl (2¼ B.)**

— — Thora et Philosophia. Viennae 1827.

***Sam. Regheri*** **Tractatus de hydraulica seu de aquarum et aquaeductuum disciplina. Hamburgi apud Phil. Hertel. 1726.**

**Regi, Joos**, bacc. iur.: Rechtsschutz der Firma. Leipzig: Wigand 1908. 71 S. 8°
Leipzig, Jur. Diss. v. 9. Febr. 1909
[Geb. 1. Febr. 83 Sent, Engadin; Wohnort: Zernez, Engadin; Staatsangeh.: Schweiz; Vorbildung: Kantonssch. Chur Reife Juli 03; Studium: Lausanne 2, Leipzig 5, Lausanne 1, Leipzig 1 S.; Rig. 11. Febr. 07.] [U 09. 2634

**Regia** Parnassi seu Palatium Musarum. Editio postrema. 8maj. (Viennae, Volke.) 817.

**Regia** virtutum . . . Josepho I . . . oblata. Viennae [1706]. V: *Garzaroll von Garzarolshoff, Franz Joseph.* (EB)

**Regidius**, Numerius: Über die preußische Strafjustiz, s. Agerius, Aulus

Regier, P. Kurzgefaßte Gesch d Mennoniten Brüder-Gemeinde. Berne, Ind, 1901.

**Regierer, die, von Frankreich**, nach dem Leben dargestellt. 8. Pirna 804. Friese. 12 gl

**Regierung, die**, u. der Antisemitismus. Von e. Nichtoffiziösen. gr. 8. (28 S.) Berlin 893. L. Friese & A. Pritschow. n. — 50

**Regierung**, die badische, u. das Domcapitel von Freiburg. Eine historische Studie über eine Frage der Gegenwart mit Benützung neuer Documente. Aus dem Französischen. Mainz 868. Kirchheim. gr. 8. (IV, 84 S.) 7½ ngr.

**Regierung, die Badische, und die Landstände im Jahre 1842. gr. 8. Frankfurt a/M. 842. (Hermann'sche B.) n. ⅙ ß**

Die badische Regierung und die Landstände im Jahre 1842. Frankfurt a. M., Oesterrieth 1842. 24 S. 8.

**Regierung, die dänische**, u. die feindliche Presse. Ein Wort zur gelegenen Zeit. gr. 8. (28 S.) Kopenhagen 851, Philipsen. (Leipzig, Hinrichs.) ⅙ ß

— auch Etwas über die, der geistl. Staat. in Deutschl. 8 Frkf. Eßlinger. 787.

**Regierung, Die**, Friedrichs des Grossen; ein Lesebuch für jedermann. Halle 1787—90. V: *Mursinna, Friedrich Samuel.* (Adel) (BrMm) (Ky) (MGT)

**Regierung, die, Friedrichs d. Großen**, e. Lesebuch f. Jedermann, (v. F. S. Mursinna). 8 Bdchen. Mit Regist. u. Kpf. 8. Halle 787—90. Dost. 2 ß 16 gl Schrbp. 3 ß 6 gl Mit n. folg. Titel: Krieg, d. 7jährige; e. Lesebuch f. d. deutschen Bürger. Mit Kpf. 8. Hamb. . . . (Herold jun.) 1 ß 16 gl

**Regierung, Friedrich Augusts des Gerechten 50jährige.** Kurze Darstellung des Lebens und Wirkens desselben. Leipzig 1818. V: *Becker, Gfr. Wilh.* (Pr) (Kat. d. stat. Bureaus. Dresden 1890.)

Regierung. Ueber Die gegenwärtige R' des heiligen Stuhls. Aus den Papieren eines Diplomaten. 8. Schaffhausen 1865.

— die, Georgs IV.; aus d. Engl. 8. Lpz. 770. Kummer. 10 gl

**Regierung, Die**, des Hanswurstes, eine Komödie aus dem vorigen Jahrhundert. Aus dem Leibstuhl eines alten Präsidenten. Salzburg 1786. 7 S. 8°. V: *Richter, Josef.* (Hans Viktor Pisk: Josef Richter. Diss. Wien 1927. S. 97)

**Regierung des Hanswursts.** Eine Comödie a. d. vorigen Jahrhundert. 8. Wien, Wucherer. 786.

**Regierung, Die**, des Hannswurstes, eine Komödie aus dem vorigen Jahrhundert. Aus dem Leibstuhl eines alten Präsidenten. Zweite mit einem Handbillet des Hanswurstes vermehrten Auflage. Salzburg 1786. V: *Richter, Josef.* (Hans Viktor Pisk: Josef Richter. Diss. Wien 1927. S. 98)

— die, Josephs II.; e. Lesebuch f. Jedermann. 4 Stcke. 8. Halle 790, 91. Dost. 20 gl

— die, Josephs II., ein Lesebuch f. Jedermann. 4 Stck. 8 Leipz. Sommer. 790. 91.

**Regierung** und Opposition, ein Beitrag zur Charakteristik der ungarischen Reichstagsmajorität. Pest 1872. V: *Lázár, Jul.* (SZMJ)

Regierung und Opposition in Preußen. Ein Wort in der Zeit. O. O. 1843. 34 S. 8.

— u. Opposition in Preußen. Ein Wort in der Zeit. gr. 8. Berlin 843, A. Hirschwald. 1/4 ₰

**Regierung, Die provisorische,** und der Krieg des Jahres 1848. Stuttg. 1851. V: *Lüders, Theod.* (schles)

—— die provisorische, in Paris. Eine Reihe historischer Skizzen und Charakteristiken. 1. Heft: Lamartine. 8. (35 S.) Charlottenburg 848. [Leipzig, Twietmeyer's Buchh.] *

**Regierung** (Die) des Deutschen Reichs und der deutsche Reichstag in ihrer Stellung zur Socialdemokratie. Die Reden des preussischen Ministers Eulenburg und des Abgeordneten Bamberger in der Reichstagssitzung am 29. Januar 1876. 8⁰. Leipzig, Genoss.-Buchdr., s. a.

Die **Regierung** der Süd-Afrikanischen Republik und das Unterrichtswesen. (Weltausstellung, Paris 1900.) ('s-Gravenhage, Pretoria): *Het Algemeen Nederlandsch Verbond [1900].* (12 S., 11 Taf.) 2° (n. 4,

**Regierung,** die russische, vor dem Richterstuhle Europas. „Der Königsberger Prozess". Von Asiate. 2 Tle. (In russ. Sprache.) (140 u. 147 S.) 8. Berlin 905. F. Gottheiner. à n. 2.—

Regierung des Saahd-Aldaula, Herrschers zu Aleppo rc. f. Regnum Saahd-Aldaulae.

— über die, der geistl. Staaten in Deutschland. 8. Frankf Schwan. 788.

**Regierung, Stände und Volk, Sachsens.** Mannheim 1846. V: *Hirschel, Bernhard.* (BMarsch 86)

**Regierung** und Volksvertretung in Bayern. Leipzig 1858. V: *Brater, Carl.* (Sapper, A., Frau Pauline Brater. München 1909.)

**Regierung** und Volksvertretung in Bayern. Leipzig-Zug 1858. 2. Aufl. 1858. V: *Brater, Carl.* (Bücher-Samml. d. hist. Ver. v. u. f. Oberbayern. Münch. 1867.) (ADB 3, 262)

**Regierung** und Volksvertretung in Bayern. 858. (32 S.) n. 5 ngr. — 2., mit e. Nachtrag verm. Aufl. Leipzig 858. Häffel. gr. 8. (38 S.) n. 6 ngr.

Regierungen, die deutschen, dem Volke und seinen Vertretern gegenüber. gr. 8. Ulm 836. Nübling. 1/8 ₰

Der **Regierungsantritt** des Durchlauchtigsten Herzogs Ernst Herzogs zu Sachsen-Coburg und Gotha, Fürsten zu Lichtenberg etc. gefeiert in der Loge Ernst zum Compass im O.·. von Gotha [4. Dez. 1826]. Gotha 1826: [Engelhard]. 56 S. 1 Musikbeil. 8⁰ [Umschlagtit.] Kl. 2999, Tt. 2176. Bericht der Feier.

**Regierungs-Antritt, Merkwürdigster,** Sr Preussischen Majestät Friderici II. . . . Franckf. u. Leipz. 1741. V: *Fassmann, David.* (BrMm)

Regierungsantritt, merkw., Friedrichs II. 2 Thle. 8 Frankf. u. Lpz. Schneider. 741—44.

Regierungsantritt, der, Sr. Maj. des Königs Wilhelm von Preußen. An Mein Volk. — Gnaden-Erlaß. — Thronrede bei Eröffnung des Landtages. Ein Andenken für jeden Preußen. Nordhausen 861. Büchting. gr. 8. n. 1 ngr.

Regierungsart der Briten; aus d. Engl. 8. Frankf. a. M. 774. Gebhardt u. K. 3 gl

Regierungs-Bezirk Aachen, f. Aachen.

Regierungs-Blatt. –
Wetzlar. – 7.I.1847 – 26.IV.1848.
Vorh. u.d.T.: Wetzlarisches Intelligenzblatt.
Fortges. u.d.T.: Kreis-Blatt.

Regierungsblatt

— ausführl. alphabet. Hauptregister üb. alle Gesetze u. Landesverordnungen von d. ersten Erscheinung 1803 an bis Neujahr 1811. gr. 4. Carlsruhe, Braun. 812.

— f. d. Großherzogth. Baden v. 1803—25, incl. Systemat. zusammengestellt, mit chronolog. u. alphabet. Register. 3 Bde. gr. 8. Karlsr. 812 u. ff. Müller. 9 ₰

**Regierungsblatt,** grossherzogl. bad., von 1803—84. Amtlich.

Regierungsblatt, Großherzoglich-Badisches, f. die J. 1809—15. gr. 4. Carlsruhe, Braun. (1809. 3 Rthlr. 6 gr. 1810. 2 Rthlr. 8 gr. 1811. 21 gr. 1812. 1 Rthlr. 12 gr. 1813—15. a 1 Rthlr. 4 gr.) 1

**Badisches** Regierungs-Blatt. (Wehrgesetz für das Großherzogtum Baden.) Karlsruhe 1868. 123 S. 4⁰

— Baierisches, f. d. J. 1799, 1800. 4. Münch., (Finsterlin). (à Jahrg. 2 ₰ 16 gl) 5 ₰ 8 gl N. Ausg. 2 ₰ 8 gl für 1800, 1802—5. 4. Ebd., (Fleischmann). 13 ₰ 8 gl für 1806—11. Ebd. Giel. 24 ₰ 13 gl Register zu diesen Jahrgg. (à Jahrg. 16 gl) 4 ₰

— bayer., die Jahrgänge 1800—5. 4. München, Strobel. (Fleischmann.) (d. Jahrg. 2 Rthlr. 16 gr.)

— — das Register zu den Jahrgängen (à Jahrgang 16 gr.)

Regierungsblatt, Kgl. Baier. Jahrg. 1806—14. (Hrsg. von *Joh. Chp.* Frhrn. *v. Aretin.*) 10 (starke) Bde. München, gedr. bey Frz. Hübschmann. 4°. Hlwdbde., saub. Expl., wie neu.
Seltene Folge! — Jahrg. 1 erschien 1799. (Bis 1817 von v. Aretin redig.)

**Königl. Baier. Regierungsblatt.** *München*, Lindauer. 1806 — 17. 4. (à Jahrg. 5 Thl.) (Jahrg. 1806 — 11. *Ebend.* Giel. 24 Thl. 12 Gr. Register dazu à Jahrg. 16 Gr.)

**Regierungs- und Intelligenzblatt, Churfürstl. Baierisches.** München 1799—1805. N. A. 1825. H: *Döllinger, Georg Ferdinand.* (MGT)

**Regierungs- u. Intelligenz-Blatt, kurfürstl. Baierisches**; herausgg. v. Döllinger. Jahrgg. 1799—1805. 1r—7r Jahrg. N. Aufl. mit Hinweglassung aller bloßen Intelligenz-Artikel. gr. 4. Münch. 825. Finsterlin. compl. 7 ℛ 12 g.

— f. d. Königr. Baiern. Jahrg. 1821 — 30. Mit Vign. gr. 4. Münch., (J. Lindauer). (J. 1821—28. à 5 ℛ 1829, 30. à 5 ℛ 5 g.) 50 ℛ 16 g.

Regierungsblatt für das Königreich Bayern. Enthält die Bekanntmachung der Erhebung in den Grafenstand u. der Indigenats-Verleihung an Lola Montez. München, 9. Sept. 1847. 4°. 1 Bl. Sehr selten! (3 Mk. Th. Ackermann, 1913.)

**Regierungsblatt** für das Königreich Bayern. 1858. München. 4.

**Regierungsblatt für das Königreich Bayern.** Jahrgänge 1868 —1873. München. 4. (Von 1874 an unter „Gesetz- und Verordnungsblatt für das Königr. Bayern.")

**Regierungs-Blatt für den Bezirk des Königl. Preußischen Civil-Commissariats zu Homburg v. d. Höhe. Vom 1. Jan. 1867 —31. Dec. 1868. Homburg v. d. H. 1867—68. 2 Bde**

— großherzogl. Frankfurtisches. 3 Bde. gr. 8. Frkf. a. M. 810 —14. Eichenberg. 8 ℛ 22 g.

**Regierungs- u. Gesetzblatt** f. d. Fürstenth. Waldeck. 1811—77.

— großherzogl. Hessisches v. J. 1819 — 1831. gr. 4. Darmst., (Leske). (à 2 ℛ 16 g.) 34 ℛ 16 g.

**Regierungsblatt, Großherz. Hessisches**, f. d. Jahr 1820 u. 1821, gr. 4. (Darmstadt, Heyer in Comm.) à 2 Thlr.

**Regierungs-Blatt, Großherzogl. Hessisches**, für die Jahre 1832 —1840. gr. 4. Darmstadt, Leske. à J. n. 2 ℛ

**Regierungs-Blatt, Großherz. Hessisches**, auf das J. 1841. gr. 4. Darmstadt, Leske. à n. 2 ℛ

**Regierungsblatt**, großherzoglich hessisches auf das J. 1871. gr. 4. Darmstadt 871. (Jonghaus.) pr. cplt. n. 8. —

**Regierungsblatt**, großherzoglich hessisches auf die J. 1872 —1879. gr. 4. (Erscheinen unregelmäßig.) Darmstadt, (Jonghaus'sche Hofbuchh.) à Jahrg. *
—— dass. — Alphabetisches Inhaltsverzeichniß von 1873—1877. Nebst einer chronolog. Uebersicht der Gesetze, Verordnungen und wichtigeren Bekanntmachungen. gr. 4. (33 S.) (Ebendas.) 879.

**Regierungsblatt**, großherzogl. hessisches. Jahrg. 1880—1884. gr. 4. (Erscheinen unregelmäßig.) Darmstadt, (Jonghaus'sche Hofbuchh.) à Jahrg. *
—— dass. — Beilagen. Jahrg. 1880—1884. gr. 4. Ebendas. à Jahrg. *

**Regierungsblatt**, großherzogl. hessisches. Jahrg. 1883—1886. gr. 4. (Nr. 1. ½ B.) Darmstadt, (Jonghaus). à Jahrg. n. 5. —

— dasselbe. Beilagen. Jahrg. 1883—1886. gr. 4. (Nr. 1. 1 B.) Ebend. à Jahrg. n. 3. 30

**Regierungsblatt**, großherzogl. hessisches. Jahrg. 1887—1890. gr. 4. (à Nr. ca. 2 S.) Darmstadt, (Jonghaus). à Jahrg. n. 5. —

— dasselbe. Beilagen. Jahrg. 1887—1890. gr. 4. (à Nr. ca. 1 B.) Ebd. à Jahrg. n. 3. 30

**Regierungsblatt**, großherzogl. hessisches. Jahrg. 1891. gr. 4. Darmstadt, (Jonghaus Verl.). n. 5. —

— dasselbe. Beilagen. Jahrg. 1891. gr. 4. Ebd. n. 3. 30

— dasselbe. Jahrg. 1892—1894. gr. 4. Ebd. à Jahrg. n. 3. 50
Erscheint in zwanglosen Nrn.

**Regierungsblatt**, großherzogl. hessisches. Jahrg. 1895 —1898. gr. 4. Darmstadt (G. Jonghaus). à Jahrg. n. 4. —

— dasselbe. Beilagen. Jahrg. 1895—1898. gr. 4. Ebd. à Jahrg. 3. —
Erscheinen in zwanglosen Nummern.

**Regierungsblatt**, großherzogl. hessisches. Jahrg. 1899 —1902. gr. 4. (1506, 1074, 762 u. 596 S.) Darmstadt (G. Jonghaus). à Jahrg. n. 8. —

— dasselbe. Neues allgemeines Sachregister. Die Jahrgänge von Anfang 1896 bis Ende 1901 umfassend. 4. Tl. Zusammengestellt v. Hans Becker. gr. 4. (II, 22 S.) Mainz 902. J. Diemer. n. 2. 40; (1—4 n. 11. 40)

— dasselbe. Beilagen. Jahrg. 1899—1902. gr. 4. (279, 278, 241 u. 292 S.) Ebd. à Jahrg. 3. —

**Regierungsblatt**, großherzogl. hessisches. Jahrg. 1903—1906. (406, 488, 337 u. 419 S.) gr. 4. Darmstadt, (G. Jonghaus). à Jhrg. n. 5. 40

— dasselbe. Beilagen. Jahrg. 1903—1906. (280, 302, 309 u. 292 S.) gr. 4. Ebd. à Jhrg. n. 2. 80

— dasselbe. Neues allgemeines Sachregister. Die Jahrgänge von Anfang 1902 bis Ende 1906 umfassend. 5. Tl. Zusammengestellt v. Hans Becker. (23 S.) Lex. 8. Mainz 907. J. Diemer. 3. —

**Regierungsblatt, großherzogl. hessisches. Jahrg. 1907—1910.** Lex. 8. Darmstadt, Buchh. großherz. Staatsverlags. à Jahrg. 5. 40

— dasselbe. Beilagen. Jahrg. 1907—1910. Lex. 8. Ebd. à Jahrg. 2. 80

Regierungsblatt. – Regierungs- und Intelligenzblatt. – Gotha. – 8.I.1830 – 1.I.1854.
Vorh. u.d.T.: Gothaisches Intelligenzblatt.
Fortges. u.d.T.: Gothaische Zeitung.

**Regierungsblatt, Kurbadisches.** 1s halbes Jahr 1803. 16 kr u. Jahrg. 1804, 5, 6, 7, 8. Karlsr., Macklot. (à Jahrg. 1 fl 8 kr) 7 fl 8 kr Jahrg. 1809—15. gr. 4. Ebd. 11 fl 11 kr

Regierungsblatt. – Fürstl. Lippisches Regierungs- und Anzeigeblatt. –
Detmold. – 7.I.1843 – 1.I.1878.
Vorh. u.d.T.: Fürstl. Lippische Intelligenzblätter (in Lemgo).
Fortges. u.d.T.: Lippische Landes-Zeitung.

—— für das Großherzogthum Mecklenburg-Schwerin. Jahrg. 1875—1879. Lex.-8. (Erscheinen unregelmäßig.) Wismar, (Hinstorff'sche Hofbuchh.) à Jahrg. **
—— dass. — Register zu Jahrg. 1857—1879, zum Bundes-, bezw. Reichs-Gesetzblatt Jahrg. 1867—1879 und zum Central-Blatt für das Deutsche Reich Jahrg. 1873—1879. Hrsg. von Chrn. Düberg. (In ca. 6 Lfgn.) 1. Abthl.: Chronologisches Verzeichniß. 1. und 2. Lfg. Lex.-8. (S. 1—224.) Wismar 879, Hinstorff'sche Hofbuchh. à Lfg. *M 2. *

—— für das Großherzogth. Mecklenburg-Schwerin. Jahrg. 1880—1884. Lex.-8. (Erscheinen unregelmäßig.) Wismar, (Hinstorff'sche Hofbuchh.) à Jahrg. * *
—— dass. — Register zum Regierungsblatte für das Großherzogth. Mecklenburg-Schwerin, Jahrg. 1857—1879, zum Bundes-, bezw. Reichs-Gesetzblatt, Jahrg. 1867—1879, und zum Central-Blatt für das Deutsche Reich, Jahrg. 1873—1879. Mit Nachträgen bis Ende 1883. Hrsg. von Chrn. Düberg. Fortgesetzt von J. F. H. Raspe-Wismar. 3.—14. (Schluß-)Lfg. Lex.-8. (Chronolog. Reg. S. 225—255; alphabet. Sachreg. X, 1353 S.) Ebendas. 880—84. à Lfg. *M 2. *
1. und 2. Lfg. Ebendas. 1879. à *M 2.

**Regierungsblatt für das Großherzogth. Mecklenburg-Schwerin.** Jahrg. 1895—1898. 4. Schwerin, Bärensprung'sche Hofbuchdr. à Jahrg. n.n. 4.—
Erscheint in zwanglosen Nummern.

— für das Großherzogthum Mecklenburg-Schwerin. Jahrg. 1899—1902. 4. Schwerin (Bärensprung'sche Hofbuchdr.) à Jahrg. n. 3.50; nach Erscheinen n. 5.40; einzelne Bog. — 15
Erscheint in zwanglosen Nrn.

— f. das Großherzogt. Mecklenburg-Schwerin. Jahrg. 1903—1906. 4. Schwerin, (Bärensprung'sche Hofbuchdr.) à Jhrg. 4.—
Erscheint nach Bedarf.

— für das Großherzogt. Mecklenburg-Schwerin. Jahrg. 1907—1910. (357, 343, 243 u. 318 S.) Lex. 8. Schwerin, (Bärensprung'sche Hofbuchdr.). à Jahrg. 2. 80

— für die churpfalzbayersche Provinz in Schwaben, für die Jahre 1803, 4 und 5. gr. 8. Ulm, Becker. 805.

Rebellisches Regierungsblatt von 1849 f. Baden. Samml. v. 20 Regierungsblätt., welche während d. provisor. Regierung v. Landesausschuss hrsg. wurden. Vom 17. Mai 1849 bis 23. Juni 1849.

**Regierungs-Blatt** der Fürstlich Wiedischen Regierung in Neuwied. Nebst Intelligenz-Blatt. Jg. 22. 1848.

Regierungs-Blatt, republikanisches. Nr. 1. Lörrach, 22. Septbr. 1848. gr. 4. (8 S.) Lörrach 849, Gutsch.

**Regierungsblatt** f. das Grossherzogt. Sachsen. Jahrg. 1904. (Nr. 1. 4 S.) 4. Weimar, Böhlau's Nachf. 1904. 2. 50.

— f. das Grossherzogth. Sachsen. Jahrgang 1905. Lex.-8. Weimar, M. Böhlau's Nachf. 1905 2. 50.

Herzogl. Sachsen-Coburg Saalfeldisches **Regierungs- und Intelligenzblatt.** Jg. (1). 1807—(20). 1826. Coburg. 20 Bde
[Fortges. u. d. Tit.:]
Herzogl. Sachsen-Coburgisches **Regierungs- und Intelligenzblatt.** Jg. 21. 1827—32. 1838. 12 Bde
[Fortges. u. d. Tit.:]
**Regierungs- und Intelligenzblatt** für das Herzogthum Coburg. Jg. 1839—64.
[Fortges. u. d. Tit.:] 26 Bde
**Regierungs-Blatt** für das Herzogthum Coburg. Jg. 1865. 1 Bd

**Regierungs-Blatt** für das Großherzogthum Sachsen-Weimar-Eisenach. Jahrg. 853—58. (In zwanglosen Nrn.) Weimar, Böhlau. 4. Jeder Jahrg. nn. 25 ngr.

**Regierungs-Blatt** für das Großherzogth. Sachsen-Weimar-Eisenach. Jahrg. 1859—64. (In zwanglosen Nrn.) Weimar, Böhlau. 4. Jeder Jahrg. nn. 25 ngr.

**Regierungs-Blatt** für das Großherzogth. Sachsen-Weimar-Eisenach. Jahrg. 1865—70. Weimar, (Böhlau.) 4. Jeder Jahrg. n.n. 25 ngr.

— für das Großherzogth. Sachsen-Weimar-Eisenach. Jahrg. 1871—1876. 4. Weimar, (Böhlau.) à Jahrg. n.n. 2. 50

— für d. Großherzogthum Sachsen-Weimar-Eisenach. Jahrg. 1877—1882. 4. (à Nr. ca. 4 S.) Weimar, Böhlau. à Jahrg. n.n. 2. 50

— für das Großherzogth. Sachsen-Weimar-Eisenach. Jahrg. 1883—1886. gr. 4. (Nr. 1. 1/4 B.) Weimar, Böhlau. à Jahrg. n.n. 2. 50

— für das Großherzogth. Sachsen-Weimar-Eisenach. Jahrg. 1887—1890. gr. 4. (à Nr. ca. 1/2 B.) Weimar, Böhlau. à Jahrg. n.n. 2. 50

— f. das Großherzogth. Sachsen-Weimar-Eisenach. Jahrg. 1891—1894. gr. 4. Weimar, (H. Böhlau). à Jahrg. n.n. 2. 50
Erscheint in zwanglosen Nrn.

— für d. Großherzogth. Sachsen-Weimar-Eisenach. Jahrg. 1895—1898. gr. 4. Weimar (H. Böhlau Nachf.) à Jahrg. n.n. 2. 50
Erscheint in zwanglosen Nummern.

— für das Großherzogth. Sachsen-Weimar-Eisenach. Jahrg. 1899—1902. 4. (826, 590, 288 u. 246 S.) Weimar (H. Böhlau's Nachf.). à Jahrg. n.n. 2. 50

— für das Großherzogt. Sachsen (=Weimar=Eisenach). Jahrg. 1903—1906. (XXI, 260; XXIII, 252; XXIV, 290 u. XXVI, 416 S.) 4. Weimar, (H. Böhlau's Nachf.) à Jhrg. n.n. 2. 50
Nicht mehr im Buchhandel.

**Regierungs= u. Intelligenzblatt**, Fürstl. Schwarzburgisches. Jahrg. 1841. 4. Sondershausen, Eupel. n. 1 1/3 ℛ

**Regierungs= u. Intelligenz=Blatt**, Fürstlich Schwarzburgisches. Jahrg. 1852. 52 Nrn. 4. (Bog.) Sondershausen, Eupel. n. 1 1/3 ℛ

**Regierungs- u. Verordnungsblatt** f. d. Kurfürstenth. Hessen 1819—70.

Regierungsblatt für das Königreich Württemberg im Auszug. 1806-56 nebst Registerband für 1806-50. Stuttgart 1806-56

— dasselbe, Register, s.: Haupt=Register, Nick'sches.

— dasselbe. Haupt=Register, s.: Nick.

**Regierungsblatt f. d. Königr. Würtemberg. 18..** *Stuttgart*, (Beck u. Fränkel.) gr. 4. (à Jahrg. 2 Thl. 8 Gr.)

*Dasselbe* im Auszuge. Eine Samml. der in den Regier.-Blätt. d. K. Würtemberg v. J. 1806 noch ganz od. theilweise gültig. Gesetze, Verordnn. u. s. w., mit erläut. Anmerkk. u. ein. Hauptregister. Jahrg. 1806. *Stuttgart*, Metzler. 837. gr. 8. (11 Gr.) Jahrg. 1836. *Ebend.* 837. gr. 8. (11 Gr.)

Alphabet.-systemat. Sachreg. hierzu. 1e Forts., enthalt. die J. 1831—36. *Ebend.* 837. gr. 4. (1 Thlr.)

— das, für das Königreich Württemberg, im Auszuge. Eine Sammlung der in den Regierungs=Blättern des Königreichs Württemberg vom Jahre 1806 noch ganz oder theilweise gültigen Gesetze, Verordnungen ꝛc. mit erlaut. Anmerkk. u. einem Hauptregister. Jahrg. 1806—1811. gr. 8. Stuttgart 837. Metzler'sche Buchh. n. 2 ℛ 7 ℊ

— für das Königr. Würtemberg 1829. 52 Nummern. gr. 4. Stuttg., Löflund. 2 ℛ 8 ℊ

— dass. Jahrg. 1831—36. gr. 8. Ebd. (1831 1/2 ℛ, 1832 7/12 ℛ, 1833 3/4 ℛ, 1834 3/4 ℛ, 1835 3/8 ℛ, 1836 7/8 ℛ) n. 3 5/6 ℛ

— alphabetisch=systematisches Sach=Register hierzu, von 1806—1830, und 1e Fortsetzung, enthaltend die Jahre 1831 bis 1836. gr. 4. Ebd. 832, 37. 3 1/3 ℛ

— das, für das Königreich Württemberg im Auszuge. Eine Sammlung sämmtl., in den Regierungsblättern des Königr. Württemberg vom Jahre 1806 an enthaltenen, noch ganz oder theilweise gültigen Gesetze, Verordnungen ꝛc., mit erläuternden Anmerkungen und einem Hauptregister. 1806—1845. gr. 8. Stuttgart 837—46, J. B. Metzler'sche Buchh. Subscript.=Pr. compl. 17 ℛ 6 1/4 ngℊ Preise der einzelnen Jahrgänge: 1806: 5/12 ℛ 1807: 1/2 ℛ 1808: 5/12 ℛ 1809: 1/4 ℛ 1810: 1/3 ℛ 1811: 3/8 ℛ 1812, 1813: à 1/4 ℛ 1814: 5/12 ℛ 1815: 1/6 ℛ 1816: 1/4 ℛ 1817: 7/12 ℛ 1818: 7/8 ℛ 1819: 3/4 ℛ 1820: 1/4 ℛ 1821—1823: à 7/12 ℛ 1824: 5/12 ℛ 1825: 1 1/6 ℛ 1826: 7/12 ℛ 1827: 3/4 ℛ 1828: 7/8 ℛ 1829—1832: à 7/12 ℛ 1833, 1834: à 3/4 ℛ 1835: 3/8 ℛ 1836: 7/8 ℛ 1837, 1838: à 7/12 ℛ 1839: 3/4 ℛ 1840: 3/8 ℛ 1841: 5/12 ℛ 1842: 1 ℛ 1843: 1 1/6 ℛ 1844: 5/12 ℛ 1845: 1/2 ℛ

— das, f. das Königr. Württemberg im Auszuge. Eine Sammlung der in den Regierungs=Blättern des Königr. Württemberg vom J. 1806 an enthaltenen, noch ganz oder theilweise gültigen Gesetze, Verordnungen ꝛc. mit erläut. Anmerkungen. Jahrg. 1846—1849. gr. 8. (1846: 192 S. 1847: II u. 126 S. 1848: IV u. 234 S. 1849: 389 S.) — Eine Sammlung der in den Regierungs=Blättern des Königr. Württemberg v. J. 1806 an u. in dem Staatsanzeiger vom J. 1850 an enthaltenen, noch ganz oder theilweise gültigen Gesetze, Verordnungen, Verfügungen ꝛc. m. Anmerkungen u. alphabet. Sachregister. Jahrg. 1850—1852. gr. 8. Jahrg. 1850. A. u. d. T.: Sammlung der im Regierungs=Blatt u. im Staats=Anzeiger für das Königr. Württemberg enthaltenen Gesetze ꝛc. Hand=Ausg. Jahrg. 1850. (290 S.) — Jahrg. 1851. A. u. d. T.: Sammlung der im Regierungs=Blatt u. im Staats=Anzeiger für das Königr. Württemberg enthaltenen Gesetze ꝛc. Handausg. Jahrg. 1851. (258 S.) — Jahrg. 1852. A. u. d. T.: Sammlung d. im Regierungs=Blatt u. im Staats=Anzeiger f. das Königr. Würtemberg enthaltenen Gesetze ꝛc. Hand=Ausg. Jahrg. 1852. (IV u. 396 S.) — Normalien des 2. Ergänzungsbds. vom J. 1852. A. u. d. T.: Sammlung der im Regierungs=Blatt u. im Staats=Anzeiger für das Königr. Württemberg enthaltenen Gesetze ꝛc. Hand=Ausg. Normalien ꝛc. (II u. 434 S.) Stuttgart, Metzler. 1846: 1/2 ℛ 1847: 5/12 ℛ 1848: 2/3 ℛ 1850 u. 1851: à 1 1/6 ℛ 1852: 1 1/2 ℛ 1852, Normalien: 5/6 ℛ (siehe: Sach=Register.)

— für das Königreich Württemberg im Auszuge. Eine Sammlung der in den Regierungsblättern des Königreichs Württemberg vom Jahre 1806 an und in dem Staats=Anzeiger vom Jahre 1850 an enthaltenen, noch ganz oder theilweise gültigen Gesetze ꝛc. mit Anmerkungen u. alphabet. Sachregister. A. u. d. T.: Sammlung der im Regierungs=Blatt u. im Staats=Anzeiger für das Königreich Württemberg enthaltenen Gesetze ꝛc. Hand=Ausg. mit Anmerkungen ꝛc. Jahrg. 1853—57. Stuttgart, Metzler. gr. 8. (853: 380 S. 1 ℛ. 12 ngr.; 854: 128 S. 16 ngr.; 855: 259 S. u. 1 Tab. in 4. 1 ℛ. 2 ngr.; 856: 264 S. 1 ℛ. 5 ngr.; 857: 138 S. 16 ngr.) 4 ℛ. 21 ngr.

— — Amtliche Ausgabe. 1857-1900 nebst Registerbänden für 1806-72 u 1882-94 von F Nick. 4° Stuttgart 1857-1900

— für das Königr. Württemberg im Auszuge. Jahrg. 1864—65. A. u. d. T.: Sammlung der im Regierungs=Blatt u. im Staats=Anzeiger für das Königr. Württemberg enthaltenen Gesetze, Verordnungen, Verfügungen ꝛc. Hand=Ausg. mit Anmerkungen u. alphabet. Sachregister. Jahrg. 1864 u. 65. Stuttgart 865—66. Metzler's Verlag. gr. 8. [864. (222 S.) n. 1 ℛ 4 ngr., 1865. (672 S.) n. 2 ℛ 20 ngr.] n. 3 ℛ 24 ngr.

— für das Königr. Württemberg. Jahrg. 1886. gr. 4. (Nr. 1. 2 S.) Stuttgart, (Metzler's Sort.). n.n. 5.—

— für das Königr. Württemberg. Jahrg. 1887—1890. gr. 4. (à Nr. ca. 2 S.) Stuttgart, (Metzler's Sort.). à Jahrg. n.n. 5.—

— f. das Königr. Württemberg. Jahrg. 1891—1894. gr. 4 Stuttgart, (J. B. Metzler's Sort.). à Jahrg. n.n. 5.—
Erscheint in zwanglosen Nrn.

— für d. Königr. Württemberg. Jahrg. 1895—1898. gr. 4. Stuttgart (J. B. Metzler's Sort.). à Jahrg. n.n. 5.—
Erscheint in zwanglosen Nummern.

— für das Königr. Württemberg. Jahrg. 1899—1902. gr. 4. Stuttgart (F. Stahl). à Jahrg. n.n. 5.—
Erscheint in zwanglosen Nrn.

— für das Königr. Württemberg. Jahrg. 1903—1906. 4. Stuttgart, (F. Stahl). à Jhrg. n.n. 6.—
Erscheint in zwanglosen Nummern.

— für das Königr. **Württemberg.** Jahrg. 1907 u. 1908. Lex. 8. Stuttgart, (F. Stahl). à Jahrg. nn 6. — Nicht mehr im Buchhandel.

Regierungsblatt für das Königreich Württemberg. 1908-13. 4° Stuttgart 1908-13

**Regierungsblaetter**, Fürstl. Waldeckische. *[Wird fortges.]*
Nachtrag. [1.], z. Hauptregister . . . umfass. d. Jge 1885—1895 einschl. Mengeringhausen 1906. 8°
Nachtrag. 2., z. Hauptregister . . . umfass. d. Jge 1896—1899 einschl. Mengeringhausen 1910. 8°

**Regierungs-Depeschen**, französische, u. Nachrichten während d. Krieges von 1870 bis 1871. Im Zusammenhange dargestellt. gr. 8. (112 S.) Leipzig 871. Minde. n. — 50; geb. 1. 20

**Regierungs-Depeschen** u. **Nachrichten**, französische, währ. d. Krieges 1870/71, in Zusammenhang dargest. Z. 25 jähr. Jubiläum in Erinnerg. dargebracht. gr. 8. (40 S.) Leipzig 895. J. Milde. — 50

*Regierungs-Erlass*, churpfältzischer, betreffend die Ausweisung der *fremden Bettler*. Mannheim 1783. Fol. Cart.

**Regierungsetat des Cantons Thurgau.** 8. Frauenfeld, Fehr. 819.

**Regierungs-Etat** des Kantons Unterwalden nid dem Wald. 1902. 78 S. 8. Stans, Paul von Matt.

**Regierungs-Etat** des Kantons Zürich für das J. 1854/55. Zürich, Orell, Füßli u. Co. 8. (152 S.) n. 16 ngr.

**Regierungsetat** des Kantons Zürich für das Jahr 1868—69. Zürich 869. Orell, Füßli & Co. 8. (172 S.) n. 16 ngr.

**Regierungsetat** des Kts. Zürich für **1877—96.**

**Regierungsetat** des Kantons Zürich für das Jahr 1901/1902 u. 1902/1903 u. 1903/1904. Enthaltend ein Verzeichnis der Behörden und Beamten des K' Z'. 116 u. 118 u. 118 S. 8. Zürich, J. Rüegg, Oktober 1901 u. Juli 1902 u. Juli 1903.

**Regierungsetat** des Kantons Zürich für das Jahr 1904/1905. Enthaltend ein Verzeichnis der Behörden und Beamten des K' Z'. 118 S. 8. Richterswil, R. Ehrsam & Co., Juli 1904.

**Regierungsetat** des Kantons Zürich für das Jahr 1905/1906. Enthaltend ein Verzeichnis der Behörden und Beamten des K' Z'. 118 S. 8. Richterswil, R. Ehrsam & Co., August 1905.

**Regierungsetat** des Kantons Zürich für das Jahr 1906/1907 u. 1907/1908. Enthaltend ein Verzeichnis der Behörden und Beamten des K' Z'. *je* 118 S. 8. Richterswil, R. Ehrsam & Co., Juni 1906 u. [1907].

**Regierungsetat** des Kantons Zürich für das Jahr 1908/1909. Enthaltend ein Verzeichnis der Behörden und Beamten des Kantons Zürich. 121 S. 8. Richterswil, R. Ehrsam & Co., [1908].

**Regierungsetat** des Kantons Zürich für das Jahr 1909/1910. Enthaltend ein Verzeichnis der Behörden und Beamten des Kantons Zürich. 130 S. 8. Richterswil, R. Ehrsam & Co., [1909].

**Regierungsetat** des Kantons Zürich für das Jahr 1910/1911. Enthaltend ein Verzeichnis der Behörden und Beamten des K' Z'. 130 S. 8. Richterswil, R. Ehrsam & Co., (Juni 1910).

**Regierungsfolge, die, im Herzogth. Braunschweig** nach dem Erlöschen des Braunschweig-Wolfenbüttelschen Fürstenhauses. Berlin 861. J. Springer. gr. 8. (47 S.) 9 ngr.

**Regierungsform**

— alte u. neue, des Königr. Schweden. 8. Manh. 773. Schwan u. G. 4 gr. — Dass., s. auch Micheleß, Schreiben.

**Regierungsform**, über die beste, e. Fragment. 8. Münster 793. Theissing. 4 gr.

**Regierungsform, Sr. Königl. Majestät und der Reichsstände festgestellte,** den 19. Aug. 1772, a. d. Schwed. übers. . . . Greifswald 1773. V: *Möller, Joh. Georg Peter.* (Koppe, Gel. Mecklenburg. Rostock u. Leipz. 1783—84.)

— über die kirchl., bei den Katholiken. 8. Leipz., (Gräff). 6 gr.

— **über die monarchische**, s. a. Holsche.

**Regierungsform**, über die monarchische. (Von A. K. Holsche.) 8. Königsberg 794. (Leipzig, Künzel.) 1/3 rthl.

**Regierungsform**, über die monarchische, (v. A. K. Holsche). 8. Königsb. 794. (Leipz., Schumann). 8 gr.

**Regierungsgemälde Baierns**, Gegenstück zu Licht und Schatten über Baierns Staatsverwaltung unter Maximilian I. und dem Grafen v. Montgelas. Von J. Wahrlieb. 8. Nürnberg, Riegel u. W. 817.

**Regierungsgeschichte** des Herzogs Christoph zu Würtemberg. gr. 8. Tübingen, Laupp. 818.

**Regierungsgeschichte der Kön. Elisabeth v. England**, nach Hume. 8. Tüb. Cotta. 805.

**Regierungsgeschichte** König Friedrichs II. Berlin 1799. V: *König, Anton Balth.* (Ky)

— Kön. **Friedrichs** II. von 1740—786. 2 Bde. ist d. **Vers.** d. Schilder. v. Berlin 5r Bd.

**Regierungs- und Staatsgeschichte, Kurzgefasste,** des Kurfürsten Friedrichs III., nachmaligen ersten Königs von Preussen, vom Jahr 1688—1713. Berlin 1794. V: *König, Anton Balth.* (Ky)

**Regierungs- und Staatsgeschichte, Kurzgefasste,** König Friedrich Wilhelms I. von Preussen vom Jahr 1713—40. Berlin 1796. V: *König, Anton Balth.* (Ky)

— kurzgefaßte, u. Staatsgeschichte **Friedrich Wilhelms** I. Kön. v. Preußen von 1713—740 ist der **Vers.** d. Schilder. v. Berlin 4r Bd.

— und Staatsgeschichte **Friedrichs** II., Kön. von Preußen, 2 Bde. s. **Versuch** e. Schilder. v. Berlin.

— und Staatsgesch. der 3 Könige v. Preußen ist d. Versuch d. Schilder. Berlins 3r—5r Bd.

Regierungsjahre, die 4 ersten, Friedrich Wilhelms IV., s. Materialien.

**Regierungsjubelfest, Das goldene,** Sr. königl. Majestät Friedrich August des Gerechten . . . 1818. Dresden 1818—19. V: *Engelhardt, Carl August.* (NN) (MGT) (Ky)

**Regierungsjubelfest, das goldene,** Sr. Königl. Maj. Friedrich August d. Gerechten. Gefeiert von seinen treuen Sachsen am 20. Sept. 1818, (v. K. A. Engelhardt). 1r Thl. Mit 10 Abbildd. Die Jubelfeier zu Pillnitz u. Dresd. enthaltend. 1 ℛ 2r Thl. Mit 9 Kpf. Die Jubelfeier im Meißner, Leipziger u. Erzgebirg. Kreise enthaltend. gr. 8. Dresd. 818. Hofbuchdruckerei. (Leipz., Dürr). 1 ℛ 12 gℛ

**Regierungs-Jubiläum, das 25e,** Maxim. Josephs, Königs v. Baiern, gefeiert von den Bewohnern Bambergs. Mit 1 Steindr. Bamb. 824. Drausnick.

**Regierungs-Jubiläum,** 50jähriges, Sr. königl. Hoheit des Grossherzogs Friedrich. Festvortrag u. Ansprachen, geh. z. Jubelfeier in der Aula der techn. Hochschule Fridericiana am 1. V. 1902. Lex.-8. (32 S.) Karlsruhe 902. (G. Braun'sche Hofbuchdr.) n. — 80

Fünfzigjähriges Regierungs - Jubiläum Seiner Königlichen Hoheit des Grossherzogs Friedrich. Festvortrag und Ansprachen gehalten zur Jubelfeier in der Aula der Technischen Hochschule Fridericiana am 1. Mai 1902. (Darin: [Max] Honsell: [Geschichtlicher Abriss des badischen Ingenieurwesens].) 1902. 32 S. 4°

**Regierungsmaximen, Die allgemeinsten, Ökonomischen,** eines Agriculturstaats in Rücksicht auf Nationalindustrie und Handel. Leipzig 1787. V: *Wichmann, Christian August.* (MGT)

**Regierungsmaximen,** die allgemeinsten ökonom. eines Agricultur-Staates, (v. Chr. A. Wichmann). 2 Stcke. 8. Leipz. 787. Müller. (Joachim). 9 gℛ

**Regierungsnachfolge, die, u. die Regierungsverwesung in den Herzogth. Coburg u. Gotha.** Coburg 862. Streit. gr. 8. (8 S.) $1\frac{1}{2}$ ngr.

**Regierungs-Phantasien.** In Briefen eines Europäers an d. Pascha v. Aegypten. 8. Berl. 825. Fr. Maurer. 18 gℛ

**Regierungs-Phantasien.** In Briefen eines Europäers an den Pascha von Egypten. Von F. W. v. R. 8. Berlin 825. Jetzt Heymann. ¼ ℛ

Regierungsrath. Der R' des Kantons Bern an sämmtliche schweizerische Kantonsregierungen. Kreisschreiben ([vom] 26. Mai 1843). fol. *o. O.*

**Regierungsspiegel** Friedrichs des Großen, s. v. Herzberg.

**Regierungsspiegel, Der,** Friedrichs des Grossen; ein Nachlass aus den Händen seines vertrauten Staatsministers Grafen von Herzberg . . . Erfurt 1808. H: *Ernesti, Joh. Heinrich Martin.* (NN) (MGT)

**Regierungsverfassung,** über die, des Kantons Bern; aus d. Französ. mit Anmerkk. u. Zusätzen (v. W. L. Brunn). gr. 8. Berl. 793. Akad. B. 20 gℛ

Die Regierungsverfassung der Republik Pennsylvanien, wie solche von der General Convention, die zu dem Zweck erwählet und vom 15ten Julii, bis zum 28sten September, 1776, in Philadelphia gehalten wurde, vestgesetzt worden.
Aus dem Englischen übersetzt.
Philadelphia: Steiner. 1784. 49 S. 8°.
Harvard University Library Cambridge, Mass.
Übers. v. The Constitution of the Common-Wealth of Pennsylvania ... To which is added a report of the Committee ..., Philadelphia 1784.
Andere Ausg. s. nachfolgende Nr.
Evans 18691.
Darin enthalten:
Der Bericht der Committee des Raths der Censoren, der bestimmt war zu untersuchen, "Ob die Regierungsverfassung in jedem Theil unverbrüchlich erhalten worden ist ..." Wie derselbe vom Rath der Censoren genehmigt, und zufolge ihrer Verordnung bekannt gemacht worden. A. d. Engl. Philadelphia: Steiner. 1784. [als S. 19-49]

Die Regierungsverfassung der Republik Pennsylvanien.
[Aus dem Englischen übersetzt.]
Germantown: Billmeyer. 1790. 28 S. 8°.
Library of Congress Washington
2. dt. Ausg. d. Verfassung v. 1790

Die Regierungsverfassung der Republik Pennsylvanien, wie selbige, von der zu dem Entzweck frey erwählten und versammelten Convention verändert und verbessert, und ihren Constituenten zur Ueberlegung vorgelegt worden.
[Aus dem Englischen übersetzt.]
Philadelphia: Steiner. 1790. 21 S. 8°.
Library of Congress Washington
Laut Katalog 1. dt. Ausg. d. Verfassung v. 1790.

**Regierungsverordnung, Niederösterreichische,** mit der Bestimmung der Häuser, Kirchen und Schulen . . . Wien 1778. V: *Felbiger, Johann Ignaz von.* (ML)

Gesammelte **Regierungs-** und Polizei-**Verordnungen,** Bekanntmachungen und Ortsstatuten des Stadt- und Landkreises Bonn. H. 1. (Freie Folge.) Bonn: Hauptmann (1907). 8°
Aus: Deutsche Reichs-Zeitung, Bonn. 10. 761 B

Über
—— die Regierungs-Vorlage. s.: Krzeczunowicz.

**Regierungsvorlage,** betr. die Änderung u. Ergänzung einiger Bestimmungen des allgem. bürgerlichen Gesetzbuches, s.: Advokatentag, XI. österreichischer.

Regierungsvorlage eines Gesetz-Entwurfes, betreffend die directen Personalsteuern. Gesetz-Entwurf sammt Erwerbsteuertarif. Motive. Lex.-8. (307, 165 S. mit Beilage) —.70
Wien: Hof- u. Staatsdruckerei 1892.

Ueber die Regierungs-Vorlage an die Holsteinischen Stände d. d. 15. August 1857. Hamburg. 1857. 8°.

**Regierungsvorlagen, Die,** betreffend die Reform der directen Steuern . . . Prag 1874. V: *Tempsky, Frdr.* (WFM)

**Regierungsvorlagen** (Die) betreffend die Reform der directen Steuern. Referat, angenommen von der Handels- und Gewerbekammer in ihrer allg. ordentl. Sitzung am 6. Nov. 1871. 8°. Prag, Handels- u. Gewerbek., 1874.

**Regierungsvorschriften,** österreichische, betr. die Herstellung v. Tragwerken aus Stampfbeton od. Betoneisen. (16 S.) 33×21 cm. Berlin (908). Ernst & Sohn. — 50
Sonderabdruck aus: „Beton u. Eisen".

**Regierungs-Kalender** der freien Stadt Frankfurt a. M. f. 1817. Die neue Constitutions-Ergänzungs-Acte enthaltend, nebst 53 Wappen-Abbildd. des hohen Senats. Frankf. a. M. 817. Jäger. 1 ₰ 4 gr

**Régimbart,** M., Dyticidae, Gyrinidae et Hydrophilidae, s.: Fauna, die, Südwest-Australiens.

**Regimen** monarchicum ab ipsa natura et incorrupta ratione emanatum ... S. l. 1802. V: *Heyking, Heinrich Carl Hermann Benjamin von.* (R-N)

*Regimen* monarchicum ab ipsa natura et incorrupta ratione emanatum etc. a K. A. 8maj. Königsb. 803. (Unzer). 4 gr

**Regimen** sanitatis Salerni, seu scholae Salernae de conservanda bona valetudine praecepta. Stendal. 1798. H: *Ackermann, Johann Christian Gottlieb.* (Ky)

—sanitatis Salerni, seu scholae Salern. de conserv. bona valetudine praecepta, (ed. J. C. G. Ackermann). 8maj. Stend. 798. Franzen u. Gr. 14 gr

[Regimen sanitatis Salernitanum.] Schola Salernitana, sive De conservandâ valetudine praecepta metrica. Autore Joh[anne] de Mediolano [Johannes de Mediolano] hactenus ignoto. Cum luculentâ & succinctâ Arnoldi Villanovani [Arnoldus de Villa Nova] in singula capita exegesi. Ex re. Zachariae Sylvii [Sylvius]. Cum ejusdem praef. Nova ed., melior & aliquot medicis opusculis auctior. Cum ind. ... Ratisbonae: Seidel 1722. 506 S. 8°

[Regimen sanitatis Salernitanum.] Schola Salernitana. Auctore Io[anne] de Mediolano [Johannes de Mediolano]. Plurimis, quibus hactenus scatebat, mendis purgavit et diversitatem lectionis adiecit Io[annes] Adamus Schier. Athenis ad Elmum 1753: Schnorr. 60 S. 8°

**Regimen** sanitatis Salernitanum. Gesundheitsregeln der Salernitanischen Schule. Lateinisch u. im Versmaaße der Urschrift verdeutscht nebst der Geschichte. Herausgeg. v. Ign. Düntzer. gr. 8. Köln 841, Eisen. n. 1/3 ₰

**Regiment,** über das beste, auf deutschen Universitäten. (Aus Sophronizon abgedr.) gr. 8. Heidelb. 820. Winter. 4 gr

**Regiment** 1—139. Garde und Jäger. Kurze u. übersichtl. Zusammenstellg. der Officiere u. Sanitäts-Officiere der Infanterie-Truppentheile, richtig rangirt, wie die Verbände sich gestalten nach den Allerhöchst verfügten zahlreichen Veränderg. in den letzten Wochen. 8. (III, 76 S.) Liegnitz 887. (Kaulfuß.) n. 1.—

—der Patrizier, in d. freien Stadt Frankfurt a. M. 8. Frkf. a. M. 817. Sauerländer. 6 gr

**Regiment,** das persönliche, vor dem deutschen Reichstage, s. Agitations-Bibliothek, sozialdemokratische. XII.

Das persönliche **Regiment** vor dem Deutschen Reichstage. Die Verhandlungen d. Deutschen Reichstages v. 10. u. 11. Nov. 1908. Berlin: Vorwärts 1908. (128 S.) 8° [F.]
= **Agitations-Bibliothek**, Sozialdemokratische. 12. [08. 18404]

**Regiment,** das Scheel'sche, und dessen Nachwirkungen in Holstein. Hamburg 857. (Kiel, Schwers.) gr. 8. (22 S.) n. 6 ngr

**Regimenter, Die kurhessischen.** Ein Abriss ihrer Geschichte. Melsungen 1900. V: *Losch, Philipp.* (Berl 1914, S. 641)

**Regimenter,** die kurhessischen. Ein Abriß ihrer Geschichte. gr. 8. (VII, 88 S.) Melsungen 900. W. Hopf. n. 1.—

**Regimentsarzt,** der. Ein lust. Epos. (31 S. m. Abbildgn.) 8. Wien 906. C. W. Stern. n. — 90

Regiments-Ehrenspiegel

**Ehrenspiegel, Eidgnössisch-Schweytzerischer-Regiments,** oder Kurtzer Entwurff der Regierung und Staats-Ordnung Hochlobl. 13 Cantonen ... Zug 1706. V: *Haberer, Carl Franz.* (AarK)

Regiments-Exerzieren. Hannover 1893.

**Regimentsform,** die vernünftige, oder Gespr. zwisch. ein. Europ. u. e. Einwohn. der Insel Dumakola, a. d. Franz. 8. Frkf. 786.

Regiments-Geschichte des k. k. österreichischen Husaren-Regiments Nr. 6. (Manuscript.) Fol. Gyöngyös, 29. August 1872.

Die Regimentsinhaber des 10. Inf.-Reg. Prinz Ludwig. München 1892. 22 Taf.
— — Dasselbe in 2°

Von d. Rgts-Massen. (Ersparnis-Fonds.) Darmstadt 1836. 4°

**Regiments-Officiersschulen** der Train-Truppe. (Im VII. Thle. der Instruction für die Truppenschulen des k. u. k. Heeres als neuer VI. Abschnitt einzuschalten.) gr. 8. (III u. S. 97—111.) Wien (901). (Hof- u. Staatsdruckerei.) n. — 20

Regimentsordnung. Innere R'-O' der Schweizer-Truppen in Diensten Sr. Majestät des Königs Beyder Sicilien. [Mit 1 Tabelle.] 8. *o. O.* 1825.

**Regimentsschule,** die. Ein Leitfaden zur Einrichtung u. für das Unterrichts-Bedürfniß preuß. Regiments- u. Bataillonsschulen. Von einem activen Offizier. 1. u. 2. Aufl. Berlin 861. Schindler. gr. 8. (IV, 247 S.) n. 25 ngr

**Regimentsverfassung, Cordesii Verimundi allervollkommenste,** durch Wahl. Danzig 1706. V: *Dornkrell von Eberhertz, Jacob.* (schr)

Regiments- verfassung von Pennsylvanien.
[A. d. Engl.]
[Philadelphia: Miller. 1776.] 16 S. 8°.
Historical Society of Pennsylvania Philadelphia, jetzt in Library Company of Philadelphia
Übers. v. Rules and Articles for the Government of the Pennsylvania Forces, Philadelphia 1776.
Sabin 68811 u. Evans 14996: mit Ort und Verlag.

Regimontanus s.a. Auf dem Wege nach Canossa.

Auf dem Wege nach Canossa von **Regimontanus**. Titelbild von Rud. Braun. Berlin: D. Dreyer & Co. [1906]. (112 S.) 8°

**Regina**, s.: Schillingsbücher.

**Regina** Austri Austriacae Gloriae interpres ... Bresl. 1711. V: *Neumann, Caspar.* (Kat. d. Druckschr. üb. Breslau. Breslau 1903. S. 11.)

Regina, palatium eloquentiae. 4. Colon. Metternich. 709.

**Regina sacratissimi rosarii ora pro nobis!** Gedanken u. Aussprüche als Anknüpfungspunkte bei dem betracht. Beten des hl. Rosenkranzes. Gesammelt v. e. Ordensschwester. (96 S. m. Abbildgn.) 16. Dülmen 907. A. Laumann. Geb. in Leinw. — 60

[Ant. u. F.] **Regina** Saeculorum oder die Verehrung Mariä in allen Jahrhunderten. Andachten z. allerseligsten Jungfrau nach alten Quellen. A. d. Engl. übs. v. H. G. *Paderborn: Bonifacius-Dr. 1895.* (112 S.) 8. — Hausschatz, Geistl., f. katholische Christen. Jg. 17. H. 3.

Die Erlösung vom Dogma und sexuelle Ethik. Von Frau Regina Elsabeth. Altona-Ottensen: Gebr. Harz [1909]. 21 S. 8°

**Reginald, Val.**, Theologia moralis, s. practica. fol. ibid. 706.

**Reginaldus, Karl**, d. neue Bürgermeister v. Bergthal od. v. Irrtum zur Wahrheit, } s.: Jugendbibliothek, Laumann'sche.

**Reginaldus, Karl** (Hugo Mehner), Glückwünsche u. Festgrüße, s.a. Dulla, Cornelia, Haustheater.

— Glückwünsche u. Festgrüße. Uns. lieben Kleinen gewidmet zum Gebrauche b. feierl. Gelegenheiten. Vers. v. Freunden d. Jugend. Hrsg. v. R. 12. (63 S.) Dülmen 896. A. Laumann. — 25

— die Gebrüder Hachelmann, } s.: Jugendbibliothek, Laumann'sche.

**Reginaldus, Karl**, der hl. Karl Borromäus, s.: Kinderlegende, Laumann'sche.

— d. Leben d. hl. Elisabeth, s.: Kinderlegende, Laumann'sche, Lfg. 13.

— der Traum d. Königssohnes od. das größte Wunder d. Welt, } s.: Jugendbibliothek, Laumann'sche.

— wie Einer sein Glück findet. Angelika, } s.: Jugendbibliothek, Laumann'sche.

— die Wunder d. hl. Franziskus Xaverius, s.: Kinderlegende, Laumann'sche.

Regino Abbas Prumiensis

**Reginonis**, libri duo de synodalibus causis et disciplinis ecclesiast., jussu Domini Reverendiss. Archiep. Trever. Ratbodi ex diversis Sanctorum Patrum conciliis atque decretis collecti. Ad optim. codd. fidem recens. adnotat. duplicem adjecit F. G. A. Wasserschleben. 8maj. (34 1/4 B.) Lipsiae 840, Engelmann.

**Regino**, abbatus Prumiensis, chronicon, s.: Scriptores rerum germanicarum.

**Regino von Prüm's** Chronik, übers. von Dümmler, s.a. Geschichtschreiber der deutschen Vorzeit

Regino, Chronik. Fortsetzung, s.a. Geschichtschreiber, die, der deutschen Vorzeit.

Regino. Die Chronik des Abtes R' von Prüm. Nach der Ausgabe der Monumenta Germaniae übersetzt von Dr. E(rnst) L[udwig] Dümmler. [Mit 1 Tafel.] 8. Berlin 1857.
Die Geschichtschreiber der deutschen Vorzeit.... IX. Jahrhundert. Band 11.

**Regino**, Abbas Prumensis: Libb. II. de ecclesiasticis disciplinis et religione christiana. Edid. Joach. Hildebrand. *Helmst.* 619. 4. — Ed. Steph. Baluzius, *Par.* 671. 8. — cur. Jos. de Riegger. *Vienn.* 765. 8.

**Reginonis, B.**, libri II. de ecclesiast. disciplinis. 4. Vien. Trattner. 765.

**Reginus, J.**, Gedichte. 8. (IV, 112 S.) Straßburg 903. L. Beust. n. 1.80; geb. n. 2.50

**Regiomontanus**, s.a. Vademecum f. d. preuß. Landtagswahlen.

Vademecum für die Preussischen Landtagswahlen. Die wahlgesetzl. Bestimmungen u. Reglements sowie d. einschlägigen Bestimmungen über Presse ... Hrsg. v. Regiomontanus. *Berlin: C. Heymann 1898.* (50 S.) 8° [J. u. Ant.]

Regiomontanus, C., s. Regiomontanus, Karl Friedrich

Regiomontanus, Isid., s. Regiomontanus, Karl Friedrich.

Regiomontanus, Karl Friedrich [Pseud.], s.a. Fenkohl, Karl Friedrich.

**Regiomontanus, K. Fr.**, (Karl Fr. Fenkohl), Edmund v. Horst, u. Eugenie v. Steinfels. 8. Frankf. 816. (Gebhardt in Grimma). 1 ⅌ 4 gl. Hbg. Pr. 18 gl.

**Regiomontanus**, (Isid.) Geistesfunken ꝛc., s.a. Geistesfunken.

**Regiomontanus, Isid.**, (Karl Fr. Fenkohl,) Geistesfunken, aufgefangen im Umgange mit F. L. Z. Werner. gr. 8. Würzb. 827. Etlinger. 18 gl.

**Regiomontanus, K.**, das Herz behält stets seine Rechte. Eine Novelle. 8. (7 1/2 B.) Sulzbach 829, v. Seidel.

— Ida v. Hartenstein. 8. Erlang. 818. Palm. 20 gl.

— Gräfin Liana v. Wallberg u. Karl Wernsdorf. 8. Nürnb. 811. Schrag. 1 ⅌ 16 gl. Holl. Pap. 2 ⅌

**Regiomontanus, Karl**, Novellen. 1. Bdchn. gr. 12. (6 B.) Ansbach 835, Brügel.

Regiomontanus, (C.,) Verirrungen. Ein Bruchstück aus den ehel. Leben des Grafen v. Blumdorf. 8. Eichstädt 824, Beyer.

**Régional: Le Régional**
④ Echo du Jura ⑤ 1888—11. 5. 1893 ⑥ in-2° ⑦ bihebdomadaire; puis trihebdomadaire ⑧ Tramelan: Zackmann, puis Voumard ⑩ Zackmann, Voumard, père (1893) ⑬ BGSZ: 1 (n° 6415), 962, 973 ⑮ En 1893 le «Régional» fusionnait avec l'«Echo du Jura».

Régional Porrentruy-Damvant. [Carte.] Echelle 1 : 100 000. [Publié par le] Bureau topographique fédéral. Report sur pierre 1901. 196/313 mm. 1 feuille fol.-obl. Berne, H. Kümmerly & Frey.

Regis [Sachliches OW]

**Regis**, des heil. Joh. Franziskus, Leben, siehe: Leben.

**Regis voluntas**, s.: Briefe, politische.

Regis [Schlagwort]

**Regis**, s.: Geologische Karten. Preussen. 131.

**Regis**, s.: Sachsen. Karte. Messtischblätter.

Regis [Verfasser]

**Regis, Albert**: Tristant als Mönch. Wohlau i. Schl. 1910: Schulze-Triepel. 97 S. 8°
Straßburg, Phil. Diss. v. 22. Mai 1909, Ref. Martin
[Geb. 11. Febr. 83 Stadtilm; Wohnort: Straßburg; Staatsangeb.: Schwarzburg-Rudolstadt; Vorbildung: Realgymn. Weimar Reife O. 04; Studium: Göttingen 3, Berlin 3, Straßburg 4 S.] [U 10. 4091

Regis, Gottlob

– s. Angelo, M., Gedichte.

**Regis**, Glo., s. Lieberbuch, das, vom Cid. — Machiavelli's, N., der Fürst.

**Regis**, Glo., s. Rabelais, Meister Franz.

**Regis**, Glo., s. Shakspeare, Timon.

**Regis**, Glo., s. Shakspeare-Almanach.

**Regis**, Glob., siehe: Swift-Büchlein.

**Regis**, Jh. Glo., († ...) Casualreden. 8. Leipz. 816. Mag. f. Industr. 12 gr

— Salzmanns Zögling schreibt an seinen einzigen Zögling. 8. Leipz. 816. Mag. f. Ind. 4 gr

**Regisseur**, der, s.a. Hell, C. F. van.

**Regisseur**, der. Fachblatt f. Theater, Musik u. Kunst. Hrsg. u. Red.: C. F. van Hell. 1. Jahrg. 1894. 52 Nrn. (Bog.) Fol. Berlin, (H. Steinitz' Verl.). n. 24. —; einzelne Nrn. n. 2. —

**Regisseur**, der. Fachblatt f. Theater, Musik u. Kunst. Red.: C. F. van Hell. 2. Jahrg. April 1895—März 1896. 50 Nrn. (à ca. 4 S. m. Fig.) Fol. Berlin (H. Steinitz' Verl.). n. 24. —; einz. Nrn. n. 1. —
Von April 1896 bis Septbr. 1898 nicht erschienen.

— dasselbe. III. Jahrg. Septbr. 1898—Aug. 1899. 30 Nrn. (Bog.) gr. 4. Ebd. n. 28. —; einz. Nrn. n.n. 2. —

**Regisseur**, der. Fachblatt f. Theater, Musik u. Kunst. Red.: C. F. van Hell. IV. Jahrg. Decbr. 1899—Novbr. 1900. 30 Nrn. gr. 4. (à ca. 8 S.) Berlin (H. Steinitz). n.n. 28. —; halbjährlich n.n. 15. —; vierteljährlich n.n. 8. —; einzelne Nrn. n.n. 2. —
Fortsetzung s.: Hell, C. F. van.

**Register, Allgemeine,** über sämtliche Biedermannische genealogische Tabellen, der Reichs-frey ohnmittelbaren Ritterschaft der sechs Orte Landes zu Franken ... [Anspach] 1771. V: *Stieber, Gfr.* (Bibliotheca Norica Williana. Altdorf 1772—78. I, 2, 227.)

Register

— allgem. alphabet.-chronolog., über die von Jud. Thadd. Zauner in 4 Bden hrsgg. Samml. der wicht. Salzburg. Landesgesetze. 8. Salzb. 805. (Duyle). 5 gr

— allgem. alphab. chronol., über die von Jud. Thadd. Zauner in 4 Bänden herausgeg. Samml. der wicht. Salzburg. Landesgesetze. 8. Salzb. Mayr. 805.

**Register, Allgemeines,** über den allgemeinen litterarischen Anzeiger ... Berlin u. Stetlin 1811. V: *Neuber, Christian Ludwig.* (Hitzig)

**Register, Allgemeines,** über die in den sämmtlichen dreyzehn Theilen des Linneischen Pflanzensystems beschriebenen Gattungen und Arten ... Nürnberg 1788. V: *Panzer, Gg Wolfg. Frz.* (will) (MGT)

**Register, Allgemeines,** über die Matrikel des Bissthumes Regensburg ... Regensburg 1814. V: *Moritz, Joseph.* (Schz)

**Register** zu: ... Almanach oder die neuesten Fortschritte, Entdeckungen, Meinungen und Gründe in den speculativen und positiven Wissenschaften ... [1.-6. Bd.] Erfurt 1807. II: *Keyser, Gg Adam.* (MGT)

Register, alphabetisches — der hervorragendsten welt- und kulturgeschichtlichen Daten. Prag, 1856. Dr. von Fried. Rohliček. (16 S. 8.)

Register, alphabetisches, aller Eisenbahnstationen, s.a. Brix, C. A., alphabetisches Register.

**Register**, alphabetisches, der Eisenbahnstationen Deutschlands u. der angrenzenden Staaten nebst Verzeichniß der Bahnlinien. Elberfeld 861. Bädeker. Lex.-8. (52 S.) 7⅓ ngr.

**Register**, Alphabetisches, über die durch das Verordnungsblatt vom Jahre 1859 bis 1864 für die Gurker Diözese kundgemachten Erlässe. Klgft., Leon, (1865). 27 S.

**Register.** Alphabetisches R' zum Fachkatalog der Bibliothek des Seminars Wettingen. 1905. II + 56 S. 8. Baden, O. Wanner, 1905.

[Beilage zu: Jahresbericht über das Aargauische Lehrerseminar Wettingen Schuljahr 1904/05....]

Alphabetisches **Register** über die von Großherzoglich Hessischem Hofgericht der Provinz Oberhessen im Jahr 1839—41 erlassenen General-Ausschreiben u. Gemeinen Bescheide. Gießen 1840—42.
[Fortges. u. d. Tit.:]
Von Großherzoglich Hessischem Hofgericht der Provinz Oberhessen im Jahr 1842 erlassene **General-Ausschreiben** u. Gemeinen Bescheide. Gießen 1843.
[Fortges. u. d. Tit.:]
**General-Ausschreiben** (bis 1851:) und Gemeinen-Bescheide des Großherzoglichen Hessischen Hofgerichts der Provinz Oberhessen i. J. 1843—56 erlassen. Gießen 1844—57. zus. 2 Bde

Alphabetisches **Register** der Krankheiten und Todesursachen mit d. Nummern der durch Ministerialerlaß vom 22. April 1904 eingeführten Verzeichnisses. Hrsg. von d. Medizinalabt. d. Minist. d. geistl., Unterrichts- u. Medizinalangelegenheiten. Berlin 1905: W. & S. Loewenthal. (XXIV, 107 S.) 8° [illegible]

**Register**, Alphabetisches, aller Ortschaften des Königreichs **Böhmen**. Mit der Nachweisung der Bezirkshauptmannschaft und des Ergänzungsbezirkes, zu welchem jede Ortschaft gehört. Zum Amtsgebrauche in Vertretung der k. k. Ergänzungsbezirks-Officiere Böhmens zusammengestellt von Johann **Škwor**, k. k. Oberlieut und Ergänzungsbezirks-Officier des Lin-Inft.-Reg. Baron Reischach Nr. 21. 8. Prag **1869**.

— alphabet., der von d. Mitte d. Jahres 1806 bis Ende 1823 in dem Großherzogth. Hessen erschien. Verordnn. u. Verfügg., mit Hinweis. auf die Verordn.-Samml., Regierungsblätter u. Zeitungen, in denen solche abgedr., nebst e. Einleit. z. Verständigung des Registers; hrsgg. v. L. v. Zangen u. K. Hoffmann. 4. Darmst. 824. Heyer. 1 ₰ 4 gℊ Schrbp. 1 ₰ 12 gℊ — Dess. 2e Abtheil. d. J. 1824—27 u. die Landtagsabschiede von 1824—27 umfassend. gr. 4. Ebd. 10 gℊ — 3e Abtheil. 1828—32. gr. 4. Ebd. 832. ...

— alphabetisches, sämmtliche Verse der Psalmen u. Gesänge der ostfriesisch-reformirten Gemeinden, nebst einigen Anhängen, Gebrauch u. Verfasser-betr. 8. (IV, 95 S.) Emden 878. Haynel. n. 1. —

**Register**, American, or summary review of history, politics and literature. 2 Voll. gr. 8. Philadelphia. (Leipzig, Göschen.) 819.

**Register** über die Anfangsstrophen aller Verse des neuen württemberg. Gesangbuchs für die evangel. Kirche, so wie über die allgemeinen u. besondern Lieder-Aufschriften. gr. 12. Ulm 844, Ebner'sche Buchh. 1/8 ₰

— zu d. Auszügen aus d. Patentschriften, s.: Verzeichnis der v. d. kaiserl. Patentamt ertheilten Patente.

**Register** zu den 3 Bänden von J. Claproths Jurisprudentia heurematica. Göttingen 1791. V: *Willich, Friedrich Christoph.* (MGT)

Register zu den zwölf ersten Bänden des Archivs für Hessische Geschichte und Alterthumskunde, sowie zu den, von den verbundenen Geschichtsvereinen Cassel, Darmstadt, Mainz, Frankfurt und Wiesbaden in den Jahren 1852—1861 herausgegebenen Periodischen Blättern und den Quartalblättern des historischen Vereins für das Grossherzogthum Hessen von den Jahren 1861—1870 bearbeitet von FR. RITSERT. ib. 1873. Auf Kosten und im Verlage des historischen Vereins für das Grossherzogthum Hessen. (A. Klingelhöffer.) 8°.

**Register** zur Kurländischen Bauerverordnung für den transitorischen und definitiven Zustand. Mitau 1819. V: *Heyking, Carl Georg von.* (R-N)

**Register** über die Begebenheiten, welche in den fünf Theilen des ephemerischen und historischen Handbuches enthalten sind. Altdorf 1794. V: *Penker, Christian Erdmann.* (will)

Register zu Litorarische Berichte aus Ungarn. Bd. I—IV. 1878—1881 u. Ungar. Revue Jahrg. I—XIII. 1882—1894. gr. 8. (54 S.) Budapest 894. (F. Kilian Nachf.) n. 1. —

**Register** zu . . . Allgemeine Teutsche Bibliothek [25.—117. Bd.]. 1780—96. V: *Dapp, Raimund.* (MGT)

**Register** zu: . . . Neue Allgemeine Teutsche Bibliothek. [1.—28. Bd.] O. O. 1801. V: *Dapp, Raimund.* (MGT)

**Register** zu: . . . Neue Bibliothek der schönen Wissenschaften und freyen Künste. [40.—60. Bd.] Leipzig 1798. V: *Schäffer, Gottfried Heinrich.* (MGT)

**Register** zum Capitular..., s. Register zum Kapitular . . .

— chronolog., über d. ganz. Augusteischen Codex u. dessen Fortsetzung von Hommel. gr. 8. Leipz. 778. (Brockhaus). 18 gℊ 2r Thl. bis zum Jahre 1800, (von K. A. Blöde). 8. Ebd. 806. 12 gℊ

**Register, Chronologisches,** über den ganzen Augustäischen Codex und dessen Fortsetzung. Leipzig 1778—1806. V (Th. 1): *Hommel, Carl Ferdinand.* (Th. 2): *Blöde, Carl August.* (Ky) (EngJ) (Schz) (MGT) (MS) (Schletter, Handb. d. jurist. Litt. Grimma 1843. S. 238.) »1779« (CBH) V: *Höntel, C. F.* (Kat. d. stat. Bureaus. Dresden 1890.)

**Register**, Chronol., über d. ganz. Augusteisch. Codex u. dessen Fortsetzung von Hommel. gr. 8. Leipz. Heinsius, (Gleditsch.) 778.

— — desselb. 2r Th. bis zum Jahre 1800. 8. Ebendas. 806.

**Register, Chronologisches,** der Oberlausitzischen Gesetze. Leipzig 1779. H: *Meissner, Christian Gottfried.* (CBH) (Schz)

Regiſter, chronologiſches, über ſämmtliche Geſetze u. Verordnn. der von Joh. Kanka herausg. Fortſetzung der Joh. Roth'ſchen Geſetzſammlung. Von Dr. A. H. gr. 8. Prag 834. Borroſch u. André. 1 ₰

**Register** über das Corpus gravaminum . . . Regensburg 1764. H: *Oertel, Christian Gottfried.* (ML)

Register zur Criminalordnung . . ., s. Register zur Kriminalordnung . . .

Regiſter über das 3. Decennium (die Jahrg. 21—30.) 1843—1852 des neuen Nekrologs der Deutſchen. Nach alphabet. Folge. 1. der Zu- und Vornamen; 2. der Staaten, Provinzen und Ortſchaften. 8. (IV und 952 S.) Weimar 856, Voigt.

Register, the English and American. A weekly newspaper. Vol. I—VI. 1887—1892. à Jahrg. 52 Nrn. (à Nr. $1\frac{1}{2}$—$2\frac{1}{2}$ Bog.) Fol. Berl., Steinitz, Verlag. à Jahrg. * 12; einzelne Nrn. à — 30

— the English and American. A weekly newspaper. Vol. V—VII. 1891—1893. à 52 nrs. (à ca. 2 Bog.) gr. Fol. Berlin, H. Steinitz' Verl. à Jahrg. n. 12. —; einzelne Nrn. à — 30

— dasselbe. Vol. VIII. 1894. 52 nrs. (à ca. 2 Bog.) gr. Fol. Ebd. n. 8. —; einzelne Nrn. — 20

— the English and American. An illustr. weekly newspaper. Vol. IX. X. Novbr. 1895—Octbr. 1897. à 52 nrs. (à ca. 10 S.) gr. Fol. Berlin, H. Steinitz, Verl. à Jahrg. n. 8. —; einz. Nrn. — 20

— dasselbe. Vol. XI. u. XII. Novbr. 1897—Oktbr. 1899. à 52 nrs. (à ca. 6 S.) gr. Fol. Ebd. à Jahrg. n. 8. —; einz. Nrn. — 20
Kann auch vierteljährlich bezogen werden.

**Register**, the English and American. An illustr. weekly journal. Vol. XIII—XVIII. Novbr. 1899—Octbr. 1903. à 52 nrs. gr. Fol. (à ca. 10 S.) Berlin, H. Steinitz. à Jahrg. n. 8. —

**Register**, the English and American. An illustr. weekly review and ladies journal. Ed.: F. E. Osthaus. Vol. XX.—XXII. 1904—1906. à 52 nrs. (à ca. 8 S.) gr. Fol. Berlin, H. Steinitz. à Jhrg. n. 8. —

**Register**, the English and American. An illustr. weekly review and ladies journal. Ed.: R. Osthaus. Vol. XXIII—XXV. 1907—1909. à 52 nrs. (à ca. 6 S.) 55,5×38,5 cm. Berlin, H. Steinitz. à Jahrg. 8. —
Erscheint nicht mehr.

— Feld- Saat- Düngungs- Pflügarts- Erndte- ꝛc. ſ. g. Jahr. Fol. Leipz. Comt. f. Lit.

— — daſſelbe f. e. Monat. gr. Fol. Ebend.

— geographische, zur Wiederholg. nach E. Debes' Schulatlas f. d. mittl. Unterrichtsstufen. 4. Aufl. gr. 8. (55 S.) Neustadt a/H. 896. Gottschick-Witter's Verl. Kart. n. — 60

— geographiſche, zur Wiederholung nach E. Debes' Schulatlas f. die mittl. Unterrichtsſtufen. 5. Aufl. gr. 8. (52 S.) Neuſtadt a. d. H. 901. L. Witter. Kart. — 75

**Register** über die allgemeine Gerichtsordnung. Klgft., Schotter. 1783. 59 S.

— zur allgem. Gerichtsordnung der Preuß. Staaten. gr. 8. Berl. 796. Pauli. (Schleſinger). 16 gr. Hbd. Pr. 8 gr.

**Register** z. Gesetzblatt. Bremen 854. Der laufende Jahrgang v. amtl. Gesetzblatt.

**Register** zum Gesetz- und Verordnungsblatte des Küstenlandes 1851—91. Triest 1892. V: *Hochegger, Anton.* (EB)

**Register** zum Gesetz- und Verordnungsblatte des Küstenlandes 1885—1891. 8. (183 S.) 1.—
Triest: Schimpff 1892.

Regiſter über die Oberlauſitziſchen Geſetze, von Meißner. gr. 8. Leipzig, Heinſius. (Gleditſch.) 779. Rthlr.

— — Fortſ. hiervon, oder 2r Th. von 1777 — 1803. Ebendaſ. 805.

—— f. die preuß. Geſetzgebung, ſ. Jahrbücher.

**Register** zu Gmelin-Kraut's Handbuch der Chemie. Heidelberg 1897.

**Register, Homiletisches,** zu: Dispositionen über moralische Wahrheiten . . . Marb. 1806. H: *Hartmann, Johann Melchior.* (stri)

— zum Jahrbuch 1856—1861 u. zu den Mitteilungen 1856—1902 der k. k. Zentral-Kommission f. Kunst- u. historische Denkmale. 1. Heft. Autorenregister. (34 S.) 4. Wien 905. (A. Schroll & Co.) n.n. 1.20

— zum Jahrbuch 1856—1861 u. zu den Mitteilungen 1856—1902 der k. k. Zentral-Kommission f. Kunst- u. histor. Denkmale. 2. u. 3. Heft. Verzeichnis der Orte. (IV u. S. 35—116.) 31,5×24 cm. Wien 907. 09. A. Schroll & Co. nn 2. 80 (Vollst.: 4. —)

— über d. 53. bis einſchließl. 66. Bd. der Jahrbücher für die Preuß. Geſetzgebung, Rechtswiſſenſchaft und Rechtsverwaltung, ſ. Jahrbücher.

— zu Kamptz, Jahrbücher d. Geſetzgeb., ſ. Kamptz.

**Register** zu: . . . Jahrbücher für die Preussische Gesetzgebung, Rechtswissenschaft und Rechtsverwaltung. [53.—66. Bd.] Berlin 1846. V: *Kamptz, Carl Alb. Chph Heinrich von.* (EngJ)

— über die „Criminaliſtiſchen Jahrbücher für das Königreich Sachſen", die „Jahrbücher f. ſächſ. Strafrecht" u. die „Neuen Jahrbücher f. ſächſ. Strafrecht", Bd. I—VI. gr. 8. (24 S.) Leipzig 851, Arnold. n. 4 ngr.

REGISTER über die ersten zwölf Jahrgänge der Zeitschrift des Harzvereins für Geschichte und Alterthumskunde (1868—1879), im Auftrage des Vereins angefertigt von C. BÖTTGER. Wernigerode. 1882. Selbstverlag des Vereins. In Comm. bei H. C. Huch in Quedlinburg. 8°.

— zu den Jahrgängen 1846—1885 der Berichte üb. die Verhandlungen u. zu den Bdn. I—XII der Abhandlungen der mathematisch-physischen Classe der königl. sächs. Gesellschaft der Wissenschaften zu Leipzig. gr. 8. (86 S.) Leipzig 889. Hirzel. n. 1. —

— zu den letzten 20 Jahrgängen der allgem. musikalischen Zeitung. [31. bis 50. Jahrg.; 1829 bis 1848.] Fortsetzung u. Beschluss der früheren Register über die ersten 30. Jahrgänge. gr. 4. (260 S.) Leipzig 849, Breitkopf & Härtel. 4⅔ ℛ (cmplt. 8 ℛ)

Register zu den zweiten 5 Jahrgängen des von Ulrich, Sommer u. Boele hrsg. neuen Archivs f. Preuß. Recht u. Verfahren sowie für deutsches Privatrecht. gr. 8. (86 S.) Arnsberg 848, Ritter. 5/12 ℛ

Germanischer Lloyd. Internationales Register. Berlin 1876.

Berlin, Germanischer Lloyd, Internationales Register 1896–99, nebst Nachträgen. Rostock i. M.

— Internationales Register 1900. Berlin. 4°.

**Register** zu: . . . Journal der practischen Heilkunde. [21.—40. Bd.] Berlin 1817. V: *Osann, Emil.* (EngM)

**Register** zum Capitular d. Deutschen Hauses in Venedig nach der Hdschr. im venezian. Archiv „Capitolare dell 'officio del fontego dei Todeschi" eingeleitet u. hrsg. v. Geo. Mart. Thomas. [Aus: „Abhandlgn. d. k. b. Akad. d. Wiss."] gr. 4. (93 S.) München 876. Franz in Comm. n. 3. 80

Register der Deutschen Presbyterianischen Kirche: 1870
Organ der Konvention der Deutschen Presbyterianischen Prediger und Aeltesten des Westens.
Dubuque, IA

Register z. Criminal-Ordn. in d. Preuss. Staaten, nebst e. Anhange, enthalt.: Eine Uebers. d. Crim.-Ordn. u. d. XX. Titels im II. Thl. des allgem. Landrechts nach d. Rubriken und Marginalien. *Berlin*, Nauck. gr. 8. (8 Gr. Schreibp. 12 Gr.)

**Register** zur Criminalordnung in den Preussischen Staaten, nebst einem Anhang . . . Berlin 1807. V: *Paalzow, Christian Ludwig.* (Schletter, Handb. d. jurist. Litt. Grimma 1843. S. 204.)

**Register** zur Criminal-Ordnung in den Preussischen Staaten. Nebst e. Anh. Berlin: Schöne 1807.
— 2. Aufl. Berlin: Nauck 1827.

**Register** über Casp. Danckwerths Landes-Beschreibung der Herzogthümer Schleswig und Holstein. Glückst. o. J. V: *Walther, Chn Frdr.* (Bruun, Bibl. Danica III, 653.) (Collin, Anonymer. Kiobenh. 1869.)

**Register** über die Würtembergische Landes-Verträge und Freyheiten von 1482—1753. O. O. 1766. V: *Moser, Johann Jacob.* (Kat. d. ständ. Bibl. Stuttg. 1907. S. 245.)

Register üb. „Lehre u. Wehre" Jahrg. I—XXVIII u. üb. die Synodal-Berichte vom J. 1847 bis zum J. 1881. gr. 8. (60 u. 22 S.) St. Louis, Mo. 884. (Dresden, H. J. Naumann.) cart. n. 1. —

Register eines Lesebuches für das III. Schuljahr der Elementarschulen des Kantons Schaffhausen. Entwurf (der mit der Bearbeitung des 3. L' beauftragten Kommission). 12 S. 8. Schaffhausen, H. Meier & Cie., 1905.

**Register**: zu . . . Magazin für Ärzte und Neues Magazin für Ärzte von Ernst Gottfried Baldinger. Leipzig 1790. H: *Halem, Friedrich Wilhelm von.* (EngM)

**Register, Marianisches,** der löbl. deutschen Congregation der Herrn, u. Bürgern . . . 1810. München. V: *Schilling, Franz Xaver.* (HThPP)

—der Melodien zu dem Gesangbuch für d. evangel. Kirchen u. Schulen d. Königr. Würtemberg; nebst e. Zusammenstellung d. Versmaaße sämmtl. Melodien. gr. 8. Stuttg., Metzler. 1 fl Schrbp. 1¼ fl Velinp. 2 fl

— zu den Memoriersprüchen d. evang. Schulen im Königr. Württemberg. schmal 12. (32 S.) Reutlingen 896. Fleischhauer & Spohn. — 30

Register für die Monatsberichte der Königl. Preuss. Akademie der Wissenschaften zu Berlin vom Jahre 1859 bis 1873. Berlin 1875. 8°.

**Register** über alle in dem allgemeinen literarischen Anzeiger enthaltene Namen und merkwürdige Sachen von 1796—1808. Berlin 1811. V: *Neuber, Christian Ludwig.* (Ky)

Register über alle in dem allgem. literar. Anzeiger enthaltene Namen u. merkwürd. Sachen v. 1796—1808, (v. Chr. Ldw. Neuber). gr. 4. Berl. 811. Nicolai. 1 ℛ 12 gl

**Register** zu: Wetzlarische Nebenstunden von Joh. Ulr. Freih. v. Cramer. Wetzlar 1779. V: *Mayer, Joh. Gfr.* (EngJ)

Register, organologisches, systematisches u. Arten-, zu den Tafeln des Handbuch's d. botan. Terminologie v. G. W. Bischoff. gr. 4. (39 S.) Nürnberg 849, J. L. Schrag. 12 ngr

Register aller Ortschaften von Mähren, Schlesien, Oesterreich unter und ob der Enns, Salzburg, Tirol und Vorarlberg, Steiermark, Kärnten, Krain. Mit der Nachweisung der Bezirkshauptmannschaft und des Ergänzungsbezirkes, zu welchem jede Ortschaft gehört. (Von J. Škwor, k. k Oberlieut etc. im Linien-Inft. Reg. Nr. 21, J. Ficker, k. k. Lieut. etc. im Linien-Inft.-Reg. Nr 59, D. Rappold, k. k. Oberlieut. im Tiroler-Jäger-Reg, A. Slivnik, k. k. Oberlieut. etc. im Linien-Inft.-Reg. Nr. 17.) 8. Prag 1869.

Politisches Register über die gesammelten Schriften des Grafen von Herzberg, nebst besondern Betrachtungen über einige in denselben vorkommende Sätze. Frankfurt u. Leipz. 1798 8.

—polit., über die Schriften des Grafen v. Herzberg. 8. Nürnb. 798. Grattenauer. 1 ℛ

**Register** der Protokolle, Verhandlungen und Generalberichte für die Europäische Gradmessung vom Jahre 1861 bis zum Jahre 1880. Bearbeitet von M. Sadebeck. Berlin 1883. 81 S.
— Publicationen des Königl. Preuss. Geodätischen Instituts. [22.] 4°.

Register zum Regierungs-Blatt f. das Großherzogth. Mecklenb. Schwerin. Jahrg. 1857—1879, zum Bundes-, bezw. Reichs-Gesetzblatt Jahrg. 1867—1879 u. zum Central-Blatt für das Deutsche Reich. Jahrg. 1873—1879. Hrsg. v. Chrn. Düberg. 1—10. Lfg. Lex.-8. 1. Abth. Chronologisches Reg. S. 1—256 u. alphabetisches Reg. S. 1—860. Wismar 879—82. Hinstorff's Verl. à n. 2. —

— zum Regierungs-Blatt f. das Großherzogth. Mecklenburg-Schwerin, Jahrg. 1857—1879, zum Bundes-, bezw. Reichs-Gesetzblatt, Jahrg. 1867—1879, u. zum Central-Blatt f. das Deutsche Reich, Jahrg. 1873—1879. Mit Nachträgen bis auf die neueste Zeit. Hrsg. v. Chrn. Düberg. Fortgesetzt v. Raspe — Wismar. 11—14. (Schluß-)Lfg. Lex.-8. (Alphabet. Sachreg. X u. S. 861—1353.) Wismar 883. 84. Hinstorff's Verl. à n. 2. —

**Register** f. das **Deutsche Reich.** Nachweis der handelsgerichtlich neu eingetragenen Firmen m. Angabe d. Geschäftszweiges. Red. u. Hrsg.: O. Italiener. Jahrg. 1893. 24 Nrn. (à ca. 1 Bog.) gr. 8. Berlin, Exped. d. Gewerbefreund. 10. —

— f. d. Deutsche Reich. Nachweis d. handelsgerichtl. neu eingetrag. Firmen (Neueintraggn. u. Verändergn.) m. Angabe d. Geschäftszweiges. Red.: O. Italiener. 4. u. 5. Jahrg. 1895—1896. à 24 Nrn. (à 12 S.) gr. 8. Berlin (o. 27. Blumenstrasse 80/81). A. Schustermann. à Jahrg. 10. —

— dasselbe. 6. u. 7. Jahrg. 1897—1898. à 24 Nrn. (à ca. 12 S.) gr. 8. Ebd. à Jahrg. 12. —

**Register** f. das Deutsche Reich. Nachweis d. handelsgerichtlich neu eingetragenen Firmen (Neueintraggn. u. Verändergn.) m. Angabe d. Geschäftszweiges. Red.: P. Sommer. 8. u. 9. Jahrg. 1899 u. 1900. à 24 Nrn. gr. 8. (à ca. 16 S.) Berlin (O. 27, Blumenstr. 80/81), A. Schustermann. à Jahrg. n.n. 12. —

— über die wöchentl. Reichstags-Berichte, welche vom 19. Mai 1742 bis 1784 erstattet worden, v. Jh. Fr. Lober. Fol. Regensb. 774—84.

— der **Schlagwörter** der Neuigkeiten u. Fortsetzgn. des deutschen Buchhandels. Hrsg. v. Gust. Wolf. 1.—6. Hft. 1891. gr. 8. Leipzig, G. Lovien. n.n. 6. 45
1. Jan.—Febr. (52 S.) n.n. — 40. — 2. März—Apr. (68 S.) n.n. — 85. — 3. Mai—Juni. (84 S.) n.n. 1. 5. — 4. Juli—Aug. (91 S.) n.n. 1. 10. — 5. Septbr.—Oktbr. (112 S.) n.n. 1. 40. — 6. Novbr.—Decbr. (132 S.) n.n. 1. 65.

**Register** über das Schul-Statut des Dorpatischen Lehrbezirks vom 4. Junius 1820 . . . Dorpat 1822. V: *Witte, Carl von.* (R-N)

**Register, Das schwarze,** oder Generaltableau sämmtlicher in Süd-Preussen . . . 1794—1795 verschenkten ehemaligen polnischen Kron- und geistlichen Güter. Amsterdam [Leipzig] 1807. V: *Held, Hans Heinrich Ludwig von.* (Wr)

— das schwarze ꝛc. 8. Leipz. 807. Wienbrack. 4 gr

— the Scotish or general view of history politics and litterature relative to Scotland. II Voll. gr. 8. Hamb. 794, 95. Hoffmann. (Campe). 6 ₰ 8 gr

Register zu den Sitzungsber. der kais. Akad. d. Wiss. s. a Sitzungsberichte.

**Register** zu den Bänden 81—85 der Sitzungsberichte der mathematisch-naturwissenschaftlichen Classe der kaiserl. Akademie der Wissensch. X. gr. 8 (90 S.) In Comm. geh. 50 kr.
Wien: Gerold's Sohn 1882.

**Register** zu den Bänden 111—115 (1902—1906) der Sitzungsberichte d. mathem.-naturw. Klasse d. k. Akad. d. Wissensch., XVI. Gr.-8°. (166 S.) † K 3.25
Wien: Hölder, Akademie-Konto 1907.

**Register** zu den Bänden 101—110 d. Sitzungsberichte der philos.-histor. Classe der Wissenschaften. XI. gr. 8°. (59 S.) Wien, Gerold's Sohn. In Comm. fl. —.45. 1886.
— zu den Bänden XV bis XXXV der Denkschriften der philosophisch histor. Classe der k. Akademie der Wissenschaften. II. 4°. (8 S.) Ebd. In Comm. geh. fl. —.30. 1886.

**Register** über das am 4. Junius 1820 Allerhöchst bestätigte Statut der Kaiserlichen Universität Dorpat . . . Dorpat 1824. V: *Ungern-Sternberg, Otto Christian Sigismund Freih. von.* (R-N)

— über die Taxordnung des adelich. Richteramts. 8. Grätz 790. Ferstl. 4 gr

— zur kritischen Ueberschau der deutschen Gesetzgebung u. Rechtswissenschaft, 1—6. Bd. u. zur kritischen Vierteljahrsschrift für Gesetzgebung u. Rechtswissenschaft [Fortsetzung der „kritischen Ueberschau"] 1—11. Bd., hrsg. von der Redaction der kritischen Vierteljahrsschrift. München 868. Liter.-artist. Anstalt. gr. 8. (159 S.) n. 1 ₰

Register zu Tümpling'schen Urkunden im Staats- und Gesammtarchiv zu Weimar. Weimar 1886. 8.

— der Veröffentlichungen der schweizerischen gemeinnützigen Gesellschaft 1810—1893. gr 8. (IV, 72 S.) Zürich 894. (F. Leemann.) n. — 50

**Register** über die Verordnung der Vereinigung aller Stiftungs- und wohlthätigen Armen- und Kranken Anstalten . . . vom Jahre 1803. Nürnberg. V: *Kiefhaber, Joh. Carl Sigmund.* (NN) (will) (schz)

**Register** von Verordnungen in Polizei-Angelegenheiten durch die Amtsblätter der Königlichen Regierungen zu Aachen, Coblenz, Cöln . . . Magdeburg 1846. H: *Heyde, W. G. von d.* (Wa) (Ky)

— von Verordnungen in Polizei-Angelegenheiten durch die Amtsblätter der Königl. Regierungen zu Aachen, Coblenz, Cöln, Düsseldorf u. Trier; — Arnsberg, Minden u. Münster; — Breslau, Liegnitz u. Oppeln; — Bromberg u. Posen; — Cöslin, Stettin u. Stralsund; — Danzig, Gumbinnen, Königsberg u. Marienwerder; — Erfurt, Magdeburg u. Merseburg; — Frankfurt u. Potsdam in den jüngsten 30 Jahren, von 1816—46, erlassen (von G. v. d. Heyde). 8 Hfte. 8. (310 S.) Magdeburg 846, Baensch. (à 1/2 ₰) 4 ₰

REGISTER. Vollstaendiges alphabetisches – ueber die Taxordnung. In Geschaeften des adelichen richterlichen Amtes. Vom 13. September 1787. Grund, Wien o. J. 1 vol 15 Bl.

Register, vollständiges, zum Bazar 1862—1867 sachlich geordnet u. allen Freundinnen des Bazars gewidmet von Emma v. L. Breslau 868. Leipzig (E. Günther's Verlag.) Fol. (14 S.) n. 10 ngr.

**Register, Vollständiges,** über die von Michael Ignaz Schmidt herausgegebene Geschichte der Deutschen . . . Ulm 1786. N. . . . Aufl. Ulm 1788. V: *Gaum, Johann Ferdinand.* (GGr) (Ky) (MGT)

— vollständ., z. Gesetzsamml. f. d. Kön. Preuß. Staaten; von 1810—21. gr. 4. Königsb. 822. (Berl., Enslin). 14 gGr

— vollständ., zu den ersten 12 Jahrgg. der Gesetzsamml. f. die Preuß. Staaten. 8. Hamm 822. Wundermann. 4 gGr

**Register, Vollständiges,** über das Strafgesetzbuch für das Königreich Bayern. München 1813. V: *Kiefhaber, Johann Carl Sigmund.* (NN) (schz)

Register, vollständ., über das Strafgesetzbuch f. das Königr. Baiern. gr. 8. Landsh. 815. Krüll. 10 gGr

—— das vörder, s. Geschichtsquellen, bremer, hrsg. von Wilh. v. Hodenberg.

**Register** zu Hegel's Vorlesungen über die Ästhetik . . . Mainz 1844. V: *Bartsch.* (Ky)

—— zu Hegel's Vorlesungen über die Aesthetik, nebst den betreff. ergänzenden Verweisungen auf dessen sämmtliche übrige Werke. (Von Bartsch.) gr. 8. (5 B.) Mainz 844, Faber'sche Buchh. * 15 Ngr. — Velinp. *

— über die Wahlkapitulation Franz I. 4. Wien, 747.

**Register** zu Weber's Weltgeschichte. Leipzig 1883—1890.

**Register** zu: Zeitschrift für die gesammte Medicin mit besond. Rücksicht auf Hospitalpraxis . . . [Bd. 1—12.] Hamburg 1842. V: *Nathan, Elias Sal.* (EngM)

**Register** über die Zeitschrift des Historischen Vereines für das wirtembergische Franken. Stuttg. 1877. V: *Bossert, Gustav.* (Heyd)

**REGISTER ÜBER DIE ZEITSCHRIFTEN UND SAMMELWERKE FÜR SCHLESW.-HOLST.-LAUENBURG. GESCHICHTE.** Im Auftrage der Gesellschaft für Schlesw.-Holst.-Lauenburg. Geschichte und unter Leitung des Secretairs der Gesellschaft angefertigt von EDUARD ALBERTI. Kiel, 1873. Comm.-Verlag der Universitäts-Buchhandlung. 8°.

**Registerband** über den Almanach der neuesten Fortschritte, Erfindungen und Entdeckungen . . . [1.—6. Jahrg.] Erfurt 1807. H: *Keyser, Georg Adam.* (MGT)

**Register's,** the English and American, guide of Berlin and Potsdam. 12. (136 u. 11 S. m. 1 Plan.) Berlin 899/900. H. Steinitz. Geb. in Leinw. n. 3.—

**Register-Telephon-Adressbuch** 1910—11. Nach amtl. Quellen bearb. Teilnehmer-Verzeichnis der Fernsprechnetze Stadt u. Kreis Dessau sowie Stadt Rosslau. 3. Jahrg. (80 S.) gr. 8. Dessau (910). Hofbuchdr. C. Dünnhaupt. Geb. in Leinw. — 60

**Registrande** der Geographisch-statistischen Abtheilung des Grossen Generalstabes. (Juli 1867 bis Juli 1868.) Berlin. 1869. 8°.

**Registrande** der geographisch-statistischen Abtheilung des grossen Generalstabes. 2. Jahrg. Juli 1868 bis October 1869. A. u. d. T.: Neues aus der Geographie, Kartographie u. Statistik Europa's u. seiner Kolonien. Quellennachweise, Auszüge u. Besprechungen zur laufenden Orientirung bearb. Berlin 870. Mittler & Sohn. gr. 8. (XII, 286 S.) n. 1 Thlr 20 ngr.

**Registrande** der geographisch-statistischen Abtheilg. d. grossen Generalstabes. 3. Jahrg. Octbr. 1869—Jahresschluss 1871. A. u. d. T.: Neues aus der Geographie, Kartographie u. Statistik Europa's u. seiner Kolonien. Quellennachweise, Auszüge u. Besprechgn. zur lauf. Orientrg. bearb. vom grossen Generalstabe, geographisch-statist. Abth. Mit e. Specialkarte der deutsch-französ. Grenze i. M. 1 : 80,000. (2 Bl. lith. u. color.) gr. 8. (X, 234 S.) Berlin 873. Mittler & Sohn. n. 5. —

**Registrande** der geographisch-statistischen Abtheilg. d. grossen Generalstabes. 4. Jahrg. Von October 1872—October 1873. A. u. d. T.: Neues aus der Geographie, Kartographie u. Statistik Europa's u. seiner Kolonien. Quellennachweise, Auszüge u. Besprechgn. zur lauf. Orientirg. bearb. vom grossen Generalstabe, geographisch-statist. Abth. Mit e. kartograph. (lith. u. color.) Uebersicht der Kgl. Italien. Marine üb. das Adriat. Meer im M. 1 : 2,000,000 u. e. Standesnachweise der Karte v. Süd-Italien (in Fol.) gr. 8. (XI, 527 S.) Ebend. 873. n. 10. —

— dasselbe. 5. Jahrg. A. u. d. T.: Neues aus der Geographie, Kartographie u. Statistik Europa's u. seiner Kolonien. Quellennachweise, Auszüge u. Besprechgn. zur lauf. Orientirg. bearb. vom grossen Generalstabe, geographisch-statist. Abtheilg. [Nebst e. (chromolith.) Uebersichtskarte d. Festungs- u. Eisenbahn-Netzes v. Frankreich 1874 (in qu. gr. Fol.) 1 : 2,500,000.] gr. 8. (XI, 376 S.) Ebend. 875. n. 9. —

— dasselbe. 6. Jahrg. A. u. d. T.: Neues aus der Geographie, Kartographie u. Statistik Europa's u. seiner Kolonien. Quellennachweise, Auszüge u. Besprechgn. zur lauf. Orientirg. bearb. vom grossen Generalstabe, geographisch-statist. Abthlg. gr. 8. (XIV, 384 S.) Ebend. 876. n. 8. —

**Registrande** der geographisch-statistischen Abtheilung des Grossen Generalstabes. 7. Jahrg. A. u. d. T.: Neues aus der Geographie, Kartographie u. Statistik Europa's u. seiner Kolonien. 7. Jahrg. Quellennachweise, Auszüge u. Besprechungen zur lauf. Orientirung bearb. vom Grossen Generalstabe, geographisch-statist. Abthlg. gr. 8. (XII, 428 S.) Berlin 877. Mittler & Sohn. n. 9. —

— dasselbe. 8. Jahrg. A. u. d. T.: Neues aus der Geographie, Kartographie u. Statistik Europa's u. seiner Kolonien. 8. Jahrg. gr. 8. (XV, 539 S.) Ebend. 878. n. 10.40

— dasselbe. 9. Jahrg. A. u. d. T.: Neues aus der Geographie, Kartographie u. Statistik Europa's u. seiner Kolonien. 9. Jahrg. Quellennachweise, Auszüge u. Besprechungen, zur laufenden Orientirung bearb. vom Grossen Generalstabe, geograph.-statist. Abthl. gr. 8. (XIV, 574 S.) Ebend. 879. n. 12. —

— dasselbe. 10. Jahrg. A. u. d. T.: Neues aus der Geographie, Kartographie u. Statistik Europa's u. seiner Kolonien. 10. Jahrg. Quellennachweise, Auszüge u. Besprechungen., zur lauf. Orientirung bearbeitet vom Grossen Generalstabe, geographisch.-statist. Abthlg. Mit einer Karte in Farbendr., enth. den Stand der topograph. Kartenwerke Mitteleuropa's im Jahre 1879 (in Fol.). gr. 8. (XIV, 596 S.) Ebend. 880. n. 14. —

— dasselbe. 11. Jahrg. A. u. d. T.: Neues aus der Geographie, Kartographie u. Statistik Europa's u. seiner Kolonien. 11. Jahrg. Quellennachweise, Auszüge u. Besprechungen zur lauf. Orientirung bearbeitet vom Grossen Generalstabe, geograph.-statist. Abthlg. gr. 8. (XIV, 634 S.) Ebend. 881. n. 12. 50

— dasselbe. 12. Jahrg. A. u. d. T.: Neues aus der Geographie, Kartographie u. Statistik Europa's u. seiner Kolonien. 12. Jahrg. Quellennachweise, Auszüge u. Besprechungen zur lauf. Orientirung bearb. v. Grossen Generalstabe, geograph.-statist. Abthlg. gr. 8. (XXVI, 647 S.) Ebend. 882. n. 13. —

**Registrande** der geographisch-statistischen Abtheilung d. Grossen Generalstabes. 13. Jahrg. A. u. d. T.: Neues aus der Geographie, Kartographie u. Statistik Europa's u. seiner Kolonien. 13. Jahrg. Quellennachweise, Auszüge u. Besprechgn., zur lauf. Orientirg. bearb. vom Grossen Generalstabe, geographisch-statist. Abtheilg. gr. 8. (XIV, 657 S.) Berlin 883. Mittler & Sohn. n. 13. —

Nicht weiter erschienen.

Der Redliche Registrator: 1813?—1829.
Weekly. Edited & published by George K. Harper, 1813; by Friedrich W. Schöpflein, 1813–25; by Heinrich Ruby, 1825–29.
Chambersburg, PA

**Registrator,** s. a. Freiheit, Gleichheit, Brüderlichkeit.

**Registrator,** Freiheit, Gleichheit, Brüderlichkeit in der Praxis, oder Socialdemokraten unter sich. (Volksaufklärung, No. 3.) gr. 16°. Warnsdorf, A. Opitz, 1899. 8°. Ebd. 1902.

— Volksfreundliche Thaten, statt leerer Worte, oder Soziale Thätigkeit der Kirche. (Volksaufklärung, Nr. 8/9.) 16°. Warnsdorf 1898.

**Registratur** der gesetzlichen Bestimmungen über die persönlichen Verhältnisse der preuss. Beamten. 12. (88 S.) Berlin 848, C. Heymann.

Allgemeines **Registratur- und Canzeley-Reglement** für sämtliche Landes-Justitz-Collegia. Berlin: Decker 1782.

**Registratur- u. Canzelei-Reglement**, allgem., für sämmtl. Landes-Justiz-Collegia in den Königl. Preuß. Staaten, mit den zur Zeit noch anwendbaren, vor und seit der Gesetzeskraft desselben bis zum Jahre 1836 incl. erschien., hinter jedem concernir. Paragraphen — nach der Zeitfolge geordnet — wörtlich abgedruckten, denselben ergänzenden, abändernden oder erläut. Gesetzen, Verordnungen u. Rescripten. Nebst einem Anhange u. einem chronolog. Register. Herausg. von C. Paul. (Mit Tabellen.) gr. 8. Leipzig 838. Künzel. 2 1/2 ₰

**Registraturs-Manipulations-Vorschrift** für das Armee-Ober-Commando und für die Landes-General-Commanden. 4. Wien 1857.

**Registratur- u. Aktenwesen**, das, s.: Vorträge üb. Gesetzeskunde u. Verwaltung.

**Registre** alphabetique des noms des auteurs dont les pièces sont insérées dans les différents récueils publiés par l'Académie impériale des sciences de St. Pétersbourg depuis sa fondation jusqu'à l'an 1846. gr. 8. (5 3/4 B.) (Leipzig, Voss.) **

**Registre** matriculo révisé des meilleurs sortes de fruits à pepins pour le canton de Berne, avec instruction pratique pour la culture des arbres fruitiers, les soins à leur donner et l'utilisation des produits et un appendice au sujet de la culture des arbres nains. Publié sur l'ordre de la direction de l'intérieur du canton de Berne. Trad. de l'allem. par J.-C. Ducommun. 8. (115 S.) Bern 886. Wyss. cart. n. — 80

Seismische **Registrierungen** in Wien, k. k. Zentralanstalt für Meteorologie und Geodynamik. [1.] Im J. 1909. Von Dr. V[iktor] Conrad. Wien: Hölder in Komm. 1910. 8°
(Mitteilungen d. Erdbeben-Kommission d. Kais. Akad. d. Wiss. in Wien. N. F. Nr 30.) [11. 1371

**Registrum** König Christian des Ersten. Namens der Gesellschaft für Schleswig-Holstein-Lauenburgische Geschichte hrgg. von Georg Hille. Kiel. (1874—)1875. = Urkundensammlung der Gesellschaft für Schleswig-Holstein-Lauenburgische Geschichte. Bd. 4. 4°.

**Registrum** praediorum et redituum ad ecclesias dioec. Bergensis saec. p. C. XIV. pertinentium, vulgo dictum „Bergens Kalvskind" (Björgynjar Kálfskinn) ed. P. A. Munch. 4. (17 3/4 B. u. 2 Stnt.) Christianiae 843. (Leipzig, Michelsen.) *

**Registrum** subsidii clero Thuringiae anno 1506 impositi. Hrsg. von Ulr. Stechle. [Aus: „Zeitschr. d. Vereins f. thüring. Gesch."] gr. 8. (XXI, 179 S.) Jena 880. Pohle. n. 4. —

**Registrum** oder merkwürdige Urkunden für die deutsche Geschichte, gesammelt und hrsg. von H. Sudendorf. 1. Thl. gr. 8. (VIII und 152 S.) Jena 849, Frommann.
—— dass. — 2. Bd. A. u. d. T.: Tabularium für die deutsche Geschichte. gr. 8. (XIV und 194 S.) Berlin 851, Besser's Verlag. *

**Registrum** oder merkwürdige Urkunden für die deutsche Geschichte, gesammelt u. herausg. von H. Sudendorf. 3. Thl. A. u. d. T.: Tabularium für die deutsche Geschichte. 2. Thl. Berlin 854. Besser's Verlhdlg. gr. 8. (XII, 416 S.) n. 2 ₰. 10 ngr.

**Registrum** Slavorum, das vollständige, hrsg. v. L. Helmling, O. S. B., u. Ad. Horcicka, s. a. Urkunden, die, des königl. Stiftes Emaus in Prag. 1.

Das vollständige **Registrum** Slavorum. Hrsg. von L(eander) Helmling O. S. B., Archivar, u. Dr. Ad(albert) Horcicka, Prof. Mit 1 Lichtdrucktaf. u. 6 Urkunden als Anh. *Prag: Ver. f. Gesch. d. Deutschen in Böhmen 1904.* (XXV, 252 S.) 8° [F.]
= Urkunden. Die, d. königlichen Stiftes Emaus in Prag. Bd 1. [04. 1553

**Regitor** u. Sapius. Lustsp. 8. Berlin, Birnstiel 773.

**Regius, I.,** elementa scientiae naturalis. 8. Frcf. Halm. 711.

**Regius, Johann** (Halle/Magdeb.), Cur aurora musis sit amica Warum die Morgen-Stunde Gold im Munde habe. Diss. Moder. Johann Juncker. Halle (Hilliger) Dez. 1745. 25 S. (4.50) 27887
Gew.: Johann Juncker. — Widm. v.: J. Juncker.

Regius, Urbanus

**Regius, Urb.,** formulae caute circa scandalum loquendi. 8. Wolfenb. Freytag. 714.

**Regius,** Urbanus, formulae caute loquendi. Wie man vorsichtig u. ohne Aergerniß reden soll von den vornehmsten Artikeln der christl. Lehre. Neu hrsg. von H. Steinmetz. 8. (80 S.) Celle 880. Capaun-Karlowa. n. 1. —

**Regii,** Urbani, Rede von weltlicher Gewalt wider die Aufrührer, siehe: Luther's ausgewählte Schriften.

**Regius**, die Stimme des Hirten, s. Bibliothek der vorzügl. kathol. Kanzelredner.

Urbanus Rhegius [**Regius**]. Wie man fürsichtiglich und ohne Ärgerniss reden soll von den fürnemesten Artikeln christlicher Lehre. ⟨Formulae quaedam caute et citra scandalum loquendi.⟩ Nach d. deutschen Ausg. von 1536, nebst d. Predigtanweisung Herzog Ernst des Bekenners (von Braunschweig) von 1529. Hrsg. von Lic. Alfred Uckeley, Privatd. Leipzig: A. Deichert 1908. (96 S.) 8°
— **Quellenschriften** z. Geschichte d. Protestantismus. H. 6. [07. 14445]

**Regius-Psalter**, der altenglische, hrsg. v. Fritz Roeder, s.: Studien zur englischen Philologie. XVIII.

**Régla**, Paul de (P. A. Desjardin), Jesus von Nazareth, vom wissenschaftl., geschichtl. u. gesellschaftl. Standpunkt aus dargestellt. Aus dem Franz. übertr. v. Albr. Just. gr. 8. (XXXIX, 435 S. m. 1 Radierg.) Leipzig 894. C. E. M. Pfeffer. n. 5. —

**Règle** du jeu de Boston. Payemens au Boston de Fontainebleau. (Tabelle.) (2 Blätter.) Lex.-8. Aix-la-Chapelle 836. Hensen et Comp. Aufgeklebt $1/8$ ℔

*Règle* maçonnique. 18. Basel 809. (Neukirch). 2 gr

Régle [!] maçonnique abrégée. [Dat :] Wilhelmsbad le 21. aoust [!] 1782. [Braunschweig 1782: Kolb.] 2 Bl. 4°. [Kopftit.]
Sehr selten.

**Règle** maçonnique à l'usage des loges réunies et rectifiées arrêteé au convent général de Wilhelmsbad 5782. [Braunschweig 1782: Kolb.] 24 S. 8⁰

°[Dasselbe.] 1790. 24 S. 8⁰

[Auszug u. d. Tit.:]
**Règle** maçonnique abrégee. [Dat.:] Wilhelmsbad le 21. aoust 1782. [Braunschweig 1782: Kolb.] 2 Bl. 2⁰ [Kopftit.]
Beigefügt ist: „Acte de Renonciation" des General-Grmstrs, der Gr.-Offiziere, Deputierte etc. des Wilhelmsbader Konvents.

**Reglemens**, s. Reglement

„Reglement, Oder Kleine Berg-Ordnung Im Hochfürstenthum Nassau-Sigen, zu Dillenburg publicirt den 22. May 1592", Wetzlar 1712. — Vorh.: Ver. zur Wahrung der bergbaul. Interessen Essen-Ruhr — Kh 172². 8 S.

**Reglement** betr. die Abgangsprüfung an Gymnasien u. Realgymnasien [Abiturienten-Examen]. gr. 16. (12 S.) Mannheim 878. Schneider. n. – 20

— **Reglement** über die Abhaltung der Maturitätsprüfungen am Gymnasium. In-8⁰, 12 S. Aarau, ebendas. 1888.

Konsumgenossenschaft Bern. Reglement für die Ablagehalterinnen. (1901 September 30.) 15 S. 8.

**Reglement** über die Ablösungsstationen f. Militär-Frohn-Fuhren u. Pferde im Großh. Baden. gr. 4. Karlsr., Müller. 6 gr

Reglement für die bernische Akademie und Schulen. 1805.

Reglement für die Akademie der bildenden Künste und mechanischen Wissenschaften zu Berlin. Berlin 1790. 8°.

— der Akademie der Künste zu Petersburg. 4. St. Peterb. 764. Akad. B. 12 gr

**Reglement** der Akademie der Künste zu Petersburg. 4. Peterb. Akad. (Hartknoch in Lpz.) 764.

Reglement, Allerneuestes königlich-schwedisches, für den Dienst des Fussvolkes im Felde und zu Hause im Lande. Uebersetzt von L. v. Klein, Lieut. im 9. churfürstlich-hannoverischen Inft.-Reg. Sachsen-Gotha. Mit 7 Kupfertaf. 8. Dresden 1786.

— allerneuestes, königl. schwedisch., f. d. Fußvolk im Felde, m. K. 8. Dresd. Walther. 786.

— allgemeines, für die im Jahre 1855 zu Paris abzuhaltende allgemeine Ausstellung von Erzeugnissen des Ackerbaues, der Industrie u. der schönen Künste. Dresden 854. Adler u. Dietze. 8. (23 S.) n. 3 *ngr.*

**Reglement**, allgemeines, des Verwaltungsrathes der Vereinigten Schweizerbahnen. 20. Mai 1857.

**Reglement** üb. die Annahme, Ausbildung u. Anstellung v. Civil-Supernumerarien im Staats-Eisenbahndienst u. f. die Prüfg. zum Subalternbeamten im innern Dienst der Staats-Eisenbahn-Verwaltg. gr. 16. (27 S.) Trier 875. Lintz. n. — 60

— über die Annahme, Prüfung u. Anstellung v. Civil- u. Militair-Anwärtern im Postdienste vom 23. Mai 1871, nebst drei dazu gehör. Examen-Instruktionen v. demselben Tage. gr. 8. (62 S.) Berlin 872. C. Heymann's Verl. 1. —

—— über die Anwendung des metrischen Maßes auf die bei der Verwaltung der Domanial- und Communal-Waldungen im Großherzogth. Hessen vorkommenden Gegenstände nebst Erläuterungen und Motiven und einigen Reductionstafeln. gr. 8. Darmstadt 870, Jonghaus' Verlag. 40 s. *

**Reglement** betr. Apotheker-Prüfung v. 5/3. 75. Berlin 875.

Reglement der franz. Armee vom November 1855 über den Transport der Truppen aller Waffengattungen auf Eisenbahnen. (Aus d. Franz.) Berlin 1855. 8°. (Bh. z. M. W. B.)

Reglement für die Armen-Krankenpflege der Stadt Berlin, nebst den Geschäftsanweisungen für die dabei angestellten Gesundheits-Beamten. *Berlin.* 1823

Reglement f. d. Art. Dresden 1818. 1857.

**Reglement** für das königl. Sächsische Artillerie- und Armee-Fuhrwesen. Dresden 1806. V: *Tennecker, Christian Ehrenfried Seyfert von.* (NN) (MGT)

Reglement für den Artillerie-Train der Chur-Braunschweig.-Füneb. Truppen. Hannover 1793. 8°.

Kantonales Asyl in Wil (Kanton St. Gallen). Reglement. Vom 10. Juni 1901. 14 S. 8.

Reglement betreffend die Aufnahme von Studierenden an die Hochschule in Zürich. (§§ 140 und 141 des Gesetzes vom 18. Mai 1873.) (Vom 17. Februar 1900.) 8 S. 8°.

Reglement für die Aufnahme der Stadt Zürich. 8. Okt. 1861.

[F.] Reglement für die aussergerichtlichen Auktionatoren v. 15. Aug. 1818. In d. Fassg d. Nachträge v. 18. Aug. 1882, v. 16. Mai 1876, v. 18. Okt. 1872. Nebst Schematas f. Protokoll- u. Kassenbuch sowie Gebührentaxe. *Minden i. W.: W. Köhler [1896].* (22 S.) 1 Bd 8.

— f. die Auctions-Commissarien u. deren Ausrufer zur Beachtung bei allen ihnen nicht von den Gerichten, sondern von andern Behörden u. Privatpersonen übertragenen Auctionen. gr. 4. Bresl. 827. Gosohorsky. 6 gr

—— für d. Auctions-Commissarien d. Kgl. Preuß. Staaten. gr. 8. (1¼ B.) Quedlinburg 834, Basse.

Reglement für die Ausbildung und Anstellung Derjenigen, welche sich dem Baufache im Staatsdienste widmen wollen, nebst Reglement für die K. Bau-Akademie in Berlin vom 3. September 1868. Berlin: Heymann 1872.

— für die infanteristische Ausbildung der Matrosen- u. Werftdivisionen, sowie der Matrosenartillerie-Abtheilungen. 16. (XII, 121 u. Signale u. Märsche 31 S.) Berlin 884. Mittler & Sohn. cart. n. 1. 20

Reglement für die Ausbildung des Kavalleristen zu Fuß. Aarau 1878. 8°.

— für die Ausbildung der Mannschaften der Matrosen- u. Werftdivisionen im Infanterie- u. Landungsdienst. 1. Thl. 16. (106 u. musikal. Beilage 8 S.) Berlin 879. Mittler & Sohn. cart. n. 1. —

— für die Ausbildung, Prüfung u. Anstellung derjenigen, welche sich dem Baufache im Staatsdienste widmen wollen, vom 3. Septbr. 1868, nebst Reglement f. die königl. Bau-Akademie in Berlin v. demselben Tage. gr. 8. (50 S.) Berlin 872. C. Heymann's Verl. — 75

— über die Ausbildung u. Prüfung der Stations- und Expeditionsbeamten der Staats-Eisenbahnen u. der vom Staate verwalteten Privateisenbahnen gr. 16. (16 S.) Trier 875. Lintz. n. — 40

Reglement f. die taktische Ausbildung der russischen Fußtruppen u. Instruction f. das Verhalten der Compagnie u. d. Bataillons im Gefechte. Uebers. v. Otto Hubrich. 8. (XII, 177 u. 39 S. m. Holzschn. u. 13 Steintaf.) Teschen 883. Prochaska. n. 3. —

— für die taktische Ausbildung der russischen Kavallerie u. der Kosaken in der Formation zu Fuß. Uebers. v. Otto Hubrich. 8. (II, 74 S.) Ebend. 884. n. 1. 50

Reglement üb. die Ausführung der Wahlen zum Hause der Abgeordneten. (In der Fassg. des Nachtrages vom 20. X. 1906.) (26 S.) gr. 8. Berlin (907). (C. Heymann.) — 40

Reglement über die Ausführung der Wahlen zum Hause der Abgeordneten. (In d. Fassung d. Nachtrages v. 20. Okt. 1900.) (Berlin [1907]: J. Sittenfeld.) (20 S.) 4° [Kopft. F.]

([Centenarfeier in] Schaffhausen 1901.) [C]Kostüm-Komite. Reglement über die Ausgabe, Aufbewahrung und Rücknahme der Kostüme. (1901 Juli.) 4 S. 8. [Schaffhausen, H. Meier & Cie.]

Reglement wegen Ausgleichung der Einquartirungs-Last in Berlin während des gegenwärtigen Krieges. (Berlin 1807.) 4°.

Reglement f. d. Ausrüstung d. Krankentransportwagens d. bayer. Landes-Hilfs-Vereins. München 1882.

Reglement für die Ausübung des Schiedsrichteramtes durch die Handels- u. Gewerbekammer für Kroatien. Agram 853. Suppan. gr. 8. (8 S.) n. 1⅓ ngr

Reglement für die Bedienung der Feldgeschütze. Bern 1874. 8.

Reglement zur Bedienung der Geschütze. Laut Beschluss des Bundesrathes vom 17. Februar 1864 provisorisch eingeführt. (Mit 1 Taf.) 16. Aarau 1864.

Reglement über d. Bedienung u. Kenntnis d. Materials der 8 cm Feld.Batt. Bern 1890.

Reglements über die Befähigung zu den technischen Aemtern der Berg-, Hütten und Salinenverwaltung in den Königlich Preußischen Staaten, vom 21. Dzbr. 1871, über die Prüfungen bei der Königl. Berg-Akademie zu Berlin, vom 6. Okt. 1866, und über die Prüfung der Markscheider, v. 25. Febr. 1856 u. 8. April 1867. Berlin, C. Heymanns Verl. 1872.

Reglement wegen Beförderung der Couriere im Königr. Hannover. Hannover, 1821. 4.

Reglement für die Beförderung von Truppen und Armeebedürfnissen. München 1870. 8.

Reglement für die Beförderung von Truppen u. Armee-Bedürfnissen auf den Staats-Eisenbahnen und den unter Staatsverwaltung stehenden Privat-Eisenbahnen innerhalb des Gebiets des norddeutschen Bundes sowie im gegenseitigen Verkehre zwischen den Staatsgebieten des norddeutschen Bundes, des Königreichs Württemberg u. des Großherzogthums Baden. Berlin 870. v. Decker. 8. (28 S. u. 1 Tab. in 4.) 3 ngr

— — für die Beförderung der k. bayer. Truppen auf der Bahn der hessischen Ludwigsbahn-Gesellschaft. Mainz 1867. 8.

— — für die Beförderung von k. bayer. Truppen auf den pfälzischen Eisenbahnen. Ludwigshafen 1870. 8.

Reglement f. Beförderung (bayer.) Truppen . . . u. d. Gensdarmerie-Corps a. d. Pfälzischen Eisenbahnen. Ludwigshafen 1862.

— — für die Beförderung von Truppen auf Eisenbahnen. Berlin 1870. 8.

Reglement f. Beförderung v. Truppen . . . a. d. pfälzischen Eisenbahnen u. i. Verkehr zw. d. Staatsgebieten d. Norddeutschen Bundes, . . . Bayerns, Württembergs u. Badens. 16. 7. 1870. (Mit Instruction.) Ludwigshafen 1870.

— für die Beförderung von Truppen, Militair-Effecten u. sonstigen Armee-Bedürfnissen auf den Staats-Eisenbahnen. Berlin 857. Decker. gr. 8. (15 S. u. 6 Tab. in 8. u. 4.) n. 2 ngr

Reglement für die Beförderung von Truppen, Militair-Effecten u. sonstigen Armee-Bedürfnissen auf den Staats-Eisenbahnen. Berlin 861. v. Decker. gr. 8. (20 S. u. 6 Tab. in 4. u. Fol.) n. 2 ngr

— für die Beförderung von Truppen, Militair-Effecten u. sonstigen Militair-Bedürfnissen auf den Staats-Eisenbahnen u. den unter Staats-Verwaltung stehenden Privat-Eisenbahnen. Ebend. 868. gr. 8. (20 S. mit 1 Tab. in qu. 4.) 2½ ngr

Reglement für die Beförderung von Truppen ... auf den Staats-Eisenbahnen. Berlin 1857. 8°.
Dass. 1861.
Dass. u. d. T.: Bestimmungen über Militair-Transporte auf Eisenbahnen. 1867.
Dass. u. d. T.: Reglement für die Beförderung von Truppen auf den Staats-Eisenbahnen. 1868.
Dass. 1870.
Dass. u. d. T.: Militär-Eisenbahn-Ordnung. T. 1. 3. 1887—1888.
Dass. T. 1. u. d. T.: Militär-Transport-Ordnung und Militärtarif für Eisenbahnen. 1899.

Reglement f. Beförderung v. Truppen . . . a. d. Staats-Eisenbahnen u. d. . . . Privat-Eisenbahnen innerhalb d. Gebietes d. Norddeutschen Bundes . . . Berlin 1870.

Reglement f. Beförderung v. Truppen . . . a. d. Staats- u. Privat-Eisenbahnen i. gegenseit. Verkehr zw. d. Staatsgebieten d. Norddeutschen Bundes, Bayerns, Württembergs, Badens. München 1870.

„Reglement für die Behandlung der Mess-, Commercien- und Accise-Geschäfte auf den Messen zu Frankfurt an der Oder", Berlin, den 28. Januar 1788. — Vorh.: Com. Bibl. Hamburg.

— über die Bekleidung u. Ausrüstung der Armee im Kriege. Vom 18. Febr. 1869. Ebend. 869. gr. 8. (III, 126 S.) 15 ngr.

— über die Bekleidung u. Ausrüstung der Armee im Kriege. Vom 8. Febr. 1877. gr. 8. (VII, 172 S.) Berlin 877. Bath. n.n. 1. —

Reglement über die Bekleidung u. Ausrüstung der Armee im Kriege. Vom 8. Febr. 1877. 1—3. Anhang. gr. 8. (7, 4 u. 6 S.) Berlin 879—82. Bath. — 40

— über die Bekleidung u. Ausrüstung der Armee im Kriege. Vom 8. Febr. 1877. 6. Anh. gr. 8. (3 S.) Ebend. 886. n.n. — 5

Reglement über die Bekleidung und Ausrüstung der schweizerischen Armee. (Vom 11. Januar 1898.) Bern 1898, Michel & Büchler. 52 S., 2 Tab. 8°.

— über die Bekleidung u. Ausrüstung der Truppen im Frieden. Vom 30. April 1868. Ebend. 868. gr. 8. (XII, 500 S.) n. 1 ₰ 10 ngr.

Reglement üb. d. Bekleidg u. Ausrüstg d. Truppen i. Frieden. Karlsruhe 1870.

— über die Bekleidung u. Ausrüstung der Truppen im Frieden vom 30. April 1868. Anhang u. Nachtrag. gr. 8. (50 u. 29 S.) Berlin 877. v. Decker. n. 1. — (Reglement nebst Anh. u. Nachtrag: n. 5. —)

— dasselbe. 2. Anh. gr. 8. (12 S.) Ebend. 878. — 15

— über die Bekleidung u. Ausrüstung der Truppen im Frieden vom 30. Apr. 1868. 10. Anh. gr. 8. (8 S.) Ebend. 886. n.n. — 5

— dasselbe. §§ 154, 172 u. 175. gr. 8. (2 Bl.) Ebend. 886. n.n. — 5

Reglement über die Bekleidung, Bewaffnung u. Ausrüstung d. Bundesheeres. Bern 1852.

Reglement üb. die Bekleidung u. Lagerung der Gefangenen in den Gefängnissen der Justizverwaltung. gr. 8. (28 S.) Berlin 887. v. Decker. — 30

— über die Bekleidung der Truppen im Frieden. Nebst zwei Anhängen, enthltd.: die Instruktion über den Ersatz an Bekleidung u. Ausrüstung bei der mobilen Armee, u. die Bestimmung über die Organisation der Handwerksstätten für die Bekleidung u. Ausrüstung der Armee während des Krieges. Berlin 855. Decker. gr. 8. (XI, 497 S.) n. 1 ₰.

— über das Bekleidungswesen der Matrosen- u. Werft-Divisionen, sowie der Schiffsjungen-Abtheilg. u. der Mannschaften dieser Marinetheile an Bord. gr. 8. (XIII, 144 S.) Berlin 874. v. Decker. n. 2. 75

Stadtbibliothek (Aarburg). Reglement über die Benutzung. (1902 September 22.) 3 S. 8.

— über die Benutzung der Bibliothek des Königl. Gewerbehauses. Berlin (857.) Ernst u. Korn. 8. (7 S.) 2½ ngr.

Reglement für die Benutzung der Bibliothek und des Lese-Kabinets der Gesellschaft für Erdkunde in Berlin. Berlin, den 27. December 1843. 2 S. an: Verzeichniss der Bücher in der Bibliothek der Ges. f. E. 1844. 8°.

Reglement betreffend die Benutzung der vereinigten Bibliothek der Kgl. Bau-Deputation und der Kgl. Bau-Akademie (v. 23. 2. 1851).

— über die Benutzung der innerhalb d. deutschen Reichs-Telegraphengebiets gelegenen Eisenbahn-Telegraphen zur Beförderung solcher Telegramme, welche nicht den Eisenbahndienst betreffen. gr. 4. (13 S.) Berlin 876. v. Decker. — 30

— über die Benutzung der innerhalb des norddeutschen Telegraphen-Gebietes gelegenen Eisenbahn-Telegraphen zur Beförderung solcher Depeschen, welche nicht den Eisenbahn-Dienst betreffen. Ebend. 868. gr. 8. (15 S.) 2½ ngr.

Reglement, betr. A. Die B e s c h a f f u n g . . . der Pferde . . . , s. E t a t der den Offizieren . . . zustehenden Pferde . . .

Reglement über die Beschäftigung und Anstellung von Civil-Anwärtern im Postdienste. Berlin. 1863. 8°.

Reglement über die Besetzung der Stellen der Portepee-Fähnriche und über die Wahl zum Officier bei der Infanterie, Cavallerie und Artillerie. Berlin (1808). 4°.

Reglement über die Besetzung der Stellen der Portepee-Fähnriche und über die Wahl zum Officier bei der Infanterie, Cavallerie und Artillerie. Königsberg, den 6. August 1808. Bresl. [1808]. 4°.

Bürgergemeinde (Schaffhausen). Reglement über die Besoldungen des Bürgerrates und der bürgerlichen Beamten. Beschluss vom 11. Januar 1903. ([Nebst:] Besoldungsreglement,... Beschluss des Bürgerausschusses vom 5. Dezember 1902.) 6 S. 8.

Besonderes Reglement im Betreff des Art.-Dienstes im Felde. (Handschr.) München 1800.

Reglement zu deutlicher und vollständiger Bestimmung der Verfahrungsart bey Aufzeichnung und Ablieferung der Pferde. (Berlin 1789.) 4°.

„Reglement zur nähern Bestimmung der Statuten des Mecklenburgischen patriotischen Vereins", Rostock 1820 (Adler).

— betr. Bestimmungen üb. Handlungsreisende u. den Gebrauch v. Warenmustern u. Modellen in Rumänien, gültig vom 1. IX. 1904 an. (14 S.) 8. Berlin 904. Gesellschaft f. Rechtsverfolgg. im Auslande. n. – 50

Reglement für die Bestrafung von Fehlern und Verstößen bei Annahme, Beförderung und Bestellung telegraph. Depeschen. gr. 4. (7 S.) Berlin 851, Deckersche geheime Ober-Hofbuchdr.

Reglement für den Besuch ausländischer Militäranstalten, Lager und Truppenübungen. (Vom 25. Wintermonat 1872.) o. Bern 1872.

*Reglement* concernant le bétail à cornes pour le pays de Vaud. Berne 1765. 23 S.

Winzer-Genossenschaft für das elsässische Weinland mit dem Sitze in Colmar. Reglement über den Betrieb der Weinbörse. Colmar 1897: Jung. 14 S. -- Bibliothèque Nationale et Universitaire de Strasbourg*

**Reglement** für die Bibliothek der vereinigten Friedrichs-Universität Halle-Wittenberg. [Am Ende:] Der Minister der geistlichen, Unterrichts- und Medicinal-Angelegenheiten. v. Mühler. Dat. Berlin 7. Sept. 1863. 7 S. 4° [Kopft.]

**Règlement** de la Bibliothèque cantonale et universitaire. (Fribourg 1909: Impr. St.-Paul.) 10 S. 8° [Kopft.] (10. 11524

**Reglement für den Schwellenbezirk Biel, Bözingen, Mett, Madretsch und Nidau vom 29. März und 15. Juli 1905 (für den Unterhalt der Schüss von Bözingen bis in den Bielersee, sowie der Biel- und der Madretsch-Schüss...). II + 18 S. 8. Biel, Ad. Moser, 1905.**

**— f. die Bildung der Bürger-Bataillone in Berlin. Fol. Berl. 813. Schmidt. 8 gr**

[*Kopft.*] [§] **Reglement** für die Universität Bonn in Betreff der akademischen Gerichtsbarkeit und der akademischen Gesetze. (*Am Ende:* Berlin, d. 1sten Febr. 1819 *etc.* — *Folgt S. 12:* Instruktion f. die ausserord. Regierungsbevollmächtigten b. d. Universitäten. Vom 18ten Nov. 1819; — *S. 16:* Reglement f. d. künftige Verwaltung d. akad. Disziplin u. Polizeigewalt bei d. Universitäten. Vom 18 Nov. 1819; — *S. 21:* Königl. Verordnung [v. 18 Okt. 1819], wie d. Censur d. Druckschriften nach d. Beschlusse d. teutschen Bundes v. 20 Sept. d. J. auf 5 Jahre einzurichten ist.) (Bonn, gedr. bei P. Neusser) [1820]. 26 S. 4. ¶ D. ersten 3 Stücke sind wieder abgedr. bei Koch, Preuss. Univ. II 1840 S. 102 ff.; I 1839 S. 16 ff. u. S. 20 ff. — D. letzte Verordn. in d. Ges.-S. f. d. Pr. St. 1819 S. 224 ff.

Ville de Bulle. Règlement sur les boucheries. (1902 novembre 21/février 6.) II + 16 p. 8. Bulle, Glasson Frères, 1903.

Reglement der *Hoya-Diepholzschen* Brandkasse vom 24. Dec. 1755.

Reglement der Brandkasse für das Hochstift *Osnabrück*. Erzbischöfl. Verord. vom 8. September 1755.

**Reglement** für das Brandlöschwesen der Ortschaft Ellerbeck. Klösterlichen Antheils. Kiel. 1874. 8°.

Reglement der Brandversicherungs-Anstalt für *Bayreuth* vom 14. Juni 1770.

**— für die Nassauische Brandversicherungsanstalt zu Wiesbaden vom 6. Mai 1887, nebst den in den §§ 33 u. 36 desselben vorgesehenen Tarifen. gr. 4. (52 S.) Wiesbaden 888. Bechtold & Co. n. — 50**

**Reglement für die Brandversicherungs-Societät für das *Bisthum Bamberg* vom 26. März 1776.**

Berset-Müller-Stiftung [auf dem Melchenbühlgute]. Reglement ([erlassen vom] schweiz. Bundesrat).... 8. [Bern, Stämpfli & Cie.]
... für die Pfleglinge. (Vom 12. November 1901.) 4 S. 1901.
... betreffend die Kassen- und Rechnungsführung. (Vom 10. Januar 1902.) 6 S. 1902.

**Reglement** für die Bürgerbewaffnung zu Altona. Kopenhagen, d. 21. Dec. 1819. Kopenhagen. (1819.) 8°

**— f. die Bürgermiliz im Königr. Ungarn. Mit Plan. 8. Pesth 809. Hartleben. 16 gr**

[Wappen F. u. F.] | REGLEMENT | Concernant le Cantonnement | des Troupes de Sa Maiesté | dans la Province de Luxem-|bourg. | Du 8. Mars 1792. | ... Verordnung | Anlangend die Einquartirung | Seiner Majestät Truppen in | der Provinz Lutzemburg. | Vom 8ten März 1792. | ... (Am Ende:) A LUXEMBOURG, | Chez la Veuve de Jean Baptiste Kleber, ... 1792. |
8 S., 4° (340 x 200 mm).

**— p. la Cavallerie prussienne, av. fig. 8. Frcf. Esslinger. 762.**

Société des Commerçants Frauenfeld. Règlement du Cercle français. (1901 août 20.) 3 p. 8.

**— für die Chaussee- u. Wege-Verwaltung der Prov. Schlesien vom 6. Decbr. 1876, nebst Regulativ betr. die Bewilligung von Bauhilfsgeldern vom 12. Jan. 1878. gr. 8. (15 S.) Breslau 879. Korn. — 30**

Exposition canine internationale de Vevey. Les 7, 8, et 9 Juin 1901. [Organisé par la] Société romande pour l'amélioration de la race canine (Section de la S. C. S.). Engagements reçus jusqu'au 25 Mai. Règlement, Classification et Récompenses. IV + 38 p. 8. Vevey, Klausfelder Frères, 1901.

. Société romande pour l'amélioration de la race canine (Section de la S. C. S.). Exposition Canine Internationale de Lausanne les 17, 18 et 19 juillet 1903. Règlement, Classification et Récompenses. [Avec vignette.] IV + 40 p. 8. Lausanne, James Regamey, 1903.

Commission de la pharmacopée suisse. 8. [Berne, C.-J. Wyss,] 1902.
Règlement. (Du 17 mars 1902.) 4 p. — (Membres *etc.*) 3 p.

**— p. la compagnie du consistoire de l'église franç. de Berlin. gr. 8. Berl. 791. (Köchly). 2 gr**

**— p. la Compagnie du Consistoire de l'Eglise franç. de Berlin. gr. 8. Berl. Lagarde. 791.**

**Réglémens pour le concert établi par les f. f. maçons amateurs, membres de la vénérable loge „La Royale Yorck de l'Amitié", le quel se tiendra dans les appartemens de sa maison, situee dans la Letzte-Strasse ville neuve, quartier Dorothee tous les lundis, a commencer le lundi 6. Nov. et continuer tous les huit jours. Berlin [1780]: Spener. 16 S. 8° [Umschlagtit.]**
Kl. 2924.

Fondation Berset-Müller [au Melchenbühl]. Règlement ([arrêté par] le Conseil fédéral suisse).... 8. [Berne, C.-J. Wyss.]
... pour les pensionnaires. (Du 12 novembre 1901.) 4 p. 1901.
... sur la tenue de la caisse et de la comptabilité. (Du 10 janvier 1902.) 5 p. 1902.

Règlement du Grand Conseil du canton de Berne. à 13 p. 4.

Projet de la commission du Grand Conseil, du 21 janvier 1901.
Rédaction mise au point par la commission. (5 mars 1901.)

Règlement sur la conservation et l'entretien des armes dans les corps; du 2. Févr. 1845. 32. (168 S., 18 Stnt. u. 2 Tab.) Strasbourg 845, libr. Levrault. —

Règlement sur les Constructions en béton armé, établi par la Commission suisse du b' a', suivi d'une notice explicative par F[rançois] Schüle.... [Avec des figures.] Juin 1909. 38 p. 8. Zurich, Edité par le Laboratoire fédéral d'essai des matériaux à l'Ecole polytechnique suisse ([Impr.] Aschmann & Scheller). [fr. —. 80]

— sur les constructions pour la ville de Metz du 1. II. 1903. (71 S.) 8. Metz (903). (R. Lupus.) n.n. 1. —

**Reglement** donné par une dame de haute qualité od. Anweisung z. rechtschaffnen Leben ... für Mde Ihre Sohns Tochter ... gestellet ... aus dem Frantzösischen ins Teutsche übersetzt. Leipz. 1713. V: *Schomberg, Jeanne de Duchesse verm. Roger de Plessis, Duc de Rochegorin, Marquis de Liancourt.* (Baer 737/841)

**— üb. den Dienst d. Armeen im Felde.** Erlass vom 28. V. 1895 üb. d. Reglement f. d. Dienst d. Armeen im Felde. (Umschlag: Felddienst-Ordng. d. französ. Armee.) 7. Ausg. Uebers. v. W. Stavenhagen. 12. (174 S.) Berlin 897. H. Peters. n. 1. 50

Reglement für den Dienst in Garnison. 1792. Straßburg 1807.

Reglement f. d. Dienst in Garnison, f. d. Polizey u. Mannszucht d. Inf. Juny 1792. Straßburg 1807.

Reglement f. d. internat. Dienst z. Ergänz. d. Telegraphenvertrags v. 17.5.65. 4° Berlin 1865

— — über den Dienst der Krankenpflege im Felde bei der k. preuß. Armee. Berlin 1863. 8.

Reglement über d. Dienst in Lagern u. auf Märschen zur Friedenszeit. Bearb. v. Küster. Leipzig 1899.

Reglement ü. Dienstverhältnisse u. Geschäftsführung d. Waffendirection. Darmstadt 1821.

**Reglement betreffend die Diplomprüfung für das höhere Lehramt in den mathematisch-naturwissenschaftlichen Fächern.** (Vom 19. Juli 1900.) 5 S. 8°.

Kantonale Heilanstalt Breitenau Schaffhausen. Reglement.... (Genehmigt.... Mai 1902.) 8.
... für den Direktor. 4 S. — ... für die Oberwärter. (Oberwärter und Oberwärterin.) 5 S. — ... für den Verwalter. 4 S.
Wärter-Reglement für Wärter und Wärterinnen. 9 S.

**Reglement über die Disziplin an der Hochschule Bern.** (8. August 1900.) 6 S. 8°.

Reglement für die Dragoner-Regimenter. kl. 8. St. Petersburg 1848.

**Reglement für die Hessische Dragoner-Regimenter.** Cassel 1754. 8°. Dass. 1771.

**Reglement vor die Kgl. Preuß. Dragoner-Regimenter.** Berlin 1743. 8°.

École gratuite de Dessin professionnel et de Modelage de Neuchâtel. Règlement. (1900 novembre 27/1901 février 22.) II + 11 p. 8. Neuchâtel, Rossier & Grisel, 1901.

**Reglement für den Effectenhandel in Amsterdam.** Gültig vom 1. März 1877 ab.

Église des Frères (Moraves) dans la Suisse romande. Règlement. 3e éd. revue et corrigée. (1901 juin 18/juillet 22.) II + 28 p. 8. Neuchâtel, Delachaux & Niestlé.

[*Kopft.*] [*f.*] **Reglement** über die Einführung von Auditoriengeldern auf der Königl. Rheinischen Friedrich-Wilhelms-Universität zu Bonn. (*Am Ende:* Bonn, d. 7 May 1832. Rector u. Senat *etc.*) [Bonn, gedr. bei C. Georgi 1832.] 1 Bl. 4.

**Reglement wegen Einführung der Civil-Uniformen bei den Departements des Staatsministerii. Vom 26. Dezember 1808.**
3 Bl. 4°.
Aus: Novum corpus ... oder Neue Sammlung Kgl. Preuss. u. Churfürstl. Brandenburgischer ... Verordnungen ... von 1806 bis ... 1810. Bd. 12.

**Reglement über die Einrichtung einer Bürger-Militz des Nieder-Rheins. Aachen (1814). 8°.**

Reglement über die innere Einrichtung und Verwaltung der provinzialständischen Corrections-Anstalt zu Glückstadt. (Kiel.) o. J. 8°, geb. in 4°

**Reglement** wegen künftiger Einrichtung des Justitz-Wesens bey den Ober- und Unter-Gerichten der Chur- und Neumark Brandenburg. [Dat.:] Berlin, 30. Nov. 1782. Berlin (1782). **fol.**

**Reglement** wegen künftiger Einrichtung des Justitz-Wesens bey den Ober- und Unter-Gerichten des Königreichs Preußen. [Dat.:] Berlin den 3. Dec. 1781. Königsberg (1781). **fol.**

Reglement Oder Einrichtung Der Religions- und Regierungs-Sachen In gemeinen Herrschafften, zwüschen beyden Loblichen Vor-Orthen, Und Den Fünf Catholischen Orthen. Geschehen in Arau im Julio, 1712. [Mit 1 Vignette.] 4. *o. O.* 1712.

**Reglement** wegen Einrichtung der Oeconomischen Verfassung, und insbesondere des Hebungs- und Rechnungswesens in der Stadt Oldesloe. D. D. Friedensburg, den 13. August 1756. Glückstadt. o. J. 4° k.

**Reglement über den Eintritt in die Hochschule Bern.** (Vom 12. Januar 1901.) Bern 1901. 6 S. 8°.

Reglement über den Eintritt in die Hochschule Bern. Vom 11. März 1908. 5 S. 8°.
Bern. Univ.-Schr. 1907/08.
Nicht zur Versendung bestimmt.

**Reglemens Des Einzuges Und der Parade Bey dem vorseyenden Hohen Beylager Dero Königl. Hoheiten Des Cron-Printzen von Preussen Und der Durchlauchtigsten Princessin von Bevern. Anno 1733. 4. (4 Bll.)**

**Reglement** für die Eleven der Königlichen Akademie der Künste zu Berlin, 1838, und Reglement für die Schüler der allgemeinen Zeichen-Schule der Königlichen Akademie der Künste, 1842. Berlin. 4°.

Reglement für die Trinkerheilstätte Ellikon a. d. Thur. ? 1890. 8 8.

**— v. Entscheidung d. in Schlesien subsistirend. Religionen. Fol. Bresl. 751.**

Reglement über die Erfordernisse für die Brevetirung von Artillerie-Unterofficieren zu Artillerie-Officieren. (Vom 20. März 1865.) 8. Bern 1865.

—— über die Ergänzung des Personals für den höheren Marine-Verwaltungsdienst. Genehmigt durch Allerhöchste Kabinets-Ordre vom 24. Aug. 1886. Lex.-8. (8 S.) Berlin 886, Mittler und Sohn. **

Reglement über die Ergänzung d. Sekretariats u. Registratur-Personals bei den Marine-Stationsintendanturen. gr. 8. (8 S.) Berlin 886. Mittler & Sohn. n. — 20

**— üb. die Ergänzung d. Sekretariats- u. Registratur-Personals bei den Marine-Stationsintendanturen. gr. 8. (IX S.) Berlin 890. Mittler & Sohn.** n.n. — 25

**Reglement** über die Erhebung der Auditorien-Gelder s. beim J. 1831: Auszug aus d. Statuten.

Reglement, erneuertes, über die Bergfahrt und die Rindvieh-Polizey. Bern 1816. 4.

**Reglement über die Erteilung der Doktorwürde an der katholisch-theologischen Fakultät der Hochschule Bern.** (Vom 3. Dezember 1901.) 4 S. 8°.

**Reglement über die Erteilung der Doktorwürde an der philosophischen Fakultät der Hochschule Bern (mathematisch-naturwissenschaftliche Sektion).** (Vom 23. Dezember 1898.) 7 S. 8°

Reglement über die Erteilung der Doktorwürde an der philosophischen Fakultät der Hochschule Bern (philosophisch - philologisch - historische Sektion). (Vom 23. Dezember 1898.) 6 S. 8°.

Reglement für die Erwerbung der Licentiatenwürde bei der Theologischen Fakultät zu Basel. Von der Fakultät beschlossen am 13. Mai 1909. 4 S. 8°.
Basel. Univ.-Schr. 1908/09.

Règlement pour les examens des aspirants au diplôme de maître de commerce dans le canton de Berne. ⟨Du 21 février 1901.⟩ 7 p. 8.

Ecole polytechnique fédérale [à Zurich]. Règlement pour les examens de diplôme. ⟨Du 25 octobre 1901.⟩ 22 p. 8. [Berne, C.-J. Wyss,] 1901.

Règlement du 16 mars 1906 concernant les examens à la Faculté de droit de l'Université. Fribourg, le 16 mars 1906. 8°.
Freiburg i. Schw. Univ.-Schr. 1905/1906.

Règlement concernant les Examens de maturité dans les Gymnases du canton de Berne. ⟨1er juin 1901.⟩ 11 p. 8.

Caisse d'assurance mutuelle obligatoire contre la mortalité du bétail bovin, en dehors des cas d'épizootie, pour les propriétaires du district du Val-de-Ruz, canton de Neuchâtel ⟨Suisse⟩. 8.
Règlement d'exécution. (1901 décembre 8/1902 Janvier 17.) 11 p.
Statuts. (1901 novembre 12.) 14 p.

Règlement d'exécution pour la loi des Etats-Unis du 28 Juillet 1866 ⟨Bounty Bill⟩, touchant le paiement d'indemnités supplémentaires. (Washington, le 11 décembre 1866.) [Avec 1 tableau. E.] 8. [Berne 1867.]

— d'exécution du 24. VI. 1897 concernant la loi sur l'impôt professionnel du 8. VI. 1896, s.: Ausführungsbestimmungen zum Gesetz betr. die Gewerbesteuer.

Reglement für den Executions-Inspector des Königlichen Stadtgerichts zu Berlin (vom 12. 3. 1821). (Berlin) 1821.

Reglement für die Executions-Commission in Berlin (vom 16. 1. 1847). (Berlin 1847.)

— concern. l'exercice et les manoeuvres de l'Infanterie. Ecole du Soldat et de Peloton. 8. Lüneb. 809. Herold. Ed. nouv. 813. (Braunschw., Pluchart). 8 gr

— — le même liv. gr. 8. Strasb. (Flick à Basle.)

— u. Exercitia d. Holländ. Infanterie. 8. Schiedam. 751. Orell. 4 gr

Reglement über das Exercitium und die Evolutiones der Inf. Hertzogen-Busch 1772.

— d. Exercitiums d. franz. Infanterie, m. K. 8. Brschw. Vieweg. 808.

— das Exercitium u. die Manövers d. französ. Infanterie betreffend. 2 Thle. Mit 44 Kpf. 12. Braunschw. 808. 2e A. 811. Vieweg. 2 ß

— Dass. zum Gebrauch der Westphäl. Armee. Mit 40 Kpf. 12. Straßb. 811. Levrault. 2 ß 21 gr

Reglement das Exercitium und die Manövres der Französischen Infanterie betreffend, vom 1sten August 1791. Aus dem Französischen für die Königlich-Westfälischen Regimenter .. Dritte Auflage. Braunschweig 1812, gedruckt bei Friedrich Vieweg.
2 Teile. 8°.
I Die Soldaten- und Ploton-Schule: 180 + XXIV S.; 13 Taf. in Kupferst.
II Die Bataillons-Schule: Tit., 182—528 S. + XLVIII S.; 31 Taf. in Kupferst.
1. Originalausgabe 1791

— Exercir-, d. k. k. Cavall. s. Exercir 2c.

— Exercier-, f. die hessische. Cavallerie. 8. Cassel u. Marb. Krieger. 814.

Reglement zum Exercieren für die k. sächsische Artillerie. (Mit 14 Taf.) 8. Dresden 1818.

Reglement über das Exerciren zu Pferde für die Herzogl. Braunschw. Cavallerie. N. Aufl. Braunschweig 1845. 8°.

Règlement d'exploitation pour les chemins de fer allemands suivi des dispositions particulières en vigueur sur le réseau d'Alsace-Lorraine, s.: Betriebsreglement f. die Eisenbahnen Deutschlands m. d. Zusatzbestimmgn. f. d. Reichsbahnen in Elsaß-Lothringen 2c.

Stückfärberei Zürich. Färberei-Druckerei-Appretur. Règlement. — Fabrikordnung. — Regolamento di fabbrica. 1901 Mai 25. 1 S. fol.

Reglement für die evangelisch-theologische Facultät der Königlichen Universität zu Breslau (dat.: 13. Sept. 1840). Breslau [1841]. (26 S.) 4°

Reglement für die juristische Facultät der Königlichen Universität zu Breslau (dat.: 13. Sept. 1840). Breslau [1841]. (46 S.) 4°

Reglement für die katholisch-theologische Facultät der Königlichen Universität zu Breslau (dat.: 13. Sept. 1840). Breslau [1841]. (29 S.) 4°

Reglement für die katholisch-theologische Facultaet der Koeniglichen Universitaet zu Breslau. Breslau [zwischen 1860 u. 1870]. (29 S.) 4°

Reglement für die medicinische Facultät der Königlichen Universität zu Breslau (dat.: 13. Sept. 1840). Breslau [1841]. (34 S.) 4°

Reglement für die philosophische Facultät der Königlichen Universität zu Breslau (dat.: 13. Sept. 1840). Breslau [1841]. (35 S.) 4°

Reglement für die philosophische Fakultät der Königlichen Universität zu Breslau. (Neudruck vom Sommer 1904). Breslau (1904): Grass, Barth & Co. (60 S.) 4°
(Nicht für den Austausch)

Reglement über die zum Militär-Dienste untauglich machenden Fehler und Gebrechen. 8. Darmstadt 1827.

Reglement . . . ü. d. z. Kriegsdienste untauglich machenden Fehler u. Gebrechen. Darmstadt 1834.

Reglement für das k. k. gesammte Feld-Artillerie-Corps. 4. Wien 1757.

Reglement für die K. K. Feldchirurgen, auf Befehl Josephs II entworfen. Wien 1788—89. V: *Brambilla, Joh. Alex. von.* (Call)

—— für die Feldgeschützschule. Auszug aus dem Exerzir-Reglement für die eidgenöss. Artillerie. 8. (33 S. und 2 Stnt.) Zürich 851, Orell, Füßli und Comp. *

Reglement für das (Hannoversche) Feldjäger-Corps und die damit verbundene Forstschule. Gegeben Hannover den 26. September 1844. Königlich Hannoversche Domainen-Cammer. 45 S.

Königlich- preußisches Feldlazareth- Reglement [Feldlazarett- Reglement]. Berlin (1787:) Decker. 94 S. 8°

— für die öffentlich anzustellenden Feldmesser. Vom 2. März 1871. gr. 8. (12 S.) Berlin 871. v. Decker. — 15

— für die im preußischen Staate öffentlich anzustellenden Feldmesser vom 2. März 1871 nebst den Prüfungs-Instruktionen f. dieselben vom 2. März u. 6. April 1871 sowie den ergänz. u. erläut. Verordngn., Ministerial-Rescripten ꝛc. gr. 8. (IV, 92 S.) Berlin 872. C. Heymann's Verl. n. 1. 50

Bernischer Kantonalschützenverein. Reglement für das VII. Feldsektionswettschiessen von 1902. (1902 März 2.) 6 S. 8.

Reglement für das Feuerlösch- und Rettungswesen im Norderdithmarsischen Brandkassendistrict. Heide. 1868. 8°.

Reglement für die Feuer-Societät der Stadt *Breslau* vom 3. Nov. 1749.

Reglement der Feuersocietät zu *Königsberg* vom 25. Juli 1723.

— für die Feuer-Sozietät des gesammten platten Landes der Provinz Schlesien, der Grafschaft Glatz und des Markgrafthums Ober-Lausitz. gr. 8. Görlitz 842, Heinze u. Co. 1/12 ℛ︁

Reglement der Feuer-Societät für das platte Land der *Grafschaft Mark* vom 19. Febr. 1767.

—— für die Feuer-Societät der Ostpreußischen Landschaft. Vom 30. Decbr. 1837. Nebst Zusätzen und Anmerkungen. 4. (22 S.) Königsberg i. Pr. 874, Hartung. *

Reglement der Feuersocietät für das Fürstenthum *Lüneburg* vom 20. Nov. 1752.

Reglement für die *Neuvorpommersche* Feuer-Societät vom Jahre 1783.

Reglement für die Feuer-Societät im *Fürstenthum Querfurt* 1748.

Reglement für die Feuersocietät der Städte des *Herzogthums Cleve* vom 1. Mai 1722.

Reglement für die Feuer-Societät der *Pommerschen Städte* vom 7. Nov. 1720.

Reglement für die städtische Feuer-Societät in *Stettin* vom 18. Nov. 1722.

Reglement für die Filialen der Zürcher Kantonalbank. (Entwurf). 6 Stn. 8. 1871.

Reglement für die Flachrennen u. Rennen m. Hindernissen im preussischen Staate. gr. 8. (35 S.) Berlin 872. Wiegandt, Hempel & Parey. n. 1. —

— für die Flach-Rennen u. Rennen mit Hindernissen im Preussischen Staate. 8. (41 S.) Berlin 881. (Steinitz.) n.n. 1. 50

— f. die Flach-Rennen u. Rennen m. Hindernissen im Preussischen Staate. (Ausg. vom 15. Apr. 1893.) 8. (48 S.) Berlin 893. (W. H. Kühl.) n. 2. —

— f. die Flach-Rennen u. Rennen m. Hindernissen im Preussischen Staate. (Ausg. v. 1. V. 1897.) 8. (47 S.) Berlin 897. (W. H. Kühl.) n. 2. —

Reglement für das Flach-Rennen und Rennen mit Hindernissen im Preuss. Staate. '(Ausg. v. 1. Mai 1897.)' *Berlin: Union (1897).* (47 S.) 1 Bd 8. 197. 4150

Reglement für die k. k. Fleisch-Regie. (2 Bde.) 4. Wien 1859—1862.

Munizipalgemeinde Wigoltingen. Reglement für die Fleischschau. (1902 März 16.) 7 S. 8. [Frauenfeld, Huber & Co.]

Reglement für die Forstmeister des Kts. Zürich. 1838.

Frei- und Sektionswettschiessen in Münchenbuchsee 1. 4. Juni 1901. Reglement. (1901 Februar.) 4 S. 8. (Bern, Jent & Co.)

Reglement f. Friedens-Lazarethe. Mit Zusammenstellungen d. abändernden Bestimmungen. Berlin 1852—1877.

Reglement f. d. Friedens-Lazarethe. Mit 1 Beil.-Bd. München 1878.

Reglement für die Friedens- Lazarethe der königl.- preußischen Armee. Berlin 1825: Decker. 155,8 S. 8°

— für die Friedens-Lazarethe der Königl. Preuß. Armee. [Vom 5. Juli 1852.] gr. 8. (XXIV u. 777 S.) Berlin 852, Decker. baar n. 2/3 ℛ︁

Reglement für die Friedens-Lazarethe der k. preuß. Armee. Zusammenstellung der Abänderungen seit 1852. Berlin 1867. 8.

Bezirks-Armenanstalt Frienisberg. Reglement. (1897 Juli 31.) II + 15 S. 8. Aarberg, Th. Schwab, 1903.

Gemeinderat Ragaz. Reglement über Führung einer amtlichen Fremdenkontrolle. 1903 Februar 13. 1 S. fol.

Reglement wegen Führung des Haues und der damit verbundenen Forst-Eintheilung in den Königlich Preussischen Forsten. - Berlin, den 23. April 1796

Reglement für den Garnisondienst. Braunschweig 1824. 8°.

Reglement vor die Königl. Preussische Garnison Regimenter Infanterie, worinnen enthalten die Evolutions, das Manual und die Chargierung und wie der Dienst in der Garnison geschehen soll, auch wornach die sämtliche Officiers sich sonst zu verhalten haben. Desgleichen wie viel an Tractament bezahlet und davon abgezogen wird, auch wie die Mundirung gemachet werden soll. Ordnung halber in XI. Theile, ein jeder Theil in gewisse Tituls, ein jeder Titul in gewisse Articles abgefasset. (Donation Liechtenstein.) kl. 8. Berlin 1743.

— — über das Garnisons- und Festungs-Bau-Rechnungswesen. München 1873. 8.

— für den Garnison-Wachtdienst. 1. Aufl. (88 S.) 867. n. 6 *ngr.*, 2. Aufl. Dresden 867. Meinhold & Söhne. 8. (138 S.) n. 8 *ngr.*

—— für den Garnison-Wachdienst. Mit vollständ. Sachregister. 2. Aufl. gr. 16. (138 S.) Dresden 869, Meinhold und Söhne. *

Reglement für den Garnison-Wach-Dienst der Kgl. Hannov. Truppen. Hannover 1840. 8°.

Reglement für den Gebrauch des Bajonetts, sowohl gegen Infanterie als gegen Kavallerie, Itzehoe 1830.
D. Anwendung d. —, aus d. Dän. übers. v. v. Jensen, Braunschweig 1829, 8°. 2 Bde.

Reglement über den Gebrauch des gezogenen Gewehrs mit Percussions-Schloß. Hannover 1834. 8°.

— für die Gefängnisse der Justizverwaltung. Vom 16. März 1881. Amtliche Ausg. gr. 8. (71 S. m. Formularen.) Berlin 881. v. Decker. n. 1. —

— über die Geld-Verpflegung der Armee im Kriege. Berlin 854. Mittler's Sortbdlg. gr. 8. (XII, 156, 104, 60 S.) n. 20 *ngr.*

Reglement über die Geldverpflegung der Armee im Kriege. (Vom 29. 8. 1868.) Berlin 1869.

Reglement ü. Geld-Verpflegung d. Armee i. Kriege. München 1877.

— über die Geldverpflegung der Marinetheile u. in Dienst gestellten Schiffe im Frieden. gr. 8. (XII, 285 S.) Berlin 873. v. Decker. n. 5. —

— über die Geld-Verpflegung der Truppen im Frieden. Berlin 853. Mittler's Sortbdlg. gr. 8. (X, 124 S. u. 69 Tab. in 8. u. Fol.) 15 ngr.

— — 1867: 2. Abdr

Dass. 3. Abdr. 1873.
Dass. u. d. T.: Geldverpflegungs-Reglement für das preuß. Heer im Frieden. 1877.
Dass. u. d. T.: Besoldungsvorschrift. 1889.
Dass. 1898.

— über die Geld-Verpflegung der Truppen im Frieden. 3. Abdruck m. Anhang. gr. 8. (X, 194 u. Anh. 56 S.) Berlin 873. Bath. n. 2. —

Provisorisch genehmigtes Reglement für das Civilhospital der Stadt Rendsburg. Rendsburg. 1845. 4°.

— général de polices sur les mines pour l'Alsace-Lorraine, s.: Bergpolizei-Verordnung, allgem. f. Elsaß-Lothringen.

Reglement für den kleinen Gerichtstag beim Königlichen Stadtgerichte zu Berlin. [Dat.:] Berlin, 31. Dez. 1821. Berlin: Reimer 1822.

— das, vom 9. April 1847 üb. den Geschäfts-Gang bei dem Vereinigten Landtage. Systematisirt u. mit Anmerkungen versehen v. Alex. Schneer. 8. (96 S.) Breslau 848, Trewendt (& Granier). 12 ngr.

Reglement für das Geschütz- u. Batt.-Exerc. der Feld-Art. v. J. 1884. übs. v. Seydlitz. Dresden 1893.

Reglement für das Geschütz- und Batterie-Exerzieren der russischen Feldartillerie mit Einleitung und Mittheilungen des Uebersetzers über das Material der russischen Feldartillerie und mit den Schusstafeln der drei russischen Feldgeschütze. Aus dem Russischen übersetzt durch von Seydlitz, Major und Artillerie-Offizier vom Platz in Dresden. (Mit 5 Beilagen.) kl. 8. Dresden 1893.

Reglement über das Geschütz-Exercieren an Bord der k. k. Kriegsschiffe. 4. Wien 1853.

— vom 11. Decbr. 1867 zu dem Gesetze über das Postwesen des norddeutschen Bundes vom 2. Novbr. 1867, sowie Telegraphen-Ordnung für die Correspondenz auf den Telegraphen-Linien des norddeutschen Bundes nebst den die Correspondenz auf den Eisenbahn-Telegraphen u. den Linien des deutsch-österreich. Telegraphen-Vereins rc. betreffenden zusätzlichen Bestimmungen. [Aus der Gesetzsammlung.] Sondershausen 868. Eupel. gr. 4. (83 S.) 7½ ngr.

Reglement üb. d. Gesundheitsdienst b. d. eidgenöss. Armee. Luzern 1831.

Reglement für Gewährung der Feldzulage. Berlin 1853. 8°.

Reglement über die Gewährung von Unterstützungen für Militär-Familien während des Kriegszustandes. Berlin 1855. 8°.

Reglement ü. Gewährung v. Unterstützungen f. Milit.-Familien währ. d. Kriegszustandes. Karlsruhe 1870.

Reglement ü. Gewährung von Unterstützungen f. Milit.-Familien währ. d. Kriegszustandes. München 1873.

—— das, üb. die Gravamina in geistl. Sachen u. d. Stolae-Tax-Ordnung f. Schlesien, s. Menzel, K. A.

— das, über die Gravamina in geistl. Sachen und die Stolae-Tax-Ordnung für Schlesien. Nebst dem Edict von Güntersblum, den Gesetzen über den Parochial-Nexus und andern Verordnungen über die Religionsverhältnisse in Schlesien. Herausgeg. von Karl Ad. Menzel. 2. verm. Aufl. gr. 8. Breslau 844, W. G. Korn. 5/12 ℔

Reglement für das Rallische Grenadier-, das Wilckische Kreis-Infanterie- und die Garnisonregimenter. Cassel 1775. 8°.

Reglement für den Güterverkehr (Verein deutscher Eisenbahnverwaltungen) 1850. fol.

Reglement für die Güterversendung auf den Gr. badischen Eisenbahnen. Karlsruhe 1854.

Handelsschule des Kaufmännischen Vereins Aarau. Reglement. (1903 März 2.) II + 8 S. 8. Aarau, Buchdr. der Aargauer Nachrichten.

Handelsschule des Kaufmännischen Vereins St. Gallen. Reglement. (1901 März 1.) 7 S. 8.

Reglement, Hauptkatalog und Nachtrag 7 (Zuwachs 1) der Stadtbibliothek Thun. Abgeschlossen auf 19. Mai 1905. Nr. 1–4069. 13,409 Bände. II + 8 + 333 S. 8. Thun, Eugen Stämpfli, 1905.

Reglement von Sr. Heiligkeit, dem Papste Leo XII. über die Unterstützung der Armen, Repression der Betteley und der Vagabondage. *Rom.* 1825

**Reglement, Landgräfl. Hessisches,** wornach die Recrutirung der Cavallerie, Artillerie und Infanterie stattfinden soll. Darmstadt 1804. H: *Scriba, Johann Georg.* (HS)

Hof-Stall-Livree-Bedienten (Reglement für die kgl.-baier. —). München, gedr. bei Michael Lindauer. 1813. Kl. 8°. 48 S. Cart.

Reglement über die Holzpreise und den Holzverkauf in den Domanial-Waldungen des Großherzogthums Hessen. - Darmstadt 1870. 8 S.

Reglement vor die Kgl. Preuß. Husaren-Regimenter Berlin 1743. 8°.
Dass. u. d. T.: Reglement für die Husaren-Regimenter und für das Regiment Bosniacken. 1796. 8°.

Reglement vor die Inf. Vom 1. 6. 1743. Berlin 1750. 1788.

Reglement für die Infanterie, den Dienst in Garnison, die Polizei und die Kriegszucht betreffend. Aus dem Französischen. Für die deutschen Regimenter. 8. Braunschweig 1808.

— f. die Infanterie, d. Dienst in Garnison, Polizei rc. betreff. 8. Braunschw. 809. Vieweg. 8 ggr.

Reglement für die eidgenössische leichte Infanterie. Zürich 1821. 8°.

Reglement, an die gantze königliche preussische Infanterie, anlangend die Evolutiones und Chargirung, ingleichen wie der Dienst im Felde und Guarnison bey der gantzen Infanterie geschehen soll, und wornach sich die Feld-Marschals, Generals, Gouverneurs, Commandanten, Obristen oder Commandeurs von denen Bataillons, und die sämmtliche Officiers von der Infanterie, zu verhalten haben. Gegeben und gedruckt, Potsdam den 28. Februarii anno 1714. (Abschrift auf 125 Folioblättern.) Fol. 1714.

**Reglement für die Kgl. Hannov. Infanterie über die Ausbildung für den Felddienst. Hannover 1865. 8°.**

**Reglement für die hess. Infanterie. Cassel 1754. 8°.**

**Reglement für die Inf., Cav. u. Feld-Art. Wien 1757.**

**Reglement vor die Kgl. Preuß. Infanterie. Potsdam 1726. 8°.**
Dass. Berlin 1743.
Dass. 1750.
Dass. 1766.
Dass. 1773. (Mit) Anh. 1779.
Dass. 1788.
Dass. T. 9. Umarbeitung 1817.

**Reglement für die Kgl. Preuß. leichte Infanterie. Berlin 1788. 8°.**

— — vor die königl. preussische Infanterie, worin enthalten die Evolutions, das Manual und die Chargirung, und wie der Dienst im Felde und Guarnison geschehen soll, auch wornach die sämmtliche Officiers sich sonst zu verhalten haben. Desgleichen wie viel an Tractament bezahlet und davon abgezogen wird, auch wie die Mundirung gemachet werden soll. Ordnunghalber in 12 Th., ein jeder Theil in gewisse Tituls, ein jeder Titul in gewisse Articles abgefasset. (Mit 1 Tabelle.) Gegeben und gedruckt Potsdam den 1. Martii 1726. kl. 8. 1726.
— 8. Berlin 1743.
— (Abdruck des Reglements vom Jahre 1743.) 8. Wien 1750.
(Abdruck des Reglements vom Jahre 1743.) 8. Wien 1785.

**—der Preuß. Infanterie, u. wie die Dienste im Felde u. in der Garnison geschehen sollen. 8. Frankf. a. M. 750. (Schäfer); (a. Chr. Fr. Günther in Glogau). 1 ℔ 8 ℋ**

**— d. preuß. Infanterie. u. wie die Dienste im Felde und in der Garnison geschehen sollen. 8. Ebend. 751.**

Reglement für die römisch-kaiserlich-königliche Infanterie, Cavallerie und Feld-Artillerie. Art. I. Von Bequartierung der Militz und Service-Entwurf für die in teutschen Erblanden bequartierten Truppen. Art. II. Von der Verpflegung der Militz-, Zahlungs- und Natural-Entwurf. Art. III. Von jenem, was auf dem Marsch zu beobachten. Art. IV. Wie es respectu obiger Punkten in dem Königreich Hungarn etc. zu halten. Art. V. Von der Vorspanns-Abreich- und Bezahlung. Art. VI. Von Einschränk- und Bestraffung deren Excessen. Art. VII. Von Regiments- und Privat-Schulden. Art. VIII. Von hinkünftiger Recrout- und Rimontirungs-Norma, was in Sterbfällen denen Officiers der kaiserl. königl. Ingenieurs-Corpo etc. vorgekehret werden solle, wie der Invaliden-Soldaten insgemein versorget werden sollen. Von denen ordentlich verabschiedeten. 4. Anno 1757.

**—f. die Röm. k. k. Infanterie, Cavallerie u. Felbartillerie. 4. Frkf. a. M. 757. (Schäfer). 6 ℋ**

**— f. d. röm. k. k. Infanterie, Cavallerie u. Feldartillerie. 4. Frkf. Eßlinger. 758.**

Reglement für die königlich-sächsische Infanterie zu den Uebungen in geschlossener Ordnung. 1826.
8. Dresden, den 19. Januar 1826.

Reglement f. d. Inf. ü. Verhalten i. kleinen Krieg u. ü. Ausbildung f. d. Felddienst. Hannover 1865.

Reglement f. d. Inf.-Frontdienst. T. 3 (Batl.-Schule). 4 (Rgts- u. Brig.-Schule). Hannover 1889.

Reglement für das K. K. Ingenieur-Corps. Wien 1829. 4°

**Reglement für das Kgl. Preuß. Ingenieur-Corps. Berlin 1790. 8°.**

**Reglement** vor die Ingenieurs und Feldmesser bey der Königl. Neumärckschen Krieges- und Domainen-Cammer. [Dat.:] Berlin den 20. Aug. 1779. Cüstrin (1779). **fol.**

**Reglement** wegens de inrigting, van het justitie-weezen, by de ondergerichten, in Zyne Koningl. Majesteits aandeel in het Hertogdom Gelder. [Dat.:] Berlyn den 21. Juny 1786. **fol.**

Die Schießvorschrift der französischen Infanterie von 1905. (Vorschrift über Die Ausbildung d. Infanterie im Schießen ⟨**réglement** sur l'instruction du tir de l'infanterie⟩. Genehm. v. Kriegsminister unterm 31. Aug. 1905.) Übers. u. eingel. durch [Kurt] v. Knobloch, Hauptm. Berlin: Zuckschwerdt & Co. 1906. (XXIV, 106 S.) 8° [F.] 1‹6. 19133

Die französische Schießvorschrift für die Infanterie vom 31. Aug. 1905 (**Règlement** du 31 août 1905 sur l'instruction du tir de l'infanterie), in d. wesentl. Punkten übers., erl. u. mit d. deutschen Schießvorschrift ⟨Entwurf v. 2. Nov. 1905⟩ verglichen von [Fritz] Immanuel, Major. Mit 7 Abb. Berlin: Liebel 1906. (63 S.) 8° 1‹7. 1370

**— — und Instruction über den Gesundheitsdienst bei der eidgenössischen Armee. Bern 1861. 8.**

Notasyl der Gemeinde Bern, Stadt Bern. Reglement, Instruktion und Hausordnung. (1901 Februar 8 u. 1902 Juni 2.) 11 + 8 + 11 S. Bern, Büchler & Co.

***Locle:* Règlement interieur de la Loge de St. Jean Les Vrais Frères Unis à l'Or. de Locle. Décembre 1882. Bern 1883: Haller. 35 S. 8°.**

Reglement für das Invalidenhaus zu Strausberg. Berlin 1792. 4°.

Reglement für die Invaliden-Compagnien. Berlin 1788. 8°.

**Reglement für die mit Allerhöchster Entschließung vom 15. Februar 1854 restaurirte k. k. medizinisch-chirurgische Josefs-Akademie. 4. (IV, 58 S.) Wien. Aus der k. k. Hof- und Staatsdruckerei. 1854.**

Stadtturnverein Schaffhausen. Reglement für die Jugendriege. (1902 April 29.) 2 S. 8.

**Reglement** wegen der zu Erhaltung einer besseren und unpartheyischen Rechts-Pflege auf den Königlichen Aemtern von Trinitatis 1770 an angeordneten beständigen Justitz-Aemtern im Hertzogthum Magdeburg. [Dat.:] Berlin den 26. May 1770. Magdeburg (1770).

**Reglement** wegen der Justiz-Verwaltung im Großen-Marienburger Werder. [Dat.:] Berlin, den 29. May 1773. Marienwerder [1773]. **fol.**

**Reglement** f. d. Kadetten-Anstalt der hannov. Armee. Hannover 1856. 61 S.

**Reglement** der Kantons- und Universitätsbibliothek (Freiburg, Schweiz). Freiburg [1909]: St. Paulusdr. 8 S. 8° [Kopft.] 1‹o. 3696

**Berlin, Reglement über das Kassenwesen bei den Truppen. Vom 28. Januar 1841. Berlin 1841.**

Reglement ü. Kassen-Wesen b. d. Truppen. München 1872. 1881.
— — 1894: Entw. z. Kassenordnung f. d. Truppen.
— — 1897: Vorschrift.

Nachträge z. d. Reglement ü. d. Kassen-Wesen b. d. Truppen. Berlin 1877.

— über das Kassen-Wesen bei den Truppen vom 28. Jan. 1841. Nachträge hierzu, sowie zu den speziellen Bestimmgn. d. Kriegs-Ministeriums zu diesem Reglement. 8. (52 S.) Ebd. 887. n. — 60

— f. die königl. Baier. Kavallerie. 8. Landsh. 811. Krüll. 8 kr.

Reglement f. d. königl. baiersche Cavallerie. 8. Landsh. Krull. 812. Rthlr.

Reglement für die königlich-bayerische Cavallerie. München (1813).

— f. d. Kavallerie, f. den Dienst im Felde im Großherzogth. Baden. 8. Karlsr. 813. Müller. 18 kr.

Reglement für die eidgenössische Cavallerie. Zürich 1823. 8°.
Dass. u. d. T.: Exerzier-Reglement der schweizer. Kavallerie. Aarau 1878.

— für d. franz. Cavallerie, aus dem Französ. gr. 8. Züllichau, Darnmann. 801.

— f. die Französ. Kavallerie; aus d. Französ. gr. 8. Züllich. 801. (Michelsen in Leipz.) 1 fl.

Reglement für die Kgl. Hannov. Cavallerie über die Dienstverrichtungen des kleinen Krieges. Hannover 1839. 8°.

Reglement für die Hessische Cavallerie. Cassel 1755. 8°.

— für die Cavallerie der National-Garde. 8. (8 S.) (Wien 848, Gerold.) n. 4 ngr

Reglement für die Kgl. Preuß. Cavallerie im Felde. Potsdam 1790. 8°.

— f. die Preuß. Kavallerie u. Infanterie. 2 Thle. 8. Brem. 776. N. A. 785. (Wien, Trattner). 1 fl.

— — für die königl.-preussische Cavallerie worinn enthalten der Dienst im Felde und in der Garnison; auch wornach die sämmtlichen Offiziere sich sonst zu verhalten haben; desgleichen wie viel an Traktament bezahlet, und davon abgezogen, auch wie die Montirung gemacht werden soll. (Mit zwei Beilagen. Theilweise geänderter Abdruck des Reglements vom Jahre 1750.) 8. Wien 1785.

— — für sammtlich-Kaiserl. königl. Cavallerie. 1. Th. Escadrons-Reglement. 2. Th. Regiments-Reglement. Signirt: Maria Theresia und Moritz Graf Lacy. (Gedruckt.) 4. Wien 1769.

Reglement für die sammentliche kais. königl. Cavallerie. Signirt: Joseph und Andreas Graf v. Hadyk. (Mit 1 Taf.) (Manuscript.) Beigeb.: Musikalische Feldstücke für die k. k. Cavallerie-Regimenter. Fol. Wien 1784.

Reglement f. d. sämmtl. Kaiserl. Königl. Kavallerie, v. Graf Lascy. gr. 8. Berl. 786. (Nauck.)

Reglement vor die Cav.-Rgter. Berlin 1743. 1750.

— vor die königl. preussische Cavallerie-Regimenter. Worinn enthalten: Die Evolutions zu Pferde und zu Fuss, das Manual und die Chargirung, und wie der Dienst im Felde und in der Guarnison geschehen soll, auch wornach die sämtlichen Officiers sich zu verhalten haben. Desgleichen wie viel an Tractament bezahlet und davon abgezogen wird, auch wie die Mondirung gemacht werden soll. Ordnung halber in 9 Theile, ein jeder Theil in gewisse Tituls, und ein jeder Titul in gewisse Articuls abgefasset. Gegeben und gedruckt. Berlin den 1. Junii 1743. (Mit einem Anhang: „Ordre zur Erhaltung der Subordination bey der Armee" und zwei Beilagen.) 8. 1743—1744.

Reglement vor die Kgl. Preuß. Cavallerie-Regimenter. Berlin 1743. 8°. (Verm. Jähns.)
Dass. 1750. 1764.

— f. d. königl. preuß. Cavallerieregimenter. 8. Leipz. 762.

Reglement f. die Classification v. eisernen u. stählernen (See-) Schiffen. Hrsg. vom Germ. Lloyd. 1898. Lex.-8. (XXVII, 213 S. m. Fig. u. 1 Tab.) Rostock 898. (Berlin, W. H. Kühl.) Kart. n. 11. —

German. Lloyd. Reglement für die Classification und Vorschriften für den Bau und die Ausrüstung von hölzernen und Composit-Schiffen. 1900. *Rostock i. M. 1900: Adler's Erben.* (VIII, 87 S.) 8° [oo. 9031]

—— desgl. — v. hölzernen Schiffen. 4. (VIII u. S. 221—290.) (Ebd.) 891. cart. ** 3 —

Germanischer Lloyd, Reglement für die Classification etc. von eisernen Schiffen. Rostock 1877 u. 96. 8° u. 4°.

—— desgl. — v. eisernen u. stählernen Schiffen. 4. (XIV, XXXIII—LI, 220 S.) (Ebd.) 891. cart. ** 8 —

— f. d. Classification u. Vorschriften f. d. Bau u. d. Ausrüstg. v. eisernen u. stähl. Schiffen der Sund- u. Wattfahrt, sow. d. Binnenfahrt. Hrsg. v. German. Lloyd. 1898. Lex.-8. (VI, 59 S. m. Fig. u. 1 Tab.) Rostock 898. (Berlin, W. H. Kühl.) Kart. n. 6. 70

—— für die Classification u. Vorschriften f. den Bau u. die Ausrüstung v. Schiffen u. Maschinen. Hrsg. vom German. Lloyd. 1891. 4. (XIV, XXXIII—LXIX, 288 S.) Rostock i. M. 891. (Berl., Mittler u. Sohn.) cart. ** 10 —

—— desgl. — v. See-, Watt- u. Fluss-Schiffen. 4. (XXXI, 338 S. m. Abbildgn.) Berl. 892, (W. H. Kühl). cart. * 13 50

— dasselbe v. eisernen u. stählernen See-, Watt- u. Fluss-Schiffen. Hrsg. vom German. Lloyd. 1894. 4. (XXVII. 14 S., S. 33—191, 247—345 u. 16 S. m. Abbildgn.) Rostock. (Berlin, W. H. Kühl.) Kart. n. 13.50

Reglement für das academische Consistorium in Kiel, Anordnung wegen Einrichtung eines engeren Consistorii bei der Universität zu Kiel und Curatelschreiben betr. die Rectoratswahl bei derselben Universität. Abdruck für die Mitglieder des academischen Consistorii. Kiel. 1845. 8°

Consularbeamten, Reglement f. d. schweiz. 1875.

—— für die telegraphische Correspondenz im deutsch-österreichischen Telegraphen-Verein. Amtliche Ausg. gr. 8. (20 S.) Berlin 858, Decker'sche geheime Ober-Hofbuchdruckerei. *

Reglements für die telegraph. Korrespondenz im Deutsch-Oester. Telegraphen-Verein und für die Benutzung der Preußischen Eisenbahn-Telegraphen zur Beförderung von solchen Depeschen, welche nicht den Eisenbahndienst betreffen. Vom 1. Januar 1862. Amtliche Ausgabe. Berlin, Decker. 1862. (2½ Bog.)

Reglement für die telegraphische Korrespondenz im Deutsch-Oesterr. Telegraphen-Verein. Amtliche Ausgabe. Berlin, Decker. 1863. (1½ Bog.) 8.

[*Kopft.*] [*S.*] **Reglement** des academischen Kranken-Vereins. (*Am Ende:* Bonn den 12 Apr. 1858. Rektor und Senat der Königl. rheinischen Friedrich-Wilhelms-Universität.) (Bonn, gedr. bei C. Georgi 1858). 3 S. 8. ¶ *S. 3:* Indem wir vorstehendes Regl. von neuem zur Kenntniss bringen *etc.* Ein früherer Druck ist nicht nachzuweisen.

Freiwilliger Krankenverein in Burgdorf. Reglement. (1901 August 2.) 6 S. 8.

**Reglement** betreffend den Kreis-Wegebaufonds (des Kreises Randow). *(Stettin 1902: L. Pasenow.)* (2 Bl.) 4° [Kopft. F.] [03. 2080 9

— — standhaftes Kriegs-Dienst- und Exercir etc. siehe Kriegs-Dienst- u. Exercir-Reglement.

Reglement für die k. k. Kriegsschule (Lithogr.). Fol. Wien 1853.

Reglement für die Kriegsthätigkeit des bayerischen Vereines zur Pflege und Unterstützung im Felde verwundeter und erkrankter Krieger. München 1870. 8.

Reglement für die eidgenössische Kriegsverwaltung (1845). 2 Theile. Zürich und Bern 1846 u. 1864. 8.

Krippe in Klein-Basel. Reglement. 1902 Mai. 1 S. 4.

**Reglement für die Kürassier- und Dragoner-Regimenter der Kgl. Preuß. Armee.** Berlin 1796. 8°.

Kurpfälzisches Reglement v. 17. 12. 1763. Mannheim 1764.
(Exerzieren, Garnison- u. Wachtdienst, Felddienst u. a.)
— — 1776: V. J. 1775. Kriegsreglement, Abt. 1. T. 1—3. (Mehr nicht erschienen.)
— — 1778. 1779: V. J. 1778. Abt. 1. T. 1—3. Mit Anh. (Mehr nicht erschienen.)
— — München 1793: V. J. 1793.

**Reglement [!] adopté par la R.·. L.·. de la sincère Amitié. O.·. du 15e régiment d'infie légère. Pour servir à la direction et à la régularité de ses travaux. Francfort s. l. M. 1810. 71 S. 8°**

*Köln:* **Réglemens** [!] de la L.·. du Secret des trois rois à l'O.·. de Cologne adoptés dans ses travaux du 5e jour du 7e mois de l'an de la V.·. L.·. 5811. Cologne [1811]: Thiriart. 89 S. 8°

Töchter-Fortbildungsschule Lachen. Reglement. (1903 Januar.) 3 S. 8.

Reglement für das platte Land des *Fürstenthums Halberstadt* vom 8. Oct. 1770.

**Reglement** der Schleswig-Holsteinischen Landesbrandkasse in Kiel. (Kiel. 1899.) 8°.

— für die öffentlich anzustellenden Land-[Feld-]messer vom 2. März 1871, nebst Abänderg. dieses Reglements vom 26. Aug. 1885. 8. (16 S.) Berlin 886. v. Decker. n. — 20

Reglement für das Landjäger-Korps des Kantons Zug. Vom 29. Christmonat 1870. 24 Stn. 8.

**Reglement** für d. Ostpreuss. Landschaft. M. Suppl. Königsberg 881.

— der Pommerschen Landschaft von 1781, revidirt von den in den Jahren 1847, 1850 u. 1857 gehaltenen General-Landtagen. Bestätigt mittelst Allerhöchster Kabinets-Ordre vom 26. Oktbr. 1857. Stettin 859. Cartellieri. Fol. (51 S.) n. 1 ₰ 10 ngr.

— der Pommer'schen Landschaft von 1781 nebst allen späteren Ergänzgn. Stettin 872. Amtlich.

**Reglement** der Pommerschen Landschaft von 1781 rev. von den in den Jahren 1847, 1850 und 1857 gehaltenen General-Landtagen . . . Neu rev. u. erg. . . . 1888 . . . mit den vom General-Landtage . . . von 1899 beschlossenen Abänderungen. Stettin 1900.

— der Westpreußischen Landschaft von 1787, rev. von dem im J. 1850 gehaltenen General-Landtage. Nebst Allerhöchstem Erlaß. Vom 25. Juni 1851. gr. 8. (48 S.) Berlin 851, Decker. 1/4 ₰

— der westpreußischen Landschaft von 1787, revidirt von dem im Jahre 1850 gehaltenen General-Landtage, allerhöchst bestätigt den 25. Juni 1851. Mit Zusätzen u. Anmerkungen nebst einem Anhang, enthaltend die Abschätzungs-Grundsätze, die Sequestrations-Ordnung, die Gebühren-Ordnung u. die Kassen-Ordnung. Marienwerder 870. (Levysohn.) gr. 8. (150 S.) n. 1 ₰ 10 ngr.

— d. Westpreuss. Landschaft von 1787 nebst allen späteren Ergänzungen. Marienwerder 883. Amtlich.

**Reglement** d. westpreuss. Landschaft v. 1787. M. Anm. u. Statut d. Neuen Westpreuss. Landschaft v. 3./5. 61. Marienwerder 890.

**Reglement** der Westpreußischen Landschaft von 1787. rev. von d. im J. 1850 gehalt. General-Landtage. Allerhöchst bestätigt d. 25. Juni 1851. (Gesetz-Samml. 1851, S. 523.) Mit Zusätz. u. Anm. nebst e. Anh. . . Hrsg. von der Kgl. Westpreuß. General-Landschafts-Direktion. [Nebst] Nachtr. Marienwerder 1904. 8°

**Reglement von La Trappe,** des hochwürdigen Vaters Dom. Johannes Le Bouthillier von Rancé. Durchgesehen vom General-Capitel der Congregation. Ins Deutsche übersetzt und herausgegeben von P. Dom. Bonaventura. gr. 8°. (XII, 419 S.) Graz, Moser. Nur fest. fl. 2.50. 1887.

Reglement für das königlich- militairische Lazareth. Stralsund 1793. 62 S. 8°

Handelsschule des Kaufmännischen Vereins Schaffhausen. Reglement. Lehrplan und Lehrziele. (1901 März 28.) II + 14 S. 8. Schaffhausen, H. Meier & Cie., 1901.

[J.] **Reglement,** Lehrplan und Prüfungsordnung für die Landwirthschafts-Schulen nach den Aenderungen vom 15. November 1892. Samter, M. Krügers Buch- u. Steindr., 1894; 1—8 S. 4.
Samter, Landwirthschafts-S, OP 1894**

Lehrtöchterfond, gestiftet von Kaspar Appenzeller 1864 (verwaltet vom Staate Zürich). Reglement. ⟨Vom 9. Januar 1902.⟩ 6 S. 8.

Reglement zu dem Leichenbegängnisse Sr. Höchstseligen Majestät, Friederich des Zweyten, Königs von Preussen, so zu Potsdam gehalten werden soll. Gegeben zu Berlin, den 3ten September 1786. Berlin, gedruckt bey G. J. Decker, Königlicher Hofbuchdrucker. 8.

— de la Duchesse de Liancourt donné à Mad. de la Roche Guyon, pour sa conduite etc. 8. Dresde, Walther. 781.

*Bern:* **Reglement** der Loge zur Hoffnung im Or. Bern. Bern 1869: Jent & Reinert. 46 S. 8°

**Réglemens** [!] de la R.·. L.·. de la Constance, à l'O.·. d'Aix-la-Chapelle. [Aachen] 1802: Beaufort. V, 127 S. 8°

*Osnabrück:* **Réglement** [!] de la R.·. ▭.·. française St. Jean, sous le titre distinctif de l'Etoile anséatique à l'O.·. d'Osnabruck, département de l'Ems supérieur. Adopté le 31^e^ J.·. du 8^e^ M. . de l'an de la V.·. L.·. 5812. Osnabruck [1812]: Koch. 87 S. 8°
Sehr selten.

*Speyer:* **Réglement** [!] de la R.·. ▭.·. de St Jean, sous le titre distinctif de la grande Famille à l'O.·. de Spire. Spire 1811: Kranzbuhler. 99 S. 8°

*Weissenburg:* **Règlement** de la R.·. L.·. de la Triple Union duement constituée à l'O.·. de Wissembourg. [Weissenburg 1806.] 55 S. 8°

— f. d. kön. Lyceum zu Warschau. Fol. Leipz. 804. (Rein). 8 gr

Ihro Kgl. Maj. in Schweden gnädiges Reglement, wornach Dero Orlogs-Schiffe . . . sich währendem Kriege wider Rußland zu richten haben. Stockholm. Aus d. Schwed. o. O. 1741. 8°.

**Sr. Königl. Maj. gnädiges Reglement, wie es m. dem Anfbringen zur See gehalten werden soll. Gegeben Amphion, vor Anker auf d. Rhede zu Helsingfors, d. 8. Juli 1788.**

Sr. Königl. Maj. in Preußen Allergnäd. neu-approbirtes Reglement u. Verfassung des gantzen Accise-Wesens in Dero Chur-Märckischen u. incorporirten Städten diess- u. jenseits der Oder u. Elbe, exklusive Berlin. (De dato Berlin, d. 29. Dezember 1736.) o. O. 1736.

Reglement Sr. Königl. Maj. in Preussen und Churfürstl. Durchl. zu Brandenburg etc. für Husaren-Regimenter. 8. Berlin 1752.

Reglement für die Bundesfestung Mainz. o. O. (1832). 4°.

— sur les Manoeuvres et les Evolutions des Batteries attelées, approbé par le Roi le 12 mars 1836. (Mit 1 Musikbeilage.) 32. Paris et Strasbourg 836. Levrault. 1/4 ℛ

— le même. Planches (des Manoeuvres d'une batterie) qu. gr. 8 le même 836. 5/24 ℛ

— le même. Titre II. Evolutions de batterie. 32. le même 837. 1/4 ℛ

— le même. Planches des Evolutions de batterie. (23 Steintafeln.) le même 837. 5/12 ℛ

Reglement über das Marketender-Wesen. Berlin 1875. 8°.

Reglement über das Marketender-Wesen. München 1875. 8.

Reglement ü. Marschgebührnisse b. Einberufungen . . . sowie b. Entlassungen. Berlin 1883.

Samariterverein von Interlaken und Umgebung. (Interlaken, J. Aemmer.)
Reglement über die dem Samariterverein ... angehörenden Materialien, deponiert auf den Posten. (1903 Mai 5.) 1 S. fol.
Statuten. (1903 Mai 5/Juni 2.) 8 S. 8.

Reglement Der Hohen Mediation, Ihro Königl. Majest. in Franckreich, Und der beyden Hochlobl. Ständen Zürich und Bern, Durch Dero ... Ehren-Abgesandte, Zur Pacification, Der in der Republic Genff Entstandenen Unruhen errichtet, Samt dem von Tit. Hrn. Syndic (Francois) Calendriny ... gehaltenen Discours, und der ... über diß Reglement ergangener Erkantnuß, den 6. May 1738. 4. *o. O.*

Reglement über den Medizinal-Dienst in der königl. sächsischen Armee. 8. Dresden 1841.

Reglement über den Medicinaldienst bei den Pferden. Als Anhang zu dem Militär-Sanitäts-Reglement. 8. Darmstadt 1821.

[*Kopft.*] [f.] **Reglement** über die Meldung der Studirenden zu den Vorlesungen und die Bezahlung des Honorars auf der Königl. Friedrich-Wilhelms-Universität zu Bonn. [Vom 10 Sept. 1831.] (*Am Ende:* Bonn den 6 Okt. 1831. Rektor u. Senat *etc.*) [Bonn, gedr. bei C. Georgi 1831.] 11 S. 8. ¶ Wieder abgedr. bei Koch, Preuss. Univ. II 1840 S. 278 ff. Nachtrag s. beim J. 1832.

[*Kopft.*] [f.] **Nachtrag** zu dem **Reglement** über die Meldung der Studirenden zu den Vorlesungen und die Bezahlung des Honorars auf der königl. Friedrich-Wilhelms-Universität zu Bonn d. d. Berlin 10 Sept. 1831, bewirkt durch den Antrag des academischen Senats vom 22 Jan. 1832. (*Am Ende:* Bonn d. 7 May 1832. Rector u. Senat *etc.*) [Bonn, gedr. bei C. Georgi 1832.] 1 Bl. 8. ¶ Wieder abgedr. bei Koch, Preuss. Univ. II 1840 S. 290. — D. Reglement selbst s. beim J. 1831.

[*Kopft.*] [f.] **Reglement** über die Meldung der Studirenden zu den Vorlesungen und über die Entrichtung des Honorars auf der Königl. Friedrich-Wilhelms-Universität zu Bonn. (*Am Ende:* Berlin, d. 31 Dec. 1847.) (Bonn, gedr. bei C. Georgi) [1848]. 14 S. 8.

[*Kopft.*] [f.] **Reglement** über die Meldung der Studirenden zu den Vorlesungen und über die Entrichtung des Honorars auf der Königl. Friedrich-Wilhelms-Universität zu Bonn. (*Am Ende:* Berlin, d. 31 Dec. 1847.) (Bonn, gedr. bei C. Georgi) [1850]. 14 S. 8. ¶ Wohl Neudruck d. Ausg. v. 1848.

**Reglement** über die Meldung der Studirenden zu den Vorlesungen, so wie über die Entrichtung, die Stundung und den Erlaß der Honorare (dat.: Berlin, den 6. November 1844). Breslau [1844]. (8 S.) 4° [F.]

Reglement über die Meldung zu den Vorlesungen, sowie über Entrichtung, Stundung und Erlass der Honorare auf der Königlichen vereinigten Friedrichs-Universität Halle-Wittenberg. [Am Ende:] Berlin, den 8. April 1865. Der Minister der geistlichen, Unterrichts- und Medicinal-Angelegenheiten. v. Mühler. (Halle 1865: Hendel.) 7 S. 4° [Kopft.]

**Reglement** über die Meldung der Studirenden zu den Vorlesungen, sowie über die Entrichtung, die Stundung und den Erlaß der Honorare (vom 6. Nov. 1844). (Breslau) [um 1866.] (2 Bl.) 4° [Kopft., F.]

**Reglement** über die Meldung der Studirenden zu den Vorlesungen, so wie über die Entrichtung, die Stundung und den Erlaß der Honorare. Breslau 1872. (8 S.) 4° [F.]

Reglement über die Meldungen zu den Vorlesungen ... [Am Ende:] Der Minister der geistlichen-, Unterrichts- und Medicinal-Angelegenheiten (usw.). Dat. Berlin 19. Jan. 1872. 8 S. 8° [Kopft.]

Königliche vereinigte Friedrichs-Universität Halle-Wittenberg. [Reglements.] 1. Reglement über die Meldung zu den Vorlesungen, sowie über Entrichtung, Stundung und Erlass der Honorare. 2. Nachrichten über öffentliche Unterstützungen zu Gunsten der Studirenden. 3. Reglement über die Verwaltung einer Hand-Bibliothek für die Studirenden. 4. Auszug aus den Statuten des Universitäts-Lese-Vereins. 5. Auszug aus den Gesetzen für die Studirenden. (Halle [zwischen 26. Juli 1876 und 27. Sept. 1878]: Hendel.) 48 S. 8°

— militaire. 12. Brschw. Pluchart.

— f. die Militär-Akademie zu St. Petersburg; aus d. Russisch. übers. v. W. v. Ulrich. St. Petersb., J. Brieff. 3 Rub. 75 Kop.

Reglement für die k. k. Theresianische Militär-Akademie zu wienerisch Neustadt. (2 Thle. in 1 Bd.) 8. Wien 1775.

Reglement f. d. Militär-Bildungs-Anstalten. Wien 1859. 4°

Reglement für das k. k. Militär-Lehrer-Institut. (Lithogr.) Fol. 1854.

**Reglement für die Militair-Schule in Oldenburg. Oldenburg 865. (Schulze'sche Buchh.) gr. 8. (32 S.) 6 ngr.**

Reglement f. d. Militär-Thier-Arznei-Institut. Wien 1857. 4°

Reglement für das k. k. Militär-Thierarznei-Institut in Wien. (Zur Circular-Verordnung vom 30. Juni 1871, Präs. ad Nr. 2065, N.-V.-Bl. 30. St.) 4. Wien 1871.

— — für den Militär-Transport auf der Main-Neckar-Eisenbahn. Darmstadt 1855. 8.

Reglement f. d. Militärtransport a. d. Main-Neckar Eisenbahn. Darmstadt 1860. 1865.

— — für den Militärtransport auf den großh. badischen Staats-Eisenbahnen. Karlsruhe 1859. 8.

Reglement über Militärtransporte auf den schweiz. Eisenbahnen und Dampfschiffen. Vom Bundesrate genehmigt den 1. Juli 1907. Gültig vom 1. August 1907 an. [Mit 5 Formular-Beilagen.] II + 69 S. 8. [Bern, Stämpfli & Cie.]

Reglement für das Mineur-Corps. Berlin (1789). 8°.

Reglement für die Mitglieder des Lollfußer Armen-Collegii und den Geschäftsgang in demselben. Schleswig. 1848. 8°

Reglement für die Mobiliarkasse der Zürcher Kantonalbank. (Entwurf). 5 Stn. 8. 1871.

**Reglement**, nach welchem in den Königlichen Staaten, jedoch mit Ausschluß des souverainen Herzogthums Schlesien und der Grafschaft Glatz, bey Ergänzung der Regimenter mit Einländern, in Friedenszeiten verfahren werden soll. [Dat.:] Berlin, den 12. Febr. 1792. fol

Reglement, nach welchen die ständige Zehrungen in Forst- und Jagd-Sachen ingleichen Schuss-Geld und dergleichen in der Darmstädter Forst-Rechnung passiren sollen vom 16. März 1776. - Darmstadt 1776

— nach welcher sich gesammte kais. Infanterie gleichförmig zu achten hat. 4. Wien. 737.

— über den Nachweis der Befähigung als Seeschiffer u. Seesteuermann auf deutschen Kauffahrteischiffen, üb. das Prüfungsverfahren und über die Zusammensetzung der Prüfungs-Kommissionen, vom 25. Septbr. 1869 u. 30. Mai 1870, nebst den Ausführungs-Verordngn. d. königl. preuß. Handels-Ministerii vom 11. Juli 1870 und der Reichs-Verordng. vom 23. Decbr. 1871, zur Verhütg. d. Zusammenstoßens der Schiffe auf See. gr. 8. (60 S.) Berlin 872. C. Heymann's Verl. 1. —

Reglements, Des, für unsere geworbene und National-Infanterie. 1. Th. Von dem Exercieren und denen Evolutions. Hiezu: Tabellen worinnen die vorgeschriebenen sämmtlichen Evolutions unter gewissen Zeichen vorgestellt und erkläret sind. 2. Th. Von dem Dienst im Felde. 3. Th. Von dem Soldaten überhaupt, und eines jeden Pflichten; Von der Montirung, und dem Anzuge; Von dem Ceremoniel, und sonst gewöhnlichem Dienste; Wie auch von den Regiments- und Compagnie-Büchern, Protocollen, Journalen, Rollen, Listen, Attesten, Pässen, Abschieden, Quittungen und Berechnungen etc. Anhang zu denen Allergnädigst emanirten drey Theilen des Reglements. (4 Bde. Text in 8. und 1 Bd. Tabellen Qu. Fol.) Copenhagen 1740—1754.

**— über die Natural-Verpflegung der Armee im Kriege. Berlin 859. Mittler's Sortbhlg. (Bath.) gr. 8. (VIII, 63 S.) n. 5 ngr.**

— über die Natural-Verpflegung der Armee im Kriege. Berlin 867. Bath. gr. 8. (VIII, 59 S.) 6 ngr.

Reglement über die Naturalverpflegung der Armee im Kriege, vom 28. März 1873. München. 8.

**— über die Natural-Verpflegung der Truppen im Frieden. Berlin 858. Decker. gr. 8. (VIII, 104 S.) n. 10 ngr.**

— — über die Naturalverpflegung der Truppen im Frieden. Vom 5. November 1875. München. 8.

—— über die Naturalverpflegung der Truppen im Frieden. gr. 8. (VIII, 130 S.) Berlin 883, Bath. **

**—— über die Naturverpflegung der Truppen im Frieden. gr. 8. (VIII, 146 S.) Berlin 888, Mittler und Sohn. ***

**— d. neue, üb. die Waaren-Schutzmarken. Unoffiz. Ausg. 8. (14 S.) St. Petersburg 896. (H. Schmitzdorff.) n. — 40**

**— neues, der Billard-Spiele. Berl., Krause. 16 gr.**

**Reglement, Neues königl. Schwedisches,** für das Fussvolk; aus dem Schwedischen. Göttingen 1782. Ü: *Kleine, Ludwig von.* (MGT) (Rotermund, Gel. Hannover. Bremen 1823.)

Neues **Reglement**, betr. die Verbesserung desJustitz-Wesens in dem Hertzogthum Magdeburg u. Fürstenthum Halberstadt. [Dat.:] Berlin. den 3. 3. 1739.

Neues **Reglement** betr. die Verbesserung und Verkürtzung der Justitz in dem Hertzogthum Kleve und der Graffschafft Marck. [Dat.:] Berlin, den 15. April 1739. fol.
[Beigedr.:]
**Reglement** vor die Unter-Richter in dem Hertzogthumb Cleve und der Graffschafft Marck. [Dat.:] Berlin, den 19. April 1739. Cleve (1739). fol.
[Sammelbd enth.:] fol.
[1.] **Instruction** vor das Regierungs-Collegium. [Dat.:] 20. Aug. 1749.
[2.] **Sportul-Ordnung** vor die Clevische Regierung und Subalternen.
[3.] **Instruction** vor die Untergerichte, nebst der Sportul-Ordnung vor die Unter-Richter. [Dat.:] 23. Aug. 1749.
[4.] **Instruction** vor die Advocaten derer Ober- und Unter-Gerichte nebst derer Sportul-Ordnung. [Dat.:] 23. Aug. 1749. Cleve (1749).

Neues Reglement, die Verpflegung des k. k. General-Staabs und anderer Militär-Parteyen betreffend. Wien 1762. 8°.

— neuestes, f. d. sämmtl. k. k. Cavallerie. gr. 8. Berlin, Unger. 785.

Neustes Reglement für die sämmtliche K. K. Kavallerie, entworfen unter der Aufsicht des ... Grafen von Lascy. Berlin 1786. 8°.

— neuestes, für Passagier-Effekten nebst Pass-Regeln an der russischen Grenze. 16. (16 S.) Danzig 882. Verl. d. Internationalen Anzeigers für Industrie, Handel u. Verkehr [R. Epstein]. n.n. — 25

— neuestes, königl. schwed., f. d. Fußvolk, a. d. Schwedisch. m. K. 8. Gött. Dieterich. 782.

— neuestes, königl. schwedisches, von Hrn. v. Hessenstein. m. K. 8. Dresd. Walther. 786.

— neuestes, der Russ. kaiserl. Truppen zu Pferde u. zu Fuß. Mit Kpf. gr. 8. Kopenh. 776. Proft. 1 ℛ 16 ℊ

Notasyl der Stadt Bern. Reglement. (1901 Februar 8.) 8 S. 8.

— nouveau, et nouvel état de l'Academ. impérial des sciences à St. Petersbourg. 8. St. Petersb. 803. Acad. B. 1 ℛ

— der bernischen Trinkerheilstätte „Nüchtern". Bern 1890. 6 S. 8°.

Reglement für die Ober-Landes-Justitz-Collegia wegen künftiger Administration der Sportul-Cassen und der dabey zu beobachtenden Rechnungsführung. Berlin: Decker 1782.

— concernant l'obligation militaire. gr. 4. (159 S.) Strassburg 876. Schultz & Co. n. 4. —

(Université de Lausanne.) Règlement pour l'obtention du certificat d'études françaises. [3 p.] 8. (Lausanne, Charles Pache, [1903].)

— — für das Hernalser Officiers-Töchter-Erziehungs-Institut. 4. Wien 1859.

Reglement für die Kgl. Preuß. Officier-Wittwen-Casse. (Berlin 1792.) 4°.

Reglement und Ordnung, nach welchem sich gesambte unmittelbare Infanterie, in den Hand-Griffen, und Kriegs-Exercitien sowohl, als in denen Kriegsgebräuchen, gleichförmig zu achten haben. Fol. Wien 1737.

—— organique de la principauté de Moldavie. Lex.-8. (23½ B.) New-York 846. (Brüssel, Vogler.)

Fondation Berset-Müller (sur la propriété du Melchenbühl, près de Muri (Berne)). Règlement d'organisation ([arrêté par] le Conseil fédéral suisse.) (Du 16 juillet 1901.) 5 p. 8. [Berne, C.-J. Wyss,] 1901.

Reglement üb. die Organisation d. Feldgendarmerie. Berlin 1869.

Reglement über die Organisation der Feldgendarmerie. Nebst Dienst-Instruction und Dienst-Journal. Berlin 1872. 8.

Reglement ü. Organisation d. Feldgendarmerie. (Mit Dienst-Instruction.) München 1873.

Reglement, neue Organisation u. Dienst des hannov. Landdragoner-Korps betr. Hannover 1822. 42 S.

— sur l'organisation générale de l'armée. 12. Strasbourg. Levrault.

Reglement über die Organisation des Gesundheitsdienstes b. d. eidgenöss. Bundesheere. Bern 1841.

Hochschule Bern. Reglement betreffend die Organisation des Rektorats. (1903 Mai 15/Juni 6.) 3 S. 8.

Organisation du service militaire des chemins de fer. Règlement. (Du 17 mai 1902.) 8 p. 8. [Berne, C.-J. Wyss,] 1902.

Règlement sur l'organisation du service de santé de l'armée fédérale. (30. 7. 1859.) Berne 1860.

Reglement über die Organisation der eidg. Turnfeste u. üb. die Constituirung u. Funktionen des Kampfgerichts. Beschluss der Abgeordnetenversammlung in Olten v. 30. März 1873. 19 Stn. 8. Bern, B. F. Haller. 1873.

Reglement über die Organisation der Eidgen. Turnfeste und über die Konstituierung und Funktionen des Kampfgerichtes, Bern 1878, 1875, 1881, 1893, o. J., 8°. 5 Bde.

Reglement für den Gau Ostpreussen des Verbandes der Deutschen Buchdrucker. *Königsberg 1898: H. Jaeger.* (14 S.) 8° [Fr.] (os. 1093) 10

Reglement f. d. Packhof bei d. Haupt-Steuer-Amte zu Frankfurt a. M. gr. 8. (1¼ B.) Frankfurt a. M. 836, Krug. *
Aus der: Gesetz- u. Statutensammlung, besond. abgedruckt.

*Strassburg:* **Réglement** [!] particulier de la l.·. de la vraie Fraternité à l'O.·. de Strasbourg. [Strassburg 1804.] 87 S. 8°
Nebst Verzeichn. der Mitgl.

Reglement für die Patentprüfungen von Handelslehrern des Kantons Bern. (Vom 21. Februar 1901.) Bern 1901. 7 S. 8°.

Reglement für die Patentprüfungen von Sekundarlehrern des Kts. Bern (16. Okt. 1897). Bern 1897. 16 S. 8°.

Reglement für die Patentprüfungen von Sekundarlehrern des Kantons Bern. Vom 9. Juni 1908. [Bern 1908.] 14 S. 8°.
Bern: Univ.-Schr. 1907/08.
Nicht zur Versendung bestimmt.

— die zur Kriegsausrüstung der Offiziere u. Beamten gehörigen Pferde und die Beutepferde betreffend. Berlin 853. Decker. gr. 8. (8 S.) n. 1 sgr.

Reglement für die Pferderennen in der Schweiz. ([Erlassen durch] Die Revisionskommission der schweiz. Renngesellschaften. 1902 Dezember 13/1903 Januar 26.) 24 S. 8. Bern, Buchdr. Berner Tagblatt, 1903. [fr. —. 25]

— für die Pferderennen in der Schweiz. (24 S.) gr. 8. Bern 903. (A. Francke.) n.n. — 25

Berset-Müller-Stiftung [auf dem Melchenbühlgute]. Reglement für die Pfleglinge ([erlassen vom] schweiz. Bundesrat). (Vom 12. November 1901.) 4 S. 8. [Bern, Stämpfli & Cie.]

Schweizerische Pharmakopöekommission. 8. [Bern, Stämpfli & Cie.,] 1902.
Reglement. (Vom 17. März 1902.) 8 S. — (Mitglieder etc.) 8 S.

Règlement de police pour l'armée d'Allemagne. 8. Schönbrunn 1809.

**Reglement** van Politic voor de Rijnscheepvaart en vloterij '(in't Nederl. vertaald)' van kracht sedert 1 Nov. 1897 .. *Duisburg a. Rh.: H. Bautzmann [1897].* (31 S.) 1 Bd 8. [97. 863]

— van Politie voor de Rijnscheepvaart en vloterij (in't Nederlandsch vertaald) van kracht sedert 1. XI. 1897. gr. 8. (32 S.) Duisburg 897. H. Bautzmann. — 90

—— für d. neu errichtete Polizei in London. gr. 8. (2 B.) Hamburg 830, [Perthes-Besser u. Mauke.]

— zum Post-Gesetz, Post-Verträge u. Tarife. Berlin 868. C. Heymann. gr. 8. (84 S.) n. 3 ngr.

—— über das Postwesen vom 27. Mai 1850. 4. (56 S.) Stettin 850, Graßmann's Verlag.

— über das Postwesen vom 27. Mai 1856. Stettin (857.) Graßmann. 4. (56 S.) 7½ ngr.

Schweizerischer gemeinnütziger Frauenverein (Dienstbotenkommission). Reglement über die Prämiierung treuer weiblicher Angestellten und Dienstboten, welche mit ihrer Herrschaft in häuslicher Gemeinschaft leben. (1901 Mai 28.) 8.

Reglement, Königlich preussisches, für die ausländische Werbung. Fol. Berlin 1787.

— für die Provinzial-Feuer-Societät der Rheinprovinz, nebst Verordnung wegen Auflösung der bisherigen Feuer-Societäten ꝛc. gr. 8. Cöln 836. Du Mont-Schauberg. 1/8 rß

Reglement für die Provinzial-Städte-Feuer-Sozietät der Provinz Schlesien und der Oberlausitz. Vom 6. Mai 1842. gr. 8. Görlitz 842, Heinze u. Comp. 1/12 rß

Réglement provisoire sur les manoeuvres de l'artillerie. Approuvé par le ministre de la guerre, le 27 Octbr. 1847. gr. 8. (416 S. mit 17 Kpfrt. in qu. gr. 4. und qu. Fol.) Strasburg 848, [Berger-Levrault, Witwe und Sohn.] *

Reglement, Provisorisches, über die Bedienung der Feldgeschütze. Revidirt nach den Beschlüssen der Instructoren-Conferenzen. Februar und März 1873. 1. Abschn. Geschützschule. 2. Abschn. Schule der Geschützbedienung. 3. Abschn. Richtschule und Schiessschule. 4. Abschn. Lastenbewegungen. 5. Abschn. Herstellungsarbeiten. (Mit 1 Taf.) kl. 8. Bern 1873.

—— provisor., f. d. innern Dienst d. Großh. Badischen Infanterie u. Fuß-Artillerie. 2. Aufl. gr. 8. (23½ B. u. 1 Stnt. Fol.) Mannheim 831, Schwan u. Götz.

**Reglement**, provisorisches, für die Gewerbehalle der Zürcher Kantonalbank. (Vom 28. Okt. 1876). Amtsblatt 1876 Nr. 100. 1877.

Provisorisches **Reglement** für die Stadt Schleswig, betreffend die Vertheilung der ausserordentlichen Einquartierung während der Dauer des Krieges mit dem Königreiche Dänemark. Schleswig. 1849. 8°

Provisorisches **Reglement** und provisorischer Tarif für den Altonaer Quai bei Neumühlen. Altona. 1882. 8°

Reglement, Provisorisches, für die technischen Verrichtungen des k. k. Pionnier-Regiments. (1. Th. fehlt.) 2. Th. Wasserdienst. (Mit 1 Atlas von 67 Taf.) Beigeb.: Abänderungen. (Mit 6 Taf.) Berichtigungen. (Mit 8 Taf.) (1 Bd. Text in 8. und 1 Bd. Taf. in 4.) Wien 1867—1877.

— — Anhang zum 1. Theile des . . . . Die Pionnier-Feldausrüstung. (Mit 6 Beilagen.) kl. 8. Wien 1872.

— für die Prüfung der Apotheker vom 25. Septbr. 1869. Berlin 869. A. Hirschwald. gr. 8. (14 S.) n. 4 ngr.

— betreffend die Prüfung der Apotheker vom 5. März 1875. gr. 8. (8 S.) Berlin 875. Hirschwald. n. — 40

**Reglement**, betreffend die Prüfung der Apotheker und der Apothekergehilfen im Deutschen Reichsgebiete. 2. Aufl. Berlin: Heymann 1876.

**Reglements** über Prüfung, Approbation und Ausübung des Gewerbes für A. Aerzte, Zahnärzte und Thierärzte, B. Heildiener und Chirurgengehülfen, C. Hebammen, D. Hühneraugen-Operateure und E. Bandagisten und chirurgische Instrumentenmacher. Berlin: Heymann 1872.

— für die Prüfung der Aerzte u. Zahnärzte vom 25. Septbr. 1869. Ebend. 869. gr. 8. (25 S.) n. 6 ngr.

— für die Prüfung behufs Erlangung der Befähigung zur Anstellung als Kreis-Physikus vom 10. Mai 1875. gr. 8. (12 S.) Ebend. 875. n. — 40

— für die Prüfung behufs Erlangung der Befähigung zur Anstellung als Kreis-Physikus vom 10. Mai 1875 mit der Deklaration vom 4. März 1880. gr. 8. (10 S.) Berlin 880. Hirschwald. n. — 40

— f. die Prüfung behufs Erlangung der Befähigung zur Anstellung als Kreisphysikus vom 10. Mai 1875 m. den Abänderungen vom 4. März 1880 u. vom 24. Mai 1888. gr. 8. (11 S.) Berlin 892. A. Hirschwald. n. — 40

— für die Prüfung behufs Erlangung der Qualification als Kreis-Physikus vom 20. Febr. 1863. Ebend. 870. gr. 8. (12 S.) n. 4 ngr.

Reglement für die Prüfung der in den Konkordats-Kantonen zu patentirenden Geometer. 1865.

—— für die Prüfung der Candidaten des Lehramts an Gewerbeschulen. Vom 10. August 1871. gr. 4. (9 S.) Berlin 871, v. Decker'sche Geh. Ober-Hofbuchdr.

— für die Prüfung von Lehrerinnen an Bürger- u. Elementar-Schulen, an höheren Töchterschulen u. von Vorsteherinnen höherer u. niederer Privat-Institute in der Provinz Schleswig-Holstein. Amtliche Ausgabe. Kiel 869. Universitätsbuchh. gr. 8. (7 S.) n. 2 ngr.

Reglement für die durch Allerhöchste Verordnung vom 26. Febr. 1868 befohlene spezifisch militairärztliche Prüfung. 4. Berlin 868, Mittler und Sohn. **

—— für d. Prüfung der zu d. Universitäten übergeh. Schüler. Fol. (5 B.) Berlin 854, Duncker u. Humblot.

— dass. 4. Cöln 834. Du Mont-Schauberg. 1/6 rß

— über das, für die Prüfung der zu der Universitat übergehenden Schüler. gr. 8. Oppeln 835. (Baron.) n. 1/6 rß

— für die Prüfung der nicht im Stations-, Expeditions- oder Büreaudienst beschäftigten mittleren u. niederen Staats-Eisenbahnbeamten. [Aus: „Eisenbahn-Verordnungsbl."] 4. (16 S.) Ebend. 880. n. — 60

— für die Prüfung der Thierärzte vom 25. Septbr. 1869. Berlin 869. A. Hirschwald. gr. 8. (8 S.) n.n. 2½ ngr.

Reglement für die Prüfungen der Bewerber um Advokatur, Notariat und Prokur. Freiburg 1869. Auch franz.

*Reglement* f. die Prüfungen auf gelehrte veterinair-medicinische Grade. (Als Manuscr. gedr.). Dorpat 1877. 24 S. (russisk og tysk). P. (Titelbl. russisk: Pravila . . .).

— für die Prüfungen der Candidaten des höheren Schulamts. Amtlich. Berlin 867. Hertz. gr. 8. (26 S.) n. 5 ngr.

— für die Prüfungen der Candidaten d. höheren Schulamts, nebst den Bestimmungen üb. das Probejahr. gr. 8. (48 S.) Berlin 883. Hertz. n. — 60

— dasselbe, nebst der Prüfungsordng. f. Volksschullehrer, Lehrer an Mittelschulen u. Rektoren, den Vorschriften üb. die Aufnahmeprüfg. an den Schullehrerseminarien vom 15. Oktbr. 1872, der Prüfungsordng. f. Lehrerinnen u. Schulvorsteherinnen vom 24. Apr. 1874, den Prüfungsordngn. f. Zeichenlehrer u. Zeichenlehrerinnen vom 2. Oktbr. 1863 u. 25. Septr. 1878, den Prüfungsreglements f. Turnlehrer u. Turnlehrerinnen vom 10. Septbr. 1880 u. 21. Aug. 1875, den Prüfungsordngn. f. Lehrer u. Vorsteher an Taubstummenanstalten vom 27. Juni 1878 u. 11. Juni 1880, sowie sämmtl. Ergänzungsbestimmgn. u. Verordngn. üb. Anerkenng. der nicht in Preußen absolvirten Vorbereitgn. Mit Sachregister. 6. Aufl. gr. 8. (VII, 118 S.) Berlin 883. C. Heymann's Verl. n. 1. 20

— für die Prüfungen der Kandidaten des höheren Schulamts pro facultate docendi, sowie über die colloquia pro rectoratu u. die Ableistung des Probejahres vom 12. Decbr. 1866, 21. Febr. u. 30. März 1867. Berlin 868. C. Heymann. 8. (46 S.) n. 6 ngr.

— für die Prüfungen der Kandidaten d. höheren Schul-Amts pro facultate docendi sowie üb. die colloquia pro rectoratu u. die Ableistg. d. Probejahres vom 12. Dezbr. 1866, 21. Febr. u. 30. März 1867. 2. verm. u. verb. Aufl. gr. 8. (IV, 64 S.) Ebend. 872. 1. —

— dasselbe u. die Circular-Verfügg., die Prüfungs-Ordng. f. Vorschullehrer, Lehrer an Mittelschulen u. Rektoren betr., vom 15. Oktob. 1872, Circular-Verfügg., die Aufnahme-Prüfg. an den königl. Schullehrer-Seminaren betr., vom 15. Octbr. 1872, sowie Instruktion f. die Prüfg. der Zeichnenlehrer an Gymnasien u. Realschulen vom 2. Oktbr. 1863. 3. verm. u. verb. Aufl. gr. 8. (82 S.) Berlin 874. C. Heymann's Verl. 1. —

—— für die Prüfungen der Kandidaten des höheren Schulamts vom 12. Dezbr. 1866, nebst der Prüfungsordnung für Volksschullehrer, Lehrer an Mittelschulen und Rektoren, den Vorschriften über die Aufnahmeprüfung an den Schullehrerseminarien vom 15. Oktbr. 1872. 4. verm. und verb. Aufl. Nebst der Prüfungsordnung für Lehrerinnen und Schulvorsteherinnen vom 24. April 1874. 8. (91 S.) Berlin 877, C. Heymann's Verlag. *

— für die Prüfungen der Kandidaten des höheren Schulamts vom 12. Dezbr. 1866, nebst der Prüfungsordnung für Volksschullehrer, Lehrer an Mittelschulen u. Rektoren, den Vorschriften über die Aufnahmeprüfung an den Schullehrerseminarien vom 15. Oktbr. 1872, der Prüfungsordnung für Lehrerinnen u. Schulvorsteherinnen vom 24. Apr. 1874, den Prüfungsordnungen für Zeichenlehrer u. Zeichenlehrerinnen vom 2. Oktbr. 1863 u. 25. Septbr. 1878, sowie sämmtlichen Ergänzungsbestimmungen u. Verordnungen über Anerkennung der nicht in Preußen absolvirten Vorbereitungen. 5., verm. u. verb. Aufl. gr. 8. (VI, 98 S.) Berlin 880. C. Heymann's Verl. n. 1. 20

— das, vom 20. April 1831 für die Prüfungen der Candidaten des höheren Schulamts in Preußen mit den späteren Erläuterungen, Abänderungen u. Erweiterungen. Berlin 865. Th. C. F. Enslin. (VIII, 72 S.) n. 12 ngr.

—— für die Prüfungen zum höheren Schulamte in Preussen. Hrsg. von Ed. Mushacke. 16. (40 S.) Berlin 858, Decker'sche geheime Ober-Hofbuchdruckerei. *

— Prussien, la tactique et la discipline. II Tom. 8. Frcf. 759.

Reglement über die Quästur und die Meldung der Studirenden zu den Vorlesungen, so wie über die Entrichtung, die Stundung und den Erlass der Honorare auf der Universität Halle. [Am Ende:] Berlin, am 18. Julius 1845. Der Minister der geistlichen, Unterrichts- und Medicinal-Angelegenheiten Eichhorn. [Halle] (1845): o. Dr. 12 S. 4° [Kopft.]
[Erster Druck von 1845 in Antiqua.]

— — [Neudr.] [Am Ende:] ⟨gez.⟩ Eichhorn. o. O. [1847]. 8 S. 8° (4°) [Kopft.] [F.]
Es endigen: S. 1: vierte Columne, S. 4: § 23 vor-

— — [Neudr.] [Am Ende:] Eichhorn. o. O. [1850]. 8 S. 8° (4°) [Kopft.] [F.]
Es endigen S. 1: vierte, S. 4: § 23

— — [Neudr.] [Am Ende:] gez. Eichhorn. o. O. [1855]: o. Dr. 8 S. 8° (4°) [Kopft.] [F.]
Es endigen S. 1: Columne, S. 4: § 23 vorge-

Reglement über die Quästur... [Am Ende:] Berlin, am 18. Julius 1845. ⟨gez.⟩ Eichhorn. (Halle [1859]: Hendel.) 8 S. 8° (4°) [Kopft.] [F.]
Es endigen S. 1: wünscht, S. 4: § 23, S. 7: Karte, S. 8: ⟨gez.⟩ Eichhorn.

Reglement für den Gr. Rath des Kts. Aargau. 1852.

Reglement für den Grossen Rath des Kantons Basel (festgesetzt im August 1831). 8. *o. O.*

Reglement für den Grossen Rat des Kantons Bern. *je* 13 S. 4.

Entwurf der Grossratskommission vom 21. Januar 1901.
Durch die Kommission redaktionell bereinigtes Ergebnis der Beratung durch den Grossen Rat. (5. März 1901.)

Reglement für den Gr. Rath des Kts. Thurgau. 1841.

. Grosser Rat [des Kantons Thurgau]. Reglement. ⟨Vom 24. Mai 1869.⟩ ⟨Teilweise abgeändert unterm 23. November 1885.⟩ [Neudruck.] 14 S. 8. [Frauenfeld, Huber & Co., 1902.]

Reglement der beyden Räthe [der helvetischen Republik]. 1798. 8. Luzern.

Reglement ü. Rechnungswesen d. Art.-Depots. Berlin 1865.

Berlin, Königliche Akademie
— — Reglement für die Redaktion der Abhandlungen und des Monats-Berichts der —. Berlin 1846.

Patentprüfungen von Kandidaten des höheren Lehramtes. Reglement ([erlassen vom] Regierungsrat des Kantons Bern). ⟨Vom 5. August 1903.⟩ 17 S. 8.

Regel. Reglement über ein Kayserliches Regiment zu Fuss. Vorgeschrieben von Ihro Excellence dem Herrn General-Feld-Marchal-Lieutenant ..... samt dem Exercitio, so wohl mit der Flinten, als Musqueten und Schweins-Feder, auch Kurtz-Gewöhrs, nicht weniger nach dem Commando besonders deren Trommel-Streichen anbetreffend. Allen so wohl hohen als niederen Militair-Personen zum besten an das Liecht gestellet. (Mit 1 Titelkupfer, fehlen. ebenso die zugehörigen Risse.) 4. Nürnberg 1728.
— — Auch bei dieser neuen verbesserten Auflage mit dem. Bey denen Königl. Polnisch- und Chur-Sächsischen Trouppen eingeführten Exercitio, dann einigen Tabellen, und zur Erläuterung dienenden Rissen vermehret. (Mit 1 Ordre de bataille der k. k. Armee vor Belgrad 24. Juni 1717.) (Risse fehlen.) 4. Nürnberg 1734.
— — (unveränderte Auflage). (Mit 8 Beilagen.). 4. Nürnberg 1739.

Reglement über ein kais. Regiment zu Fuß, sammt den Exercitien. 4. Nrnb. Grattenauer. 739. Rthlr.

Reglement für die Reifeprüfungen an der Oberrealschule zu Oldenburg. (Umschlagtitel: Reglement ... Reifeprüfungen.) 4 (S. 1—7).
Progr. Oberrsch. u. Vorsch. *Oldenburg* 1886 (613).

Reglement über die Recrutirung der churhessischen Armee.
8. Kassel 1817.

— über die Remontirung der Armee. gr. 8. (VII, 77 S.) Berlin 876. Mittler & Sohn. n. — 40

—— über die Remontirung der Armee vom 2. Novbr. 1876. 2. und 3. Nachtrag. gr. 8. Berlin 884, Mittler und Sohn. [2. Nachtrag. (6 S.) ** 10 Pf.; 3. Nachtrag. (24 S.) ** 25 Pf.] **
Hauptwerk mit 1. Nachtrag. Ebendas. 1877. ** 80 Pf.

— für die Rennbahnen im preussischen Staate. Berlin 868. Wagner. 8. (29 S.) n. 5 ngr.

—— für die Rennbahnen im preussischen Staate. 8. (29 S.) Berlin 869, Wagner. *

—— dass. — Feine Ausg. 32. (32 S.) Ebendas. 869.

— revidirtes, f. die evangelische Elementar-Lehrer-Wittwen- u. Waisen-Pensions-Anstalt der Prov. Schlesien. gr. 8. (24 S.) Breslau 873. Maruschke & Berendt. n. — 40

—— revidirtes, der Feuersocietät der ostpreußischen Landschaft vom 1. Novbr. 1886. gr. 4. (46 S.) Königsberg 886, Hartung'sche Verlagsdr. *

— revidirtes, der ostpreußischen Landschaft vom 24. Dezbr. 1808 u. dessen noch geltende Abänderungen u. Ergänzungen bis einschließlich der Beschlüsse des 33. General-Landtages vom J. 1880. Hrsg. von der ostpreuß. General-Landschafts-Direction. Fol. (IV, 79 S.) Königsberg 881. Hartung. n. 2. 50;
Suppl.-Hft. (15 S.) n. — 50

— revidirtes, für die Westphälische Provinzial-Feuersozietät. Vom 26. Septbr. 1859. 1—4. unveränd. Abdr. Münster 859, 60. Brunn. 8. (30 S.) 2 ngr.

[F.] Das revidierte Reglement der Städte-Feuer-Societät der Provinz Brandenburg, v. 21. Febr. 1896, nebst erl. Anm. Z. prakt. Gebr. hrsg. v. C. Zander, Kgl. Rentmstr in Cottbus. *Coepenick: W. H. Osterwald (1896).* (73 S.) 1 Bd 8. [56. 7381

Revidirtes Reglement der Ostpreussischen Städte-Feuersozietät vom 19. Nov. 1890 in d. Fassung, welche dasselbe durch die mittelst Allerh. Erlasse v. 27. Aug. 1894 u. vom 16. Dez. 1896 genehm. Abänderungen erhalten hat. *Königsberg 1897: E. Rautenberg.* (40 S.) 8° [F.] [01. 7973 10

Reglement üb. d. Revüen, d. Sold, d. Massen, d. innere Komptabilität d. Korps. 8. Bd. (Dtsch u. franz.) Kassel 1812.

Reglement für die in Accise- und Zoll-Sachen bestellte besondere Richter, und wie darin kurz, schleunig . . . zu verfahren. [Dat.:] Berlin, den 11. Juni 1772. (Berlin: Decker 1772.) fol.

*Royal York:* Reglement der L. Royale York zu Berlin vom 17. Oct. 1780, behufs der Einrichtung eines Concerts zum Besten ihres Armenfonds.
Kl. 2924.

[Franz. Ausg. u. d. Tit.:]
Réglémens pour le concert établi par les f. f. maçons amateurs, membres de la vénérable loge „La Royale York de l'Amitié", le quel se tiendra dans les appartemens de sa maison, situee dans la Letzte-Strasse ville neuve, quartier Dorothee tous les lundis, a commencer le lundi 6. Nov. et continuer tous les huit jours. Berlin [1780]: Spener. 16 S. 8° [Umschlagtit.]
Kl. 2924.

Sanatorium du Château de Hard [près Ermatingen]. Règlement. [1903 Janvier 1.] 7 p. 8.

Sanatorium Schloss Hard [bei Ermatingen]. Reglement. (1903 Januar 1.) 8 S. 8.

Reglement über d. Sanitätsdienst b. d. eidgenöss. Armee. (7. 12. 1875.) —

Reglement üb. d. Sanitätsdienst b. d. eidgenöss. Armee. Fortsetzung. (18. 4. 1876.)

Reglement f. d. Sanitätsdienst a. Bord d. K. preuß. Kriegsschiffe. Berlin 1859.

— über den Sanitäts-Dienst am Bord Sr. Majestät Schiffe u. Fahrzeuge. gr. 8. (220 S.) Berlin 872. v. Decker. n. 1. 75

—— dass. — 4. Thl.: Sanitäts-Dienst im Felde, in seiner Anwendung auf die k. k. Landwehr. 8. (282 S.; Beilagenheft 297 S.) Ebendas. 880. *
2. und 3. Thl. noch nicht erschienen.

— für den Sanitäts-Dienst d. k. k. Heeres. Ergänzung zum IV. Thl., Sanitäts-Dienst im Felde, in seiner Anwendung auf die k. k. Landwehr. 8. (21 S.) Wien 880. k. k. Hof- u. Staatsdruckerei. n. — 20

Reglement für den Sanitäts-Dienst des k. k. Heeres. 1. Thl.: Sanitäts-Dienst bei den Militär-Behörden, Commanden, Truppen und Heeresanstalten. 8. (VII, 208 S.) Wien 883, Hof- und Staatsdruckerei. *

Nachtrag II. zum Reglement für den Sanitäts-Dienst des k. u. k. Heeres. I. Theil. Beilage 14. 8. (5 S.) Wien: Hof- u. Staatsdruckerei 1890. —.02

Nachtrag 3 zum Reglement für den Sanitätsdienst des k. u. k. Heeres. I. Theil. Beilage 2. 8. (2 S.) Ebd. 1891. —.1

Reglement für den Sanitätsdienst des k. u. k. Heeres. I. Theil. Sanitätsdienst bei den Militär-Behörden, Commanden, Truppen und Heeres-Anstalten. 8. (VII, 208 S.) —.81
Wien: Hof- u. Staatsdruckerei 1894.

— f. den Sanitätsdienst des k. u. k. Heeres. II. Thl. Stabile Militär-Sanitäts-Anstalten. M. Beilagen. 8. (XVIII, 380 u. VIII, 488 S.) Wien 896. (Hof- u. Staatsdruckerei.) n. 4. —

Reglement f. den Sanitätsdienst des k. u. k. Heeres. 1. u. 3. Thl. 8. Wien (Hof- u. Staatsdruckerei). n. 3. —
1. Sanitätsdienst bei d. Militär-Behörden, Commanden, Truppen u. Heeres-Anstalten. (XII, 226 S. m. 5 Taf.) 901. n. 1.40
3. Militär-Medicamenten-Anstalten. (XII, 301 S.) 899. n. 1.60

-- für den Sanitätsdienst des k. u. k. Heeres. II.—IV. Thl. 8. Wien, (Hof- u. Staatsdruckerei). n. 8.—
II. Militär-Sanitäts-Anstalten, stabile. 2 Tle. (XIX, 442 u. Beilagen X, 580 S.) 902. n. 3.—
III. Militär-Medicamenten-Anstalten. (XV, 325 S.) 902. n. 1.—
IV. Sanitätsdienst im Kriege. 2 Bde. (XI, 239 u. VIII, 485 S. m. Abbildgn.) 904. n. 4.—

**Reglement** für die eidgenössischen Scharfschützen. Zürich 1822. 8°.

**Reglement** wegen der Schiffahrt auff der Spree, Havel und Elb-Strohm. [Dat.:] Cölln a. d. Spree 1700. **fol.**

— über die Schiffsverpflegung. gr. 8. (40 S. m. 4 Beilagen in gr. 8. u. qu. Fol.) Berlin 873. Mittler & Sohn. n. — 80

— über die Schiffsverpflegung. gr. 8. (67 S.) Berlin, 1879. Mittler & Sohn. n. — 80

Reglement für die eidg. polytechnische Schule. 1854. 1866. 1873. 1881. Zürich.

Reglement für die k. k. Schul-Compagnien. (Lithographiert.) Fol. (Wien 1852.)

**—f. das Schulmeister-Seminarium in Breslau. gr. 8. Bresl. 787. J. F. Korn. 2 ℛ**

**Reglement** für den graubündnerischen Schützenverein. Chur 1827. 24 S.

Reglement für das englische Seminar an der Hochschule Bern (30. November 1897). 3 S. 8°.

**Reglement** für das germanistische Seminar an der Königlichen Universität zu Greifswald. *Greifswald [1904]: F. W. Kunike.* (2 Bl.) 8°
(Nicht für den Austausch)

Reglement für das kriminalistische Seminar an der Hochschule in Bern. (Vom 15. April 1901.) Bern 1901. 3 S. 8°.

Reglement für das Mathematisch-versicherungswissenschaftliche Seminar an der Hochschule Bern. (Vom 30. Dezember 1901.) 3 S. 8°.

Reglement für das Statistische Seminar an der Hochschule Bern. (31. Oktober 1901.) 2 S. 8°.

**Reglement** für das nach § 93—100 des . . . Statuts der Universität Dorpat daselbst eröffnete Pädagogisch-philologische Seminarium. Dorpat 1822. V: *Morgenstern, Carl von.* (R-N)

**Règlement sur le service des armées en campagne, s.a. Felddienstordnung, die französische.**

Die französische Felddienstordnung. **Règlement** sur le service des armées en campagne, Ausg. 1905, in d. wesentl. Punkten übers., erl., u. mit d. deutschen Vorschriften verglichen von [Fritz] Immanuel, Major. Mit mehreren Abb. Berlin: Liebel 1906. (134 S.) 8° [07. 1378

Bibliothèque de la ville de Neuchâtel. 8. Neuchâtel, Wolfrath & Sperlé, 1902.
Règlement de service. (1901 décembre 20.) 11 p.
Règlement général. (1901 octobre 14.) 8 p.

— du service de la poste aux chevaux du grand-Duché de Bade, du Royaume de Würtemberg et d'une partie de Bavière. 8. Karlsr. 821. Müller. 16 ℛ

— über die Servis-Kompetenz der Truppen im Frieden. Vom 4. Novbr. 1859. Berlin 859. v. Decker. gr. 8. (67 S.) n. 7 *ngr.*

— über die Servis-Kompetenz der Truppen im Frieden. Berlin 868. v. Decker. gr. 8. (55 S.) 7½ *ngr.*

Reglement über die Servis-Kompetenz der Truppen im Frieden. München (1871). 8°.

— — über die Servis-Competenz der Truppen im Frieden. München 1873. 8.

— über die Servis-Kompetenz der Truppen im Frieden vom 20. Febr. 1868. Nachträge. gr. 8. (56 S.) Berlin 877. v. Decker. — 60 (Reglement u. Nachträge: 1. 35)

—— dass. — 2. Nachtrag. gr. 8. (7 S.) (Ebendas.) 878.

—— dass. — 3. Nachtrag. gr. 8. (7 S.) Berlin 879, Bath.

—— über die Servis-Competenz der Truppen im Frieden vom 20. Febr. 1868. 4.—6. Nachtrag. gr. 8. (... S.) Berlin 880—82, Bath. à Nachtrag 10 Pf.

—— über die Servis-Kompetenz der Truppen im Frieden vom 20. Febr. 1868. 9. Nachtrag. gr. 8. (11 S.) Ebendas. 886. **

— üb. die Servis-Kompetenz der Truppen im Frieden vom 20. Febr. 1868 in der durch die inzwischen erschienenen Gesetze, Nachträge ꝛc. bedingten Fassung. Abgeschlossen im April 1887. gr. 8. (VIII, 73 S.) Berlin 887. Liebel. n. 1. 50

Dass. u. d. T.: Servisvorschrift für das preuß. Heer. 1899.

**— über die Servis-Kompetenz der Truppen im Frieden vom 20. Febr. 1868. 4.—6. Nachtrag. gr. 8. Berlin 890. E. S. Mittler & Sohn. — 38**
**(Reglement u. Nachträge 1—6.: 2. 3)**
4. 5. (8 u. 7 S.) à — 15. — 6. (3 S.) — 8.

**Règlement** pour les signaux pour les chemins de fer impériaux d'Alsace-Lorraine. 12. (75 S. m. z. Thl. color. Fig.) Berlin 883. C. Heymann's Verl. geb. n. 2. —

**Reglement,** Službeni, za c. in k. vojsko. V Celovcu, St. Hermagoras-Druck., 1875—76. 2 Tle.

Société de Chant L'Orphéon de Neuchâtel. Règlement. (1900 septembre 20.) 23 p. 8. Neuchâtel, Impr. Nouvelle, 1901.

Spar- und Kreditkasse der Typographia Aarau. Reglement. (1901 April 22.) 4 S. 8.

**Reglement** und Spezialtarif für das Führer-Corps der Section Tödi S. A. C. In-16°. 16 S. Glarus, Bäschlin's Buchhandlung. 1892. — 50

— für die Staats-Prüfung der Aerzte vom 18. Septbr. 1867. Berlin 867. A. Hirschwald. gr. 8. (24 S.) n. 6 *ngr.*

**Reglement** f. d. Staatsprüfgn d. Medizinal-Personen. Berlin 1825. Fol.

— für die pharmaceutische Staats-Prüfung vom 18. Septbr. 1867. Ebend. 867. gr. 8. (13 S.) n. 4 ngr.

—— das, für die medicinischen Staatsprüfungen in Preussen. Lex.-8. (43 S.) Berlin 857, A. Hirschwald. *
Aus: Horn's Medicinal-Wesen, besonders abgedruckt.

Reglement für die Städte-Feuersocietät des *Fürstenthums Minden* und der *Grafschaft Ravensberg* vom Jahre 1723.

Station centrale suisse de météorologie [à Zurich]. Règlement. ⟨Du 13 janvier 1903.⟩ 6 p. 8. [Berne, C.-J. Wyss,] 1903.

Société Ornithologique de Neuchâtel & environs. Règlement pour les stations d'élevage. (1902 Décembre 17.) *autogr.* [4 p.] 8.

**Reglement zu den Statuten des in Bern unter dem Namen „Freimaurer-Loge zur Hoffnung" bestehenden Verein. Bern 1882: Haller. 10 S. 8°.**

Sterbe- und Zuschusskasse für Buchdrucker in Aarau und Zofingen und der zum Sektionsrayon gehörigen Nebendruckorte. Reglement. Revidiert auf 1. Januar (*d. i.* Februar) 1901. 4 S. 8.

Ostschweizerischer Stickfachfonds. Reglement für die Stickfachschulen. Vom 15. März 1901. (Revidiert im Januar 1901.) 5 S. 8.

Reglement für die Straf- und Zwangs-Arbeits-Anstalt zu Landsberg an der Warthe. *Königsberg in der Neumark, Carl G. Frowitzsch.* 1814.

Reglement für die Königlich Preussischen Strafanstalten. Hrgg. vom Königlichen Ministerium des Innern. Berlin. 1868. 8°.

Elektra Birseck, Genossenschaft für Elektrizitätsverteilung, Neuewelt bei Münchenstein. Reglement betreffend Stromabgabe.... 8. Basel, Franz Wittmer, 1902.
... für Beleuchtungszwecke. (1902 April 14.) 11 S. — *Dazu:* Anhang 1: Reglement für Glätteisen. (1903 April 4.) 3 S.
... für Motoren. (1902 April 14.) 11 S.—*Dazu:* Anhang 1. (1903 April 4.) 4 S.

Reglement die Studia und Exercitia derer Schaumburg-Lippe-Bückeburgischen Ingenieurs und Artilleristen betreffend. Stadthagen 1770. 8°.

— u. Tarif f. die Erhebung der Platzgelder, Kran-, Wiege- u. Messgebühren in der Stadt Strassburg. (15 S.) kl. 8. Strassburg 906. Strassburger Druckerei u. Verlagsanstalt. n.n. — 25

— u. Tarif f. den directen Güter-Verkehr zwischen Triest u. Fiume einerseits u. Leipzig andererseits. Giltig vom 1. Septbr. 1872. 2. Aufl. vom 20. Mai 1875. [Die 1. Aufl. d. Tarifes tritt m. vorbenanntem Tage ausser Kraft.] Lex.-8. (8 S.) Wien 875. v. Waldheim. n. — 12

Reglement und Tarife für den Transport auf den Bahnen des Süddeutschen Eisenbahnverbandes, vom 1. Juni 1863 und 15. Januar 1864. Stuttgart 1863. 64

Centenarfeier 1901 (des) Kanton(s) Schaffhausen. Reglement für die Thätigkeit des Organisations-Komites und seiner Spezial-Komites. (1901 Januar 28.) 6 S. 8. [Schaffhausen, H. Meier & Cie.]

Reglement für das Territorial-Miliz-Bataillon in Triest. 4. Triest 1860.

Reglement über das Tirailliren ... der Herzogl. Braunschw. Infanterie .o.O. (c. 1850). 8°. (Lithogr.)

Reglement für die Thierarzneischule des Kantons Bern. Bern 1871. 10 S.

Reglement für die Trab-Rennen im Preussischen Staate. Unt. Berücks. d. Abändergn v. 12. April 1893 u. v. 13. Febr. 1895. *Berlin: Union Dr. C. Borgmann 1895.* (36 S.) 1 Bd 8. [97. 4644

— f. d. Trab-Rennen im Preussischen Staate. Unt. Berücksicht. d. Abändergn. v. 12. Apr. 1893 u. vom 13. Febr. 1895. 8. (36 S.) Berlin 895. (W. H. Kühl.) n.n. 1. —

Règlement de transport des entreprises de chemins de fer et de bateaux à vapeur suisses du 1er janvier 1894. 2me supplément. Applicable à partir du 10 octobre 1901. ⟨Approuvé par arrêté du Conseil fédéral du 17 septembre 1901.⟩ [Avec 2 tableaux.] 17 p. 8. [Berne, C.-J. Wyss,] 1901.

Reglement über den Transport der Verwundeten und Kranken. (Beschluss des Bundesrathes vom 18. September 1869.) kl. 8. Bern 1869.

Règlement pour les transports militaires par chemins de fer et bateaux à vapeur. Approuvé par le Conseil fédéral le 1er juillet 1907. Applicable dès le 1er août 1907. [Avec annexes: 5 formulaires.] II + 71 p. 8. [Berne, K.-J. Wyss.]

Reglement für die Triangulations-Kommission für den Kt. Aargau. 9. Mai 1866.

Reglement für die eidgenössischen Truppen über die inneren Einrichtungen, die Disciplin und die Dienstordnung für jeden Grad. (Neue, mit Bewilligung der hochlöblichen Regierung veranstaltete Ausg.) 8. St. Gallen 1815.

— f. die eidgenöss. Truppen 2c. gr. 8. St. Gallen, Huber u. Comp. 815.

Reglement zu den Uebungen für die königlich-sächsische leichte Infanterie. 8. Dresden 1822.

Reglement zu den Uebungen für die königlich sächsische Reiterei. 8. Dresden 1829.

Reglement zu den Uebungen der königl. Sächs. Reiterei 1826. 8. Dresd. 831. (Walthersche Hofbuchh.) 1 ₰ 8 gr

Reglement für die Uniformierung der Staats Eisenbahn Beamten [in Preussen]. Berlin 1850. 7 S. handschriftlicher Text. 4 Bl. Zeichnungen. 2°.

Reglement für die Universitäts-Bibliothek zu Berlin. Berlin 1890. 8°.

Reglement für sämmtliche bey den Königlichen Ober Marställen angestellte Unterbediente und Stall-Leute. Berlin 1832. 130 S.

Reglement für den Unterricht in der Gymnastik u. den damit verbundenen Waffenübungen in der dänischen Armee. Schleswig 1839. 253 S.

Reglement über den gymnastischen Unterricht. Hannover 1832. 78 S.

Reglement über die vom Bunde an freiwillige Schiessvereine zu verabfolgenden Unterstützungen. (Vom 13. Mai 1864.) 8. Bern 1864.

Reglement des Vereins jüngerer Waffengefährten... gegründet am 22. März 1854. Berlin 1854. 8°.

Reglement für die Vereinigung der Studentenschaft der Universität Bern. Bern, den 26. Dezember 1904. 4 S. 8°.
Bern. Univ.-Schr. 1904/1905.
Nicht zur Versendung bestimmt.

Reglement, Verfügung, Exercitium u. respective Mannale f. d. churpfälzischen Cav.= u. Dragoner=Rgter. Mannheim 1740. 1750.

Reglement über das gemeinschaftliche Verhalten von Artillerie und Infanterie und von Artillerie und Cavallerie. (Hannover 1836.) 8°.

**Reglement für das Verhalten der Zöglinge in dem Lehr- und Erziehungs-Institut zu Friedrichstadt-Dresden. Dresden (1843): Ramming. 14 S. 8°. [Umschlagtit.]**

— vom 1. Jan. 1868 über die Verhältnisse der Post zu den Staats=Eisenbahnen. Berlin 867. v. Decker. gr. 8. (40 S.) 2½ ngr.

—— für die Verheirathung der Offiziere. Hrsg. von Mikado. 8. (62 S.) Leipzig 884, Reißner. *

—— für den telegraphischen Verkehr auf den Linien des deutsch=österreichischen Telegraphen=Vereins. Jahrg. 1854, und 1855. gr. 8. (39 und 48 S.) Berlin, Decker'sche geheime Ober=Hofbuchdruckerei. [Jahrg. 1854. * 5 Ngr., 1855. * 7½ Ngr.] *—

— für den telegraphischen Verkehr in den Königl. Preuß. Staaten. Vom 17. Febr. 1852. gr. 8. (22 S.) Berlin 852, Decker. 3 ngr

Reglement über die Vermessung der Grundstücke im Kt. Zürich. 16. Juli 1859.

Reglement u. Verordnung ü. Feld= u. Garnisondienst. Mannheim 1740.

— u. Verordn. d. franz. Infanterie. 8. Strasb. 752.

Reglement u. Verordnung, wornach . . . sämbtliche Commandirende u. jeglichen Officiers d. Grenad.= u. Inf.=Rgter sich . . . zu richten haben (Feld= u. Garnisondienst=Vorschr.). Mannheim 1750.

Reglement ü. Verpflegung i. belagerten Festungen. Berlin 1811. 4°

— über Verpflegung der Rekruten, Reservisten, Invaliden u. Landwehrmänner bei Einziehungen, resp. Entlassungen. Berlin 854. A. Duncker. gr. 8. (IX, 100 S.) 7½ ngr.

Reglement ü. Verpflegung d. Rekruten, Reservisten . . . b. Einziehungen, resp. Entlassungen. Vom 5. 10. 1854. 3. Aufl. Berlin 1855.

— — über Verpflegung der Rekruten, Reservisten, Invaliden und Landwehrmänner bei Einziehungen resp. Entlassungen. Vom 17. Februar 1876. München. 8.

— — über die Verpflegung der Truppen vom Feinde eingeschlossener Festungen. München 1873. 8.

Reglement ü. Verpflegung d. Truppen i. v. Feinde eingeschlossenen . . . Festungen. München 1881.

Reglement für die technischen Verrichtungen des k. k. Pionnier-Corps. Mit Plänen. (3 Bde. in 8. und 1 Bd. Taf. in Fol.) Wien 1844—1848.

**Reglement** und allgemeine Versicherungsbedingungen der Provinzial-Feuer-Versicherungsanstalt der Rheinprovinz. (Düsseldorf 1903: H. Hoch.) (35 S.) 8° [Kopft. F.] 1o6. 11693

**Philatelisten-Verein Bern. 8.**
Mitglieder-Verzeichnis pro 1903. 8 S. Bern, W. Wälchli.
Reglement über die Versicherungskasse. (1903 Februar 17.) 7 S.
Statuten. (1902 April 8.) II + 8 S. Bern, Obrecht & Käser, 1902.
Tausch-Reglement. (1902 Januar 1.) II + 7 S. Bern, Gottfr. Iseli, 1902.

Ersparnisskasse in Schaffhausen. Reglement für die Verwaltung. (1901 Februar 2.) 6 S. 8.

Reglement über die Verwaltung einer Hand-Bibliothek für die Studirenden der Universität Halle-Wittenberg. [Am Ende:] Halle, den 31. Januar 1870. Königliches Universitäts-Curatorium Der Rector. H. Knoblauch. Der Universitäts-Richter Thümmel. (Halle 1870: Hendel.) 4 S. 8° [Kopft.]

— über die Verwaltung der Inventarien u. Materialien an Bord in Dienst gestellter Schiffe u. Fahrzeuge. gr. 8. (94 S.) Berlin 873. v. Decker. 1. 20

Reglement für die öconomische Verwaltung in der Stadt Oldenburg. Kopenhagen. (1827.) 8°

— — über Verwaltung und das Rechnungswesen der Artillerie= und der Trains=Depots, der technischen Institute der Artillerie und der Gewehrfabrik=Direktion. München 1873. 8.

Reglement über die Verwendung des zu Gunsten der meteorologischen Centralanstalt ausgesetzten Legates. Bern 1889.

Reglement über die Veterinär-Institute in Charkow und Dorpat. St. Petersburg 1874.

Marienstiftung in Schaffhausen. Reglement (mit) Vorbericht. (1901 Februar 27.) 10 S. 8.

[F.] Vorläufiges **Reglement** für die Universität Bonn bis nach Publication ihrer Statuten. Aachen den 21 Oct. 1818. Köln, gedr. bei Th. F. Thiriart (1818). 8 S. 4. ¶ Wieder abgedr. im Jahrb. d. Preuss. Rhein-Univ. I 1821 S. 10 ff.

§ 1 Die Universität in Bonn besteht vom 18ten October d. J. ab, und geniesst alle wesentlichen Rechte deutscher Universitäten, namentlich das Recht der Ertheilung gelehrter Würden. Doch soll die Universität das eben genannte Recht erst von Ostern k. J. ab, als dem Zeitpunkte, bis zu welchem alle Fakultäten vollständiger, als es bis jetzt möglich war, besetzt seyn werden, in Ausübung bringen.

[*Kopft.*] [F.] Vorläufiges **Reglement** für die Universität Bonn bis nach Publikation ihrer Statuten. (*Am Ende:* Aachen, d. 21 Okt. 1818.) [Bonn, gedr. bei P. Neusser 1819.] 2 Bl. 4. ¶ Neudruck der ins Jahrb. d. Preuss. Rhein-Univ. I 1821 S. 10 ff. aufgenommenen Ausg. v. 1818.

Vorläufiges **Reglement** für das Seminar für Mathematik und die gesammten Naturwissenschaften auf der Universität Halle-Wittenberg. [Am Ende:] Berlin, den 27. Nov. 1839. Ministerium der Geistlichen, Unterrichts- und Medicinal-Angelegenheiten (gez.) Altenstein. Halle 1840: o. Dr. 7 S. 8°

Abgedr. (ohne das Wort: Vorläufiges) auch bei J. F. W. Koch: Die preussischen Universitäten. Bd. 2, 2. Berlin 1840. S. 839/41.

**Militärischer Vorunterricht des Kantons Thurgau. Reglement. (Mai 1901.) 8 S. 8. Frauenfeld, Huber & Co., 1901.**

Reglement über den Wachdienst bei den eidgenössischen Truppen. (Nach Beschluss der schweizerischen Bundesversammlung vom 25. Heumonat 1856.) 8. Bern und Solothurn 1857.

Reglement für die Waffenübungen der Bürgergarde. Kassel 1835. 4°.

— über die Waffenubungen u. Dienstbewegungen der Bürgergarden in Kurhessen, vom 23. Nov. 1835. 2e Aufl. Marburg, Garthe. ¼ rf

Reglement über die Waffenübungen mit dem Säbel für die eidgenössische Reiterei. Beschluss des Bundesrathes vom 24. April 1872. kl. 8. Bern 1872.

**Reglement** für die in Gemässheit der Verordnung vom 18. April d. J. vorzunehmenden Wahlen der Abgeordneten der Herzogthümern (!) Schleswig-Holstein zur deutschen Nationalversammlung. Rendsburg. (1848.) 2 Bl. 4°.

**Reglement für den Bremer Wehrverein. (Correspondierend m. d. Reglement d. oldenburg.-hanseat. Brigade), Bremen 1861, 44 S., 4 S. Noten, 5 Taf., 16°.**

**Reglement für die ausländische Werbung.** Berlin **1787. 4°.**

Reglement, wie es in Absicht der wegen Absterbens der Königin Elisabeth Christine von Preussen, anzulegenden Trauer, gehalten werden soll. (Berlin 1797.) 4

**Reglement, wie es ins künftige wegen Empfangnehmung der Verpflegungs-Gelder gehalten werden soll. Berlin 1748. 8°.**

**Reglement** des Markgrafen Wilhelm Friedrich pro nunc haltende Soldatesca zu Roß und Fuß. Onolzbach, den 13. Juni 1715. o. O. u. J. Fol.

*Fingierter Titel.*

**Reglement** der Berliner allgemeinen Wittwen-Pensions- und Unterstützungs-Kasse 1836. Berlin: Feister 1836.

**— wornach d. Aufhebung der Gemeinh. verfahren werden soll. Fol. Breslau, Korn d. J. 771.**

**Reglement** wornach die Fracht- und andere Wagens auch sonsten die Gebühren im Holsten Thore zu entrichten. Kiel 21. Febr. 1783. o. O. u. J. Fol., in 4° gebunden.

**Reglement,** wornach Wir Christian der Sechste von Gottes Gnaden König zu Dännemarck . . . allergnädigst wollen, daß es bey unsern Dragon-Regimentern mit den Exercitien und sonsten verhalten werden soll. Nr. 42. Copenhagen. 1741. 8°

Schweizerische meteorologische Zentralanstalt [in Zürich]. Reglement. ⟨Vom 13. Januar 1903.⟩ 6 S. 8. [Bern, Stämpfli & Cie.,] 1903.

Thurg. Centralstelle für Armenversorgung (eingerichtet von der Gemeinnützigen Gesellschaft). Reglement. 8.
*Ausg. 1:* ([Erlassen von] der Direktionskommission 1901 April 23.) 4 S.
*Ausg. 2:* (Genehmigt von der Gesellschaft 1901 August 19.) 4 S.

— über die Civil-Versorgung u. Civil-Anstellung der Militär-Personen des Heeres u. der Marine vom Feldwebel abwärts. Berlin 867. Bath. gr. 8. (32 S.) n. 5 ngr.

**— über Civil-Versorgung u. Civil-Anstellung der Militair-Personen d. Heeres u. der Marine vom Feldwebel abwärts vom 16. Juni 1867, m. den ergänz. Bestimmgn. vom 27. Juni 1867 u. e. Uebersicht der durch Militair-Anwärter zu besetz. Unterbeamtenstellen. 8. (32 S.) Berlin 871. Kortkampf. n. — 25**

Reglement über die Zulassungsprüfung für die Immatrikulation an der Hochschule Bern. (Vom 26. Juni 1901. Bern 1901. 7 S. 8°.

Reglement über die Zulassungsprüfung für die Immatrikulation an der Hochschule Bern. (Vom 17. Februar 1908.) [Bern 1908.] 7 S. 8°.
Bern. Univ.-Schr. 1907/08.
Nicht zur Versendung bestimmt.

Reglement für die Kantonsschule Zürich 1848 und 1864.

St. Galler **Handelsbank** in St. Gallen. 8.
Reglemente für den Depositendienst. (1901 November 1.) 16 S. St. Gallen, Societäts-Dr., (1901).
Statuten. (1901 März 12.) II + 20 S.

Schaffhauser **Strassenbahn.** Reglemente und Dienstvorschriften. (1901 April 12.) Gültig vom Tage der Betriebseröffnung an. IV + 66 S. 8. Schaffhausen, P. Schoch, 1901.

**Reglemente** (diverse) und Regulative betreffend das eidgen. Polytechnikum

**Reglements üb. die Annahme, Anstellung u. Beförderung der Aspiranten f. den Dienst in der kaiserl. deutschen Telegraphie, die von denselben abzuleg. Prüfgn. u. Bestellg. v. Kautionen vom 28. Jan. u. 15. März 1868 u. 28. Juli 1869 nebst 3 Anlagen. gr. 8. (62 S.) Berlin 873. C. Heymann's Verl. 1. —**

**— über die Annahme, Ausbildung u. Anstellung v. Civil-Supernumerarien im Staats-Eisenbahndienst, sowie f. die Prüfg. zum Subaltern-Beamten im inneren Dienst der Staats-Eisenbahnverwaltg. u. üb. die Ausbildg. u. Prüfg. der Stations- u. Expeditions-Beamten der Staats-Eisenbahnen u. der vom Staate verwalteten Privatbahnen. Nebst alphabet. Sach-Register. gr. 8. (28 S.) Ebend. 875. — 75**

**Reglements** über die Annahme, Ausbildung u. Anstellung von Civil-Supernumerarien im Staats-Eisenbahndienst, sowie für die Prüfung zum Subalternbeamten im inneren Dienst der Staats-Eisenbahnverwaltung, über die Ausbildung u. Prüfung der Stations- u. Expeditionsbeamten der Staats-Eisenbahnen u. der vom Staate verwalteten Privatbahnen u. betr. die Prüfung der mittleren u. niederen Staats-Eisenbahnbeamten, soweit dieselben nicht im Stations-, Expeditions- oder Bureaudienst beschäftigt sind. Nebst alphabet. Sach-Register. 2., verm Aufl. gr. 8. (52 S.) Berlin 878. C. Heymann's Verl. — 75

**Reglements der kaiserl. russischen Armee. 1.—3. Hft. 12. Hannover 889. Helwing's Verl. n. 3. —**
1. Reglementarische Bestimmungen f. das Gefecht der russischen Infanterie. (76 S.) n. — 60
2. Reglement f. den Infanterie-Frontdienst. III. Thl. Die Bataillonsschule. IV. Thl. Die Regiments- u. Brigadeschule. (IV, 71 S. m. 6 Skizzen.) n. — 80
3. Bestimmungen f. den Felddienst. (VII, 147 S. m. 6 Skizzen.) n. 1. 60

**Reglements der kaiserl. russischen Armee. 4.—15. Hft. 12. Hannover. Leipzig, Zuckschwerdt & Möschke. n. 10. 40 (1—15 : n.n. 13. 40)**
4. Die Schwadronsschule. (XI, 119 S.) 889. n. 1. —
5. Plan der jährl. Diensteintheilg. u. Instruktion f. den Dienstbetrieb bei der Artillerie. (44 S.) 892. n. — 50
6. Geschütz-Exerziren u. Exerziren der Feldbatterie. (VII, 104 S.) 893. n. 1. —
7. Plan der jährlichen Diensteintheilung f. Infanterie. (IV, 75 S.) 893. n. — 75
8. Innerer Dienst f. Infanterie. (VII, 152 S.) 893. n. 1. 50
9. Anleitung zum Verschanzen der Infanterie m. dem kleinen Spaten. (23 S.) 893. n.n. — 25
10. Instruktion f. Offiziers-Uebungen. (IV, 35 S.) 893. n. — 40
11. Anleitung f. gymnast. Uebungen. (IV, 84 S. m. Abbildgn.) 893. n. 1. 20
12. Instruktion f. den Dienstbetrieb bei der Kavallerie. (VII, 144 S.) 893. n. 1. 20
13. Innerer Dienst f. Kavallerie. (VI, 51 S.) 893. n. — 60
14. Regiments-Exerziren der Kavallerie. (IV, 131 S. m. Fig.) 893. n. 1. —
15. Anleitung zur Dressur der Remontepferde. (VIII, 123 S.) 893. n. 1. —

Reglements der kaiserl. russischen Armee. 16. Hft. 12. Leipzig 896. Zuckschwerdt & Co. n. 1. 50
(1.—16.: n.n. 14. 90)
Neue Gefechts- u. Schießvorschriften d. Feld-Artillerie. (1893—1895.) Nebst e. nach russ. Quellen bearb. Abriß d. Organisation, Ausrüstg. u. Ausbildung d. Feld-Artillerie. (VI, 132 S.)

Reglements d. kaiserl. russischen Armee. 1.—7. Hft. Bearb. v. Küster. 12. Leipzig, Zuckschwerdt & Co. n. 12. 90
1. Vorschrift f. Ausbildung u. Verwendung der Infanterie im Gefecht. (IV, 65 S.) 899. n. 1. —
2. Reglementarische Bestimmungen f. die Ausbildung des Infanteristen. Mit 26 Zeichngn. (IV, 78 S.) 899. n. 1. 30
3. Exerzier-Reglement für die Infanterie. Mit Zeichngn. (V, 100 S.) 899. n. 1. 80
4. Reglement über den Dienst in Lagern u. auf Märschen zur Friedenszeit. Mit Zeichngn. (IV, 100 S.) 899. n. 1. 80
5. Anleitung f. den Felddienst. 1. Tl.: Truppendienst. Mit Zeichngn. (V, 207 S.) 899. n. 2. 50
6. Schießvorschrift, die, vom J. 1899. 1. Tl. Mit Zeichngn. (VI, 191 S. m. Tab.) 900. n. 3. —
7. Dasselbe. 2. Tl. Mit Zeichnungen. (IV, 112 S. m. Tab.) 900. n. 1. 50

— über die Befähigung zu den technischen Aemtern der Berg-, Hütten- u. Salinenverwaltung in den königl. preuß. Staaten, vom 21. Dezbr. 1871, üb. die Prüfgn. bei der königl. Berg-Akademie zu Berlin, vom 6. Oktbr. 1866 u. üb. die Prüfg. der Markscheider, vom 25. Febr. 1856 u. 8. April 1867. gr. 8. (51 S.) Ebend. 872. 1. —

— u. statutarische Bestimmungen des Prov.-Verbandes der Prov. Westpreußen, 3. Aufl., s.a. Verfassung u. Verwaltung des westpreuß. Prov.-Verbandes.

Reglements und statutarische Bestimmungen des Provinzial-Verbandes der Provinz Westpreußen nebst einem Anhange, betr. das Gesetz über die Zwangserziehung verwahrloster Kinder und die Fürsorge des Provinzial-Verbandes für Idioten und Epileptische. gr. 8. (VIII, 145 S.) Danzig 885, Kafemann. *

— u. statutar. Bestimmungen d. Provinzialverbandes d. Prov. Westpreußen, nebst e. Anh. betr. das Gesetz üb. d. Zwangserziehg. verwahrloster Kinder u. d. Fürsorge d. Provinzialverbandes f. Idioten u. Epileptische. D. Beschlüssen des Provinzial-Landtags gemäß ergänzt bis einschließl. 1889. gr. 8. (186 S.) Danzig 890. A. W. Kafemann. n. 3. —

Reglements der Leipzig—Dresdener Eisenbahn vom April 1840. Leipzig (1840). 8°.

(Reglements für die spanische Flotte. 1845—1851.) Sammelbd. 8°.

**Reglements** und Instructionen für die Ausbildung der Truppe und ihrer Führer . . . Wien 1881—82. V: *Gallina, Jos. Freih. v.* (KA)

— u. Instructionen für die Ausbildung der Truppe u. ihrer Führer von der Beendigung des ersten Feldzuges gegen das französische Kaiserreich im J. 1805 bis zum Kriege 1866. Von J. G. Mit 33 (eingedr.) Skizzen. [Aus: „Streffleur's österr. militär. Ztschr."] gr. 8. (222 S.) Wien 882. (Seidel & Sohn.) n. 4. —

**Reglements**, Instruktionen und Publikanda für die Regierung des Fürstenthums Ostfriesland aus den Jahren 1751—96. [Sammelbd. teils in Orig.-Dr., teils in Abschr.] fol.

(**Reglements**, Instructionen und Verordnungen für die Stadt Elbing und andere Gebiete der Provinz West-Preußen. Aus d. J. 1773—74.) Sammelbd. fol.

Reglements für die Classification und Vorschriften für den Bau u. die Ausrüstung von Yachten. Germanischer Lloyd. 1897. Rostock 1897. 128 S.
— — 1899. 117 S.

**Reglements** für die telegraphische Correspondenz im Deutsch-Oesterreich. Telegraphen-Verein u. für die Benutzung der Preuß. Eisenbahn-Telegraphen zur Beförderung von solchen Depeschen, welche nicht den Eisenbahndienst betreffen. 858. (35 S.) — Amtliche Ausg. (für 1859.) Berlin 858. Decker. gr. 8. (36 S.) 7½ ngr.

**Reglements** für die telegraphische Korrespondenz im Deutsch-Oesterreichischen Telegraphen-Verein u. für die Benutzung der Preuß. Eisenbahn-Telegraphen zur Beförderung von solchen Depeschen, welche nicht den Eisenbahndienst betreffen. Amtliche Ausg. Berlin 862. v. Decker. gr. 8. (40 S.) 7½ ngr.

Reglements für Militär-Bildungs-Anstalten. Auszug aus den Militär-Verordnungen der Ausgabe vom Jahre 1869. 15. Buch. Mit Beilagen, Stäbe-Tabellen, Beschreibung der Adjustirungsform und Lehr-Programme der Militär-Bildungs-Anstalten, sowie der Reglements, welche diesbezüglich nach der Ausgabe des 15. Buches der Militär-Vorschriften, Stäbe-Tabellen in der 1. Hälfte des Jahres 1870 erflossen sind. (In russ. Sprache.)
gr. 8. St. Petersburg 1871.

Provisorische **Reglements** für die Militair-Aerzte der Schleswig-Holsteinischen Armee. Itzehoe. 1849. 8°.

. Commune municipale de Bévilard. Règlements d'organisation, de police et du Corps des secours. (1903 janvier 17/mars 20, 1902 juin 26/août 27 et 1902 août 21/décembre 3.) II + 64 p. 8. Delémont, Boéchat, 1903.

[**Reglements**, Patente, Edikte, Reskripte, Ostpreußen und Litthauen betr. Vom 11. 5. 1723—13. 3. 1805.] Sammelbd. fol.

*Kassel:* **Règlements** paticuliers de la R.·.□ des Arts et l'amitié, à l'or.·. de Cassel. [Kassel 1809.] 24 S. 1 Taf. 4° [Kopftit.]
Die Taf. enth. ein Verzeichn. der Mitgl. der Loge für 1809.

Reglements für die Provinzial-Verwaltung von Schleswig-Holstein. Eigenthum der Provinzial-Verwaltung. Schleswig. 1897. 4°.

**Reglements**, provisorische, für die Militair-Aerzte der Schleswig-Holsteinischen Armee. gr. 16. (49 S.) Schleswig 850, Bruhn. n. 6 ngr.

**Reglements**. A. üb. die Prüfung der Apotheker-Lehrlinge u. Gehülfen vom 11. August 1864, B. üb. die Prüfung der Apotheker vom 25. Septbr. 1869, nebst allen bis auf die neueste Zeit ergang. erläut. u. ergänz. Verordngn. u. Bestimmgn. gr. 8. (38 S.) Berlin 872. C. Heymann's Verl. — 75

— über Prüfung, Approbation u. Ausübg. d. Gewerbes f. A. Aerzte [Augenärzte, Wundärzte 1. Klasse], Zahnärzte u. Thierärzte, B. Heildiener u. Chirurgengehülfen, C. Hebammen, D. Hühneraugen-Operateure u. E. Bandagisten u. chirurg. Instrumentenmacher von 25. Septbr. 1869, 23. Septbr. 1844, 20. Febr. 1863, 30. April 1869, 27. März 1852, 2. Juni 1870 u. 20. Juli 1870 nebst allen bis auf die neueste Zeit ergang. Verordngn. u. Bestimmgn. gr. 8. (54 S.) Ebend. 872. 1. —

**Reglements** über Prüfung, Approbation und Ausübung des Gewerbes für Aerzte, Zahnärzte und Thierärzte; Heildiener und Chirurgengehülfen; Hebammen; Hühneraugen-Operateure und Bandagisten und chirurgische Instrumentenmacher, nebst den Reglements für das Kreisphysikats-Examen und die Prüfung als beamteter Thierarzt und den Bestimmungen über die Berechtigung der Aerzte zum Selbstdispensiren homöopath. Arzneien. 2. Aufl. (70 S.) 1877. *M 1.; 3. verm. Aufl. gr. 8. (IV, 79 S.) Berlin 883, C. Heymann's Verlag. *

—— über Prüfung, Approbation und Ausübung des Gewerbes für Aerzte, Zahnärzte rc. 4. Aufl., s. Prüfungsreglements für Aerzte rc.

(F) **Reglements** für den Sanitätsdienst des k. u. k Heeres. 1. Nachtrag zum 1. Theile. 8°. K - .20
Wien: Hof- u. Staatsdruckerei 1902.

Reglements für die Stadtschulen und für die Lehrer-Institute. St. Petersburg 1872

**Reglements u. Statuten** der Provinzial-Direction für die Provinz Sachsen. Nr. 1—12. gr. 4. Merseburg 877. (Stollberg.) n. 1. 30
1. Statut des Provinzial-Verbandes von Sachsen zur Ausführung der §§. 41, 46, 47, 91 u. 93 der Provinzial-Ordnung. (3 S.) n. — 10
2. Reglement über die dienstlichen Verhältnisse der Beamten des Provinzial-Verbandes von Sachsen. (10 S.) n. — 10
3. Reglement über die bei Dienstreisen in Angelegenheiten der Provinzial-Verwaltung zu gewährenden Reisekosten u. Tagegelder. (4 S.) n. — 10
4. Reglement für die Wegebau-Verwaltung der Prov. Sachsen. (5 S.) n. — 10
5. Reglement für die Verwaltung des Landarmen-Verbandes der Prov. Sachsen. (2 S.) n. — 10
6. Reglement für die Bewilligung von Provinzial-Mitteln der Prov. Sachsen zu Landes-Meliorationen. (3 S.) n. — 10
7. Grundsätze über Verleihung der vom Landtage der Provinz Sachsen bewilligten Stipendien zum Besuch der königl. Gewerbe-Academie u. des königl. Instituts für Kirchenmusik zu Berlin. (2 S.) n. — 10
8. Reglement für die Provinzial-Irren-Anstalt zu Nietleben bei Halle. (15 S.) n. — 20
9. Reglement für die Blinden-Anstalt der Provinz Sachsen. (6 S.) n. — 10
10. Reglement für die Taubstummen-Anstalt der Provinz Sachsen. (5 S.) n. — 10
11. Reglement für die Hebeammen-Lehr-Anstalten der Provinz Sachsen. (4 S.) n. — 10
12. Reglement zur Ausführung der Vorschriften im § 60 des Gesetzes vom 25. Juni 1875 betr. die Abwehr u. Unterdrückung von Viehseuchen, in der Provinz Sachsen. (11 S.) n. — 10

Reglements für die Truppen des Schwäbischen Kreises. T. 1. Bd 1. 2. Seelbach und Rastatt 1795. 8°. (Verm. Jähns.)

**Reglements-Auszüge** für den Frontdienst der Infanterie. I. Felddienst-Ordnung. II. Instruktion üb. das Infanterie-Gewehr M/71. 84. III. Schießvorschrift f. die Infanterie. IV. Exerzir-Reglement. 12. (III, 32, 20, 42 u. 62 S.) Leipzig 888. E. H. Mayer. n. 1. 20

Reglements- und Dienst-Instructionen. Instruction zur Kassen- und Rechnungsführung für die Königlich Preuß. Post-Aemter. Berlin, 1815. Fol.

**Germaniska Lloyds regler för byggande och klassificering af handelsfartyg. — Rostock: Adler 1871. 55,30 S. 8°** 1:Hz 18227.
13.8227

**Regler,** Neue Erfahr. üb. d. gr. Nutzen des Mohnsaftes in der Geburtshülfe. J. f. d. Chir., Geburtsh. u. pr. Arzneik. 1798. 8°. Jena 1800, II, 391—97.

REGLER, Georg (Pleinfeld): De exstirpatione bulbi oculi morbo affecti.- Landishuti 1840. 16 S.
31.8.1838 - Urk; F 64
Diss. Ingolst.-Landsh.-Mchn.

**Regler, Jakob Conrad** (Erfurt), De processu liquidationis in antichresi Vom Liquidations-Proceße bey der Gegennutzung. Diss. jur. Präs. Nikolaus Pragemann. Jena (Werther) 9. IV. 1718. 48 S. (5.—)
27888

**Regler,** Joseph, Dr., Pfarrer: Die sieben **Gaben** des heil. Geistes in ihrer Bedeutung für das christliche Leben, unter Zugrundelegung der Lehre des heil. Thomas von Aquin. *Regensburg, Rom & New York: F. Pustet 1899.* (IV, 399 S.) 8° [F.]
München, Theol. Diss. v. 1899
(Nur in beschränkter Zahl für den Austausch)

**Regler, Jos.,** die sieben Gaben des hl. Geistes in ihrer Bedeutung f. das christliche Leben, unter Zugrundelegung der Lehre des hl. Thomas v. Aquin. gr. 8. (IV, 399 S.) Regensburg 899. F. Pustet. 2.70; geb. in Halbfrz. n. 3.30

REGLER, Josef (Landshut): De therapia hydroceles tunicae vaginalis.- Landshut: Rietsch 1870. 33 S.
4.8.1869 - Urk; F 72; Chr 1869/70,12
Diss.Ingolst.-Landsh.-Mchn.

**Regler,** Walther: Herbarts **Stellung** zum Eudämonismus. *Leipzig 1900: Gressner & Schramm.* (IV, 66 S.) 8°
Leipzig, Phil. Diss. v. [21. Dez.] 1900

**Regler, Walth., Herbarts Stellung zum Eudämonismus. gr. 8. (IV, 66 S.) Dresden 901. Fr. Richter. n. 1.—**

*Règles* de la bienséance, ou la civilité moderne qui se pratique parmi les honnêtes gens etc. franç. et allem. 8 Strassb. 781. König. 16 gr

— les. du Boston, Whist etc. 18. Leipz. 810. Besson. 4 gr.

Règles internationales de la Nomenclature botanique, adoptées par le Congrès international de Botanique de Vienne 1905, et publiées au nom de la Commission de rédaction du Congrès par John Briquet [Genève], rapporteur général = International Rules of Botanical Nomenclature, adopted ... 1905 = Internationale Regeln der Botanischen Nomenclatur, angenommen ... zu Wien 1905. 99 S. gr.-8. Jena, Gustav Fischer, 1906. [M. 2. 50]
(Publication tirée à part des «Verhandlungen des internationalen botanischen Kongresses in Wien 1905...».)

Regli, Emil. Experimentelle Beiträge zur Kenntniss der Wirkung d. Bromaethyls auf Herz u. Nieren. Aus dem Institut f. experimentelle Pharmakologie in Bern. Diss. gr. 8. (59 S. m. 2 Taf.) Bern 892, (Körber). * 1 20

Reglin, Elise, das aromatisch-spirituöse Heilverfahren. Eine Abänderung und Erweiterung der Wasserheilpflege, auf Grund eigener langjähr. Erfahrungen geschildert. gr. 8. (V, X, 712 S.) Stuttgart 887, (Exped. der Pharmazeut. Bibliothek.) *M 5.—.; geb. *

**Regling, Kurt,** Berolinensis: **De belli Parthici Crassiani fontibus.** *Berolini: Mayer & Mueller 1899.* (60 S.) 8° ¶ (Enthält nur T. 1 d. eingereichten Abh. — T. 2 soll in deutscher Sprache erscheinen.)
Berlin, Phil. Diss. v. 31. Juli 1899

**Regling, Kurt,** de belli parthici Crassiani fontibus. Diss. gr. 8. (60 S.) Berlin 899. Mayer & Müller. n. 1.20

**Regling, Kurt,** der Dortmunder Fund römischer Goldmünzen. (Städtisches Kunst- u. Gewerbe-Museum zu Dortmund.) (39 S. m. 3 Abbildgn. u. 8 Lichtdr.-Taf.) Lex. 8. Dortmund 908. (F. W. Ruhfus.) 1. 60

— zur historischen Geographie des mesopotamischen Parallelogramms. Lex.-8. (34 S.) Leipzig 902. Dieterich. n. 2. —
Sonderabdruck aus: „Beiträge z. alten Geschichte".

Die antiken Münzen, s.: Handbücher der königl. Museen zu Berlin.

— Die antiken Münzen v. Dacien u. Moesien, s.: Münzen, die antiken, Nord-Griechenlands. (Pick, Behrendt.)

— Die griechischen Münzen der Sammlung Warren. Mit 37 Lichtdr.-Taf. Text u. Tafelbd. (VIII, 264 S.) Lex. 8. Berlin 906. G. Reimer. Geh. u. kart. 40. —

Regling, Kurt, Terina, s.a. Programm, 66., zum Winckelmannsfeste der archaeologischen Gesellschaft zu Berlin.

Terina von Kurt Regling. Mit 3 Taf. u. 2 Textabb. Berlin: G. Reimer 1906. (80 S.) 4°
= Programm z. Winckelmannsfeste d. archäol. Gesellschaft zu Berlin. 66.

Regling, Paul: Über die Dauererfolge der Behandlung von Kniescheibenbrüchen. *Berlin (1897): E. Ebering.* (35 S.) 8°
Berlin, Med. Diss. v. 26. Okt. 1897

Reglow, Adf., Ja, treu ist die Soldatenliebe!, s.a. Theater-Album, militärisches. Nr. 107.

Ja, treu ist die Soldatenliebe! Militär. Schwank mit Gesang in 1 Akt von Adolf Reglow. *Landsberg a. W.: Volger & Klein (1903).* (20 S.) 8° [ʒ. u. Aut.]
= Theater-Album, Militärisches. No 107.

Reglow, zwei Combattanten, s.: Kotzebue, A. v.

**Regman**, Nicolae, a. Schäßburg (Siebenbürgen): Fr. Froebels Geistesart und Philosophie. Hermannstadt 1907: J. Drotleff. (79 S.) 8°
Jena, Phil. Fak., Ref. Eucken, Diss. v. 13. März 1907
[Geb. 20. Jan. 81 Schäßburg (Siebenbürgen); Wohnort: Schäßburg; Staatsangeh.: Österreich-Ung.; Vorbildung: Lyzeum Schäßburg Reife O. 01; Studium: Hermannstadt 5, Budapest 2, Jena 2 S.; Rig. 29. Okt. 06.]

Regn, Hans [Tierarzt aus Michelfeld, Oberpfalz]: Aus dem veterinär-pathologischen Institut der Universität Bern. Der Bakteriengehalt des von Rauschbrand befallenen Muskelgewebes und der Rauschbrandimpfstoffe. (S.-A. a. d. Archiv. f. wissensch. u. prakt. Tierheilkunde. Bd. 30. 1904.) Berlin 1904. 22 S. 8°. [23. X. 03.]
Bern Vet.-med. Diss. 1903/1904.

Regna, Frz., im Kloster v. St. Anna. Schauspiel in e. Vorspiel u. 4 Akten. (III, 82 S.) 8. Pilsen (906). Volksschriften-Verlag. n. 2. —

Regnal, Anselm, schlesische Dorfgeschichten. (224 S.) gr. 8. Schweidnitz (904). L. Heege. n. 2. —; geb. n. 2. 50

Regnal, Anselm, schlesische Teufeleien. Geschichten aus Schlesien. gr. 8. (224 S.) Leipzig (902). P. Schimmelwitz. n. 2. —; geb. n. 2. 50

(U) Regnal, A., schlesische Teufeleien. 902. (KBL 32.) Jetzt: Schweidnitz, L. Heege.

Regnard, Jean François, s. Hahne, Albert.

Regnard, Jean François. Eine Lebensskizze, s. Mahrenholtz, R.

Regnard, Jean-François

Regnard, Menanders Abenteuer in Paris od. Die Zwillingsbrüder, s.a. Vereinstheater, neues.

Menanders Abenteuer in Paris oder Die Zwillingsbrüder. Lustspiel in 5 Akten von [Jean-François] Regnard. Aus d. Franz. übers. u. bearb. von P. Sutter. *Essen (Ruhr): Fredebeul & Koenen 1900.* (38 S.) 8° [ʒ.]
= Vereinstheater, Neues. No 29.

Regnard, Jean François, die Erbschleicher. Komödie in Versen in 4 Akten. (1708.) Uebers. u. f. die deutsche Bühne bearb. v. Theob. Rehbaum. (91 S.) 8. Wiesbaden (904). R. Bechtold & Co. n. 1. 50

Regnard, le Joueur, Comédie, s. Répertoire du Théâtre français No. 199.

Regnard, Jean-François. Le joueur, s. Schulbibliothek, französische u. englische.

Regnard, J. F., le joueur, s. Théâtre français publié par C. Schütz.

Regnard, le légataire universel, s.: Théâtre français.

Regnard, 5 ausgew. deutsche Lustspiele. 8. Berl. Haude. 762.

Regnard, Oeuvres complètes, avec des Avertissements et des remarques par Garnier. Nouv. ed. 6 vol. in 8. Paris, 820.
— — le même. 5 vol. in-18. (Didot) (Leipzig, Fr. Fleischer.)
(pap. fin, 2 Thlr. 12 Gr. pap. vélin, 5 Thlr. format in 12, papier velin, 6 Thlr. 16 Gr.)

**Regnard, Jean Francois.** Der Universalerbe. Ein Lustspiel in fünf Aufzügen. Aus dem Französischen. Wien 1775. Ü: *Bergopzoomer, J. B.* (WBL 1/317) (BIBLPORT)

— sämmtl. theatral. Werke, a. d. Franz. 2 Thle. 8. Berlin, Nicolai. 757.

Regnard, wie man Erbe wird, s.: Sutter, P.

*Regnard*, Die unvermuthete Wiederkunft, Lustspiel übers. von *A. W.* Hamburg, Martini, 1749. 48 S. = G. III. 366: 20.

**Regnard, Jean François.** Der Zerstreute, ein Lustspiel a. d. Franz. Dresden 1752. Ü: *Weisse, Chn Fel.* [?]. (MGT) (Minor, Weisse. Innsbr. 1880. S. 9.)

*Regnard*. Der Zerstreute. Lustspiel übers. von C. L. R. Frankfurt & Leipzig 1761. 96 S. (Ev. = G. III, 366: 20, 4?)

**Regnard, J. F.** Der Zerstreute. Lustspiel. München 1773. Ü: *Törring-Seefried, Anton Graf von.* (GGT)

Regnard, Rob., Méthode Regnard. Français. Partie commerciale. Cours supérieur. Théorie et application d'une nouvelle méthode pour l'enseignement des langues modernes. La vie commerciale à la portée de tous. (XXIII, 124 S.) gr. 8. Wittenberg 908. R Herrosé. Kart. 2. 25

Regnart, der unternehmende Geschäftsmann oder der Weg zum Reichthum. Eine Fundgrube vieler ausgezeichneter, bisher geheim gehaltener Recepte zur gewinnbringenden Erzeugung von Essig, Spiritus, Branntwein rc., sowie Angabe anderer lohnender Nebenerwerbe. Zur Begründung u. Vermehrung des Wohlstandes. Ster.-Ausg. 8. (80 S.) Reutlingen 880. Enßlin & Laiblin. 1. —

Regnart, Jakob

§ — — *Jacobi Regnardi*, Fürstlicher Durchleuchtigkeit Ertzhertzogs Ferdinands etc. Musici vnnd Vice Capelmeisters Teutsche Lieder, mit dreyen Stimmen, nach art der Neapolitanen oder Welschen Vilanellen: Zuuor vnderschidlich in drey Theil außgangen, an jetzt aber auß vrsachen, vnnd mit bewilligung des Authorn in ein Opus zusamen druckt. Getruckt zu München, bey Adam Berg. M. D. LXXXIII. (1583.)

— — Dasselbe. Ebd. 1611. Qu.-4°.

— — Threni amorum. Lustige weltliche Lieder mit fünff Stimmen von *Jacobo Regnarto* hiebevor in welscher Sprach gesatzt: Jetzund aber mit lieblichen Teutschen darunter applicirten Texten in Truck geben durch Abraham Ratzen. Nürnberg, Paul Kauffmann, 1895. 4°.
Weller, Annal. II. p. 29.

Regnaud, P., matériaux pour servir a l'histoire de la philosophie de l'Jnde, s.: Bibliothèque de l'école des hautes études.

Regnaud v. St. Angely, des Grafen, Rede, die Bewegungsgründe d. Senatsbeschlusses, der 350.000 Mann zur Disposition des Kriegsministers stellt, betreff. gr. 8. (Lpz., Rein). 6 gr

Rede, welche der Graf Regnaud de St. Jean d'Angeli in der Sitzung der gesetzgebenden Versammlung am 21. December 1813 gehalten. 8. Paris 1814.

Regnauld, s. Regnault

Regnault

Regnauld et Bayard, Madame de Cérigny, s.: Répertoire du théâtre Français à Berlin. Nr. 334.

— le tyran d'une femme, Comédie, s. Bayard.

—— le tyran d'une femme, Comédie, s. Répertoire du Théâtre franç.

Regnault, höchst interessante Versuche über Daguerreotyp-Bilder, von Hrn. Moser in Königsberg. Aus d. Französ. 8. Aachen 842, Roschütz'sche Buchh. (P. Fagott.) 1/6 Rthlr

Regnault, Elias

Regnault, E., Geschichte der acht Jahre 1840—1848, s. Bibliothek, neueste historische, des Auslandes.

Regnault, Elias. Geschichte der acht Jahre 1840—1848. Fortsetzung der Geschichte der zehn Jahre. 3 Bde. Cassel, Balde 1852—55. 8.

Regnault, E., Geschichte der letzten acht Jahre, s.: Bibliothek, Europäische, 560—562. 616—618. Bd. — Bibliothek, neueste historische, des Auslandes, 1 u. 2. Thl.

Regnault, Elias, die Kanonissin, s. Franzosen, die, der neuesten Zeit.

Regnault, E., das gerichtl. Urtheil der Aerzte üb. zweifelhafte physische Zustände, insbesond. üb. die sogen. Monomanie; juristisch-psycholog. beleuchtet; aus d. Französ. übers. v. F. A. Bourel. Mit e. Anhange v. Cph. Fr. Nasse. gr. 8. Cöln 830. Pappers. 1 Rthlr

Regnault, Emil, e. christlicher Fürst. Heinrich v. Frankreich, Graf v. Chambord, geboren zu Paris am 29. Septbr. 1820, gestorben zu Frohsdorf in Niederösterreich am 24. Aug. 1883. Mit einigen Zusätzen frei aus dem Franz. übers. 8. (156 S.) Graz 885. Styria n. 1. —

Regnault, Louis Georges. Unterweisungen für die Firmung und die erste Communion. Würzburg 1784. Ü: *Schönemann, Franz.* (ML) (Ky)

— Unterweis. f. d. Firmelung; aus d. Französ. (v. Frz. Schönemann). 8. Würzb. 784. Stahel. 8 gr

Regnault, ..., Unterweis. für die erste Communion; aus d. Französ. (v. Frz. Schönemann). 8. Würzb. 784. Stahel. 8 gr

— Unterweis. üb. das heil. Sakrament d. Firmung; nach d. Französ. umgearb. u. mit e. Vorr. versehen v. Kasp. Max. (Kasp. Max. Frhr. v. Droste zu Vischering). 8. Münst. 797. Theissing. 4 gr

Regnault, Noel. Physicae recentioris Origo antiqua . . . latine reddita . . . Graecii 1755. Ü: *Kaschutnig, Johann Bapt.* (Jes)

— physicae recentioris origo antiqua. 4. Gräz. Tusch

Regnault, Victor

Regnault, V., das Ausdehnungsgesetz der Gase, s.: Ostwald's, W., Klassiker der exakten Wissenschaften.

Regnault, M. Vict., Lehrbuch der Chemie für Universitäten, Gymnasien, Real- u. Gewerb-Schulen, sowie für den Selbstunterricht. Uebers. von Boedeker. 21 Lfgn. 8. (1. Bd. 955 S. 2. Bd. X u. 491 S. 3. Bd. XIV u. 667 S. m. 1 lith. Taf. Mit eingedr. Holzschn.) Berlin 848—51, Duncker & Humblot. (à 12 ngr) 3 Bde od. 4 Thle. 8 Rthlr 12 ngr

— kurzes Lehrbuch der Chemie. Bearb. von Adph. Strecker. Mit zahlreichen in den Text eingedr. Holzschn. 3 Lfgn. gr. 12. (XXIV u. 683 S.) Braunschweig 851, Vieweg & Sohn. (à n. 2/3 Rthlr) n. 2 Rthlr

Regnault, Victor und Adolph Strecker,

Regnault-Strecker'skurzes Lehrbuch der Chemie. In 2 Thln. I. Bd.: Anorganische Chemie und Abriss der organischen Chemie. 2. Aufl. gr. 12. (XXIV und 684 S. mit 142 eingedr. Holzschn.) 1853. und 3., verb. Aufl. A. u. d. T.: Kurzes Lehrbuch der anorganischen Chemie theilweise nach Victor Regnault selbständig bearb. von Adph. Strecker. 3., verb. Aufl. 8. (XXVII und 783 S. mit 182 eingedr. Holzschn.) Braunschweig 855, Vieweg und Sohn. Thlr. *

—— dass. — 2. Bd.: A. u. d. T.: Kurzes Lehrbuch der organischen Chemie. Von Adph. Strecker. gr. 12. (XIX und 418 S. mit 44 in den Text eingedr. Holzschn.) Ebds. 853. *

Regnault-Strecker's kurzes Lehrbuch der Chemie. In 2 Thln. 1. Bd. A. u. d. T.: Kurzes Lehrbuch der anorganischen Chemie theilweise nach Vict. Regnault, selbständig bearb. von Adph. Strecker. 4., verb. Aufl. 8. (XXVII und 802 S. mit 182 in den Text gedr. Holzschn.) Braunschweig 858, Vieweg und Sohn. *

—— dass. — 2. Thl. A. u. d. T.: Kurzes Lehrbuch der organischen Chemie von Adph. Strecker. 2., verb. Aufl. 8. (XXI und 503 S. mit 42 in den Text eingedr. Holzschn.) Ebendas. 857. *

Regnault-Strecker's kurzes Lehrbuch der Chemie. 2 Bde. Braunschweig, Vieweg & Sohn. 8. Jeder Bd. n. 2 *ℛ*
1. Bd.; Kurzes Lehrbuch der anorganischen Chemie theilweise nach Vict. Regnault, selbständig bearb. von Adph. Strecker. Mit in den Text gedr. Holzst. u. 1 farb. Stahlst.-Taf. 5. Aufl. 860. — 6. verb. Aufl. 864. (1. Hälfte: VIII, 408 S.)
2. Bd.: Kurzes Lehrbuch der organischen Chemie. Von Adph. Strecker. Mit in den Text eingedr. Holzst. 3. Aufl. 860. (XXIV, 665 S.) n. 1 *ℛ* 25 ngr. — 4. verb. Aufl. 864. (XXV, 726 S.)

Regnault-Strecker's kurzes Lehrbuch der Chemie. 2 Bde. 8. Braunschweig, Vieweg und Sohn. *
Inhalt:
Bd. 1. Kurzes Lehrbuch der anorganischen Chemie theilweise nach Vict. Regnault selbständig bearb. von Adph. Strecker. 6. Aufl. 1864. und 7., verb. Aufl. 2 Hälften. (XXVIII und 842 S. mit in den Text gedr. Holzst. und 1 farb. Stahlst.-Taf.) 866,67. à Hälfte * 1 Thlr. * 2 Thlr.
» 2. Kurzes Lehrbuch der organischen Chemie. Von Adph. Strecker. 4. Aufl. 1863. und 5., verb. Aufl. 3 Lfgn. (XXXIX und 890 S. mit in den Text eingedr. Holzst.) 867,68. à Lfg. * 20 Ngr. * 2 Thlr.

Regnault-Strecker's kurzes Lehrbuch der Chemie. In 2 Thln. 8. Braunschweig, Vieweg und Sohn. *
Inhalt:
Bd. 1. Kurzes Lehrbuch der anorganischen Chemie nach Vict. Regnault selbständ. bearb. von Adph. Strecker. 8. verb. Aufl. (XXVII, 770 S. mit in den Text eingedr. Holzst. und 1 lithogr. farb. Spectraltaf.) 869. * M. 6.
» 2. Adolph Strecker's kurzes Lehrbuch der organischen Chemie von Johs. Wislicenus. 4 Abthlgn. 6. durchaus neu bearb. Aufl. (XXXX, 1176 S. mit in den Text eingedr. Holzst.) 874—76. 1.—3. Abthl. à * M. 4.; 4. Abthl. * M. 3.

Regnault-Strecker's kurzes Lehrbuch der Chemie. Bearb. v. Johs. Wislicenus. In 2 Theilen. 2. Bd. Adolph Strecker's kurzes Lehrbuch der organ. Chemie v. Johs. Wislicenus. Mit in den Text eingedr. Holzst. 6. durchaus neu bearb. Aufl. 8. (XLIX, 1176 S.) Braunschweig 874. Vieweg & Sohn. n. 15. —

Regnault-Strecker's kurzes Lehrbuch der Chemie, bearb. von Johs. Wislicenus. (In 2 Bdn.) 1. Bd.: Regnault-Strecker's kurzes Lehrbuch der anorgan. Chemie. Von Johs. Wislicenus. Mit zahlreichen in den Text eingedr. Holzst. und 1 farb. Spectraltaf. 9. durchaus neu bearb. Aufl. 3 Lfgn. 8. Braunschweig, Vieweg und Sohn. [1. und 2. Lfg. (VIII, S. 1—384.) 877,78. à * M. 2,50.; 3. Lfg. (S. 385—576.) 879. * M. 2.] *
2. Bd. Ebendas. 1874—76. * M. 15.

Regnault-Strecker's kurzes Lehrbuch der Chemie, bearb. von Johs. Wislicenus. (In 2 Bdn.) 1. Bd. A. u. d. T.: Regnault-Strecker's kurzes Lehrbuch der anorganischen Chemie. Von Johs. Wislicenus. Mit zahlreichen in den Text eingedr. Holzst. und 1 farb. Spectraltaf. 9. durchaus neu bearb. Aufl. 4. (Schluss-)Lfg. 8. (XXIV, S. 577—954.) Braunschweig 881, Vieweg und Sohn. *
1.—3. Lfg. Ebendas. 1877—79. * M. 7.

Rapport sur les comparaisons qui ont été faites à Paris en 1859 et 1860 de plusieurs kilogrammes en platine et en laiton avec le kilogramme prototype en platine des Archives Impériales. — Etudes sur les diverses circonstances qui peuvent influer sur l'exactitude des pesées par Regnault, Morin et Brix. Berlin 1861. 4. —

— Schule der Chemie. Nach dem neuesten Standpunkte d. Wissenschaft f. Universitäten, Academien, Gymnasien 2c., sowie zur Selbstbelehrung. In Bearbeit. von C. H. Th. Kerndt. Mit 140 in den Text eingedr. Holzschn. 8. (IV u. 705 S.) Leipzig 851, Spamer. n. 1 5/6 *ℛ*; in Engl. Einb. n. 2 1/3 *ℛ*

Regnault-Warin, Jean Baptiste Joseph Innocent Philadelphe

Die Carbonari, oder Das Blutbuch von W. R. [d. i. J. J. Regnault-Warin]. Aus dem Franz. übers. von Fr. Gleich. Bd 1. 2. Leipzig: Hartmann 1821. 8°
1. XVI, 176 S.; 2. 182 S.

°[Dasselbe.] 2. Aufl. Ebendas. 1825. 8°
Kl. 3621; TB. 225.

**REGNAULT-WARIN**, Jean-Jacques, Figaro's Leben und jugendliche Abenteuer. (Aus d. Französ.) 2 Thle. Mit Kpfrn. Leipzig, Hinrichs, 1801. 8°.

—Figaros Leben u. Abentheuer. 2 Bde. N. A. 8. Leipz. 807. Hinrichs. 1 ℛ 16 gr

**Regnault-Warin, Jean Baptiste Joseph Innocent Philadelphe.**
Der Magdalenen Kirchhof. A. d. Franz. Leipzig 1800. Ü: *Clodius, Chn Aug. Hnr.* (GGr VII, 682)

Regnault-Warin, der Magdalenen Kirchhof; nach d. Französ. (v. K. A. H. Clodius). 4 Thle. 8. Leipz. 800. Gr. Fleischer. 4 ℛ

Regnault-Warin, s. Memoiren od. Beitrr. zur Lebensgeschichte des Generals Lafayette.

Regnault-Warin, Memoiren od. Beiträge zur Lebensgesch. des Generals Lafayette, u. z. Gesch. d. konstituirenden Versammlung. Aus d. Franz. 2 Bde. gr. 8. Stuttgart 824, v. Cotta.

— — Romeo und Julie. Eine wahre Geschichte nach *Regnault-Warin*. Erfurt 1809. 8°.
Goedeke VII, 682, 319, 3.

**Regnault-Warin, J. B. J.**
**I. P.** Spinalba oder die Offenbarungen . . . a. d. Engl. 1804. Ü: *Oertel, Frdr. v.* (Ky)

Spinalba oder Offenbarungen aus dem Rosenkreuzerorden. Aus d. Franz. des [J. J.] Regnault - Warin, bearb. und abgekürzt von Friedr. v. Oertel. Th. 1. 2. Leipzig: Beygang 1804. 8°
1. 294 S.; 2. 342 S.
Kl. 3983, TB. 171.

— Spinalba, od. die Offenbarungen ꝛc.; aus d. Engl. (v. Fr. v. Oertel). 2 Thle. 8. ... 804. (Krappe in Leipz.) 2 ℔ 12 gr

Regnault-Warin, Jean-Jacques, s. Regnault - Warin, Jean Baptiste Joseph Innocent Philadelphe

**Regne, le, de la providence sur les nations.** Discours, prononcé le 18. Oct. 1836, jour anniversaire de la bataille de Leipzic dans l'égsise franç. de Hambourg. gr. in-8. (1½ B.) Hamburg 837, Perthes-Besser et Mauke.

**Regneller, G. D.,** die Fettleibigkeit u. Magerkeit, ihre Ursachen u. ihre gründliche Heilung durch Diät u. a. Mittel. Nach d. 11. franz. Orig.-Aufl. bearb. 8. (3 B.) Quedlinburg 839, Basse.

Regner, Alfred von: Die Bereitung der Schaumweine mit bes. Berücks. der französischen Champagner-Fabrikation. Genaue Anweisung und Erl. der vollständigen, rationellen Fabrikation aller moussirenden Weine und Champagner. Mit Benützung des Werkes von A. Robinet 'Les vins mousseux' auf Grund eigener praktischer Erfahrungen und wissenschaftlicher Kenntnisse dargest. und bearb. Wien, Pest, Leipzig: Hartleben 1879. XVI, 384 S. (Chemisch-technische Bibliothek. Bd 50.) -- 36.121*
--- Dass. 2., gänzlich neu bearb. Aufl. Ebd. 1899. VIII, 240 S., mit 45 Abb. (Chemisch-technische Bibliothek. Bd 50.) -- 121.UB Brünn*

**Regner, Alfr. v., der gefährlichste Feind d. Weinberges.** Die Reblaus [Phylloxera vastatrix]. Zur Belehrg. f. Weingartenbesitzer u. f. Schulen leichtfaßlich dargestellt. Mit 6 in den Text eingedr. Holzschn. 8. (48 S.) Wien 876. Hartleben. — 60

**Regner, A. v., Handbuch der landwirthschaftlichen Gesetze Oesterreichs.** gr. 8. Wien 876. Berlin, Parey. * 6 —

— **Handbuch der landwirthschaftlichen Gesetze Oesterreichs.** Zum Gebrauche f. landwirthschaftl. Lehranstalten, Guts-verwaltgn., Land- u. Forstwirthe, Gemeindeämter u. Bezirksvertretgn. zusammengestellt u. erläutert. gr. 8. (XII, 401 S.) Wien 877. Braumüller. n. 6. —

Regner, A[lfred] von: Der Weinbau Croatiens. Wien 1876. -- [Zit. nach Simon: Bibliotheca vinaria]

— **der Weinbau in seinem ganzen Umfange** m. besond. Berücksicht. der Verhältnisse in Oesterreich-Ungarn u. in Süddeutschland nach den neuesten wissenschaftl. u. prakt. Erfahrgn. Als Rathgeber f. Weingartenbesitzer u. als Lehrbuch f. Schulen gemeinverständlich dargestellt. Mit 26 in den Text gedr. Holzschn. gr. 8. (460 S.) Wien 876. Hartleben. 3. 50

Regner, C. G., s. Regner, Karl Gottlob

**Regner, Hans, Abhandlung über das menschliche Haupthaar in seiner Bildung,** Veränderung in seinen krankhaften Zuständen. Eine populär-wissenschaftl. Studie. 12. (54 S.) München (893). (Berlin, Berolina-Versand-Buchh.) — 60

— **Haarleiden sind heilbar.** Anleitung zur Beseitigg. v. Kopfhauterkrankgn., Haarausfällen u. chron. Haarschwund unter besond. Rücksichtnahme auf die Heilg. vorhandener Glatzen. Eine populär wissenschaftl. Studie. 3. Aufl. gr 8. (III, 78 S.) Frankfurt a/M. (900). (Berlin, Berolina-Versand-Buchh.) 1. —

**Regner, Hans,** appr. Arzt: Ueber die blasenförmige Vorwölbung des angeboren verschlossenen vesikalen Harnleiterendes. Giessen 1910: v. Münchow. 50 S. 8°
Gießen, Med. Diss. v. 25. Juli 1910, Ref. Bostroem
[Geb. 27. Sept. 84 Mainz; Wohnort: Gießen; Staatsangeh.: Hessen; Vorbildung: Gymn. Mainz Reife O. 04; Studium: Gießen 2, München 1, Gießen 3, Heidelberg 1, Gießen 3 S.; Coll. 22. Juli 09; Approb. 3. Mai 10.] [U 10. 1160

**Regner, Jh. Cph.,** († d. 25. Febr. 1788.) prakt. Handbuch v. der Gerade u. d. Heergeräthe, mit beigefügt. Statuten. gr. 8. Leipz. 781. (Brockhaus). 16 gr

* **REGNER,** Joh. Chp., Praktisches Handbuch von der Gerade, den fräulichen Gerechtigkeiten und dem Heergeräthe, nebst beygedruckten Statuten (einzelner Städte, S. 193 ff.). Leipzig, bey Johann Samuel Heinsius, 1781. Gr. 8°.
4 Bll., 288 S., 12 Bll. Reg. — Culturgeschichtlich u. statistisch interessantes, wenig bekanntes Werk. Selten!

**Regner, J. C.,** prakt. Handbuch v. d. Gerade u. d. Heergeräthe mit beygef. Statuten, gr. 8. Lpz. Heinsius (Gleditsch) 781.

— kurze Vorstellung der in Kursachsen übl. Rechte, insonderheit mit Rücksicht auf d. Bürger u. Landmann. gr. 8. Leipz. 780. Fritsch. (Hahn). 1 ℔ 16 gr

**Regner, Karl Glo.,** neues landwirthschaftl. Handbuch zum Anbau u. z. Acclimatisirung v. 64erlei ausländ. Getreide-, Handels-, Oel- u. Futtergewächsen d. Hrn. Polizeidirectors Fischer zu Dünkelsbühl. Mit Kpf. u. Tabb. 8. Freiberg 808. Craz u. G. 1 ℔ 12 gr

— theoret.-prakt. Oelbuch, od. d. Behandlung d. ölreich. Saamen u. Früchte zur Bereitung d. Oels ꝛc. 8. Freiberg 811. Craz u. G. 16 gr

**Regner,** Kurt: Über die **Frage** der Widerstandsänderung von wäßrigen Salzlösungen durch Bestrahlung. *o. O. (1903).* (21 S.) 8°
Greifswald, Phil. Diss. v. 30. Juli 1903

**Regner, Rich. v.,** der praktische Bienenzüchter. Eine leichtfaßliche u. vollständige Anleitung zur rationellen u. einträglichen Bienenzucht in allen gebräuchlichen Stockformen von einem erfahrenen Imker. 8. (80 S.) Reutlingen 879. Enßlin & Laiblin. — 50

— die Fabrikation des Rübenzuckers. Enth.: Die Erzeugung des Brotzuckers, des Rohzuckers, die Herstellung von Raffinad- u. Candiszucker, nebst einem Anh. über die Verwerthung der Nachproducte u. Abfälle ꝛc. Zum Gebrauche als Lehr- u. Handbuch leichtfaßlich dargestellt. Mit 21 erläut. (eingedr. Holzschn.-)Abbildungen. 8. (VIII, 200 S.) Wien 879. Hartleben. 3. —

Regner Rv, die Fabrikation des Rübenzuckers. (Bibl. Chem.-techn. 47) Wien 1879

— der praktische Obstzüchter. Eine leichtfaßl. u. gründl. Anleitung zur rationellen u. gewinnbringenden Obstbaumzucht, mit besonderer Berücksichtigung der Obstverwerthung. 8. (94 S.) Ebend. 879. — 80

— die rationelle Zubereitung des Brotes nach verschiedenen Backverfahren. Mit 5 in den Text eingedr. Holzschnitten. 8. (VI, 78 S.) Breslau 880. Korn. geb. n. 1. —

**Regner**, Thdr., die Welt ohne Geld. Buch für die Arbeiter. gr. 8. (69 S.) Wien 848, Schaumburg & Co. in Comm. 1/2 ₰

Regnery, Jacob [aus Hermeskeil]: Mutismus hystericus. ... Strassburg i. E., Buchdr. M. DuMont-Schauberg, 1891; 28 S., 1 Bl. 8°
Strassburg, Med. Fak., Inaug.-Diss. v. 1891

**Regnes**, Rich., der Schnellrechner f. Bierbrauer u. Wirthe. Enthaltend die Preisberechng. von 1 Liter bis 5000 Hectoliter. Nebst 3 Reductions-Tabellen. gr. 8. (87 S.) München 872. Merhoff. n. 1. 50; cart. n. 1. 80

**Regnes**, Rich., Schnellrechner für Bierbrauer u. Wirthe. Berechnung der Bierpreise in deutscher Reichswährung. Enth.: Die Preisberechnung von 1 Liter bis 5,000 Hektoliter zu dem Satze von 15—40 Pfennig. Nebst einem Anh.: „Die deutsche Reichswährung." 2. (Titel-)Aufl. gr. 16. (55 u. VI, 14 S.) München (1872) 879. Merhoff. cart. — 75

Regnet, C. A., s. Regnet, Karl Albert

**Regnet**, Jacques

L'Empire du Diable par Jacques Regnet. Berl. 707. 8.

**Regnet**, Karl Albert

Regnet, C. A., Jacques Louis David, s. Kunst und Künstler des Mittelalters und der Neuzeit.

**Regnet**, Carl Alb., der Dienst des Gemeindeschreibers in seinem ganzen Umfange. Ein Hand- u. Hilfsbuch für Stadt-, Markt- u. Gemeindeschreiber, sowie für Schullehrer-Seminare. Landshut 862. Krüll'sche Universitäts-Buchh. gr. 8. (XX, 239.) 25 ngr.

Regnet, Carl Alb., der Dienst des Gemeindeschreibers in seinem ganzen Umfange. Ein Hand- und Hilfsbuch für Stadt-, Markt- und Gemeindeschreiber, sowie für Schullehrer-Seminarien. 3. auf Grund der neuen Gesetzgebung gänzlich umgearb. Aufl. gr. 8. (XV, 275 S.) Landshut 870, Krüll'sche Buchh. 3 —

**Regnet**, K. A., Führer durch die Kunst- u. Kunstgewerbe-Ausstellung in München. Mit (lith.) Plan d. Ausstellungs-Raums (in qu. Fol.) S. (166 S.) Wien 876. Lehmann & Wentzel. n. 1. 60

— Münchener Künstlerbilder. Ein Beitrag zur Geschichte der Münchener Kunstschule in Biographien u. Charakteristiken. 2 Bde. gr. 8. (IX, 352 u. V, 325 S.) Leipzig 871. T. O. Weigel. n. 12. —

—— Charles Lebrun,
—— Claude Lorrain,
—— Pierre Mignard,
} s. Kunst- und Künstler des Mittelalters und der Neuzeit.

**Regnet**, C. A., München, s. a. Städtebilder und Landschaften aus aller Welt.

**Regnet**, K. A.: München. Zürich 1885. 68 S. m. Abb. (Städtebilder u. Landschaften aus aller Welt. 1, 2.)

— München in guter alter Zeit. Nach authent. Quellen culturgeschichtlich geschildert. Mit den Orig.-Kupferradirungen von F. Bollinger u. F. Schießl u. A., nebst Erklärungen hiezu aus der Baumgartner'schen Uebersicht von 1805. 14 Lfgn. 4. (VII, 124 u. Erklärungen XXX S. m. 56 Kpfrtaf.) München 878. Franz. à n. 1. —

**Regnet**, Carl Alb., (÷ 8. Apr. 1886 zu München, 63 J. alt), München in guter alter Zeit. M. 52 Blatt Orig.-Kupfer-Radirungen von *Bollinger*, *Schiessl* u. A., und Erklärgn. hiezu aus der *Baumgartner*'schen (Polizei-) Uebersicht von 1805. München 1879. 4°. Vergold. Lwbd. m. Goldschn.
4 Bll., 124 u. XXX S.

—— Munich, s. Towns and landscapes of all the world.

— nach Oberammergau! Wohlunterrichteter Begleiter zum Passionsspiel im J. 1880, welcher sagt, wie das Spiel entstand, sich im Verlauf der Jahrhunderte erhielt, zur jetzigen Gestalt entwickelte u. was die Bilder all bedeuten, auch wie man mit rechtem Genuss dahin reisen u. wieder heimkehren kann. 12. (90 S. m. 1 lith. Karte.) München 880. Th. Ackermann. n. 1. —

— dasselbe. 2. u. 3. Aufl. 12. (90 S. m. 1 lith. Karte.) Ebend. 880. n. — 80

**Regnet**, C. A., nach Oberammergau! Wohlunterrichteter Begleiter zum Passionsspiele, welcher sagt, wie das Spiel entstand, sich im Verlauf der Jahrhunderte erhielt, zur jetz. Gestalt entwickelte u. was die Bilder all bedeuten. Neu bearb. v. A. Edelmann. 5. Aufl. gr. 16. (94 S. m. Theaterplan.) München 890. Th. Ackermann's Verl. n. — 60

—— Nicolas Poussin,
—— Hyacinth Rigaud,
—— Salvator Rosa,
} s. Kunst und Künstler des Mittelalters und der Neuzeit.

—— Karl Rottmann, s. Kunst und Künstler der ersten Hälfte des 19. Jahrh.

— der Wirkungskreis der bayerischen Gemeindebehörden diesseits u. jenseits des Rheins. Ein Hand- u. Nachschlagebuch für Magistrate, Gemeinde- u. Kirchenverwaltungen u. Armenpflegen. Nördlingen 869. Beck. gr. 8. (XVI, 316 S.) n. 1 ₰ 7½ ngr.

**Regnet**, Mich. Geo., einige Fingerzeige zur Beförder. d. Projekts, die Donau mit dem Rheine zu vereinigen. Mit 1 Karte. 8. Nürnb. 801. (Winter). 8 gr.

— über polit. Reden u. Schauspiele; e. Beitrag zur Errichtung einer Volksschule. 8. Freysing 803. (Schorner in Straubing). 5 gr. Schrbp. 6 gr.

— über die Wiederherstellung, od. ganz neue Errichtung der am leichtesten herzustellenden Landgerichte in Altbaiern. 8. Regensb. 819. Daisenberger. 10 gr.

Regni polonici cum adiunctis provinciis descriptio. Ed. Jos. Korzeniowski. Lex.-8. (13 S.) Krakau 891, (Buchh. d. poln. Verlags-Gesellschaft). * — 60
Aus: Scriptores rer. polon., besonders abgedruckt.

**Regnier**, Napoléon, ou Schönbrunn et Ste. Hélène, s. Répertoire du Théâtre franç.

**Regnier**, A.

— s. Schuster, K. W. T., Dictionnaire des langues allemande et française.

**Regnier**, A., neues Taschenwörterbuch, s. Adler-Mesnard nouv. Dictionnaire allem.-français etc.

**Régnier**, A., neues vollständiges Wörterbuch der deutschen u. französischen Sprache. s.: Schuster, C. W. Th.

**Régnier**, A., u. C. W. T. Schuster, Wörterbuch der deutschen u. französ. Sprache, s.: Schuster, C. W. T.

**Regnier**, Aug., Paris historique. s. **Paris** historique.

**Regnier**, E. V. Wer sind Sie denn eigentlich, Herr N. oder Herr M.? Enthüllungen einer seltsamen Geschichte im Okt. 1870 währ. der Belagerung von Metz. Autor. deutsche Ausg. (83) 8. M. 2 Tfln. Berlin 1871. 1.50.

**Regnier**, Ferd., die kleine Welt. Orig.-Zeichngn. u. Gedichte. 3 Bde. 4. (Mit eingedr. Text.) Trier 883. Paulinus-Druckerei. à n. 3. —
1. 10 Silhouetten. — 2. 3. à 10 helle Lichtdr.-Bilder.

**Régnier**, Henri de, in doppelten Banden. (La doublo maîtresse.) Roman. Aus dem Franz. übers. von Frdr. v. Oppeln-Bronikowski. (404 S.) 8. Stuttgart 904. Deutsche Verlagsanstalt. n. 3. 50; geb. n.n. 4. 50

— seltsame Liebschaften, s.: Deva-Roman-Sammlung.

**Regnier**, Jacomy, s. C. W. Gauß, Hymens Paradies.

**REGNIER**, Jacomy. — Hymen's Paradies oder das eheliche Glück im Spiegel der Tugend. Nach dem Frz. des — von H. Gauß. 2te Aufl. Weimar 1852. 8⁰. (⅓ Rthl.) (4 Sgr. Förster, Reudnitz, vor 1885.)

**Régnier**, Ludwig Heinrich [app. Arzt aus Vigy '(Lothr.)']: Operative Behandlung der Myome des Uterus durch die Laparotomie ... Strassburg i. E., Buchdr. C. Gœller, 1894; 28 S., 1 Bl. 8.
Strassburg, Med. Fak., Inaug.-Diss. v. 1894

**Regnier**, Th., die Verpflichtungen der Civil-Gemeinden in Ansehung der Pfarrhäuser u. d. Pfarr-Oeconomie-Gebäude, nach den Grundsätzen der französ. Gesetzgebung. (Besond. Abdruck aus den Annalen für Rechtspflege u. Gesetzgebung.) gr. 8. Trier 844, Lintz. ½ ₰

**Regnitz**, A. C., De lethargo. 32 pp. Jen. 4°. 1734

**Regno animale**, il, in 126 figure colorate, illustrate a diletto ed istruzione della gioventu. Trieste 858. Coen. 4. (124 S. u. 47 lith. u. color. Taf.) 2 ₰. 18 ngr.

**Regnum** animale, oder naturgetreue Abbildungen aus dem Thierreiche ... Jena 1832—35. V: *Dietrich*, *Nath. Frdr. Dav.* (Ky) (EBHN)

**Regnum** animale, oder naturgetreue Abbildungen aus d. Thierreiche, nebst e. kurzen erläut. Texte (v. Dav. Dietrich). I—IV. Hft. Fol. (à 10 ill. Kpfrt. u. zusam. 4 B. Text.) Jena 832, 34, 35, Schmid. à

**Regnum** minerale ex systemate Vogelii. Berolini 1765. V: *Krikende*, *Joh. Sam.* (Gatterer, Repert. d. mineral. Litt. Giessen 1798—99. I, 51.)

***Regnum*** **Saahd-Aldaulae** in oppido Halobo e codice Arabico editum, versum et adnotationibus illustratum. Regierung des Saahd-Aldaula zu Aleppo, aus einer arabisch. Handschrift herausgg., übers. u. durch Anmerkk. erklärt v. G. W. Freytag. gr. 4. Bonn 820. Marcus. 1 ₰ 4 gr

**Regnum** Vegetabile quadripartitum. Bas. 1708. V: *König*, *Eman.* (AarK)

Regolamenti militari colla loro glossa, dati a luce da D. Francesco Ventura della Sala, ed Abarca, cavaliere dell' ordine di S Giacomo, tenente di maestro di campo generale della Maestà di Carlo secondo re delle Spagne. E tradotti dall' idioma Spagnuolo nell' Italiano da D. Giuseppe di Zamora, dedicati all' eccellentissimo signore Guidobaldo dell S. R. I. Conte di Starhemberg, cavaliere, e gran commendatore dell' Ordine Teutonico della Bagliva d'Austria; commendatore di Vienna, Neistadt, Gratz Meretinci, consigliere intimo di stato, e maresciallo die campo di Sua Maestà cesarea cattolica, vice re di Schiavonia, colonello d'un reggimento d'infanterie etc. (Donation Liechtenstein.) 4. Vienna 1731.

**Regolamento** communale e regolamento elettorale pei comuni della contea principesca del Tirolo. Innsbruck 866. Wagner'sche Universitäts-Buchh. 8. (52 S.) n. 5 ngr.

Regolamento disciplinale per l'esecuzione del Reale decreto 15. Agosto 1812. (Bestimmung betreffend die von den italienischen Kunst-Akademien nach Rom zu sendenden Pensionäre.) Milano 1812. 8⁰.

Regolamento per la prattica esecuzione del codice di sanità pei porti, e lidi dello Stato Pontificio. o.O. (1818). 128 S. 4⁰

Regolamento generale di procedura penale del 29 luglio 1853 per l'Impero d'Austria. (Edizione ufficiale in forma di manuale.) Die allgemeine Strafprozeß-Ordnung vom 29. Juli 1853 für das Kaiserthum Oesterreich. (Amtliche Handausgabe.) 8. (256 S.) Vienna. Dalla stamperia Imperiale Reale di Corte et di Stato. 1853.

**Regolamento** d'istruzione per l'imp. reg. gendarmeria compilato in base a quello dell' i. r. infanteria di linea e delle emanate ordinazioni della suprema ispezione generale di gendarmeria dall' i. r. signor tenente-colonello Enrico Martiny. Traduzione italiana di Ant. Marchetti. Innsbruck 854. Wagner. gr. 8. (2 Bl., 132 u. 6 S. m. 4 lith. Taf. in 8. u. 4.) n. 1 ₰.

Civico Museo di Lugano. Regolamento. (1902 maggio 24.) 8 p. 8. Lugano, F. Veladini & C., 1902.

(Comune di Lugano.) Regolamento per occupazione d'area pubblica. (1902 dicembre 10/1903 Gennaio 14.) 4 p. 8.

Organizzazione militare del servizio delle strade ferrate. Regolamento. (Del 17 maggio 1902.) 8 p. 8. [Bellinzona, Tipografia Cantonale,] 1902.

**Regolamento** per le persone di servizio nella contea principesca del Tirolo. gr. 16. (24 S.) Innsbruck 879. Wagner. n. — 20

Regolamento politico per le Scuole elementari dell' I. R. Provincie austriache ad eccezione dell' Ungheria, del Regno Lombardo Veneto e della Dalmazia. — Prima edizione italiana. — 8. (400 p. 5 tav.) Vienna. Stamperia della vedova di L. Grund. 1847. Legato 36 Car. M. C.
Verlag der Schulbücher-Verschleiß-Administration

Comune di Sala Capriasca. Regolamento Provvisorio per la distribuzione dell' acqua potabile. (1901 Agosto 21.) 8 p. 8. Lugano-Mendrisio, Fratelli Traversa, 1901. O Tess

Regolamento di servizio in domande e risposte pei comuni, sottocaporali, trombettieri, caporali e sergenti dell' I. R. reggimento cacciatori Imperatore. 16. Innsbruck 836. Wagner. 1/8 ℳ

Istituto Nuovo-Frauenstein. Regole Disciplinari pegli Allievi. 12 Stn. gr. 8. Zürich, Druck von Orell Füssli & Co. 1875

Regole pel giuoco del bigliardo. 1 Tab. in Imp.-Fol. Triest 862. Schubart. n. 10 ngr.

Regole internazionali marittime, redotte dal diritto universale delle genti, dai trattati pubblici e dalle convenzioni fra le potenze marittime, tratte dal Francese da Luigi Fincati. Fasc. 1. gr 8. (40 S.) Venezia 847. (Triest, Favarger.) n. 8 ngr

Regordiensch a dil l'schuntschienavel anniversari della battaglia de Sempach. Nossadunaun 1886 s [Oechsli, Wilhelm].

Regress, Bestens gegründeter, der von der Hochgräfl. Hanauischen Verzichts-Tochter Anna Magdalena . . . abstammender . . . Regredient-Erben . . . O. O. 1766. V: *Hofmann, Gfr. Dan.* (Holz)

Regrets d'Alfred, s.a. Buchwald, Joh. Heinr. de, 1836.

Regrets, Les, d'Alfred. Kiel 1836. V: *Buchwald, Johann Heinrich v.* (Collin, Anonymer. Kiobenh. 1869.)

Regrier, G., die Behandlung der Scrofeln mit Wallnußblättern. Nach dem Franz. mit Beifügung eigener Beobachtungen von M. J. Kreutzwald. Hrsg. v. Fr. Nasse. gr. 8. (1 3/4 B.) Bonn 813, Marcus. *

Regteren, Martinus Altena van, s.a Altena Regteren, Martinus van

Regteren Altena, Martinus v., das Handels-, Wechsel-, Konkurs- u. Seerecht d. Niederlande, s.: Handelsgesetze, die, des Erdballs.

Reguault, Emil, ein christlicher Fürst. Heinrich von Frankreich, Graf von Chambord, geboren zu Paris am 29. Septbr. 1820, gestorben zu Frohsdorf in Niederösterreich am 24. Aug. 1883. Mit einigen Zusätzen frei aus dem Französ. übers. 8. (156 S.) Graz 885, Styria. *

Regnin, A. P., s. Bibliothek von Vorlesungen rc. über Medicin Bd. XIII.

Reguis, Predigten, s. Bibliothek der vorzügl. kath. Kanzelredner.

Reguis, ..., die Stimme d. Hirten. Vertraul. Reden e. Pfarrers an seine Pfarrkinder, s. Bibliothek d. vorzügl. Kanzelredner d. Auslandes, 4. Abthl.

Reguis. Die Stimme des Hirten, vertraute Reden eines Pfarrherrn . . . A. d. Franz. . . . Leipzig 1769. Wien 1774. Ü: *Heyde, Johann Daniel.* (ML)

Reguis, Stimme d. Hirten, od. Reden eines Pfarrers an seine Pfarrkinder; aus d. Französ. 2 Thle. gr. 8. Wien 776. Kraus. 1 ℳ 16 gr

— 2e Stimme d. Hirten, Sonntagspredigten. 4 Thle. gr. 8. Wien 774. Kraus. 3 ℳ 8 gr

Regula antiqua fratrum et sororum de paenitentia seu tertii ordinis sancti Francisci. Nunc primum ed. Paul Sabatier. gr. 8. (XII, 30 S.) Paris 901. Fischbacher. n. 1.20

Regula S. Benedicti cum variet. lectionum. Ad plurium tum vet. manuscr. tum impressorum codd. censuram fidemque revoc. a Geo. Waitzmanno. 12. Augustae Vindel. 843, libr. M. Rieger. 1/4 ℳ

Regula S. Benedicti ex codicibus edita. S. l. 1896. H: *Segmüller, Fridolin.* (Keiter, Kath. Litt.-Kal. VI, 298.)

Regula sancti Benedicti. Ed. V, quam ad veteres codices revisit et emendavit Fridolinus Segmüller, O. S. B. (VIII, 161 S. m. 1 Stahlst.) kl. 8. Einsiedeln (909). Verlagsanstalt Benziger & Co. Geb. in Leinw. 2. —

Regula S. Benedicti, abbatis et patriarchae monachor. 24. Münch. Lentner. 778.

Regula Sancti Patris Benedicti. Secundum editionem congreg. Casinensis denuo typis mandata. Einsiedlae 857. Benziger. 24. (156 S.) 7 ngr.

Regula sancti patris Benedicti. Secundum editionem congregationis Casinensis denuo typis mandata. Editio II. Einsiedeln 863. Gebr. Benziger. 12. (156.) 7 ngr.

Regula sancti patris Benedicti. Secundum editionis congregationis Casinensis denuo typis mandata. 16. (156 S.) Einsiedeln 877. Benziger. — 70

— sancti patris Benedicti iuxta antiquissimos codices recognita a Edm. Schmidt, O. S. B. Accedunt quaedam benedictiones et preces. Ed. II emendatior. (XV, 144 S. m. Titelbild.) kl. 8. Regensburg 911. F. Pustet. — 80; geb. in Leinw. 1. 20

— cleri. ex sacris lit., sanct. patrum monum. etc. 12. Laus. Pott. 770.

— — id. l. 8. maj. Bamb. Dederich (Göbhard) 793.

— Cleri, ex sacris literis, sanctor. patrum monumentis ecclesiasticisque sanctionibus excerpta. Studio et opera S. Salamo et M. Gelabert, juxta exemplar Paris., cui accessit praeparatio proxima ad mortem, novam edit. M. Sintzel. Cum III appendicibus: I. S. Vincentii tract. de vita spirituali; II. Triduum sacr. auct. Aloys. Bellico; III. Regulas seu constitutiones communes Congr. Missionis a S. Vincentio Paulo fundatae. 12. Regensb. 841, Manz. 1/2 ℳ

— emblematica S. Benedicti, op. posth. ad mod. Bonifacii Galuet. c. fig. fol. Vien. (Compt. f. Lit. L.) 783.

— vita et officia S. P. Benedicti una cum aliis officiis, psalmis, oration. etc. collect. a I. Pangelt. 18. Bonn. (Rommerskirchen, Colon).

**Regula,** Hans [Referendar am Landger. Osnabrück]: Über den einseitigen Widerruf korrespektiver Testamente ... Osnabrück, Buchdr. v. A. Liesecke, 1896; 3 Bl., 9—69 S. 8.
Göttingen, Jur. Fak., Inaug.-Diss. v. [30. Dez.] 1896

Regula, Jakob

**Regula,** Glaube u. Leben. 8. (IV, 188 S.) Osnabrück 898. P. Hoppenrath. n. 1. 80; geb. n. 2. 50

— religiöse Reden u. Betrachtungen. 8. (157 S.) Ebd. 898. n. 1. 50; geb. n. 2. 25

Religiöse Reden und Betrachtungen von Dr. [Jacob] Regula, Pastor zu St. Marien in Osnabrück. 2. Aufl. *Osnabrück: P. Hoppenrath 1898.* (191 S.) 8° [ℱ.] 199. 7791 7

**Regula,** Max, Assistenzarzt im Grh. Mekl. Feld-Art.-Reg. No 60, aus Osnabrück, Prov. Hann.: Aus d. Paul Gerhardt-Stift zu Berlin. Zwei bemerkenswerte Fälle von complicirten Schädelfracturen. *Berlin (1904): A. Wernicke & Co.* (40 S.) 8° [Ant. u. ℱ.]
Berlin, Med. Diss. v. 29. März 1904

**Regulae** iuris Canonici etc. 8. Budae, Typ. 776.

**Regulae** praecipuae bonae disputationis academicae ... Gottingae 1747. Altorfi 1764. V: *Feuerlein, Jacob Wilh.* (ML)

**Regulae** Seminarii Episcopalis ad S. Lucium. Curiae 1872. V. *Schneider, Joseph.* (Jes)

**Regulae** Societatis Jesu ... Dilingae s. a. V: *Loyola, Ignacio de* [?]. (Myl)

**Regulae** syntaxeos breves et faciles ad grammaticam Broederi. Secunda ed. S. l. 1798. V: *Tekusch, Michael.* (Pk)

**Regulae** translationum in festis Dedicationis seu Patrocinii ecclesiae occurrentium. Freysing 854. Datterer. 16. (34 S.) n. 4 ngr.

Regulament für die k. k. Arcieren-Leib-Garde. 4. Wien 1822.

Regulament zum Bau, Exerciren und Gebrauch der Pionnier- oder Laufbrücken. (Mit 7 Taf.) (Manuscript.) Fol. Wien (1805?)

Regulament für Begrüssungen und Ehrenbezeigungen für die k. k. Kriegs-Marine. (Mit 1 Taf.) 4. 1853.

Regulament für das k. k. Ingenieurs-Corps. In Zwey Theil bestehend. Im ersten Theil werden die Functionen deren respectiven Chargen, und im anderten die allgemeine Observations-Puncten, welche bey verschiedenen Gelegenheiten beobachtet werden sollen, vorgetragen. (2 Bde.) 8. Wien 1748.

Regulament für die königlich hungarisch adeliche Leibgarde. 8. Wien 1795.

Regulament für die königlich lombardisch-venetianische adelige Leib-Garde. (Mit 5 Tabellen.) 4. Wien 1840.

Regulament für das k. k. Militär-Verpflegs-Fuhrwesens-Corps. (Mit 11 Tabellen und 3 Taf.) 4. Wien 1782.

Regulament und Ordnung, nach welchem sich gesammte Kaiserl. Königliche Husaren-Regimenter in denen in diesem ersten Theil enthaltenen Hand-Griffen und allen anderen Kriegs-Exercitien gleichförmig zu achten haben. (Mit 5 Taf.) 8. Wien 1751.

Regulament und Ordnung, nach welchem sich gesammtes Kaiserlich-Königliches Fussvolck in denen in diesem 1. Theil enthaltenen sowohl als in denen in dem 2. Theil vorgeschriebenen Handgriffen und allen anderen Kriegs-Exercitien, Kriegsgebräuchen zu Feld, Besatzungen und überall gleichförmig zu achten haben. Signirt Maria Theresia und Joseph Graf v. Harrach. (2 Bde. Text und 1 Bd. mit 110 Taf., gestochen von Müller.) 4. Wien 1749—1750.

Regulament u. Ordnung nach welchem sich Maynzische Kriegs-Völker zu Fuß ... zu achten haben. Maynz 1766.

Regulament, und Ordnung, nach welchen Unsere gesambte unmittelbahre Kayserl. Infanterie in denen Hand-Griffen, und Kriegs-Exercitien sowohl, als in denen Kriegs-Gebräuchen gleichförmig sich zu achten haben solle. (Gezeichnet von Kaiser Karl VI.) (Donation Liechtenstein.) Fol. Wien 1737.

**Regulamin** policji polowéj dla wszystkich części kraju w których powszechne prawo krajowe ma moc zobowiązującą z wyłączeniem powiatów Rees i Duisburg. Z dnia 1. listopada 1847. gr. 8. (20 S.) Posen 848, Gebr. Scherk. n. 1/6 ℛ

Regulativ für die Abgabe von Gas aus dem Gaswerke der Gemeinde Hohenwestedt und Anweisung für die Gasfitter. Hohenwestedt. 1905. 8°

Elektricitätswerke Davos A.-G. Regulativ über Abgabe von elektrischem Strome. (1902 Mai 16.) II + 11 S. 8. Davos, Buchdr. Davos A.-G., 1902.

Regulativ für die Absolutorialprüfungen an der Kgl. polytechnischen Schule zu Dresden (v. 15. 5. 1871). [Nebst] Nachtrag. Die Hochbau-Abtheilung betr. (v. 6. 5. 1876 u. 20. 4. 1877; dat. 9. 5. 1878).
*Nachtr.: Dr**

Regulativ zu Abstellung der Beschwerden der Helgoländer über den Eintrag den ihnen die Blankeneser Fischer in ihrem Lootsengewerbe thun. Gottorf, den 12. April. 1787. Schleswig. (1787.) 4°.

Regulativ für die Abwässerung der Wallener Schleuseinigung. Heide. 1859. 4°

347.7
Regulativ für die Actien-Gesellschaften auf dem Gebiete der Industrie und des Handels verlautbart mit Ministerialverordnung vom 20. September 1899, betreffend die Errichtung und Umbildung derselben. Mit einem alphabetischen Sachregister. Prag. 1899. Höfer & Klouček. 8°. 60 S. fl —.40

Regulativ, Allgemeines, über die Anstellung, das Dienstverhältniss und die Obliegenheiten der Militär-Aerzte bei der churhessischen Armee. Fol. Wilhelmshöhe 1821.

Regulativ, allgem. u. besonderes, des Billard-Spieles. Fol. Münch. 818. Lentner. 12 kr

Regulativ, Allgemeines, über das Servis- und Einquartierungs-Wesen, de dato Berlin, den 17. März 1810. Mit den Berichtigungen abgedruckt im Jahre 1867. 8. Berlin 1867.

**Regulativ** des Altersheim für Brüder Freimaurer „Johannisstift" zu Einbeck. Genehmigt durch d. II. Hauptversammlung des Altersheim; Dresden, 11. Sept. 1899. [Einbeck 1899: Schroedter.] 2 Bl. 8° [Kopftit.]

**Regulativ** vor die neue Amt-Leute im Land. (Nebst Generalreskript vom 19. Nov. 1762.) Stuttgart: Cotta 1763. (2°) 4°.

**Regulativ**, betreffend die Anlage unterirdischer Entwässerungskanäle in der Stadt Kiel. (Kiel. 1883.) 8°.

**Regulativ über die Annahme, Ausbildung und Prüfung von Kandidaten zu den Stellen des höheren Militär-Verwaltungsdienstes.** Berlin 1868. 8°.

—— über die Annahme, Ausbildung u. Prüfung v. Kandidaten zu den Stellen d. höheren Militär-Verwaltungsdienstes. Vom 2. Juli 1868. Neuabdr. v. 1890. gr. 8. (16, 4 S.) Berl., Mittler u. Sohn. * — 20

Kantonales Technikum in Winterthur. Regulativ betreffend die Anordnung und das Programm der Fähigkeitsprüfungen. (Vom 14. August 1901.) 9 S. 8.

**Regulativ**, betreffend die Arbeiter-Abtheilung. München 1874. 8.

Regulativ, betr. Arbeiter-Abtheilungen. Berlin 1866.

**Regulativ** für die Armen- und Arbeitsanstalt im Kirchspiel Breeklum in der Propstei Bredstedt. Husum. 1843. 4°.

**Regulativ** für die Armen-Arbeitsanstalt zu Hennstedt. Heide. 1851. 4°.

**Regulativ** für die Armen- und Arbeitsanstalt im Kirchspiel Hollingstedt. Gottorff. den 23. October 1848. Schleswig. (1848.) 4°.

**Regulativ** für die Armen-Arbeits-Anstalt des Kirchspiels Nienstädten. o. O. (1847.) 4°.

**Regulativ** für die neue Armenanstalt im Kirchspiel Brunsbüttel, in der Probstei Süderditmarschen. o. O. (1849.) 4°.

**Regulativ** für das Armen-Arbeitshaus im Gute Ahrensburg. (Oldesloe. 1847.) 4°.

**Regulativ** für das Armen-Arbeitshaus zu Albersdorf. (Meldorf.) 1849. 8°.

**Regulativ** für das Armen-Arbeitshaus des Amts Ahrensböcker Theils des Kirchspiels Süsel. Neustadt. 1851. 4°.

**Regulativ** für das Armen-Arbeitshaus im Kirchspiel Burg. Meldorf. (1851.) 8°

**Regulativ** für das Armenarbeitshaus im Kirchspiel Hademarschen. Itzehoe. 1847. 4°.

**Regulativ** für das Armen-Arbeitshaus in der Armencommüne zu Nordhastedt. (Meldorf. 1851.) 4°.

**Regulativ** für das Armenarbeitshaus im Kirchspiel Hemmingstedt. (Meldorf. 1851.) 4°.

**Regulativ** für das Armen-Arbeitshaus der gemeinsamen klösterlichen Commüne zu Itzehoe mit der Dorfschaft Sude. Itzehoe. 1852. 4°.

**Regulativ** für das Armen-Arbeitshaus im Kronprinzenkoog. Itzehoe. 1852. 4°.

**Regulativ** für das Armen-Arbeitshaus im Kirchspiel St. Margarethen. Itzehoe. 1850. 4°.

**Regulativ** für das Armen-Arbeitshaus im Kirchspiel Süderhastedt. Meldorf. 1850. 8°.

**Regulativ** für diejenigen Armen-Communen der Herrschaft Pinneberg, welche noch nicht mit speciellen Regulativen versehen sind, excl. der Pinneberger Dörfer des Kirchspiels Ottensen. o. O. (1848.) 4°.

**Regulativ** für die Armenverwaltung im Kirchspiel Cropp. d. d. Gottorff den 28. April 1843. Schleswig. 1843. 4°.

**Regulativ** für die Armenverwaltung der Stadt Rendsburg. Rendsburg. 1846. 4°.

**Regulativ** für die Armenverwaltung im adelichen Gute Schoenweide. Ploen. 1844. 4°.

**Regulativ** für die Armenverwaltung im Kanzeleigute Tangstedt Oldesloe. 1845. 4°.

**Regulativ für das Armen-Wesen des Herzogthums Altenburg 1819.**

**Regulativ** betreffend das Armenwesen in der Stadt Burg. (Datiert: Gottorf, den 16ten Oktober 1834). o. O. (1834.) 8°

**Regulativ** für das Armenwesen des Fleckens und Kirchspiels Elmshorn. d. d. Gottorff, den 24. December 1846. Glückstadt. 1847. 4°.

**Regulativ** für das Armenwesen im adeligen Gute Fresenburg. Oldesloe. 1846. 4°.

**Regulativ** für das Armenwesen der Stadt Lütjenburg. (Oldenburg. 1843.) 4°.

**Regulativ** für das Armenwesen im Gute Muggesfelde. o. O. (1844.) 4°.

**Regulativ** für das Armenwesen der combinirten Stadt Ploen. Ploen. 1848. 4°.

**Regulativ** für das Armenwesen des Fleckens Preetz. Ploen. 1845. 4°.

**Regulativ** für das Armenwesen in der Stadt Segeberg und die damit in Verbindung gebrachte Arbeitsanstalt und Freischule. Segeberg. 1849. 4°.

**Regulativ** für das Armenwesen der adelichen Güter Seedorf und Hornstorff. Ploen. 1845. 4°.

**Regulativ** wegen [illegible] Personen in den hiesigen Residenzen durch die Militärwachten. Berlin, den 16. März [illegible] Berl. [illegible] Fol.

**Regulativ üb. Ausbildung rc. f. die unteren Stellen des Forstdienstes, neue Ausg., s. a. Bestimmungen.**

Regulativ über Ausbildung, Prüfung und Anstellung für die unteren Stellen des Forstdienstes, in Verbindung mit dem Militairdienste im Jägercorps vom 1. Dezember 1864. Berlin, Deckersche Geh. Ober-Hofbuchdruckerei. 4. (9½ Bog.). — Ein Auszug aus diesem Regulativ. Ebendas. in 4. (2 Bog.)

Regulativ üb. Ausbildung u. Prüfung f. die unteren Stellen des Forstdienstes vom 1. Decbr. 1864 u. 4. März 1865 u. f. den königl. Forstverwaltungsdienst vom 7. Febr. 1864 sowie f. die königl. Forst-Akademie zu Neustadt-Eberswalde u. Münden vom 1. März 1868 nebst den dazu ergang. erläut. u. ergänz. Verfüggn. bis auf die neueste Zeit. gr. 8. (92 S.) Berlin 872. C. Heymann's Verl. n. 1. 50

Regulativ über Ausbildung, Prüfung und Anstellung für die unteren Stellen des Forstdienstes in Verbindung mit dem Militairdienste im Jägerkorps. Vom 15. Febr. 1878. - Berlin 1878. 43 S. - Dass. Mit Berücksichtigung der ministeriellen Verordnung vom 3. Februar 1880 und der Verfügung vom 1. April 1883. ebd. 1885. 43 S. - Dass. Vom 1. Februar 1887. ebd. 1887. 31 S. - Dass. Vom 21. März 1887. - Dass. Vom 1. Oktober 1893. Neudamm 1893. 33 S. - Dass. vom 1. Oktober 1897. Berlin 1897. - Dass. Mit Berücksichtigung d. bis 1. 9. 1903 verfügten Änderungen. ebd. 1903. 35 S. - Ausgabe für Elsaß-Lothringen ebd. 1887. 31 S. - Dass. 1898. 33 S.

Regulativ über Ausbildung, Prüfung u. Anstellung für die unteren Stellen des Forstdienstes in Verbindung mit dem Militairdienste im Jägerkorps. Vom 15. Febr. 1879. 4. (43 S.) Berlin 879. Springer. n.n. — 60;
Auszug daraus (8 S.) n.n. — 10

Regulativ üb. Ausbildung, Prüfung u. Anstellung f. die unteren Stellen d. Forstdienstes in Verbindung m. dem Militärdienste im Jägercorps. Vom 15. Febr. 1879. [Mit Berücksicht. der ministeriellen Verordng. vom 3. Febr. 1880 u. der Verfügg. vom 1. Apr. 1883.] 4. (43 S.) Berlin 885. Springer. n.n. — 60

—— dass. — Vom 21. März 1887. (Ausg. für Elsaß-Lothringen.) 4. (31 S.) Ebendas. 887. **

Regulativ über Ausbildung, Prüfung und Anstellung für die unteren Stellen des Forstdienstes in Verbindung mit dem Militairdienst im Jägercorps. Vom 1. Febr. 1887. 4. (31 S.) Berlin 887, Springer. **

— üb. Ausbildg., Prüfg. u. Anstellg. f. d. unt. Stellen d. Forstdienstes in Verbindung m. d. Militairdienst im Jägerkorps. V. 1. Oktbr. 1893. 4. (33 S.) Berlin (893). J. Springer. n.n. — 50

Regulativ üb. Ausbildung, Prüfung u. Anstellung f. die unteren Stellen des Forstdienstes in Verbindung m. dem Militärdienst im Jägerkorps. Vom 1. Oktober 1893. Lex.-8. (33 S.) Neudamm 894. J. Neumann. n. 40

— dasselbe. Nachtrag dazu v. 24. Juli 1895. 4. (4 S.) Ebd. 895. n.n. — 10

— dasselbe. Ausg. f. Elsaß-Lothringen. 4. (33 S.) Ebd. (893). n.n. — 50

Städtische Licht- und Wasserwerke Schaffhausen. Abteilung Gaswerk. Regulativ über die Ausführung von Gasinstallationen in Privatgrundstücken. (1901 April 12.) 4 S. 8.

Städtische Licht- und Wasserwerke Schaffhausen. Abteilung Wasserversorgung. Regulativ über die Ausführung von Wasserinstallationen in Privatgrundstücken. (1901 April 12. — [Nebst] Anhang zum Regulativ.... 1902 März 26.) 4 + Anhang 4 S. 8.
V Scha

—— betr. die Ausfuhrvergütung für Tabak vom 28. Juli 1888. gr. 4. (28 S.) Berlin 888, C. Heymanns Verlag. *

Regulativ über das Avancement in dem churhessischen Armee-Corps. 8. Kassel 1822.

Regulativ betreffend das bei der Bismarckhütte in Bismarckhütte O.-S. geführte Beamten-Pensions-Conto. *(Kattowitz [1902?]: Gebr. Böhm.)* (22 S.) 8° [Kopft. F.] [04. 5903 2

— für d. Bearbeitg. v. Manuscripten-Katalogen (zunächst d. Bibliotheken d. österr. Stifter u. geistl. Corporationen) nach d. Vorschlägen d. hochw. Herren Bibliothekare Albin Czerny (Stift St. Florian), Otto Grillnberger (Stift Wilhering) u. Gfr. Vielhaber (Stift Schlägl) entworfen v. d. histor. Section d. Leo-Gesellschaft. gr. 8. (14 S.) Wien 895. (H. Kirsch.) n. — 60

— über die Befähigung zu den höheren Aemtern der Verwaltung, die Prüfgn. u. vorbereit. Beschäftiggn. vom 14. Febr. 1846 u. üb. die Prüfg. der Landraths-Amts-Kandidaten vom 13. Mai 1838. gr. 8. (40 S.) Ebend. 872. — 75

Regulativ für den gemeinschaftlichen Begräbnisplatz der Plöner Altstädter und Neustädter Gemeinde nebst einem Regulativ für die Benutzung des Leichenwagens. Plön. 1891. 8°

Regulativ ü. Behandlung, Verpflegung 2c. d. Kriegs-Gefangenen. Berlin 1870. 4°

Regulativ über Behandlung ... der Militair-Sträflinge. Berlin 1837. 8°.

Regulativ über die Behandlung und Verpflegung der Militair-Sträflinge. Berlin: Decker 1858.

Regulativ über d. Behandlg u. Verpfleg. d. Militär-Sträflinge vom 6. 11. 1858. — Neudruck 1867.

Regulativ üb. d. Behandlg u. Verpfleg. d. Militär-Sträflinge. Karlsruhe 1860.

— die zollamtliche Behandlung des Güter- u. Effecten-transport auf den Eisenbahnen betreffend. Berlin 870. v. Decker. Fol. (39 S.) n. 10 ngr.

[*Kopft.*] Juristische Facultät. Bonn, 1883. — Das der 'Anleitung zum Studium der Rechtswissenschaft' im Anhange beigegebene Regulativ über die juristischen Prüfungen etc. ist durch das nachstehende ersetzt worden. (Bonn, Univ.-Buchdr. v. C. Georgi) [1883]. 4 S. 8.

Regulativ über die hypothekarische Beleihung verpfandbriefungsfähiger Güter mittelst Ausfertigung Kur- u. Neumärkischer neuer Pfandbriefe. Nebst Allerhöchstem Erlaß betr. die Genehmigung des Regulativs 2c. Vom 15. März 1858. Berlin 858. Decker. gr. 8. (12 S.) $1\frac{1}{2}$ ngr.

Regulativ über die Beleihung des nach dem Schlesischen Landschafts-Reglement vom 9. Juli 1770 von dem landschaftlichen Kreditverbande ausgeschlossenen ländlichen Grundeigenthums. [Aus der Gesetzsammlung abgedr.] Lex. 8. (24 S.) Breslau 849, Korn. n. 2 ngr.

Regulativ zur Benutzung der Bibliothek des Königl. Ober-Tribunals u. des Königl. Kammergerichts für die Kandidaten der 3. Prüfung. [Dat.:] Berlin 18. 7. 1861. [Metallogr.]

Regulativ über die Benutzung der Universitätsbibliothek vom 19. Oct. 1846. Amtlicher Abdr. 4. Rostock. (Leopold.) $^1/_6$ ℳ

Regulativ für die Benutzung der vereinigten Bibliothek des Königl. Ober-Tribunals u. des Königl. Kammergerichts. [Dat.:] Berlin, am 9. Mai 1863. [Metallogr.]

**Regulativ** für die Benutzung der vereinigten Bibliothek des Königl. Ober-Tribunals u. des Königl. Kammergerichts zu Berlin. [Dat.:] 7. März 1870. [Metallogr.]

**Regulativ** für die Benutzung des Lesezimmers und der Bibliothek des Königl. Ministeriums für die landwirthschaftl. Angelegenheiten u. der damit vereinigten Bibliothek des Königl. Landes-Oekonomie-Kollegiums. [Dat.:] Berlin, den 15. Nov. 1860.

**Regulativ** für die Bergschule zu Dillenburg. *Dillenburg 1901: E. Weidenbach.* (6 S.) 8° [F.] [01. 10389

**Regulativ** für die Besoldung der Lehrer an den städtischen Schulen in Eckernförde. Eckernförde. 1887. 8°

**Regulativ** über die **Bestreitung** der Unterhaltungskosten in den den Gemeinde-Beamten der Stadt Potsdam angewiesenen Dienstwohnungen. *(Potsdam 1900: O. Burr.)* (2 S.) 4° [Kopft. F.] [01. 11715

—— für den Besuch der königl. Bergacademie zu Freiberg und die nachfolgende Vorbereitung zum Berg- und Hüttendienst. gr. 8. (55 S.) Freiberg 860, Engelhardt.

**Regulativ** für den Betrieb und die Beaufsichtigung der Stein- und Braunkohlen-Gruben in den ehemals zum Königreich Sachsen gehörigen Landestheilen der Königlich Preußischen Provinz Sachsen, mit Ausschluß der Grafschaften Mansfeld und Barby, des Amtes Gommern u. der standesherrlichen Gebiete der Grafen Stolberg-Stolberg u. Stolberg-Roßla. (Vom 19. Oct. 13. Nov. 1843.) o. O.

**Regulativ** betreffend den Bezug von Gas und Wasser aus den städtischen Gas- und Wasserwerken (in Altona. Altona-Ottensen. 1894.) 8° [Kopft.

— für die Bildung, Einrichtung u. Ueberwachung der Sparkassen. Lex.-8. (8 S.) Wien 882. k. k. Hof- u. Staatsdruckerei. n. — 40

**Regulativ** für den Besuch der Königlichen Bergakademie zu Freiberg. Freiberg. 1860.

**Regulativ** für die Christina-Friderica-Stiftung zu Tyrstrup. Hadersleben. 1830. 4° k.

**Regulativ** für die Christine-Friedericke-Stiftung des Amts Hadersleben.
Regulativ for Christine-Frederikke-Stiftelsen for Haderslev Amt. Hadersleben. 1844. 4° k.

**Regulativ** für das Chronometer-Prüfungs-Institut bei der Sternwarte in Hamburg. Hamburg 1876. 8°.

**Regulativ** [d. Gr. L. L v. Sachsen] über freimaurerische Clubs. [Dresden 1868: Heinrich.] 3 S. 8° [Kopftit.]
Abgedr. in: L. 2 (1879) S. 139—140; Bbl. 3 (1889) S. 335—337.

**Regulativ** [der Gr. L. L. von Sachsen] für die freimaurerischen Clubs. [Dresden 1885.] 3 S. 8° [Kopftit.]

**Regulativ** für d. Dienst d. Krankenpflege im Felde bei d. oldenburg.-hanseat. Brigade. (10 Anl.) Oldenburg 1866.

**Regulativ** üb. d. **Dienstwohnungen** d. Staatsbeamten. V. 26. VII. 1880. Ergänzt durch d. Nachtrag v. 20. IV. 1898. Nebst d. Ausführungserlaß des Finanzministers v. 27. X. 1880. 2. Ausg. gr. 8. (16 S.) Berlin 898. J. Guttentag. n. — 40

[F.] Nachtrag zu dem durch Allerhöchsten Erlass v. 26. Juli 1880 genehmigten **Regulativ** über die **Dienstwohnungen** der Staatsbeamten. Vom 20. April 1898. *Berlin: Gedr. in d. Reichsdr. 1898.* (6 S.) 1 Bd 8. [98. 7591

**Regulativ** über die Dienstwohnungen der Staatsbeamten. Vom 20. Juli 1880. Unter Berücks. d. Nachtrages v. 20. Apr. 1898 u. d. ergangenen Verwaltungsvorschriften erl. von A. Düffe. Berlin: Guttentag 1910. 88 S. 8° [10. 2757

**Regulativ** über die Dienstwohnungen der Staatsbeamten v. 26. Juli 1880 unter Berücks. d. Nachtrags v. 20. April 1898. (Berlin 1910: Reichsdr.) 10 S. 4° [11. 5947 9

**Regulativ** f. d. Durchführung v. Lawn-Tennis-Turnieren. Deutsche v. d. Lawn-Tennis-Association autoris. offic. Ausg. 12. (16 S.) Baden-Baden 898. E. Sommermeyer, Verl. n. — 50

**Regulativ** für die Diplomprüfung der Chemischen Abtheilung an der Kgl. Sächs. Technischen Hochschule (v. 29. 1. 1890). 1890. Dresden *M*

**Regulativ** für die Diplomprüfungen am Kgl. Polytechnikum Dresden [v. 2. 4. 1883]. 1883. — [Dasselbe] (v. 2. 4. 1883). 1885.
*1883: Dr ÖffB; 1885: Dr**

**Regulativ** für die Diplomprüfungen an der Kgl. Sächs. Technischen Hochschule. 1892. Dresden

**Regulativ** für die Diplomprüfungen an der Kgl. Sächs. Technischen Hochschule. Allgemeine Bestimmungen. 1894. [Nebst] Besondere Bestimmungen über die Prüfung für das Fach eines Architekten; . . . eines Bau-Ingenieurs; . . . eines Vermessungs-Ingenieurs; . . . eines Maschinen-Ingenieurs; . . . eines Elektro-Ingenieurs; . . . eines Fabrik-Ingenieurs; . . . eines Chemikers. — ⟨Neudr. 1898.⟩ — ⟨Neudr. 1901.⟩ [Veränderte Fassung.] Dresden

Eidgenössisches Polytechnikum [in Zürich]. **Regulativ** für die Diplomprüfungen. (Vom 25. Oktober 1901.) 22 S. 8. [Bern, Stämpfli & Cie.,] 1901.

**Regulativ** für die Königliche Domschule in Schleswig. Genehmigt d. 28. Febr. 1826. Schleswig. 1826. 4° k.

Regulativ für den Einkauf sächsischer Erze Freiberg, 1859.

— für den Einkauf sächsischer Erze bei den Werken der königl. Generalschmelzadministration vom Quartal Crucis 1866 an. Freiberg 868. Craz & Gerlach. gr. 8. (38 S.) n. 5 ngr.

— zu Einrichtung des Brauwesens der Stadt Zeitz. gr. 8. Zeitz 805. Webel. 2 gr.

Regulatif zur künftigen Einrichtung der sämtlichen Landschulen in der Probstey Flensburg (Urkundlich gegeben auf dem Schlosse Gottorff, d. 19 Juni 1798.) o O (1798.) 8°

Regulativ zur Einrichtung der Pulver-Magazine und Munitions-Depots. (Beigeb.: Der Erlass des k. k. Armee-Ober-Commandos vom 8. März 1858, Abth. X, Nr. 132.) 4. Wien, am 1. März 1858.

Regulativ betr die Entfernung von Schnee und Eis auf dem Düsternbrooker Wege und dem Schwanenwege (v 2 Dec 1882) (Kiel. 1882.) 8°.

Regulativ für die Ent- und die Bewässerung des Brocklandauthals. Heide. 1856. 4°
[Vort.:] Brocklandauthals - Regulativ

Regulativ für die Entwässerung und Bewässerung des Mielthals. (Mit 1 Karte.) Heide. 1852 4°

Regulativ für die Entwässerung und Bewässerung des Süderthals, für die Verfassung der Süderthals-Commüne etc. etc. modificirt durch Vereinbarung der Betheiligten am 5. Okt. 1854. Meldorf. 1855. 4°.

Regulativ betreffend die Erhebung einer $^1/_2$ %-Abgabe beim Erwerbe von Grundstücken im Gebiete der Stadt Altona. o. O. (1885.) 8° [Kopft.]

Regulativ, betreffend die Erhebung einer $^1/_2$ % Abgabe beim Erwerb von Grundstücken im Gebiete der Stadt Kiel. (Kiel. 1883) 8°

— zur Erhebung u. Beaufsichtigung der Mahl-, Schlacht- u. Wildpretsteuer in Berlin. Vom 4. Juni 1865. Nebst Regulativ für die Erhebung der Braumalzsteuer im Wege der Mahlsteuer in der Stadt Berlin. Berlin 865. v. Decker. 8. (62 S.) 3 ngr.

**Regulativ zur Erhebung und Beaufsichtigung der durch das Gesetz vom 30. Mai 1820 angeordneten Mahl- und Schlachtsteuer, für die Stadt Landsberg a. d. W. [Dat.:] Frankfurth a. d. O., den 4. Febr. 1831. Frankfurth a. d. O. (1831).**

**Regulativ betr. die Erhebung der Gemeinde-Einkommensteuer in der Stadt Berlin (vom 29. Sept. 7. Oct. 1874), Berlin: Sittenfeld 1874.**

**Regulativ betr. die Erhebung der Gemeinde-Einkommensteuer in der Stadt Berlin (vom 26. 27. März 1886) nebst Anh. bezügl. Gesetze. Berlin: Grunert 1886.**

Regulativ für die Erhebung der Gemeindesteuern in der Stadt Ploen. (Ploen 1873) 8° [Kopft.]

[F.] Regulativ für die Erhebung eines Gemeindezuschlages zur staatlichen Brausteuer u. e. Gemeinde-Biersteuer in d. Stadtgem. Köln. *Köln: Köln. Verl.-Anst. u. Dr. A.-G. 1894.* (17 S.) 1 Bd 8. [94. 1:03]

**Regulativ für die Erhebung der Haus- und Miethssteuer in der Haupt- und Residenz-Stadt Berlin. (Vom 16. Sept. 15. Nov. 1858.) Mit Nachtr. vom 27. Nov. 1872 u. 21. Febr. 2. April 1889. Berlin: Theinhardt 1871—89.**

*Regulativ betreffend die Erhebung des Schulgeldes.* Stargard, gedr. bei F. Hendess, 1896; 22—23 S. 4.
Stargard i. P., st. RPG, P 1896**

Regulativ über das Etappen-Wesen zur Zeit des Krieges. Berlin 1833. 8°.
Dass. u. d. T.: Organisation des Etappen-Wesens zur Zeit der Krieges. 1867.
Dass. u. d. T.: Instrukti n, betr. das Etappen- und Eisenbahn Wesen ... im Kriege. Mit abgeänderter Beil. 1872—76.
Dass. u. d. T.: Kriegs-Etappen-Ordnung. 1887.
Dass. 1902.

Regulativ für die Feuerwehrcadres-Kurse im Kanton Bern. Erlassen von der Direktion des Innern 3. März 1905. II + 26 S. 8. Bern, Gottfr. Iseli, 1905.

— den Feuerwehr-Fond betr. vom 19. April 1873. 8. (14 S.) Dresden 873. Meinhold & Söhne. — 15

[Flaschenpfand-Konvention schweizerischer Brauereien.] Regulativ für das Flaschen-Pfand. (1903 April 1.) 3 S. 8. [Schaffhausen, H. Meier & Cie.]

Regulativ des Forst-Vereins für Mähren und Schlesien, zugleich als Sektion der k. k. mährisch-schlesischen Gesellschaft zur Beförderung des Ackerbaues, der Natur- und Landeskunde Nach dem Beschluss der Sektions-Versammlung zu Troppau am 8. Oktober 1850. - Troppau 1850. 4 S.

Regulativ vom 24. Mai 1902 über die Freitische an der Georg-August-Universität. *[Göttingen 1902.]* (3 S.) 8° [Kopft.] [F.]
(Nicht für den Austausch)

Regulativ für die Gauvorturner-Prüfung des südösterreichischen Turngaues v. 4. 12. 1883, Graz, 2 S., 8°.

*Regulativ* üb. diejenigen Gebühren u. Diätensätze, sowie Reisekosten, welche das bei der Landesvermessung beschäftigte Personal zu beanspruchen hat Sondershausen 1855. 8 S. P

Regulativ für die Gelehrtenschule der Stadt Glückstadt. d. d. Glückstadt den 14ten März 1825. Glückstadt. (1825.) 4° k

Regulativ für die Gelehrtenschule in Meldorf d. d. Glückstadt den 21sten März 1825. Glückstadt. (1825.) 4° k

— für die Gelehrtenschulen im Königreiche Sachsen. 8. (VI u. 59 S.) Leipzig 847, Teubner. 9 ngr.

Regulativ für die Gelehrtenschulen in den Herzogthümern Schleswig und Holstein. Kopenhagen, den 28. Januar 1848. Kopenhagen. o. J. 4°

Regulativ für die Gemeinde-Einkommensteuer in der Stadt Kiel (v. 20. Sept. 1873). Verlag des Magistrats der Stadt Kiel. Kiel. 1873. 8°.
—— (v. 19. März 1886.) Kiel. 1886. 8°. Beilage zu Nr. 11196 der Kieler Zeitung.
—— Kiel. 1892. 8°.

**Regulativ** für die Gemeinde-Einkommen-Steuer in der Stadt Münster. (Münster 1892 Coppenrath.) (8 S.) 8° [Umschlagt. F.] ... 6

**Regulativ** für die Gemeinde-Einkommensteuer in der Stadt Ottensen o O (1886) 8°

**Regulativ** für die Gemeindesteuern in der Stadt Ploen o O (1886) 8° [Kopft]

Allerhöchst genehmigtes **Regulatif** für die Landschulen der Aemter Bordesholm, Kiel und Cronshagen, wie auch für die daselbst eingepfarrten klösterlichen und adelichen Schulen. d d Glückstadt d 22 März 1813 Glückstadt (1813) 8°

**Mittelst Allerh. Erlasses vom 15. März 1858 genehmigtes Regulativ über die hypothekarische Beleihung bepfandbriefungsfähiger Güter mittelst Ausfertigung Kur- und Neumärkischer Neuer Pfandbriefe (G.S.S. f. 1858 S. 73) mit . . . Nachtr. nebst Erl. Zsgest. von der Kur- und Neumärk. Haupt-Ritterschafts-Direction 1880. (Berlin 1880.)**

**Regulativ zur Geschäftsführung d. Verwaltung in Ruralgemeinden des Königreichs Baiern. 8. (Bamberg, Comtoir der Zeitung.)** -

**— zur Geschäftsführung d. Verwaltung in Ruralgemeinden des Königr. Baiern. 8. Bamb., (Drausnick). (Sachmüller). 2 gl**

— f d. Geschäftsgang bei d. Kreisausschüssen. Berlin 878.

Regulativ über den Geschäftsgang bei der Ober-Rechnungskammer, nebst dem bez. Allerh. Erlaß v 22 Sept. 1873 Berlin, Königl. Geh. Ob.-Hofbuchdr (R v. Decker).

—— für den Geschäftsgang bei dem Oberverwaltungsgericht, s. Sammlung amtl. Veröffentlichungen aus d. Reichs- u. Staatsanzeiger.

**— für den Geschäftsgang bei dem Ober-Verwaltungsgerichte. Vom königl. Staats-Ministerium unterm 27. Dezbr. 1875 auf Grund des § 30 d. Gesetzes vom 3. Juli 1875 bestätigt. gr. 8. (7 S.) Berlin 876. C. Heymann's Verl. in Comm.** — 15

**— für den Geschäftsgang bei dem Ober-Verwaltungsgerichte. Vom königl. Staats-Ministerium unterm 2. April 1878 auf Grund des §. 30 des Gesetzes vom 3. Juli 1875 bestätigt. 2. Aufl. gr. 8. (11 S.) Berlin 878. C. Heymann's Verl.** n. — 20

**Regulativ und Geschäfts-Ordnung für die Vorsteherschaft der Lehr- und Erziehungs-Anstalt zu Friedrichstadt-Dresden. [Dat.:] Dresden, am 30. November 1844. 2 Bl. 4°. [Kopftit.]**

**— vom 27. Apr 1894 betr. die Gewährung e. Zollerleichterung bei der Ausfuhr v. Mühlen- od. Mälzereifabrikaten. [Aus: „Centralbl. f. das Deutsche Reich".] gr. 4. (37 S.) Ebd. 894.** n. — 80

**—— betr. die Gewährung einer Zollerleichterung bei der Ausfuhr von Oelfabrikaten vom 4. Jan. 1887. 4. (24 S.) Berlin 887, C. Heymanns Verlag.** *

**— betr. die Gewährung e. Zollerleichterg. bei der Ausfuhr von Oelfabrikaten vom 4. Jan. 1887. 4. (24 S.) Ebd. 889.** n. — 80

**Regulativ f. das königl. Gewerbegericht zu Barmen. Auf Grund d. Gesetzes, betr. die königl. Gewerbegerichte in der Rheinprovinz vom 11. Juli 1891 [G.-Samml. S. 311 fg.] f. das königl. Gewerbegericht zu Barmen erlassen. gr. 8. (24 S.) Barmen 892, (Steinborn u. Comp.).** * — 25

**Regulativ** für die städtische Grundsteuer in Altona. (Altona 1874) 8° [Kopft]

**— für die Gymnasien im Königreich Sachsen. Dresden 870. Meinhold &, Söhne. gr. 8. (56 S.)** n. 5 ngr.

**Regulativ für das Fürstliche Gymnasium. Gera, G., 1883. 64 S. Progr.**

**Regulativ** für die städtische Haussteuer in Kiel Kiel 1873. 8°

**Regulativ zur besseren Heilart der Krankheiten überhaupt, besonders der Nervenfieber. Für die k.k. Feldärzte in Jtalien.Nebst e. Kritik über dieses Regulativ, von e. k.k.Feldarzt... Heilbronn 1796: Brown. 45 S. 8°**

**— z. bessern Heilart d. Krankh. gr. 8. Heilbr. (Eßlinger, F.) 796.**

**— zur bessern Heilart d. Krankheiten. gr. 8. Heilbr. 796. (Schäfer in Frkf. a. M.) 4 gl**

**Regulativ** für das bürgerliche Jäger-Corps zu Burg (Generalquartier Kiel den 26sten Julii 1808) o O u J 8°

[*Kopft.*] Seit dem 1 Januar 1870 in Kraft getretenes **Regulativ** vom 29 Dez. 1869 zu dem Gesetze über die juristischen Prüfungen und die Vorbereitung zum höheren Justizdienste vom 6 Mai 1869 '(Ges.-Samml. S. 656 ff.)' (*Am Ende:* Publicatum Bonn, d. 17 Apr. 1871. Die jur. Fac. d. Rheinischen Friedrich-Wilhelms-Universität *etc.*) (Bonn, Druck v. C. Georgi) [1871]. 19—27 S. 4. ¶ Paginiert als Anhang zum Studienplan v. 1866.

**Regulativ** für die Instandsetzung und Unterhaltung der öffentlichen Wege im Gebiete der Stadt Kiel. Kiel. 1874. 8°

**Regulativ** über die Instandsetzung und Unterhaltung des Wilden-Wasserganges und der zu demselben führenden Wasserleitungen D d Glückstadt den 4 Nov 1822 Glückstadt (1822) 8°

**Regulativ, internationales, f. Orgelbau. Entworfen u. bearb. v. der Sektion f. Orgelbau auf dem 3. Kongress der internationalen Musikgesellschaft (Wien, 25.—29. V. 1909). Deutsche Ausg. (47 S. m. Abbildgn.) gr. 8. Wien 909. Artaria & Co. — Leipzig, Breitkopf & Härtel.** 1. —

**— für das königl. sächs. Cadettencorps vom Jahre 1880. gr. 8. (21 S.) Dresden 880. Höckner.** n.n. — 60

**— dasselbe, vom Jahre 1882. 8. (23 S.) Ebend. 882.** n.n. — 60

⊙ **Regulativ** für den Kirchhof in Schönkirchen Kiel 1876. 8°

**Regulativ** für den Kirchhof zu Sorup. (Gegeben in der Schleswig-Holsteinischen Regierung auf Gottorf, den 9 Sept. 1842). o. O. (1842.) 8°

Regulativ für die zur Propstey Sonderburg gehörigen vier Sundewitter Kirchspiele Broacker, Nübel, Ulderup und Satrup, wegen der Repartition der sämtlichen Kirchen-Anlagen und besonders der zur Einlösung und Unterhaltung der Predigergebäude erforderlichen Kosten. (Gegeben auf Gottorff, d. 11. Julii 1814.) o. O. (1814.) 8° [Kopft.]

*Braunschweig:* **Regulativ** der Knabenbewahranstalt in Braunschweig. [Braunschweig] o. J.: [Herzogl. Waisenhaus-Buchdr.]. 2 Bl. 8° [Kopftit.]
Enth. die Statuten der Herzog Leopold-Stiftung.

**Regulativ** für die Kommunalsteuern in der Stadt Eckernförde. o. O. (1886.) 8° [Kopft.]

Regulativ über die Kontrolle der Uhrenmacherei- und Bijouterie-Gegenstände bei der Einfuhr und Ausfuhr. ([Nebst] Spezialbestimmungen betreffend die K' der über Basel ein- und ausgeführten U' und B'.) ⟨Vom 25. Juli 1904.⟩ 12 S. 8. [Bern,] St[ämpfli] & Cie., VII. [19]04.

**Regulativ** üb. d. Krankenwärter-Spitalkurse. (25. Hornung 1878.)

**Regulativ des neutitscheiner Kreisvereines der k. k. mährisch-schles. Gesellschaft zur Beförderung des Ackerbaues, der Natur- und Landeskunde in Brünn. Mit Erlaß des hohen Statthalterei-Präsidiums vom 5. September 1865. Nr. 10427 genehmigt. Neutitschein, 1856. Schnellpressendruck von Joh. Nep. Enders. (2 Bl. 4.)**

**Aargauische Lehrlingsprüfungen (des kantonalen Gewerbeverbandes). Regulativ. 1902 (Juli 20/November 7). Revision des Regulativs 2. Mai 1896.... 10 S. 8. Aarau, H. R. Sauerländer & Co.**

**Regulativ** [des Klubs Maçonia in Leipzig], die Uebernahme und Organisation einer Freimaurer-Waisen-Fürsorge und Pflegschaft betreffend. [Leipzig 1868: Bär & Hermann.] 4 S. 8° [Kopftit.]
in: Bh. 12 (1869) S. 206—207.
Tt. 1244.

— über die Marsch- u. Nacht-Quartiers-Stationen f. die in Urlaub gehenden Soldaten im Großherz. gth. Baden. 4. Karlsr. 824. Müller. 6 gr.

Regulativ für die Maturitäts-Prüfungen an den Gymnasien des Kantons Bern. (1901 Juni 1.) 11 S. 8.

**Regulativ** für die Kgl. Sächs. Militair-Bildungs-Anstalt. Dresden 1836. 8°.

Regulativ für die Militär-Bildungs-Anstalten. 8. Dresden 1840.

— der Militair-Reit-Anstalt. Ebend. 867. 8. (14 S.) n. 2 ngr.

**Regulativ** über die Militair-Strassenzüge, nebst Instruktion für Etappen-Kommandanten und Inspektoren. [Berlin 1814.] H: *Rühle von Lilienstern, Joh. Jac. Otto Aug.* (Hitzig)

Regulativ, nach welchem die Montirungs-Lederwerks-Reitequipage-Stücke etc. bei dem churhessischen Armee-Corps ersetzt werden sollen. 8. Cassel 1822.

**Regulativ,** nach welchen die königl. Domainen, Forsten etc. in Schlesien behandelt werden sollen. fol. Breslau, W. G. Korn, 1788.

— für die königl. preußischen Navigationsschulen. Vom 24. Juni 1881. gr. 8. (27 S.) Berlin 880. v. Decker. n. — 60

— für die königl. preuß. Navigationsschulen. Vom 4. Mai 1891. gr. 8. (29 S.) Berlin 891. R. v. Decker. n. — 60

**Regulativ, Neues,** die juristischen Prüfungen und die Vorbereitung zum zum höheren Justizdienste betreffend . . . Vom Jahre 1893. Jena 1893. H: *Helmrich, Constantin.* (Berl)

**Regulativ, neues,** die juristischen Prüfungen u. die Vorbereitung zum höheren Justizdienste betr., nebst den Einführungs-Verordngn. der zum Oberlandesgericht zu Jena vereinigten Thüring. Staaten, u. die Bedinggn. zur Erlangg. der jurist. Doctorwürde bei der Juristen-Fakultät daselbst. Vom J. 1893. gr. 8. (23 S.) Jena 893. R. Junkelmann. — 60

— zur Ordnung des Geschäftsganges u. des Verfahrens bei den Kreis-[Stadt-]Ausschüssen. gr. 8. (10 S.) Berlin 878. C. Heymann's Verl. n. — 20

**Regulativ** über die Organisation der Abtheilungen an der Kgl. Technischen Hochschule zu Berlin (v. 23. 11. 1894). — [Dasselbe.] (Mit Zusatz zu § 6 v. 16. 5. 1896.)

**Regulativ** für die Organisation des Kgl. Gewerbe-Instituts (v. 23. 8. 1860). [Folgt:] Spezielle Vorschriften für die Studirenden des Kgl. Gewerbe-Instituts, bezüglich der Aufnahme, der Honorar-Zahlungen, der Repetitionen und der Ausstellung der Zeugnisse v. 18. 9. 1860 [u.] Haus-Ordnung für das Kgl. Gewerbe-Institut v. 18. 9. 1860. 11 S.
[Dasselbe.] (Mit Nachtrag zu § 9 v. 31. 3. 1866.) 12 S. *Be*

**Regulativ** für die Organisation des Kgl. Gewerbe-Instituts (v. 5. 6. 1850). ¶ Abgedr. in: F. W. Nottebohm, Chronik d. Kgl. Gewerbe-Akad. 1871 [Nr 318] S. 27 ff.

**Regulativ** für die Organisation des Gewerbe-Instituts zu Berlin. Berlin. 1867.

⊙ **Regulatif** für die Organisation der zur Repartition des Schulgehaltes für die Lehrer an den Bürgerschulen der Stadt Schleswig angeordneten und ferner anzuordnenden Commission, imgleichen für das von derselben zu beobachtende Verfahren. Genehmigt vermöge Rescriptes des Königlichen höchstpreislichen Oberconsistorii d. d. Gottorff den 30sten May 1823. Schleswig. (1823.) 8°

Organisation des Militärreisenbahnwesens. Regulativ. ⟨Vom 17. Mai 1902.⟩ 7 S. 8. [Bern, Stämpfli & Cie.,] 1902.

Regulativ für die Organisation der Navigationsschulen. Berlin 1863. 8°.

**Regulativ der Pensions- und Sterbecasse der ger.·. u.·. vollk.·. □ „Columbus zum Weltmeer" im Or. Pressburg. Pressburg 1877: Angermayer. 15 S. 8° [Umschlagtit.]**
Tt. 1245.

Regulativ für die Prämien-Kasse. Brünn. 1855 Gedruckt bei Franz Gastl. (4 S. 4.)

— vom 27. Apr. 1894 f. Privattransitlager von den in Nr. 9 des Zolltarifs aufgeführten Waaren (Getreide 2c.) ohne Mitverschluß der Zollbehörde. [Aus: „Centralbl. f. das Deutsche Reich".] gr. 4. (17 S.) Berlin 894. C. Heymanns Verl. n. — 50

Provisorisches **Regulativ** für das Armenwesen in den landgräflichen Fideicommißgütern Panker, Schmoel, Hohenfelde und Clamp. Schleswig. 1839. 8°

**Hamburg, Deutsche Seewarte, Regulativ für die Prüfung von nautischen und meteorologischen Instrumenten. Hamburg 1876. 8°.**

**— für die Prüfung der Thierärzte, welche das Fähigkeits-Zeugniss zur Anstellg. als Kreis- od. Departements-Thierarzt zu erwerben beabsichtign. 8. (7 S.) Berlin 874. Hirschwald. — 30**

— üb. die juristischen Prüfungen u. die Vorbereitung zum höheren Justizdienst, s. a. Prüfungsordnungen f. Elsass-Lothringen. Nr. 1.

— vom 1. Mai 1883 betr. die juristischen Prüfungen u. die Vorbereitung zum höheren Justizdienst. gr. 8. (12 S.) Berlin 883. v. Decker. n. — 20

— vom 1. Mai 1883, betr. die juristischen Prüfungen u. die Vorbereitung zum höheren Justizdienst, in der vom 1. April 1891 an geltenden Fassung. gr. 8. (16 S.) Berl. 891, v. Decker. — 30

**— f. die hydrometrische Prüfungsanstalt des k. k. hydrometr. Centralbureau in Wien. Hrsg. m. Genehmigg. d. k. k. Ministeriums d. Innern vom k. k. hydrograph. Centralbureau. gr. 8. (4 S.) Wien 896. (W. Braumüller.) n n. — 20**

**Regulatif** betreffend die Quartierleistung für die bewaffnete Macht während des Friedenszustandes in der Stadt Kiel. Kiel 1871. 8°

— für die Realschulen vom 2. Juli 1860. Dresden 864. Meinhold & Söhne. 8. (79 S.) 6 *ngr.*

**— über Reisekosten u. Tagegelder bei Dienstreisen u. Versetzungen der Staats-Beamten vom 10. Juni 1848, 29. Juni 1850 u. 9. bis 12. Mai 1851 nebst den bisher darüber erschienenen Deklarationen u. Ergänzungen, so wie den Nachweisungen der Entfernungen zwischen den Stations-Orten auf den verschiedenen Eisenbahnen des Preuß. Staates 2c. Zur Benutzung bei Anfertigung u. Prüfung der Diäten-, Fuhr- u. Umzugskosten-Liquidationen. Zusammengestellt u. hrsg. v. G. M. Klette. gr. 8. (VIII u. 180 S.) Berlin 851, Allgem. Deutsche Verlags-Anstalt. n. 2/3 ₰**

Rectificirtes **Regulativ** für die Landschulen der Propstei Hadersleben. Hadersleben. 1830. 8°

**Regulativ f. das Rettungsinstitut b. Mobilien bei Feuersgefahren zu Gotha. 8. Erfurt 799. Hennings. 4 gl**

**Regulativ, revidirtes, über die Beleihung des nicht inkorporirten ländlichen Grundeigenthums im Bereiche der schlesischen Landschaft vom 22. Novbr. 1867 nebst der Instruction zur landschaftlichen Abschätzung nicht inkorporirter Grundstücke. Amtliche Ausg. Breslau 868. Korn. gr. 8. (84 S.) n. 10 *ngr.***

Regulativ, das revidirte, üb. die Beleihung d. nicht inkorporirten ländlichen Grundeigenthums im Bereiche der schlesischen Landschaft vom 22. Novbr. 1867 in Verbindg. m. den dasselbe abänd. u. ergänz. Bestimmungn. Amtliche Ausg. v. 1885. gr. 8. (54 S.) Breslau 885. Korn Verl. n. — 60

**Regulativ der unter Ermächtigung der Grossen Loge v. Preussen gen. Kaiser Friedrich zur Bundestreue arbeitenden und dem Ehrenmeisterkonvent untergeordneten ger. und vollk. St. Johannislogen. Berlin 1897. Berlin [1897]: Friedlaender. 32 S. 8°**

**Regulativ** für die Kgl. polytechnische Schule zu Dresden, die Verhältnisse der Angestellten, der allgemeinen Verwaltungsformen und die näheren Bestimmungen über Ausführung des Organisationsplanes vom 14. 3. 1855 enthaltend. ⟨Genehmigt 14. 3. u. 19. 6. 1855.⟩ *Dr**

**Regulativ** für die Schüler der Kgl. polytechnischen Schule zu Dresden. [1853?] *K*

**Regulativ** für die Schulgelderhebung an den städtischen Schulen in Altona. o. O. (1890.) 8° [Kopft.]

**Regulativ** für das Schullehrerseminar in Segeberg. Kopenhagen, den 16. Januar 1844. Kopenhagen. o. J. 4° k.

**Regulativ** für die Schulverwaltung der Stadt Altona. Altona. 1884. 8°

**Regulativ** für das Schulwesen im Flecken Wandsbeck. Wandsbeck. 1843. 8°

Schweizerisches **Regulativ** über die von den Versicherungsgesellschaften zu bezahlende Staatsgebühr vom 29. X. 1886.

**—f. die in ihre Garnison rückkehrenden Soldaten. 4. Karlsr. 824. Müller. 4 gl**

**Regulativ** für die Altonaer Sonntagsschule, mit einem Grundriss des Schulgebäudes. Altona. 1862. 8°

**Regulativ** für die Tönninger Stadtschule. Tönning. 1858. 8°

**— f. d. Tabakverschleiß mittels Automaten. 8. (16 S.) Wien 898. (Hof- u. Staatsdruckerei.) n.n. — 10**

Regulativ f. d. Taxen- u. Stempelgebühren in Hypotheken-Sachen, nebst d. darauf bezügl. Edikten. (Nachtrag z. Hypothekengesetze f. Baiern.) 8. Bamb. 824. Draušnick.

**Regulativ** zur Tilgung der Schulden der Judenschaft des ehemaligen Fürstenthums Paderborn. [Dat.:] 12. 27. Febr. 1846. [Begl. Abschr.] fol.

**Regulativ** für die höheren Töchterschulen der Prov. Preußen. [Verfügung d. königl. Provinzial-Schul-Collegiums zu Königsberg in Pr.] 8. (16 S.) Königsberg 870. Braun & Weber. n. — 30

**Regulativ**, die Uebernahme und Organisation einer Freimaurer-Waisen-Fürsorge und Pflegschaft betreffend. Club Maçonia in Leipzig 1868. 8. 4 S.

**Regulativ** betreffend Umsatz von Immobilien (in Altona) o O (1895) 8° [Kopft.]

[Kopft.] [ñ.] **Regulativ**, betreffend Umsatzsteuer von Immobilien [im Gebiet der Stadt Altona]. *(Altona 1895.)* 2 Bl. 8. [96. 1256

**Regulativ** betreffend die bauliche Unterhaltung der Dienstetablissements der Staats-Forstverwaltung. - Berlin 1882. 12 S.

— dasselbe. gr. 8. (12 S.) Berlin 882. Springer. n. — 20

**Regulativ** für den gymnastischen Unterricht bei den gelehrten Schulen in Dänemark. Aus d. Dän. übers. v. C. Kopp. Tondern 1837. 22 S. In Nachtegall, F., Lehrbuch der Gymnastik.

**Regulativ** für die Unterstützung der hülfsbedürftigen Hinterlassenen der Brüder von der Loge zum goldnen Apfel. [Nebst] Nachtr. [Dat.:] Dresden 1836. 16 S. 8° [Umschlagtit.]
Nachtrag, die am 24. Sept. 1839 genehmigten Abänderungen und Zusätze zu dem Regulative für den Unterstützungs-Verein enthaltend. [1839] S. 17—19.

[Dasselbe.] 2. Aufl. Ebendas. 1842. 16 S. 8°
Abgedr. in: FZ. 3 (1849) S. 59—64. Abschnitt 1. 2. hieraus abgedr. in: D. Frmrloge z. gold. Apfel. 1876 S. 195—198.

[Dasselbe.] 3. Aufl. [Dresden] 1859: [Gärtner]. 16 S. 8°

[Dasselbe.] 4. Aufl. [Dresden 1870: Pässler.] 16 S. 8°

*Sachsen:* **Regulativ** für den Unterstützungsfond der Gr. Landesloge von Sachsen aus dem Jahre 1812. Dresden [1874]: Heinrich. 8 S. 8° [Umschlagtit.] (Beil. z. MittS. 106.)

[Dasselbe.] Ebendas. 1900. 9 S. 8°
Abgedr. in: MittS. 190 (1900) S. 13—21.

**Regulativ** für die Veranlagung und Erhebung der Gemeindesteuern in der Stadt Ploen mit dem Nachtrag vom 18 März 1892. o O. (1892) 8° [Kopft.]

⊙ **Regulativ** für die Vereinigung des Fleckens Brunswyk mit der Stadt Kiel. Kiel. 1869. 8°

— für das Verfahren der Gerichtsärzte bei den gerichtlichen Untersuchungen menschlicher Leichen. Vom 13. Febr. 1875. gr. 8. (32 S.) Berlin 875. (Hirschwald.) n. — 60

— für das Verfahren der Gerichtsärzte bei den medicinisch-gerichtlichen Untersuchungen menschlicher Leichname. Berlin 858. (A. Hirschwald.) gr. 8. (16 S.) nn. 2⅓ ngr.

— f. das Verfahren bei den medicinisch-gerichtl. Untersuchungen menschlicher Leichname [Obduktionen]. gr. 8. (14 S.) Berlin 844. (A. Hirschwald.) n. n. 1/12 ₰

Regulativ Verfahren zu beobachtende

Regulativ vom 28.October 1835, das bei ansteckenden Krankheiten zu beobachtende sanitäts-polizeiliche Verfahren betreffend, nebst einer Instruction über das Desinfections-Verfahren und einer populären Belehrung über die Natur und Behandlung der ansteckenden Krankheiten. 159 S., gbd.

Berlin: Schultze 1845

JB 5.484

**Regulatif** betreffend die künftige oeconomische Verfassung und Einrichtung der sämtlichen Landschulen der Propstey Gottorff (Schleswig 1804) 8°

**Regulativ, das Verhältniss der Vorsteherschaft der Lehr- und Erziehungs-Anstalt für Töchter gebildeter Stände zu Friedrichstadt-Dresden zur Loge „Zum Goldenen Apfel" betreffend.** [Dresden 1868: Gärtner.] 7 S. 8° [Kopftit.]

[N. Ausg. u. d. Tit.:]
**Regulativ**, das Verhältniss der Lehr- und Erziehungsanstalt für Töchter gebildeter Stände zu Friedrichstadt-Dresden und ihrer Vorsteherschaft zu der Loge zum „Goldenen Apfel" betreffend. [Dresden 1877: Heinrich.] 11 S. 8° [Kopftit.]

**Regulativ** für den Verkehr mit den auf der Grenzlinie zwischen Schondau und der preuß. Grenze aus dem Königreich Sachsen zum Bleichen nach Böhmen aus- u. zurückgeführten Garnen. gr. 8. Zittau 834. Birr. 1 gl

**Regulativ** für die Verpflegungs- und Arbeits-Anstalt in Wilster Itzehoe 1850. 4°

**Regulativ** wegen Versammlung der Rathmanner und Landesvorsteher auf Helgoland, ohne Vorwissen und Theilnehmung des Landvogts. De Dato Gottorff den 22. Juny 1780. Schleswig (1780) 4°

— zur Versorgung d. Armen im Fürstenth. Altenburg. 4. Altenb. 796. 12 gl

**Regulativ** für die Verwaltung des Armenwesens in den im Gute Hanerau belegenen zum Kirchspiel Schenefeld eingepfarrten Dorfschaften Aasbüttel und Bockhorst Itzehoe 1847 4°

**Regulativ** für die Verwaltung des Armenwesens in den Armendistricten des Amts Ahrensbock Ploen. 1847 4°

**Regulativ** für die Verwaltung des Armenwesens in dem adelichen Gute Ahrensburg. (Oldesloe. 1848.) 4°.

**Regulativ** für die Verwaltung des Armenwesens in den Kirchspiels-Armendistricten Albersdorf, Barlt, Burg, Hemmingstedt, Nordhastedt, Süderhastedt, Süderwöhrden, St. Michaelisdonn und Windbergen, in der Probstei Süderdithmarschen. Itzehoe. 1846. 4°.

**Regulativ** für die Verwaltung des Armenwesens in Altona. Mit Anlagen. Altona 1903: H. W. Köbner & Co. (39 S.) 8° [F.] 107. 17348 8

**Regulativ** für die Verwaltung des Armenwesens in dem Kirchspiele Apenrade. o. O. (1846.) 4°.

**Regulativ** für die Verwaltung des Armenwesens im Jevenstedter Armendistricte. Rendsburg. 1849. 4°.

**Regulativ** für die Verwaltung des Armenwesens in dem Armendistrict des Kirchspiels Kellinghusen, Königlichen Antheils. Rendsburg. 1845. 4°.

**Regulativ** für die Verwaltung des Armenwesens im Schenefelder Armendistricte. Rendsburg. 1849. 4°.

**Regulativ** für die Verwaltung des Armenwesens in den Armendistricten der Probstei Apenrade und Lügumkloster. Apenrade. 1843. (Deutsch und Dänisch.) 4°.

**Regulativ** für die Verwaltung des Armenwesens in den beiden Armendistricten der Kirchspiele Haseldorff und Haselau. Itzehoe. 1841. 4°.

**Regulativ** für die Verwaltung des Armenwesens in den Armendistricten des Amtes Reinfeld mit Ausnahme der Comminen Hamberge und Hansfelde. Segeberg. 1849. 4°.

**Regulativ** für die Verwaltung des Armenwesens im Kirchspiele Barmstedt. Itzehoe. 1846. 4°.

**Regulativ** für die Verwaltung des Armenwesens im Amte Bordesholm. Kiel. 1839. 4°.

**Regulativ** für die Verwaltung des Armenwesens im Kirchspiel Brunsbüttel. Friedrichstadt. 1846. 4°.

**Regulativ** für die Verwaltung des Armenwesens im Amte Cronshagen. Kiel. 1839. 4°.

**Regulativ** für die Verwaltung des Armenwesens im Kirchspiele Eddelack. Friedrichstadt. 1846. 4°.

**Regulativ** für die Verwaltung des Armenwesens in Glückstadt. Glückstadt. 1851. 4°.

**Regulativ** für die Verwaltung des Armenwesens im Gute Grossenbrode. o. O. (1848.) 4°.

**Regulativ** für die Verwaltung des Armenwesens in dem Kirchspiele Herzhorn. Glückstadt. 1848. 4°.

**Regulativ** für die Verwaltung des Armenwesens im Kirchspiels-Armendistriet Hohenwestedt. Rendsburg. 1845. 4°.

**Regulativ** für die Verwaltung des Armenwesens im Kirchspiel Hörnerkirchen. Itzehoe. 1845. 4°.

**Regulativ** für die Verwaltung des Armenwesens im Kirchspiel Kaltenkirchen. Itzehoe. 1852. 4°.

**Regulativ** für die Verwaltung des Armenwesens im Amte Kiel. Kiel. 1839. 4°.

**Regulativ** für die Verwaltung des Armenwesens im Kirchspiel Marne. Tönning. 1846. 8°.

**Regulativ** für die Verwaltung des Armenwesens im Kirchspiel Neumünster. Itzehoe. 1844. 8°.

**Regulativ** für die Verwaltung des Armenwesens der Stadt Neustadt. Neustadt. 1852. 4°.

**Regulativ** für die Verwaltung des Armenwesens in den zur Christ- und Garnisonskirche zu Rendsburg eingepfarrten Dörfern Nübbel, Fockbeck, Alt- und Neu-Büdelsdorf. Rendsburg. 1846. 4°.

**Regulativ** für die Verwaltung des Armenwesens in der Stadt Oldesloe. Oldesloe. 1843. 4°.

**Regulativ** für die Verwaltung des Armenwesens im adelichen Gute Pronstorf. (Erlassen . . . unter dem 20. November 1851 in Folge der stattgefundenen Revidirung des im Jahre 1842 eingeführten Pronstorfer Armenregulativs.) o. O. (1851.) 4°.

**Regulativ** für die Verwaltung des Armenwesens in den zur St. Marienkirche in Rendsburg eingepfarrten Dörfern Raade, Ostenfeld, Ohe, Schülldorf, Osterrönfeld und Schacht mit Audorf. Rendsburg. 1846. 4°.

**Regulativ** für die Verwaltung des Armenwesens im Amte Reinbeck. Bergedorf. 1849. 4°.

**Regulativ** für die Verwaltung des Armenwesens im Kirchspiel Segeberg, Amts Segeberg. Segeberg. 1845. 4°.

**Regulativ** für die Verwaltung des Armenwesens im Kirchspiele Wesselburen vom 1. August 1844 an. Friedrichstadt. 1844. 4°

**Regulativ** für die Verwaltung des Armenwesens in dem Lübischen Stiftsdorfe Westerau. Oldesloe. 1845. 4°.

**Regulativ** für die Verwaltung des Armenwesens der Stadt Wilster. Itzehoe. 1841. 4°.

**Regulativ** für die Verwaltung des Armenwesens in den Landarmendistricten Wilster, Beidenfleth, Wewelsfleth, Brockdorf, St. Margarethen, Crempe, Hohenfelde, Horst, Neuenbrock, Süderau und Borsfleth, im Amte Steinburg, in der Probstei Münsterdorf. Itzehoe. 1843. 4°.

**Regulativ** zur Verwaltung des Berg-, Hütten- und Hammer-Wesens im Lande Siegen. Bonn. 1819.

**Regulativ für die Verwaltung der Kgl. Gewerbe-Akademie zu Berlin (v. 2. 4. 1874).** *Be**

**Regulativ für die Verwaltung der Communal- und Instituten-Forsten im Regierungsbezirk Arnsberg. Vom 2. November 1827. - 1827. 25 S.**

**Regulativ** (mit Schema 1 – 10) für die Verwaltung der für Rechnung der Königlichen Kasse zu erbauenden und zu unterhaltenden Kunststrassen in den Herzogthümern Schleswig, Holstein und Lauenburg. (Anstatt des Manuscripts gedruckt.) Schleswig. 1842. 4°.

**Regulativ** betreffend die Verwaltung des Volksschulwesens der Stadt Eckernförde. Eckernförde. 1877. 8°

**Regulativ** für die Verwaltung des Volksschulwesens in der Stadt Elmshorn. Elmshorn. 1900. 8°

**Regulativ** für die Verwaltung der Centralhilfskasse des deutschen Grosslogenbundes und für die Übung mr. Werkthätigkeit. Leipzig 1880. V: *Findel, Jos. Gabr.* (Tt)

**Regulativ** für die Verwaltung der Centralhilfskasse des Vereins deutscher Freimaurer und für die Hebung der Werkthätigkeit. [Leipzig 1870: Naumann.] 11 S. 8° [Umschlagtit.]
Beigefügt ist B. Cramers Schema zur frmrischen Statistik.

Vorläufiges **Regulativ** für die hiesigen Studirenden, wonach sie sich bei Anmeldung zu den Vorlesungen, bei Entrichtung des Honorariums und bei Nachsuchung der Abgangs- und anderer Zeugnisse zu verhalten haben. (Prorector und Senat ...) Dat. Halle 18. April 1825. 8 S. 8° [Kopft.]

**Regulativ** f. d. gegenseit. Wagenbenutzg. i. Ver. dtsch. Eisenb.-Verwltgn. Berlin 875.

**Regulativ** für die gemeinschaftlichen Wahlen der Districtsdeputirten und deren Stellung (an die fortwährende Deputation der Schleswig-Holsteinischen Prälaten und Ritterschaft zu Kiel). o. O. (1838.) 1°. 2a Fol. geb.

**Regulativ** wie die Demobilmachung der auf den Friedensfuß tretenden Truppen ausgeführt werden soll. Gegeben Berlin, den 13. Aug. 1814. Berlin (1814). fol.

**Regulatif**, wie weit sich in den Herzogthümern Schleswig und Holstein die Befugniss, auf adelichen Gütern etc. Korn-Wind- und Wasser-Mühlen anzulegen, erstrecken soll. Friedensburg 6. August 1783. Kopenhagen. o. J. 1°.

**Regulativ**, wodurch die Stempelpapier-Freyheit der Schleswig-Holsteinischen Ritterschaft und der Besitzer adelicher Güter und Meyerhöfe in den Herzogthümern Schleswig und Holstein näher bestimmt wird. Christiansburg, den 18. Novb. 1785. Kopenhagen. o. J. 1°.

**Regulativ** wornach die den Postmeistern zukommenden Comtoirgebühren, so wie das Litzenbruder- und Bestell-Geld zufolge Königl. Resolution vom 31sten v. M. bis weiter zu erheben sind. Generalpostdirection, den 24. Aug. 1818. (Kopenhagen. 1818.) 1 Bl. Fol.

Gymnasium in Burgdorf. Regulativ über die Zeugnisse und Promotionen. 4 S. 8. Burgdorf, P. Eggenweiler, 1902.

Regulativ wegen der Zoll-Begünstigungen, welche der Großhandel mit ausländischem Wein genießen kann. Carlsruhe: Hasper 1835. 10 S. -- 25*

**Regulativ** über die Zoll-Behandlung des Ein- und Ausganges nach und aus den Häfen der Provinz Schleswig-Holstein. (Berlin. 1872.) Fol.

— in Betreff der dem Großhandel mit fremden Weinen zu gewährenden Zoll-Erleichterungen vom 28. Juni 1865. Berlin 870. Jonas Verl. gr. 4. (8 S.) n. 5 ngr.

**Regulative** ü. Annahme, Ausbildung ... d. Secretariats- u. Registratur-Applicanten u. d. Referendarien b. d. Milit.-Intendanturen. Berlin 1839.

Regulative für den Besuch der königl. Bergakademie zu Freiberg vom 27. Juni 1860. 1. und 2. Nachtrag. gr. 8. Freiberg 871, Engelhardt. [1. Nachtrag. (8 S.) * 15 Pf.; 2. Nachtrag. (2 S.) * 8 Pf.] *
Regulativ 1860. Ebendas. * 60 Pf.

— die drei Preußischen rc., s. Stiehl.

**Regulative**, die drei Preußischen, vom 1., 2. u. 3. Oct. 1854 über Einrichtung des evangel. Seminar-, Präparanden- u. Elementarschul-Unterrichts nach ihrem Werthe beurtheilt von einem älteren Pädagogen. (Mit einer Einleitung von Diesterweg.) (Abdr. aus Diesterweg's „Rheinischen Blättern"). Essen 855. Bädeker. gr. 8. (76 S.) 7½ ngr.

- — dass. — Nach ihrem Werthe beurtheilt von einem älteren Pädagogen. (Mit einer Einleitung von Diesterweg.) gr. 8. (76 S.) Essen 855, Bädeker.
Aus: Diesterweg's rheinische Blätter, 51. Bd. 2. Heft, besonders abgedruckt.

Regulative, die drei preußischen, vom 1., 2. und 3. Octbr. 1854 über Einrichtung des evangelischen Seminar-, Präparanden- und Elementarschul-Unterrichts. Im amtl. Auftrage zusammengestellt und zum Drucke befördert von F. Stiehl. 1. Aufl. 1854. und 4. und 5. Aufl. gr. 8. (76 S.) Berlin 855, Hertz.

**Regulative** für die Maturitätsprüfungen im Kanton Bern. In-8°, 13 S. Bern, Druck von C. W. Krebs. 1879

**Regulative**, die, zum Vereins-Zollgesetz. Vom 1. Juli 1869. 1. Abth. Das Begleitschein-, das Niederlage-Regulativ u. das Regulativ über die zollamtliche Behandlung des Güter- u. Effecten-Transports auf Eisenbahnen. Nach den Beschlüssen des Bundesraths des Zollvereins. Mit Sach-Register. Berlin 870. Kortkampf. gr. 16. (IV, 160 S.) n. 15 ngr.

Regulativ-Lieder, die 80, abgedruckt aus dem Züllichau'schen Gesangbuche, m. angehängtem Katechismus Dr. M. Luthers u. der Liturgie zum Gottesdienste. 8. (72 S.) Züllichau 890, Hampel. — 15

**Regulativum** inter abbatiam et civitatem Werdinensem (actum Berolini 4. 12. Werdenae 31. 12. 1776). [Abschr.] fol.

Der Regulator. Berlin: Gewerkverein deutscher Maschinenbau- und Metallarbeiter 1884 - (1902). 8°

Regulierung

Regulirung (Die anderweitige) der Grundsteuer im preussischen Staate. 8°. Berlin 1866.

Die **Regulierung** der Donau in Niederösterreich. Wien, 1909. 50 S.

**Regulierung, Die,** der Flüsse vom allgemeinen Standpuncte ... Wien 1870. V: *Seeling von Saulenfels, Ludw.* (EB)

**Regulirung** od. Kanalisirung der deutschen Flüsse. Eine Zeitfrage m. Randglossen unter Hinweis auf die unserm Vaterlande in immer kürzeren Perioden u. in immer schlimmerem Grade bevorstehenden Ueberschwemmungsgefahren. Von e. deutschen Ingenieur. Im März 1876. gr. 8. (90 S.) Wiesbaden 876. Limbarth. n. 1. 50

**Regulirung**, die, einiger ungarischer Municipien. Ges.-Art 20., 33. vom Jahre 1876. Ges.-Art. 1., 2., 3., 4. vom Jahre 1877. gr. 8. (32 S.) Budapest 877. Ráth. n. — 80

**Regulierung** der Ohle bei deren Vereinigung mit der Oder in Breslau. O. O. u. J. V: *Kaumann, Ferdinand Alexander.* (Kat. d. Druckschr. üb. Breslau. Breslau 1903. S. 88.)

Regulirung (Zur) des Papiergeldes. Von O. K. gr. 8°. Frankfurt a. M., Auffarth, 1858.

Regulirung der Postverhältnisse zwischen des Hrn. Fürsten von Thurn und Taxis Durchl. und der freien Stadt Frankfurt a. M. 1822. 1 Heft. 8. 1 Heft. Fol.

Die **Regulirung** des **Pregels** oberhalb **Wehlau.** Denkschrift hrsg. v. Ostpreuß. Provinzialver. f. Hebung d. Fluß- u. Kanalschiffahrt. *Königsberg in Pr. 1892: R. Leupold.* (21 S.) 8° [F.] [04. 7019 10

— die, des **Saveflusses**, dann die Ent- u. Bewässerung des Savethales in Kroazien u. Slavonien mit besonderer Berücksichtigung des kroat.-slavon. Grenzgebietes. Als Mscr. gedr. u. hrsg. üb. Anordnung des k. k. General-Kommando in Agram als Landes-Verwaltungsbehörde der kroatisch-slavon. Militärgrenze. Lex.-8. (XVI, 272 S. m. 6 lith. u. chromolith. Karten.) Agram 876. Suppan in Comm. n. 14. 40

**Regulierung, Die,** der Weichselmündung. O. O. 1892. V: *Müller, K.* (Kat. d. Bibl. d. Techn. Hochsch. Berlin 1900.)

**Regulirung**, s. Regulierung

**Regulski**, Marian, Beitrag zur Statistik u. Klinik der Lippencarcinome aus der chirurgischen Universitätsklinik des Prof. Dr. W. Koch. Diss. gr. 8. (113 S.) Jurjew (Dorpat) 893. (E. J. Karow.) n. 2. 50

Regulus. Trauersp. 8. Wien, Krauß. 750.

**Regulus.** Ein Trauerspiel in drei Aufzügen und in Prosa. A. d. Franz. . . . 1767. Potsdam. V: *Dorat, Claude Joseph.* Ü: *Friedrich August Prinz von Braunschweig-Wolfenbüttel.* (Ky) (BrMm) (Mn) (MGT)

Regulus; Trspl., aus d. Französ. (von Friedrich Aug. Prinz v. Braunschweig). 8. Potsd. 767. (Berl., Voß). 3 K

Regulus, Trauerspiel von J. v. Collin. gr. 8. Berlin, Ungcr. 802. (Schade.) 16 Gr. fl. 8.

**Regum Langobardorum leges** de structoribus quas C. Baudius a Vesme primus edebat Carolus Promis commentariis auxit secundum editionem Augustae Taurinorum repetendas curavit J. F. Neigebaur. Monachii 853. Franz. gr. 8. (47 S. m. Holzschn. im Text.) 10 ngr.

**Regung, Die,** eines väterlichen Herzens . . . O. O. 1777. V: *Reitzenstein, Wolf Veit Chph v.* (Bruun, Bibl. Danica III, 1391.) (Collin, Anonymer. Kiobenh. 1869.)

**Regungen, Heilige,** bey einem Erfolg . . . Breslau 1744. V: *Burg, Johann Friedrich.* (Kat. d. Druckschr. üb. Breslau. Breslau 1903. S. 16.)

**Regungen, Treudevoteste,** des allerbittersten Schmerzens, bey dem höchsttraurigen Todesfall Maria Theresia der Grossen von G. B. aus Wien verfasst den 30ten November 1780 während seines Aufenthaltes in Pressburg. Pressburg. V: *Bader, Gg.* (Pk 1/152) (BiblPort)

Reh, Adolphine, schlichte Weisen. Gedichte. (42 S.) kl. 8. Wien (908). „Austria" F. Doll. 1.—; geb. n 1.40; m. Goldschn. n 1. 80

**Reh,** Alfred, aus Straßburg: Ueber das **Verhalten der Reflexe** bei Hirntumoren. *Berlin: S. Karger 1904.* (32 S.) 8° (Aus: **Monatsschrift** f. **Psychiatrie** u. **Neurologie** Bd 15, H. 3.) Straßburg, Med. Diss. v. 1904

**Reh,** August [aus Dieburg]: Über die **Einführung von Brom in** Benzoësäure und die Einwirkung von Natrium auf **Metabrombenzoësäureäthylester** . . . . Vorgelegt . . . 1885. Darmstadt, Joh. Conr. Herbert'sche Hofbuchdr. (Fr. Herbert), 1886; 53 S. 8°. Freiburg i. B., Phil. Fak., Inaug.-Diss. v. 1886.

**Reh, August,** über die Einführung von Brom in Benzoësäure und die Einwirkung von Natrium auf Metabrombenzoësäureäthylester. Diss. Freiburg i. B. 1886, Fr. Wagnersche Univ.-Buchh. 8°. 53 S.

Reh, Aug. Ferd., fromme Betrachtungen, s. Oertel, Chr. Friedr.

**Reh,** Aug. Ferd., des Christen frommer Hausfreund. Betrachtungen u. Gedichte für Gott geweihte Stunden im häuslichen Kreise an den Sonn- u. Festtagen des Jahres. 2 Bde. gr. 8. (1: VIII u. 200 S. 2: XII u. 396 S.) Dresden 851, Adler & Dietze. (à n. 1/2 ß) n. 1 ß

**Reh,** Aug. Ferd., des Christen frommer Hausfreund. Betrachtungen u. Gedichte für Gott geweihte Stunden im häuslichen Kreise an den Sonn- u. Festtagen des Jahres. 3. u. letzter Bd. Dresden 853. Adler u. Dietze. gr. 8. (S. 397—515.) n. 10 ngr.

—— Lese- u. Lehrbuch f. d. zweite od. Mittel-Classe in Volksschulen. 1., u. 2., verb. Aufl. 8. (à 12 B.) Dresden u. Leipzig 836, 39, Arnoldische Buchh. à *

**Reh**, Aug. Fd., Lese- u. Lehrbuch für die zweite oder Mittel-Classe in Volksschulen. 3. verb. Aufl. 8. Leipzig 846, Arnold'sche Buchh. n. 1/6 ß

— Lese- und Lehrbuch für die zweite oder Mittel-Classe in Volksschulen bearb. 4. verb. Aufl. Leipzig 853. Arnold. 8. (VI. 186 S.) 5 ngr.

**Reh,** Eug., Blumen am Wege. Dichtungen. 8. (VIII, 216 S.) Braunschweig 902. R. Sattler. n. 2.—; geb. in Leinw. n. 3.—

Galerius. Schauspiel in 5 Aufz. aus d. Zeit d. röm. Christenverfolgungen. Verf. u. gedichtet von Eugen **Reh.** *Neutomischel: Selbstverl. 1900.* (75 S.) [F.] [02. 1854 II

**Reh**, Frz., die Fabrikation der Wirkwaaren. Bedeutend erweit. Buchausg. der in dem Fachblatte „Der Manufacturist" unter gleichem Titel erschienenen Aufsätze. Gemeinfasslich dargestellt. gr. 8. (VI, 106 S. m. 52 Abbildgn. Hannover 892. S. Hein & Co. 1. 50; geb. in Leinw. 2. —

—— Lehrbuch der mechanischen Weberei f. Textil-, Gewerbe- u. höhere technische Schulen. gr. 8. (VI, 223 S. m. 306 Holzschn.) Wien 889, Gerold's Sohn. [* 7 —] * 6 —

— Lehrbuch der mechanischen Weberei f. Textil-, Gewerbe- u. höhere technische Schulen. 2. Aufl. (Ausg. f. Deutschland.) gr. 8. (VIII, 223 S. m. 306 Holzschn. Wien 890. C. Gerold's Sohn. Geb. in Leinw. n. 5. —

**Reh**, Frz. Der mechanische Seidenwebstuhl in Bezug auf Bau, Vorrichtung u. Arbeitsweise. gr. 4. (V, 33 S. m. 11 Taf. in Fol.) Weimar 891, Voigt. In Mappe 7 —

**Reh**, Frz., der mechan. Seidenwebstuhl in Bezug auf Bau, Vorrichtg. u. Arbeitsweise. 2. [Titel-] Aufl. gr. 4. (V, 33 S. m. 11 Taf.) Weimar (891) 897. Leipzig, B. F. Voigt. In Mappe 4. 50

**Reh**, Heinrich

Das in Hessen geltende Feld- und Forststrafrecht. Prakt. Handbuch bearb. von H[einrich] **Reh**, Rechtsanw. zu Alsfeld. Mainz: J. Diemer 1906. (V, 323 S.) 8° [F.] 106. 9097

**Reh**, H., Heyer u. Gros, Gesetz-Sammlung f. das Großherzogt. Hessen 1819—1905, enth. sämtl. hess. Gesetze u. Verordngn. in der zeitl. Reihenfolge u. dem gelt. Wortlaut. 4 Bde. u. Sach-Register zu Bd. I—III. gr. 8. Mainz, J. Diemer. Geb. in Leinw. n. 51. 90

1. 1819—1874. (XII, 710 S.) 904. Geb. n. 10. —
2. 1875—1898. (XVII, 950 S.) 905. Geb. n. 14. 40
3. 1899—1904. (XVIII, 1087 S.) 905. Geb. n. 17. 80
4. 1905. (VIII, 136 S. u. 11 Bl. Ergänzgn.) 906. Geb. n. 2. 50

Sach-Register zu Bd. I, II u. III, bearb. von Hans Becker, nebst Anh., enth.: 1. Zusammenstellung derjenigen Gemarkgn. nach Amtsgerichtsbezirken geordnet, in welchen das Grundbuch als angelegt anzusehen ist, 2. Gesetz üb. die Verjährg. der persönl. Klagen in den Provv. Starkenburg u. Oberhessen vom 19. III. 1853. (XLI, 259 S.) 906. Geb. n. 7. 20

**Reh**, (H.), Heyer u. Gros, Gesetz-Sammlung f. das Großherzogt. Hessen, enth. sämtl. hess. Gesetze u. Verordngn. in der zeitl. Reihenfolge u. dem gelt. Wortlaut. 5.—8. Bd. 1906—1909. (VIII, 126, VII, 163, VIII, 139 u. VII, 157 S. u. 11, 6, 3 u. 4 Bl. Ergänzgn.) gr. 8. Mainz 907—10. J. Diemer. Geb. in Leinw. à 4. —

**Reh**, H., Leitfaden zur Anlegung u. Führung v. Truppenstammrollen. Praktisches Handbuch f. Feldwebel, Wachtmeister u. Schreiber. (X, 96 S.) gr. 8. Oldenburg (910). G. Stalling's Verl. 1.60; geb. 2. —

**Reh**, H., das Stempelsteuergesetz, s.: Lehmann, P.

**Reh**, Karl Ludw., Gedichte. Leipzig 857. Brockhaus. 16. (XII, 307 S.) n. 1 ₰. 10 ngr.

**Reh**, L., s.: Acker, der.

**Reh**, L., über Aspidiotus ostreaeformis Curt. u. verwandte Formen. Lex.-8. (13 S. m. 1 Abbildg.) Hamburg 900. (L. Gräfe & Sillem.) n. — 50
Sonderabdruck aus: „Jahrb. d. hambg. wiss. Anstalten".

**Reh**, L., phytopathologische Beobachtungen, m. besond. Berücksicht. der Vierlande bei Hamburg. Mit Beiträgen zur Hamburger Fauna. (S. 111—223 m. 1 Karte.) Lex.-8. Hamburg 902. (L. Gräfe & Sillem.) n. 4. —
Sonderabdr. a.: „Jahrb. d Hamb. wiss. Anstalten. 3. Beiheft".

— Handbuch der Pflanzenkrankheiten, s.: Sorauer, Paul.

— s.: Jahresbericht des Sonderausschusses f. Pflanzenschutz.

— über einige europäische u. an eingeführten Pflanzen gesammelte Lecanien, s.: King, G. B.

— Untersuchungen an amerikan. Obst-Schildläusen. Lex.-8. (19 S.) Hamburg 899. (L Gräfe & Sillem.) n. 1.—
Sonderabdruck aus: „Mitth. a. d. naturhist. Museum".
56*

**Reh**, L., Zucht-Ergebnisse m. Aspidiotus perniciosus Comst. Lex.-8. (21 S. m. 1 Abbildg.) Hamburg 900. (G. Gräfe & Sillem.) n. — 50
Sonderabdruck aus: „Jahrb. d. hambg. wiss. Anstalten".

**Reh**, Ludwig [aus Dieburg (Grofsh. Hessen)]: Die Gliedmassen der Robben ... (Aus: Jen. Zeitschr. f. Naturw., Bd 28. M. 1 Taf.) Jena, G. Fischer, 1893; 2 Bl., 44 S. 8.
Jena, Phil. Fak., Inaug.-Diss. v. 1893

**Reh**, Oktavie, Märchen. I. Das Märchen v. den Osterhäschen, m. Bildern v. Luise Kumpa. (16 S. m. 4 farb Taf.) qu. kl. 8. Darmstadt (906). [L. Vogelsberger] H. L. Schlapp. Kart. n. 1. —

— dasselbe. II. Wie es den Osterhäschen weiter erging, m. Bildern v. Luise Kumpa. (16 S. m. 4 Farbdr.) qu. 8. Darmstadt (906). H. L. Schlapp. Kart n. 1. —

**Reh**, Otto [Arzt]: Über Pseudomyxoma peritonei ... Würzburg, Druck d. Stahel'schen k. Hofbuchdr., 1896; 39 S. 8.
Würzburg, Med. Fak., Inaug.-Diss. v. 1896

**Reh**, Paul, s.: Akten u. Urkunden der Universität Frankfurt a. O.

— die Fakultätsstatuten u. Ergänzungen zu den allgem. Statuten der Universität Frankfurt a. O., s.: Akten u. Urkunden der Universität Frankfurt a. O. 3. Hft.

**Reh**, (P[aul]), wiss. Hilfsl. Dr.: Statuta facultatis philosophicae in academia Francofurtana. (Hrsg.) *Gross-Strehlitz (1899): G. Hübner.* (S. 1—20.) 4° [Umschlagt.] ¶ (Erscheint mit den übrigen Frankfurter Fakultätsstatuten in: Akten u. Urkunden d. Univ. Frankfurt a. O., H. 3.)
Gross-Strehlitz, k. G, OP 1899 (217)

— statuta facultatis philosophicae in academia Francofurtana. Progr. gr. 4. (20 S.) Gross-Strehlitz 899. (A. Wilpert.) n. 1. —

**Reh**, Paul, die allgem. Statuten der Universität Frankfurt a/O. (1510—1610), s.: Akten u. Urkunden d. Universität Frankfurt a/O.

†**Reh, Paul**: Zum 50jährigen Todestage Josefs von Eichendorff. (Hrsg.: Georg Hoffmann.) Kattowitz 1909: Böhm. 23 S. 8°
Kattowitz, k. G OP 1909 (269) [S 09. 377

**Reh,** Paul [aus Riesenburg]: Das Verhältnis des deutschen Ordens zu den preussischen Bischöfen im 13. Jahrhundert. Kap. 2. Die Bestimmgn Wilhelms v. Modena über d. preuss. Bistümer. Der Orden u. Erzbischof Albert ... (Soll vollst. ersch.) Breslau, Druck v. Dr. R. Galle, 1894; 37 S., 1 Bl. 8.
Breslau, Phil. Fak., Inaug.-Diss. v. 24. März 1894

**Reh,** Paul, das Verhältnis des deutschen Ordens zu den preussischen Bischöfen im 13. Jahrh. 2. Kapitel. Die Bestimmgn. Wilhelms v. Modena üb. die preuss. Bistümer. Der Orden u. Erzbischof Albert. Diss. gr. 8. (38 S.) Breslau 894. (L. Köhler.) n. 1. —

**Reh,** Wilh., Anleitung zur Erlernung der vereinfachten deutschen Einigungs-Stenographie Stolze-Schrey, s.: Hillger's, Herm., illustr. Volksbücher.

**Rehaag, August**: Untersuchungen über den Einfluß der Verabreichung von Mohnkuchen auf den Fettgehalt der Milch bei Kühen. Weida i. Th. 1909: Thomas & Hubert. 101 S. 8°
Leipzig, Phil. Diss. v. 20. Juni 1909, Ref. Kirchner, Beckmann
[Geb. 25. Jan. 78 Prossitten; Wohnort: Leipzig; Staatsangeh.: Preußen; Vorbildung: Gymn. Bartenstein Reife O. 00; Studium: Königsberg 2, Leipzig 10 S.; Rig. 30 Juni 08.] [U 09. 3045

Rehaag, J. Auflösung numerischer Gleichungen durch goniometrische Formeln. 4 S. . . . . . . . . . . . . . . . .
Conitz, Progr. 1839

**Rehák,** in Versicherungs-Angelegenheiten. Ein Wort an das ungarische Volk. 2. verm. Aufl. mit einer Widerlegung der inzwischen erfolgten Journalangriffe als Anhang. Pest 858. (Osterlamm.) 24. (99 S. u. 2 Tab. in 4.) n. 4 ngr.

**Řehák, Jan,** Učebnice dějepisu pro nižší třídy škol středních. Díl I. Dějiny věku starého. Prag und Wien 1894. F. Tempsky. (Min. Erl. v. 24. April 1894, Z. 7258) 1 K 20 h, gebunden 1 K 70 h

REHAK, Johannes: Exercitatio in librum Tobit. — (1839) 60 S. 8° (Handschr.) Diss. 17
Diss. Wien, Univ.

**Rehatschek, Karl,** Plan der Stadt Aussig. 1 : 8,600. Chromolithogr. qu. Fol. Aussig 884, Grohmann. * — 90

Rehatschek, C. Plan der Stadt Aussig. 1 : 8,600. 2. Aufl. Farbendruck. qu. gr. Fol. Aussig a. E. 890, Grohmann. * — 60

**Rehbaum,** C., der erste Unterricht im Gesange. Ein Hülfsbuch für Schüler. gr. 8. (III, 32 S.) Breslau 880. Hientzsch. — 50

Lose Blätter zur Geschichte der St. Joh.-Loge Friedrich zum goldnen Zepter im Or. Breslau, bei der Säcularfeier am 10. Dec. 1876 dargebracht von [Joh. Karl Christian] **Rehbaum.** Breslau [1876]: Grass, Barth & Co. 16 S. 8°
Enth. die Gesch. der Loge „Les trois Squelettes", Breslau 1741—1772, Zahl u. Stand der Mitgl. der Loge Friedr. z. g. Z. zur Zeit ihres Beitritts, Übersicht der Tätigkeit der Loge Friedr. 1870—1876, Nachricht üb. den Umbau des Logengebäudes.

Chronik der St. Johannis-Loge Friedrich zum goldenen Zepter im Or. von Breslau von ihrer Stiftung am 10. Dec. 1776 bis Ende 1869 von J[oh.] K[arl] Chr[istian] **Rehbaum.** Als Ms. f. BBr. gedr. Breslau [1869]: Theiner & Meinicke. 96 S. 8°
Tt. 572. Mit Verzeichn. der Stiftungen der Loge.

Rehbaum, K. Die historische Entwicklung des preufsischen Volksschulwesens. 16 S. Progr Fr. G. *Breslau* 1876.

Rehbaum. K., Mittheilungen aus dem Tagebuche des evangelischen Pfarrers Joh. Daniel Rausch zu Seitendorf bei Schonau. Aus den Jahren 1633—54. Breslau. 4. 21 S.
Schul-/Univ.-Schrift 1865

**Rehbaum,** Theobald, alte Freundschaft, s.: Entsch, A., Theater-Correspondenz.

— im Wein ist Wahrheit. Schwank in e. Act. 12. (72 S.) Wiesbaden 896. Lützenkirchen & Bröcking. n. — 60

**Rehbaum,** Theob., Leibeigen. Schausp. in 4 Akten. 8. (96 S.) Wiesbaden 897. R. Bechtold & Co. n. 1. —

Rehbaum, Theobald. Oberst Lumpus. Komische Oper in 1 Akt [nach e. histor. Anekdote]. Dichtung u. Musik v. Th. R. Textbuch. 12. (28 S.) Wiesb. 892, (Bechtold u. Comp.). — 30

Luca **Marenzio.** 'Scendi dal Paradiso'. ⟨Liebesbund.⟩ (Venus vom Himmel stiegst du nieder.) Fünfstimmiges Madrigal aus: 'Il Quarto Libro de Madrigali a 5 Voci' ⟨1584⟩. Deutscher Text von Th[eobald] Rehbaum. Hrsg. von W[illiam] Barclay Squire. (Leipzig: Breitkopf & Härtel [1901].) (11 S.) 4° [Kopft.]
= **Madrigale,** Ausgewählte, u. mehrstimmige Gesänge berühmter Meister d. 16. u. 17. Jhs. N. F. 16. [07. 13713

**Rehbein,** Arth., Bilder aus Thüringen. I. (Umschlag: Illustriertes Pracht-Album. Thüringen.) (In deutscher, französ. u. engl. Sprache.) (54 S. m. Abbildgn.) qu. 4. Mannheim (906). [J. Schiele] F. Staudinger. n. 1. —

**Rehbein,** Arth., Gedichte. 8. (IV, 40 S.) Dresden 894. E. Pierson. n. 1. — ; geb. m. Goldschn. n. 2. —

Arthur **Rehbein.** Gedichte. 2., veränd. Aufl. Cöln: Neubner 1900. VIII, 101 S. 8° [09. 10041 B

**Rehbein,** Arth., neue Gedichte. (2. Folge.) 8. (62 S.) Arnstadt 897. (Th. Meinhardt.) Geb. n. 2. —

**Rehbein,** Arth., Studiosus Goethe in Leipzig u. Straßburg. (18 S.) gr. 8. Leipzig (910). Leipziger Verlags- u. Kommissions-Buchh. nn — 50

— s. a. Rhein, unser, von Mainz bis Düsseldorf.

Unser Rhein von Mainz bis Düsseldorf unter Berücks. von Heidelberg, Frankfurt, Wiesbaden. Mit 4 Kunstbeil., 29 Bild. u. zahlr. Textill. Begleitender Text von Arthur **Rehbein.** Köln a. Rh.: Hoursch & Bechstedt [1905]. (63 S.) quer-8° [07. 10016

— Rheinische Schlendertage. Mit Bildern v. Ernst Liebermann u. e. Vorsatzzeichng. von Fritz v. Wille. (VIII, 167 S.) kl. 8. Köln (907). Hoursch & Bechstedt. 2.—; geb. 3. —

— aus dem Sennelager u. andere Humoresken. Illustr. v. Aug. Lüdecke. 8. (148 S.) Köln 902. Kölner Verlags-Anstalt u. Druckerei. 1. 50

— Schwäbische Streifzüge. Mit Buchschmuck v. Elisab. Haug. (VII, 166 S.) 8. Stuttgart 910. M. Kielmann. 2.—; geb. 3. –

Rehbein, Arth., vom Kyffhäuser zur Wartburg! Wanderbilder. gr. 16. (187 S.) Berlin (900). Düsseldorf, Fischer & Franke. n. 3. –

Rehbein, Ernst, Dynamomaschinenbau, s.: Hittenkofer, M., Sammelwerke f. den Selbst-Unterricht Nr. 118.

— Einrichtung u. Behandlg. der Dynamo-Maschine. Zum Gebrauche f. Maschinisten, Monteure, Besitzer elektr. Anlagen u. f. Studierende der Elektrotechnik. 8. (19 S. m. 14 Abb.) Leipzig (902). S. Schnurpfeil. n. – 50

Rehbein, Ernst, Grundgesetze der Mechanik u. ihre Anwendung in der Maschinen-Technik. Leichtverständliche Darstellung zum Gebrauche in Gewerbe-, Fach-, Fortbildungs- usw. Schulen u. zum Selbst-Unterrichte. (128 S. m. Abb.) 8. Leipzig (903). M. Schäfer. n. 2.—

Rehbein, F., ausgewählte Monier- u. Beton-Bauwerke. Strassen u. Eisenbahnbrücken, Hochbauten, Silos, Futtermauern, Kanäle u. s. w. nach den Ausführgn. der Actien-Gesellschaft f. Monierbauten bearb. (2 Aufl.) qu. gr. 4. (105 S. m. Abbildgn. u. 46 Taf.) Berlin 894. (J. Becker.) Kart. n.n. 7. 50
Die 1. Aufl. erschien anonym u. d. T.: Monier-Bauweise, die, D. R.-Pat. etc.

Rehbein, *Richard Hugo* Georg [Referendar in Querfurt]: Mora debitoris. E. Studie z. bürgerl. Gesetzbuch ... Halle a. S., Hofbuchdr. v. C. A. Kaemmerer & C., 1897; 82 S., 1 Bl. 8.
Halle, Jur. Fak., Inaug.-Diss. v. 22. Mai 1897

Rehbein, Herm., u. Rob. Keil, Ernst Moritz Arndt, ein Buch für das deutsche Volk. Lahr 861. Schauenburg & Co. 16. (IV, 171 S.) 12 ngr.

Rehbein, Herm., populäres Vormundschaftsbuch, enthaltend eine gemeinfaßliche Darstellung u. Erläuterung der bei Vormundschaften jeder Art die Vormünder treffenden Pflichten u. Obliegenheiten u. damit verbundenen Geschäfte. Nebst beigefügten Formularen zu Rechnungen, Inventarien u. anderen dabei vorkommenden schriftlichen Aufsätzen. Weimar 855. Voigt. gr. 8. (VI, 175 S.) 15 ngr.

Rehbein, Hugo

Rehbein, H., die Entscheidungen d. vormaligen preußischen Ober-Tribunals auf dem Gebiete d. Civilrechts. Für das Studium u. die Praxis bearb. u. hrsg. 1—7. Lfg. gr. 8. (1. Bd. VIII, 1109 S. u. 2. Bd. S. 1—917.) Berlin 883—86. H. W. Müller. n. 35. —
(1. Bd. cplt.: n. 18. —; geb. n. 19. 50)

Rehbein, H., die Entscheidungen d. vormaligen preußischen Ober-Tribunals auf dem Gebiete d. Civilrechts. Für das Studium und die Praxis bearb. u. hrsg. 8.—11. Lfg. gr. 8. (3. Bd. S. 1—928.) Berlin 887—890. H. W. Müller. n. 16. 10 (1—11.: n. 51. 10)
8. Lfg. n. 4. 50. — 9. Lfg. n. 4. —. — 10. Lfg. n. 3. 60. — 11. Lfg. n. 4. —.

Rehbein, H., die Entscheidungen d. vormaligen preußischen Ober-Tribunals auf dem Gebiete d. Civilrechts. Für das Studium u. die Praxis bearb. u. hrsg. 12. Lfg. gr. 8. (3. Bd. IV u. S. 929—1082.) Berlin 891. H. W. Müller. n. 2. 90 (1–12.: n. 54. —; 3. Bd. allein n. 19. —; geb. in Leinw. n.n. 20. 50)

— dasselbe. 13.–15. Lfg. [4. Bd. 1.—3. Lfg.] gr. 8. (S. 1–560.) Ebd. 892. 893. n. 11. —
13. Lfg. n. 4. —. — 14. Lfg. n. 4. —. — 15. Lfg. n. 3. —.

— d. Entscheidgn. des vormaligen preußischen Ober-Tribunals auf dem Gebiete d. Civilrechts. Für das Studium u. d. Praxis bearb. u. hrsg. 16. (Schluß-) Lfg. [IV. Bd. 4. Lfg.] gr. 8. (VIII u. S. 577—820.) Ebd. 895. n. 5. —
(4. Bd. kplt.: n. 16. —; Einbd. in Leinw. n.n. 1. 50)

— dasselbe. Registerbd. (Von R. Magnuna.) gr. 8. (III, 252 S.) Ebd. 895. n. 4. 50; geb. in Leinw. n.n. 5. 50 (kplt.: n. 74. 50; Einbde. n.n. 7. —)

— dasselbe. 2., verb. Aufl. 1. Bd. 2 Hlftn. gr. 8. (VII, 1127 S.) Ebd. 896. à Hlfte. n. 9. —
(1. Bd. geb. in Halbfrz.: n.n. 20. 50)

Rehbein, H., das bürgerliche Gesetzbuch m. Erläutergn. f. d. Studium u. d. Praxis. 1. Lfg. gr. 8. (1. Bd. S. 1—160.) Berlin 898. H. W. Müller. n. 2. 50

Rehbein, H., das bürgerliche Gesetzbuch m. Erläuterungen f. das Studium u die Praxis. 2.—5. Lfg. gr. 8. (1. Bd. XXVIII u. S. 161—405 u. 2. Bd. S. 1—320.) Berlin 899—902. H. W. Müller. 11. 50;
(1. Bd. kplt. n. 7. —; geb. n.n. 8. 50)

Rehbein, H., das bürgerliche Gesetzbuch m. Erläutergn. f. das Studium u. die Praxis. 6. Lfg. (2. Bd. VII u. S. 321—500.) gr. 8 Berlin 903. H. W. Müller. n. 4. — (2. Bd. vollständig n. 11. —; geb. in Halbfrz n. 12. 50; 1. u. 2 n. 18. —; geb. n. 21. —)

— u. O. Reincke, allgemeines Landrecht für die Preußischen Staaten, nebst den ergänz. u. abänd. Bestimmungen der Reichs- u. Landesgesetzgebung. Mit Erläuterungen. 4 Thle. 8. (571; XVIII, 562; 591 u. XXI, 854 S.) Ebend. 880. 81. n. 28. —;
in 2 Halbfzbde. od. 4 Leinenbde. geb. n. 33. —

— — dasselbe. 4 Bde. 2., verb. Aufl. 8. (XV, 646; X, 575; XI, 605 u. XVIII, 941 S.) Ebend. 882. à n. 7. 50;
geb. à n. 8. 25

— u. O. Reincke, allgemeines Landrecht f. die Preußischen Staaten, nebst den ergänz. u. abänd. Bestimmgn. der Reichs- u. Landesgesetzgebg. Mit Erläutergn. 3. Aufl. 4 Bde. 8. (XIV, 659; IX, 578; VIII, 676 u. XII, 970 S.) Ebend. 885. à Bd. n. 7. 50;
Einbd. in Leinwd. à n.n. – 75; in Halbfrz. à n.n. 1. 50

— u. O. Reincke, allgemeines Landrecht f. die Preußischen Staaten, nebst den ergänz. u. abänd. Bestimmgn. der Reichs- u. Landesgesetzgebg. Mit Erläutergn. 4 Bde. 4., verb. Aufl. 8. Ebd. 889. n. 31. —; geb. in Leinw. n. 34. —; in Hfrz. n. 37. —
1.—3. Bd. (XIV, 683, VIII, 585, VIII, 863 S.) à Bd. n. 7. 50; geb. in Leinw. à n. 8. 25; in Hfrz. à n. 9. –
4. Bd. (XII, 922 S.) n. 8. 50; geb. in Leinw. n. 9. 25; in Hfrz. n. 10. —.

— u. O. Reincke, allgemeines Landrecht f. die Preußischen Staaten, nebst den ergänz. u. abänd. Bestimmgn. der Reichs- u. Landesgesetzgebg. Mit Erläutergn. 1. u. 2. Bd. (Theil I, Titel 1—23.) 5., verb. Aufl. 8. (XIV, 680 u. VIII, 569 S.) Ebd. 894. à n. 7. 50; geb. in Leinw. à n.n. 8. 25; in Halbfrz. à n.n 9. –

— dasselbe. 4. Bd. (Theil II, Titel 1—8, resp. 9—20.) 5., verb. Aufl. 8. (VIII, 987 u. XIV, 1043 S.) Ebd. 894. n. 8. 50; geb. in Leinw. n.n. 9. 25; in Halbfrz. n.n. 10. —

Rehbein, H., allgemeine deutsche Wechsel-Ordnung mit Kommentar in Anmerkungen u. der Wechselprozeß nach den Reichs-Justizgesetzen. gr. 8. (IV, 163 S.) Berlin 879. H. W. Müller. cart. n. 3. —

—— allgemeine deutsche Wechselordnung mit Kommentar in Anmerkungen und der Wechselprozeß nach den Reichs-Justizgesetzen. 2. verb. Aufl. gr. 8. (IV, 174 S.) Ebendas. 882. cart. *

— allgemeine deutsche Wechsel-Ordnung m. Kommentar in Anmerkungen u. der Wechselprozeß nach den Reichs-Justizgesetzen. 3. Aufl. gr. 8. (IV, 173 S.) Ebend. 886. cart. n. 3. 50

Rehbein, H. Allgemeine deutsche Wechsel-Ordnung m. Kommentar in Anmerkgn. u. der Wechselprozeß nach den Reichs-Justizgesetzen. 4. verb. Aufl. gr. 8. (IV, 190 S.) Berl. 891, H. W. Müller. cart. * 3 60

— allgem. deutsche Wechsel-Ordnung m. Kommentar in Anmerkgn. u. d. Wechselprozeß nach d. Reichs-Justizgesetzen. 5., verb. Aufl. gr. 8. [IV, 204 S.) Ebd. 895. Kart. n. 3. 60

Allgemeine Deutsche Wechsel-Ordnung mit Kommentar in Anm. u. der Wechselprozess nach d. Reichs-Justizgesetzen. Hrsg. von Dr. H[ugo] Rehbein, Reichsger.R. 6. verb. Aufl. *Berlin: H. W. Müller 1900.* (VI, 224 S.) 8° [F.] [00. 466]

— allgemeine deutsche Wechsel-Ordnung m. Kommentar in Anmerkungen u. der Wechselprozeß nach den Reichs-Justizgesetzen. 7. verb. Aufl. (VII, 224 S.) gr. 8. Ebd. 904. Kart. n. 4. —

Rehbein, H., Wechselordnung m. Kommentar in Anmerkgn. u. e. Darstellung des Wechselprozesses. 8. Aufl., bearb. v. Mansfeld. (VI, 234 S.) gr. 8. Berlin 908. H. W. Müller. Kart. 5. —

Rehbein, Johann Heinrich Ernst

Rehbein, Jh. Hnr. Er., († 1797.) Versuch einer neuen Grundlegung der Geometrie. Mit 2 Kpft. 8. Götting. 795. Dieterich. 5 gr. 76 S.

Rehbein, Karl, s.a. Gedichte e. jungen Mannes.

(Karl Rehbein.) Gedichte eines jungen Mannes. Berlin-Leipzig: Modernes Verlagsbureau 1906. (35 S.) 8° [F.] [06. 3734]

Rehbein, Ludw. H. P., Gott in der Natur. Für jeden aufrichtig christlich gesinnten Naturfreund, insonderheit zum Studium f. den Landwirt u. den Lehrer. Vorbereitungsbuch auf den Unterricht in der Kunde der Halbgräser m. Juncaceen, Gräser u. aller Kryptogamengruppen. Mit vielen in den Text gedr. Aufgaben f. den Schüler, einzeln getrennt gehaltenen religiösen Bemerkgn. nebst Beschreibungen naturhistor. Ausflüge. 3 Tle. in 1 Bde. (313 S.) gr. 8. Oldenburg i/H. (903). (Naunhof, Schäfer & Schönfelder.) n. 2. 80

— Gott in der Natur. Ein Wort zur Beherzigung. Vorgetragen in der amtl. Kreislehrer-Versammlg. am 20. X. 1904 in Oldenburg i. H. (15 S.) 8. Ebd. (904). n. — 30

— der Schulgarten. Zeitgemäße pädagogisch-religiöse Skizze. Vortrag f. die amtl. Kreis-Lehrer-Versammlung am 20. X. 1905 in Oldenburg in Holstein. (24 S.) 8. Naunhof 906. Schäfer & Schönfelder. n. — 60

Rehbein, Wilh, Gedichte. 2. Aufl. gr. 8. (VII, 320 S.) Elberfeld 875. Fröhling. n. 3. —

— patriotische Gedichte. gr. 16. (24 S.) Berlin 870. Deutsches Verl.-Inst. — 25

Rehbein, Wilh., „Heimwärts!" Gedichte. Mit Vorwort v Jul. Dammann. (XI, 155 S.) kl. 8. Kassel (900). E. Röttger. Kart. n. 1. 20; geb. n. 2. —; m. Goldschn. n. 3. --

Rehberg, *Alexander* Ueber die Entwicklung des Insektenflügels. 4 (12 S., 1 Taf.). Progr. G. *Marienwerder* 1886 (36).

Rehberg, Aug. Wilhelm

— Abhandl. üb. das Wesen u. die Einschränkungen d. Kräfte. 8. Leipz. 779. Weygand. 6 gr.

— über den deutschen Adel. 8. Götting. 803. Röwer. 20 gr.

— Appellation an d. gesund. Menschenverstand, s. Appellation, u. setze hinzu: (v. A. W. Rehberg).

—— Lord Porchester's Aufenthalt in Spanien rc., s. Porchester.

— s.a. Cato, od. üb. d. Bestimmung.

(A. W. Rehberg): Cato, od. Gespräch üb. d. Bestimm. d. Menschen. *Basel*, Thurneisen. 780. 8° 2 gr.

Rehberg, Aug. Wilh., die Erwartungen d. Deutschen von d. Bunde ihrer Fürsten. 8. (5½ B.) Jena 835, Bran'sche Buchh. Aus der: Minerva, besond. abgedruckt.

— philosoph. Gespräche über das Vergnügen. 8. Nürnb. 785. Felsecker. 9 gr.

— s. Nic. de Machiavel, das Buch vom Fürsten.

— über den Code Napoleon u. dessen Einführung in Deutschland. 8. Hannov. 814. Hahn. 1 rtl. 6 gr.

(——) constitutionelle Phantasieen, s. Phantasieen.

— s. Porchester's Aufenthalt in Spanien.

— Prüfung d. Erziehungskunst. 8. Leipz. 792. Göschen. 18 gr. 206 S.

Rehberg, Aug. Wilh., sämmtl. Schriften. 1., 2. u. 4. Bd. gr. 8. Hannover, Hahn. [1. (27½ B.) 828. 1 Thlr. 20 Gr., 2. (17¼ B.) 831. 1 Thlr. 4 Gr., 4. (28 B.) 829. 2 Thlr. 8 Gr.] Der 4. Bd. a. u. d. T.: Polit.-histor. kleine Schriften. — Der 3. Bd. wird noch erwartet.

— über die Staatsverwaltung deutscher Länder rc. 8. Hannov. 807. Hahn. 20 gr.

— Untersuchungen über die französ. Revolution. 2 Bde. gr. 8. Hannov. 793. (Hahn). 2 rtl.

— Untersuchung über die französische Revolution, 2 Bde. gr. 8. Hannover, Ritscher. 793. (1r 18 gr. 2r 1 Thlr. 6 gr.)

— über das Verhältniß der Metaphysik zur Religion. 8. Berl. 787. Mylius. 12 gr.

— üb. d. Wesen u. d. Einschränk. d. Kräfte. 8. Lpz. Weygand. 779.

Rehberg, C., u. D. H. Freyberg, Castor. Ein romantisches Gedicht in sieben Gesängen. 8. Potsdam 833. Vogler. n. 1/2 ℛ

**Rehberg,** Franz, approb. Arzt aus Schwerin i. M.: **Untersuchungen über die Adenome der Niere und ihre Entwickelung.** *Freiburg i. B.: Speyer & Kaerner 1902.* (40 S.) 8°
Freiburg i. B., Med. Diss. v. 1902

**Rehberg, Frz., Untersuchungen üb. die Adenome der Niere u. ihre Entwickelung. Diss. gr. 8. (41 S. m. 2 Fig.) Freiburg i/B. 902. Speyer & Kaerner. n. 1.20**

Rehberg, Friedrich. Anfangsgründe der Zeichenkunst. 4 Hefte mit Lithographien. München 1828. Fol.

**Rehberg, Friedr., Attitüden d. Lady Hamilton. Nach d. Leben gez. In 12 Blättern lith. v. H. Dragendorf u. hrsg. v. Auguste Perl. 1/2 Fol. (1 B. Text.) München 840, (Mey u. Widmayer.)**

**Rehberg, Friedrich.** Rafael Sanzio aus Urbin. Angebunden: Die Schule Rafaels. (Handschrift.) Mit Tafeln. 3 Bde. München 1824. Fol.

**Rehberg, Fr., Rafael Sanzio aus Urbino. 2 Thle. Fol. Münch. 824. (Riegel u. W.; a. Trautwein in Berl.) 5 ℛ Nebst 2 Thlen Steintaf. unt. d. T.: lithograph. Versuche nach Rafael rc. Fol. 9 ℛ Velinp. 17 ℛ**

**Rehberg, Hans,** Tierarzt aus Marienwerder, Westpreussen: **Ueber partielle Aplasie und Riesenwachstum des Ovarium.** [Mit 14 Abbildungen im Text.] Berlin 1909. 21 S. 8°. S.-A. aus Virchow's Archiv. Band 198. [3. III. 09.]
Bern. Vet.-med. Diss. 1909/10.

**Rehberg, Herm., Beitrag zur Kenntniss der freilebenden Süsswasser-Copepoden, s. Abhandlungen, hrsg. vom naturwissenschaftlichen Vereine zu Bremen.**

**Rehberg,** Herm., Beiträge zur Naturgeschichte niederer Crustaceen [Cyclopiden u. Cypriden]. Mit 2 (lith.) Taf. Inaugural-Dissertation. gr. 8. (18 S.) Bremen 884. (Jena, Deistung.) n. 1. —

| | |
|---|---|
| —— weitere Bemerkungen über die freilebenden Süsswasser-Copepoden, | s. Abhandlungen, hrsg. vom naturwissenschaftl. Vereine zu Bremen. |
| —— eine neue Gregarine. Lagenella mobilis n. g. et. n. sp. | |

**Rehberg,** Herm., neue u. wenig bekannte Korallen. [Aus: „Abhandlgn. aus dem Gebiete der Naturwissenschaften".] gr. 4. (50 S. m. 4 Taf.) Hamburg 892. L. Friederichsen & Co. n. 6. —

**Rehberg,** Herm., die Prinzipien der monistischen Naturreligion. Moderne Anschauungen üb. Religionsreformen. gr. 8. (VIII, 104 S.) Jena 882. Deistung. n. 1. 60

**Rehberg,** Theodor: Aus d. Königl. Chirurg. Universitäts-Klinik. Direktor Prof. Dr. E. Lexer. Darminvagination durch Ascariden. Königsberg i. Pr. 1907: O. Kümmel. (29 S.) 8°
Königsberg, Med. Fak., Ref. Lexer, Diss. v. 2. Juni 1908
[Geb. 3. Okt. 81 Serpallen, Kr. Pr. Eylau; Wohnort: Königsberg i. Pr.; Staatsangeh.: Preußen; Vorbildung: Herzog-Albrecht-Gymn. Rastenburg Reife O. 02; Studium: Königsberg 3, Leipzig 2, Königsberg 2, Greifswald 3, Königsberg 2 S.; Coll. 16. Mai 07; Approb. 15. Mai 08.]

Rehberg-Behrns, Hella, s.: Gabriel, Hans.

Der Rehberger und die Berliner Bürgerin. Eine verbürgte Thatsache. Druck von Fr. Bäse. 1 Bl. 8.
Flugblatt. Berlin, 27. Juni 1848.

Rehberger, Andr., († d. 16. Mai 1769.) s. *Biblia* Nürnberg.

[REHBERGER, ANDR.] Den plötzlichen Verlust Ihres hochgepriesenen und unvergeßlichen Vorstehers und Hauptes, des hoch-berühmten MELANDERS [d. i. CHR. GOTTLIEB SCHWARZ], beklagen, mit Bestürzung und innigster Wehmuth, die sämtlichen Pegnesischen Blumen-Genossen durch die gerührte Feder ihres ergebensten URANIO [= Rehberger]. Den 5. Merz A. 1751. *Mit 3 Holzschnittornamenten.* 1 Doppelbl. in Folio.

Rehberger, Christian Heinr., Ernstes u. Heiteres in Reimen. (IV, 76 S.) kl. 8. Straßburg 906. C. A. Bomhoff. n. — 75

Rehberger, G.

— Anleit. z. geistl. Geschäftsstyl in den österr. Staaten rc. gr. 8. Ebend. 808.

**Rehberger, G., Enchiridion juris ecclesiast. Austriaci. II Tom. 8. maj. Linz, Hasslinger. 809.**

— vollständige Erziehungslehre rc. 8. Ebend. 809.

**Rehberger,** Gisela, großes Kochbuch f. bürgerliche Haushaltungen. Praktische Anleitg. zur schmackhaften u. doch sparsamen Zubereitg. v. Speisen u. Getränken. 8. (154 u. VI S.) Wien 894. (Leipzig, Literar. Anstalt A. Schulze.) n. 1. —

**Rehbinder,** Boris v., aus St.-Petersburg: **Fauna und Alter der cretaceischen Sandsteine in der Umgebung des Salzsees Baskuntschak.** *St.-Petersburg 1902: M. Stassulewitsch.* (84 S.) 4° ¶ (Aus: Trudy Geol. Kom., T. 17, No 1.)
Freiburg i. B., Phil. Diss. v. 1902

**Rehbinder, B., Fauna u. Alter der cretaceischen Sandsteine in der Umgebung des Salzsees Baskuntschak. (In deutscher u. russ. Sprache.) gr. 4. (V, 163 S. m. 4 Taf. u. 4 Bl. Erklärgn.) St. Petersburg 902. (Leipzig, M. Weg.) n.n. 5. 20**
**Sonderabdruck aus: „Mémoires du comité géologique".**

**Rehbinder,** Gräfin E., auf Gottes Wegen. Gedichte u. Sprüche, ausgewählt v. R. qu. 12. (32 S. m. z. Tl. farb. Bildern.) Nürnberg 894. Th. Stroefer. Kart. n. 1. 50

**Rehbinder,** Gräfin F., bleib' fest in Gott! Gedichte, ausgew. v. R. M. Dedikation f. Konfirmanden. 12. (8 S. m. 2 farb. Bild.) Nürnberg 895. Th. Stroefer. — 75

— Liebe, Glaube, Hoffnung. qu. 12. (8 S. m. 2 farb. Bild.) Ebd. 895. M. Goldschn. 1. —; m. Dedikation f. Konfirmanden. M. Goldschn. 1. —

**v. Rehbinder, Herm., der Fruchtwechsel oder die Mehrfelderwirthschaft mit unmittelbarer Bezugnahme auf die örtlichen Verhältnisse der Ostseeprovinzen Rußlands. gr. 8. Mitau 844, Reyher. 3/8 ℛ**

(v. **Rehbinder, J. Ad.**) Nachrichten u. Bemerkungen über Algier u. den Algerischen Staat. 3 Bde. 8. M. K. Altona 1799. 27,00.

— s. Nachrichten u. Bemerkk. über Algier.

v. Rehbinder, Baron Jh., Abul Kasem Mohammed; e. Beitr. zur polit. Menschengeschichte. 8. Kopenh. 799. Schubothe. 7 ℛ

Rehbinder, Nicolay, baltisches Album, s. Album.

**Rehbinder,** Graf N., Dichter-Grüße. Gedichte, ausgewählt v. Graf N. R. 4 Hfte. kl. 4. (à 12 S. m. farb. Abbildgn.) Nürnberg 893. Th. Stroefer. Mit Goldschn. à n. — 70; in 1 Etui n. 3. —
1. Freudvoll: leidvoll. — 2. Flatternde Blüten. — 3. Vergißmeinnicht. — 4. Grüße der Liebe. Ein Poesienstrauß.

— Dichterklänge aus Heimat u. Fremde. Ausgewählt v. Graf N. R. 4. (34 S. m. z. Tl. farb. Abbildgn.) Ebd. 893. Geb. in Leinw. m. Goldschn. n. 6. —

— Seemann's Ende. Vorgetragen auf dem Kais. deutschen Theater in St. Petersburg von Hrn. Laddey rc. Mit melodramat. Musikbegleitung vom Musikdir. E. Baetz. 2. Aufl. Mitau 855. Reyher. 16. (14 S.) n. 10 ngr

— ein Friedens-Gruß. Bibeltexte u. Poesien, ausgewählt v. Graf N. R. 12. (8 S. m. 2 farb. Abbildgn.) Ebd. 894. n. 1. —

— illustrirter Führer durch die Rheinlande. Mit 32 Illustr., 13 Karten, 21 Plänen u. 8 Panoramen. 12. (XII, 386 S.) Wien 893. A. Hartleben. Geb. in Leinw. n. 4. 50

**Rehbinder,** Graf Nic. „Heiliges Rußland, erwache!" Erinnerungsblätter aus dem Leben e. russ. Zollbeamten. gr. 8. (97 S.) Lpz. 892, Spohr. * 1 50

**Rehbinder,** Nicolai Graf, Jesus v. Nazareth. Trauerspiel in 5 Acten. gr. 8. (96 S.) Wiesbaden 875. Ebbecke. 2. —

— die Krone des Lebens. Bibeltexte u. Poesien, ausgewählt v. Graf N. R. 4. (12 S. m. 4 farb. Abbildgn.) Nürnberg 894. Th. Stroefer. n. 1. 50

— Liebesranken. Gedichte, ausgewählt v. R. 4 Hfte. kl. 4. (à 12 S. m. Bildern.) Ebd. 894. Mit Goldschn. à n. 1. 50; in 1 Etui n. 6. 50
1. Dein Glück mein Wunsch! — 2. Gott grüße Dich! — 3. Dein ist mein Herz. — 4. Vergißmeinnicht!

**Rehbinder,** Nicolay Graf, der Liebestrank. Romantisches Drama in 5 Acten. 16. (96 S.) Reval 848, Kluge in Comm. n. 1/3 ℔

— Vom Meeresstrande. Gedichte. Berlin 856. Schroeder. 16. (VII, 103 S.) 15 ngr

— ein Ring. Trauerspiel in 4 Aufzügen. [Den Bühnen gegenüber als Mscr. gedr.] 8. (78 S.) Mitau 851, Reiher. 1/3 ℔

— Rizzio, s. Jahrbuch deutscher Bühnenspiele.

**Rehbinder,** N., die Gräfin von Rochepierre, s. Jahrbuch deutscher Bühnenspiele.

— Vergiß-mein-nicht. Ein Gedenkbuch m. klass. Sprüchen f. jeden Tag des Jahres. Hrsg. v. Graf N. R. 16. (371 S. m. z. Tl. farb. Abbildgn.) Nürnberg 893. Th. Stroefer. Geb. in Leinw. m. Goldschn. n. 3. —

— Würzburg m. Umgebung. Mit Illustr. nach Orig.-Zeichngn. u. 1 Karte. qu. kl. 4. (80 S.) Dresden 893. (Würzburg, A. Stuber's Verl.) n. 2. —

**Rehbock,** der, oder die schuldlosen Schuldbewußten, von Kotzebue. Lustspiel in 3 Akten. 8 Leipzig, Kummer. 815.

**Rehbock,** Fr., s. Anleitung zum naturwissenschaftl. Beobachten für Gebildete.

**Rehbock,** Lambert, approb. Arzt aus Leer (Ostfriesl.): Zur Kasuistik der Tuberkulose der weiblichen Genitalien. *Greifswald (1903): J. Abel* (25 S.) 8°
Greifswald, Med. Diss. v. 10. März 1903

**Rehbock, Th[eodor]:** Die Ausbildung der Überfälle beim Abfluss von Wasser über Wehre nebst Beschreibung der Anlage zur Beobachtung von Überfällen im Flussbaulaboratorium zu Karlsruhe. [1909.] II, 34 S., 3 Taf. 4° ¶ T. 1 etwas geändert in: Zeitschrift f. Bauwesen. Jg. 60. 1910.

**Rehbock,** Th., Beitrag zur Theorie versteifter Bogenbrücken. [Aus: „Zeitschr. f. Bauwesen".] Fol. (6 S. m. 7 Holzschn.) Berlin 892. W. Ernst & Sohn. n. 2. —

**Rehbock,** Th., Deutsch-Südwest-Afrika. Seine wirtschaftl. Erschliessg. unter besond. Berücksicht. der Nutzbarmachg. des Wassers. Bericht üb. das Ergebnis e. im Auftrage des „Syndikates f. Bewässerungsanlagen in Deutsch-Südwest-Afrika" durch das Herero- u. Gross-Namaland unternommenen Reise. Lex.-8. (XXII, 237 S. m. 28 Taf. u. Karten.) Berlin 898. D. Reimer. Kart. n. 12. —; geb. in Leinw. n. 14. —

**Rehbock,** Th., Deutsch-Südwest-Afrika. 96 Lichtdrucke nach Photographien aus d. Herero- u. Nama-Lande, aufgenommen während einer Forschungsreise 1896/97. (M. e. [farb.] Karte.) qu. gr. 8. (4 S. Text.) Berlin 898. D. Reimer. Geb. in Leinw. m. Goldschn. n. 8. —

**Rehbock,** Th., Entwurf e. Wasserkraftwerkes im Gebiet der Murg oberhalb Forbach. 2. erweit. Aufl. (VIII, 65 S. m. 2 Abb. u. 30 Taf.) 38×21 cm. Leipzig 910. W. Engelmann. 9. 60
1. Aufl. (VII, 47 S. m. 2 Abb. u. 22 Taf.) 908. 8.–.

Akademische Gedächtnisfeier für Seine Königliche Hoheit den verewigten Grossherzog Friedrich von Baden. Gedächtnisrede geh. in der Aula der Grossherzogl. Technischen Hochschule Fridericiana zu Karlsruhe am 21. Okt. 1907 vom z. Rektor Prof. **Th[eodor] Rehbock.** 14 S. 4°

**Rehbock,** Th., Deutschlands Pflichten in Deutsch-Südwestafrika. (44 S.) Lex.-8. Berlin 904. D. Reimer. n. — 80

— Reisebilder aus Deutsch-Süd-West-Afrika, s. a. Verhandlungen d. deutschen Kolonial-Gesellschaft.

Th. Rehbock, Reg.-Baumeister. Reisebilder aus Deutsch-Süd-West-Afrika m. Karte. Vortrag ... *Berlin: D. Reimer 1898.* (37 S., 1 Kt.) 8.
= Deutsche Kolonial-Gesellschaft. Abt.: Berlin-Charlottenburg. Verhandlungen 1897/98. H. 1.

— s.: Wasserbau, der.

— Der Wasserbau, s.: Handbuch der Ingenieurwissenschaften.

— die Wasserstrasse durch die Canadischen Seen u. ihr Verkehr. [Aus: „Centralbl. d. Bauverwaltg."] gr. 8. (15 S. m. 1 Abbildg.) Ebd. 894. n. 1. —

Rehbock, Th., Der wirtschaftliche Wert der binnenländischen Wasserkräfte unter bes. Berücks. d. Grossherzogt. Baden. (Karlsruhe i. B. 1908.) 8°.
Karlsruhe, Techn. Hochschule, Rektoratsrede v. 1907/08.

**Rehboom, Joh. Heinr.** (Verden / Hannover), Petrus gladio accinctus. Quem ex verbis Luc. XXII. Diss. theol. Präs. Johann Fecht. Rostock (J. Weppling) 10. VII. 1706. 40 S. (—.—) 27890
Gew.: Johann Dieckmann. — Widm. v.: Joh. Peter Gruenenberg, Jo. Fecht, Johann Moritz Poltz, Christoph Anton Erasmus.

**Rehbronn, E.,** De interpolationibus quae feruntur in Odysseae libro XI. Diss. 1875. 88 S. 1.20

**Rehbronn,** Engelbert, Junker Thaddäus. Schauspiel in 5 Aufzügen. Nach dem Epos „Pan Tadeusz" v. Adam Mickiewicz vers. gr. 8. (195 S.) Posen 891. Decker & Co. 3. —; geb. 3. 80

Rehburg [Schlagwort]

**Rehburg.** Kaatzer, Pet., topographische Karte des königl. Bades Rehburg (Hannover) m. ausführlicher Erläuterung der Kur-Verhältnisse (auf dem Umschlag). 1:3125. 50×64,5cm. Steindr. Rehburg 895. (Hannover, Schmorl & v. Seefeld Nachf.) n. — 50

Rehburg [Verfasser]

**Rehburg, E.,** Konrad, s. a. Zwißler's Hausbiblioth. 10. Bd.

**Rehburg, E.,** Konrad. Epos aus der Reformationszeit. 8. (III, 404 S.) Hamburg 888, Kittler's Sortiment. *
geb. *

**Rehburg, E.,** Konrad. Epos aus der Reformationszeit. 2. (Titel-)Aufl. 8. (III, 404 S.) Hamburg 889. Kittler's Sort. 5. —; geb. m. Goldschn. 6. —

**Rehburg,** Fr. Leop., († 1784.) Gedanken von d. Enthaltung vom heil. Abendmahl. 8. Hamb. 772. Brand. 4 gr

**Rehburg, Max:** Die neuere naturphilosophische Bewegung. Bern 1908. IV + 80 S. 8°. [7. VII. 08.]
Bern Phil Diss 1908/09.

**Rehburg,** Max, die neuere naturphilosophische Bewegung, s. a. Studien, Berner, zur Philosophie u. ihrer Geschichte. 66. Bd.

Rehburg, Max. Die neuere naturphilosophische Bewegung. IV + 80 S. 8. Bern, Scheitlin, Spring & Cie., 1908.
*Ausg. A:* Diss. Phil. Bern ... von M' R'.
*Ausg. B:* Von Dr. M' R'. (fr. 1.50.) — Berner Studien zur Philosophie und ihrer Geschichte.... Band 66.

**Rehburg,** Max, das Weib im Existenzkampfe. gr. 8. (15 S.) Leipzig 898. F. Pfau. n. — 50

**Rehdans,** *J.* [Oberl. Dr.]: Aufgaben aus der Statik und Dynamik mit Beispielen, welche . . . in der Entlassungsprüfung bearbeitet worden sind. Graudenz, Druck v. G. Röthe, 1890; 1 Bl., 31 S. 8°
Graudenz, k. ev. G, OP 1890

**Rehdans,** *J.* [Oberl. Dr.]: Aufgaben aus der Statik und Dynamik mit Beispielen, welche . . . in d. Entlassungsprüfung bearbeitet worden sind. (Forts. d. P-Beil. 1890.) Graudenz, Druck v. G. Röthe, 1891; 24 S. 8°
Graudenz, k. ev. G. OP 1891 (32)

**Rehdans,** [Josef], Prof. Dr.: Foucaults **Pendelversuch.** *Graudenz 1899: G. Röthe.* (20 S.) 8°
Graudenz, k. G, OP 1899 (32 [vielm. 31])

**Rehdans,** Walter, Referendar: **Begriff,** juristische Natur und rechtliche Behandlung der Verzeihung im Rechte der Schenkung, der Ehescheidung, des Pflichtteils und der Erbunwürdigkeit (nach dem B.G.B.). *Pr. Friedland 1903: (R. Thimm).* (74 S.) 8°
Rostock, Jur. Diss. v. [10. März] 1904

Rehdans, Wilh. Jos. An exact account and critical examination of Sir Walter Scott's poem: „The Lady of the Lake". 31 S. XX S. **Progr.** G. *Culm* 1878. *Strasburg* 1880.

**Rehdans** W. J. Discussion der trancendenten Curven:

$$y^2 = a^2 \cos\frac{y}{x} \qquad y^2 = a^2 \sin\frac{y}{x} \qquad y^2 = a^2 \operatorname{tg}\frac{y}{x}$$

$$y^2 = a^2 \operatorname{ctg}\frac{y}{x} \qquad y^2 = a^2 \sec\frac{y}{x} \qquad y^2 = a^2 \csc\frac{y}{x}$$

Jena 1877. 8°.
Diss., Jena

Rehdans, W. J. Flora der nächsten Umgebung Strasburgs. Zum Gebrauche für die Schüler bei Übungen im Bestimmen der Pflanzen und auf Exkursionen. I. Teil. Übersicht der Familien und Gattungen der Phanerogamen nach dem System Linné's mit Berücksichtigung des natürlichen. 56 S. 8. II. Teil. Die Arten der Phanerogamen bis zu den Labiaten nach dem natürlichen Systeme. 42 S. 8. **Progr.** *Strasburg Pr.* 1881. 1885.

Rehdantz, C., s. Rehdantz, Kurt

**Rehdantz, C.,** s. Anleitung zu feinerer und zugleich billiger Küchen- und Hauswirthschaft.

Rehdantz, Kurt

**Rehdantz,** C., kritischer Anhang zu Xenophons Anabasis. Berlin 865. Weidmann'sche Buchh. gr. 8. (56 S.) n. 8 ngr

**Rehdantz, C.,** Beilage zu Xenophon's Anabasis oder Cyrus Feldzug gegen Artaxerxes. Für Sekundaner u. reifere Tertianer. gr. 8. (IV u. 121 S.) Berlin 847, Kampffmeyer. n. 1/3 ß

Rehdantz, K. Materialien zu lateinischen Versübungen für Untertertia. 18 S. **Progr.** *Creuzburg O.S.* 1876.

**Rehdantz:** De parabasi in Aristophanis Acharnensibus commentatio. 13 S. – Magdeburg, D., Progr. 1862.

Rehdantz, Curt D. Junius Juvenalis' 1. und 3. Satire metrisch übersetzt und erklärt. 4 (33 S.). Rprg. *Schönebeck a. E.* 1887 (258). **Progr.**

**Rehdantz:** Themata zu schriftlichen Privatarbeiten für die obern Klassen eines Gymnasiums. 24 S. – Halberstadt, Progr. 1856.

**Rehdantz, C.,** de vario quem habeat apud oratores atticos πρᾶγμα vocabulum usu ac notione. Dissertatio inauguralis. gr. 8. (41 S.) Lipsiae 874. (Halle, Reichardt.) 1. —

Rehdantz Specimen libri „Vitae Iphicratis Chabriae Timothei Atheniensium". 34 S. . . .
Berlin, J.G., Progr. 1844

**Rehdantz, C.,** Vitae Iphicratis, Chabriae, Timothei, Atheniensium. 4maj. Berolini 845, Schroeder. n. 1 5/6 ß

Rehden [Schlagwort]

**Rehden,** s.: Preussen, Messtischblätter.

Rehden [Verfasser]

**Rehden, Ph.,** der Garten des Momus, den Freunden der Geselligkeit geöffnet. Auswahl neuer Anekdoten, Denksprüche u. Epigramme. gr. 8. Frankf. a. M., Boselli. 821. Rthlr.

**Rehder**, Frz., eine moderne Brunnenkur. Lustspiel in 1 Act. gr. 8. (24 S.) Kiel 877. Haeseler in Comm. n. — 60

Rehder, Frz., eine moderne Brunnenkur. Lustspiel in 1 Akt 2. umgearb. Aufl. 8. (38 S.) Garding 881, Lühr und Dircks.

Rehder, Frz. Frie'n od. Soldat ward'n', i Sammlung platt deutscher Dichtungen.

— twee Lustspeeln. De forsche Peter od. Wort mutt man hol'n. Lustspeel in een Optog. Um so'n ol' Petroleum-lamp. En lütt Lebensbild in een Optog. 8. (54 S.) Kiel 878. Lipsius & Tischer. n. 1. —

— se wull'n ehr'n Nachtwächter nich begraben. Lebensbild in een Optog. 8. (37 S.) Garding 881. Lühr & Dircks. n. — 75

Se wull'n ehr'n Nachtwächter nich begraben. Lebensbild in 1 Optog von Franz **Rehder** 2 Oplag Garding H. Lühr & Dircks [um 1907]. (37 S.) 8° [F.] [08 6059

**Rehder**, Frz., se wull'n ehr'n Nachtwächter nich begraben. Lebensbild in 1 Optog. 2. Oplag. (37 S.) 8. Garding (908). H. Lühr & Dircks. 1. —

**Rehder**, Hans, approb Arzt aus Lübeck Aus d. Universitäts-Augenklinik in Rostock Beitrag zur Kenntnis der besonderen Augensymptome bei Tumoren des Stirnhirns und zur Beeinflussung der Stauungspapille durch die Lumbalpunction *Erfurt 1901: F. Bartholomäus.* (42 S.) 8°
Rostock, Med Diss v [5 Juli] 1901

**Rehder**, Peter

Rehder P. Der Bau des Elbe Trave-Kanals Vortrag Berlin, 1899 9 S mit 1 Taf

Der Elbe Trave Kanal Zur Eröffnungsfeier am 16 Juni 1900 (Verf Wasserbaudirektor [Peter] Rehder.) (Mit Taf u Karten) *Lübeck (1900) Gebr. Borchers* (18 S.) 8° [00 12433

**Rehder**, Paul Thiem-
s. Thiem-Rehder A 12 9765

**v. Rehdiger**, Karl, († 1796.), s. Statthalter, der.

Rehe, C., s. Rehe, Karl

Rehe, Emil Dinitrochlortoluol und Derivate desselben (Basel) Köln, 1891

**Rehe**, J. G., (Schneider-Meister,) († ...) prakt. Anweis., auch ohne Kenntniß d. Mathematik Kleider nach d. Maaße zeichnen u. zuschneiden zu können. Mit 1 Kpft. 8. Leipz. 822. Verfass. (Hinrichs). 2 ₰

Rehe, Karl

**Rehe, Carl**, Dipl. Ing., Kgl. Gewerbe-Referendar: Die deutsche Schuhgroßindustrie. Jena: Fischer 1908. VIII, 28 S. 8°
¶ (Ersch. vollst. als: Abhandlungen d. Staatswiss. Seminars zu Jena. Bd 7, H 2.)
Jena, Phil. Diss. v. 17. Nov 1908, Ref. Pierstorff
[Geb 25. Juni 81 Nordhausen a. H., Wohnort Erfurt Staatsangeh Preußen, Vorbildung Gymn. Erfurt Reife O. 99, Studium Hannover Techn. Hochsch 8, Berlin 1, Jena 2 S., Rig 25 Juli 08.] [U 09. 2216

**Rehe**, Carl, die deutsche Schuhgrossindustrie, s. a. Abhandlungen des staatswissenschaftlichen Seminars zu Jena. VII, 2.

Die deutsche Schuhgroßindustrie Von Dipl Ing Dr phil Carl **Rehe**, Gewerbe Ref Jena G Fischer 1908 (VIII, 110 S.) 8°
= **Abhandlungen** d staatswiss Seminars zu Jena. Bd 7, H 2 [08 18043

Ultramontanismus und deutsches Geistesleben von Rechtsanw [Karl] **Rehe** u. Oberl Dr [Wilhelm] Boss. Referate erstattet auf 1 Vertreterversamml d. Reichsverbandes d. Vereine d nationallib Jugend in Stuttgart 1905. Köln Ver d. nationallib Jugend 1905. (48 S.) 8° [Umschlagt F]
= **Schriften** Jungliberale H 6 [07 13505 2

**Re-Heiligtum, das, des Königs Ne-Woser-Re** (Rathures). Hrsg. von Frdr. Wilh. v. Bissing. (1. Bd. VII, 89 S. m. 62 Abbildgn. u. 6 [1 farb.] Taf) Fol. Berlin 905. A. Duncker. Kart Subskr.-Pr., f. vollst n.n. 100. —

(B) **Re-Heiligtum**, das, des Königs Ne-Woser-Re (Rathures) 905. (KBl. 34.) Jetzt: Leipzig, J. C. Hinrichs' Verlag.

**Rehekampff**, Axel von, aus Arensburg Die wirtschaftlichen Verhältnisse des baltischen Inselbezirks. *Jena: H. Costenoble 1901.* (48 S.) 8°
Jena, Phil Diss. v (13. Juli) 1901

**Reher**, Aug., Titel-Verzeichnis der neuen erzählenden u. volkstümlich-wissenschaftlichen Werke in deutscher Sprache, nach den Schlagwörtern alphabetisch geordnet. Ein Handbuch für Leihbibliothekare, Sortimenter u. Antiquare, sowie für Schriftsteller u. Bücherfreunde. 11 Lfgn. gr. 8. (IV, 494 S.) Altona 887. Reher. 8. 25

— dasselbe. 2 Aufl. 2 Halbbde. gr. 8. (IV, 497, 13 S.) [Ebd. 888.] Hannover, Cruse's Buchh. [9. —] 4. 50

— dasselbe. 1888. II. Quartal. [13 Nrn.] (¼ Bog.) gr. 8. Altona, Reher. n. 1. 60
Es erschienen nur 6 Nrn.

Greifenfeld oder Christian V. und sein Kanzler. Schauspiel aus der dänischen Geschichte in vier Aufzügen von August Christian [Reher Altona 1888. 8°
[illegible]

Drei Jahre 1848 — 1849 — 1850. Ein Festspiel in 7 Bildern [illegible] Waffenbrüdern gewidmet August Christian [Reher]. 2 Aufl. Altona 1888. 8°

**Reher**, A. C., 142 humoristische und ernste Solo Polterabend-Vorträge, s. Albers, J. H.

Reher Ludwig [aus Segeberg] Ueber Aethylderivate des Chinolins. Ein Beitrag zur Kenntniss der Chinolinbasen Kiel, Druck v Schmidt & Klaunig, 1887, 30 S + 2 Bl 8°
Kiel Phil Fak, Inaug Diss. v 1. Juli 1887

Reher, Ludw., über Aethylderivate des Chinolins. Ein Beitrag zur Kenntniss der Chinolinbasen. Inaugural-Dissertation. gr. 8. (30 S.) Kiel 887, (Lipsius und Tischer.) *

**Rehfeld**, ..., Samml. von Pflanzen-Abbildb., nach d. Natur gezeichnet u. ausgemalt, nebst einigen Anfangsgründen zur Pflanzenzeichnung. 18 Bl. in 4. Bern, Burgdorfer. 21 gr illum. 1 ₰ 4 gr

**Rehfeld, Adolph Wilhelm Magnus** (Prenzlau/Uckermark). De morbo maculoso haemorrhagio Werlhofii adjecta morbi historia. Diss. med. Berlin (Nietack) 18. VII. 1838. 37 S u Biogr. (M.: C. Gombert.) (3.25) 27896
Oppon.: R. Gehring, E. Everth, H. Langheinrich. — Gew.: Wilhelm Rehfeld (Vater)

Rehfeld, Camille, s. R e h f e l d , Kamille

Rehfeld, Carl Friedrich, s. R e h f e l d , Karl Friedrich

**Rehfeld**, E. : Die Derivationscurve der Cycloide. 1884. 8.
Diss., Marburg

**Rehfeld, Eberhard**: Zeichenunterricht und Naturkunde. Stettin 1909: (Herrcke & Lebeling). S. 71—74. 4°
Stettin, Stadt-G OP 1909 (207) [S 09. 378

— **Eduard Ludwig** (Posen), De gastro- et enteromalacia infantum, adiecta morbi historia. Diss. med. Berlin (Friedlaender) 30. III. 1837. 32 S. mit Biogr. (M.: E. Jankowska.) (3.25) 27898
Oppon.: K. Helmuth, F. Protz, T. Loeffler.

Rehfeld, [Emil]: [Bericht über seine Einführung als Direktor der Anstalt.] S. 29—33. 4.
Progr. Städt. Realgymn. mit Realschule *Witten* 1910 (509).

**Rehfeld,** *Emil* [Dr.]: Trianguläre Koordinaten in Anwendung auf den Raum. Elberfeld, gedr. bei S. Lucas, *1895*; 66 S., 1 Bl., 1 kl. Bl., 2 Taf. 8.
Elberfeld, RG, OP 1895 (489)

**Rehfeld,** Emil, Leitfaden f. die propädeutischen Kurse in Stereometrie u. Trigonometrie an Realschulen. gr. 8. (VIII, 88 S. m. 61 Fig.) Berlin 902. Reuther & Reichard. n. 1. 20; geb. n. 1. 60

Catalog der Bibliothek der St. Johannis-Freimaurer-Loge zum Tempel der Eintracht im Or. Posen. [Zsgest. von Ernst **Rehfeld.**] Posen 1874: Neumeyer. 37 S. 8° [Umschlagtit.]
Nachträge f. d. J. 1874—1887 in: Mitglied.-Verzeichn. d. L. Z. Tempel d. Eintracht, Posen 1874/75 S. 30; 1875/76 S. 32; 1876/77 S. 32; 1877/78 S. 29; 1878/79 S. 29—30; 1879/80 S. 29; 1880/81 S. 29; 1881/82 S. 29; 1882/83 S. 29; 1883/84 S. 29—30; 1884/85 S. 29—30; 1885/86 S. 29—30; 1886/87 S. 29; 1887/88 S. 29; 1888/89 S. 29; 1889/90 S. 29; 1893/91 S. 29; 1894/95 S. 29; 1895/96 S. 29; 1896/97 S. 29—30.

**Rehfeld, F.**, s.: Sang u. Klang im XIX. Jahrh.

Rehfeld, Fr., s. R e h f e l d , Kornelius Fr.

**Rehfeld, J.**, siehe: **Erde, die.**

— **(Rehefeld), Jo. Georg Dieter** (Luckau/Lausitz), De scandalo dato atque acceptoad locos Matth. XIIX. 1—11, et IX, 1—8. Diss. theol. Präs. Christ. Sigismund Georg. Wittenberg (Tzschidrich) Juni 1755. 34 S. (4.25) 27900

— **Joh. Dan. Balth.** (Schlesien), De antiquissimo codice chronici Mariani Scotti Gemblacensi, exemploque illius Schottiano ad edendum parato. Diss. histor.-critica. Präs. Carl Renatus Hausen. Frankfurt/Oder) (Winter) 5.X. 1782. 15 S. (—.—) 27899
Gew.: Elias Balthasar Giesel.

Rehfeld, Kamille

**Rehfeld,** Camille, a. Straßburg: Ueber Klassenbildung und Klassenzahl in algebraischen Funktionenkörpern. Straßburg i. E. 1906: C. Müh. (52 S.) 8°
Straßburg, Math.-naturwiss. Fak., Ref. Wellstein, Diss. v. 1900
[Geb. 30. Juni 84 Bischheim i. Els.; Wohnort: Bischheim; Staatsangeh.: Elsaß-Lothringen; Vorbildung: Lyzeum Straßburg Reife S. 02; Studium: Straßburg 3, München 1, Straßburg 4 S.]

Rehfeld, Karl Friedrich

— **Carl Friedrich** (Greifswald), Ad diss. inaug. potissima summa genera morborum simplicium qui fluida corporis humani afficiunt demonstrata proponentem quam candidatus Timotheus Ch. Wilhelm Overkamp invitat insimulque de partibus constituentibus humorum nostrorum disserit. Greifswald (Rösen) Mai 1766. 16 S. mit Biogr. v. Overkamp (M.: H. U. Lütkemann.) (3.75) 27897

Rehfeld, Kornelius Fr.

**Rehfeld,** Fr., resp. Sam. Guil. **Rehfeld,** An vis irritabilis fibrarum muscularium innata ipsis inhaereat, an aliunde ad eas accedat. Gryph. 4°. *Haller*, Bibl. anat, II, 628. 1770

**Rehfeldus,** Cor. Fr., resp. filio, Diss. an vis fibrarum muscularium innata in eis inhaereat, an aliunde ad eas accedat. Gryph. 4°.
1771

**Rehfeld,** Philipp [app. Arzt aus Annahof bei Seelow '(Prov. Brandenb.)']: Über die Bestimmung der Residualluft ... Würzburg, J. M. Richter's Buch- u. Kunstdr., 1893; 20 S. 8.
Würzburg, Med. Fak., Inaug.-Diss. v. 1893

**Rehfeld,** Pr. de irritabilitate excedente morborum ac praematurae mortis causa. Gryph. 4°.
1768

*Rehfeld*, W. M., descriptio et cognitio singul. periodicae insaniae melancholicae generis. 4. Götting. 809. Brose. 4 gr

**Rehfeldt,** Aug., Anton Bartels oder: Die betrogene Einfalt. Eine Erzählung für das Volk. Berlin 852. Verlhdlg. des Volksschriften-Vereins. (J. Springer.) 8. (200 S.) n. 10 ngr.
Vgl.: Haus- und Familienschatz, neuer.

**Rehfeldt, Aug.**, die Schneiderwerkstatt, s. Aehrenlese auf dem Felde der Romantik.

**Rehfeldt,** Fel., s.: Yachtbau u. Yachtsegeln.

**Rehfeldt, G.**, Kascha. Roman in 2 Bdn. 8. (à 168 S.) Mannheim (900). J. Bensheimer's Verl. n. 4. 50

**Rehfeldt, G.**, die Kunst das Schnell- u. Schönschreiben in nur 20 Stunden zu erlernen, für den Schul- u. Selbstunterricht, ebenso als ein nützlicher u. praktischer Leitfaden für Familien-Väter u. Mütter in Kürze bearb. 2., gänzlich umgearb. u. verb. Aufl. Mit 16 lith. Taf. Magdeburg 864. (Baensch.) 4. (22 S.) n. 22½ ngr.

**Rehfeldt, G.**, die Kunst das Schnell- u. Schönschreiben in nur 20 Stunden zu erlernen, für den Schul- u. Selbstunterricht, ebenso als ein nützlicher u. praktischer Leitfaden für Familienväter u. Mütter in Kürze bearb. 3., gänzlich umgearb. u. verb. Aufl. Düsseldorf 866. Oberhausen, Spaarmann. qu. 4. (III, 20 S. mit 16 Steintaf. u. e. Anhang über den Schreib- u. Fingerkrampf.) n. 20 ngr.

**Rehfeldt**, G., die Kunst, das Schnell- u. Schönschreiben in nur 20 Stunden zu erlernen, für den Schul- u. Selbstunterricht. Zugleich ein nützlicher u. praktischer Leitfaden für Familien-Väter u. Mütter. In Kürze bearb. 3., gänzlich umgearb. u. verb. Aufl. Mit 16 lith. Taf. u. einem Anhang üb. den Schreib- u. Fingerkrampf. qu. 4. (20 S.) Oberhausen 882. Spaarmann. 1. 50

Rehfeldt, H und Heinrichsen, G. Lehrplan für den englischen und französischen Unterricht. Bremen, Debbe's R., 1881. 36 S. 4. Progr.

**Rehfeldt**, Hertha, Leitfaden f. den Unterricht an Koch- u. Haushaltungsschulen, s: Luneburg, G.

— **Johann Wilhelm** (Berlin), De jure creditoris literarum cambii cum vel sine clausula hypothecae in concursu. Diss. jur. Präs. Gebhard Christian Bastineller. Halle/Magdeburg (G. J. Lehmann) 26. IV. 1714. 48 S. (4.75) 27902
Widm. v.: Gebhard Christian Bastineller.

— — Dasselbe. Wittenberg (Hake) 26. IV. 1714. 1746. 46 S. (4.75) 27903

**Rehfeldt**, Jul., die Schinkenkur od. Jambons Leben u. Thaten. Ein Gemälde aus der Vorzeit u. Gegenwart in 2 Abthlgn. (Lustspiel.) 8. (90 S.) Oldenburg 848, Stalling in Comm. (Aurich, Prätorius & Seyde.) 1/4 ℔

**Rehfisch**, Aron [aus Kempen (Posen)] Ueber die Fortdauer der Entzündung bei acuter fibrinöser Pneumonie nach erfolgter Krisis. Würzburg, Druck d. Bonitas-Bauer'schen Buchdr., 1887, 36 S. 8°.
Würzburg, Med. Fak., Inaug. Diss. v. 1887.

Rehfisch, Aron, über die Fortdauer der Entzündung bei acuter fibrinöser Pneumonie nach erfolgter Krisis. Diss. Würzburg 1887, Stabelsche Univ.-Buchh. 8°. 36 S.

**Rehfisch, Eug.**, die experimentellen Grundlagen des Elektrokardiogramms. Vortrag, geh. im Verein für innere Medizin zu Berlin am 21. II. 1910. (27 S. m. Fig.) gr. 8. Leipzig 910. G. Thieme. — 80
Sonderabdruck aus „Deut. med. Wochenschr.“

**Rehfisch, E.**, Seelenthätigkeit und Seelenstörung. Eine physiolog. Darstellung der Gehirnfunktionen für Aerzte u. Laien. 2. Aufl. der Schrift: „Sinneswahrnehmung u. Sinnestäuschung“. gr. 8. (63 S.) Berlin 890. Steinitz' Verl. n. 1. 50

**Rehfisch, Eug.**, der Selbstmord. Eine krit. Studie, nebst e. Vorworte v. Mendel. gr. 8. (167 S.) Berlin 893. Fischer's medicin. Buchh. n. 3. —

— Sinneswahrnehmung u. Sinnestäuschung. Eine Studie f. Laien. gr. 8. (63 S.) Berlin 889. Fried & Co. n. 1. 50

**Rehfisch**, Eug., wie hüten wir uns vor Herzerkrankungen? (20 S. m. Abb.) 8. Berlin 910. Buchh. Vorwärts. — 50

**Rehfous, L.**, Dr. en droit. Le contrat d'assurance en cas de décès. In-8°, 164 p. Genève et Bâle, H. Georg. 1887 3 —

Rehfus, Karl

**Rehfus**, Carl, s. a. Oberländer.

[F.] Die Dressur und Führung des Gebrauchshundes. Von Oberländer [d. i. Carl **Rehfus**] *Neudamm J Neumann 1895.* (3 Bl., 338 S.) 1 Bd 8.
(J. Neumanns Forst- u. Jagdwissenschaftl. Büchersammlg.) [97. 5091

[F.] Die Dressur und Führung des Gebrauchshundes. Von **Oberländer** 2., verm. u. verb. Aufl. *Neudamm: J Neumann 1896.* (4 Bl., 363 S., 1 Portr.) 1 Bd 8.
(J. Neumanns Forst- u. Jagdwissenschaftliche Büchersammlg.) [96. 4480

[F.] Die Dressur und Führung des Gebrauchshundes. Von Oberländer [d. i. Carl **Rehfus**] 3. verm. u. verb. Aufl. *Neudamm: J Neumann 1897* (4 Bl., 396 S., 1 Portr.) 1 Bd 8.
(J. Neumanns Forst- u. Jagdwissenschaftl. Büchersammlg.) [97. 5093

Die Dressur und Führung des Gebrauchshundes. Von Oberländer [d. i. Karl **Rehfus**]. 4. verm. u. verb. Aufl. *Neudamm: J. Neumann 1899.* (421 S.) 8° [F.] [01. 9807

Die Dressur und Führung des Gebrauchshundes. Von **Oberländer** [d. i. Karl Rehfus]. 5., verm. u. verb. Aufl. mit vielen Abb. *Neudamm: J. Neumann 1904.* (VIII, 444 S.) 8° [F.] [04. 6630

Die Dressur und Führung des Gebrauchshundes. Von **Oberländer** ⟨[Karl] Rehfus-Oberländer⟩. 6 verm. u. verb. Aufl. mit vielen Abb. Neudamm J Neumann 1907 (VIII, 416 S.) 8° [F.] [08. 11876

Durch norwegische Jagdgründe. Jagd- und Reisebilder aus d. hohen Norden. Von Oberländer [d. i. Karl **Rehfus**], Verf. d. Werke 'Die Dressur u. Führung d. Gebrauchshundes'. . M. 68 Abb. nach Originalzeichn. v. Jagdmaler C. Schulze u. photogr. Aufnahmen. *Neudamm J. Neumann 1899* (190 S.) 8° [F.] [99. 8889

Der Lehrprinz. Ein Führer f. angehende Jäger mit bes. Berücks. d. Interessen d. Revierinhabers u. Jagdverwalters. Von Oberländer [d. i. Karl **Rehfus**]. Mit 212 Abb. *Neudamm: J. Neumann [1900]* (X, 528 S.) 8° [F.] [01. 9808

**Rehfus, Wilhelm:** Schraubengetriebe mit selbsttätiger Druckregulierung. Berlin: Dietze 1910. 74 S. 4° ¶ Aus: Dinglers Polytechn. Journal. Jg. 91. Bd 325.
Karlsruhe, Dr.-Ing.-Diss. v. 13. 12. 1907

**Rehfus**-Oberländer
s. **Rehfus**, Karl. [10. 9079

Rehfues, Ph Jak., s. Rehfues, Philipp Joseph von

Rehfues, Philipp Joseph von

**Rehfues**, P. J., s. Alfieri, Trauerspiele.

**Rehfues**, Ph. Jak., Antwort eines Rhein-Preußen auf J. von Voß Sendschreiben e. Brandenburgers an d. Bewohner Rhein-Preußens, bei Gelegenheit der S. D. dem Fürsten-Staatskanzler übergeb. Adresse. gr. 8. Bonn 818. Marcus. 9 gr

(Rehfues, Phil. Jos. v.,) die Belagerung d. Castells v. Gozzo etc., s. Belagerung, die.

— Beschreib. s. im J. 1808 üb. Tyrol, Oberitalien, die Schweiz u. Frankreich gemachten Reise. gr. 12. Frankf. a. M. 812. Varrentrapp.

**Rehfues**, Ph. Jak., die Brautfahrt in Spanien, frei nach Lautier bearb. 2 Thle. 8. Berl. 811. (Dümmler). 2 ℔

— Briefe aus Italien während d. Jahre 1801—5. 4 Bde. 8. Zürich 809, 10. Geßner. 6 ℔ 6 gr

(——) Scipio Cicala, s. Scipio.

Rehfues, P. J. v., Scipio Cicala, s.: Universal-Bibliothek.

— s. Denkwürdigkeiten d. Hauptmanns Bernal Diaz del Castillo.

v. Rehfues, Ph. Jos., Entwurf einer allgemeinen Instruction für die Preußischen Gesandten. gr. 8. Stuttg. 845, Cast. 1 ₰

— Gemälde von Neapel. 3 Bdchen. Mit 1 ill. Kpf. 8. Zürich 808. Geßner. 2 ₰ 18 gr

v. Rehfues, Ph. J., Geschichte der Entdeckung und Eroberung von Neu-Spanien, s. Denkwürdigkeiten des Hauptmanns Bernal Diaz del Castillo.

Rehfues, Phpp. Jos. v., Marienburg, m. e. Vorspiel, Die Schlacht bei Tannenberg, bearb. von L. Passarge, s.a. Bibliothek der Gesamtlitteratur.

Marienburg. Schauspiel in 5 Aufz. mit e. Vorspiel. Die Schlacht bei Tannenberg. Nach Philipp Joseph v. Rehfues bearb. von L[ouis] Passarge. Mit e. Vorbemerkung d. Bearb. u. d. Bilde d. Verf. *Halle a. S.: O. Hendel (1901).* (87 S.) 8° [F.]
(Bibliothek d. Gesamtlitteratur d. In- u. Auslandes. No 1480.)

(Rehfues, Phil. Jos. v.), die neue Medea, s. Medea.

Rehfues, Ph. J., s. Orden, der deutsche.

**ORIFLAMME** (Ori[-Auri]flamme, die altfranzös. feuerrothe Reichs- od. Kriegsfahne in d. Abtei zu S. Denis aufbewahrt), oder der Pariser Enthusiasmus unter Napoleon dem Großen, Kaiser der Franzosen, eine Sammlung merkwürdiger, vor der Aufführung dieser Oper in Paris gewechselter Briefe; als ein Beytrag zu der französischen Kunst, das Volk gegen sein eignes Herz u. seinen Verstand zu bearbeiten. (Vf.: *Phil. Jos. v. Rehfues.*) Nancy (Brockhaus in Amsterdam) 1814. 8°.
Selten! VI S., 1 weißes Bl., 80 S. Briefwechsel der Herren Etienne u. Baour-Lormian (Dichter der Oper), des Herzogs v. Rovigo (Savary, Polizeiminister), eines Hrn. v. Remusat u. verschiedener Balletttänzerinnen. In der Vorrede S. V heißt es „Ueber die, in diesen Briefen herrschende Sittenlosigkeit (NB! der Theaterdamen) dürfte sich Mancher wundern, der Paris nicht selbst gesehen hat etc."
Anon.-Lex. III p. 242 (nach Kayser, Meusel u. dem Neuen Nekrolog).

— üb. d. jüngern Philostratus u. seine Gemäldebeschreibung. 8. Tübing. 800. (Osiander). 6 gr

— Plato in Italien, s. Plato.

— Proconsulate der neuern Zeit. gr. 8. Ebend. 845. 1 ₰

Rehfues, P. J., Rede an das deutsche Volk. 1ste Rede. 2te Aufl. 8. Nürnb. Riegel u. W. (in Comm.) 814.

— 2te Rede. 8. Ebend. (in Comm.) 814.

— Reden an das deutsche Volk. 1e Rede. 1813 2e A. 8. Nürnb. 814. (Riegel u. W.) 8 gr 2e Rede. 8. Ebd. 814. 8 gr

— Spanien nach eigner Ansicht im J. 1808 bis auf die neueste Zeit. 4 Bde. 8. Frkf. a. M. 813. Varrentrapp. 6 ₰ 16 gr Velinp. 10 ₰ 14 gr

— Tagebuch eines deutschen Offiziers üb. seinen Feldzug in Spanien im J. 1808. 8. Nürnb. Riegel u. W. (in Comm.) 814. 300 S

Rehfues, (P. J. u. J. S.,) Tscharner, Italien. 11 Stücke, s. Italien.

**Rehfues, Ph. J.** s.a.: Zunftwesen (Ueber das) Beherzigungen etc.

— — über das Zunftwesen; Beherzigungen für die Wiederherstellung der Zünfte, mit einem Anhang, die Grundlinien zu Einrichtung von Handwerksschulen enthaltend. gr. 8 Ebend. 818.

— neuester Zustand d. Insel Sicilien. 1r Thl. gr. 8. Tübing. 807. v. Cotta. 1 ₰ 12 gr

Rehfuß, Carl, s.a. Oberländer.

Rehfuß, Carl, vollständ. Andachts-Buch, z. Gebr. b. Krankheitsfällen 2c., s. Andachtsbuch.

—— Anleitung zum zweckmäß. Gebr. des ארשת שפתים od. d. Leslehre. 8. (5½ B.) Frankfurt a. M. 832, Andreä.

Rehfuß, Karl, Aufgabenbuch, enthaltend: Uebungen, das Hebräische in sehr kurzer Zeit richtig u. geläufig lesen zu lernen; Wörter zum Auswendiglernen, zugleich als erklär. Wörterbuch für die folgenden Uebersetzungsaufgaben geordnet. Aufgaben (aus lauter Bibelstellen zusammengetragen), welche zum Uebersetzen aus dem Hebräischen ins Deutsche und umgekehrt anleiten. gr. 8. Frankfurt a/M. 841, Andreäische Buchh. 5/6 ₰

Rehfuß, C., אמרי אמת, oder Worte der Wahrheit, gelehrt bei einer öffentl. Religionsprüfung (בר מצוה) am Sabbath לך לך 5591 (30. Octbr. 1830.) in der Synagoge zu Heidelberg, nach dem Ablesen der Thora. gr. 8. Heidelb. 830. (Winter). 6 gr

—— ארשת שפתים oder Leslehre d. hebr. Sprache nach d. Lautmethode. gr. 8. (1¼ B. u. Ttlvign.) Frankfurt a. M. 833, Andreä.

—— drei Lesetafeln ארשת שפתים od. Leslehre d. hebr. Sprache nach d. Lautmethode. (2 Lese- u. 1 Bilder-Tab. gr. Fol.) Frankfurt a. M. 833, Andreä.

— לְשׁוֹן יְהוּדִית oder vollständige jüdisch-deutsche Fibel, nebst einer Auswahl von biblischen Stellen, als eine vorbereit. Lehre für den künftigen Religionsunterricht, und Sätze verschiedenen Inhalts: Einkleidungen verschied., aus dem gewöhnl. jüdischen Gebetbuche genomm. Gebete, und ein kurzer Unterricht über die Einrichtung des jüd. Kalenders. gr. 8. Ebd. 833. ¼ ₰

Rehfuß, C., סֵפֶר הַחַיִּים od. Andachtsbuch bei Krankheitsfällen, im Sterbehaus u. auf d. Friedhofe zum zweckmäß. Gebr. umgearb. u. geord., den hebr. Text bericht. u. erklärt. Frei ins Deutsche übers. u. mit vielen deutschen Gebeten verm. 8. ... Frankfurt a. M. 834, Andreä.

Rehfuß, C., Welche Gesinnungen u. Gefühle soll, nach der Lehre der heil. Schrift, der Tag des Gedächtnisses bei uns erwecken? Predigt. gr. 8. Heidelberg 839. Groos. n. 1/6 ₰

**Rehfuess,** L., un dimanche bien employé. Wildbad 859. (Frankfurt a. M., Völcker.) 16. (15 S.) 1½ ngr.

— des Kindes Freund u. Führer. Eine Auswahl von Erzählungen u. Gedichten für die liebe Jugend. Ebend. 859. 16. (24 S.) 1½ ngr.

**REHHAHN.** — Der werthgeschätzte und muntere Liedersänger Rehhahn in Dresden, welcher am 27 März 1831, seines Alters 52 Jahre, sanft im Herrn entschlafen. Mit 1 Abbildg. Anno 1831 Dresden. 4°. (2 Mk. Rich. Bertling, Dresden, 1893.)

**Rehhahn**, Friedrich Wilhelm, s. Rehhahn, Wilhelm

**Rehhahn**, J.

— — Hans Görgens von Klotzsche Besuch des grössten Theils der Dresdener Sommertaborgien(!). Lokalscherz in Bauernmundart. (Dresden, c. 1830?) 8⁰.

— — Dampfwagen der Liebe, Der, für Junggesellen und Jungfern, die sich in den Ehestand begeben wollen, oder die Kunst Liebes-Briefe zu schreiben. Dresden, o. J. 8⁰. (1 Mk. 50 Pfg. Paul Neubner, 1892.)

— — Einquartierung, Die höchst sonderbare, oder Charles Erman, eines armen Soldaten Sohns Lebensbeschreibung. Dresden, o. J. 8⁰. (1 Mk. P. Neubner, 1892.)

**REHHAHN**, J. (bekanntes Dresdener Original) Kunibert v. Eulenhorst oder der geschundene Raubritter. Dresden 1844. 16⁰. (1 Mk. 50 Pfg., Bernh. Liebisch, Dresden, 1909.)

— — Gebote, Die zehn, des Ehestandes, mit erbaulichen Versen. (Dresden, c. 1828.) 8⁰.

— — Geheimniss, Wundervolles, nämlich die Taufnamen einer Person zu wissen. Aus d. Laterna Magica. Dresden, o. J. 8⁰. (1 Mk. P. Neubner, 1892.)

Guckkasten, Der, auf Jahrmärkten und Vogelwiesen, mit vielen Sehenswürdigkeiten, nebst Schnurren und Schwänke von Berliner Redensarten (von *Rehhahn*). (Dresden, c. 1828.) 8⁰. (1 Mk. 50 Pfg. P. Neubner, 1892.)

— Guckkästner, Der Berliner, will die Schandauer Muhme auf der Vogelwiese besuchen. Für lachlustige Leute. (Vf. *Rehhahn.*) (Dresden, c. 1830.) 8⁰.

— — Jahrhundert, Das merkwürdige, oder das wunderwürdige Jahr 1830. 8⁰.

— — Jahrmarktsschriften, 17 Hefte, mitunter ziemlich derben Inhalts. Dresden, c. 1828—30. 8⁰. (20 Mk. Scheible, Cat. 194 (vor 1900). Nr. 1104.)
Vieles in Versen. — Grässe sagt in seinem „Trésor de livres rares et curieux" anlässlich der Schriften Bluet d'Arbères, Comte de Permission: Il vit encore à Dresde un pareil original nommé Rehhahn, (sur les titres de ses écrits il ne se nomme pas, mais il laisse deviner son nom par un rébus, c' est à dire un chevreuil à côté d'un coq), qui se nourrit en disant l'aventure et en vendant aux foires et fêtes publiques de petits livrets comiques, tirés sur très mauvais papier et ornés de méchantes gravures en bois. Ces facéties qui, comme celles de Bluet d'Arbères, contiennent des détails curieux relatifs aux usages de l'époque et ces fatras seront dans une vingtaine d'années d'une rareté excessive et on les recherchera aussi vivement que les extravagances de Bluet d'Arbères."

— — Laterna Magica, Neue, Ein kurzweiliges Frag- u. Antwortspiel. (Dresden.) 8⁰. (1 Mk. 50 Pfg. Paul Neubner, 1892.)

— — Leiden und Freuden eines Bauernmädchens auf dem Dresdener Jahrmarkte; für Liebende. (Dresden, c. 1830?) 8⁰.

— — Nachtwächter, Der, im Tode und auch im Leben. Ein neues Spiel, nach dem Abendessen zu singen. (Dresden, c. 1830?) 8⁰.

— — Spiegel für Verheirathete u. Ehestandslustige, oder Schattenseiten des ehelichen Lebens. Ebd., o. J. 8⁰.
Seltene Jahrmarkts-Schrift. — R. Zinke's Dresdner Novbr.-Auct. 1905, no. 1935.

— — Unterricht, Nützlicher, wie sich junge Eheleute gegenseitig bedienen sollen. Zubereitung einer kräftigen Brautsuppe. Berechnung wie viel eine Frau jährlich kostet. Wahrheit, Scherz und Ernst oder Erkenntniss der keuschen Junggesellen und Jungfern. (Dresden, c. 1830?) 8⁰.

Variationen über das Thema: „Leute gebt's Geld her!" oder alle vier Viertel auf der Vogelwiese: Essen, Trinken, Schlafen, Lieben (von *Rehhahn*). (Dresden, c. 1830.) 8⁰.

— — Die bösen Weiber. Zur Erweckung des edlen Gefühls für Eheleute. Von Freund *Rehhan* in Druck gegeben. Lithographie „Streit um die Hosen". Das Mittelbild umgeben 44 kleine Bildchen mit nebenstehenden 4zeil. humor. Verschen. O. O. u. J. (c. 1830). 30—40 cm. Sehr selten! (6 Mk. 50 Pfg. F. Waldau, Fürstenwalde, 1910.)

**Rehhahn, Wilhelm**

**Rehhahn,** (Frid.) Guil. (geb. Trebitz in d. Prov. Sachs. 6. 9. 1826): De phlebectasiis earumque curatione operativa. Berolini (1852). (28 S.) 8⁰
Berlin, Med. Diss. v. 21. Juni 1852

Rehhof [Schlagwort]

**Rehhof,** s.: Preussen. Messtischblätter.

**Rehhoff**, Seemannsbüchlein. 2. Aufl. Hamburg 857. Agentur des Rauhen Hauses. 16. (2 Bl., 108 S.) n. 6 ngr

REHHOFF, J[OH.] A[NDR.], Homiletisches Magazin über die epistolischen Texte des ganzen Jahres. 1—2. Th. Hamburg. 1833—44. (U. B.).

Rehhoff, J. A., homilet. Magazin üb. d. epistol. Texte d. ganzen Jahres. 2 Thle. gr. 8. Hamburg, Fr. Perthes. Thlr.
Thl. 1. Vom 1. Adventsonntage b. Ostern. (21 B.) 833. 1 Thlr.
„ 2. Vom Sonnt. Quasimodogeniti b. z. 27. Sonntage nach Trinitatis. (32 B.) 834. 1 Thlr. 12 Gr.
Bildet die Forts. v. H. L. A. Wenk „homilet. Magazin," vgl. dieses.

Rehhoff, Johs. Andr., Predigt am Dank- und Friedensfeste, den 22. März 1871, gehalten und auf Verlangen zum Druck überlassen. gr. 8. (14 S.) Hamburg 871, Nolte. *

Rehhoff, Johs. Andr., Predigt über Römer 7, 18—25, gehalten am 17. Sonntage nach Trinitatis den 8. Octbr. 1876, bei der Feier seiner 25jähr. Amtsführung als Hauptpastor zu St. Michaelis und der 50jähr. als Diener des göttl. Wortes. gr. 8. (16 S.) Hamburg 876, Nolte. *

**Rehhoff**, Predigt am 18. Sonntage nach Trin. den 19. Octbr. 1862 am Tage der ersten Säcularfeier der St. Michaelis-Kirche gehalten. Anh.: Ordnung des Hauptgottesdienstes an diesem Tage. Hamburg, Nolte. gr. 8. (16 S.) n. 2 ngr

**Rehhoff, J. A.**, achtzehn Predigten. Zehn über das Vater Unser u. acht über das Gleichniß vom verlorenen Sohne. gr. 8. (VIII u. 215 S.) Kiel 850. (Schröder & Co.) n. 1 ₰

Rehhoff, Joh. Jac. Auf Hollnis, den 1. Juni 1786, stille Stunden m. Jesu. qu. 16. (255 S.) Breklum 891, (Christl. Buchh.). * — 80
geb. * 1 20

**Rehker,** Heinrich, Cand. phil. a. Westerwiehe: Die landesherrlichen Verwaltungsbehörden im Bistum Osnabrück vom Regierungsantritte Johanns IV. von Hoya bis zum Tode Franz Wilhelms ⟨1553—1661⟩. Osnabrück 1905: J. G. Kisling. (92 S.) 8° ¶(Ersch. in: Mitteilungen des hist. Vereins zu Osnabrück Bd 30.)

Münster, Phil. Fak., Ref. Meister, Diss. v. 3. Juni 1905

[Geb. 28. Aug. 78 Westerwiehe, Prov. Westfalen; Wohnort: Münster i. W.; Staatsangeh.: Preußen; Vorbildung: Gymn. Warendorf Reife O. 01; Studium: Münster 6 S.; Rig. 4. März 05.]

Rehkopf, Carl Wilhelm, s. Rehkopf, Karl Wilhelm

**Rehkopf, Hnr. Wohlfarth,** († d. 11. Juli 1814.) Auswahl von Entwurfen zu öffentl. Religionsvorträgen, s. Auswahl.

Rehkopf, (H. W.,) Auswahl von Entwürfen z. öffentl. Religionsvorträgen. gr. 8. Elberfeld, Schönian.

Rehkopf, H. W., Auswahl von Entwürfen zu öffentl. Religionsvorträgen. gr. 8. Ist Verl. v. Büschler in Elberf.

— s. Entwürfe zu Religionsvorträgen.

— Predigtjournal f. Sachsen. 8 Jahrgge. gr. 8. Wittenb. 803—10. (Zimmermann). 23 Rthl. 12 gr.

— Zeitschrift f. Prediger, s. H. A. Schott.

Rehkopf, Johann Friedrich

**Rehkopf, Jh. Fr.,** († d. 15. März 1789.) Abzugspredigt, nebst letzter Anrede an seine akadem. Zuhörer. gr. 8. Helmst. 778. Kühnlin. 4 gr.

— — (Leipzig) u. **Johann Jakob Ebert** (Breslau), Animadversiones histor.-criticae ad vitas patriarcharum Alexandrinorum saeculi primi et secundi specimen tertium. Leipzig (Langenheim) 26. V. 1759. 39 S. (4.75) 27911
Gew.: Christian August Crusius.

— Anleit. zum richtigen Verstande u. erbaul. Anwendung der in Sachsen jährl. an Bußtagen zu erklärenden Bußtexte vom J. 1763 bis aufs J. 1765, (in 3 Abhandll.) 4. Leipz. 763—65.

Rehkopf, J. F., Michae et Matthaei in loco natali Messiae consensus. Helmst. 1772. 4.

— Grundriß einer Homiletik für seine Zuhörer. 8. Halle, Hemmerde. 774.

— Grundriß einer Homiletik für seine Zuhörer. 8. Halle 774. Schwetschke u. S. 5 gr.

Rehkopf, J. F., passionis Domini hist. harm. accuratius descripta. Helmst. 1772. 4.

— resurrectionis dominicae historia harmonica. 4. Helmst. 775.

— Lehrbuch d. christl. Moraltheologie. 8. Halle 775. Schwetschke u. S. 16 gr.

**Rehkopf,** J. F., Momentum doctrinae de angelis ad relig. christ. Helmst. 776. 4.

— de philosophiae cum linguarum studio coniungendae necessitate. 4. Leipz. 758.

— Predigt am Friedensdankfeste. gr. 8. Dresd. 779. Hilscher. 3 gr.

— Predigt vom Glauben an Christum, d. höchsten Weisheit d. Menschen. 8. Leipz. 770.

— Predigt am 200jähr. Stiftungstage d. Universität Helmstädt. 776. Fleckeisen. 2 gr.

— Predigten v. d. Beichte, v. Abendmahl ꝛc. gr. 8. Helmst. Kühnlin (Fleckeisen) 782.

— drei Predigten, von d. Beichte, von d. heil. Abendmahle u. von d. geistl. Genießung Christi. gr. 8. Helmst. 777. N. A. 782. Fleckeisen. 6 gr.

— Predigten u. Reden, nebst dessen Leben, von sm. Sohne herausgg. gr. 8. Helmst. 790. Fleckeisen. 18 gr.

— s. C. Reineccii, Janua hebraeae.

— specimen theologiae popularis in explicando loco de scriptura sacra. 4. Leipz. 772.

— Trauerrede bei dem Sarge d. fürstl. Braunschw.-Lüneburg. Hofraths, Hrn. C. J. L. Cellarius. gr. 4. Helmst. 776. Fleckeisen. 3 gr.

**Rehkopf, Johann Friedrich,** De trinitate disput. prima. Leipzig (Langenheim) 6. u. 7. VI. 1770. 56 S. (4.75) 27910
Gew.: Heinrich Bernhard von Schliestedt, Georg Septimus Andreas von Praun, Anton Ulrich von Voelcker, Albert Edmund Georg von Munchhausen.

— erklärende Umschreib. der harmon. Leidensgeschichte u. letzte Rede Jesu Christi. 8. Halle 773. Schwetschke u. S. 6 gr.

— vitae patriarcharum Alexandrinorum. Specim. I. II. III. Arabice et Latine, c. notis. 4. Leipz. 757—59. 9 gr.

— de Zwickaviensibus litterarum orientalium studio claris. 4. Zwickau 763.

Rehkopf, K. W., Auswahl v. Entwürfen z. öffentl. Religionsvortr. s. Auswahl.

— Entwürfe zu öffentl. Religionsvortr. 2 Abtheil. gr. 8. Wittenb. (Weigel, Lpz.) 804. (1e 12 gr. 2e 14 gr.)

— Predigtjournal f. Sachsen. 8 Jahrg. gr. 8. Wittenb. Zimmermann. 803—10.

Rehkopf, Karl Wilhelm

**KLEINTEUFEL,** oder der schöne Bereuter. (Frivoler Roman von *Karl Wilh. Rehkopf*). Frankfurt u. Leipzig (Weissenf., Severin) 1798. 8°.
270 SS. Sehr selten! — Am Ende steht: Ende des 1. (einz.) Th. (4 Mk. Lesser, Breslau 1875; jetzt theurer!) — S. auch Welt die heutige.

– s. a. Menschheit, die, im Negligee.

**MENSCHHEIT,** Die, im Negligée. Ein (liederlicher) Roman nach dem Leben (von *Karl Wilh. Rehkopf*). 2 Thle. Mit 1 Titelkpfr. u. 1 Titelvign. Leipzig, in der Sommerischen Buchhandlung. 1793—94. 8°. (5 Mk. Heinr. Lesser, Breslau, 1875; jetzt höher!)
I: TKpf., Tit. u. 246 S. II: Tit. m. Vign. u. 224 S.
— — Dasselbe. Ibid. 1806. 8°.
— — Dasselbe. Ibid. 1818. 8°.

– s. a. Scenen aus d. Feenwelt.

SCENEN aus der Feenwelt von *M. R.* (d. i. *Carl Wilh. Rehkopf*, 1764—1814). 2 Bde. Hamburg 1794—95. 8⁰ 302 + 228 S. (6 Mk., unbeschn. Expl., Max Jaeckel, Potsdam, c. 1906.) Selten!

WALL, Franz, oder der Philosoph auf dem Schaffot. (Stellenw. freier Roman von *Carl Wilh. Rehkopf.*) Halberstadt 1791

Anon.-Lex. IV. p. 360 (nach Meusel u. Adelung); Kayser hat „1790". — Selten!

s. a. Wildfang, der gute.

WILDFANG, Der gute. (Stellenw. etwas freier Roman von *Carl Wilh. Rehkopf.*) In zwey Theilen. Halberstadt, in der Buchh. der Grossischen Erben. 1792. 8⁰.

168 S. (incl. 4 Bll. Vorst.). Th. 2 beginnt mit S. 109.
Anon.-Lex. IV. p. 401 (nach Meusel, Adelung, Kayser) hat nur „1791". (?)

— — Dasselbe. Leipzig, Nauck, 1807. 8⁰. (Kayser p. 151.)

Rehkopf

— **Philipp Jakob,** Superioritas territorialis nobilitati S. R. I. immediatae denuo adserta et ab objectionibus adversariorum vindicata. Präs. Joh. Heinr. Feltz. Straßburg (S. Kürsner) 8. X. 1725. 74 S. (5.—) 27913

**Rehkuh, F.** [aus Rottorf]: **Die elastische Nachwirkung bei Silber, Glas, Kupfer, Gold, Platin und Zink, insbesondere deren Abhängigkeit von der Temperatur .... Leipzig, Johann Ambrosius Barth,** 1888; 33 S. u. 1 Taf. 8⁰

Jena, Phil. Fak., Inaug.-Diss. v. 1888

Rehländer, Friedrich

Jubiläumskatalog. Conrad Tack & Cie (Schuhwarenfabrik), Burg b. Mgdbg. 1907. (Verf.: Friedrich Rehländer.) — (Nürnberg 1907: Schneller.) 32 S. quer-8⁰ [Umschlagt.] **58 A.**

Rehländer G, Diplome, Adressen, Urkunden, Ehrenbürger- und Lehrbriefe, Widmungen, Gedenkblätter, Plakate und verschiedener graphischer Zierrat in allen Stilarten. (25 T) fol Berlin 1900

**Rehländer,** H., s. Monatshefte, sozialist.

**Rehländer, P., die elektrochemischen deutschen Reichspatente, s.: Ferchland, P.**

**Rehländer,** Paul [aus Berlin]: [I.] Ueber einige Azoline der Anissäurereihe. [II.] Ueber das Binaphtylenthiophen und das Trinaphtylenbenzol ... Berlin, A. W. Schade's Buchdr., 1893; 35 S., 1 Bl. 8.

Berlin, Phil. Fak., Inaug.-Diss. v. 2. Dez. 1893

**Rehle,** Alb., der Einsturz d. Kirchthurmes in Baisweil in der Osternacht vom 24. auf 25. Apr. 1886 m. Abbildgn. gr. 8. (13 S.) Kaufbeuren 886. (Mayr.) n. — 20

**Rehle,** Alb., die Münzen der Stadt Kaufbeuern. Ein Beitrag zur Münzgeschichte Schwabens. gr. 8. (35 S. m. 6 Steintaf.) Kaufbeuern 880. Mayr. n. 4. —

**Rehlen,** C. G., Geschichte der Entdeckungen ꝛc., s. Bildungs-Halle ꝛc.

— Geschichte der Gewerbe. Mit 45 Abbildungen (in eingedr. Holzschn.) gr. 8. (VIII und 488 S. mit 1 Holzschnt.) Leipzig 854(55,) O. Wigand.

Die 2. Aufl. erschien unter dem Titel:

— **Geschichte der Gewerbe. Mit 45 Abbildgn. (Holzschn. im Text.) Leipzig 855.. O. Wigand. gr. 8. (VIII, 488 S. u. 1 Holzschnitttaf.)** n. 2 *ℛ.* 20 *ngr.*

**Rehlen,** C. G., Geschichte der Handwerke und Gewerbe. 8⁰. Leipzig 1856.

Rehlen, C. G.: „Geschichte der Handwerke und Gewerbe" (1. Ausgabe 1854 und 1855), 2. Ausgabe Leipzig 1856. — Vorh.: StB Nürnberg; 3. Ausgabe, Leipzig 1859. — Vorh.: Bücherei der Industrie- u. Handelskammer Leipzig.

REHLEN, Christian (München): Die Atrophie des menschlichen Schädels im Greisenalter. (Titel nach der Urkunde)
11.11.1891 - Urk; Chr 1891/92,26
**Diss.** Ingolst.-Landsh.-**Mchn.**

REHLEN, Ernst (Nördlingen): Statistische Mittheilungen über 35 Fälle von Tabes dorsualis.- München: Finsterlin 1882. 2 Bl.,40 S.
2.12.1881 - Urk (Titel: De tabe dorsuali.); Chr 1881/82,7
Diss. Ingolst.-Landsh.-Mchn.

**Rehlen,** Gf., wie ist es möglich, daß Gott den Krieg zulassen kann? Eine Predigt. 8. Nördling. 796. Beck. 2 *gr*

**Rehlen. Hans** [aus Nürnberg]: Über den Einfluss von anorganischen in organische Moleküle eingeführten Atomgruppen auf ihr optisches Drehungsvermögen. Zürich 1900. 55 S. 8⁰.

Zürich. Phil. Diss. II. S. 1900 1901.

**Rehlen, Karl, zur Säkularfeier d. Schlacht bei Nördlingen, am 27. Aug. 1834. (Gedicht.) gr. 4. (2½ B.) Nördlingen, (Beck.)**

**Rehlen,** Rob., s.: Bismarck. Ein deutsches Heldenleben.

— s.: Goethe, der Bildner.

**Rehlen,** (W.) Grabsteine u. Denkmale. 16 u. 25 Heft, mit 6 Kupf. gr. Fol. München 823 — 26, (Fleischmann.) à 1 Rthl. 6 gr.

**Rehlender, C., Diplome, Adressen, Urkunden, Ehrenbürger- u. Lehrbriefe, Widmungen, Gedenkblätter, Plakate u. verschiedener graphischer Zierrath in allen Stilarten m. Bevorzugung der neueren Kunstrichtung. gr. Fol. (25 Lichtdr.-Taf. m. III S. Text.) Berlin (899). B. Hessling.** In Mappe n. 36. —

**Rehlender,** G., allerlei Sinnbilder. **100 Entwürfe, Symbole, Allegorien, Vignetten, Chimären, Embleme, Attribute, Cartouchen, Zierleisten, Initialen, Ornamente, Trophäen, herald. Motive u. sonst. decorative Vorbilder. Ein Formenschatz f. Architekten, Bildhauer, Modelleure etc. 2. [Titel-] Aufl. 1. Serie. 24 Taf. (in Autotyp.) nebst illustr. Titel u. erklär. Text. gr. Fol. (VI S.) Berlin (892). B. Hessling. In Mappe n. 18. —**

**Rehlender,** G., allerlei Sinnbilder. 1000 Entwürfe f. Symbole, Allegorien, Vignetten, Chimären, Embleme, Attribute, Cartouchen, Zierleisten, Initialen, Ornamente, Trophäen, herald. Motive u. sonstige decorative Vorbilder. Ein Formenschatz f. Architekten, Bildhauer, Modelleure etc. 1. u. 2. Serie. à 24 Taf. (in Autotypie), nebst illustr. Titel u. erklär. Text. gr. Fol. (VI, VI S.) Berlin 892. 894. Hessling & Spielmeyer. In Mappe. à Serie n. 18. —

**Rehling,** Bernardus: **De Fausti Reiensis epistula tertia.** *Monasterii Guestf. 1898: Aschendorff.* (53 S.) 8⁰
Münster, Phil. Diss. v. [12. März] 1898

Rehling, C. G., leichteste u. kürzeste Berechnung d. im sogen. arithmet. Trichter Jh. Hemelings vorkomm. Exempel od. Aufgaben, so ausgearbeitet, daß jeder vermittelst dieses Buches bei selbst eigener vernünftigen Ueberlegung u. angewandt. Fleiße in kurzer Zeit zu e. gründl. Wissenschaft d. Rechenkunst gelangen kann. 8. Hannov. 812. Helwing. 12 gr

Rehling, Karl, die Buchhaltung im Schlossergewerbe. Ein Handbuch f. den Gewerbetreibenden u. e. Hilfsbuch f. den Buchhaltungsunterricht. Im Auftrage der Direktion des Gewerbeförderungsdienstes des k. k. Handelsministeriums verf. (VI, 226 S. m. Fig.) Lex.-8. Wien 903. A. Pichler's Wwe. & Sohn. Kart. n. 2. 65

— dasselbe im Schneidergewerbe in 2 Tln. (VII, 269 S.) Lex.-8. Ebd. 903. Kart. n. 2. 65

— dasselbe im Schuhmachergewerbe in 2 Tln. (VII, 262 S.) Lex.-8. Ebd. 903. Kart. n 2. 65

— dasselbe im Tischlergewerbe. (VII, 178 S.) Lex.-8. Ebd. 903. Kart. n. 2. 65

Rehling, Karl, Handbücher für den Gewerbetreibenden und Hilfsbücher für den Buchhaltungsunterricht in je zwei Teilen, und zwar: *a*) die Buchhaltung im Tischlergewerbe, *b*) die Buchhaltung im Schlossergewerbe. *c*) die Buchhaltung im Schneidergewerbe, *d*) die Buchhaltung im Schuhmachergewerbe. Wien 1903. A. Pichler's Witwe & Sohn. Preis eines jeden Bandes, kartoniert 2 K 65 h.

Der Rhein-Weser-Elbe-Kanal und die Landwirtschaft von W. Rehling-Petershagen. *Minden: J. C. C. Bruns 1901.* (15 S.) 8° [S.]

Rehlingen, Anton

v. Rehlingen, A., die Bewahrschule f. kleine Kinder von zwei bis sieben Jahren. 8. Wien, Beck. 10 gr

v. Rehlingen, Ant., die Bewahrschule für kleine Kinder von 2 bis 7 Jahren. 8. Wien 832. (Tirnau, Wachter.) $1/3$ ℔

Rehlingerin, Elsbeth,. Trauersp. 8. Augsb. Doll. 783.

Rehm, der getreue Eckart. Ein offener Brief an alle unsere jungen konfirmirten Christen. 3. Aufl. 8. (78 S.) Thorn 883, (W. Lambeck.) cart.
1. und 2. Aufl. erschienen im Selbstverlage des Verfassers.

Rehm, A., Parapegmenfragmente aus Milet, s.: Diels, H.

— Weiteres zu den milesischen Parapegmen. (8 S.) Lex.-8. Berlin 904. (G. Reimer.) n. — 50
Sonderabdruck aus: „Sitzungsber. d. preuss. Akad. d. Wiss."

Rehm, A. J. R., kurzer Auszug d. bibl. Geschichten des Alt. u. N. Testaments, nach d. Zeitordnung, wie sich solche zugetragen. 12. Frkf. a. M., Wesché. 4 gr

Rehm, Alb., die Frage der Professuren f. Pädagogik an den bayerischen Hochschulen. Vortrag vor der Ortsgruppe München des deutschen Hochschullehrertags. (48 S.) gr. 8. München 910. Verlag der ärztl. Rundschau. 1. 20

— Caspari, Frhr. v. der Goltz u. Walther, D. Justus Köberle. Ein Lebensbild. (79 S. m. 5 Taf.) gr. 8. Wismar 909. H. Bartholdi. 1. 80

Rehm, Albert, Dr.: Eratosthenis Catasterismorum fragmenta Vaticana. Praemissum est de Catasterismorum recensionibus commentariolum. *Ansbach 1899: C. Brügel & Sohn.* (XXVI, 18 S.) 8°
Ansbach, k. humanist. G, P 1899*

Rehm, Albert: Mythographische Untersuchungen über griechische Sternsagen. [= Inaug.-Diss. v. München 1896.] München, Druck v. H. Kutzner, 1896; 48 S. 8.
München, k. Wilhelms-G, P 1896*

Rehm, Albin, Not- u. Hülfsbüchlein. Ein gewissenhafter Ratgeber f. Jedermann. 4.—6. Taus. 8. (IV, 259 S.) Kreuznach 900. R. Schmithals. n. 1. 50

Rehm, Artur: Aus d. chir. Univ.-Klinik zu Königsberg i. P. Über einen Fall von doppelseitig operierten subphrenischen Abscessen. Königsberg i. P. 1908: Hartung. 19 S. 8°
Königsberg, Med. Diss. v. 22. Okt. 1908, Ref. Henke
[Geb. 7. Dez. 83 Kraupischken; Wohnort: Königsberg i. P.; Staatsangeh.: Preußen; Vorbildung: Friedrichs-Koll. Königsberg Reife O. 02; Studium: Königsberg 10 S.; Coll. 23. Sept. 08; Approb. 31. Juli 08.] [U 09. 2378

Rehm, Emil, die Entwickelungsgeschichte e. die Kleearten zerstörenden Pilzes. (Peziza ciborioïdes Fr.) Ein Beitrag zur Pflanzenpathologie. Mit 2 (lith.) Taf. Abbildgn. gr. 8. (V, 28 S.) Göttingen 872. Deuerlich. n. 1. 20

Rehm, Ernst, appr. Arzt: Ueber einen Fall von traumatischem Idiotismus. Ein Beitr. z. Lehre v. Schädelwachstum. München [1912]: Grassl. 31 S., 8 Taf. 8°
München, Med. Diss. v. 30. Okt. 1883, Ref. v. Gudden
[Geb. 15. Jan. 60 Sugenheim; Wohnort: München; Staatsangeh.: Bayern; Vorbildung: Altes Gymn. Nürnberg Reife Juli 78; Studium: München 4, Würzburg 2, München 2 S.; Coll. 30. Okt. 83; Approb. 4. Jan. 83.] [U 12 3759

Rehm, Ernst, Ode auf den Tod Friedrich Nietzsche's. Mit dem Portr. Nietzsche's. gr. 4. (3 S.) Leipzig 900. (H. Matthes.) — 30

Rehm, Ernst, Predigten. gr. 8. Nürnb. 840. Recknagel. n. $1/3$ ℔

Rehm, Fr., s. Rehm, Hermann Fr.

Rehm, Friedr., Abriß d. Geschichte d. Mittelalters. Lehrb. zu Vorlesn. an Universitäten u. oberen Gymnasial-Classen. gr. 8. (69 B.) Cassel 840, Kriegersche Buchh.

Rehm, Frider., Computationum chronologicar. ad histor. Abbassidar. spectantium spec. I et II. 4. ($9\frac{1}{2}$ B.) Marburgi 828, 35, Elwert.

Rehm, Friedrich, Ad prorectoris academiae inaug. invitat prorector magistratu abiturus. — Praemittitur computationum chronologicarum ad historiam Abbassidarum spectantium specimen I. Marburg (Krieger) 14. IX. 1828. 27 S. (1.—) 27912

Ad prorectoris academiae (Marburgensis) inaugurationem 1835 celebrandam invitat prorector magistratu abiturus Fridericus Rehm. Praemittitur computationum chronologicarum ad historiam Abassidarum spectantium specimen 2. Marburgi. (1835.) 4°.

— s. M. K. Curtius, Grundriß.

Rehm, Friedrich, appr. Arzt aus Blankenburg a./H.: Ueber die Einwirkung fluorescierender Stoffe auf das Eiweiß spaltende Ferment Papain (Papayotin). *München 1903: Kastner & Callwey.* (18 S.) 8°
München, Med. Diss. v. 1903

—— Grundriß d. Geschichte d. christl. Kirche, mit besond. Rücksicht auf d. Verfass. ders. gr. 8. ($23\frac{1}{4}$ B.) Marburg 835, Elwert'sche Univ.-Buchh.

Rehm, Fr., Handbuch der Geschichte beider Hessen. 1. Bd. u. 2. Bd. 2. Abthl. Mit à 4 Stammtafeln. gr. 8. Marburg 842—46, Elwert. $3\frac{3}{4}$ ℔

Rehm, Fr., Handbuch d. Geschichte d. Mittelalters. 1r u. 2r Bd. gr. 8. Marb. 820, 24. Krieger. 6 ℛ 3r Bd. 1e Abtheil. A. u. d. T.: das Zeitalter d. Kreuzzüge. 1e Abtheil. Allgem. Geschichte u. Gesch. d. Abendlandes. Mit 14 Stammtaf. gr. 8. Ebd. 830. 4 ℛ

Rehm, Dr. Friedrich, ordentl. Prof. der Geschichte und 3. Bibliothekar in Marburg. Handbuch der Geschichte des Mittelalters. I. Bd. Von dem Anfange der Völkerwanderung bis auf die Abbasiden und Karl den Grossen. II. Bd. 1. Abth. Von der Thronbesteigung der Abbasiden und der Erneuerung des abendländischen Kaiserthums bis auf das Emirat der Seldschucken, den Investiturstreit und die Kreuzzüge. Mit 1 Stammtaf. II. Bd. 2. Abth. Geschichte des Morgenlandes. Mit 10 Stammtaf. III. Bd. Das Zeitalter der Kreuzzüge. 1. Abth. Allgemeine Geschichte des Abendlandes. Mit 14 Stammtaf. Fortsetzung von dem Handbuche und dem Lehrbuche der Geschichte des Mittelalters von demselben Verfasser. IV. Bd. 1. Abth. Geschichte der deutschen und italienischen Staaten bis zum Ende des Mittelalters. Mit 11 Stammtaf. IV. Bd. 2. Abth. Geschichte der westlichen, nördlichen und östlichen Staaten Europas bis zum Ende des Mittelalters. Mit 10 Stammtaf. IV. Bd. 3. Abth. Geschichte des Morgenlandes bis zum Ende des Mittelalters. Mit 13 Stammtaf. (11 Bde.) 8. Kassel 1821 - 1839

— Handbuch der Geschichte des Mittelalters. 2r Bd. Von der Thronbesteigung der Abbassiden und der Erneuerung des abendländ. Kaiserthums bis auf das Emirat der Seldschuken, den Investiturstreit und die Kreuzzüge. 2e Abthl. Geschichte des Morgenlandes. Mit 10 Stammtafeln. gr. 8. Kassel 833. Krieger's Verlagsbuchh. 3 ℛ

— dass. 3r Bd. A. u. d. T.: Geschichte des Mittelalters seit den Kreuzzügen. 1r Thl. Das Zeitalter der Kreuzzüge. 2e Abthl. Geschichte des Morgenlandes. Fortsetzung von dem Handbuche u. dem Lehrbuche der Geschichte des Mittelalters von demselben Verfasser. (Mit 9 Stammtaf.) gr. 8. Ebd. 834. 2½ ℛ

— dass. 4r Bd. 1e Abthl. A. u. d. T.: Geschichte des Mittelalters ꝛc. 2r Thl. 1e Abthl. Geschichte der deutschen u. italienischen Staaten bis zum Ende des Mittelalters. Fortsetzung ꝛc. Mit 11 Stammtaf. gr. 8. Ebd. 837. 2¾ ℛ

— dass. 4r Bd. 2e Abthl. A. u. d. T.: Geschichte des Mittelalters ꝛc. 2r Thl. 2e Abthl. Geschichte der westl., nördl. u. östlichen Staaten Europas bis zum Ende des Mittelalters. Fortsetzung ꝛc. Mit 6 Bog. Stammtaf. gr. 8. Ebd. 838. 3¼ ℛ

— dass. 4r Bd. 3e Abthl. A. u. d. T.: Geschichte des Mittelalters ꝛc. 2r Thl. 3e Abthl. Geschichte des Morgenlandes bis zum Ende des Mittelalters. Fortsetzung ꝛc. Mit 2 Bog. Stammt. gr. 8. Ebd. 839. 2½ ℛ (Complet 24½ ℛ)

— historia precum biblica. 4. Götting. 815. Vandenhöck u. R. 20 gr

— das Jahr 1410. Festrede, am Geburtstage d. Kurfürsten v. Hessen, Wilhelm II. gehalten. gr. 8. (1 B.) Marburg 840, Elwert'sche Univ.-Buchh.

— Lehrbuch d. Gesch. d. Mittelalters, zum Gebr. bei Vorlesungen. gr. 8. Marb. 826. Krieger. 3 ℛ 16 gr

— Lehrbuch d. histor. Propädeutik u. Grundriß d. allgem. Geschichte. Zum Gebrauch bei Vorlesungen. gr. 8. Marb. 830. Garthe. 12 gr

Rehm, Frdr., († d. 5. Nov. 1847), Lehrbuch d. histor. Propädeutik u. Grundriß der allgem. Geschichte. Zum Gebrauche bei academ. Vorlesungen. 2. verm. Aufl. [Hrsg. v. Heinr. v. Sybel.] gr. 12. (IV u. 150 S.) Marburg 850, Elwert. ½ ℛ

Rehm, Frdr., Lehrbuch der historischen Propädeutik u. Grundriß der allgemeinen Geschichte. Zum Gebrauche bei academischen Vorlesungen entworfen. 2. verm. Aufl. Herausg. von Heinr. v. Sybel. 2. Ausg. Frankfurt a. M. 864. Völcker. 12. (IV, 150 S.) n. 15 ngr.

— de Chattorum origine, nomine, finibus ac rebus tempore florentis Romanor. imperii gestis disquisitio historica, comment. I. 4. Marb. 823, Garthe.

Rehm, Fr., geschichtl. Rückblick auf die allgem. Grundlagen u. die Hauptepochen in d. Entstehung d. constitutionellen Repräsentativ-Verfassungen d. Europ. Völker. Eine Rede. gr. 8. Marb. 831. Garthe. 3 gr

Rehm, H., Ascomycetes Lojkani lecti in Hungaria, Transsylvania et Galicia. gr. 8. (IV, 70 S.) Budapestini 882. (Berlin, Friedländer & Sohn.) n. 2. —

Rehm, H., Discomycetes [Pezizaceae], s.: Rabenhorst's, L., Kryptogamen-Flora von Deutschland, Oesterreich u. der Schweiz.

Rehm, Herm., Bemerkungen zur Frage der Verstaatlichung der Privat-Mobiliar-Brandversicherung in Bayern usw., s.: Rasp, Carl v.

— die Bilanzen der Aktiengesellschaften u. Gesellschaften m. b. H., Kommanditgesellschaften auf Aktien, eingetragenen Genossenschaften, Versicherungsvereine auf Gegenseitigkeit, Hypotheken- u. Notenbanken u. Handelsgesellschaften überhaupt nach deutschem u. österreich. Handels-, Steuer-, Verwaltungs- u. Strafrecht. (XX, 938 S.) gr. 8. München 903. J. Schweitzer Verl. n. 27. —; geb. in Halbfrz. n. 30. —

Rehm, H., Bad Burtscheid und seine Umgebung. 8. (99 S. m. 16 Holzschn.) Aachen 887. M. Jacobi. n. 1. 50

Rehm, H., Dynastien, s. Festschrift Giessen.

Rehm, Herm., gegen den Entwurf e. neuen Gewerbesteuer-Ordng. f. Dresden. Rechtsgutachten, der „Freien Vereinigg. von Kaufleuten u. Industriellen Dresdens“ erstattet. gr. 8. (39 S.) Dresden 900. (A. Müller Fröbelhaus.) — 60

— der Erwerb v. Staats- u. Gemeindeangehörigkeit in geschichtl. Entwicklg. nach röm. u. deutsch. Staatsrecht. Lex.-8. (V, 145 S.) München 892. [Hirth.] J. Schweitzer, Sort. n. 2. 50

— Fideikommiss, Hausgut, Nachlasssteuer. Eine Denkschrift verfasst im Auftrage des Vereins der deutschen Standesherren. 8⁰. Wernigerode, Druck v. B. Angerstein, 1908.

Rehm, Hermann: Frauenstudium. Vortrag, geh. auf d. 2. bayer. Frauentag zu Nürnberg am 12. April 1901. — Ansbach: Brügel 1901. 32 S. 8⁰

Rehm, H., Modernes Fürstenrecht. (XII, 476 S.) gr. 8. München, J. Schweitzer Verl. 1904. 12. 50; geb. 14. —

**Rehm**, Herm., Geschichte d. Staatsrechtswissenschaft. [Aus: „Handbuch des öffentl. Rechts", Einleitungsbd.] gr. 8. (VI, 268 S.) Freiburg i/B. 896. Tübingen, J. C. B. Mohr. n. 7. —; geb. n.n. 8. —

— das landesherrliche Haus, sein Begriff u. die Zugehörigkeit zu ihm. gr. 8. (36 S.) Leipzig 901. A. Deichert Nachf. n. 1. 20
Sonderabdruck aus: „Festschr. d. Univ. Erlangen f. Prinzregent Luitpold".

**Rehm**, Herm., das Hochland der Eifel. Historisch, topographisch u. landwirtschaftlich, sowie in Bezug auf Sage, Kultur u. Volksleben geschildert. Neue billige [Titel-] Ausg. 3 Tle. 8. Trier (898). H. Stephanus. à n. 1.50; geb. in Leinw. à n. 2. —; in 1 Bde. n. 5. 40
1. Die Nord- u. Westeifel. (236 S.) (889.)
2. Die hohe Eifel. Das Kyllthal. Der Eifelbauer u. sein Heim. (III, 222 S.) (890.)
3. Die vulkanische Eifel. (205 S.) (891.)

— s.: Kommentar zum Börsengesetz.

**Rehm**, Herm. (II.). Das Kyllthal in der Eifel. Ein Wanderbuch. Mit Federzeichngn. vom Verf. 8. (87 S. m. 1 Karte.) Prüm 889, Plaum. geb. * 1 50

— Graf v. Merenberg u. die Nachfolge in das nassauische Hausfideikommis, s.a. Festschrift, Paul Laband gewidmet.

**Rehm**, Herm.: Graf v. Merenberg und die Nachfolge in das Nassauische Hausfideikommiß. Tübingen 1908.

**Rehm**, Hermann [Dr. jur.]: Die rechtliche Natur der Gewerbe-Konzession. München, Theodor Ackermann, k. Hof-Buchh., 1889; 2 Bl. + 81 S. 8°
München, Jur. Fak., Hab.-Schr. v 1889
(Nicht für den Austausch)

REHM, Hermann: Die rechtliche Natur des Staatsdienstes nach deutschem Staatsrecht historisch-dogmatisch dargestellt.- München, Leipzig: Hirth 1885. 2 Bl.,258 S.
19.11.1926 - Chr 1886/97,10
Diss. Ingolst.-Landsh.-Mchn.

**Rehm**, Herm. (I.), das bayerische Notariatsgesetz vom 10. Novbr. 1861 nebst Instruktion, in seiner gegenwärtigen Gestalt. Textausg. mit Anmerkungen und Sachregister. gr. 16. (VI, 200 S.) [Nördlingen 888.] München, Beck'sche Verlagsh. cart. *

— das bayerische Notariatsgesetz vom 10. Novbr. 1861, nebst Instruktion in seiner gegenwärtigen Gestalt. Text-Ausg. m. Anmerkgn. u. Sachregister. 2., verm. u. verb. Aufl. 12. (VII, 218 S.) München 893. C. H. Beck. Kart. n. 2. 20

**Rehm**, Herm.: Die juristische Persönlichkeit der standesherrlichen Familie. Denkschr. im Auftr. des Vereins der Deutschen Standesherren. Strassburg 1911.
(Schriften d. Wiss. Gesellsch. z. Strassburg. H. 11.)

Prädikat- und Titelrecht der deutschen Standesherren. Eine rechtlich-kulturgeschichtl. Untersuchung, im Auftr. d. Ver. d. deutschen Standesherren unternommen von Dr. Hermann **Rehm**, Prof. in Straßburg. München: J. Schweitzer 1905. (VIII, 359 S.) 8° [05. 7880]

— Quellensammlung zum Staats- u. Verwaltungsrecht d. Königr. Bayern, s.a. Quellensammlungen zum Staats-, Verwaltungs- u. Völkerrecht.

Quellensammlung zum Staats- und Verwaltungsrecht des Königreichs Bayern. Zsgest. von Dr. Hermann **Rehm**, Prof. in Erlangen. *Leipzig: C. L. Hirschfeld 1900.* (XIV, 382 S.) 8° [F.]
— Quellensammlungen z. Staats-, Verwaltungs- u. Völkerrecht. Bd 6. [00. 1160]

Quellensammlung zum Staats- und Verwaltungsrecht des Königreichs Bayern. Zsgest. von Dr. Hermann **Rehm**, Prof. in Erlangen. [Nebst] Erg. Leipzig: C. L. Hirschfeld 1903–07. 2 Bde 8° [F.]
— **Quellensammlungen z.** Staats-, Verwaltungs- u. Völkerrecht. Bd 6. [07. 13993]

— Die überstaatliche Rechtsstellung der deutschen Dynastien, s.a. Festschrift f. die juristische Fakultät in Giessen.

**Rehm**, Herm., Die überstaatliche Rechtsstellung der Deutschen Dynastien. Giessen 1907. 8°.
Aus: Festschrift d. Giessener jur. Fakultät z. 3. Jahrhundertfeier d. Univ. Giessen.

Die Reichsfinanzreform, ihre Gründe und ihre Durchführung. Von Dr. Hermann **Rehm**, Prof. in Straßburg. *München: J. Schweitzer 1903.* (41 S.) 8° [F.] [03. 15422]

— Reichsgesetz üb. die privaten Versicherungsunternehmungen v. 12. V. 1901. Erläutert v. R. 12. (XIV, 228 S.) München 901. C. H. Beck. Geb. in Leinw. n. 3. —

— Reichsgesetz über die privaten Versicherungsunternehmungen vom 12. V. 1901. Erläutert v. R. 2. völlig umgearb. Aufl. (XX, 404 S.) kl. 8. München 907. C. H. Beck. Geb. in Leinw. n. 5. 50

— allgemeine Staatslehre, s.a. Handbuch des öffentlichen Rechts der Gegenwart. II.

— Allgemeine Staatslehre, s.a. Sammlung.

Rehm, Hermann: Allgemeine Staatslehre. Von Dr. Hermann Rehm, Prof., Erlangen. Freiburg i. B., Leipzig & Tübingen: J. C. B. Mohr 1899. (IV, 360 S.) 4° (8°) = Handbuch d. Oeffentl. Rechts. Einleitungsbd, Abth. 2.

Allgemeine Staatslehre von Dr. Hermann **Rehm**, Prof. Leipzig: Göschen 1907. 149 S. 8°
(Sammlung Göschen. 358.) [10. 13369 5]

— die staatsrechtliche Stellung des Hauses Wittelsbach in Bayern in Vergangenheit u. Gegenwart. Erlanger akadem. Festrede zur Feier des 80. Geburtstages S. k. H. des Prinz-Regenten Luitpold v. Bayern, am 2. III. 1901 geh. gr. 8. (32 S.) Erlangen 901. F. Junge. — 45

— Oldenburger Thronanwärter. (III, 72 S.) Lex.-8. München 905. J. Schweitzer Verlag. n. 2. —

Die Oldenburger Thronfolgefrage v. Hermann **Rehm**. Ausschnitt aus: Annalen des Deutschen Reichs etc. hrgg. v. Karl Theodor Eheberg und Anton Dyroff, Jg. 37, Nr. 5. München. 1904. 8°.

— Unitarismus u. Föderalismus in der deutschen Reichsverfassung. Vortrag, geh. in d. Gehe-Stiftung zu Dresden am 8. X. 1898. gr. 8. (40 S.) Dresden 898. v. Zahn & Jaensch. n. 1. —

— Warenhausumsatzsteuer u. Gewerbefreiheit. Ein Rechtsgutachten üb. das bayer. Gewerbesteuergesetz. gr. 8. (73 S.) Fürth 900. G. Rosenberg. n. 1. —

—— Die Westeifel. Ein Wanderbuch. Mit Federzeichngn. vom Verf. 8. (71 S. m. 1 Karte.) Ebd. 889. geb. * 1 50

**Rehm**, H., s. Zeitschrift f. Handelswissenschaft u. Handelspraxis.

Rehm, Hermann Fr.

— Belehr. z. Vermeid. früher Wollustsünden. 8. Leipzig, Köhler. 794.

— — dasselbe im Auszuge. 8. Erf. Keyser. 795.

— Bereitwilligkeit Gottes, jedem Rechtschaffenen die Vorzüge des Christenthums mitzutheilen. Eine Predigt. 8. Cassel 792. (Luckhard). 2 gl

Rehm, Herm. Fr., zur Bildung guter zufriedener Gattinnen. Briefwechsel zwischen e. Mutter u. ihrer verheirath. Tochter. 8. Cassel 798. (Centr.-Cpt. in Leipz.) 21 gl 2e Aufl. unt. d. Titel: Mutterlehren zur Bildung guter zufriedener Gattinnen. 8. Cassel 821. Luckhard. 16 gl

— Briefe üb. zweckmäßige Benutzung d. Candidatenjahre ꝛc. 8. Gotha 799. Ettinger. 14 gl

— zwei Erndtepredigten. 8. Leipz. 797. Köhler. 3 gl

— Gebetbuch f. den christl. Bürger u. Landmann, enthalt. Gebete auf alle Tage in d. Woche, die hohen Feste u. andere Verhältnisse des Christen. 8. Cassel 817. Luckhard. 2e Aufl. 821. 3e wohlf. A. 829. Ebd. 6 gl

— s. G. F. Götz, Predigten bei besondern Gelegenheiten.

— Casualpredigten, s. G. F. Götz.

— biblische Katechisationen, s. N. Rießelbach.

Auf Rheinischen Landstrassen. Fahrten u. Abenteuer von Herm. Siegfr. Rehm. Neuwied, Leipzig: Heuser [1900]. (92 S.) 8⁰ [01. 1511]

— Leichenpredigten zur Aufklärung u. Beruhigung f. solche, welche Eltern, Geschwister oder Freunde beklagen. gr. 8. Erfurt 799. (Otto). 18 gl

— Leichenpredigten, größtentheils bey besond. Veranlass. 4 Samml. 8. Cassel, Griesbach. 801—804.

— Leichenpredigten, größtentheils bei besond. Veranlassungen. 4 Samml. 8. Cassel 801—4. (Luckhard). 2 rthl 12 gl

Rehm, Materialien zu Katechismuspredigten. oder Entwürfe u. Sätze zu Kanzelvorträgen üb. Luthers Katechism. 2 Hfte. 8. Lpz. Joachim.

— — Mutterlehren zur Bildung guter zufriedener Gattinnen. 2te Aufl. 8. Ebend. 821.

— Nachr. u. Beschr. v. Schullehrerseminar. z. Cassel. 8. Cassel, Griesbach. 796.

— Nachr. u. Beschreib. von d. Schullehrerseminar zu Cassel. 8. Cassel 796. (Luckhard). 6 gl

— der Orgel hoher Zweck, zur Beherzigung f. Gemeinden, Organisten, Cantoren, Schullehrer u. solche, die es werden wollen. In einem Vorworte u. einer Orgelweihe-Predigt. 8. Marb. 827. Garthe. 6 gl

— Predigten zur Privaterbauung, üb. einige Quellen u. Ursachen häusl. Leiden. 8. Leipz. 797. Köhler. 18 gl

— Predigten über Volksvorurtheile u. Aberglauben in moral. u. phys. Hinsicht ꝛc. 2 Bde. gr. 8. Erf. 802. (Otto). 1 rthl 18 gl

— Rathschläge f. angehende christl. Religionslehrer. gr. 8. Halle 800. Gebauer. 21 gl

Moralische Reden für Freymaurer und andre, die es noch nicht sind, von einem Mitgliede dieser ehrw. Verbindung, H. F. R[ehm]. Cassel 1818: Hampe. III, 148 S. 8⁰
Kl. 1212. 14 Reden.

— Regeln d. Vorsicht zur Belehr. der Kinder über Erzeugung u. Warnung vor Sünden der Wollust. 8. Fürth 802. Bür. f. Litt. (Campe in Nürnb.) 14 gl

— Trauer- u. Gedächtniß-Predigt auf d. Hintritt d. Kurf. v. Hessen, Wilhelm I., gehalten d. 8. April 1821. 8. Cassel, (Luckhard). 2 gl

— Vaterlehren u. Vorsichtsregeln über Keuschheit u. Erhaltung derselben ꝛc. 8. Erfurt 794. Keyser. 7 gl

— Versuch biblischer Katechisationen bei öffentl. Gottesverehrungen. 2 Thle. 8. Leipz. 795—97. Köhler. 1 rthl (2r Thl. A. u. d. T.: öffentl. Katechisationen über ausgewählte Stücke der Bibel. 797. 15 gl)

— Vorschläge, wie man, auch mit Beibehaltung der übl. Beinkleider, Knaben u. Mädchen durch Verbesserung ihrer phys. u. moral. Erziehung vor früher Unzucht bewahren könne. gr. 8. Marb. 793. Krieger. 18 gl

— üb. frühe Wollustsünden. 8. Erf. 793. Keyser. 3 gl 2e verm. Aufl. unt. d. T.: brüderl. Belehrung zur Vermeidung früher Wollustsünden. 8. Leipz. 794. Köhler. 6 gl

Rehm, Herm. Siegfr., das Buch der Marionetten. Ein Beitrag zur Geschichte des Theaters aller Völker. Mit 130 Vollbildern, Textillustr. u. Vignetten nach Zeichngn. des Verf. (III, 307 S.) Lex.-8. Berlin (905). E. Frensdorff. n. 15. —; geb. n. 20. —

Rehm, Herm. Siegfr., auf rheinischen Landstraßen. Fahrten u. Abenteuer. gr. 8. (III, 92 S.) Neuwied (900). Heuser's Verlag. n. 1. —

Rehm, Herm. Siegfr., lachende Masken. (204 S.) 8. Berlin (908). Concordia. 2.50; geb. 3.50

Rehm, Herm. Siegfr. Die Unverwüstlichen. Kölner Sittenroman. 8. (247 S.) Hagen i. W. 891, H. Risel u. Comp. * 3 —

— Deutsche Volksfeste u. Volkssitten, s. a. Aus Natur u. Geisteswelt.

Deutsche Volksfeste und Volkssitten. Von Herm. S[iegfried] Rehm in Berlin. Mit 11 Abb. Leipzig: B. G. Teubner 1908. (118 S.) 8° [F.]
— Natur, Aus, u. Geisteswelt. Bdch. 214. [08. 7881]

— die Zeitgenossen. Sitten-Roman. 2. Aufl. (3.—4. Taus.) 8. (247 S.) Neuwied 894. München, A. Schupp. n. 3. 60

Rehm, J., und J. Ch. Huber, Uebersicht der Flora von Memmingen, s. Huber, J. Ch.

Rehm, J. B., u. Emil Rasche, der Geschäftsaufsatz u. die Buchführung in der Fortbildungsschule. Muster-Buch zu den Arbeitsheften f. Fortbildungsschulen. Ausg. f. das Königr. Bayern. 3 Tle. m. Arbeitsheften. Meissen (908). H. W. Schlimpert. nn 3. 35
1. (Für den 1. Jahrg.) Aus dem Geschäftsgange eines Schneidermeisters. (24 S. m. eingedr. Formularen.) Lex. 8. —50; Arbeitsheft dazu nn — 50
2. (Für den 2. Jahrg.) Aus dem Geschäftsgange eines Schlossermeisters. (21 S. m. eingedr. Formularen.) Lex. 8. —50; Arbeitsheft dazu nn — 50
3. (Für den 3. Jahrg.) Aus dem Geschäftsgange eines Tischlermeisters. (28 S.) 34,5×21,5 cm. — 75; Arbeitsheft dazu nn — 60

— — dasselbe. Arbeits-Heft I—III m. eingedr. Formularen u. Angabe des Geschäftsganges nach den Musterbitchern. Ebd. (908). nn 1. 20
I u. II (f. den 1. u. 2. Jahrg.). (à 28 S.) Lex. 8. à nn — 35
III (f. den 3. Jahrg.). (42 S.) 34,5×21,5 cm. nn — 50

Rehm, Jh. Eph. Wlh., († d. 8. April 1809.) nützl. Allerlei f. Haus- u. Feldökonomie. 2 Thle. Const. 809. 2e A. gr. 8. Ulm 810. Stettin. 1 ℛ (2r Thl. A. u. d. T.: neues nützl. Allerlei.)

— Gallerie f. Herzens- u. Geistesbildung, besond. d. schönen Geschlechts. 4 Bde. 8. Ansb. 795, 96. (Weber in Schwabach). 3 ℛ 20 gℓ

— lehrr. Unterhaltungen f. Kinder. 2 Bdchen. Mit 1 Titelkpf. 8. Kaufbeuern 792, 93. (Kösel in Kempt.) 20 gℓ (Dannheimer das.) 18 gℓ

— der Volksfreund; e. Wochenschrift. 8. Ansbach 794.

— der Fränkische Volksfreund, besond. f. den Bürger ꝛc.; (e. Wochenschrift). 4 Bde. 8. Ansb. 794.

Rehm, Johann Simon

Rehm, J. S., Beyträge z. Bearb. d. feyerl. Epistelterte, 2 Thle. 8. Nrnb. Grattenauer. 795—98. (à 12 gr.)

— Beitr. zur prakt. Bearbeitung der feiertägl. Evangelien. 1r Thl. 3 Lieferr. u. 2r Thl. 8. Nürnb. 795, 96. (Eichhorn). 1 ℛ 6 gℓ

Rehm, Jo. Sim., moral.-religiöse Beitrr., zum Gebr. für Leidende. 8. Ansb. 796. (Gassert). 1 ℛ

— Betrachtt. über christl. Glaubenswahrheiten. 8. Nürnb. 798. Bieling. (Fr. Fleischer in Leipz.) 8 gℓ

— der betende Christ am Morgen u. Abend ꝛc. gr. 8. Nrnb. (B. Fleischer, Lpz.)

— der betende Christ am Morgen u. Abend ꝛc. 8. Nürnb. 798. 2e A. 801. Stiebner. 12 gℓ

— Evangelien. 2 Thle. Leipz., Lauffer. 1 ℛ 6 gℓ

— kurzer Inbegriff der christl. Pflichten. 8. Ansb. Haueisen (Gassert) 797.

— neue Morgen- u. Abendandachten, n. andern Gebeten. 8. Nrnb. Bieling. 798.

— Parallelen, sonderl. aus d. Gebiete d. Cultus d. antiken u. modernen Welt. Mit 1 Kpf. 8. Nürnb. 806. Bieling. 20 gℓ

— Parallelen, sonderl. a. d. Gebiete d. Cultus d. antiquen u. modernen Welt. 8. Lpz. B. Fleischer. 806.

— prakt. Vorbereitungen zu Hochzeit- u. Leichenpredigten in extemporirbaren Entwürfen herausgg. 3 Thle. 8. Nürnb. 799—802. 2e Aufl. 3 Thle. 806. Bieling. (Fr. Fleischer in Lpz.) 2 ℛ 12 gℓ (3r Thl. A. u. d. T.: extemporirbare Entwürfe zu Hochzeit- u. Leichenpredd. auf specielle bestimmte Fälle. 20 gℓ)

Rehm, K., e. Gang durch u. um die Münsterkirche zu Kloster Heilsbronn. Mit (lith.) Grundriss u. e. Situations-Plan [nach Stillfried]. (in 4.) 8. (27 S.) Ansbach 875. Brügel & Sohn. — 90

Rehm, Karl

Rehm, K., der Geschworne in Bayern. Handbüchlein zum dienstlichen Gebrauche entworfen. Bamberg 855. Buchner. 16. (X, 50 S.) 7½ ngr

Rehm, K., Gesetz vom 10. Novbr. 1861, die Gerichtsverfassung betr., s. Gesetzgebung, die, des Königr. Bayern.

Rehm, Karl [Rechtspraktikant]: Die Grenzen der Spezialisierung des der Volksvertretung vorzulegenden Budgets nach bayrischem Staatsrecht ... Regensburg, Buchdr. M. Wasner, *1896*; 54 S. 8.
Erlangen, Jur. Fak., Inaug.-Diss. v. 1896

Rehm, Carl, Leitfaden zur Visitation der Einzelnrichter-Aemter ꝛc., | s. Zeitschrift für Gesetzgebung und Rechtspflege des K. Bayern. Beilagenheft.
—— das schwurgerichtliche Strafverfahren, | s. Zeitschrift für Gesetzgebung und Rechtspflege des K. Bayern. Beilagenheft.

Rehm, M. Geschichte des Gymnasiums. Fortsetzung. 34 S.
Oels, Progr. 1860

Rehm Göthe und Hegel. Eine historische Parallele. 20 S.
Oels, Progr. 1849

Rehm, Otto, approb. Arzt aus München: Ein Beitrag zur Kasuistik der multiplen Sarkomatose. *München 1902: M. Ernst.* (24 S.) 8°
München, Med. Diss. v. 1902

Rehm, Paul, k. k. Oberlieut. im Feld-Art.-Reg. Graf Bylandt-Rheidt Nr. 9. Die Belagerung und Vertheidigung von Wien 1683. Vortrag, gehalten im milit.-wissenschaftl. Vereine zu Wien am 9. Februar 1883. (Separat-Abdruck aus dem „Organ der milit.-wissenschaftl. Vereine".) Mit 2 Taf. 8. Wien 1883.

Rehm, Paul v., takt. Betrachtgn. üb. d. Festungs-Angriff u. d. permanente Fortification d. Gegenwart. E. Studie. gr. 8. (VII, 61 S.) Wien 895. W. Braumüller. n. 1. 70

REHM, Paul von
Gesichtspunkte für die weitere Entwicklung der Fortification von Paul von Rehm. Mit 7 Figuren im Texte und 2 Tafeln. Wien und Leipzig. Braumüller. Gr.-8°. VI, 95 S. 1899

Rehm, P. v. Ideen zur Schaffung neuer Typen feldmäßiger Befestigungen beim Kampfe um feste Plätze. Mit 1 Taf. Wien 1891. 25 S.

Rehm, Paul von, k. u. k. Major, Principien des Festungs-Angriffes. Mit 4 Figuren im Texte. 8. (VII, 87 S.) Wien: Braumüller 1898.

Rehm, Paul, Ratgeber zur Pflege u. Behandlung der gesunden u. kranken Zähne. gr. 8. (30 S.) Wiesbaden 898. (Jurany & Hensel's Nachf.) n. — 50

Rehm, Paul, Schlaf u. Schlaflosigkeit, s. a. Volksbücherei, mediz.

Schlaf und Schlaflosigkeit von Dr. med. Paul Rehm. Halle a. S.: C. Marhold 1905. (28 S.) 8° [F.]
= Volksbücherei, Medizinische. II. 22. [05. 12316 3

**Rehm,** Victor, aus Baden: Die Palatalisierung der Gruppe 'sc' im Altenglischen. *Heidelberg 1901: E. Geisendörfer.* (54 S.) 8°
Heidelberg, Phil. Diss. v. 1901

**Rehm, W.,** Unterhalt. f. Kinder. 2 Thle. 8. Kempt. Kösel. (Dannheimer) (a. Köhler in Lpz.) 793.

Rehmann, Plan von Dortmund und nächster Umgebung zu Anfang des J. 1877. 1:10,000. Lithogr. Imp.-Fol. Dortmund 877, Köppen'sche Buchh. *

Rehmann, s.: Schriften des Vereins f. Geschichte der Neumark.

Rehmann, Uebersichtskarte der Gemeinde Dortmund. Angefertigt nach dem Kataster und eigener Aufnahme. 1:10,000. Fol. Dortmund 872, Köppen. * 4 50
aufgez. † * 6 50

**Rehmann, A.,** einige Notizen üb. die Vegetation der nördlichen Gestade d. schwarzen Meeres. Mit 2 lith. Taf. gr. 8. (85 S.) Brünn 872. (Berlin, Friedländer & Sohn.) n. 2. 60

Rehmann, F. und A. Ecker. Zur Kenntniss der quaternären Fauna des Donauthales. f.

***Rehmann,*** Frz. X., aphorismi de cognoscenda et curanda lue venerea. 8maj. Freiburg 778. Wagner. 3 gr

Rehmann, H., Uebersichts-Karte vom Stadt- und Land-Kreise Dortmund. Mit Genehmigung des königl. preuss. Generalstabes nach den Generalstabskarten und eigener Aufnahme angefertigt. 1:50,000. Chromolithogr. Imp.-Fol. Dortmund 887, Köppen. † * 2 —

Rehmann, Josef (Hrsg.), s. a. Abhandlungen. Zwei chinesische, über die Geburtshülfe.

**Rehmann, Jos.,** zwey chinesische Abhandlungen üb. d. Geburtshülfe etc. 8. St. Petersburg. (Hartmann, Riga) 810.

**Rehmann, Jos.,** Anzeige eines Mittels, die Chinarinde zu ersetzen u. d. Anwendung derselben gegen Wechselfieber. Nebst e. chemisch. Untersuchung dieser Substanz, von F. F. Reuß. 8. Riga 809. (Hartmann). 7 gr

— Beschreib. einer Thibetanischen Handapotheke, e. Beitr. zur Kenntniß d. Arzneikunde d. Orients. gr. 8. St. Petersb. 811. (Hartmann in Riga). 16 gr

– s. M. Mederer v. W., Hebarzneigeschichte.

– s. Samml., russische.

— theoret.-prakt. Unterricht f. Wundärzte, wie sie die von tollen Hunden u. andern Thieren Beschädigten behandeln sollen. Fol. Tübing. 780. (anonym). 8. Ebd. 782. v. Cotta. 6 gr

**Rehmann, K.,** Schema zur forensischen Obduction. Mit in den Text eingedr. Holzst. 8. (18 S.) Braunschweig 880. Vieweg & Sohn. n. — 80

Rehmann, *Max* Gedächtnisrede auf Kaiser Wilhelm I. Gehalten bei der öffentlichen Feier in der Aula des Gymnasiums am 22. März 1888. (Umschlagtitel: Gedächtnisrede ... I.) 4 (S. 1—6). Progr. G. *Friedberg Nm.* 1889 (71).

**Rehmann** [Oberl. Dr.]: Gedächtnisrede auf Kaiser Wilhelm I. ... Friedeberg Nm., Druck v. E. Eisermann (1889); S. 3–6; 4°
Friedeberg Nm., l. G, OP 1889 (74)

[F. u. Ant.] **Rehmann,** *Max* [Oberl. Dr.]: Zur Geschichte der Pfalzgräfin Elisabeth Charlotte, Herzogin von Orleans. (Th. 1.) Friedeberg Nm., Druck v. E. Eisermann, *1892;* 1 Bl., 19 S. 4.
Friedeberg Nm., k. G, OP 1892 (76)

Rehmann, Maximilianus: *Quaestio de comitibus de Bucha in Thuringia. 31 Bl. 4° (2°)
Halle-Wittenberg, Phil. Diss. v. 16. März 1872
Geb. [Hammer a. d. Netze b. Driesen (Neumark) 28. 1. 1842]
Erweiterte Hallische gekrönte philosophische Preisarbeit v. 1866.

Rehmann, R. Schema z. forens. Obduktion. Braunschweig 1880.

**Rehmann,** Stanislaus, der fromme Landmann. Ein Unterrichts- und Gebetbüchlein für das kathol. Landvolk, etc. 12. (Mit 1 Lithogr.) Einsiedeln 841, Gebr. Benziger. 1/8 ℔ — 3. Aufl. 846. 1/8 ℔

**Rehmann, W. A.,** Rippoldsau u. seine Heilquellen in histor.-topograph., natur- u. heilkundiger Beziehung beschrieben. Mit 2 Karten. 8. Donaueschingen. 830. (Wagner in Freiburg). 1 ℔ 15 gr

**Rehmann, Wilh.,** amtliche Sammlung der bezirkspolizeilichen Vorschriften u. der ortspolizeil. Vorschriften der Stadt Rastatt, m. e. Uebersicht üb. die ortspolizeil. Vorschriften der übrigen Gemeinden des Amtsbez. Rastatt u. üb. Sonntagsruhe u. Ladenschluß. Im amtl. Auftrage zusammengestellt. (XVI, 271 S.) 8. Rastatt 910. G. Greiser. Kart. 3. —

Rehme, Paul. Die geschichtliche Entwickelung der Haftung d. Reeders. gr. 8. (VIII, 174 S.) Stuttg. 891, Enke. * 4 40

Rehme, Paul, Geschichte des Münchener Grundbuches, s. a. Festgabe f. Hermann Fitting.

Geschichte des Münchener Grundbuches von Paul **Rehme.** *Halle a. S.: M. Niemeyer 1903.* (73 S.) 8°
Aus: Festgabe d. jur. Fak. d. Univ. Halle-Wittenberg f. H. Fitting. [03. 9981 3

**Rehme, Paul,** zur Geschichte des Münchener Liegenschaftsrechtes, s. a. Festgabe f. Heinrich Dernburg.

Zur Geschichte des Münchener Liegenschaftsrechtes. Von Dr. Paul **Rehme,** Prof. Berlin: H. W. Müller 1900. (27 S.) 3° [F.]
Aus: Festgabe f. H. Dernburg. [05. 4071 8

Die Lübecker Grundbauern. Ein Beitrag z. Rechtslehre von d. Reallasten von Dr. Paul **Rehme,** Prof. Halle: M. Niemeyer 1905. (IV, 69 S.) 8°
[05. 13199 3

Über das älteste bremische Grundbuch ⟨1438-1558⟩ und seine Stellung im Liegenschaftsrechte. Von Dr. Paul **Rehme,** Prof. Halle a. d. S.: Waisenhaus 1908. (XII, 127 S.) 8°
— **Rehme:** Stadtrechtsforschungen. T. 1. [08. 14391 3

Rehme, Paul (Walther Julius) [Gerichtsref. aus Breslau]: Die Haftung des Reeders im Mittelalter. . . . (Ersch. vollst. u. d. T.: „Die geschichtliche Entwickelung der Haftung des Reeders" im Verl. v. F. Enke in Stuttgart.) Stuttgart, Druck d. Union Deutsche Verlagsges., 1891; 86 S. 8°
Berlin, Jur. Fak., Inaug.-Diss. v. 18. Aug. 1891

**Rehme, Paul,** das Lübecker Ober-Stadtbuch. E. Beitrag zur Geschichte d. Rechtsquellen u. d. Liegenschaftsrechtes. Mit e. Urkundenbuche. gr. 8. (IX, 415 S. m. 1 Tab.) Hannover 895. Helwing. n. 8. —

**Rehme, Paul,** Schöffen als „Boten" bei gerichtlichen Vorgängen im magdeburgischen Rechtskreise. (58 S.) Lex. 8. Weimar 910. H. Böhlau's Nachf. 2. —
Sonderabdruck aus: „Festschr., Heinr. Brunner z. 70. Geburtstag dargebr."

Rehme, Paul: Über die Breslauer Stadtbücher. Ein Beitrag z. Geschichte d. Urkundenwesens, zugleich der städt. Verwaltung u. Rechtspflege. Mit e. Urkundenbuche. Von Dr. Paul Rehme, Prof. Halle a. S.: Waisenhaus 1909. XVI, 226 S. 8°
(Rehme: Stadtrechtsforschungen. T. 2.)

— Stadtrechtsforschungen. I. u. II. Tl. gr. 8. Halle, Buchh. des Waisenhauses. 9. 50
I. Über das älteste brem. Grundbuch (1438—1558) u. seine Stellg. im Liegenschaftsrechte. Mit e. Urkunden-anh. (XII, 127 S.) 908. 3. 50
II. Über die Breslauer Stadtbücher. Ein Beitrag zur Geschichte des Urkundenwesens, zugleich der städt. Verwaltg. u. Rechtspflege. Mit e. Urkundenbuche. (XVI, 227 S.) 909. 6. —

Rehme, Rudolfus, Lemgoviensis-Lippiacus: De Graecorum oratione obliqua. Marpurgi Cattorum 1906: J. A. Koch. (86 S.) 8°
Marburg, Phil. Fak., Ref. Birt, Diss. v. 7. März 1906
[Geb. 18. Nov. 82 Unterstenhof, Holstein; Wohnort: Lemgo; Staatsangeh.: Lippe; Vorbildung: Gymn. Lemgo Reife O. 02; Studium: Berlin 2, Heidelberg 1, Marburg 5 S.; Rig. 13. Dez. 05.]

Rehme, Wilh., die Architektur der neuen freien Schule. Fol. (100 Lichtdr.-Taf. m. 20 S. illustr. Text) Leipzig (901. 902.) Baumgärtner. In Leinw.-Mappe n. 52. —; auch in 4 Lfgn. à n. 13. —

— dasselbe. I. u. II. Ergänzungsbd. gr. 4. Ebd. (902). In Leinw.-Mappe n. 48. —
I. Ausgeführte mod. Bautischler-Arbeiten. 100 Taf. in Lichtdr. (8 S. Text.) n. 28. —
II. Ausgeführte moderne Kupferschmiede-Arbeiten. 100 Taf. in Autotypie u. Strichätzg. (8 S. Text.) n. 20. —

— u. Hacker, Erwerb, Bau u. Unterhaltung des Hauses. Anleitung rentabel, gut u. zweckmäßig zu bauen u. vorteilhaft e. Haus zu erwerben. (176 S. m. Abbildgn. u. 12 [5 farb.] Taf.) Lex. 8. Potsdam (910). Bonneß & Hachfeld. Geb. in Leinw. 6. —
Sonderabdruck aus: „Das prakt. Buch f. jedermann."

Rehme, Wilh., s.: Möbelarchitekt, der.

— s.: Modelleur, der.

Rehme, Wilh., das Wohnhaus, s.: Buch, das praktische.

— moderne Wohn- u. Geschäftshäuser. Eine Sammlg. neuer ausgeführter Bauten. I. Serie. Imp.-4. (100 Taf. m. 6 S. illustr. Text.) Leipzig (902). In Mappe n. 40. —; auch in 4 Lfgn. à n. 10. —

Rehmet, Eduard (Kreiwitz / Schlesien), Nonnulla de scarlatina sine exanthemate. Diss. med. Berlin (Nietack) 15. VIII. 1836. 29 S. u. Biogr. (M.: Stanjeck.) (3.25) 27917
Oppon.: E. Ernenputsch, M. Schulze, A. Altdorfer. — Gew.: A. Stan'eck (Oheim).

Rehmke, Johs., Aussenwelt u. Innenwelt, Leib u. Seele, s.a. Festreden d. Universität Greifswald, Nr. 5.

Aussenwelt und Innenwelt, Leib und Seele. Rede b. Antr. d. Rektorats ... am 16. Mai 1898 geh. v. Prof. Dr. Johannes Rehmke. *Greifswald: J. Abel 1898.* (1 Bl., 48 S.) 1 Bd 8.
= Festreden d. Univ. Greifswald. No 5. [98. 7319

Rehmke, Johs., das Bewusstsein, s.a. Synthesis. III.

Das Bewusstsein. Von Dr. Johannes Rehmke, Prof. Heidelberg: Winter 1910. 250 S. 8°
(Synthesis. Sammlung hist. Monographien philos. Begriffe. Bd 3.) [10. 16034

— d. Bildung d. Gegenwart u. d. Philosophie. [Aus: „Voss. Zeitg., Sonntagsbeilagen".] 8. (48 S.) Heilbronn 896. E. Salzer. n. — 80

Rehmke, Johs., die Erziehungsschule u. die Erkenntnisschule. Ein Versuch der Einteilg. unserer Schulen nach ihrer Bestimmg. (31 S.) 8. Frankfurt a/M. 903. Kesselring. n. — 60

Rehmke, Johs., Gemüt u. Gemütsbildung. gr. 8. (III, 63 S.) Langensalza 899. H. Beyer & Söhne. n. — 75
Sonderabdr. aus: „Rein's encyklopäd. Handbuch d. Pädagogik".

Rehmke, Johs., unsere Gewißheit v. der Außenwelt. Ein Wort an die Gebildeten unserer Zeit. 1.—3. durchgeseh. Aufl. 8. (47 S.) Heilbronn 894. E. Salzer. n. — 80

Grundriss der Geschichte der Philosophie zum Selbststudium und für Vorlesungen v. Dr. Johannes Rehmke, o. ö. Prof. ... zu Greifswald. *Berlin: C. Duncker 1896.* (4 Bl., 308 S.) 1 Bd 8. [96. 6030

— Lehrbuch der allgemeinen Psychologie. gr. 8. (VIII, 582 S.) Hamburg 894. L. Voss. n. 10. —

Rehmke, Johannes: Lehrbuch der Allgemeinen Psychologie von Dr. Johannes Rehmke, Prof. 2. völlig umgearb. Aufl. Leipzig, Frankfurt a. M.: Kesselring 1905. (VIII, 547 S.) 8°

Zur Lehre vom Gemüth. E. psycholog. Untersuchg v. Johannes Rehmke, Prof. ... zu Greifswald. *Berlin: Philosoph.-histor. Verl. Dr. R. Salinger 1898.* (IV, 122 S.) 1 Bd 8. [97. 7039

— Zur Lehre vom Gemüt. Eine psycholog. Untersuchg. 2. umgearb. Aufl. (VIII, 115 S.) gr. 8. Leipzig 911. Dürr'sche Buchh. 3. —

Rehmke, Johs., der Pessimismus u. die Sittenlehre. Eine Untersuchung. gr. 8. (130 S.) Leipzig 882. Klinkhardt. n. 1. 60

— Philosophie als Grundwissenschaft. (VIII, 706 S.) gr. 8. Frankfurt a/M. 910. Kesselring. 9. —

— Philosophie u. Kantianismus. Ein Vortrag, geh. in der allgemeinen Versammlung deutscher Naturforscher u. Aerzte den 21. Septbr. 1882 zu Eisenach. gr. 8. (24 S.) Eisenach 883. Rasch & Coch. n. — 50

— das Princip des Katholicismus u. Protestantismus in der christlichen Weltanschauung. Eine philosoph. Studie. gr. 8. (IV, 54 S.) Zürich 878. Schmidt. n. 1. 20

— der Schulherr. Eine allgemein-pädagog. Untersuchg. 8. (31 S.) Frankfurt a/M. (900). Kesselring. n. — 60

— die Seele des Menschen, s.a. Aus Natur u. Geisteswelt.

Rehmke, Johannes: Die Seele des Menschen. Von —. 2. Aufl. Leipzig: B. G. Teubner 1905. (145 S.) 8°
= Natur, Aus, u. Geisteswelt. Bdch. 36.

Die Seele des Menschen. Von Johannes Rehmke. 3. veränd. Aufl. Leipzig: Teubner 1909. 132 S. 8°
(Aus Natur u. Geisteswelt. Bdch. 36.) [11. 18371 11

— Trieb u. Wille im menschl. Handeln. Lex.-8. (16 S.) Langensalza 899. H. Beyer & Söhne. n. — 50
Sonderabdr. aus: „Rein's Encyklopäd. Handbuch d. Pädagogik".

**Rehmke**, Johannes, von Elmshorn. Holstein: Hartmann's Unbewusstes auf die Logik hin kritisch beleuchtet. Zür. Orell Füssli Cie Dr. 1873. IV. 58 S., 1 Bl. 8°.
Zürich, Phil. Diss. (v. 14. Juni 1873).

— Wechselwirkung od. Parallelismus? gr. 8. (58 S.) Halle 902. M. Niemeyer. n. 1. 60
Sonderabdruck aus: „Philosoph. Abhandlgn. Gedenkschrift f. Rud. Haym".

— die Welt als Wahrnehmung u. Begriff. Eine Erkenntnisstheorie. gr. 8. (VIII, 323 S.) Berlin 880. G. Reimer. n. 5. —

**Rehmüller, Frz.**, können Deutsche u. Magyaren den Slaven gegenüber bevorzugte Kastenvölker sein? Eine Abhandlung über die Kämpfe für Nationalität u. Freiheit der Völker u. Stämme in Deutschland, Oesterreich u. Ungarn, wie über ihre mögliche, künftige Verfassung u. Stellung zu einander. gr. 8. (23 S.) Wien 848, Wenedikt's Wwe. & Sohn. 1/6 ₰

Rehmüller, Franz, Zwei sehr wichtige Zeitfragen: 1. Können Slaven Deutsche heißen und es werden? 2. Können im Interesse Deutschlands die Großmächte Oesterreich und Preußen von ihrer politischen und welthistorischen Laufbahn verschwinden. Wien, A. Wenedikt, 1848. 13 S. 8°.

**Rehn, A.**, u. G. Gude, d. Landwirths kleiner Haussecretair. Die einfachste u. praktischste Buchführg. f. den kleineren Landwirth. Nebst Anleitg. zur Abfassg. aller im Leben d. Landwirths vorkomm. Documente u. schriftl. Arbeiten, wie Verkaufs-, Pacht-, Mieth- u. Erbverträge ꝛc. Das Nöthigste üb. Briefe u. Briefschreiben u. üb. den Wechsel sowie die Rechtsverhältnisse zwischen Herrschaft u. Gesinde, u. die f. den Landwirth wichtigsten Bestimmgn. d. Strafgesetzbuches f. das deutsche Reich. 8. (52 S.) Leipzig 873. Schneider. — 75

**Rehn**, Eduard, appr. Arzt a. Frankfurt a./M.: Ueber Komplikationen von Hydronephrose. München **1904**: Kastner & Callwey. (29 S.) 8°
München, Med. Fak., Ref. v. Angerer, Diss. v. 15. Dez. 1904
[Geb. 21. Jan. 80 Bockenheim b. Frankfurt a./M.; Wohnort: Frankfurt; Staatsangeh.: Preußen; Vorbildung: Gymn. Frankfurt Reife O. 98; Studium: Marburg 5, Würzburg 1, München 5 S.; Coll. 14. Juli 04; Approb. 18. März 04.]

**Rehn**, Fritz, Gerichtsref. aus Hersfeld: **Die Entwicklung des** Wucherrechts im deutschen Recht mit Berücksichtigung der wuchergesetzlichen Bestimmungen im Bürgerlichen Gesetzbuch. *Cottbus 1898: A. Heine.* (26 S.) 8° [F.]
Erlangen, Jur. Diss. v. 5. Dez. 1898

**Rehn, H.**, die wichtigsten Formveränderungen d. menschlichen Brustkorbes. Zum Gebrauch f. klin. Lehrer u. zum Selbststudium f. Aerzte u. Studirende. Mit 30 lith. Taf. Zeichnungen nach der Natur v. G. Cornicelius. gr. 8. (20 S.) Wien 875. Braumüller. n. 5. —

**Rehn, J. H.**, die englische Krankheit, abgesetzte od. doppelte Glieder; Rachitis. Eine populäre Darstellung ihres Wesens, ihrer Erscheinungen u. Gefahren, nebst ihrer allgemein diätetischen Behandlung. gr. 8. (16 S.) Frankfurt a/M. 878. (Alt.) n. — 50

Rehn, J. H., die Krankheiten der Verdauungsorgane, s. Handbuch der Kinderkrankheiten.

Rehn, J. H., das Typhoid im Kindesalter, s.: Sonderabdrücke der Deutschen Medicinal-Zeitung.

**Rehn, Louis**, s.: Passavant, Gustav.

Rehner, Anton

— s. Ahasver am Rhein.

**Rehner, Ant.**, Geschichte des Alterthums für Volksschulen. 8. Mainz 836. Wirth. 1/3 ₰

**Rehner, Ant.**, Geschichte des Alterthums. 2. (Titel-) Aufl. 8. (IV u. 137 S.) Mainz (836) 850, Wirth Sohn. 4 ₰

— Geschichte der Deutschen. 3. (Titel-) Aufl. 8. (VI u. 346 S.) Ebd. (838) 850. 6 ₰

— Geschichte d. Deutschen f. Volksschulen. 1. u. 2., verb. Aufl. 8. (à 22 B.) Mainz 836, 38, Wirth. à

— Geschichte der christlichen Kirche. In 3 Perioden. 2. (Titel-) Aufl. 12. (VI u. 367 S.) Ebd. (835) 850. 12 ₰

**Rehnert, A.**, s.: Riesengebirge, das.

**Rehnert**, Gust. Guil. (geb. Coblenz 13. 6. 1832): De typho abdominali. Berolini (1855). (20 S.) 8°
Berlin, Med. Diss. v. 8. Aug. 1855

**Rehnisch, E.**, das Kirchenwesen Zittaus u. die auf seine Umgestaltung gerichtete Agitation. Brief an seinen Vetter den Gutsbesitzer Ernst Kirsche in Eckartsberg bei Zittau. gr. 8. (39 S.) Kirchhain N.-L. 892. G. Zahn & H. Baendel. n. — 40

**Rehnisch, Ed.**, Studien zur Metaphysik. 1. Hft. August 1869 — Juni 1872. gr. 8. (92 S.) Göttingen 872. Deuerlich. n. 1. 20

**Rehnitz, Carl Friedrich August** (Dresden / Zwickau), Nonnulla de haematocele. Diss. med. Leipzig (A. Edelmann) 11. IX. 1861. 19 S. mit Biogr. (M.: J. Windisch.) (3.—) 27918
Gew.: Alexander Troost. — Adversar.: H. Doering, O. Wuestner, H. Moeckel.

**Rehnke, Eugen**, Arzt: Zur Methodik der Wangenplastik. Königsberg i. P. 1910: Kümmel. 39 S. 8°
Königsberg, Med. Diss. v. 4. Okt. 1910, Ref. Lexer
[Geb. 20. Nov. 79 Basien; Wohnort: Basien; Staatsangeh.: Preußen; Vorbildung: Gymn. Braunsberg Reife O. 99; Studium: Greifswald 4, Breslau 2, Greifswald 2, Königsberg 6 S.; Coll. 25. Sept 10; Approb. 20. Sept. 07.] [U 11. 2734

**Rehoff, J. A.**, homiletisches Magazin über die epistol. Texte des ganzen Jahres. 1r u. 2r Thl. gr. 8. Hamburg 833, 34. Fr. Perthes. (1r Thl. 1 ₰, 2r Thl. 1 1/2 ₰) 2 1/2 ₰

**Rehoff, Johs. Andr.**, Predigt am Dank- u. Friedensfeste, den 22. März 1871, geh. u. auf Verlangen zum Druck überlassen. gr. 8. (14 S.) Hamburg 871. Nolte. n. — 30

— Predigt üb. Römer 7, 18—25, geh. am 17. Sonntage nach Trinitatis d. 8. Oct. 1876, bei der Feier seiner 25jähr. Amtsführg. als Hauptpast. zu St. Michaelis u. der 50jähr. als Diener d. göttl. Wortes. gr. 8. (16 S.) Ebend. 876. n. — 30

**Rehor, Frz.** Die Juden in Galizien. Eine Studie. Aus dem Böhm. in's Deutsche übertr. u. m. Anmerkgn. versehen v. M. Grünwald. gr. 8. (15 S.) Frankf. a. M. 892, J. Kauffmann. * 1 —
Aus: Brüll's populär-wissenschaftl. Monatsblätter, besonders abgedruckt.

**Rehorn, Emil**, Darstellung u. Beurtheilung der Ansichten Kant's über den Religionsunterricht. Inaugural-Dissertation. gr. 8. (56 S.) Wetzlar 876. (Jena, Deistung.) n. 1. —

**Rehorn, C.**, Die deutsche Sage von den Nibelungen in der deutschen Poesie. Frankfurt a. M. 1877. 8. . . . . . . . . . . . . . . . . . . . . . . . . . (b)

**Rehorn,** Fritz, Referendar in Frankfurt a. M.: Der Erbverzicht nach dem Bürgerlichen Gesetzbuche. Borna-Leipzig 1905: R. Noske. (VIII, 54 S.) 8°

Leipzig, Jur. Fak., Diss. v. 25. Apr. 1905

[Geb. 1. Nov. 79 Frankfurt a. M.; Wohnort: Frankfurt; Staatsangeh.: Preußen; Vorbildung: Lessinggymn. Frankfurt Reife O. 98; Studium: Bonn 3, Berlin 2, Marburg 1 S.; Rig. 10. Juni 02.]

**Rehorn,** Fritz (geb. am 29 Juli 1847 in Almersbach Rgbz. Koblenz): Moral sense und Moralprinzip bei Shaftesbury ... Bonn, Univ.-Buchdr. v. C. Georgi 1882. 54 S., 1 Bl. 8.

Bonn, Phil. Fak., Diss. v. 5 Aug. 1882

**Rehorn,** Karl

**Rehorn, K.,** methodischer Lehrgang f. den Unterricht in der deutschen Grammatik. Nach Klassenstufen geordnet. gr. 8. (IV, 53 S.) Frankfurt a/M. 889. Diesterweg. cart. n. — 50

**Rehorn, K.,** methodischer Lehrgang f. den Unterricht in der deutschen Grammatik. Nach Klassenstufen geordnet. 3., m. der 2. übereinstimm. Aufl. gr. 8. (IV, 55 S.) Frankfurt a/M. 900. M. Diesterweg. n. — 40; kart. n. — 50

**Rehorn, Karl,** methodischer Lehrgang f. den Unterricht in der deutschen Grammatik. Nach Klassenstufen geordnet. 6. m. der 5. übereinstimm. Aufl. (IV, 55 S.) 8. Frankfurt a/M. 906. M. Diesterweg. Kart. n. — 50

**Rehorn, Karl,** methodischer Lehrgang f. den Unterricht in der deutschen Grammatik. Nach Klassenstufen geordnet. Neu bearb. v. Herm. Werth. 8. Aufl. (VII, 107 S.) 8. Frankfurt a/M. 909. M. Diesterweg. Geb. 1. —

— dasselbe. Vorstufe. 8. Aufl. (27 S.) 8. Ebd. 909. — 25

— u. Herm. Werth's methodischer Lehrgang f. den Unterricht in der deutschen Grammatik. III. Tl. Bearb. v. Herm. Werth. Ausg. A. Oberstufenheft (f. die Oberstufe der höheren Mädchenschule, f. das höhere Lehrerinnenseminar u. f. Studienanstalten). (VIII, 66 S.) 8. Frankfurt a/M. 909. M. Diesterweg. Geb. — 80

— — dasselbe. Ausg. B (Gekürzte Ausg.). Oberstufenheft (f. die Oberstufe der höheren Mädchenschule). (IV, 28 S.) 8. Ebd. 909. — 30

**Rehorn, K.,** deutsches Lesebuch, s.: Baldamus, F. C.

— Lesebuch zur Einführung in die deutsche Literatur. Musterstücke deutscher Poesie u. Prosa aus den Quellen zusammengestellt. 2 Abtlgn. 7., m. der 6. übereinstimm. Aufl. gr. 8. Ebd. 905. Geb. à n n. 2. 50; in 1 Bd. geb. n.n. 4. 75

1. Von den Uranfängen bis zum Ende des 18. Jahrh. (XII, 345 S.)
2. Die Literatur des 19. Jahrh. (XIV, 331 S.)

— Lieder u. Gedichte f. die oberen Klassen höh. Mädchenschulen, s.: Baldamus, F. C., deutsches Lesebuch. Ausg. D 5. Tl.

— s.: Meisterwerke der deutschen Litteratur.

Rehorn, Karl Die Nibelungen in der deutschen Poesie. 53 S. Progr. Must. *Frankfurt a/M* 1876.

— s.: Nibelungenlied, das.

— der deutsche Roman. Geschichtliche Rückblicke u. krit. Streiflichter. 8. (VIII, 274 S.) Köln 890. Alb. Ahn. n. 4. —; geb. n. 5. —

— die deutsche Sage von den Nibelungen in der deutschen Poesie. gr. 8. (VIII, 229 S.) Ebend. 877. n. 3. —

**Rehorn,** Karl, G. E. Lessing's Stellung zur Philosophie des Spinoza. gr. 8. (54 S.) Frankfurt a/M. 877. Diesterweg. n. 1. —

**Rehořovský,** W., Tafeln der symmetrischen Functionen der Wurzeln u. der Coëfficienten-Combinationen vom Gewichte 11 u. 12. [Mit 2 Tab.] [Aus: „Denkschr. d. k. Akad. d. Wiss."] Imp.-4. (10 S.) Wien 882. Gerold's Sohn in Comm. n. 1. 40

**Rehorst,** C., Festdekorationen der Stadt Halle a. S. anlässlich des Kaiserbesuches am 6. IX. 1903. Entworfen u. hrsg. (27 [2 farb.] Taf. m. 13 S. Text.) gr. 4. Halle 904. L. Hofstetter, Verl. Geb. n. 12. 50

Rehorst, Karl: Die Handwerkerschule zu Halle a. S., s. Brumme, Gustav

**Rehorst,** Carl, alte Städtebilder u. moderner Verkehr, s.: Flugschrift, 38., des Dürer-Bundes zur ästhetischen Kultur.

**Rehr,** Friedrich [aus Preetz]: Zur Aetiologie und Therapie der Dakryocystitis ... Kiel, Druck v. Schmidt & Klaunig, 1894; 21 S., 1 Bl. 8.

Kiel, Med. Fak., Inaug.-Diss. v. [14. Dez.] 1894

**Rehren, Ludmilla v.** (L. Heymer), Nazo u. Linda. Eine Geschichte aus Livlands Vergangenheit. gr. 8. (83 S. m. 5 Vollbildern.) Riga (902). E. Plates. n. 2. —

— vom Baume der Erkenntnis, s.a. Eckstein's moderne Bibliothek. Nr. 20.

Vom Baume der Erkenntnis. Novellen von Ludmilla v. Rehren. 1.–10. Taus. *Berlin: R. Eckstein Nachf. [1902].* (94 S.) 8°
— Bibliothek, Ecksteins Moderne. No 20. [03. 13600

**Rehren,** Ludmilla v. (Frau Ludmilla Heymer), drei aus e. Nest u. andere Geschichten, s.: Kürschner's, Jos., Bücherschatz.

**Rehren,** Ludmilla v. (Frau Ludmilla Heymer), Gertrud Gawenda, s.: Kürschner's Bücherschatz.

— moderne Nonnen, s.a. Eckstein's mod. Bibliothek. Nr. 26.

Moderne Nonnen. Novellen u. Skizzen von Ludmilla v. Rehren. (1.–10. Taus.) *Berlin: R. Eckstein Nachf. [1903].* (95 S.) 8°
— Bibliothek, Ecksteins Moderne. No 26. [03. 13606

— Reinheit. Die Freunde, s.: Kürschner's, Jos., Bücherschatz.

Rehrl, Ernst, Adressbuch für den österreichischen Buch-, Kunst- und Musikalienhandel und verwandte Geschäftszweige. Mit Berücksichtigung aller Neuerungen und Veränderungen bis Ende Juli 1863. gr. 8. (44 S.) Wien 863. (Leipzig, Fries.) *

—— Verzeichniß aller in Oesterreich erschienenen Bücher in deutscher Sprache, s. Catalog, österreichischer.

**Rehrl, Kasp.,** der Gottesdienst eines katholischen Christen. Ein Gebet-, Unterrichts- u. Erbauungsbuch für Gebildete jedes Standes. 2 Bde. Salzburg 854, 55. Mayr in Comm. 8. (VII, 571; XIV, 562 S. u. 1 Stahlst.) Jeder Band n. 1 th.

Rehrl, Kaspar —. Der Gottesdienst eines katholischen Christen. Ein Gebet-, Unterrichts- und Erbauungsbuch für Gebildete jedes Standes. Herausgegeben von — —. In 2 Bänden. 2. Band. Salzburg. 1855. Zaunrith'sche Buchdruckerei. In Kommission der Mayr'schen Buchhandlung. (XIV, 562 S. und 1 Abbildg. 8.)

Rehrl, Kaspar —. Der deutschen Schulen zweites Buch. Von — —. Salzburg. 1854. Gedr. bei Fr. Xav. Duyle. (156 S. 8.)

Rehrmann, Anton

Rehrmann, A., Arminius, der Befreier Deutschlands. Ein Gedenkblatt zum 19. Zentenarium der Varusschlacht im J. 9 nach Christus. (120 S. m. Titelbild u. 1 eingedr. Karte.) 8. Essen (909). Fredebeul & Koenen. —75

Rehrmann, Ant., die Christologie des hl. Cyrillus v. Alexandrien, systematisch dargestellt. gr. 8. (403 S.) Hildesheim 902. F. Borgmeyer. n. 6.—

Rehrmann, A., die wahre Kirche Christi im Lichte der hl. Schrift, der Kirchen-Geschichte u. des logischen Denkens. 1.–5. Taus. (174 S.) kl. 8. Heiligenstadt (904). F. W. Cordier. n. — 50

— der hochselige Bekenner-Bischof Dr. theol. Conrad Martin. Ein biograph. Gedenkblatt zu dessen 25jähr. Todestage am 16. VII. 1904. (32 S. m. Abbildgn. u. 1 Bildnis.) Lex.-8. Ebd. (904). n. — 50

Rehrmann, Heinrich

Rehrmann, Lehrgang der französ. Sprache, s.: Püttmann.

Französische Schulgrammatik nebst grammatischen Übungen f. d. Oberstufe höherer Lehranst. Bearb. von Dr. [Heinrich] Rehrmann. 2. Aufl. Berlin: E. S. Mittler & Sohn 1907. (XIV, 360 S.) 8°
= Püttmann, Hugo: Lehrgang d. franz. Sprache. T. 3. [07. 12441

Rehrmann, Johann Heinrich

Rehrmann, H. Essai concerning Anglo-Saxon poetry. Lübben, H. B., 1877. 20 S. 4. Progr.

Rehrmann, J[ohann] H[einrich]: • Originalities of the Anglo-Saxon poetry. 92 [vielmehr: 90] S. 4° (2°)
Halle-Wittenberg, Phil. Diss. v. 6. Okt. 1876
Geb. [Minden (Westf.) 19. 1. 1849]
Tit. hs. korrig. in: Characteristics of Anglo-Saxon poetry.

Rehs, Carl, s. Rehs, Karl

Rehs, E., u. E. Witt, Artikulationsfibel auf phonetischer Grundlage m. besond. Berücksicht. der neuesten Forderungen auf dem Gebiete des ersten Leseunterrichts, zum Gebrauch in Hilfsschulen u. verwandten Anstalten. Mit zahlreichen zum größten Tl. mehrfarb. Abb. (80 S.) gr. 8. Leipzig 907. B. G. Teubner. Kart. nn — 70

— — Begleitschrift zur Artikulationsfibel, Lesefibel u. Lesebuch f. Hilfsschulen u. verwandte Anstalten. (8 S.) gr. 8. Ebd. 907. Unberechnet.

Lehrgang für die Vorbereitungen auf den Schreiblese-Unterricht. Von E. Rehs u. E. Witt. Leipzig & Berlin: B. G. Teubner 1907. (15 S.) 8° [F.] [07. 9128

Lesebuch auf phonetischer Grundlage mit besond. Berücks. d. neuesten Forderungen auf d. Geb. d. ersten Leseunterr. z. Gebr. in Hilfsschulen u. verwandten Anstalten. Von E. Rehs u. E. Witt. Mit zahlr. Abb. Leipzig & Berlin: B. G. Teubner 1907. (IV, 77 S.) 8° [F.] [07. 9129

Lesefibel auf phonetischer Grundlage mit besond. Berücks. d. neuesten Forderungen auf d. Geb. d. ersten Leseunterrichts z. Gebr. in Hilfsschulen u. verwandten Anst. Von E. Rehs u. E. Witt. Mit zahlr. Abb. u. 1 bunten Bilderseite. Leipzig & Berlin: B. G. Teubner 1907. (52 S.) 8° [F.] [07. 9341

Rehs, Erich, Referendar zu Bartenstein, Ostpr.: Der Erbschein, insbesondere seine rechtliche Bedeutung. *Greifswald 1901: H. Adler.* (67 S.) 8° [F.]
Greifswald, Jur. Diss. v. [8. März] 1901

Rehs, Karl

Rehs, Carl, die Bienen als Ehestifter. Lustspiel in 1 Aufzug. 8. (16 S.) Leipzig (902). Leipziger Bienenzeitg. n. — 60

— im Bienenstaate. Singspiel m. Pianofortebegleitg. 12. (11 S. u. Musikbeilage 3 S. in gr. 4.) Ebd. (902). n. 1. 10

Rehse, Adf., einfachste Buchführung f. Landwirte u. Gewerbetreibende. Nebst Anh.: Die Vorteile der Uebersichtsbuchführg. (66 S. m. 2 Tab.) gr. 8. Hannover 905. (A. Sponholtz.) Geb. in Leinw. n. 1. 40

Rehse, Albert, Tierarzt: Aus d. chir. Klinik d. Tierärztl. Hochsch. zu Berlin. (Vorstand: Eberlein.) Ueber die Verwendbarkeit der Chloralhydratnarkose in der Veterinärchirurgie. Stuttgart 1910: Union. 48 S. 8° ¶(Aus: Monatshefte f. prakt. Tierheilk. Bd 21.)
Gießen, Veterinär-Med. Diss. v. 31. Mai 1910, Ref. Pfeiffer
[Geb. 13. Jan. 86 Mötzlich; Wohnort: Mötzlich; Staatsangeh.: Preußen; Vorbildung: Oberrealsch. Halle a. S. Reife O. 05; Studium: Berlin Tierärztl. Hochsch. 8 S.; Rig. 5. Nov. 09.] [U 10. 1244

So sind die Menschen. Komödie in 3 Akten von Bernhard Rehse. Berlin-Westend: Reiss (1909). 107 S. 8°
(Moderne Bühne. Eine Sammlung dramat. Werke.) [10. 15999

— Vaterland. Eine polit. Komödie in 4 Aufzügen. (64 S.) 8. Berlin 909. Oesterheld & Co. 2.—

Rehse, Herm., Arwsünn', s.a. Bibliothek, plattdeutsche. 7.

Arwsünn'. Roman von Hermann Rehse. 2 T. in 1 Bde. *Berlin: W. Süsserott 1902.* 8° [F.]
= Bibliothek, Plattdeutsche. Bd 7. [03. 8475] 11

Rehse, Herm., Kiziba. Land u. Leute. Eine Monographie. Mit e. Vorwort von v. Luschan. Hrsg. m. Unterstützg. des Reichs-Kolonialamts. (XII, 394 S. m. 131 Abbild., 1 Lichtdr.-Taf. u. 1 Karte.) Lex. 8. Stuttgart 910. Strecker & Schröder. 20.—; geb. 24.—

— Knack'n un Plünn'n, s.a. Bibliothek, plattdeutsche. 3.

Knak'n un Plünn'n. Plattdeutsche Gedichte u. Humoresken in mecklenburg. Mundart von Hermann Rehse. *Berlin: W. Süsserott 1901.* (91 S.) 8° [F.] [02. 736

Rehse, Herm., Leitfaden zur Vorbereitung auf die Zahlmeister-Prüfung. Durchgesehen u. vervollständigt v. e. älteren Fachmanne. gr. 8. (VIII, 105 S.) Berlin 903. A. Bath. n. 7.—

Rehse, Herm., Leitfaden zur Vorbereitung auf die Zahlmeister-Prüfung. 2., durchgeseh. u. vervollständ. Aufl. (VIII, 29, 36, 35, 47, 82, 17, 25, 12, 28, 41 u. 107 S.) Lex. 8. Berlin 909. A. Bath. 7.—; geb. 8.—

Rehse, Ludwig: Geschichte der evangelischen Gemeinde Bergisch-Gladbach von ihren ersten Anfängen bis zur Gegenwart. Festschrift z. Wiedereinweihung d. umgebauten Kirche von Ludwig Rehse, Pfarrer Berg.-Gladbach Ch. Illinger 1900. (VIII, 297 S.) 8°

**Rehse, Luise**, Bratbüchlein zur Herstellung nahrhafter u. wohlschmeckender Bratspeisen ohne Fleisch. 8. (VI, 25 S.) Hannover 897. (A. Sponholtz.) n. — 40

— dasselbe. 3., verm. Aufl. 6. bis 10. Taus. gr. 8. (VI, 34 S.) Ebd. 898. n. — 50

**Rehse, Frau Louise**, Bratbüchlein zur Herstellg. nahrhafter u. wohlschmeckender Bratspeisen ohne Fleisch. 5. verb. Aufl. 16.—20. Taus. gr. 8. (59 S.) Hannover (902). (A. Sponholtz.) n. — 60

**Rehse, Frau Luise**, Bratbüchlein zur Herstellung nahrhafter u. wohlschmeckender Bratspeisen ohne Fleisch. 8. verm. Aufl. 31.—38. Taus. (70 S.) 8. Hannover (906). (A. Sponholtz Verl.) n. — 70; geb. n. 1. —

**Rehse, Frau Luise**, Bratbüchlein zur Herstellg. nahrhafter u. wohlschmeckender Bratspeisen ohne Fleisch. 9. verm. Aufl. 39.—44. Taus. (88 S. m. Bildnis.) 8. Hannover (909). A. Sponholtz Verl. — 80

— Kompottbüchlein. Gesunde, wohlschmeck. Kompotte f. den tägl. Gebrauch. Nebst e. Anh.: Das Einmachen. 3. Aufl. (36 S. m. 2 Abbildgn.) 8. Ebd. (906). n. — 35

**Rehse, Walter**: Über Oxyphosphazo-Verbindungen der aromatischen Reihe. *Rostock 1898: C. Hinstorff.* (32 S.) 8°
Rostock, Phil. Diss. v [22. Jan.] 1898

**Rehsener, C. G.**, Predigten, vermischten Inhalts. gr. 8. Königsb. 826. Unzer. 1 ₰ 4 𝒦

Rehsener, Karl Gottlieb

**Rehsener, Carl Glieb.**, Fabeln, Parabeln u. Erzählungen für jeden Stand u. jedes Alter nebst einer Abhandlung über das Wesen u. den Vortrag der Fabel. Berlin 859. Geelhaar. gr. 8. (XX, 226 S.) n. 1 ₰

— christliche Religionslehre. Der gebildeten Zeit gemäß dargestellt für Schul-, Confirmanden u. Selbstunterricht. 2. verb. Aufl. Leipzig 862. Brockhaus. gr. 8. (XII, 138 S.) n. 20 ngr.

**Rehsener, Marie**, Silhouetten zu Gregorovius' Euphorion. 12 Holzschntaf. m. untergedr. Text. gr. 4. Leipzig 882. Brockhaus. In Mappe. n. 6. —

**Rehsomma, J. A.**, die Jasminlaube. 20 lehrreiche u. unterhaltende Erzählungen u. Sagen f. die Jugend. gr. 12. (4¼ B. u. Ttlbld.) Wien 842, Grund.

**Rehsteiner, Daniel.** Die staatlichen Massnahmen zur Förderung der Rindviehzucht in der Schweiz. IV + 268 S. 8. Zürich, Orell Füssli, 1910.
*Ausg. A:* Diss. Vet.-Med. Univ. Zürich.
*Ausg. B:* Von Dr. D'R'.... [fr. 4.50]

**Rehtmeyer**, s. Rethmeyer.

Justus Conr[ad] Rehtmeier: De Strepitu gasium. Regiomonti (1701:) Reusner. 22 S. 8°
Königsberg, Med. Diss. v. 14. Juli 1701

**Rehtmeier, Philipp Jul.** (Braunschweig), De oblatis Eucharisticis quae hostiae vocari solent. Präs. Jo. Andr. Schmid. Helmstedt (G. W. Hamm) 14. I. 1702. 40 S., 1 Taf. (5.—) 27919
Gew.: Philipp Ludwig von Wendhausen. — Widm. v.: Jo. Andr. Schmid.

— — Dasselbe. Helmstedt (Bucholtz) 14. I. 1702. Rec. 1727. 54 S., 1 Taf. (5.—) 27920
Widm. v.: Jo. Andr. Schmid.

— — Dasselbe. Helmstedt (Buchholtz) 14. I. 1702. 1733. 54 S., 1 Taf. (5.—) 27921
Widm. v.: Jo. Andr. Schmid.

**Rehtmeyer, Viktor**: Das politische Testament Friedrich Wilhelms I. von Preußen vom Jahre 1722 im Verhältnis zu den Erfahrungen seiner auswärtigen Politik von 1713—1722. Greifswald 1909: Abel. 95 S. 8°
Greifswald, Phil. Diss. v. 3. März 1909, Ref. Ulmann
[Geb. 15. Juli 85 Hannover; Wohnort: Hannover; Staatsangeh.: Preußen; Vorbildung Leibnizsch. Hannover Reife O. 04; Studium: Breslau 3, Greifswald 5 S.; Rig. 9. Jan. 09.] [U 09. 1555

**Rehtwisch**, Theodor (Hrsg.), s. Arndt, Ernst Moritz. Meine Wanderungen und Wandelungen mit dem Reichsfreiherrn v Stein.

**Rehtwisch, Thdr.**, s.: Aus vergilbten Pergamenten.

— Otto v. Bismarck, s.: Von Buch zu Buch.

— Das ganze Deutschland soll es sein! Eine Sammlung v. Kriegsliedern u. Balladen, s.: Von Buch zu Buch.

— Um Deutschlands Freiheit. Bilder aus dem J. 1813, s.: Von Buch zu Buch.

— Von der Etsch bis an den Belt. Geschichtsbilder aus den J. 1806 u. 1809. (303 S. m. 8 Vollbildern.) gr. 8. Leipzig (908). Turm-Verlag. Geb. in Leinw. 4. —

**Rehtwisch, Thdr.**, Gustav Frenssen, der Dichter des „Jörn Uhl." Biographisches u. Litterarisches. Mit Bildnis, Faksim. u. 2 Abbildgn. 1.—4. Aufl. gr. 8. (à 40 S.) Berlin 902. A. Duncker. n. 1. —

**Rehtwisch, Thdr.**, Gneisenau in Kolberg, s.: Von Buch zu Buch.

**Rehtwisch, Theodor.** Geschichte der Freiheitskriege in den Jahren 1812—1815. Leipzig, Georg Wigand 1908—1910.
3 Bde. 4°
1 652 S., 330 Abb., 4 Taf.
2. 592 S., 123 Abb., 6 Taf.
3. 649 S., 215 Abb., 7 Taf.

Der schwarze Herzog. Der Zug Herzog Friedrich Wilhelms v. Braunschweig durch Norddeutschland im J. 1809, s.: Von Buch zu Buch.

— Andreas Hofer, der Sandwirt v. Passeyer, s.: Von Buch zu Buch.

— Unser Kaiser, s.: Von Buch zu Buch.

— Vom großen Kanzler. Bilder aus dem Leben Otto v. Bismarcks. (303 S. m. 8 Vollbildern.) gr. 8. Leipzig (909). Turm-Verlag. Geb. in Leinw. 4. —

— Vom großen König. Bilder aus d. Leben Friedrichs II. (311 S. m. 8 Vollbildern.) gr. 8. Ebd. (909). Geb. in Leinw. 4. —

— Die Königin. Ein Buch aus Preußens schwerer Zeit. (175 S. m. 15 [2 farb.] Taf.) 8. Braunschweig (909). G. Westermann. In Pappbd. 3. —

dasselbe, s. a. Lebensbilder der Jugend.

— Leuthen. Blätter der Erinnerg. an den groß. König u. d. J. 1757. Mit 28 Portr., 10 histor. Darstellgn. u. 22 Terrainstudien nach Orig.-Aufnahmen des Verf. auf d. Schlachtfelde v. Leuthen u. e. Plan der Schlacht. (VIII, 365 S.) gr. 8. Leipzig 907. G. Wigand. 7.50; geb. 9. —

— Königin Luise. Erinnerungsblätter zur Jahrhundertfeier ihres Todesjahres. 1.—50. Taus. (48 S. m. 24 Abb. u. 1 Farbdr.) 8. Braunschweig 909. G. Westermann. p — 30

— Mit Mann u. Roß u. Wagen hat sie der Herr geschlagen. Bilder aus dem J. 1812. (252 S. m. 2 Karten u. 8 Vollbildern.) 8. Leipzig (908). Turm-Verlag. Geb. in Leinw. 4. —

— Napoleon in Rußland, s.: Von Buch zu Buch.

Rehtwisch, Theodor (Hrsg.), s. Pergamenten, Aus vergilbten.

— Blüchers Rückzug auf Lübeck, s.: Von Buch zu Buch.

— Vom großen Schweiger. Bilder aus dem Leben Helmuth v. Moltkes. (266 S. m. 8 Vollbildern.) gr. 8. Leipzig (909). Turm-Verlag. Geb. in Leinw. 4. —

— Der Tag von Leuthen. Gedenkschrift z. 150. Jahrestage d. Siegesschlacht v. Leuthen am 5. XII. 1757. 1.—20. Taus. (32 S.) gr. 8. Leipzig (907). G. Wigand. p nn — 25

Das Volk steht auf, Der Sturm bricht los! Geschichte d. Freiheitskriege in d. Jahren 1812–1815 von Theodor **Rehtwisch**. Mit zahlr. Abb. ... u. Urkunden im Text u. auf Taf. Bd 1–3. (In 00 Lfgen.) Leipzig: Wigand 1908–10. 4°
1. 1908. 2. 1909. 3. 1910. [illegible]

**Rehtwisch, Thdr.,** Wilhelm Raabe wird fünfundsiebenzig. Anspruchslose Blätter zum 8. IX. 1906. (47 S. m. 4 Abbildgn.) kl. 8. Leipzig 906. G. Wigand. n. 1. —

— s.: Züge aus dem Leben Kaiser Wilhelms des Großen.

Rehty, Andr., Lingua universalis communi omnium nationum usui accommodata. Vienn. 822. 8.

Rehtz, Alfr., Licht u. Schatten. Gedichte. (193 S.) kl. 8. Leipzig 908. [Verlag f. Literatur, Kunst u. Musik.] Dresden, E. Woyand. Geb. n 2. 50

**Rehtz, Alfr.,** Poesie des Weltalls. Naturwissenschaftliche Gedichte. (Umschlag: 2. Aufl.) (119 S.) 8. Leipzig (905). G. Vogt. n. 2. 50

Rehwald, Felix

**Rehwald, Felix,** die Stärke-Fabrikation u. die Fabrikation d. Traubenzuckers. Eine populäre Darstellg. der Fabrikation aller im Handel vorkomm. Stärkesorten, als der Kartoffelstärke, Weizenstärke, Mais-, Reis-, Arrow-root-Stärke ꝛc., der Wasch- u. Toilette-Stärke u. d. künstl. Sago, sowie der Verwerth. aller bei der Stärkefabrikation sich ergeb. Abfälle u. der Fabrikation d. Dextrins, Stärkegummis, Traubenzuckers u. der Zucker-Couleur. Ein Handbuch für Stärke- u. Traubenzucker-Fabrikanten, sowie f. Oekonomie-Besitzer u. Branntweinbrenner. Mit 16 erläut. (eingedr. Holzschn.-) Abbildgn. 8. (214 S.) Wien 876. Hartleben. 3. —

**Rehwald, Felix,** die Stärke-Fabrikation und die Fabrikation des Traubenzuckers. Eine populäre Darstellung der Fabrikation aller im Handel vorkommenden Stärkesorten, als der Kartoffelstärke, Weizenstärke, Mais-, Reis-, Arrow-root-Stärke, der Tapioca u. s. w.; der Wasch- und Toilette-Stärke und des künstl. Sago, sowie der Verwerthung aller bei der Stärke-Fabrikation sich ergebenden Abfälle, namentlich des Klebers und der Fabrikation des Dextrins, Stärkegummis, Traubenzuckers, Kartoffelmehles und der Zucker-Couleur. Ein Handbuch für Stärke- und Traubenzucker-Fabrikanten, sowie für Oekonomie-Besitzer und Branntweinbrenner. 2. sehr verm. und verb. Aufl. 8. (IV, 243 S. mit 28 erläut. Abbild.) Wien 885, Hartleben.

**Rehwald, Fel.,** d. Stärke-Fabrikation u. d. Fabrikation d. Traubenzuckers. E. populäre Darstellung der Fabrikation aller im Handel vorkomm. Stärkesorten, als d. Kartoffelstärke, Weizenstärke, Mais-, Reis, Arrow-root-Stärke, der Tapioca u. s. w.; d. Wasch- u. Toilette-Stärke u. d. künstl. Sago, sow. d. Verwerthg. aller bei d. Stärke-Fabrikation sich ergeb. Abfälle, namentlich des Klebers u. d. Fabrikation d. Dextrins, Stärkegummis, Traubenzuckers, Kartoffelmehles u. der Zucker-Couleur. Ein Handbuch f. Stärke- u. Traubenzucker-Fabrikanten, sow. f. Oekonomie-Besitzer u. Branntweinbrenner. 3., sehr verm. u. verb. Aufl. M. 40 erläut. Abb. 8. (VIII, 232 S.) Wien 895. A. Hartleben. n. 3. —; geb. n. 3. 80

**Rehwild.** 2 Blatt Naturstudien. Farbendr. qu. Fol. Teplitz 890. Willner & Pick. n. 2. 50; einzelne Blatt à n. 1. 25

**Rehwinkel, A.,** Lieder f. Kindergottesdienste, unter Mitbenutzg. des Gemeindegesangbuches zu gebrauchen. 12. (36 S.) Hildesheim 898. J. Gude. n. — 25

**Rehwinkel, Fritz,** Kammergerichtsrefer.: Der Mundraub. Berlin 1909: Pilz. 67 S. 8°
Rostock, Jur. Diss. v. 25. Juli 1909, Ref. Wachenfeld
[Geb. 26. Dez. 85 Leipzig; Wohnort: Berlin; Staatsangeb.: Sachsen; Vorbildung: Klostersch. Ilfeld Reife O. 05; Studium: Lausanne 2, Freiburg i. B. 1, Leipzig 1, Berlin 2 S.; Rig. 2. Febr. 09.] [U 09. 3686

**Rehwoldt, Joh.,** communale Selbstverwaltung in e. mecklenburgischen Dorfe. Vaterländ. Skizze. [Aus: „Mecklenburg. Anzeiger".] 8. (72 S.) Wismar 873. Hinstorff. — 75

FSC
www.fsc.org
MIX
Papier | Fördert gute Waldnutzung
FSC® C083411

Kolibri 360 GmbH
Ferdinand-Jühlke-Straße 7
99095 Erfurt, Deutschland
produktsicherheit@kolibri360.de